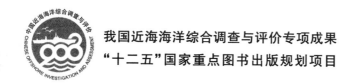

我国近海海洋综合调查与评价专项成果
"十二五"国家重点图书出版规划项目

广东省近海海洋综合调查与评价总报告

黄良民　沈萍萍　刘春杉　谭烨辉　**编著**

U0202162

海洋出版社

2017年 · 北京

图书在版编目（CIP）数据

广东省近海海洋综合调查与评价总报告/黄良民，沈萍萍，刘春杉，谭烨辉编著．—北京：海洋出版社，2017.12

ISBN 978-7-5027-9870-3

Ⅰ．①广… Ⅱ．①黄… ②沈… Ⅲ．①近海–海洋调查–广东②近海–海洋资源–综合评价–广东 Ⅳ．①P714②P74

中国版本图书馆 CIP 数据核字（2017）第 172607 号

责任编辑：苏　勤

责任印制：赵麟苏

海洋出版社　　出版发行

http://www.oceanpress.com.cn

北京市海淀区大慧寺路 8 号　邮编：100081

北京朝阳印刷厂有限责任公司印刷　新华书店北京发行所经销

2017 年 12 月第 1 版　2017 年 12 月第 1 次印刷

开本：889mm×1194mm　1/16　印张：48

字数：1300 千字　定价：290.00 元

发行部：62132549　邮购部：68038093　总编室：62114335

海洋版图书印、装错误可随时退换

《广东省近海海洋综合调查与评价专项》
系列成果

《广东省近海海洋综合调查与评价专项》
编委会

《广东省近海海洋综合调查与评价总报告》
编著组

主　　　编	黄良民
副　主　编	沈萍萍　刘春杉　谭烨辉
主要参编成员	（以姓氏笔画为序）

于红兵　马艳娥　王友绍　王华接　尹建强　刘　强　刘利东
刘思远　刘春杉　刘富铀　江小桃　吕颂辉　孙　杰　孙龙涛
曲念东　沈东方　沈萍萍　宋星宇　邢　帅　李　刚　李　涛
李　静　李开枝　李亚男　李团结　李志红　李适宇　苏　玮
严　岩　连喜平　林　强　林昭进　杨廷宝　周国伟　周厚诚
陈　平　陈　竹　陈　忠　邱大俊　邱永松　岳　文　钟　瑜
练健生　张　帆　张彤辉　张岳洪　张景平　保继刚　施　震
侯纯扬　秦　耿　柯东胜　柯志新　原　峰　胡超群　夏华永
姚衍桃　殷　波　黄　晖　黄小平　黄良民　黄洪辉　郭　朴
常立侠　喻子牛　谢　宇　谢　健　詹文欢　谭烨辉　颜　文

审　核　组	马应良　王文质　陈清潮　练树民　孙宗勋

前 言

　　海洋是未来人类与社会经济发展的重要依托，是资源宝库。在科技与经济高速发展的今天，人类在加速开发利用海洋的同时更加重视保护海洋，海洋在社会发展中的地位日益突出。进入 21 世纪以来，世界各国纷纷提出发展海洋战略，沿海地区更把海洋开发放在经济崛起、持续发展的新高度，并加大力度开展海洋资源环境的深入研究，为合理利用、保护和管理提供决策依据。据国家海洋局公布的资料，我国拥有南海、东海、黄海和渤海，主张管辖海域面积约 $300×10^4$ km^2，大陆海岸线长 18 000 km，沿海地区 13% 的陆地面积承载了 40% 的人口压力，每年创造出 60% 以上的国民经济生产总值。这些地区虽然生态系统承受着很大的环境压力，但其经济活力和创造力是非常明显和巨大的。因此，认识、发展海洋，首先关注的是近海，将近海环境保护与资源利用、社会经济发展和生态文明建设紧密结合起来，海陆联动，合理规划布局，以利于最大限度地发挥近海资源环境效益。

　　当今世界面临着人口、资源、环境三大问题，开发利用海洋是解决这些问题的重要出路之一，谁占有海洋，谁就拥有未来。在未来的海洋开发中，人类可从海洋中获得陆地所能获得和不能获得的各种资源，这是人类社会可持续发展的宝贵财富，向海洋要资源、要能源、要食物、要生存空间，已成为世界潮流。同时，近海生态环境资源的可利用潜力和保护、管理，日益引起政府与社会各界的关注，在了解和掌握海洋资源环境状况，合理开发利用海洋资源的同时，更加强调对近海生态环境与资源的保护。为此，深入开展海洋资源环境的调查研究，进一步了解海洋，认识海洋，对有效开发利用海洋资源和保护海洋环境具有十分重要的意义。

　　广东省有着得天独厚的海洋自然资源条件，濒临南海，大陆海岸线 4 114 km，占全国海岸线长度的 1/5，有大小海湾 510 多个，宜建大中小港口 200 多个；拥有海岛 1 350 个，其中面积 500 m^2 以上的海岛 734 个，其岛岸线长 2 129 km，占全国岛岸线的 1/6。由广东省管辖的海域面积 41.93×10^4 km^2，相当于陆地面积的 2.5 倍。沿海滩涂辽阔，适宜多种开发利用。近海海洋生物种类繁多，资源丰富；大陆架蕴藏着丰富的石油天然气资源，开发潜力巨大；具有工业储量的海滨砂矿富集，其他矿产资源也十分丰富；作为广东沿海的光热和水资源、海洋潮汐能、潮流能，以及滨海旅游资源等都具有开发利用的物质基础条件。

过去广东省近海开展了比较多的调查研究工作。早在 1958 年全国海洋普查，就涉及广东沿岸海域。1980—1986 年进行了广东海岸带与海涂资源综合调查，较系统地阐述了广东海岸带主要环境要素和相互关系，客观地评价了广东海岸带气候、滩涂、矿产、生物以及港口、旅游等资源的质量和利用价值，提出了综合开发利用的设想，为以后的海洋调查积累了丰富的基础性资料和科学依据。1989—1994 年进行了历时 5 年的海岛综合调查，初步摸清了广东省海岛资源类型、数量、质量和发育演变规律，了解和掌握了海岛及其周围海域的自然环境、资源和社会经济状况，还就海岛的自然属性、社会发展的未来需求，结合资源条件进行了区域性海岛资源开发利用的评估。1998—2001 年完成的全国第二次海洋污染基线调查，对广东沿海海域污染物质进行了监测评价，旨在掌握海洋环境的污染本底状况。自 1980 年开始的珠江口、粤东、粤西海域海洋环境常规监测和专题研究，主要获取海洋环境的常规参数和专项研究资料，掌握其变化规律和趋势。水利部门完成的"珠江河口水文测验"、"珠江流域防洪规划"，以及各科研机构和大学开展的广东近海、河口港湾资源环境系列专题研究，南海东北部、西北部、中部和南部海区综合调查研究等，这些工作为后续的调查研究奠定了良好的基础和经验。

为了进一步摸清家底，更新近海资源环境数据和资料，全面了解和掌握我国近海的资源和环境状况，以利合理开发和保护，切实加强海洋管理，维护海洋资源环境的可持续健康发展，国家海洋局在 2004—2011 年组织开展了"我国近海海洋综合调查与评价"专项工作（简称 908 专项）。与此同时，在国家海洋局和广东省政府的大力支持下，与国家 908 专项同步，根据 2004 年黄良民主持编制的《广东省 908 专项总体实施方案》，以及专项实施过程国家海洋局对专项任务的调整，确定为综合调查、评价、数字海洋和成果集成四大部分，于 2004—2011 年实施了广东省 908 专项——"广东省近海海洋综合调查与评价"工作，取得了大量数据资料，涵盖水体环境、生物生态、底质、海域使用、海岸带、海岛、特色生态系统、海洋灾害、沿海社会经济等方面内容，通过整理分析，已编撰出相关的调查和评价各专题报告，并形成了图集和数据集。结合海洋管理工作的实际需要，2010 年开始又安排了部分资金开展 908 专项成果集成研究。

广东省 908 专项即"广东省近海海洋综合调查与评价"是继 20 世

纪 50 年代"全国海洋普查"、20 世纪 80 年代"全国海岸带综合调查"和 90 年代"全国海岛资源综合调查"之后在广东省近海进行的又一次大规模的海洋综合调查与评价，也是调查范围最广、内容最丰富、技术最先进的综合调查与评价项目；目的是全面掌握广东沿岸海域最新基础数据，了解海洋资源与环境的现状，全面更新基础资料和图件，为海洋经济发展、海洋环境综合评价、海洋资源开发利用、海洋防灾减灾、海洋环境保护与综合管理等提供基础资料和决策依据。广东省 908 专项成果集成是在完成广东省 908 专项综合调查与评价及数字海洋信息基础框架建设等各专题成果工作的基础上，针对政府、科研和社会各阶层对海洋方面的信息和管理需求，进行综合编制的成果体系。

《广东省近海海洋综合调查与评价总报告》（简称《总报告》）是广东省 908 专项的重要集成成果之一，其数据资料主要来源于 2012 年前完成的广东省 908 专项综合调查与评价结果，以相应的调查、评价报告内容为基础，结合历史资料和有关文献，通过综合分析、整理，集大家的智慧共同编制而成。《总报告》对广东省近岸海域及其海洋资源开发利用和环境保护具有重要意义的港湾、河口及其他重点调查区域进行的海洋水文与气象、生物生态、海洋化学和海底底质等调查成果的高度总结和凝练，综合分析了广东近岸海域环境要素、生物资源及海底沉积、海岛、海岸带、海域使用、海洋灾害和社会经济等现状以及变化趋势，进一步深化了对海洋环境要素的时空分布、变化规律、形成机制和制约因素等的认识，客观地评价了广东省海岸带及海域使用、海洋生物资源、滨海湿地及特色生态系统、重要港湾生态环境及其承载力，以及广东省其他资源的开发利用现状和存在问题，提出了广东省海洋资源开发的方向、思路和对策建议。广东省 908 专项集成成果可为实施《广东海洋经济综合试验区发展规划》和《珠江三角洲地区改革发展规划》，为维护海洋资源环境的可持续利用，加强广东省海洋保护与管理，推动广东省社会与经济的可持续协调发展和生态文明建设，实施"一带一路"战略，加快建设海洋经济强省提供重要决策依据和科学指导。

《广东省近海海洋综合调查与评价总报告》共分 5 篇 25 章，约 130 万字，涵盖了 2004—2011 年广东省 908 专项所有调查专题、评价专题和数字海洋工作等资料成果；同时总结历史上，尤其是近 10～20 年来国内外学者在广东近海海区研究的相关成果，对广东近岸海区的资源环境进行多专业的科学总结和综合分析。《总报告》专项任务由中国科学院南海海洋研究所和广东省 908 专项办公室负责，国家海洋局南海分局、广东省海洋研究发展中心等单位参加，共有 80 多位专家、科研人员和研究生参加了总报告的编写和相关工作。具体分工如下：中国科学院南海海洋研究所主要负责综合调查中的水文气象、海洋化学、生物生态、底质沉积物、滨海湿地及其他特色生态系统和珍稀濒危动物、海域使用、海洋灾害等，综合评价中的沿海海域生态环境、海域资源、灾害评价以及第5篇海洋可持续发展若干重点措施与建议等的编写；广东省908专项办分工负责总论和数字海洋的编写工作；国家海洋局南海分局主要承担海岛、海岸带与港址综合调查及海砂矿产资源评价等的编写工作；广东省海洋资源研究发展中心承担广东省区域海洋经济和社会经济的调查、评价及对策建议等有关内容的编写工作；同时邀请了有关大学和科研单位的专家参与。《总报告》由沈萍萍统稿、汇编。

《总报告》项目执行过程中，得到了广东省政府有关部门的大力支持和各参加单位的通力协作，使《总报告》的编写任务按计划进度和要求顺利完成。借此机会，向支持和参加本项目工作及《总报告》编写的各位专家、领导和研究生表示衷心的感谢。马应良、王文质、陈清潮、练树民、彭昆仑等专家对《总报告》提出了许多宝贵意见和建议。谨此一并致以诚挚的谢意。

由于时间仓促，加上编者的水平所限，《总报告》中难免存在诸多错漏和不足，敬请各位专家和读者批评、指正。

黄良民

2016 年 12 月 于广州

目　次

广东省近海海洋综合调查与评价总报告

第 5 篇　海洋可持续发展若干重点措施与建议

第1篇 总 论[①]

广东面向南海，毗邻港澳，海洋资源丰富，区位优势明显，从唐宋起，一直是我国重要的海上门户。自改革开放以来，广东省经济发展迅速，产业结构日趋合理，2015 年地区生产总值达 7.28 万亿元，居全国各省市之首。作为海洋大省，广东省海洋事业也得到了快速发展，2015 年广东省海洋生产总值 1.52 万亿元，占地区生产总值的 21%，连续 21 年位居全国第一。但是，广东海洋经济发展和海洋环境保护也面临着严峻挑战，海洋资源利用与开发不尽合理，近岸海域污染未得到有效遏制，部分重要海洋生态系统遭到破坏，制约了广东省国民经济的持续发展。

为落实科学发展观，提升海洋管理决策的科学性和准确性，2004 年至 2012 年，在国家海洋局和广东省委、省政府的部署下，广东省开展了近海海洋综合调查与评价专项（简称 908 专项）工作。本专项在历次调查的基础上，通过对近海海洋资源环境进行较为全面和深入的调查、分析和评价，进一步摸清全省海洋状况，为海洋资源开发利用、海洋生态环境的保护与修复以及海洋产业优化升级提供科学依据和数据支撑。

广东省 908 专项是国家 908 专项重要的组成部分，也是 21 世纪以来广东省第一次较为全面的以海洋调查为主、兼顾海洋评价与成果应用的基础性海洋科研专项。2004 年 10 月，国家海洋局下发"关于实施'我国近海海洋综合调查与评价'专项的意见"（国海科字〔2004〕455 号），广东省启动了 908 专项工作，成立了组织机构，编制了实施方案。2005 年 6 月 8 日，广东省政府与国家海洋局签订了《广东省近海海洋综合调查与评价专项协议书》，由广东省政府和国家海洋局共同组织开展广东省 908 专项工作，成果共享，经费共担。

按照《广东省 908 专项总体实施方案》，以及专项实施过程中国家海洋局对专项任务的调整，广东省 908 专项任务包括四大部分，即：综合调查（8 项）、综合评价（19 项含新增课题）、数字海洋框架建设和成果集成（11 项）。专项内容涵盖海岸带、海岛、水体环境、海域使用、特色生态系统、海洋灾害、沿海社会经济状况等综合调查，海湾环境容量、海洋资源综合利用、海洋灾害影响评价、区域海洋经济发展等研究评价，形成了成果图集、数据集、总报告等汇编成果和近海资源环境现状、近海资源综合利用、海洋生态环境保护、海洋经济发展、海洋发展战略等专著和政策建议。本次专项还通过网络、GIS 等信息化技术，建设相应的业务应用平台，将专项调查、评价及其他海洋空间信息进行充分的集成整合，应用于海洋管理、科学研究、工程建设等各方面。

广东省 908 专项是广东省海洋调查历史上投入最大、调查要素最多、规模最大的一次海

---

① 编写人：刘春杉，刘思远，王华接，曲念东，岳文，张岳洪，沈东方，张彤辉，李静。
插图绘制：刘春杉，曾纪胜，詹海坤。

洋综合调查专项。专项工作历时 8 年，直接参与单位 20 余家，参与人员达 600 多人。本次专项调查共设置调查站位 2 000 多个，设置调查断面 455 条，采集样品数量超过 10 万份，共形成成果数据集 52 个，研究报告 98 册，成果图集 78 册，已发表论文约 70 篇。

各任务承担单位、协作单位和组织单位团结协作，充分发挥各自专业优势，以科学的方法、严谨的态度和高扬的士气，顺利完成了专项设置的各项任务，取得了丰硕的成果。通过 908 专项，基本摸清了广东近海海洋资源环境现状，揭示了海洋资源环境演变趋势与规律，提出了针对海洋管理与决策可行的政策措施和建议，为推动广东沿海产业结构升级，建设海洋强省打下了坚实的基础，圆满完成了国家海洋局和广东省委省政府所赋予的任务。

第1章　广东省近海海洋概况

1.1　区域概况及行政区划

　　广东省地处中国大陆南部，太平洋西北部，背靠南岭、面朝南海。东邻福建，北接江西、湖南，西连广西，珠江口东西两侧分别与香港、澳门特别行政区接壤，西南部雷州半岛隔琼州海峡与海南省相望。区位优势明显，是我国通向世界的重要门户和桥梁（图1.1）。

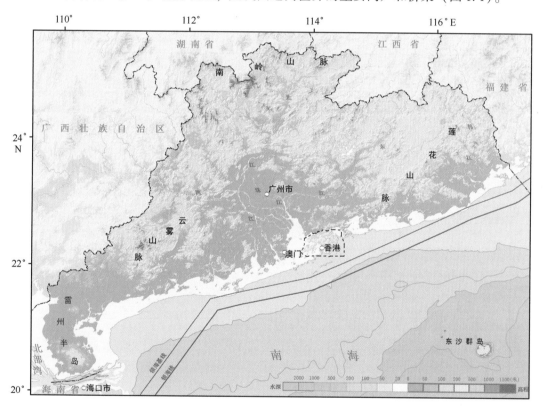

图1.1　广东地形地势

　　广东省位于东亚季风区，从北向南分别为中亚热带、南亚热带和热带气候，是全国光、热和水资源最丰富的地区之一。全省平均日照时数为1 745.8 h，年平均气温约22.3℃，其中1月平均气温为16~19℃，7月平均气温为28~29℃。降水充沛，年平均降水量在1 300~2 500 mm之间，全省平均为1 777 mm。降水空间分布基本上呈南高北低的趋势；降水年内分配不均，4—9月的汛期降水占全年降水的80%以上。

　　广东省陆域面积为17.98×10⁴ km²，约占全国陆地面积的1.85%，陆域地形地貌复杂多样，有山地、丘陵、台地和平原，其面积分别占全省土地总面积的33.7%、24.9%、14.2%和

21.7%，河流和湖泊等只占全省土地总面积的 5.5%。地势总体呈北高南低，北部多为山地和高丘陵，最高峰石坑崆海拔 1 902 m；全省山脉大多与地质构造的走向一致，以北东—南西走向居多；山脉之间有大小谷地和盆地分布。南部多为平原和台地。平原以珠江三角洲平原最大，潮汕平原次之。台地以雷州半岛—电白—阳江一带和海丰—潮阳一带分布较多（见图 1.1）。

广东省河流众多，以珠江流域、韩江流域和粤东沿海、粤西沿海诸河为主，集水面积占全省面积的 99.8%，仅余 0.2% 属于长江流域。全省集水面积在 1 000 km² 以上的河流有 62 条，较大的有珠江（含西江、东江、北江和珠江三角洲河网）、韩江、榕江、漠阳江、鉴江、九洲江等。广东省水资源时空分布不均，夏秋易洪涝，冬春常干旱。海岛、沿海台地和低丘陵区不利蓄水，缺水现象突出，尤以粤西的雷州半岛最为典型。

广东目前拥有地级市 21 个，县和县级市 63 个，其中沿海地级（及以上）市 14 个，由东向西依次为：潮州、汕头、揭阳、汕尾、惠州、深圳、东莞、广州、中山、珠海、江门、阳江、茂名和湛江（见图 1.2），沿海各市土地总面积约为 8.35×10⁴ km²，约占全省陆域面积的 46%。

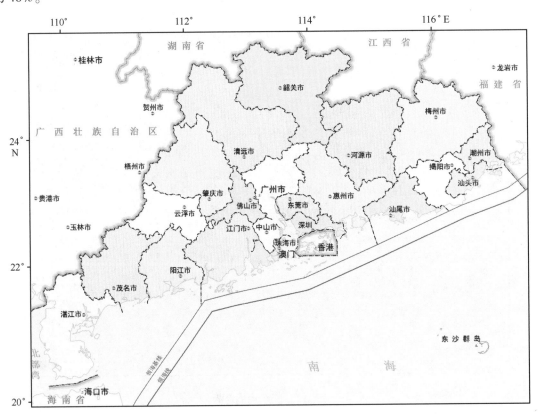

图 1.2　广东省行政区划

广东省人口众多，2014 年底，广东省常住人口达到 10 724 万人，约占中国大陆人口的 7.8%，居全国第 1 位，其中沿海地市总人口为 7 929 万人，约占全省人口的 74%。

1.2　近海基本情况

广东自古因海而兴，作为传统海洋大省，海洋资源丰富，具有海域辽阔、岸线曲折绵长、滩涂广布、陆架宽广、岛屿众多等诸多优越条件。

广东省海域面积约为 $41.9×10^4$ km^2，其中内水面积约为 $4.77×10^4$ km^2，领海面积约为 $1.57×10^4$ km^2。

广东省海岸线东起与福建省交界的大埕湾湾头东界区，西至与广西壮族自治区交界的英罗港洗米河口，海岸线长度为 4 114 km，约占全国的 1/5，是我国大陆海岸线最长的省份。

根据本次广东省 908 专项调查，广东共有海岛 1 350 个，居全国第 3 位，其中面积在 500 m^2 以上的海岛 734 个。海岛岸线总长度为 2 126 km，海岛总面积为 1 472 km^2，约占全省陆地面积的 0.82%。

广东海洋资源丰富，尤其是港口资源、滩涂资源、海洋生物资源、滨海旅游资源等最为突出。全省有大、小海湾 510 多个，其中适宜建设大、中、小型港口的 200 多个；沿海潮间带（滩涂）面积达 1 802 km^2，其中粉砂淤泥质滩涂面积最大，为 1 039 km^2，其次为砂质海滩，面积为 585 km^2；广东入海河流众多，为近岸海域带来了丰富的营养物质，海洋生物资源丰富，多样性高；广东海洋自然景观和人文景观类型丰富多样，气候宜人，拥有以海滩、湿地、温泉、岛礁、历史古迹和妈祖文化为主要特色等多种类型的滨海旅游资源。其中沿海砂质岸线长达 712 km，拥有红树林面积达 104.7 km^2，在雷州半岛西南近岸海域还拥有全国唯一的大陆缘型珊瑚礁。

广东海域海况复杂，受天气和沿海地形因素影响较大。沿岸潮汐除红海湾—碣石湾海区为不正规日潮外，其他海区以不正规半日潮为主。在近海浅水范围内，潮流受岸形和海底地形限制，通常以往复流运动为主，其主轴基本与海岸线平行，只在转流期间才有旋转流的形态。潮流一般在水域开阔岸段较弱，而在海峡和岬角附近潮流则较强。广东沿岸表层环流与整个南海环流密切相关，冬季广东沿岸表层以 SW 向漂流为主，与南海冬季季风漂流一致；夏季，广东沿岸海流较为复杂，粤东沿岸海水以 NE 向漂流为主，仅在粤西近岸有一股流幅狭窄的 SW 向沿岸密度流。

广东省近岸海域水温的分布变化主要取决于大陆气候、径流、潮流和太阳辐射等因素的影响，通常春、夏季为升温期，夏季水温最高；秋、冬季为降温期，冬季水温最低。春、夏季水温分布趋势由近岸向外逐渐增高，秋、冬季水温分布比较均匀。全年水温的分布呈东低西高的变化趋势，但南、北水温差异随季节变化也比较大。盐度的变化主要受大陆径流和外海高盐水团的制约。夏季，大陆径流强，近岸海域表层盐度降至全年最低，河口区的低盐水浮在表层呈舌状向外扩展，外海高盐水则潜在其下方向沿岸逼近，水平梯度和垂直梯度都较大。冬季，大陆径流逐渐减弱，沿岸低盐水向岸边收缩，与此同时，外海高盐水团向岸边推进，呈强混合状态，表层盐度升至全年最高值。

广东大部分海域环境质量基本保持良好的状态，海域环境总体污染趋势有所减缓。根据本次广东省水体环境调查和 2015 年广东省海洋环境质量公报，近岸海域各功能区的海水水质能满足其使用功能的要求，受陆源污染影响较大的部分河口区近岸海域水质较差，河口区、近岸海域海水质量未见好转。海域的海洋沉积物质量基本保持良好状态，部分近岸海域沉积物质量较差。各增养殖区水质条件能满足增养殖环境功能的要求，但部分养殖环境有恶化趋势。海水浴场环境状况总体良好。海洋自然保护区内部分珍稀濒危物种和生态环境得到初步恢复。

广东省是我国海域开发利用程度较高的沿海省之一，海域使用类型多样，特别在珠江三角洲和滨海城市，岸线使用密度大，各涉海行业都以加强海洋资源开发利用为其发展的重要支撑。主要用海类型有港口航运、渔业资源利用和养护、城镇工业建设用海、矿产资源利用、旅游等类型，按照海域使用现状调查，截至 2010 年，海域开发利用面积约 4 170 km^2，其中港口航运占用海域面积约为 2 240 km^2，渔业用海面积约为 1 630 km^2，城镇工业建设用海面积约为 190 km^2。

广东省历来重视海洋保护工作，截至 2015 年，广东省共建立海洋与海岛保护区 73 个（含 4 个海洋公园），其中国家级保护区 12 个（含 4 个海洋公园），省级保护区 7 个，市、县级保护区 54 个，保护对象包括野生动物、滨海湿地、水产资源、森林生态、地质景观等。保护区占用海域面积约为 4 285.9 km^2，占用海岛面积约为 129 km^2。

第2章 专项任务概况

2.1 立项背景

进入 21 世纪, 国家提出了"实施海洋开发"战略部署, 实施《全国海洋经济发展规划纲要》, 为促进我国海洋经济持续快速发展, 实现"全面建设小康社会, 加快推进社会主义现代化目标", 国家海洋局针对我国近海海域综合调查程度和基本状况认知度比较低的情况, 提出开展"我国近海海洋综合调查与评价"专项。2003 年 9 月获国务院批准立项（简称 908 专项）。按照国家海洋局的整体部署, 沿海各省市应同时开展本地区的 908 专项工作, 依据国家海洋局 908 专项办公室所下达的任务, 结合当地需求和区域特色, 增加调查、评价和"数字海洋"等方面的工作内容。省级 908 专项总体工作是国家 908 专项工作的重要组成部分, 也是相对独立的完整体系, 所产生的成果将是向省级政府和国家提交的最终成果。

新中国成立以来, 广东省境内开展过 3 次比较大型的海洋综合调查, 包括 1958—1960 年全国海洋普查广东沿岸海域, 1980—1986 年实施的广东海岸带与海涂资源综合调查和 1989—1994 年实施的广东省海岛综合调查。这些调查在当时的客观条件下, 初步摸清了广东省海岸带和海岛气候、滩涂、矿产、生物以及港口、旅游等资源的数量、质量和演变规律, 提出了综合开发利用的设想, 为当时的海洋综合管理以及后来的海洋调查提供了丰富的基础性资料和科学依据, 为广东省社会经济大发展和海洋大开发提供了有力的支撑。

近 20 年来, 随着海洋开发活动的加剧, 海洋资源与环境发生较大的变化, 部分海洋资源衰退, 局部海域生态环境恶化。同时, 随着海洋开发活动加强, 现有海洋基础数据已远不能满足日益增长的海洋管理和海洋工程需求, 迫切要求开展更大范围、更大规模、更深层次的海洋综合调查与评价。

2003 年 12 月广东省第五次海洋经济工作会议召开, 确定了发展广东省海洋经济的指导思想、原则和目标, 加速发展海洋经济已成为广东率先基本实现社会主义现代化的重要战略措施。会议提出了"以提高海洋经济综合竞争力为核心, 建设海洋基础设施、科技创新和技术推广、海洋资源环境保护、海洋综合管理和水产品质量安全管理等五大体系, 努力走出一条海洋经济发展的新路子, 率先建成具有全国领先水平的蓝色产业带, 率先实现沿海地区全面建设小康社会的目标"的海洋工作新任务, 为今后广东省海洋经济的发展指明了方向并提出了明确的目标。

2004 年 10 月, 国家海洋局下发了"关于实施'我国近海海洋综合调查与评价'专项的意见"（国海科字〔2004〕455 号）, 向沿海各省市下达"近海海洋综合调查与评价"专项任务。2004 年 11 月 2 日, 广东省海洋与渔业局召开第一次广东省 908 专项工作会议, 确定立足国家要求和广东需要, 设计并开展广东省近海海洋综合调查与评价工作。

2.2 目的意义

广东是我国改革开放的先行地区，在全国经济社会发展和改革开放大局中具有举足轻重的战略地位。开展广东省近海海洋综合调查与评价，进一步摸清海洋家底，是推动广东海洋经济发展、优化海洋产业布局的现实基础，对于探索海洋保护开发新途径和海洋综合管理新模式，推进海陆统筹、区域协调发展和资源环境可持续利用，进而加快广东经济转型升级，建设广东省海洋经济综合试验区和海洋强省都具有重要意义。

开展广东省近海海洋综合调查与评价，主要实现如下 4 大目标。

（1）进一步掌握广东沿岸海域最新基础数据，了解海洋资源与环境的现状。通过本次调查，摸清广东省入海河流、港湾、沿岸海域的水文与气象、海底底质、海洋生物与生态、海洋化学等环境要素的时空分布特征和变化规律；了解海岸线的类型、长度和海岛（岛礁）位置、类型、数量、面积等基本情况，了解广东海洋灾害、海洋资源和沿海社会经济发展状况等，为合理开发利用海洋资源、推动沿海经济持续快速发展以及海上国防建设提供基础数据。

（2）通过对广东省近海海域海洋资源与环境状况的综合调查与评价，提出海洋资源开发的方向和思路，为海洋资源开发利用、生态环境保护提供决策支持，进一步提高海洋资源综合开发水平，优化海洋经济产业结构，达到资源开发与环境保护的协调统一，促进广东省社会与经济的可持续发展，为政府海洋管理机构提供相关研究报告与决策建议。

（3）利用本专项调查所取得的数据资料，结合历史数据，构建广东近海"数字海洋"信息基础框架。通过广东省数字海洋信息系统框架建设，充分发挥本次和历次海洋调查信息资源作用，实现数据库、模型和计算机技术的集成，构建虚拟数字海洋原型，将为广东省海洋综合管理、海洋环境保护、海洋权益维护和海洋科学研究提供全面的、多层次的海洋信息共享服务，初步建成应用示范系统。

（4）建立海洋资源环境信息查询系统及综合管理决策支持系统，提高广东省的海洋管理水平，为海洋的有效管理和地方经济建设服务。

2.3 任务内容

广东省 908 专项任务包括国家下达任务和广东省自设任务。2006 年 11 月，广东省政府批准实施"广东省 908 专项总体实施方案"，共确定 8 项综合调查任务，12 项综合评价任务和广东省数字海洋信息基础框架建设，共计 21 项任务。在专项实施过程中，根据实际需求，对 908 专项任务进行了适当的合并、拆分和补充。

本次 908 专项调查范围包括海域和陆域两部分。海域范围为广东省领海基线至海岸线之间的近海海域（包括海岛）；陆域范围为海岸线向陆一侧延伸 1 km 区域。调查海域面积约为 4.77×10^4 km^2，调查海岛面积约为 1 470 km^2，调查陆域面积约为 3 000 km^2，总调查范围的面积超过 5×10^4 km^2（见图 2.1）。

本次专项调查重点区域包括对广东省海洋资源开发和环境保护具有重要意义的重点港湾、重点河口、重点滨海旅游浴场、重点网箱养殖区、重点海洋保护区、重点排污口及特色生态系统所在海区。

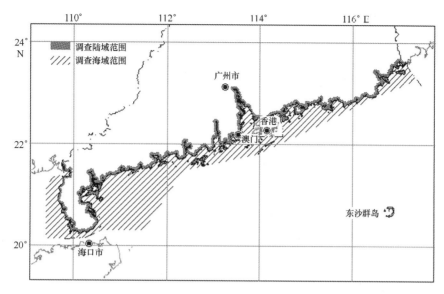

图2.1 广东省908专项调查范围示意图

2008年1月，国家908专项办下发《关于开展908专项省级任务成果集成工作的通知》，要求沿海各省在现有908专项调查评价成果基础上进行成果集成，按照国家的要求和广东省的实际情况，广东省908专项办对专项调查和评价的范围与任务进行了调整和补充，编制了《广东省908专项成果集成总体实施方案》，设置了11项成果集成任务。

广东省908专项任务包括综合调查（具体任务内容见表2.1）、综合评价（含新增专题，见表2.2）、数字海洋信息基础框架（见表2.3）、成果集成（见表2.4）4大类内容，先后确定并委托了中国科学院南海海洋研究所、国家海洋局南海分局、中山大学、国家海洋信息中心、暨南大学、南海水产研究所、国家海洋技术中心、广东省海洋与渔业环境监测中心、广东省海洋资源研究发展中心、国家海洋局天津海水淡化与综合利用研究所、广东省国土资源测绘院、广东海洋大学、广东省海洋与水产自然保护区管理总站等单位承担各专项任务。

表2.1 广东省908专项综合调查任务内容

编号	内容	承担单位	备注
GD908-01-01	海岸带（港址）综合调查	国家海洋局南海分局	广东省国土资源测绘院为海岸线修测任务的协作单位
GD908-01-02	海岛（岛礁）调查	国家海洋局南海分局	
GD908-01-03	水体环境调查与研究	中国科学院南海海洋研究所	由专项总实施方案中"沿岸海域物理海洋与海洋气象调查"和"沿岸海域生物（生态）、海洋化学及海底底质调查"合并而成
GD908-01-04	海域使用现状调查	中国科学院南海海洋研究所	
GD908-01-05	沿海地区社会经济基本情况调查	广东省海洋资源研究发展中心	

编号	内容	承担单位	备注
GD908-01-06	海岸侵蚀灾害调查	中国科学院南海海洋研究所	由实施方案中"海洋灾害调查"项目拆分而成,广东省自设任务
GD908-01-07	赤潮灾害调查	暨南大学	
GD908-01-08	滨海湿地及其他海洋特色生态系统与珍稀濒危海洋动物调查	中国科学院南海海洋研究所,广东省海洋与水产自然保护区管理总站	广东省自设任务

表 2.2　广东省 908 专项综合评价任务内容

编号	内容	承担单位	备注
GD908-02-01	海岸带开发对海洋生态环境影响评价及汕头港、柘林湾环境容量和污染物排放总量控制研究	国家海洋局南海分局	由实施方案中"广东沿岸和重要港湾生态环境及其承载力综合评价"项目拆分而成,广东省自设任务
GD908-02-02	海洋环境现状及其变化趋势综合评价及湛江港、海陵湾环境容量和污染物排放总量控制研究	中国科学院南海海洋研究所	
GD908-02-03	珠江口主要环境问题分析与对策	中山大学	广东省自设任务
GD908-02-04	广东省海岸线的综合利用与保护	国家海洋局南海分局	广东省自设任务
GD908-02-05	广东省海洋渔业资源综合评价	南海水产研究所,中国科学院南海海洋研究所,广东省海洋与渔业环境监测中心	广东省自设任务
GD908-02-06	广东近海潜在增养殖区评价与选划	中国科学院南海海洋研究所	
GD908-02-07	广东省沿岸港口(包括渔港)资源的保护和利用研究	国家海洋局南海分局	广东省自设任务
GD908-02-08	广东海砂资源综合评价	国家海洋局南海分局	广东省自设任务
GD908-02-09	广东潜在滨海旅游区评价与选划	中山大学	
GD908-02-10	其他海洋生物资源开发利用与保护	中国科学院南海海洋研究所	为实施方案中"广东近海其他资源开发利用与保护"项目拆分而成,广东省自设任务
GD908-02-11	海洋能源的开发利用	国家海洋技术中心	
GD908-02-12	海水淡化与利用评价	国家海洋局天津海水淡化与综合利用研究所	

续表 2.2

编号	内容	承担单位	备注
GD908-02-13	海岸侵蚀灾害队沿海地区社会经济发展的影响及防治对策	中国科学院南海海洋研究所	由实施方案中"海洋灾害对沿海社会经济发展的影响及评价"项目拆分而成，广东省自设任务
GD908-02-14	沿岸海域赤潮灾害特征及防灾减灾措施	暨南大学	
GD908-02-15	海洋污染灾害的应急措施	国家海洋局南海分局	
GD908-02-16	广东沿岸滨海湿地及其他特色生态系统综合评价	中国科学院南海海洋研究所，广东省海洋与水产自然保护区管理总站	广东省自设任务
GD908-02-17	广东海洋经济发展战略与海洋管理研究	国家海洋信息中心，广东海洋大学，广东省海洋资源研究发展中心	广东省自设任务
GD908-02-18	不确定条件下广东省海洋资源的最优开发	中山大学	广东省自设任务
GD908-02-XZ01	大亚湾生态系统健康评价与持续对策研究	广东省海洋与渔业环境监测中心，南海水产研究所	新增评价专题

表 2.3　广东省数字海洋信息基础框架建设任务内容（GD908-03）

分类	内容	备注
"数字海洋"信息基础平台	海洋信息的获取与更新系统	
	基础地理数据库	
	基础资料数据库	
	专题信息数据库	
海洋综合管理与服务信息系统	人工鱼礁管理子系统	广东特色子系统
	海洋生态环境在线监测子系统	广东特色子系统
	海洋信息公众服务系统（含成果主页系统）	
	数字海洋三维可视化系统	广东特色子系统
	海域使用权网上竞价系统	广东特色子系统
系统业务能力建设	数据中心建设	
	网络平台建设	
	管理办法和制度建设	

注：广东省数字海洋信息基础框架建设由广东省海洋与渔业环境监测中心承担。

表 2.4　广东省 908 专项成果集成内容

编号	内容	承担单位	备注
GD908-JC-01	广东省近海海洋综合调查与评价专项数据集	国家海洋信息中心	
GD908-JC-02	广东省近海海洋综合调查与评价专项总报告	中国科学院南海海洋研究所	

续表 2.4

编号	内容	承担单位	备注
GD908-JC-03	广东省海洋环境资源基本现状	中国科学院南海海洋研究所	
GD908-JC-04	广东省海岛海岸带综合调查数据集	国家海洋局南海分局	
GD908-JC-05	广东省近海海洋图集（含海域使用图集）	国家海洋局南海分局	
GD908-JC-06	广东省近海海洋生态环境保护研究	中国科学院南海海洋研究所	广东省自设任务
GD908-JC-07	广东省近海海洋资源综合利用研究	中国科学院南海海洋研究所	广东省自设任务
GD908-JC-08	广东省海洋产业发展优化研究	中山大学	广东省自设任务
GD908-JC-09	广东省数字海洋空间数据共享平台开发	国家海洋局南海分局	广东省自设任务
GD908-JC-10	广东省近海海洋资源环境现状蓝皮书	中国科学院南海海洋研究所	
GD908-JC-11	广东省海洋发展战略（初拟稿）	国家海洋信息中心	

第 3 章　组织实施情况

3.1　组织机构

2004 年 10 月，国家海洋局下发"关于实施'我国近海海洋综合调查与评价'专项的意见"（国海科字〔2004〕455 号），明确要求沿海各省市人民政府成立 908 专项办公室，开展 908 专项工作。广东省委省政府从建立海洋经济强省的角度出发，高度重视 908 专项工作，2005 年 8 月，省政府发文（粤办函〔2005〕508 号）成立了广东省 908 专项工作领导小组和专家顾问组，负责指导广东省 908 专项的组织实施，以及协调解决专项实施过程中涉及相关部门的重大问题。领导小组下设办公室（即广东省 908 专项办公室，设在省海洋与渔业局），负责组织实施广东省 908 专项的工作，制定专项管理和重要技术文件，检查专项执行情况，组织专项成果验收；专家顾问组则由国家和省内各海洋研究院所和大学的专家组成，协助专项办对专项中的各类技术方案、成果内容等进行把关。

为保障广东省 908 专项工作的日常运转，广东省 908 专项办成立了 908 专项办公室工作小组和专家顾问组，工作小组由广东省海洋与渔业局资源环境管理处牵头，广东省海洋与渔业环境监测中心为主，设立专门机构，由专人负责全省 908 专项的经费管理、汇交审查、质量控制、档案整理等日常工作。工作小组还与国家海洋局南海标准计量中心联合组成了专项质量控制小组，与国家海洋局南海档案馆联合组成了专项档案管理小组。

领导小组：

组　长：刘　昆（副省长）2010—2012 年

　　　　　李容根（副省长）2005—2010 年

副组长：颜学亮（省政府副秘书长）2010—2012 年

　　　　　郑伟仪（省海洋与渔业局局长）2010—2012 年

　　　　　周炳南（省政府副秘书长）2005—2010 年

　　　　　李珠江（省海洋与渔业局局长）2005—2010 年

成　员：李建设（省海洋与渔业局副局长）

　　　　　董富胜（省发改委副主任）

　　　　　李朝明（省财政厅副厅长）

　　　　　陈庆年（省交通厅水运管理处处长）

　　　　　黄　华（省水利厅水资源规划处处长）

　　　　　曾超鹏（省信息产业厅副厅长）

　　　　　陈铣成（省环保局处长）

　　　　　许永锞（省气象局副局长）

　　　　　幸晓维（省统计局副局长）

曾维炳（省旅游局副局长）

陈俊勤（省林业局副局长）

王名文（国家海洋局南海分局副局长）

专家顾问组：

组　长：潘金培　原省政协副主席 中科院南海海洋研究所研究员

副组长：甘子钧　中国科学院南海海洋研究所 研究员

　　　　马应良　国家海洋局南海分局 教授级高工

成　员：谢　健　国家海洋局南海分局 教授级高工

　　　　黄楚光　国家海洋局南海分局 教授级高工

　　　　许时耕　国家海洋局南海分局 教授级高工

　　　　陈清潮　中国科学院南海海洋研究所 研究员

　　　　王文质　中国科学院南海海洋研究所 研究员

　　　　王文介　中国科学院南海海洋研究所 研究员

　　　　施　平　中国科学院南海海洋研究所 研究员

　　　　林幸青　广东省科学院广州地理研究所 研究员

　　　　贾晓平　中国水产科学研究院南海水产研究所 研究员

　　　　何国民　中国水产科学研究院南海水产研究所 研究员

　　　　罗章仁　中山大学 教授

　　　　陈晓翔　中山大学 教授

　　　　郑志昌　广州海洋地质调查局 教授级高工

　　　　齐雨藻　暨南大学 教授

　　　　吴灶和　广东海洋大学 教授

　　　　徐质斌　广东海洋大学 教授

　　　　赵西康　广东省国土资源厅 高工

　　　　韩保新　国家环保局华南环科所 研究员

　　　　林光裕　中交第四航务工程勘察设计院 高工

　　　　白植悌　交通部广州航道局 高工

　　　　尹卫平　国家海洋局第三海洋研究所 研究员

　　　　杨圣云　厦门大学 教授

　　　　谢凌峰　省交通咨询服务中心 教授级高工

专项办公室：

主　任：郑伟仪（2010—2012 年），李珠江（2005—2010 年）

副主任：文斌（2011—2012 年），屈家树（2010 年），李建设（2005—2009 年）

成　员：黄良民　贾晓平　孟　帆　洪伟东　魏平英　黄汉泉　白　桦

　　　　刘思远　王华接　吴卓龙　周厚诚　李福顺　于培松

专项工作小组：

组　　长：魏平英（2005—2006 年），刘思远（2007—2012 年）

常务副组长：王华接（2007—2012 年），刘思远（2005—2006 年）

副组长：陆超华　陈　竹

成　员：刘春杉　岳　文　杨怡白　马亚洲　叶四华　苏　玮　张彤辉
　　　　李　娜　郑淑娴　郑小曼　黄雯雯　谢　宇　詹海坤　朱佳慧
　　　　吴子彦　陈应华　赵明辉　沈　亮　孙宝权

质量控制小组：

组　　长：黄楚光

副级长：陆超华

成　员：曲念东　刘春杉　张岳洪　岳　文　李　娜

档案管理小组：

组　　长：钮智旺

成　员：沈东芳　游大伟　岳　文　程泽梅　郑小曼　黄雯雯　陈　铭

3.2　经费保障

广东省 908 专项总经费为 9 067 万元。包括国家下拨和省财政配套两部分。具体经费拨付情况见表3.1。

表 3.1　广东省 908 专项经费情况　　单位：万元

项目名称	已拨付经费		合计拨付
	中央	省配套	
综合调查	3 480	1 898	5 378
综合评价	290	775	1 065
数字海洋	340	385	725
新增专题	60	—	60
成果集成	550	281	831
质量控制与综合服务	40	698	738
综合管理	—	270	270
合计	4 760	4 307	9 067

3.3　质量控制

为确保 908 专项任务的质量，广东省 908 专项办公室紧紧围绕 908 专项的主题和服务宗旨，建立了高效合理的专项质量管理组织机构和工作机构，明确工作职责，实施全面质量管理，积累了丰富的质量管理经验。

广东省 908 专项工作主要从两方面开展质量管理：一是调查队伍的基本技术条件保障，二是调查过程的质量控制。通过调查过程的质量检查监督，及时对存在问题整改完善，以保障调查数据的准确可靠。2006—2011 年间，广东省 908 专项办共组织开展现场检查、盲样考核、汇交审查、质量评估等 75 次，出具整改意见 22 份，为省 908 专项数据的准确性和完整性提供了有力的保障。从最终的质量评估结果来看，综合调查课题中质量评估 7 个良好、1 个合格；综合评价和新增课题中质量评估中优秀 2 个，良好 16 个，合格 1 个；数字海洋信息基础框架系统测评结果为数据质量可信，系统稳定可靠，达到相关技术规程和国家标准的要求；成果集成合同任务 6 个优秀、5 个良好。

3.3.1 组织机构

广东省 908 专项办委托国家海洋局南海标准计量中心作为广东省 908 专项质量监督工作机构，负责监督各专项承担单位在专项开展过程中的质量控制、评估各专项的成果质量、对各专项进行质量监督检查、组织省级专项汇交审查和相关的质量工作会议。确保了实际工作过程中各负其责，质量保证与质量控制到位，监督与被监督配合默契，质量管理层次鲜明、脉络清晰。

各专项任务承担单位设立专项任务质量保障组织机构并明确质量管理人员分工，负责本单位专项任务全过程的质量控制与管理；支持并配合专项质量监督检查工作等。

针对相关专项任务专业性特点，广东省 908 专项办还委托广东省测绘产品质量监督检验中心对"海岸带（港址）综合调查"中的海岸线修测任务进行质量控制，委托中国软件测评中心对"广东省数字海洋信息基础框架建设"任务进行质量控制。

3.3.2 质量保证措施

3.3.2.1 完善规章制度

根据《我国近海海洋综合调查与评价专项质量监督管理办法》、《我国近海海洋综合调查与评价专项质量监督管理办法实施细则》和《我国近海海洋综合调查与评价合同任务质量评估办法》，广东省 908 专项办公室组织起草并发布了《广东省 908 专项质量监督管理办法》。根据各专项调查任务的实际情况，所有专项任务均编写了《专项质量管理实施方案》。

通过建立符合自身特点的完善的规章制度，为广东省 908 专项顺利完成专项总体目标提供了执行依据，为全面质量管理的有效实施确立了方向，使得专项质量控制工作有章可循，保证了 908 专项质量工作的科学性、严谨性和有效性。

3.3.2.2 加强人员培训

广东省 908 专项办积极组织人员参加国家 908 专项质量监督管理工作机构举办的各类培训，共有 8 人次的质量管理人员参加培训并分别取得质量监督员和质量保障员证书，共有 268 人次参加培训并取得专项调查人员资格证书。广东省 908 专项办组织了沿海社会经济基本情况调查、908 专项质量评估宣传、制图等培训班，培训人员近 150 人。通过上述培训，确保所有专项调查、评价等技术人员和质量管理人员均具有相应的素质和水平，确保持证上岗。

3.3.2.3　严格执行规程规范

广东省 908 专项所有工作均严格执行国家 908 专项技术规程及相关标准和规范。

3.3.2.4　确保仪器设备量值溯源有效

广东省 908 专项质量管理过程中，严格强调仪器设备的溯源工作。目前国内已具备计量检测能力的仪器设备，在任务开始前和结束后全部送法定计量检定机构进行检定/校准；目前国内尚不具备计量检测能力的仪器设备，由仪器的使用单位研究编制自校或比对方法，向专项质量监督管理工作机构备案，并在任务开始前和结束后按照自校或比对方法开展自校和比对，并接受南海标准计量中心的检查确认，不符合规程要求的设备不得在本专项中使用。

3.3.2.5　标准物质使用合理

广东省 908 专项调查专题优先使用国家批准生产的有证标准物质，没有国家有证标准物质的，选用最高纯度的试剂进行配置。

3.3.2.6　数据来源准确可靠

广东省 908 专项评价和成果集成课题均有数据来源说明，并对数据的准确性进行了评价。

3.3.2.7　资料交接手续完善

广东省 908 专项评价和成果集成课题数据资料交接均有交接记录。

3.3.2.8　模式模型数据规范

广东省 908 专项评价项目使用的模式模型均经过了论证，并对模式模型的可靠性进行了数据验证。

3.3.2.9　调查成果数据比对

广东省 908 专项海岸带、海岛调查成果数据与国家 908 专项遥感调查广东区块成果数据进行了比对，成果数据最终达成一致。

3.3.3　质量控制过程

在专项执行前期，广东省 908 专项办多次组织质量监督检查小组对任务承担单位就质量保证措施的制定情况、人员持证上岗情况、仪器设备的量值溯源情况、实验室环境条件等方面进行了深入细致的检查。

在专项执行中后期，就作业过程中产生原始记录和表格是否符合规程，仪器设备的工作状况记录，数据和样品的保存是否符合相关规定，质控措施是否落实到位并有相应记录等情况多次组织检查。

质量监督检查小组能够及时发现执行过程中存在的问题，发放整改通知书，督促相关单位及时整改并提交整改报告。广东省 908 专项执行过程中，南海标准计量中心签发《908 专项质量监督检查整改通知书》18 份，质量监督检查记录表 20 份，以其他方式检查并提出整改问题记录 14 份。

3.3.4 质量控制与质量评估相关结果

2008 年 8 月至 9 月间,广东省 908 专项办组织对国家海洋局南海分局(图 3.1 和图 3.2)、中科院南海海洋研究所(图 3.3)、暨南大学(图 3.4)等调查任务承担单位进行了相关的盲样考核,考核结果普遍准确。

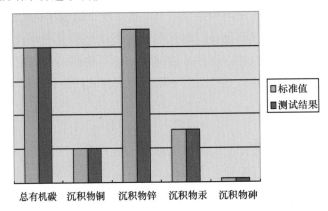

图 3.1 国家海洋局南海海洋环境监测中心盲样考核结果

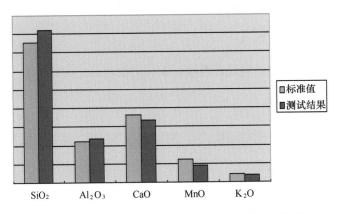

图 3.2 国家海洋局南海工程勘察中心盲样考核结果

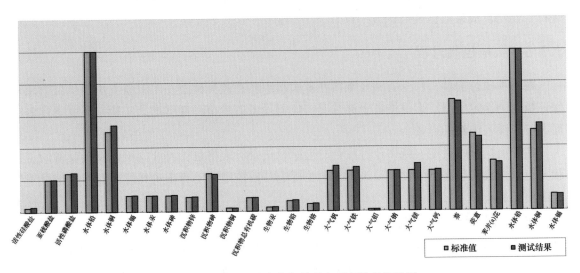

图 3.3 中国科学院南海海洋研究所盲样考核结果

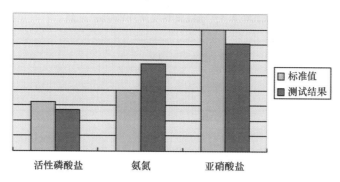

图 3.4　暨南大学盲样考核结果

2008 年 7 月，由广东省测绘产品质量监督检验中心抽取了 10% 的岸段约 400 km 海岸线，采用实地比测方式完成广东省海岸线修测成果测量精度检测，最终广东省海岸线修测中误差为 2.9 m，显著高于中误差 5 m 的测量精度要求。

2011 年 3 月，广东省数字海洋信息基础框架建设通过中国软件测评中心组织的系统测评，测评结果认为：① 系统架构满足任务合同书要求；② 系统功能满足本项目任务合同书中的要求，系统集成实现了国家综合系统与省级节点系统之间的一体化应用；③ 系统运行稳定，安全可靠；④ 系统性能均满足需求要求的 5 s 范围；在并发压力测试过程中，各服务器 CPU 利用率不超过 80%，系统资源占用在合理范围内。

2010 年 10 月至 2012 年 3 月，省 908 专项办组织南海标准计量中心对所有专项任务开展了质量评估工作，评估结果如下。

依据《我国近海海洋综合调查与评价专项合同任务质量评估办法》，对 8 个专项调查合同任务进行质量评估，评估结果见表 3.2；依据《关于印发〈908 专项综合评价和成果集成任务验收方案〉的通知》，对 19 个专项评价合同任务（含新增评价专题合同任务）和 11 个成果集成合同任务进行质量评估，评估结果分别见表 3.3 和表 3.4。

表 3.2　调查专题质量评估情况

序号	专项任务名称	承担单位	质量评估时间	质量评估结论
1	广东省 908 专项海岸带（港址）综合调查	国家海洋局南海分局	2010-12-25	良好
2	广东省 908 专项海岛（岛礁）调查	国家海洋局南海分局	2010-12-25	良好
3	广东省 908 专项水体环境调查与研究	中国科学院南海海洋研究所	2010-10-15	良好
4	广东省 908 专项海域使用现状调查	中国科学院南海海洋研究所	2010-10-15	良好
5	广东省 908 专项沿海地区社会经济基本情况调查	广东省海洋资源研究发展中心	2011-01-11	良好
6	广东省 908 专项海岸侵蚀灾害调查	中国科学院南海海洋研究所	2010-10-15	良好
7	广东省 908 专项海洋灾害调查	暨南大学	2010-10-25	合格
8	广东省 908 专项滨海湿地及珍稀濒危海洋生物调查	中国科学院南海海洋研究所	2010-10-15	良好

表 3.3　评价专题质量评估情况

序号	专项任务名称	承担单位	质量评估时间	质量评估结论
1	海岸带开发对海洋生态环境影响评价及汕头港、柘林湾环境容量和污染物排放总量控制研究	国家海洋局南海分局	2011-05-30	良好
2	海洋环境现状及其变化趋势综合评价及湛江港、海陵湾环境容量和污染物排放总量控制研究	中国科学院南海海洋研究所	2011-10-17	良好
3	珠江口主要环境问题分析与对策	中山大学	2011-05-30	良好
4	广东省海岸线综合利用与保护	国家海洋局南海分局	2011-05-30	良好
5	广东省海洋渔业资源综合调查	中国水产科学研究院南海水产研究所	2011-09-23	良好
6	广东省潜在增养殖区评价与选划	中国科学院南海海洋研究所	2011-03-14	良好
7	广东沿岸港口（包括渔港）资源保护与利用研究	国家海洋局南海分局	2011-05-30	良好
8	广东海砂资源综合评价	国家海洋局南海分局	2011-05-30	良好
9	广东潜在滨海旅游区评价与选划	中山大学	2011-03-04	良好
10	海洋生物资源开发利用与保护	中国科学院南海海洋研究所	2011-09-23	良好
11	广东省海洋能源的开发利用	国家海洋技术中心	2011-06-07	良好
12	广东省海水淡化与利用评价	国家海洋局天津海水淡化与综合利用研究所	2011-06-08	良好
13	海岸侵蚀灾害对沿海地区社会经济发展的影响及防治对策	中国科学院南海海洋研究所	2011-09-23	良好
14	沿岸海域赤潮灾害特征及防灾减灾措施	暨南大学	2011-09-23	优秀
15	海洋灾害对沿海社会经济发展的影响及对策——海洋污染灾害的应急措施	国家海洋局南海分局	2011-05-30	良好
16	广东省沿岸滨海湿地及其他特色生态系统综合评价	中国科学院南海海洋研究所	2011-09-23	合格
17	广东海洋经济发展战略与海洋管理研究	国家海洋信息中心	2011-06-08	良好
18	不确定条件下广东省海洋资源的最优开发	中山大学	2011-03-04	良好
19	大亚湾生态系统健康评价与可持续对策研究	广东省海洋与渔业环境监测中心	2011-10-09	优秀

表 3.4　成果集成专题质量评估情况

序号	专项任务名称	承担单位	质量评估时间	质量评估结论
1	广东省近海海洋综合调查与评价数据集	国家海洋信息中心	2012-03-02	优秀
2	广东近海海洋综合调查与评价专项总报告	中国科学院南海海洋研究所	2012-03-14	良好
3	广东省海洋资源基本现状	中国科学院南海海洋研究所	2012-02-28	良好

续表 3.4

序号	专项任务名称	承担单位	质量评估时间	质量评估结论
4	广东省海岛海岸带综合调查数据集	国家海洋局南海分局	2012-02-24	优秀
5	广东省近海海洋图集	国家海洋局南海分局	2012-03-15	优秀
6	广东省近海海洋生态环境保护研究	中国科学院南海海洋研究所	2012-02-28	良好
7	广东省近海海洋资源综合利用研究	中国科学院南海海洋研究所	2012-02-28	良好
8	广东省海洋产业发展优化研究	中山大学	2012-02-23	良好
9	广东省数字海洋空间数据共享平台	国家海洋局南海分局	2012-02-24	优秀
10	广东省近岸海洋资源环境现状蓝皮书	中国科学院南海海洋研究所	2012-02-28	优秀
11	广东省海洋发展战略（初拟稿）	国家海洋信息中心	2012-03-15	优秀

2012 年 3 月 22 日，广东省 908 专项任务通过了国家 908 专项办组织的国家级质量评估，评估组认为：广东省的质量管理制度健全、监督检查措施到位，符合质量监督管理办法的要求，质量评估工作严格按照国家质量评估管理办法的规定，精心组织、程序规范，符合国家质量评估管理办法的要求。

3.4 档案管理

档案成果是 908 专项实施的真实记录与核心成果，档案工作是广东省 908 专项实施和专项管理工作的重要组成部分。广东省 908 专项档案工作在省 908 专项办、国家海洋局南海档案馆（南海信息中心）和各专项任务承担单位的共同努力下，已实现各项目不同载体档案的系统、完整、齐全与规范整理。

3.4.1 组织机构

广东省 908 专项办十分重视专项档案工作的组织、协调与管理，建立了较为系统的档案管理组织体系与管理机制并委托国家海洋局南海档案馆全面承担广东省 908 专项的档案管理工作，在此基础上成立"广东省 908 专项档案管理组"，由专项办相关人员、南海档案馆馆长及档案业务人员、省局档案室管理人员、任务单位档案员等组成，档案管理组接受广东省 908 专项办公室领导，主要负责对专项实施过程中产生的档案材料进行全程跟踪管理，指导各专题组资料管理员对各专题产生的档案材料进行整理，并在专项工作完成后组织进行组卷指导、归档和移交工作，确保专项档案的齐全、完整、准确、系统、安全和有效利用。

3.4.2 建章立制

为了保证 908 专项档案的完整、规范、系统，档案管理组从档案制度建设和档案技术标准规范化入手，为专项档案质量打好基础。

在制度建设方面：根据国家 908 专项办下发的《关于印发 908 专项任务档案工作意见的通知》（国海办字〔2006〕78 号）、《908 专项归档文件材料整理规则》等要求，广东省 908

专项办积极组织相关人员学习和贯彻，并对《908专项归档文件材料整理规则》组织了多次的培训和解读。结合广东省908专项工作实际，制定了《广东省908专项档案管理办法》、《广东省908专项调查专题档案管理工作方案》和《广东省908专项评价、集成及数字海洋专题档案管理工作方案》，对各任务承担单位档案的收集、整理和归档提出了明确的要求。

在技术要求规范化方面，档案管理组明确了各类文件的整理要求和规范化细则，统一各类档案载体整理的细节格式并提供完善的成品样本供参考，集中制作并分发标准的档案用品器具和耗材，并对各类档案实物的装订、装盒、封面标识等进行规范统一。

3.4.3 档案管理实施

在专项实施过程中，档案工作贯穿始终。主要有以下个几方面。

1）集中培训与定期培训

省908专项实施初期，档案管理组组织对各承担单位的资料管理员进行系统培训，培训内容包括：专项档案的收集、整理、组立卷、案卷排列、编目以及归档等方面。除此之外，档案管理组相关技术人员通过举办各种档案咨询答疑活动，对项目负责人和档案人员进行现场培训与答疑累计近200余人次，实现了领导者、档案管理者和档案专员的业务培训全覆盖，为档案工作开展打好基础。

2）指导与监督检查

省专项908办及档案管理组坚持全过程管理，及时掌握档案整理方面出现的问题，抓好每一环节。档案管理组多次对任务单位进行一对一的指导，积极做好协调工作，针对各单位存在问题，积极予以沟通解决，对于比较共性或难以解决的问题，及时向国家908专项办及国家海洋档案馆寻求帮助，争取问题快速解决。

档案管理组抓好对档案的监督检查工作，采取多种形式了解各单位档案整理情况，不间断地检查不同阶段档案实体整理情况，对于存在问题的单位限定整改期限，并采取实时跟踪复查，直到问题解决为止，做到每个问题都有回音、有解决。

3）组织交流，提高专项档案水平

档案管理组积极与国家908专项办和海洋档案馆进行沟通，耐心向上级请教管理及技术问题，并于2009年11月调研天津908专项办档案管理工作，取长补短，力求将管理工作做到位。与各任务单位密切配合，积极沟通，建立良好的档案管理工作氛围。通过组织各单位相互观摩、组织参观兄弟单位专项档案情况及邀请海洋档案馆有关专家进行座谈答疑等多种方式，为档案人员提供一个沟通的途径，搭建专项档案交流平台，提高了广东省908专项档案管理的整体水平。

3.4.4 专项档案成果

广东省908专项，包括综合调查、综合评价、数字海洋、成果集成、新增任务等39个项目，预计总验收后将产生纸质档案600多卷，其中成果报告60余本，图件2 000余套；电子光盘90余张，硬盘1个，数据量120 GB以上。此外，还有生物样品1 194瓶，地质样品

1 269件。从总体情况看，广东省档案资料内容丰富，将为广东省海洋经济建设提供第一手珍贵材料；档案数量可观，保证了各个项目资料的齐全性和完整性；档案质量符合要求，组卷有序，整理规范；档案的载体多样化，方便使用者读取检索。

一分耕耘一分收获，由于在专项档案工作上的出色表现，广东省 908 专项办档案管理组在首届全国海洋档案工作会议上获得了"海洋专项任务档案工作先进集体"荣誉。

第4章 专项调查与评价任务完成情况

4.1 综合调查

本次专项综合调查包括水体环境、海岸带、海岛、海域使用现状、沿海社会经济、赤潮灾害、海岸侵蚀灾害和滨海湿地及其他海洋特色生态系统与珍稀濒危海洋动物调查共8项调查任务（调查站位分布见图4.1）。

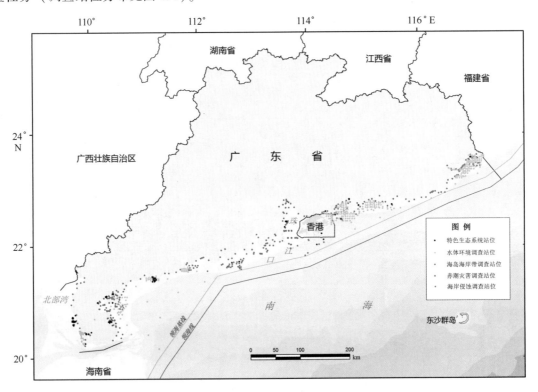

图4.1 广东省908专项外业调查站位分布

本次专项调查时间从2006年7月开始，水体环境调查项目组率先开展外业调查，至2009年11月，赤潮灾害调查项目组结束突发赤潮的应急调查。外业调查历时3年5个月，调查面积超过 $5×10^4$ km²。至2011年3月，完成所有综合调查项目的验收，综合调查专题共历时4年9个月。

4.1.1　海岸带（港址）综合调查

4.1.1.1　调查范围和调查内容

海岸带（港址）综合调查现场调查区域为以潮间带为中心，向海延伸至海图 0 m 等深线附近，向陆延伸 1 km。

本次调查包括海岸线、海岸带地貌和第四纪地质调查、岸滩地貌与冲淤动态调查、底质调查、潮间带沉积物化学、潮间带底栖生物、滨海湿地、海岸带植被资源、港址 9 个方面的内容。

4.1.1.2　完成工作量和取得的成果资料

1）完成的工作量

本项调查完成现场调查和室内分析测试工作量如下（表4.1 和表4.2）。

表 4.1　广东省海岸带（港址）综合调查外业完成情况

调查项目		合同工作量	完成工作量	完成百分比（%）
岸线修测			4 114 km, 3 000 km 实测	
地貌和第四纪、滨海湿地、植被、岸滩地貌和冲淤动态等综合调查剖面		170 条剖面	172 条剖面	102
潮间带底质表层采样		297 个	405 个	126
潮间带底质柱状采样		33 根	34 根	103
潮间带沉积化学专题	断面数量	32 条	33 条	103
	表层站位数量	86 站	95 站	110
	柱状站数量	10 站	10 站	100
潮间带底栖生物专题	断面数量	32 条	32 条	100
	定量样品数量	96 个	130 个	135
	生物质量样品数量	32 个	60 个	188

表 4.2　广东省海岸带（港址）综合调查测试分析情况

序号	内容	合同工作量（站）	实际工作量（站）	完成百分比（%）
1	表层样粒度分析	297	404	126
2	柱状样粒度分析	33	34	103
3	柱状样孢粉分析	4	11	275
4	沉积速率测定	根据情况自定	5	100
5	土力学分析	6	7	117
6	表层沉积化学分析	未要求	112	100
7	柱状沉积化学分析	未要求	11	100

现场调查结束后，广东省海岸带（港址）综合调查与国家海岸带海岛遥感调查进行了数据比对，并实现了地貌、植被、湿地、潮间带等相关要素的统一。

2）取得的成果资料

广东省 908 专项海岸带（港址）调查主要成果共分 3 个部分，包括 8 套数据集、11 套成果图件（合计 1 505 幅）和 9 册调查研究报告。

（1）数据集

① 广东省海岸带粒度数据集

② 广东省海岸带底质沉积化学数据集

③ 广东省海岸带古生物数据集

④ 广东省海岸带矿物数据集

⑤ 广东省海岸带沉积速率数据集

⑥ 广东省海岸带土工数据集

⑦ 广东省海岸带潮间带沉积化学数据集

⑧ 广东省海岸带潮间带底栖化学数据集

（2）成果图件

① 海岸线修测图（1:5 万标准分幅图）

② 海岸带岸线与潮间带类型分布图（1:5 万标准分幅图）

③ 海岸带岸线变迁图（1:5 万标准分幅图）

④ 海岸带岸线稳定性分布图（1:5 万标准分幅图）

⑤ 海岸带潮间带沉积物类型分布图（1:5 万标准分幅图）

⑥ 典型海岸带岸滩地貌图（1:5 万标准分幅图）

⑦ 海岸带潮间带沉积化学图集

⑧ 海岸带潮间带底栖生物图集

⑨ 海岸带地貌类型分布图（1:5 万标准分幅图）

⑩ 海岸带滨海湿地类型分布图（1:5 万标准分幅图）

⑪ 海岸带植被类型分布图（1:5 万标准分幅图）

（3）调查报告

① 海岸线修测调查报告

② 海岸带地貌与第四纪地质调查报告

③ 岸滩地貌与冲淤变化调查报告

④ 潮间带底质调查报告

⑤ 潮间带沉积物化学调查报告

⑥ 潮间带底栖生物调查报告

⑦ 滨海湿地调查报告

⑧ 海岸带植被资源调查报告

⑨ 港址调查报告和海岸带资源调查报告

4.1.2　海岛（岛礁）调查

4.1.2.1　调查范围和调查内容

海岛（岛礁）调查范围为全省海岛及周边潮间带，并对 44 个有居民海岛和 152 个无居民海岛进行现场登岛调查。

有居民海岛和无居民海岛调查内容有所不同。有居民海岛调查包括海岛岸线、地质、地貌与第四纪地质、岸滩地形地貌与冲淤动态、底质、沉积化学、底栖生物、滨海湿地、土地利用等；无居民海岛调查主要为一般性调查，包括海岛的名称、类型、位置、面积、岸线及潮间带、地质、地貌、植被、资源环境、开发利用状况、领海基点等。

4.1.2.2　完成的工作量和取得的成果

1）完成工作量

本项调查完成现场调查和室内分析测试工作量如下（表 4.3、表 4.4 和表 4.5）。

表 4.3　广东省有居民海岛调查外业完成情况

序号	调查专题	合同任务量		实际工作量			
		剖面（条）	调查站位（个）	剖面（条）	完成率（%）	调查站位（个）	完成率（%）
1	海岛岸线调查	—	—	—		2444	
2	海岛岸滩地形地貌与冲淤动态调查	156	—	155	99.4	427	
3	海岛潮间带底质调查	156	468	155	99.4	458	98
4	海岛地貌与第四纪地质调查	156	—	155	99.4	541	
5	海岛潮间带沉积化学调查	38	114	38	100	114	100
6	海岛潮间带底栖生物调查	23	114（38）*	23	100	114	100
7	海岛滨海湿地调查	—	—	155		639	
8	海岛地质调查	—	—	—		123	
9	海岛植被	—	—	—		639	
10	海岛土地利用	—	—	—		754	

注：* 括弧内数字为生物体残毒样品数。

表 4.4　广东省海岛调查登岛完成情况

海岛类型	任务中调查海岛数量（个）	实际调查海岛数量（个）	完成率（%）
有居民	44	44	100
无居民	150	154	102

现场调查结束后，广东省海岸带（港址）综合调查与国家海岸带海岛遥感调查进行了数据比对，并实现了地貌、植被、湿地、潮间带等相关要素的统一。

表 4.5 广东省海岛调查测试分析完成情况

序号	项目		任务量	实际工作量	完成情况	备注
1	潮间带沉积物粒度		全部表层样	458 个	完成	合同中未规定具体样品数。计划调查剖面中有11 个剖面无样品可采，并增加了 38 个无居民海岛表层样品
2	潮间带沉积物碎屑矿物		1/10 表层样	133 个	超额完成	
3	潮间带沉积物地球化学		1/10 表层样	108 个	超额完成	
4	潮间带沉积化学		114 个	114 个	完成	
5	潮间带底栖生物	定性样品	38 个	38 个	完成	
		定量样品	114 个	150 个	超额完成	
		生物质量样品	38 个	58 个		

2）取得的成果资料

广东省 908 专项海岛调查主要成果共分 3 个部分，包括 10 套数据集、17 套成果图件（合计 1 672 幅）、11 册调查报告和 1 册海岛名录。

（1）数据集

① 海岛岸线数据集

② 海岛岸滩地貌与冲淤动态调查数据集

③ 海岛地貌和第四纪地质调查数据集

④ 海岛潮间带沉积物化学调查数据集

⑤ 海岛潮间带底栖生物调查数据集

⑥ 海岛潮间带底质调查数据集

⑦ 海岛植被资源调查数据集

⑧ 海岛湿地调查数据集

⑨ 海岛土地开发利用数据集

⑩ 海岛区域气候特征统计数据集

（2）成果图件

① 海岛类型分布图（1∶5 万标准分幅图）

② 海岸带海岛岸线与潮间带类型分布图（1∶5 万标准分幅图）

③ 海岸带海岛岸线变迁图（1∶5 万标准分幅图）

④ 海岸带海岛岸线稳定性分布图（1∶5 万标准分幅图）

⑤ 海岸带海岛潮间带沉积物类型分布图（1∶5 万标准分幅图）

⑥ 典型海岛岸滩地貌平面图和地形剖面图

⑦ 海岸带海岛地貌类型分布图（1∶5 万标准分幅图）

⑧ 海岛第四纪地质专题图（1∶5 万标准分幅图）

⑨ 海岛区域地质专题图（1∶5 万标准分幅图）

⑩ 海岛工程地质专题图（1∶5 万标准分幅图）

⑪ 海岛水文地质专题图（1∶5 万标准分幅图）

⑫ 海岸带海岛滨海湿地类型分布图（1:5万标准分幅图）

⑬ 海岸带海岛滨海湿地植被分布图（1:5万标准分幅图）

⑭ 海岸带海岛植被类型分布图（1:5万标准分幅图）

⑮ 海岸带海岛土地利用类型分布图（1:5万标准分幅图）

⑯ 广东省海岸带海岛潮间带沉积物化学（分海区出图）

⑰ 广东省海岸带海岛潮间带生物（分海区出图）

（3）调查报告

① 海岛岸线调查研究报告

② 无居民海岛调查研究报告

③ 海岛地质地貌与第四纪地质调查研究报告

④ 海岛岸滩地貌与冲淤动态变化调查研究报告

⑤ 海岛潮间带底质调查研究报告

⑥ 海岛潮间带沉积化学与底栖生物调查研究报告

⑦ 海岛滨海湿地调查研究报告

⑧ 海岛植被调查研究报告

⑨ 海岛土地利用调查研究报告

⑩ 海岛区域气候调查研究报告

⑪ 海岛（岛礁）调查研究报告

⑫ 广东省海岛名录

4.1.3　水体环境调查与研究

4.1.3.1　调查范围和调查内容

水体环境调查范围位于在领海基线向陆一侧广东近岸海域（不含珠江口），调查站位主要分布在汕头海区、汕尾—惠州海区、阳江—茂名海区和湛江海区（含流沙湾海区）。

水文气象调查包括海洋水文、海洋气象。海洋水文的调查内容包括：潮位、海流、水温、盐度、悬沙量、海况（等级表示）、透明度和浊度；海洋气象的调查内容和要素为：云、能见度、天气现象、风速、风向。

海洋化学调查要素包括：海水化学 a（包括 pH、总碱度、悬浮物、溶解态氮、溶解态磷、硝酸盐、亚硝酸盐、铵盐、活性磷酸盐、活性硅酸盐）、海水化学 b（包括总有机碳、总氮、总磷）、海水化学 c（包括石油类和重金属）、大气化学（包括二氧化碳、甲烷气、氮氧化物等气体、甲基磺酸盐、悬浮颗粒物质及悬浮颗粒物质中碳、氮、磷、铁、钠、钙、镁、铜、铅、锌、镉、铝、钒等元素）、沉积化学（包括总有机污染物、石油类、总氮、总磷、重金属、氧化还原电位、硫化物等）和生物质量（包括石油类、重金属和新型有机污染物）。

生物生态调查要素包括：生物 I（包括叶绿素 a，微型、微微型、小型、大型和中型浮游生物，大型底栖生物采泥）、生物 II（包括鱼类浮游生物）、生物 III（包括初级生产力、微生物、小型底栖生物、大型底栖生物拖网、游泳生物）、生物 VI（微生物分子生物学鉴定）。

海洋底质调查内容主要是对 360 个表层和 36 个柱样的沉积物进行调查和研究，调查内容包括在海上采样并对样品进行现场描述和照相以及对 Eh 值、pH 值、Fe^{3+}/Fe^{2+} 比进行测试，室内开展沉积物粒度组成、黏土矿物、常规化学（主要元素、微量元素）等的测试和分析。

4.1.3.2 完成的工作量和取得的成果

1）完成的工作量（表4.6）

表4.6 广东省水体调查外业完成情况

调查任务			基础调查				重点海域调查	执行率
			春季	夏季	秋季	冬季		
水文调查	连续站数（个）	合同量	51	51	51	51		100%
		完成量	51	51	51	51		
	大面调查站位数（个）	合同量	200	200	200	200		99.8%
		完成量	200	198	200	200		
	ADCP断面（条）	合同量	5	5	5	5		95%
		完成量	5	4	5	5		
海洋气象调查站位（个）		合同量	51	51	51	51		100%
		完成量	51	51	51	51	24	
生物生态调查	生物Ⅰ（个）	合同量	63	63	63	63		100%
		完成量	63	63	63	63		
	生物Ⅱ（个）	合同量	52	52	52	52		100%
		完成量	52	52	52	52		
	生物Ⅲ（个）	合同量	28	28	28	28		100%
		完成量	28	28	28	28		
	生物Ⅵ（个）	合同量	1	1	1	1		100%
		完成量	1	1	1	1		
海洋化学调查	海水化学a站位（个）	合同量	63	63	63	63		100%
		完成量	63	63	63	63		
	海水化学b站位（个）	合同量	52	52	52	52		100%
		完成量	52	52	52	52		
	海水化学c站位（个）	合同量	32	32	32	32		100%
		完成量	32	32	32	32		
	沉积化学站位（个）	合同量	—	—	32	—		100%
		完成量	—	—	32	—		
	生物质量站位（个）	合同量	—	—	32	—		100%
		完成量	—	—	32	—		
	新型有机物站位（个）	合同量	—	—	6	—		100%
		完成量	—	—	6	—		
	大气化学站位（个）	合同量（个）	12	12	12	12		100%
		完成量	12	12	12	12		
	连续站（个）	合同量	1	1	1	1		100%
		完成量	1	1	1	1		

续表 4.6

调查任务			基础调查				重点海域调查	执行率
			春季	夏季	秋季	冬季		
海洋底质	表层样（个）	合同量			360			100%
		完成量			360			
	柱状样（个）	合同量			36			97%
		完成量			35			

2）取得的成果资料

广东省 908 专项水体环境调查与研究主要成果共分 3 个部分，包括 4 套数据集、24 册成果图件（合计 2 120 幅）和 4 册调查报告。

（1）数据集

① 水文气象调查数据集

② 海洋化学调查数据集

③ 生物生态调查数据集

④ 海洋底质调查数据集

（2）成果图件

① 海洋底质调查图集（Ⅰ），沉积物、黏土矿物等

② 海洋底质调查图集（Ⅱ），沉积物常量元素

③ 海洋底质调查图集（Ⅲ），沉积物微量元素

④ 海洋底质调查图集（Ⅳ），沉积物稀土元素

⑤ 海洋底质调查图集（Ⅴ），沉积物重金属、有机碳等

⑥ 沉积化学调查图集

⑦ 大气化学调查图集

⑧ 海水化学调查图集

⑨ 生物质量调查图集

⑩ 大型浮游动物调查图集

⑪ 底栖生物调查图集

⑫ 微生物调查图集

⑬ 微微型浮游生物调查图集

⑭ 微型浮游生物调查图集

⑮ 叶绿素与初级生产力调查图集

⑯ 游泳动物调查图集

⑰ 鱼类调查图集

⑱ 中型浮游动物调查图集

⑲ CTD 平面图，包括密度、水温、盐度、浊度、声速等要素

⑳ 水温、盐度垂直分布图，

㉑ CTD 断面图，包括密度、水温、盐度、浊度、声速等要素

㉒ 海洋水文透明度平面图

㉓ 水文气象调查站位分布图

㉔ ADCP 断面图，包括流速空间分布图和断面流速矢量图

（3）调查报告

① 水文气象调查研究报告

② 海洋化学调查研究报告

③ 生物生态调查研究报告

④ 海洋底质调查研究报告

4.1.4　海域使用现状调查

4.1.4.1　调查范围和调查内容

本项目调查区域为广东省所管辖的海域，从海岸线至领海外部界限之间的所有海域使用区域。行政范围涉及广州、深圳、东莞、中山、珠海、江门、惠州、汕头、潮州、揭阳、汕尾、湛江、阳江、茂名 14 个地级（及以上）市。

调查内容主要包括：宗海的位置、界址、权属、面积、用途、用海年限等基本情况，海域使用与海洋功能区划的一致性、重点海域使用排他性与兼容性、海域使用效益与使用金征收情况以及海域分等定级与估计基础调查等。调查手段主要为资料收集和现场调查与核实。

4.1.4.2　完成的工作量和取得的成果

1）海域使用基础调查

本次调查共完成海域使用基础调查 14 810 宗；海域使用权属调查 14 810 宗；违规用海调查约 2 706 宗；用海重点区域调查 210 km² （具体见表 4.7）。

表 4.7　广东省各类用海统计

用海类型	渔业	交通运输	工矿	旅游娱乐	海底工程	排污倾倒	围海造地	特殊用海	合计
面积（km²）	1 449.6	2 061.1	22.3	163.2	65.4	258.4	110.7	4 422.0	8 552.7
比例（%）	16.95	24.10	0.26	1.91	0.76	3.02	1.29	51.70	100
宗数（宗）	13 524	656	111	158	34	45	41	239	14 810

2）海洋功能区现状调查

完成了汕头港、大亚湾、大鹏湾、珠江口和海陵湾 5 个重点海域的功能区划现状调查、利用率调查和功能区效益调查。

3）重点海区用海评价

完成了柘林湾、汕头港、广澳港、红海湾、大亚湾、大鹏湾、伶仃洋、高栏港、阳江港、

茂名港、湛江港和海安港 12 个港湾港口用海评价。

完成了柘林湾、碣石湾、红海湾、大亚湾、珠江口西岸、崖门西岸、广海湾、镇海湾、海陵湾及雷州半岛东、西两岸等 60 个重点海域海水增养殖用海评价。

完成了柘林湾、汕头、惠来、汕尾、惠州、大亚湾、大鹏湾、珠江口、台山、阳江、茂名、湛江等 20 个重点海区旅游用海评价。

4）重点海域使用分类评价

完成了 5 个珠江口海砂开采用海评价、5 个修造船用海评价、3 个拆船业用海评价、30 个围填海用海评价、5 个排污用海评价和 4 个海底管道（线）用海评价。

5）海域使用金征收台账

本调查还对各市海域使用金情况进行实地走访，完成海域使用金征收情况调查表、海域使用金征收效果调查表、海域使用金抽样调查表数据表。

6）取得的成果

广东省 908 专项海域使用现状调查成果共分 3 个部分，包括海域使用现状调查数据集 1 套（含数据库）、海域使用现状调查成果图集 1 册（合计 114 幅）和 1 册海域使用现状调查研究报告。截至 2008 年，广东省养殖用海、增值用海及人工鱼礁用海共发放海域使用权证书 4 495 本，确权海域面积约 690 km²，累计征收海域使用金 3 368.32 万元。

4.1.5　沿海地区社会经济基本情况调查

4.1.5.1　调查范围和调查内容

广东省沿海地区社会经济基本情况调查的内容主要包括社会经济情况、沿海人口及城镇情况和海洋经济情况 3 大块。调查采用资料收集和表格填报方式，调查数据涉及广东省 14 个沿海地级市，56 个沿海县、区（含县级市）。调查的基准年为 2006 年，涉及的主要年份还包括 1980 年、1985 年、1990 年、1995 年、2000—2005 年共 11 个年份。

4.1.5.2　完成的工作量和取得的成果

本次调查共填报 62 类数据表格。其中省级表格 47 类，市级数据 54 类（14 个沿海市共计 756 个表格），县级 29 类（56 个县级区域共计 1 624 个表格）。共填报表格 2 434 个，数据采集量超过 10 万条。

本次调查以调查数据为基础，对广东沿海地区社会经济发展情况及特点、行政建制、人口与城镇化、海洋经济及主要海洋产业发展演变过程与现进行分析，寻找当前广东海洋经济发展中存在的问题，并提出海洋经济发展对策与建议。完成数据集 1 套，调查研究报告 1 册，绘制成果图 1 册合计 31 幅图件。

图件内容包括：
① 广东省海洋企业分布图
② 广东省主要海洋工程建筑分布图

③ 广东省滨海旅游情况图
④ 广东省海洋渔业情况图
⑤ 广东省沿海主要港口分布图
⑥ 广东省海洋专业学校分布图
⑦ 广东省海洋自然保护区分布图
⑧ 广东省涉海管理机构分布图
⑨ 广东省沿海行政区域地区生产总值现状图
⑩ 广东省沿海行政区域地区三次产业结构图
⑪ 广东省年末人口总数变化图

4.1.6 海岸侵蚀灾害调查

4.1.6.1 调查范围和调查内容

广东省海岸侵蚀灾害调查包括两部分：广东省海岸侵蚀大面普查；重点区海岸侵蚀详查。海岸侵蚀大面普查的调查范围为全省海岸带，调查内容主要包括全省的海岸类型、侵蚀岸线长度、海岸侵蚀速率、侵蚀过程等，并根据这些调查要素进行全省海岸侵蚀强度分级。

重点区海岸侵蚀调查的内容除了大面普查内容外还包括岸线位置变化、岸滩地形地貌特征变化、海岸侵蚀原因、海岸侵蚀损失状况等。重点区包括韩江三角洲、神泉港、漠阳江三角洲。其中韩江三角洲重点区的监测岸段主要设在莱芜岛西南侧砂质海岸；神泉港重点区的监测岸段位于惠来县神泉镇图田村沿岸，是龙江入海口至神泉港码头一带的天然砂质海岸；漠阳江三角洲重点区的调查岸段设在北津港，为漠阳江口东北侧的砂质海岸。

调查过程中，在漠阳江三角洲布设了2个重复监测断面，在神泉港和韩江三角洲则各布设了4个重复监测断面，每个断面长2 km；调查和监测时间为2年，监测期内对监测断面进行每年2次的地形重复测量和每年1次的表层沉积物采样，以此获取各重点区的岸线位置变化、岸滩地形变化和表层沉积物粒度变化等重要信息。

4.1.6.2 完成的工作量和取得的成果

1）完成的工作量

本项目具体调查内容包括全省海岸线普查、重点区岸滩剖面地形重复观测、重点区海岸线位置变化及重点区表层沉积物变化，调查工作量见表4.8。

表4.8 海岸侵蚀灾害野外调查工作量

工作内容	工作量	备注
全省海岸线普查	海岸线长度超过4 000 km	同海岸带调查相结合
地形剖面及水深重复观测	10个重复观测剖面，测量长度共240 km	各观测剖面每年进行2次测量，测量2年
重点区海岸线位置变化	10个监测桩与岸线之间的距离	每年进行2次测量，测量2年
表层沉积物采样	每次采集10×20个表层样品，共400个表层样	2年监测期内进行2次采样

2）取得的成果资料

本项调查共完成成果数据集 2 套，包括广东省重点调查区岸滩剖面测量数据集和广东省重点调查区表层沉积物样品粒度分析数据集；编制了广东省海岸侵蚀灾害调查与研究总报告 1 册；绘编成果图件 13 幅，包括：广东省海岸侵蚀强度分级图 1 册共 10 幅、漠阳江三角洲重点区岸线位置及岸滩地形剖面变化图、惠来湾重点区岸线位置及岸滩地形剖面变化图、韩江三角洲重点区岸线位置及岸滩地形剖面变化图。

4.1.7 赤潮灾害调查

4.1.7.1 调查范围和调查内容

本项目选取广东沿海主要赤潮高发区——珠江口和大亚湾为重点调查区域，调查内容包括赤潮生物、赤潮生态以及海洋环境因素的调查。2009 年 10—11 月，珠海海域先后爆发大规模双胞旋沟藻赤潮和棕囊藻赤潮，项目开展了跟踪调查。

4.1.7.2 完成的工作量和取得的成果

广东省赤潮灾害调查分别于 2007 年至 2008 年在大亚湾和珠江口海域进行了冬、春、夏、秋四个季节的航次调查，2009 年在珠江口开展了突发性赤潮跟踪调查，完成工作量具体见表 4.9 至表 4.14。

表 4.9　赤潮生物生态调查工作量

工作内容	站位数（个）	航次（次）	任务采样工作量（个）	实际采样数（个）
叶绿素 a	14	4	188（按 3 层水样计）包括 15% 的质控平行样	140
浮游植物定性	14	4	58（按每站一个计）包括 5% 的质控平行样	60
浮游植物定量	14	4	176（按 3 层水样计）包括 5% 的质控平行样	128
麻痹性贝毒素（PSP）	4	4	84（按 5 种贝类计）包括 5% 的质控平行样	91
腹泻性贝毒素（DSP）	4	4	84（按 5 种贝类计）包括 5% 的质控平行样	91

表 4.10　赤潮海洋化学调查工作量

内容	站位数（个）	航次（次）	任务工作量（个）	实际采样数（个）
溶解氧	14	4	185（按 3 层水样计）包括 10% 的质控平行样	132
pH	14	4	185（按 3 层水样计）包括 10% 的质控平行样	132
硝酸盐	14	4	185（按 3 层水样计）包括 10% 的质控平行样	132

续表 4.10

内容	站位数（个）	航次（次）	任务工作量	实际采样数（个）
亚硝酸盐	14	4	185（按 3 层水样计）包括 10%的质控平行样	132
铵盐	14	4	185（按 3 层水样计）包括 10%的质控平行样	132
活性磷酸盐	14	4	185（按 3 层水样计）包括 10%的质控平行样	132
活性硅酸盐	14	4	185（按 3 层水样计）包括 10%的质控平行样	132

表 4.11　赤潮灾害调查海水水文气象调查工作量

	内容	站位数（个）	航次（次）	实际采样数（个）
水文	水温	14	4	120
	水色	14	4	56
	透明度	14	4	56
	盐度	14	4	120
气象	气温	14	4	56
	日照	14	4	56
	风向	14	4	56
	风速	14	4	56

表 4.12　赤潮跟踪调查生物生态调查工作量

工作内容	站位数（个）	航次（次）	实际采样数（个）
叶绿素 a	12	2	470
浮游植物定性	12	2	437
浮游植物定量	12	2	125
麻痹性贝毒素（PSP）		2	16
腹泻性贝毒素（DSP）		2	16

表 4.13　赤潮跟踪调查海洋化学调查工作量

内容	站位数（位）	航次（次）	实际采样数（个）
溶解氧	12	2	470
pH	12	2	470
硝酸盐	12	2	470
亚硝酸盐	12	2	470
铵盐	12	2	470
活性磷酸盐	12	2	470
活性硅酸盐	12	2	470

表 4.14　赤潮跟踪调查海水水文气象调查工作量

	内容	站位数（个）	航次（次）	实际采样数（个）
水文	水温	12	2	408
	水色	12	2	255
	透明度	12	2	255
	盐度	12	2	455
气象	气温	12	2	255
	日照	12	2	255
	风向	12	2	255
	风速	12	2	255

本次赤潮灾害调查取得了丰富的成果，包括数据集 4 套、调查研究报告 6 册和图集 1 册 4 幅。

（1）数据集

① 海洋赤潮生物生态观测数据集

② 赤潮调查化学观测数据集

③ 赤潮调查水文气象要素观测数据集

④ 赤潮毒素观测数据集

（2）成果图件

① 海洋赤潮灾害调查站位分布图

② 毒素检出率散点分布图海洋赤潮灾害调查水文要素平面分布图

③ 海洋赤潮灾害调查营养盐平面分布图

④ 海洋赤潮灾害调查生物要素平面分布图

（3）调查报告

① 编制了赤潮航次调查研究报告

② 赤潮跟踪调查研究报告

③ 赤潮毒素调查研究报告

④ 赤潮损失评估研究报告

⑤ 广东沿岸海域有害赤潮调查分析报告

⑥ 广东沿海重要有害赤潮生物的发生规律和危害影响调查分析报告

4.1.8　滨海湿地及其他特色生态系统与珍稀濒危海洋动物调查

4.1.8.1　调查范围和调查内容

本项专题调查范围为广东省领海基线向陆一侧海域，并选取对广东省海洋资源开发和环境保护具有重要意义的重点人工鱼礁区、重点海洋保护区及特色生态系统所在海区进行重点调查。综合调查分为珊瑚礁生态系统调查、红树林生态系统调查、海草床生态系统调查和豚类、龟、鲎、文昌鱼等珍稀濒危海洋动物调查共 4 项工作内容。

4.1.8.2 完成的工作量和取得的成果

本项调查共完成 18 个站位珊瑚礁调查；共完成 20 个断面红树林调查，200 个样方的调查工作，采集水样 20 个；完成海草床调查取样工作，采集生物样品数为 204 个，海草柱状样为 204 个；完成了珠江口西部海域中华白海豚现场调查 22 个断面 12 个航次；完成汕头韩江口和湛江雷州湾海域的中华白海豚调查和雷州半岛西部沿海白蝶贝调查；完成了汕头南澳南澎列岛省级自然保护区及附近海域主要珍稀濒危海洋动物的补充调查；完成电白文昌鱼 10 个重点分布区海上现场调查。

本调查完成数据集 4 套，调查研究报告 1 册，成果图集 1 册共 47 幅，调查试行技术规程 1 部。

4.2 综合评价

本次专项综合评价包括 19 个评价任务（含新增评价专题），可分为海洋环境评价、海洋资源选划与评价、海洋灾害评价和海洋经济及管理评价 4 类。2008 年 7 月，评价类项目正式启动，至 2011 年 10 月，所有评价调查项目完成验收，综合共历时 3 年 3 个月。共完成资料汇编 2 套，成果报告（含政策建议及规划文本）55 本，成果图集 19 册，数据集（含数据库）16 个，达到了合同任务量的要求。

4.2.1 海洋生态环境评价类

4.2.1.1 海岸带开发对海洋生态环境影响评价及汕头港、柘林湾环境容量和污染物排放总量控制研究

子课题一"广东海岸带开发生态环境影响评价"分析了广东省海岸带开发活动的特征和海岸带开发活动的主要环境问题；并对近岸海洋环境质量进行评价，回顾分析了广东近岸海洋生态环境变化状况，建立适合于广东岸带的压力—状态—响应模型评价；根据主要海岸带开发活动的环境影响，建立了指标体系。同时，根据海岸带开发生态环境综合评价结论，提出海岸带开发生态环境管理对策与建议。

子课题二"汕头港和柘林湾主要入海化学污染物环境容量及总量控制研究"采用单因子评价方法、对研究区域单个水质因子、综合水质情况以及富营养化概况进行了评价，并对研究区域主要水文、化学要素的时空分布和季节变化特征进行了分析。揭示了汕头港和柘林湾及其邻近海域环境要素的时空变化规律，建立了适合汕头港和柘林湾特点的主要污染物的（氮和磷）分配方案和模式。

取得成果包括广东海岸带开发生态环境影响评价报告；柘林湾和汕头港环境容量及污染物排放总量控制研究报告；配套的数据集、图件集；学术论文 2 篇以上。

4.2.1.2 海洋环境现状及其变化趋势综合评价及湛江港、海陵湾环境容量和污染物排放总量控制研究

本研究的评价部分利用 908 专项调查资料评价了广东省沿岸及其重要港湾生态环境现状，

撰写了广东省沿岸及其重要港湾生态环境现状评价报告。广泛收集整理了广东省沿岸及其重要港湾近30年的历史资料，分析了广东省沿岸及其重要港湾生态环境历史变化趋势，并进行了趋势预测。

在环境容量的研究中，利用数值模拟方法，确定其水交换能力，分析与评估典型海域的纳污能力。利用水质模型计算了COD、石油类、氮、磷等主要污染物的浓度场，分析了污染物的时空变化情况。同时，结合在流场、污染物浓度场、海域功能区划、环境质量管理目标和未来发展规划，计算了重要海湾的环境容量，分析了其污染物排放总量控制目标与负荷分配，并提出重点海湾的环境规划与保护的建议。

取得成果包括《海洋环境现状及其变化趋势综合评价及湛江港、海陵湾环境容量和污染物排放总量控制研究》评价报告1份，数据集1份，图集1份（含18张图）。

4.2.1.3　珠江口主要环境问题分析与对策

本研究包括外业调查工作和室内研究工作两部分，其中室内研究工作部分又分为3个子课题进行。

子课题一"咸水入侵对珠江三角洲地区社会经济发展的影响及防治对策"对珠江河口典型的河口—河网系统的咸潮机理进行研究，将珠江三角洲河网与河口区的多种高强度人类活动与咸潮上溯现象的变化进行定量研究，大大丰富目前科学界对河口咸潮运动的认识和咸水入侵的基础理论，具有重要的理论意义和学术意义。

子课题二"珠江口环境容量分析"首次实现了珠江口海域基于水环境数学模型的环境容量计算，提出了综合考虑效益与公平的环境容量求解方法，制定了环境容量区域分配方案，为珠江口水环境综合整治方案的制定提供了科学依据与技术指导。

子课题三"滩涂湿地围垦生态环境评价"将可持续发展理念应用于围垦开发工程，建立了一套切实可行的滩涂围垦生态环境可持续发展指标体系，对指导滩涂围垦开发工程、解决人地矛盾和社会经济发展土地需求及滩涂资源的永续利用，具有重要的科学意义和社会价值。

研究成果包括报告7个：《珠江三角洲咸潮入侵历史演变规律及其对人类活动的响应研究》、《珠江三角洲咸潮预警与防治对策研究》、《珠江口海洋环境质量现状调查报告》、《珠江口环境容量评估专题报告》、《珠江口污染物总量控制及污染负荷分配管理建议书》、《珠江口滩涂湿地围垦生态环境评价》、《珠江口滩涂现状与历史变化过程分析》；珠江口水环境数学模型与环境容量计算模式（计算机程序），附有程序使用说明书；比例尺为1∶50 000的珠江口海底地形图；核心期刊论文6篇。

4.2.1.4　广东沿岸滨海湿地及其他特色生态系统综合评价

本课题通过分析广东省红树林的变化情况、健康水平及所面临的威胁，提出受损红树林恢复与重建方案，以及红树林资源合理开发利用的对策。同时，提出了广东沿岸海域滨海湿地、特色生态系统及珍稀濒危海洋动物评价理论、方法及模式，全面评价广东沿岸海域滨海湿地、特色生态系统及珍稀濒危海洋动物健康状况，为海域规划、环境资源和生物资源的可持续利用等提供了重要的科学依据和管理手段。

取得成果包括研究报告4个（《广东省珊瑚礁生态系统健康状况与可持续利用研究报告》、《广东省红树林生态系统健康状况评价与修复研究报告》、《广东省海草床生态功能评价与保育对策研究报告》、《广东省海洋自然保护区综合效益评价研究报告》），图件 15 幅，模型 2 套，数据集 1 套，论文 2 篇。

4.2.1.5 大亚湾生态系统健康评价与可持续对策研究

本项目研究成果全面系统地分析了大亚湾入海污染源主要污染物排海总量及分布特征；采用基于 GIS 的生态系统健康评价方法对大亚湾生态系统健康状况进行了评价，系统了解大亚湾生态系统健康状况及其时空变化特征，掌握了主要负面影响因子和健康薄弱区域；针对性地提出了大亚湾生态系统可持续对策。

形成《大亚湾生态系统健康评价与可持续对策研究报告》1 个，大亚湾污染源调查整编数据集 1 份。

4.2.2 海洋资源选划与评价类

4.2.2.1 广东省海岸线综合利用与保护

本专题的研究内容包括广东省海洋自然条件评价、海岸保护与利用现状及评价、海岸开发前景分析评价 3 个方面。通过收集广东省海岸方面的资料，详细系统地分析海岸自然条件及开发利用的特征、分布及存在的问题。根据海岸线自然属性和资源条件、沿海经济发展水平和行政区划，提出岸线综合利用的类型、开发强度及最佳开发利用方向，为珠江口、粤东和粤西岸线合理规划提供决策支持。

完成研究报告 2 个（《广东省海岸线利用现状及开发前景评价报告》、《广东省海岸线综合利用优化建议报告》）；广东省海岸线开发利用功能划分图 1 套。

4.2.2.2 广东省海洋渔业资源综合评价

广东省海洋渔业资源综合评价工作内容分为"生态环境质量综合评价"、"渔业资源现状与变化评价"和"渔业资源与生态环境管理对策研究"3 个部分。该课题根据广东近海和重要海湾河口海洋化学环境要素（溶解氧、pH、营养盐、石油、重金属）的时空分布特征，分区域评价了海水的水质状况、污染物的来源及变化趋势；综合评价广东近海和重要海湾河口初级生产力、浮游植物、浮游动物的时空分布状况和历史变化趋势，说明与渔业资源变动和为人类活动的关系。同时，系统评价广东近海渔业资源种类组成、资源密度的历史变化趋势及其与捕捞力量的关系，估算广东近海渔业资源的最大可持续产量和可捕量，并以此估算出广东省的渔船容纳量，提出广东省应继续减少海洋捕捞压力的政策建议。

发表学术论文 15 篇，完成研究报告 3 个《广东近海渔业生态环境质量综合评估报告》、《广东近海渔业资源现状和变化评估报告》、《广东近海渔业资源及其生态环境管理对策研究报告》，图件 2 份。

4.2.2.3 广东近海潜在增养殖区评价与选划

本项目包括评价和选划两部分。在评价部分中，收集了广东省目前海水增养殖方面的资料等，撰写了广东省海水增养殖产业和环境方面的评价报告；同时，针对养殖海区，收集整理了历史近 10 年和整理广东 908 专项海水化学和生物的资料。在选划部分中，研究了符合海水养殖业可持续发展的潜在海水增养殖种类和增养殖区,对广东省海域的潜在海水增养殖区进行了选划;同时,重点查清了广东省今后可供人工增养殖的经济海洋生物种类。

完成潜在海水增养殖区评价及选划数据集(2份)、ArcGIS图集(2份,含34张图)、报告2个《潜在海水增养殖区评价报告》、《潜在海水增养殖区选划报告》。

4.2.2.4 广东沿岸港口(包括渔港)资源的保护和利用研究

该项目根据广东沿岸最新的调查研究和统计成果,结合历史分析资料,全面分析和总结了广东沿岸港口的分布和开发利用概况,各海湾的地质、地貌、气象、水文和海岸演变与港湾淤积特征,有针对性地提出了广东港口经济(包括渔港经济)的可持续发展方案、全省港口体系的布局研究和临港工业布局规划,以及港口资源开发利用带来的环境问题与保护措施。

该研究成果的最大创新之处就是对广东沿岸港口(包括渔港)资源环境特征研究的系统性和全面性,该成果可能是迄今为止最全面分析广东沿岸港口(包括渔港)资源环境特征的研究成果。包括广东沿岸港口(包括渔港)的保护与利用研究报告;广东沿岸港口(包括渔港)的保护与利用研究报告整编数据集。

4.2.2.5 广东海砂资源综合评价

本项目为广东省首次对近岸海砂资源(包括工业海砂和砂矿)进行综合评价,掌握其分布特征,初步估算出广东省海砂资源储量,并系统地评价了各个河口海砂开采的环境影响。此结果为广东省海砂资源可持续利用提供了科学依据。

完成数据集1本,图件8份,综合评价报告1个。

4.2.2.6 广东潜在滨海旅游区评价与选划

本课题组按照层次合理性原则、区域性原则、动态性原则、定性与定量相结合以及分区评价原则,运用层次分析法对广东省内六类滨海旅游区(生态滨海旅游区、休闲渔业滨海旅游区、观光滨海旅游区、度假滨海旅游区、游艇旅游区、海岛综合旅游区)建立潜力评价模型。通过设计广东滨海旅游资源潜力评价体系指标权重系数问卷表,邀请旅游管理、旅游资源开发、人文地理学、国土资源学、城市与区域规划、资源与环境、生态学等领域熟悉广东海滨旅游资源的专家学者对指标体系中各因素进行权重赋分。

完成研究报告3个(《广东潜在滨海旅游区评价与选划主报告》、《广东省滨海旅游产业发展的宏观背景评估分报告》、《广东省滨海旅游资源及开发现状分报告》),资料汇编及数据集1份,图件9份。

4.2.2.7 其他海洋生物资源开发利用与保护

本任务根据908专项调查结果,并结合历史资料,对广东省潜在的海洋生物资源、药物资源、渔业新资源的分布、资源量、物种多样性、开发利用价值和应用前景等进行了综合分析评价,编写了调查报告,形成了统一规范的数据集和图集,并建立了广东省海洋药源生物标本库与信息库,按计划完成了预期目标,发表相关论文4篇。本项目全面更新了基础资料和图件,对以后相关资源的保护和开发利用提供了依据。

发表论文4篇,完成ArcGIS图集(含25张图)、研究报告2个(《广东省沿岸海域其他海洋生物资源现状与潜力分析报告》、《广东省沿岸海域其他海洋生物资源利用与保护对策研究报告》），数据集 1 份，建立广东省渔业新资源、海洋药源生物标本库与信息库。

4.2.2.8　海水淡化与利用评价工作报告

本项目首次开展广东省海水资源开发利用前景专项评价；首次利用海水资源开发利用调查成果，结合广东省经济、社会环境等特点，进行战略地位、需求预测和前景评估、海水淡化关键技术与利用评估；在借鉴国外经验的基础上，结合广东省沿海地区海域特点，采用综合法，首次采用指标体系对我国广东省沿海进行了潜力评价，第一次为广东省海水利用潜力分析提供了明确的体系框架和指标权重，对政府开展海水利用规划、宏观调控海水利用产业布局、规范海水利用工程建设和科学利用海水具有重要的参考价值。

完成研究报告 3 个（《广东省海水淡化与利用补充调查报告》、《广东省海水利用战略地位、需求预测和前景评估报告》、《广东省海水淡化关键技术与利用评估报告》）。

4.2.2.9　广东省海洋能源的开发利用

本项目从综合、系统的评价视角出发，采用定性和定量相结合的方法，对海洋能资源的储藏量、可开发利用量、开发利用潜力以及可再生能源电站的潜在环境影响和潜在社会经济影响进行全面评估，是我国海洋能开发利用研究方法的一个突破。同时，本项目应用系统工程分析方法和处理手段，得出一整套更加符合实际情况的综合评价数学模型，科学地给出我国近海各种海洋能开发利用潜力的排序、海洋能电站的潜在环境影响和潜在社会经济效益排序。

本项目给出了广东省近海各种海洋能开发利用的最大潜力，并对广东省近海海洋各种可再生能源开发利用的潜力进行排序，给出广东省近海各种海洋能电站的潜在环境影响和潜在社会经济效益排序，可为广东省海洋能的开发利用提供科学的参考。

完成研究报告 3 个（《广东省主要海洋能密度、资源蓄积量、分布和可开发利用量评估》、《广东省主要海洋能资源开发潜力分析及其功能区划优化》、《未来海洋能源开发对当地海洋生态环境造成的影响及其对策研究》），图集 1 份。

4.2.3　海洋灾害评价类

4.2.3.1　海岸侵蚀对沿海地区社会经济发展的影响及防治对策

根据 908 专项技术规范的要求和相关质量控制总体要求，收集基础资料和基础图件，进行综合处理，最后形成统一的调查数据集，并集合海岸侵蚀各影响因素的特征及分布状况进行分析，并半定量地对各因素作用权重进行分析，研究出海岸侵蚀评价体系及标准，为广东省海岸侵蚀灾害评价提供参考依据。本研究主要完成内容为广东省海岸侵蚀灾害现状与特征、海岸侵蚀影响因素及趋势预测、海岸侵蚀对社会经济的影响、海岸侵蚀灾害评价分析、海岸侵蚀防治对策与措施。

完成研究报告 1 个（《广东省沿海海岸侵蚀对沿海地区社会经济发展的影响及防治对策综合评价研究报告》）、发表论文 6 篇、数据集 1 份、ArcGIS 图集 1 份（含 10 张图）、广东省海岸侵蚀评价软件 1 套。

4.2.3.2 沿岸海域赤潮灾害特征及防灾减灾措施工作

本课题通过选取广东沿海主要的赤潮高发区为重点调查区域，结合国家和广东省908专项中广东省水体环境综合调查专题任务以及社会经济调查专题，了解到广东沿海的赤潮生物种类、赤潮发展的现状和趋势、赤潮毒素、赤潮对海洋环境生态和社会经济的影响，并结合对历史资料的分析和综合，初步总结了广东沿海有害赤潮发生的时空分布特征和变化规律、问题和原因。为保护广东海洋生态系统的健康，保障人体健康和生命安全，减轻和避免赤潮对海水养殖、捕捞渔业、滨海旅游等海洋产业的损害，防止和减轻赤潮灾害的损失，为赤潮预测和早期预警提供依据。同时也为海洋资源的开发利用、海洋防灾减灾、海洋管理和海洋经济健康发展提供科学参考。

完成研究报告3个（《广东省赤潮生物的种群动力学特征及其对环境的响应评价报告》、《广东沿海主要有毒有害赤潮诊断和藻警指标体系》、《广东海洋赤潮灾害趋势评估及防治对策研究报告》）。

4.2.3.3 海洋污染灾害的应急措施

本专题的研究内容主要包括4个方面，分别是广东省海洋污染灾害综合分析评价、海洋污染灾害对广东省社会经济的影响分析、海洋污染灾害风险评估、防治海洋污染的措施与对策。

通过收集广东省海洋污染灾害方面的资料，本课题详细系统地分析海洋污染灾害的特征、分布规律、发生原因及影响。为使数据和资料条理化，将海洋污染灾害进行分类。在充分掌握广东省海洋污染灾害的特征、分布规律、发生原因的基础上，研究海洋污染灾害对广东省社会经济的影响，并提出可行的海洋污染灾害的防治措施和对策。

完成研究报告3个（《广东海洋污染灾害综合分析评价研究报告》、《广东海洋污染灾害监测与预警技术研究报告》、《广东海洋污染灾害应急研究报告》），数据资料和成果图件1套。

4.2.4 海洋经济及管理评价类

4.2.4.1 广东海洋经济发展战略与海洋管理研究

本研究课题共分为7个子课题，各子课题主要研究内容如下。

子课题一"广东省海洋经济指标体系及绿色GDP研究"开展广东省海洋经济核算体系研究，建立统一的海洋产业总产出与增加值的核算方法和标准，建立广东省海洋经济核算体系框架和核算方法体系。开展广东省海洋绿色核算研究，设计核算指标体系，研究核算方法，构建核算模型，初步形成广东省海洋绿色核算的理论和方法体系。

子课题二"广东省现代渔港经济区模式探讨"根据现有的经济基础、产业聚集能力、人口容纳能力、辐射带动能力等，划分渔港经济区类型，依据不同类型的特点，结合广东省实际情况，探讨总结2~3种符合实际、行之有效的现代渔港经济区的建设模式。

子课题三"广东海岛资源综合利用与保护规划"研究近年来广东省海岛资源开发利用与保护现状，包括资源利用情况、开发利用程度、保护区建设、开发类型等，分析目前海岛开发中存在的问题，总结评价广东省海岛资源开发利用与保护情况，为有效保护和持续利用广东海岛资源提供重要的决策依据。

子课题四"广东省海洋产业发展战略与布局研究"充分调查广东省各地海洋经济状况基础上，研究广东省主要海洋产业的生产结构、生产能力、生产总量和产出等情况，广东省内与主要海洋产业相关的海洋关联产业（包括海洋上游支撑产业、下游推动产业和旁侧关联产业）的发展情况，以及与海洋产业相对应的陆域产业的发展情况；分析广东省海洋产业结构与布局问题、海洋产业关联问题和海洋产业发展制约因素；研究广东省海洋产业的推动力和辐射力，探讨海洋资源的优化配置，研究并预测海洋产业的市场活力和发展潜力。

子课题五"广东省海域分类定级与资源价值评估体系"在全面掌握广东现有海洋资源数量、类型等基本情况的基础上，开展广东省海域资源价值评估体系研究。研究海域分等定级指标体系，建立广东海域使用等级、基准价格及基价估算模型，进行广东省海域分等定级的划分与分等定级估价技术方法研究。依据广东省海域分等定级估价方法，制定广东海域使用金征收技术标准。选取典型海域开展海域分等定级与价格评估，验证海域使用分等定级与价格评估方法。

子课题六"广东省海洋功能区划管理与修编"调查近年来海洋功能区划实施情况，分析项目用海及海域使用是否符合海洋功能区划，评估各种涉海行业规划与海洋功能区划衔接的合理性，评价海洋功能区的分类、分区及总体布局的合理性、科学性；分析主要功能区的超前性、兼容性、排他性，评价海洋功能区的综合效益等，为下一轮海洋功能区划修编提出修编建议。

子课题七"广东省海洋政策研究"研究广东省海洋开发利用和保护面临的总体形势，分析广东省海洋开发利用和保护以及现有政策制定和执行中存在的主要问题，研究制定广东省总体海洋政策，确定政策目标、政策内容和保证措施等。

取得成果包括资料集 2 份，专题研究报告 8 个（《广东省海洋指标体系及绿色 GDP 研究报告》、《广东省现代渔港经济区建设示范模式研究报告》、《广东省海岛资源综合利用与保护规划研究报告》、《广东省海洋产业发展战略和总体布局研究报告》、《广东省海域分等定级与价格评估研究报告》、《广东省海洋功能区划管理与修编专题报告》、《广东省海洋功能区划实施评价报告》、《广东省海洋政策研究报告》），图件 2 份，规划 1 份，政策咨询建议 2 份，论文 2 篇。

4.2.4.2 不确定条件下广东省海洋资源的最优开发

本课题阐述了广东省海洋资源开发与利用概况，包括开发利用基础、面临的机遇与挑战等；对广东省海洋资源开发与利用的指导思想、战略定位以及目标选择进行了分析；并结合海洋资源开发的特点、面临的不确定性以及海洋经济及海洋产业结构理论，对广东省海洋产业发展不平衡、高技术产业投资不足、海洋环境政策的出台时机、自然保护区的生态保护以及海洋经济发展保障机制的建立等问题进行了全面的深入研究，并在研究的基础上提出了构筑世界级的新兴海洋产业体系的路径选择与对策、维护可持续的海洋生态环境、维育海洋沿岸生态环境保护区以及构建广东省海洋经济巨灾保险机制的思路等政策建议，并探讨了政策实施的保障。

本课题形成成果主要包括《不确定条件下广东省海洋资源的最优开发》以及《广东省海洋产业调整及资源开发的政策建议》报告 2 个，整编数据集 1 份，在国内核心期刊发表论文 4 篇。

第5章 主要成果及应用

5.1 主要成果

5.1.1 形成一批成果体系

综合调查、评价和集成形成一批重要的成果体系，包括大量的调查研究报告、成果图集、资料数据集等，较为全面地描述了海洋环境、海洋资源、海洋产业、海域使用等的基本现状、发展潜力、存在问题，并提出了有针对性的政策建议。具体见表5.1至表5.3。

表5.1 专项集成成果汇总

序号	集成项目
1	广东省近海海洋综合调查与评价专项总报告
2	广东省海洋环境资源基本现状
3	广东省近海海洋图集
4	广东省海域使用现状图集
5	广东省近海海洋生态环境保护研究报告
6	广东省近海海洋生态环境保护对策建议
7	广东省近海海洋资源综合利用研究报告
8	广东省海洋产业发展优化研究
9	广东省近海海洋资源环境现状蓝皮书
10	广东省海洋发展战略
11	广东省海岛海岸带综合调查数据集
12	广东省近海海洋综合调查与评价专项数据集
其他成果	
13	广东省近海海洋综合调查与评价专项论文集
14	广东海情

表5.2 专项调查成果汇总

调查项目	图集（册）	图件（幅）	调查报告（册）	数据集（套）
海岸带（港址）综合调查	11	1 586	9	8
海岛（岛礁）调查	17	1 884	12	10

续表 5.2

调查项目	图集（册）	图件（幅）	调查报告（册）	数据集（套）
水体环境调查与研究	24	2 120	4	4
海域使用现状调查	1	114	1	1
沿海地区社会经济基本情况调查	1	31	1	1
海岸侵蚀灾害调查	1	13	1	2
赤潮灾害调查	1	4	6	4
滨海湿地及其他特色生态系统与珍稀濒危海洋动物调查	1	47	1	4
合计	57	5799	35	34

表 5.3　专项评价成果汇总

评价项目	图集（册）	研究报告（册）	数据集（套）
海岸带开发对海洋生态环境影响评价及汕头港、柘林湾环境容量和污染物排放总量控制研究	1	2	1
海洋环境现状及其变化趋势综合评价及湛江港、海陵湾环境容量和污染物排放总量控制研究	1	1	1
珠江口主要环境问题分析与对策	1	7	
广东省海岸线的综合利用与保护	1	2	
广东省海洋渔业资源综合评价	2	3	2
广东近海潜在增养殖区评价与选划	2	2	2
广东省沿岸港口（包括渔港）资源的保护和利用研究	1	1	
广东海砂资源综合评价	1	1	1
广东潜在滨海旅游区评价与选划	1	3	1
其他海洋生物资源开发利用与保护	1	2	1
海洋能源的开发利用	1	3	
海水淡化与利用评价	1	3	
海岸侵蚀灾害队沿海地区社会经济发展的影响及防治对策	1	1	1
沿岸海域赤潮灾害特征及防灾减灾措施		3	
海洋污染灾害的应急措施	1	3	1
广东沿岸滨海湿地及其他特色生态系统综合评价	1	4	1
广东海洋经济发展战略与海洋管理研究	2	11	2
不确定条件下广东省海洋资源的最优开发		2	1
大亚湾生态系统健康评价与持续对策研究		1	1
合计	19	55	16

5.1.2　全面更新了海洋基础数据

本次 908 专项通过较为全面而系统的调查和评价，基本摸清了广东近海资源与环境的家底和使用情况，获得的大量数据反映了广东省海岸带、海岛、近海水体、湿地系统、海域使用、海洋底质、海洋资源等基本情况，可以成为今后若干年海洋事业和其他涉海领域发展的基本数据支撑。

按照本次专项标准化建库，广东省 908 专项共形成调查评价资料整编数据量达 494.44 MB。通过整合广东省 908 专项调查与评价、国家 908 专项调查广东区块、20 世纪 80 年代广东省海岸带滩涂资源调查、20 世纪 80 年代广东省海岛综合调查、第二次全国海洋污染基线调查等历史和现状调查，建立了海洋自然资源、生态环境、海域使用等类型的成果数据库，数据总量达 34 GB。简述相关重要数据如下。

1）海岛

根据本次调查，海岛总数 1 350 个，海岛总面积为 1 472 km²，其中面积大于 500 m² 的海岛有 734 个。对比上一次海岛调查，本次新增加 105 个海岛，注销 188 个海岛。广东省海岛中有居民海岛共 46 个，其中村级岛 29 个，乡级岛 13 个，县级岛 4 个，无居民海岛共 1 304 个。广东省绝大部分海岛成因类型以基岩岛为主，共 1 252 个；此外火山岛 1 个（硇洲岛），珊瑚岛 1 个（东沙岛），堆积岛 95 个（含干出沙 49 个），本次列入统计的人工岛 1 个（珠海得月舫）。本次海岛调查还发现了近 300 个疑似海岛，转由 2009 年启动的海岛地名普查做进一步详细调查。

2）海岸线与潮间带（滩涂）

根据 2007—2008 年的广东省海岸线修测，并经省政府批准，广东省海岸线长度为 4 114 km，其中人工岸线总长为 2 572 km，基岩岸线长度为 387 km，砂质岸线长度为 712 km，粉砂淤泥质岸线 31 km，生物岸线 377 km。沿海约有 900 km 的海岸线遭受不同程度的侵蚀。根据本次调查，广东省潮间带面积为 1 802 km²，其中粉砂淤泥质滩面积为 1 039 km²，砂质海滩面积为 585 km²，基岩岸滩面积为 174 km²，砾石滩极少，面积仅为 4 km²。广东省潮间带主要分布于粤西，其次为珠江口，粤东较少。湛江潮间带面积为 899 km²，占全省近 50%，其次为江门和阳江，面积分别为 212 km² 和 178 km²。

3）滨海湿地

根据本次调查，广东省滨海湿地面积约为 6 044 km²，其中自然湿地面积约为 2 189 km²，人工湿地面积为 3 855 km²，自然湿地中红树林沼泽面积约为 233 km²。广东省是我国红树林分布面积最大的省区，分布在全省沿海 12 个地市，总面积约为 104.7 km²，主要分布在湛江、阳江、江门、茂名、惠州、珠海和深圳等地。根据本次调查，广东省海草床分布面积约为 963 hm²，流沙湾海草床面积最大，约为 900 hm²。

广东省海域造礁石珊瑚主要分布在东沙群岛、惠州–深圳的大亚湾、大鹏湾、万山群岛的担杆列岛—佳蓬列岛和雷州半岛西海岸。造礁石珊瑚约有 50 种，最常见的造礁石珊瑚是：丛生盔形珊瑚（*Galaxea fascicularis* Linnaeus，1767）、澄黄滨珊瑚（*Porites lutea* Milne Edwards & Haime，1851）、秘密角蜂巢珊瑚（*Favites abdita* Ellis & Solander，1786）、多孔鹿角珊瑚（*Acropora millepora* Ehrenberg，1834）、菊花珊瑚（*Goniastrea* sp.）、疣状杯形珊瑚（*Pocillopora verrucosa* Ellis &Solander，1786）、标准蜂巢珊瑚（*Favia speciosa* Dana，1846）、繁锦蔷薇珊瑚（*Montipora efflorescens* Bernard，1897）等。

4）渔业资源

广东沿海 10 m 以浅的浅海面积为 12 110 km²。可供发展海水增养殖的浅海、滩涂等面积约为 7 300 km²。按照 2008 年统计，广东省的海水养殖面积约为 1 897 km²（含潮上带部分），海洋增殖区面积约为 3 915 km²，利用率超过 80%。广东省潜在增养殖区共选划 7 个区域，包括柘林湾、红海湾、大亚湾、大鹏湾、海陵湾、水东湾、流沙湾。

1999—2008 年近 10 年广东省海洋捕捞最大可持续产量平均值为 112.2×10⁴ t，据此估算渔船容纳量为 136.2×10⁴ kW。1999—2008 年广东省年平均海洋捕捞产量为 175.4×10⁴ t，年平均海洋捕捞力量为 212.9×10⁴ kW，大大超过可持续产量和渔船容纳量。

5）海砂资源

广东省海砂资源丰富，总储量约 1 855.7×10⁸ m³，可分为 20 m 水深以浅海域表层海砂、20 m 水深以深海域表层海砂和埋藏砂体，储量分别为 240.27×10⁸ m³、1 603×10⁸ m³ 和12.43×10⁸ m³。粤东海砂资源主要分布在海门湾、碣石湾、红海湾和大亚湾等海湾内 20 m 水深以浅区域，主要为表层海砂，海砂类型主要为细砂，此外还有粉砂质砂、砾砂等。珠江口近岸海砂主要分布在几大口门之外，如虎门外海砂区、蕉门外海砂区、洪奇沥外海砂区、磨刀门外海砂区、鸡啼门外海砂区和崖门外海砂区，占珠江口 20 m 水深以浅表层海砂总面积的 52%。另外，水深 20 m 左右的白沥岛东侧海域海砂区的面积达到 105 km²，占珠江口 20 m 水深以浅表层海砂总面积的 38%。珠江口埋藏砂体主要为埋藏的古河道砂，内伶仃岛西北水域海砂区、深圳湾内海砂区、妈湾以南暗士顿水道海砂区、内伶仃岛南部水域海砂区和磨刀门河床（大涌口至拦门砂）海砂区占珠江口埋藏砂体总储量的 43%。韩江口外、珠江口外和琼州海峡东部海域为海砂远景区。

6）滨海旅游资源

广东滨海旅游资源丰富，数量众多、种类齐全，以滨海自然旅游资源为主。海湾资源、海岛资源、文化遗迹、城市设施、生物资源、现代化建筑和妈祖文化等占据重要地位，又以海湾资源数量最多、分布最广。从资源等级来看，尽管广东潜在滨海旅游资源相当丰富，但是高等级的滨海旅游资源并不太多，尤其是高级别的滨海人文类旅游资源非常缺乏。与周边地区做比较，广东省滨海资源尽管在数量和规模上占据优势，但在滨海旅游资源的品位和级别上优势并不突出。

7）海洋能

从数量上看，以海洋风能资源蕴藏量最为丰富，可达 1.24×10⁸ kW，可开发利用量为

$7\,650\times10^4$ kW。其次是盐差能、潮汐能和波浪能资源，潮流资源较差。从质量上看，广东省沿海风资源功率密度强，属于较丰富或丰富区，其次是波浪能和盐差能资源，潮汐能、潮流能功率密度较小，资源质量一般。从开发条件上看，风能资源最好，之后依次为波浪、潮汐、潮流、盐差资源。

5.1.3 新认识与新发现

本次专项调查覆盖了广东近海水文气象、海洋化学、生物生态、海洋底质和海洋灾害等内容，通过对其成果的综合分析，掌握了其变化特征与规律并取得了一些的新认识，可为广东省海洋资源开发和生态环境保护提供科学依据。

1）水体环境质量

本次专项调查新发现了夏季 3 个底层海水低氧区，分别位于汕头海区的汕头港外东南面海域、阳-茂海区的沙扒港周围海域和湛江海区的硇洲岛附近海域。

2）海洋生物生态

系统摸清了广东近海海洋生物功能群结构、种群变动、基础生产力及其资源利用潜力，重新认识并阐明其变化规律；首次全面开展广东近海不同功能群生物、粒级结构和微微型生物分布特征研究；开拓了广东重要海洋生物遗传多样性研究，为海洋野生生物种质资源及其开发利用与保护提供了科学依据。

本次调查还发现一些珊瑚新纪录种（如柱形筛珊瑚 *Coscinaraea columna* Dana，1846），发现了 8 处新的海草床分布。

3）海洋水文气象

本次专项调查首次利用走航 ADCP 观测了大亚湾、海陵湾和湛江湾等重要海湾的水动力条件，深入分析这些海湾的水交换和环境容量，建立了广东沿岸典型海湾水动力模型，并应用于海湾动态变化预测与实时监控管理。

4）海洋底质

广东沿海的沉积物以现代沉积为主，尤其在河口区多为陆源沉积物所覆盖，表明陆源物质是广东沿岸及近海海域的主要贡献者。柘林湾和汕头港的沉积物粒度在 50 cm 以下有较为明显的变粗现象、分选系数值也明显增大，粒度参数呈现幅度较大的变化；汕尾港、大亚湾和大鹏湾沉积物粒度整体上呈现出向上变细现象，粒度参数垂直变化规律明显，表明它们受到人类活动和环境变化的影响较大。水东港、海陵湾和雷州湾、湛江港、流沙湾柱样中砂组分含量通常较高，而细粒组分含量较少，但垂直变化规律不明显，反映和记录了自然环境变化过程。

5）赤潮灾害

近年来广东省沿海赤潮灾害总体呈上升趋势，发生频率不断增加；赤潮高发季节由过去的春季扩展到春夏秋冬季；赤潮发生海域和影响范围不断扩大；鱼毒性藻和有毒藻种类越来越频繁地引发赤潮，对海产养殖破坏最大、造成直接经济损失最多；引发赤潮灾害的生物种类不断增多，由甲藻和硅藻引发的赤潮减少，而由针胞藻类、定鞭藻类和纤毛虫类引发的赤潮明显增多。

6）海岸侵蚀灾害

本次调查发现，广东省受侵蚀海岸多集中在经济发展相对较快的地区，究其原因既有自然环境变化影响，也有人为因素的影响。从整体上来看，广东省海岸侵蚀灾害以粤西侵蚀强度和长度最大，其次为粤东，珠江口最弱。根据自然因素和人为因素的分析来看，入海泥沙将继续减少、海洋动力显著增强、海岸环境破坏难以改变，从而使广东省海岸带的海岸侵蚀灾害在未来相当长的时间内可能呈加剧的发展趋势。

7）主要港湾环境容量

总体上看，广东省近岸重点港湾，除了海陵湾和大亚湾以外，人类经济活动已经超出了所能承受的承载能力。而且，海陵湾和大亚湾的剩余环境容量主要集中于湾口，湾内剩余环境容量所剩无几，未来陆域发展规划和污染物排放控制总量需根据所在港湾的环境容量分布情况制定。

8）主要海洋资源的潜力及承载能力

广东省沿海港湾资源丰富，已建成 3 大港口群，但开发较成熟的港湾所占比例相对较小，大部分的港湾仍未开发或正在开发中，可建港口的港湾众多且条件优越，港湾资源开发潜力巨大，承载力较强。

广东沿海滩涂资源总体上尚具有很大的发展潜力，但不同区域所具有的潜力和承载力呈现较大的差异。珠江三角洲区域近 30 年来滩涂超速围垦现象较严重，造成滩涂面积大幅减小，滩涂资源的开发潜力一般；从人口、社会经济和生态环境综合分析，其滩涂资源承载力较小。粤东地区滩涂资源在广东省占有份额最少，不到 10%，滩涂资源发展潜力和提升空间较小；从人口和社会经济角度分析，其滩涂资源具有较高的承载力，但从生态环境角度分析，其承载力又受到一定程度的限制。粤西滩涂资源丰富，区域经济和生态环境之间冲突较小，其滩涂资源还存在很大的提升空间，具有很大发展潜力；同时，因其良好的生态环境和发展环境，也具有较高的承载力。

广东省海砂资源，总体上具有很大的发展潜力。珠江三角洲区域丰富的海砂资源量达到 $17.87×10^8 m^3$，基本可满足未来经济发展需要，但很多海砂区需要重新勘探后才能开采。

珠江三角洲区域在深海网箱养殖和岛礁生物资源增殖等方面具有一定的潜力；粤东可挖掘海洋生物资源的有效利用，尤其在双壳类的增养殖方面具有较大的开发潜力；粤西海洋生物资源丰富，前景广阔，开发空间大，经济承载力强，但开发程度较低，其资源潜力巨大。

广东滨海旅游资源丰富，但分布不均，自然、交通和人文等条件差异较大。综合分析，惠州、珠海、阳江、深圳等滨海旅游资源丰富的城市其资源潜力和承载力较大，而广州、中山、东莞、茂名、揭阳、汕尾、潮州等滨海旅游资源有限的城市其资源潜力和承载力较小。

5.1.4　提出针对性的政策建议

在本次专项调查、评价和成果集成中，要求针对存在问题提出政策建议。各专题分别针对各自研究的内容和存在的问题，提出了一系列可行的政策措施与建议，为下一步海洋综合管理和海洋综合试验区建设提供有益借鉴。

主要政策建议类成果包括：

（1）广东省海洋发展战略，集成成果之一；

（2）广东省海洋持续发展若干重点措施与建议，集成专著章节；

（3）广东省近海海洋生态环境保护对策建议，集成专著章节；

（4）广东省海洋资源可持续利用的管理与对策，集成专著章节；

（5）广东省海洋产业优化战略政策建议，集成专著章节；

（6）广东省海洋产业调整及资源开发的政策建议，评价课题章节；

（7）广东省海洋经济与管理政策咨询建议，评价课题章节；

（8）广东省海洋政策，评价课题章节。

5.2　成果应用与贡献

通过海洋基础调查、重点海域（区段）调查、专项调查和多学科的综合分析与评价，基本摸清了广东省海岸带、海岛、海域、海洋生物生态等资源环境家底，系统地整理了广东省各学科海洋资料、资源属性和生态环境现状，实现了广东省海洋资料和数据的全面更新，取得了丰富的成果，并得到广泛的应用。突出应用主要包括：

1）编制广东海情

2010 年，广东省 908 专项办组织编写了《广东海情》一书，并提供给省领导和相关部门，第一次较为全面、详细地描述了广东海洋的自然、环境、管理及沿海社会经济发展等基本情况，对于全社会了解海洋、关注海洋发挥了积极的作用，同时也为"广东省海洋经济综合试验区"的批准起到了很好的数据支撑作用。

2）在调查工作中开展了赤潮应急监测

2009 年 10—12 月，珠江口海域发生长时间、大规模赤潮，在省 908 专项办协调下，赤潮调查课题组迅速响应，增加现场应急调查任务和研究内容，对本次赤潮灾害的发生与演替进行了跟踪调查，为当地政府的减灾工作和社会稳定做出了重要贡献。

3）调查资料成果的应用

广东省 908 专项调查资料与阶段性成果已经成为广东省涉海科研和管理的重要参考依据。在海域使用论证、海洋工程环境影响评价、海岛使用论证中 908 专项的调查数据得到了广泛的应用，尤其是广东省海洋经济"十二五"发展规划、广东省海岛保护与利用规划、广东省海岸带保护与利用规划、广东省海洋功能区划和广东省海洋经济图集等都充分利用了广东省 908 专项海岸线修测、海岛调查、海岸带调查、海域使用现状调查等的资料、数据和阶段性成果。广东省 908 专项的资料和阶段性成果还被广泛应用于广东省的涉海自然保护区建设、广东省人工鱼礁建设、广东省的海域综合管理、广东省海洋环境监测等方面。比如由全球环境基金会（GEF）资助，联合国计划开发署（UNDP）监管的"UNDP/GEF 中国南部沿海生物多样性管理——东山/南澳示范区"项目中，项目所涉及的大部分基础地理数据和部分海洋生物数据为广东省 908 专项所提供，为项目的开展提供了巨大的支持。

4）数字海洋在海域管理中的应用

2010—2011 年，广东省在海砂开采海域使用权管理体制做了创新性尝试，分别在 2010 年 6 月、2010 年 8 月和 2011 年 8 月开展了 3 个批次 10 个区块的珠江口海砂开采海域使用权挂牌出让，广东省的数字海洋框架中的"海域使用权网上竞价子系统"作为挂牌出让工作的唯一业务平台，较好地支撑了省海洋与渔业局的海砂开采海域使用权挂牌出让工作，系统具备较强的安全性和稳定性，实现了竞价数据的实时更新，竞价行为的按时截止和竞价结果的及时公布。出色地完成了海砂开采挂牌区域的网上竞价工作，取得了较好的经济效益。

第2篇 综合调查

广东省 908 专项综合调查于 2006 年开始，至 2008 年全面完成现场工作，通过实地调查、样品分析、资料收集等手段，获取广东省海洋资源、环境、开发利用、社会经济发展等基本数据和资料，主要包括沿岸海域水体环境综合调查、滨海湿地及其他海洋特色生态系统与珍稀濒危海洋动物调查、海岛（岛礁）调查、海岸带与港址调查、赤潮灾害调查、海岸侵蚀灾害调查、海域使用现状调查、沿海地区社会经济基本状况调查等 8 个调查项目。其中，沿岸海域水体环境综合调查、海岛（岛礁）调查、海岸带与港址调查、海域使用现状调查、沿海地区社会经济基本状况调查五项调查为国家下达任务，滨海湿地及其他海洋特色生态系统与珍稀濒危海洋动物调查、赤潮灾害调查、海岸侵蚀灾害调查三项调查为广东省自增任务。

按照"省级 908 专项总报告编写提纲及基本要求"，本篇内容包括《广东省 908 专项总体实施方案》中的所有调查及新增调查项目的成果集成，分为第 6 章至第 15 章，共 10 章。即在上述 8 项广东省 908 专项调查资料成果的基础上，分别为广东省沿海海洋水文气象、海洋化学、海洋生物生态、海洋沉积物、滨海湿地及其他特色生态系统与珍稀濒危海洋动物、海岛（岛礁）、海岸带与港址、海域使用、海洋灾害及广东省社会经济发展的基本装况进行了总结与分析，针对目前存在的主要问题提出了相应建议及对策等。

本篇的编写主要参考和利用了广东 908 专项调查各分报告的相关内容，包括：《广东省 908 专项水体环境调查研究报告》（GD908-01-03）、《广东省 908 专项海岸带（港址）调查—潮间带底栖生物与沉积化学专题调查研究报告》（GD908-01-01）、《广东省 908 专项海岛（岛礁）调查研究报告》（GD908-01-02）、《广东省海岸侵蚀灾害调查报告》（GD908-01-06）、《广东沿海赤潮灾害调查报告》（GD908-01-07）、《广东省海域使用现状调查研究报告》（GD908-01-09）、《广东省沿海地区社会经济基本情况调查报告》（GD908-01-05）等；报告中所有未标注来源的数据均来自于 908 专项调查结果，其他参考文献资料列于文后的参考文献。

第6章 近海海域水文与气象[①]

广东省沿岸海域较大规模的水文气象调查始于 20 世纪 70 年代末，自 1979 年国务院作出在全国开展海岸带和海涂资源综合调查的决定后，广东省海岸带和海涂资源的综合调查工作于 1980 年夏季开始，至 1986 年结束，历时 6 年多，最终形成了《广东省海岸带和海涂资源综合调查报告》，较为系统、全面地阐述了海岸带主要环境要素的特征与相互关系，客观地评价了海岸带气候、土地、滩涂、矿产、盐业、水产和主要动植物、林业、港口、旅游、水等资源的质量及利用价值，并在此基础上提出了综合开发利用的设想。此外，从 1979 年夏季开始到 1982 年冬季结束的"南海东北部海区海洋学综合调查研究"，其调查区域也涵盖了广东省沿岸大部分区域。该次调查任务由中国科学院下达，广东省有关部门支持协助，历时 4 年，对南海东北部海区进行了综合调查。作为《南海海区综合调查研究报告》的一部分，调查结果积累了广东省沿岸海域多年的水文气象资料，特别是从宏观区域的角度，结合多年历史资料，较为全面地阐述了广东沿岸海域的气象要素及水文特征的变化规律。

上述报告给出了调查期间广东省沿岸海域水文与气象的一般状况，并结合历史观测资料对相关物理要素进行了研究分析，相关内容在广东省沿岸海域的历史调查研究中具有代表性和全面性。近几十年来，随着工业和经济的发展，广东省沿岸各地的海洋环境出现了不同程度的变化，全球气候变暖等宏观因素也影响到局地海气要素，因此，一方面有必要对历史调查资料进行补充完善和更新；另一方面，近年来海洋调查技术有了长足的进步和发展，新的技术方法可使调查更加细致、深入和全面，在一定程度上弥补了历史调查资料的缺陷。

广东省 908 专项在领海基线以浅广东近岸海域化学、生物（生态）调查站位的基础上，选取对广东省海洋资源开发利用和环境保护具有重要意义的港湾、河口及其他区域为重点调查区域，开展水文与气象大面和定点连续调查（图 6.1），包括全潮水文气象连续观测站 51 个；柘林湾、汕头港、汕尾港、大亚湾、大鹏湾、海陵湾、水东港、湛江港、雷州湾、流沙湾等 10 个港湾的大面站 200 个；柘林湾、大亚湾、海陵湾、湛江港湾等海湾的 ADCP 观测断面 4 条。大面断面观测调查内容包括海水流速、流向、水温、盐度、浊度、透明度等。连续站观测内容为定点周日调查，选择上述多个重点区域的具有代表性站点进行 27 h 海流、CTD、浊度、透明度、水体悬沙量、海况、云、能见度、天气现象、风速、风向等水文气象要素的连续监测。同时在部分海域采用船载 ADCP 进行走航海流观测的方法，进行断面流速和流量观测。

6.1 广东近海海洋气候特征

广东近海调查海域可分为 3 个海区，自东向西依次为：粤东海区、珠江口海区与粤西海

---

① 于红兵，郭朴。根据于红兵等《广东省 908 专项水体环境调查与研究——水文气象调查研究报告》整理。

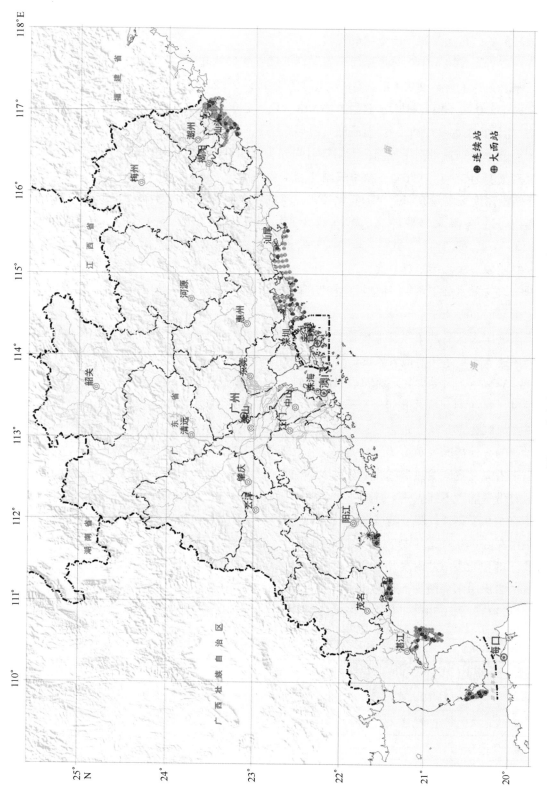

图6.1　广东省 908 专项水文调查研究站分布

区。其中，粤东海区包括汕头区块（柘林湾、汕头港与广澳湾一带海域）与汕惠区块（红海湾、大亚湾与大鹏湾一带海域）；粤西海区包括阳茂区块（海陵湾与水东港海域）与湛江区块（湛江港与流沙湾海域）。广东省908专项水体调查区域未包含珠江口海区，本报告中涉及到该海区的内容主要源于历史调查资料。

广东省近海海域属南亚热带和热带海洋性气候，季风变化明显，光能充足，日照时间长。全年日照总数为1 814~2 254 h，其中粤东海区1 942~2 320 h、珠江口海区1 730~2 210 h、粤西海区1 840~2 240 h。年均气温21.5~23.4℃，冬季受北方冷空气的影响，气温较低，2月平均气温为13.4~17.2℃，极端最低气温粤东海区-1.9℃、珠江口海区-1.3℃、粤西海区-1.4℃；夏季受副热带高压控制，太阳辐射强烈，气温升高，7月平均气温为27.1~29.2 ℃，极端最高气温为35.7~39.6℃，秋季气温比春季要高。

广东沿岸海区雨量充沛，年际变化较大，年均降水量在1 195.7~2 124.8 mm，雨季多集中在4—9月。年降水日数各海区差别较大，其中粤东海区112.5~143.6 d、珠江口海区99.0~141.0 d、粤西海区131.3~146.8 d。降水日数主要集中于汛期，占全年的67%~73%。沿海气候比较湿润，年相对湿度普遍在80%~82%，相对湿度一般春夏季高于秋冬季。广东沿岸常年多雷暴，每年4—9月是雷暴多发季节，雷暴多发地区主要分布在粤西雷州半岛，约占全省雷暴的80%以上。

广东沿岸海区受西太平洋和南海台风的影响，年平均风速多在2.5~8.3 m/s，其中冬半年平均风速大于夏半年。最大风速，粤东海区为28~40 m/s，珠江口海区为35 m/s，粤西海区为25~34 m/s。因受大气环流和季风的影响，秋冬盛行东北季风；春末至夏季盛行西南和东南季风，5—8月风向较稳定。夏季（7月），粤东海区以西南风为主，珠江口海区为偏南风，粤西海区为东南风（黄方等，1995）。表6.1给出了广东沿海主要海区的累年各月及全年平均风速的统计情况（黄方等，1995）。

广东沿海是我国受热带气旋影响最大的地区，1949—2009年间，按首次登陆计（即首先在其他省份登陆者不计入），登陆广东的热带气旋为203个，占全国总数（550）的37%。平均每年有3.9个热带气旋登陆广东，最多的年份有7个，最少的年份有1个。热带气旋登陆主要集中在6—10月，其中7—9月是高峰期。登陆地段分布特点是西多东少，珠海与深圳之间的珠江口和汕头市的南澳几乎是热带气旋直接登陆的"盲区"（贺海晏等，2003）。台风过境造成的海岸增水一般为1.0~3.0 m，最大可达6.0 m。在叠加天文高潮条件下，海水剧升，对海堤、港口、农田和村庄会造成极大的毁坏。

表6.1 广东沿海累年各月平均风速统计　　单位：m/s

地点	1月	2月	3月	4月	5月	6月	7月	8月	9月	10月	11月	12月	全年
隆澳	4.6	4.6	4.1	3.6	3.4	3.4	3.1	2.9	3.7	5.1	5.1	4.8	4.0
云澳	7.0	6.9	6.2	5.3	5.0	4.7	4.0	4.2	6.2	8.0	8.2	7.3	6.1
达濠	3.5	3.7	3.5	3.6	3.7	3.8	3.9	3.6	4.0	4.4	4.1	3.7	3.8
碣石	4.6	4.6	4.7	4.3	4.3	4.4	4.4	4.5	4.5	4.9	4.7	4.5	4.5
汕尾	3.1	3.1	3.1	3.0	3.2	3.2	3.3	3.1	3.2	3.3	3.1	3.0	3.2
遮浪	7.2	7.2	7.0	6.1	5.0	5.0	5.6	5.4	6.6	7.8	7.9	7.5	6.7

续表 6.1

地点	1月	2月	3月	4月	5月	6月	7月	8月	9月	10月	11月	12月	全年
大坑	2.3	2.5	2.3	2.3	2.7	2.6	2.6	2.4	2.6	3.3	2.5	2.2	2.5
东海	3.1	3.2	3.2	3.4	3.3	3.6	3.5	3.4	3.8	3.8	3.0	2.9	3.3
港口	4.0	5.0	5.1	5.1	5.1	5.1	4.0	4.7	5.1	5.3	5.1	4.6	5.0
香洲	2.7	2.0	3.0	3.4	3.6	3.5	3.6	3.2	3.4	3.6	3.2	2.7	3.2
白沥	6.6	10.6	7.2	6.8	5.8	6.2	5.3	7.2	6.1	8.4	9.3	10.6	7.5
大万山	8.0	7.8	7.3	6.3	5.2	5.4	4.9	4.6	5.8	7.3	7.6	7.8	6.5
担杆	9.0	10.5	7.7	6.4	6.9	5.4	5.9	6.9	6.0	8.5	6.5	7.2	7.2
黄茅洲	8.6	10.0	8.9	8.7	7.6	7.2	6.3	6.2	7.5	11.5	8.6	8.5	8.3
上川	5.4	5.2	4.7	4.3	4.1	4.0	3.9	3.6	4.4	5.5	5.9	5.4	4.7
闸坡	5.4	5.6	5.1	4.6	4.3	4.4	4.6	4.1	4.7	5.5	6.0	5.4	5.0
电白	2.8	3.2	3.7	3.8	3.4	3.1	3.3	2.7	2.6	2.9	2.6	2.6	3.1
硇洲	5.0	4.9	5.0	4.9	4.6	4.4	4.5	4.1	4.9	5.8	5.6	5.1	4.9

6.2　水温、盐度、密度场的分布及季节变化

广东省近海海域水温的分布变化主要取决于大陆气候、径流、潮流和太阳辐射等因素的影响，具有一定的规律性，也有明显的地区差异。通常春夏季为升温期，夏季水温最高；秋冬季为降温期，冬季水温最低。春夏季水温分布趋势由岸向外逐渐增高，秋冬季水温分布比较均匀。在调查区内，全年水温的分布呈东低西高的变化趋势，但南北水温差异随季节变化也比较大。

广东省沿岸海域盐度的分布变化主要受大陆径流和外海高盐水团的制约，它们的消长决定了盐度的区域分布和年变化。夏季，大陆径流强，沿岸海域表层盐度降至全年最低，河口区的低盐水浮在表层呈舌状向外扩展，外海高盐水则潜在其下方向沿岸逼近，水平梯度和垂直梯度都较大。冬季，大陆径流逐渐减弱，沿岸低盐水向岸边收缩，与此同时，外海高盐水团向岸边推进，呈强混合状态，表层盐度升至全年最高值。

6.2.1　粤东海区

6.2.1.1　水温的平面分布及其季节变化特征

夏季水温最高，水平梯度较大；表层、中层、底层水温变化范围分别为 23.7~30.9℃、21.5~30.7℃ 和 21.5~30.6℃。冬季在东北季风及闽浙沿岸流的影响下，水温降至全年最低，各层水温分布均匀；表层、中层、底层水温变化范围分别为 16.1~19.1℃、16.1~18.2℃ 和 16.1~17.9℃。

汕头区块：夏季，南澳岛北部及西部表层夏季水温主要介于 28.0~28.5℃ 之间；从南澳

岛南部沿西南方向至广澳湾海域，水温由 27.5℃ 逐渐增加至 29.5℃，等温线呈现出与岸线垂直的特征。中层与底层等温线总体上的走势与岸线平行，与等深线大体一致，汕头港内的水温由港池顶部向外递减。冬季，表、中、底 3 层等温线分布大体一致，南澳岛以北等温线由东南向西北递减；南澳岛以南等温线由东北向西南递减；大部分海域水平温差不超过 1℃。

汕惠区块：夏季，表层水温表现为东高西低。红海湾湾顶水温最高，湾内水温介于 29~29.5℃ 之间。水温从红海湾西向大亚湾湾口由 29℃ 递减至 26.5℃，大亚湾从湾口向湾顶水温升至 27℃。大鹏湾水温由湾口 25.5℃ 等深线向湾内递增至 27.5℃。中层和底层水温比表层低，分布情况与表层大体相同，不同之处在于大鹏湾内无水温递减趋势，而是保持在较均匀的 22℃ 左右。冬季，水温总体特征呈中间稍高，两边稍低的特点。各层水温由红海湾至平海湾南部海域，也即红海湾与大亚湾交界处，有 0.6~0.8℃ 的升幅；再由此向大亚湾及大鹏湾内递减。

6.2.1.2 水温的垂直分布及其季节变化特征

水温的垂直变化特征总体上表现为随深度的增加而递减。

汕头区块：春、夏两季表底层温差较大，水温垂向变化梯度较大，主要介于 0~0.4℃/m 之间；秋、冬季海水混合充分，水温垂向梯度小，一般不超过 0.02℃/m，表、底层温差小。季节性温跃层在出现在春季与夏季，多数分布在柘林湾一带海域，跃层一般在 5~8 m 的水深处。秋、冬季季节性温跃层消失。

汕惠区块：水温垂直梯度在夏季最大，一般分布在 0~0.4℃/m；在其他三季均较小，冬季最小，水温垂直梯度一般不超过 0.03℃/m。最大垂直梯度出现在大亚湾内。季节性温跃层明显存在于夏季，深度一般在 5~10 m，秋、冬季节温跃层消失。

6.2.1.3 盐度的平面分布及其季节变化特征

汕头区块：夏季表层、中层、底层盐度的变化范围分别为 6.71~32.18、8.13~33.95 和 9.19~34.05；在冬季盐度的变化范围分别为 13.24~32.74、15.43~32.76 和 15.55~32.77。

汕惠区块：夏季表层、中层、底层盐度的变化范围分别为 23.43~34.00、27.61~35.39 和 28.02~35.95；在冬季盐度的变化范围分别为 31.81~33.35、32.54~33.39 和 32.57~33.48。

总体上，汕头区块海区春、夏两季层结稳定，表层盐度较低，底层较高；秋、冬季节在东北季风的作用下，湍流混合加强，破坏了稳定的层结，表层与底层盐度趋于均匀。受榕江、韩江等径流的作用，近岸海域一般盐度较低，在雨季更为明显。盐度的平面分布总体上表现为南澳岛向北至柘林湾近岸盐度逐渐降低；汕头港由港池顶部经口门，直至外海盐度逐渐增加。汕惠区块，除春季红海湾海域盐度略高于西部海域外，在其他三季，盐度的水平分布均表现为由红海湾海域向西递增的趋势。夏季盐度最低，水平梯度最大；秋、冬季节盐度高，但分布均匀，盐度的水平与垂直梯度均较小。大亚湾内盐度由湾内向湾外递增。

6.2.1.4 盐度的垂直分布及其季节变化特征

总体上，盐度随深度的增加而增加。汕头区块表现为冲淡水与外海高盐水的混合水特征。近岸浅水，及冲淡水与外海水交汇处，盐度梯度较大。夏季盐度梯度最大，一般分布在

0.01~1.2/m。最大盐度垂直梯度达 6.96/m，出现在汕头港口门处。春、夏两季分层明显，有明显盐跃层。秋、冬季节，陆地径流变弱，外海高盐水入侵势力加强，海水对流混合充分，除受较弱径流影响的个别站点外，多数海域垂直分布均匀，垂直梯度一般不超过 0.2/m。盐跃层在秋、冬季节消失。

汕惠区块同样为夏季盐度梯度最大，一般介于 0~0.3/m 之间，盐度垂直最大梯度为 2.42/m，出现在大亚湾内。其他季节表、底层海水混合均匀，盐度差较小。各季节内，盐度垂直梯度最大值一般出现在距岸边较近的地方。夏季存在明显盐跃层，秋季消失。

6.2.2　珠江口海区

6.2.2.1　水温的平面分布及其季节变化特征

珠江口属典型的河口湾。夏季因气温高于水温，径流在流动过程中，不断从空气中吸取热量，珠江口径流是从西北往东南下泄到该海区，水温平面分布具有从西北往东南递减的变化趋势。表层等温线自淇澳岛附近的 30.0℃ 逐渐递减到大濠岛西南海域的 28.0℃，最高水温为 30.1℃，最低水温为 27.8℃。底层水温除内伶仃岛西北部区域偏低（<27.0℃）外，分布趋势与表层基本相同，水温从淇澳岛东南海域的 28.8℃ 逐渐递减到万山群岛附近的 22.1℃，底层最高、最低水温分别为 29.2℃ 和 21.9℃。

冬季，水温分布比夏季均匀，温差在 2℃ 左右，水温变化范围 16.6~18.7℃，表层和底层水温分布趋势基本相同，在珠江各河口湾附近海域，水温呈由岸往外递增的变化趋势。

6.2.2.2　水温的垂直分布及其季节变化特征

夏季由于强烈的太阳辐射作用，表层水温随之升高，因夏季风力不强，海水对流混合比较弱，导致上、下层温差大，海水层化明显。水温随深度的增加而降低，15 m 以浅水层水温垂直变化梯度大，一般在 1.0℃/m 左右，最大为 1.2℃/m，15 m 深水层垂直变化梯度小。冬季，海水对流混合加强，水温垂直变化很小，海水分层现象逐渐消失。

6.2.2.3　盐度的平面分布及其季节变化特征

由于珠江口北部有虎门，西部有蕉门、洪奇沥和横门等入海口门，径流从这些口门流入伶仃洋，并往东南方向冲溢，形成下泄流自西北向东南倾斜的水面比降。当珠江口外的高盐水随南海潮波向西传递进入伶仃洋后，与往东南向冲溢的大陆径流逐渐混合稀释，使盐度逐渐往西北区域降低，从而形成盐度自西北往东南递增的变化趋势。夏季，河口区附近盐度最低，表层等盐线自淇澳岛附近的 9.00 逐渐往东南递增到担杆岛附近的 31.00，盐度最高值为 31.97，最低值为 8.03。底层盐度除个别测站偏高外，变化趋势与表层大致相同。最高盐度分布在万山群岛和荷包岛附近海区，分别为 34.22 和 34.37，最低盐度分布在内伶仃岛北部海区，为 7.65。

冬季，盐度分布趋势与夏季基本相同。表层和底层盐度变化范围分别为 24.72~33.69 和 29.79~33.55，最高盐度分布在万山群岛海区，表层和底层最低盐度分别出现在淇澳岛南部和高栏岛附近海区。万山群岛以南海域盐度较高，一般都大于 33.00。冬季因径流减弱，珠江河口附近区域表层盐度明显要比夏季高。

6.2.2.4 盐度的垂直分布特征

夏季，珠江口海区岛群由于河流淡水自西北向东南下泄，外海高盐水自东南往西北上溯，丰水期盐度分层比较明显，10 m 以浅水层盐度垂直变化梯度在 0.20～2.50/m，淇澳岛东部海区最大可达 7.38/m。冬季，由于东北季风的作用，海水对流混合强烈，盐度分布比较均匀，垂直变化梯度一般小于 0.05/m。

6.2.3 粤西海区

6.2.3.1 水温的平面分布及其季节变化特征

水温总体上表现为夏季最高、冬季最低。同时，因粤西海区东西、南北跨度均较大，因而调查的海陵湾、水东港、湛江港与流沙港海域，水温的平面分布各具特点。

海陵湾海域：夏季表层、中层、底层水温变化范围分别为 28.9～29.8℃、28.1～29.7℃和 26.7～29.7℃。各层水温分布比较均匀，梯度不大；分布特点均表现为由湾内向湾外逐渐递降。冬季表层、中层、底层水温变化范围为 17.3～18.5℃、17.4～18.5℃和 17.3～18.6℃。水温全年最低，各层水温变幅基本相同，水温平面梯度小，由湾内向湾外递减。

水东港海域：夏季表层、中层、底层水温变化范围分别为 28.4～31.3℃、25.9～30.2℃和 26.1～30.0℃。表层水温由东部向中部递增，水平梯度约有 1℃；中部至西部水温均匀，为 30.1℃。中层与底层水温分布特征相似，东部博贺湾由湾内向湾外递减，等值线走向与等深线一致；中西部海域比较均匀，保持在 28℃左右。冬季表层、中层、底层水温变化范围分别为 17.9～19.87℃、17.9～19.6℃和 17.9～19.6℃。各层水温变幅基本相同，变化趋势也近相同，均表现为西高东低，由东部海域向西部海域递增的特点，东西部海域水平梯度约为 1℃。

湛江港海域：夏季表层、中层、底层水温变化范围为 24.4～30.1℃、23.0～29.8℃和 22.8～29.7℃。各层水温变化趋势基本一致，硇洲岛以北由湛江港口门外向口门内递增，口门外等温线走势与等深线一致。硇洲岛以南海域水温由东北向西南递增。冬季水温降至最低，各层水温变化范围相同，均为 18.6～19.4℃。湛江港口门以外等温线表现为由东北向西南逐渐降低，水平梯度很小。

流沙港海域：夏季水温较春季有较大升幅，各层温差不大，水温变化范围分别为 30.2～31.8℃、30.3～31.0℃和 30.3～31.0℃。北部海域水温变化为由流沙湾内向湾外递减，即由东向西递减。南部海域表层分布均匀，变化范围为 30.8～30.9℃；中层与底层表现为由西北向东南递增。冬季各层水温变化范围分别为 18.9～19.6℃、18.8～19.6℃和 18.5～19.6℃。各层水温水平分布均匀，总体表现为由北向南递增。

6.2.3.2 水温的垂直分布及其季节变化特征

海陵湾海域春季水温垂直梯度稍大，主要分布在 0～0.4℃/m，存在明显温跃层，跃层深度在 5 m 左右。夏、秋、冬三季海水垂向混合均匀，水温垂直梯度很小，一般不超过 0.1℃/m。秋季与冬季存在逆温现象。水温梯度最大值一般位于西部近岸海域。

水东港海域水温垂直分布比较均匀，垂直梯度一般不大；夏季略大，主要分布在 -0.1～

0.5℃/m，存在温跃层，跃层深度在 5 m 左右。秋季在东部观测站点有逆温现象发生。

湛江港海域水温在多数季节内垂向分布均匀，梯度较小，一般不超过 0.2℃/m。夏季，表层与底层温差较大，存在温跃层，跃层深度在 5 m 左右。秋、冬季节内普遍存在逆温现象。

流沙港海域水温垂直混合更为均匀，梯度极少高于 0.1℃/m，无温跃层存在。

6.2.3.3　盐度的平面分布及其季节变化特征

海陵湾海域，表层、中层、底层盐度在春季的变化范围分别为 30.75～31.83、31.14～32.48 和 31.15～32.56；在夏季分别为 19.99～22.38、20.99～28.10 和 21.39～31.70。各层盐度平面分布在各季节均呈湾内向湾外递增的趋势，等盐线走向在各季有所差别。

水东港海域，表层、中层、底层盐度在春季的变化范围分别为 31.78～32.54、32.11～32.66 和 32.11～32.54；在夏季分别为 22.63～29.53、22.74～33.24 和 23.37～33.46。海陵岛与水东港海域的盐度平面分布，均为春季各层盐度最高，冬季次之，夏季最低。水东港海域与外海邻接面积较大，盐度比海陵湾海域略高。盐度水平分布在秋、冬季节较为均匀，水平梯度小；春季等盐线与等深线一致；夏季受径流、降水、水温等影响，分布较为复杂。

湛江港海域盐度在夏季最高，各层变化范围为 29.9～33.9、30.6～34.2 和 31.0～34.4；冬季最低，各层变化范围为 28.0～31.9、28.0～31.8 和 28.2～31.9。盐度平面分布总体上呈现由东向西递减的特征。

流沙港海域盐度普遍较高，各季相差不大。盐度的水平分布非常均匀，水平梯度甚小。

6.2.3.4　盐度的垂直分布及其季节变化特征

海陵湾海域与水东港海域，秋冬两季垂直混合均匀，垂直梯度小；夏季垂直分层稳定，垂直梯度最大，盐度随深度的增加而增大的趋势明显。盐度垂直梯度最大值出现在水东港海域近外海一侧的 C34 站，为 6.04/m。春、夏两季存在盐跃层，秋季消失。

湛江港海域，盐度垂直分布均匀，垂直梯度一般不大，即使在夏季一般也不超过 0.1/m。夏、秋季节少数站点出现盐跃层。

流沙港海域盐度垂直分布四季内均非常均匀，垂直梯度甚小，一般不超过 0.02/m，无盐跃层的存在。

6.3　潮汐、潮流特征

6.3.1　潮汐特征

广东省海岸带的潮汐类型分 3 种：不正规半日潮、不正规全日潮和正规全日潮，本次 908 专项调查得到的潮汐特征及其分布与历史资料相一致。表 6.2 至表 6.6 给出了广东沿岸重要港口、海湾潮汐特征值的统计情况。

表 6.2　广东省重要港口、海湾潮汐特征值统计　　　　　　　　　　单位：cm

重要港口海湾		最高潮位	最低潮位	平均高潮	平均低潮	平均海面	最大潮差	平均潮差	基面	资料年限
粤东海区	汕头港	310	−185	34	−68	−18	399	102	珠江	1955—1990
	海门湾	202	−160	25	−53	−18	260	78	珠江	1955—1990
	红海湾	180	−157	17	−77	−26	258	94	珠江	1970—1990
	大亚湾	160	−152	23	−60	−20	234	83	珠江	1974—1991
珠江口海区		140	−172	47	−72	—	299	119	珠江	1991—1992
粤西海区	广海湾	276	−164	—	—	−1	238	118	珠江	1965—1983
	海陵湾	252	−202	79	−77	72	392	156	黄海	1960—1988
	水东港	—	—	—	—	—	341	190	—	1984
	湛江港	453	−284	95	−122	−11	513	217	珠江	1953—1980
	雷州湾	594	−241	114	−123	−2	610	237	珠江	1971—1989

注："—"表示未有相关记录；珠江口海区数据取自高栏岛潮汐资料；雷州湾数据取自南渡站潮汐资料。

表 6.3　汕头区块观测海区潮汐特征值统计　　　　　　　　　　单位：cm

季节	站位	最高潮位	最低潮位	平均水位	平均高潮位	平均低潮位	平均潮差
春季	汕头	—	—	—	—	—	—
	南澳	339	66	216	282	151	131
夏季	汕头	—	—	—	—	—	—
	南澳	353	92	224	291	158	133
秋季	汕头	414	194	312	361	263	98
	南澳	366	96	241	308	174	134
冬季	汕头	—	—	—	—	—	—
	南澳	331	77	226	291	162	129

注："—"表示未有相关记录。

表 6.4　汕惠区块观测海区潮汐特征值统计　　　　　　　　　　单位：cm

季节	站位	最高潮位	最低潮位	平均水位	平均高潮位	平均低潮位	平均潮差
春季	赤湾	371	90	229	304	153	151
	惠州	339	95	216	271	162	109
	汕尾	227	37	127	176	78	98
	遮浪	248	87	162	202	123	79
夏季	赤湾	408	99	245	317	173	144
	汕尾	268	49	131	176	87	89
	遮浪	291	91	169	209	130	79
秋季	赤湾	396	102	251	323	180	143
	惠州	386	107	246	305	187	118
	汕尾	263	56	149	196	101	95
	遮浪	285	102	181	229	135	94

续表6.4

季节	站位	最高潮位	最低潮位	平均水位	平均高潮位	平均低潮位	平均潮差
冬季	赤湾	379	86	234	259	209	50
	惠州	361	97	221	274	169	105
	汕尾	254	28	136	185	87	98
	遮浪	275	75	173	224	121	103

表6.5 阳茂区块观测海区潮汐特征值统计　　　　　　　　单位：cm

季节	站位	最高潮位	最低潮位	平均水位	平均高潮位	平均低潮位	平均潮差
春季	闸坡	248	−96	65	139	−8	147
	水东港	275	−100	66	151	−13	164
夏季	闸坡	223	−93	55	140	−22	162
	水东港	256	−104	56	151	−31	182
冬季	闸坡	262	−106	62	143	−18	161
	水东港	283	−108	60	147	−21	168

表6.6 湛江区块观测海区潮汐特征值统计　　　　　　　　单位：cm

季节	站位	最高潮位	最低潮位	平均水位	平均高潮位	平均低潮位	平均潮差
春季	湛江港	473	35	245	348	151	197
夏季	湛江港	437	25	222	332	119	213
	流沙湾	266	−114	65	156	−22	178
秋季	湛江港	255	−184	56	181	−78	259
冬季	湛江港	492	18	225	297	122	175
	流沙湾	265	−108	60	180	−39	219

6.3.1.1 潮汐性质

根据历史资料分析，汕头海区、大亚湾海区、珠江口海区、川山海区、阳江海区、茂名—湛江海区，潮汐性质数分布在0.5~2.0范围内，属不正规半日潮；红海湾—碣石湾海区潮汐性质数分布在2.0~4.0的范围内，属不正规日潮；惠来神泉港至甲子港、雷州半岛的海安至下泊附近、海南岛感恩以北至后海的潮汐性质系数大于4.0，为正规全日潮。

本次908专项调查结果显示：汕头区块的汕头站与南澳站为不正规半日潮；汕惠区块的赤湾站与惠州站为不正规半日潮，汕尾站与遮浪站为不正规日潮；阳茂区块的闸坡站与水东港站为不正规半日潮；湛江区块的湛江港站为不正规半日潮，流沙港站为正规日潮。各站潮汐特征均与历史资料相一致。

6.3.1.2 平均潮差

从平均潮差来看，从粤东饶平县起至粤西的电白县电城附近，琼州海峡沿岸和海南岛从海口市以东环岛到东方县的八所，其平均潮差均在 1.5 m 以下。反映了广东省海岸带以弱潮区为主。平均潮差增减变化较快的是雷州半岛东、西海岸：西部从南端的 1.0~1.5 m 到北端的英罗湾很快增至 3.0~3.5 m；东部从山狗吼附近的 1.0~1.5 m 到雷州湾和湛江港，也增大到 2.0~2.5 m。平均潮差变化最小的是大亚湾海区和红海湾海区。

908 专项调查结果表明：粤东海区，除赤湾站夏季平均潮差为 1.5 m 外，其余各站平均潮差均不超过 1.5 m；粤西海区，各站平均潮差一般高于 1.5 m，其中湛江港站与流沙港站均超过 2 m，最大值出现于流沙湾的冬季，为 2.19 m。平均潮差的分布特点与历史资料基本一致。

6.3.1.3 最大潮差

从最大潮差的变化来看，广东沿岸海域以珠江口为界，以东最大潮差呈逐渐变小的分布趋势，以西最大潮差呈高低高的"马鞍"形变化特征。

6.3.2 潮流特征

本次 908 专项调查结果显示，潮流的特征现状与历史特征基本一致。

6.3.2.1 潮流性质

广东省沿岸海区交错分布着自半日潮流到日潮流的各种潮流。由 908 专项潮流资料分析得到具体海区的结果：汕头区块各测站潮性系数均不超过 1.5，属半日潮流性质，柘林湾海域站点表层及汕头港口门个别站点属不正规半日潮流性质，其余站点均属正规半日潮流性质；汕惠区块海域潮流以不正规半日潮流性质为主，其中红海湾与大亚湾内部接近陆地部分测站的某些测层属不正规全日潮流性质，大鹏湾测站某些测层属正规半日潮流性质；阳茂区块潮流性质以不正规半日潮流为主（$F<1.6$），个别站点为正规半日潮流性质；湛江区块潮流同样以不正规半日潮流为主（$F<1.6$），个别站点属正规半日潮流性质。

6.3.2.2 潮流流速

粤东海域，在粤东近岸海域，汕头港及其以东水域的潮流较大，表层的大潮最大流速可达 2 kn（100 cm/s）以上，其余海区潮流相对减弱，大潮流速在 1.2~2.0 kn 之间，其中大亚湾内的最大流速为 1.7 kn。

粤西海域，在粤西浅海区内，自北津港至水东港一带的潮流较弱，大潮最大流速仅 1 kn；在湛江港和雷州湾附近潮流增强，大潮最大流速可达 2 kn。雷州半岛西岸亦在 2 kn 以上，自外罗门水道北部至琼州海峡东口，潮流极强，大潮时最大流速可达 5 kn。

908 专项海流调查结果给出了具体海区的流速：汕头区块汕头港河口处海流流速较大，各季节最大流速均超过 100 cm/s；汕惠区块海流流速较汕头区块要小，最大流速不超过 90 cm/s；阳茂区块的海陵湾最大流速超过 100 cm/s，而水东港最大流速接近 100 cm/s，比历史观测值要大，可能是由于 908 专项开展了 4 个季节大潮期间的海流观测，故可更接近地获取一年中最大的潮流流速，另外，与观测站位的设置位置也存在着一定的关系；湛江区块的湛江港与流沙湾海域最大流速均超过 100 cm/s。

6.3.2.3　潮流运动形式

根据历史资料统计，在浅海范围内，潮流运动因受海岸轮廓和地形的限制，大都呈往复流动，仅在离岸稍远受岸形影响较小的测站上，其潮流运动才以旋转流为主，或带有一定的旋转流性质。在浅海区内，大部分测流站的椭圆长轴都与水道一致或岸线平行，除个别测站的椭圆率大于 0.5 外，绝大多数的测站均小于 0.5，而位于河口附近或水道上的测站，其椭圆率一般在 0.1 左右。由于本省岸段海区跨越的范围较大，潮流性质有较大变化，各测流站的潮流旋转方向也复杂多变。

908 专项潮流分析结果对具体海区给出了更细致的描述：汕头区块测站的潮流运动主要以往复流为主；汕惠区块的红海湾海域测站的 K1 与 O1 分潮以旋转流为主，大亚湾与大鹏湾海域各测站的运动形式既有往复流，也有旋转流，与测站位置及地形有较大关系；阳茂区块的潮流运动以往复流为主，部分站点略带旋转性；湛江区块运动形式主要表现为略带旋转的往复流。沿岸近海及狭长水道区域，大多数测流站潮流椭圆的长轴向与水道一致或岸线平行，该特点与历史资料特征相一致；汕头区块多数站点的 M2 分潮旋转方向为逆时针；汕惠区块中 M2 分潮旋转方向为逆时针的测层比重要稍高于顺时针旋转方向的测层；阳茂区块的 M2 分潮旋转方向为逆时针的测层所占比重为 70%；湛江区块的 M2 分潮旋转方向为逆时针与顺时针的测层比重相当。

6.4　沿岸海流及其季节变异

广东省沿岸海域的海流主要受太平洋潮波、河口径流、地转流以及地形等因素的控制。海流分为潮流和余流，潮流是指海水周期性的水平流动，其原动力归结到月球和太阳等天体的引潮力以及地球自转的离心力合成结果。广东沿海的潮流主要受大洋潮波的支配。太平洋潮波自巴士海峡传入南海后分为两支：一较小分支向北进入台湾海峡；另一较大分支向西南推进，形成南海的潮波系统。余流是指扣除潮流所剩下的海水流动，主要包括风海流、地转流、密度流和径流等。

6.4.1　粤东海区

6.4.1.1　汕头区块

海流流向与邻近岸线方向相一致。春季，河口附近站点受冲淡水影响较明显，远离河口的站点流速均较小。夏季，多数站点表层海流与中层和底层起伏状况相一致，表现出明显的潮流特征。多数站点流速较大，大于 100 cm/s，北部 A01 站与 A02 站流速较小，不超过 50 cm/s。秋季与其他季节相比，流速适中，最大流速超过 100 cm/s。冬季，多数站点流速较夏季要大，且表现为较强的南向流。最南端的 A10 站与 A11 站，以及最北端的 A01 站与 A02 站流速较小，基本不超过 50 cm/s，而中部河口附近的几个站点流速均较大，最大流速超过 100 cm/s。

余流分布较为复杂，流速与流向具有明显的季节性变化特征。南澳岛以西、以北海域余流流速较小，汕头港以及广澳湾海域余流流速较大。流向的变化与季风以及径流的影响密切相关。

6.4.1.2 汕惠区块

春季，汕尾—惠州海区各站点在较大程度上仍受东北季风的影响，各层流速和流向均有明显差异，各站点流速基本不超过 89 cm/s。夏季，多数站点表层海流与中层和底层起伏状况不相一致，且底层流相对较小。这可能与夏季风及其导致的上升流有关。大鹏湾内的几个站点均靠近湾东侧，其流速均较小，大亚湾内靠近东侧的站点海流也小于西侧站点的海流。而分别处于两湾湾口位置的 B13 站和 B05 站，以及处于红海湾湾口处的 B01 站，其各层海流在观测时段内基本均指向东北方向，与夏季风的方向相同。说明此处海流受季风影响较大，而湾内的海流序列则由于地形的原因还显示出了潮汐作用的影响。秋季部分站点各层流速和流向也存在差异，特别是湾口处的几个站点比较明显。观测期间各站流速均不超过 60 cm/s。冬季，与夏季相反，湾口外的站点海流的主要流向与受冬季东北季风影响显著。部分站点表层、中层和底层海流分布不相一致，底层流速略小。表层流大部分指向西南，但各站海流流速总体不大，基本不超过 50 cm/s。

余流流速在夏季最大，秋季次之，春季与冬季较小。余流流向也有明显的季节变化特征，各站点差异较大，即使在同一季节，同一站点的不同水层也不尽相同。从总体上看，夏季多数站点余流流向以偏东向为主；春季与冬季以偏西向为主。

6.4.2 珠江口海区

珠江口海区，因受珠江 8 大分流河口的影响，海岛附近海区涨、落潮最大流速差别较大。在九洲列岛东部的青州水道、内伶仃岛、荷包岛附近海区，流速最大，夏季涨潮最大流速表层分别为 118.0 cm/s、103.4 cm/s 和 98.0 cm/s，底层分别为 110.9 cm/s、76.5 cm/s 和 69.3 cm/s；落潮最大流速表层分别为 161.0 cm/s、161.5 cm/s 和 126.5 cm/s，底层分别为 137.4 cm/s、106.8 cm/s 和 82.1 cm/s。冬季由于径流强度减弱，涨落潮流速比夏季小，如内伶仃岛、荷包岛海区，涨潮最大流速表层分别为 79.5 cm/s 和 19.0 cm/s，底层分别为 95.5 cm/s 和 45.3 cm/s。说明夏季和冬季的最大流速落潮大于涨潮，这种现象表层比底层更加显著。珠江口外万山群岛海区，由于远离河口区，受径流作用小，但受海岛地形影响明显增大，涨落潮最大流速比河口小。

珠江口海域余流分布比较复杂。夏季，受河口径流影响，余流流速表层大于底层，其中表层流速介于 10.6~35.8 cm/s 之间，底层流速一般小于 15.0 cm/s。万山群岛附近海域余流，表层流向北，底层偏北。高栏列岛附近海域余流流向东南。靠近河口湾附近海区的青洲水道、伶仃水道以及荷包岛，余流主要受径流控制，表层出现较大的冲淡水流。冬季，万山群岛附近海域、九洲列岛东部的青洲水道，表层余流流速较大，为 29.6~37.1 cm/s，内伶仃岛附近海域流速最小，为 4.0 cm/s。底层余流最大流速分布在东澳岛附近海域，为 29.0 cm/s，其余海域则小于 10 cm/s。余流流向在九洲列岛东部海域，表层流向西南偏南，底层流向西北偏北，具有补偿流性质；高栏列岛附近海域表层流向偏南，底层流向偏北；其余海域余流基本上呈西南向，具有漂流性质。

6.4.3　粤西海区

6.4.3.1　阳茂区块

春季，阳江—茂名海区的港内与港外、湾内与湾外的海流情况有所差异，较靠近海陵湾内部的 C02 与 C03 两站各层海流流速与流向相近，潮流特征明显，最大流速超过 100 cm/s，而湾口附近的 C01 与 C04 两站表层流与底层流的流速和流向均不相一致，明显受到风速、风向或其他因素的影响。水东港各站点的情况与海陵湾类似。夏季，多数站点表层海流与中层和底层起伏状况不相一致，且底层流相对较小。此现象主要出现在水东港海域的各站点，这可能与夏季风有关，因为各站点在观测时段内均出现较大的离岸流。海陵湾 4 个站点的海流则相互存在较大差异，C02 站与 C03 站各层流速较大，流向相近，显然与其所处地理位置有关，最大流速接近 100 cm/s，而 C01 站与 C04 站则流速较小，与水东港各站情况相似。秋季与春季的情况相似，水东港最内部的站点 C06 站与海陵湾最靠内的站点 C02 站的海流流速最大，接近 100 cm/s。冬季，多数站点表层海流与中层和底层起伏状况一致，且各层流速相近，这应该是冬季风与潮流共同作用的效果。海陵湾 4 个站点的海流相互间仍然存在较大差异，C02 站与 C03 站各层流速较大，流向相近，与其所处地理位置有关，最大流速接近 100 cm/s，而 C01 站与 C04 站则流速较小。

受湾底地形制约，阳茂区块余流流场较为复杂。余流方向各不相同，流速相差较大。各站表层流速均大于底层流速，且底层流速较小。

6.4.3.2　湛江区块

春季，湛江港各站的表层流有受东北风影响的迹象。流沙湾各站的表层、中层、底层海流分布基本一致，底层流速略小。多数站点的南向流显著，但流速总体不算太大。流沙湾的海流流向基本与岸线平行，湛江港附近由于地形较复杂，各站海流情况也较为复杂。夏季，各站海流的表层、中层、底层分布基本一致，往复流状态明显，底层流速略小。秋季，湛江港各站的流速与春季相近，而流沙湾的各层流速却较大，明显比春季各站流速要大。湛江港北部的几个站点流速较小，南部站点和流沙湾的各站流速都比较大，且潮汐特征较为明显，其最大流速超过 100 cm/s。冬季，多数站点由于受冬季风的影响，南向流较大，部分站点最大流速超过 100 cm/s。

余流流速表层要大于底层。湛江港外各站点，余流流向在 4 个季节均以偏南向为主。流沙湾各站点余流流向比较复杂，无一致规律可循。

6.5　小结

广东省 908 专项调查是自 20 世纪 90 年代以来，广东省近海海洋环境的一次大规模、系统的科学考察活动，其中水文气象调查，采用了当时在国际上处于先进水平的测量仪器，调查范围覆盖了广东省重要港湾海域，开展了包括春、夏、秋、冬 4 个季节的航次调查。

通过以上水文特征分析发现，水温与盐度的平面分布特征、潮汐类型及平均潮差的分布特点与历史调查资料基本一致；潮流流速除水东港海域观测最大流速较历史观测值要大之外，其他区域流速观测与历史资料描述特征基本一致；潮流性质现状与历史资料特征也基本一致；潮流椭圆长轴特点与历史资料相一致，而旋转方向则无一致规律可循。

综上所述，908专项调查的多数水文要素的总体特征与历史叙述基本一致。而不一致的特征，可能受站点的设置位置、观测时间的选取、测层的布置、观测手段与仪器不同等诸多因素的影响而表现出较大的差异。剔除掉该类外部因素的影响，则涉及水文要素多年变化趋势及特征变异，要探寻造成这些差异的根本原因，则有待于进行更深入的研究。

第7章 海洋化学[①]

　　广东省沿岸海域的海洋化学调查可追溯到1958—1959年首次进行的较为全面的以海洋物理、化学、生物和海底沉积与地貌为主的全国海洋普查，取得了我国海洋史上第一批有关中国近海的系统性海洋化学资料。随后开展的比较大型的调查有：1980—1986年开展的广东省海岸带和海涂资源综合调查，其调查范围从海岸线向陆侧延伸10 km，向海延伸至10~15 m等深线；1988—1990年开展的广东省海岛资源综合调查和开发利用试验，亦进行了海水化学调查；1996—1999进行了第二次全国海洋基线污染调查，对广东沿海海域污染物质进行监测调查与评价，旨在掌握海洋环境的污染本底状况；同时还有自1980年开始的珠江口、粤东、粤西海域海洋环境常规监测，主要获取海洋环境的基本参数和资料，掌握其变化规律和趋势；相关的大学和科研院所承担的各类专项调查研究课题，也积累了丰富的数据和资料。

　　本次广东省908专项水体环境调查与研究海洋化学专题调查站位按照地理位置分布划分为5个区，即汕头海区、汕惠海区、阳茂海区、湛江海区和流沙湾海区。共布设调查站位63个，调查站位及内容见表7.1和图7.1。

表7.1　调查站位及调查要素一览表

类型		调查要素	要素数量（个）	调查站位数（个）
海水化学	海水化学（a）	溶解氧、pH、碱度、悬浮物、溶解态氮、溶解态磷、硝酸盐、亚硝酸盐、铵盐、活性磷酸盐、活性硅酸盐	11	63
	海水化学（b）	总有机碳、总氮、总磷	3	52
	海水化学（c）	石油类、重金属（铜、铅、锌、铬、镉、砷）	6	32
大气化学	走航	悬浮颗粒物中的铜、铅、锌、镉、铝、钒、铁等元素	7	12
沉积化学	常规要素	有机污染（总有机碳，石油类），营养元素（总氮，总磷等），重金属（铜，铅，锌，铬，镉，汞，砷等），氧化还原电位（Eh），硫化物	13	32
生物质量	常规要素	石油类，重金属（铜、铅、锌、铬、镉、汞、砷等）	8	32
	新型有机污染物	PAHs，PCBs，有机氯农药，六六六	4	6

---

　　① 编写人：黄小平，施震，张景平。根据黄小平等《广东省908专项水体环境调查与研究——海洋化学调查研究报告》整理。

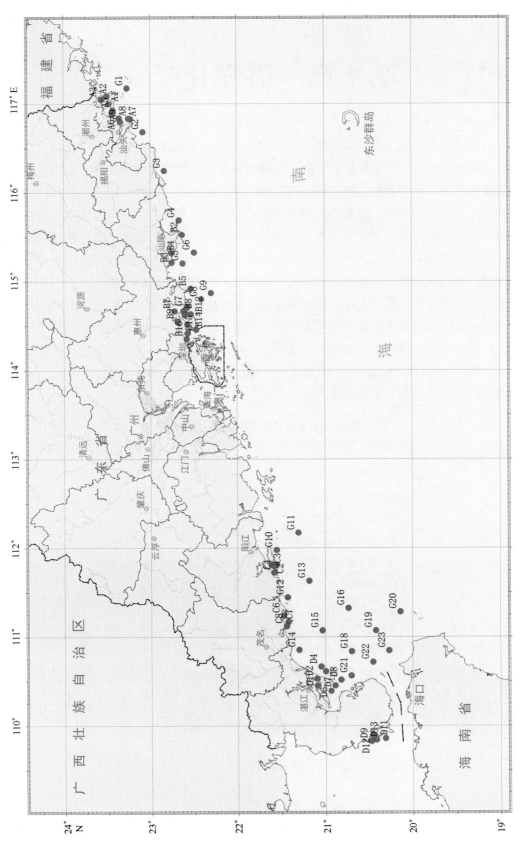

图7.1 广东省908专项海洋化学调查站位

7.1 近海海水环境化学

7.1.1 溶解氧

7.1.1.1 空间分布

夏季广东省沿岸各海区的溶解氧含量空间分布差异较大,汕惠海区的溶解氧含量相对最高,各水层均值为7.76 mg/L。表层海水氧含量显著高于底层海水,其中新发现了夏季3个底层海水低氧区,分别位于汕头海区的汕头港外东南面海域、阳茂海区的沙扒港周围海域和湛江海区的硇洲岛附近海域。

冬季海水氧的溶解度升高,因而其溶氧含量全年最高,全省均值为7.53 mg/L,且各海区氧含量的水平分布和垂直分布都较均匀。由于海水垂直混合强烈,使底层氧含量也随之升高。

春季氧含量较高,仅次于冬季而高于夏和秋季。各海区中,汕头海区的溶解氧含量相对最高,其各水层均值为8.43 mg/L。流沙湾海区的溶解氧含量相对最低,其各水层均值为6.53 mg/L。

秋季和春季均处于季风变换之际,但秋季海水氧含量低于春季,全省沿岸各海区均值为7.00 mg/L。各海区中,汕头海区的溶解氧含量相对最高,其各水层均值为7.61 mg/L。

7.1.1.2 季节变化

广东省沿岸海水溶解氧含量季节变化明显,总体呈现出冬季>春季>秋季>夏季的规律(表7.2)。各个海区的海水溶解氧含量季节变化规律与总体变化规律略有不同,其中,汕头海区海水溶解氧含量呈现出春季>冬季>秋季>夏季的规律,汕惠海区海水溶解氧含量呈现出夏季>春季>冬季>秋季的规律,阳茂海区海水溶解氧含量呈现出冬季>夏季>秋季>春季的规律,湛江海区海水溶解氧含量呈现出冬季>秋季>春季>夏季的规律,流沙湾海区海水溶解氧含量呈现出冬季>秋季>春季>夏季的规律。

表7.2 海水溶解氧空间及季节分布 单位:mg/L

	夏季	冬季	春季	秋季
汕头海区	6.93	7.72	8.43	7.61
汕惠海区	7.76	7.55	7.57	7.29
阳茂海区	7.58	7.85	6.99	7.21
湛江海区	6.29	7.62	6.94	7.04
流沙湾海区	6.38	7.21	6.53	6.83
平均值	6.99	7.59	7.29	7.20

7.1.2 pH 值

7.1.2.1 空间分布

海水 pH 值水平分布主要受淡水径流和生物活动的影响。广东省沿岸各海区 pH 值空间分布则较均匀，其中汕头海区 pH 值的全年均值为 8.09，湛江海区 pH 值的全年均值为 8.11，流沙湾海区 pH 值的全年均值为 8.12，汕惠海区 pH 值的全年均值为 8.16，阳茂海区 pH 值的全年均值为 8.18。

7.1.2.2 季节变化

广东省沿岸海水 pH 值季节变化总体较小（表 7.3）。汕头海区由于其径流强，季节变化明显，海水 pH 值随之变化，且夏季的 pH 值明显低于其他季节。汕头海区海水 pH 值呈现出春季>秋季>冬季>夏季的规律，汕惠海区、阳茂海区、湛江海区和流沙湾海区等其他海区的海水 pH 值季节变化较小。

表 7.3 海水 pH 空间及季节分布

	夏季	冬季	春季	秋季
汕头海区	7.90	8.07	8.22	8.15
汕惠海区	8.19	8.12	8.18	8.15
阳茂海区	8.17	8.13	8.18	8.22
湛江海区	8.08	8.13	8.11	8.10
流沙湾海区	8.06	8.13	8.10	8.19
平均值	8.08	8.12	8.16	8.16

7.1.3 无机氮

7.1.3.1 空间分布

氮是海水重要的营养要素之一，近岸海水中的氮主要是由径流带入，其次由大气降雨降入，另外是海洋生物的排泄和尸体腐解，这是海洋中氮的再生和循环方式。氮在海水中的分布和含量常受到生物和大陆径流、底质有机质分解和水体垂直运动等因素的影响，因此有明显的季节性和地区性变化。广东省沿岸无机氮含量空间分布变化较大，各海区间的差异显著，总体呈现出近岸高、远岸低的特征。其中汕头海区的无机氮含量全年均值为 0.253 3 mg/L，阳茂海区的无机氮含量全年均值为 0.179 4 mg/L，湛江海区的无机氮含量全年均值为 0.104 9 mg/L，流沙湾海区的无机氮含量全年均值为 0.085 9 mg/L，汕惠海区的无机氮含量全年均值为 0.073 3 mg/L。

7.1.3.2 季节变化

广东省沿岸海水无机氮含量季节变化，总体上呈现出夏季>秋季>春季>冬季的规律（表

7.4)。其中，汕头海区呈现出冬季>秋季>夏季>春季的规律，汕惠、阳茂海区呈现出夏季>冬季>秋季>春季的规律，湛江海区呈现出夏季>春季>秋季>冬季的规律，流沙湾海区呈现出夏季>冬季>秋季>春季的规律。

表 7.4　海水无机氮空间及季节分布　　　　　　　　单位：mg/L

	夏季	冬季	春季	秋季
汕头海区	0.243 3	0.297 7	0.197 7	0.274 5
汕惠海区	0.083 9	0.083 0	0.049 7	0.076 7
阳茂海区	0.284 1	0.179 9	0.095 9	0.157 5
湛江海区	0.172 7	0.072 8	0.105 1	0.080 9
流沙湾海区	0.125 5	0.092 8	0.060 4	0.064 9
平均值	0.181 9	0.145 2	0.101 8	0.130 9

7.1.4　活性磷酸盐

7.1.4.1　空间分布

沿岸水域磷的主要来源为径流输入，有来自含磷矿物在岩石风化过程中的分解和天然有机物分解产物，还有来自农田排水中的磷肥，以及工业废水和生活用水中的含磷化合物。此外，海洋生物新陈代谢所产生的磷也是海水中磷的来源之一。广东省沿岸活性磷酸盐含量空间分布变化较大，各海区间的差异显著，总体呈现出近岸高、远岸低的特征。汕头海区的活性磷酸盐含量相对最高，全年均值为 0.014 2 mg/L。其余各海区的活性磷酸盐含量均相对较低，其中流沙湾海区的活性磷酸盐含量全年均值为 0.009 9 mg/L，湛江海区的活性磷酸盐含量全年均值为 0.008 4 mg/L，汕惠的活性磷酸盐含量全年均值为 0.004 6 mg/L，阳茂海区的活性磷酸盐含量全年均值为 0.004 5 mg/L。

7.1.4.2　季节变化

广东省沿岸海水活性磷酸盐含量季节变化，呈现出秋季>冬季>夏季>春季的规律（表7.5）。汕头海区海水活性磷酸盐含量呈现出秋季>冬季>夏季>春季的规律，且秋、冬季的含量远高于夏、春季，季节变化十分显著。汕惠海区海水活性磷酸盐含量呈现出秋季>冬季>春季>夏季的规律，不同季节间的差异明显。阳茂海区海水活性磷酸盐含量呈现出秋季>冬季>夏季>春季的规律，不同季节间的差异明显。湛江海区海水活性磷酸盐含量呈现出春季>秋季>冬季>夏季的规律。流沙湾海区海水活性磷酸盐含量呈现出冬季>春季>秋季>夏季的规律。

表 7.5　海水活性磷酸盐空间及季节分布　　　　　　单位：mg/L

	夏季	冬季	春季	秋季
汕头海区	0.004 5	0.024 5	0.002 3	0.025 5
汕惠海区	0.001 6	0.005 3	0.003 5	0.008 0

续表 7.5

	夏季	冬季	春季	秋季
阳茂海区	0.001 6	0.006 9	0.000 6	0.008 8
湛江海区	0.005 2	0.008 7	0.010 1	0.009 5
流沙湾海区	0.002 1	0.015 7	0.011 5	0.010 4
平均值	0.003 0	0.012 2	0.005 6	0.012 4

7.1.5 活性硅酸盐

7.1.5.1 空间分布

广东省沿岸活性硅酸盐含量空间分布变化较大，各海区间的差异显著，总体呈现出近岸高、远岸低的特征。汕头海区含量最高，全年均值为 1.457 1 mg/L。其余各海区的活性硅酸盐含量均相对较低，其中流沙湾海区全年均值为 0.558 6 mg/L，阳茂海区全年均值为 0.458 0 mg/L，汕惠海区全年均值为 0.388 6 mg/L，湛江海区全年均值为 0.294 4 mg/L。

7.1.5.2 季节变化

广东省沿岸海水活性硅酸盐含量季节变化，呈现出夏季>秋季>冬季>春季的规律（表7.6）。汕头海区海水活性硅酸盐含量呈现出夏季>秋季>冬季>春季的规律；汕惠、阳茂海区活性硅酸盐含量呈现出冬季>秋季>夏季>春季的规律；湛江海区呈现出春季>冬季>夏季>秋季的规律；流沙湾海区呈现出春季>秋季>冬季>夏季的规律。

表 7.6　海水活性硅酸盐空间及季节分布　　　　　　　　单位：mg/L

	夏季	冬季	春季	秋季
汕头海区	2.454 3	1.633 9	0.560 5	1.179 6
汕惠海区	0.381 5	0.489 9	0.263 4	0.419 5
阳茂海区	0.415 1	0.716 9	0.154 3	0.545 6
湛江海区	0.265 3	0.336 6	0.381 3	0.194 5
流沙湾海区	0.328 1	0.364 9	1.175 6	0.365 6
平均值	0.768 9	0.708 4	0.507 0	0.541 0

7.1.6 石油类

7.1.6.1 空间分布

广东省沿岸海水石油类含量空间分布变化较大，各海区间的差异显著。流沙湾海区含量最高，全年均值为 0.276 mg/L。湛江海区含量亦较高，全年均值为 0.080 mg/L。其余各海区含量均相对较低，其中阳茂海区的海水石油类含量全年均值为 0.034 mg/L，汕头海区全年均值为 0.030 mg/L，汕惠海区全年均值为 0.294 mg/L。

7.1.6.2　季节变化

总体上广东省沿岸海水石油类含量季节变化呈现出冬季>春季>秋季>夏季的规律（表7.7）。汕头海区海水石油类含量呈现出春季>冬季>夏季>秋季的规律。汕惠海区海水石油类含量呈现出夏季>春季>冬季>秋季的规律。阳茂海区海水石油类含量呈现出冬季>春季>夏季>秋季的规律。湛江海区海水石油类含量呈现出春季>秋季>冬季>夏季的规律。流沙湾海区海水石油类含量呈现出冬季>春季>秋季>夏季的规律。

表 7.7　海水石油类空间及季节分布　　　　　　单位：mg/L

	夏季	冬季	春季	秋季
汕头海区	0.020	0.045	0.054	0.006
汕惠海区	0.039	0.034	0.035	0.020
阳茂海区	0.013	0.077	0.037	0.004
湛江海区	0.016	0.030	0.172	0.103
流沙湾海区	0.009	0.884	0.173	0.037
平均值	0.019	0.214	0.094	0.034

7.1.7　铜

7.1.7.1　空间分布

广东省沿岸海水铜含量空间分布各海区差异不显著，其中汕头海区的海水铜含量全年均值为 2.3 μg/L，汕惠海区的海水铜含量全年均值为 2.2 μg/L，阳茂海区的海水铜含量全年均值为 2.1 μg/L，湛江海区的海水铜含量全年均值为 2.0 μg/L，流沙湾海区的海水铜含量全年均值为 1.8 μg/L。

7.1.7.2　季节变化

广东省沿岸海水铜含量季节变化呈现出夏季>秋季>冬季>春季的规律（表7.8）。汕头海区海水铜含量呈现出冬季>春季>秋季>夏季的规律。汕惠海区海水铜含量呈现出秋季>夏季>春季>冬季的规律。阳茂海区海水铜含量呈现出秋季>春季>冬季>夏季的规律。湛江海区海水铜含量呈现出夏季>冬季>秋季>春季的规律。流沙湾海区海水铜含量呈现出秋季>冬季>春季>夏季的规律。

表 7.8　海水铜空间及季节分布　　　　　　单位：μg/L

	夏季	冬季	春季	秋季
汕头海区	2.0	2.6	2.3	2.1

	夏季	冬季	春季	秋季
汕惠海区	2.4	1.7	2.3	2.5
阳茂海区	1.9	2.1	2.2	2.3
湛江海区	3.8	1.6	1.0	1.6
流沙湾海区	1.2	1.9	1.8	2.4
平均值	2.3	2.0	1.9	2.2

7.1.8 铅

7.1.8.1 空间分布

广东省沿岸海水铅含量空间分布以汕头海区最高，全年均值为 2.9 μg/L，阳茂海区的海水铅含量相对也较高，全年均值为 2.1 μg/L。其余各海区的海水铅含量则差异不显著，其中汕头海区的海水铅含量全年均值为 1.5 μg/L，湛江海区的海水铅含量全年均值为 1.5 μg/L，流沙湾海区的海水铅含量全年均值为 1.3 μg/L。

7.1.8.2 季节变化

广东省沿岸海水铅含量季节变化呈现出夏季>冬季>秋季>春季的规律（表 7.9）。汕头海区海水铅含量呈现出夏季>春季>秋季>冬季的规律。汕惠海区海水铅含量呈现出夏季>春季>秋季>冬季的规律。阳茂海区海水铅含量呈现出秋季>夏季>冬季>春季的规律。湛江海区海水铅含量呈现出夏季>冬季>春季>秋季的规律。流沙湾海区海水铅含量呈现出夏季>春季>秋季>冬季的规律。

表 7.9　海水铅空间及季节分布　　　　　　　　　　　　　　　单位：μg/L

	夏季	冬季	春季	秋季
汕头海区	3.2	0.6	1.1	0.9
汕惠海区	4.9	1.4	1.9	1.5
阳茂海区	2.3	1.5	0.5	4.2
湛江海区	2.4	1.9	1.0	0.8
流沙湾海区	2.7	0.6	0.9	0.8
平均值	3.1	1.2	1.1	1.6

7.1.9 锌

7.1.9.1 空间分布

广东省沿岸海水锌含量空间分布以阳茂海区相对最低，全年均值为 10.8 μg/L。其余各海区则差异不显著，其中汕头海区的海水锌含量全年均值为 14.6 μg/L，汕惠海区的海水锌含量全年均值为 13.5 μg/L，湛江海区的海水锌含量全年均值为 13.0 μg/L，流沙湾海区的海水锌含量全年均值为 13.0 μg/L。

7.1.9.2 季节变化

广东省沿岸海水锌含量季节变化呈现出夏季>春季>秋季>冬季的规律（表 7.10）。汕头海区海水锌含量呈现出夏季>冬季>秋季>春季的规律。汕惠海区海水锌含量呈现出夏季>春季>秋季>冬季的规律。阳茂海区海水锌含量呈现出春季>夏季>冬季>秋季的规律。湛江海区海水锌含量呈现出夏季>春季>秋季>冬季的规律。流沙湾海区海水锌含量呈现出春季>夏季>秋季>冬季的规律。

表 7.10 海水锌空间及季节分布　　　　　　　　　　　单位：μg/L

	夏季	冬季	春季	秋季
汕头海区	28.9	12.0	6.8	10.6
汕惠海区	22.0	10.8	10.8	10.5
阳茂海区	12.7	9.5	12.9	8.0
湛江海区	21.9	6.6	12.1	11.3
流沙湾海区	17.5	4.0	18.0	12.5
平均值	20.6	8.6	12.1	10.6

7.1.10 镉

7.1.10.1 空间分布

广东省沿岸海水镉含量空间分布较为均匀，各海区的海水镉含量差异不显著。其中，汕头海区的海水镉含量全年均值为 0.12 μg/L，湛江海区的海水镉含量全年均值为 0.11 μg/L，汕惠海区的海水镉含量全年均值为 0.10 μg/L，阳茂海区的海水镉含量全年均值为 0.10 μg/L，流沙湾海区的海水镉含量全年均值为 0.07 μg/L。

7.1.10.2 季节变化

广东省沿岸海水镉含量季节变化呈现出夏季>冬季>春季>秋季的规律（表 7.11）。汕头海区海水镉含量呈现出夏季>冬季>春季>秋季的规律。汕惠海区海水镉含量呈现出夏季>春季>冬季>秋季的规律。阳茂海区海水镉含量呈现出春季>夏季>秋季>冬季的规律。湛江海区海水镉含量呈现出夏季>冬季>秋季>春季的规律。流沙湾海区海水镉含量呈现出冬季>秋季>春季>夏季的规律。

表 7.11 海水镉空间及季节分布   单位：μg/L

	夏季	冬季	春季	秋季
汕头海区	0.29	0.08	0.07	0.04
汕惠海区	0.23	0.05	0.08	0.03
阳茂海区	0.10	0.09	0.12	0.10
湛江海区	0.18	0.11	0.07	0.08
流沙湾海区	0.02	0.13	0.06	0.08
平均值	0.16	0.09	0.08	0.07

7.1.11 铬

7.1.11.1 空间分布

广东省沿岸各海区间海水铬含量的空间分布有一定差异，其中汕惠海区的海水铬含量全年均值为 1.37 μg/L，阳茂海区的海水铬含量全年均值为 0.079 9 μg/L，汕头海区的海水铬含量全年均值为 1.04 μg/L，湛江海区的海水铬含量全年均值为 0.83 μg/L，流沙湾海区的海水铬含量全年均值为 0.76 μg/L。

7.1.11.2 季节变化

广东省沿岸海水铬含量季节变化呈现出秋季>夏季>冬季>春季的规律（表 7.12）。汕头、汕惠、阳茂海区海水铬含量呈现出秋季>夏季>冬季>春季的规律；湛江海区海水铬含量呈现出夏季>冬季>春季>秋季的规律；流沙湾海区海水铬含量呈现出夏季>秋季>春季>冬季的规律。

表 7.12 海水铬空间及季节分布   单位：μg/L

	夏季	冬季	春季	秋季
汕头海区	0.91	0.91	0.5	1.82
汕惠海区	1.46	0.91	0.61	2.49
阳茂海区	1.06	0.93	0.52	2.27
湛江海区	1.22	0.81	0.67	0.61
流沙湾海区	0.91	未检出	0.56	0.82
平均值	1.11	0.89	0.57	1.60

7.1.12 砷

7.1.12.1 空间分布

广东省沿岸各海区间海水铬含量的空间分布略有差异。其中，流沙湾海区的海水铬含量全年均值为 0.286 μg/L，汕惠海区的海水铬含量全年均值为 0.165 μg/L，汕头海区的海水铬含量全年均值为 0.113 μg/L，阳茂海区的海水铬含量全年均值为 0.102 μg/L，湛江海区的海水铬含量全年均值为 0.099 μg/L。

7.1.12.2 季节变化

总体上，广东省沿岸海水砷含量季节变化呈现出冬季>春季>夏季>秋季的规律（表7.13）。其中，汕头、汕惠海区海水砷含量呈现出冬季>春季>秋季>夏季的规律，阳茂海区海水砷含量呈现出冬季>春季>夏季>秋季的规律，湛江、流沙湾海区海水砷含量呈现出夏季>秋季>冬季>春季的规律。

表 7.13　海水砷空间及季节分布　　　　　　　　　　单位：μg/L

	夏季	冬季	春季	秋季
汕头海区	1.2	4.0	3.1	1.4
汕惠海区	1.3	4.0	3.4	1.4
阳茂海区	1.7	4.1	2.1	0.9
湛江海区	2.9	1.2	0.9	1.5
流沙湾海区	2.4	1.5	未	1.8
平均值	1.9	3.0	2.4	1.4

7.2　近海海域沉积环境化学

广东省沿岸沉积物各化学要素的数据统计见表 7.14，各要素的空间分布均差异显著。

7.2.1　硫化物

广东省沿岸沉积物硫化物含量变化介于 5.9~349.9 mg/kg 之间，平均值为 101.0 mg/kg，各海区间的空间分布有一定差异。汕惠海区的沉积物硫化物含量均值为 176.3 mg/kg；汕头海区的沉积物硫化物含量均值为 100.5 mg/kg；流沙湾海区的沉积物硫化物含量均值为 59.3 mg/kg；阳茂海区的沉积物硫化物含量均值为 57.3 mg/kg；湛江海区的沉积物硫化物含量均值为 21.6 mg/kg。

7.2.2　氧化还原电位

广东省沿岸沉积物氧化还原电位变化介于 −198~125 mV 之间，平均值为 −45 mV，各海区间的空间分布差异显著。汕惠海区的沉积物氧化还原电位均值为 9 mV；阳茂海区的沉积物氧化还原电位均值为 −33 mV；汕头海区的沉积物氧化还原电位均值为 −87 mV；流沙湾海区的沉积物氧化还原电位均值为 −96 mV；湛江海区的沉积物氧化还原电位均值为 −101 mV。

7.2.3　有机质

广东省沿岸沉积物有机质含量变化介于 0.37%~2.73% 之间，平均值为 1.36%。其空间分布变化较大，各海区间的差异显著。汕惠海区、汕头海区和流沙湾海区的沉积物有机质含量相对较高，均值分别 1.78%、1.55% 和 1.49%。阳茂海区和湛江海区的沉积物有机质含量则比较低，均值分别为 0.97% 和 0.80%。

7.2.4　总氮

广东省沿岸沉积物总氮含量变化介于 181~2 360 mg/kg 之间，平均值为 940 mg/kg，其空间分布变化较大，各海区间的差异显著。湛江海区的沉积物总氮含量均值为 1 129 mg/kg；汕惠海区的沉积物总氮含量均值为 1 051 mg/kg；流沙湾海区和阳茂海区的沉积物总氮含量则相对较低，其均值分别为 825 mg/kg 和 647 mg/kg。

7.2.5　总磷

广东省沿岸沉积物总磷含量变化介于 43~499 mg/kg 之间，平均值为 216 mg/kg，其空间分布变化较大，各海区间的差异显著。汕惠海区的沉积物总磷含量均值为 288 mg/kg；流沙湾海区的沉积物总磷含量均值为 274 mg/kg；汕头海区的沉积物总磷含量均值为 259 mg/kg；阳茂海区的沉积物总磷含量均值为 177 mg/kg；湛江海区的沉积物总磷含量最低，均值为 80 mg/kg。

7.2.6　石油类

广东省沿岸沉积物石油类含量变化介于 7.2~379.2 mg/kg 之间，平均值为 94.3 mg/kg。其空间分布变化较大，各海区间的差异显著。汕惠海区的沉积物石油类含量最高，均值为 161.7 mg/kg。汕头海区的沉积物石油类含量也相对较高，均值为 131.2 mg/kg。其他海区含量则相对比较低，其均值为 43.9 mg/kg，湛江海区均值为 18.5 mg/kg，流沙湾海区均值为 14.3 mg/kg。广东省沿岸沉积物石油类含量分布如图 7.2 所示。

表7.14 广东省沿岸沉积物各化学要素数据统计

化学要素	汕头海区			汕惠海区			阳茂海区			湛江海区			流沙湾海区			全海区		
	最小值	最大值	平均值	最小值	最大值	平均值	最小值	最大值	平均值	最小值	最大值	平均值	最小值	最大值	平均值	最小值	最大值	平均值
硫化物 (mg/kg)	36.9	182.9	100.5	56.0	349.9	176.3	12.8	140.9	57.3	5.9	84.7	21.6	39.6	79.0	59.3	5.9	349.9	101.0
氧化还原电位 (mV)	-132	-68	-87	-71	74	9	-103	125	33	-198	-18	-101	-100	-91	-96	-198	125	-45
有机质 (%)	1.03	2.05	1.55	0.97	2.73	1.78	0.53	1.77	0.97	0.37	1.42	0.80	1.36	1.61	1.49	0.37	2.73	1.36
总氮 (mg/kg)	539	1120	808	564	1576	1051	216	1350	647	181	2360	1129	769	880	825	181	2360	940
总磷 (mg/kg)	233	293	259	209	499	288	97	256	177	43	174	80	260	288	274	43	499	216
石油类 (mg/kg)	14.8	379.2	131.2	24.7	360.9	161.7	11.9	82.9	43.9	7.2	36.6	18.5	11.9	16.6	14.3	7.2	379.2	94.3
铜 (mg/kg)	12	48	26	8	22	16	8	41	20	3	31	15	18	23	21	3	48	18
铅 (mg/kg)	29	74	49	15	63	33	14	40	25	15	47	29	48	56	52	14	74	34
锌 (mg/kg)	71	141	109	57	105	89	43	121	77	28	129	76	86	96	91	28	141	87
镉 (mg/kg)	0.02	0.52	0.16	0.02	0.28	0.06	0.02	0.70	0.16	0.02	0.75	0.40	0.04	0.06	0.05	0.02	0.75	0.17
铬 (mg/kg)	58	65	62	57	67	63	42	74	55	34	93	60	62	64	63	34	93	61
汞 (mg/kg)	0.032	0.083	0.055	0.019	0.050	0.038	0.017	0.140	0.051	0.011	0.128	0.066	0.038	0.047	0.043	0.011	0.140	0.051
砷 (mg/kg)	3.03	9.51	7.25	0.59	8.32	5.73	1.60	18.70	7.85	3.08	23.20	12.35	2.51	8.17	5.34	0.59	23.20	7.79

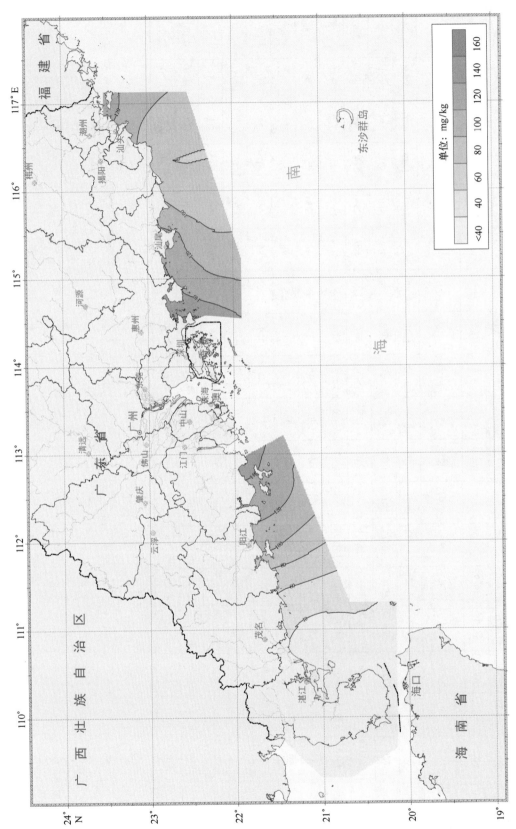

图7.2　广东省沿岸沉积物石油类含量分布

7.2.7 铜

广东省沿岸沉积物铜含量变化介于 3~48 mg/kg 之间，平均值为 18 mg/kg，各海区间的空间分布有一定差异。汕头海区的沉积物铜含量均值为 26 mg/kg；流沙湾海区的沉积物铜含量均值为 21 mg/kg；阳茂海区的沉积物铜含量均值为 20 mg/kg；汕惠海区的沉积物铜含量均值为 16 mg/kg；湛江海区的沉积物铜含量均值为 15 mg/kg。

7.2.8 铅

广东省沿岸沉积物铅含量变化介于 14~74 mg/kg 之间，平均值为 34 mg/kg，各海区间的空间分布有一定差异。流沙湾海区的沉积物铅含量均值为 52 mg/kg；汕头海区的沉积物铅含量均值为 49 mg/kg；汕惠海区的沉积物铅含量均值为 33 mg/kg；湛江海区的沉积物铅含量均值为 29 mg/kg；阳茂海区的沉积物铅含量均值为 25 mg/kg。

7.2.9 锌

广东省沿岸沉积物锌含量变化介于 28~141 mg/kg 之间，平均值为 87 mg/kg，各海区间的空间分布有一定差异。汕头海区的沉积物锌含量均值为 109 mg/kg；流沙湾海区的沉积物锌含量均值为 91 mg/kg；汕惠海区的沉积物锌含量均值为 89 mg/kg；阳茂海区的沉积物锌含量均值为 77 mg/kg；湛江海区的沉积物锌含量均值为 76 mg/kg。

7.2.10 镉

广东省沿岸沉积物镉含量变化介于 0.02~0.75 mg/kg 之间，平均值为 0.17 mg/kg，各海区间的空间分布有一定差异。湛江海区的沉积物镉含量均值为 0.4 mg/kg；汕头海区的沉积物镉含量均值为 0.16 mg/kg；阳茂海区的沉积物镉含量均值为 0.16 mg/kg；汕惠海区的沉积物镉含量均值为 0.06 mg/kg；流沙湾海区的沉积物镉含量均值为 0.05 mg/kg。

7.2.11 铬

广东省沿岸沉积物铬含量变化介于 34~93 mg/kg 之间，平均值为 61 mg/kg，各海区间的空间分布有一定差异。汕惠海区的沉积物铬含量均值为 63 mg/kg；流沙湾海区的沉积物铬含量均值为 63 mg/kg；汕头海区的沉积物铬含量均值为 62 mg/kg；湛江海区的沉积物铬含量均值为 60 mg/kg；阳茂海区的沉积物铬含量均值为 55 mg/kg。广东省沿岸沉积物铬含量分布如图 7.3 所示。

7.2.12 汞

广东省沿岸沉积物汞含量变化介于 0.011~0.128 mg/kg 之间，平均值为 0.051 mg/kg，各海区间的空间分布有一定差异。湛江海区的沉积物汞含量均值为 0.066 mg/kg；汕头海区的沉积物汞含量均值为 0.055 mg/kg；阳茂海区的沉积物汞含量均值为 0.051 mg/kg；流沙湾海区的沉积物汞含量均值为 0.043 mg/kg；汕惠海区的沉积物汞含量均值为 0.038 mg/kg。

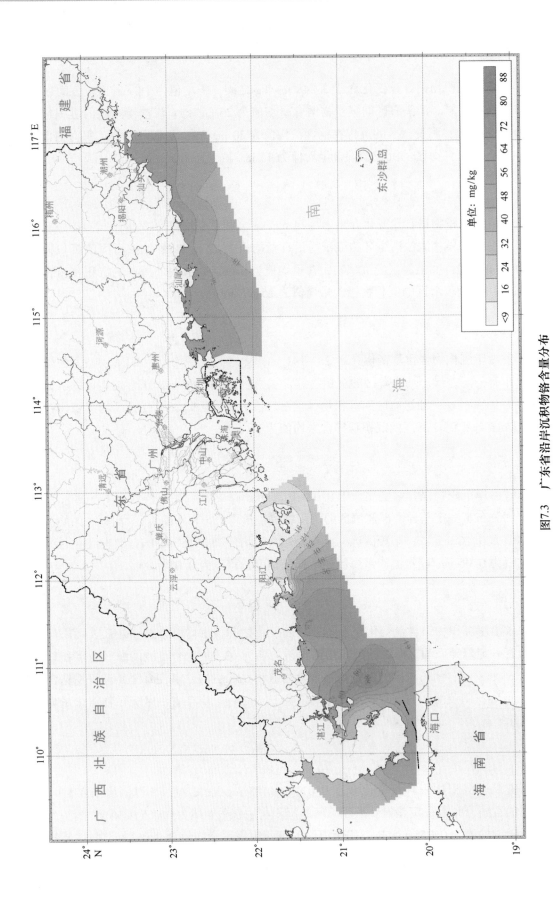

图7.3　广东省沿岸沉积物铬含量分布

7.2.13 砷

广东省沿岸沉积物砷含量变化介于 0.59~23.2 mg/kg 之间，平均值为 7.79 mg/kg，各海区间的空间分布有一定差异。湛江海区的沉积物砷含量均值为 12.35 mg/kg；阳茂海区的沉积物砷含量均值为 7.85 mg/kg；汕头海区的沉积物砷含量均值为 7.25 mg/kg；汕惠海区的沉积物砷含量均值为 5.73 mg/kg；流沙湾海区的沉积物砷含量均值为 5.34 mg/kg。

7.3 近海海洋生物质量状况

广东省沿岸鱼类的重金属及有机污染物的数据统计见表 7.15，各要素的空间分布均差异显著。软体类和甲壳类的重金属及有机污染物的数据统计见表 7.16，各要素的空间分布均差异显著。

7.3.1 石油烃

广东省沿岸鱼类石油烃含量变化介于 0.10~14.20 mg/kg 之间，平均值为 3.24 mg/kg，各海区间的空间分布差异显著。汕头海区的鱼类石油烃含量均值为 5.05 mg/kg；汕惠海区的鱼类石油烃含量均值为 3.88 mg/kg；阳茂海区的鱼类石油烃含量均值为 3.19 mg/kg；湛江海区的鱼类石油烃含量均值为 1.42 mg/kg；流沙湾海区的鱼类石油烃含量均值为 1.38 mg/kg。

广东省沿岸软体类及甲壳类石油烃含量变化介于 0.69~22.6 mg/kg 之间，平均值为 7.82 mg/kg，各海区间的空间分布差异显著。汕头海区的软体类及甲壳类石油烃含量均值为 6.66 mg/kg；汕惠海区的软体类及甲壳类石油烃含量均值为 4.13 mg/kg；阳茂海区的软体类及甲壳类石油烃含量均值为 4.69 mg/kg；湛江海区的软体类及甲壳类石油烃含量均值为 11.68 mg/kg；流沙湾海区的软体类及甲壳类石油烃含量均值为 12.13 mg/kg。

广东省沿岸鱼类石油烃含量分布如图 7.4 所示。

7.3.2 铜

广东省沿岸鱼类铜含量变化介于 0.20~4.80 mg/kg 之间，平均值为 0.40 mg/kg，各海区间的空间分布差异显著。汕头海区的鱼类铜含量均值为 0.20 mg/kg；汕惠海区的鱼类铜含量均值为 0.75 mg/kg；阳茂海区的鱼类铜含量均值为 0.20 mg/kg；湛江海区的鱼类铜含量均值为 0.20 mg/kg；流沙湾海区的鱼类铜含量均值为 0.20 mg/kg。

表7.15 广东省沿岸鱼类的重金属及有机污染物数据统计

化学要素	汕头海区			汕惠海区			阳茂海区			湛江海区			流沙湾海区			全海区		
	最小值	最大值	平均值	最小值	最大值	平均值	最小值	最大值	平均值	最小值	最大值	平均值	最小值	最大值	平均值	最小值	最大值	平均值
汞 (mg/kg)	0.001	0.045	0.02	0.004	0.087	0.02	0.004	0.069	0.03	0.007	0.067	0.02	0.042	0.21	0.13	0.001	0.21	0.029
铜 (mg/kg)	0.2	0.2	0.2	0.2	4.8	0.75	0.2	0.2	0.2	0.2	0.2	0.2	0.2	0.2	0.2	0.2	4.8	0.40
铅 (mg/kg)	0.02	0.02	0.02	0.02	0.02	0.02	0.02	0.02	0.02	0.02	0.02	0.02	0.02	0.02	0.02	0.02	0.02	0.02
锌 (mg/kg)	3.8	11.8	6.52	3.6	17.5	9.21	4.2	11.6	7.68	3.6	9.1	6.21	2.8	3.1	2.95	2.8	17.5	7.46
镉 (mg/kg)	0.03	1.344	0.66	0.03	1.34	0.41	0.03	0.48	0.13	0.03	0.074	0.04	0.03	0.03	0.03	0.03	1.34	0.29
铬 (mg/kg)	0.06	0.09	0.07	0.06	0.12	0.09	0.05	0.11	0.08	0.06	0.14	0.08	0.07	0.09	0.08	0.05	0.14	0.08
砷 (mg/kg)	0.6	2	1.36	0.3	1.6	1.17	1	2.7	1.62	1.1	3.9	1.9	1	1.5	1.25	0.3	3.9	1.45
石油烃 (mg/kg)	2.28	10.3	5.05	0.1	14.2	3.88	0.77	8.67	3.19	0.1	3.11	1.42	1.2	1.55	1.38	0.1	14.2	3.24
六六六 (μg/kg)	1.8	1.8	1.8	0.34	0.57	0.46	12.3	12.3	12.3	1.92	4.62	3.27	—	—	—	0.34	12.3	3.60
DDT (μg/kg)	13.6	13.6	13.6	1.15	31.3	16.23	17.7	17.7	17.7	0.6	19.5	10.05	—	—	—	0.6	31.3	13.98
PCBs (μg/kg)	23	23	23	12.9	49.1	31	19.1	19.1	19.1	19.7	26.5	23.1	—	—	—	12.9	49.1	25.05
PAHs (μg/kg)	104	104	104	未	211	105.5	198	198	198	未	未	未	—	—	—	未	211	171.0

注: "未" 代表未检出, "—" 代表无数据。

表7.16 广东省沿岸软体类及甲壳类的重金属及有机污染物数据统计

化学要素	汕头海区			汕惠海区			阳茂海区			湛江海区			流沙湾海区			全海区		
	最小值	最大值	平均值	最小值	最大值	平均值	最小值	最大值	平均值	最小值	最大值	平均值	最小值	最大值	平均值	最小值	最大值	平均值
汞 (mg/kg)	0.003	0.048	0.02	0.002	0.04	0.02	0.001	0.037	0.02	0.003	0.019	0.01	0.007	0.014	0.01	0.001	0.048	0.02
铜 (mg/kg)	4.4	13	8.62	5.6	13.4	8.70	1.3	16	7.32	0.2	11.6	6.53	3.9	19.4	11.65	0.2	19.4	7.92
铅 (mg/kg)	0.02	0.02	0.02	0.02	0.6	0.21	0.02	0.08	0.03	0.02	0.1	0.03	0.02	0.02	0.02	0.02	0.60	0.05
锌 (mg/kg)	16	20.8	19.08	11.5	17.7	14.17	13.4	28.2	19.18	13.1	40.7	21.19	7.8	48.1	27.95	7.8	48.1	19.88
镉 (mg/kg)	0.03	0.474	0.14	0.03	0.11	0.05	0.596	1.82	1.27	0.03	1.609	0.79	0.948	2.768	1.86	0.03	2.768	0.77
铬 (mg/kg)	0.06	0.07	0.07	0.05	0.32	0.14	0.02	0.35	0.14	0.02	0.36	0.17	0.02	0.07	0.05	0.02	0.36	0.13
砷 (mg/kg)	0.7	1.7	1.32	1.3	1.8	1.53	1.3	2.9	1.88	1.8	2.2	1.93	1.3	9.3	5.3	0.7	9.3	2.03
石油烃 (mg/kg)	4.26	9.25	6.66	3.04	5.59	4.13	1.29	9.14	4.69	0.69	22.6	11.68	3.35	20.9	12.13	0.69	22.6	7.82
六六六 (μg/kg)	0.43	0.43	0.43	—	—	—	0.84	0.84	0.84	1.41	14.9	8.16	—	—	—	0.43	14.9	4.40
DDT (μg/kg)	未	未	未	—	—	—	8.61	8.61	8.61	3.35	18.4	10.88	—	—	—	未	18.4	7.59
PCBs (μg/kg)	2.08	2.08	2.08	—	—	—	12.1	12.1	12.1	1.93	15.8	8.87	—	—	—	1.93	15.8	7.98
PAHs (μg/kg)	17.6	17.6	17.6	—	—	—	27.3	27.3	27.3	未	8.43	4.22	—	—	—	未	27.3	13.33

注："未"代表未检出，"—"代表无数据。

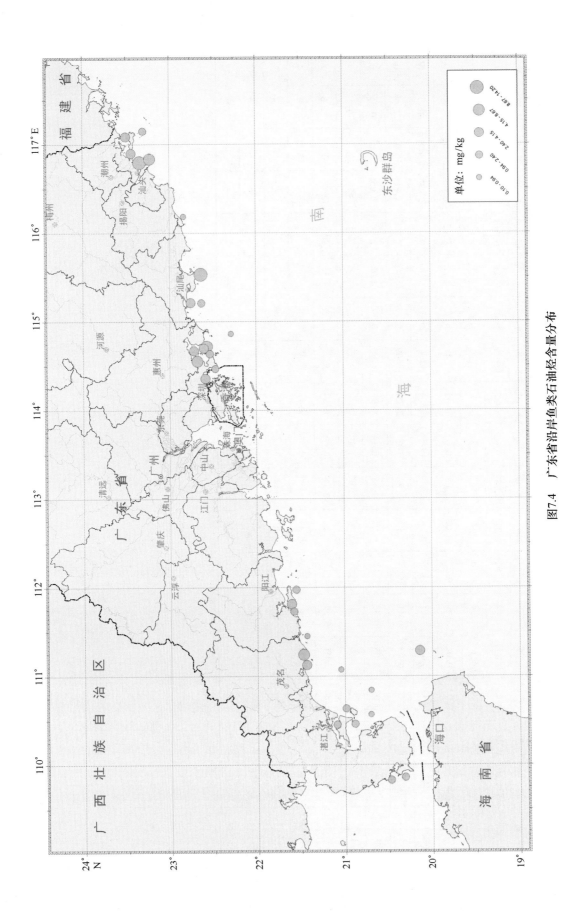

图7.4 广东省沿岸鱼类石油烃含量分布

广东省沿岸软体类及甲壳类铜含量变化介于 0.20～19.40 mg/kg 之间，总平均值为
7.92 mg/kg。各海区间软体类及甲壳类铜含量分布差异显著（图 7.5），其中汕头海区均值为
8.62 mg/kg；汕惠海区均值为 8.70 mg/kg；阳茂海区均值为 7.32 mg/kg；湛江海区均值为
6.53 mg/kg；流沙湾海区均值为 11.65 mg/kg。

7.3.3　铅

广东省沿岸鱼类铅含量平均值为 0.02 mg/kg，汕头海区的鱼类铅含量均值为 0.02 mg/kg；
汕惠海区的鱼类铅含量均值为 0.02 mg/kg；阳茂海区的鱼类铅含量均值为 0.02 mg/kg；湛江
海区的鱼类铅含量均值为 0.02 mg/kg；流沙湾海区的鱼类铅含量均值为 0.02 mg/kg。

广东省沿岸软体类及甲壳类铅含量变化介于 0.02～0.60 mg/kg 之间，平均值为
0.05 mg/kg，各海区间的空间分布差异显著。汕头海区的软体类及甲壳类铅含量均值为
0.02 mg/kg；汕惠海区的软体类及甲壳类铅含量均值为 0.21 mg/kg；阳茂海区的软体类及甲
壳类铅含量均值为 0.03 mg/kg；湛江海区的软体类及甲壳类铅含量均值为 0.03 mg/kg；流沙
湾海区的软体类及甲壳类铅含量均值为 0.02 mg/kg。

7.3.4　锌

广东省沿岸鱼类锌含量变化介于 2.80～17.50 mg/kg 之间，平均值为 7.46 mg/kg，各海
区间的空间分布差异显著。汕头海区的鱼类锌含量均值为 6.52 mg/kg；汕惠海区的鱼类锌含
量均值为 9.21 mg/kg；阳茂海区的鱼类锌含量均值为 7.68 mg/kg；湛江海区的鱼类锌含量均
值为 6.21 mg/kg；流沙湾海区的鱼类锌含量均值为 2.95 mg/kg。

广东省沿岸软体类及甲壳类锌含量变化介于 7.80～48.10 mg/kg 之间，平均值为
19.88 mg/kg，各海区间的空间分布差异显著。汕头海区的软体类及甲壳类锌含量均值为
19.08 mg/kg；汕惠海区的软体类及甲壳类锌含量均值为 14.17 mg/kg；阳茂海区的软体类及
甲壳类锌含量均值为 19.18 mg/kg；湛江海区的软体类及甲壳类锌含量均值为 21.19 mg/kg；
流沙湾海区的软体类及甲壳类锌含量均值为 27.95 mg/kg。

7.3.5　镉

广东省沿岸鱼类镉含量变化介于 0.03～1.34 mg/kg 之间，平均值为 0.29 mg/kg，各海区
间的空间分布差异显著。汕头海区的鱼类镉含量均值为 0.66 mg/kg；汕惠海区的鱼类镉含量
均值为 0.41 mg/kg；阳茂海区的鱼类镉含量均值为 0.13 mg/kg；湛江海区的鱼类镉含量均值
为 0.04 mg/kg；流沙湾海区的鱼类镉含量均值为 0.03 mg/kg。

广东省沿岸软体类及甲壳类镉含量变化介于 0.03～2.768 mg/kg 之间，平均值为
0.77 mg/kg，各海区间的空间分布差异显著。汕头海区的软体类及甲壳类镉含量均值为
0.14 mg/kg；汕惠海区的软体类及甲壳类镉含量均值为 0.05 mg/kg；阳茂海区的软体类及甲
壳类镉含量均值为 1.27 mg/kg；湛江海区的软体类及甲壳类镉含量均值为 0.79 mg/kg；流沙
湾海区的软体类及甲壳类镉含量均值为 1.86 mg/kg。

7.3.6　铬

广东省沿岸鱼类铬含量变化介于 0.05～0.14 mg/kg 之间，平均值为 0.08 mg/kg，各海区

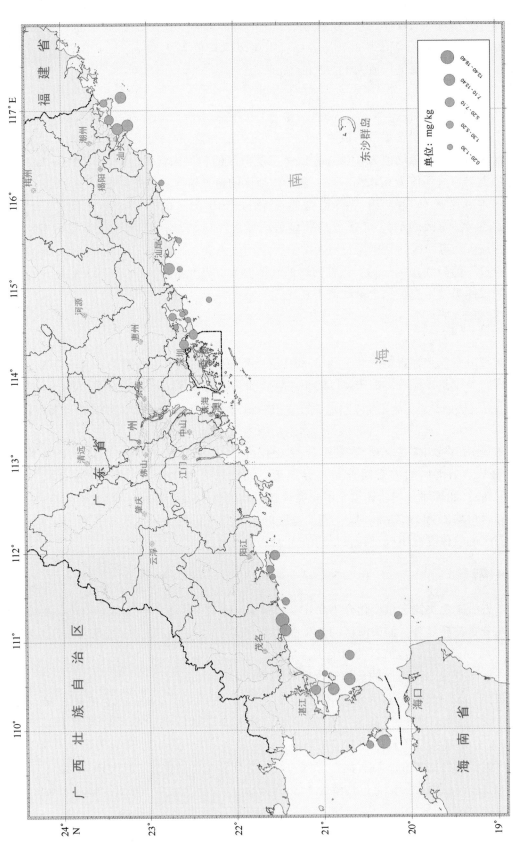

图7.5 广东省沿岸软体类及甲壳类铜含量分布

间的空间分布差异显著。汕头海区的鱼类铬含量均值为 0.07 mg/kg；汕惠海区的鱼类铬含量均值为 0.09 mg/kg；阳茂海区的鱼类铬含量均值为 0.08 mg/kg；湛江海区的鱼类铬含量均值为 0.08 mg/kg；流沙湾海区的鱼类铬含量均值为 0.08 mg/kg。

广东省沿岸软体类及甲壳类铬含量变化介于 0.02~0.36 mg/kg 之间，平均值为 0.13 mg/kg，各海区间的空间分布差异显著。汕头海区的软体类及甲壳类铬含量均值为 0.07 mg/kg；汕惠海区的软体类及甲壳类铬含量均值为 0.14 mg/kg；阳茂海区的软体类及甲壳类铬含量均值为 0.14 mg/kg；湛江海区的软体类及甲壳类铬含量均值为 0.17 mg/kg；流沙湾海区的软体类及甲壳类铬含量均值为 0.05 mg/kg。

7.3.7　汞

广东省沿岸鱼类汞含量变化介于 0.001~0.210 mg/kg 之间，平均值为 0.029 mg/kg，各海区间的空间分布差异显著。汕头海区的鱼类汞含量均值为 0.020 mg/kg；汕惠海区的鱼类汞含量均值为 0.020 mg/kg；阳茂海区的鱼类汞含量均值为 0.030 mg/kg；湛江海区的鱼类汞含量均值为 0.020 mg/kg；流沙湾海区的鱼类汞含量均值为 0.130 mg/kg。

广东省沿岸软体类及甲壳类汞含量变化介于 0.001~0.048 mg/kg 之间，平均值为 0.020 mg/kg，各海区间的空间分布差异显著。汕头海区的软体类及甲壳类汞含量均值为 0.020 mg/kg；汕惠海区的软体类及甲壳类汞含量均值为 0.020 mg/kg；阳茂海区的软体类及甲壳类汞含量均值为 0.020 mg/kg；湛江海区的软体类及甲壳类汞含量均值为 0.010 mg/kg；流沙湾海区的软体类及甲壳类汞含量均值为 0.010 mg/kg。

7.3.8　砷

广东省沿岸鱼类砷含量变化介于 0.30~3.90 mg/kg 之间，平均值为 1.45 mg/kg，各海区间的空间分布差异显著。汕头海区的鱼类砷含量均值为 1.36 mg/kg；汕惠海区的鱼类砷含量均值为 1.17 mg/kg；阳茂海区的鱼类砷含量均值为 1.62 mg/kg；湛江海区的鱼类砷含量均值为 1.90 mg/kg；流沙湾海区的鱼类砷含量均值为 1.25 mg/kg。

广东省沿岸软体类及甲壳类砷含量变化介于 0.70~9.30 mg/kg 之间，平均值为 2.03 mg/kg，各海区间的空间分布差异显著。汕头海区的软体类及甲壳类砷含量均值为 1.32 mg/kg；汕惠海区的软体类及甲壳类砷含量均值为 1.53 mg/kg；阳茂海区的软体类及甲壳类砷含量均值为 1.88 mg/kg；湛江海区的软体类及甲壳类砷含量均值为 1.93 mg/kg；流沙湾海区的软体类及甲壳类砷含量均值为 5.30 mg/kg。

7.3.9　六六六

广东省沿岸鱼类六六六含量变化介于 0.34~12.3 μg/kg 之间，平均值为 3.60 μg/kg，各海区间的空间分布差异显著。汕头海区的鱼类砷含量均值为 1.80 μg/kg；汕惠海区的鱼类六六六含量均值为 0.46 μg/kg；阳茂海区的鱼类六六六含量均值为 12.3 μg/kg；湛江海区的鱼类六六六含量均值为 3.27 μg/kg。

广东省沿岸软体类及甲壳类六六六含量变化介于 0.43~14.9 μg/kg 之间，平均值为 4.40 μg/kg，各海区间的空间分布差异显著。汕头海区的软体类及甲壳类六六六含量均值为 0.43 μg/kg；阳茂海区的软体类及甲壳类六六六含量均值为 0.84 μg/kg；湛江海区的软体类及甲壳类六六六含量均值为 8.16 μg/kg。

7.3.10 滴滴涕

广东省沿岸鱼类滴滴涕含量变化介于 0.60~31.30 μg/kg 之间，平均值为 13.98 μg/kg，各海区间的空间分布差异显著。汕头海区的鱼类滴滴涕含量均值为 13.60 μg/kg；汕惠海区的鱼类滴滴涕含量均值为 16.23 μg/kg；阳茂海区的鱼类滴滴涕含量均值为 17.70 μg/kg；湛江海区的鱼类滴滴涕含量均值为 10.05 μg/kg。

广东省沿岸软体类及甲壳类滴滴涕含量变化介于未检出至 18.4 μg/kg 之间，平均值为 7.59 μg/kg，各海区间的空间分布差异显著。汕头海区的软体类及甲壳类滴滴涕含量均为未检出；阳茂海区的软体类及甲壳类滴滴涕含量均值为 8.61 μg/kg；湛江海区的软体类及甲壳类滴滴涕含量均值为 10.88 μg/kg。

广东省沿岸鱼类滴滴涕含量分布如图 7.6 所示。

7.3.11 多氯联苯

广东省沿岸鱼类多氯联苯含量变化介于 12.9~49.10 μg/kg 之间，平均值为 25.05 μg/kg，各海区间的空间分布差异显著。汕头海区的鱼类多氯联苯含量均值为 23.00 μg/kg；汕惠海区的鱼类多氯联苯含量均值为 31.00 μg/kg；阳茂海区的鱼类多氯联苯含量均值为 19.10 μg/kg；湛江海区的鱼类多氯联苯含量均值为 23.10 μg/kg。

广东省沿岸软体类及甲壳类多氯联苯含量变化介于 1.93~15.80 μg/kg 之间，平均值为 7.98 μg/kg，各海区间的空间分布差异显著。汕头海区的软体类及甲壳类多氯联苯含量均值为 2.08 μg/kg；阳茂海区的软体类及甲壳类多氯联苯含量均值为 12.10 μg/kg；湛江海区的软体类及甲壳类多氯联苯含量均值为 8.87 μg/kg。

7.3.12 多环芳烃

广东省沿岸鱼类多环芳烃含量变化介于未检出至 211.00 μg/kg 之间，平均值为 171.00 μg/kg，各海区间的空间分布差异显著。汕头海区的鱼类多环芳烃含量均值为 104.00 μg/kg；汕惠海区的鱼类多环芳烃含量均值为 105.50 μg/kg；阳茂海区的鱼类多环芳烃含量均值为 198.00 μg/kg；湛江海区的鱼类多环芳烃含量均为未检出。

广东省沿岸软体类及甲壳类多环芳烃含量变化介于未检出至 27.30 μg/kg 之间，平均值为 13.33 μg/kg，各海区间的空间分布差异显著。汕头海区的软体类及甲壳类多环芳烃含量均值为 17.60 μg/kg；阳茂海区的软体类及甲壳类多环芳烃含量均值为 27.30 μg/kg；湛江海区的软体类及甲壳类多环芳烃含量均值为 4.22 μg/kg。

7.4 近海气溶胶金属元素分布

广东省沿岸大气各金属元素的数据统计见表 7.17，大气中铜、铅、镉、钒、锌、铁和铝等元素的空间分布均差异显著。

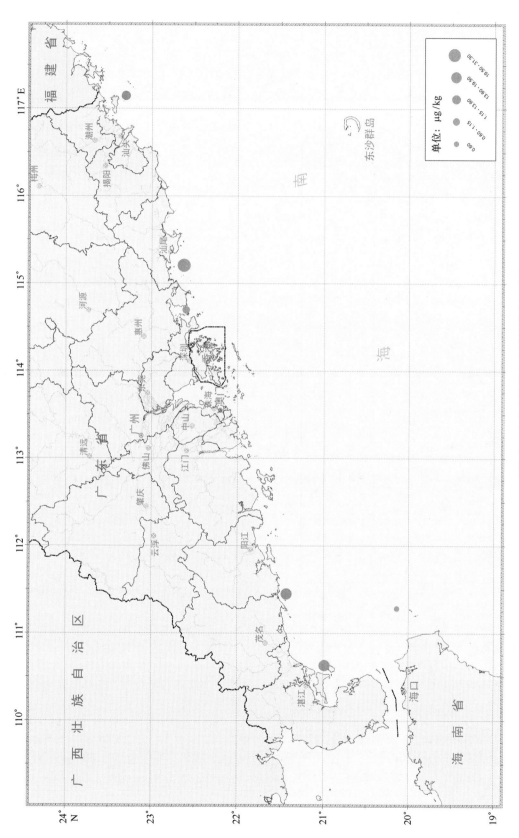

图7.6　广东省沿岸鱼类滴滴涕含量分布

表 7.17　广东省沿岸大气各金属要素数据统计

化学要素	夏季			冬季			春季			秋季		
	最小值	最大值	平均值	最小值	最大值	平均值	最小值	最大值	平均值	最小值	最大值	平均值
铜（ng/m³）	0.33	54.91	16.39	0.67	32.7	10.02	未	18.73	6.33	未	92.06	21.31
铅（ng/m³）	未	84.44	25.42	12.49	496.29	118.74	1.89	98.22	28.57	4.79	412.59	85.69
镉（ng/m³）	未	2.28	0.92	0.23	8.75	2.88	0.04	4.24	1.03	0.05	19.29	2.83
钒（ng/m³）	0.34	8.04	2.99	0.1	6.23	1.67	0.2	7.76	3.15	0.16	6.65	2.61
锌（ng/m³）	未	291.35	70.90	4.86	4204.00	544.21	11.10	423.20	67.36	4.35	858.95	145.95
铁（ng/m³）	28.9	389.36	185.21	34.06	811.37	236.90	22.10	546.49	155.61	95.16	17127.54	2102.11
铝（ng/m³）	19.60	1228.15	329.95	10.26	806.27	197.14	4.64	2373.00	226.17	5.35	1414.16	227.53

注："未"代表未检出。

7.4.1　铜

夏季广东省沿岸大气铜含量变化介于 0.33 ~ 54.91 ng/m³ 之间，平均值为 16.39 ng/m³；其中，粤东海区大气铜含量均值为 27.59 ng/m³，粤西海区大气铜含量均值为 2.4 ng/m³。冬季广东省沿岸大气铜含量变化介于 0.67 ~ 32.70 ng/m³ 之间，平均值为 10.02 ng/m³；其中，粤东海区大气铜含量均值为 10.35 ng/m³，粤西海区大气铜含量均值为 9.68 ng/m³。春季广东省沿岸大气铜含量变化介于未检出至 18.75 ng/m³ 之间，平均值为 6.33 ng/m³；其中，粤东海区大气铜含量均值为 8.71 ng/m³，粤西海区大气铜含量均值为 4.84 ng/m³。秋季广东省沿岸大气铜含量变化介于未检出至 92.06 ng/m³ 之间，平均值为 21.31 ng/m³；其中，粤东海区大气铜含量均值为 43.65 ng/m³，粤西海区大气铜含量均值为 7.35 ng/m³。

7.4.2　铅

夏季广东省沿岸大气铅含量变化介于未检出至 84.44 ng/m³ 之间，平均值为 25.42 ng/m³；其中，粤东海区大气铅含量均值为 36.82 ng/m³，粤西海区大气铅含量均值为 11.16 ng/m³。冬季广东省沿岸大气铅含量变化介于 12.49 ~ 496.29 ng/m³ 之间，平均值为 118.74 ng/m³；其中，粤东海区大气铅含量均值为 163.63 ng/m³，粤西海区大气铅含量均值为 73.85 ng/m³。春季广东省沿岸大气铅含量变化介于 1.89 ~ 98.22 ng/m³ 之间，平均值为 28.57 ng/m³，其中，粤东海区大气铅含量均值为 39.64 ng/m³，粤西海区大气铅含量均值为 21.65 ng/m³。秋季广东省沿岸大气铅含量变化介于 4.79 ~ 412.59 ng/m³ 之间，平均值为 85.69 ng/m³；其中，粤东海区大气铅含量均值为 146.6 ng/m³，粤西海区大气铅含量均值为 47.62 ng/m³。

7.4.3　镉

夏季广东省沿岸大气镉含量变化介于未检出至 2.28 ng/m³ 之间，平均值为 0.92 ng/m³；其中，粤东海区大气镉含量均值为 1.59 ng/m³，粤西海区大气铜镉量均值为 0.08 ng/m³。冬季广东省沿岸大气镉含量变化介于 0.23 ~ 8.75 ng/m³ 之间，平均值为 2.88 ng/m³；其中，粤东海区大气镉含量均值为 3.71 ng/m³，粤西海区大气镉含量均值为 2.06 ng/m³。春季广东省沿岸大气镉含量变化介于 0.04 ~ 4.24 ng/m³ 之间，平均值为 1.03 ng/m³；其中，粤东海区大气镉含量均值为 1.56 ng/m³，粤西海区大气镉含量均值为 0.70 ng/m³。秋季广东省沿岸大气镉含量变化介于 0.05 ~ 19.29 ng/m³ 之间，平均值为 2.83 ng/m³；其中，粤东海区大气镉含量均值为 5.99 ng/m³，粤西海区大气镉含量均值为 0.85 ng/m³。

7.4.4　钒

夏季广东省沿岸大气钒含量变化介于 0.34 ~ 8.04 ng/m³ 之间，平均值为 2.99 ng/m³；其中，粤东海区大气钒含量均值为 4.36 ng/m³，粤西海区大气钒含量均值为 1.27 ng/m³。冬季广东省沿岸大气钒含量变化介于 0.10 ~ 6.23 ng/m³ 之间，平均值为 1.67 ng/m³；其中，粤东海区大气钒含量均值为 0.52 ng/m³，粤西海区大气钒含量均值为 2.82 ng/m³。春季广东省沿岸大气钒含量变化介于 0.20 ~ 7.76 ng/m³ 之间，平均值为 3.15 ng/m³；其中，粤东海区大气钒含量均值为 3.76 ng/m³，粤西海区大气钒含量均值为 2.76 ng/m³。秋季广东省沿岸大气钒含量变化介于 0.16~6.65 ng/m³ 之间，平均值为 2.61 ng/m³；其中，粤东海区大气钒含量均值为 3.39 ng/m³，粤西海区大气钒含量均值为 2.12 ng/m³。

7.4.5 锌

夏季广东省沿岸大气锌含量变化介于未检出至 291.35 ng/m³ 之间，平均值为 70.90 ng/m³；其中，粤东海区大气锌含量均值为 117.70 ng/m³，粤西海区大气锌含量均值为 12.03 ng/m³。冬季广东省沿岸大气锌含量变化介于 4.86~4 204.00 ng/m³ 之间，平均值为 544.21 ng/m³；其中，粤东海区大气锌含量均值为 85.00 ng/m³，粤西海区大气锌含量均值为 1 003.40 ng/m³。春季广东省沿岸大气锌含量变化介于 11.10~423.20 ng/m³ 之间，平均值为 67.36 ng/m³；其中，粤东海区大气锌含量均值为 45.50 ng/m³，粤西海区大气锌含量均值为 82.90 ng/m³。秋季广东省沿岸大气锌含量变化介于 4.35~858.95 ng/m³ 之间，平均值为 145.95 ng/m³；其中，粤东海区大气锌含量均值为 280.60 ng/m³，粤西海区大气锌含量均值为 61.80 ng/m³。

7.4.6 铁

夏季广东省沿岸大气铁含量变化介于 28.90~389.36 ng/m³ 之间，平均值为 185.21 ng/m³；其中，粤东海区大气铁含量均值为 229.80 ng/m³，粤西海区大气铁含量均值为 129.4 ng/m³。冬季广东省沿岸大气铁含量变化介于 34.06~811.37 ng/m³ 之间，平均值为 236.90 ng/m³；其中，粤东海区大气铁含量均值为 208 ng/m³，粤西海区大气铁含量均值为 265.8 ng/m³。春季广东省沿岸大气铁含量变化介于 22.10~546.49 ng/m³ 之间，平均值为 155.61 ng/m³；其中，粤东海区大气铁含量均值为 134.6 ng/m³，粤西海区大气铁含量均值为 168.8 ng/m³。秋季广东省沿岸大气铁含量变化介于 95.16~17 127.54 ng/m³ 之间，平均值为 2 102.11 ng/m³；其中，粤东海区大气铁含量均值为 476.1 ng/m³，粤西海区大气铁含量均值为 3 118.4 ng/m³。

7.4.7 铝

夏季广东省沿岸大气铝含量介于 19.60~1 228.15 ng/m³ 之间，平均值 392.95 ng/m³；其中，粤东、粤西海区大气铝含量均值分别为 561.9 ng/m³ 和 181.8 ng/m³。冬季广东省沿岸大气铝含量介于 10.26~806.27 ng/m³ 之间，平均值为 197.14 ng/m³；其中，粤东、粤西海区大气铝含量均值分别为 105.6 ng/m³ 和 288.7 ng/m³。春季广东省沿岸大气铝含量变化介于 4.64~2 373.00 ng/m³ 之间，平均值为 226.17 ng/m³；其中，粤东海区大气铝含量均值为 531.3 ng/m³，粤西海区大气铝含量均值为 35.4 ng/m³。秋季广东省沿岸大气铝含量变化介于 5.35~1 414.16 ng/m³ 之间，平均值为 227.53 ng/m³；其中，粤东海区大气铝含量均值为 401 ng/m³，粤西海区大气铝含量均值为 119 ng/m³。

7.5 小结

7.5.1 各海区整体水质状况

汕头海区整体水质较差，主要污染物是无机氮和铅，该海区受到韩江、榕江、黄岗河等入海河流的直接影响，其中韩江是广东省内入海径流量仅次于珠江的河流，这些入海河流中含大量悬浮物和营养物质，使得这一海区表现为明显的径流控制特征。汕惠海区整体水质良好，但铅超过第一类水质标准的现象比较普遍（仍符合第二类水质标准），该海区内的红海湾、大亚湾及大鹏湾周围无大河流，径流量很小，受外海海水的影响较大。阳茂海区整体水质良好，但铅超过第一类水质标准的现象比较普遍（仍符合第二类水质标准），该海区受周围径流影响，但主要集中在夏季。湛江海区整体水质良好，但湛江港内水质较差，无机氮、石油类及部分重金属含量均较高，铅超过第一类水质标准的现象在整个海区比较普遍（仍符合第二类水质标准）。流沙湾海区整体水质良好，但石油类和铅含量均相对较高。

7.5.2 水质要素平面分布状况

影响各水质要素平面分布的原因复杂，pH 受缓冲体系的控制，变化幅度很小，总体分布都较均匀，其余各水质要素则总体呈现出近岸海域变化梯度较大、外海较均匀等特点。

7.5.3 水质要素季节变化状况

除 pH 外，其余各水质要素的季节变化都较明显，但不同海区不同要素的季节变化都各有特点。

7.5.4 沉积物质量状况

广东省近岸海域沉积物质量总体良好，六六六、滴滴涕和多氯联苯等持久性有机污染物的含量均符合第一类海洋沉积物质量标准，全部调查站位的石油类、锌和汞的含量均符合第一类海洋沉积物质量标准，大多数调查站位的铜、铅、铬、砷和硫化物含量符合第一类海洋沉积物质量标准；部分站位的有机质和镉超过了第一类海洋沉积物质量标准，但符合第二类海洋沉积物质量标准。

7.5.5 生物质量状况

广东省近岸海域海洋生物质量总体良好，生物体中的石油烃和重金属含量较低，大部分符合海洋生物质量评价标准。

第8章　近海海洋生物生态[①]

广东近海海洋生物生态以往有过许多相关调查，如 1959—1960 年全国海洋综合调查、1980—1981 年中国海岸带和海涂资源调查、1990—1991 年广东海岛资源调查、1997—1999 年中国大陆架及其邻近海域调查、2006—2007 年中国近海海洋综合调查与评价专项等多项大型海洋综合调查项目均进行过有关海洋生物生态方面的调查与研究，积累了诸多相关历史资料。

广东省 908 专项主要以广东省领海基线以浅沿岸海域为调查范围，重点调查对广东省海洋资源开发和环境保护具有重要意义的重点港湾、河口、人工鱼礁区、滨海旅游浴场、网箱养殖区、海洋保护区、排污口及特色生态系统所在海区，全省岸线主要分 6 个海区进行，即汕头海区、汕尾–大亚湾海区、阳江–茂名海区、湛江海区、粤东近海海区和粤西近海海区，范围介于 109.828°—117.087°E 和 20.414°—23.566°N 之间。在项目组统一安排下，于 2006 年 7 月 20 日至 8 月 25 日（夏季），2006 年 12 月 20 日至 2007 年 1 月 22 日（冬季），2007 年 4 月 10 日至 5 月 9 日（春季），2007 年 10 月 28 日至 11 月 27 日（秋季）分别进行了生物生态和游泳生物各 4 个航次的海上调查工作，包括广东省重点港湾等海区 40 个站位，以及广东沿岸海域生物生态调查国家任务 23 个站（其调查站位图与海洋化学调查站位相同，见图 7.1）。调查内容包括：叶绿素 a，初级生产力，微生物，微微型、微型和小型浮游生物（浮游植物），大、中型浮游生物（浮游动物），鱼类浮游生物（浮游性鱼卵和仔稚鱼），底栖生物，游泳动物和重要海洋生物遗传多样性等。

8.1　叶绿素 a 和初级生产力[②]

海洋初级生产力即海洋浮游植物固碳速率，相对于浮游植物生物量这一基本生态指标，初级生产力主要反映一种动态变化过程，它对深入研究海洋生态系统结构与功能、海洋生物地球化学循环过程、海洋生态环境对气候变化及人类活动影响等方面具有重要意义，是海洋乃至全球碳收支、渔业资源评估等的重要参数。初级生产力对环境响应敏感，在近海海域，初级生产力常受海陆相互作用、人类活动等因素的多重影响。本节主要对广东近岸海域叶绿素 a 及初级生产力的时空分布特征进行阐述。

8.1.1　叶绿素 a

8.1.1.1　叶绿素 a 的季节变化及空间分布特征

广东省沿岸各海区不同季节浮游植物叶绿素 a 平均浓度介于 0.61~7.08 mg/m³ 之间，各

---

① 根据严岩等《广东省 908 专项水体环境调查与研究——生物生态调查研究报告》整理。
② 宋星宇，周伟华。

季节平均值分别为春季 1.23 mg/m³，夏季 5.42 mg/m³，秋季 3.18 mg/m³，冬季 1.91 mg/m³（表 8.1）。总体上，叶绿素 a 浓度除湛江及邻近海区表现为秋季高于夏季外，其他海区均表现为夏季最高，秋季次之，冬季第三，春季最低。

表 8.1　各海区 4 个季节叶绿素 a 总平均含量　　　　　　　　　　单位：mg/m³

海　区	春季	夏季	秋季	冬季
汕头	1.87	7.08	1.66	1.54
大亚湾和汕尾	0.61	3.50	1.71	1.40
阳江	0.87	6.42	2.84	1.63
湛江	1.55	4.69	6.50	3.06
平均值	1.23	5.42	3.18	1.91

注：1. 汕头海区包括柘林湾和汕头港；2. 阳江海区包括海陵湾和水东港海区；3. 湛江海区包括湛江港、雷州湾和流沙湾海区。

空间分布上，总体上叶绿素 a 的分布趋势呈现出海湾高、近岸低，由近岸向外海逐渐下降，这与以往的研究结果是一致的（蔡文贵等，2005）。但粤东和粤西海区的各个海港、海湾由于水文特征、理化环境差异，存在较大的差别，叶绿素 a 分布规律也不尽相同。

春季，叶绿素 a 整体呈近岸和港湾高、远海低的趋势（图 8.1）。表层平均叶绿素 a 含量粤东为 0.96 mg/m³，粤西为 1.29 mg/m³。在粤东海区，叶绿素 a 由各海湾及近岸海域往外逐渐降低；粤西海区在雷州湾硇洲岛西南海域出现高值分布，往外海方面逐步下降。

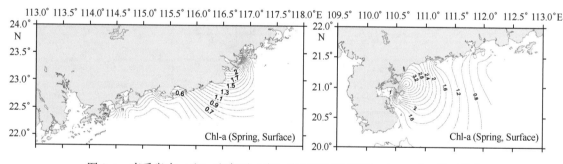

图 8.1　春季粤东（左）和粤西（右）海区表层叶绿素 a（mg/m³）平面分布

夏季，粤东海区平均叶绿素 a 含量高于粤西海区（图 8.2）。表层平均叶绿素 a 含量粤东为 3.96 mg/m³，粤西为 5.45 mg/m³。在粤东海区，叶绿素 a 高值主要分布于柘林湾、汕头港和大亚湾海区。粤西海区分布较为规律，等值线几乎与岸线平行，海陵湾、水东港附近海域叶绿素 a 含量相对较高。

秋季，粤西海域叶绿素 a 平均值远高于粤东海区，主要是由于雷州湾及附近海域叶绿素 a 含量的异常高值分布有关（见图 8.3），该海域叶绿素 a 平均含量达到 9.84 mg/m³。粤东和粤西表层叶绿素 a 平均含量分别为 1.77 mg/m³ 和 5.02 mg/m³。

冬季调查海区浮游植物叶绿素 a 水平较低，粤西略高于粤东海区。表层平均叶绿素 a 含量粤东为 1.43 mg/m³，粤西为 2.48 mg/m³。冬季，粤东海区叶绿素 a 分布规律性较强，等值

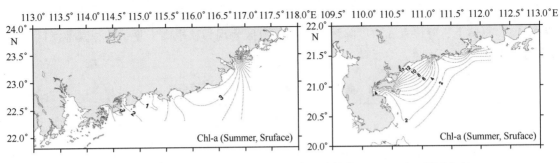

图 8.2　夏季粤东（左）和粤西（右）海区叶绿素 a（mg/m³）平面分布

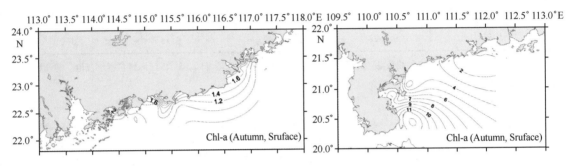

图 8.3　秋季粤东和粤西海区叶绿素 a（mg/m³）平面分布

线近乎与海岸线平行；在粤西海区，海陵岛近岸、水东港东部、湛江港口门、流沙湾湾口、硇洲岛东南部等海域浓度较低，而雷州湾湾内叶绿素 a 含量较高（见图 8.4）。

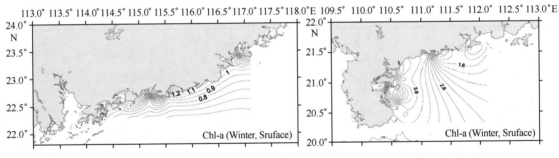

图 8.4　冬季粤东（左）和粤西（右）海区表层叶绿素 a（mg/m³）平面分布

8.1.1.2　叶绿素 a 含量的垂向分布

叶绿素 a 的垂向分布特征存在较大的地域和季节性差异。具体表现为：

春季，粤东柘林湾、汕尾海区叶绿素 a 含量总体上底层略高于表层；中部大亚湾湾内近岸水域分布较为均匀，大亚湾中部、湾口及湾口外从表层往下层逐步升高。粤西海区，海陵湾、水东港表、底层分布均匀，湾外表层叶绿素 a 含量最高，中层与底层较接近。粤西湛江港海区水体浑浊、混合剧烈，整个水柱叶绿素 a 分布比较均匀；流沙湾除湾口水域外，其他均表现为表层低、底层高的分布特征。

夏季，粤东海区柘林湾表、中层和底层垂向分布差异整体不明显。汕尾海区水柱叶绿素 a 含量分布比较均匀，湾外多数站位垂向分布较均匀。大亚湾、大鹏湾及邻近外海基本上表现为水柱叶绿素 a 含量从表层往下逐步增加。粤西海区，海陵湾、水东港分布与粤东大亚湾相似，而湛江港底层浓度低于表层。雷州湾及邻近海区叶绿素 a 含量从表层往底层逐渐增加；在流沙湾则与之相反。

秋季，粤东海区柘林湾底层叶绿素 a 含量略高于表层，而汕尾海区大部分站位表层略高于底层。汕头港口门外、大亚湾、大鹏湾海区整体叶绿素 a 含量垂向分布较为接近，表层与底层相差不大。在粤西海区，海陵湾浅水水域底层叶绿素 a 明显高于表层和中层。水东港表层和底层叶绿素 a 相差不大；湛江港和雷州湾海区，底层叶绿素 a 常低于（或略低于）中层，表层叶绿素 a 则大部分高于中层。流沙湾海区除湾口以外，底层叶绿素 a 浓度略高于表层。总之，由于秋季水体开始混合，加上各海湾营养盐输入状况、理化环境差异明显，秋季叶绿素 a 垂向分布特征较为紊乱。

冬季，粤东柘林湾叶绿素 a 的垂向分布存在两种情况，湾东部海域底层含量接近或略高于表层，西南部湾口则从表层、中层到底层逐渐下降。汕头港附近海域底层接近或略高于表层叶绿素 a 含量。汕尾海区近岸分布一致，从表层往底层逐渐增加，但增加幅度并不大。大亚湾湾内底层叶绿素 a 含量均低于表层，湾口底层高于表层，而外海表层与底层差异不大。大鹏湾水柱叶绿素 a 相对均一，可能由于水体混合比较剧烈引起。粤西海区，海陵湾、流沙湾水域叶绿素 a 垂向分布也相对均匀。水东港湾内底层叶绿素 a 含量略低于表层，而湾中部站位正好相反。湛江港口门内外站位从表往底层逐渐下降，口门附近水域则表现相反。雷州湾，底层叶绿素 a 含量略高于表层，但远岸水域底层低于表层，相差约 1 mg/m³。

8.1.2 初级生产力

8.1.2.1 初级生产力的分布特征

春季，广东省沿岸海区表层平均初级生产力为 15.35 mg C/（m³·h），其中粤东与粤西海区表层平均值分别为 14.44 mg C/（m³·h）和 16.72 mg C/（m³·h）（图 8.5）。海区真光层水柱平均初级生产力为 63.23 mg C/（m²·h）。就垂向分布而言，表层初级生产力水平为最高。在各个海区中，以大亚湾海区初级生产力分布最为规律，从湾内往外，表层初级生产力逐渐降低。从图 8.5 可以看出，粤东沿岸海区表层初级生产力分布特征明显，等值线近乎与海岸线平行。而粤西海区高值带主要位于湛江港、雷州湾及邻近海区，往外海逐渐降低。

夏季，初级生产力处于全年度最高水平，调查海区表层平均初级生产力为 25.31 mg C/（m³·h），粤东表层平均为 20.46 mg C/（m³·h），粤西为 32.09 mg C/（m³·h），粤西略高于粤东海区（图 8.6）。海区真光层水柱平均初级生产力为 103.75 mg C/（m²·h）。在近岸海域，表层初级生产力远高于中、底层，而远岸站位 5 m 水层和表层较接近。在粤东海区，大亚湾表层和真光层水柱初级生产力分布较为规律，从湾内向湾口和湾外逐步降低。汕尾附近海区初级生产力水平高于大亚湾。粤西海区，初级生产力和真光层水柱初级生产力均呈现近岸高、外海低的趋势（图 8.6）。

秋季，调查海区表层浮游植物平均初级生产力为 10.15 mg C/（m³·h），粤东表层平均为 6.08 mg C/（m³·h），粤西为 16.25 mg C/（m³·h），粤西海区远高于粤东海区（图 8.7）。海区真光层水柱平均初级生产力为 29.40 mg C/（m²·h）。表层浮游植物初级生产力高于深层水体。在整个调查海区中，邻近大亚湾的远岸水体（G9 站）透明度最高，10 m 层初级生产力达到表层的近 50%。图 8.7 显示，表层初级生产力在大亚湾分布特点最为明显，

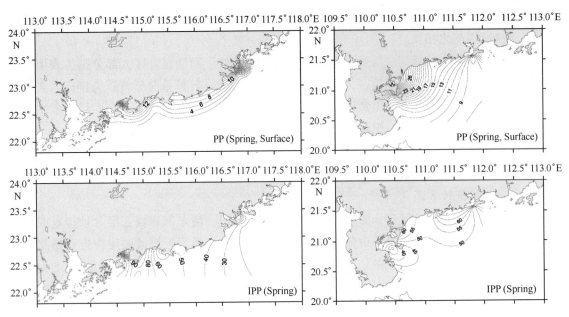

图 8.5 春季粤东（左）与粤西（右）海区表层初级生产力（mg C/（m³·h））和真光层水柱初级生产力（mg C/（m²·h））平面分布

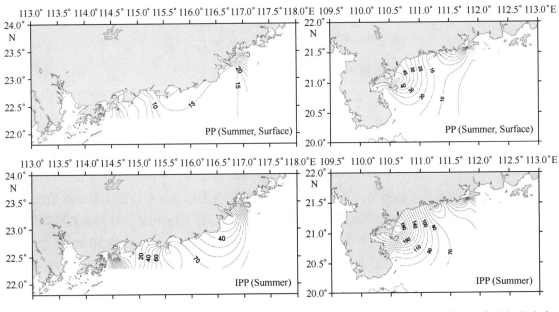

图 8.6 夏季粤东（左）与粤西（右）海区表层初级生产力（mg C/（m³·h））和真光层水柱初级生产力（mg C/（m²·h））平面分布

呈湾内高、湾外低特征，而真光层水柱初级生产力在湾口形成了一个低值区。粤西海区初级生产力分布特点和叶绿素 a 相似，依然在雷州半岛东部形成高值区。

冬季，海区表层平均初级生产力为 16.95 mg C/（m³·h），粤东表层平均为 20.85 mg C/（m³·h），粤西为 11.50 mg C/（m³·h），粤东平均水平高出粤西海区近 1 倍（图 8.8）。海区真光层水柱平均初级生产力为 62.43 mg C/（m³·h）；调查海区中层初级生

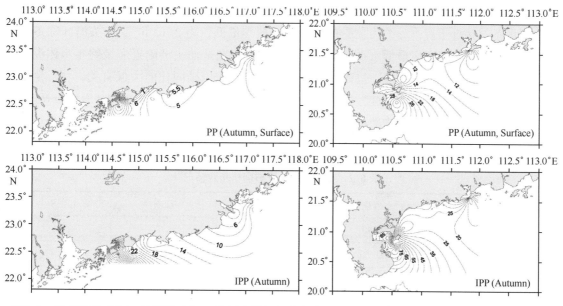

图 8.7 秋季粤东（左）与粤西（右）海区表层初级生产力（mg C/（m³·h））和真光层水柱初级生产力（mg C/（m²·h））平面分布

产力水平较其他季节高。总体而言，冬季粤西海区分布规律明显，表层初级生产力和真光层水柱初级生产力均呈现近岸高、外海低的趋势。粤东海区、汕尾附近海区最为规律，近岸高、外海低，大亚湾则总体上呈现东高西低的趋势（图 8.8）。

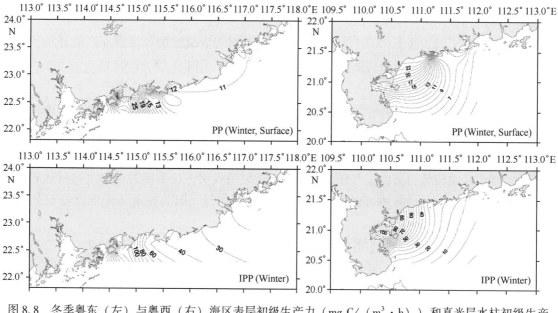

图 8.8 冬季粤东（左）与粤西（右）海区表层初级生产力（mg C/（m³·h））和真光层水柱初级生产力（mg C/（m²·h））平面分布

8.1.2.2 初级生产力的同化指数

同化指数（Assimilation Index，h⁻¹）是浮游植物光合作用活性水平的重要指标，表明单位浮游植物生物量碳同化能力的高低。广东省沿岸各季节不同海区的同化指数情况见表 8.2，整个海区冬季接近于春季，约为夏季的 2.5 倍，秋季最低，为 2.12 h^{-1}。汕头海区除冬季以外，每个季节均处于海区最低水平，这与汕头海区，特别是汕头港附近海域终年水体混合剧烈、海水浑浊、水体透明度低，进而导致浮游植物光合作用碳同化能力低有关。春、夏季海区最高同化指数出现于湛江海区，但湛江海区同化指数在秋、冬季却处于调查海区较低水平。大亚湾和汕尾海区冬季同化指数出现异常高的现象。粤西海区同化指数在春、夏季高于粤东海区，秋、冬季则反之。

表 8.2   各海区 4 个季节同化指数情况 单位：h^{-1}

海　区	春季	夏季	秋季	冬季
汕头	6.40	2.66	1.67	5.63
大亚湾和汕尾	11.53	2.65	2.39	18.47
阳江	9.52	3.33	2.16	5.17
湛江	11.79	8.80	2.01	3.16

注：1. 汕头海区包括柘林湾和汕头港海区；2. 阳江海区包括海陵湾和水东港海区；3. 湛江海区包括湛江港、雷州湾和流沙湾海区。

8.1.2.3   叶绿素 a 及初级生产力分布的基本规律及影响因素

广东沿岸海域叶绿素 a 及初级生产力的总体分布均呈现出海湾及近岸较高、由近岸向外海逐渐下降的趋势，这与近岸陆源输入及水体垂直混合过程较强从而更易为浮游植物生长提供营养元素有关。例如汕头、湛江、阳江附近海域常出现区域性的叶绿素 a 高值分布，很可能与当地高密度的渔业养殖和高强度的排污排废密不可分（周凯 等，2002）。

就季节变化而言，广东沿岸大部分海区叶绿素 a 及初级生产力均在夏季达到高值，可能与夏季广东沿岸受季风驱动的近岸上升流带来额外的营养盐补充有关，同时夏季水体较为稳定，有利于浮游植物的生长繁殖和光合作用固碳。冬季和春季叶绿素 a 与初级生产力分布较为接近。秋季叶绿素 a 仅次于夏季，但初级生产力却为各调查季节中最低，这可能与秋季浮游动物对浮游植物较低的摄食压力有关。同期调查结果表明，秋季浮游动物生物量达到一年中的最低值，因此，尽管秋季浮游植物光合作用速率较低，但其在水体中能维持较高的现存量。

与外海开阔海域相比，广东近岸海区水深较浅，易发生垂向混合，叶绿素 a 垂直方向上的分布差异相对较小。夏季、秋季广东近岸海区相当比例的调查站位出现底层叶绿素 a 高值，这可能是由于海水真光层深度增加，深层水体仍存在较活跃的初级生产过程，加上水体层化程度较高，可能存在浮游植物沉降累积效应造成的。而冬季、春季水体垂直混合较剧烈，造成浮游植物现存量在垂向分布上比较均匀。由于广东近岸各海域底形特征、水文条件及人类活动影响等各方面的差异，叶绿素 a 及初级生产力的分布规律及影响机制显现出复杂的区域及季节分布特征。

8.2　微生物[①]

8.2.1　异养细菌的数量分布及季节变化

异养微生物是海洋中生物量最丰富的群体之一。它一方面作为"分解者"或"还原者"分解有机物质并产生无机营养盐，促进营养盐循环，并成为海洋群落呼吸释放 CO_2 的主要贡献者；另一方面，作为次级生产者，它还可以吸收水体中溶解有机碳（DOC），并转化为颗粒有机碳（POC），成为微食物环中摄食者的食物来源并向高营养级传递，在微食物环中起到关键作用。近海海陆相互作用剧烈，受人类活动影响显著，使该海域成为重要的有机碳汇并成为陆源向外海输送碳源的通道，对近岸水体异养微生物的生态学监测有助于深入开展海洋碳循环体系的生物地球化学研究。此外，病毒在海洋中广泛存在，海洋病毒早在 20 世纪中期即被发现，但受研究技术的限制，直到近年来病毒的多样性及其生态学地位才得到广泛的了解与重视，现已证明病毒在海洋病原体学以及海洋食物环中均扮演着重要角色。908 专项中广东近海海洋异养细菌调查以及细菌总数、病毒总数的调查，对了解沿岸海域的生态状况、海洋环境质量与容量等具有重要的参考价值。

8.2.1.1　水体可培养异养细菌的分布水平与季节变化

春季，广东沿岸各海区表层水体中异养细菌的数量分布基本呈由内湾近海向远岸外海递减的趋势，但不同海区之间存在较明显的地域差异。就表层水体而言，粤东海区汕头港内异养细菌数量高于 10^6 CFU/cm³ 数量级，粤西海区的流沙湾、雷州湾、海陵湾异养细菌丰度分别为 10^5 CFU/cm³、10^4 CFU/cm³、10^4 CFU/cm³ 数量级；而水东港异养细菌仅为 10^2 CFU/cm³ 数量级，明显低于其他海区。大亚湾和汕尾港海区异养细菌数量分布较为特殊，由大亚湾及汕尾港近岸水体向大亚湾外海方向从 10^4 CFU/cm³ 数量级增加到 10^5 CFU/cm³ 数量级。中层及底层水体异养细菌数量分布的区域差异相对较小，细菌丰度一般在 $10^4 \sim 10^5$ CFU/cm³ 数量级水平。总体上看，各海湾异养细菌数量均呈现由湾内向湾外递减的趋势。

夏季，表层水体可培养异养细菌数量在 $4.7 \times 10^2 \sim 1.1 \times 10^6$ CFU/cm³ 之间，其中水东港和海陵湾海区数量较少，为 $10^2 \sim 10^3$ CFU/cm³ 数量级；大亚湾和汕尾港海区远远高于其他海区，异养细菌数量达 $10^5 \sim 10^6$ CFU/cm³ 数量级，且由湾内向湾外呈现递增趋势。其他海区中异养细菌数量均为 10^4 CFU/cm³ 数量级。夏季广东省近海中层海水可培养异养细菌数量在 $7.2 \times 10^2 \sim 1.4 \times 10^6$ CFU/cm³ 之间，与表层海水相似；底层海水异养细菌数量明显低于表层和中层，除了汕头港、大亚湾和汕尾港海区达 10^4 CFU/cm³ 数量级外，其他海区可培养异养细菌均为 10^3 CFU/cm³ 数量级。

秋季，表层海水异养细菌数量均达到 10^5 CFU/cm³ 数量级，分布较均匀，秋季异养细菌平均数量达到全年高值。中层及底层海水中异养细菌的数量较表层略有降低，大亚湾、汕尾港为 10^4 CFU/cm³ 数量级，其余海区仍可达到 10^5 CFU/cm³ 数量级。

冬季，表层海水和中层海水中异养细菌数量达到全年最低值，在 $10^2 \sim 10^3$ CFU/cm³ 数量

[①]　宋星宇，殷波。

级之间，分布较均匀，仅大亚湾部分水域达到 10^4 CFU/cm³ 数量级。从垂直分布来看，除部分海区底层异养细菌数量明显升高，如在柘林湾达到 10^5 CFU/cm³ 数量级，海陵湾达到 10^4 CFU/cm³ 数量级以外，其他海域垂直分布较为均匀。

8.2.1.2 表层沉积物可培养细菌的分布特征

春季，广东省沿岸海域表层沉积物中异养细菌数量在 $10^5 \sim 10^7$ CFU/g 数量级之间，其中流沙湾和雷州湾海区底泥中可培养异养细菌数量较少，为 10^5 CFU/g 数量级，而水东港底泥异养细菌数量高达 10^7 CFU/cm³ 数量级。汕头港和柘林湾海区底泥异养细菌分布与水体相似，由内向外递减变化；大亚湾和汕尾港分布特点是由沿岸向外海呈明显递减趋势；雷州湾表层底泥异养细菌数量由湾内向湾外递减变化。

夏季，广东沿岸海域沉积物中异养细菌数量明显低于春季。汕头港和柘林湾水域异养细菌丰度较其他海区稍高，为 10^6 CFU/g 数量级，大鹏湾海区异养细菌数量在 $10^3 \sim 10^4$ CFU/g 数量级之间，其他海区异养细菌数量均为 $10^4 \sim 10^5$ CFU/g 数量级。大亚湾水域表层底泥异养细菌数量较春季降低幅度达 10^2 CFU/g 数量级，原因尚需进一步考察；水东港和海陵湾海区异养细菌最大值位于水东港靠岸附近，达 10^6 CFU/g 数量级；雷州湾水域异养细菌数量较春季减少，低值区位于海湾中部。

秋季，海域表层沉积物中异养细菌数量在 $10^5 \sim 10^7$ CFU/g 数量级之间，大亚湾海域分布值较低，为 10^5 CFU/g 数量级；其他海区异养细菌数量多在 10^6 CFU/g 数量级。汕头港和柘林湾海区最大值区较夏季和春季明显北移，大亚湾和汕尾港海区异养细菌等值线变化特征与夏季相似，均呈由沿岸向外海递增变化；水东港和海陵湾海区异养细菌数量较春季明显降低；雷州湾海区异养细菌数量与春季相似，明显高于夏季，呈湾内向湾外递减变化趋势。

冬季，表层沉积物中异养细菌的数量明显高于水体异养细菌数量，分布范围为 $10^4 \sim 10^5$ CFU/g 数量级。其中柘林湾、汕头港和水东港达 10^5 CFU/g 数量级，其他海区均为 10^4 CFU/g 数量级。汕头港附近表层底泥异养细菌明显出现一个高等值线区；大亚湾和汕尾港异养细菌呈由湾内向湾外、由沿岸向外海递减分布趋势；水东港和海陵湾异养细菌数量最大值在水东港附近，向海陵湾方向递减分布；雷州湾海区表层底泥异养细菌数量呈现明显由沿岸向外海递减趋势。

广东沿岸海区海水中异养细菌数量在 $0.2 \times 10^4 \sim 25 \times 10^4$ CFU/cm³ 之间，各水层中异养细菌数量在春季、夏季和冬季相差较小，而秋季表层水中异养细菌数量明显增多，达到全年的高值（图 8.9）。

表层水体与表层沉积物中异养细菌数量存在较大的差异，季节变化规律也不完全相同，表层沉积物中异养细菌的数量高峰期出现在春季（470×10^4 CFU/g），冬季最低（0.75×10^4 CFU/g），相差 4 个数量级，而表层水体中异养细菌的数量高峰出现在秋季（17×10^4 CFU/cm³）。但表层水体和表层沉积物中异养细菌的季节变化规律基本相同，春季和秋季存在两个高峰期，夏季和冬季数量均较少，冬季尤为突出，呈不对称双峰型（图 8.10）。

8.2.1.3 水体细菌（荧光计数）数量分布特征

春季，汕头港和柘林湾海区表层细菌丰度在汕头港附近出现一个高值区，在汕头港和柘林湾之间靠岸区域出现一低值区，而中层和底层水体变化趋势一致。大亚湾水域春季表层水

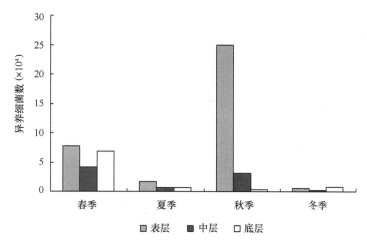

图 8.9　各层海水中异养细菌的季节变化

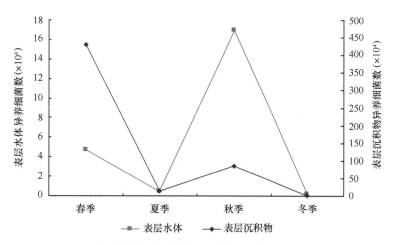

图 8.10　表层水体与表层沉积物中异养细菌数量的季节变化

体细菌丰度高值区出现在湾口左侧，并由湾外向湾内递减，而中层水体高值区出现在湾内，底层则分布在近岸水域；水东港和海陵湾海区各层分布基本相同；雷州湾水域表层水体细菌总数明显高于中层和底层，表层和底层最大值均位于湾内，而中层水体细菌总数由沿岸向外海递减分布。

夏季，汕头港、柘林湾、水东港和海陵湾各层海水细菌总数均在 10^8 个/L 数量级左右，中层略高，表层和中层海水细菌总数由沿岸向外海递减分布。汕头港表层细菌丰度高于大亚湾，由近岸向外海递减，大亚湾表层海水细菌总数在 $8×10^8$ 个/L 数量级，中层和底层细菌丰度则高于汕头港，中层在湾内由北向南递减分布，而底层高值区在湾口西侧附近，由湾外向湾内递减分布。水东港和海陵湾表层细菌总数由沿岸向外海递增分布，而底层则呈递减分布。雷州湾海区各层海水细菌总数在 $4.5×10^8 ～ 9.5×10^8$ 个/L 之间，表层和底层分布特征相似，均呈由湾内向湾外递增，而中层海水低值区位于湾口。

秋季，广东省沿岸海域水体细菌生物量高于其他 3 个季节，这与异养细菌平板计数结果相似。汕头港和柘林湾海区表层水体细菌总数明显高于中层和底层，达到 10^9 个/L 数量级，表、中、底层海水细菌总数的高值区均位于汕头港和柘林湾之间的河流入海口处。汕尾港海

107

区海水细菌总数（10^9 个/L 数量级）高于大亚湾海区（10^8 个/L 数量级），均呈由沿岸向外海递减分布。水东港和汕头港海区细菌总数分布表层水体略高于中层和底层水体。雷州湾海区各水层细菌生物量分布特征相似，均为 10^9 个/L 数量级且低值中心位于湾口附近。

冬季，广东近海水体细菌生物量总体上低于秋季和春季。汕头港和柘林湾海区海水细菌总数为 10^8 个/L 数量级。大亚湾和汕尾港海区垂直分布较均匀，表层和中层高值区均位于湾口西侧。水东港和海陵湾海区细菌生物量由水东港向海陵湾方向递增，而雷州湾海区则呈由近岸向外海递减趋势。

根据广东省 908 专项水体调查结果，大多数站位夏季和冬季的细菌数量较少，秋季的细菌数量较多，而春季细菌数量在各站位之间波动较大，规律性不明显。总体上，汕尾、大亚湾和大鹏湾海水中细菌总数在 $10^6 \sim 10^8$ 个/L 数量级，而柘林湾、汕头港、湛江港和流沙湾海水细菌总数在 $10^7 \sim 10^9$ 个/L 数量级之间，与各区域的可培养异养细菌数量无明显相关性，表明在海水中存在大量不可培养细菌，进一步证明了已有的研究结论。

8.2.2　水体病毒生物量的分布特征

春季，汕头港和柘林湾海区表层水体病毒生物量高值区出现在汕头港附近，在汕头港和柘林湾之间有一低值区，中层和底层病毒生物量低于表层。大亚湾和汕尾港海区表层生物量在大亚湾湾口外侧最高，随水深增加，高值区明显内移。水东港和海陵湾海区中层水体生物量最低，各水层生物量均呈由沿岸向外海递增变化。雷州湾海区病毒生物量表层较高，在表层和中层均由湾内向湾外递减分布，而底层在湾口出现低值区。

夏季，汕头港和柘林湾海区海水病毒生物量明显低于春季，但表层海水病毒总数分布仍呈双中心分布。中层水体病毒总数由沿岸向外海递增变化，而底层海水病毒总数高值区明显北移，由湾内向湾外递减分布。大亚湾海区各层海水病毒总数均为湾内左侧近岸为高值区，右侧为低值区。水东港和海陵湾海区海水病毒总数表层水东港高于海陵湾，而底层则海陵湾高于水东港。雷州湾海区底层海水病毒总数明显高于表层和中层，水体病毒总数高值区位于近岸，在湾口处出现低值区。

秋季，水体病毒总数达全年高值，汕头港和柘林湾海区表层丰度略高于中层和底层，高值区均位于汕头港和柘林湾之间，向远岸递减。大亚湾海区表底层水体病毒数量分布相似，底层略低于表层，湾内右侧近岸最高，向外海递减；中层海水则在湾口内侧附近出现高值区。水东港和海陵湾海区底层海水病毒总数略低于表层和中层，各层海水高值区均出现在水东港附近，向海陵湾方向递减变化。雷州湾中层海水病毒总数较表层和底层略低，低值区均位于湾内靠近湾口处。

冬季，海水病毒丰度明显低于秋季。汕头港和柘林湾海区中层水体病毒丰度高值区位于汕头港内，由内向外递减分布。大亚湾海区表层和底层海水病毒总数略高于中层，各层海水病毒总数分布趋势亦有所不同。水东港和海陵湾海水病毒总数分布较为均匀，水东港病毒总数较低，向海陵湾方向逐渐增高。雷州湾海区各层海水冬季病毒总数分布均为近岸最高，由湾内向湾外递减变化。

病毒荧光计数的调查结果显示，大多数调查站位的病毒丰度在春季和秋季明显高于夏季和冬季，春季和秋季的病毒总数在 $10^{10} \sim 10^{11}$ 个/L 之间，而夏季和冬季的病毒总数在 $10^7 \sim 10^9$ 个/L 之间，导致季节间如此巨大差异的原因尚不清楚。病毒总数的季节变化与细菌总数的季节变化具有一定的相似性，表明海水中细菌数量变化与病毒数量变化具有明显的相关性，它们之间具体的生态学关系有待进一步研究。

8.2.3 微生物多样性的分子生态

近年来，分子生物学技术得到飞速发展，使得我们能够利用不依赖培养的方法对海洋微生物分子生态进行研究。通过分子生态的系统研究，可对海洋微生物的生态分布和系统进化有更深入的认识。目前已知实验室能够分离培养的微生物只占全部种类很小的比例，大部分未知微生物还有待于进一步去认识和研究。

广东省 908 专项调查项目应用 16S rDNA 序列分析方法对大亚湾海域的水体和沉积物微生物进行了初步调查，分析了不同季节水体和沉积物中微生物的种群结构和生态分布。结果表明，不同季节水体和沉积物中的细菌都以紫细菌（Proteobacteria）为主，属于 γ- 和 α-紫细菌亚群的细菌种类和数量均最为丰富；而属于 β-亚群的细菌很少。不同海区沉积物中紫细菌类群的差别在于 δ-亚群和 ε-亚群，这两个亚群的细菌大部分都和硫代谢相关。在夏季沉积物中属于这两个亚群的细菌数量较多（最高可达 29%），并且 δ-亚群的细菌呈现随沉积物深度增加而减少的趋势。除了紫细菌之外，CFB 类群在沉积物中也是一类较重要的细菌；而在水体中没有检测到 CFB 类群的细菌，表明水体表层存在较多的有机物。

在沉积物中发现了丰富的与氮循环相关的细菌，表明与氮循环相关的微生物在整个生态系统的物质能量代谢中占据重要的地位。而 16S rDNA 克隆文库分析中包含与其他海域和陆源相似程度较高的细菌种，说明大亚湾微生物群落结构特征是对环境因素的一种响应，同时也可能是影响该海区环境的一个重要因素。

8.3 浮游生物

8.3.1 微微型浮游生物[①]

微微型（光合）浮游生物指细胞大小为 0.2~2 μm 能进行光合作用的浮游生物，包括聚球藻（Synechococcus）、原绿球藻（Prochlorococcus）、微微型真核生物（pico-eukaryotes）三大类群。它们是海洋浮游植物的重要组成者、海洋初级生产力最主要的贡献者之一。

8.3.1.1 广东近海微微型浮游生物的季节变化及水平分布

广东近海各季节均未发现原绿球藻的存在，仅检测出聚球藻和微微型真核生物两大类群，全年聚球藻均占绝对优势，其丰度大于微微型真核生物。大部分调查区域中，聚球藻丰度变化总趋势为夏季>春季>冬季>秋季，其中夏季丰度约为春季的 2 倍（图 8.11）。4 个调查区域中，聚球藻丰度最高在粤西海域，最低为粤东海域。除春季汕-惠海区聚球藻丰度值极低外，其余季节，汕-惠海区及汕头海区两区丰度值基本持平。年度最高值为夏季的湛江海区，即雷州半岛附近海域，聚球藻平均丰度达 664×10^2 cells/mL；年度最低值出现在春季汕头附近海域。

---

① 邱大俊，钟瑜。

微微型真核生物丰度也有较明显的季节和区域差异，总体而言，夏季丰度值最低，而春季则在各海区有较大差异，汕-惠海区和湛江海区丰度极高。微微型真核生物丰度值在秋季和冬季相近，但各海区略有差别，如阳-茂海区秋季丰度值高于冬季，而湛江海区则为冬季高于秋季。全年平均最高值位于春季汕尾及大亚湾附近海域。

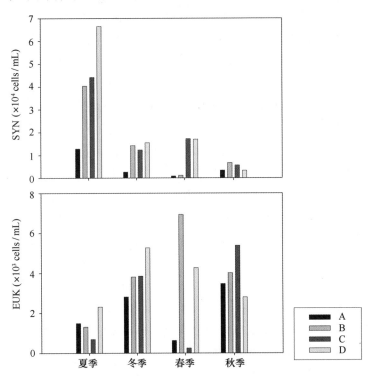

图8.11 广东沿海微微型浮游生物表层丰度各季节平均值（SYN：聚球藻；EUK：微微型真核生物）

A：汕头海区；B：汕-惠海区；C：阳-茂海区；D：湛江海区

8.3.1.2 广东各海区微微型浮游生物的时空分布

1）汕头海区微微型光合浮游生物季节变化和空间变化

汕头海区聚球藻和微微型真核生物年度平均值分别为（4.50±6.50）×10³ cells/mL 和（2.00±1.58）×10³ cells/mL，是调查海区中微微型光合浮游生物丰度最低的区域。聚球藻季节丰度变化夏季>秋季>冬季>春季，除夏季部分站点在 10⁴ cells/mL 数量级外，其余季节仅为 10³ cells/mL 数量级甚至更低，较其他3个调查区域丰度低（图8.12）；微微型真核生物丰度在春季最低，秋季最高（图8.13）。

夏季，聚球藻高丰度区集中于柘林湾-南澳岛海区，汕头港榕江入海口聚球藻丰度最低；秋季则与夏季情况相反，汕头港附近区域聚球藻丰度较柘林湾-南澳岛的高。微微型真核生物在夏季、春季和秋季并无明显的高值区，冬季主要集中于榕江入海口附近站点。

在该调查海区，SYN 聚球藻的丰度变化范围，夏季在（15.4~362.0）×10² cells/mL 之间，总平均值为（116.0±94.0）×10² cells/mL；冬季在 0~45.0×10² cells/mL 之间，总平均值为（24.0±

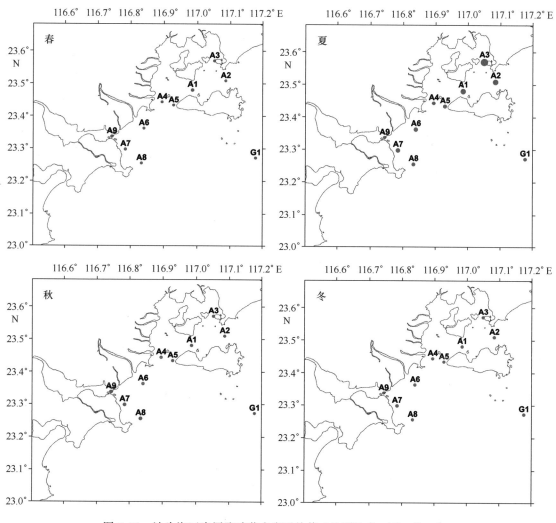

图 8.12　汕头海区表层聚球藻丰度平均值（分别为春、夏、秋、冬）

11.0）×10^2 cells/mL；春季在 0~42.1×10^2 cells/mL 之间，总平均值为（6.0±14.0）×10^2 cells/mL；秋季在（6.50~10.0）×10^2 cells/mL 之间，总平均值为（33.0±18.0）×10^2 cells/mL。微微型真核生物丰度，夏季在 0~22.4×10^2 cells/mL 之间，总平均值为（13.3±6.8）×10^2 cells/mL；冬季在（8.1~70.6）×10^2 cells/mL 之间，总平均值为（36.7±19.6）×10^2 cells/mL；春季在 0~7.94×10^2 cells/mL 之间，总平均值为（5.8±5.4）×10^2 cells/mL；秋季在（15.2~54.7）×10^2 cells/mL 之间，总平均值为（35.9±12.7）×10^2 cells/mL。

2）汕-惠海区微微型光合浮游生物季节变化和空间变化

汕-惠海区聚球藻和微微型真核生物年丰度总平均值分别为（292±343）×10^2 cells/mL 和（37.5±34.3）×10^2 cells/mL，其中聚球藻丰度夏季最高，为（3.18±1.69）×10^4 cells/mL，冬季次之，为（1.42±0.85）×10^4 cells/mL，而春季最低，为（121±67）×10^2 cells/mL；微微型真核生物则相反，春季丰度值最高，平均值达 69.4×10^2 cells/mL，夏季最低，为（12.8±6.6）×10^2 cells/mL（图 8.14 和图 8.15）。

汕-惠海区夏季聚球藻的丰度分布较均匀，除整体上大亚湾海区丰度值较红海湾海区稍

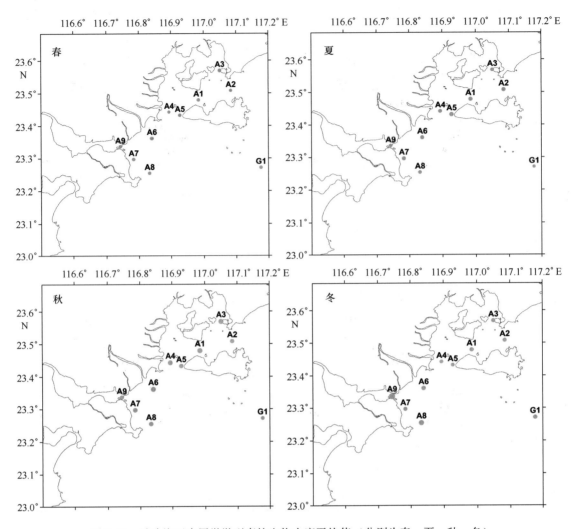

图 8.13 汕头海区表层微微型真核生物丰度平均值（分别为春、夏、秋、冬）

高外，并无明显的高值区域存在；而秋季在红海湾的 B3 站点和大亚湾的 B7、B8 站点，聚球藻丰度偶高于其他临近站点值；从整体来看，聚球藻丰度变化趋势为湾内高于湾外，近岸高于远海。

微微型真核生物在此海区分布不均匀。秋季，微微型真核生物在红海湾内大部分站点和大亚湾 B7 和 B11 站点出现高丰度，其余站位丰度值远远低于这些站点；春季，微微型真核生物的高值区位于大鹏湾内，而大亚湾内的 B7 和 B11 站点同样具有高丰度；冬季和夏季并无非常明显的高值区，相对于另两个季节，平面分布差异较小。

3）阳-茂海区微微型光合浮游生物季节变化和空间变化

阳-茂海区聚球藻和微微型真核生物年丰度平均值分别为（1.08±2.09）×10^4 cells/mL 和（2.42±3.04）×10^3 cells/mL，本海区聚球藻平均丰度夏季最高，为（182±209）×10^2 cells/mL，秋季最低，为（57±28）×10^2 cells/mL；而微微型真核生物在秋季丰度最高，为（51.1±32.7）×10^2 cells/mL，春季丰度最低，为（3.6±4.9）×10^2 cells/mL（图 8.16 和图 8.17）。

海陵湾（夏季）一带微微型真核生物保持 400×10^2 cells/mL 以上丰度，而离岸较远的

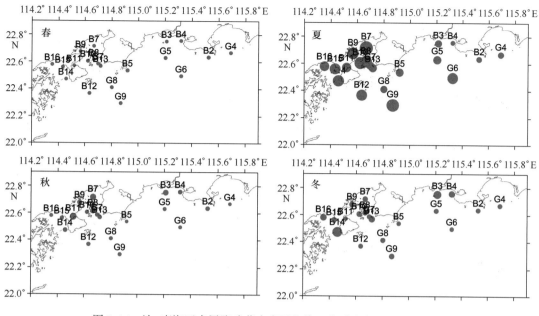

图 8.14　汕–惠海区表层聚球藻丰度平均值（分别为春、夏、秋、冬）

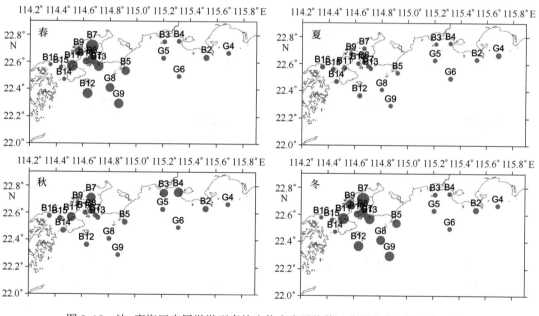

图 8.15　汕–惠海区表层微微型真核生物丰度平均值（分别为春、夏、秋、冬）

G11 站点丰度值有明显降低。博贺港附近仅 C6 站点丰度与海陵湾附近丰度值接近，且该季节有较明显的内湾丰度高于远岸站点现象；微微型真核生物变化趋势与聚球藻相同。秋季和冬季，海区聚球藻丰度相近，而微微型真核生物则分别在 C3 站点和 C8 站点丰度增高，达 10^4 cells/mL 数量级，为全年高值。

4）湛江海区微微型光合浮游生物季节变化和空间变化

湛江海区聚球藻和微微型真核生物丰度的年平均值分别为（232±351）×10^2 cells/mL 和

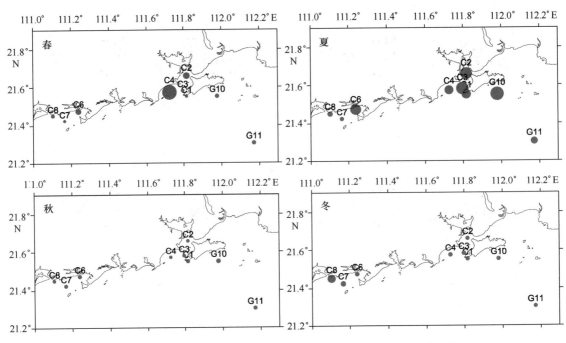

图 8.16 阳-茂海区表层聚球藻丰度平均值（分别为春、夏、秋、冬）

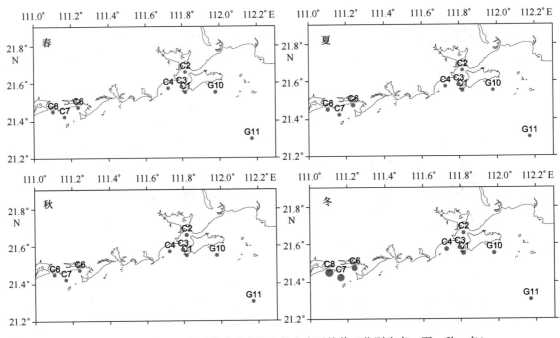

图 8.17 阳-茂海区表层微微型真核生物丰度平均值（分别为春、夏、秋、冬）

（33.2±29.8）×10^2 cells/mL，聚球藻丰度季节变化趋势为夏季最高，为（574±500）×10^2 cells/mL，春季次之，秋季最低，为（33±4）×10^2 cells/mL。微微型真核生物丰度的季节变化趋势是冬季最高，为（41.7±44.0）×10^2 cells/mL，夏季次之，春季最低，为（2.8±1.6）×10^2 cells/mL（图 8.18 和图 8.19）。

聚球藻和微微型真核生物在湛江海区的水平分布具有明显的差异，雷州半岛聚球藻和微微型真核生物的丰度，东部海域高于西部海域，湾内高于湾外。春季，雷州半岛东西海域聚球藻丰度差异最为显著，西部海域平均值仅为东部海域的一半，而微微型真核生物则差异不大。聚球藻的高值区域，夏季和春季位于湛江港和雷州湾外 G22 站点附近，冬季和春季高值并不非常显著；微微型真核生物在冬季雷州湾内 D7 站点一带繁盛，春季则从湾内向湾外丰度递减。

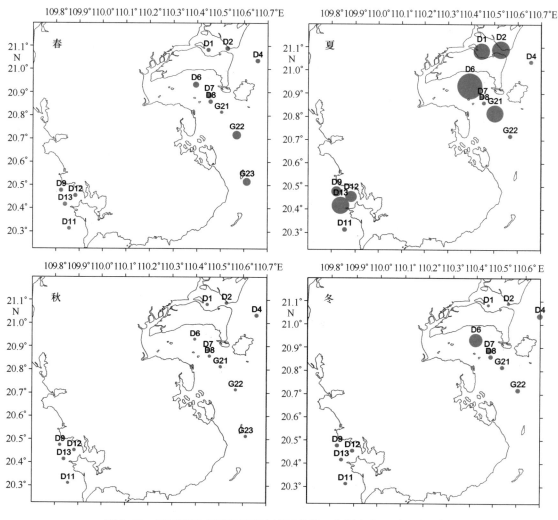

图 8.18　湛江海区表层聚球藻丰度平均值（分别为春、夏、秋、冬）

8.3.1.3　微微型光合浮游生物类群组成的季节变化及垂直分布

在广东近岸海区，夏季聚球藻占据绝对优势，冬季其数量急剧下降；而微微型真核生物在夏季丰度全年最低。以雷州半岛冬、夏季聚球藻和微微型真核生物丰度变化为例，聚球藻和微微型真核生物分别在夏季和冬季出现高值现象。聚球藻与微微型真核生物高丰度出现的季节具有明显差异，与东海和胶州湾等海域的研究结果相一致。

微微型光合浮游生物各类群在时空分布上的位移现象在其他海域也曾观测到，如夏威夷热带海域（Olson, et al., 1991）聚球藻在冬季繁盛，而微微型真核生物高值出现于春季，原绿球藻（*Prochlorococcus*）峰值在夏季和秋季出现。这种现象在生态学上有着重要意义，虽然

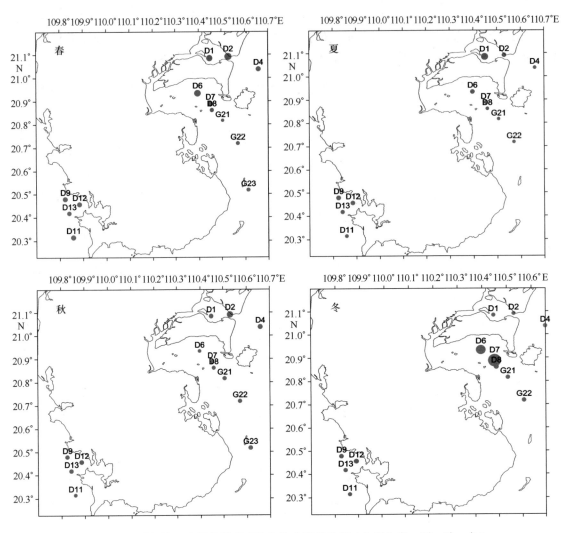

图 8.19　湛江海区表层微微型真核生物丰度平均值（分别为春、夏、秋、冬）

全年微微型真核生物丰度在数量上要比聚球藻低 1~2 个数量级，但微微型真核生物的生物量（分级叶绿素含量）和生产力贡献较聚球藻大，在营养竞争方面可能不会像二者丰度比例上那样悬殊，这种在不同季节达到峰值的策略大大避免了聚球藻和微微型真核生物在营养物质和生存空间上的竞争，同时在不同海域的空间分布及季节演替，在保持海区初级生产力及海域稳定上起着重要作用。

8.3.2　微型浮游生物（浮游植物）[①]

8.3.2.1　微型浮游生物的时空分布及数量变化

本次调查项目中，微型浮游生物主要是指浮游植物。调查海区 2006—2007 年春、夏、秋、冬 4 个航次所获样品，包括水体各个层次（表层、中层、底层），共采集到微型浮游生物 405 种（包含变种、变型以及未知种），隶属于 6 个门，其中硅藻 305 种，甲藻 90 种，蓝

---

①　沈萍萍

藻 4 种，金藻 4 种，绿藻 4 种及黄藻 2 种；分别占微型浮游生物总种数的 74.4%，22.1%，1.0%，1.0%，1.0% 及 0.5%（表 8.3）。从季节变化上，最高微型浮游生物种类数出现在春季，约 275 种，占浮游生物总种类数的 67.9%；最低出现在秋季共 190 种，占总种类数的 46.9%；其他季节分别为夏季 195 种，冬季 224 种，分别占总种类数的 48.1% 和 55.3%。微型浮游生物种类组成主要由硅藻和甲藻组成，且硅藻处于绝对优势，种类多分布广，各个季节均以硅藻占绝对优势。另外微型浮游生物种类组成亦具有明显的季节变化，种类数量呈现出冬春季节高、夏秋季节低的显著特点。

表 8.3　微型浮游生物种类组成

季节	类群	硅藻	甲藻	蓝藻	金藻	绿藻	黄藻	总计
春季	种数（种）	197	67	4	4	2	1	275
	百分比（%）	71.8	24.2	1.4	1.4	0.7	0.4	100
夏季	种数（种）	138	50	3	3	1	0	195
	百分比（%）	70.8	25.6	1.5	1.5	0.5	0	100
秋季	种数（种）	135	46	3	4	2	0	190
	百分比（%）	71.1	24.2	1.6	2.1	1.1	0	100
冬季	种数（种）	175	40	3	2	3	1	224
	百分比（%）	78.1	17.9	1.3	0.9	1.3	0.4	100
总计	总种数	301	90	4	4	4	2	405

调查海区微型浮游生物总平均密度较高，整个海区 4 个季节的总平均密度为 $2\,143.08 \times 10^2$ cells/L，在水体表层、中层、底层分别达到了 $2\,178.82 \times 10^2$ cells/L，$2\,022.61 \times 10^2$ cells/L 及 $2\,227.80 \times 10^2$ cells/L，其中以底层微型浮游生物密度最高；季节变化上，微型浮游生物的平均密度春季为 $1\,971.79 \times 10^2$ cells/L，夏季为 $3\,628.11 \times 10^2$ cells/L，秋季为 $2\,620.53 \times 10^2$ cells/L，而冬季则为 351.87×10^2 cells/L，季节差异非常显著，最高值出现在夏季，最低值出现在冬季（图 8.20）。

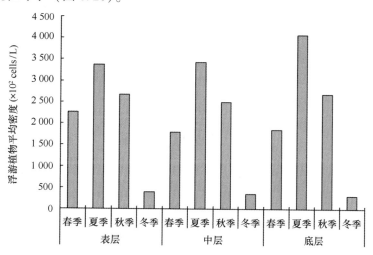

图 8.20　调查海区不同季节不同水层中微型浮游生物的平均密度

从水平分布上来看，微型浮游生物密度在近岸、近湾水域较高，而离岸的外海水域则较低；粤东海域如柘林湾及粤西海域如湛江港等浮游植物密度较高，而粤中海域如大鹏湾、大亚湾等浮游植物密度相对较低。

从季节变化上来看，夏季和秋季的微型浮游植物平均密度相对较高，而春季和冬季的微型浮游植物密度较低（图8.21）。

8.3.2.2 微型浮游生物优势种的分布及变化

按照优势度 $Y \geqslant 0.02$ 来确定各个季节水体表层、中层、底层的优势种。春季，按照优势度的大小，水体表层、中层、底层水体中的优势种一致，主要为旋链角毛藻（*Chaetoceros curvisetus*）、柔弱角毛藻（*Chaetoceros debilis*）、中肋骨条藻（*Skeletonema costatum*）、翼根管藻原型（*Rhizosolenia alata f. genuina*）及菱形海线藻（*Thalassionema nitzschioides*）等，而甲藻的优势种主要为微小原甲藻（*Prorocentrum minimum*）。

夏季水体表层、中层、底层的优势种主要是优美伪菱形藻（*Pseudonitzschia delicatissima*）、披针菱形藻（*Nitzschia lanceolata*）、尖刺拟菱形藻（*Pseudonitzschia pungens*）、中肋骨条藻、北方劳德藻（*Lauderia borealis*）、丹麦细柱藻（*Leptocylindrus danicus*）及伏氏海毛藻（*Thalassiothrix frauenfeldii*）等，而甲藻的优势种类主要是锥状斯氏藻（*Scrippsiella trochoidea*）。

秋季水体表层、中层、底层的优势种主要是中肋骨条藻、具槽直链藻（*Melosira sulcata*）、菱形海线藻（*Thalassionema nitzschioides*）、尖刺拟菱形藻、旋链角毛藻、环纹娄氏藻（*Lauderia annulata*）及中华根管藻（*Rhizosolenia sinensis*）。

冬季水体表层、中层、底层的优势种主要是中肋骨条藻、具槽直链藻、菱形海线藻、柱状小环藻（*Cyclotella stylorum*）、尖刺拟菱形藻及丹麦细柱藻等。

8.3.3 小型浮游生物（浮游植物）[①]

8.3.3.1 小型浮游生物种类组成

小型浮游生物主要是指网采浮游植物（浮游生物Ⅲ型网孔径76 μm），共鉴定271种（包含变种和变型），分别隶属于8大门类，其中硅藻是最为主要的类群，共216种，占小型浮游生物总种类数的79.70%；甲藻其次，有42种。其中硅藻圆筛藻属（*Coscinodiscus*）种类最多，有32种，其次是角毛藻属（*Chaetoceros*）种类，约24种；甲藻中原多甲藻属（*Protoperidinium*）的种类较多，约8种（表8.4）。

---

① 吕颂辉 沈萍萍

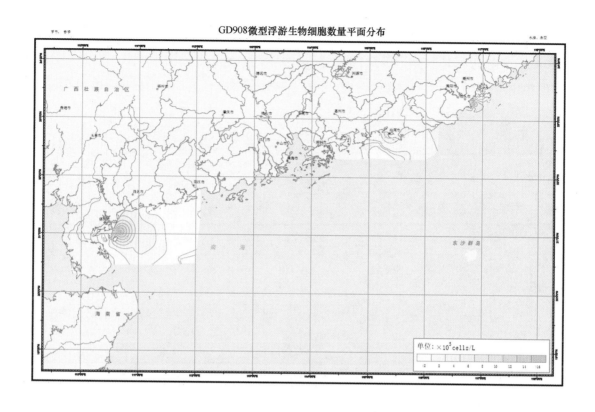

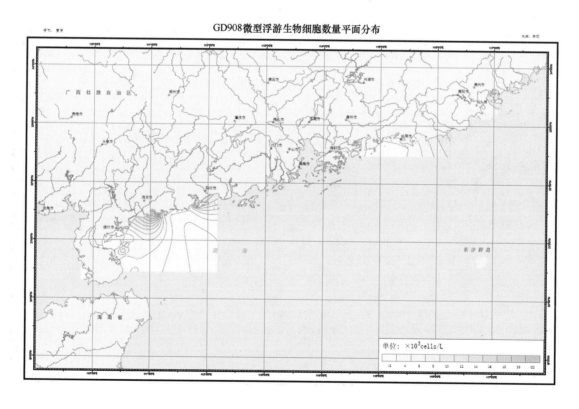

图 8.21 表层浮游植物细胞数量平面分布图（上图：春，下图：夏）（一）

GD908微型浮游生物细胞数量平面分布

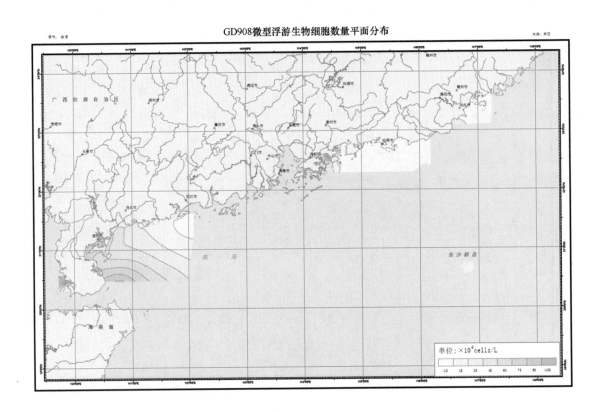

GD908微型浮游生物细胞数量平面分布

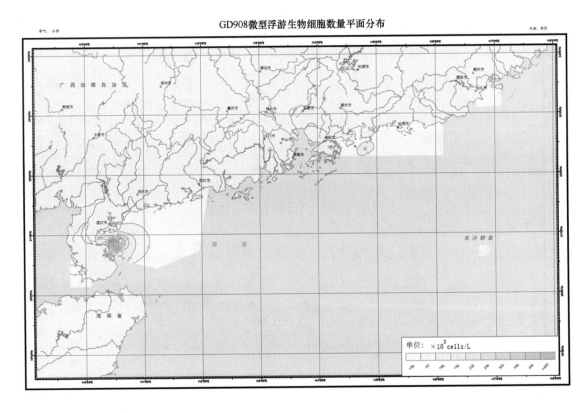

图 8.21 表层浮游植物细胞数量平面分布图（上图：秋，下图：冬）（二）

表 8.4　小型浮游生物的门类组成

门类	种类数（种）	比例（%）
硅藻	216	79.70
甲藻	42	15.49
金藻	4	1.48
绿藻	3	1.11
蓝藻	2	0.74
裸藻	2	0.74
针胞藻	1	0.37
黄藻	1	0.37
小计	271	100

8.3.3.2　小型浮游生物优势种的组成与分布

广东沿岸海域小型浮游生物优势种具有显著的时空分布特征，不同海区不同季节其优势种组成具有差异性。

汕头海区：春季，该海域以旋链角毛藻为绝对优势种；夏季以拟菱形藻为绝对优势种；秋季，该海域以束毛藻为优势种；而冬季优势种类有所变化，柘林湾以中肋骨条藻为优势种，汕头港以旋链角毛藻为优势种。

汕尾海区：春季该海域以旋链角毛藻为优势种；夏季以拟菱形藻为绝对优势种类，高值区位于 B2 站位；秋季优势种是束毛藻；冬季以中肋骨条藻为优势种。

大亚湾海区：春季，大鹏湾和大亚湾分别以拟菱形藻和旋链角毛藻为优势种；夏季，该海域以拟菱形藻为绝对优势种类；秋季以拟菱形藻和球形棕囊藻为优势种。冬季，该海域两个海湾的优势种类不同，大鹏湾以束毛藻为优势种，而大亚湾以菱形海线藻为优势种。

阳江-茂名海区：春季优势种是笔尖根管藻；夏季该海域以拟菱形藻为绝对优势种；秋季，阳江港以中肋骨条藻为优势种，水东港的优势种是奇异棍形藻；冬季，优势种类主要是旋链角毛藻。

湛江海区：春季，湛江港和雷州湾的优势种均为笔尖根管藻，流沙湾的优势种为旋链角毛藻；夏季，该海域 3 个海湾的优势种类各有不同，湛江港以旋链角毛藻为优势种，雷州湾的优势种为拟菱形藻，流沙湾的优势种为中肋骨条藻；秋季，湛江港的优势种是中肋骨条藻，雷州湾和流沙湾的优势种均为旋链角毛藻；冬季，该海域 3 个海湾的优势种类也各有不同，湛江港仍以旋链角毛藻为优势种，雷州湾的优势种仍为拟菱形藻，而流沙湾的优势种为奇异棍形藻。

8.3.3.3　小型浮游生物数量的水平分布

汕头海区：夏季，该海域小型浮游生物的细胞密度的高值区位于柘林湾 A5 站位，为

2 495.11 cells/mL；冬季，小型浮游生物细胞密度达到最低，高值区位于柘林湾的 A1 站位，为 2.94 cells/mL；春季，高值区位于汕头港的 A6 站位，为 1 566.19 cells/mL；秋季，高值区也位于汕头港的 A6 站位，为 9.05 cells/mL。

汕尾海区：夏季，该海域小型浮游生物的细胞密度最高，高值区位于 B3 站位，为 21.55 cells/mL；冬季，小型浮游生物细胞密度达到最低，高值区位于 B2 站位，为 1.91 cells/mL；春季，高值区位于 B4 站位，为 39.4 cells/mL；秋季，高值区位于 B3 站位，为 5.29 cells/mL。

大亚湾海区：夏季，该海域小型浮游生物的细胞密度最高，高值区位于大亚湾的 B5 站位，为 1 050.47 cells/mL，细胞密度显著高于其他站位；冬季，小型浮游生物细胞密度达到最低，高值区位于大亚湾的 B11 站位，为 1.24 cells/mL；春季，高值区位于大亚湾的 B13 站位，为 38.06 cells/mL；秋季，高值区位于大亚湾的 B12 站位，为 214.29 cells/mL。

阳江-茂名海区：夏季，该海域小型浮游生物的细胞密度最高，高值区位于水东港的 C8 站位，为 6 224.88 cells/mL；冬季，小型浮游生物的高值区位于水东港的 C8 站位，为 2.28 cells/mL；春季，高值区位于水东港的 C8 站位，为 29.95 cells/mL；秋季，高值区位于水东港的 C6 站位，为 51.56 cells/mL。

湛江海区：夏季，该海域小型浮游生物细胞密度的高值区位于湛江港的 D1 站位，为 1 587.85 cells/mL；冬季，小型浮游生物的高值区位于雷州湾的 D8 站位，为 325.76 cells/mL；春季，高值区位于湛江港的 D2 站位，为 149.79 cells/mL；秋季，高值区位于湛江港的 D1 站位，为 1 103.08 cells/mL。

8.3.3.4　各港湾小型浮游生物群落特征比较

广东沿海各港湾小型浮游生物细胞密度的季节动态规律有明显差别，呈现夏＞春＞秋＞冬逐渐下降的趋势。

广东沿海各港湾小型浮游生物优势种变化也较明显。夏季，拟菱形藻在多数港湾占优势，细胞密度达到 10^5 cells/L 以上，最高达 10^6 cells/L 水平，其在小型浮游生物群落中的比例也普遍较高，多在 60% 以上；冬季和秋季，优势种类多变化，细胞密度普遍较低，大多在 10^2 cells/L 水平；春季，粤东港湾多以旋链角毛藻为优势种，粤西港湾多以笔尖根管藻为优势种。

各港湾小型浮游生物的种类数以冬季最低，其余 3 个季节基本持平。多样性指数在冬季最高，平均值达到 2.19，其次是秋季，为 2.21，夏季最低，为 1.16（表 8.5）。

表 8.5　各港湾不同季节小型浮游生物群落生态指数

指数	海域	夏季	冬季	春季	秋季
种类数（S）	柘林湾	36	30	50	26
	汕头港	39	19	57	21
	汕尾港	35	30	49	29
	大亚湾	49	31	47	41
	大鹏湾	44	18	48	67
	水东港	39	27	21	24
	阳江港	45	28	30	40
	湛江港	54	28	43	46
	雷州湾	41	33	36	58
	流沙湾	31	36	46	48
	平均值	41	28	43	40
优势度（C）	柘林湾	0.8	0.28	0.91	0.53
	汕头港	0.81	0.29	0.67	0.67
	汕尾港	0.63	0.27	0.37	0.5
	大亚湾	0.65	0.25	0.42	0.37
	大鹏湾	0.84	0.63	0.2	0.49
	水东港	0.8	0.24	0.58	0.44
	阳江港	0.68	0.27	0.43	0.29
	湛江港	0.82	0.32	0.71	0.7
	雷州湾	0.47	0.88	0.48	0.1
	流沙湾	0.2	0.64	0.34	0.12
	平均值	0.67	0.41	0.51	0.42
多样性（H'）	柘林湾	0.7	2.85	0.34	1.85
	汕头港	0.65	2.37	1.03	1.31
	汕尾港	1.4	2.58	1.97	2.06
	大亚湾	1.16	2.89	2.14	2.6
	大鹏湾	0.47	1.28	2.84	1.27
	水东港	0.66	3.01	0.58	1.98
	阳江港	1.03	2.77	0.43	2.85
	湛江港	0.53	2.26	0.71	1.03
	雷州湾	1.85	0.52	0.48	3.59
	流沙湾	3.11	1.32	0.34	3.58
	平均值	1.16	2.19	1.09	2.21

8.3.4 大型浮游生物[1]

浮游动物是一类自己不能制造有机物的异养性浮游生物，从表层到深海均有分布。种类组成包括无脊椎动物的大部分门类，从最低等的原生动物到较高等的尾索动物，主要门类有原生动物、腔肠动物、甲壳动物、腹足动物、毛颚动物和被囊动物等。这些类别几乎均为永久性浮游生物，其中甲壳动物的桡足类种类最多，数量最大，分布最广。此外，还有一些阶段性的浮游动物，如各种底栖动物的浮游幼虫、鱼卵和仔稚鱼。浮游动物在海洋生态系统能量流动和物质循环中起着承上启下的作用，其动态变化对初级生产具有一定的控制力，是经济型海产动物，特别是经济鱼类的幼鱼和中、上层鱼类的主要摄食对象，对海洋渔业资源的稳定、种群补充及可持续发展有重要意义。此外浮游动物的种类组成、数量分布与海流、水团和生态环境变化等密切相关。

广东省近海主要受广东沿岸流的影响，重要养殖港湾如柘林湾和大亚湾及港口如湛江港等受人类活动影响剧烈，水体呈富营养化状态。珠江口是咸淡水交汇的典型海域，受珠江径流、广东沿岸流和外海水的综合影响，生态环境独特，浮游动物种类组成多样化。本节依据广东省908专项和国家908专项水体环境调查大型浮游生物数据，分析广东近海浮游动物的种类组成与数量分布。结合生态环境数据和历史资料，评价广东近海大型和中型浮游生物（浮游动物）的现状及变化趋势，对广东省海洋资源开发和环境保护具有重要意义。

根据自然地理环境将广东省领海基线海域分成3个区域：粤东海域（从汕头到大亚湾海区）、珠江口和粤西海域（从下川岛到雷州半岛），共包括88个调查站，其中粤东海域31个、珠江口海域26个和粤西海域31个调查站（图8.22）。

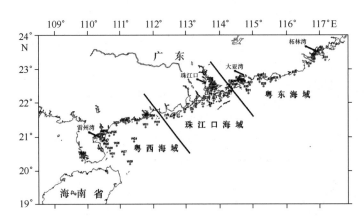

图8.22 广东省领海基线以浅海域大型和中型浮游生物（浮游动物）调查站位

8.3.4.1 广东近海大型浮游生物（浮游动物）种类组成及季节变化

综合广东省908专项的水体环境调查、国家908专项ST07区块（珠江口海域）和ST08区块（粤西—琼东海域）的大型浮游生物（浮游动物）调查数据，广东省海域浮游动物789

---

① 李开枝，连喜平，谭烨辉。

种（含浮游幼虫），共 18 类（表 8.6），其中桡足类种数最多，为 229 种，其次是水螅水母类 126 种；其他类群的种数由多至少依次为端足类、管水母类、被囊类、介形类、浮游幼虫类、磷虾类、软体动物翼足类、毛颚类、糠虾类、软体动物异足类、多毛类、十足类、钵水母类、栉水母类、枝角类和涟虫类。

表 8.6　广东省海域大型浮游生物种类组成及季节变化　　　　　　　单位：种

类群	春季	夏季	秋季	冬季	总种数
水螅水母类 Hydromedusae	70	72	63	60	126
管水母类 Siphonophores	33	40	27	27	54
钵水母类 Scyphomedusae	4	2	1	1	6
栉水母类 Ctenophores	4	2	3	2	5
多毛类 Polychaetes	12	12	7	4	18
软体动物翼足类 Pteropods	19	24	15	24	32
软体动物异足类 Heteropods	11	15	1	12	19
枝角类 Cladocerans	3	3	2	1	3
介形类 Ostracods	36	29	25	23	46
涟虫类 Cumacea	1	1	0	1	1
桡足类 Copepods	163	150	162	114	229
端足类 Amphipods	55	52	26	47	77
糠虾类 Mysidacea	19	7	2	7	23
磷虾类 Euphausiids	22	22	17	21	32
十足类 Decapods	3	6	7	6	8
毛颚类 Chaetognaths	16	19	25	16	28
被囊类 Tunicates	23	40	11	26	48
浮游幼虫类 Larvae	23	25	22	18	34
总计	517	521	416	410	789

广东省海域浮游动物种类组成的季节变化见表 8.6 及图 8.23 和图 8.24，夏季最多，为 521 种；其次为春季（517 种），秋季和冬季较少，分别为 416 种和 410 种。

8.3.4.2　广东近海大型浮游生物数量分布及季节变化

1）浮游动物生物量分布及季节变化

浮游动物生物量指的是浮游动物湿重生物量，包括水母和海樽类等胶质类浮游动物在内。春季浮游动物生物量平均值最高，为（536 ± 749）mg/m^3，其次为夏季，达

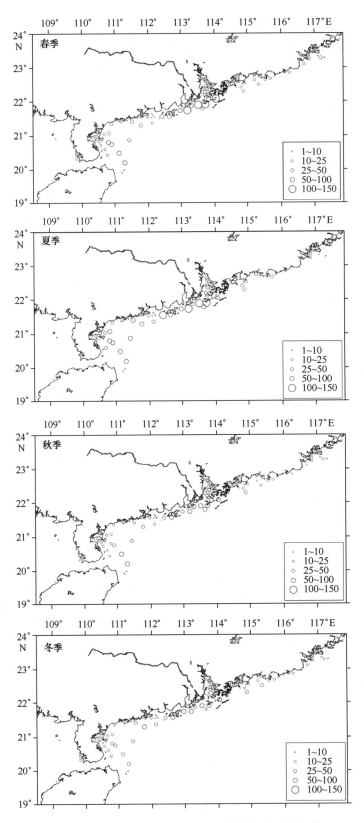

图 8.23 广东近海大型浮游生物种数分布的季节变化

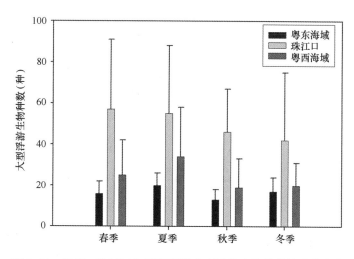

图 8.24 粤东、珠江口和粤西海域大型浮游生物种数的季节变化

（518±496）mg/m³，冬季为（201±279）mg/m³，秋季最低，为（135±138）mg/m³。4 个季节浮游动物生物量空间分布有明显的季节变化（图 8.25）。春季浮游动物高生物量（>1 000 mg/m³）主要出现在珠江口外和粤西海域；夏季粤东海域生物量明显增加，粤西海域仍然较高，珠江口海域<1 000 mg/m³ 的站位减少；秋季整个海域浮游动物生物量较低，普遍小于 500 mg/m³；冬季珠江口外海域和粤西海域生物量提高，而粤东海域仍较低。

比较粤东、珠江口和粤西海域浮游动物生物量的季节变化，粤东和粤西海域年平均生物量值分别为（318 ± 248）mg/m³ 和（406 ± 370）mg/m³，均高于珠江口海域的（310±112）mg/m³。粤东海域浮游动物生物量夏季最高，珠江口和粤西海域春夏季比秋冬季高，与总生物量的变化趋势一致（图 8.26）。

2）浮游动物密度分布及季节变化

浮游动物密度不包括夜光藻（*Noctiluca scientillans*）的密度，因为此种在浅水 II 型浮游生物网具采样中具有代表性，将在中型浮游生物中单独论述。浮游动物密度季节变化明显，夏季最高，为（599±1 966）ind/m³，春季次之，达（396±767）ind/m³，秋季和冬季较低，分别为（118±227）ind/m³ 和（130±156）ind/m³。珠江口浮游动物密度季节之间差异小，在 42~60 ind/m³ 之间。秋季整个广东海域浮游动物密度低，分布较均匀（除大亚湾个别站密度较高外），而其他季节浮游动物高密度区不相同（图 8.27）。粤西海域在春夏季大部分站位密度大于 1 000 ind/m³，冬季一般在 100~500 ind/m³ 之间；粤东海域的大亚湾和汕尾港春、夏季密度较高。

比较粤东、珠江口和粤西海域浮游动物密度的季节变化，粤东和粤西海域年平均密度分别为（404±436）ind/m³ 和（270±174）ind/m³，均高于珠江口海域的（51±8）ind/m³。粤东海域的高密度主要是由夏季汕尾港强额孔雀水蚤（*Parvocalanus crassirostris*）6 871 ind/m³ 的高密度贡献的。粤西和粤东海域在春、夏季密度变化大不（图 8.28）。

8.3.4.3 广东近海大型浮游生物优势种的季节变化

优势种的确定由优势度（Y）决定，以优势度 $Y \geq 0.02$ 为优势种（徐兆礼，1989）。广东

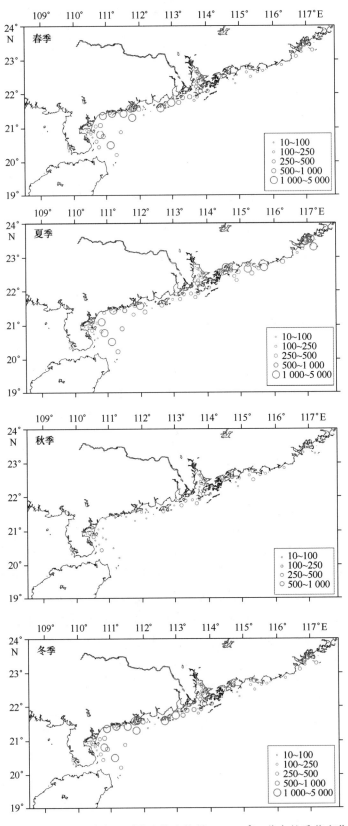

图 8.25　广东近海大型浮游生物生物量（mg/m³）分布的季节变化

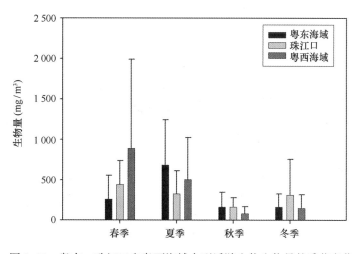

图 8.26　粤东、珠江口和粤西海域大型浮游生物生物量的季节变化

近海浮游动物优势种见表 8.7。肥胖箭虫（*Sagitta enflata*）、软拟海樽（*Dolioletta gegenbauri*）、蛇尾类长腕幼虫（*Ophiopluteus* larva）、中华哲水蚤（*Calanus sinicus*）、双生水母（*Diphyes chamissonis*）、长尾类幼虫（*Macrura* larva）和短尾类幼虫（*Brachyura* larva）为春季优势种。夏季的浮游动物优势种有：中型莹虾（*Lucifer intermedius*）、鸟喙尖头溞（*Penilia avirostris*）、球型侧腕水母（*Pleurobrachia globosa*）、强额拟哲水蚤、肥胖箭虫、软拟海樽。春季和夏季优势种的共同点是身体含水量高的水母、海樽和箭虫占优势，导致春季和夏季的湿重生物量较高。而在秋季和冬季，桡足类占主导地位，如个体较大的亚强次真哲水蚤（*Subeucalanus subcrassus*）和精致真刺水蚤（*Euchaeta concinna*）的密度增加，成为优势种。

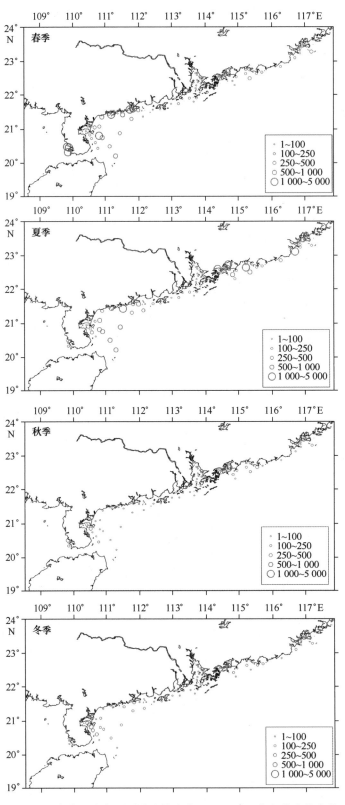

图 8.27　广东近海大型浮游生物密度（ind/m³）分布的季节变化

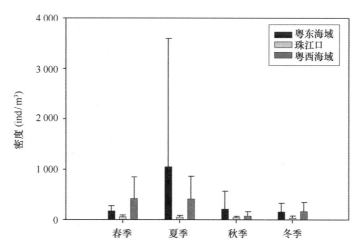

图 8.28　粤东、珠江口和粤西海域大型浮游生物密度的季节变化

表 8.7　广东近海大型浮游生物优势种的季节变化

季节	优势种	优势度	平均密度（ind/m³）	百分比（%）
春季	肥胖箭虫 *Sagitta enflata*	0.102	59.08	17.08
	软拟海樽 *Dolioletta gegenbauri*	0.095	73.79	21.33
	蛇尾类长腕幼虫 *Ophiopluteus* larva	0.047	28.12	8.13
	中华哲水蚤 *Calanus sinicus*	0.036	15.99	4.62
	双生水母 *Diphyes chamissonis*	0.030	13.38	3.87
	长尾类幼虫 *Macrura* larva	0.024	9.24	2.67
	短尾类幼虫 *Brachyura* larva	0.023	10.16	2.94
夏季	中型莹虾 *Lucifer intermedius*	0.110	108.643	14.149
	鸟喙尖头溞 *Penilia avirostris*	0.068	71.585	9.323
	球形侧腕水母 *Pleurobrachia globosa*	0.042	47.147	6.141
	强额拟哲水蚤 *Parvocalanus crassirostris*	0.031	112.706	14.679
	肥胖箭虫 *Sagitta enflata*	0.026	24.471	3.187
	软拟海樽 *Dolioletta gegenbauri*	0.021	30.895	4.024
秋季	肥胖箭虫 *Sagitta enflata*	0.098	15.983	16.9
	亚强次真哲水蚤 *Subeucalanus subcrassus*	0.087	17.186	18.2
	长尾类幼虫 *Macrura* larva	0.029	5.180	5.5
	球型侧腕水母 *Pleurobrachia globosa*	0.0287	12.348	13.1
	长腕幼虫 *Echinopluteus* larva	0.023	31.003	32.8
冬季	亚强次真哲水蚤 *Subeucalanus subcrassus*	0.061	24.66	13.8
	精致真刺水蚤 *Euchaeta concinna*	0.044	20.44	11.5
	微刺哲水蚤 *Canthocalanus pauper*	0.033	15.19	8.5
	刺尾纺锤水蚤 *Acartia spinicauda*	0.024	13.55	7.6

8.3.4.4 广东近海大型浮游生物现状及其与历史资料的比较分析

1958—1960 年进行的"全国海洋综合调查"南海近海海域调查和 1997—2000 年进行的"我国专属经济区和大陆架海洋勘探专项"（126 专项）的调查范围均包括了广东省海域，表 8.8 为广东省海洋浮游动物调查结果与南海北部的历史资料比较。"全国海洋综合调查"南海北部浮游动物的种类仅鉴定了 510 种（不含浮游幼虫）（王云龙等，2005），数据偏低，主要原因是当时我国的海洋生物研究起步较晚，有许多门类的浮游动物分类研究还没有深入开展，存在空白，如浮游动物的重要门类介形类、端足类等。本次调查的浮游动物种数略多于国家海洋勘探专项调查的调查结果（王云龙等，2005），表明广东海域浮游动物种类相当丰富，与历史资料比较，其种类总体来说没有减少。

表 8.8 广东省海域大型浮游生物（浮游动物）调查结果与南海北部的历史资料比较

项目	年份	海区	春季	夏季	秋季	冬季	合计或年平均	资料来源
种数 （种）	1959—1960	南海北部（全国海洋普查）	—	—	—	—	510（不含浮游幼虫）	王云龙等，2005
	1997—2000	南海北部、中南部（126 专项）	468	406	408	491	734（含浮游幼虫）	王云龙等，2005
	2006—2007	广东省海域	509	521	415	409	784（含浮游幼虫）	本次调查
平均生物量 （mg/m³）	1959—1960	南海北部（全国海洋普查）	—	—	—	—	66.0（饵料生物量）	中华人民共和国科学技术委员会海洋组海洋综合调查办公室编，1964
	1997—2000	南海北部、中南部（126 专项）	25.43	26.00	18.07	38.27	25.27（总生物量）	王云龙等，2005；贾小平等，2005；李纯厚等，2004
	2006—2007	广东省海域	420	418	180	185	301（总生物量）	本次调查
	2006—2007	粤东	238	567	221	194	305	本次调查
	2006—2007	珠江口	296	265	287	238	271	本次调查
	2006—2007	粤西	626	426	80	141	318	本次调查
平均总密度 （ind/m³）	1997—2000	南海北部、中南部（126 专项）	15.65	30.04	23.61	46.78	27.52	李纯厚等，2004；贾小平等，2005
	2006—2007	广东省海域	419	470	156	141	297	908 专项调查
	2006—2007	粤东	223	642	189	168	305	908 专项调查
	2006—2007	珠江口	306	346	204	114	242	908 专项调查
	2006—2007	粤西	680	390	90	132	323	908 专项调查

注："—"表示无数据。

本次调查的浮游动物总生物量和总密度明显高于国家海洋勘探专项调查（李纯厚等，2004；王云龙等，2005）以及全国海洋综合调查（中华人民共和国科学技术委员会海洋组海洋综合调查办公室编，1964），并且季节变化特征也不同，前者季节变化显著，后者波幅不大。浮游动物的区域变化也较明显，在粤东和粤西海域夏季由于季风和地形的相互作用，会出现明显的季节性上升流，因此浮游动物总生物量和总密度通常会出现高值。与历史调查资料比较，浮游动物数量呈增加的趋势。表 8.8 说明广东近海春夏季浮游动物中身体含水量大的水母类和海樽类占优势，尽管这类胶质类浮游生物密度不高，但在湿重生物量中贡献较大。另外需要说明的是粤东海域的柘林湾和大亚湾等海域，球形侧腕水母的密度较高。广东省地处热带和亚热带海域，水母种类很丰富，仅次于桡足类。广东省海域水母这类胶质类浮游动物种类和数量的长期年际变化如何，是否因全球变暖、富营养化和过度捕捞而数量增加，进而破坏海洋生态系统的平衡，这是值得关注的问题。

8.3.4.5　结语

（1）广东省海域大型浮游生物（浮游动物）种类丰富，共 18 个类群 789 种（含浮游幼虫）；其中桡足类种数最多，为 229 种，其次是水螅水母类（126 种）；广东省海域浮游动物种类组成有季节变化，夏季最多，其次为春季，秋季和冬季较少；一般河口和港湾内浮游动物种数较少，基线以外海域浮游动物种数增加。

（2）广东省海域浮游动物生物量与密度的季节变化趋势一致，均为春夏季较高，秋冬季较低，生物量最高值出现在春季，密度最高值出现在夏季；广东省海域浮游动物生物量和密度的空间分布有明显的季节变化，粤西和粤东海域的生物量和密度均高于珠江口，二者的高值区出现季节性变化。

（3）广东省海域浮游动物优势种有季节变化，春夏季主要由水母、箭虫和海樽类的胶质类浮游动物占优势，导致春季和夏季的湿重生物量较高；而在秋季和冬季，桡足类占主导地位。

（4）与历史调查资料比较，广东省海域的浮游动物种类是相当丰富的，浮游动物种类总体来说没有减少，浮游动物数量呈增加的趋势。在粤东和粤西夏季由于季风和地形的相互作用，会出现明显的季节性上升流，因此浮游动物总生物量和总密度通常会出现高值。浮游动物生物量和密度比历史调查数据高的主要原因是由于全球变暖、富营养化和过度捕捞等因素的影响，海湾的胶质类浮游动物数量增加。

8.3.5　中型浮游生物[①]

大型浮游生物是指采用浅水 I 型或者大型浮游生物网具采集的，中型浮游生物是指用浅水 II 型或中型浮游生物网采集的样品分析的结果，而并非指按个体大小划分的浮游动物种类。关于浅水 II 型或中型浮游生物网与浅水 I 型或大型浮游生物网的采集样品，王荣等（2003）、尹健强等（2008）已做过比较分析，发现大型或浅水 I 型浮游动物网由于网目大，很多中小型浮游生物漏掉了，不能客观反映浮游动物的种类和数量分布状况。目前国际上研究浮游动物的论文多数根据类似中型浮游生物网样品进行分析。中小型浮游生物虽然个体小，重量轻，但生命周期短，繁殖快，数量大，在海洋生态系统中起重要作用。因此，分析中型浮游生物样品具有十分重要的意义。

依据国家海洋局 908 专项办公室编写的《海洋生物生态调查技术规程》规定，浮游动物

---

① 连喜平，李开枝，谭烨辉。

个体鉴定计数以大型或浅水 I 型浮游生物网（网目孔径为 505 μm）的样品为准。对于中型网或浅水 II 型网样品（网目孔径为 169 μm），仅计数夜光藻（*Noctiluca scientillans*）一种。因此，中型浮游生物章节中根据广东省 908 专项水体环境调查、ST07 区块（珠江口海域）和 ST08 区块（粤西—琼东海域）的调查结果分析广东省海域夜光藻数量分布的季节变化。

夜光藻，隶属甲藻门裸甲藻目夜光藻科夜光藻属，为单细胞浮游生物。分布很广，几乎遍及世界各海（寒带海除外）。夜光藻是一种世界性的赤潮生物，是亚热带和热带海区发生赤潮的主要生物之一，我国沿海由夜光藻引起的赤潮十分普遍。

广东省海域夜光藻密度季节变化明显，冬季和春季较高，分别为（3 435±29 354）ind/m³ 和（2 686±8 547）ind/m³，夏季和秋季仅为（689±3 266）ind/m³ 和（8±47）ind/m³，冬季约为秋季的 429 倍。

广东省海域夜光藻密度分布的空间差异性明显。春季夜光藻密度大于 10 000 ind/m³ 的区域主要出现在粤西海域的阳江、水东港和湛江港，流沙湾部分站位夜光藻密度在 1 000 ind/m³ 以上；粤东海域除大亚湾个别站密度外，其余较低；珠江口夜光藻密度基本在 1 000 ind/m³ 以下。夏季夜光藻在珠江口海域未出现，在粤东和粤西海域仅零星出现，但个体密度较高，有 3 个调查站的密度达 10 000 ind/m³ 以上。秋季夜光藻密度较低。冬季粤东海域和珠江口夜光藻密度基本在 100 ind/m³ 以下，粤西海域的夜光藻密度较高（图 8.29）。

比较粤东、珠江口和粤西海域夜光藻平均密度的季节变化，粤西海域夜光藻平均密度（（4 442±4 879）ind/m³）远高于粤东（（343±646）ind/m³）和珠江口（（10±19）ind/m³）海域。冬季和春季夜光藻高密度区主要出现在粤西海域（图 8.30）。

黄长江等（1996，1997）对南海大鹏湾夜光藻种群的生态研究表明，夜光藻出现的水温范围在 15.8~28.6℃ 之间，当温度低于 22℃ 时，夜光藻种群的个体数量呈现出随水温上升而增加的趋势；当水温高于 25℃ 时，夜光藻的个体数量则随水温的升高而迅速降低；当水温超过 26.4℃ 时，则已是零星出现，说明高温不利于夜光藻的大型繁殖。广东省海域水温的变化受东亚季风的影响，西南季风时期（4—9 月）的温度高于东北季风时期（10 月至翌年 3 月）。从广东省海域夜光藻密度分布的季节变化来看，夏季和秋季夜光藻的范围和密度都小于冬季和秋季。吴瑞贞等（2007）统计 1980 年至 2004 年南海发生了 44 次夜光藻赤潮，发生地点多数集中在大鹏湾、深圳湾和盐田港等富营养化的海湾港口。夜光藻赤潮的发生是物理、化学、生物和气候等各方面因素综合作用的结果，而不是由单一因素决定的。在众多的影响要素中，人类活动所引起的富营养化是夜光藻赤潮发生的首要物质基础。因此今后应加强广东近海富营养化海湾、港口的海洋环境监测，加大对赤潮爆发表征因子的监测，减少夜光藻赤潮的危害。

8.3.6 鱼类浮游生物[①]

8.3.6.1 鱼类浮游生物概念与意义

鱼类浮游生物主要包括鱼类早期生活史阶段的鱼卵和仔稚鱼，后者又分为卵黄胚期仔鱼和后期仔鱼。在海洋生态系统中，鱼卵、仔稚鱼是主要的被捕食者，仔稚鱼又是次级生产力

---

① 江小桃，林强，秦耿。

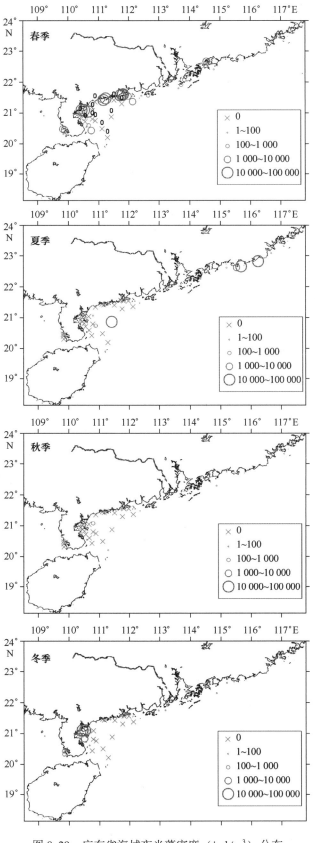

图 8.29　广东省海域夜光藻密度（ind/m³）分布

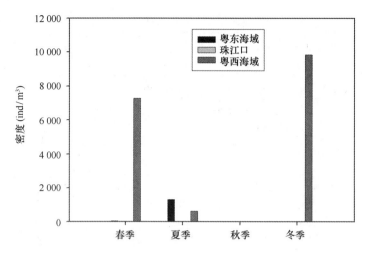

图 8.30　粤东、珠江口和粤西海域夜光藻密度的季节变化

的重要消费者，是海洋食物链的重要环节之一。鱼类浮游生物的空间分布及其季节变化，既受制于生殖种群的资源量，也与水域环境的稳定性密切相关。

鱼类浮游生物的存活和数量是鱼类资源补充和渔业资源持续利用的基础。鱼卵和仔稚鱼阶段是鱼类生命周期中最为脆弱的时期，海洋环境因素的细微变化将对其发育、生长直至种群的补充产生强烈的影响，其成活率的高低、剩存量的多寡将决定鱼类补充群体资源量的丰歉。鱼类浮游生物作为鱼类的补充资源，对鱼类种群的生存与延续、资源补充以及保持生态平衡具有重要的意义。鱼类浮游生物的现状能有效地反映出该海区现存鱼类生殖种群的资源量和时空分布，是推测未来鱼类资源分布及数量的重要途径，为深入研究鱼类的早期补充过程和渔业资源的可持续利用积累基础资料。同时鱼类浮游生物调查结合环境因素调查，能较好地解析调查海区影响鱼类浮游生物数量及分布的环境因子，为保护生态系统稳定和健康发展提供依据。

广东省位于我国大陆南部，邻接南海，海域和海岸呈条带状自东北向西南展布，沿岸流与南海暖流在广东沿海交汇，复杂的环境条件为鱼类提供了大量食物和繁殖场所，形成了大量鱼类产卵场。汕头海区、汕尾-大亚湾海区、阳江-茂名海区和湛江海区都具有适合鱼类浮游生物生存的产卵场，海域内可捕捞渔业资源种类多样，数量丰富，质量优异。丰富的渔业资源和良好的海洋生态环境为海洋渔业和旅游业发展提供了坚实的基础。目前，海洋渔业经济和旅游经济已经成为广东省经济产业的重要组成部分和快速增长点。对广东省领海基线以浅沿岸海域的鱼类浮游生物进行全面的调查，了解海域鱼类浮游生物的存在现状，评介海域渔业资源和区域环境的健康状况，为制定保护生态系统和促进渔业资源可持续利用相关政策和行为提供依据。

8.3.6.2　鱼类浮游生物数量和种类的季节变化

1）鱼卵数量和种类的季节变化

广东省 908 专项调查的 4 个季节航次中，春季调查 47 个站，共采获鱼卵 16 697 粒，占 4 个季节总鱼卵数量的 73.84%，总平均密度为 4.46 ind/m³；其次是冬季，在 49 个站位中采获

359 粒鱼卵，占总鱼卵数量的 19.28%，总平均密度为 0.989 ind/m³；夏季（44 个站）和秋季（49 个站）捕获的鱼卵数量相对较少，分别仅占 3.39% 和 3.49%，总平均密度分别为 19.51 ind/m³ 和 0.25 ind/m³。调查结果共获得 6 个目 15 科，另有部分鱼种尚未确定种属关系（表 8.9）。

表 8.9 鱼卵种类目名录以及种类在四季调查出现的情况

目	科	属	种	春	秋	夏	冬
鲱形目	鲱科	小沙丁鱼属		+	+	+	+
鲱形目	鳀科	小公鱼属		+	+	+	
鲱形目	鳀科	棱鳀属		+	+		
灯笼鱼目	狗母鱼科					+	
灯笼鱼目	狗母鱼科	蛇鲻属		+	+	+	+
鳗鲡目						+	
鲻形目	鲻科			+	+		+
鲻形目	鲻科	鲛属		+	+	+	+
鲈形目	鳕科			+	+	+	+
鲈形目	石首鱼科			+	+	+	
鲈形目	鲷科			+	+		
鲈形目	鲾科	鲾属		+		+	
鲈形目	䲢科	䲢属	日本䲢	+			
鲈形目	带鱼科	带鱼属	东带鱼	+			
鲈形目	鱼鲔科	鲔属			+		+
鲈形目	鰕虎鱼科				+		
鲽形目	舌鳎科			+	+	+	+
鲽形目	鳎科				+		+
未定种				+	+	+	+

注："+" 表示出现该种类。

4 个航次中，捕获的鳕科鱼卵最多，高达 12 112 粒，占总鱼卵数量的 53.56%；其次是小沙丁鱼属，3 093 粒，占总鱼卵数量的 13.68%；此外鳀科、石首鱼科和鲷科鱼卵分别占 7.47%、7.10% 和 4.28%。其他种类的鱼卵相对较少。

春季鱼卵主要分布在近岸海域，其中流沙湾、雷州湾、大亚湾、大鹏湾附近海域为高密度区。秋季鱼卵数量较少，仅在流沙湾和大亚湾附近有较高密度区，其他海域分布密度较低。夏季鱼卵较少，共采获鱼卵 766 粒；冬季共采获鱼卵 4 395 粒，是夏季鱼卵总量的近 6 倍。

有些种类的鱼卵在 4 个季节中均有捕获，有些种类的鱼卵则仅在某个季节中出现，大多数种类的鱼卵在某两三个季节出现，具有一定的季节性。4 个季节均出现的鱼卵种类有鳕科、小沙丁鱼属、舌鳎科、鲾科鲛属和蛇鲻属；而日本鳀、东带鱼和鳗鲡目的鱼卵仅在某一次航次中出现；其他种类的鱼卵一般都在某 2 个或 3 个航次中有所捕获。

鲾科和小沙丁鱼属鱼卵是春、夏季调查的优势种，秋、冬季则相对较少；秋季优势种为鲷科和石首鱼科；而冬季优势种则为小沙丁鱼属和鳎科。此外，在冬季航次的调查区域内没捕获到石首鱼科和鲷科鱼卵，而在其他 3 个航次中则出现较多。鳎科和鲉属鱼卵仅在秋季和冬季调查中有所捕获；鲾属鱼卵则与之相反（图 8.31）。

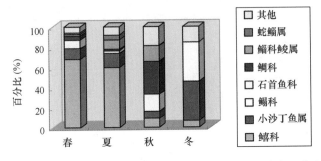

图 8.31　春夏秋冬 4 次调查中鱼卵种类组成和数量分布百分比

2）仔鱼数量和种类的季节变化

4 次调查共捕获仔鱼 435 尾，夏季调查 44 个站，共采获仔鱼 214 尾，占 4 个季节航次总仔鱼数量的 48.97%；春季调查次之，在 47 个站中采获仔鱼 128 尾，占全年 4 个航次的 29.43%；冬季调查和秋季调查捕获的仔鱼数量相对较少，分别仅占 11.34% 和 10.26%（表 8.10）。

调查显示，小沙丁鱼属仔鱼最多，有 155 尾，占总仔鱼数量的 35.63%；其次是鰕虎鱼科，48 尾，占总仔鱼数量的 11.03%；此外鲷科、小公鱼属和鲉科仔鱼分别占 9.66%、7.13% 和 5.52%。其他种类的仔鱼相对较少，有些甚至只在某一航次捕获几尾，如黄姑鱼（*Nibea albiflora*）和细鳞蜊（*Therapon jarbua*）仔鱼仅在春季调查各采获 4 尾，多鳞鱚（*Sillago sihama*）和跳岩鳚（*Petroscirte kalosoma*）仔鱼仅在秋季航次各采获 3 尾。

表 8.10　仔鱼种类目名录以及种类在四季调查出现的情况

目	科	属	种	春	夏	秋	冬
鲱形目	鲱科	小沙丁鱼属		+	+	+	+
鲱形目	鳀科	小公鱼属		+	+	+	
鲱形目	鳀科	棱鳀属				+	
灯笼鱼目	狗母鱼科	蛇鲻属			+		
鲻形目	鲻科	鲛属			+	+	+
鲈形目	鱚科	鱚属	多鳞鱚			+	
鲈形目	鱚科	鱚属	少鳞鱚		+		+
鲈形目	鲷科			+	+	+	
鲈形目	鲹科				+		

目	科	属	种	春	夏	秋	冬
鲈形目	鲹科	圆鲹属	蓝圆鲹	+	+		
鲈形目	石首鱼科			+	+	+	
鲈形目	石首鱼科	黄姑鱼属	黄姑鱼	+			
鲈形目	鲾科	鲾属		+	+	+	
鲈形目	雀鲷科				+		
鲈形目	雀鲷科	豆娘鱼属	五带豆娘鱼		+		
鲈形目	鰤科	鰤属	细鳞鰤	+			
鲈形目	双鳍鲳科				+		
鲈形目	鱼銜科	銜属		+		+	
鲈形目	鰕虎鱼科			+	+	+	+
鲈形目	鳚科	肩鳃鳚属	美肩鳃鳚	+	+	+	+
鲈形目	鳚科	跳岩鳚属	跳岩鳚			+	
鳕形目	犀鳕科	犀鳕属	银腰犀鳕		+		
鈍形目	鈍科	东方鈍属				+	
鲽形目	舌鳎科				+	+	+
鲽形目	鳎科			+			+
鲉形目	鲉科						+
鲉形目	鲬科	鲬属	鲬			+	
未定种				+	+		

注："+"表示出现该种类。

同鱼卵分布相似，4 个季节均出现的仔鱼种类有小沙丁鱼属、鰕虎鱼科和美肩鳃鳚；而细鳞鰤、银腰犀鳕和鲬等 16 种仔鱼仅在某一次航次中出现；其他种类的仔鱼一般都在某 2 个或 3 个航次中有所捕获。

春季调查的优势种是小沙丁鱼属和鰕虎鱼科仔鱼，两种仔鱼的数量占整个春季航次总仔鱼数量的 52.34%；夏季调查捕获的仔鱼的数量和种类最多，优势种也相对较多，除了绝对优势种小沙丁鱼属（48.60%）外，还有鲷科、小公鱼属和鰕虎鱼科等优势种。秋冬季捕获的仔稚鱼种类相对较少，且没有绝对的优势种，各个站位均出现零星的几尾仔鱼；冬季调查的仔鱼优势种为鲉科和鰕虎鱼科。很多种类的仔鱼均出现在春夏秋三季中的两季或三季，但在冬季航次的调查区域内则未捕获，如鲷科和小公鱼属。但也有些种类仔鱼只在冬季出现，如冬季航次优势种鲉科（图 8.32）。

3）春季鱼卵、仔稚鱼的种类组成及数量分布

春季采获鱼卵 16 697 粒，仔稚鱼 128 尾。已鉴定的鱼卵和仔鱼种类共有 21 种，鉴定到种有 7 个，鉴定到属有 7 个，鉴定到科有 7 个。其中鱼卵 13 种，仔鱼 13 种。

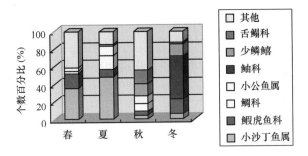

图 8.32　4 次调查中仔鱼的种类和数量出现的百分比

在已鉴定的鱼卵种类中,春季以鱚科(*Sillaginidae* sp.)的平均密度最高,占春季总平均密度的 28.11%,其后是舌鳎科(*Cynoglossidae* sp.)(12.60%)、石首鱼科(*Sciaenidae* sp.)(10.92%)、小沙丁鱼属(*Sardinella* sp.)(8.75%)、鳎科(*Soleidae* sp.)(7.36%)、棱鳀属(*Thryssa* sp.)(6.01%)、小公鱼属(*Stolephorus* sp.)(5.67%)、蛇鲻属(*Saurida* sp.)(4.10%)和鲅属(*Liza* sp.)(3.11%)等,而未定种类的平均密度占春季总平均密度的 9.89%。

在已鉴定的仔稚鱼种类中,春季以小沙丁鱼属的平均密度最高,占春季总平均密度的 28.81%,其次是蓝圆鲹(*Decapterus mariadsi*)、鳎科、石首鱼科和鰕虎鱼科(*Gobiidae* sp.)等。

春季调查采获鱼卵总平均密度为 4.46 ind/m³,主要分布在近岸海域,其中流沙湾、雷州湾、大亚湾、大鹏湾附近海域为高密度区。

仔稚鱼总平均密度为 0.070 ind/m³,数量较少,主要分布在近岸海域,没有较明显的高密度区域。春季调查出现鱚科鱼类浮游生物较多,主要分布在近岸海域。春季鱼卵以鱚科的平均密度最高,占春季总平均密度的 28.11%,其中以阳江海区海陵岛左侧和雷州湾最南端的外罗港近岸海域的密度最高,分别为 24.88 ind/m³ 和 19.59 ind/m³;仔稚鱼数量极少,仅在大亚湾内捕获 4 尾细鳞鲥。

舌鳎科鱼卵主要分布于近岸海区,以雷州湾、阳江和汕头近岸海域密度较高,湛江港口密度最高,为 1.50 ind/m³。该调查中没有捕获舌鳎科仔稚鱼。

石首鱼科鱼卵和仔稚鱼在春季调查中均有出现。鱼卵密度最高的区域出现在汕尾海区碣石湾湾口西侧,为 3.80 ind/m³,共捕获 393 颗鱼卵;仔稚鱼仅在雷州湾南端外罗港近岸处有所发现,密度仅为 0.04 ind/m³。

4)秋季鱼卵、仔稚鱼的种类组成及数量分布

秋季共采获鱼卵 790 粒,仔稚鱼 46 尾。已经鉴定的鱼卵和仔鱼种类共有 21 种,鉴定到种有 6 个,鉴定到属有 8 个,鉴定到科有 7 个。其中鱼卵 13 种,仔鱼 17 种。

在已鉴定的鱼卵种类中,秋季以鲷科的平均密度最高,占秋季总平均密度的 32.44%,其后是石首鱼科(16.99%)、鲾属(14.08%)、鲅属(12.76%)、鱚科(8.90%)、小沙丁鱼属(5.92%)、舌鳎科(4.03%)和鲻科(2.29%)等,而未定种的平均密度占秋季总平均密度的 0.66%。

在已鉴定的仔稚鱼种类中,秋季以舌鳎科的平均密度最高,占春季总平均密度的

13.41%，其后是少鳞鱚（10.64%）、鲾属（9.43%）、鲷科（8.92%）、石首鱼科（7.75%）、鮨属（7.69%）、多鳞鱚（7.69%）、跳岩鳚（7.69%）、小公鱼属（6.37%）、小沙丁鱼属（4.03%）、鰕虎鱼科（3.30%）、鲻科鲛属（3.30%）、鈍科东方鈍属（2.98%）等。

秋季调查采获鱼卵平均密度为 0.25 ind/m³。秋季鱼卵数量较少，其中仅在流沙湾和大亚湾附近有高密度区，其他海域分布密度较低。秋季调查采获仔稚鱼平均密度为 0.015 ind/m³。秋季仔稚鱼数量较少，主要分布在近岸海域，没有较明显的高密度区域。

秋季调查捕获较多的鱼类浮游生物为石首鱼科。其中在汕尾港的 B3 站捕获的该科鱼卵密度最大，高达 1.095 ind/m³。而该科仔鱼极少，只在汕头港和汕尾港各捕获 1 尾。舌鳎科鱼卵数量很少，仅在少数站点出现，主要分布在雷州湾海域。而仔稚鱼的数量更少，秋季仅在汕尾港的 3 个站点有零星的分布。鲷科鱼类浮游生物主要分布在近岸海域，其中该次调查鲷科鱼卵主要分布的 3 个海域分别是流沙湾、湛江港和大亚湾近岸海域。鱼卵密度最高的站位是流沙湾海域。鲷科仔鱼数据极少，仅在大鹏湾和阳江海区分别捕获 3 尾和 1 尾。

5）夏季鱼卵、仔稚鱼的种类组成及数量分布

夏季共采获鱼卵 766 粒，仔稚鱼 214 尾。已经鉴定的种类共 20 种，其中鉴定到种有 5 个，鉴定到属有 5 个，鉴定到科有 9 个。未鉴定到种的鱼卵种类 23 种，而未鉴定到种的仔鱼种类 4 种。

在已鉴定的鱼卵种类中，夏季以鱚科的平均密度最高，占夏季总平均密度的 49.82%，其次是小沙丁鱼属（25.90%）、鲛属（9.42%）、蛇鲻属（5.30%）、石首鱼科（2.37%）和舌鳎科（1.87%）等，而未定到种的平均密度占夏季总平均密度的 1.77%。

仔稚鱼种类中，夏季以小沙丁鱼属的平均密度最高，占夏季总平均密度的 53.15%，其次是鲷科（17.56%）、小公鱼属（9.74%）、鰕虎鱼科（7.09%）、美肩鳃鳚（3.08%）、少鳞鱚（2.41%）、双鳍鲳科（1.54%）和石首鱼科（1.46%）等，而未定种的平均密度占夏季总平均密度的 0.20%。

夏季鱼类浮游生物鱼卵总平均密度为 19.51 ind/m³，主要分布在近岸海域，其中流沙湾、雷州湾、大亚湾、大鹏湾和海门湾附近海域为高密度区。仔稚鱼总平均密度为 3.27 ind/m³，数量较少，主要分布在近岸海域，其中大亚湾、大鹏湾和红海湾附近海域出现较频繁。

鱚科鱼类浮游生物出现较多，主要分布在近岸海域。夏季鱼卵以鱚科的平均密度最高，占夏季总平均密度的 49.82%，其中以阳江海区水东港以南和大亚湾近岸海域的密度最高，分别为 92.5 ind/m³、36.36 ind/m³ 和 40.57 ind/m³；仔稚鱼数量极少，仅在雷州湾、大亚湾内和汕尾港远岸共捕获 4 尾少鳞鱚。

夏季小沙丁鱼属鱼卵和仔鱼主要分布于大亚湾近岸海区。夏季鲻科鲛属鱼卵主要分布于大亚湾近岸海区，仔稚鱼很少，仅在大亚湾和汕尾港远岸零星分布。

6）冬季鱼卵、仔稚鱼的种类组成及数量分布

冬季共采获鱼卵 4 359 粒，仔稚鱼 49 尾。已鉴定种类共 12 种，其中鉴定到种有 2 个，鉴定到属有 4 个，鉴定到科有 6 个。未鉴定到种的鱼卵种类共 7 种。种类目录以及种类在冬季调查出现的情况见表 8.10。

在已鉴定的鱼卵种类中，冬季以鳀科的平均密度最高，占冬季总平均密度的 50.65%，其

后是小沙丁鱼属（28.64%）、鲾属（8.46%）、鳀科（5.88%）、鲻科（2.98%）和舌鳎科（2.02%）等，而未定种的平均密度占冬季总平均密度的1.00%。

在已鉴定的仔稚鱼种类中，冬季以鮋科的平均密度最高，占冬季总平均密度的64.80%，其后是鰕虎鱼科（24.13%）、少鳞鱚（4.00%）、鳀科（2.43%）、小沙丁鱼属（2.02%）、美肩鰓鰕（1.00%）等。

冬季调查采获鱼卵总平均密度为0.989 ind/m³，主要分布在近岸海域，其中流沙湾、雷州湾、大亚湾、大鹏湾和海门湾附近海域为高密度区。冬季调查采获仔稚鱼49尾，冬季仔稚鱼总平均密度为0.081 ind/m³。仔稚鱼数量极少，只有大亚湾和阳江海区有零星分布。

冬季调查出现鳀科鱼类浮游生物较多，主要分布在近岸海域，平均密度最高达到26.05%，占冬季鱼卵总平均密度的50.65%，以拓林湾、大鹏湾近岸、湛江港、大亚湾近岸海域和流沙湾的密度最高；仔稚鱼数量极少，共捕获3尾。

小沙丁鱼属鱼卵主要分布于大亚湾和大鹏湾近岸海区，该种的平均密度为14.73 ind/m³，占冬季鱼卵总平均密度的28.64%，仔稚鱼仅在大亚湾近岸捕获3尾。

冬季鲾属鱼卵主要分布于湛江海区和阳江海区的近岸海区，其中以湛江港密度最高，为1.20 ind/m³，没有捕获鲾属仔稚鱼。

8.3.6.3 小结

广东省沿海海域的鱼类浮游生物随着时间和空间变化，其数量和种类组成差异显著。

海域内鱼类浮游生物资源量在春冬季节比较丰富，夏秋季节则相对较少。这可能是由于多数鱼类集中在冬春季节产卵而在夏秋季节育肥的生活习性导致的。不同鱼种的鱼卵仔鱼出现的主要季节不同。大多数种类的仔鱼在某两三个季节出现，有一定的季节性，部分种类的仔鱼在4个航次中均有捕获，如小沙丁鱼属、鰕虎鱼科和美肩鰓鰕，有些种类的仔鱼则仅在某个季节中出现，如细鳞鲥、银腰犀鳕和鲴等。

鱼类浮游生物地理分布差异显著，调查区域中重点海湾内的鱼类浮游生物种类和数量普遍高于湾外海域，这主要是与湾口内相对稳定的水环境和丰富的饵料条件相适应。不同海区鱼类浮游生物种类和数量差异显著。鱼类浮游生物在不同海区的优势种有所差异，且这些差异常常在连续几个季节内保持。这体现出鱼类繁殖时期对海域具有一定的偏好，进而形成特定海区特定鱼种的产卵场。

8.4 底栖生物①

8.4.1 底栖生物种类组成、分布和季节变化

广东沿岸海域大型底栖生物已鉴定797种，其中多毛类278种，软体动物210种，甲壳动物有204种，棘皮动物42种和其他生物63种，多毛类、软体动物和甲壳动物占总种数的86.93%（图8.33）。

季节变化上，种数以秋季最高达332种，冬季次之为292种，其他依次为春季275种和

---

① 谭烨辉，严岩。

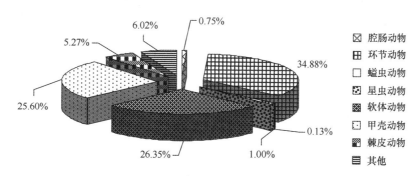

6.02%　　0.75%

5.27%

34.88%

25.60%

0.13%

26.35%　　1.00%

☒ 腔肠动物
⊞ 环节动物
☐ 螠虫动物
▨ 星虫动物
▩ 软体动物
▤ 甲壳动物
▥ 棘皮动物
▦ 其他

图 8.33　广东沿岸海域大型底栖生种类组成

夏季 202 种。环节动物（主要是多毛类动物）种类数冬季记录最高为 116 种，秋季次之，为 104 种，夏季最少仅为 67 种。软体动物的种数记录最高出现在秋季，为 85 种，冬季其次，为 84 种，夏季最少，为 55 种。甲壳动物种数最多出现在秋季，为 96 种，其次为春季（88 种），种数最低为夏季（58 种）。棘皮动物各季变化不大，分别为冬季（20 种）＞春季（18 种）＞秋季（17 种）＞夏季（16 种）。

8.4.2　底栖生物优势种和主要种类水平分布及季节变化

8.4.2.1　春季

春季广东沿岸大型底栖生物主要优势种有：环节动物的不倒翁虫（*Sternaspis scutata*）、角海蛹（*Ophelina acuminata*）、双鳃内卷齿蚕（*Aglaophamus dibranchis*）、奇异稚齿虫（*Paraprionospio pinnata*）、双形拟单指虫（*Cossurella dimorpha*）；软体动物的鸟喙小脆蛤（*Raetellops pulchella*）、波纹巴非蛤（*Paphia undulata*）、粗帝纹蛤（*Timoclea scabra*）、小荚蛏（*Siliqua minima*）、棘皮动物的洼颚倍棘蛇尾（*Amphioplus depressus*）和脊索动物的白氏文昌鱼（*Branchiostoma belcheri*）等。

8.4.2.2　夏季

夏季广东沿岸大型底栖生物主要种和优势种有：环节动物的不倒翁虫、角海蛹、双形拟单指虫（*Cossurella dimorpha*）、昆士兰稚齿虫（*Prionospio queenslandica*）、奇异稚齿虫、长吻沙蚕（*Glycera chirori*）、倦旋吻沙蚕（*Glycern convoluta*）、双鳃内卷齿蚕（*Aglaophamus dibranchis*）、等齿角沙蚕（*Ceratonereis burmensis*）、中蚓虫（*Mediomastus californiensis*）；软体动物的豆形胡桃蛤（*Nucula faba*）、小荚蛏、棒锥螺（*Turritella bacillum*）、西格织纹螺（*Nassarius siquinjorensis*）、粗帝纹蛤、中国小铃螺（*Minolia chinensis*）、锯齿巴非蛤（*Paphia gallus*）；棘皮动物的分歧阳遂足（*Amphiura divaricata*）、克氏三齿蛇尾（*Amphiodia clarki*）；甲壳动物的轮双眼钩虾（*Ampelisca cyclops*）和脊索动物的白氏文昌鱼。

8.4.2.3　秋季

秋季广东沿岸大型底栖生物主要种和优势种有：环节动物的双形拟单指虫、角海蛹、奇异稚齿虫、不倒翁虫、毛须鳃虫（*Cirriformia filigera*）、异足索沙蚕（*Lumbrineris heteropoda*）、双鳃内卷齿蚕、滑指矶沙蚕、梯斑海毛虫（*Chloseia parva*）；软体动物的粗帝纹蛤、美女蛤（*Circe scripta*）、红肉河篮蛤（*Potamocorbula rubromuscula*）、尖喙小囊蛤（*Saccella cuspidata*）；甲壳动物裸盲蟹（*Typhlocarcinus nudus*）、大蝼蛄虾（*Upogebia major*）；棘皮动物的光滑倍棘蛇尾（*Amphioplus laevis*）、洼颚倍棘蛇尾（*Amphioplus depressus*）、扁拉文海胆（*Lovenia subcarinata*）；螠虫动物的短吻铲螠虫（*Listriolobus brevirostris*）；脊索动物的白氏文昌鱼等。

8.4.2.4 冬季

冬季广东沿岸大型底栖生物主要种和优势种有：环节动物的全鳃欧努菲虫（*Onuphis holobranchioata*）、不倒翁虫、欧努菲虫（*Onuphis eremita*）、背褶沙蚕（*Tambalagamia fauveli*）、角海蛹、梳鳃虫（*Terebellides stroemii*）、扁蛰虫（*Loimia medusa*）；软体动物的角偏顶蛤（*Modiolus metcalfei*）、豆形胡桃蛤、小荚蛏、粗帝纹蛤、唇毛蚶（*Scapharca labiosa*）、甲壳动物的弯六足蟹（*Hexapus anfracfus*）；棘皮动物的滩栖阳遂足（*Amphiura vadicola*）和脊索动物的白氏文昌鱼。

8.4.3 底栖生物生物量及其水平分布和季节变化

广东沿岸海域大型底栖生物四季总平均生物量为 32.94 g/m²，其中多毛类 2.38 g/m²、软体动物 23.41 g/m²、甲壳动物 2.31 g/m²、棘皮动物 1.74 g/m² 和其他生物 3.11 g/m²，生物量以软体动物最高，其他动物居第二位。多毛类、软体动物和甲壳动物占总生物量的 85.26%，三者构成大型底栖生物生物量的主要类群（表 8.11）。

表 8.11 大型底栖生物生物量组成及季节变化

单位：g/m²

季节	多毛类	软体动物	甲壳动物	棘皮动物	其他生物	合计
春季	2.86	47.33	1.47	2.30	3.07	57.02
夏季	1.35	16.47	1.47	0.76	1.60	21.65
秋季	3.15	9.04	1.08	2.72	4.43	20.42
冬季	2.15	20.79	5.18	1.20	3.35	32.66
平均	2.38	23.41	2.30	1.74	3.11	32.94

广东沿海不同港湾典型站位同航次大型底栖生物量比较（图 8.34），可以看出港湾大型底栖生物量的季节变化，春季以柘林湾生物量最大、冬季以大亚湾生物量最大，夏季以柘林湾和雷州湾生物量最大，秋季水东港生物量最大。虽然各港湾各个季节的生物量存在差异，但从总量比较得出：大亚湾（308.81 g/m²）>湛江港（241.05 g/m²）>汕头港（105.30 g/m²）> 海陵湾（90.57 g/m²）>水东港（86.30 g/m²）> 大鹏湾（61.20 g/m²）>雷州湾（57.70 g/m²）>汕尾港（46.23 g/m²）>柘林湾（37.46 g/m²）>流沙湾（25.93 g/m²）。

8.4.4 底栖生物栖息密度及其水平分布和季节变化

广东沿岸西部海域大型底栖生物四季总平均栖息密度为 114 ind/m²，其中多毛类 33 ind/m²、软体动物 57 ind/m²、甲壳动物 8 ind/m²、棘皮动物 8 ind/m² 和其他生物

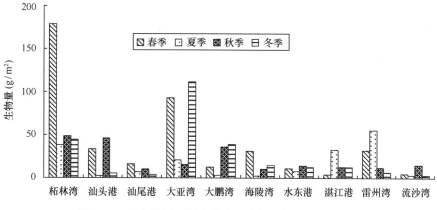

图 8.34　广东沿岸不同港湾大型底栖生物生物量的比较

8 ind/m²，栖息密度以软体动物最高，多毛类居第 2 位。多毛类和软体动物占总密度的 78.734%，二者是构成大型底栖生物栖息密度的主要类群（表 8.12）。

表 8.12　大型底栖生物栖息密度组成及季节变化　　　　　　　　　　　　　　单位：ind/m²

季节	多毛类	软体动物	甲壳动物	棘皮动物	其他生物	合计
春季	46	51	16	12	13	139
夏季	29	32	5	4	4	75
秋季	35	42	7	10	9	103
冬季	22	101	5	7	4	139
平均	33	57	8	8	8	114

　　广东沿海不同港湾 4 个航次大型底栖生物密度比较（图 8.35），从图中可以看出大型底栖生物密度的季节变化，春、冬季以大亚湾密度最大，夏季以柘林湾和湛江港密度最大，秋季水东港密度最大。虽然各港湾各个季节的密度存在差异，但从总量比较得出：大亚湾（1 105 ind/m²）>水东港（715 ind/m²）>柘林湾 599（ind/m²）>湛江港（460 ind/m²）>海陵湾 408（ind/m²）>雷州湾（392 ind/m²）>汕尾港（323 ind/m²）>大鹏湾（315 ind/m²）> 汕头港（309 ind/m²）>流沙湾（112 ind/m²）。

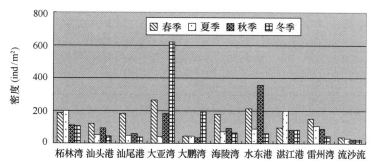

图 8.35　广东沿岸不同港湾大型底栖生物密度比较

8.5 游泳生物[①]

8.5.1 游泳动物种类组成

游泳动物是指具有发达的运动器官，在水层中能克服水流阻力自由游动的动物，主要有鱼类、甲壳类、头足类（软体动物），是人类可直接利用的对象。根据广东省 908 专项水体环境调查的研究结果，共捕获并鉴定游泳动物 342 种，其中鱼类种类最多，达 207 种，占渔获种类总数的 60.53%；其次是甲壳类 124 种，占 36.26%；头足类种类最少，仅 11 种，占 3.22%。

鱼类分别隶属 17 目 69 科 128 属，其中软骨鱼类共有 3 目 4 科 4 属 6 种，占鱼类总种数的 2.90%，硬骨鱼类共有 14 目 65 科 124 属 201 种，占 97.10%。

甲壳类隶属 2 目 20 科 57 属，其中虾蛄类 12 种、虾类 42 种、蟹类 70 种，分别占甲壳动物种类总数的 9.7%、33.9%、56.4%。

头足类隶属 3 目 4 科 5 属。在广东省 908 专项的游泳动物调查中，头足类仅是偶然被捕获到，因此未进行定量分析。

8.5.2 游泳动物种数的平面分布和季节变化

在广东省 8 个主要海湾中，粤东海湾出现的游泳动物种数总体多于粤西，柘林湾和大亚湾的游泳生物种类最多，分别为 172 种和 154 种，水东湾和流沙湾的种类最少，仅 102 种（表 8.13）。鱼类种类的分布趋势与游泳动物一致，柘林湾最多，大亚湾其次，水东湾和流沙湾最少。甲壳动物出现的种数也以柘林湾最多，达 73 种，其次是雷州湾和大亚湾，分别是 60 种和 58 种，大鹏湾的种类最少仅 35 种，其余 4 个海湾的种数在 44~50 种之间变动。在各个海湾甲壳动物均以蟹类的种类最多，虾类次之，虾蛄类最少。

表 8.13　广东省主要海湾游泳动物种数分布　　　　　　　　　　　　单位：种

	柘林湾	红海湾	大亚湾	大鹏湾	海陵湾	水东湾	雷州湾	流沙湾
鱼类	99	64	96	65	78	54	64	57
虾蛄类	8	5	6	5	6	5	6	6
虾类	24	15	17	10	19	20	19	17
蟹类	41	24	35	20	25	23	35	22
合计	172	108	154	100	128	102	124	102

广东省近海鱼类种类组成季节变化明显，夏季的种类最多（122 种），秋季次之（104 种），春季再次（94 种），冬季最少（74 种）。而甲壳类以秋季的种类最多（81 种），夏、春季次之，分别为 76 种和 72 种，冬季的种类最少为 57 种。虾蛄类的种数季节变化不大，在

---

① 尹健强，杨廷宝，严岩。

6 - 8 种之间变化。虾类在冬季出现的种数最多（31 种），夏季次之（26 种），冬季和春季差别不大，分别为 22 种和 21 种。蟹类在春、夏、秋 3 个季节出现的种数差别不大，分别为 45 种、43 种、42 种，冬季显著减少，为 29 种（图 8.36）。

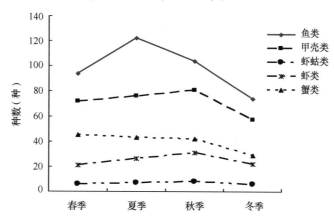

图 8.36　广东省近海鱼类和甲壳类种数的季节变化

8.5.3　游泳动物渔获尾数和渔获率的平面分布和季节变化

广东省 8 个主要海湾的游泳动物年平均渔获尾数的变化范围为 343~2 058 ind/h，分布不均匀，海陵湾显著高于其他海湾，大亚湾、水东湾次之，雷州湾最低（表 8.14）。不同季节游泳动物平均渔获尾数的空间分布格局不完全相同，春、秋季海陵湾游泳动物平均渔获尾数最高，夏、冬季则分别以红海湾和水东湾最高。广东省各主要海湾的游泳动物年平均渔获率的变化范围为 6.7~17.6 kg/h，仍然以海陵湾最高，大鹏湾和雷州湾次之，水东湾最低。鱼类的平均渔获尾数和渔获率普遍高于甲壳类，但个别海湾和个别季节，特别是海陵湾的甲壳类平均获渔尾数和渔获率明显高于鱼类。

表 8.14　广东省主要海湾游泳动物平均渔获尾数（ind/h）与渔获率（kg/h）的分布

海湾	渔获类别	春季		夏季		秋季		冬季		年平均	
		渔获尾数	渔获率	渔获尾数	渔获率	渔获尾数	渔获率	渔获尾数	渔获率	渔获尾数	渔获率
柘林湾	鱼类	161	2.7	793	10.9	208	2.9	121	4.0	306	4.9
	甲壳类	195	1.5	514	5.5	250	4.0	213	2.0	285	3.2
	合计	356	4.2	1253	16.4	458	6.9	334	6.0	591	8.1
红海湾	鱼类	150	1.7	2533	19.8	213	3.1	146	1.8	599	5.4
	甲壳类	115	1.2	732	8.2	202	2.7	43	0.6	255	3.0
	合计	265	2.9	3 265	28.0	416	5.8	189	2.4	854	8.1
大亚湾	鱼类	477	5.5	1018	8.3	459	6.8	434	6.7	604	6.8
	甲壳类	349	2.4	185	2.9	317	2.9	291	1.9	317	2.5
	合计	826	7.9	1 200	11.2	776	9.7	725	8.6	921	9.1
大鹏湾	鱼类	434	7.2	928	15.8	614	8.8	258	7.3	558	9.8
	甲壳类	696	8.6	11	0.5	578	4.3	45	1.3	333	3.7
	合计	1 130	15.8	939	16.3	1 192	13.1	303	8.6	891	13.4

海湾	渔获类别	春季		夏季		秋季		冬季		年平均	
		渔获尾数	渔获率	渔获尾数	渔获率	渔获尾数	渔获率	渔获尾数	渔获率	渔获尾数	渔获率
海陵湾	鱼类	243	7.1	1054	17.3	303	3.4	45	1.3	411	7.3
	甲壳类	2 872	23.8	621	7.0	2 469	9.6	76	0.8	1 647	11.2
	合计	3 115	30.9	1 675	24.3	2 772	13.0	121	2.1	2 058	17.6
水东湾	鱼类	28	1.2	634	11.6	257	2.4	1267	5.9	546	5.3
	甲壳类	63	0.7	516	2.6	898	1.6	25	0.7	375	1.4
	合计	91	1.9	1 150	14.2	1 155	4.0	1 292	6.6	921	6.7
雷州湾	鱼类	204	2.3	136	2.0	218	5.4	211	3.5	186	3.3
	甲壳类	97	0.3	107	21.0	403	3.8	18.7	0.3	157	8.1
	合计	301	2.6	243	23.0	621	9.2	230	3.8	343	11.4
流沙湾	鱼类	264	2.8	1620	19.0	203	3.3	146	4.9	558	7.5
	甲壳类	44	0.8	174	0.9	167	1.4	51	0.5	109	0.9
	合计	308	3.6	1 794	19.9	370	4.7	197	5.4	667	8.4

广东省近海游泳动物年平均渔获尾数和渔获率分别为 884 ind/h 和 10.3 kg/h。平均渔获尾数的季节变化明显，夏季最高，秋季次之，春季再次，冬季最低，季节变化呈单周期型。游泳动物平均渔获率与平均渔获尾数的季节变化趋势略有差异，为秋季最高，夏季次之，冬季最低（表 8.15）。鱼类的年平均渔获尾数和渔获率略高于甲壳类，而在各个季节则没有明显的规律性。

表 8.15　广东近海游泳动物平均渔获尾数（ind/h）与渔获率（kg/h）的季节变化

渔获类别	春季		夏季		秋季		冬季		年平均	
	渔获尾数	渔获率	渔获尾数	渔获率	渔获尾数	渔获率	渔获尾数	生物量	渔获尾数	渔获率
鱼类	249	3.8	975	11.6	301	16.0	300	4.4	454	6.0
甲壳类	539	4.6	354	6.8	626	4.4	123	1.1	430	4.3
合计	788	8.4	1329	18.4	927	20.4	423	5.5	884	10.3

8.5.4　游泳动物的优势种和经济种

8.5.4.1　鱼类的优势种和经济种

本次调查所得 207 种鱼类中，重要性指数 IRI 大于 1 000 的优势种有 5 种，即六指马鲅、鹿斑鲾、黄斑鲾、褐蓝子鱼和龙头鱼。这 5 种鱼类的渔获量占鱼类总渔获量的 36.97%，尾数占总密度的 52.52%（见表 8.16）。优势种大多数是低值的小型鱼类，如鹿斑鲾、黄斑鲾、褐蓝子鱼和龙头鱼。由此表明，广东近海的渔业资源已呈现小型化、低值化。

本次调查所得 207 种鱼类中，1 000>IRI>100 的重要种类有 20 种。其中，重要性指数较大且较具经济价值的鱼类有 7 种：鳓、大头狗母鱼、多齿蛇鲻、截尾白姑鱼、二长棘鲷、带鱼、棕斑兔头鲀（表 8.17）。

表 8.16　广东省主要海湾鱼类优势种的重要性指数及占总生物量和总密度的百分比

种类	重要性指数 IRI	占总生物量百分比 W（%）	占总密度百分比 N（%）
六指马鲅	2 227.69	11.34%	10.92%
鹿斑鲾	2 167.76	4.06%	17.61%
黄斑鲾	1 911.86	7.13%	14.72%
褐蓝子鱼	1 194.65	6.83%	5.12%
龙头鱼	1 176.19	7.61%	4.15%

表 8.17　广东省主要海湾重要经济鱼类的重要性指数及占总生物量和总密度的百分比

种类	重要性指数 IRI	占总生物量百分比 W（%）	占总密度百分比 N（%）
鰔	338.12	4.06	4.96
大头狗母鱼	175.03	2.77	1.90
多齿蛇鲻	245.24	2.61	0.66
截尾白姑鱼	770.13	5.44	2.26
二长棘鲷	175.66	1.17	1.64
带鱼	373.58	3.58	0.69
棕斑兔头鲀	419.10	3.16	1.03

8.5.4.2　甲壳类的优势种和经济种

广东沿海虾蛄资源丰富，其中个体较大、渔获量较多、经济价值高的种类主要有口虾蛄、断脊拟虾蛄、宫本长叉虾蛄和棘突猛虾蛄。本次调查中，上述 4 种虾蛄的渔获量分别占虾蛄总渔获量的 54.3%、14.8%、17.1% 和 12.1%，合计占虾蛄总渔获量的 98.3%。

广东沿海虾的种类繁多，但大多种群数量较小，密集度较低，具有重要经济价值的不过 10 来种。本次调查中，近缘新对虾、须赤虾、周氏新对虾、鹰爪虾和墨吉明对虾占虾类总渔获量的近 60%。

在我国不同的海区，经济价值高、数量较多的蟹类不同，如在黄海、渤海，渔获量最大的是三疣梭子蟹，在东海是细点圆趾蟹和三疣梭子蟹，在南海北部为远海梭子蟹、三疣梭子蟹和锯缘青蟹。本次调查中，红星梭子蟹、远海梭子蟹、三疣梭子蟹和锈斑蟳 4 种蟹占蟹类总渔获量的 51.2%。

8.6　重要海洋生物遗传多样性[①]

广东省重要的海洋经济生物主要包括牡蛎、对虾、蟹等，了解它们的遗传多样性对于海

---

① 喻子牛。

洋生物资源的保护与开发、种质资源库的建设、良种选育等具有重要的意义。

8.6.1　近江牡蛎

近江牡蛎（*Crassostrea hongkongensis*，即香港巨牡蛎）分布于广东、广西沿海地区，本次广东省 908 专项调查采集了珠海横琴、台山镇海湾、湛江坡头 3 个群体样本，进行了其遗传多样性分析（图 8.37）。

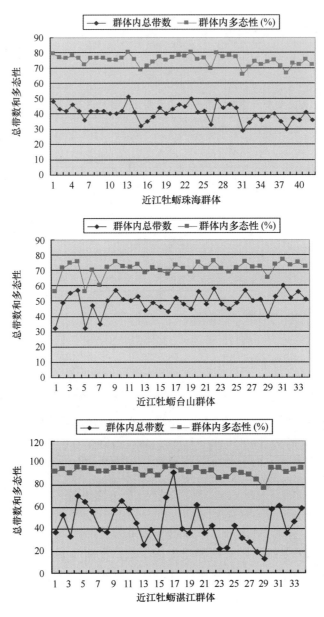

图 8.37　3 个近江牡蛎群体的遗传多样性

近江牡蛎 3 个群体表现出了相当丰富的遗传多样性，表现为群体内总带数变化范围大、群体内共有带数较少，最终表现为遗传多样性指数高：0.282 6~0.427 0，表明近江牡蛎野生群体遗传多样性维持在较高水平。近江牡蛎是广东省养殖最广泛的牡蛎和贝类种类，其野生资源量也非常丰富,人类活动对资源的影响也相对较少,是可以深入利用的生物资源。

8.6.2 日本对虾

日本对虾(*Marsupenaeus japonicus*)是广东沿海重要的经济对虾资源之一,近年来资源量有逐步减少的趋势。本调查采集了湛江坡头和阳江海陵岛两地的群体样本进行其遗传多样性分析(图 8.38)。

同样,日本对虾两个群体表现出了丰富的遗传多样性,具体表现为群体内总带数变化范围大、群体内共有带数较少,AFLP 检测表现为遗传多样性指数高:0.364 2~0.395 8,表明日本对虾野生群体遗传多样性维持在较高水平,显示其资源量虽然明显减少,但遗传多样性并没有明显减低的趋势,说明两者之间并不存在显著的相关性。目前结果虽然如此,但如果资源量进一步减少,遗传多样性可能会明显减低,本次调查可以作为今后相关研究的参考资料。

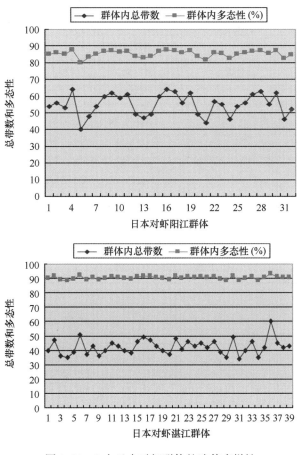

图 8.38 2 个日本对虾群体的遗传多样性

8.6.3 锯缘青蟹

锯缘青蟹(*Scylla serrata*)是广东沿海重要的经济蟹类之一,河口地区野生资源丰富,深受市场欢迎。本调查采集了珠海横琴、湛江坡头和汕头牛田洋 3 个地点的群体样本,样本大小分别为 40、38 和 34。其群体内总带数、群体内共有带数、群体内多态性(%)、种内总带数、种内共有带数、总平均多态性（%）、遗传多样性指数和遗传偏离指数如表 8.18 所示。

从表 8.18 中可以看出，锯缘青蟹 3 个群体表现出了丰富的遗传多样性，体现为群体内总带数变化范围大、群体内共有带数较少，AFLP 检测表现为遗传多样性指数高，表明就目前情况看，锯缘青蟹野生群体遗传多样性维持在较高水平。由于广东省沿海河口、湿地较多，锯缘青蟹资源相对较丰富，本调查结果可作为今后对其遗传多样性监测的参考资料。

总之，近江牡蛎、日本对虾、锯缘青蟹是广东省贝、虾、蟹的典型代表种类，具有重要经济价值；除日本对虾外，其他 2 种野生资源量都非常丰富，而且 3 种类的遗传多样性都很丰富，遗传多样性指数高，分别为 0.282 6 ~ 0.427 0、0.364 2 ~ 0.395 8、0.305 3 ~ 0.313 3；日本对虾野生资源量虽然少，但它与遗传多样性两者之间并不存在明显的相关性。遗传多样性监测对野生资源的保护利用非常重要，本次调查结果为今后长期监测重要物种遗传多样性提供了参考依据。

表 8.18　3 个锯缘青蟹群体的遗传多样性参数

种类		锯缘青蟹		
样品编号		1 湛江群体	2 珠海群体	3 汕头群体
群体内	总带数	33 ~ 50	29 ~ 53	33 ~ 50
群体内共有带数		12	15	15
群体内	多态性（%）	63. 64 ~ 76. 00	48. 28 ~ 71. 70	76. 92 ~ 95. 71
种内总带数		33 ~ 50	29 ~ 53	13 ~ 70
种内共有带数		6	6	6
总平均	多态性（%）	81. 82 ~ 88. 00	79. 31 ~ 88. 68	84. 62 ~ 97. 14
遗传多样性指数		0. 313 3，0. 305 3，0. 312 6		
平均值（样本数和）		0. 366 9		
遗传偏离指数		0. 151 4		

8.7　小结

本次调查比较客观而全面地反映当前广东省近岸海域海洋生物生态的基本状况，摸清了广东省近岸海域及重要港湾的基本生物生态要素的时空分布特征和变化规律。

（1）广东沿岸海域叶绿素 a 和初级生产力的分布趋势总体上呈现出海湾高，近岸低的趋势，从近岸向外海逐渐下降。粤东和粤西各个港湾由于水文特征、理化环境差异，存在较大的差别。

（2）调查海域海洋生物物种多样性丰富：① 整个海区共分析微微型光合浮游生物样品 634 个，未发现原绿球藻的存在，仅检测到聚球藻（SYN）和微微型光合真核生物（EUK），全年聚球藻均占绝对优势，其丰度大于微微型真核生物；② 微型浮游植物种类共鉴定 405 种（含变种、变型），小型浮游生物（浮游植物）271 种；③ 大型浮游动物 789 种（含浮游幼虫），中型浮游动物 252 种；④ 大型底栖生物共鉴定 797 种，小型底栖生物 14 个类群；⑤ 游泳动物 4 个季节共采获 342 种，其中鱼类 207 种。

（3）各个生态类群的种类及数量分布规律不同，呈明显的季节变化，不同海湾生态类群分布又各具特点，总体而言：① 浮游生物的种数分布趋势是由近岸往外海递增，即种类随着水深增加而增多；② 底栖生物种类数的水平分布显现出近岸种类数多，而外海区种类数较少的分布趋势；③ 游泳生物种数的水平分布以粤东海域柘林湾和大亚湾的种类高于粤西海域如水东湾。

（4）海洋生物遗传多样性丰富：近江牡蛎、日本对虾及锯缘青蟹 3 个群体表现出了相当丰富的遗传多样性，遗传多样性指数高，其野生群体遗传多样性维持在较高水平。

总之，广东沿岸海域生态系统复杂多变，海洋生物种类、数量可能受自然变化及人类活动的双重影响，如南海海流（暖流）、广东沿岸流、上升流及珠江径流输入及人类生产活动等。本次广东省 908 专项以近海生物野生群体近江牡蛎、日本对虾及锯缘青蟹的遗传多样性现状调查为主，而对于环境对生物生态的影响机制关注较少，建议今后适当加强此方面的调查与研究工作。

第9章　近海海域海底沉积物[①]

　　海洋沉积物是指各种海洋沉积作用所形成的海底沉积物的总称，以海水为介质沉积在海底的物质。对广东沿海海底底质的调查与广东省的海洋综合调查基本一致，也始于新中国成立以后，主要有：1958—1960年的全国海洋普查、1980—1986年的广东海岸带与滩涂资源综合调查和1989—1994年的广东省海岛综合调查。

　　1958—1960年全国海洋普查，涉及广东沿岸海域，调查方法和研究力量较弱，但奠定了广东沿岸海底底质调查和资料积累的基础。1980—1986年实施的广东海岸带与滩涂资源综合调查，是广东省海洋调查史上规模较大的多学科综合性调查，重点阐述了广东省海岸带主要环境要素及相互关系，客观评价了广东省海岸带气候、滩涂、矿产、生物以及港口、旅游等资源的质量和利用价值，提出了综合开发利用的设想，为以后的海洋调查提供了丰富的基础性资料和科学依据。1989—1994年实施的广东省海岛综合调查历时5年多，初步摸清了广东省海岛资源类型、数量、质量和发育演变规律，了解和掌握了海岛及其周围海域的海底底质的沉积物类型与分布特征，并对沉积物来源及其对海岸、海岛产生的影响作用进行了分析和探讨。

　　广东省是我国的海洋大省，沿海砂矿资源非常丰富，大陆架蕴藏着丰富的石油天然气资源。进入21世纪后，广东省经济以高于全国平均增长率的水平迅速增长，海洋经济占全省的GDP比重逐年递增。原有的海底底质调查和研究资料已不能满足合理开发利用海洋资源、推动沿海经济持续快速发展的需求，而制定海洋保护规划和海洋经济可持续发展战略、构建广东近海"数字海洋"空间基础数据平台和提升海洋信息业务化综合应用，也急需开展对海洋底质调查和研究。因此，在广东省908专项的水体环境调查中设置了广东海洋底质调查专题。

　　海洋底质调查专题是广东省908专项的重要组成内容，旨在通过对重点港湾的海底底质样品采集和测试分析，全面更新和充实其基础资料和图件，深化对海洋沉积环境及其影响因素和变化规律的认识，为海洋资源开发利用和国民经济建设提供可靠的实测数据、基础图件和科学依据。

　　海洋底质调查主要对柘林湾、汕头港、汕尾港、大亚湾、大鹏湾、海陵湾、水东湾、湛江港、雷州湾、流沙湾10个重点港湾的海底沉积物进行调查和研究（图9.1）。根据港湾特点分为柘林湾—汕头港海区（A区）、汕尾港—大亚湾—大鹏湾海区（B区）、海陵湾—水东湾海区（C区）和湛江港—雷州湾海区及流沙湾海区（D区）4个调查区。按908专项的规范设计站位，对360个表层和10个柱样的沉积物进行调查和研究，包括现场描述和照相以及对Eh值、pH值、Fe^{3+}/Fe^{2+}比进行测试，室内开展沉积物粒度组成、黏土矿物、常规化学（主、微量元素）、重金属元素含量、有机质含量以及孔隙水化学组成等的测试和分析。

---

　　① 颜文，陈忠。根据颜文等《广东省908专项水体环境调查与研究——海底底质调查研究报告》整理。

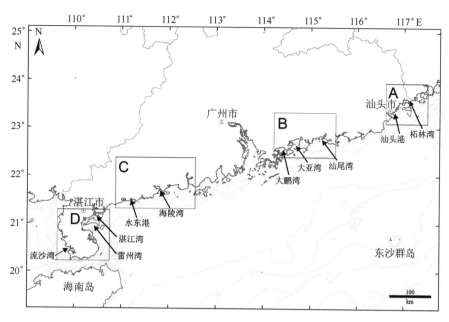

图 9.1　海底底质调查区范围及分区

9.1　海底沉积物的类型及粒度特征

9.1.1　广东沿海沉积物类型及分布

根据广东省 908 专项调查的分析结果并结合前人的调查资料，将广东省沿岸及近海海域的沉积物划分为 13 种类型：沙砾（SG）、粗砂（CS）、中粗砂（MCS）、中砂（MS）、中细砂（MFS）、细砂（FS）、砂（S）、粉砂质砂（TS）、黏土质砂（YS）、粉砂（T）、黏土质粉砂（YT）、粉砂质黏土（TY）、砂－粉砂－黏土（STY）等。沉积物类型分布见表 9.1 和图 9.2。

表 9.1　广东沿海沉积物类型及主要分布区

沉积物类型	主要分布区
沙砾（SG）	勒门列岛、蕉门、崖门
粗砂（CS）	平海湾东侧、汕尾港、珠江口水道及口外
中粗砂（MCS）	七星礁、义丰溪口、表角、甲子角、大铲岛、珠江口外、安铺湾、闸坡港
中砂（MS）	伶仃洋东岸及珠江口外
中细砂（MFS）	勒门列岛、企水港、琼州海峡
细砂（FS）	七星礁、勒门列岛、神泉港、珠江口西侧、鉴江口、盐灶西南浅海
砂（S）	韩江外砂河口、新津溪口、红河湾、平海湾、企望湾、甲子港、闸坡港
粉砂质砂（TS）	海门湾、大亚湾、红海湾、大横琴岛南、蕉门、新寮岛滨外、琼州海峡北岸
黏土质砂（YS）	南澳岛东、外砂河口、水东港、太阳河口外、文兰河口

续表 9.1

沉积物类型	主要分布区
粉砂（T）	大亚湾、万山群岛附近海域
黏土质粉砂（YT）	汕头港至担杆列岛浅海、大屿岛至北津港浅海、陵水湾
粉砂质黏土（TY）	韩江口、碣石湾、大亚湾、担杆列岛北侧、伶仃洋、广海湾、镇海湾
砂—粉砂—黏土（STY）	韩江口外、南澳岛东北、碣石湾外浅海、珠江口外

广东沿海的沉积物以现代沉积为主，尤其在河口区多为陆源沉积物所覆盖（见图9.2），表明陆源物质是广东沿岸及近海海域的主要贡献者。由图9.2可知，沉积物分布的特征为：近河口区颗粒较粗，主要以砂、粉砂为主，远离河口逐渐变细，黏土质粉砂占优势，这是沉积物正常重力分异作用的结果。但在珠江口外、南澳岛以东、流沙湾等离岸较远的浅海区，沉积物颗粒较粗，可能是经过改造的残留沉积及海底沉积物中沉积贝壳等碎屑；在琼州海峡，除了现代沉积物外，还有半固结的早期沉积或风化的基岩碎块，如玄武岩碎块和铁质碎块。

9.1.2 重点港湾的沉积物类型及特征

1）柘林湾—汕头港海区

柘林湾—汕头港海区位于粤东海域，是榕江、韩江支流的出海口，是粤东地区工业、农业、水上交通、旅游和对外贸易的主要港口，港湾沿岸广阔的滩涂和鱼塘是汕头市水产养殖的重要基地。柘林湾—汕头港海区表层沉积物以粉砂粒级为主，其含量变化范围较大（0.01%~80.73%），平均值达51.77%；砂与黏土粒级含量次之，平均含量分别为29.66%和18.62%；砾石粒级含量最低，变化范围在0~35.75%之间，平均值为13.78%（表9.2）。粒级组分含量分布表明，砾石粒级高含量区主要分布在南澳岛的西北部及南部海域，砂粒级含量高值区分别位于南澳岛的西部及北部海域，另外在汕尾港西北侧靠近榕江河口表层沉积物中的砂粒级含量也较高（大于60%）。

柘林湾—汕头港海区沉积物粒度曲线主要呈双峰和单峰态分布（图9.3），偏态变化范围为-0.65~0.30，以近于对称偏态为主，但部分站位出现负偏和极负偏。峰态值的变化范围0.63~2.73，以中等峰态为主，其次为平坦和尖锐的峰态特征，但4个站位出现很尖锐的峰态特征。沉积物的分选系数为0.50~2.98，总体表现为分选性差，但在远离陆岸的沉积物中，局部海域的沉积物分选性较好。

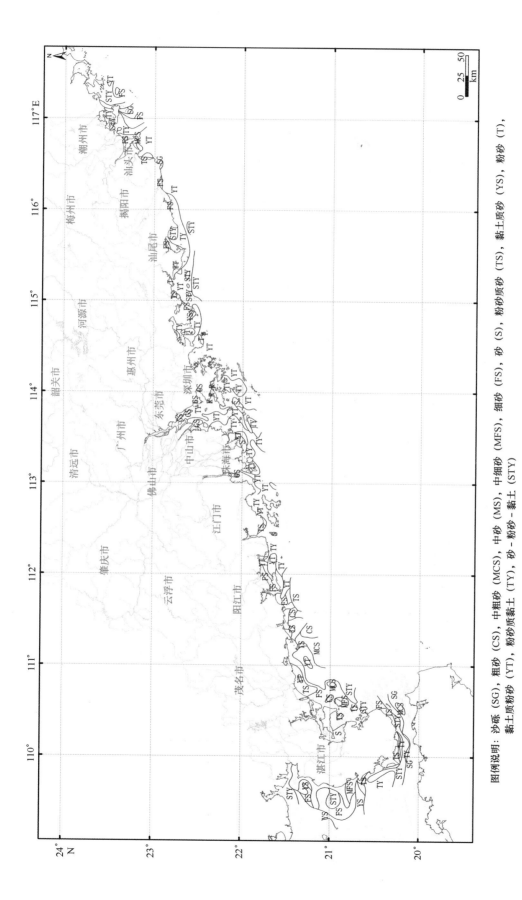

图例说明：沙砾 (SG)，粗砂 (CS)，中粗砂 (MCS)，中砂 (MS)，中细砂 (MFS)，细砂 (FS)，砂 (S)，粉砂质砂 (TS)，黏土质砂 (YS)，粉砂 (T)，
黏土质粉砂 (YT)，粉砂质黏土 (TY)，砂 - 粉砂 - 黏土 (STY)

图 9.2　广东省沿海沉积物类型分布

表 9.2　表层沉积物粒度组成与参数

港湾		砾石(%)	砂(%)	粉砂(%)	黏土(%)	Mz Φ	Sk	Kg	σi
柘林湾汕头港	最小值	0.17	0.74	0.01	0.00	0.12	−0.65	0.63	0.50
	最大值	35.75	100.00	80.73	32.82	7.30	0.30	2.67	2.94
	平均值	13.78	29.66	51.77	18.62	5.53	−0.02	1.05	1.82
汕尾港大亚湾大鹏湾	最小值	3.30	0.39	1.93	0.44	−0.07	−0.57	0.65	1.00
	最大值	22.87	90.54	82.87	39.25	7.54	0.19	3.31	2.89
	平均值	9.56	25.95	54.39	19.73	5.48	−0.17	1.09	2.04
水东湾海陵湾	最小值	3.57	0.44	0.06	0.31	−1.25	−0.64	0.70	0.55
	最大值	58.45	100.00	70.25	42.65	7.71	0.26	2.45	3.06
	平均值	18.95	36.58	43.95	23.51	4.67	−0.11	1.12	1.88
湛江港	最小值	0.83	2.55	0.02	0.11	−0.71	−0.76	0.64	0.44
	最大值	45.08	100.00	66.62	33.15	7.18	0.29	2.56	3.57
	平均值	17.96	70.02	20.60	11.75	2.83	−0.23	1.11	1.78
雷州湾	最小值	5.27	0.05	8.81	1.61	1.70	−0.28	0.61	1.29
	最大值	5.27	84.31	82.98	26.92	7.08	0.41	2.52	2.79
	平均值	5.27	10.93	69.35	19.54	6.39	−0.01	1.04	1.77

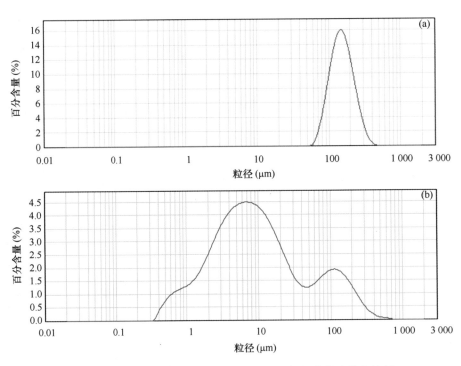

图 9.3　站位柘林湾-14（a）和汕头港-25（b）沉积物的曲线及峰态特征

　　柘林湾—汕头港海区分布 8 种沉积物类型（图 9.4），以黏土质粉砂、砂质粉砂和砂-粉砂-黏土为主，此外为砾砂、粗砂、中砂、细砂、粉砂、粉砂质砂以及砂等。沉积物类型分布及粒度参数表明，柘林湾、汕头港海区的沉积物的来源较单一，黏土、粉砂、砂以及砾砂等混杂，沉积物分选性差，说明沉积物主要以未经改造即沉积为主，水动力环境较弱。

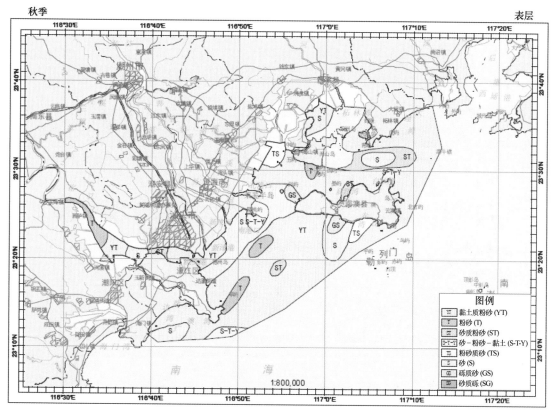

图 9.4　柘林湾、汕头港沉积物底质类型分布

2）汕尾港—大亚湾—大鹏湾海区

汕尾港地处粤东红海湾的东北部，汕尾市的西南；大亚湾地处惠州市东南，濒临南海；大鹏湾位于珠江口东部，是香港和深圳特区环绕的一个半封闭的海湾。汕尾港—大亚湾—大鹏湾海区的周边地区工业废水和生活污水的排放以及网箱养殖的自身污染，给该海域带来一定的环境压力。汕尾港—大亚湾—大鹏湾海区的表层沉积物以砂和粉砂粒级组分为主，砂粒级含量为 0.39%~90.54%，粉砂粒级含量为 1.93%~82.87%（见表 9.2），它们主要分布在近岸及半封闭的港湾中。黏土粒级出现在所有站位的沉积物中，但砾级组分仅出现在 7 个站位沉积物中，主要分布在近岸海域，如汕尾港的芒屿岛东北的汕尾湾-1 和汕尾湾-2 站位。

汕尾港—大亚湾—大鹏湾海区沉积物粒度曲线与柘林湾—汕头港海区的沉积物基本一样，主要呈双峰和多峰态分布，粒度曲线以负偏和近于对称为主（图 9.5），但有 12 个站位的粒度曲线表现出极负偏特征。峰态值的变化范围为 0.65~3.31，以中等和尖锐峰态为主，其次为平坦峰态，在 7 个站位沉积物表现为很尖锐的峰态特征。沉积物的分选系数为 1.00~2.89，表现出分选性差的沉积特点。

汕尾港—大亚湾—大鹏湾海区分布有 8 种沉积物类型，以黏土质粉砂和粉砂质砂为主，主要分布在远岸的海域；砾砂、砂质砾是该区域的次要沉积物类型，主要分布在大亚湾黄文洲附近海域（图 9.6）。沉积物粉砂粒级表现为近岸低，但随着水深加深其含量增加的特点，

159

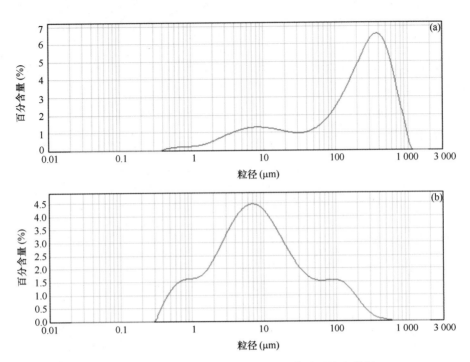

图 9.5 大亚湾-39（a）和大鹏湾-20（b）沉积物的曲线及峰态特征

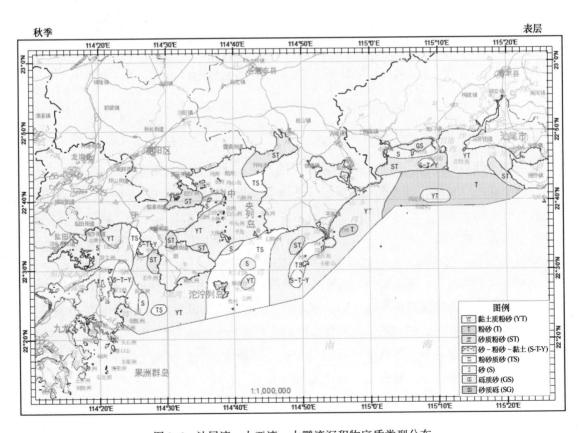

图 9.6 汕尾湾、大亚湾、大鹏湾沉积物底质类型分布

且大鹏湾沉积物中粉砂含量明显较汕尾湾和大亚湾的低。沉积物类型及粒度参数说明，汕尾

湾的物质来源较为单一，主要为北部陆源输入；大亚湾物源较为复杂，其西北部物源主要为近岸陆源输入，东南部则受到了强烈的海流作用，导致中部物源为多源输入；大鹏湾东南部物源也较单一，西北部主要受到近岸陆源物质输入的影响。

3）海陵湾—水东湾海区

海陵湾位于粤西海岸中部，阳江市与阳西县交界处，湾内附生多个小型港湾，并有多个小型岛屿，是粤西大型的丘陵潮汐通道型溺谷湾。水东湾位于广东省西南角电白县海岸，是一个被沙坝和山地环抱，半封闭型的潟湖式海湾，也是茂名市重要的交通运输港口和渔业生产基地。海陵湾—水东湾海区的表层沉积物（$n = 70$）与汕尾港—大亚湾—大鹏湾海区的相似，以砂和粉砂粒级组分为主，砂粒级含量为 0.44%~100%，高含量区主要分布在水东湾海域。粉砂粒级含量为 0.06%~70.25%，分布在水东湾离岸较远海域及海陵湾北部的海域。砾级组分也是水东湾的沉积物中重要组分，相对汕尾港—大亚湾—大鹏湾海区和柘林湾—汕头港海区，该海域沉积物中的黏土粒级含量要小得多，变化范围 0.31~42.65（见表 9.2）。

海陵湾—水东湾海区沉积物粒度曲线主要呈多峰态分布（见图 9.7），偏态值为 -0.64~0.26 粒度曲线以近于对称和负偏为主，在水东湾南部及海陵湾北部沉积物表现出极偏负特征，表明沉积物没有经长距离搬运就沉积下来。峰态值的变化范围为 0.70~2.42，以中等和平坦的峰态为主，但尖锐和很尖锐的峰态的站位也较多，分别达到 14 个和 9 个站位。沉积物的分选系数为 0.55~3.06，主要为分选性差的沉积物，但在水东湾南部近岸海域及海陵湾零星站位，沉积物的分选性中等或好。

水东湾—海陵湾海区分布有 8 种沉积物类型（图 9.8），黏土质粉砂和砂为主，砂主要分布在水东港北部海域，而黏土质粉砂主要分布在海陵湾及水东湾离岸较远的海域。粉砂质砂、砾砂、砂-粉砂-黏土等仅零星分布，这与平均粒径分布特征一致：水东湾的北部海域以及海陵湾的西北部海域沉积物较粗，海陵湾的南部海域和水东湾离岸远的海域沉积物以细粒组分为主。研究表明，水东湾—海陵湾海区的沉积物主要受近岸物源影响，且沉积物来源具有多源性，但受海流搬运及后期改造影响较少。

4）湛江港—雷州湾海区及流沙湾海区

湛江港—雷州湾海区及流沙湾海区分别位于雷州半岛东北部和西南部海域。湛江湾是一个半封闭的海湾，湾口为沟通湛江湾与外海的主要通道，在湾顶处有遂溪河及其若干小支流注入。雷州湾位于雷州半岛东侧，北邻湛江港，沿岸分布有众多小型港湾，湾内有多个岛屿。湛江港—雷州湾海区的沉积物以砂粒级组分为主，含量为 2.55%~100%，高含量区主要分布在雷州湾，粉砂粒级含量为 0.02%~66.60%（见表 9.2），主要分布在湛江港。除了砂和粉砂粒级外，黏土粒级高含量和砾级高含量分别分布在湛江湾和硇洲岛西南海域，但湛江湾的黏土粒级含量明显较雷州湾的高。

海陵湾—水东湾海区沉积物粒度曲线主要呈单峰或双峰态分布（见图 9.9），偏态值为 -0.76~0.29，粒度曲线以极负偏和近于对称为主，极负偏的沉积物站位主要出现在湛江湾海域，而近于对称的沉积物站位主要出现在雷州湾海域。峰态值的变化范围为 0.64~2.56，以中等和平坦的峰态为主，但很尖锐峰态的站位达 15 个，在湛江湾和雷州湾均有分布。沉积物的分选系数为 0.44~3.57，分选性为差至分选性好，分选性差的站位主要分布在湛江港内，

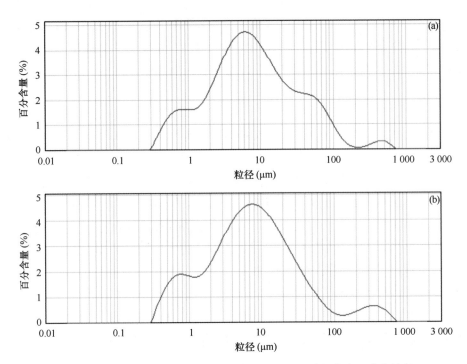

图 9.7　大东湾-22（a）和海陵湾-25（b）沉积物的曲线及峰态特征

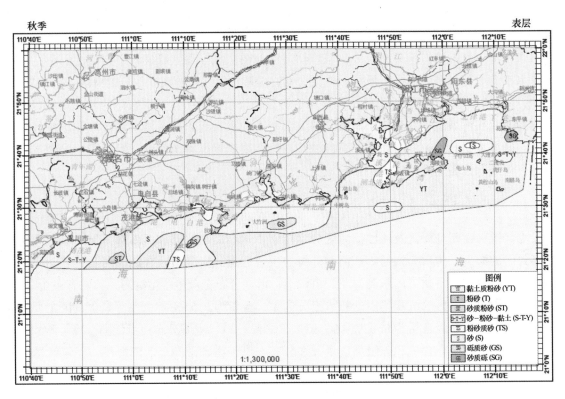

图 9.8　海陵湾和水东港沉积物底质类型分布

而分选性中等至分选性好的站位分布在湛江湾东部海域及雷州湾海域。

湛江港—雷州湾海区的沉积物类型以砂为主（见图 9.10 ），此外为粉砂质砂、砾砂、黏

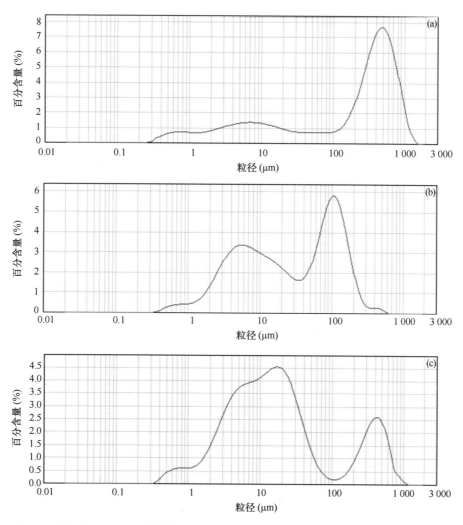

图9.9 湛江港-7（a）、雷州湾-9（b）和流沙湾-4（c）沉积物的曲线及峰态特征

土质粉砂、砂质粉砂以及砂-粉砂-黏土等型。沉积物类型及粒度参数分布表明，该海域的沉积物主要经海流搬运后沉积，滨岸带的砂质沉积是沉积物的主要来源，但近岸的短途河流，如南渡河也可能输送了径流区的陆源物质，在河口处形成了粉砂质砂等沉积。

流沙湾海区位于雷州半岛西南部。流沙湾为台地溺谷港湾，其地质构造属粤西和琼北由"湛江组"和"北海组"地层或玄武岩组成的台地海岸，是由台地构造——侵蚀谷地经冰后期海进而形成，再经潮流的长期塑造，发育成规模较大、水深条件较好的潮汐港口通道。海区的沉积物以粉砂和黏土粒级组分为主，粉砂粒级含量为8.81%~82.98%，黏土粒级含量为1.61%~26.92%。砾石粒级仅出现在流沙湾-6站位的沉积物中，该站位中的砂级组分含量高达84.39%。流沙湾南部的砂粒级含量均高于北部，其较高含量区位于流沙湾的中偏东南部海域，而粉砂含量分布与砾级含量的刚好相反，其低值区对应于砂含量的高质区。

流沙湾海区沉积物粒度曲线主要呈双峰态分布（图9.9），偏态值为-0.28~0.41，粒度曲线以近于对称和正偏为主，峰态值为0.61~2.52，以中等峰态为特征。在流沙湾-6站位的沉积物表现为尖锐的峰态特征。沉积物的分选系数为1.29~2.79，说明沉积物的分选性差。

流沙湾海区的沉积物类型与湛江港—雷州湾海区的明显不同，粉砂质砂和粉砂是流沙湾

163

秋季 表层

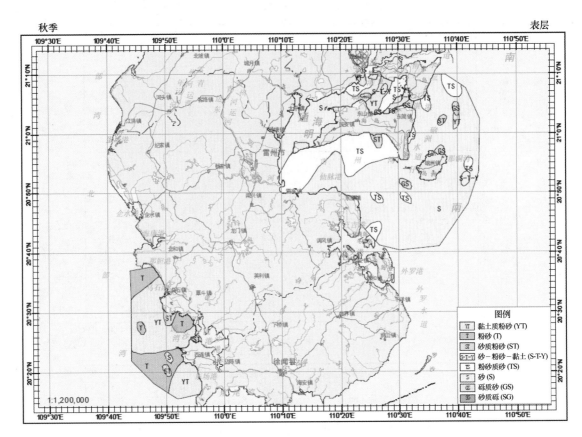

图9.10 湛江湾、雷州湾和流沙湾沉积物底质类型分布

海区的主要沉积物类型（图9.10），此外还有粉砂和砂等沉积物类型。粉砂质砂主要分布在流沙湾海区的中部和南部海域，而砂分布在流沙湾海区的西南、北部海域以及零星海域。沉积物分布及粒度参数特征表明，该海区的沉积物的来源较复杂，黏土、粉砂、砂以及砾砂等混杂，沉积物分选性差。

9.1.3 沉积物来源及影响

广东沿海沉积物的物质来源主要分为4种来源：第一个主要来源是河流如韩江、珠江、漠阳江等河流供沙，入海河流平均悬移质输沙量约为 $1×10^8$ t，推移质输沙量约 $1\ 000×10^4$ t，溶解质输移量约 $3\ 500×10^4$ t，它们为海岸带地形的发育提供了重要的物质来源；第二个重要来源是陆架供沙，如南澳岛东海域主要是陆架供沙；第三个来源是海岸侵蚀供沙，尤其是雷州半岛的湛江组地层比较松散，易受侵蚀，能为沿海提供较多的泥沙来源，泥沙可达湛江港—雷州湾外海海域；第四个来源是珊瑚礁遭受破坏或其他生物碎屑提供的沙源，如珠江口外以及南澳岛西北海域，样品中的生物碎屑可占20%~40%，甚至富集成层。

河流输沙是广东沿岸及近海海域沉积物的主要来源，这些河流输沙产生的影响主要为：

（1）韩江及粤东入海的河流泥沙扩散和沉积的主要范围为水深30 m以浅的河口湾、海湾或近岸带，其中石牌山以东外部浅海因全年均以北东向海流占优势，致使韩江泥沙向东运移，沉积物进入内陆架。

（2）珠江及粤西入海河流泥沙扩散和沉积的范围，主要在珠江口至雷州半岛东部水深

50 m 以浅的海岸带和浅海。下半年珠江口外受南向的强大径流和北东向海流的相互作用下，促使珠江出海泥沙向南东方向扩散至 100 m 水深区域。

（3）上述以外的范围属不同区域河流泥沙混合沉积区，由于潮流和海流的大范围活动，不同河流的入海泥沙可以在陆架相混合，其中越南红河的泥沙可以进入北部湾的东北部，对雷州半岛浅海有影响。

（4）波浪作用的沿岸漂沙，由于广东海岸多呈锯齿状，河流出口一般镶嵌于河口湾或海湾的内部，沿岸受半岛或岬角的掩护，不可能形成长距离的大规模的沿岸漂沙，因此波浪作用的沿岸飘沙，主要沉积近海海域。

9.2　沉积物的稀土元素地球化学特征

9.2.1　表层沉积物稀土元素含量及分布特征

1）柘林湾—汕头港海区

柘林湾—汕头港海区表层沉积物稀土元素总含量（$\sum$REE）的变化范围为 $137.27\times10^{-6}\sim426.35\times10^{-6}$，平均值为 285.24×10^{-6}。由 $\sum$REE 等直线分布图（图 9.11）可知，汕头港沉积物的 $\sum$REE 明显高于柘林湾以及南澳岛附近，高值区位于汕头港的西南区，低值区分布在海山岛附近。稀土元素含量进行球粒陨石标准化，则可反映各稀土元素的分异情况（Coryelletal，1963；Hendenson，1984）。柘林湾与汕头港海区沉积物的稀土元素分配曲线基本一致，以轻稀土元素分配曲线向右倾斜，重稀土元素分配曲线保持相对平稳，即 LREE 相对富集，LREE 与 HREE 发生分异为特征（图 9.12），LREE/HREE 介于 2.9~4.1 之间，平均值为 3.5。Ce 无明显异常，δCe 平均值为 0.95，Eu 在各站位出现中等程度亏损，δEu 平均值为 0.65。

2）汕尾港—大亚湾—大鹏湾海区

汕尾港—大亚湾—大鹏湾海区表层沉积物的 $\sum$REE 在 $119.88\times10^{-6}\sim286.72\times10^{-6}$ 之间变化，平均值为 232.81×10^{-6}，$\sum$REE 的等值线如图 9.13 所示。与柘林湾—汕头港海区相比，该区的稀土元素总量变化范围及平均值均较小。稀土元素球粒陨石标准化后，汕头港、大亚湾和大鹏湾沉积物稀土元素分配模式相似，每站位各站点稀土分配曲线近乎平行且含量相近（除大亚湾 48# 外）；曲线均为右倾型，轻稀土富集，重稀土亏损，LREE/HREE 介于 3.1~3.7 之间，平均值为 3.5。Ce 无明显异常，δCe 平均值为 0.97，Eu 在各站位出现中等程度亏损，δEu 平均值为 0.66。

3）海陵湾—水东湾海区

海陵湾—水东湾海区表层沉积物稀土元素 $\sum$REE 变化范围为 $210.40\times10^{-6}\sim358.26\times10^{-6}$，平均值为 275.05×10^{-6}，其中轻稀土 $\sum$LREE 的变化范围为 $165.85\times10^{-6}\sim289.79\times10^{-6}$，平均值为 209.20×10^{-6}，重稀土 $\sum$HREE 的变化范围为 $44.55\times10^{-6}\sim76.47\times10^{-6}$，平均值为 $65.85\times$

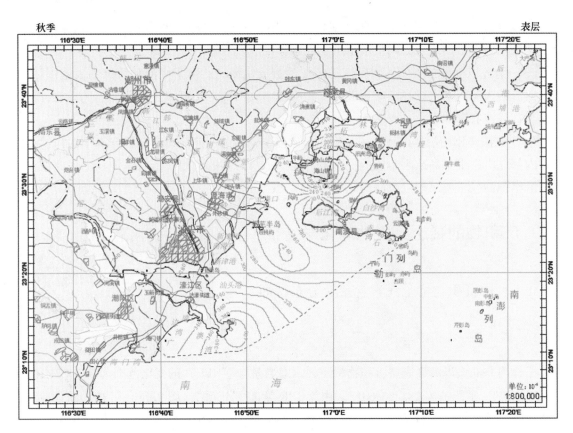

图 9.11 柘林湾—汕头港海区表层沉积物稀土元素总含量（∑REE）分布

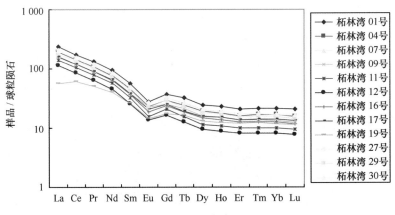

图 9.12 柘林湾表层沉积物稀土元素分布曲线

10^{-6}。海陵湾稀土元素含量变化较为稳定，∑REE 平均含量为 279.74×10^{-6}，而水东港沉积物 ∑REE 变化较大，最大值为 358.26×10^{-6}，最小值为 210.40×10^{-6}。由图 9.14 可知，稀土元素总含量分布由南向北减小，由东至西增大趋势，区稀土总含量的最高值分布在水东港西部海域。

海陵湾—水东湾海区沉积物稀土元素球粒陨石标准化曲线大致分为两种类型，海陵湾稀土分配曲线较为平滑，LREE/HREE 介于 2.8~3.1 之间，平均值为 3.0（图 9.15）。与海陵湾相比，水东港稀土分配曲线呈现"V"形分布（图 9.16），曲线比海陵湾右倾程度增大，

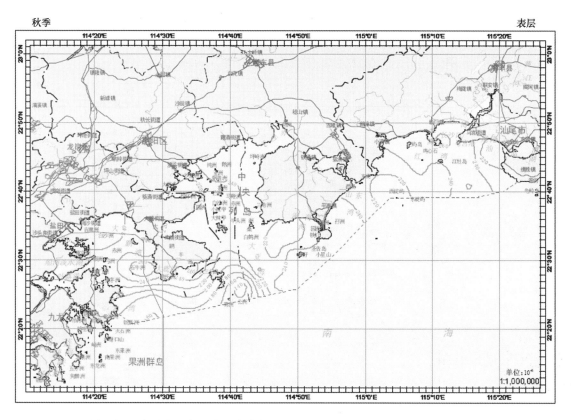

图 9.13　汕尾港—大亚湾—大鹏湾海区表层沉积物稀土元素总含量平面分布

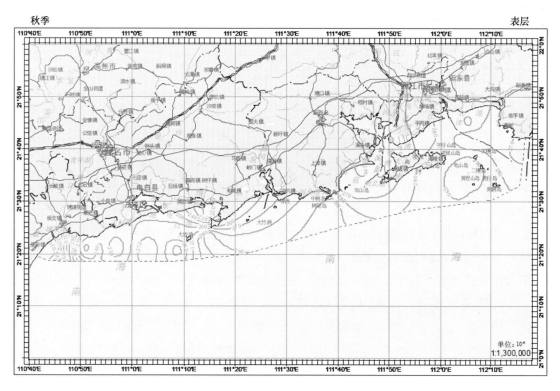

图 9.14　海陵湾—水东湾海区表层沉积物稀土元素总含量平面分布

LREE/HREE 值稍大，介于 3.0~4.2 之间，平均值为 3.5，属于轻稀土富集型。该海区沉积物中 Ce 无明显异常，Eu 出现中度亏损，海陵湾 δEu 在 0.67~0.79 之间，平均值为 0.75，水东港 Eu 亏损程度稍大，δEu 在 0.367~0.75 之间，平均值为 0.64。

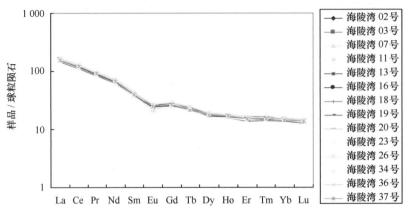

图 9.15　海陵湾表层沉积物稀土元素分布曲线

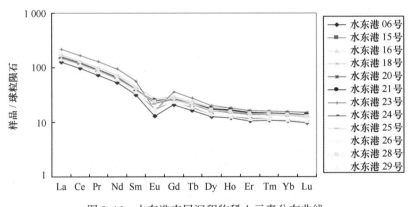

图 9.16　水东港表层沉积物稀土元素分布曲线

4) 湛江港—雷州湾海区及流沙湾海区

湛江港、雷州湾表层沉积物稀土元素 $\sum$REE 变化范围为 $84.21 \times 10^{-6} \sim 725.38 \times 10^{-6}$，平均值为 203.43×10^{-6}；湛江湾内 $\sum$REE 含量较为均一，平均值为 200×10^{-6}，湾外由东至西逐渐增大。雷州湾 $\sum$REE 含量低于湛江湾，是该海区稀土元素分布的低值区（图 9.17），$\sum$LREE、$\sum$HREE 分布规律与 $\sum$REE 相似，雷州湾含量较低，湛江湾湾内含量低于湛江湾外，湾外由东至西 $\sum$LREE 含量逐渐增加。

湛江湾轻稀土明显富集，LREE/HREE 值介于 2.7~4.9 之间，平均值为 3.3，Ce 无明显异常，Eu 出现中度亏损，δEu 在 0.24~0.72 之间，平均值为 0.59，湛江湾 36 号稀土含量明显高于其他各站位，曲线倾斜程度较大，Eu 亏损程度最大。雷州湾稀土分配曲线较为平滑，LREE/HREE 介于 3.0~3.6 之间，平均值为 3.3，Ce 无明显异常，Eu 亏损程度略小于湛江湾，δEu 在 0.56~0.72 之间，平均值为 0.64。

流沙湾表层沉积物 $\sum$REE 变化范围为 $168.19 \times 10^{-6} \sim 271.96 \times 10^{-6}$，平均值为 226.18×10^{-6}，REE、LREE 和 HREE 含量由北向南，由西至东增大。标准化处理后，流沙湾表层沉积

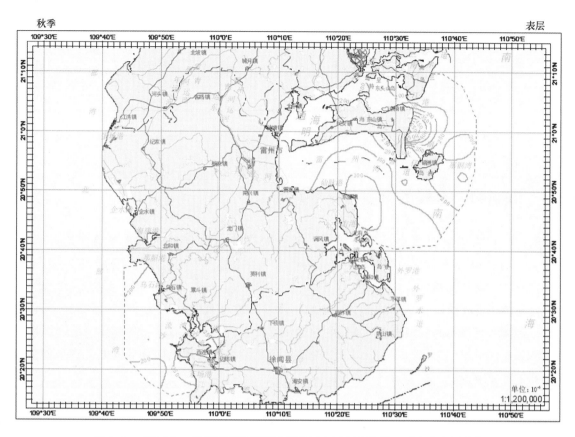

图 9.17　湛江港—雷州湾海区及流沙湾海区表层沉积物稀土元素总含量分布

物轻稀土段倾斜，重稀土曲线段相对平滑，LREE/HREE 介于 2.5~3.3 之间，平均值为 3.0，Ce 无明显异常，Eu 为弱亏损，δEu 在 0.73~0.94 之间，平均值为 0.77。

9.2.2　表层沉积物稀土元素的物源示踪

一般而言，REE 具有较好的稳定性，较少受到成岩作用的改变。10 个港湾区样品的 δCe 与 δEu 的相关系数（r）仅为 -0.297，δCe 与 ∑REE 的相关性系数（r）为 -0.53，说明成岩作用的影响不明显，REE 特征主要受控于母岩类型，从而可以通过计算 REE 元素的富集因子和判别函数，分析沉积物的物质来源与组成特征。

EF 是元素相对于地壳丰度的富集因子，用于分析沉积物的物质来源。各海湾样品的 14 种稀土元素含量均值的 EF 值较小并接近于 1，表明各海湾沉积物的物源与上地壳成分接近（表 9.3）。雷州湾稀土元素的 EF 略高于 1，大亚湾、海陵湾及湛江港的 EF 值与 1 的差别较大，柘林湾和汕头港居中，表明各海湾的物源均来自地壳，但物源组成具有一定的差异。

表 9.3　表层沉积物的稀土元素富集因子

样品名	La	Ce	Pr	Nd	Sm	Eu	Gd	Tb	Dy	Ho	Er	Tm	Yb	Lu	Y
柘林湾	0.86	0.79	0.81	0.78	0.86	0.9	0.89	0.79	0.76	0.69	0.65	0.7	0.66	0.68	0.67
汕头港	0.89	0.82	0.84	0.82	0.88	0.92	0.91	0.79	0.76	0.69	0.64	0.72	0.66	0.69	0.66
大亚湾	0.78	0.74	0.73	0.72	0.78	0.83	0.81	0.72	0.68	0.63	0.59	0.64	0.59	0.61	0.59

续表9.3

样品名	La	Ce	Pr	Nd	Sm	Eu	Gd	Tb	Dy	Ho	Er	Tm	Yb	Lu	Y
海陵湾	0.79	0.74	0.76	0.77	0.85	1.03	0.9	0.81	0.79	0.74	0.69	0.74	0.68	0.7	0.71
湛江湾	0.84	0.79	0.8	0.79	0.86	0.95	0.93	0.84	0.81	0.75	0.7	0.76	0.69	0.72	0.73
雷州湾	1.08	1.04	1.03	1.03	1.14	1.12	1.19	1.05	1	0.92	0.85	0.94	0.87	0.87	0.89

9.3 沉积物重金属的含量与环境评价

海洋沉积物是重要的水生生物特别是底栖无脊椎动物金属摄入的来源（Xu et al.，2001），沉积物中不断积累的有毒物质会对底栖生物或依靠沉积物生存的生物产生毒害作用，并通过食物链富集和传递，最终对人类健康造成影响（Lawrence and Mason，2001）。此外，在一定条件下原先沉积于其中的部分污染物会重新释放至水中，成为潜在的污染源。因此，具有汇和源双重作用的沉积物在污染物的输运和存储过程中都起着重要的作用，重金属在海洋沉积物中的分布、迁移与转化，以及重金属生物毒性效应与环境修复等方面一直是重金属污染研究的重要内容。

9.3.1 表层沉积物重金属含量特征

广东沿岸港湾表层沉积物中重金属（Cu、Pb、Zn、Cr、Cd、As 和 Hg）总的含量范围为 $(76.23 \sim 971.88) \times 10^{-6}$，平均值为 230.26×10^{-6}，平均值最高的是海陵湾，最低的是雷州湾（表9.4），但最高值的站位出现在柘林湾和汕头湾。元素平均值比较表明，海陵湾沉积物的 Cu、Cr、As 平均含量最高，而柘林湾的 Pb、汕头湾的 Zn 和 Cd、大亚湾的 Hg 的平均含量最高，相反雷州湾沉积物的 Cu、Pb、Zn、Cr、Cd 和 As、大鹏湾沉积物的 Hg 平均平均含量最低。

表9.4 表层沉积物重金属含量特征　　　　　　单位：mg/kg

港湾		Cu	Pb	Zn	Cr	Cd	As	Hg	总量
柘林湾 （n=12）	最小值	4.12	31.41	57.53	40.89	0.04	6.70	0.07	140.76
	最大值	231.17	101.40	186.82	68.52	0.58	18.62	0.21	589.00
	平均值	36.57	61.57	106.61	57.88	0.18	11.05	0.12	273.98
汕头港 （n=16）	最小值	5.78	35.34	68.85	42.46	0.06	7.41	0.11	167.90
	最大值	78.91	106.20	563.58	188.59	6.63	27.77	0.42	971.88
	平均值	22.65	58.67	139.75	68.42	0.74	12.31	0.18	302.70
汕尾港 （n=12）	最小值	5.19	35.97	65.96	44.01	0.06	6.82	0.02	158.34
	最大值	11.13	45.57	92.86	65.03	0.11	10.73	0.10	223.61
	平均值	8.57	40.65	80.62	55.82	0.08	8.60	0.05	194.39
大亚湾 （n=16）	最小值	1.47	20.43	38.08	30.61	0.04	4.79	0.02	95.54
	最大值	21.46	47.70	103.47	69.12	0.20	8.63	0.10	245.93
	平均值	11.20	39.46	84.71	59.54	0.10	7.10	0.05	202.15

续表 9.4

港湾		Cu	Pb	Zn	Cr	Cd	As	Hg	总量
大鹏湾 （n=8）	最小值	11.04	37.87	65.66	38.40	0.08	5.22	0.14	159.71
	最大值	12.21	54.46	113.68	70.94	0.15	7.33	0.26	257.52
	平均值	11.45	45.77	89.58	57.92	0.11	6.69	0.19	211.71
海陵湾 （n=14）	最小值	27.90	43.92	102.91	70.96	0.21	12.71	0.08	259.47
	最大值	60.40	59.45	146.40	102.48	0.30	19.67	0.23	373.77
	平均值	39.92	51.62	129.96	89.31	0.27	17.06	0.12	328.25
水东港 （n=12）	最小值	7.01	24.79	44.77	36.47	0.05	5.63	0.06	119.93
	最大值	49.39	54.44	133.41	94.15	0.31	15.74	0.18	347.23
	平均值	23.13	40.44	90.20	69.26	0.17	11.45	0.12	234.76
湛港湾 （n=17）	最小值	2.99	24.09	40.28	32.59	0.07	4.52	0.03	115.75
	最大值	20.65	50.88	96.96	71.99	0.28	32.37	0.14	250.14
	平均值	11.04	37.02	67.44	52.48	0.13	10.74	0.05	178.91
雷州湾 （n=12）	最小值	0.60	17.25	28.42	24.30	0.03	4.11	0.10	76.23
	最大值	18.03	32.17	63.46	53.82	0.11	9.92	0.16	164.02
	平均值	4.06	22.88	43.62	37.86	0.07	5.94	0.13	114.56
流沙湾 （n=11）	最小值	7.97	24.52	52.79	54.31	0.07	8.73	0.06	160.51
	最大值	79.86	45.95	114.72	133.51	0.16	14.39	0.16	319.37
	平均值	27.04	35.76	89.74	80.58	0.12	12.45	0.11	245.81

本次调查结果与前人的调查结果相比（见表 9.5），柘林湾沉积物 Cu 和 Cr 的平均含量分别是前人调查结果的 1.5 倍和 1.4 倍；Pb 与 Zn 平均含量无明显变化，大亚湾 Cu 和 Hg元素在 2004 年的调查结果分别是本次调查的 2.1 倍和 3.2 倍，Pb 与 Zn 的含量在两次调查中比较接近，而 Cd 与 As 本次的调查结果要分别比 2004 年的调查结果高 2.4 倍和 1.4 倍。在海陵湾，Cu、Zn、Cd 和 Hg 的平均浓度与以前所测得的浓度相接近，而 Pd 的浓度要高于以前调查结果的 1.4 倍以上。在湛江湾，Pb 和 Cd 的浓度明显低于以前研究结果，而 As和 Hg 的结果与以前结果相近。

与本区珠江口和深圳湾表层沉积物重金属含量相比，发现本次调查的 10 个港湾沉积物中 Cu、Zn、Cd 和 As 的平均含量远低于珠江口，Cd 的平均含量也远低于深圳湾，而 Pb、Cr 和Hg 的浓度则要大于珠江口。在本次调查的 10 个港湾中，海陵湾和柘林湾中的 Cu、海陵湾、柘林湾和汕头湾中的 Pb 以及海陵湾和汕头湾中的 Zn 的含量接近或高于深圳湾，其他各港湾中的 Cu、Pb 和 Zn 元素均低于深圳湾。此外，汕尾港和大亚湾中的 Pb 元素、雷州湾中的 Zn元素含量则分别与红海湾的相当。

表 9.5　广东近岸海域与其他海域表层沉积物重金属含量比较　　　　单位：mg/kg

海域		Cu	Pb	Zn	Cr	Cd	As	Hg	参考文献
广东省海岸带	柘林湾	36.57	61.57	106.61	57.88	0.18	11.05	0.12	本次研究
	汕头湾	22.65	58.67	139.75	68.42	0.74	12.31	0.18	
	汕尾港	8.57	40.65	80.62	55.82	0.08	8.60	0.05	
	大亚湾	11.20	39.46	84.71	59.54	0.10	7.10	0.05	
	大鹏湾	11.45	45.77	89.58	57.92	0.11	6.69	0.19	
	海陵湾	39.92	51.62	129.96	89.31	0.27	17.06	0.12	
	水东湾	23.13	40.44	90.20	69.26	0.17	11.45	0.12	
	湛江湾	11.04	37.02	67.44	52.48	0.13	10.74	0.06	
	雷州湾	4.06	22.88	43.62	37.86	0.07	5.94	0.13	
	流沙湾	27.04	35.76	89.74	80.58	0.12	12.44	0.11	
	柘林湾	24.0	57.7	113.0	40.1	-	-	-	乔永民，2006
	大亚湾	24.0	32.0	89	-	0.042	4.95	0.16	丘耀文，2004
	深圳湾	35.8	51.1	124.0	-	1.2	-	-	杨美兰，1992
	珠江口	85.51	15.23	130.44	24.62	1.70	26.87	0.0315	杨蕾，2006
	海陵湾	32.15	36.05	108.25	-	0.26	-	0.113	丘耀文，2004
	湛江湾	-	44.26	-	-	3.09	12.75	0.057	张才学，2006
	红海湾	-	38.9	45.1	-	-	-	-	甘居利，2000
江苏海岸带	连云港	31.4	45.87	81.22	118.9	1.82	7.13	45.5	乔磊，2005
	灌河口	35.26	31.13	82.62	158.9	2.19	12.18	61.3	
	射阳港	33.51	26.81	62.18	188.5	1.81	10.08	68.4	
	大丰港	29.87	20.33	57.06	160.4	2.00	10.37	46.3	
	东台港	33.27	17.96	54.30	155.5	1.95	7.83	53.4	
	启东港	52.31	20.14	65.17	175.1	1.00	9.58	80.2	
厦门海域	九龙江口	10.67	40.67	109.56	28.63	0.034	6.45	0.0057	李桂海，2007
	厦门西港	30.95	54.99	168.14	47.36	0.023	16.51	0.0147	
	同安湾口	13.35	30.12	129.87	33.62	<0.01	8.75	0.0064	
	东部水道	10.87	24.10	52.79	23.64	<0.01	9.85	0.0054	
乳山湾		16.14	24.26	59.16	-	1.27	7.73	0.034	崔毅，2005
天津海域		27.34	17.34	101.42	-	0.12	6.67	0.62	海热提，2006
胶州湾		24.93	32.3	69.68	45.1	0.082	7.16	0.088	陈正新，2006
渤海湾		26	22.4	76.3	49	0.15	13.8	0.065	黄华瑞，1988
波士顿港		67	86	118	131	-	-	-	Bothner et al.，1998
加的斯湾		-	28	186	224	-	-	-	Carrasco et al.，2003
萨罗斯湾		19	22	73	-	-	-	-	San and Cagatay，2002
居吕克湾		25	20	81	-	0.56	-	-	Dalman et al.，2005

注："-"表示无数据。

与国内其他海域表层沉积物重金属含量相比，广东省近岸港湾个别元素含量在局部海区明显偏高。就 Cu 元素来说，本研究所有港湾的平均值都低于启东港；在汕尾港和雷州湾，其平均浓度低于全国的其他港湾；在大亚湾、大鹏湾和湛江湾，略低于厦门海域的同安湾口和乳山湾，与厦门海域的九龙江口、东部水道相当；在柘林湾和海陵湾，Cu 元素浓度则与灌河口相当；在汕头湾和水东湾，其平均含量与胶州湾相当；在流沙湾则与天津海域和渤海湾相当。就 Pb 元素来说，柘林湾和汕头湾中的含量高于全国其他港湾；汕尾港、大亚湾和水东湾的 Pb 元素含量与九龙江口相当；在大鹏湾和雷州湾，则分别相当于连云港和渤海湾；在海陵湾，Pb 平均含量略低于厦门西港，而高于全国其他港湾；在湛江湾，Pb 在表层沉积物中的平均含量较接近于九龙江口并略低于该区，而在流沙湾则接近于胶州湾并略高于该区。就 Zn 元素来说，广东省近岸港湾表层沉积物中的含量远低于厦门西港；在雷州湾，其值低于全国其他海域；除雷州湾外，其他港湾中的 Zn 元素含量高于乳山湾以及江苏海岸带的射阳港、大丰港、东台港和启东港；在柘林湾和海陵湾，Zn 的含量分别与九龙江口和同安湾口相当；在湛江湾则与胶州湾相当；在汕尾港和大亚湾，其含量则与连云港和灌河口相当。本次调查的 10 个港湾中 Cr 含量均高于厦门海域的九龙江口、同安湾口和东部水道，而低于江苏海岸带；在湛江湾，Cr 的含量则略高于胶州湾和渤海湾及厦门海域的厦门西港。总体来说，广东近岸港湾中 Cd 含量明显低于江苏海岸带和乳山湾，高于厦门海域；除汕尾港外，广东省近岸其他海域中 Cd 含量与天津海域、胶州湾和渤海湾相当。就 As 元素来说，本次调查的 10 个港湾表层沉积物中 As 的含量与江苏海岸带、厦门海域、乳山湾、天津海域、胶州湾、渤海湾的含量相当。Hg 在本次调查的港湾中的含量明显低于江苏海岸带和天津海域，而高于厦门海域、乳山湾、胶州湾和渤海湾。

与文献所报道的国外的一些港湾表层沉积物重金属含量相比，整体上，本次调查的 10 个港湾中 Cu 元素的平均含量均远低于波士顿港，而在流沙湾，Cu 的含量与居吕克湾含量水平相当，在汕头湾和水东湾，其含量水平则稍高于萨罗斯湾。就 Pb 元素来说，本次调查的各港湾平均含量远低于波士顿港，在雷州湾 Pb 元素则与萨罗斯湾和居吕克湾相当。就 Zn 元素来说，本次调查的各个港湾的平均含量远低于加的斯湾，除汕头湾和海陵湾外，其他各港湾 Zn 的平均含量也都低于波士顿港，在汕尾港和大亚湾与居吕克湾相近；在湛江湾 Zn 含量则略低于萨罗斯湾。本次调查还发现 Cr 的浓度在各港湾远低于波士顿港和加的斯湾，Cd 的浓度远低于居吕克湾。

9.3.2　表层沉积物重金属相关性分析

各港湾中 Cu、Pb、Zn、Cr、Cd、As 和 Hg 等重金属之间的 Pearson 相关性系数见表 9.6。总体上看，除流沙湾外，其他 9 个港湾的 Cu、Pb、Zn 之间的相关性都较好，说明这些重金属元素具有明显的同源性，但不同海湾具有不同特点：柘林湾 Cd 与 Cu、Pb、Zn、As 之间的相关性较好；汕头湾 Cu、Pb、Zn、Cr、Cd、As 6 个元素相互之间的相关性较好，而 Hg 与其他元素之间的相关性则较差；在汕尾港和大亚湾，Cu、Pb、Zn、Cr 相互之间的相关性较好，另外在大亚湾，As 与 Cu、Pb、Zn、Cr 的相关性也较好；大鹏湾，除 Cd 外，Cu、Pb、Zn、Cr、As、Hg 6 个元素相互之间的相关性较好；在海陵湾，Cu、Pb、Zn、As 之间，Cr 与 Pb、Zn、As 之间都有较好的相关性；水东湾所有的重金属元素 Cu、Pb、Zn、Cr、Cd、As、Hg 相互之间均具有很好的相关性；在湛江湾，Cu、Pb、Zn、Cr、As 相互之间，Cd 和 Pb，Hg 和

Cu、Pb、Zn 之间的相关性都较好；在雷州湾，Cu、Pb、Zn、Hg 相互之间，以及 Cd 与 As 之间具有较好的相关性；流沙湾 Zn 与 Pb、Cr、Cd 之间，Cr 与 Cd 之间相关性较好。

表 9.6　各港湾表层沉积物中重金属之间及与 TOC 的相关性

	Pb	Zn	Cr	Cd	As	Hg	TOC	Pb	Zn	Cr	Cd	As	Hg	TOC
	柘林湾							汕头湾						
Cu	0.60	0.80	0.02	0.40	0.13	0.17	0.51	0.92	0.93	0.87	0.91	0.91	0.09	0.86
Pb		0.90	0.27	0.87	0.85	0.46	0.69		0.79	0.72	0.74	0.94	0.10	0.80
Zn			0.45	0.65	0.59	0.51	0.79			0.98	0.99	0.89	0.10	0.84
Cr				0.05	0.31	0.70	0.55				0.97	0.86	0.21	0.87
Cd					0.86	0.10	0.53					0.86	0.06	0.80
As						0.40	0.56						0.10	0.86
Hg							0.34							0.42
	汕尾港							大亚湾						
Cu	0.86	0.92	0.88	0.19	0.41	0.55	0.55	0.80	0.88	0.75	0.22	0.42	-0.32	0.81
Pb		0.93	0.75	-0.09	0.36	0.23	0.25		0.93	0.86	-0.06	0.72	-0.16	0.74
Zn			0.87	0.00	0.19	0.37	0.33			0.94	0.09	0.53	-0.29	0.79
Cr				0.19	0.17	0.55	0.60				-0.10	0.59	-0.29	0.59
Cd					0.28	0.58	0.14					-0.63	-0.04	0.19
As						0.13	0.37						0.01	0.35
Hg							0.40							-0.28
	大鹏湾							海陵湾						
Cu	0.96	0.98	0.86	0.44	0.53	0.86	0.91	0.85	0.82	0.14	0.55	0.58	0.143	0.37
Pb		0.91	0.76	0.64	0.42	0.80	0.86		0.91	0.51	0.40	0.73	0.27	0.65
Zn			0.95	0.32	0.69	0.80	0.90			0.58	0.50	0.86	0.25	0.72
Cr				0.10	0.88	0.68	0.83				0.25	0.79	0.43	0.79
Cd					-0.16	0.16	0.22					0.36	0.19	0.17
As						0.36	0.56						0.39	0.70
Hg							0.94							0.22
	水东湾							湛江湾						
Cu	0.96	0.97	0.94	0.97	0.93	0.70	0.91	0.92	0.98	0.90	0.31	0.59	0.52	0.79
Pb		0.99	0.98	0.96	0.93	0.80	0.96		0.94	0.80	0.52	0.70	0.47	0.68
Zn			0.97	0.96	0.97	0.80	0.97			0.90	0.39	0.55	0.47	0.77
Cr				0.95	0.95	0.85	0.94				0.09	0.62	0.41	0.75
Cd					0.91	0.71	0.90					-0.01	0.12	0.29
As						0.81	0.95						0.20	0.36

续表 9.6

	Pb	Zn	Cr	Cd	As	Hg	TOC	Pb	Zn	Cr	Cd	As	Hg	TOC
Hg							0.85							0.45
	雷州湾							流沙湾						
Cu	0.44	0.56	0.58	0.02	0.11	0.49	0.57	-0.53	-0.32	-0.04	0.18	-0.27	-0.19	-0.13
Pb		0.97	0.93	-0.08	0.09	0.78	0.83		0.79	0.22	0.34	0.46	0.24	0.57
Zn			0.99	-0.03	0.18	0.81	0.86			0.73	0.61	-0.06	0.26	0.88
Cr				0.07	0.29	0.72	0.87				0.58	-0.49	0.12	0.77
Cd					0.77	-0.19	0.29					-0.28	0.12	0.54
As						-0.09	0.46						0.01	-0.29
Hg							0.70							0.06

9.3.3　沉积物重金属的污染评价方法

通过各种途径进入近岸海域的重金属元素，绝大部分迅速地蓄积在沉积物中，成为近岸海域沉积物主要的污染物之一。随着近海海洋沉积物的污染状况受到越来越多的关注，近年来沉积物中的各类污染物污染的评价研究十分活跃，国内外均开展了大量的研究工作，并提出了多种污染评价的方法。采用沉积物质量标准法、地质积累指数法分析广东省近岸港湾表层沉积物中重金属的生态危害。

9.3.3.1　沉积物质量标准法

根据我国发布和实施的海洋沉积物质量标准（GB 18668—2002），按照海域的不同使用功能和环境保护目标，海洋沉积物质量分为 3 类（表 9.7）：第一类适用于海洋渔业水域、海洋自然保护区、珍稀与濒危生物自然保护区、海水养殖区、海水浴场、人体直接接触沉积物的海上运动或娱乐区、与人类食用直接有关的工业用水区；第二类适用于一般工业用水区、滨海风景旅游区；第三类适用于海洋港口水域、特殊用途的海洋开发作业区。

表 9.7　海洋沉积物质量分类指标　　　　　　　　　　　　　单位：mg/kg

	Cu	Zn	Pb	Cd	Cr	Hg	As
一类	35.0	150.0	60.0	0.50	80.0	0.20	20.0
二类	100.0	350.0	130.0	1.50	150.0	0.50	65.0
三类	200.0	600.0	250.0	5.00	270.0	1.00	93.0

通过对比所测各个站点重金属元素的含量与其分类指标值，估算出了各个重金属元素在不同港湾各站位的所属沉积物质量分类。总体情况是，汕尾港、大亚湾、大鹏湾、湛江湾和雷州湾沉积物质量较好，除了 Hg 在大鹏湾 13 站位和 17 站位、As 在湛江湾 17 站位为二类沉积物外，其他均达到一类沉积物质量标准。其他各港湾，有些沉积物质量在有些站位降到二

类或者三类。在柘林湾的 1 站位、30 站位，汕头湾的 30 站位、33 站位和 34 站位，均有 3 种或 3 种以上重金属的沉积物质量降到二类或者三类质量标准，甚至 Cd 元素在 34 站位的沉积物质量超出三类质量标准；在海陵湾，大部分站位的 Cu 和 Cr 含量的沉积物质量为二类。

9.3.3.2　地质积累指数 Igeo 法

地质积累指数 Igeo 法是利用重金属的浓度与其背景值的关系来确定重金属污染程度的参数，由德国学者 Müller 于 1969 年提出（Müller，1969），现在已是用来反映沉积物中重金属富集程度的常用指标，其计算公式如下：

$$Igeo = \log_2 \left[C_n / (1.5_n) \right]$$

式中：C_n 是某一被测重金属元素 n 的测定含量；n 为所测元素的地球化学背景值。根据 Igeo 值的大小，把沉积物中重金属污染水平分成 7 个等级（表 9.8）。该方法优点是能够很直观地给出重金属污染级别，但缺点是没有考虑各种重金属的生物毒性效应大小。

表 9.8　重金属地质积累指数（Igeo）

Igeo 指数	>5	4~5	3~4	2~3	1~2	0~1	<0
级别	6	5	4	3	2	1	0
污染程度	严重污染	重污染	偏重污染	中度污染	偏中污染	轻度污染	清洁

以南海陆架区元素背景值为基准作为所测金属元素的地球化学背景值，广东省各港湾表层沉积物中测定元素的地质积累指数范围及平均值见表 9.9。

总体来看，大部分海域的沉积物中基本没有受到 Cd 和 As 污染或者有轻微污染；大部分海域沉积物有 Zn 和 Cr 的轻微污染或没有污染；Pb 除了在柘林湾和汕尾湾有部分站位达到偏中度的污染外，其他大部分港湾则是轻微污染；Cu 在柘林湾、汕头湾、海陵湾、水东湾和流沙湾的大部分站位达到偏中度的污染，甚至有些如柘林湾 29 站位污染较重，其他港湾沉积物 Cu 元素的污染轻微；Hg 元素在汕尾湾、大亚湾和湛江湾有轻度污染，其他港湾的污染则达到了偏中度的程度。就各个港湾的污染程度来说，汕头湾、大鹏湾和雷州湾的 Hg 的污染程度偏中度；而柘林湾、海陵湾、水东湾和流沙湾沉积物中受到了 Cu 和 Hg 的偏中度的污染。就单个站位来说，柘林湾的 29 站位受到铜的中度污染；汕头湾的 30 站位和 34 站位受到 Cu 和 Cd 的中度污染，甚至偏重污染。

表 9.9　广东省港湾表层沉积物重金属地质积累指数范围及平均值（Igeo）

港湾	Cu Igeo	Cu 级数	Pb Igeo	Pb 级数	Zn Igeo	Zn 级数	Cr Igeo	Cr 级数	Cd Igeo	Cd 级数	As Igeo	As 级数	Hg Igeo	Hg 级数
柘林湾	-0.54~3.48	0~4	0.29~1.47	1~2	-0.35~0.47	0~1	-0.37~0.15	0~1	-1.97~0.77	0~1	-0.78~0.25	0~1	0.83~1.93	1~2
平均值	1.64	2	0.97	1	0.27	1	-0.02	0	-0.42	0	-0.28	0	1.42	2
汕头湾	-0.2~2.41	0~3	0.41~1.51	1~2	-0.17~1.93	0~2	-0.33~1.16	0~2	-1.55~3.2	0~4	-0.68~0.65	0~1	1.25~2.64	2~3
平均值	1.16	2	0.92	1	0.54	1	0.15	1	1.01	2	-0.17	0	1.77	2
汕尾湾	-0.31~0.45	0~1	0.43~0.67	1	-0.21~0.09	0~1	-0.29~0.06	0~1	-1.58~-0.93	0	-0.76~-0.31	0	-0.2~1.18	0~2
平均值	0.19	1	0.55	1	-0.01	0	-0.05	0	-1.22	0	-0.53	0	0.61	1
大亚湾	-1.58~1.11	0~2	-0.14~0.71	0~1	-0.76~0.23	0~1	-0.66~0.16	0~1	-1.74~-0.3	0	-1.11~-0.52	0~1	-0.19~1.15	0~1
平均值	0.46	1	0.52	1	0.04	1	0.01	1	-1.03	0	-0.72	0	0.53	1
大鹏湾	-0.2~0.82	0~1	0.48~0.84	1	-0.22~0.33	0~1	-0.43~0.19	0~1	-1.23~-0.61	0	-1.03~-0.69	0	1.52~2.04	2~3
平均值	0.41	1	0.67	1	0.09	1	-0.02	0	-0.92	0	-0.78	0	1.82	2
海陵湾	1.37~2.14	2~3	0.63~0.93	1	0.23~0.56	1	0.19~0.55	1	-0.23~0.12	0~1	-0.14~0.3	0~1	0.93~2.03	1~2
平均值	1.73	2	0.79	1	0.47	1	0.42	1	-0.02	0	0.16	1	1.38	2
水东湾	-0.01~1.94	0~2	0.06~0.84	1	-0.6~0.49	0~1	-0.48~0.47	0~1	-1.69~0.13	0~1	-0.95~0.08	0~1	0.61~1.77	1~2
平均值	1.18	2	0.55	1	0.1	1	0.16	1	-0.45	0	-0.24	0	1.41	2
湛江湾	-0.86~1.07	0~2	0.03~0.78	1	-0.71~0.17	0	-0.59~0.2	0~1	-1.32~-0.02	0~1	-1.17~-0.8	0~1	0.08~1.51	1~2
平均值	0.44	1	0.46	1	-0.19	0	-0.12	0	-0.72	0	-0.3	0	0.61	1
雷州湾	-2.47~0.93	0~1	-0.19~0.32	0~1	-1.05~0.25	0	-0.89~0.09	0	-2.26~-0.93	0	-1.26~-0.77	0	1.18~1.68	2
平均值	-0.56	0	-0.02	0	-0.63	0	-0.44	0	-1.35	0	-0.9	0	1.47	2
流沙湾	0.12~2.42	1~3	0.05~0.67	1	-0.44~0.34	0~1	-0.08~0.82	0~1	-1.34~-0.54	0	-0.51~-0.01	0	0.76~1.55	1~2
平均值	1.34	2	0.42	1	0.1	1	0.31	1	-0.81	0	-0.16	0	1.33	2

9.4　小结

　　海洋底质调查专题深化了对广东近海海洋沉积环境及其影响因素和变化规律的认识，为海洋综合开发利用和国民经济建设提供高精度和可靠的实测数据、基础图件和科学依据，获得以下主要认识。

　　（1）调查区沉积物主要分为 11 种类型：砂砾石（SG）、砂（S）、砾砂（GS）、粗砂（CS）、中砂（MS）、细砂（FS）、粉砂质砂（TS）、粉砂（T）、砂质粉砂（ST）、黏土质粉砂（YT）和砂-粉砂-黏土（S-T-Y），其中黏土质粉砂、砂-粉砂-黏土、砂是主要的底质类型。由北向南，调查区的沉积物粗组分如砂及砾砂含量逐渐增大，而细粒组分如黏土质粉砂、砂质粉砂的含量逐渐减少，这种变化主要受水动力环境和近岸物源的影响。

　　（2）各港湾沉积物具有轻稀土富集，重稀土亏损的陆源沉积物典型特征，物质来源相似，均来源于大陆壳物质。稀土标准化曲线表明海湾沉积物来自于地表径流输入携带的地壳风化产物，受海水及海洋沉积物影响不明显。源岩组成多样化，包括花岗岩和沉积岩，源岩组分差异较小，其中花岗岩的稀土元素特征与海湾沉积物的相关性最高，是决定沉积物的稀土元素含量偏高及稀土分配模式特征的要素之一。华南大陆沿岸的海湾沉积物稀土元素含量高于中国大陆及浅海的陆源沉积物，主要受源岩组分影响以及风化产物经淋滤后导致河水中胶体富集从而吸附更多的 REE 及河海水交互作用下吸附 REE 的物质大量沉淀等。Li、V、Ga、Ge、Rb、Nb、Cs、Ta、Tl 之间，以及与 REE 呈显著正相关，这些元素在表生条件下地球化学性质相似，在粗粒沉积物中大部分以碎屑态形式存在，在细粒沉积物中则主要被黏土吸附，其含量主要受陆源物质影响，因此，它们的变化主要反映了陆源物质源区的特征。

　　（3）广东省近岸海域港湾沉积物中的总有机碳在雷州湾和湛江湾的含量较低，海陵湾和汕尾港的含量较高，且分布较均一；柘林湾、汕头湾、水东湾和大亚湾、大鹏湾等 TOC 含量相对分散。TOC、TN 值在不同港湾的垂向分布不仅反映了沉积有机质沉积变化历史，而且 TOC、TN 和 TOC/TN 之间的垂向关系也反映了沉积有机质来源组成的变化。广东近岸港湾表层沉积物中重金属（Cu、Pb、Zn、Cr、Cd、As 和 Hg）总的含量范围为 76.23 ~ 971.88 mg/kg，其中，海陵湾的平均含量最高，雷州湾的最低。就各重金属元素在各港湾内不同站位的含量来看，其在雷州湾、湛江湾和海陵湾等港湾内的分布较均一，而在柘林湾、汕头湾、汕尾港、大亚湾、大鹏湾和水东湾等港湾内不同海域的分布则有很大的不同。大部分港湾的大部分重金属元素含量在沉积柱的 80~40 cm 以上的部分具有逐渐增加的趋势，可能对应于 20 世纪 70 年代末改革开放以来广东省沿海地区工农业的迅猛发展时期，显示出人类活动对重金属元素富集的影响。在雷州湾和流沙湾的大部分重金属元素在该海域的变化趋势则与上述的情况相反，可能是由于该区采用了较为得力的管理和治污措施，自 90 年代末以来重金属的污染程度减轻。利用潜在生态危害指数法对各港湾沉积物中重金属进行综合的潜在生态风险评价后发现，汕头湾、大鹏湾、海陵湾和水东湾的生态风险比较严重，柘林湾、雷州湾和流沙湾具有一定的生态风险，而 Hg 元素是造成这些海域生态风险的最主要因素。

　　广东省近岸海洋底质的性质和环境现状及其变化趋势关系到海洋的可持续发展，通过全面更新本海区的底质基础资料，深化对其沉积环境的现状及其影响因素的认识，可为近岸海洋生态环境保护和资源的开发利用以及工程建设规划提供科学依据。

第 10 章　滨海湿地及其他特色生态系统和珍稀濒危动物[①]

　　滨海湿地是海岸带范围内海洋与陆地相互作用形成的特殊生态系统，是自然界中生物多样性最丰富、生产力最高、最具价值的湿地生态系统之一。滨海湿地生态系统的研究具有重要的意义，例如其具有很强的碳汇潜力，能显著影响到全球碳循环过程。珊瑚礁、红树林和海草床生态系统为广东省滨海湿地及特色生态系统的典型代表类型。

　　我国珊瑚礁和造礁石珊瑚群落分布类型有：大洋典型分布区（南沙、中沙、西沙）、过渡区（海南岛沿岸）和分布北缘区（华南沿岸）3 大类（Huang，2005）。邹仁林等（1975）在 1964 年和 1983 年、1984 年、1987 年分别对大亚湾的石珊瑚群落进行了研究。黄晖等在 2002 年、2004 年分别对大亚湾海域进行了珊瑚野外调查，发现造礁石珊瑚的覆盖率有所下降；并于 2004 年对徐闻海域的珊瑚礁进行了生态调查，对其大致状况有所了解。以及 2006 年国家 908 专项珊瑚礁调查中对广东省管辖海域珊瑚礁和造礁石珊瑚群落有过调查。

　　我国红树林的面积较小，位于世界红树林分布区的北缘。其中以广东省分布面积最大，超过 9 000 hm²。广东省红树林地理分布在 20°13′—23°42′N，即徐闻县五里镇至饶平县拓林港之间的沿海地区，其中以粤西段红树林分布较为集中连片，且生长旺盛繁茂，其余地区多以零星分布为主，生长相对较差（黎植权等，2002）。调查研究结果表明广东省红树林群落类型主要有秋茄+桐花树、桐花树、秋茄、白骨壤+秋茄+桐花树、红海榄+桐花树、白骨壤+红海榄、秋茄+红海榄等（陈忠，2007）。

　　过去，我国很少开展有关海草的调查与研究。2002 年，在联合国环境署（UNEP）/全球环境基金（GEF）"扭转南中国海及泰国湾环境退化趋势"项目的支持下，通过实地调查研究华南地区主要海草的地理分布、种类、生物量、生产力、主要生境特征和所受到的胁迫，在广东沿海，发现了广东的海草床主要分布在雷州半岛流沙湾、湛江东海岛和阳江海陵岛。其中，雷州半岛流沙湾海草床规模较大，面积约为 900 hm²，主要种类有喜盐草和二药藻，优势种群为喜盐草；湛江东海岛海草床有贝克喜盐草；阳江海陵岛海草床有喜盐草。但是由于潮汐涨落的变化，不能保证所有沿海岸段的调查都在大潮的低潮时段进行，可能广东省沿海还有许多海草床尚未发现。

　　广东省沿岸海域主要海洋珍稀濒危动物包括大型豚类、海龟、鲨、白蝶贝和文昌鱼等，在以往都有观察研究和监测记录（陈涛等，1999），但对其生态学、种群特征和地理分布等方面的基础调查研究仍然欠缺。

　　广东省 908 专项的调查范围为广东省领海 0 m 等深线以内沿岸海域，并选取对广东省海洋资源开发和环境保护具有重要意义的重点人工鱼礁区、海洋保护区及特色生态系统所在海

　　[①]　黄晖，王友绍，黄小平，孟帆，练健生，周国伟。根据黄晖等《滨海湿地及其他特色生态系统和珍稀濒危动物调查研究报告》整理。

区进行重点调查，分为珊瑚礁生态系统调查、红树林生态系统调查、海草床生态系统调查和豚类、龟、鲨、文昌鱼等珍稀濒危海洋动物调查共 4 项工作内容。广东省 908 专项的调查加强了对广东省珊瑚礁（包括造礁石珊瑚群落）、红树林和海草床生态系统以及主要海洋珍稀濒危动物资源现状的认识，为我们进一步地综合评价及管理保护和开发利用海洋资源奠定了基础。

10.1　造礁石珊瑚群落与珊瑚礁

广东省海域造礁石珊瑚主要分布在惠州—深圳的大亚湾、大鹏湾、万山群岛的担杆列岛—佳蓬列岛和雷州半岛西海岸。本项目在深圳海域（大亚湾及其临近海域）、万山群岛海域、茂名海域及雷州半岛西海岸 4 个区域共设置 9 个调查站位。根据以往记录，广东海域造礁石珊瑚约有 50 种，本次调查记录到可以鉴定识别的造礁石珊瑚物种数合计有 30 种，分列在 8 科 18 属。此次 908 专项调查也发现一些新纪录种，如在徐闻出现的柱形筛珊瑚（*Coscinaraea columna* Dana，1846）。最常见的造礁石珊瑚是：丛生盔形珊瑚（*Galaxea fascicularis* Linnaeus，1767）、澄黄滨珊瑚（*Porites lutea* Milne Edwards & Haime，1851）、秘密角蜂巢珊瑚（*Favites abdita* Ellis & Solander，1786）、多孔鹿角珊瑚（*Acropora millepora* Ehrenberg，1834）、菊花珊瑚（*Goniastrea* sp.）、疣状杯形珊瑚（*Pocillopora verrucosa* Ellis & Solander，1786）、标准蜂巢珊瑚（*Favia speciosa* Dana，1846）、繁锦蔷薇珊瑚等（*Montipora efflorescens* Bernard，1897）。各区域的造礁石珊瑚种类数量水平分布如图 10.1 所示。

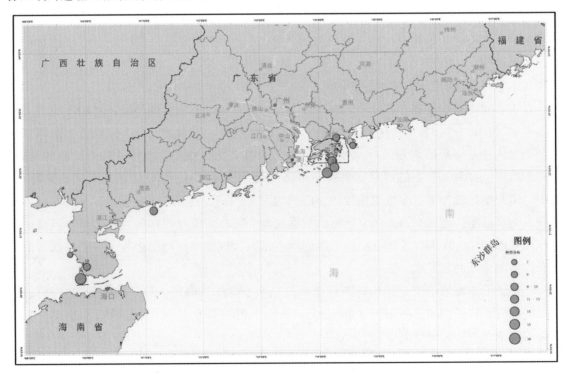

图 10.1　广东省造礁石珊瑚种类数量水平分布

大亚湾的造礁石珊瑚约有 30 种，目前大亚湾的水质和造礁石珊瑚群落都还处于较好的状态。雷州半岛西海岸是广东省造礁石珊瑚唯一成礁的海域。其中，徐闻珊瑚礁国家级自然保护区已经成为我国大陆沿岸面积最大、最典型的岸礁型珊瑚礁生态系统。万山群岛的担杆列岛—佳蓬列岛为首次专业的定量调查，共记录到造礁石珊瑚 25 种。

9 个调查站位的活造礁石珊瑚覆盖率见表 10.1。此外，对活的软珊瑚覆盖率的统计分析表明软珊瑚覆盖率都非常低，总平均活软珊瑚的覆盖率为 0.22%。只有雷州半岛西海岸的 3 个站位才有软珊瑚分布，其他的调查站位软珊瑚覆盖率都为零，最高的站位是徐闻—水尾的 C8 站位软珊瑚的覆盖率为 1.5%（表 10.2）。

表 10.1　活造礁石珊瑚覆盖率

站位	地点	石珊瑚覆盖率
C1	大亚湾—三门岛	11.50%
C2	大鹏湾—小海沙	8.83%
C3	担杆—直湾	19.00%
C4	北尖—大函湾	20.33%
C5	庙湾—湾州	15.17%
C6	电白—放鸡岛	9.67%
C7	雷州—刘张角	4.83%
C8	徐闻—水尾	13.50%
C9	徐闻—灯楼角	10.17%

表 10.2　软珊瑚覆盖率

站位	地点	软珊瑚覆盖率
C1	大亚湾—三门岛	0.00%
C2	大鹏湾—小海沙	0.00%
C3	担杆—直湾	0.00%
C4	北尖—大函湾	0.00%
C5	庙湾—湾州	0.00%
C6	电白—放鸡岛	0.00%
C7	雷州—刘张角	0.33%
C8	徐闻—水尾	1.50%
C9	徐闻—灯楼角	0.17%

我们对所有站位进行死亡造礁石珊瑚覆盖率的统计分析发现，死亡造礁石珊瑚覆盖率都较高，总平均死亡造礁石珊瑚的覆盖率为 22.94%。最高的站位是徐闻—灯楼角的 C9 站以及大鹏湾—小梅沙 C2 站，死亡造礁石珊瑚覆盖率高达 60.17% 和 44.10%。最低的是北尖—大函湾的 C4 站，死亡造礁石珊瑚覆盖率为 1.17%（表 10.3）。此外，本次调查的 9 个站位全部进行了发病造礁石珊瑚覆盖率的统计分析，9 个站位中均未发现有发病的造礁石珊瑚。造礁

石珊瑚的补充量这个指标本次调查只是选取了 2 个站位来进行调查，总平均补充量为 20 ind/m^2，这其中以大亚湾—三门岛 C1 站位的补充量最高，为 26 ind/m^2（图 10.2）。

表 10.3　死亡造礁石珊瑚覆盖率

站位	地点	死造礁石珊瑚覆盖率
C1	大亚湾—三门岛	12.33%
C2	大鹏湾—小海沙	44.00%
C3	担杆—直湾	24.50%
C4	北尖—大函湾	1.17%
C5	庙湾—湾州	8.17%
C6	电白—放鸡岛	11.50%
C7	雷州—刘张角	28.17%
C8	徐闻—水尾	16.50%
C9	徐闻—灯楼角	60.17%

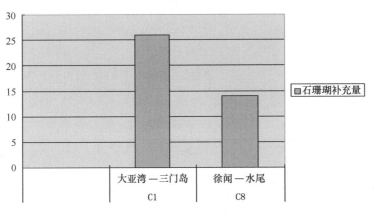

图 10.2　造礁石珊瑚的补充量及其水平分布（单位：ind/m^2）

10.2　红树林

　　广东省是我国红树林分布面积最大的省区，分布在全省 13 个县市，总面积约 10 000 hm^2，占全国红树林面积近 45%，主要分布在湛江、深圳、珠海、台山、惠东等地，仅湛江雷州半岛红树林保护区面积就约占全国的 1/3。红树林生态系统调查发现广东省的真红树植物有 9 种（表 10.4），分别是白骨壤、海漆、红海榄、老鼠勒、卤蕨、木榄、秋茄、桐花树、无瓣海桑。半红树有 5 种（表 10.5），分别是海芒果、阔苞菊、水黄皮、杨叶肖槿、银叶树。高桥镇的红树植物物种数量最多，有 7 种，其次为和安镇和蟹洲湾，分别有 6 种。湖光镇、太平镇、盐洲镇有 5 种。特呈岛的物种组成较简单，只有 4 种。蟹洲湾的物种多样性指数最高，为 2.07（Shannon-Wiener 指数），其次为盐洲镇 1.93、和安镇 1.46、湖光镇 1.14，太平镇、淇澳岛、高桥镇、和特呈岛较低，分别为 0.71、0.88、0.66 和 0.29。

表10.4　广东省真红树植物种类

中文名	学名	科名	英文科名
白骨壤	*Avicennia marina*	马鞭草科	Verbenaceae
海漆	*Excoecaria agallocha*	大戟科	Euphorbiaceae
老鼠勒	*Acanthus ilicifolius*	爵床科	Acanthaceae
卤蕨	*Acrostichum aureum*	卤蕨科	Acrostichaceae
木榄	*Bruguiera gymnorrhiza*	红树科	Rhizophoraceae
秋茄	*Kandelia candel*	红树科	Rhizophoraceae
红海榄	*Rhizophora stylosa*	红树科	Rhizophoraceae
桐花树	*Aegiceras corniculatum*	紫金牛科	Mysinaceae
无瓣海桑	*Sonneratia apetala*	海桑科	Sonneratiaceae

表10.5　广东省半红树植物种类

中文名	学名	科名	英文科名
海芒果	*Cerbera manghas*	夹竹桃科	Apocynaceae
杨叶肖槿	*Thespesia populnea*	锦葵科	Malvaceae
阔苞菊	*Pluchea indica*	菊科	Compositae
银叶树	*Heritiera littoralis*	梧桐科	Sterculiaceae
水黄皮	*Pongamia pinnata*	豆科	Leguminosae

　　根据各调查地区红树林群落的物种组成，对各调查地区进行聚类，结果表明，高桥镇、其连村、湖光镇、和安镇和蟹洲湾物种组成较相近，可聚为一类，淇澳岛、盐洲镇和特呈岛物种组成与其他地区相差较远，各自成一类。由图10.3也可以看出高桥镇、太平镇、湖光镇、和安镇和蟹洲湾5个地区的红树林物种组成中桐花树都占了很大的比例，盐洲镇、特呈岛和淇澳岛的物种组成各不相同。特呈岛白骨壤占比例较大，其次为红海榄和木榄；盐洲镇木榄和红海榄比例较大，其次为白骨壤和无瓣海桑；而淇澳岛的老鼠勒在数量上占了很大的比例，其他的调查地区的红树林群落中只是偶尔有老鼠勒出现。

　　所有的调查样方一共有214个，根据样方中物种出现的情况，统计分析物种间的相关关系，发现其中有7组物种间的相关关系比较显著（$p<0.01$），呈正相关关系的有：海漆和木榄、红海榄和木榄；呈负相关关系的有：白骨壤和木榄、白骨壤和桐花树、白骨壤和秋茄、无瓣海桑和桐花树、红海榄和桐花树。两物种呈正相关说明两物种适宜的生长环境类似、在群落中同时出现的可能性较大。海漆、木榄和红海榄都属于在近陆林缘淤泥较深厚的地方生长的红树植物种类，适宜生境类似，桐花树和秋茄趋向于生长在潮滩中部，而白骨壤为先锋树种，趋向于生长在近海林缘。因此正相关和负相关关系能反映两物种的适宜生境是否相似。但是，呈负相关关系，并不能说明两物种的适宜生境完全相反，例如白骨壤和桐花树，都同

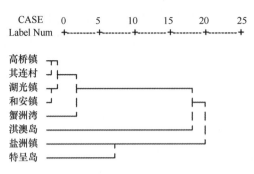

图 10.3 各调查地区物种组成聚类分析

样为广泛分布的物种。使两物种间呈正相关或负相关关系的影响因素很多，可能是地区差异、人为的毁坏或种植等，因此偶然性也较多。

广东省红树林群落类型主要有：① 桐花树群丛，在广东省广泛分布，多为低矮的灌木丛；② 白骨壤群丛，在特呈岛、蟹洲湾和盐洲镇有树龄较大较原始的白骨壤群丛，在湖光镇和和安镇的白骨壤群丛树龄较小；③ 无瓣海桑人工林，在湛江徐闻县和安镇、湛江区麻章区湖光镇、珠海淇澳岛、惠州市惠州县蟹洲湾和盐洲镇有面积较大的无瓣海桑人工林；④ 桐花树+木榄，分布于高桥镇；⑤ 桐花树+秋茄，分布于和安镇、太平镇、淇澳岛；⑥ 白骨壤+桐花树，分布于高桥镇、和安镇、湖光镇；⑦ 白骨壤+红海榄+木榄，分布与特呈岛、湖光镇、盐洲镇；⑧ 白骨壤+秋茄+桐花树，分布于和安镇、湖光镇、太平镇；⑨ 秋茄+无瓣海桑，分布于蟹洲湾；⑩ 白骨壤+无瓣海桑，分布于蟹洲湾。

根据红树植物分带情况的调查结果，白骨壤在不同滩位和潮带均可见；海漆分布于高潮滩、近陆林缘，在中潮滩及低潮滩没有分布；红海榄在高潮滩、中潮滩及低潮滩都有分布，但由高潮滩到低潮滩逐渐减少；在所有的调查地区中，老鼠勒在潮滩上分布于中潮滩及中潮滩靠近高潮滩的地方；木榄在潮滩上的分布与红海榄类似，在高潮滩、中潮滩及低潮滩都有分布，但在高潮滩分布较少；秋茄在高潮滩至低潮滩连续分布，在中潮滩较多；桐花树在高潮滩至低潮滩也连续分布，但分布逐渐减少；无瓣海桑同样在高潮滩至低潮滩都有分布，但主要集中于低潮滩。物种多样性指数沿潮滩的变化大体可以分为 4 种类型（由近陆林缘至近海林缘的）：逐渐增高型；逐渐降低型；中部高，两端低型；锯齿状变化型。

根据对高桥镇和太平镇红树植物沿河分布的调查，在群落物种组成上，上游群落普遍比下游群落物种数多，高桥镇上游群落有 4 种红树植物（桐花树，木榄，秋茄，红海榄），下游群落有两种红树植物（桐花树，白骨壤）；太平镇上游群落有 5 种红树植物（秋茄、桐花树、老鼠勒、无瓣海桑、白骨壤），而下游群落有 3 种红树植物（秋茄、桐花树、老鼠勒）。其中桐花树分布范围最广，在两个调查地点的上游和下游都有分布，老鼠勒和秋茄在太平镇的上游和下游群落都有出现，木榄、红海榄和无瓣海桑趋向于分布在河流的上游，白骨壤在两个调查地点的沿河分布不同，在高桥镇出现于下游群落，而在太平镇出现于上游群落。物种多样性指数的变化没有固定的规律，高桥镇下游群落的物种多样性指数较高，而太平镇上游群落的物种多样性指数较高。影响红树植物沿河分布的因素有很多：盐度、温度、沉积物、地貌、潮汐浸淹和波浪能量等，因此红树林的分布格局应该以生物和非生物间的相互作用来综合解释。

10.3　海草

在以往调查研究中发现广东省海草床主要分布在雷州半岛流沙湾、湛江东海岛和阳江海陵岛。其中以雷州半岛流沙湾海草床规模较大，面积约为 900 hm²，主要种类有喜盐草和二药藻，优势种群为喜盐草；湛江东海岛海草床有贝克喜盐草；阳江海陵岛海草床有喜盐草（表 10.6，图 10.4）。

表 10.6　广东省海草的地理分布情况

海草床名称	面积（hm²）	中心经纬度	主要海草种类
柘林湾海草床	40	23°34.4′N 116°57.7′E	喜盐草
汕尾白沙湖海草床	<1	22°43.8′N 115°32.2′E	喜盐草
惠东考洲洋海草床	6.95	22°42.9′N 114°56.2′E	喜盐草
大亚湾海草床	<1	22°32.9′N 114°30.9′E	喜盐草
珠海唐家湾海草床	7.6	21°43.1′N 113°35.6′E	贝克喜盐草
上川岛海草床	7	21°43.1′N 112°45.6′E	矮大叶藻
下川岛海草床	1	21°42.1′N 112°37.5′E	矮大叶藻、贝克喜盐草
雷州企水镇海草床	<1	20°46.4′N 109°44.7′E	喜盐草
流沙湾海草床	900	18°24.4′N 109°22.2′E	喜盐草、贝克喜盐草

广东省 908 专项对广东省沿海的海草资源再次进行了调查研究，发现了 8 个新的海草床，包括柘林湾、汕尾白沙湖、惠东考洲洋、大亚湾、珠海香洲唐家湾、上川岛、下川岛、流沙湾和雷州企水镇。海草种类有喜盐草（*Halophila ovalis*）、贝克喜盐草（*Halophila beccarii*）、矮大叶藻（*Zostera japonica*）。从表 10.7 中可以看出，广东省海草床平均覆盖率为 27.43%，平均茎枝密度为 6 430.42 shoots/m²，海草平均生物量为 52.26 g/m²。

图 10.4 广东省海草的地理分布

表 10.7 广东省各海草床海草平均数据

海草床名称	覆盖率（%）	茎枝密度（shoots/m²）	生物量（g/m²）
柘林湾	35.42	7 047.62	44.05
汕尾白沙湖	40.00	10 142.86	117.62
惠东考洲洋	7.08	5 761.90	13.10
大亚湾	7.08	5 690.48	27.14
珠海唐家湾	53.33	9 250.00	36.55
上川岛	34.79	5 309.52	121.07
下川岛	37.22	5 095.24	65.40
流沙湾	11.08	6 147.62	18.48
雷州企水镇	20.83	3 428.57	26.90
平均值	27.43	6 430.42	52.26

柘林湾海草种类为喜盐草，海草床的面积为 40 hm²；汕尾白沙湖海草种类为喜盐草，海草床的面积小于 1 hm²；惠东考洲洋海草种类为喜盐草，海草床的面积为 6.95 hm²；大亚湾海草种类为喜盐草，海草床的面积小于 1 hm²；珠海唐家湾海草种类为贝克喜盐草，海草床的面积为 7.6 hm²；上川岛海草种类为矮大叶藻，海草床的面积为 7 hm²；下川岛海草种类为喜盐草和贝克喜盐草，海草床的面积小于 1 hm²；雷州企水湾海草种类为喜盐草，海草床面积小于 1 hm²。与 2002 年和 2003 年在华南地区发现的海草床比较，这次发现的海草床的面积相对较小。

广东省海草床生物资源状况见表 10.8，可以看出，广东省海草床底上生物平均密度为 302.23 ind/m²，平均生物量为 145.64 g/m²，多样性指数为 1.14，均匀度指数为 0.64。

表 10.8　广东省各海草床底上生物平均数据

海草床名称	密度（ind/m²）	生物量（g/m²）	多样性指数	均匀度
柘林湾	17.33	14.81	1.18	0.92
汕尾白沙湖	735.33	205.99	1.31	0.55
惠东考洲洋	386.58	230.87	0.78	0.41
大亚湾	495.33	285.68	0.63	0.41
珠海唐家湾	25.50	19.49	1.28	0.90
上川岛	455.17	255.53	1.01	0.56
下川岛	337.33	133.28	1.08	0.60
流沙湾	95.83	75.89	1.22	0.66
雷州企水镇	171.67	89.23	1.80	0.78
平均值	302.23	145.64	1.14	0.64

10.4　珍稀濒危海洋动物

广东省沿岸海域主要海洋珍稀濒危动物包括大型豚类、海龟、鲎、白碟贝、文昌鱼等，其中大型豚类的主要种类有中华白海豚 *Sousa chinensis* 和江豚 *Neophocaena phocaenoides*，以中华白海豚的数量最多；海龟的种类主要有绿海龟 *Chelonia agassizii*、棱皮龟 *Dermochelys coriacea*、玳瑁 *Eretmochelys imbrcata*、太平洋丽龟 *Lepidochelys olivacea* 和蠵龟 *Caretta caretta* 等，但以绿海龟的数量最多和最常见；鲎的种类主要有 3 种：中国鲎 *Tachypleust ridentatus*、南方鲎 *Tachypleus gigas* 和圆尾鲎 *Carcinoscorpius rotundicauda*，以中国鲎最为常见；白碟贝的种类是大珠母贝 *Pinctada maxima*；文昌鱼的种类主要有厦门文昌鱼 *Branchiostoma belcheri* 和短刀偏文昌鱼 *Asymmefron culfellum*，以厦门文昌鱼最为常见、分布最广和资源量最大。

广东省 908 专项调查结果表明，大型豚类主要分布于珠江口、粤东韩江口和粤西雷州湾，其中珠江口有中华白海豚约 2 776 头和江豚约 217 头，韩江口有海豚接近 60 头，雷州湾有海豚超过 300 头。在广东省沿海，中华白海豚主要分布于粤东沿海的韩江河口、中部沿海的珠江河口和粤西的雷州湾等根据搁浅记录，广东省沿海江豚主要分布于汕头外海和珠江口外海，其中以珠江口外（包括香港南部水域）的记录较多。在珠江口海域，江豚分布的区域较中华白海豚离岸一些，从深圳的大鹏澳至江门的下川岛海域均有分布，在夏季和秋季江豚趋向于近岸分布，目击次数较多、群体也较大。在汕头海域，于南澎列岛外海各季节均有江豚出现，出现的高峰期在 7 月和 8 月。

在我国沿海分布有绿海龟、棱皮龟、玳瑁、太平洋丽龟和蠵龟 5 种海龟，在大亚湾海域都有出现。现在只剩大约 5 000 只。海龟为海洋洄游性动物，广泛分布于全球各大洋热带和亚热带海域，在我国的南海、东海、黄海和渤海均有分布，但主要集中在南海，以西沙、南沙群岛海域最为丰富，南海北部海域次之；产卵场地只分布在南海，南海拥有我国 90% 以上的海龟资源。目前，西沙、南沙群岛一些无人居住的岛屿尚存部分海龟产卵繁殖场地，大陆沿岸已知只有广东省惠东县港口镇海龟湾还残存一个产卵场，2003—2008 年绿海龟共上岸 281 只（次）其他地方除个别荒凉的海滩偶有海龟上岸产卵外，已无完整的海龟产卵繁殖场地。

根据目前掌握的资料已知，我国海域分布有中国鲎和圆尾鲎，南方鲎分布于越南西贡以南、印度尼西亚爪哇岛北岸以北、菲律宾南部以西的太平洋海域及印度恒河印度东北部以东的印度洋海域，中国没有南方鲎分布的报道。中国鲎分布于长江口以南的东海和南海海域，圆尾鲎分布于广东湛江东海岛以南的南海海域。珠江口以北海域仅发现中国鲎成体和少量体长在 7 cm 以下幼体；而在湛江及湛江以南的南海海域，除有大量的中国鲎成体和体长在 7 cm 以下幼体外，尚发现大量体长在 7 cm 以上的幼体。同时，湛江及湛江以南的南海海域，还发现大量圆尾鲎成体和幼体。

白碟贝主要分布于雷州半岛西部的雷州珍稀动物保护区内，白碟贝专项调查共布设了 20 个站位。多数站位栖息密度在 1.0~2.0 ind/m²，估算该保护区内白碟贝数量约 1 万只，其中最高站位出现在核心区 B 区的 2 号站，栖息密度为 4.0 ind/m²；其次为核心区 B 区的 5 号站和核心区 C 区的 2 号站，栖息密度为 3.0 ind/m²；有 7 个站位未采到白碟贝，占总站位数的 35.00%。总体来说，栖息密度的空间和区域分布表现为 B 区＞C 区＞A 区＞D 区。本次调查白碟贝的出现频率为 65.00%（表 10.9）。

表 10.9　雷州半岛白碟贝生物量和栖息密度情况

断面名称	站位编号	经度（E）	纬度（N）	生物量（g/m²）	栖息密度（ind/m²）
A（核心区）	1	109°41′35″	20°40′12″	800	1.0
	2	109°41′11″	20°40′03″	1860.0	2.0
	3	109°41′56″	20°39′41″	0	0
	4	109°41′40″	20°39′23″	1200.0	1.0
	5	109°41′09″	20°39′20″	0	0
B（核心区）	1	109°41′21″	20°40′44″	2500.0	2.0
	2	109°41′17″	20°40′32″	4 200.0	4.0
	3	109°41′08″	20°40′15″	920.0	1.0
	4	109°41′04″	20°39′48″	2 600.0	2.0
	5	109°41′21″	20°39′36″	2 850.0	3.0
C（核心区）	1	109°43′07″	20°36′37″	1 230.0	1.0
	2	109°42′10″	20°36′28″	3 900.0	3.0
	3	109°42′10″	20°36′03″	0	0
	4	109°42′37″	20°35′24″	0	0
	5	109°42′42″	20°36′16″	1 200.0	1.0
D（缓冲区）	1	109°42′05″	20°43′18″	920.0	1.0
	2	109°41′58″	20°44′02″	0	0
	3	109°41′31″	20°44′08″	1 890.0	2.0
	4	109°41′25″	20°44′03″	0	0
	5	109°41′29″	20°43′15″	0	0

文昌鱼是国家二级水生野生保护动物，是古代文昌鱼的活化石，属于脊索动物，其分类地位介乎于无脊椎动物和脊椎动物之间，具有极高的学术价值。文昌鱼主要分布于茂名电白沿海，栖息密度在 $40\sim720$ ind/m^2 之间，平均值为 228 ind/m^2，估算该保护区内文昌鱼现存数量约 204 亿尾，本次调查茂名大放鸡岛保护区核心区和缓冲区文昌鱼的出现频率为 100.00%。

10.5　小结

10.5.1　主要结论

通过本次调查，分析了广东省沿岸的造礁石珊瑚群落及珊瑚礁、红树林和海草床及主要海洋珍稀濒危动物的资源分布、生境状况等，加深了对其认识，为广东省相关资源现状做出客观评价提供基础数据，对正确制定相关资源保护与利用策略具有重要应用意义，得到的主要结论如下。

（1）在整个珊瑚礁（包括造礁石珊瑚群落）调查海区出现并且可以鉴定识别的造礁石珊瑚物种数合计有 30 种，分属 8 科 18 属。8 个最常见的造礁石珊瑚是：丛生盔形珊瑚、澄黄滨珊瑚、秘密角蜂巢珊瑚、多孔鹿角珊瑚、菊花珊瑚、疣状杯形珊瑚、标准蜂巢珊瑚、繁锦蔷薇珊瑚。这些珊瑚基本上都是团块状的珊瑚，但历史上以分支状的鹿角珊瑚为主要种类，说明造礁石珊瑚优势种类变化较大。通过此次调查，对广东省沿岸的造礁石珊瑚群落及珊瑚礁整体状况有了全面而深刻的认识。广东海域石珊瑚主要分布在深圳的大亚湾，万山群岛的佳鹏列岛和雷州西海岸，活的造礁石珊瑚覆盖率低，生物多样性低，恢复缓慢，同时也发现礁区沉积物严重的情况，需进一步保护。

（2）广东沿岸真红树植物有 9 种，分别是白骨壤、海漆、红海榄、老鼠勒、卤蕨、木榄、秋茄、桐花树、无瓣海桑。半红树有 5 种，分别是海芒果、阔苞菊、水黄皮、杨叶肖槿、银叶树。其中，高桥镇的红树植物物种数量最多，有 7 种；蟹洲湾的物种多样性指数最高，为 2.07。根据各调查地区红树林群落的物种组成，对各调查地区进行聚类，高桥镇、其连村、湖光镇、和安镇和蟹洲湾物种组成较相近，可聚为一类，淇澳岛、盐洲镇和特呈岛物种组成与其他地区相差较远，各自成一类。红树物种多样性指数沿潮滩呈现独特的变化类型。对红树植物沿河分布的调查结果表明，影响红树植物沿河分布的因素有很多，因此红树林的分布格局应该以生物和非生物间的相互作用来综合解释。

（3）广东沿岸海草床包括柘林湾、汕尾白沙湖、惠东考洲洋、大亚湾、珠海香洲唐家湾、上川岛、下川岛、流沙湾和雷州企水镇。海草种类有喜盐草、贝克喜盐草、矮大叶藻。其中海草床平均覆盖率为 27.43%，平均茎枝密度为 6 430.42 shoots/m^2，海草平均生物量为 52.26 g/m^2。另外，海草床底上生物平均密度为 302.23 ind/m^2，平均生物量为 145.64 g/m^2，多样性指数为 1.14，均匀度指数为 0.64。

（4）广东沿岸海域主要海洋珍稀濒危动物包括大型豚类、海龟、鲎、白碟贝、文昌鱼等，其中大型豚类的主要种类有中华白海豚 Sousa chinensis 和江豚 Neophocaena phocaenoides，以中华白海豚的数量最多；海龟的种类主要有绿海龟 Chelonia agassizii、棱皮龟 Dermochelys coriacea、玳瑁 Eretmochelys imbrcata、太平洋丽龟 Lepidochelys olivacea 和蠵龟 Caretta caretta 等，但以绿海龟的数量最多和最常见；鲎的种类主要有中国鲎 Tachypleust ridentatus、南方鲎

Tachypleus gigas 和圆尾鲎 *Carcinoscorpius rotundicauda* 三种，以中国鲎最为常见；白碟贝的种类是大珠母贝 *Pinctada maxima*；文昌鱼的种类主要有厦门文昌鱼 *Branchiostoma belcheri* 和短刀偏文昌鱼 *Asymmefron culfellum*，以厦门文昌鱼最为常见、分布最广和资源量最大。

10.5.2 存在问题

根据我们的调查结果，发现广东省滨海湿地及其他特色生态系统和珍稀濒危海洋动物的保护与管理存在一定的问题。

（1）存在人为直接破坏和破坏性的捕鱼作业、旅游、海岸工程以及养殖业的发展和环境污染等问题。

（2）全球气候变化，自然灾害，如台风/洪水分布掀起、携带大量的悬浮泥沙覆盖海草，阻碍海草光合作用，导致海草枯萎腐烂；还有外来物种的入侵等。

（3）保护与管理的法律法规不健全。

（4）人力、物力、财力投入不足，保护管理工作开展困难。

（5）基础研究缺乏，科学的保护方法还须进一步探索。

10.5.3 建议

（1）完善法制，加强和改进执法及管理，防止污染，进行基于流域的管理和基于生态系统的管理。

（2）加强公众宣传教育，提高沿岸单位和居民的相关保护意识，并参与计划。

（3）全面规划，合理布局，进行重要生境保护与修复计划以及重要珍稀物种保护计划和扩大保护目标。

（4）加强科研开发力度，培养本领域的研究者，并加大资金投入，建立相关数据信息库。

第 11 章 海岛（岛礁）综合调查^①

20 世纪 80—90 年代，广东省海岛资源综合调查组对广东沿海海岛进行了一次全面的调查，重点调查了有居民海岛及有开发价值海岛的自然环境、自然资源和社会经济条件，普查和概查了欠开发无居民海岛的自然条件和资源。共登岛 142 个，对海岛自然环境和自然资源进行了全面的概括和总结，并揭示海岛经济开发的一般规律，提出综合开发利用方案和规划，为制定海岛、海洋开发规划，发展海洋经济提供了科学依据和参考资料。

本次海岛（岛礁）调查是广东省 908 专项调查任务的一个重要组成部分，也是 20 世纪海岛调查的延续。野外调查期间，使用了先进的定位仪器和广东省连续运行卫星定位服务系统（CORS 网），对广东省沿海 30 个县、市辖区内的 44 个有居民海岛和 152 个无居民海岛进行现场调查与调查点的定位。其中对有居民海岛的岸线、地质、地貌，第四纪地质、岸滩地形地貌与冲淤动态、底质、沉积化学、底栖生物、滨海湿地、土地利用等进行调查，对无居民海岛海岛名称、类型、位置、面积、岸线及潮间带、地质、地貌、植被、资源环境、开发利用状况、领海基点等进行调查。

11.1 海岛（岛礁）基本状况

11.1.1 海岛分布概况

本次调查结果表明，沿海 30 个县、市辖区内海岛共 1 350 个（注：本次调查与 20 世纪调查对海岛定义并不相同，本次调查定义的海岛包括面积大于 500 m² 的海岛、明礁和干出沙），面积大于 500 m² 的海岛有 734 个；20 世纪海岛调查发现海岛（含干出沙）和明礁共 1 431 个（其中面积大于 500 m² 的海岛 759 个，明礁 672 个）；对比两次调查结果，海岛总数减少了 81 个。

根据地理位置，以 1∶250 000 比例尺将广东沿海及东沙岛进行自由分幅，共分 15 幅，海岛分布情况见图 11.1 至图 11.15。

11.1.2 海岛分类统计

11.1.2.1 按海岛面积分类

根据岛屿面积大小，可将海岛划分为特大岛、大岛、中岛、小岛以及微型岛 5 类。广东省沿海各市县根据海岛面积分类统计结果见表 11.1。由表可知，广东省面积大于 2 500 km² 的特大岛 0 个；面积介于 100~2 500 km² 之间的大岛 5 个；面积介于 5~100 km² 之间的中岛

---

① 李涛。根据李涛等《广东省海岛（岛礁）调查研究报告》整理。

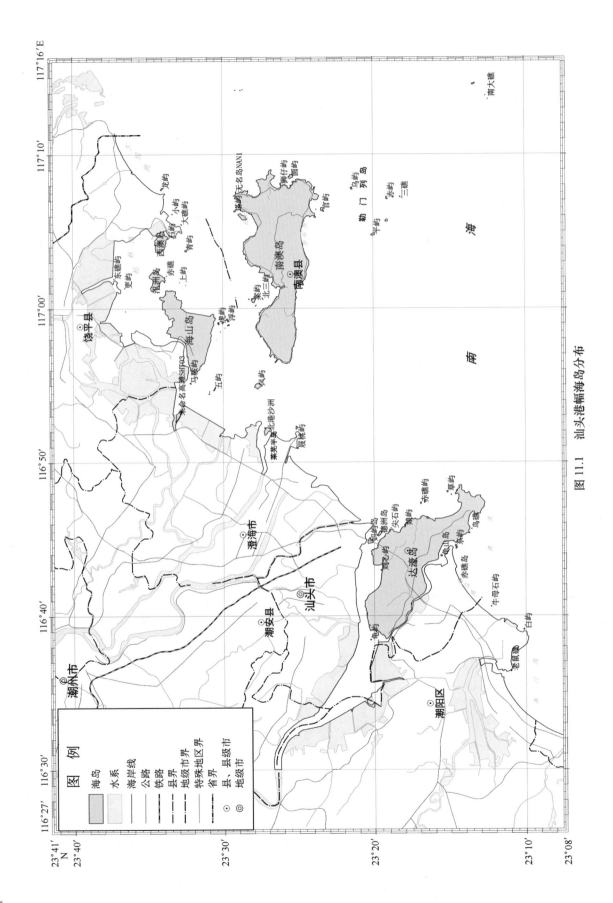

图 11.1　汕头港幅海岛分布

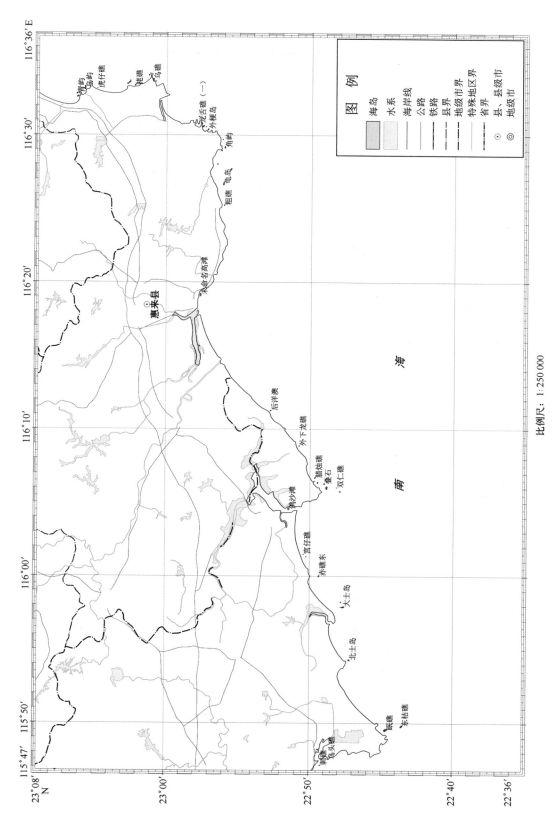

比例尺：1:250 000

图 11.2　神泉港幅海岛分布

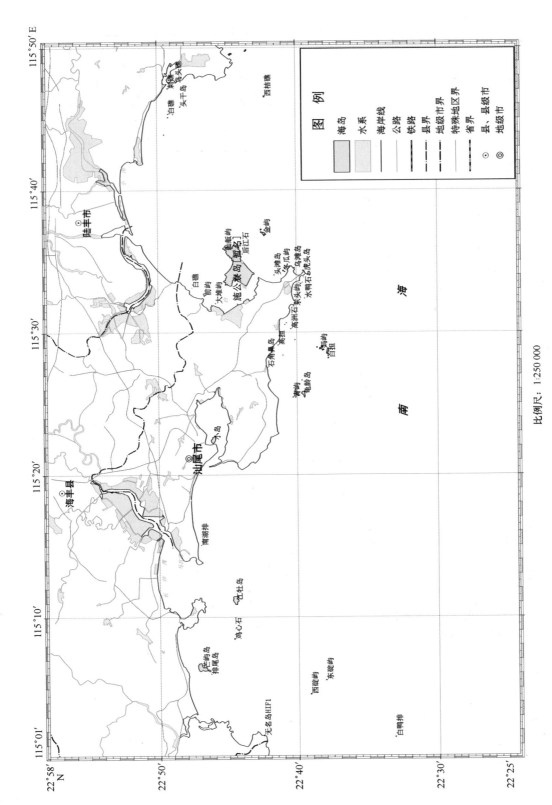

比例尺：1:250 000

图 11.3　红海湾幅海岛分布

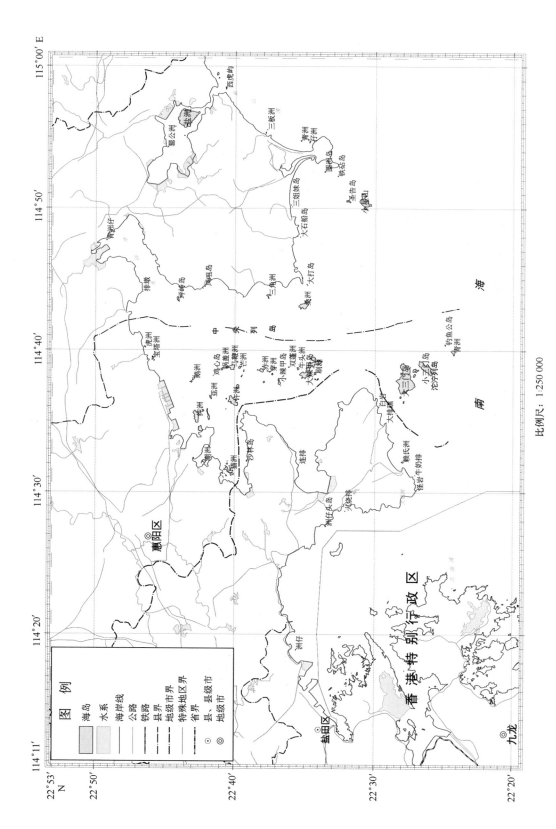

比例尺：1:250 000

图 11.4　大亚湾毗邻海岛分布

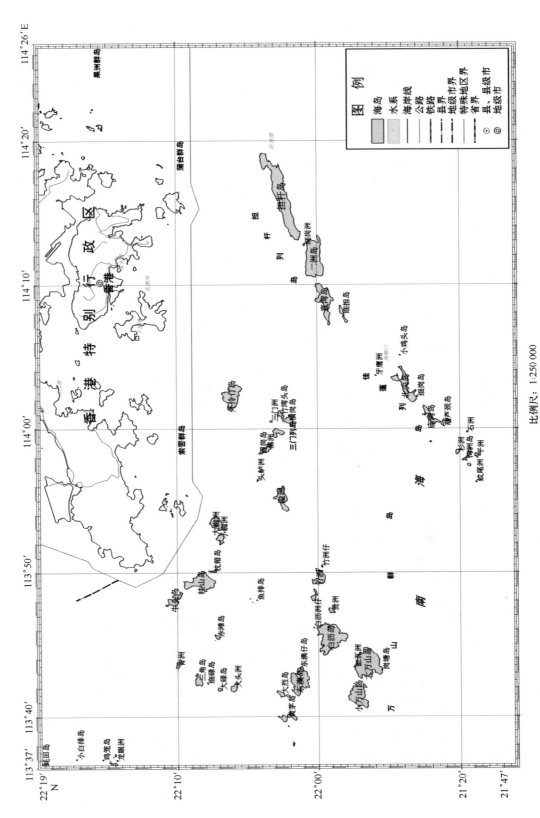

比例尺: 1:250 000

图 11.5 万山群岛幅海岛分布

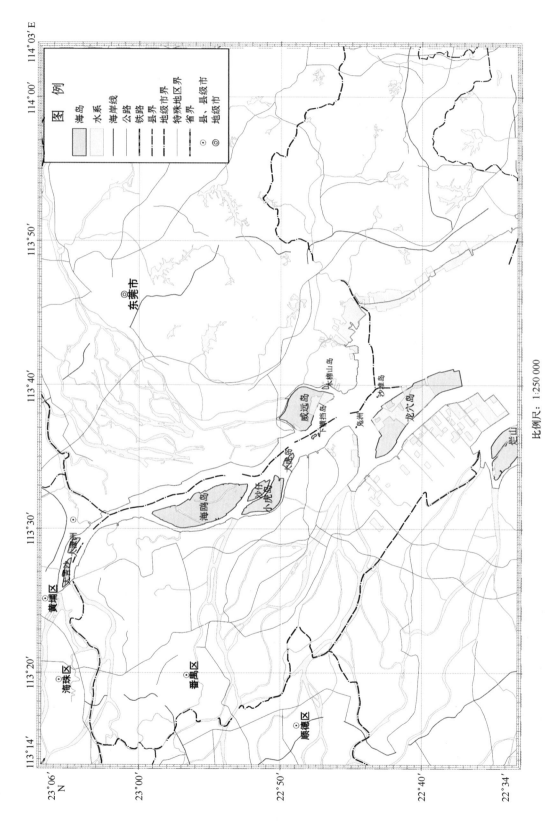

比例尺: 1:250 000

图 11.6 狮子洋洋幅海岛分布

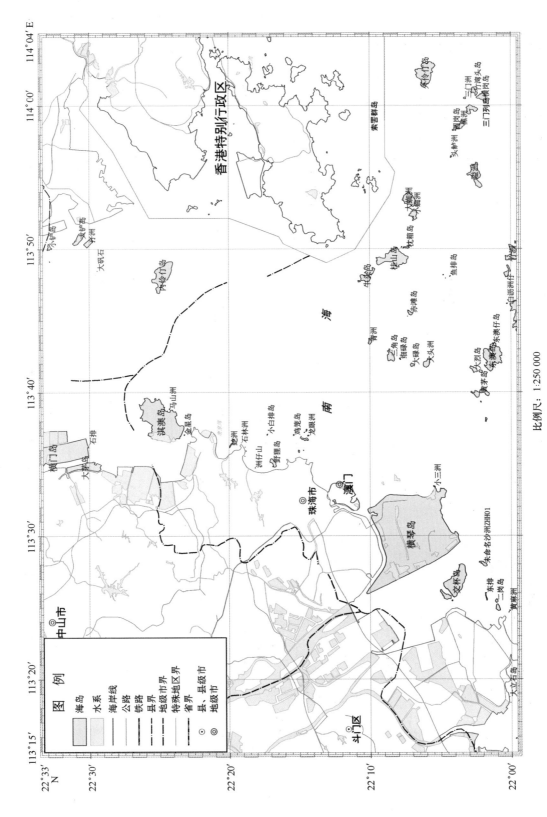

比例尺: 1:250 000

图 11.7 珠江口幅海岛分布

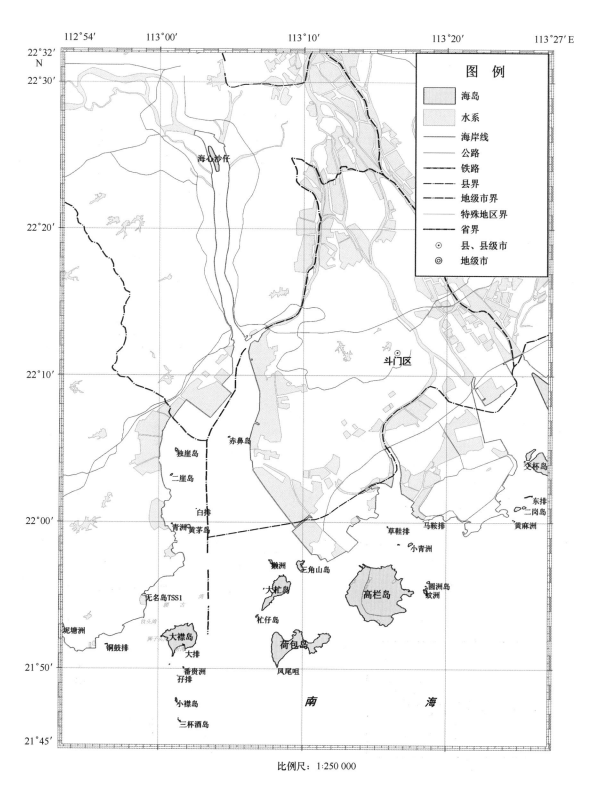

比例尺：1:250 000

图 11.8 高栏岛幅海岛分布

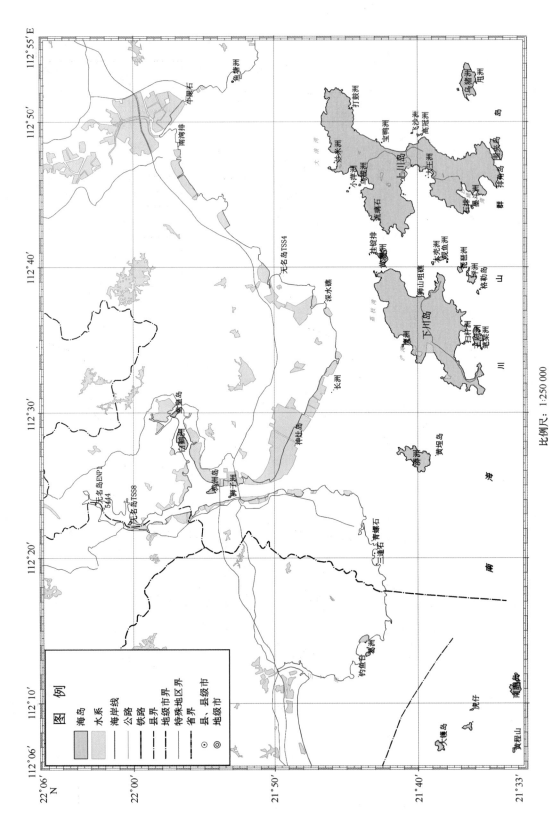

比例尺：1:250 000

图 11.9 川山群岛毗海海岛分布

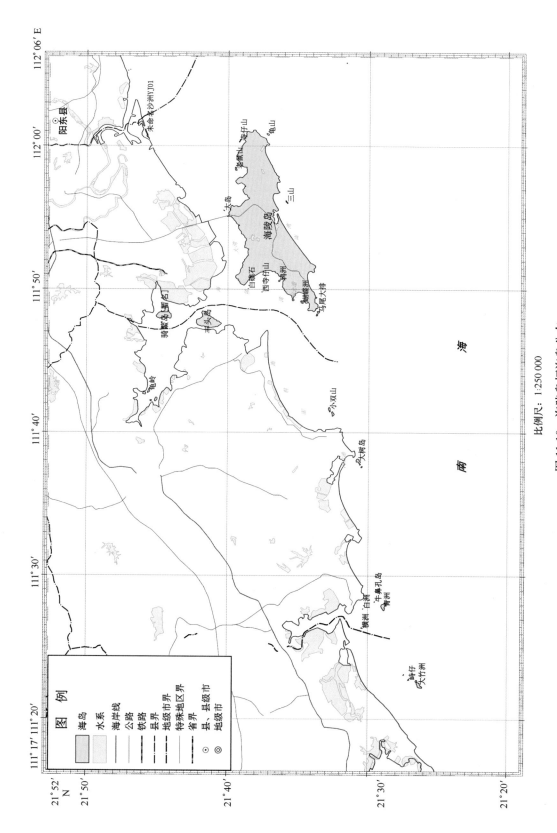

比例尺：1:250 000

图 11.10　海陵岛幅海岛分布

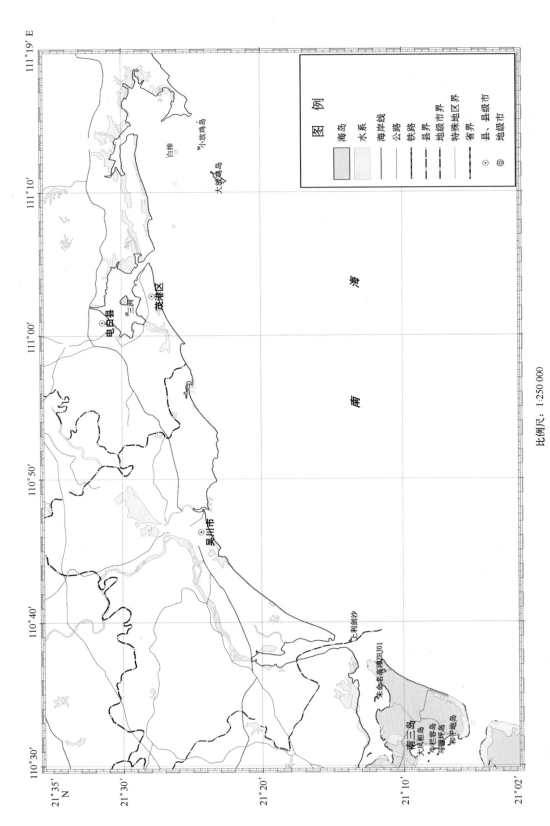

比例尺：1:250 000

图11.11 水东港幅海岛分布

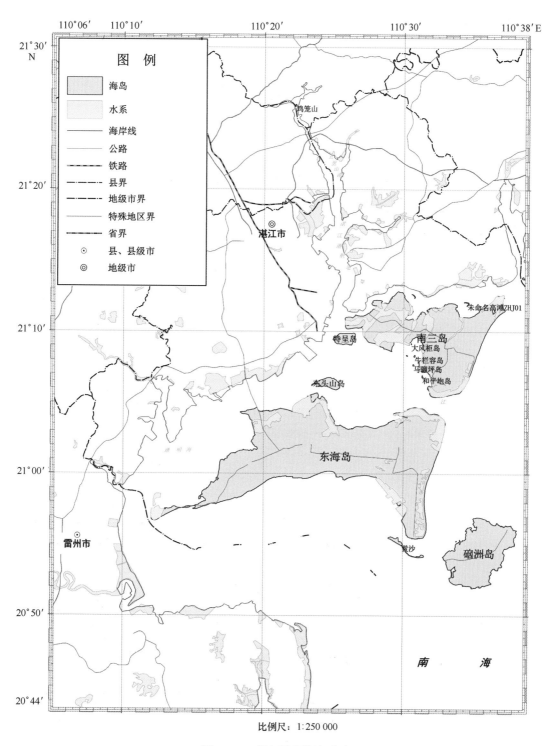

图 11.12 湛江港幅海岛分布

24 个；面积介于 500 m² 至 5 km² 之间的小岛 705 个；面积小于 500 m² 的海岛（含明礁）616 个。

11.1.2.2 按海岛行政级别分类

根据社会属性，将海岛分为有居民海岛和无居民海岛，统计表明，广东省辖区内有居民

203

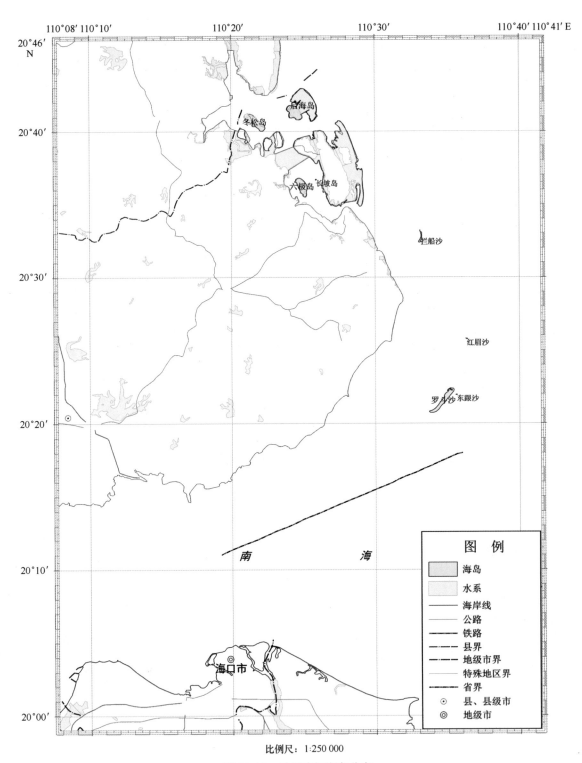

比例尺：1∶250 000

图 11.13　雷州湾幅海岛分布

海岛 46 个（占全省海岛总数的 7%），无居民海岛 1 304 个（占全省海岛总数的 93%），沿海各县市有居民、无居民海岛数量分类统计见表 11.1。在 46 个有常住居民海岛中，村级岛 29 个，乡级岛 13 个，县级岛 4 个（表 11.2 和表 11.3）。面积最大的是湛江市的东海岛，面积为 249.5 km²；第二是江门市的上川岛，面积为 137.7 km²；第三是湛江市的南三岛，面积为

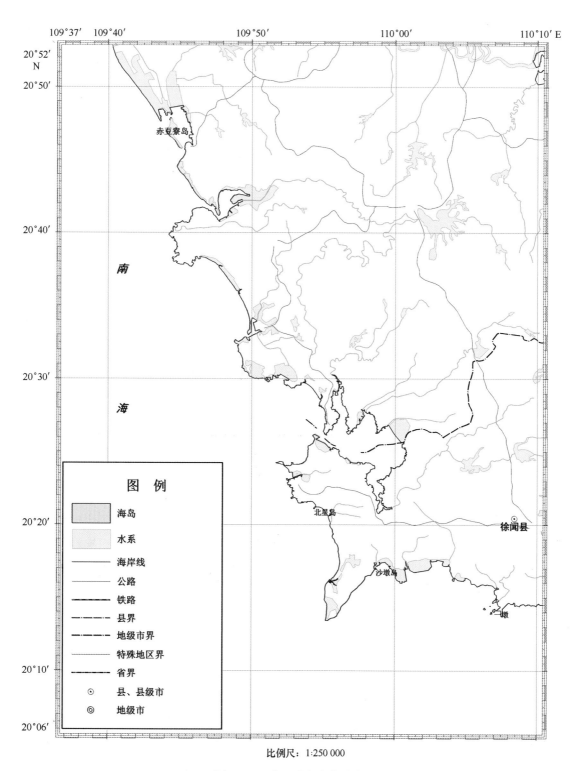

比例尺：1:250 000

图 11.14　乌石港幅海岛分布

118.8 km²；第四是汕头市的南澳岛，面积为 106.6 km²；还有阳江市的海陵岛，面积为 103.3 km²。上述 5 个海岛为广东省面积超过 100 km² 的海岛。此外，下川岛、达濠岛和横琴岛面积超过 50 km²；硇洲岛面积接近 50 km²；其他海岛面积则相对较小。

对比 20 世纪调查结果，有居民海岛总数增加了 2 个。本次调查发现澄海市的莱芜岛、珠

205

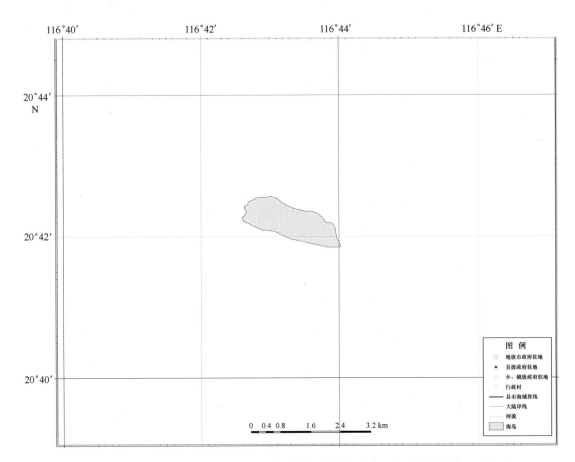

图 11.15　东沙岛幅海岛分布

海市的三灶岛和南水岛、湛江市的新寮岛和公港岛已围填成陆地而不再是有居民海岛；另一方面，由于大陆岸线的变化及人为活动的影响，汕尾市新增 1 个有居民海岛：施公寮岛（暂名）；广州市新增 5 个有居民海岛：海鸥岛、小虎岛、沙仔、大吉沙和大濠沙；阳江市新增 1 个有居民岛：骑鳌岛（暂名）。

11.1.2.3　按海岛成因分类

根据成因类型，可将海岛划分为基岩岛、火山岛、珊瑚岛和堆积岛。广东省沿海各市县根据海岛面积分类统计结果见表 11.4。由表可知，广东省大部分海岛以基岩岛为主，共 1 252 个；其次是堆积岛 95 个；此外，有火山岛和珊瑚岛各 1 个。

11.1.3　新增海岛

与 20 世纪海岛调查结果相比，本次调查发现新增了 105 个海岛，其中有居民海岛 8 个，无居民海岛 97 个。新增的有居民海岛分别是施公寮岛、小虎岛、沙仔、海鸥岛、大濠洲、大吉沙、海心沙仔和骑鳌岛。其中施公寮岛为人为开挖，导致与陆地隔开而成为新的海岛；20 世纪海岛调查时，骑鳌岛位于围垦区内，调查时未划为海岛，但后来并未形成该围垦区，因此，本次调查将骑鳌岛计入海岛范畴；新增的其他 6 个有居民海岛以前划为内河岛，因本次调查界定的大陆岸线位置发生了变化，这些岛划归在海域范围内，因而界定为海岛。

表 11.1 根据面积海岛分类数量统计　　　　单位：个

市名	县名	按面积分类					合计
		特大岛 面积≥ 2 500 km²	大岛 2 500 km²> 面积≥100 km²	中岛 100 km²> 面积≥5 km²	小岛 5 km²> 面积≥500 m²	微型岛 面积< 500 m²	
潮州市	饶平县	0	0	1	31	21	53
汕头市	潮阳市	0	0	0	2	1	3
	澄海市	0	0	0	4	1	5
	南澳县	0	1	0	33	11	45
	汕头市	0	0	1	17	13	31
揭阳市	惠来县	0	0	0	42	45	87
汕尾市	海丰县	0	0	0	9	9	18
	陆丰县	0	0	0	36	94	130
	汕尾市	0	0	1	59	86	146
惠州市	惠东区	0	0	0	40	15	55
	惠州市	0	0	0	1	15	16
	惠阳区	0	0	0	68	1	69
深圳市	龙岗区	0	0	0	8	1	9
	深圳市	0	0	0	8	11	19
广州市	番禺区	0	0	3	7	0	10
	广州市	0	0	0	3	1	4
东莞市	东莞市	0	0	1	1	2	4
中山市	中山市	0	0	2	2	0	4
珠海市	珠海市	0	0	9	129	53	191
江门市	台山市	0	1	4	107	136	248
	新会区	0	0	0	2	0	2
	恩平市	0	0	0	2	0	2
阳江市	阳东县	0	0	0	8	3	11
	阳江市	0	1	0	25	2	28
	阳西县	0	0	0	14	12	26
茂名市	电白县	0	0	0	10	8	18
	茂名市	0	0	0	1	1	2
湛江市	廉江市	0	0	0	1	0	1
	湛江市	0	2	1	14	20	37
	雷州市	0	0	0	1	9	10
	徐闻县	0	0	1	16	15	32
	吴川市	0	0	0	2	20	22
	遂溪县	0	0	0	0	10	10
东沙岛		—	—	—	1	—	1
得月舫					1		1
全省		0	5	24	705	616	1350

表 11.2　根据社会属性海岛分类数量统计　　　　　　　　单位：个

市	县	有居民海岛	无居民海岛	合计
潮州市	饶平县	3	50	53
汕头市	潮阳市	0	3	3
	澄海市	0	5	5
	南澳县	1	44	45
	汕头市	2	29	31
揭阳市	惠来县	0	87	87
汕尾市	海丰县	0	18	18
	陆丰县	0	130	130
	汕尾市	2	144	146
惠州市	惠东区	1	54	55
	惠州市	0	16	16
	惠阳区	3	66	69
深圳市	龙岗区	0	9	9
	深圳市	0	19	19
广州市	番禺区	4	6	10
	广州市	2	2	4
东莞市	东莞市	1	3	4
中山市	中山市	1	3	4
珠海市	珠海市	9	182	191
江门市	台山市	5	243	248
	新会区	0	2	2
	恩平市	0	2	2
阳江市	阳东县	0	11	11
	阳江市	2	26	28
	阳西县	1	25	26
茂名市	电白县	0	18	18
	茂名市	1	1	2
湛江市	廉江市	0	1	1
	湛江市	5	32	37
	雷州市	0	10	10
	徐闻县	3	29	32
	吴川市	0	22	22
	遂溪县	0	10	10
东沙岛		—	1	1
得月舫				1
全省		46	1303	1350

表 11.3　有居民海岛行政级别情况一览表

市	所属县	岛名	行政级别	面积（km²）	岸线长（km）
潮州市	饶平县	汛洲岛	村级岛	2.27	8.3
		西澳岛	村级岛	2.11	6.7
		海山岛	乡级岛	27.74	32.2
汕头市	南澳县	南澳岛	县级岛	106.39	84.3
	汕头市市辖区	妈屿岛	村级岛	0.24	2.4
		达濠岛	县级岛	87.81	66.8
汕尾市	汕尾市市辖区	小岛	村级岛	0.32	2.7
		施公寮岛	村级岛	10.05	20.8
惠州市	惠东县	盐洲	乡级岛	3.68	11.1
	惠阳区	小三门岛	村级岛	1.29	8.1
		大三门岛	村级岛	4.63	14.7
		大洲头	村级岛	0.19	3.0
广州市	番禺区	海鸥岛	乡级岛	34.67	31.2
		小虎岛	村级岛	10.03	17.2
		沙仔	村级岛	3.27	8.7
		龙穴岛	村级岛	42.86	36.2
	广州市市辖区	大吉沙	村级岛	2.08	8.1
		大濠沙	村级岛	1.27	5.2
中山市	中山市市辖区	横门岛	村级岛	20.65	26.4
东莞市	东莞市市辖区	威远岛	乡级岛	19.65	19.8
珠海市	珠海市市辖区	横琴岛	县级岛	75.18	48.5
		淇澳岛	村级岛	18.34	23.8
		东澳岛	村级岛	4.73	14.9
		大万山岛	乡级岛	8.25	14.5
		桂山岛	乡级岛	4.75	13.1
		荷包岛	村级岛	12.08	29.6
		高栏岛	乡级岛	38.01	34.9
		担杆岛	村级岛	13.45	30.4
		外伶仃岛	乡级岛	4.28	11.4
江门市	台山市	漭洲	村级岛	6.45	18.1
		盘皇岛	村级岛	0.47	3.4
		下川岛	乡级岛	82.63	85.7
		上川岛	乡级岛	137.42	144.4
		大襟岛	村级岛	9.18	19.2
阳江市	阳江市市辖区	骑骜岛	村级岛	1.54	6.3
		海陵岛	县级岛	103.07	81.5
	阳西县	丰头岛	村级岛	3.46	9.5
茂名市	电白县	水东岛	村级岛	0.81	3.6

续表 11.3

市	所属县	岛名	行政级别	面积（km²）	岸线长（km）
湛江市	湛江市市辖区	东海岛	乡级岛	248.85	139.7
		东头山岛	村级岛	2.91	9.8
		特呈岛	村级岛	3.21	7.6
		南三岛	乡级岛	118.44	85.7
		硇洲岛	乡级岛	49.77	44.1
	徐闻县	冬松岛	村级岛	2.49	10.5
		六极岛	村级岛	1.95	6.5
		北莉岛	村级岛	9.16	20.7

表 11.4　根据成因海岛分类数量统计（干出沙归入堆积岛）　　　单位：个

市名	县名	按成因分类				合计
		基岩岛	火山岛	珊瑚岛	堆积岛	
潮州市	饶平县	53	0	0	0	53
汕头市	潮阳市	3	0	0	0	3
	澄海市	3	0	0	2	5
	南澳县	45	0	0	0	45
	汕头市	28	0	0	3	31
揭阳市	惠来县	85	0	0	2	87
汕尾市	海丰县	18	0	0	0	18
	陆丰县	129	0	0	1	130
	汕尾市	146	0	0	0	146
惠州市	惠东区	51	0	0	4	55
	惠州	16	0	0	0	16
	惠阳区	69	0	0	0	69
深圳市	龙岗区	9	0	0	0	9
	深圳市	19	0	0	0	19
广州市	番禺区	9	0	0	1	10
	广州市	1	0	0	3	4
东莞市	东莞市	4	0	0	0	4
中山市	中山市	4	0	0	0	4
珠海市	珠海市	190	0	0	1	191
江门市	台山市	247	0	0	1	248
	新会区	1	0	0	1	2
	恩平市	2	0	0	0	2
阳江市	阳东县	11	0	0	0	11
	阳江市	26	0	0	2	28
	阳西县	26	0	0	0	26

市名	县名	按成因分类				合计
		基岩岛	火山岛	珊瑚岛	堆积岛	
茂名市	电白县	17	0	0	1	18
	茂名市	1	0	0	1	2
湛江市	廉江市	0	0	0	1	1
	湛江市	4	1	0	32	37
	雷州市	0	0	0	10	10
	徐闻县	12	0	0	20	32
	吴川市	20	0	0	2	22
	遂溪县	2	0	0	8	10
东沙岛		—	—	1	—	1
得月舫						1
全省		1251	1	1	96	1350

新增的 97 个无居民海岛均能在遥感影像图上清晰识别，在提取过程中主要参考《广东省海岛、礁、沙洲名录》、军测资料以及海图资料。新增无居民海岛中，17 个新增海岛过去认为是干出礁，但通过对遥感影像判断，本次调查界定为海岛；33 个新增海岛以前归类为丛岛（礁），但因为距离大于 500 m，本次调查对这些丛岛（礁）进行分离，并重新提取和命名；2 个新增海岛在《广东省海岛、礁、沙洲名录》中没有收录，而在军测资料中有记录；45 个新增海岛在资料中都未找到记录，但能从遥感影像图上识别，为新发现的海岛；另外，还有 1 个是因为大陆岸线位置发生变化变为海岛。

11.1.4 减少海岛

与 20 世纪海岛调查结果相比，本次调查发现海岛总数减少了 188 个，其中面积大于 500 m^2 的海岛减少了 82 个，海岛数量减少的主要原因有 5 类：① 通过围填海与大陆相连；② 通过围填海与其他海岛合并；③ 通过炸岛、挖砂等方式使海岛灭失；④ 大陆海岸线管理位置变更导致原海岛属性变更；⑤ 原海岛认定有误，不是独立海岛地理单元。各类因素致使海岛数量减少情况见表 11.1.5，由表可知，围垦、围填是海岛减少的主要原因。

表 11.5 面积大于 500 m^2 减少海岛在各市县数量分布　　单位：个

市	县/区	海岛减少的原因					合计
		通过围填海与大陆相连	通过围填海与其他海岛合并	通过炸岛、挖砂等方式使海岛灭失	大陆海岸线管理位置变更导致原海岛属性变更	原海岛认定有误，不是独立海岛地理单元	
汕头市	潮阳市	0	0	0	0	1	1
	南澳县	0	2	0	0	0	2
	汕头市	0	1	0	0	0	1
揭阳市	惠来县	1	0	0	0	2	3
汕尾市	汕尾市	1	1	0	0	0	2

续表 11.5

市	县/区	海岛减少的原因					合计
		通过围填海与大陆相连	通过围填海与其他海岛合并	通过炸岛、挖砂等方式使海岛灭失	大陆海岸线管理位置变更导致原海岛属性变更	原海岛认定有误,不是独立海岛地理单元	
惠州市	惠东区	3	0	0	0	0	3
	惠阳区	6	0	0	0	0	6
深圳市	宝安区	2	0	0	0	0	2
	市辖区	0	2	0	1	0	3
广州市	番禺区	0	3	0	0	0	3
中山市	中山市	1	2	0	0	0	3
珠海市	市辖区	11	7	0	0	0	18
江门市	台山市	4	2	0	0	0	6
	阳江市	1	0	0	0	0	1
茂名市	电白县	0	0	1	0	0	1
湛江市	市辖区	5	0	0	0	0	5
	雷州市	3	1	0	0	0	4
	徐闻县	15	0	0	0	0	15
	吴川市	0	0	3	0	0	3
全　省		53	21	4	1	3	82

11.2　海岛岸线基本状况

11.2.1　海岛岸线分布概况

广东省海岛岸线总长 2 174.70 km,其中基岩岸线总长 1 204.56 km,占 55.4%;人工岸线总长 574.40 km,占 26.4%;砂质岸线总长 308.99 km,占 14.2%;淤泥质岸线总长 50.66 km,占 2.3%,全省海岛岸线类型分布见表 11.6。

表 11.6　广东省海岛岸线类型统计

岸线类型	岸线长度(km)	所占百分比(%)
基岩岸线	1 204.56	55.4
砂质岸线	308.99	14.2
人工岸线	574.40	26.4
粉砂淤泥质岸线	50.66	2.3
生物岸线	36.09	1.7
合计	2 174.70	100

多数无居民海岛为单一的基岩岸线或粉砂淤泥质岸线，部分无居民海岛由两种岸线类型组成；有居民海岛由 2~4 种岸线类型构成，岸线类型分布见表 11.7。

表 11.7 广东省有居民海岛岸线类型分布 单位：km

海岛名称	岸线长度	基岩岸线	砂质岸线	人工岸线	粉砂淤泥质岸线	生物岸线
汛洲岛	8.286	6.407	1.879	0	0	0
西澳岛	6.662	4.382	0.774	1.506	0	0
海山岛	32.222	8.128	9.793	14.301	0	0
南澳岛	84.294	51.853	10.191	22.25	0	0
妈屿岛	2.357	0.345	0.32	1.692	0	0
达濠岛	66.824	13.371	16.065	35.329	2.059	0
小岛	2.74	1.835	0	0.905	0	0
施公寮岛	20.784	6.331	6.754	7.699	0	0
盐洲	11.102	0	0	11.102	0	0
小三门岛	8.101	8.101	0	0	0	0
大三门岛	14.709	13.325	0.998	0.386	0	0
大洲头	3.015	2.131	0	0.884	0	0
海鸥岛	31.208	0	0	31.208	0	0
小虎岛	17.156	0	0	17.156	0	0
沙仔	8.747	0	0	0	8.747	0
龙穴岛	36.179	0	0	36.179	0	0
大吉沙	8.142	0	0	0	8.142	0
大濠沙	5.215	0	0	5.215	0	0
横门岛	26.399	0	0.6	25.799	0	0
威远岛	19.798	1.333	0	18.465	0	0
横琴岛	48.545	8.129	3.166	37.25	0	0
淇澳岛	23.823	11.749	3.838	6.073	0	2.163
东澳岛	14.946	14.19	0.756	0	0	0
大万山岛	14.466	14.09	0.376	0	0	0
桂山岛	13.097	7.2	1.055	4.842	0	0
荷包岛	29.576	22.495	6.177	0.904	0	0
高栏岛	34.853	17.554	1.589	15.71	0	0
担杆岛	30.357	30.357	0	0	0	0
外伶仃岛	11.423	11.185	0.238	0	0	0
渣洲	18.075	16.212	1.863	0	0	0
盘皇岛	3.385	0	0	0	0	3.385

续表 11.7

海岛名称	岸线长度	基岩岸线	砂质岸线	人工岸线	粉砂淤泥质岸线	生物岸线
下川岛	85.663	67.259	9.167	7.851	1.386	0
上川岛	144.424	118.372	19.688	5.384	0	0.98
大襟岛	19.217	16.253	1.241	0	1.723	0
骑鳌岛	6.332	0	0	6.332	0	0
海陵岛	81.45	25.487	27.493	23.959	0	4.511
丰头岛	9.506	3.637	1.381	4.277	0	0.211
水东岛	3.63	0	0	3.63	0	0
东海岛	139.665	0	62.878	73.081	0.474	3.232
东头山岛	9.798	0	7.609	1.656	0	0.533
特呈岛	7.569	0	5.725	1.073	0	0.771
南三岛	85.685	0	26.994	52.541	5.525	0.625
硇洲岛	44.11	20.992	7.759	14.495	0	0.864
冬松岛	10.479	0	2.358	6.881	0	1.24
六极岛	6.521	0	2.295	3.231	0.652	0.343
北莉岛	20.675	0	0	20.675	0	0

11.2.2 海岛岸线变迁分析

20 世纪 80 年代至今，部分无居民海岛和多数有居民海岛岸线发生了变化。对无居民海岛而言，岸线形状基本未发生变化，部分无居民海岛因工程建设（码头、堤坝建设等），类型转化为人工岸线（见表 11.8）。对有居民海岛而言，岸线形状和类型都有变化，主要有 3 种情况：① 岸线向海方向推进；② 岸线向陆方向退缩；③ 岸线形状不变。岸线形状变化明显的海岛有 19 个：南澳岛、达濠岛、海山岛、汛洲岛、威远岛、桂山岛、龙穴岛、横门岛、淇澳岛、横琴岛、高栏岛、上川岛、丰头岛、海陵岛、南三岛、硇洲岛、后海岛、六极岛、冬松岛。岸线向海方向推进的两个主要原因为码头建设以及围填养殖场；岸线向陆方向退缩的两个主要原因为养殖场被冲毁以及人为挖砂活动。各岛岸线变迁情况见图 11.16，变迁的原因分析见表 11.9 和表 11.10。此外，沿岸道路、堤坝等工程建设虽然未改变岸线形状，但使部分岸段的岸线类型发生变化。

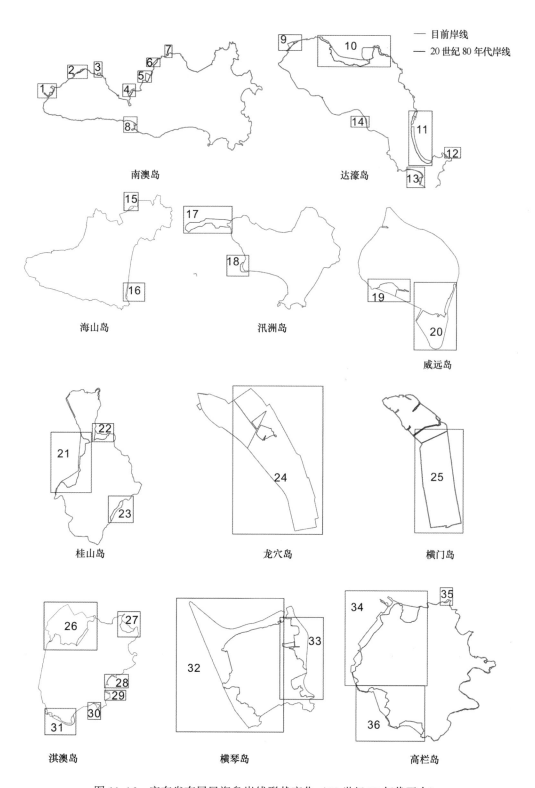

图 11.16　广东省有居民海岛岸线形状变化（20 世纪 80 年代至今）

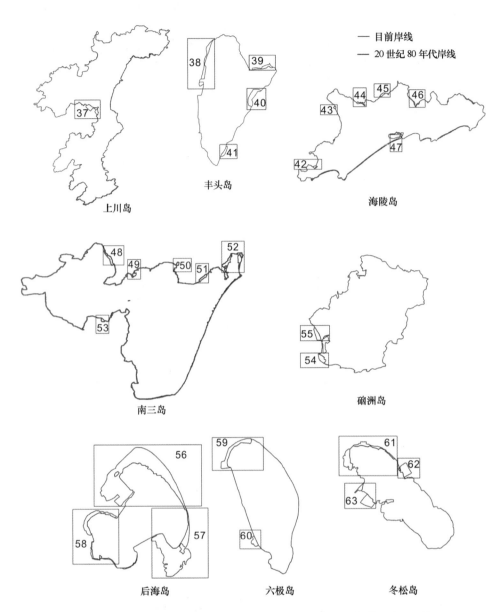

图 11.16　广东省有居民海岛岸线形状变化（20 世纪 80 年代至今）（续）

（图中的编号对应表 11.9 和表 11.10 中的岸段编号）

表 11.8　无居民海岛岸线类型变化原因分析

海岛名称	隶属县市	变化原因分析	海岛名称	隶属县市	变化原因分析
龟屿	潮州市	养殖场	马鞭洲	惠州市	油罐
D2	惠州市	码头	三洲	惠州市	
黄毛洲	惠州市	码头	桑洲	惠州市	
罴公洲	惠州市	路堤	交杯岛	珠海市	围垦农田、养殖场
大三门岛	惠州市	码头建设	牛头岛	珠海市	采石、挖砂
大洲头岛	惠州市	码头建设	三角岛	珠海市	采石、挖砂

续表 11.8

海岛名称	隶属县市	变化原因分析	海岛名称	隶属县市	变化原因分析
孖洲	深圳市	码头、工厂	野狸岛	珠海市	码头、路堤
大铲岛	深圳市	码头、工厂	龟岭	阳江市	养殖场
赖氏洲	深圳市	码头建设	蝴蝶洲	阳江市	油罐、码头
上横挡岛	广州市	旅游建设	赤豆寮岛	湛江市	养殖场
下横挡岛	广州市	旅游建设	鲨沙	湛江市	养殖场
大茅岛	中山市	围垦农田	沙墩岛	湛江市	养殖场
白沥岛	珠海市	码头			

表 11.9 有居民海岛岸线类型变化情况（向海推进）及原因分析

海岛名称	岸段编号	目前岸线类型	变化前岸线类型	变化原因分析
南澳岛	1~2	人工岸线	基岩岸线	建设码头
	3~8	人工岸线	基岩岸线	滩涂围填养殖场
达濠岛	9	人工岸线	基岩岸线	建设码头
	10	人工岸线	粉砂淤泥质岸线	围填做备用地
	11	砂质岸线	砂质岸线	
	12~13	人工岸线	砂质岸线	滩涂围填养殖场
	14	人工岸线	砂质岸线	滩涂开发为盐田
海山岛	15	人工岸线	砂质岸线	滩涂围填养殖场
威远岛	19~20	人工岸线	基岩岸线	滩涂围填养殖场
桂山岛	21	人工岸线	基岩岸线	港口
	22~23	人工岸线	基岩岸线	围填做工业用地
龙穴岛	24	人工岸线	基岩岸线	围填做工业用地
横门岛	25	人工岸线	基岩岸线	围垦为农田
淇澳岛	27	人工岸线	基岩岸线	围填为林地
	28~29	砂质岸线	基岩岸线	自然淤积或人工填砂
	30~31	人工岸线	基岩岸线	围填做工业用地
横琴岛	32	人工岸线	基岩岸线	围填养殖场
	33	人工岸线	基岩岸线	围填做备用地
高栏岛	34	人工岸线	基岩岸线	开发为港口
	35	人工岸线	基岩岸线	围填养殖场
	36	人工岸线	基岩岸线	围填做工业用地
上川岛	37	人工岸线	人工岸线	人工岸线
丰头岛	39	人工岸线	人工岸线	人工岸线
	40	人工岸线	人工岸线	围填养殖场
	41	人工岸线	基岩岸线	围填与另一个岛相连
海陵岛	42	人工岸线	基岩岸线	围填做工业用地
	43~46	人工岸线	基岩岸线	围填养殖场

海岛名称	岸段编号	目前岸线类型	变化前岸线类型	变化原因分析
硇洲岛	54	人工岸线	基岩岸线	围填养殖场
	55	人工岸线	基岩岸线	
后海岛	56~58	人工岸线	砂质岸线	围填养殖场
六极岛	59~60	人工岸线	砂质岸线	围填养殖场
冬松岛	61~63	人工岸线	砂质岸线	围填养殖场

注：岸段编号对应图 11.16 中的编号。

表 11.10　有居民海岛岸线类型变化（向陆退缩）及原因分析

海岛名称	岸段编号	变化前岸线类型	目前岸线类型	变化原因分析
海山岛	16	人工岸线	砂质岸线	养殖场被冲毁
汛洲岛	17	砂质岸线	基岩岸线	原为一伸出去的沙嘴，后被冲毁或人工挖毁
	18	砂质岸线	基岩岸线	原为荒地，后被冲毁或人工挖毁
淇澳岛	26	人工岸线	基岩岸线	养殖场划在岸线外的海域
丰头岛	38	人工岸线	人工岸线	部分养殖场划在岸线外的海域
海陵岛	47	砂质岸线	砂质岸线	沙嘴部分被侵蚀，或人为挖毁
南三岛	48~54	人工岸线	人工岸线	养殖场被冲毁

注：岸段编号对应图 11.16 中的编号。

11.3　海岛岸滩冲淤动态变化

11.3.1　岬湾静态平衡岸线分析

湾岸经验公式是利用统计学原理，结合现场观测资料和模型试验得到的数学公式。多数经验公式具有地域性，但也有一些通用的经验公式。目前常见的经验公式主要有 3 种：① Yasso（1965）的对数螺旋形经验公式；② Hsu 和 Evans（1989）的抛物线形经验公式；③ Moreno 和 Kraus 的双曲线切线形经验公式。抛物线形经验公式选择天然或人工岬角处波浪绕射点作为极坐标原点，符合物理意义，以零漂沙条件下的稳定岬湾为基本条件，无地域性，因此得到广泛的应用。MEPBay（Model of Equilibrium Planform of Bayed beaches）是 Klein 基于岬湾理论开发的岬湾可视化应用软件，使用该软件对广东海岛典型岬湾岸线进行预测，选取几个典型岬湾论述如下。

（1）南澳岛。南澳岛典型岬湾分别位于 NAD-001、NAD-002、NAD-003 和 NAD-004 四个调查剖面及青澳湾和云澳湾处（图 11.17）。

图 11.17 中蓝色曲线为预测岸线，从图上看，NAD-001 调查剖面处岬湾实际岸线位于预测岸线海侧，岸滩处于动态状态，是否达到平衡取决于沿岸输沙量。NAD-002 调查剖面处岬湾预测岸线与实际岸线基本吻合，岸滩接近静态平衡状态。NAD-003 调查剖面处防波堤建设

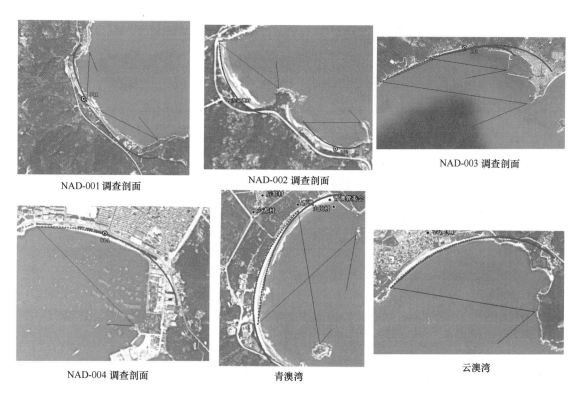

NAD-001 调查剖面　　　　NAD-002 调查剖面　　　　NAD-003 调查剖面

NAD-004 调查剖面　　　　青澳湾　　　　云澳湾

图 11.17　南澳岛典型岬湾预测岸线示意图

前，上游控制点位于下面的岬角处，实际岸线位于预测岸线海侧，防波堤建成后，上游控制点位于防波堤前端，预测岸线与实际岸线基本吻合，表明防波堤建成后，使得岸滩接近静态平衡。由此可见，该工程的建设有效地保护好了岸线。NAD-004 调查剖面，围填前，岸滩接近静态平衡状态，围填后，则处于动态状态，围填对岸滩的稳定带来一定的影响。青澳湾岬湾上游波浪折射发生在两处，分别使用这两个点作为上游控制点进行岸线预测，结果与实际岸线较吻合，表明该处岸滩基本处于静态平衡。云澳湾实际岸线位于预测岸线海侧，表明该岬湾湾处于动态状态。

（2）海山岛。海山岛典型岬湾主要分别位于 HSD-009 调查剖面和欧石村附近（图 11.18），这两处海岸为略呈弧形的夷直岸线，预测岸线与实际岸线基本吻合，因此接近静态平衡状态。

（3）荷包岛。荷包岛典型岬湾分别位于 HBD-068、HBD-069、HBD-070 和 HBD-071 四个调查剖面处（图 11.19）。HBD-068 和 HBD-071 调查剖面处岸滩预测岸线与实际岸线较吻合，这两处的岸滩接近静态平衡状态。HBD-069 和 HBD-070 这两个调查剖面处岸线实际岸线位于预测岸线海侧，岸滩处于动态状态，是否达到平衡还需根据沿岸输沙情况进一步判断。

（4）上川岛。上川岛典型岬湾分别位于 SCD-075、SCD-080 和 SCD-081 三个剖面处（图 11.20）。SCD-075 和 SCD-080 剖面处岸滩处于静态平衡状态外，SCD-081 剖面附近岸滩实际岸线位于预测岸线海侧，处于动态状态。

（5）下川岛。下川岛典型岬湾分别位于 XCD-091、XCD-092、XCD-093、XCD-094、XCD-095 和 XCD-097 六个剖面处。XCD-091 和 XCD-093 剖面处岸滩实际岸线与预测岸线较为吻合，接近静态平衡状态；XCD-097 剖面处岸滩实际岸线位于预测岸线陆侧，该处岸滩

HSD-009 剖面　　　　　　　　　欧石村附近

图 11.18　海山岛典型岬湾预测岸线示意图

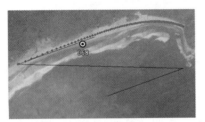 

HBD-068 剖面　　　　　　　　　HBD-069 剖面

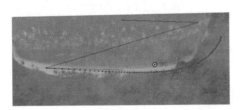 

HBD-070 剖面

HBD-071 剖面

图 11.19　荷包岛典型岬湾预测岸线示意图

侵淤互现；其他调查剖面处岸滩实际岸线位于预测岸线海侧，处于动态状态（见图 11.21）。

11.3.2　典型海岛岸滩冲淤变化分析

选择南澳岛、达濠岛、上川岛、海陵岛和南三岛 5 个典型海岛，将 1985 年和 2006 年岛周水深数据数字化，经网格化生成 DEM（数字高程模型）后，将两期 DEM 相减，便得到了从 1985 年到 2006 年岸滩冲淤变化分布图。

SCD-075 剖面　　　　　　SCD-080 剖面　　　　　　SCD-084 剖面

图 11.20　上川岛典型岬湾预测岸线示意图

XCD-092 剖面　　　　　　　　XCD-093 剖面

XCD-091 剖面

XCD-094 剖面　　　　　　　　　　　　XCD-097 剖面

XCD-095 剖面

图 11.21　下川岛 XCD-097 典型岬湾预测岸线示意图

11.3.2.1　南澳岛岸滩冲淤变化

南澳岛东南岸面临开阔海域，西南岸流作用强烈。从南澳岛岸滩冲淤变化分布图（图 11.22）上看，-10 m 等深线以浅海域内，由官屿—圆屿—狮仔屿组成天然屏障，阻挡外海海浪侵蚀，在-10 m 等深线以浅为淤积区，-20 m 等深线圈闭的范围内有一 WN 向分布的强侵蚀区。

南澳岛北部和东北部海域相对狭窄，在东向沿岸流和潮水的顶托作用下，韩江、榕江入海形成的淡水流由此通过，水流作用较弱，主要发育 2 个海湾：后江湾和白沙湾，湾内较稳定。白沙湾受湾口猎屿、塔屿的阻挡，湾顶部位受河水影响较小，在湾的东侧形成淤积区。

南澳岛西北角毗邻南澳岛与海山岛之间的喇叭形潮流通道，潮流作用较强，在-10 m 等

221

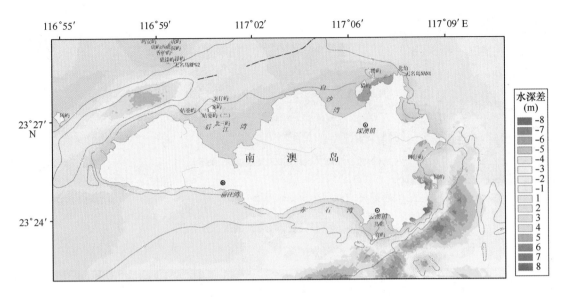

图 11.22　1985—2006 年南澳岛岸滩冲淤变化分布

深线圈闭区域内，形成沿潮流流向的侵蚀区。岛西部和西北部，由于南澳码头和岬角波浪遮蔽效应，−5 m 等深线以浅海域为稳定区，而在人工突堤附近则形成局部淤积区。

11.3.2.2　达濠岛岸滩冲淤变化

达濠岛位于榕江河口，主要受韩江河口及口外海区的潮流影响。达濠岛之东南海岸有多个海湾和岬角，该区涨潮流贴海岸线而上，上涨至表角附近，产生挑流和绕流；这股贴岸涨潮水流绕过表角后，形成偏转水流，并以北及北北西方向进入榕江口及韩江河口水下三角洲前缘。沿着这股潮流在达濠岛北侧以及东北侧形成 3 个主要的侵蚀区（图 11.23）。尤其在妈屿岛与达濠岛之间区域，由于水道狭窄，海流冲刷强度大，形成强侵蚀区。后江湾受表角的遮蔽作用，总体表现为微淤积状态，在 −5 m 等深线附近为微侵蚀区，并与湾外微侵蚀区相连，推测主要受北向和北北西向涨潮流影响。

韩江河口口门外深槽短浅，口外海床地形坡度平缓，使出口径流难以形成泄洪主流向外排出，总体上是以面流、散流的流态向外排泄。部分径流含沙水体在出口径流和口外主潮流（东北—西南）的动力相互作用下向拦沙堤尾至表角东侧海域输运扩散。在达濠岛岬角下方，形成多个局部淤积区，推断是这股自东北向西南流动的落潮流携带的泥沙沉积所致。

11.3.2.3　上川岛岸滩冲淤变化

从上川岛岸滩冲淤变化图（图 11.24）上看，在西向流的作用下，上川岛东侧在迎西面的岬角附近形成 2 个强侵蚀区。岛的西南部主要分布有 3 个岬角，受外海东北流的影响，在岬角邻近区形成侵蚀区；上川岛周海湾除沙湾处于侵蚀区外，其他海湾均较稳定。在上川岛中部东侧海域，受飞沙洲、中心洲和高冠洲屏蔽作用，形成一个局部淤积区（图 11.24）。

11.3.2.4　海陵岛岸滩冲淤变化

从海陵岛岸滩冲淤变化图（图 11.25）上看，海陵岛在西向沿岸流和北东向斜压力流的

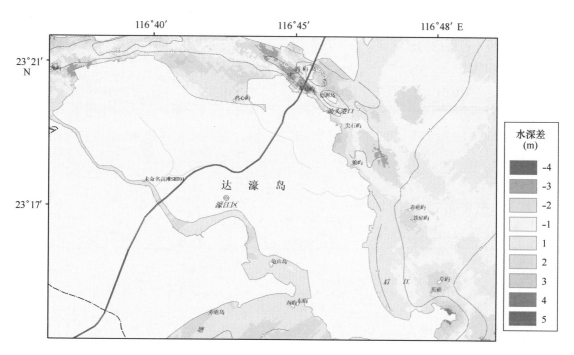

图 11.23 1985—2006 年达濠岛岸滩冲淤变化分布

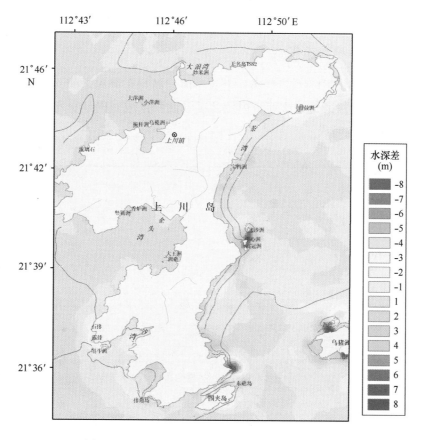

图 11.24 1985—2006 年上川岛岸滩冲淤变化分布

共同影响下，岛周多数岸段直接面对海流，因此以侵蚀作用为主。尤其岛南部的南湾，该海

223

湾由于缺少外围屏障，侵蚀严重，湾口左侧沙咀有不断被侵蚀的趋势。岛西南角，受岬角遮蔽作用，形成小范围内的侵蚀区。海陵岛东侧为阳江港航道，从图 11.25 可以看出，该航道处于不断淤积状态。

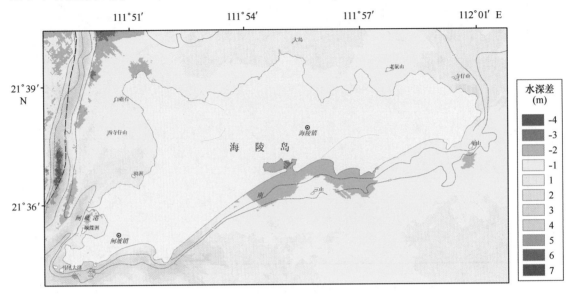

图 11.25　1985—2006 年海陵岛岸滩冲淤变化分布

11.3.2.5　南三岛岸滩冲淤变化

从南三岛岸滩冲淤变化图（图 11.26）上看，南三岛与东海岛之间，以及南三岛与陆地之间存在一条"S"形潮汐通道，该通道内侵蚀区和淤积区成对间断分布，可能是受反复潮流的侵蚀—淤积双重影响而成。

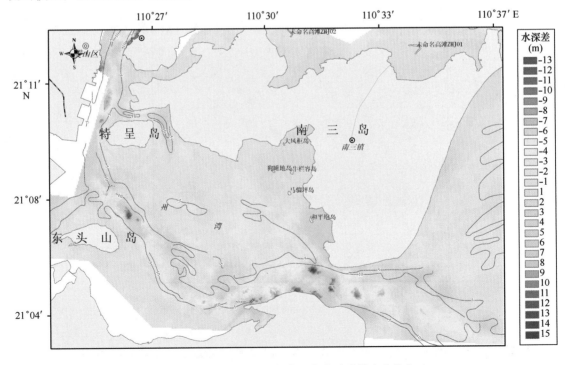

图 11.26　1985—2006 年南三岛岸滩冲淤变化分布

南三岛东侧，由于直接面向外海，在波浪作用下，以侵蚀为主，尤其岛东南角，南三岛与东海岛之间的水道，侵蚀严重。南三岛西侧，受岛体遮蔽，总体以稳定和微淤积为主，西南角有一个局部淤积区。

南三岛西部，在南三岛与特呈岛之间有一个局部强侵蚀区，特呈岛东侧则有一个局部淤积区。

11.4 海岛潮间带沉积物

11.4.1 沉积物粒度分析

对 57 个海岛 (30 个有居民岛和 27 个无居民岛) 共 133 个剖面的高、中、低潮带表层沉积物分别进行采样和粒度分析，分珠江口以东 (包括汕头海区、红海湾—碣石湾海区和大亚湾海区)、珠江口海区、川山—阳江海区 (包括川山海区和阳江海区) 以及湛江—茂名海区 (包括茂名海区和湛江海区) 4 个海区进行论述。

11.4.1.1 表层沉积物颗粒分布特征

1) 砾石

珠江口以东海区沉积物中砾石含量介于 0～68.54% 之间，平均 10.64%，大多数站位的含量介于 0～10% 之间。珠江口海区沉积物中砾石含量介于 0～94.19% 之间，平均 8.13%，大多数站位的含量介于 0～10% 之间。川山—阳江海区沉积物中砾石含量介于 0～99.81% 之间，平均 8.12%，大多数站位的含量介于 0～10% 之间。湛江—茂名海区沉积物中砾石含量介于 0～29.93% 之间，平均 2.26%，大多数站位的含量介于 0～10% 之间。

2) 砂

珠江口以东海区沉积物中砂含量介于 27.90%～99.05% 之间，平均 77.62%，大多数站位的含量介于 70%～100% 之间。珠江口海区沉积物中砂含量介于 0.81%～99.94% 之间，平均 91.57%，大多数站位的含量介于 90%～100% 之间。川山—阳江海区沉积物中砂含量介于 0.15%～99.54% 之间，平均 81.60%，大多数站位的含量介于 80%～100% 之间。湛江—茂名海区沉积物中砂含量介于 29.86%～99.74% 之间，平均 85.56%，大多数站位的含量介于 80%～100% 之间。

3) 粉砂

珠江口以东海区沉积物中粉砂含量介于 0.58%～44.46% 之间，平均 9.19%，大多数站位的含量介于 0～10% 之间。珠江口海区沉积物中粉砂含量介于 0～77.78% 之间，平均 22.80%，大多数站位的含量介于 0～10% 及 50%～60% 之间。川山—阳江海区沉积物中粉砂含量介于 0.02%～72.94% 之间，平均 8.12%，大多数站位的含量介于 0～20% 之间。湛江—茂名海区沉积物中粉砂含量介于 0.03%～56.59% 之间，平均 9.77%，大多数站位的含量介于 0～10% 之间。

4）黏土

珠江口以东海区沉积物中黏土含量介于 0.11%～21.27% 之间，平均 2.56%，大多数站位的含量介于 0～4% 之间。珠江口海区沉积物中黏土含量介于 0.01%～36.52% 之间，平均 7.63%，大多数站位的含量介于 0～2% 之间。川山—阳江海区沉积物中黏土含量介于 0～31.45% 之间，平均 2.16%，大多数站位的含量介于 0～4% 之间。湛江—茂名海区沉积物中黏土含量介于 0.04%～16.40% 之间，平均 2.41%，大多数站位的含量介于 0～6% 之间。

11.4.1.2 沉积物福克法分类

采用福克法对沉积物进行分析和命名（图 11.27）。根据福克沉积物分类结果，珠江口以东海区不含砾沉积物以砂为主，少量沉积物类型为粉砂质砂。含砾沉积物主要发现在中潮带和低潮带，以砾质砂为主，少量砂质砾和砾质泥质砂。珠江口海区不含砾沉积物以砂、砂质粉砂和粉砂为主，其次为粉砂质砂；含砾沉积物主要发现于中潮带和低潮带，以砾质砂和砂质砾为主，其次为砾质泥，砾质砂主要发现于中潮带和低潮带。川山—阳江海区不含砾沉积物以砂和粉砂质砂为主，高潮带和中潮带以砾质砂为主，中潮和低潮带以砾质砂为主；含砾沉积物类型主要为砾质砂和砂质砾，砾质砂主要发现于高潮带和低潮带。湛江—茂名海区不含砾沉积物主要为砂和粉砂质砂。其中粉砂质砂主要发现于中潮带和低潮带；高潮带沉积物类型基本为砂。含砾沉积物主要为砾质砂，其次为含砾泥质砂和含砾砂。含砾泥质砂和含砾砂主要发现于中潮带和低潮带；高潮带主要沉积物类型为砾质砂。

11.4.1.3 粒度参数分布

1）中值粒径（Md）

珠江口以东海区沉积物中值粒径介于 -1.87φ～6.07φ 之间，平均 1.81φ。珠江口海区沉积物中值粒径介于 -4.62φ～7.49φ 之间，平均 2.92φ。川山—阳江海区沉积物中值粒径介于 -1.50φ～7.52φ 之间，平均 1.90φ。湛江—茂名海区沉积物中值粒径介于 -0.36φ～5.22φ 之间，平均 2.39φ。

2）分选系数（S_0）

珠江口以东海区沉积物分选系数介于 1.35～21.03 之间，平均 4.39。珠江口海区沉积物分选系数介于 -1.33～19.80 之间，平均 4.50。川山—阳江海区沉积物分选系数介于 1.23～11.13 之间，平均 2.81。湛江—茂名海区沉积物分选系数介于 1.50～14.37 之间，平均 3.30。

3）偏态（SKi）

珠江口以东海区沉积物偏态介于 -0.86～0.77 之间，平均 0.04。珠江口海区沉积物偏态介于 -3.37～0.80 之间，平均 0.05。川山—阳江海区沉积物偏态介于 -1.16～1.22 之间，平均 0.13。湛江—茂名海区沉积物偏态介于 0～0.72 之间，平均 0.13。

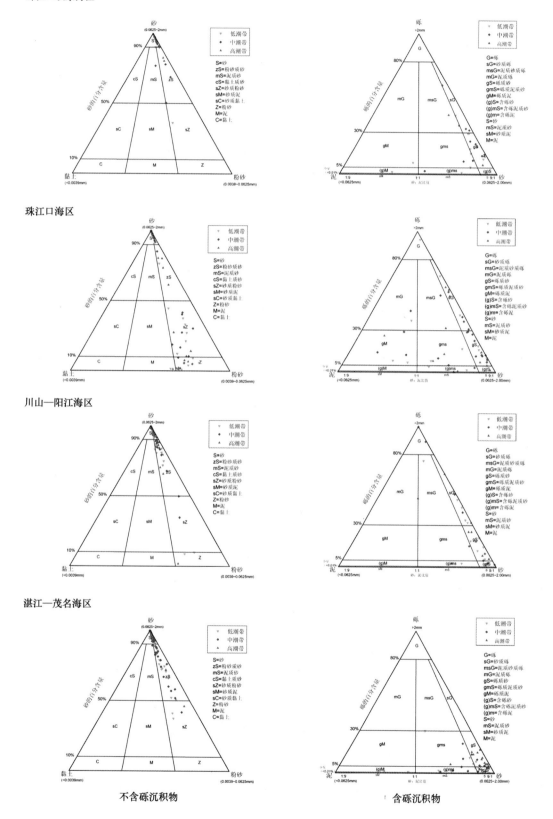

图 11.27 广东省海岛潮间带表层沉积物福克法分类三角图解

4）峰态（K_g）

珠江口以东海区沉积物峰态介于 0.74~4.30 之间，平均 1.53。珠江口海区沉积物峰态介于 −1.96~2.85 之间，平均 1.14。川山—阳江海区沉积物峰态介于 0.30~3.47 之间，平均 1.40。湛江—茂名海区沉积物峰态介于 0.70~6.63 之间，平均 1.40。

11.4.1.4 粒度参数反映的沉积物特性

根据粒度参数，分别对 4 个海区海岛沉积物的平均粒径、分选性（标准偏差衡量）、粒度分布对称性（偏度衡量）和粒度频率曲线尖锐程度（峰度衡量）进行评价。

从分选性上看，海岛潮间带沉积物珠江口以东海区主要集中在分选中等—差级别，而分选好—较好和分选差级别则相对较少；珠江口海区以分选较差居多，其次为分选较好—分选中等及分选差；川山—阳江海区以分选较差居多，其次为分选较好—分选中等，少数为分选差；湛江—茂名海区以分选较差居多，其次为分选较好和分选差，少数为分选好和分选中等。

从粒度分布曲线的对称性来看，海岛潮间带沉积物主要为近对称状，其次为正偏态，极少数为负偏态。其中珠江口以东海区一半呈近对称状，其余曲线正偏态要略多于负偏态；珠江口海区基本呈近对称状，正偏态和负偏态均较少；川山—阳江海区有一半以上呈近对称状，其余曲线基本呈正偏态，极少数呈负偏态；湛江—茂名海区与川山—阳江海区规律一致。

从粒度分布曲线的尖锐程度来看，海岛潮间带沉积物主要呈中等尖锐状，其次呈尖锐状，极少数呈平坦状。珠江口以东海区近一半呈中等尖锐状，其次呈尖锐状—很尖锐状；珠江口海区基本呈中等尖锐，少数呈尖锐状—很尖锐状；川山—阳江海区一半以上呈中等尖锐状，其次呈很尖锐状和尖锐状；湛江—茂名海区规律和川山—阳江海区基本一致。

11.4.2 沉积物矿物分析

在广东省海岛 133 个表层样品中，共出现 42 种碎屑矿物，按相对密度 2.89 g/cm³ 为界，可区分轻矿物 8 种，重矿物 34 种。轻矿物中普遍含量较高的有石英、长石（包括钾长石和斜长石）；其次是海绿石、碳酸盐类（含生物碎屑）和绿泥石；有机质含量很低。重矿物中普遍含量较高的有锆石、钛铁矿、磁铁矿和褐铁矿，其次是普通角闪石、绿帘石、电气石和风化碎屑，它们在各岛表层沉积物中出现的频率也较高；而透闪石、阳起石、玄武闪石、绿帘石、黑云母、白云母、水黑云母、绿泥石、石榴子石、榍石、磷灰石、金红石、透辉石、紫苏辉石、菱镁矿、白云石、赤铁矿、白钛石、锐钛矿、自生黄铁矿、白榴石、红帘石、钍石、萤石、独居石、霓石、海绿石、磷钇矿则很少，出现的频率也较低。沉积物中矿物含量统计结果见表 11.11，分布情况见图 11.28。

表 11.11 广东省海岛潮间带沉积物中矿物含量统计一览表

矿物名称	平均值（%）	最大值（%）	最小值（%）	标准差	出现的站位数（个）	出现的频率（%）
石英	56.45	94.392	7.29	18.54	133	100
长石	25.77	90.78	4.334	14.99	133	100

矿物名称		平均值（%）	最大值（%）	最小值（%）	标准差	出现的站位数（个）	出现的频率（%）
	云母	1.24	28.03	微量	5.5	62	46.6
	碳酸盐	4.63	71.81	微量	11.77	126	94.7
片状矿物	绿泥石	0.023	0.639	微量	0.14	42	31.6
	云母	0.082	2.112	微量	0.26	102	76.7
金属矿物	钛铁矿	0.738	18.559	微量	2.44	127	95.5
	磁铁矿	0.296	16.016	微量	2.09	88	66.2
	褐铁矿	0.38	4.346	微量	0.65	129	97
	赤铁矿	0.04	2.914	微量	0.36	65	48.9
	锐钛矿	0.016	0.905	微量	0.11	67	50.4
	菱镁矿	0.001	0.1	微量	0.03	13	9.8
闪石类	石榴子石	0.078	4.3803	微量	0.5	79	59.4
	榍石	0.044	1.222	微量	0.14	116	87.2
	磷灰石	0.001	0.028	微量	0.01	15	11.3
	电气石	0.189	4.3122	微量	0.44	116	87.2
	锆石	0.348	11.465	微量	1.28	119	89.5
	金红石	0.005	0.18	微量	0.05	20	15
	白钛石	0.026	0.806	微量	0.09	86	64.7
	普通角闪石	0.123	1.385	微量	0.23	131	98.5
	透闪石	0.016	0.321	微量	0.05	87	65.4
	玄武闪石	微量	—	—	—	1	0.8
	阳起石	0.002	0.099	微量	0.02	39	29.3
帘石类	绿帘石	0.148	4.3133	微量	0.36	129	97
	红帘石	微量	—	—	—	1	0.8
	黝帘石	0.005	0.136	微量	0.02	54	40.6
辉石类	普通辉石	0.001	0.084	微量	0.02	13	9.8
	透辉石	0.007	0.215	微量	0.05	39	29.3
	紫苏辉石	0.003	0.202	微量	0.04	32	24.1
	霓石	微量	—	—	—	1	0.8
自生矿物	自生黄铁矿	0.005	0.238	微量	0.05	25	18.8
	海绿石（重）	0.001	0.064	微量	0.03	4	3
稀土矿物	独居石	0.004	0.546	微量	0.19	8	6
	钍石	微量	0.013	微量	—	7	5.3
	磷钇矿	0.023	0.604	微量	0.1	70	52.6

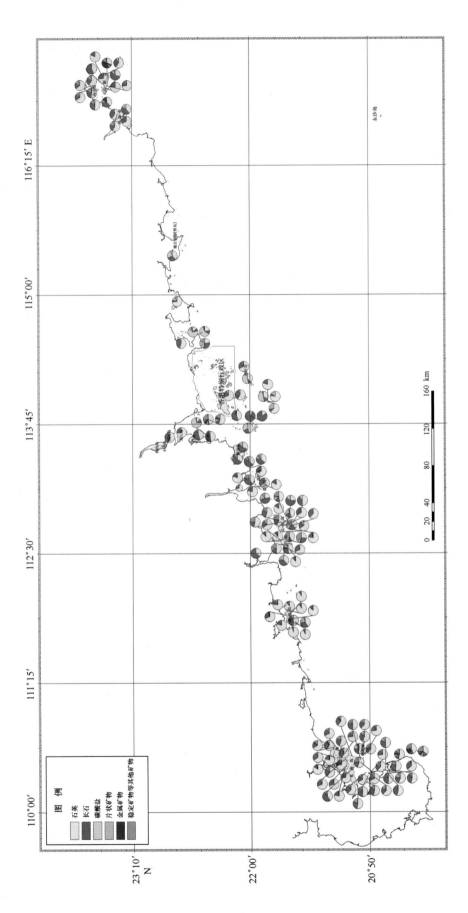

图 11.28　广东省海岛潮间带矿物分布

11.5　海岛潮间带沉积物化学

11.5.1　海岛潮间带沉积物化学特征

现场采样于 2008 年 3 月 6—30 日期间完成，采集表层沉积物样品（0~5 cm），污染物测试要素包括汞、铜、铅、锌、镉、铬、砷、有机碳、硫化物、总氮、总磷、石油类、Eh 和 pH 共 14 项，各要素含量统计见表 11.12。

11.5.2　潮间带沉积化学环境分析与评价

11.5.2.1　评价方法和评价标准

海岛潮间带沉积物质量现状评价采用标准指数法（单因子标准指数法和平均分标准指数法），评价标准采用《海洋沉积物质量》（GB 18668—2002）第一类海洋沉积物质量标准，选取汞、铜、铅、锌、镉、铬、砷、有机碳、硫化物、石油类等作为评价因子。

11.5.2.2　评价结果

分汕头海区、大亚湾海区、珠江口海区、川山海区、阳江海区、湛江海区 6 个海区分别评价，结果见表 11.13。评价因子重金属铬、有机碳、硫化物、石油类等，其单项标准指数 Q_{ij} 均小于 1，未出现超标，符合第一类海洋沉积物的质量标准；评价因子汞、铜、铅、锌、镉、砷则出现不同程度的超标，样品超标率分别为：1.8%、9.6%、2.6%、4.4%、1.8%、8.8%。珠江口海区淇澳岛潮间带沉积物评价因子汞、铜、铅、锌、镉、砷出现不同程度的超标，横琴岛锌、镉、砷等不同程度地出现超标，担杆岛和大万山岛铜出现超标，三灶岛铜和砷出现超标；汕头海区海山岛砷出现超标；大亚湾海区盐洲岛铜、锌、砷等出现超标；湛江海区硇洲岛铜出现超标；川山群岛海域和阳江海区海岛潮间带沉积物中各污染物质的含量则未出现超标现象。所有超标要素含量超出第一类海洋沉积物质量标准上限，但低于第二类海洋沉积物质量标准上限，符合第二类海洋沉积物的质量标准。

表11.12 海岛潮间带沉积物化学调查结果统计

调查项目	汞（×10⁻⁶）		铜（×10⁻⁶）		铅（×10⁻⁶）		锌（×10⁻⁶）		镉（×10⁻⁶）		铬（×10⁻⁶）		砷（×10⁻⁶）	
	含量范围	平均值	含量范围	平均值	含量范围	平均值	含量范围	平均值	含量范围	平均值	含量范围	平均值	含量范围	平均值
汕头海区	nd至0.104	0.007	0.4~20.3	2.8	2.6~47.3	11.9	8.6~100	25.7	nd至0.09	0.05	1.0~29.4	5.0	1.20~23.0	6.05
大亚湾	nd至0.032	0.009	0.8~70.1	23.9	4.6~20.4	12.7	6.0~178	72.6	0.05~0.13	0.07	1.0~57.9	27.8	5.5~29.7	15.8
珠江口	nd至0.223	0.030	nd至103	15.6	4.4~74.9	22.5	13.8~221	73.1	0.02~0.64	0.18	0.2~59.9	11.9	nd至34.1	8.06
川山群岛	0.002~0.006	0.004	0.2~3.6	1.8	4.4~10.9	7.5	8.8~30.2	18.2	0.11~0.13	0.12	1.8~3.7	2.8	4.46~5.92	5.06
阳江海区	nd至0.004	0.003	0.9~11.7	5.6	4.4~14.3	10.1	6.6~42.0	22.0	0.11~0.13	0.11	2.6~10.0	5.7	1.40~5.76	3.68
湛江海区	0.002~0.024	0.007	0.2~45.8	7.3	3.0~15.3	6.7	4.4~68.6	20.2	0.09~0.37	0.24	1.8~11.1	4.2	1.80~7.95	3.87
全省海岛	nd至0.223	0.017	nd至103	10.7	2.6~74.9	15.3	4.4~221	47.6	nd至0.64	0.15	0.2~59.9	9.1	nd至34.1	6.83

调查项目	硫化物（×10⁻⁶）		有机碳（%）		总氮（×10⁻⁶）		总磷（×10⁻⁶）		石油类（×10⁻⁶）		E_h		pH	
	含量范围	平均值	含量范围	平均值	含量范围	平均值	含量范围	平均值	含量范围	平均值	范围	平均值	范围	平均值
汕头海区	nd至31	15	nd至1.05	0.12	7.36~130	24.6	1.36~34.3	6.31	3.02~51.6	10.5	50~180	92	8.05~9.02	8.51
大亚湾	34~106	57	0.13~1.06	0.38	5.91~62.7	25.7	0.718~58.3	23.8	11.5~484	146	18~167	109	7.54~8.45	8.08
珠江口	nd至105	26	nd至1.41	0.23	2.21~361	51.2	0.524~125	15.9	nd至242	32.1	34~163	99	7.60~9.06	8.13
川山群岛	18~38	30	0.06~0.31	0.15	10.2~78.8	28.6	1.86~6.78	4.63	4.82~15.9	8.49	33~88	62	7.90~9.50	8.54
阳江海区	20~39	29	0.06~0.32	0.16	2.46~37.2	19.4	9.40~18.5	13.9	5.12~48.0	21.7	54~127	77	7.81~8.47	8.31
湛江海区	21~61	37	0.08~0.31	0.20	9.16~162	43.8	0.746~17.9	5.65	nd至59.5	14.0	41~149	92	7.27~8.97	8.21
全省海岛	nd至106	28	nd至1.41	0.20	2.21~361	40.6	0.524~125	11.7	nd至484	28.5	18~180	94	7.27~9.50	8.25

注：表中 nd 表示未检出。

表 11.13　海岛潮间带沉积化学评价结果统计

调查海区	评价因子	汞	铜	铅	锌	镉	铬	砷	硫化物	有机碳	石油类
汕头海区	最小值	0.01	0.01	0.04	0.06	0.02	0.01	0.06	0.01	0.01	0.01
	最大值	0.52	0.58	0.79	0.67	0.18	0.37	1.15	0.10	0.53	0.10
	平均值 Q_{ie}	0.03	0.08	0.20	0.17	0.10	0.06	0.30	0.05	0.06	0.02
	样品超标率（%）	0.0	0.0	0.0	0.0	0.0	0.0	4.8	0.0	0.0	0.0
大亚湾海区	最小值	0.01	0.02	0.08	0.04	0.10	0.01	0.27	0.11	0.07	0.02
	最大值	0.16	2.00	0.34	1.19	0.26	0.72	1.49	0.35	0.53	0.97
	平均值 Q_{ie}	0.05	0.68	0.21	0.48	0.13	0.35	0.79	0.19	0.19	0.29
	样品超标率（%）	0.0	33.3	0.0	16.7	0.0	0.0	50.0	0.0	0.0	0.0
珠江口海区	最小值	0.01	0.00	0.07	0.09	0.04	0.00	0.00	0.01	0.01	0.00
	最大值	1.12	2.94	1.25	1.47	1.28	0.75	1.71	0.35	0.71	0.48
	平均值 Q_{ie}	0.15	0.44	0.37	0.49	0.35	0.15	0.40	0.09	0.12	0.06
	样品超标率（%）	3.9	15.7	5.9	7.8	3.9	0.0	11.8	0.0	0.0	0.0
川山群岛海区	最小值	0.01	0.01	0.07	0.06	0.22	0.02	0.22	0.06	0.03	0.01
	最大值	0.03	0.10	0.18	0.20	0.26	0.05	0.30	0.13	0.16	0.03
	平均值 Q_{ie}	0.02	0.05	0.12	0.12	0.23	0.03	0.25	0.10	0.08	0.02
	样品超标率（%）	0.0	0.0	0.0	0.0	0.0	0.0	0.0	0.0	0.0	0.0
阳江海区	最小值	0.01	0.03	0.07	0.04	0.22	0.03	0.07	0.07	0.03	0.01
	最大值	0.02	0.33	0.24	0.28	0.26	0.13	0.29	0.13	0.16	0.10
	平均值 Q_{ie}	0.01	0.16	0.17	0.15	0.23	0.07	0.18	0.10	0.08	0.04
	样品超标率（%）	0.0	0.0	0.0	0.0	0.0	0.0	0.0	0.0	0.0	0.0
湛江海区	最小值	0.01	0.01	0.05	0.03	0.18	0.02	0.09	0.07	0.04	0.00
	最大值	0.12	1.31	0.26	0.46	0.74	0.14	0.40	0.20	0.16	0.12
	平均值 Q_{ie}	0.03	0.21	0.11	0.13	0.48	0.05	0.19	0.12	0.10	0.03
	样品超标率（%）	0.0	4.2	0.0	0.0	0.0	0.0	0.0	0.0	0.0	0.0
全省海岛	最小值	0.01	0.00	0.04	0.03	0.02	0.00	0.00	0.01	0.01	0.00
	最大值	1.12	2.94	1.25	1.47	1.28	0.75	1.71	0.35	0.71	0.97
	平均值 Q_{ie}	0.09	0.30	0.25	0.32	0.31	0.11	0.34	0.09	0.10	0.06
	样品超标率（%）	1.8	9.6	2.6	4.4	1.8	0.0	8.8	0.0	0.0	0.0

11.6 海岛潮间带底栖生物

广东海岛潮间带底栖生物调查分别在 2008 年 3 月（春季）和同年 10 月（秋季）进行，在广东沿岸 3 个海域（粤东、珠江口和粤西）的海岛潮间带的岩相、泥沙滩等主要底质生态类型共布设 23 条断面，分粤东海区、珠江口海区和粤西海区进行调查统计。

11.6.1 底栖生物分布特征

11.6.1.1 粤东海区

1）主要底栖生物种类和分布

主要记录底栖生物 10 门 196 种，其中软体动物 88 种，节肢动物 46 种，藻类 25 种（主要出现在定性样品中），环节动物（多毛类）23 种，棘皮动物、腔肠动物各 4 种，星虫动物、纽虫动物各 3 种。种类百分比组成详见图 11.29。

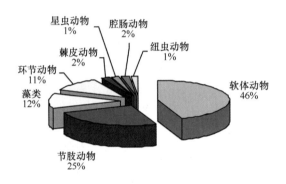

图 11.29　粤东海区海岛潮间带底栖生物种类百分比组成

2）潮间带底栖生物生物量和栖息密度

潮间带底栖生物的年平均生物量为 578.11 g/m^2，年平均栖息密度为 436 ind/m^2。其中春季平均生物量为 894.06 g/m^2，平均栖息密度为 711 ind/m^2；秋季平均生物量为 262.16 g/m^2，平均栖息密度为 161 ind/m^2。

11.6.1.2 珠江口海区

1）主要底栖生物种类和分布

主要底栖生物共 11 门 197 种，软体动物最多，共 72 种，约占总种类数的 36.5%；节肢动物次之，共 60 种，约占总种类数的 30.5%；环节动物 27 种，约占总种类数的 13.7%；棘皮动物 1 种，占总种类数的 0.5%；脊索动物（鱼类）有 7 种，约占总种类数的 3.6%；其他动物（纽形动物、螠虫动物和星虫动物）有 4 种，约占总种类数的 2.0%；藻类（绿藻、褐藻和红藻）有 26 种，约占总种类数的 13.2%。种类百分比组成详见图 11.30。

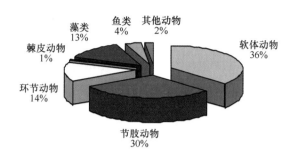

图 11.30 珠江口海区海岛潮间带底栖生物种类百分比组成

2）潮间带底栖生物生物量和栖息密度

潮间带底栖生物的年平均生物量为 2 227.42 g/m^2，年平均栖息密度为 1 481 ind/m^2。潮间带生物生物量和栖息密度存在一定的季节性变化。春季平均生物量为 2 784.70 g/m^2，平均栖息密度为 1 785 ind/m^2，生物量以软体动物最高，其次为藻类、节肢动物等；栖息密度以软体动物最高，其次为节肢动物、环节动物等。秋季平均生物量为 1 670.10 g/m^2，平均栖息密度为 1 177 ind/m^2，生物量以软体动物最高，其次为节肢动物；栖息密度以软体动物最高，其次为节肢动物和环节动物等。

11.6.1.3 粤西海区

1）主要底栖生物种类和分布

底栖生物共计 201 种，软体动物最多有 90 种，约占总种类数的 44.8%；节肢动物次之为 52 种，约占总种类数的 25.9%；环节动物 35 种，约占总种类数的 17.4%；棘皮动物 4 种，约占总种类数的 2.0%；鱼类 3 种，约占总种类数的 1.5%；其他动物（纽形动物、腔肠动物、腕足动物和星虫动物）7 种，约占总种类数的 3.5%；藻类（绿藻、褐藻和红藻）10 种，约占总种类数的 5.0%。种类百分比组成详见图 11.31。

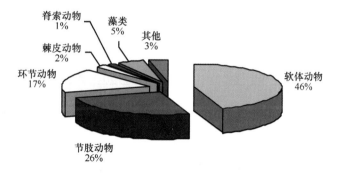

图 11.31 粤西海区海岛潮间带底栖生物种类百分比组成

2）潮间带底栖生物生物量和栖息密度

潮间带底栖生物的年平均生物量为 1 739.18 g/m²，年平均栖息密度为 1 492 ind/m²。潮间带底栖生物的生物量和栖息密度存在一定的季节变化。春季平均生物量为 1 057.03 g/m²，栖息密度为 1 608 ind/m²，生物量以软体动物最高，其次为节肢动物；栖息密度以节肢动物最高，其次为软体动物。秋季平均生物量为 2 421.32 g/m²，以软体动物最高，其次为节肢动物；栖息密度以软体动物最高，其次为节肢动物。

11.6.2 生物体质量

生物体质量各评价因子的单项标准指数评价结果见表 11.14 和表 11.15。结果表明，不同污染物在生物体内超标情况相比较，生物体内铅超标最严重，所有生物类铅均出现超标现象，且超标率较高。其他污染物质在腹足类、甲壳类和鱼类体内超标较轻。

表 11.14 2008 年春季潮间带生物的单项标准指数

海区	生物类别	项目	Hg	Cu	Pb	Cd	Zn	Cr	As	石油烃
粤东	腹足类	标准值	0.55	0.45	0.04	0.05	0.2	0.05	0.33	0.55
	双壳类	最小值	0.6	0.22	6	0.5	0.76	1	1.5	0.47
		最大值	1.2	3.11	33	13.5	1.71	4.98	6	4.29
		超标率	33.3	33.3	100	83.3	66.7	83.3	100	83.3
粤西	腹足类	标准值	0.14	0.31	0.77	0.09	0.2	0.07	0.14	0.19
	双壳类	最小值	0.36	0.1	6	0.3	0.54	0.78	0.8	0.05
		最大值	1.04	0.49	209	3.9	1.06	1.76	2.3	5.15
		超标率	22.2	0	100	30	20	80	66.7	55.6
珠江口	甲壳类	标准值	0.08	0.02	1.9	0.41	0.01	0.46	0.18	0.13
	腹足类	最小值	0.03	0.02	0.1	0.02	0.01	0.02	0.15	0.04
		最大值	0.25	0.48	1.7	0.48	0.4	0.17	0.43	1.77
		超标率	0	0	12.5	0	0	0	0	12.5
	双壳类	最小值	0.38	0.08	13	0.3	0.72	0.8	0.7	0.3
		最大值	0.82	6.71	211	18.9	7.95	1.9	3.2	7.27
		超标率	0	16.7	100	50	66.7	66.7	83.3	66.7

双壳类体内各类污染物均有超标，相对而言铜和锌超标率较低。不同生物种类相比较，双壳类生物体内超标污染物质种类最多，且超标最严重，双壳类体内铅含量已严重超过一类评价标准值，一半以上的样品超过二类评价标准值，个别样品超过三类评价标准值。季节变化上，春季和秋季各类生物体内主要超标污染物都为铅。双壳类体内各项污染物质在不同季节均有超标样品出现，说明不同季节双壳类均受到污染物的严重污染，没有明显的季节差异。

表 11.15　2008 年秋季潮间带生物的单项标准指数

海区	生物类别	项目	Hg	Cu	Pb	Cd	Zn	Cr	As	石油烃
粤东	腹足类	最小值	0.16	0.02	0.71	0.07	0.07	0.13	0.45	0.06
		最大值	0.19	0.06	1.27	0.18	0.2	0.18	0.5	0.31
		超标率	0	0	50	0	0	0	0	0
	双壳类	最小值	0.34	0.21	13	0.2	0.14	0.76	0.91	0.08
		最大值	1.64	3.75	228	6.1	7.05	2.72	6.2	4.67
		超标率	25	50	100	75	75	62.5	75	50
粤西	甲壳类	标准值	0.22	0.21	0.4	0.07	0.15	0.93	0.69	0.77
	腹足类	标准值	0.19	0.12	0.08	0.14	0.15	0.07	0.29	0.08
	双壳类	最小值	0.36	0.06	6	0.35	0.64	0.62	1.4	0.11
		最大值	1.96	2.74	109	18.85	16.6	2.04	7.1	1.65
		超标率	20	10	100	80	60	90	100	20
珠江口	鱼类	标准值	0.09	0.04	4.1	0.13	0.4	0.33	0.22	1.2
	甲壳类	最小值	0.07	0.01	11.85	0.28	0.46	0.74	0.14	0.31
		最大值	0.09	0.01	11.85	0.28	0.46	0.74	0.25	0.44
		超标率	0	0	100	0	0	0	0	0
	腹足类	最小值	0.07	0.14	0.13	0.08	0.07	0.05	0.65	0.11
		最大值	0.07	0.15	0.28	0.17	0.15	0.18	0.65	0.23
		超标率	0	0	0	0	0	0	0	0
	双壳类	最小值	1.16	0.13	2	0.65	0.68	0.9	3	1.39
		最大值	2.4	5.4	87	16.6	9.95	2.7	3.1	4.99
		超标率	100	33.3	100	66.7	66.7	66.7	100	100

11.7　海岛滨海湿地

根据遥感影像解译及现场调查，广东省海岛滨海湿地面积约 72 552.73 hm²，其中自然湿地面积 43 490.24 hm²，占湿地总面积的 59.94%；人工湿地面积 29 062.49 hm²，占湿地总面积的 40.06%（见表 11.16）。

自然湿地共有 7 类：粉砂淤泥质海岸、岩石性海岸、砂质海岸、红树林沼泽、湖泊、河流、河口水域。面积最大的是砂质海岸，面积 14 926.68 hm²，占 20.57%；其次为粉砂淤泥质海岸，占 17.92%；红树林沼泽面积 8 451.06 hm²，占 11.65%；岩石性海岸面积 5 814.70 hm²，占 8.01%；湖泊面积 495.45 hm²，占 0.68%；河流面积 491.02 hm²，占 0.68%；河口水域面积 310.89 hm²，占 0.43%。人工湿地共有 4 类：稻田、养殖池塘、盐田、水库。面积最大的是养殖池塘，面积 17 764.74 hm²，占 24.49%；其次为稻田，面积 9 801.29 hm²，占 13.51%；盐田和水库面积较小，分别为 979.25 hm² 和 517.21 hm²，分别占 1.35% 和 0.71%（图 11.32）。

表 11.16　广东省海岛滨海湿地面积统计

一级湿地类型	二级湿地类型	面积（hm²）	一级湿地类型	二级湿地类型	面积（hm²）
自然湿地	粉砂淤泥质海岸	13 000.44		稻田	9 801.29
	岩石性海岸	5 814.70		养殖池塘	17 764.74
	砂质海岸	14 926.68		盐田	979.25
	红树林沼泽	8 451.06	人工湿地	水库	517.21
	湖泊	495.45			
	河流	491.02			
	河口水域	310.89			
	小计	43 490.24		小计	29 062.49
合　计			72 552.73		

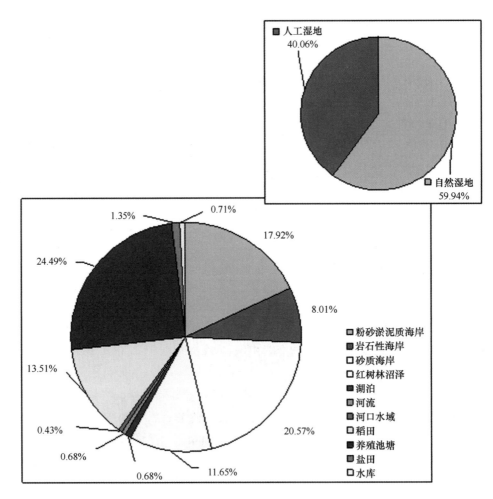

图 11.32　广东省海岛滨海湿地组成

11.8 海岛植被

11.8.1 海岛植被区系组成

本次调查统计结果表明，广东省海岛森林总面积超过 42 000 hm²，其中自然林约 12 000 hm²，占 28.5%；人工林约 30 000 hm²，占 71.5%。从植物区系上看，维管植物共 199 科 880 属 1 618 种。其中，蕨类植物有 31 科 53 属 84 种；裸子植物 7 科 9 属 14 种；被子植物 161 科 818 属 1 520 种。各大类群科、属、种数量及在广东区系和中国区系中所占的比例见表 11.17。由表可知，蕨类植物和被子植物的科几乎占中国区系中的一半，而科、属、种都在广东植物区系中占据重要地位，表明广东省海岛植物区系组成非常丰富。

表 11.17　广东省海岛植物区系组成统计

分类群	数量（种）			占广东区系比例（%）			占中国区系比例（%）		
	科	属	种	科	属	种	科	属	种
蕨类植物	31	53	84	49.2	38.1	18.1	49.2	23.1	3.2
被子植物	161	818	1520	73.6	57.1	30.6	46.3	28.3	5.4

广东省海岛所记录植物的 199 个科中，含 50 种以上的科有 6 个，它们是茜草科 Rubiaceae（52 种），莎草科 Cyperaceae（54 种），大戟科 Euphorbiaceae（72 种），菊科 Compositae（98 种），蝶形花科 Papilionaceae（101 种），禾本科 Gramineae（108 种）。另含 20~49 种的科有 13 个，含 11~19 种的科有 22 个，含 2~10 种的科有 107 个，仅含 1 种的科有 51 个。

11.8.2 海岛植被分布特征

广东省海岛植被分布具有如下特征。

（1）植物及植被类型资源丰富多样，以次生植被和人工植被为主。广东省海岛地处热带北缘，濒临热带南海，具有高温多雨的热带海洋性气候特点，因而蕴藏着丰富多样的植物资源及其组成的植被类型。因长期人类经济活动的影响，森林植被保存率低，仅在局部地段或受人为保护下有小片分布，且主要为人工林和次生林。

（2）植被的组成种类以热带植物区系成分为主。广东省海岛植被表现出热带性及热带、亚热带过渡性的特点，原生性森林植被的外貌和结构也呈现出热带林的基本特征，次生植被的热带性显著。

（3）植被在水平分布明显，垂直分布不明显。植被在水平分布上从东北向西南（或从北向南），热带成分逐渐增加，温带成分逐渐减少。垂直分布不明显，但在不同生态环境上植被分布有较大差异，如从海岸边、丘陵沟谷、丘陵山坡、丘陵山地到山顶植被分别为热带海岸及岛屿区系成分的滨海沙生灌草丛或红树林（如有）、热带或热带—亚热带区系成分的常绿阔叶林（包括季雨林）、阳性且耐旱瘠的热带草丛和灌草丛、次生性的常绿阔叶林（包括季雨林）疏林、热带—亚热带区系成分为主（间有亚热带和温带区系成分）的山顶灌丛。

（4）植被分布坡向性明显。植被与环境相适应，它的分布随生境条件的不同而发生变化。海岛由于受海洋作用，常风和台风影响大，特别是森林植被破坏后，易引起水土流失，为自然生态系统极为脆弱的地区。对广东省海岛而言，由于受东北—西南构造带的作用，形成迎风向阳的东南坡和背风背光的西北坡。通常，海上的盛行风向是西南风和东南风，而且对南向坡来说，太阳的入射角更高，南向坡的蒸发通常比北向坡强烈。在植物生长旺盛时期，光、热、水及风等条件明显地呈现出南、北坡的差异，因而植被的分布同样也出现这种南北坡的差异。南向坡光、热充足，常风作用大，土壤侵蚀较重，基岩裸露较多，环境较干热，植被类型以旱生性和中生性的草丛或灌草丛为主，植株较矮，具刺和呈垫状，且覆盖度较低。这种现象在汕头、大亚湾、珠江口和川山群岛的海岛比较明显。在森林植被被破坏后和受风雨侵蚀的情况下，坡向性更加明显。

（5）植被呈一定环带状分布。如从滨海沙滩向海拔较高的地方，植被分别为：红树林/沙生草丛、沙生灌丛、灌草丛、灌丛或次生林。

（6）植被呈现一定的区域性分布。如桉树林和红树林主要分布于湛江茂名海区，马尾松林主要分布于汕头海区和大亚湾海区。

11.9 海岛土地利用

11.9.1 海岛土地利用现状

土地利用主要集中在有居民海岛上，又以南澳岛、西澳岛、海山岛、汛洲、妈屿、盐洲、大襟岛、威远岛、龙穴岛、高栏岛、上川岛、下川岛、海陵岛、东海岛、南三岛、硇洲岛16个海岛为主体，总面积合计为 1 001.78 km²，占广东省全部海岛土地面积的 70.86%。这 16 个岛屿农用地面积为 875.39 km²，占土地总面积的 87.38%；建设用地面积为 98.14 km²，占这些岛屿土地总面积的 9.80%；未利用地面积为 28.26 km²，占这些岛屿土地总面积的 2.82%。

农用地是海岛土地资源的主要部分，主要分布在东海岛（205.12 km²）、上川岛（134.94 km²）、南三岛（103.24 km²）、南澳岛（97.72 km²）和下川岛（80.72 km²）。各岛的农用地比率各不相同，其中大襟岛所占的比例最高，达 98.58%，而妈屿农用地比例最低，占全岛面积的 61.15%，如图 11.33 所示。

建设用地主要分布在东海岛（39.26 km²）、海陵岛（11.73 km²）、龙穴岛（10.71 km²）和南澳岛（7.51 km²）。不同岛屿建设用地占土地总面积的比例有较大差异，其中较高的有妈屿（36.15%）、威远岛（26.30%）、盐洲（25.76%）和龙穴岛（24.92%），其他各岛建设用地比例较小，一般在16%之下，如图 11.34 所示。

未利用地主要分布在南三岛（9.08 km²）和东海岛（7.35 km²）。高栏岛的未利用地占全岛土地总面积最高，为 11.50%，而龙穴岛的未利用地占该岛土地总面积的 9.17%，排在第二，南三岛排第三，未利用地占该岛土地总面积的 7.58%，其他岛屿未利用地占该岛的比例均较低，一般在3%以下，如图 11.35 所示。

11.9.2 海岛土地利用变化分析

分别选取 1990/1986 年 Landsat TM 和 2003/2005 年 SPOT5 遥感影像数据，分别提取土地

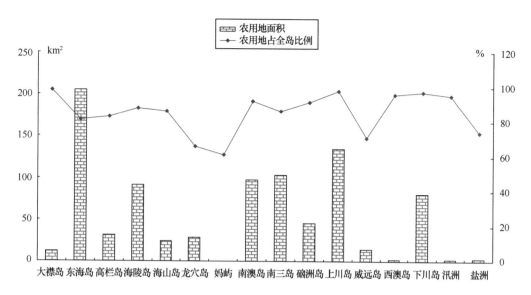

图 11.33　主要海岛农用地面积与比例

利用信息，共分 9 类（表 11.18）。

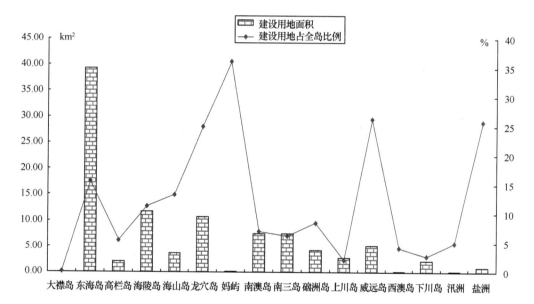

图 11.34　主要海岛建设用地面积与比例

表 11.18　土地利用分类标准

编号	类型	说明
1	耕地	水田、旱地
2	园地	香蕉园等果园
3	林地	有林地、灌木丛
4	居民点及工矿用地	居民点、工厂
5	公共设施用地	道路、旅游区

续表 11.18

编号	类型	说明
6	盐田	
7	养殖水面	
8	其他水面	除养殖水面以外的水域
9	滩涂	淤泥滩
10	未利用土地	

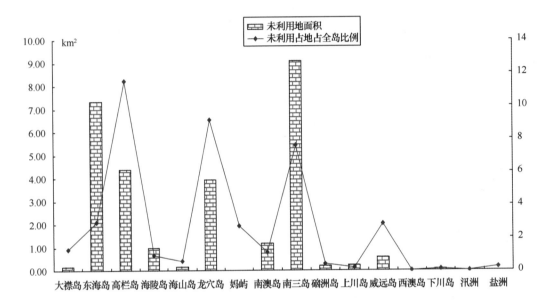

图 11.35　主要海岛建设用地面积与比例

对比不同时期海岛土地利用状态，并使用动态度模型计算各土地利用类型的变化速率：

$$K = \frac{LA(i,\ t_2) - LA(i,\ t_1)}{LA(i,\ t_1)} \times \frac{1}{T} \times 100\% \tag{11.1}$$

式（11.1）中 K 为各类型土地的动态度，$LA(i,\ t_1)$ 和 $LA(i,\ t_2)$ 分别为起始时间和结束时间各类型土地的数量。T 为研究时段长。各类型土地动态度表达了研究区内一定时间范围内各类型土地的数量变化情况，即研究区域内各类型土地在监测期间的年平均变化速率。当 $K>0$ 时，表明这种情况的数量在增加，反之，$K<0$，说明这种类型的数量在减少。$|K|$ 为动态度的量，表示各土地利用类型变化的快慢。选取几个有代表性的海岛论述如下。

11.9.2.1　南澳岛

1990 年和 2003 年南澳岛土地利用情况和土地利用动态分析分别见图 11.36 和表 11.19。根据式（11.1），计算 1990—2003 年间南澳岛各土地利用类型的变化速率（表 11.20），公共设施用地的变化速度最快。

表 11.19　1990—2003 年间南澳岛各土地类型的转化情况

单位：km²

1990年	2003年											总和
	耕地	园地	林地	居民点及工矿用地	公共设施用地	盐田	养殖水面	其他水面	滩涂	未利用土地	海域	
耕地	4.052	0	0.02	0.09	0.107	0	0.29	0.08	0	0.027	0	4.666
园地	0	0.11	0	0	0	0	0	0	0	0	0	0.11
林地	0	0	92.13	0.126	0.066	0	0.033	0.066	0	0.317	0	92.74
居民点及工矿用地	0	0	0	4.007	0.077	0	0	0	0	0	0	4.084
公共设施用地	0	0	0	0	0.087	0	0	0	0	0	0	0.087
盐田	—	—	—	—	—	—	—	—	—	—	—	—
养殖水面	0.055	0	0	0.258	0.025	0	2.48	0.034	0	0.009	0	2.861
其他水面	0	0	0.01	0	0	0	0	0.604	0	0.005	0	0.619
滩涂	—	—	—	—	—	—	—	—	—	—	—	—
未利用土地	0	0.037	0	0	0.009	0	0	0	0	0.332	0	0.378
海域	0	0	0	0.077	0.518	0	0.244	0	0	0.19	0	1.029
总和	4.107	0.147	92.16	4.558	0.889	0	3.047	0.784	0	0.88	0	106.6

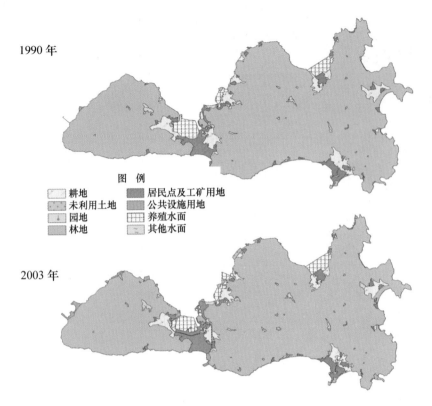

1990 年

图　例

	耕地		居民点及工矿用地
	未利用土地		公共设施用地
	园地		养殖水面
	林地		其他水面

2003 年

图 11.36　南澳岛不同历史时期土地利用类型分布

表 11.20　南澳岛不同土地利用类型的动态度

单位：%

耕地	园地	林地	居民点及工矿用地	公共设施用地	盐田	养殖水面	其他水面	滩涂	未利用土地
3.85	3.85	0.77	0.27	15.38	—	12.50	1.67	—	10.77

11.9.2.2　达濠岛

1990 年和 2003 年达濠岛土地利用情况及土地利用动态分析分别见图 11.37 和表 11.21。

表11.21 1990—2003年间达濠岛各土地类型的转化情况

单位：km²

1990年 \ 2003年	耕地	园地	林地	居民点及工矿用地	公共设施用地	盐田	养殖水面	其他水面	滩涂	未利用土地	海域	总和
耕地	12.4	0.093	0	1.961	0.69	0	0.651	0.109	0.016	0	0	15.92
园地	—	—	—	—	—	—	—	—	—	—	—	—
林地	0.054	0	39.05	2.225	0.91	0.01	0.482	0.238	0.04	2.316	0.029	45.35
居民点及工矿用地	0	0	0.008	8.217	0.13	0	0	0.083	0	0	0	8.437
公共设施用地	0	0	0	0	0.87	0	0	0	0	0	0	0.872
盐田	0.184	0	0	0	0	4.35	0	0	0	0.074	0	4.608
养殖水面	0	0	0	0.066	0.06	0	0.917	0.01	0	0.029	0	1.082
其他水面	0	0	0	0.146	0.29	0	1.728	0.933	0	0.173	0	3.269
滩涂	0	0	0	0.058	0.19	0	0	0.046	0.167	0.088	0	0.552
未利用土地	0	0	0.109	0.817	0	0.023	0.064	0	0	1.175	0	2.056
海域	0	0	0	0.293	0.975	0	0.19	0.301	0.007	3.795	0	5.693
总和	12.64	0.093	39.17	13.78	4.115	4.383	4.032	1.72	0.23	7.65	0.029	87.84

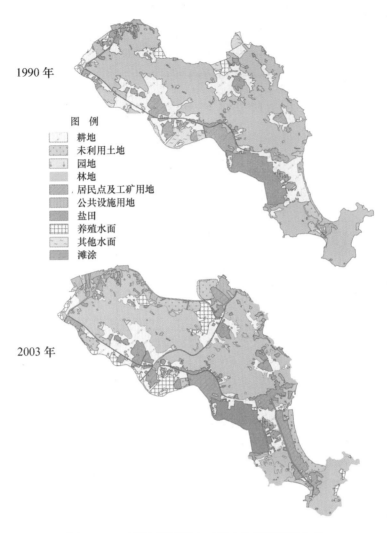

1990 年

图 例
▢ 耕地
▨ 未利用土地
▦ 园地
▨ 林地
▨ 居民点及工矿用地
▨ 公共设施用地
▨ 盐田
▦ 养殖水面
▨ 其他水面
▨ 滩涂

2003 年

图 11.37 达濠岛不同历史时期土地利用类型分布

　　1990—2003 年间达濠岛各土地利用类型的变化速率见表 11.22。从表可以看出公共设施用地的变化速度最快,动态度的量为 26.92%;居民点及工矿用地的变化速度最慢,动态度的量仅为 1.52%。

表 11.22　达濠岛不同土地利用类型的动态度
单位:%

耕地	园地	林地	居民点及工矿用地	公共设施用地	盐田	养殖水面	其他水面	滩涂	未利用土地
2.94	—	2.80	1.52	26.92	23.08	12.82	5.09	3.85	6.29

11.9.2.3　龙穴岛

　　1990 年和 2003 年龙穴岛土地利用情况和利用动态分析见图 11.38 和表 11.23。其土地利用类型变化速度分析表明 1990—2003 年间龙穴岛各土地利用类型的变化速率以其他水面的变化速度最快(表 11.24)。

表 11.23　1986—2003 年间龙穴岛各土地类型的转化情况

单位：km²

1990 年 \ 2003 年	耕地	园地	林地	居民点及工矿用地	公共设施用地	盐田	养殖水面	其他水面	滩涂	未利用土地	海域	总和
耕地	—	—	—	—	—	—	—	—	—	—	—	—
园地	0	5.192	0	0	0	0	0.084	0	0	0	0.123	5.399
林地	0	0	0.362	0	0	0	0.526	0	0	0.011	0	0.899
居民点及工矿用地	0	0	0	0.041	0	0	0	0	0	0	0	0.041
公共设施用地	—	—	—	—	—	—	—	—	—	—	—	—
盐田	—	—	—	—	—	—	—	—	—	—	—	—
养殖水面	0	3.373	0	0	0	0	1.852	0	0	0	0	5.225
其他水面	0	0.341	0	0	0	0	0	0.775	0	0	0	1.116
滩涂	—	—	—	—	—	—	—	—	—	—	—	—
未利用土地	0	0	0	0	0	0	0	0	0	0	0	0
海域	0	1.259	0	2.709	0	0	15.74	1.874	0	1.528	0	23.11
总和	0	10.17	0.362	2.75	0	0	18.2	2.649	0	1.539	0.123	35.79

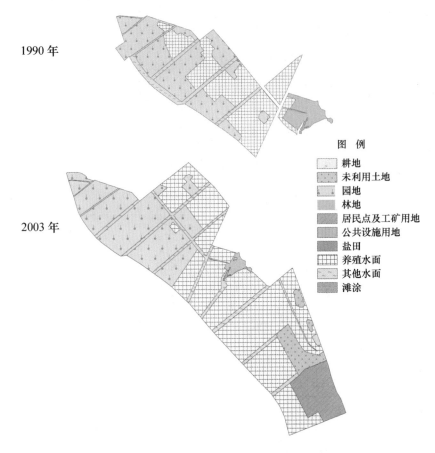

图 11.38　龙穴岛不同历史时期土地利用类型分布

表 11.24　龙穴岛不同土地利用类型的动态度　　　　　　　　　　　单位:%

耕地	园地	林地	居民点及工矿用地	公共设施用地	盐田	养殖水面	其他水面	滩涂	未利用土地
—	0.77	0.00	3.85	—	—	2.88	6.15	—	—

11.9.2.4　下川岛

1）历史土地利用状况

1990 年、2000 年和 2006 年下川岛土地利用情况分别见图 11.39 及土地利用变化情况分别见表 11.25 和表 11.26。

2）土地利用类型变化速度分析

根据式（11.1），计算下川岛 1990—2006 年土地利用类型的变化速率（表 11.27），其中以其他水面的变化速度较快。

表 11.25　1990—2000 年间下川岛各土地类型的转化情况

单位：km²

| 1990年 | | 2000 年 | | | | | | | | | | | 总和 |
		耕地	园地	林地	居民点及工矿用地	公共设施用地	盐田	养殖水面	其他水面	滩涂	未利用土地	海域	
1990年	耕地	8.985	0	0.644	0.051	0	0	0	0	0	0	0	9.68
	园地	—	—	—	—	—	—	—	—	—	—	—	—
	林地	0.002	0	69.126	0.005	0	0	0	0.055	0	0	0	69.188
	居民点及工矿用地	0	0	0	1.346	0	0	0	0	0	0	0	1.346
	公共设施用地	—	—	—	—	—	—	—	—	—	—	—	—
	盐田	—	—	—	—	—	—	—	—	—	—	—	—
	养殖水面	0	0	0	0	0	0	0.941	0	0	0	0	0.941
	其他水面	0	0	0	0	0	0	0.751	0.305	0	0	0	1.056
	滩涂	—	—	—	—	—	—	—	—	—	—	—	—
	未利用土地	—	—	—	—	—	—	—	—	—	—	—	—
	海域	0	0	0	0	0	0	0	0	0	0	0.078	0.078
总和		8.987	0	69.77	1.402	0	0	1.692	0.36	0	0	0.078	82.289

表11.26　2000—2006年间下川岛各土地类型的转化情况

单位：km²

2000年 \ 2006年	耕地	园地	林地	居民点及工矿用地	公共设施用地	盐田	养殖水面	其他水面	滩涂	未利用土地	海域	总和
耕地	8.544	0	0	0.002	0.4	0	0	0	0	0	0	8.987
园地	—	—	—	—	—	—	—	—	—	—	—	—
林地	0	0	69.716	0.007	0	0	0	0	0	0.047	0	69.77
居民点及工矿用地	0	0	—	1.402	0	0	0	0	0	0	0	1.402
公共设施用地	—	—	—	—	—	—	—	—	—	—	—	—
盐田	—	—	—	—	—	—	—	—	—	—	—	—
养殖水面	0	0	0	0	0	0	1.692	0	0	0	0	1.692
其他水面	0.025	0	0	0	0	0	0.005	0.33	0	0	0	0.36
滩涂	—	—	—	—	—	—	—	—	—	—	—	—
未利用土地	—	—	—	—	—	—	—	—	—	—	—	—
海域	0	0	0	0.032	0	0	0	0	0	0	0.046	0.078
总和	8.569	0	69.716	1.443	0.4	0	1.697	0.33	0	0.047	0.046	82.289

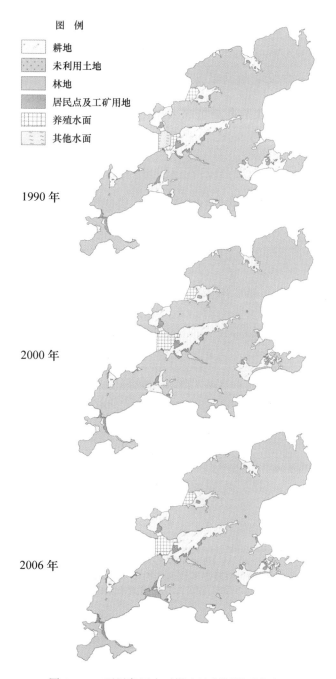

图 11.39 下川岛历史时期土地利用类型分布

表 11.27 下川岛不同土地利用类型的动态度

单位:%

耕地	园地	林地	居民点及 工矿用地	公共设施 用地	盐田	养殖水面	其他水面	滩涂	未利用土地
1.25	—	0	0.33	—	—	0	−1.48	—	0

11.9.2.5　海陵岛

1）历史土地利用状况及土地利用动态分析

2000 年和 2006 年海陵岛土地利用情况见图 11.40。2000—2006 年土地利用变化情况见表 11.28。

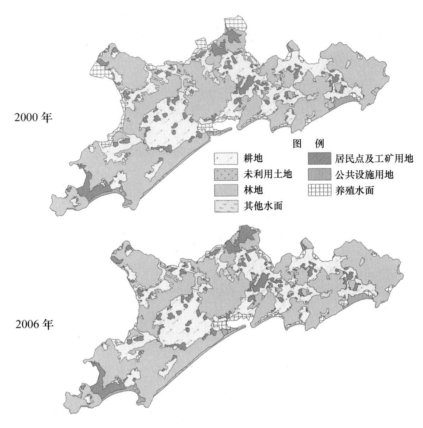

图 11.40　海陵岛不同历史时期土地利用类型分布

表 11.28　2000—2006 年间海陵岛各土地类型的转化情况

单位：km²

		2006 年											
		耕地	园地	林地	居民点及工矿用地	公共设施用地	盐田	养殖水面	其他水面	滩涂	未利用土地	海域	总和
2000 年	耕地	29.351	0	0	0.045	0	0	0	0	0	0	0.093	29.489
	园地	—	—	—	—	—	—	—	—	—	—	—	—
	林地	0.157	0	58.121	0.414	0	0	0.205	0	0	0.068	0.069	59.034
	居民点及工矿用地	0	0	0	8.403	0	0	0	0	0	0	0	8.403
	公共设施用地	0	0	0	0	1.4	0	0	0	0	0	0	1.436
	盐田	—	—	—	—	—	—	—	—	—	—	—	—
	养殖水面	0	0	0	0	0	0	2.239	0	0	0	3.273	5.512
	其他水面	0.038	0	0	0	0	0	0	1.336	0	0	0.019	1.393
	滩涂	—	—	—	—	—	—	—	—	—	—	—	—
	未利用土地	0	0	0.014	0	0	0	0.242	0	0	0.899	0	1.155
	海域	—	—	—	—	—	—	—	—	—	—	—	—
	总和	29.546	0	58.135	8.862	1.4	0	2.686	1.336	0	0.967	3.454	106.42

2）土地利用类型变化速度分析

根据式（11.1），计算2000—2006年间海陵岛各土地利用类型的变化速率（表11.29），从表中可以看出养殖水面的变化速度较快。

表11.29 海陵岛不同土地利用类型的动态度
单位：%

耕地	园地	林地	居民点及工矿用地	公共设施用地	盐田	养殖水面	其他水面	滩涂	未利用土地
0	—	1.7	0.2	—	—	14.1	-1.0	—	-4.8

11.9.2.6 南三岛

1）历史土地利用状况

1990年、2000年和2006年南三岛土地利用情况分别见图11.41。

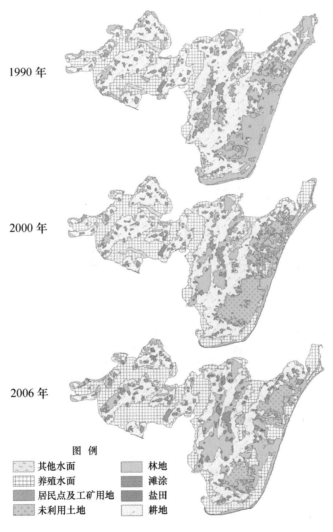

图例

其他水面　　　林地
养殖水面　　　滩涂
居民点及工矿用地　　　盐田
未利用土地　　　耕地

图11.41 南三岛不同历史时期土地利用类型分布

2）土地利用动态分析

1990—2000 年南三岛土地利用变化情况见表 11.30，2000—2006 年土地利用变化情况见表 11.31。

3）土地利用类型变化速度分析

根据式（11.1），计算 1990—2006 年间南三岛各土地利用类型的变化速率（表 11.32）。从表中可以看出盐田、其他水面和滩涂的变化速度较快。

表 11.30　1990—2000 年间南三岛各土地类型的转化情况

单位：km²

1990年 \ 2000年	耕地	园地	林地	居民点及工矿用地	公共设施用地	盐田	养殖水面	其他水面	滩涂	未利用土地	海域	总和
耕地	44.558	0	2.882	0.196	0	0	3.76	0.23	0	1.35	0.001	52.976
园地	—	—	—	—	—	—	—	—	—	—	—	—
林地	0.012	0	7.939	0	0	0	6.828	0	0	8.985	0.383	24.146
居民点及工矿用地	0	0	0	6.247	0	0	0	0	0	0	0	6.247
公共设施用地	—	—	—	—	—	—	—	—	—	—	—	—
盐田	0	0	0	0	0	0.4	0	0	0	0	0	0.414
养殖水面	0	0	0.059	0	0	0	21.735	0.659	0	0.01	0	22.463
其他水面	0	0	0	0	0	0	0	1.025	0	0	0	1.025
滩涂	0	0	0	0	0	0	0.2	0.031	0	0	0.195	0.395
未利用土地	0.091	0	5.485	0.144	0	0	2.657	0	0	2.793	0.22	11.421
海域	0	0	0	0	0	0	0.124	0	0	1.248	0.232	1.604
总和	44.661	0	16.365	6.587	0	0.4	35.303	1.945	0	15.424	1.031	120.691

表11.31 2000—2006年间南三岛各土地类型的转化情况

单位：km²

2000年	2006年											
		耕地	园地	林地	居民点及工矿用地	公共设施用地	盐田	养殖水面	其他水面	滩涂	未利用土地	海域	总和
耕地	35.211	0	7.937	0.196	0	0	0.964	0	0	0.353	0	44.661
园地	—	—	—	—	—	—	—	—	—	—	—	—
林地	0.371	0	13.545	0.11	0	0	0.384	0	0	1.735	0.12	16.365
居民点及工矿用地	0	0	0.031	6.554	0	0	0	0	0	0.002	0	6.587
公共设施用地	—	—	—	—	—	—	—	—	—	—	—	—
盐田	0	0	0	0	0	0.414	0	0	0	0	0	0.414
养殖水面	0.377	0	0.11	0.045	0	0	33.571	0	0	0.613	0.588	35.304
其他水面	0	0	0	0	0	0	1.944	0	0	0	0	1.944
滩涂	—	—	—	—	—	—	—	—	—	—	—	—
未利用土地	0.566	0	3.827	0.052	0	0	3.24	0	0	6.175	0.525	14.385
海域	—	—	—	—	—	—	—	—	—	—	—	—
总和	36.525	0	25.45	6.957	0	0.414	40.103	0	0	8.878	1.233	119.66

表 11.32　南三岛不同土地利用类型的动态度　　　　　　　　　　单位:%

耕地	园地	林地	居民点及工矿用地	公共设施用地	盐田	养殖水面	其他水面	滩涂	未利用土地
-0.9	—	3.6	0	—	-6.7	-1.4	-6.7	-6.7	-5.3

11.10　小结

11.10.1　主要结论

（1）通过对 2005SPOT5 遥感影像的解译，并结合现场调查验证，在《我国近海海洋综合调查与评价专项海岛界定技术规程》及广东省 908 专项修测的大陆海岸线的框架下，界定海岛总数 1 350 个；相较 20 世纪海岛调查结果，新增海岛 105 个，减少海岛 188 个。

（2）广东省海岛岸线总长 2 174.70 km，以基岩岸线为主，基岩岸线长 1 204.56 km，占 55.4%；人工岸线主要分布在有居民海岛以及珠江口海域开发利用程度较高的无居民海岛上，总长 574.40 km，占 26.4%；砂质岸线多分布在面积较大海岛岬湾内，总长 308.99 km，占 14.2%；淤泥质岸线总长 50.66 km，占 2.3%。20 世纪 80 年代至今，海岛岸线形状和类型都发生了一些变化，而人类工程建设是海岛岸线变迁的主导因素。

（3）海岛潮间带沉积物污染物元素含量超出第一类海洋沉积物质量标准上限，但符合第二类海洋沉积物的质量标准。

（4）潮间带底栖生物平均生物量 1 707.61 g/m^2，平均栖息密度 1 281 ind/m^2。平均生物量珠江口最高，粤西其次，粤东最低；平均栖息密度粤西最高，珠江口其次，粤东最低。双壳类生物体内超标污染物质种类最多，且超标最严重。铅在生物体内超标最严重，所有生物类均出现超标现象，且超标率较高。其他污染物质在腹足类、甲壳类和鱼类体内超标较轻。

（5）海岛滨海湿地总面积约 72 552.73 hm^2，其中自然湿地面积 43 490.25 hm^2，占 59.94%；人工湿地面积 29 062.49 hm^2，占 40.06%。

（6）广东省海岛森林面积 42 000 多 hm^2，其中自然林超过 12 000 hm^2，占 28.5%；人工林超过 30 000 hm^2，占 71.5%。从植物区系上看，维管植物 199 科，879 属，1 618 种。其中，蕨类植物有 31 科，53 属，84 种；裸子植物有 7 科，9 属，14 种；被子植物有 161 科，818 属，1 520 种。

（7）本次海岛调查主要创新点：① 在 GIS 和 RS 技术支持下，分析了 1990—2005 年海岛土地利用情况，土地利用类型之间的转化以及土地利用类型的变化速率；② 利用抛物线形经验式对海岛典型岬湾进行静态平衡岸线预测，重点分析工程对岸滩平衡的影响。

11.10.2　存在问题

（1）对海岛的自然状况和利用现状研究深度不够，如土地利用变化驱动力分析、水动力环境与岸滩冲淤动态变化分析等。

（2）本次海岛的野外调查所获取的资料相对较少，对遥感解译结果的验证略显不足。

11.10.3 建议或对策

为全面了解海岛自然属性，建议对某些专题进行针对性的详查，如海岛土地类型的普查、湿地分布与功能等；加强海岛防灾、减灾应对措施，对典型岸滩以及工程建设较多的岸段开展冲淤变化长期观测，对海岛致灾因子进行调查与评价，建立预防机制。

对海岛开发应"实事求是，因地制宜"；"交通先行；抓住重点；军需与民用共商；在发展经济的同时保护海岛生态环境"。不同性质海岛开发策略各异：对于交通方便的有居民海岛，其开发与区域经济紧密相连，应瞄准海岛功能地位，符合当地的经济规划；离陆地不远的无居民海岛应兼顾邻近有居民海岛功能定位，作为辅助功能加入开发行列中，在开发的同时，应加强岛屿的保护监督工作；对于生态破坏严重的岛屿应进行生态修复；远离大陆的小岛，交通不便，不宜开发，应加强海岛的环境保护。

第12章 海岸带与港址综合调查[①]

广东省海洋综合调查始于新中国成立以后，1958—1960年全国海洋普查，涉及广东沿岸海域。1980—1986年实施的广东海岸带与海涂资源综合调查，历时6年多，是广东省海洋调查史上规模较大、范围广、时间长、学科多的综合性调查，形成《广东省海岸带和海涂资源综合调查报告》，并于1985年出版了《珠江口海岸带和海涂资源综合调查研究文集》。20世纪80年代实施的广东海岸带与海涂资源综合调查形成的成果系统而全面地阐述了广东省海岸带主要环境要素及相互关系，客观评价了广东省海岸带气候、滩涂、矿产、生物以及港口、旅游等资源的质量和利用价值，提出了综合开发利用的设想，为以后的海洋调查提供了丰富的基础性资料和科学依据。1998—2001年完成的全国第二次海洋污染基线调查，对广东沿海海域污染物质进行监测调查与评价，旨在掌握海洋环境的污染本底状况。1980年开始的珠江口、粤东、粤西海域海洋环境常规监测，主要获取海洋环境的基本参数和资料，掌握其变化规律和趋势；水利部门完成的"珠江河口水文测验"、"珠江流域防洪规划"以及广东省海洋与渔业局编制的《广东省海洋功能区划》和《海岸带利用与保护规划》等为广东省海岸带管理与开发夯实了基础。1996—2006年，广州海洋地质调查局相继完成了"广东大亚湾海洋地质环境综合评价项目"和"1∶10万大鹏湾近岸海洋地质环境与地质灾害调查"以及珠江三角洲近岸海洋地质环境与地质灾害调查项目，调查内容包括底质类型、矿物、沉积化学、地形地貌和浅地层等，对珠江口海域的环境地质进行了详细调查，为珠江口区域工程建设提供了普查资料。2004—2007年，国家海洋局南海分局承担的多项908专项调查任务的调查范围都位于广东管辖海域，主要有：CJ14区块、CJ15区块、CJ16区块和CJ17区块等海底底质调查与研究项目，QC22区块、QC23区块、QC25区块海底浅层剖面和侧扫声呐探测调查研究项目，DX33、DX34和DX36区块地形地貌调查研究项目以及DW34区块重磁调查项目，为广东省海岸带调查与研究积累了丰富的数据和资料。

广东省908专项海岸带（港址）综合调查以收集历史资料为主，现场调查为辅，结合遥感调查进行。调查内容包括海岸线、海岸带地貌和第四纪地质、岸滩地貌与冲淤动态、底质、潮间带沉积物化学、潮间带底栖生物、滨海湿地、海岸带植被资源、港址9个方面。根据908专项《海岸带调查技术规程》，调查区域为以潮间带为中心，向海延伸至海图0 m等深线附近，向陆延伸1 km，但海岸带遥感专题解译范围为向陆延伸5 km。在海岸沿程踏勘的基础上，原则上沿着海岸线平均间距20 km设1个调查剖面，共布设170条剖面，选择32条淤泥质剖面进行沉积化学和生物调查，在每个剖面的高滩、中滩和低滩采集表层样品，其中10条剖面的中滩采集柱状样品进行沉积化学分析。

12.1 海岸带与港址基本状况

海岸带综合调查实际完成了172条剖面调查（图12.1）。

---

① 李团结。根据李团结等《海岸带与港址调查研究报告》整理。

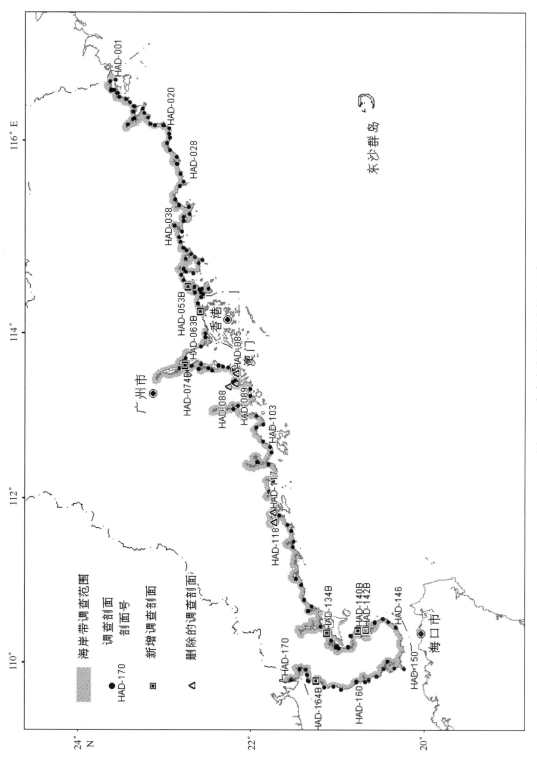

图 12.1　广东省海岸带调查剖面示意

12.1.1 海岸线特征与分布

12.1.1.1 海岸线概况

根据《我国近海海洋综合调查与评价专项——海岸带调查技术规程》，海岸线共分两个大类，即自然岸线和人工岸线。自然岸线又分为基岩岸线、砂质岸线、粉砂淤泥质岸线和河口岸线。广东省海岸线总长度为 4 114 km，详见表 12.1。

表 12.1　广东海岸线长度　　　　　　　　　　　　　　　　单位：km

地市	县市区	岸线总长度	人工岸线	河口	自然岸线			
					总数	基岩	砂质	泥质
	全省合计	4 114.381	2 572.448	35.203	1 506.730	384.124	714.679	407.927
潮州	饶平县	75.233	49.423	0.526	25.284	11.376	9.188	4.72
	合计	75.233	49.423	0.526	25.284	11.376	9.188	4.72
汕头	澄海区	55.269	37.895	1.038	16.336	0	7.262	9.074
	市辖区	140.22	111.095	0.684	28.441	4.899	23.542	0
	潮阳区	22.294	11.026	0.164	11.105	6.792	4.312	0
	合计	217.783	160.015	1.886	55.882	11.692	35.116	9.074
揭阳	惠来县	111.597	40.677	0.341	70.579	16.262	53.117	1.2
	揭东县	25.316	25.081	0.236	0	0	0	0
	合计	136.914	65.758	0.577	70.579	16.262	53.117	1.2
汕尾	陆丰市	189.298	83.019	0.788	105.491	10.317	95.174	0
	汕尾城区	140.697	73.614	0.033	67.05	30.99	36.06	0
	海丰县	125.211	74.594	0.501	50.117	24.341	25.775	0
	合计	455.206	231.227	1.322	222.657	65.648	157.009	0
惠州	惠东县	211.599	104.743	0.623	106.234	60.852	43.277	2.105
	惠阳区	69.764	40.857	0.118	28.789	12.441	7.131	9.217
	合计	281.363	145.599	0.74	135.023	73.293	50.408	11.322
深圳	龙岗区	124.617	36.069	0.618	87.931	70.416	17.515	0
	市辖区	89.019	67.257	0.384	21.378	4.97	4.212	12.196
	宝安区	34.259	32.272	0.212	1.776	0	0	1.776
	合计	247.896	135.597	1.214	111.085	75.386	21.727	13.972
东莞	东莞	97.245	92.136	3.049	2.06	0	2.06	0
广州	番禺区	28.924	27.251	1.673	0	0	0	0
	南沙区	106.822	103.429	3.099	0.294	0	0	0.294
	市辖区	21.394	19.61	1.784	0	0	0	0
	合计	157.14	150.29	6.556	0.294	0	0	0.294
中山	中山	57.023	54.655	2.368	0	0	0	0

地市	县市区	岸线总长度	人工岸线	河口	自然岸线			
					总数	基岩	砂质	泥质
珠海	斗门区	19.861	19.297	0.564	0	0	0	0
	市辖区（香洲区）	76.335	69.623	1.861	4.851	1.771	3.08	0
	金湾区（珠海市）	128.321	106.897	3.186	18.239	14.457	3.782	0
	合计	224.517	195.817	5.61	23.09	16.228	6.862	0
江门	新会区	88.856	85.768	3.088	0	0	0	0
	台山市	304.726	104.533	3.115	197.078	65.73	31.256	100.091
	恩平市	21.236	0.268	0.111	20.857	0.332	0	20.525
	合计	414.818	190.57	6.314	217.935	66.063	31.256	120.616
阳江	阳东县	78.651	47.522	0.618	30.51	13.73	16.781	0
	江城区	70.382	63.854	0.676	5.852	0	0.1	5.752
	阳西县	174.425	91.827	0.58	82.018	10.299	38.676	33.043
	合计	323.458	203.203	1.875	118.38	24.029	55.557	38.795
茂名	电白县	150.332	85.371	0.074	64.887	1.995	46.702	16.19
	茂港区	31.802	6.978	0	24.823	0.723	14.162	9.938
	合计	182.134	92.349	0.074	89.71	2.719	60.864	26.128
湛江	吴川市	88.621	41.617	0.847	46.157	0	46.157	0
	市辖区	292.847	202.249	0.007	90.591	0	5.515	85.076
	雷州市	355.401	271.335	1.058	83.008	0.725	54.305	27.978
	徐闻县	262.37	157.267	0.226	104.877	20.705	72.776	11.396
	遂溪县	148.358	68.301	0.18	79.876	0	52.762	27.114
	廉江市	96.056	65.04	0.773	30.242	0	0	30.242
	合计	1 243.651	805.809	3.091	434.751	21.43	231.515	181.806

注：泥质岸线包括粉砂淤泥质岸线和生物岸线。

12.1.1.2　海岸线分布

广东省海岸线类型分布见图 12.2。4 类海岸线当中，人工岸线达 2 572 km，占整个岸线的 63%，其次为砂质岸线长 715 km，占 17%，泥质和基岩岸线分别占 10% 和 9%（图 12.3）。

人工岸线以湛江市最长，为 806 km，占全省人工岸线的 31%，汕尾市次之，为 9%，珠海、江门和阳江比较接近，为 7.5% 左右，最短的人工岸线为潮州市，约占全省的 2%。

基岩岸线以深圳市最长，为 75 km，占全省基岩岸线的 19.6%，惠州、江门和汕尾都与深圳较为接近，所占比例分别为 19.1%、17.2% 和 17.1%。

砂质岸线以湛江和汕尾两市最长，分别为 232 km 和 157 km，分别占全省砂质岸线的 32.4% 和 20.0%，湛江市的砂质岸线分布于琼州海峡北侧、吴川鉴江河口以及雷州企水镇与遂溪草潭镇之间海岸带。广州与中山市无砂质岸线，珠海和东莞砂质岸线占全省砂质岸线比例很小，这与珠江口冲淤相关，难以发育砂质岸滩。

全省以湛江市泥质岸线最长，为 182 km，占全省泥质岸线的 44.6%，其次为江门市，所

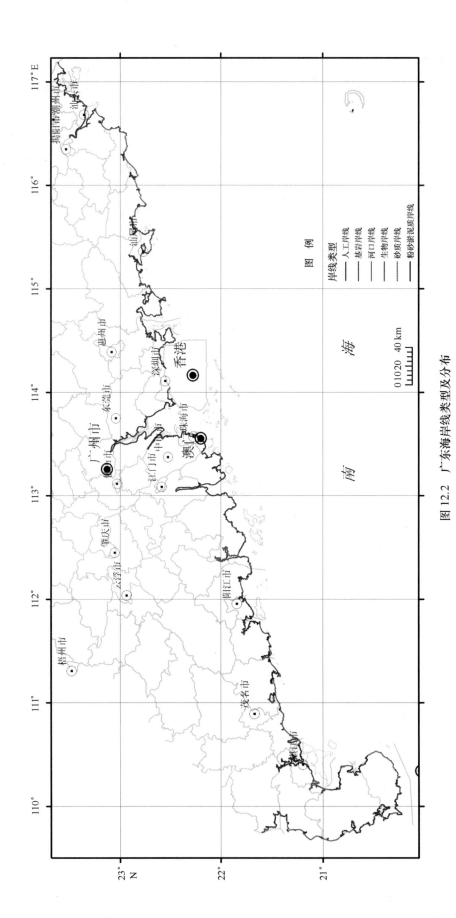

图 12.2　广东海岸线类型及分布

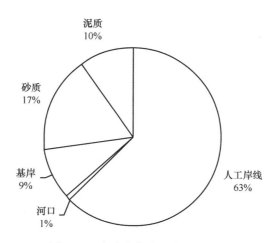

图 12.3　广东省各类海岸线百分比

占比例为 29.6%，再次之为阳江市占 9.5%，汕尾、东莞、中山和珠海所占比例为 0，广州市也仅仅占 0.1%，可知珠江口自然泥质岸线已荡然无存，这与近年来大量的海域使用占用了自然滩涂形成了人工岸线有关。湛江市的泥质岸线主要分布于湛江湾、雷州湾和北部湾的东北部，发育大量红树林。

所有地市的海岸线类型中都以人工岸线为主（人工岸线占各市岸线的 50% 以上），其中东莞、广州、中山、珠海和江门所占比例高达 90% 以上（图 12.4）。

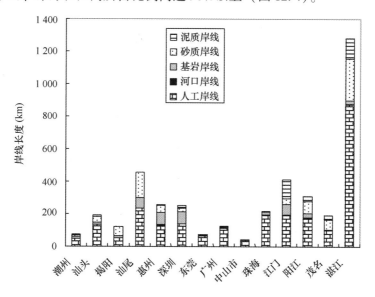

图 12.4　各市不同类型海岸线对比

12.1.1.3　广东省海岸线变迁特征

对比分析 908 专项海岸带调查与 20 世纪 80 年代海岸带调查结果，海岸线总体上呈现自然岸线减少、人工岸线增加、海岸线因围填海向海推移的规律（图 12.5 至图 12.10），海岸线变迁具有以下 2 个特征。

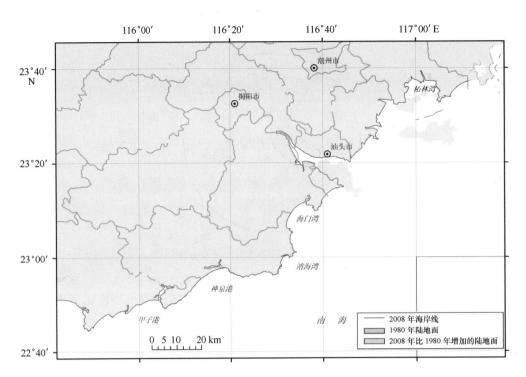

图 12.5　柘林湾至甲子港岸线变迁

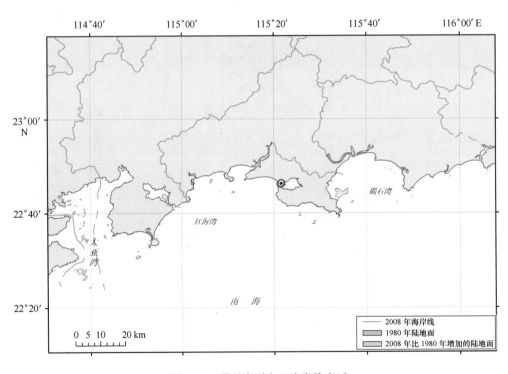

图 12.6　碣石湾到大亚湾岸线变迁

1）珠江口变化较大，粤东和粤西局部变迁

从深圳前、后海至江门黄茅海，各大湾和河口都有围填，岸线整体向海推移；粤东、粤

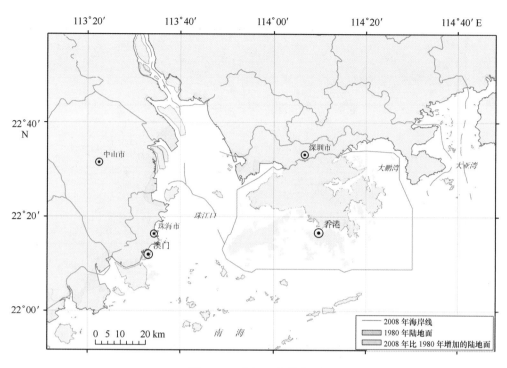

图 12.7　珠江口岸线变迁

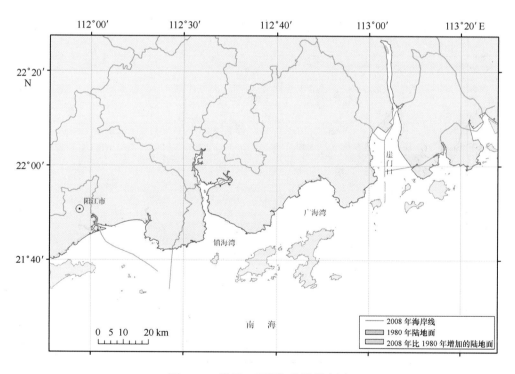

图 12.8　崖门口至阳江港岸线变迁

西以自然岸线为主，局部河口和海湾发生变迁。

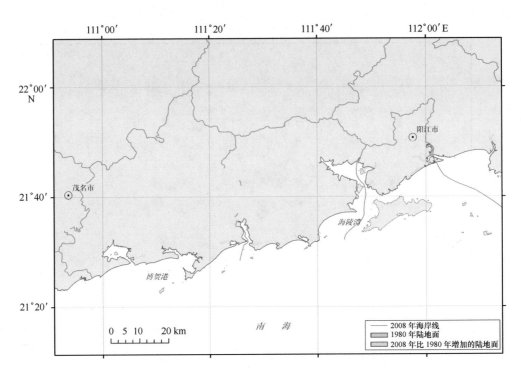

图 12.9　阳江港至博贺港岸线变迁

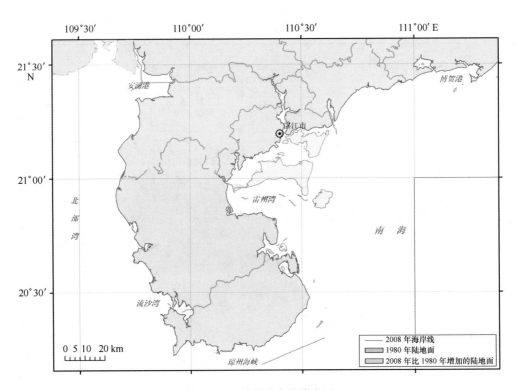

图 12.10　雷州半岛岸线变迁

2) 3 个变迁阶段：

第一阶段：20 世纪 90 年代初，国家提倡综合利用滩涂资源，大力发展农业，岸线利用以养殖围填为主。

第二阶段：20 世纪 90 年代末，城市建设快速发展，岸线利用以城镇建设围填海为主。

第三阶段：21 世纪以来，以工业建设围填占用岸线为主，石化基地和沿海电厂建设占用岸线，如潮州大唐电厂、靖海电厂、大亚湾核电站、沙角电厂、台山电厂和阳江电厂等工业建设导致岸线变迁（图 12.11）。

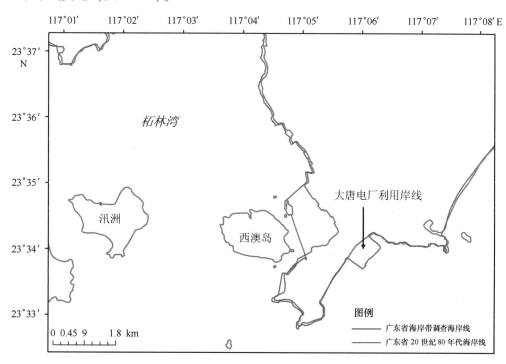

图 12.11　大唐电厂建设占用岸线

12.1.2　港址特征与分布

12.1.2.1　港口资源类型与分布

广东省大陆和海岛有大、小海湾 510 多个，其中适宜建设大型、中型和小型港口的有 200 多个（广东省海洋与渔业局，2008），广东省沿海港口分布见图 12.12。

12.1.2.2　港口现状

至 2008 年底，全省生产性泊位总数 2 842 个，其中万吨级泊位 222 个，率先建成了全国第一个 30 万吨级原油码头，并拥有 25 万吨级铁矿石码头和 10 万吨级集装箱码头等一批专业化、规模化泊位。2008 年全省港口共完成货物吞吐量 9.88×10^8 t，集装箱吞吐量 $4\,038 \times 10^4$ TEU（杜麒栋，2008）。其中，至 2008 年底，广州港货物吞吐量达到 3.47×10^8 t，居全国沿海港口第 4 位，世界第 6 位。深圳港开辟通往全球各地的国际集装箱班轮航线 200 多条，2008

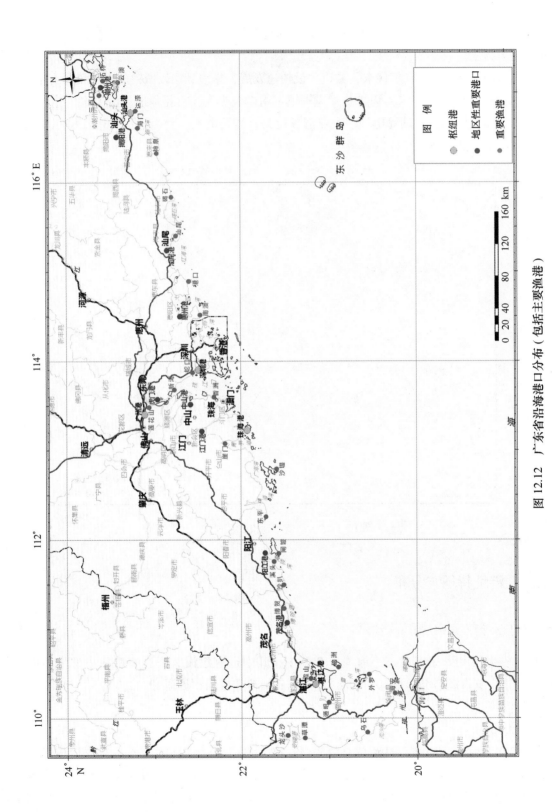

图 12.12　广东省沿海港口分布（包括主要渔港）

年集装箱吞吐量突破 2 141×10⁴ TEU，连续 6 年居世界集装箱大港第 4 位。2008 年湛江港货物吞吐量突破 1×10⁸ t 大关。2008 年广东省沿海港口吞吐量统计见图 12.13。2008 年 11 月 5 日广东省发布《广东省沿海港口布局规划》，规划广东省沿海将形成以广州港、深圳港、湛江港、珠海港、汕头港为主要港口，潮州港、揭阳港、汕尾港、惠州港、虎门港、中山港、江门港、阳江港、茂名港为地区性重要港口的分层次发展格局。

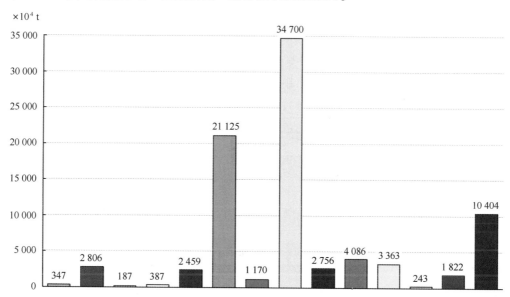

图 12.13 2008 年广东省沿海港口货物吞吐量

12.1.2.3 渔港概况

在《广东省海洋功能区划》（2008）中，属海洋行政主管部门管辖的有 89 个渔港和渔业设施基地建设区。目前，农业部已批准建设的广东省国家中心渔港、国家一级渔港 10 个，分别是：广东省国家级中心渔港、一级渔港在建 5 个，分别是 3 个国家级中心渔港（海门渔港、硇洲渔港、乌石渔港）和 2 个国家级一级渔港（三百门渔港、沙扒渔港）；立项 4 个，分别是 1 个国家级中心渔港（云澳渔港）和 3 个国家一级渔港（达濠渔港、龙头沙渔港、草潭渔港）；1 个国家级中心渔港——闸坡渔港已竣工验收，并在 2008 年抗击"黑格比"台风中发挥了防灾减灾的重要作用。

12.1.2.4 潜在港址

从航行条件、停泊条件、筑港与陆域条件及腹地条件（包括陆向腹地及海向腹地）等出发，拟选广东省交通运输业在港口布局中 3 个具有重要价值的潜在港址：雷州半岛流沙湾、南澳岛烟墩湾、万山列岛深水港。

12.2 岸滩地貌及冲淤动态

12.2.1 潮间带类型、面积与分布特征

广东省大陆沿岸潮间带类型可分为基岩岸滩、砂砾滩（包括砂质海滩和砾石滩）和粉砂淤泥质滩。

广东省大陆沿岸潮间带上述潮间带类型均有分布，以粉砂淤泥质滩分布面积最大，达 829 km²（图 12.14），沿海各市潮间带面积详见表 12.2。

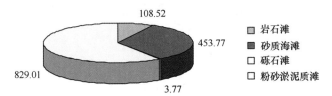

图 12.14　广东省各潮间带类型分布面积示意图（单位：km²）

表 12.2　广东省沿海各市潮间带面积统计　　　　单位：km²

地市	县市区	总面积	岩石滩	砂砾滩			粉砂淤泥质滩
				总数	砂质海滩	砾石滩	
全省合计		1 391.30	108.52	453.77	450.00	3.77	829.01
潮州	饶平县	23.53	0	2.69	2.58	0.11	20.84
	合计	23.53	0	2.69	2.58	0.11	20.84
汕头	澄海区	30.64	0	30.31	30.31	0	0.33
	市辖区	21.97	0	1.55	1.55	0	20.42
	潮阳区	8.57	0.02	1.77	1.69	0.08	6.78
	合计	61.18	0.02	33.63	33.55	0.08	27.53
揭阳	惠来县	6.61	0	3.52	3.18	0.34	3.09
	合计	6.61	0	3.52	3.18	0.34	3.09
汕尾	陆丰市	11.94	0.12	8.03	7.88	0.15	3.79
	汕尾城区	11.80	0.49	6.21	6.05	0.16	5.10
	海丰县	13.44	0.29	5.93	5.38	0.55	7.22
	合计	37.18	0.90	20.17	19.31	0.86	16.11
惠州	惠东县	12.68	0.18	7.33	6.56	0.77	5.17
	惠阳区	5.71	0	5.71	5.38	0.33	0
	合计	18.39	0.18	13.04	11.94	1.10	5.17
深圳	龙岗区	4.39	0.11	2.87	2.19	0.68	1.41
	市辖区	23.98	0	0.29	0.29	0	23.69
	宝安区	25.87	0	0.00	0	0	25.87
	合计	54.24	0.11	3.16	2.48	0.68	50.97
东莞	东莞	7.33	0	0	0	0	7.33

续表 12.2

地市	县市区	总面积	岩石滩	砂砾滩			粉砂淤泥质滩
				总数	砂质海滩	砾石滩	
广州	番禺区	6.34	0	4.88	4.88	0	1.46
	南沙区	0	0	0	0	0	0
	合计	6.34	0	4.88	4.88	0	1.46
中山	中山	4.79	0	2.69	2.69	0	2.10
珠海	斗门区	21.52	0	12.69	12.69	0	8.83
	市辖区	82.67	0	10.17	9.57	0.60	72.50
	合计	104.19	0	22.86	22.26	0.60	81.33
江门	新会区	7.08	0	0.00	0	0	7.08
	台山市	168.34	7.68	17.19	17.19	0	143.47
	恩平市	5.29	0	0.00	0	0	5.29
	合计	180.71	7.68	17.19	17.19	0	155.84
阳江	阳东县	13.86	0.78	10.66	10.66	0	2.42
	江城区	48.58	0	4.52	4.52	0	44.06
	阳西县	85.56	1.60	9.86	9.86	0	74.10
	合计	148	2.38	25.04	25.04	0	120.58
茂名	电白县	90.74	0.34	34.95	34.95	0	55.45
	茂港区	0	0	0	0	0	0
	合计	90.74	0.34	34.95	34.95	0	55.45
湛江	吴川市	34.23	0	24.57	24.57	0	9.66
	市辖区	78.16	0	3.42	3.42	0	74.74
	雷州市	191.00	9.69	128.49	128.49	0	52.82
	徐闻县	142.75	63.34	24.29	24.29	0	55.12
	遂溪县	131.61	0	89.18	89.18	0	42.43
	廉江市	70.32	23.88	0	0	0	46.44
	合计	648.07	96.91	269.95	269.95	0.00	281.21

12.2.2　岸滩地形与地貌

12.2.2.1　粤东岸段

岸滩主要类型为砂质海滩和粉砂淤泥质滩，粤东的砂质海岸可进一步分为岬湾砂质海岸、三角洲砂质海岸和沙坝潟湖砂质海岸。

1）岬湾砂质海岸

粤东沿海形成众多湾口朝向 SW 或 SE 的岬湾海岸，在基岩岬角之间开敞海湾内，由于波浪作用，波场物质通过沿岸输沙和横向输沙一般形成对称弧形或不规则弧形的海滩，其地貌特征为台地或山丘临海，岸线曲折，基岩岬角凸出（图 12.15）。

273

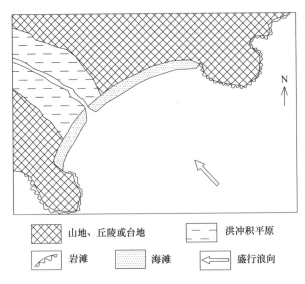

图 12.15　岬湾海岸的主要地貌模式示意

典型岸段：大埕湾、广澳湾、海门湾、靖海湾、神泉湾、红海湾 5 个湾。

典型剖面：HAD-024 剖面位于神泉湾西侧，为夷直的砂质海滩，剖面形态上呈直线状。海滩后滨为馒头状风成沙丘，滩面宽阔平缓，地形起伏不大，沉积物为土黄色细砂。在高潮带处，贝壳等杂物沿岸呈带状堆积（图 12.16）。

2）三角洲砂质海岸

在三角洲前缘形成河口沙嘴，沙坝，口外拦门沙，从而构成砂质海岸的主体，三角洲沙坝一般规模较小，宽度数百米，高 3~8 m，长度数百米至 10 km。河口沙嘴宽数十米至数百米，高 2~5 m，长度数百米至数千米。

典型岸段：韩江河口位于粤东的海山岛和南澳岛西侧，它是在韩江古河口湾基础上经韩江和榕江水系泥沙的堆积及韩江三角洲的逐渐发育形成的河口，前缘发育沙坝，形成砂质海岸，堤间为泥质滩涂（图 12.17）。

典型剖面：HAD-008 剖面位于莱芜湾南部，外砂河入海口北侧，该处岸滩为砂质海滩。海滩后滨为防护林带，滩肩发育。从剖面形态上看，岸滩由海向陆先陡后平，呈上凸状，沉积物粒度也由细变粗，低潮带沉积物为粉砂质砂，至中、高潮带为细砂（图 12.18）。

3）沙坝潟湖砂质海岸

沙坝潟湖海岸通常发育在弱潮海岸，沿岸波浪作用相对较强，内有较大面积的潟湖，组成沙坝、潟湖和潮汐水道及涨落潮三角洲动态平衡的地貌系统。

典型岸段：碣石湾位于陆丰市南部，东起田尾角，西至遮浪角，湾口朝南，湾口宽 27.4 km，湾口至湾顶最大距离达 20 km 以上，湾内水深大部分在 5~18 m 之间，湾底坡度平缓（图 12.19）。

典型剖面：HAD-031 剖面位于碣石湾北部湾顶沙嘴，剖面形态呈直线形。海滩宽阔平缓，坡度变化不大，沉积物为灰黄色中细砂。高潮带滩面上可见生物孔隙，波浪作用下，中、

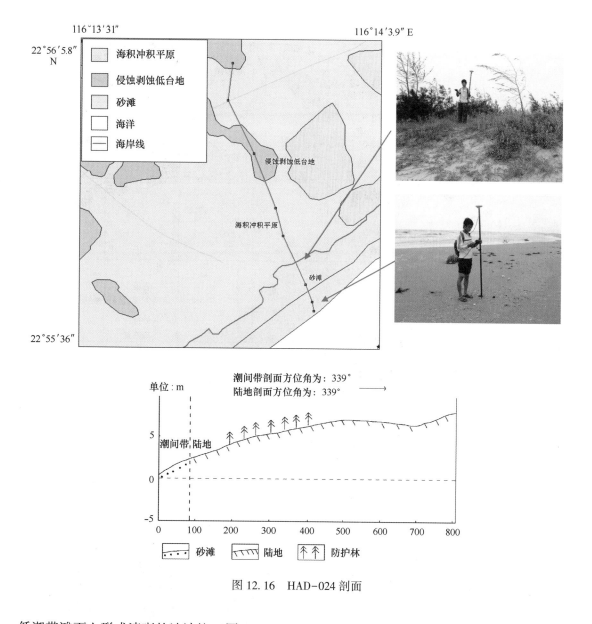

图 12.16　HAD-024 剖面

低潮带滩面上形成清晰的沙波纹（图 12.20）。

12.2.2.2　珠江三角洲岸段

珠江三角洲海岸范围东起大鹏湾沙头角、西界止于台山与阳江交界处，主要包括粉砂淤泥质滩、红树林滩、砂质海滩 3 种岸滩类型。

1）粉砂淤泥质滩

典型剖面：HAD-109 剖面岸滩（图 12.21）位于镇海湾西岸，潮间带宽阔平缓，分布有成片的水草和少量红树林，沉积物为黏土质粉砂。其岸坡为侵蚀剥蚀丘陵（图 12.22）。

2）红树林滩

由于三角洲连续不断地围垦滩涂，生长于潮间带至潮上带的红树林被大规模破坏。局部

275

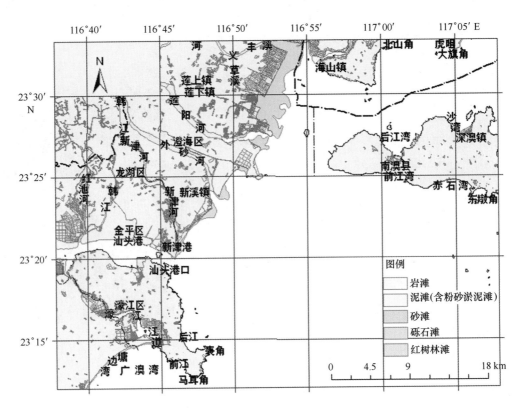

图 12.17　韩江河口和汕头湾岸段

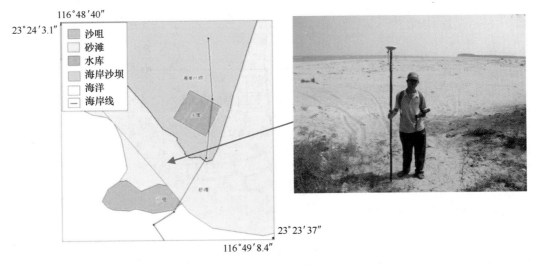

图 12.18　HAD-008 剖面

岸段获得保护与发展，如深圳河口北岸的福田红树林保护区（图 12.23）和南岸的香港元朗红树林保护区，台山广海湾西部海晏沿岸和镇海湾内红树林分布面积也较广。本岸段的红树林大多位于海堤之外，故红树林对保护海堤具有重要意义。

　　HAD-108 剖面位于江门横陂（图 12.24），镇海湾西岸，其上部为围海养殖区，人工护堤外为红树林滩，湿地面积约 12 km²，沿护堤外缘向海延伸约 500 m。

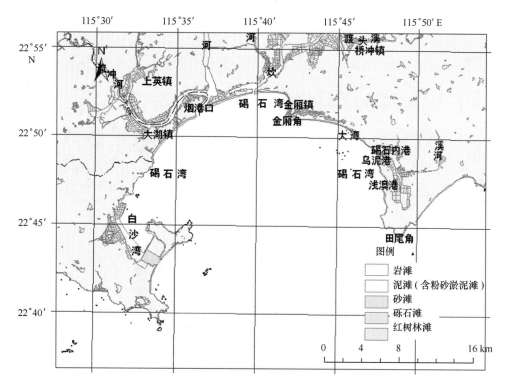

图 12.19　碣石湾岸段

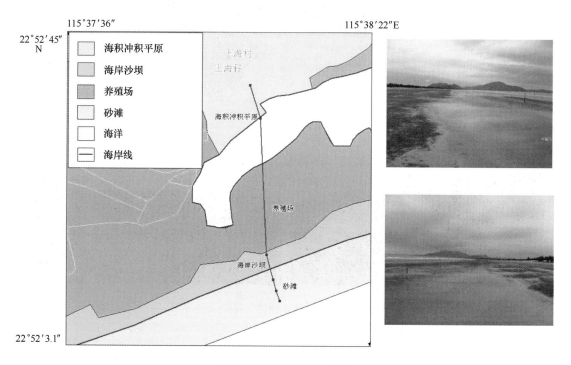

图 12.20　HAD-031 剖面

277

图 12.21　HAD-109 剖面岸滩

图 12.22　HAD-109 剖面岸坡—侵蚀剥蚀丘陵

图 12.23　深圳福田红树林保护区（HAD-065 剖面处）

3）砂质海滩

本岸段岬湾砂质海岸有别于其他岸段的特征：① 砂质海岸段长度较短，一般长度小于 5 km，1 km 及以下长度的居多；② 沙坝规模小，除上述长度短以外，沙坝高度较低，一般在 5~10 m 以下；③ 砂质岸段往往深入两端岬角都凸出的湾内。

图 12.24　HAD-108 剖面处红树林滩

典型剖面有如下两种。

（1）HAD-092 剖面位于珠海壁青湾，岸滩呈东北—西南走向，长约 900 m，两侧为基岩岬角。海滩东段建有防波堤，滩面狭窄，西段较宽阔，最宽处约 60 m。岸滩侵蚀较严重，部分岸段基岩出露，滩面坡度较陡，沉积物以中砂为主（图 12.25）。

图 12.25　HAD-092 剖面

（2）HAD-110 剖面位于江门沙咀，下塘湾的顶部，湾口朝南。岸滩长约 1 km，剖面形态呈下凹形，后滨为防护林带，滩肩发育，滩角明显。干滩沉积物为灰黄色细砂，高潮带可见贝壳、砾石等沿岸呈条带状堆积。高、中潮带坡度较陡，向海逐渐变平缓（图 12.26）。

12.2.2.3　粤西岸段

粤西岸滩类型有：砂质海滩，红树林滩，基岩岸滩和粉砂淤泥质滩。

典型剖面有如下 3 种类型。

1）砂质海滩

HAD-162 剖面位于湛江江洪，岸滩属夷直型砂质海岸，剖面整体上呈直线形，沉积物以细砂为主。岸滩后滨风成沙地多被开辟为虾塘，向海侧用圆柱形水泥桩堆砌成护岸（图 12.27）滩面宽阔，坡度较缓，起伏不平，表面遍布生物空穴，有沙波纹发育。

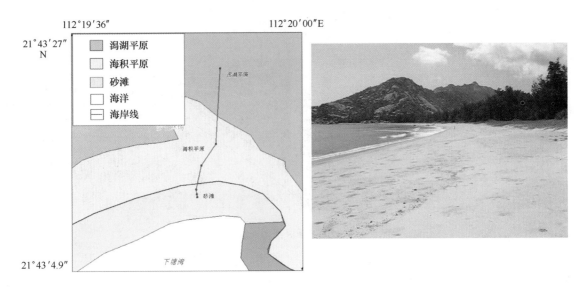

图 12.26　HAD-110 剖面

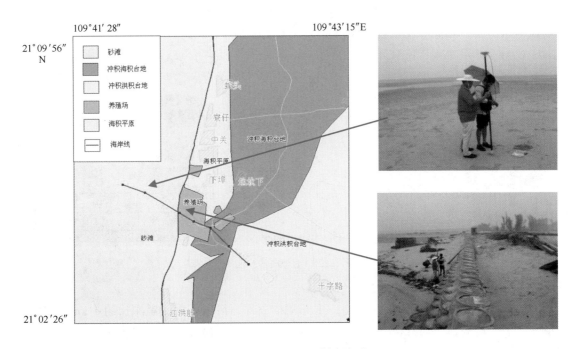

图 12.27　HAD-162 剖面岸滩

2）红树林滩

分布面积较大的有雷州湾湾顶通明海国家级红树林保护区（图 12.28）和英罗港国家级红树林保护区（图 12.29）。

3）基岩岸线

粤西基岩岸滩分布较少，主要分布于湛江雷州半岛西南海岸的海安湾、角尾湾、东场港和流沙湾南面的大部分岸滩（图 12.30）。

图 12.28　雷州湾湾顶通明海国家级红树林保护区（HAD-135，HAD-136）

图 12.29　英罗港国家级红树林保护区（HAD-170）

12.2.3　岸滩动态变化分析

12.2.3.1　粤东岸段岸滩动态特征

粤东海岸整体上呈侵蚀状态，其中以砂质海岸的侵蚀最为严重，粤东岸滩总体的动态变化特征如下。

（1）在被侵蚀的砂质海岸中，类型复杂多样。

（2）海岸侵蚀的时间具有明显的季节性。强侵蚀作用时往往发生于强台风的季节。

(a) 岸滩概貌   (b) 球状基岩

(c) 岸滩底质   (d) 潮下带滩涂养殖

图 12.30　基岩岸滩（HAD-155）

（3）由于基岩岸滩其抗蚀能力较强，淤积现象主要发生在径流量较大河流的现行河口和封闭、半封闭港湾湾顶等局部区域。人类活动加速了岸滩的动态变化。

12.2.3.2　珠江三角洲岸段岸滩动态变化特征

珠江三角洲岸滩主要以粉砂淤泥质潮滩为主，其岸滩动态变化特征如下。

（1）三角洲淤积海岸推进与侵蚀现象共存。

（2）径流与潮流的侵蚀作用在近海地带较显著。

（3）岬湾海岸侵蚀较普遍。

12.2.3.3　粤西岸段岸滩动态变化特征

整体来看，粤西岸滩处于侵蚀状态，且空间分布广，除了较大的河口、湾口与港湾动力弱沉积作用较强的区域以外，大多处于侵蚀状态，其中以砂质海滩的侵蚀最为明显，其作用持续向后滨之后的沙丘扩展。特征如下。

（1）海岸侵蚀的时间具有长期性和季节性。

（2）砂质海岸被普遍侵蚀。

（3）人类活动对海岸侵蚀的影响大。

12.3 潮间带底质

12.3.1 表层沉积物粒度特征

12.3.1.1 沉积物类型

表层沉积物主要类型有砂、粉砂质砂、砂质粉砂、粉砂、砾质砂，以砂为主，其中粤东岸段砂的平均含量为74.75%、粤西岸段为71.67%、珠江口岸段为43.80%。沉积物颗粒的大小分布总体上表现为高潮带向低潮带逐渐变细。珠江口岸段沉积类型复杂多样，以粉砂为主。

潮间带主要粒级组成为2ϕ~3ϕ，粤东岸段沉积物主要粒级为1ϕ~4ϕ，占71.87%；粤西岸段沉积物主要粒级为2ϕ~4ϕ，占61.1%；珠江口岸段沉积物各粒级分布比较均匀，主要粒级为1ϕ~2ϕ，占24.04%。

各沉积物类型分布特征如下（图12.31至图12.37）。

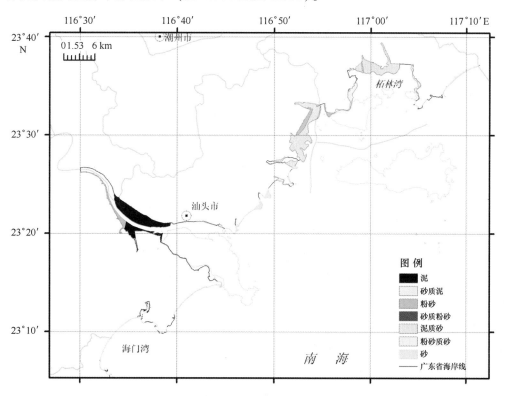

图12.31 柘林湾至海门湾潮间带底质类型分布

（1）砂：在粤东和粤西岸段沿岸呈条带状广泛分布，珠江口分布相对较少。

（2）粉砂质砂：在粤东岸段与粤西岸段沿岸呈条带状分布，珠江口分布相对较少。

（3）砂质粉砂：在珠江口岸段西侧沿岸与粤西岸段东海岛对岸、大放鸡岛对岸成小片状分布，粤东岸段分布相对较少。

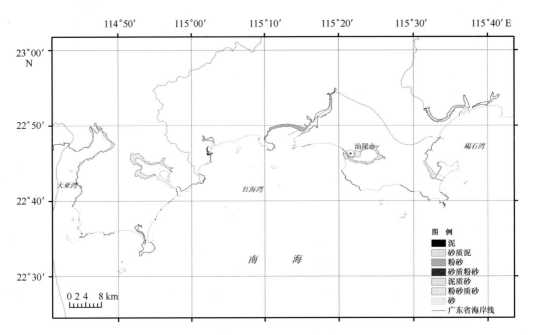

图 12.32　碣石湾至大亚湾潮间带底质类型分布

（4）粉砂：主要分布于珠江口内伶仃岛以内岸段，粤东、粤西岸段零星分布。

（5）砾质砂：零散分布于粤东、粤西开阔海湾或岬角、黄茅海、大鹏湾等岸段。

（6）砾质泥质砂：零散分布于粤东海湾岬角、大亚湾、大鹏湾等岸段。

（7）含砾泥质砂：零星分布于柘林湾、大亚湾、湛江港等岸段。

（8）含砾砂：零散分布于粤东开阔海湾、珠江口等岸段。

12.3.1.2　粒度参数特征

1）平均粒径（Mz）

粤东岸段平均粒径（Mz）在 $-0.19\phi \sim 7.46\phi$ 之间，平均 2.98ϕ。从整体分布上，大多数测站平均粒径为 $1\phi \sim 4\phi$，平均粒径低值区主要分布于水动力较强的开阔滨岸区或海湾两侧岬角，高值区主要分布于柘林湾西侧、汕头港内、红海湾顶等。粤东岸段平均粒径高潮带平均为 2.66ϕ，中潮带为 3.00ϕ，低潮带为 3.25ϕ，具有由陆向海，沉积物颗粒由粗变细的沉积特点。

珠江口岸段平均粒径（Mz）在 $-0.76\phi \sim 7.70\phi$ 之间，平均 3.69ϕ。平均粒径 $-1\phi \sim 1\phi$ 低值区主要分布于大亚湾、深圳湾、黄茅海及磨刀门一带沿岸区，为粗颗粒沉积区，$7\phi \sim 8\phi$ 高值区主要分布于伶仃洋东部和中部、黄茅海西南部等海域，为大面积的粉砂黏土沉积区。珠江口岸段平均粒径高潮带平均为 3.06ϕ，中潮带为 3.38ϕ，低潮带为 4.58ϕ，具有由陆向海，沉积物颗粒由粗变细的沉积特点。

粤西岸段平均粒径（Mz）在 $-0.74\phi \sim 7.70\phi$ 之间，平均 3.21ϕ。平均粒径最大值分布于镇海湾内石基咀的 HAD-106-01 站，为 7.70ϕ。从整体分布上，大多数测站平均粒径为 $1\phi \sim 4\phi$，平均粒径 $-1\phi \sim 1\phi$ 低值区主要分布于广海湾两侧岬角、雷州半岛西岸；$1\phi \sim 3\phi$ 区广泛分

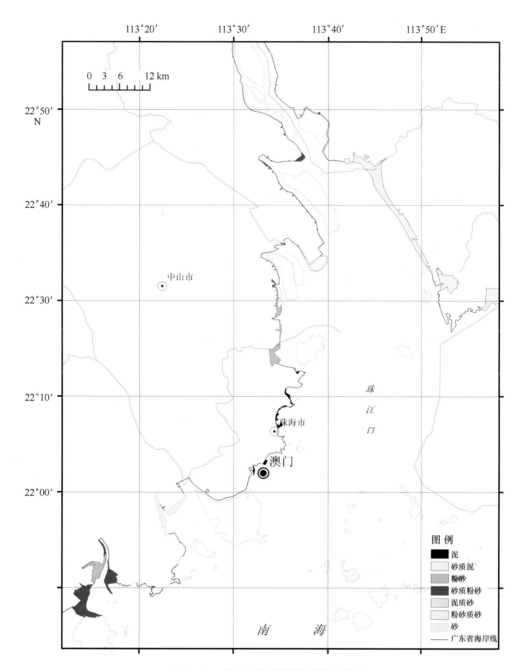

图 12.33　珠江口潮间带底质类型分布

布在粤西各海湾、雷州半岛东南和西侧岸段；$6\phi \sim 8\phi$ 高值区主要分布于广海湾、镇海湾、海陵湾等海湾湾顶、东海岛西雷州湾、雷州半岛西岸安铺港西出口一带，为较大面积的粉砂黏土沉积区。粤西岸段平均粒径高潮带平均为 2.84ϕ，中潮带为 2.99ϕ，低潮带为 3.62ϕ，具有由陆向海，沉积物颗粒由粗变细的沉积特点。

2）分选系数（δ）

分选系数能反映沉积物的分选富集程度，反映介质的荷载和筛选能力。粤东岸段沉积物分选系数 δ 值在 $0.63 \sim 3.73$ 之间，平均为 1.74。大多数测站分选系数为 $1 \sim 2.5$。

285

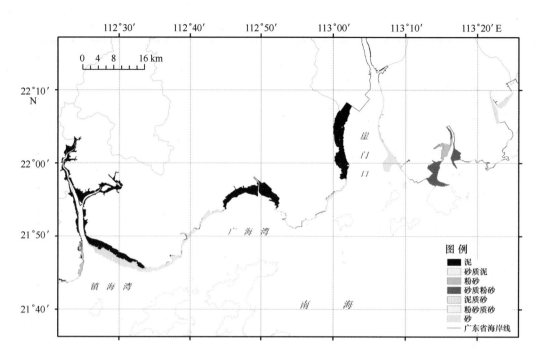

图 12.34 崖门口至镇海湾潮间带底质类型分布

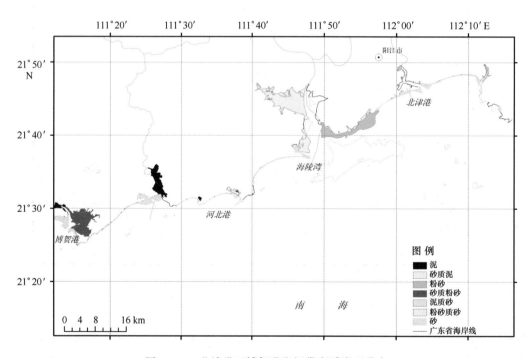

图 12.35 北津港至博贺港潮间带底质类型分布

珠江口受径流、潮流、近岸流和波浪作用,沉积物的运移和分异过程相当复杂。本次调查珠江口岸段沉积物分选系数 δ 值在 0.54~4.04 之间,平均为 1.95。大多数测站分选系数为 1~2.5。

粤西岸段沉积物分选系数 δ 值在 0.43~3.90 之间,平均为 1.64。大多数测站分选系数为 0.5~2.5。

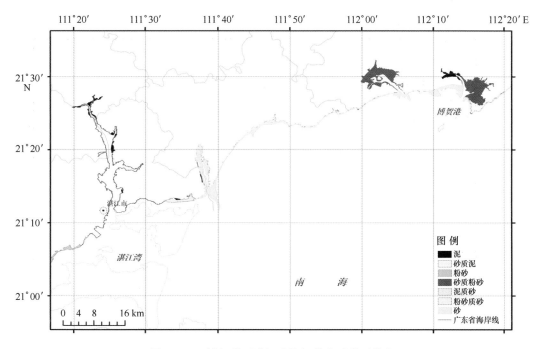

图 12.36　博贺港至湛江湾潮间带底质类型分布

3）偏态（*Sk*）

粤东岸段表层沉积物偏态值在-2.33~2.97 之间，平均为 1.54，大多数测站偏态值为 1~2.5，正偏态。珠江口岸段表层沉积物偏态值在-3.31~3.58 之间，平均为 0.92，大多数测站偏态值大于 0，正偏态。粤西岸段沉积物偏态值在-2.98~3.58 之间，平均为 1.08，大多数测站偏态值为 1~3.5，正偏态。

4）峰态（*Ku*）

粤东岸段表层沉积物峰态值 *Ku* 在 1.03~4.18 之间，平均为 2.67，大多数测站峰态值为 1.5~3.5。珠江口岸段表层沉积物峰态值 *Ku* 在 0.82~2.84 之间，平均值为 2.84。粤西岸段表层沉积物峰态值 *Ku* 在 0.67~4.42 之间，平均为 2.52，大多数测站峰态值为 1.5~3.5。

各岸段沉积物大多数表现为单峰态，双峰态次之，少数为三峰态，概率累计曲线主要为跃悬二段式、推跃悬三段式或四段式。

12.3.2　潮滩沉积物矿物特征

共出现 43 种碎屑矿物，按密度 2.89 g/cm³ 为界，可分为 32 种重矿物，8 种轻矿物，以及两者都含有的白云母、岩屑和风化碎屑。总体上看，重矿物含量很低，平均重量百分比为 1.06% 左右。轻矿物中含量最高的为石英，平均含量达 58.99%，其次为斜长石，其余成分含量都低于 10% 以下。重矿物中含量高的有风化碎屑、褐铁矿、钛铁矿、锆石、电气石、自生黄铁矿。

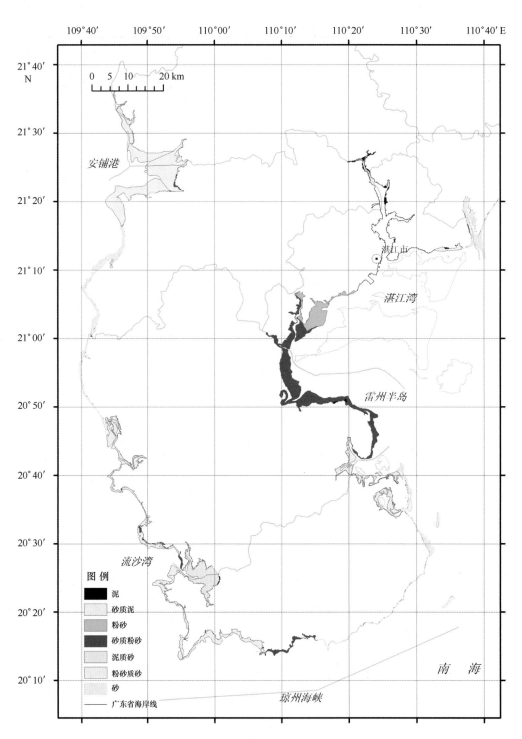

图 12.37 雷州半岛潮间带底质类型分布

12.3.3 沉积环境分析

12.3.3.1 沉积速率

广东省海岸带底质基本上为全新世的沉积物，因而本次选用[210]Pb 测年方法，根据年代计算出沉积速率，测试柱样位置及各柱沉积速率见表 12.3。

　　粤东岸段红海湾顶黄江口 HAD-39 站由于受河流和潮流共同影响，沉积物供应丰富，沉积速率较快，可达 2.68 cm/a，为湾口西侧沉积速率 0.51 cm/a 的 4 倍。粤西岸段雷州半岛东北莉口 HAD-141 站沉积速率为 0.93 cm/a，沉积环境相对稳定，与其东南侧北莉岛和冬松岛对潮流的屏蔽作用存在一定关系，雷州半岛西企水湾 HAD-160 站沉积速率为 0.17 cm/a。

表 12.3　测试柱样位置

站位号	经度（N）	纬度（E）	沉积速率（cm/a）
HAD-36	22°46′37″	115°22′10″	—
HAD-39	22°49′29″	115°10′44″	2.68
HAD-74	22°44′51″	113°36′42″	0.93
HAD-141	20°43′26″	110°20′23″	0.93
HAD-160	20°46′55″	109°45′32″	0.17

　　珠江口内伶仃洋顶南沙 HAD-74 站沉积速率为 0.93 cm/a，结合国家 908 专项 CJ14、CJ15 区块沉积速率测定结果以及其他研究结果（表 12.4），沉积速率在珠江口的分布总体表现为伶仃洋内高于伶仃洋外，各口门湾内、西侧大于东侧；最大沉积速率出现于萎缩中的深槽内。

表 12.4　测试柱样沉积速率数据

航次	站位号	位置	沉积速率（cm/a）
广东省 908 海岛 海岸带调查	HAD-36	红海湾东侧	—
	HAD-39	红海湾顶黄江口	2.68
	HAD-74	内伶仃洋顶南沙	0.93
	HAD-141	雷州半岛东北莉口	0.93
	HAD-160	雷州半岛西企水湾	0.17
国家 908-01-CJ14 区块调查	A0505	黄茅海	1.90
	A3401	万山群岛	0.47
	B3201	大鹏湾	0.41
	B3802	大亚湾	0.86
	B4803	红海湾西	0.51
	C1302	珠江口外	0.23
国家 908-01-CJ15 区块调查	ZW0302	内伶仃洋顶深槽	4.38
	Chiwan	内伶仃洋东侧	0.71
	ZW1802	内伶仃洋西侧	2.90

12.3.3.2　孢粉特征与环境意义

　　本次调查共分析 11 个柱状样的 113 个样品，站点位置见图 12.38。

113 件样品中共鉴定 66 328 粒孢子花粉，平均每样约 587.0 粒，分属 192 个科、属类型。孢粉平均浓度为 3 155.79 粒/g。总体上，孢粉组合以蕨类植物孢子与乔木植物花粉为主，前者平均含量为 52.5%，后者平均含量为 25.5%。陆生草本植物花粉及灌木植物花粉较少，含量分别为 16.6% 和 5.2%，有时见少量（淡）水生植物花粉及红树林植物花粉，其含量分别为 0.17% 和 0.21%。

柱样孢粉组合垂向变化特征基本为乔木逐渐增多，灌木和草本植物减少。近代人类活动改变了海岸带环境，人为开发海岸带，破坏了自然生成的灌木植物和草本植物，取代的是人工种植的松树等乔木。

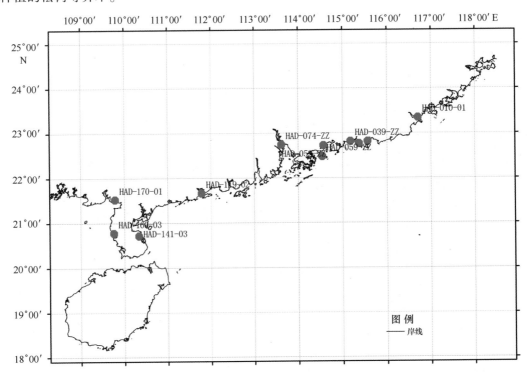

图 12.38　孢粉分析站点

12.3.3.3　工程地质特征

砂质粉砂和粉砂土层是广东省海岸带主要的土层类型。其物理力学特性为：湿密度和干密度值低，土质结构疏松，含水率高，处于饱和状态；高孔隙比，天然含水率大于液限；黏土含量较高，本区砂质粉砂和粉砂两类土属高压缩性土；抗剪强度很低，内摩擦角和内聚力较小。工程地质条件较差。由于土层的不稳定，变形较大，因而会对工程结构产生不利影响。任何在本区施工的工程，建议进行深层次工程地质勘察，查明场区软土层厚度、变形特征和变形量，以确定适宜的工程结构形式。

12.4　潮间带沉积化学

12.4.1　沉积化学特征

沉积化学分析项目包括：有机碳、石油类、总氮、总磷、Cu、Pb、Zn、Cd、Cr、Hg、

As、硫化物、氧化还原电位（E_h）、pH 和含水率 15 项，粤东、珠江口和粤西三海区统计结果见表 12.5。

总体上，珠江口硫化物、总氮、砷和镉含量最高，特别是石油类含量为粤东的 7 倍左右，反映珠江口海域石油运输和仓储加大了石油类污染的风险；粤东只有铜含量位于三海区第一；而粤西海区汞、铅、锌和总磷都最高，这与近年来大力发展石化产业密切相关。

各调查海区的化学特征比较见图 12.39 和图 12.40。可以看出，广州、深圳、珠海为各类元素含量高值海区，汕头海区重金属含量也较高，其中，广州海区最为严重，砷、锌、镉和铬含量几乎都最高，深圳海区石油类和总氮最高，有机碳也较高。

12.4.2　沉积物化学评价

12.4.2.1　评价因子和评价方法

依照《海洋沉积物质量》（GB 18668—2002），根据海洋沉积物评价标准适应的要求，本次沉积物调查结果应用沉积物第一类评价标准进行评价，评价因子为硫化物、有机碳、Hg、Cr、As、Cu、Pb、Zn、Cd 和石油类 10 项。

沉积物质量评价采用标准指数法（单项分指数法）。

单项分指数法采用的公式如下：

$$Q_{ij} = \frac{C_{ij}}{C_{oi}}$$

式中：Q_{ij} 为站 j 评价因子 i 的标准指数；C_{ij} 为站 j 评价因子 i 的实测值；C_{oi} 为评价因子 i 的评价标准值。

12.4.2.2　评价结果

评价结果见表 12.6 至表 12.8。

粤东海区除 Pb 和有机碳外，其他各项污染物含量均出现超标（超标指超过沉积物污染物第一类评价标准值，以下同）。粤东海区 Cu 和硫化物的超标最为严重，粤东不同海区比较，汕头海区沉积物污染物超标最为严重。

粤西海区只有 As 和硫化物出现超标，超标率分别为 3.1％和 6.3％。

珠江口除 Pb 和 Cr 外，其他各项污染物含量均出现超标现象。珠江口 As 超标最严重，超标率达到 50.0％。珠江口不同海区比较，广州海区沉积物污染物超标最为严重，各项污染物（除 Pb 和 Cr 外）超标率均较高。深圳海区 Hg、As、硫化物和石油类等超标率均为 50％，珠海海区 Hg、As、Cu、Zn 和硫化物等超标率均较高。

表 12.5 广东省 908 专项海岸带（港址）调查潮间带沉积化学含量统计

注：硫化物、Hg、As、Cu、Pb、Cd、Zn、Cr、石油类、总磷、总氮 含量单位为 $\times 10^{-6}$

调查海区	项目	pH	E_h (mV)	含水率 (%)	有机碳 (%)	硫化物	Hg	As	Cu	Pb	Cd	Zn	Cr	石油类	总磷	总氮
粤东	最小值	6.62	55	2.2	—	—	—	1.08	1.10	1.90	—	3.60	1.00	—	0.20	0.80
	最大值	8.66	440	121.5	1.41	669	0.377	26.7	397	51.3	0.80	222	124	1210	165	112
	平均值	8.20	237	34.9	0.35	132	0.039	7.75	35.2	21.9	0.12	54.0	14.9	84.7	13.9	22.7
粤西	最小值	7.29	11	3.4	0.03	—	0.006	1.90	1.40	3.00	0.02	9.50	3.90	4.00	0.50	2.24
	最大值	8.22	431	159.4	1.79	454	0.129	21.2	16.9	29.3	0.34	70.0	22.2	443	49.4	101
	平均值	7.82	226	35.9	0.63	97	0.031	6.70	8.29	16.6	0.12	28.4	11.2	59.7	10.7	39.7
	最大值	8.33	422	116.1	1.49	985	0.291	42.9	66.5	38.7	0.36	190	47.5	496	77.8	68.8
	平均值	7.86	130	47.2	0.77	273	0.143	19.0	28.3	31.2	0.21	88.9	18.6	230	37.9	39.6
珠江口	最小值	7.46	26	4.5	0.06	6	0.002	3.90	4.00	12.6	0.02	11.7	2.80	—	0.68	2.00
	最大值	8.33	422	116.1	2.18	1800	0.291	42.9	66.5	38.7	0.82	190	47.5	3220	77.8	142
	平均值	7.89	119	45.5	0.92	381	0.138	19.5	22.3	24.2	0.26	79.8	23.9	595	24.1	48.7
全海区	最小值	6.62	11	2.2	—	—	—	1.08	1.10	1.90	—	3.60	1.00	—	0.15	0.81
	最大值	8.66	440	159.4	2.18	1800	0.377	42.9	397	51.3	0.82	222	124	3220	165	142
	平均值	8.00	208	37.5	0.57	173	0.057	9.92	23.2	20.6	0.15	50.7	15.6	186	15.0	34.1

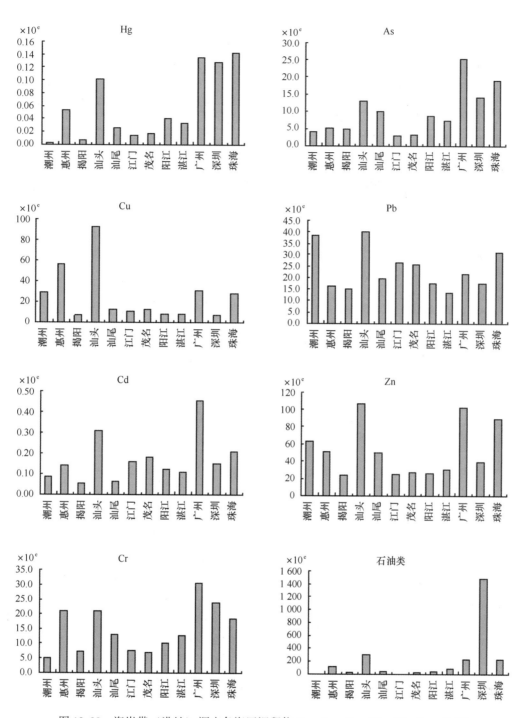

图 12.39　海岸带（港址）调查各海区沉积物 Hg、As、Cu、Pb、Cd、Zn、Cr 和
石油类含量变化

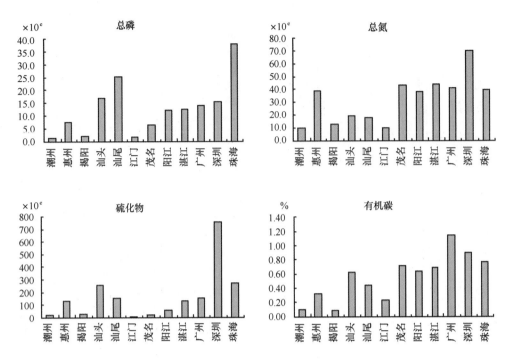

图 12.40 海岸带（港址）调查各海区沉积物总磷、总氮、氧化物和有机碳含量变化

表 12.6 广东省 908 专项海岸带（港址）调查粤东潮间带沉积物各评价因子的单项指数

海区	项目	Hg	As	Cu	Pb	Cd	Zn	Cr	有机碳	硫化物	石油类
潮州	最小值	0.01	0.16	0.25	0.37	0.06	0.30	0.05	0.04	0.04	0.00
	最大值	0.02	0.21	1.13	0.80	0.24	0.49	0.08	0.07	0.08	0.01
	超标率（%）	0.0	0.0	66.7	0.0	0.0	0.0	0.0	0.0	0.0	0.0
惠州	最小值	0.01	0.13	0.03	0.13	0.04	0.03	0.01	0.01	0.01	0.00
	最大值	1.89	0.60	11.34	0.43	0.64	1.21	1.55	0.50	1.56	1.48
	超标率（%）	8.3	0.0	25.0	0.0	0.0	8.3	8.3	0.0	25.0	8.3
揭阳	最小值	0.02	0.08	0.09	0.03	0.02	0.05	0.03	0.01	0.01	0.00
	最大值	0.06	0.41	0.32	0.40	0.24	0.29	0.19	0.09	0.22	0.11
	超标率（%）	0.0	0.0	0.0	0.0	0.0	0.0	0.0	0.0	0.0	0.0
汕头	最小值	0.03	0.20	0.15	0.43	0.02	0.14	0.07	0.06	0.02	0.00
	最大值	1.62	1.34	7.03	0.86	1.60	1.48	0.54	0.71	2.07	2.42
	超标率（%）	20.0	40.0	40.0	0.0	40.0	40.0	0.0	0.0	40.0	20.0
汕尾	最小值	0.01	0.05	0.06	0.11	0.02	0.02	0.02	0.02	0.01	0.00
	最大值	0.37	1.12	1.22	0.85	0.50	0.75	0.37	0.63	2.23	0.43
	超标率（%）	0.0	13.3	6.7	0.0	0.0	0.0	0.0	0.0	20.0	0.0
粤东	最小值	0.01	0.05	0.03	0.03	0.02	0.02	0.01	0.01	0.01	0.00
	最大值	1.89	1.34	11.34	0.86	1.60	1.48	1.55	0.71	2.23	2.42
	超标率（%）	4.9	9.8	19.5	0.0	4.9	7.3	2.4	0.0	19.5	4.9

表 12.7　广东省 908 专项海岸带（港址）调查粤西潮间带沉积物各评价因子的单项指数

海区	项目	Hg	As	Cu	Pb	Cd	Zn	Cr	有机碳	硫化物	石油类
江门	最小值	0.04	0.10	0.29	0.41	0.26	0.15	0.08	0.07	0.01	0.01
	最大值	0.10	0.18	0.32	0.48	0.36	0.20	0.12	0.16	0.03	0.01
	超标率（%）	0.0	0.0	0.0	0.0	0.0	0.0	0.0	0.0	0.0	0.0
茂名	最小值	0.06	0.10	0.31	0.40	0.28	0.14	0.06	0.30	0.01	0.03
	最大值	0.13	0.28	0.38	0.45	0.44	0.21	0.11	0.46	0.20	0.08
	超标率（%）	0.0	0.0	0.0	0.0	0.0	0.0	0.0	0.0	0.0	0.0
阳江	最小值	0.07	0.12	0.05	0.12	0.10	0.09	0.06	0.02	0.10	0.01
	最大值	0.50	0.94	0.44	0.49	0.44	0.47	0.25	0.90	0.20	0.28
	超标率（%）	0.0	0.0	0.0	0.0	0.0	0.0	0.0	0.0	0.0	0.0
湛江	最小值	0.03	0.11	0.04	0.05	0.04	0.06	0.05	0.02	0.07	0.01
	最大值	0.65	1.06	0.48	0.45	0.68	0.47	0.28	0.79	1.51	0.89
	超标率（%）	0.0	5.0	0.0	0.0	0.0	0.0	0.0	0.0	10.0	0.0
粤西	最小值	0.03	0.10	0.04	0.05	0.04	0.06	0.05	0.02	0.01	0.01
	最大值	0.65	1.06	0.48	0.49	0.68	0.47	0.28	0.90	1.51	0.89
	超标率（%）	0.0	3.1	0.0	0.0	0.0	0.0	0.0	0.0	6.3	0.0

表 12.8　广东省 908 专项海岸带（港址）调查珠江口潮间带沉积物各评价因子的单项指数

海区	项目	Hg	As	Cu	Pb	Cd	Zn	Cr	有机碳	硫化物	石油类
广州	最小值	0.11	0.57	0.22	0.25	0.26	0.08	0.26	0.07	0.04	0.02
	最大值	1.06	1.86	1.68	0.45	1.64	1.07	0.48	1.09	1.02	1.28
	超标率（%）	16.7	66.7	50.0	0.0	50.0	33.3	0.0	16.7	16.7	16.7
深圳	最小值	0.01	0.22	0.11	0.21	0.28	0.08	0.05	0.05	0.03	0.00
	最大值	1.30	1.18	0.26	0.36	0.34	0.31	0.55	0.86	6.00	6.44
	超标率（%）	50.0	50.0	0.0	0.0	0.0	0.0	0.0	0.0	50.0	50.0
珠海	最小值	0.10	0.20	0.31	0.40	0.04	0.08	0.04	0.03	0.02	0.03
	最大值	1.46	2.15	1.90	0.65	0.72	1.27	0.59	0.75	3.28	0.99
	超标率（%）	37.5	37.5	25.0	0.0	0.0	25.0	0.0	0.0	25.0	0.0
珠江口	最小值	0.01	0.20	0.11	0.21	0.04	0.08	0.04	0.03	0.02	0.00
	最大值	1.46	2.15	1.90	0.65	1.64	1.27	0.59	1.09	6.00	6.44
	超标率（%）	35.0	50.0	25.0	0.0	15.0	20.0	0.0	5.0	30.0	20.0

根据评价结果，广东省潮间带划分出 5 种污染类型和 9 个污染亚类（表 12.9）。珠江口超标最为严重，其次为粤东，粤西各评价因子超标最轻，海区经济水平越高受到的污染越重。

本次结果与广东省海岸带和海涂资源综合调查资料比较，粤东岸段沉积物中 Cu、Pb 和硫化物等污染物的含量明显升高，其他污染物含量降低；珠江口岸段沉积物中有机碳、硫化物和石油类等污染物的含量明显升高，其他污染物含量降低；粤西岸段沉积物中有机碳和 Cd含量略微上升，其他污染物含量降低。

表 12.9　广东省 908 专项海岸带（港址）调查潮间带底质污染物类型

类型	亚类	分布海区
Ⅰ无污染物质超标类型	—	粤东：柘林、汕头港、靖海、神泉、田头围、汕尾、红草、甲子、平海湾、霞涌，珠江口：大围、香洲，粤西：青山、溪头、沙扒、水东港、湛江港、乌石、博茂港、高桥
Ⅱ1 种污染物质超标污染类型	Ⅱ1：硫化物污染亚类	粤东：鲘门，粤西：北莉口、企水
	Ⅱ2：Hg 污染亚类	粤东：稔山
	Ⅱ3：As 污染亚类	珠江口：南沙，粤西：北潭
Ⅲ2 种污染物质超标污染类型	Ⅲ1：硫化物—Cu 污染亚类	粤东：澳头
	Ⅲ2：Hg—As 污染亚类	珠江口：银坑
Ⅳ3 种污染物质超标污染类型	—	—
Ⅴ4 种或 4 种以上污染物质超标污染类型	Ⅴ1：硫化物—Hg—As—石油类污染亚类	珠江口：南头
	Ⅴ2：硫化物—As—Cu—Cd—石油类污染亚类	珠江口：万顷沙
	Ⅴ3：硫化物—Hg—As—Cu—Zn 污染亚类	珠江口：南水
	Ⅴ4：硫化物—Hg—Cu—Cd—Zn—石油类污染亚类	粤东：达濠

12.5　潮间带底栖生物

12.5.1　潮间带底栖生物群落特征

12.5.1.1　潮间带底栖生物的种类组成与分布

潮间带底栖生物调查共鉴定出 14 门 444 种（部分种类鉴定为属以上）。潮间带底栖生物的种类组成百分比见图 12.41。

12.5.1.2　潮间带底栖生物量的水平分布

全省 3 大岸段潮间带底栖生物量的高低次序为：珠江口岸段生物量最高（643.42 g/m²），其次为粤东岸段（438.44 g/m²），最低为粤西岸段（361.39 g/m²）。不同底质类型潮间带底栖生物生物量水平分布详见表 12.10。

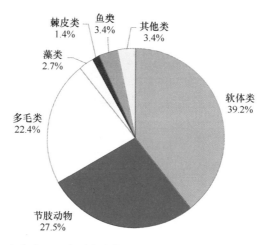

图 12.41　广东省 908 专项海岸带（港址）调查潮间带生物的种类组成

（2007 年 11 月至 2008 年 5 月）

表 12.10　海岸带（港址）调查各类型岸带潮间带生物生物量的水平分布

（2007 年 11 月至 2008 年 5 月）　　　　　　　　　　　　　　　单位：g/m^2

岸带类型	全省	粤东岸段	珠江口岸段	粤西岸段
岩石岸带	2 196.96	2 824.18	2 778.73	987.97
砂质岸带	126.20	66.57	39.30	272.74
泥沙质岸带	88.10	133.00	20.09	111.22
泥质岸带	未统计	无数据	22.18	无数据

12.5.1.3　潮间带底栖生物量的垂直分布

根据广东省潮间带生物调查 16 条断面的资料，按高、中、低潮带分析，计算出各潮带的生物量，其结果见表 12.11 和表 12.12。

表 12.11　广东省海岸带（港址）调查各岸段潮间带生物生物量的垂直分布

（2007 年 11 月至 2008 年 5 月）　　　　　　　　　　　　　　　单位：g/m^2

岸段	高潮带	中潮带	低潮带
粤东岸段	388.70	663.51	1 008.04
珠江口岸段	411.59	1549.24	415.11
粤西岸段	190.15	601.57	298.01
全省	330.15	938.11	573.72

表 12.12　广东省海岸带（港址）调查各类型岸带潮间带生物生物量的垂直分布

（2007 年 11 月至 2008 年 5 月）　　　　　　　　　　　　　　　单位：g/m²

岸带类型	高潮带	中潮带	低潮带
岩石岸带	1 287.63	3 254.29	2 237.13
砂质岸带	8.03	170.36	149.66
泥沙质岸带	37.30	93.04	123.09
泥质岸带	5.50	39.68	21.36

12.5.2　潮间带底栖生物质量评价

不同污染物在生物体内超标情况相比较，生物体内 Pb 超标最严重，所有生物类均出现超标现象，且超标率较高。其他污染物质在腹足类、甲壳类和鱼类体内超标较轻。双壳类体内各类污染物均有超标，相对而言 Hg、Cu 和 Zn 等污染物超标率较低。不同生物种类相比较，双壳类生物体内超标污染物质种类最多，且超标最严重。不同季节相比较，春季和秋季各类生物体内主要超标污染物为 Pb，双壳类各类污染物质超标严重。春季生物体内石油烃超标较秋季严重，春季除双壳类石油烃超标外，腹足类和甲壳类也有样品石油烃超标。春季双壳类 Hg 的超标情况较秋季轻。

12.6　滨海湿地

滨海湿地是指海陆交互作用下经常被静止或流动的水体所浸淹的沿海低地，潮间带滩地及低潮时水深不超过 6 m 的浅水水域。根据《海岛海岸带卫星遥感专题技术规程》，《海洋局科技司 2009 年 2 月会议纪要》186 号文的要求，本次滨海湿地调查范围主要为 0 m 等深线至海岸线向陆 5 km 的区域。

12.6.1　滨海湿地面积分布

广东省海岸线漫长，滨海湿地资源丰富多样，自 0 m 等深线至海岸线向陆 5 km 的范围内的滨海湿地面积约 531 858.79 hm²，其中人工湿地居多，面积为 356 418.66 hm²，占总面积的 67.02%；自然湿地面积共 175 440.13 hm²，占滨海湿地总面积的 32.98%。详见表 12.13。

表 12.13 广东省海岸带滨海湿地面积统计

一级湿地类型	二级湿地类型	面积（hm²）	百分比（%）
自然湿地	粉砂淤泥质海岸	72 811.59	13.69
	砂质海岸	39 968.40	7.51
	河流	28 609.67	5.38
	红树林沼泽	14 901.32	2.80
	岩石性海岸	10 831.04	2.04
	海岸潟湖	58.36	0.01
	湖泊	5 522.92	1.04
	内陆滩涂	1 468.62	0.28
	沿海滩涂	1 268.21	0.24
	小计	175 440.13	32.99
人工湿地	养殖池塘	162 802.92	30.61
	水田	182 625.86	34.34
	水库	4 024.19	0.76
	盐田	6 965.69	1.31
	小计	356 418.66	67.01
合计		531 858.79	100

12.6.2 典型滨海湿地

12.6.2.1 湛江湾滨海湿地

湛江湾滨海湿地主要包括自然湿地和人工湿地两大类。人工湿地以养殖池塘和水田为主，自然湿地主要是红树林沼泽及河流、湖泊，另外沿岸还有少量粉砂淤泥质海岸、内陆滩涂、水库和盐田。

红树林是湛江湾一种重要的滨海湿地，在整个湛江湾沿岸都有分布，面积较多地集中在西南的湖光镇、太平镇和建新镇沿岸以及北部的官渡附近，为湛江国家级红树林保护区的湖光片区和官渡片区。

真红树和半红树植物共 15 科 25 种，主要的伴生植物 14 科 21 种，是我国大陆海岸红树林种类最多的地区。其中分布最广、数量最多的为白骨壤、桐花树、红海榄、秋茄和木榄，主要森林植被群落有白骨壤、桐花树、秋茄、红海榄纯林群落和白骨壤+桐花树、桐花树+秋茄、桐花树+红海榄等群落，林分郁闭度在 0.8 以上（刘周全，2007；陈粤超，2006）。

保护区红树林为我国面积最大的红树林群落和国际候鸟栖息地。保护区红树林区系属于东方类群，属亚热带性质，其泛热带区系性质由雷州半岛往北而减弱，大多为嗜热广布种，如木榄、红海榄、榄李、海漆等，再加上一些抗低温广布种，如秋茄、白骨壤、桐花树。保护区红树林种类有 15 科 24 种，是我国大陆海岸红树林面积最大、种类最多、分布最集中的地区。分布最广、数量最多的为白骨壤、桐花树、红海榄、秋茄和木榄；主要森林植被群落有白骨壤、桐花树、秋茄、红海榄纯林群落和白骨壤+桐花树、桐花树+秋茄、桐花树+红海榄等群落，林分郁闭度在0.18以上，林木平均高度为1~2 m，少数为5~6 m。

湛江红树林湿地鸟类资源丰富，湛江红树林记录有鸟类达194种，是广东省重要鸟区之一，列入国家重点保护名录的7种，广东省重点保护名录的34种，国家"三有"保护名录的149种，中日候鸟广东湛江红树林国家级自然保护区条约的80种，濒危野生动植物国际贸易公约附录Ⅰ的1种、附录Ⅱ的7种，列入国际自然和自然资源保护联盟红色名录易危鸟类的4种。因此，保护区既是留鸟的栖息、繁殖地，又是候鸟的加油站、停留地，是国际候鸟主要通道之一。国家"三有"保护名录149种，中日候鸟条约81种，中澳候鸟条约36种，中美候鸟条约51种，2006年该保护区内发现了全球濒危物种——黑脸琵鹭（刘周全，2007；陈粤超，2006）。

12.6.2.2 阳江港—海陵湾滨海湿地

阳江港—海陵湾滨海湿地主要包括自然湿地和人工湿地两大类。人工湿地以养殖池塘和水田为主，自然湿地主要是粉砂淤泥质海岸、红树林沼泽和河流3种类型，另在西南海岸有少量砂质海岸、水库和盐田分布。

粉砂淤泥质海岸是阳江港—海陵湾海岸分布最多的一种自然湿地，主要分布在西岸和东侧南岸。

12.6.2.3 珠江三角洲滨海湿地

珠江口地区的人工建设用地在整个海岸带中占据了极大的比例，接近一半，而各类型湿地总和也是接近一半，这是一个人类活动干扰极度频繁剧烈的地区。各类型湿地中，水田与养殖池塘占据了绝大部分的比例，而天然湿地的面积极小，珠江口地区的湿地的活动与功能主要是由人工湿地来承载的。过去20年中，20世纪80年代到90年代中期的水田占较大比例，这个时期的人类活动还是以传统的农业种植业为主的。90年代中期以后，水产养殖业开始发展，养殖池塘的面积大幅增长，而水田的面积开始萎缩。2000年以后，港口、工业和人类的居住度假等活动兴起，人工建设用地大幅增加，而水田与养殖池塘的面积都减少较多。

珠江三角洲自然湿地主要为粉砂淤泥质海岸、砂质海岸、河流湿地、红树林沼泽和湖泊湿地，人工湿地主要有养殖池塘和水田，另外也有少量水库湿地分布。

粉砂淤泥质海岸湿地主要分布在江门的崖门口西岸，珠海的鸡啼门、磨刀门，中山市南部沿海和深圳的西部沿海。

珠江口砂质海岸分布较少，主要分布在广州万顷沙南端，珠海唐家湾、香洲口附近海岸，黄茅海东部珠海海岸带。

珠江口河网发达，河流湿地发育，主要分布在广州、东莞、江门、中山和珠海。本省的河口水域大部分集中分布于珠江口八大口门的河网区。

珠江三角洲红树林湿地面积约为9.19 km^2，主要分布在香港、深圳、广州、珠海、江门等，其中香港米埔红树林保护区内的红树林湿地面积最大，约为5.14 km^2，其次为珠海香洲区，红树林湿地面积约为2.60 km^2，其他地区分布较少。

12.6.2.4 福田红树林保护区

福田红树林地处深圳湾东北岸，毗邻拉木萨尔国际重要湿地香港米埔保护区。茂密的红树林东起新洲河口，西至海滨生态公园，形成沿海岸线长约 9 km 的"绿色长城"，总面积 368 hm^2。

福田保护区的核心区分二块，总面积 122.2 hm^2，占保护区福田红树林区域总面积的 33.3%。核心区是保护区（红树林部分）的主体和核心，该区是红树林生长最茂盛地区，是许多冬候鸟包括黑脸琵鹭等濒危鸟类的栖息地和觅食地，也是当地多种鸟类的繁殖地。缓冲区分为两块，共计面积 116.58 hm^2，占保护区福田红树林区域总面积的 31.7%。缓冲区范围内的基围鱼塘、芦丛洼地，是从湿地到陆地的过渡地带，小生境复杂多样，因此鸟类种群出现多样化，该区是各种动物及鸟类盘旋飞翔觅食。实验区具体范围在保护区的西面，面积 123.26 hm^2，占保护区红树林区域总面积的 33.5%。

深圳福田红树林共有植物 3 门 55 科 170 种，其中红树植物 9 科 16 种，本地自然生长的红树植物有 6 科 7 种（高阳，2004）。

福田红树林有鸟类 194 种，其中卷羽鹈鹕、白肩雕、黑脸琵鹭、黑嘴鸥等 23 种为珍稀濒危物种，每年有 10 万只以上长途迁徙的候鸟在深圳湾停歇，是东半球国际候鸟通道上重要的"中转站"、"停歇地"和"加油站"。

12.6.2.5　淇澳岛红树林保护区

广东淇澳岛红树林湿地自然保护区位于珠海市淇澳岛西北部，保护区现有天然次生红树林面积 33 hm^2，人工种植无瓣海桑、海桑、银叶树等共计有 264.74 hm^2。区内有宜林滩涂 1 390 hm^2。

区内红树林植物分真红树、半红树及伴生植物。广东淇澳岛红树林湿地自然保护区的真红树种类非常丰富，包括引种栽培在内，共有 10 科 13 属 15 种，分别占中国现有红树 12 科 15 属 27 种的 83.3%、86.7% 和 55.6%（区庄葵等，2003）。

12.6.3　湿地保护与可持续利用对策

12.6.3.1　滨海湿地开发利用中存在的问题

（1）湿地污染严重。
（2）渔业资源的过度捕捞，造成经济鱼类资源日趋衰退，渔业捕捞量逐年减少。
（3）不合理地围垦造田破坏湿地生境。

12.6.3.2　滨海湿地保护与可持续利用对策

（1）完善有关湿地保护的法律法规，加大湿地资源管理中法律措施的力度。
（2）加强海岸湿地的综合管理体制与协调机制的建设。
（3）建立扭转海岸湿地退化趋势的示范区。
（4）加强海岸湿地自然保护区的建设。
（5）强化湿地保护与合理利用的意识。
（6）建立动态监测体系，加强滨海湿地相关技术的研究。
（7）加强宣传与教育。

12.7 海岸带植被

12.7.1 植物种类组成

根据本次调查结果统计，广东省海岸带共有维管植物 168 科，613 属，975 种。其中，蕨类植物有 23 科，37 属，49 种；裸子植物有 6 科，7 属，10 种；被子植物有 139 科，579 属，916 种。其中豆科（3 个亚科，或有人分为 3 个科）为最，有 48 属，87 种；其次为禾本科，有 49 属，78 种；再次是菊科，有 44 属，62 种。各大类群的科、属、种数量及其在广东区系和中国区系中所占的比例见表 12.14。

表 12.14 广东省海岸带植物区系组成统计

分类群	数量			占广东区系比例（%）			占中国区系比例（%）		
	科	属	种	科	属	种	科	属	种
蕨类植物	23	37	49	36.5	26.6	10.5	36.5	16.1	1.9
种子植物	145	586	926	66.2	40.9	18.6	41.7	20.3	3.3

12.7.2 植被资源评价

据统计，广东省海岸带共有森林面积 50 000 hm² 余，其中属自然林（包括红树林）有 11 000 hm² 余，仅占林地面积的 22%；属人工林有 38 000 hm² 余，占林地面积的 78%。其中，红树林面积有 10 000 hm² 余，是中国红树林面积最大的省份。广东省海岸带的人工植被主要为农作物群落和人工林，是现状植被的主要类型，总面积约 70 000 hm²，占广东省海岸带总面积的 19%。人工植被中以木麻黄林、桉树林和农作物群落最多。由于本次调查范围仅为离海岸线 1 km 内的海岸带，故记录的植物种类及植被类型数量均少于 1990 年调查结果。

12.7.3 植被资源的变化趋势分析

由于本次调查范围仅为离海岸线 1 km 内的海岸带，而 1990 年前后调查的离海岸线约为 10 km 内的海岸带，故两次调查结果的可比性不大。但广东省海岸带的植被资源总体变化趋势显示如下：① 总体植被覆盖率略有下降。主要是自然植被（如次生林、灌丛及灌草丛等）减少；② 人工植被面积变化不大，局部地区略有增加；③ 植被类型显著减少，主要是森林和灌、草丛类型；④ 虽然人工红树林面积增加，但总体红树林面积减少，现存天然红树林面积比 1990 年的调查结果减少了约 1/3。

12.7.4 植被资源的开发利用与保护

广东省海岸带共有 36 个植被类型，其中天然林仅 4 个植被类型，红树林另有 7 个植被类型。这些植被类型有很重要的生态价值、科研价值及开发利用价值，由于面积小，应进行重点保护。红树林作为海岸一种特殊的植被，具有抗风消浪、淤积泥沙、固岸造陆等作用，又是鱼、虾、蟹等栖息觅食的场所，蕴藏着多种的资源植物及丰富的水产资源，对维护沿海自然生态平衡有重要意义，同时也具有重要的开发利用价值。此外，调查发现，广东省海岸带植物中有较多外来入侵植物，最严重的是微甘菊、飞机草和五爪金龙。

12.8　海岸带自然资源及其开发利用

广东省海岸带资源非常丰富，主要包括土地资源、岸线资源、潮间带资源、淡水资源、港口资源、滨海旅游资源、水产资源、农牧业资源、盐业资源、林业资源和矿业资源。其中岸线、潮间带、港口资源和矿产资源为本次调查内容，岸线长度和潮间带面积都位居全国第一，广东沿岸的港口群众多，广州港、深圳港、汕头港、湛江港都为国家级大港，已成为华南区对外的枢纽港口，广东沿岸海砂储量丰富，海砂利用促进了沿海的经济建设，此外，广东海岸带还埋藏着多种金属和非金属矿产，许多矿床已被探明或规模开采。

社会经济发展的需求，使得广东海岸带资源已被大量开发利用，如广东省海岸线中人工岸线占 63% 以上，广州、中山和珠海的人工岸线达 90% 以上，岸线的利用与经济呈一定正比。但经济的发展导致资源的过度开发，产生诸多问题，例如：

（1）环境质量下降。大量有害物质排放海中，河口围垦致使河口纳潮量减小，海水对污染物质的自净能力大大下降，污染加剧。

（2）海岸的防灾能力下降。围填加剧，城市建设与农业养殖占用自然滩涂，导致海岸的防灾功能下降。

（3）生物多样性下降。

（4）不合理的海砂开采以及海岸带砂矿开采，引起海岸侵蚀，给海岸工程建设带来巨大的影响。

根据《广东海洋经济综合试验区发展规划》，广东海洋经济规模在 2015 年达到 1.5 万亿元，占到 GDP 总量的近 1/4，基本建成海洋经济强省。到 2020 年全省实现建设海洋经济强省的战略目标。因此，需要合理开发利用和保护海岸自然资源，加强法制建设，海陆统筹、统一规划、科学论证，加大研究投入，实现海岸带资源的可持续利用，为广东省实现海洋强省、海洋经济的腾飞奠定基础和提供动力。

12.9　小结

12.9.1　主要结论

1）海岸线

广东省 908 专项调查广东省海岸线长度为 4114 km，以人工岸线最长，达 2 572 km，占整个岸线长度的 63%；其次为砂质岸线长 715 km，占 17%；再次为泥质和基岩岸线，分别占 10% 和 9%。按地级市来分，湛江市岸线最长为 1 244 km，占全省的 30%；其次是汕尾市，岸线占全省的 11%；占比最少的是潮州市。

2）岸滩地貌与冲淤动态

（1）潮间带类型以粉砂淤泥质滩分布面积最大，达 829 km²；其次为砂质海滩，面积为 450 km²；岩石滩和砾石滩分布面积较小，分别为 108.52 km² 和 3.77 km²。

（2）岸滩动态变化：广东省大部分岸滩目前都处于普遍侵蚀状态。珠江河口，韩江河口、鉴江河口等河口区域由于受河流输沙丰富等影响，大部分岸滩处于淤涨状态。

3）海岸带潮间带底质

（1）潮间带底质类型：广东省海岸带表层沉积物类型共有 16 种，主要为砂、粉砂质砂、砂质粉砂、粉砂、砾质砂。砂在粤东、粤西岸段广泛分布，珠江口岸段沉积类型复杂多样，主要沉积物类型为粉砂。

（2）碎屑矿物：在研究的 14 个站位 111 个样品中，共出现 43 种碎屑矿物，可区分 32 种重矿物，8 种轻矿物。总体上，样品碎屑矿物中，轻矿物占 99%，其中轻矿物中含量最高的为石英，平均含量达 58.99%，其次为斜长石。重矿物中含量高的有风化碎屑、褐铁矿、钛铁矿、锆石、电气石、自生黄铁矿。

4）潮间带沉积化学与生物

（1）潮间带沉积化学：珠江口受污染最为严重，其次为粤东，粤西受污染最轻，海区受到的污染程度与广东各海区经济水平成正比。

（2）潮间带生物种类：本次调查共鉴定出 14 门 444 种，主要类群有软体类、多毛类和节肢动物，软体类的种类数最多（174 种）。潮间带底栖生物量的分布趋势为：珠江口生物量最高（643.42 g/m²），其次为粤东（438.44 g/m²），最低的为粤西（361.39 g/m²）；栖息密度的分布趋势为：粤东最高（1 652.2 ind/m²），其次为珠江口（553.4 ind/m²），最低的为粤西（495.5 ind/m²）。潮间带生物平均生物量的垂直分布为：中潮带>低潮带>高潮带，平均栖息密度的垂直分布为：低潮带>中潮带>高潮带。潮间带生物的季节性变化较显著，春季潮间带生物的平均生物量（447.00 g/m²）低于秋季（485.27 g/m²），春季潮间带生物的平均栖息密度（331.9 ind/m²）低于秋季（1 701.1 ind/m²）。

（3）生物质量：广东省沿岸各类生物受到 Pb 的严重污染，相对而言，双壳类生物受污染更为严重；珠江口各类生物受污染最重，其次为粤东，粤西最轻。

（4）历史比对分析：广东省 908 专项海岸带（港址）调查结果与 1980—1985 年广东省海岸带和海涂资源综合调查结果相比，沉积物中 Hg、Cu、Pb 和 Zn 等污染物的含量有所下降，有机碳、硫化物和石油类等污染物的含量升高。

5）海岸带滨海湿地

全省主要滨海湿地类型分为自然湿地和人工湿地两大类。自 0 m 等深线至海岸线向陆 5 km 范围内的滨海湿地面积约为 531 858.79 hm²，其中人工湿地居多，面积为 356 418.66 hm²，占总面积的 67.02%。

粉砂淤泥质海岸为广东省面积最多的自然湿地，面积为 72 765.76 hm²，占滨海湿地总面积的 13.68%，主要分布在河口、海湾和港口处。

广东省红树林湿地面积约 $2×10^4$ hm²，红树林面积约 10 471 hm²，绝大部分分布于粤西湛江，雷州半岛地区，已列为国家级红树林保护区，其次是珠江三角洲地区。

6）海岸带植被资源

根据本次的调查结果统计，广东省海岸带共有维管植物 168 个科，613 个属，975 种。植被资源的变化趋势分析总体如下。

（1）总体植被覆盖率略有下降。

（2）人工植被面积变化不大，局部地区略有增加。

（3）植被类型显著减少。

（4）虽然人工红树林面积增加，但总体红树林面积减少。

7）海岸带港址

经过综合分析，雷州半岛流沙湾、南澳岛烟墩湾和万山群岛深水港为广东省交通运输业在港口布局中 3 个具有重要价值的潜在港址。

12.9.2　存在问题

根据本次海岸带调查结果，结合近期有关资料分析，广东海岸带存在的问题可大致归纳如下。

1）海岸带环境污染加剧

广东省海岸带潮间带沉积化学和生物质量评价结果均显示经济发达区域海洋环境受污染较重。《2010 年中国海洋环境状况公报》也显示，南海近岸局部海域水质劣于第四类海水水质标准的面积约为 7 900 km²，主要超标物质是无机氮、活性磷酸盐和石油类，主要污染区域为珠江口，且近 5 年的监测显示南海的水质逐渐变差。

2）海洋灾害严重

广东为海洋灾害受灾严重区，主要灾害有风暴潮、海浪、赤潮以及海洋地质灾害。特别是风暴潮灾害给广东带来巨大的损失，2008—2010 年直接经济损失分别为 154.22 亿元、38.99 亿元和 30.62 亿元。此外，地质灾害也频繁发生，广东海岸带主要地质灾害有：活动断裂、地震、地裂缝、软土、风沙、滑坡、崩塌、港湾淤积、地面沉降和海平面上升等。

3）海岸资源开发问题严重

广东省拥有丰富的海洋资源，岸线资源尤为突出，大陆海岸线长 4 114 km，居全国首位。广东省岸线利用率较高，岸线系数全国第二，单位岸线系数的海洋经济生产总值全国最高，但仍存在以下一些问题。

（1）岸线开发程度不一：总体来看，珠三角地区的海岸开发强度较高，粤东、粤西海岸开发强度相对较低，地域差异性较大。珠江三角洲地区，基本全部为人工海岸，主要以海洋交通运输业、临海工业及滨海旅游业开发为主。

（2）不合理工程带来环境破坏问题：大量的人工岸线破坏了原有的自然状况，大量水库建设、海砂开采和围填海工程，加剧滩涂湿地萎缩退化。

（3）植被破坏和湿地显著退化：总体植被覆盖率略有下降，植被类型显著减少，虽然人工红树林面积增加，但总体红树林面积减少。

（4）海砂盗采、矿产无序开采严重：建筑用途海砂盗采现象近年屡见报道，海岸带砂矿的无序开采同样严重，破坏了海岸植被，导致土地沙化和海岸侵蚀。

4）海岸带综合管理强度不够

（1）无海洋管理综合法律，管理部门职能重叠：我国涉海法律虽然较多，但相互之间交叉也多并缺乏海洋管理综合法律；而且目前我国涉海部门达 20 余个，相互之间部分职能重叠。

（2）整体规划和专业规划需加强：目前，广东省《海洋功能区划》和《海岸线开发与保护规划》，为海岸带可持续开发与利用提供了很好的基础。《珠江口海砂开采规划》的出台，特别是广东于 2008 年全国率先实施海砂开采海域使用挂牌出让制度，改变了珠江口海砂开采的无序局面，为实现海砂可持续利用和国家资源价值最大化打下了坚实基础。但是，海岸带作为整体考虑，海陆统筹的整体规划缺失，同时某些专业规划也未出台，比如，从全省角度，编制综合海砂矿床特征、区位、经济等各方面的海砂资源规划十分必要。

第13章　海域使用现状调查[①]

　　广东省是我国的海洋大省，海岸线漫长，滩涂广布，陆架宽阔，港湾优良。全省海域总面积 $41.93×10^4 km^2$，其中内水面积 $4.77×10^4 km^2$，海岸线长 4 114 km。拥有大小海岛 1 350 个（含东沙群岛），海岛总面积 $0.16×10^4 km^2$，其中面积在 500 m^2 以上的海岛有 734 个，面积在 200~500 m^2 的海岛有 150 个，岛屿岸线总长 2 428.7 km。滩涂面积 $20.42×10^4 hm^2$，适宜多种开发利用的 10 m 等深线内的浅海滩涂面积 $127.3×10^4 hm^2$。拥有码头泊位 2 881 个，其中沿海港口泊位 1 389 个，内河港口泊位 1 492 个，沿海港口万吨级泊位 222 个，大小渔港 133 个。具有多种类型的滨海旅游资源，而且滨海旅游资源特色明显。因此，广东具有发展海洋经济、增创经济新优势的雄厚物质基础。

　　改革开放 30 多年来，广东省海洋经济总量连续 17 年居全国首位，并且已成为全省国民经济的重要组成部分。特别是近年来，港口海运业高速增长，临港工业突飞猛进，海洋生物制药、海水淡化等新兴产业蓬勃发展。2010 年，广东省的海洋产业总产值达 8 298 亿元，约占全部 GDP 的 18%。三大产业结构比例为 9.6∶32.4∶58.0，与过去对比，海洋第三产业的比重大幅度提高，占据整个海洋产业的一半以上，说明海洋经济的"服务化"阶段即海洋产业发展的高级化阶段已露出端倪，滨海旅游、海洋运输等海洋第三产业成为海洋经济的支柱产业，特别是滨海旅游业发展的突飞猛进使得海洋产业结构不断优化。

　　完善的法律法规体系是实施有效行政管理的必备基础，因此广东省始终把海域使用法律制度建设作为工作的重点。在全省海洋管理工作者的努力下，海域管理工作的法律制度逐步完善。1996 年 5 月 1 日《广东省海域使用管理规定》的施行，结束了海域管理无法可依的局面。2002 年《海域法》实施后，开始着手条例的制定工作，2007 年 3 月 1 日《广东省海域使用管理条例》正式实施，奠定了海域管理工作的制度基础。2008 年 2 月 14 日《国务院关于广东省海洋功能区划的批复》（国函〔2008〕10 号）对广东省海洋功能区划批准实施以来，全省海洋功能区划体系已基本成形，有效解决了各行业用海之间的矛盾，促进了海洋产业结构的调整和产业布局的优化（陈厚，2009）。

　　自《海域法》实施以来，海域权属管理工作取得了长足的进步，主要表现为：围填海项目得到严格控制；养殖用海全部纳入管理；海砂开采管理逐步规范。同时，《海域法》的大力宣传和海域使用管理培训的开展，提高了社会各界特别是各级领导对海域使用管理工作重要意义的认识，改变了广大用海者特别是渔民的传统用海观念，使"海域属国有、用海要批准"的法律意识深入人心。针对近年出现海岛开发的热潮，无居民海岛管理制度建设的推进，加强了对无居民海岛的管理。首个无居民海岛开发项目——茂名放鸡岛获省政府正式批准，体现了海洋部门对无居民海岛的管理职能。另外，自广东省第六次海洋工作会议召开以来，各地掀起了海洋开发热潮，这对海域使用管理提出了新的更高要求。通过采取有效措施，

　　[①]　孙龙涛，于红兵。根据于红兵等《海域使用现状调查研究报告》整理。

多管齐下，使重大项目用海的管理工作稳步有序地推进，确保了新建设的重大用海项目全部纳入管理。截至 2008 年底，全省已累计发证 5306 本，确权面积 105 432.13 hm²。

广东省海岸线曲折漫长，港湾和岛屿众多，海域界线较多。截至 2012 年，与福建、广西和海南 3 条省际界线已全面勘定。省内需勘定的市、县际海域行政区域界线 41 条，已进入协议书签订和同意签订的界线有 38 条，基本完成了全省县际间海域勘界的任务。2006 年广东省海洋与渔业局及省国土资源厅联合启动开展了广东省海岸线修测，对省行政区域内大陆海岸线进行了重新测定，明确了海陆分界线。海域管理信息系统和海域动态监视监测管理系统的建设，逐步满足了日常海域管理工作电子政务的需要，实现了网上申报审批等功能。

综上所述，广东省海域管理工作从小到大、从弱到强，管理内涵和范围不断延伸和扩大，管理队伍建设迅速增强，管理水平逐步提高。以合理开发利用和保持可持续发展海洋为目标，注重抓立法、抓基础、抓重点、抓试点、抓项目。积极探索符合广东省实际的海洋综合管理模式，彻底改变传统用海"无偿、无序、无度"的局面，海域管理和海岛管理等各项工作取得明显成效。

广东省 908 专项海域使用现状调查项目的调查区域为广东省所管辖的海域，从海岸线至领海外部界限之间的所有海域使用区域。其中调查海域岸线全长 4 114 km，东起闽、粤交界的大埕湾头东界区，西至粤、桂交界的英罗港洗米河口，行政范围涉及潮州、汕头、揭阳、汕尾、惠州、深圳、东莞、广州、中山、珠海、江门、阳江、茂名、湛江 14 个地级市。

调查内容主要包括：宗海的位置、界址、权属、面积、用途、用海年限等基本情况，海域使用与海洋功能区划的一致性、重点海域使用排他性与兼容性、海域使用效益与使用金征收情况以及海域分等定级与估计基础调查等。采用资料收集、调访、实地调查等相结合的方法，获取了各类海域使用单元的使用者、海域使用登记、许可证发放等定性信息和各类海域使用单元的位置、界址线、面积等定量信息。具体包括资料收集、权属核查、界址测量等。

开展外业调查工作时，原则上对已经确权的、界址清楚的用海只收集资料，对未经确权、界址不清楚的用海进行实地勘测。

13.1　广东省海域使用基本状况

13.1.1　海域使用数量和规模

根据《海域使用现状调查技术规程》附录 A 中的海域使用分类体系，将海域使用分为 9 个一级类和 30 个二级类，具体分类及定义见表 13.1。

上述分类体系的分类主体依据海域用途制定，因此充分反映了海域使用的主要类型特征。同时，该分类还考虑到了与海洋功能区划、海洋及相关产业等分类相协调的问题，因此与海洋功能区划以及海域使用金征收等标准的分类体系协调一致。这一分类体系与各项海域使用管理工作衔接，满足了分类管理需求。

表 13.1　海域使用分类

一级类		二级类	
名称	定义	名称	定义
渔业用海	为开发利用渔业资源、开展海洋渔业生产所使用的海域	渔港	渔船停靠、进行装卸作业和避风所使用的区域
		渔船修造	渔船修造业所使用的区域
		工厂化养殖	采用现代技术，在半自动或全自动系统中高密度养殖（包括菌种繁殖）优质海产品所使用的区域
		围海养殖	通过围海筑堤进行养殖所使用的区域
		设施养殖	筏式养殖、网箱养殖所使用的区域
		底播养殖	人工投苗或自然增殖海洋底栖生物所使用的区域
交通运输用海	为满足港口、航道、路桥等交通需要所使用的海域	港口工程	大中型港口突堤、引堤、防波堤等工程所使用的区域
		港池	由防波堤（外堤）或防浪板等设施围成的港口用海
		航道	在沿海水域中，供一定标准尺度的船舶在不同水位期通航航行的水域通道
		锚地	船舶候潮、待泊、联检、避风或进行水上装卸作业所使用的海域
		路桥用海	建设跨海桥梁、公路及以交通为主要目的的堤坝、栈桥等所使用的海域
工矿用海	开展工业生产及勘探开发矿产资源所使用的海域	盐业用海	盐田及其取水口所使用的海域
		临海工业用海	修造船厂、临海而建的电站（厂）、加工厂、化工厂等为满足生产需要所使用的不改变海域属性的海域，其中包含所属取水口和温排水口用海等
		矿产开采用海	开采固体矿产所使用的海域
		油气开采用海	开采油气资源所使用的海域，如石油平台用海等
旅游娱乐用海	开发利用滨海和海上旅游资源以及开展海上娱乐活动的海域	旅游基础设施用海	用于建设景观建筑、宾馆饭店、旅游平台等旅游设施的海域
		海水浴场	专供游人游泳、嬉水的海域
		海上娱乐用海	开展快艇、帆船、冲浪等海上娱乐活动所使用的海域
海底工程用海	建设海底工程设施所使用的海域	电缆管道用海	埋（架）设海底油气管道、通信光（电）缆、输水管道及深海排污管道等海底管线所使用的海域
		海底隧道用海	建设海底隧道及附属设施所使用的海域
		海底仓储用海	建设海底仓储设施所使用的海域
排污倾倒用海	用来排放污水和倾废的海域	污水排放用海	受纳指定污水所使用的海域
		废物倾倒用海	倾倒疏浚物或固体废弃物所使用的海域
围海造地用海	沿海筑堤围割滩涂和港湾并填成土地工程用海	港口建设用海	通过围填海域形成土地并用于港口建设的工程用海
		城镇建设用海	通过围填海域形成土地并用于城镇建设的工程用海
		围垦用海	通过围填海域形成土地并用于农林牧业生产的工程用海
特殊用海	用于科研教学、军事、自然保护区、海岸防护工程等用途的海域	科研教学用海	专门用于科学研究、试验和教学活动的海域
		军事设施用海	军事设施包括部队机关、营房、军用工厂、仓库和其他军事设施所使用的海域
		保护区用海	各类涉海自然保护区所使用的海域
		海岸防护工程用海	建造为防范海浪、沿岸流及风暴潮等自然灾害侵袭的海岸防护工程所使用的海域

一级类		二级类	
名称	定义	名称	定义
其他 用海	上述用海类型以外 用海	其他	上述用海类型以外的用海

根据本项目对广东省海域使用现状调查的结果显示，9 个一级类的海域使用类型在广东省均有分布，但是类型分布不均衡，部分类别所占比例很大，而部分类别所占比例则非常小。如在所调查的 14 810 宗用海中，特殊用海虽然只有 239 宗，但其面积最大，占全省用海面积的 51.70%（表 13.2，图 13.1），而特殊用海中的科研教学用海、军事设施用海、保护区用海及海岸防护工程用海的比例也极不均衡，其中自然保护区占了 98%，为全省用海面积的 50.62%；其次较多的一级类用海是交通运输用海，占全省用海面积的 24.10%；再次是渔业用海，其用海宗数最多，为 13 524 宗，面积上占全省用海面积的 16.95%。本次调查中，面积最小的一级类用海为其他用海，宗数为 2 宗，面积只有 318 m²，因此其他用海在全省用海面积中的比例基本可以忽略不计。此外，对于 31 个二级分类，本次调查的 14 810 宗用海中没有涉及到盐业用海、固体矿产开采用海、海底隧道用海和海底仓储用海这 4 个二级类，油气开采用海也只在惠州市的惠阳有 5 宗，用海面积约 662.38 hm²。

表 13.2　广东省各类用海情况统计

用海类型	渔业	交通运输	工矿	旅游娱乐	海底工程	排污倾倒	围海造地	特殊用海	其他	合计
面积（km²）	1 449.6	2 061.1	22.3	163.2	65.4	258.4	110.7	4 422.0	0.0003	8552.7
比例（%）	16.95	24.10	0.26	1.91	0.76	3.02	1.29	51.70	0.000 004	100
宗数（宗）	13 524	656	111	158	34	45	41	239	2	14 810

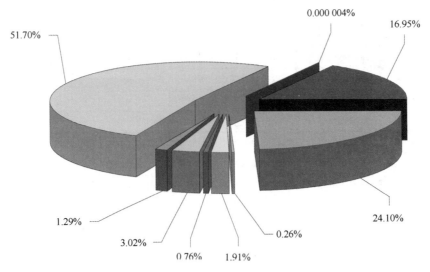

图 13.1　广东省 9 个一级类用海比例

13.1.2 确权情况

根据国家公布的海域使用管理公报，2004 年度广东省确权海域面积 11 056 hm²，发放海域使用权证书 505 本，共征收海域使用金 2 641.5 万元；2005 年，全省累计确权海域面积 62 896.09 hm²，共发放海域使用权证书 2 343 本，新增了 1 838 本，当年海域使用金征收数额比上年翻了一番，共 5 746.58 万元；2006 年，全省累计确权海域面积上升至 67 977.33 hm²，发放海域使用权证书共 2 765 本，新增 422 本，当年的海域使用金征收数额有所下滑，只有 2 132.40 万元；至 2007 年底，海域使用管理和海域使用金征收工作都取得了突破性进展，全省累计确权海域面积达 95 758.47 hm²，发放海域使用权证书 3 889 本，比上一年新增了 1 124 本，2007 年征收海域使用金高达 51 908.26 万元，是 2005 年征收数额的近 10 倍，是 2006 年的 20 多倍；2008 年，全省累计确权海域面积 100 154.72 hm²，发放海域使用权证书 1 417 本，共征收海域使用金 84 627.49 万元，比上年增长 63%。

13.1.3 海域使用增长情况

依据调查数据，海域使用确权数和确权海域使用面积从 2004 年起至 2008 年每年呈增长趋势（图 13.2 和图 13.3），2005 年，全省共发放海域使用权证书比 2004 年新增 1 838 本，累计确权海域面积 62 896.09 hm²；2006 年，全省发放海域使用权证书新增 422 本，新增确权海域面积 5 081.24 hm²；至 2007 年，全省发放海域使用权证书比上一年新增了 1 124 本，新增确权海域面积达 27 781.14 hm²；2008 年，全省发放海域使用权证书新增 1 364 本，新增确权海域面积 4 396.25 hm²，达 100 154.72 hm²。

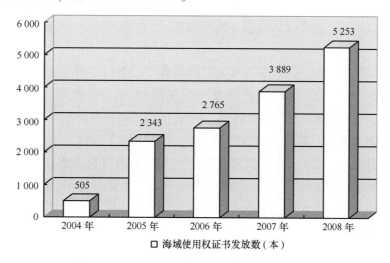

图 13.2 广东省累计发放海域使用权证书情况

从上述海域使用权证书发放和确权海域使用面积情况分析，广东省的确权海域使用宗数和面积逐年增加，特别是 2007 年增长幅度比前两年翻了几番，新增海域使用权证书发放数量从 2006 年的 422 本增至 2007 年的 1 124 本，新增确权海域使用面积由 2006 年的新增 5 081.24 hm² 至 2007 年的新增 27 781.14 hm²。而 2008 年的海域使用权证书发放数增幅继续保持 2007 年的水平。这与 2007 年《加强海域使用金征收管理通知》（财综〔2007〕10 号）

和《广东省农业填海造地等用海海域使用金征收标准的通知》的发布后海域使用金征收管理工作的逐渐加强有关。

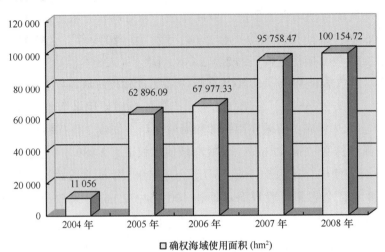

图 13.3 广东省累计确权海域使用面积情况

13.1.4 海域使用结构及特点

13.1.4.1 渔业用海

根据海域使用分类体系中的定义，渔业用海是指为开发利用渔业资源和开展海洋渔业生产所使用的海域，其二级分类包括渔港、渔船修造、工厂化养殖、围海养殖、设施养殖和底播养殖。

908 专项调查结果显示，广东省的渔业用海共有 13 524 宗，所占用海面积相对比较大，为 144 955.77 hm²，占全省用海面积的 16.95%（见图 13.1）。渔业用海主要分布在珠海及其以西的粤西沿海，这一带地区的渔业用海占了全省该类用海面积的 3/4 以上，湛江作为主要的渔业用海城市尤为突出，其渔业用海宗数达 6 307 宗，用海面积达 49 465.20 hm²，占了全省各类渔业用海总面积的 34.12%；其次是惠州及其以东的粤东沿海，约占全省的 1/5；深圳、东莞、广州和中山这 4 个中部沿海城市的渔业用海非常少（图 13.4）。

在渔业用海中，各种二级类用海结构也不均衡，池塘养殖（围海养殖）是最主要的用海类型，其次是底播养殖和设施养殖（图 13.5）。

池塘养殖全省共有 7 505 宗，占渔业用海面积的 43.17%。其中，湛江是广东省围海养殖最多的城市，有 4 113 宗，面积达 27 760.42 hm²，约占省该类面积的 44.36%；其次是江门和阳江，分别有 581 宗和 865 宗，用海面积分别为 12 402.27 hm² 和 11 295.69 hm²，江门的围海养殖大部分集中在台山市，占江门围海养殖面积的 89.50%；全省沿海城市中，只有中山没有围海养殖。

渔业用海的第二个主要用海类型是底播养殖，占全省渔业用海面积的 25.44%，共 1 454 宗，用海面积为 36 870.13 hm²。底播养殖用海最多的同样是湛江，有 829 宗，面积 12 481.02 hm²，占全省该类用海面积的 33.85%。

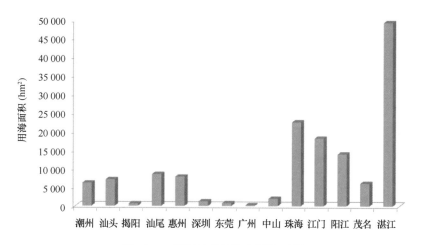

图 13.4 沿海各市的渔业用海面积

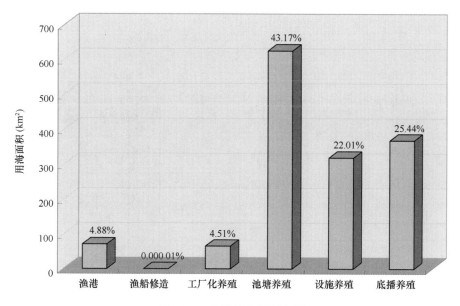

图 13.5 各类渔业用海比例

全省渔业用海中有 22.01% 的面积为设施养殖，共有 4 165 宗，用海面积约 31 902.82 hm²，此类养殖以珠海为最广，虽仅有 241 宗，但面积达 11 627.50 hm²，占全省的 36.45%，其次是湛江，有 1 256 宗，面积 5 503.86 hm²，占 17.25%。

全省的工厂化养殖用海有 281 宗，用海面积约 6 533.52 hm²，也是以珠海和湛江的养殖用海为最多，分别占 50.28% 和 26.19%。

渔港和渔船修造这两类用海在沿海各城市的分布都不多，特别是渔船修造，调查结果显示全省范围内只有 4 宗，分别是珠海 1 宗、湛江市区 1 宗、徐闻 2 宗，用海面积共 1.53 hm²。全省的渔港有 114 宗，用海面积 7 070.13 hm²，以湛江和阳江为最多，分别占了 28.39% 和 24.12%。

13.1.4.2 交通运输用海

交通运输用海是指为满足港口、航道、路桥等交通需要所使用的海域，包括了港口工程、港池、航道、锚地和路桥用海。广东省的交通运输用海共有 656 宗，用海面积约 206 106.50 hm²，占全省各类用海总面积的 24.10%（图 13.1）。主要分布在阳江、珠海、茂名、汕尾、深圳、湛江等地（图 13.6），用途以锚地、港口工程和航道为主（图 13.7）。

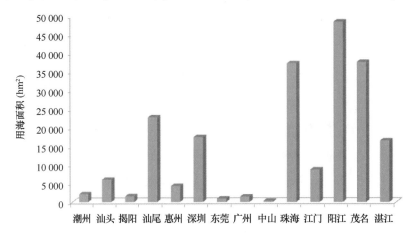

图 13.6 沿海各市的交通运输用海面积

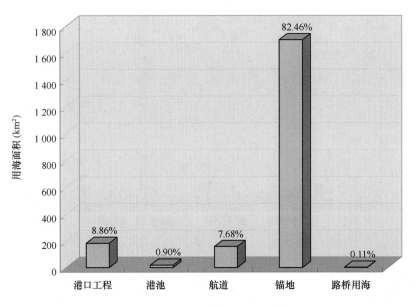

图 13.7 各类交通运输用海比例

在交通运输用海中，锚地用海的宗数有 167 宗，面积达 169 947.23 hm²，占交通运输用海总面积的 82.46%，以阳江为最多，其次是茂名、珠海、汕尾、湛江和深圳，这 6 个地区的锚地用海面积占了全省该类用海面积的 92.74%；本次宗海调查结果显示，中山没有锚地用海。

港口工程用海占全省交通运输用海面积的 8.86%，共 296 宗，面积约 18 252.68 hm²，宗数以广州为最多，有 55 宗，用海面积则以茂名和珠海为最大，分别是 3 731.34 hm² 和 3 714.92 hm²；其次是深圳，面积为 3 193.76 hm²。

全省的航道用海共有 34 宗，占交通运输用海面积的 7.68%，用海面积为 15 818.68 hm²，依次以深圳、江门、珠海和潮州为最多。本次宗海调查中，东莞及中山没有航道用海。

全省的交通运输用海面积中有 0.90% 为港池用海，有 151 宗，面积约 1 864.39 hm²；深圳虽然只有 2 宗港池用海，但其用海面积却非常大，为 921.72 hm²，占了全省该类用海的 49.44%；宗海调查结果显示，只有揭阳没有港池用海。而路桥用海仅占交通运输用海面积的 0.11%，有 8 宗，分别是汕头 3 宗、惠州的惠阳（含大亚湾）1 宗、深圳 2 宗、珠海 1 宗、湛江市区 1 宗，用海面积共约 223.52 hm²。

13.1.4.3　工矿用海

工矿用海是指开展工业生产及勘探开采矿产资源所使用的海域，包括盐业用海、临海工业用海、固体矿产开采用海和油气开采用海等。广东省的工矿用海只有两类——临海工业用海和油气开采用海，共 111 宗，用海面积约 2 228.26 hm²，占全省各类用海总面积的 0.26%（图 13.8），多分布在"珠三角"及其附近，如惠州、广州和深圳。

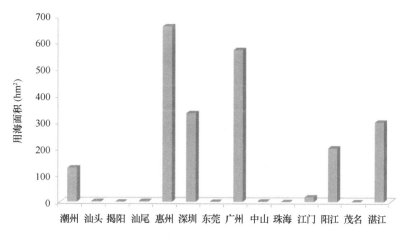

图 13.8　沿海各市的工矿用海面积

工矿用海中，临海工业用海共有 106 宗，用海面积 1 565.87 hm²。其中以广州为最多，有 35 宗，用海面积约 573.37 hm²，占全省该类用海面积的 36.62%；其次是深圳、湛江、阳江和潮州，调查宗数分别为 2 宗、45 宗、10 宗及 1 宗，用海面积依次为 334.52 hm²、300.64 hm²、203.19 hm² 和 128.96 hm²。本次宗海调查中，揭阳、惠州、珠海和茂名没有临海工业用海。油气开采用海只在惠州市惠阳区（含大亚湾）有 5 宗，用海面积 662.38 hm²。

13.1.4.4　旅游娱乐用海

旅游娱乐用海是开发利用滨海和海上旅游资源以及开展海上娱乐活动所使用的海域，包括旅游基础设施用海、海水浴场和海上娱乐用海。在本次全省范围内所调查的 14 810 宗用海中，旅游娱乐用海有 158 宗，占用海域面积共 16 324.23 hm²，为全省各类用海总面积的 1.91%（图 13.1）。全省旅游娱乐用海面积最多的沿海城市是深圳（图 13.9），其旅游基础设施用海面积位居第一，占了全省该类用海面积的 93.84%。总体上，"珠三角"地区的旅游娱乐用海最多，其次是粤东，粤西最少，并且主要分布在湛江沿海；"珠三角"沿海地区的旅游用海具有多元化的特点，而粤东及粤西沿海地区的旅游用海则相对较单一。

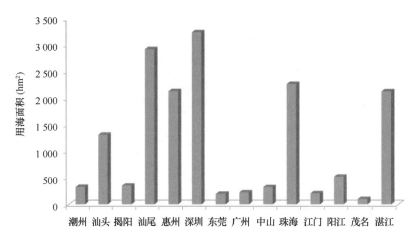

图 13.9　沿海各市的旅游娱乐用海面积

　　广东省的旅游娱乐用海以海上娱乐用海为主，宗海调查中有 97 宗，面积约 13 717.37 hm²，占全省旅游娱乐用海面积的 84.03%（图 13.10）。汕尾市的海上娱乐用海有 11 宗，用海面积为 2 907.20 hm²，是广东省海上娱乐用海面积最广的城市；其次是珠海、惠州、湛江、深圳和汕头，分别有 15 宗、10 宗、15 宗、16 宗和 8 宗，用海面积依次为 2 258.48 hm²、2 069.58 hm²、1 969.45 hm²、1 687.16 hm² 和 1 306.74 hm²；除此之外，其余涉海地区的海上娱乐用海相对比较少，特别是潮州，本次调查显示潮州没有这类用海。

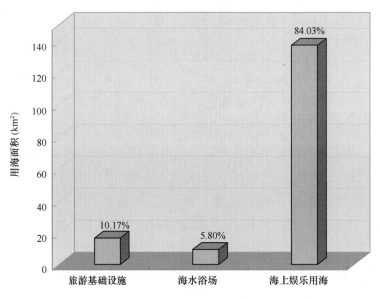

图 13.10　各类旅游娱乐用海比例

　　旅游基础设施用海共有 28 宗，海域使用面积为 1 660.66 hm²，占全省旅游娱乐用海面积的 10.17%；除了在汕尾、惠州、深圳、珠海、江门以及湛江有分布以外，其余地区均没有旅游基础设施用海。其中在这几个沿海城市中又以深圳为最多，有 18 宗，用海面积达 1 558.16 hm²；其次是湛江和江门，分别有 3 宗和 2 宗，用海面积分别为 77.20 hm² 和 22.64 hm²。

　　在所调查的 158 宗旅游娱乐用海中，海水浴场有 33 宗，海域使用面积共 946.51 hm²。潮州和中山是海水浴场用海最多的两个城市，用海面积分别为 332.51 hm² 和 316.64 hm²，共占全省海水浴场用海面积的 68.58%；除揭阳、东莞和广州没有海水浴场外，其他涉海城市均有面积较小的海水浴场用海。

13.1.4.5　海底工程用海

海底工程用海是指建设海底工程设施所使用的海域，包括电缆管道用海、海底隧道用海和海底仓储用海。本次调查显示，广东省海底工程用海只有电缆管道用海，共 34 宗，用海面积 6 535.15 hm²，占全省各类海域使用总面积的 0.76%（图 13.1）。其中，珠海市电缆管道用海最多，有 9 宗，用海面积约 4 736.56 hm²，占全省电缆管道用海面积的 72.48%；其次是汕头，有 5 宗，用海面积 639.02 hm²；江门 4 宗，用海面积 321.79 hm²；湛江 5 宗，用海面积 239.01 hm²；广州 2 宗，用海面积 203.74 hm²；深圳 3 宗，用海面积 156.45 hm²；惠州 4 宗，用海面积 123.25 hm²；茂名 2 宗，用海面积 115.34 hm²。

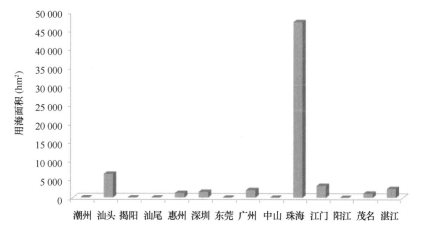

图 13.11　沿海各市的海底工程用海面积

13.1.4.6　排污倾倒用海

排污倾倒用海是指用来排放污水和倾废的海域，主要包括污水排放用海和废物倾倒用海。本次宗海调查中，全省的排污倾倒用海共有 45 宗，用海面积约 25 842.12 hm²，占全省各类用海总面积的 3.02%（图 13.1）。

在广东省的排污倾倒用海中，废物倾倒用海是主要的用海类型，占 88.27%，污水排放用海则只占 11.73%。废物倾倒用海共有 25 宗，海域使用面积达 22 810.77 hm²，约占全省排污倾倒用海面积的 88.27%。其中，珠海的废物倾倒用海最多，有 6 宗，用海面积达 14 492.12 hm²，占该类用海面积的 63.53%；其次较多的是湛江，也为 6 宗，海域使用面积约 2 889.16 hm²，6 宗用海均属于湛江市区用海；江门的废物倾倒用海有 2 宗，均属于台山市，用海面积约 1 275.24 hm²；惠州市惠阳区有 1 宗，用海面积 1 267.20 hm²；汕头的废物倾倒用海有 3 宗，面积共约 920.88 hm²；阳江的海陵岛和阳西县各 1 宗，用海面积分别为 306.72 hm² 和 409.57 hm²；其他涉及废物倾倒用海的地区还有深圳（1 宗）、东莞（2 宗）、茂名（1 宗）和汕尾（1 宗），用海面积分别为 441.44 hm²、351.31 hm²、265.61 hm² 和

191.52 hm²；其余涉海地区不存在废物倾倒用海（图13.12）。

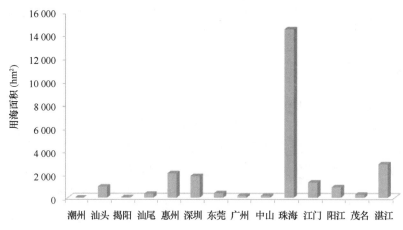

图13.12　沿海各市的排污倾倒用海面积

全省调查的污水排放用海共有20宗，用海面积约3 031.35 hm²，除潮州、茂名和湛江外，其余涉海地区均有污水排放用海。其中，深圳有1宗，海域使用面积为1 411.86 hm²，是全省该类用海面积最广的城市，占46.58%；其次是惠州，为2宗，用海面积约825.03 hm²，均分布在惠东县；阳江市的江城区和阳西县各有1宗污水排放用海，海域使用面积分别为174.76 hm²和13.25 hm²；此外，污水排放用海较多的沿海城市还有中山（2宗）、广州（3宗）和汕尾（3宗），用海总面积分别为161.57 hm²、160.37 hm²和140.73 hm²；在所调查的用海中，除潮州、茂名和湛江没有污水排放用海之外，其余涉海城市在污水排放方面的海域使用面积均介于10~50 hm²之间。

13.1.4.7　围海造地用海

围海造地用海是指在沿海筑堤围割滩涂和港湾并填成土地的工程用海，包括港口建设用海、城镇建设用海和围垦用海。根据本项目的海域使用基础调查，广东省的围海造地用海共有41宗，用海面积约11 067.60 hm²，占全省各类海域使用总面积的1.29%（图13.1）。

围垦用海是围海造地用海中的主要用海类型，占该一级类用海的45.89%；港口建设用海次之，占37.21%；城镇建设用海占16.90%（图13.13）。比较特殊的是，这3种二级类用海均以珠海为最多，因此珠海的围海造地用海占了全省所调查的围海造地用海面积的63.28%，面积达7 003.45 hm²。

在全省围海造地用海中，只有4宗属于围垦用海，但其海域使用面积比较大，达5 079.23 hm²。其中珠海有2宗、江门新会区和汕头各1宗，用海面积分别为3 486.62 hm²、1 491.59 hm²和101.01 hm²；珠海的围垦用海占了该类用海面积的68.64%（图13.14）。

全省港口建设用海共有20宗，用海面积4 118.23 hm²。珠海的港口建设用海有7宗，用海面积约2 020.31 hm²，占了全省该类用海的近1/2。本次调查结果显示，省内第二大港口建设用海的城市是汕头，有2宗，面积1 209.04 hm²；深圳次之，为2宗，用海面积约453.67 hm²；汕尾市区（含红海湾）有3宗，面积245.14 hm²；其他涉及港口建设用海的城市还有揭阳、湛江和惠州，分别是惠来1宗、湛江市区2宗、雷州2宗、惠阳1宗，用海面

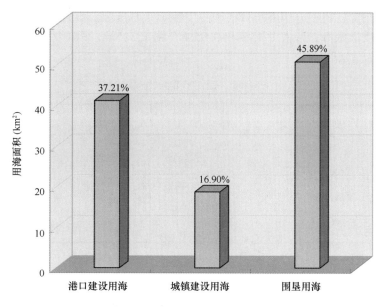

图 13.13　各类围海造地用海比例

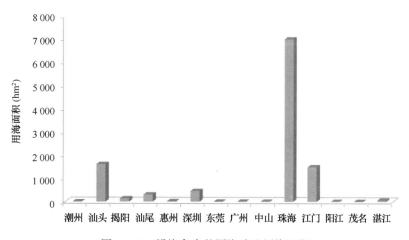

图 13.14　沿海各市的围海造地用海面积

积依次为 131.82 hm²、29.55 hm²、27.52 hm² 和 1.17 hm²。

城镇建设用海有 17 宗，海域使用面积共 1 870.15 hm²，只分布在汕头、汕尾、惠州和珠海。其中，珠海的城镇建设用海就有 9 宗，面积达 1 496.52 hm²，占了全省该类用海面积的 80.02%；其次是汕头，有 3 宗，用海面积 307.60 hm²；汕尾只在市区有 1 宗，用海面积约 57.77 hm²；惠州市惠阳区有 4 宗，但用海面积仅 8.26 hm²。

13.1.4.8　特殊用海

特殊用海指用于科研教学、军事、自然保护区、海岸防护工程等用途的海域，主要包括科研教学用海、军事设施用海、保护区用海和海岸防护工程用海。在全省所调查的 14 810 宗用海中，特殊用海共 239 宗，用海面积多达 442 200.17 hm²，是广东省海域使用面积最大的一级类用海，占全省用海面积的 51.70%（图 13.1），多分布在粤东和粤西。

全省特殊用海中，保护区用海是特殊用海中最主要的类型，占 97.90%；其次是海岸防护工程用海和科研教学用海，各占 1.15% 和 0.95%（图 13.15）；军事设施用海面积最少，调查数据显示全省只有 6.61 hm²。

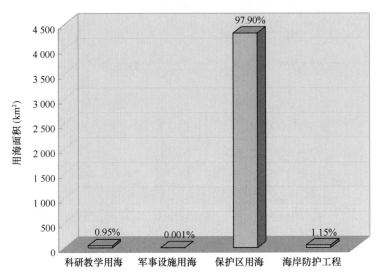

图 13.15 各类特殊用海比例

全省保护区用海共 76 宗，用海面积为 432 901.19 hm²。全省的涉海地区除了东莞外，其余地区均有保护区用海，其中以汕尾最多，其次是湛江、汕头、珠海和阳江。汕尾保护区用海有 3 宗，分别是陆丰 1 宗、汕尾市区（含红海湾）2 宗，用海面积依次为 73 315.96 hm² 和 105 366.76 hm²，两者共占全省保护区海域使用面积的 41.28%。湛江的保护区用海有 24 宗，海域使用面积共 108 532.42 hm²，约占全省保护区用海面积的 25.07%。汕头的保护区用海有 6 宗，面积为 57 162.12 hm²，占全省该类用海面积的 13.20%。珠海的保护区用海有 5 宗，面积 31 031.59 hm²，约占全省该类用海的 7.17%。阳江的保护区用海共 13 宗，海域使用面积共 28 439.28 hm²，约占全省保护区用海面积的 6.57%。除此之外，其余涉海地区特别是"珠三角"沿海的保护区用海都相对较少，主要是潮州 3 宗、揭阳 3 宗、惠州 4 宗、深圳 1 宗、广州 3 宗、中山 3 宗、江门 3 宗以及茂名 5 宗，用海面积共 29 053.06 hm²，这 8 个地区的保护区用海只占了全省该类用海面积的 6.71%（图 13.16）。

相对于保护区用海，海岸保护工程、科研教学和军事设施这 3 类用海所占的比例都非常小。调查结果显示，全省海岸保护工程用海共有 126 宗，用海面积约 5 082.40 hm²，分布比较均匀；但以江门和广州用海面积最大，分别为 848.33 hm² 和 846.13 hm²；深圳、揭阳和潮州的海岸保护工程用海最少，面积分别为 52.72 hm²、66.93 hm² 和 83.84 hm²；其余沿海城市的海岸保护工程用海面积均在 180 hm² 以上。

13.1.4.9 其他涉海陆域利用状况

除以上 8 个一级类用海以外，广东省海域使用中还有 2 宗其他用海，均隶属于湛江市，其中吴川和雷州各 1 宗，但用海面积都不大，分别为 47 m² 和 271 m²。

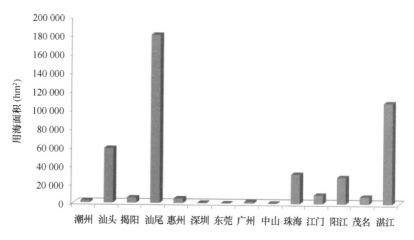

图 13.16　沿海各市的特殊用海面积

13.1.5　海域使用与海洋功能区划的符合性分析

13.1.5.1　渔业用海

全省渔业用海中，由于围海养殖、设施养殖和底播养殖 3 种类型的用海分布广、宗数多，因此不符合《广东省海洋功能区划》的也比较多，3 类用海分别有 1 219 宗、1 044 宗和 365 宗，所占海域面积分别为 6 585.66 hm²、3 407.76 hm² 和 9 591.27 hm²；不在功能区划范围内的围海养殖、设施养殖和底播养殖则分别有 2 337 宗、225 宗和 62 宗，占用海域面积为 20 012.91 hm²、406.92 hm² 和 3 222.00 hm²。湛江、阳江、江门和珠海的养殖用海比较多，除了江门外，其他 3 个地区不符合功能区划或不在功能区划范围内的渔业用海也比较多。

要特别指出的是，珠海的工厂化养殖最多，有 67 宗，用海面积 3 284.81 hm²，但全都不符合海洋功能区划。全省不符合海洋功能区划的渔港在广州有 1 宗，面积为 2.61 hm²；在湛江徐闻有 3 宗，面积约 46.35 hm²。不符合海洋功能区划的渔船修造用海只在徐闻有 1 宗，面积约 0.97 hm²。

13.1.5.2　交通运输用海

全省交通运输用海中，296 宗港口工程用海中有 18 宗不符合《广东省海洋功能区划》，用海面积约 40.00 hm²，其中汕头 1 宗、汕尾 4 宗（汕尾市区 3 宗、海丰 1 宗）、惠州 2 宗、东莞 2 宗、广州 5 宗、江门 4 宗（台山和恩平各 2 宗）；不在功能区划范围内的港口工程用海有 12 宗，分别是广州 11 宗、江门新会 1 宗，面积共约 1.71 hm²。

全省港池用海有 9 宗不符合海洋功能区划，分别是汕尾 3 宗（汕尾市区 2 宗、海丰 1 宗）、东莞 4 宗、广州和湛江雷州各 1 宗，用海面积共 173.48 hm²；不在功能区划范围内的港池用海广州有 17 宗，面积 10.19 hm²，新会 1 宗，面积 1.20 hm²。

全省锚地用海只在雷州有 1 宗不符合海洋功能区划，面积约 94.44 hm²。路桥用海全部符合《广东省海洋功能区划》。

13.1.5.3 工矿用海

广东省已有的两类工矿用海中，油气开采用海均符合《广东省海洋功能区划》；而临海工业用海中，不在海洋功能区划范围内的共有5宗。其中广州4宗，面积3.90 hm^2；新会1宗，面积1.59 hm^2。

13.1.5.4 旅游娱乐用海

全省旅游娱乐用海与广东省海洋功能区划对比显示，只在湛江吴川和徐闻各有1宗海水娱乐用海不符合功能区划要求，其海域使用面积分别是10.76 hm^{2}和5.60 hm^2。不符合海洋功能区划的旅游基础设施用海深圳有2宗，共占用海域面积达39.98 hm^2；珠海1宗，面积为1.23 hm^2；徐闻2宗，面积共3.38 hm^2。不符合海洋功能区划海水浴场只在惠州市惠东县1宗，用海面积约24.84 hm^2。

13.1.5.5 海底工程用海

全省海底工程用海只有一类为电缆管道用海共34宗，只在湛江市徐闻县存在2宗电缆管道用海不符合《广东省海洋功能区划》，用海面积共约48.17 hm^2。

13.1.5.6 排污倾倒用海

本次调查结果显示，广东省排污倾倒用海绝大部分符合《广东省海洋功能区划》，仅在江门台山存在1宗废物倾倒用海不符合功能区划，但其海域使用面积不大，只有1.56 hm^2。

13.1.5.7 围海造地用海

全省围海造地用海中，不存在不符合广东海洋功能区划的围垦用海及城镇建设用海；港口建设用海则在湛江雷州有2宗不符合海洋功能区划要求，面积共约27.52 hm^2；另外在珠海存在1宗不在功能区划范围内的港口建设用海，海域使用面积约9.85 hm^2。

13.1.5.8 特殊用海

在本次调查的各宗特殊用海中，除广州存在1宗海岸保护工程用海不符合海洋功能区划要求以外，其余均与《广东省海洋功能区划》相符，但该宗用海的海域使用面积不大，约为4.76 hm^2。

13.2 海域使用空间布局

13.2.1 总体特点

从岸线利用的区域分布来看，深圳、广州、东莞等"珠三角"沿海的岸线利用率最高，目前已进入岸线资源紧张状态。粤东、粤西两翼岸线资源开发程度相对较低，利用率介于20%～30%之间。

"珠三角"沿海地区占用岸线的用海类型以交通运输用海、旅游娱乐用海及渔业用海为主，重点发展临港工业、港口、海洋渔业和滨海旅游，其中渔业用海主要集中在珠海的崖门和磨刀门沿岸，并且多为池塘养殖。粤东、粤西沿海地区占用岸线的用海类型以特殊用海和渔业用海为主，特殊用海类型中的海岸防护工程用海是全省占用岸线最多的二级类用海，其次是保护区用海。粤东以汕头经济特区为中心，重点发展海洋渔业、港口航运、滨海旅游和保护区。粤西以湛江为中心，重点发展港口航运、海洋渔业、滨海旅游和能源工业。

全省的渔业用海主要分布在经济较为落后的粤西沿海，并集中在海岸线比较长的湛江；港口工程、航道等用海主要分布在以"珠三角"为中心的沿海经济发达地区；旅游娱乐用海集中分布在交通便利、文化特色较浓厚、开发程度较高的粤中和粤东沿海；作为全省用海面积最广的保护区用海主要集中分布在资源丰富的粤东沿海，其次是开发程度相对较低的粤西沿海。

13.2.2 海岸线利用

广东省是我国大陆海岸线最长的省份，根据本次调查统计的结果，全省实算岸线总长度为 4 114 km，其中已被利用的岸线长度为 1 414.19 km，占海岸线总长度的 35.32%。在各种一级类用海中，特殊用海、渔业用海、旅游娱乐用海和交通运输用海是占用海岸线的主要用海类型，与其占用海域面积的情况基本一致。其中，特殊用海占用岸线最长，为607.40 km，占全省已利用岸线长度的 42.95%，为全省岸线总长度 15.17%（表13.3）；渔业用海利用岸线460.21 km，占全省已利用岸线长度的 32.54%，为全省岸线总长的 11.49%；旅游娱乐用海利用岸线 128.15 km，为全省岸线总长的 3.20%；交通运输用海利用岸线100.74 km，为全省岸线总长的 2.52%；围海造地用海利用岸线 47.92 km，为全省岸线总长的 1.20%；其余 3 类用海的岸线利用长度占全省岸线总长的百分比均低于 1%。因此，特殊岸线和渔业岸线是广东省最主要的岸线利用类型，两者之和占了全省已开发利用岸线总长的 3/4。

表 13.3 广东省海岸线利用现状统计

用海类型	渔业用海	交通运输用海	工矿用海	旅游娱乐用海	排污倾倒用海	围海造地用海	特殊用海	其他用海
长度（km）	460.21	100.74	34.25	128.15	23.78	47.92	607.40	11.74
占已利用岸线长度百分比（%）	32.54	7.12	2.42	9.06	1.68	3.39	42.95	0.83
占全省岸线总长度百分比（%）	11.49	2.52	0.86	3.20	0.59	1.20	15.17	0.29

13.3 海域使用金征收

13.3.1 征收标准

财政部和国家海洋局于 2007 年联合发布了《财政部、国家海洋局关于加强海域使用金征收管理的通知》（财综〔2007〕10 号），在全国统一了海域使用金的征收标准。在该通知的起草和制定过程中，财政部和国家海洋局参考了各地经济发展状况、用海类型、用海需求状况、对海域生态环境所造成的影响程度、海域周边土地价格以及海域使用金原有征收标准等因素，研究制定了《海域等别》、《海域使用金征收标准》及《用海类型界定》等附件。《海域等别》将全国沿海223个县（市、区）海域综合划分6个等别。其中，广东省全省海域均在前5等，具体划分如下。

一等：广州市（番禺区、黄埔区、萝岗区、南沙区）、深圳市（宝安区、福田区、龙岗区、南山区、盐田区）。

二等：东莞市、汕头市（潮阳区、澄海区、濠江区、金平区、龙湖区）、中山市、珠海市（斗门区、金湾区、香洲区）。

三等：惠东县、惠州市惠阳区、江门市新会区、茂名市茂港区、汕头市潮南区、湛江市（赤坎区、麻章区、坡头区、霞山区）。

四等：恩平市、南澳县、汕尾城区、台山市、阳江市城区。

五等：电白县、海丰县、惠来县、揭东县、雷州市、廉江市、陆丰市、饶平县、遂溪县、吴川市、徐闻县、阳东县、阳西县。

《用海类型界定》根据用海方式，将海域划分为填海造地用海、构筑物用海、围海用海、开放式用海、其他用海5大类，各大类中又进一步划分为不同的亚类。《海域使用金征收标准》确定了不同海域等别、不同用海类型的海域使用金征收标准（表13.4）。《财政部、国家海洋局关于加强海域使用金征收管理的通知》（财综〔2007〕10号）（以下简称《通知》）自2007年3月1日起已正式施行，并要求沿海各省（自治区、直辖市）必须严格执行，因此目前广东省的海域使用金按该《通知》中的相关规定和标准进行征收。

由于沿海各地农业填海造地用海、盐业用海、养殖用海具体情况不同，地区差异大，《通知》中规定这些用海类型的海域使用金征收标准暂由沿海各省、区、市财政部门和海洋行政主管部门制定。广东省财政厅和广东省海洋与渔业局结合广东省实际情况，于2007年10月发布了《广东省农业填海造地等用海海域使用金征收标准的通知》，该通知制定了广东省农业填海造地用海、盐业用海、养殖用海海域使用金的征收标准，详细见表13.5。

表13.4　自2007年3月1日起施行的全国统一的海域使用金征收标准　单位：万元/hm²

海域等别 用海类型		一等	二等	三等	四等	五等	六等	征收方式
填海造地用海	建设填海造地用海	180	135	105	75	45	30	一次性征收
	农业填海造地用海	暂由各省（自治区、直辖市）制定						
	废弃物处置填海造地用海	195	150	120	90	60	37.5	
构筑物用海	非透水构筑物用海	150	120	90	60	45	30	
	跨海桥梁、海底隧道等用海			11.25				
	透水构筑物用海	3	2.55	2.10	1.65	1.20	0.75	
围海用海	港池、蓄水等用海	0.75	0.60	0.45	0.30	0.21	0.15	按年度征收
	盐业用海	暂由各省（自治区、直辖市）制定						
	围海养殖用海	暂由各省（自治区、直辖市）制定						
开放式用海	开放式养殖用海	暂由各省（自治区、直辖市）制定						
	浴场用海	0.45	0.36	0.30	0.21	0.15	0.06	
	游乐场用海	2.25	1.65	1.20	0.81	0.51	0.30	
	专用航道、锚地等用海	0.21	0.18	0.12	0.09	0.06	0.03	

续表13.4

海域等别 用海类型		一等	二等	三等		四等	五等	六等	征收 方式
其他 用海	人工岛式油气开采用海			9					按年 度征 收
	平台式油气开采用海			4.50					
	海底电缆管道用海			0.45					
	海砂等矿产开采用海			4.50					
	取、排水口用海			0.45					
	污水达标排放用海			0.90					

13.3.2　征收范围

在《中华人民共和国海域使用管理法》的基础上制定的《广东省海域使用金征收使用管理暂行办法》，于 2005 年 10 月 12 日起实施，该办法明确规定，凡使用广东省某一固定海域从事排他性开发利用活动 3 个月以上的单位和个人，必须按核准的海域使用权面积和使用年限缴纳海域使用金，海域使用金包括海域使用权出让金、海域使用权转让金和海域租金。海域使用者经审批机关批准获得海域使用权时，应缴纳海域使用权出让金。海域使用权人将原审批机关批准后的海域使用权转让或出租时，应缴纳海域使用权转让金或海域租金。文件中列出海域使用金的征收范围，包括免缴海域使用金的用海。在 2006 年，由财政部、国家海洋局联合颁布的《海域使用金减免管理办法》（财综〔2006〕24 号），对申请减免海域使用金的用海作了一些修改。其中，免缴海域使用金的有下列用海。

表 13.5　自 2007 年 10 月 28 日起执行的广东省农业填海造地用海、
盐业用海、养殖用海海域使用金征收标准　　　　　单位：万元/ hm²

海域等级 用海类型		一等	二等	三等	四等	五等	征收方式
农业填海造地用海		150	120	90	60	36	一次性征收
盐业用海		0.4500	0.4125	0.3750	0.5250	0.3000	按年 征收
围海养殖用海		0.7500	0.3750	0.6000	0.5250	0.4500	
开放式 养殖 用海	滩涂	0.2250	01950	0.1650	0.1350	0.1050	
	底播	0.2250	01950	0.1650	0.1350	0.1050	
	筏式	0.4500	0.3825	0.3150	0.2475	0.1800	
	桩架式	0.4500	0.3825	0.3150	0.2475	0.1800	
	网箱	0.8100	0.7575	0.7050	0.6525	0.6000	

说明：1. 滩涂、底播养殖以实际养殖面积计征；

2. 筏式、桩架式养殖以占用海域的面积计征；

3. 网箱养殖以 120 m² 计占用水面 1 亩，1 hm² 水面相当于 120×15＝1 800 m² 网箱计征。

（1）军事用海。

（2）用于政府行政管理目的的公务船舶专用码头用海，包括公安边防、海关、交通港航公安、海事、海监、出入境检验检疫、环境监测、渔政、渔监等公务船舶专用码头用海。

（3）航道、避风（避难）锚地、航标、由政府还贷的跨海桥梁及海底隧道等非经营性交通基础设施用海。

（4）教学、科研、防灾减灾、海难搜救打捞、渔港等非经营性公益事业用海。

另外，按照国务院财政部门和国务院海洋行政主管部门的规定，经有批准权的人民政府财政部门和海洋行政主管部门审查批准，在一定期限内可以减缴或免缴海域使用金的有下列用海。

（1）除避风（避难）以外的其他锚地、出入海通道等公用设施用海。

（2）列入国家发展和改革委员会公布的国家重点建设项目名单的项目用海。

（3）遭受自然灾害或者意外事故，经核实经济损失达正常收益 60%以上的养殖用海。

符合以上免缴或减缴条件的，属于省、市、县人民政府批准的项目用海，由海域使用权人向项目用海所在地海洋行政主管部门提出申请，经会同财政部门审核后，报省财政部门会同省海洋行政主管部门批准；如属于国务院批准的项目用海以及上缴中央国库的海域使用金，则由省财政部门和海洋行政主管部门联合报财政部、国家海洋局批准；养殖用海的海域使用金减免由审批养殖用海的地方人民政府财政部门会同海洋行政主管部门批准。

13.3.3 征收现状

在广东省 908 专项办的协助下，沿海各市、县（区）海洋与渔业部门填写并上报了海域使用金征收现状调查表（即海域使用现状调查技术规程附表 H），该表填报的数据包含了各市县自 2005 年以来每年各类用海（渔业用海、交通运输用海、工矿用海、旅游娱乐用海、海底工程用海、围海造地用海）的海域使用金征收金额。根据提交的表格，除惠州、深圳、广州 3 个沿海地级市未提供相关资料，以及揭阳提交的现状调查表未填写具体征收数额以外，沿海其他市县上报的数据可能也存在不详尽的情况，因此收集所获得的数据具有不完整性。但是，利用这些数据进行不完全统计，仍可初步获得如下广东省 2005—2008 年广东沿海各市县每年的海域使用金征收概况（表 13.6 和表 13.7）。

表 13.6 广东省沿海各市县年度海域使用金征收金额情况　　　　单位：万元

城市	年度海域使用金征收金额			
	2005 年	2006 年	2007 年	2008 年
潮州	5.85	6.39	12.42	16.90
汕头	15.38	41.32	189.18	172.20
汕尾	1.23	0.71	2.53	1.85
东莞	6.44	8.79	71.67	207.92
中山	4.43	4.43	3.18	4.59
珠海	6.63	7.40	40.91	92.06
江门	142.50	93.93	145.88	170.15
阳江	48.29	50.68	23.37	32.51
茂名	15.52	32.06	109.42	306.09
湛江	3.19	51.53	34.29	148.49
合计	249.47	297.24	632.95	1152.76

表 13.7　各用海类型年度海域使用金征收金额情况　　　　　　单位：万元

用海类型	年度海域使用金征收金额			
	2005 年	2006 年	2007 年	2008 年
渔业用海	156.27	147.39	157.97	201.66
交通运输用海	37.45	77.59	347.41	605.62
工矿用海	0.52	0.54	0.54	5.20
旅游娱乐用海	48.09	34.23	19.29	25.10
海底工程用海	7.14	37.49	107.74	110.25
围海造地用海	—	—	—	195
排污倾倒用海	—	—	—	9.93
合计	249.47	297.24	632.95	1152.76

说明："—"表示当年该类用海无海域使用金征收。

通过对调查所得的海域使用金征收情况分析，广东省沿海各市县的海域使用金征收金额普遍呈逐年递增趋势，各种用海类型所征收的海域使用金数额也表现逐年增加的情况。从征收情况表可以看到，2007 年和 2008 年的海域使用金征收数额比 2005 年和 2006 年的数额高，在某些城市还呈现出倍增情况，例如汕头、东莞、珠海和茂名在 2007 年和 2008 年的征收所得金额比 2005 年和 2006 年的征收所得金额增加了 2 倍以上，特别在茂名，2008 年所征收得到的数额为 306.9 万元，约为 2007 年所得数额的 3 倍、2006 年所得数额的 10 倍。在各类用海类型中，交通运输用海和海底工程用海的海域使用金征收所得金额增长最为明显，交通运输用海从 2005 年、2006 年的 37.45 万元和 77.59 万元增长至 2007 年、2008 年的 157.97 万元和 605.62 万元，增幅达 100%以上，而 2008 年征收所得的数额更将近为 2007 年的 4 倍。这除了与海域使用金征收管理工作的逐渐加强有关以外，也与海域加大开发和利用有关。

统计结果同时也显示，各市征收的海域使用金金额差异较大，其中粤西沿海是全省海域使用金征收金额相对比较多的地区。但这种征收现状与各地区的用海面积大小、海域等级等情况不相一致，可能与各地方的海域使用金征收强度和用海项目类型有关。同时与沿海各市县海洋与渔业部门上报数据的完整性也有很大关系，因为各地方特别是粤东地区上报的数据明显偏小，应为不完整的统计数据。尽管这些数据统计不完全，但通过各年的数据对比，基本能反映出当前广东省海域使用金征收的趋势。

另外，根据广东省海洋与渔业局提供的海域使用管理现状数据，截至 2008 年全省累计征收海域使用金 172 021.07 万元，确权海域面积 100 154.72 hm²，发放海域使用权证书 5 253 本。其中，围海造地用海（城镇建设用海、围垦用海及工程项目用海）征收的金额就高达 137 141.86 万元，占了全省各类用海累计征收总金额的 79.72%，该类用海在 2008 年全年征收的金额达 79 487.08 万元。其次，累计征收海域使用金较多的用海是其他用海和交通运输用海，累计征收金额分别为 13 486.65 万元和 11 851.93 万元，占全省各类用海累计征收总额的 7.84%和 6.89%。渔业用海发放的海域使用权证书虽然在各类用海中居首位，其确权的海域使用面积也最多，但是渔业用海累计征收的使用金只有 3 417.23 万元，占全省累计征收总额的 0.46%。旅游娱乐用海累计征收的使用金最少，为 435.08 万元，只占全省累计征收总额的 0.25%。

13.3.4 效果分析

根据近几年国家公布的海域使用管理公报，广东省近几年的海域使用权书发放、确权海域使用面积以及征收海域使用金金额情况如表13.8所示。从表中可以看到，海域使用权证书的发放数量、确权海域使用面积和海域使用金的征收金额数从2007年开始高速增长。

表 13.8　广东省近几年的海域使用管理情况

年份	累计发放海域使用权证书（本）	累计确权海域使用面积（hm²）	累计征收海域使用金金额（万元）
2005	2 343	62 896.09	8 388.03
2006	2 765	67 977.33	10 520.43
2007	3 889	95 758.47	87 393.58
2008	5 253	100 154.72	172 021.07

根据本次调查，对沿海各市县（区）上报的海域使用金征收数据进行整理，得出如下统计表（表13.9）。该表的数据反映了各地区2008年海域使用金征收效果。数据反映出广东省大部分沿海地区实际征收的海域使用金都偏低，实际征收数额小于应征收数额，归纳起来主要体现在以下几点。

表 13.9　沿海各市县海域使用金征收效果统计

地区		确权个数（个）	确权面积（亩）	海域使用金征收标准（元/亩）	应征收海域使用金（元/亩）	实际征收海域使用金（元/亩）	实际征收比例
潮州		120	22 908.8				
汕头	汕头市	154	83 665			按标准	100%
	濠江区	30	6 927.757 5				
	澄海区	44	23 378	10	10	10	100%
	潮阳区	17	4 236.671				养殖12%，其他100%
	潮南区	8	3 980.562 5				渔港0%，其他50%
揭阳		63	4 192.96		国家征收或免收		
汕尾	海丰	2	160.77		24	24	
	陆丰	166	1 781.465 5				
中山		10	16 500.597 5	130～1 700	130～1700	6～10	0.59%～4.6%
珠海		6	30.32	120～7 500	120～7 500	120～7 500	100%
东莞		47	15 615.92	5～400	5～400	5～400	100%
江门	台山	198	118 280.405	10～55	10～55	10～55	80%～100%
	恩平	6	336.36	60～350	60～350	8～60	5.7%～100%

续表 13.9

地区		确权个数（个）	确权面积（亩）	海域使用金征收标准（元/亩）	应征收海域使用金（元/亩）	实际征收海域使用金（元/亩）	实际征收比例
阳江	阳江市	500	88 870.62	70~800	70~800	4~800	3%~100%
	江城区	96	43 432.28			10	
	海陵岛	51	2 827.5	80~435	80~435	15~80	底播 17%，网箱 5%，浴场 65%；航道 100%
	阳东	57	12101	70~400	70~400	3~120	修造船 50%，围海养殖 1%，底播 6%，筏式 13%，网箱 30%，浴场 28%
	阳西	296	30509.835	40~800	40~800	10~800	21%~100%
茂名	茂名市	114	22 354.535	70~800	70~800		23%~100%
	电白	111	18 140.25	70~340	70~340		23%~26%
	茂港区	12	279.04	200~70 000	200~70 000	200~70 000	100%
湛江	湛江市	7	3 588.970 5	50~7 500	50~7 500		30%~100%
	坡头区	22	3724	50	50	10	20%

（1）地方征收标准低于广东省或国家规定的征收标准。部分市县有自己的征收标准，与广东省或国家规定的征收标准不一致，特别是渔业用海，不少地区的征收标准远远低于省规定的标准。如 2007 年 3 月 1 日起施行的国家统一的海域使用金征收标准中规定广东省最低等别的各类用海的征收价格均不低于 40 元/亩，2008 年 10 月 28 日起施行的广东省盐业用海和养殖用海的征收价格最低也不低于 70 元/亩，而汕头澄海的围海养殖用海海域使用金征收标准只为 10 元/亩，汕尾陆丰的港池等围海用海和航道等不改变海域自然属性用海的海域使用金征收标准更是低至 6.5 元/亩和 5 元/亩，东莞和台山的不改变海域自然属性用海的海域使用金征收标准也分别为 5 元/亩和 10 元/亩。这种地方征收标准与省或国家规定标准之间的较大差额必然会导致海域使用金的大量流失。

（2）地方部门未按广东省或国家规定的征收标准进行征收。部分市县有明确的海域使用金征收标准，并且与广东省或国家规定的征收标准一致，但实际征收价格却低于征收标准。如汕头潮阳的筏式养殖和底播养殖的征收标准分别为 255 元/亩和 130 元/亩，实际征收时按 30 元/亩和 15 元/亩的价格进行征收；中山市的围海用海和取水口、排水口等用海的征收标准为 130 元/亩和 300 元/亩，实际征收价格只有 6 元/亩和 10 元/亩；江门恩平的港池、养殖等围海用海的海域使用金征收标准为 350 元/亩，实际征收价格只有 20 元/亩；阳江海陵岛的网箱养殖征收标准应为 435 元/亩，实际征收价格只收 25 元/亩；阳东县的围海养殖征收标准为 300 元/亩，实际征收价格为 3 元/亩，实际征收比例只有 1%。因此，实际征收价格远低于征收标准使得实际征收比例非常小，也导致了海域使用金的严重流失。

（3）按广东省或国家规定的标准进行征收，但实际征收比例小。部分市县的海域使用金征收标准符合广东省或国家规定，但往往会因各种因素（如用海权人不配合工作、故意拖欠海域使用金等情况）而造成实际征收所得的使用金数额却与应征收数额不一致。如台山的港池、养殖等围海用海应征收海域使用金数额为 79.83 万元，实际征收数额为 63.87 万元；电白县的渔业用海应征收海域使用金 91.83 万元，实际征收只有 21.38 万元。

（4）已经确权的各类用海面积比实际用海面积小。部分市县的各类用海可能仍未全面确权，即存在未确权的用海，需要交纳海域使用金的用海如果仍未进行确权也会导致海域使用金的流失。

13.3.5　发展趋势

海域有偿使用已经实践了十几年，在这个过程中，海域使用管理的各种规定、措施不断改变，海域使用金的征管工作也随之调整，海域有偿使用管理体系逐步得以完善，向规范化、科学化的方向发展。纵观广东省海域使用金征管情况，其发展趋势主要是征管工作不断加强、海域分等定级合理、海域使用金征收标准提高，海域有偿使用的多年实践也使依法用海的意识逐渐加深。

（1）海域有偿使用管理将进一步加强。海域有偿使用制度是《海域使用管理法》的三项基本制度之一，也是法律赋予财政部和国家海洋局的重要职责。在过去，海域使用金管理的执行依据主要是 1993 年财政部和国家海洋局联合颁布的《国家海域使用管理暂行规定》，但是沿海各地管理规定和征收标准的差异阻碍了海域使用金征收管理工作向前推进。为此，财政部会同国家海洋局多次到沿海地区开展海域使用金征收管理专题调研，在此基础上起草了《关于加强海域使用金征收管理的通知》，并于 2007 年初颁布和实施。该通知将全国海域进行综合划分和制定全国统一的海域使用金征收标准，提高了海域资源配置效率，确保了海域资源性资产保值增值，海域有偿使用也实现了真正的全国规范化管理。随着海洋经济的快速发展，海域有偿使用的相关规定可能会面临新的问题、新的矛盾，这将促使海域使用金征管措施的变更，总之海域有偿使用管理的各项工作正朝着规范而有序的方向不断发展。

（2）海域使用金征收标准不断提高。从海域有偿使用正式实施至今，广东省的海域使用金征收标准已做了多次修改。对比 1998 年 4 月 1 日起实施的征收标准和 2005 年 10 月 12 日起实施的征收标准，农业及非农业围填海、开采海砂与矿砂用海的海域使用金征收标准有较大幅度的提高，其余用海的征收标准涨幅不大或基本维持不变。但是，自我国开始实行最严格的土地管理政策，特别是严格控制新增建设用地后，沿海各地逐渐把目光转向了填海造地，因此填海造地活动呈现速度快、面积大、范围广的发展态势，不仅乱占滥用了有限的岸线和海域资源，而且对毗邻海域资源环境造成严重破坏。为了宏观调控填海造地活动，2007 年开始实施的新征收标准中，大幅度提高了填海造地用海的海域使用金征收标准，而且其他用海的征收标准也有较大幅度的提高。与此同时，规定任何地区、部门和单位都不得以"招商引资"的名义违规越权减免海域使用金，海域使用权招标拍卖的底价也不能低于海域使用金金额。由于海洋资源有限，而海洋经济的发展将促使用海需求进一步扩大，海域使用金的征收力度也将加大。

（3）海域有偿使用意识将深入人心。由于海域使用管理是一项新的工作，开展时间不长，社会上仍有很多人不了解。甚至在海域有偿使用制度实施的初期阶段，大部分海域使用者认为海域使用金的征收是一项不合理的规定。在《海域法》颁布后，广东省海洋与渔业局采取各种形式进行大量的、全面的、多层次的宣传，并先后组织多次大型的海域法宣传活动和海域使用管理培训班。这些宣传和培训活动的开展，增强了干部群众的海洋国土意识，提高了社会各界特别是各级领导对海域使用管理工作重要意义的认识，改变了广大用海者特别是渔民的传统用海观念，使"海域属国有、用海要批准"的法律意识深入人心。随着海域使用管理的加强，海域有偿使用的观念将进一步确立，今后人人依法用海，海域管理也越来越顺利。

13.4　海域使用存在问题

13.4.1　海域使用布局不尽合理

广东省海域使用无论在沿海岸线方向上还是在垂直海岸线方向上都呈不均衡分布。在沿海岸线方向上，海域开发和利用程度比较高的主要集中在经济较为发达的大中城市，如珠江口区域、汕头近岸、湛江港近岸等。特别是在珠江口区域，海域使用程度早已超过其资源和环境承载力，该区域附近海域海水污染程度和污染面积逐年增加，生态环境恶化，海域荒漠化呈蔓延趋势，许多大型项目用海逐渐向东部和西部规划。在垂直海岸线方向上，海域使用空间发布呈近岸海域使用率高、远岸海域使用率低的趋势。随着海洋经济的不断发展，各行业对近岸海域的需求量逐渐增大，以内湾、沿岸为主的海域开发进度不断加快，如旅游、海水养殖（除底播）、港口、临海工业等海域使用类型主要集中于近岸 $0 \sim 5$ m 等深线海域内，导致海域供求矛盾及各行业之间用海矛盾日益突出，但外部深水海域开发进程相对缓慢，形成内部与外部、浅水与深水海域开发不平衡的弊端。

13.4.2　海域开发与保护脱节

近 10 多年来，广东省沿海增养殖业发展速度越来越快，增养殖业逐渐成为了海洋渔业的支柱。但是，由于部分地区缺乏统一规划和监督管理，随着增养殖业规模和养殖密度的不断扩大，使当地海洋生态环境遭到了很大的破坏。如饶平柘林湾、南澳深澳湾、珠海桂山湾、茂名水东湾、湛江雷州湾、流沙湾等养殖密度都比较高，湾内及附近海域海水质量严重下降，水体富营养化，有害赤潮频繁发生。

高位池养殖的无度开发过快加上缺乏有效的规划和管理，使一些地方的海岸景观受到不同程度的破坏，海滩上到处是废水排放沟、排放管，污水横流，海水浑浊，空气被污染，破坏了当地的旅游资源，甚至使部分地区的防护林被毁，生态环境遭受破坏，有的地方甚至因此出现赤潮。

随着项目用海的增多和规模的扩大，海洋生态环境也遭到严重破坏，特别是电力、造船、石化工业等项目用海带来的影响。如大亚湾因大型建设造成的岸线变化、耕地湿地减少和陆源物质大量输入等原因，目前海洋生态环境已严重退化，近年出现了石珊瑚白化现象，澳头港附近水域多次发生赤潮。

13.4.3　海域有偿使用制度亟待完善

长期以来，在海域使用管理中一直存在分散、多头管理体制。海域使用管理权限分属交通、水产、环保、海关等 10 多个部门，僧多粥少、机构重叠、政出多门、决策程序分散。由于缺乏统筹协调机制，各部门分别制定和使用海域使用规划，各行其是、各自为政，缺乏海洋综合管理部门，海域使用中矛盾日益突出，与当前海域使用逐步复杂化和多样化的趋势背道而驰。

13.4.4　海域使用统筹规划亟须加强

由于管理部门之间权限不清，体现在管理区域、管理范围、管理对象无据可依。实际业务中，往往从本地区、本行业、本部门的局部利益出发，缺乏全局性的协调发展。一些海域使用管理部门不遵守自然规律，缺少科学论证，急功近利，缺乏总体开发规划，海域使用不依托海域的自然条件、使用现状和对其未来发展趋势的科学分析，没有全局观和持续发展观，海域使用随意性大，从而使海洋资源衰退、海域使用综合利用效益降低。

13.4.5　海域使用权属管理有待提高

海域使用管理体制的分散导致管理部门之间的权限不清，使得海域使用权属的管理不协调。这个问题比较集中地体现在滩涂的海陆界线方面，造成这一问题的主要原因之一是海陆"实际"界线难以确定。虽然《海域法》明确规定了"海岸线"，但海陆界线的划分操作起来仍比较困难。不同的管理部门为了争夺管理权出现利益冲突，影响海域使用管理的可操作性。又如在当前海域管理中，对滩涂的管理，有的地方是同一部门，有的地方是多个部门，管理部门之间权限不清，表现在管理区域、管理范围、管理对象无据可依。

13.5　小结

1）海域使用类型基本齐全

依据《海籍调查规程》的分类方法，海域使用类型分为9个一级类和31个二级类。本次海域使用现状调查成果表明，广东省的海域使用类型包含了各个一级类，覆盖率为100%。在31个二级类中，除了海底隧道用海和海底仓库用海以外，广东省的海域使用类型包含了其他29个二级类用海，覆盖率为87.10%。因此，广东省的海域使用类型比较齐全，基本覆盖了一级类和二级类中的各种用海类型。

2）海域使用结构区域差异明显，与经济资源条件匹配度高

广东省海洋产业形成了粤东、粤中、粤西3条各具特色的蓝色产业带。粤东以汕头经济特区为中心，重点发展海洋渔业、港口航运、滨海旅游和保护区，粤中以"珠三角"为中心，重点发展临港工业、港口、海洋渔业和滨海旅游，粤西以湛江为中心，重点发展港口航运、海洋渔业、滨海旅游和能源工业。广东省的渔业用海、交通运输用海、旅游用海、保护区用海等主要用海类型的分布，受资源条件影响比较大，与沿海经济发展状况具有极大的相关度，表现出与资源条件匹配度高、海域使用类型分布地域差异显著的特点。全省的渔业用海主要分布在经济较为落后的粤西沿海，并集中在海岸线比较长的湛江；港口工程、航道等用海主要分布在以"珠三角"为中心的沿海经济发达地区；旅游娱乐用海集中分布在交通便利、文化特色较浓厚、开发程度较高的粤中和粤东沿海；作为全省用海面积最广的保护区用海主要集中分布在资源丰富的粤东沿海，其次是开发程度相对较低的粤西沿海。

3）海域使用现状基本符合海洋功能区划要求

　　广东省海域使用现状与广东省海域功能区划的对比分析表明，交通运输用海、工矿用海、旅游娱乐用海、海底工程用海、围海造地等非渔业用海基本符合海洋功能区划要求，符合率为 99.88%。全省不符合海洋功能区划的非渔业用海总面积为 885.31 hm²，主要是港池、航道和临海工业用海，而且绝大部分集中在湛江雷州。渔业用海以个体户为主，分布分散，不便于集中管理，而且渔民依法用海意识比较薄弱。因此，与非渔业用海相比，渔业用海中不符合海洋功能区划要求的宗海比较多，总面积达 46 698.24 hm²，符合率只有 67.78%。不符合海洋功能区划要求的渔业用海主要分布在湛江、阳江沿海，类型以池塘养殖、底播养殖为主。考虑到养殖用海具有较大的兼容性，可以认为广东省的海域使用现状基本符合海洋功能区划的要求。

第14章 海洋灾害基本状况调查

由于广东省 908 专项只设立了广东省海岸侵蚀灾害和赤潮灾害基本状况两个调查项目，因此本章暂时只包括这两个项目的调查结果。

14.1 海岸侵蚀灾害调查①

广东省海岸侵蚀灾害研究相对薄弱，至今没有开展过全面系统的专门研究。广东沿海海岸侵蚀现象十分普遍，不仅开敞型沙滩、平缓淤泥质潮滩普遍遭受不同程度侵蚀，部分基岩岬角海岸也存在明显的侵蚀后退现象。海岸侵蚀既可发生在平直和外凸海岸，也可发生在碣石湾、红海湾等较大型海湾内。

广东省 908 专项海岸侵蚀灾害调查包括两部分：大面普查及重点区海岸侵蚀详查。大面普查的调查范围为全省海岸带，调查内容主要包括海岸类型、侵蚀岸线长度、海岸侵蚀速率、侵蚀过程等，并根据这些调查要素进行全省海岸侵蚀强度分级。重点区海岸侵蚀调查的内容除了大面普查内容外，还包括岸线位置变化、岸滩地形地貌特征变化、海岸侵蚀原因、海岸侵蚀损失状况等。

14.1.1 海岸侵蚀灾害现状

广东省海岸线长度为 4 114 km，海岸类型多样，侵蚀海岸现象较为普遍，部分岸段受侵蚀后退严重。自 20 世纪 50 年代以来，广东沿海海岸线发生了很大变化。其中，海岸蚀退现象比较明显，广东省约有 900.6 km 的海岸线遭受不同程度的侵蚀，而且这些岸段多集中在经济发展相对较快的地区，究其原因既有自然环境变化影响，也有人为因素的影响。

14.1.1.1 粤东海岸侵蚀

粤东海岸线长 984.8 km，砂质海岸和基岩海岸相间分布，岬湾海岸特点十分显著。岩石岬角和弧形砂质海岸的相间交错使砂质海岸断续分布，多被分隔为数百米至数千米的岸段，因此基岩岬角对砂质海岸的淤侵情况起了一定的控制作用。此外，岬湾砂质海岸在同一区域的不同岸段可能存在侵蚀和堆积两种状态，从而使侵蚀总量及强度减小。如根据靖海湾 1966 年与 1994 年的海图对比，发现该海区侵蚀与淤积并存，其中北半段岸线至 10 m 水深区呈侵蚀状态，侵蚀速度为 1~3 m/a，南半段却以淤积为主。

粤东海岸人口密集，经济较发达，人类活动对海岸侵蚀产生的影响也较大。如修建水库、拦河坝等工程减少了河流泥沙来源，海砂盗采使海滩不断蚀低并造成岸线快速后退。如汕尾捷胜镇保护区和汕头潮南区田心湾海滩，受盗砂行为的影响，海岸蚀退强烈，个别岸段后退

---

① 詹文欢，孙杰，姚衍桃，张帆。根据詹文欢等《海岸侵蚀灾害调查研究报告》整理。

速率超过 80 m/a。

粤东岸段中，属于侵蚀性质的海岸长度为 290.4 km，占粤东海岸线长度的 29.5%（图 14.1），占该岸段砂质岸线的绝大部分，具体统计数据见表 14.1。

表 14.1　广东省海岸侵蚀等级分类统计　　　　　　　　　　　　　长度单位：km

类型	稳定		微侵蚀		侵蚀		强侵蚀		严重侵蚀		淤积	
	长度	比例	长度	比例	长度	比例	长度	比例	长度	比例	长度	比例
粤东	326.9	33.2%	151.5	15.4%	64.8	6.6%	37.7	3.8%	36.4	3.7%	367.5	37.3%
粤中	460.8	34.0%	105.7	7.8%	7.3	0.54%	3.0	0.22%	0.8	0.1%	778.4	57.4%
粤西	208.5	11.8%	227.2	12.8%	166.6	9.4%	47.9	2.7%	51.5	2.9%	1 071.3	60.4%

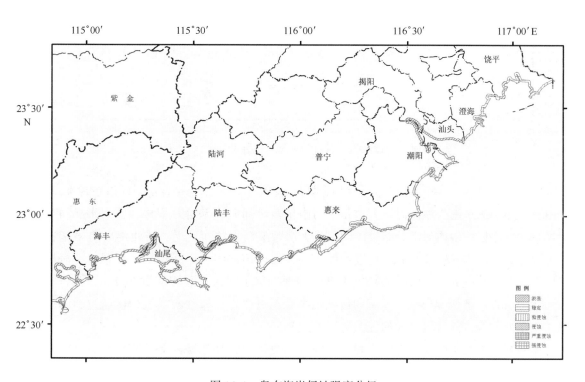

图 14.1　粤东海岸侵蚀强度分级

14.1.1.2　粤中海岸侵蚀

粤中岸段海岸线长约 1 356.0 km，以基岩海岸为主，砂质海岸零星分布。来自珠江的悬移质泥沙使三角洲的滨线不断向海推移，因此本区的侵蚀岸段主要分布在珠江口两侧海岸，并且侵蚀强度较小，属于侵蚀性质的岸线长度约 117.0 km，约占粤中岸线长度的 8.6%（表 14.1，图 14.2）。

14.1.1.3　粤西海岸侵蚀

粤西岸段海岸线长 1 773.1 km，是广东省砂质海岸最集中的岸段，其长度占粤西岸线总

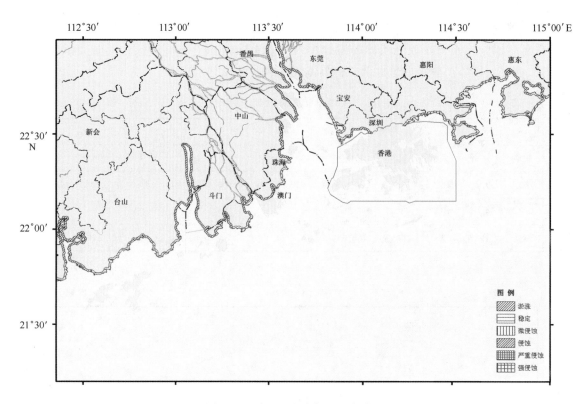

图 14.2 珠江口海岸侵蚀强度分级

长度的近一半（表 14.1，图 14.3）。粤西岸段海岸类型较多，主要有：阳江以东为岬湾海岸，电白至雷州半岛东南为沙坝海岸，雷州半岛南至西南部为"基岩"海岸，雷州半岛西部为低沙坝海岸。本区域砂质海岸分布较广泛，且大多数遭受侵蚀而后退；雷州半岛的"基岩"海岸主要由玄武岩构成，但玄武岩抗侵蚀能力弱，在风浪冲刷下岸线也不断后退。在海岸侵蚀作用下，茂名水东的上大海村近百年来已向陆地迁移了 3 次，总距离约 200 m，海岸侵蚀速率达 2~3 m/a。粤西部分砂质海岸的侵蚀强度甚至更严重，如砂质岸线长度超过 20 km 的漠阳江三角洲前缘，其沙堤最大的侵蚀速度可达 8 m/a。

粤西海岸带人类活动较珠江口和粤东弱，主要表现为虾池修建等养殖活动，但海岸侵蚀受风暴潮影响较大，风暴潮期间的强水动力作用使海岸地貌迅速发生巨大变化，常常造成岸线大幅度后退。粤西海岸属于侵蚀性质的岸线长度为 493.3 km，占粤西岸线总长度的 27.8%。其侵蚀强度及长度均超过了粤东和粤中两个地区，侵蚀强烈的岸段一般是砂质岸线分布较长的岸段。另外，雷州半岛东南侧的玄武岩海岸在海浪冲刷下不断崩塌，并形成陡崖，海岸线后退明显。在风暴潮影响下，强烈的海岸侵蚀也已迫使徐闻县龙塘镇赤坎村向陆迁移了 3 次。

14.1.2 不同区段的海岸侵蚀分析

广东省海岸由于岩性组成、海岸走向等性质不同，受海洋动力影响和沿岸人类活动影响程度不同，各岸段的侵蚀情况也存在一定差异。通过岸线对比和实地调查走访，以及根据所在的地理位置和海岸类型，将侵蚀性质海岸分为 8 个区（表 14.2）：Ⅰ. 大埕湾：此区为岬湾海岸，以强侵蚀为特征，侵蚀后退十分显著；Ⅱ. 莱芜岛—汕头港：此区属三角洲砂质海岸，

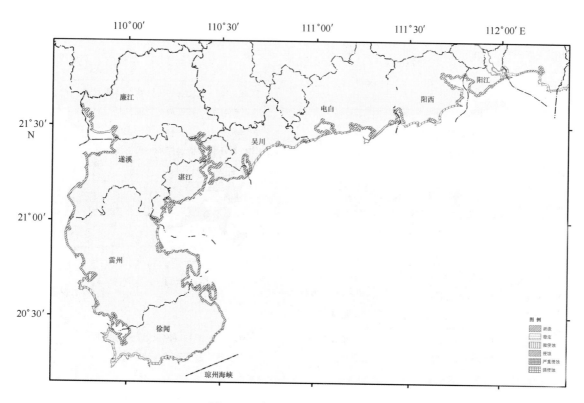

图 14.3　粤西海岸侵蚀强度分级

以强烈侵蚀为主，部分岸段修筑人工护岸，在一些强烈侵蚀岸段常见护岸垮塌，自然岸线后退明显；Ⅲ. 广澳湾—马宫港：此区砂质岸段以岸线长、滩面宽为特征，后滨多发育风成地貌，基本上处于侵蚀状态，部分岸段受人类采砂活动影响较大；Ⅳ. 大洲港—大鹏湾：为山丘溺谷海岸，侵蚀速率较小，但其滨海山丘曾经的强侵蚀痕迹依然可见；Ⅴ. 漠阳江三角洲：为三角洲海岸，侵蚀显著，许多岸段强烈侵蚀后退，部分岸段具有大量泥沙沉积物堆积；Ⅵ. 海陵湾—博茂港：为沙坝潟湖海岸，岸线以侵蚀为主，部分岸段强烈侵蚀，堤坝冲毁；Ⅶ. 外罗港—海安港：主要是滨海相湛江组组成的台地海岸，抗侵蚀能力较弱，台地侵蚀陡坎较发育；Ⅷ. 海康港—安铺港：本区沿岸地形变化复杂，陆地和海岸均是砂质和红壤，极易受海浪侵蚀。

表 14.2　广东省不同岸段海岸侵蚀现状对比

岸段名称	海岸类型	海岸特征	侵蚀强度	侵蚀特点	侵蚀原因
Ⅰ	岬湾海岸	后滨发育有风成沙堤和风成沙丘，其上种植木麻黄防护林，对缓解岸滩侵蚀起到很大的作用；滩面沉积物以细砂、中砂为主，滩面坡度较平缓	侵蚀	海岸蚀退，后滨形成侵蚀陡崖或陡坎；受岬角影响，海岸呈内凹侵蚀趋势	暴风浪潮沙源减少人工采砂
Ⅱ	三角洲海岸	后滨多为易受侵蚀的海岸类型，大部分海滩已经建起护堤，水下滩面坡度较大，自然岸滩以细砂为主	强侵蚀	海岸侵蚀强烈，水下地形变化显著；人工护堤大部分被冲毁，海岸下蚀明显	台风浪潮沙源减少

续表 14.2

岸段名称	海岸类型	海岸特征	侵蚀强度	侵蚀特点	侵蚀原因
Ⅲ	沙坝潟湖海岸	后滨为易侵蚀类型的海岸或基岩海岸，海滩沉积物粒度一般比较细，海滩坡度一般比较陡	微侵蚀，局部强侵蚀	区域海岸一般呈现弱侵蚀状态，或者是后滨沙丘、沙堤遭受侵蚀，其上防护林树根裸露，并有倒塌的现象；总体侵蚀不强，但是局部砂质海岸往往发生强烈侵蚀后退	台风浪潮人工采砂
Ⅳ	山丘溺谷海岸	后滨多为沙丘或基岩海岸，有木麻黄等防风植物。潮间带沉积物一般由细砂、中细砂组成，滩面十分平缓，坡度较小	微侵蚀	区域侵蚀情况比较弱，绝大多数海岸无明显侵蚀现象	台风浪潮人工采砂
Ⅴ	三角洲砂质海岸	有大量泥沙沉积，口门外常发育拦门滩，浅滩沉积物以细砂为主，波浪作用较强，浅滩外缘侵蚀后退现象明显	强烈侵蚀	砂质海岸有明显的侵蚀后退现象，海滩沙流失严重	台风浪潮
Ⅵ	山丘、沙坝潟湖海岸	后滨为易受侵蚀的岩石地层，海滩沉积物粒度一般比较细，海滩坡度较平缓	侵蚀，局部强侵蚀	区域海岸一般呈侵蚀状态，或者后滨沙丘、沙堤遭受侵蚀；岬湾较多，且岬角侵蚀明显	台风浪潮沙源减少
Ⅶ	台地砂质海岸	后滨为受侵蚀的台地或沙丘，海滩宽度不大，坡度较小，沉积物以细砂为主	强烈侵蚀	砂质海岸有明显的侵蚀后退现象；台地海岸第四系厚度较大，滨岸易被冲刷后退并形成陡坎	台风浪潮
Ⅷ	台地砂质海岸	后滨为受侵蚀的台地或沙丘，海滩宽度较大，坡度较小，沉积物以细砂为主	强烈侵蚀	海岸侵蚀现象比较明显，砂质海岸受侵蚀后退显著	台风浪潮

14.1.2.1 大埕湾

大埕湾位于粤闽边界，是一个较为宽敞的大海湾，沙滩宽阔平缓，属于山地丘陵、风化壳砂质黏土台地与海积平原相间的岬湾地貌。由于近几十年来宫口湾和诏安湾内大量围堤，湾中不断淤积变浅。随着该两海湾纳潮量的减少，其潮流携沙能力也逐步下降，加上海湾流域内水利工程拦沙，以致大埕湾沿岸沉积物迁移之源头泥沙补给日趋减少；并且海岸直接受偏 E 向优势浪的作用，不仅输沙量较大，也非常有利于海岸沙丘的发育，故海滩受冲蚀较为严重。

大埕湾海岸线东段基本保持不变，中段稍有蚀退，西段明显后退；但水深 0 m 线除渡西沙嘴附近略向海推进，其他岸段均向海岸线靠拢。大埕湾海岸与海滩近几十年来基本处于侵蚀状态，海岸侵蚀现象普遍（图 14.4）。

14.1.2.2 莱芜岛—汕头港

该岸段长约 25 km，主要为三角洲海岸。该区域的砂质海岸侵蚀较强，潮间带沉积物颗粒较细，滩面坡度陡，平均坡度大于 5°，水动力条件较强，岸滩和水下岸坡表现出持续不断

(a) 被破坏的海岸护坡

(b) 海岸侵蚀形成的陡坎

(c) 海岸侵蚀破坏的取水工程

(d) 排水口处形成的陡坎

图 14.4　大埕湾西段海岸侵蚀情况

的强烈冲刷后，岸滩地形变化较大。据 1959—1971 年韩江口测深资料比较，莱芜岛至新津溪口岸段的浅海普遍被冲刷，刷深幅度 0.5~2.0 m。该区域经济发达，人类活动频繁，故海岸侵蚀受人类活动影响明显，沿海建有大量的防护工程，但因常受到强海浪冲刷而被破坏（图 14.5）。

(a) 西履岛拍岸浪冲毁护堤

(b) 新津河口防波堤底部侵蚀严重

图 14.5　莱芜岛—汕头港的海岸侵蚀现象

外沙河口以东无人工护岸的岸段其后滨为残坡积平原，滩面宽度比较宽，无防护措施，后滨沙丘遭受侵蚀形成陡坎，陡坎平均高度 1.7 m。根据 2007—2009 年 4 条固定监测断面的重复测量结果显示：① 除最东侧断面受连岛大堤保护而变化不明显外，其余 3 条断面均处于侵蚀状态,且侵蚀强度有自东向西逐渐增加的趋势;② 侵蚀断面既表现岸线不断后退,又表现滩面地形的不断下切,测量结果显示监测区刷深速率为 0.1 m/a 左右。

该区域第四纪沉积层厚度大,海相层和陆相层多次交替叠置,其岩性一般为砾砂、砂、砂质黏土和黏土质粉砂等质地疏松的陆源碎屑沉积物,是典型的软质海岸。另外根据以往的水文监测结果,多年波高较大值多集中于 ESE—SSE 之间,即垂直三角洲岸线,故对海岸地形的冲刷是很强烈的。物源方面则受河流上游修建拦河坝、水库的影响,河流泥沙含量也不断减少,也就使该海域泥沙来源减少,因此该地区大部分岸段处于强烈侵蚀状态。

14.1.2.3　广澳湾—马宫港

除海门、前詹等岸段为岸陡、水深的山丘溺谷海岸外,其余均为沙坝岬湾海岸,包括海门湾、田心湾、靖海湾、神泉港、碣石湾和红海湾等较大的海湾。这些海湾以岸线长、滩面宽为特征,多数海岸受岬角控制,海滩泥沙经常性的动态平衡迁移,岸线通常呈内凹弧形或者半心形的螺旋岸线,切线基本上位于海湾西侧。受波浪的影响螺旋形岸线呈侵蚀状态,直切线段海岸呈稳定或微侵蚀状态,自然条件下该岸线变化较小,处于动态平衡状态。自 20 世纪 90 年代以来,海砂盗采现象一直存在,使本区海岸原有的平衡状态被打破,因此整体处于微侵蚀状态,部分岸段则侵蚀强烈。

根据野外调查发现,海砂盗采活动明显增加了这一岸段的侵蚀强度,如汕尾捷胜镇保护区周边约 15 km 海岸线原有地形地貌受到严重破坏。2005 年至今,保护区近岸的沙滩以 20 m/a 的速度退缩,区内沙角美 7 km 沿岸沙滩的后退速率更是高达约 50 m/a,个别地点则超过 80 m/a,导致多数海岸出现了"断壁式"的陡坡(图 14.6)。汕头潮南区田心湾海滩采砂尤为严重,基本上中粗砂分布的岸边都被非法开采,使整个岸段的海滩呈凹凸不平。迄今该湾岸段海滩约有 20%海砂被采走,5 年来潮间带不断后退,海堤多处发生崩塌。

汕头塘边湾、龙虎湾景区海滩附近,海岸侵蚀也非常强烈,海滩坡度较大,滩面变化显著,侵蚀陡坎发育,岸边房子地基基本被冲刷出露(图 14.6b),滩面下蚀至少 1 m。汕尾品清湖潟湖出口的沙嘴,由于潟湖面积减少,潮水动力减弱,且表面植被被砍伐,沙嘴被侵蚀切断,使受沙嘴屏障的汕尾渔港处于南向风浪的直接作用之下,部分临海街道面临着风暴潮和海浪的直接威胁。

(a) 捷胜镇沙角美村侵蚀后退的海堤　　　　　(b) 塘边湾地基被冲刷出露的取水建筑

图 14.6　广澳湾至马宫港的海岸侵蚀情况

14.1.2.4　大洲港—大鹏湾

该区域为山丘海岸，岸线曲折，坡地陡峭，常常是大湾套小湾的海岸形态。由于全新世高海面的存在，这种海岸普遍发育了海蚀阶地和平台，海蚀阶地和平台的海拔高度多为 3～5 m，最高为 10 m。因束缚于广泛发育的基岩海岸，区域内砂质海岸一般较小且窄，总体来说，此种岸线是基本稳定的。

深圳东海岸滨海浴场受海岸侵蚀影响严重。经过几年风暴潮的作用，西冲滨海浴场海岸严重崩塌，大量海沙流失，崩塌后残存的海岸与海平面落差高达七八米。海岸线整体向陆地内移了 6～10 m，度假村建筑物露出了原本深埋在海岸中的地基，岌岌可危（图 14.7）。受海岸侵蚀影响，大梅沙海岸线地貌也发生了很大变化，长达 1.8 km 的沙滩原本最窄处有 50 m，最宽处可达 200 m，但现在海滩最宽处不过 100 多 m。南澳桔钓沙海滩滩面下蚀强烈，沙床不断沉降，据估计，海滨浴场沙滩的沉降幅度已经达到 50～60 cm，甚至更多。

由于该区域以山丘海岸为主，因此海岸侵蚀强度整体较弱，大部分基岩海岸处于稳定状态。但由于台风及强浪的作用，对夹杂其中的砂质海岸侵蚀严重，加之本岸段无大型河流输沙，泥沙来源较少，而且前期海砂被大量盗采，打破了海岸泥沙平衡，海滩被不断削低。

(a) 西冲海岸侵蚀陡坎及受影响的树木　　　　(b) 西冲海岸侵蚀陡坎及其上的旅游设施

图 14.7　大洲港至大鹏湾的海岸侵蚀情况

14.1.2.5　漠阳江三角洲

该区域为三角洲海岸，位于漠阳江口两侧，因入海河流携带大量泥沙而沙源充足。漠阳江口门外发育有东西宽约 30 km 的拦门滩，滩顶水深 0.4～2 m，浅滩发育了东西两支汊道，东支向南东延伸，西支向正南延伸，水深 1～2 m。浅滩沉积物以细砂为主，在强波浪作用下，浅滩外缘侵蚀后退现象明显。近年来，由于河流泥沙减少，直接由风暴潮造成的海岸侵蚀十分严重，阳江口低潮线自 1957 年至 1981 年后退了近 200 m，平均每年后退 8 m。

北津港东侧砂质海岸长约 14 km，后滨有风成沙堤和土质堤坝，并种植有木麻黄防护林，及石砌新海堤。原有的垒土海堤，受海浪侵蚀影响，形成高约 1.5 m 的陡坎（图 14.8）。2007 年初次观测时，原有海堤及防护林均存在，到 2008 年 11 月再次观测时发现海堤和防护林已遭受海岸侵蚀严重破坏而不复存在，岸线后退至新修建的堤坝前。

(a) 漠阳江口东侧受侵蚀泥沙海堤   (b) 漠阳江口东侧侵蚀陡坎

图 14.8   漠阳江三角洲海岸侵蚀情况

14.1.2.6   海陵湾—博茂港

本岸段海岸侵蚀主要集中在博贺和水东附近的沙坝潟湖海岸，该海岸为地势平缓的侵蚀—堆积台地，海拔高度 15~25 m，南面为大型的海岸沙坝。由于缺乏基岩呷角（或岛礁）对向岸入射波浪的遮挡，整个岸段在波浪直接而长期的塑造下，岸线的自我调整响应机能顺畅，以致形成的砂质海岸较为平直。因此，本区的砂质海滩长度一般比较长，不少在 5 km 以上，滩面宽度也比较宽，可达数百米。因滩面呈 NE 向，受风暴潮作用，砂质海岸侵蚀较强，使少数海岸下伏老红砂出露，并形成侵蚀陡坎。水东港—博贺潟湖的大沙坝在海岸侵蚀作用下面积不断缩小，据资料显示岸线向陆后退速率约 1 m/a，近百年来增加至 2~3 m/a，而且侵蚀强度仍在继续增加。

戴志军等研究了博贺附近海岸 2000 年、1978 年和 1967 年的等深线变化（图 14.9），结果表明：① 2000 年和 1967 年的 -10 m 等深线对比显示，以大放鸡为界线，大放鸡以西等深线变化幅度较小，但近年有向陆后退的趋势；大放鸡以北的邻近岸段因大放鸡岛的遮蔽作用，等深线向东凸伸；大放鸡与小放鸡之间的通道因峡谷效应，在潮流冲刷作用下，-10 m 等深线后退幅度较大，平均后退速率约为 25 m/a；小放鸡至莲头岭岸段受小放鸡和莲头岭的遮蔽，-10 m 等深线则略呈向西南凸伸。② 结合 1978—2000 年的等深线对比，博贺滩外侧 -5 m 等深线向岸退缩，后退速度约 10 m/a，但 0 m 等深线以深、-2 m 等深线以浅的博贺滩则略有扩大，同时靠近通道处的 -2 m 等深线进一步逼近通道，扩展速率达 10 m/a。水东湾附近海岸为一典型的沙坝潟湖海岸，近百年来海岸侵蚀有加剧的趋势。如水东临海的上大海村，近百年来因受台风浪侵蚀，海岸后退了 200 多米，侵蚀速率达 2~3 m/a。沙坝附近的宴镜村海岸后退速率也达 1 m/a，可见沙坝整体不断被侵蚀后退。

14.1.2.7   外罗港—海安港

此区域位于雷州半岛东岸，海岸主要由湛江组和北海组地层组成的台地，这些砂砾层和黏土层结构松散，抗侵蚀能力弱。海水的不断冲刷使结构本身就松散的沿海台地受到侵蚀而不断后退，形成大范围的海蚀陡崖。雷州半岛东岸是广东沿海风暴潮最严重的地区，加重了海岸侵蚀强度。

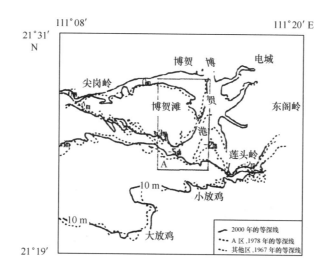

图 14.9　博贺港不同年份等深线变化（据戴志军等，2007）

赤坎侵蚀区位于赤坎渔村的西南角，该区海岸侵蚀严重，形成的侵蚀陡崖高约 6 m。赤坎村已因海岸侵蚀向陆迁移了 3 次。近年来，海岸侵蚀使该村经济损失严重，如 1996 年的一场强台风把村民们在 20 世纪 80 年代自筹资金 50 万元建起的 400 m 余的防浪堤冲毁，海水直灌入村。次年再次筹集资金 20 万元修复堤坝，但于 2000 年 10 月受热带低压和冷空气的共同影响，海潮暴涨并持续三天三夜，海堤基本被摧毁，海边街道和渔港码头几乎被吞没，5 幢房屋被卷入海，几十名村民被迫撤离家园。2003 年 12 号台风加上天文潮引发的风暴潮再次使海岸线向陆后退了近 10 m，导致十多间房屋倒塌，海岸防风林大面积毁坏（图 14.10）。据了解，自 20 世纪 90 年代以来，海水已入侵赤坎村 30 m 以上，并使该村减少了 400 多亩的土地。

（a）赤坎村东侧侵蚀崩塌

（b）村民讲解村庄侵蚀迁移历史

图 14.10　赤坎村沿岸侵蚀情况

14.1.2.8　海康港—安铺港

本区位于雷州半岛西岸，为海成阶地和台地溺谷湾海岸。砂质岸滩一般长而宽，后滨多为易受侵蚀的剥蚀台地、红土台地和老红砂，上有木麻黄等防风植物。潮间带平坦、宽阔、坡度小，沉积物颗粒比较细。海岸人类活动频繁，多处砂质海岸不断被开发，并建有养殖池

343

等。沿海村庄等人类聚居的地方和养殖区修筑了大量人工护堤以保护海岸，但效果不明显，护堤多被破坏（图 14.11）。

(a) 江洪肚村被冲毁的护堤   (b) 江洪肚村海岸线逼迫村庄

图 14.11　海康港至安铺港海岸侵蚀情况

遂溪县江洪镇江洪肚村 201 户渔民有近 1 000 人，居住在南北狭长的海边沙滩上。从 1998 年起，沙滩被海浪不断冲刷，至 2001 年基本消失，海潮直接冲刷村前防护林并逼近民房，导致该村南北两端先后有近 70 间房屋被摧毁淹没。姑寮村虾池也多次遭受破坏，海岸线不断后退。

14.1.3　重点调查区海岸侵蚀调查

在全省范围内选取了韩江三角洲、神泉港、漠阳江三角洲作为本项目海岸侵蚀的重点调查区（图 14.12），这 3 个区的海岸均为典型的侵蚀型砂质海岸。韩江三角洲重点区的监测岸段主要设在莱芜岛西南侧砂质海岸；神泉港重点区的监测岸段位于惠来县神泉镇图田村沿岸，是龙江入海口至神泉港码头一带的天然砂质海岸；漠阳江三角洲重点区的调查岸段设在北津港，为漠阳江口东北侧的砂质海岸。调查过程中，在漠阳江三角洲布设了 2 个重复监测断面，在神泉港和韩江三角洲则各布设了 4 个重复监测断面，每个断面长 2 km，并且每个断面即中心线两侧 250 m 处各布设 2 条副测线，实行条带状监测。调查和监测时间为 2 年，监测期内对监测断面进行每年 2 次的地形重复测量和每年 1 次的表层沉积物采样，以此获取各重点区的岸线位置变化、岸滩地形变化和表层沉积物粒度变化等重要信息。

14.1.3.1　韩江三角洲重点调查区

1）岸线位置监测结果

韩江三角洲重点区的调查岸段及固定监测断面布设见图 14.13。2007 年 12 月、2008 年 5 月、2008 年 9 月、2009 年 2 月和 2009 年 5 月，项目组对本岸段共进行了 6 次考察，实际的岸线位置测量进行了 5 次，分别对应本重点区的 5 个测量航次。利用后 4 个航次测量所得的数据进行投点和对比，结果显示岸线位置呈波动变化，但总的趋势以侵蚀为主，而且部分岸段呈强侵蚀状态。依次对比各航次的测量结果，发现 2008 年 5 月至 9 月这个时间段内，监测区的岸线变化大致以塔冈山为界分为两段。西段岸线变化幅度相对比较小，4 个月时间内岸

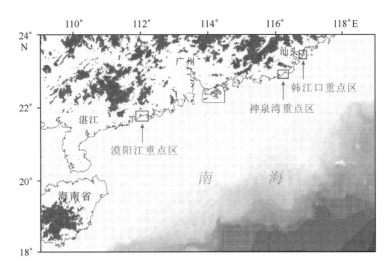

图 14.12　广东省海岸侵蚀重点调查区位置示意图

线后退 0~7 m，平均后退约 2 m，平均后退速率为 6 m/a。东段岸线变化幅度较西段大，其中塔冈山以东约 500 m 长的岸线后退幅度达 4~18 m，平均约 7 m；再往东约 300 m 长的岸线段因沙丘比较连续和稳定，海岸线后退幅度约 4 m；此后以东海岸段的岸线后退幅度最大，4 个月的时间内岸线后退达 14 m，风及风暴潮是主要的动力因素。2008 年 5 月至 9 月，对粤东有较大影响的台风主要有 "风神"（6 月）、"凤凰"（7 月）、"鹦鹉"（8 月）等，这些台风引发的风暴潮是造成监测区海岸线大幅度后退的主要原因。

2008 年 9 月至 2009 年 2 月，监测区的岸线变化也有明显的分段性。其中，塔冈山西段岸线比较稳定，但 HJ2 断面至塔冈山岸段海岸线后退明显，而陡坎脚下则有淤高趋势。塔冈山以东岸段在此监测期间呈淤积状态，特别是 HJ4 断面附近，岸线向海推移了 20 m 余，主要与当地开挖池塘有关。因此，这一海岸段的岸线向海推移主要是人类活动的结果。

2009 年 2—5 月，塔冈山西侧岸段的海岸线基本维持不变，但部分松散陡坎仍有明显的崩塌后退现象；塔冈山东侧岸段在此次监测期内呈淤积状态，特别是 HJ3 断面至塔冈山这一段，原来被侵蚀残余的不连续沙丘有重新堆积的趋向，并且表层已生长出较好的植被。

2）海岸地形调查结果

通过各次测量结果的对比，对各剖面进行动态分析，继而获得重点区海岸侵蚀或淤积等信息。

（1）剖面 HJ1 位于外砂河口西侧约 2 km 处（图 14.13），该处海岸为人工堤坝，因此对于这一剖面的外业测量只有海底地形测量。对比分析各次测量结果发现，监测期间此剖面的海岸地形在不同时期有侵蚀也有淤积，离海岸线不同距离的冲淤变化也不同，但总的趋势表现为海底刷深显著。

（2）剖面 HJ2 位于外砂河口东侧海岸约 1 km 处（图 14.13），剖面起点设在 1 m 多高的沙坝顶部，沙坝受侵蚀后退形成侵蚀陡坎。离海岸 450 m 处水下有一个宽约 100 m、高 1~1.5 m 的海底沙坝。根据各航次的测量结果，该剖面地形呈冲淤波动变化，但总趋势同样以侵蚀为主。从 2008 年 5 月与 2009 年 5 月两期测量的对比可看出，除了在离岸 30~120 m 的区

345

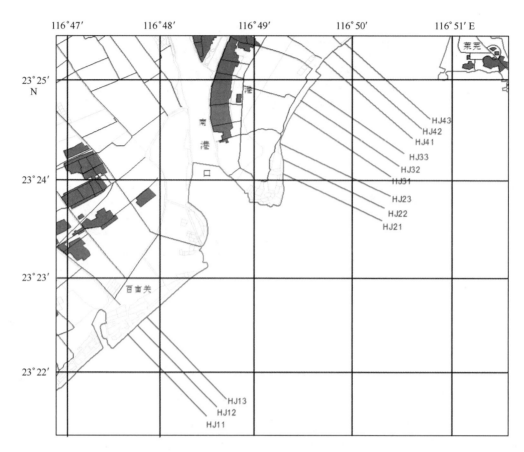

图 14.13　韩江重点区监测断面布设示意图

带内为淤积并形成非常平缓的小隆起之外，测量范围内的其他区带均处于侵蚀状态，合计侵蚀宽度约 1.9 km。其中，120~400 m 之间区带平均蚀低达 80 cm；1 450~1 650 m 之间区带平均蚀低约 40 cm；其余侵蚀区的平均蚀低幅度约 20 cm。

（3）剖面 HJ3 位于外砂河口东侧海岸约 2 km 处（图 14.13），剖面起点设在不连续且不稳定的风成沙丘带上，该处海岸风浪较大，飘砂也较严重。各航次的剖面地形监测结果对比表明，此剖面的海岸地形也呈冲淤波动变化，但总趋势是以侵蚀为主。2008 年 5 月至 2009 年 5 月的地形对比显示，整个剖面的年际地形变化是既有侵蚀也有淤积。以离岸 600 m 处（水深约 3.5 m）为分界点，−3.5 m 以浅属淤积区，其中除 50~180 m 之间的堆积形成平缓小沙坝外，其余淤积区的平均淤高约 10 cm；−3.5 m 以深的海底基本属于侵蚀区域，侵蚀宽度达 1.4 km，平均蚀低介于 15~20 cm 之间。因此，剖面 HJ3 在 2008 年 5 月至 2009 年 5 月的地形变化表现为以海底侵蚀为主（图 14.14）。

（4）剖面 HJ4 位于外砂河口东侧海岸约 3 km 处（图 14.13），测线起点设在稳定性较差的风成沙丘上。剖面 HJ4 是 4 个剖面中最靠近湾内的一个，该处海岸的波浪相对弱一些，但海风仍然很大，因此泥沙活动也比较严重，岸上沙丘形态和海滩地形常发生较大变化。对各航次监测结果的对比及动态分析表明，HJ4 剖面地形变化主要表现为侵蚀。2008 年 5 月至 2009 年 5 月的年际变化趋势是滩脊被蚀低，岸线向海推进。其中，20~700 m 之间属淤积区，特别是 70~300 m 之间的淤积厚度较大，近 50 cm，300~700 m 之间的淤积厚度减少至 10 cm。

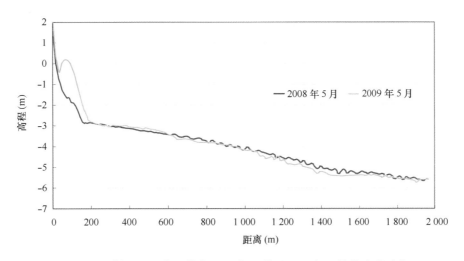

图 14.14　剖面 HJ3 中心线在 2008 年 5 月至 2009 年 5 月的地形对比

700～1 500 m 之间海区的海底地形变化不大，1.5 km 以外海区则有 10～20 cm 的海底蚀低。由于剖面 HJ4 位于湾内，莱芜半岛的屏蔽作用使该区水动力大为减弱，从而也削弱了该区的侵蚀强度。

　　根据以上各海岸剖面的动态分析，外砂河口两侧海岸在监测期间属于一个侵蚀较强的区域，其中海底侵蚀尤为严重。自 2008 年 5 月至 2009 年 5 月，整个监测区−3.5 m 以深的等深线基本有向陆推移的趋势，区域平均蚀低幅度约 10 cm，即刷深速率约 0.1 m/a。根据前人研究，20 世纪 60—80 年代期间，莱芜岛至妈屿口岸段的海岸线出现蚀退，韩江三角洲前缘水下斜坡普遍刷深变陡，2 m 和 5 m 等深线向陆移动，外砂河南部岸段尤为明显，海底刷深 1～3 m（王文介，1986）。徐辉荣（2009）利用 GIS 技术对历史实测地形资料的对比和分析，也发现莱芜岛至新津河口之间的等深线后退幅度较大，边滩坡度变陡，是韩江河口冲刷最严重的区域之一，1959—1971 年的平均冲刷厚度是 0.44 m，1971—2000 年的平均冲刷厚度是 0.14 m。

　　3）表层沉积物调查结果

　　本区在监测期间共进行了两次表层沉积物采样，时间分别是 2008 年 5 月和 2009 年 2 月，样品采集数量分别为 52 个和 84 个。根据粒度测试分析结果，本重点区的表层沉积物粒径从粗到细有砾质砂、砂、粉砂质砂、砂质粉砂、粉砂、黏土质粉砂、砂-粉砂-黏土，但以砂为主，特别是滩面和浅水区采集的样品，绝大部分为颗粒较粗的砂或砾。根据两期样品测试结果中的平均粒径分布（图 14.15），外砂河口东侧离岸较远、水深相对较深的区域，表层沉积物多为细颗粒的粉砂，近岸区的沉积物粒度比远岸区要粗，表明近岸区的水动力要比远岸区强，即水动力由陆向海减弱。但是，外砂河口西侧海岸的沉积物粒度呈相反趋势，表明该海岸在采样期间的水动力是外强内弱。东岸与西岸之间的这种差异，说明了东岸受莱芜岛的影响，波浪作用大于海流作用；西岸则受外砂河口外的沙洲影响，近岸区海流较远岸区弱。

　　另外根据粒度测试数据，表层沉积物的分选程度与粒度大小有较好的相关性，整体趋势是颗粒粗分选好，颗粒细分选差。因此，平面上自东往西表层沉积物分选程度由好变差，说明靠近莱芜岛一侧海岸沙源单一，靠近外砂河口一侧则沙源相对比较丰富，主要来源于河口输沙。根据两期表层沉积物粒度的对比，可看出外砂河口东侧海岸表层沉积物在监测期内粒

347

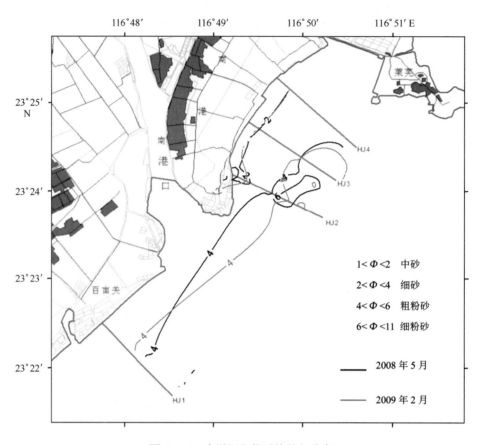

图 14.15　表层沉积物平均粒径分布

度主要呈粗化趋势，这一特征在剖面 HJ2 位置表现得尤为明显；在西侧海岸则呈现细化趋势。

14.1.3.2　神泉港重点调查区

1）岸线位置监测结果

神泉港重点区的监测岸段及断面布设情况见图 14.16。本重点区的岸线位置测量共开展了 5 次，时间分别为 2007 年 12 月、2008 年 5 月、2008 年 9 月、2009 年 2 月和 2009 年 5 月。

2007 年 12 月与 2008 年 5 月的海岸线实测位置对比显示，图田村沿岸海岸线变化趋势主要是向海推进。其中，剖面 HL4 附近岸线变化较小，向海推进幅度约数米；剖面 HL1 至 HL3 的海岸线变化幅度较大，平均向海推进了约 15 m，表明本阶段海岸处于淤积状态。2008 年 5 月与 9 月的岸线位置对比显示本阶段岸线变化趋势与上一阶段的变化趋势相反，即海岸线以后退为主，而且后退幅度较大，其中剖面 HL4 附近海岸线后退约 10 m，剖面 HL1 至剖面 HL3 附近海岸线平均后退幅度达 20 m，表明此阶段监测区的海岸侵蚀作用显著。2008 年 9 月至 2009 年 2 月，海岸线位置的变化呈分段性，即侵蚀与淤积交替出现，但总体趋势以岸线向海推进为主，全岸段平均推进幅度约数米。2009 年 2 月至 2009 年 5 月，监测区海岸线位移幅度不大，其中剖面 HL1 附近以及剖面 HL3 至剖面 HL4 之间即监测岸线两端基本未发生位置上的变化，剖面 HL2 至剖面 HL3 之间约 2 km 长的中间岸段海岸线平均向海推进了数米，因此监测区海岸线在此阶段的总趋势表现为以淤积为主。

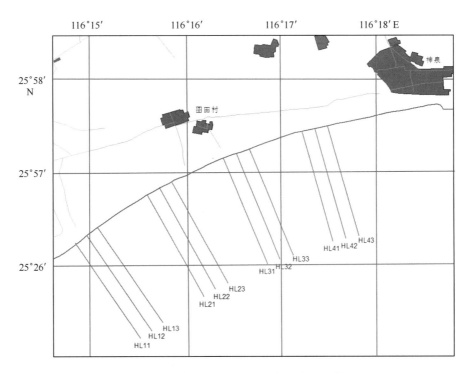

图 14.16　神泉港重点区监测断面布设示意图

2）海岸地形调查结果

（1）剖面 HL1 位于龙江入海口西侧，为监测岸段的最东端，测线起点布设在海滩的风成沙丘上，地形相对比较高，海滩发育也比较宽阔，从测线起点至高潮线通常有 100 m 余宽。由于飘砂严重和波浪冲刷强，滩面地形变化较大且变化频繁，潮下带的沙坝往往随潮汐变化而发生位移和形态变化。根据各航次测量结果对剖面 HL1 的地形变化分析表明，受季节性水动力影响，该剖面在监测期间地形呈冲淤交替变化，其中 2008 年 5—9 月淤高明显，2008 年 9 月至 2009 年 2 月则海底刷深明显。对比 2008 年 5 月和 2009 年 5 月的测量结果，沿剖面 HL1 地形的变化呈淤积和侵蚀相间。其中，滩面略显淤积，60~400 m 之间区域则淤积明显；400~660 m 之间为侵蚀带，蚀低幅度 0~30 cm；660~1200 m 之间再转变淤积带，平均淤高有 25 cm；1 200 m 以外为海底侵蚀区，侵蚀强度有随水深增加而加强的趋势。综合整个剖面的地形变化，淤积宽度大于侵蚀宽度，而且淤积厚度大于侵蚀厚度，因此剖面 HL1 在这一年的地形变化以淤积为主（图 14.17）。

（2）剖面 HL2 位于剖面 HL1 东侧约 1.5 km 处，该剖面所处海岸带的地形地貌情况与剖面 HL1 相似。测线起点处为风成沙丘，地形较高，海滩宽阔，滩面地形不稳定，特别是潮间带，地形变化较大且频繁。根据监测期间各航次测量结果的对比分析，本剖面海岸地形随季节呈冲淤交替变化。其中，2008 年 5 月与 2009 年 5 月的对比显示，剖面 HL2 在过去一年所发生的地形变化情况与剖面 HL1 相似，沿剖面呈淤积和侵蚀相间，并且侵蚀与淤积基本达到均衡。主要的侵蚀带出现在 200~650 m 之间和 1 200 m 以外的海区，离测线起点约 80 m 以内的滩面也略有侵蚀，其余区域均为淤积带，80~200 m 之间较厚的淤积主要是海底沙坝向陆推移的结果。

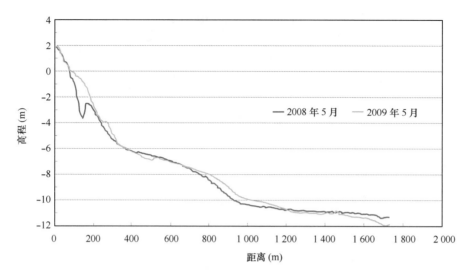

图 14.17 剖面 HL1 中心线在 2008 年 5 月至 2009 年 5 月的地形对比

（3）剖面 HL3 东邻剖面 HL4，西邻剖面 HL2，各相隔约 1.5 km，是剖面 HL2 和 HL4 海岸地形地貌的过渡。剖面测线起点布设在条带状沙丘上，沙丘带宽度不大，沙丘向海一侧为平缓、宽阔的海滩。HL3 所处滩面地形较上述两剖面稳定，但潮间带至 5 m 水深的浅水带地形变化仍然比较大。根据各期监测结果的对比，剖面 HL3 地形随季节呈冲淤交替变化，同一时期沿剖面也冲淤相间，但总趋势基本以侵蚀为主，特别是海底地形冲刷明显。2008 年 5 月与 2009 年 5 月的地形对比结果显示，滩脊出现约 15 cm 的蚀低，滩面地形则变化不大。大致以离测线起点约 1 000 m 处为分界点，1 000 m 以内海底产生的淤积和侵蚀基本呈均衡状态，1 000 m 以外的海区则海底侵蚀显著，并且离海岸越远刷深厚度越大。因此，剖面 HL3 主要的地形变化趋势反映了该海岸段较深水区（约 9.5 m 以深）海底侵蚀较强。

（4）剖面 HL4 位于监测岸段的最东端，临近神泉港码头。由于靠近湾内，受港口长堤的保护，剖面 HL4 所处岸段的地形地貌较稳定，这一特点可从各航次的海岸地形对比结果中体现出来。其中，2008 年 5 月至 2009 年 5 月的年际变化显示，剖面 HL4 的滩脊高程虽然有增加，但同时其位置也向陆发生了迁移，这与岸线变化监测结果相一致。其次，滩面略有淤积，30~150 m 之间的平均淤高约为 20 cm；150~1 000 m 之间地形变化不大；1 000 m 以外属于海底侵蚀区，而且随水深增加有侵蚀加强的趋势，如蚀低幅度由 1 000 m 处的数厘米增加至 1 300 m 以外的二三十厘米。

3）表层沉积物调查结果

海岸侵蚀调查项目组对神泉港各断面于 2008 年 5 月和 2009 年 2 月进行了 2 次表层沉积物采样，粒度测试分析结果表明，本重点区的表层沉积物多属于砂级颗粒，只有个别属于粉砂，而且粒径小的颗粒主要集中在离海岸 1 200 m 处前后各约 200 m 宽的区带，说明本区表层沉积物粒度较均一（图 14.18）。

在平面分布上，表层沉积物沿各剖面的粒度变化情况较一致，大体表现为随水深增加沉积物粒度变细、分选性则变差。离海岸约 1 200 m 处属沉积异常带，表现为沉积物粒度比两侧要细，这种现象在剖面 HL1 至 HL3 之间海域非常明显，该区带水深约 10 m。另一沉积异

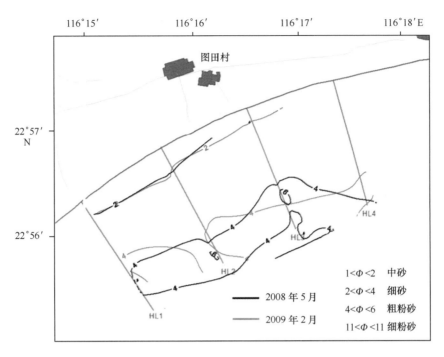

图 14.18 表层沉积物平均粒径分布

常带是离海岸约 100 m、水深 0~1 m 的潮间带，该区带表层沉积物粒度较两侧粗，分选性较两侧差。这种情况可能主要由该区带的水动力条件造成的，因为该区带属于潮间带，是波浪上冲及波浪回流相交汇的地方，因此沉积物颗粒较粗且较混杂。

14.1.3.3　漠阳江三角洲重点调查区

1）岸线位置变化调查

漠阳江三角洲重点区的监测岸段及断面布设情况见图 14.19。监测期间，对漠阳江重点区共进行了 5 次海岸线位置及剖面地形测量，时间分别是 2007 年 12 月、2008 年 4 月、2008 年 11 月、2009 年 3 月和 2009 年 6 月。对比分析各航次测量结果发现，监测区海岸线位置波动变化显著，即随季节的变换而交替出现淤积和侵蚀两种状态。

从 2007 年 12 月至 2008 年 4 月，海岸线总的变化趋势是以向海推进为主，其中石塘村附近海岸（YJ1 剖面所在岸段）的岸线变化可分为东西两段，东段呈淤积，西段呈侵蚀；华洞村附近海岸（YJ2 剖面所在岸段）的岸线变化主要呈淤积趋势，利用测量数据可估算此岸段海岸线平均向海推进了约 5 m。2008 年 4—11 月，期间因受台风"黑格比"的影响，监测区滩面地形地貌变化较大，海岸线后退明显，后退幅度达 10~30 m。其中，石塘村附近海岸的后退幅度达 12~25 m，平均后退幅度约 17 m；华洞村附近海岸的后退幅度介于 10~30 m 之间，平均后退幅度也将近 20 m，泥沙质的老防波堤被侵蚀殆尽。风暴潮作用期间，泥沙被大量带走，海岸迅速后退。风暴潮过后，海岸带正常环境得到恢复，海岸泥沙运移也向新的平衡状态发展。因此，从 2008 年 11 月至 2009 年 3 月，经历了因极端天气而快速后退的海岸出现了淤积趋势，石塘村与华洞村附近海岸岸线均向海平均推进了近 5 m。2009 年 3—6 月，监

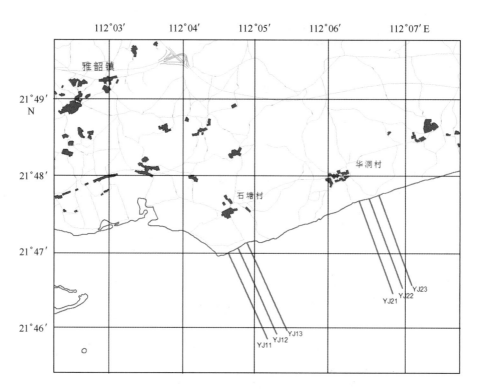

图 14.19　漠阳江三角洲重点区监测断面布设示意图

测区海岸仍然处于向平衡状态恢复的过程中，因此岸线位置变化监测结果继续显示为淤积。

2）海岸地形调查结果

（1）剖面 YJ1 位于石塘村以南海岸，该海岸新防波堤外缘是约 30 m 宽的木麻黄防风林带，但监测期间防风林在风暴潮的作用下已基本消失，防风林以外是宽阔的砂质海滩。5 个航次的剖面地形测量结果表明此岸段海岸侵蚀强烈，地形变化较大，泥沙损失严重。根据 2007 年 12 月和 2008 年 11 月的剖面地形对比，石塘村南部海岸在过去近一年的时间里，除滩脊后方的沟槽因风暴潮作用而被充填以外，其余区域主要处于侵蚀状态。滩面因沟槽被充填而加宽，但同时滩面坡度也变陡，岸线大幅度后退。水下地形的变化更反映了海岸侵蚀的严重程度，约 70 m 以外的海区，海底基本呈侵蚀趋势，平均蚀低厚度约 20 cm（图 14.20）。

2008 年 4 月与 2009 年 3 月两期测量结果对比所反映的海岸侵蚀情况与上述情况相似，这也是风暴潮作用的结果。具体情况是，岸线后退，滩脊后沟槽被充填，滩面宽度增加，海底侵蚀严重，90 m 以外的区域平均蚀低达 30~40 cm（图 14.20）。

（2）剖面 YJ2 位于华洞村以南海岸，与剖面 YJ1 相隔约 3 km（图 14.19）。该海岸新防波堤向陆一侧是大面积的虾池，向海一侧原来存在一段高约 1.5 m 的砂土质老堤，但是砂土质海堤及其附近的木麻黄已经在“黑格比”引发的风暴潮作用下消失，这也可从监测断面的多次重复测量结果中反映出来。其中，2007 年 12 月与 2008 年 11 月的测量结果对比显示，华洞村附近海岸地形变化较大，特别是水上滩面部分，在风暴潮影响下，泥沙质老防波堤被彻底冲毁夷平，因此测线起点高程减少了 1 m，同时海岸线大幅度后退，滩面坡度略有变缓。此外，整个剖面的地形变化也显示为侵蚀，除了滩面侵蚀严重之外，260 m 以外的海区海底

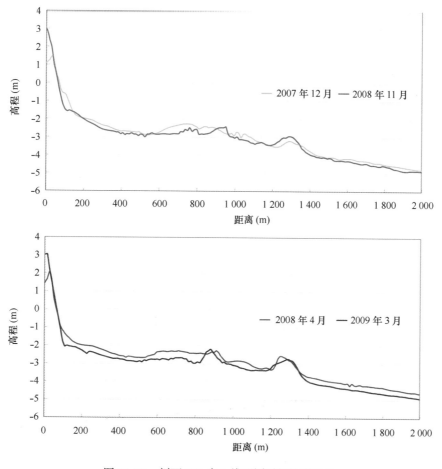

图 14.20　剖面 YJ1 中心线不同时间地形对比

侵蚀也十分显著，平均蚀低厚度达 30 cm（图 14.21）。

　　2008 年 4 月与 2009 年 3 月的测量结果对比显示，此阶段内华洞村附近海岸的地形变化与 2007 年 12 月至 2008 年 11 月的地形变化情况相似，但侵蚀程度较前一阶段弱。具体对比结果为，测线起点高程减少了 1 m，海岸线大幅度后退，水下海底侵蚀也比较明显，平均蚀低厚度约 20 cm（图 14.21）。

　　3）表层沉积物调查结果

　　本重点区在监测期内共进行了 3 次表层沉积物采样，时间是 2007 年 12 月、2008 年 11 月及 2009 年 6 月，样品采集数量分别为 36 个、35 个和 42 个。粒度测试结果表明，本重点区的表层沉积物从粗到细有砾质砂、砂、粉砂质砂、砂质粉砂、粉砂、黏土质粉砂，其中以砂为主（图 14.22）。

　　在平面分布上，滩面和浅水区的表层沉积物绝大部分是颗粒较粗的砂或砾，潮间带常含有贝壳碎屑。总的分布趋势是，随水深增加，沉积物颗粒变小，分选性变差。横向上剖面 YJ1 附近的表层沉积物粒度比剖面 YJ2 附近的要粗，表明 YJ1 断面的水动力可能比 YJ2 断面的水动力要强。这些粒径分布情况反映了漠阳江入海口东侧海岸水动力由里向外减弱，自东向西增强，这主要是由该海岸的形态和沿岸流决定的。2007 年 12 月至 2008 年 11 月监测区

353

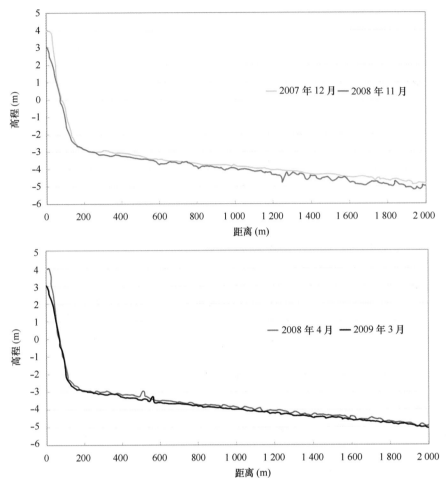

图 14.21　剖面 YJ2 中心线不同时间地形对比

（特别是离岸区）表层沉积物粒度呈明显的变细趋势，2008 年 11 月至 2009 年 6 月在剖面 YJ1 附近有变粗趋势，在 YJ2 附近则显示出略微变细的趋势。

14.1.4　海岸侵蚀趋势分析

由于海岸带属于海陆交接的特殊地理单元，故海岸侵蚀问题复杂，原因众多。海岸侵蚀是海岸塑造过程的基本环节之一，海岸是否发生侵蚀取决于沿岸动力条件（波浪、潮汐等）与海岸稳定性（地质条件，地貌形态等）之间的均衡状况。当海洋动力增强或海岸稳定性降低，这种平衡就会遭到破坏，海岸就会发生侵蚀。引起海岸侵蚀的原因主要分为自然因素和人为因素两个大方面，包括沿岸泥沙供应减少、地面沉降、海平面上升、风暴潮、沿岸挖沙采矿与植被破坏、围垦与海岸工程建设等，而海平面变化是自然因素中特殊的直接的因素。广东海岸的普遍侵蚀是晚冰期后海面上升效应的延续，近代海岸侵蚀加剧则是人类活动增强造成的结果，同时与海岸自身特征也密切相关。

14.1.4.1　海岸侵蚀趋势分析

广东省海岸侵蚀灾害的形成与发展主要受沿岸泥沙供应、潮流波浪等海洋动力条件的控

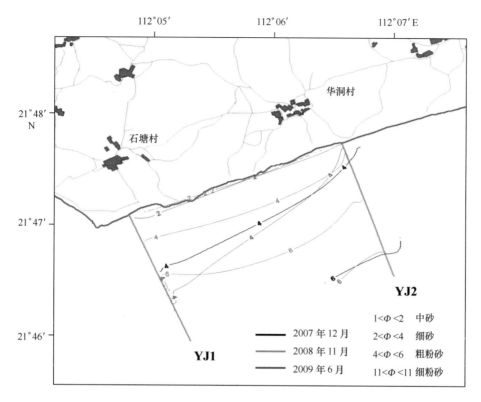

图 14.22　表层沉积物平均粒径分布

制，海岸侵蚀的未来趋向将取决于影响这些条件的各种自然及人为因素的变化。

全球气候变暖使处于低纬度的广东河流流域降水总量增多，但也导致降水量的季节性变化增大，人为干预河流径流量增强，水利开发强度加大，目前共有大小水库 6 552 座，设计库容 412×10^8 m^3，拦蓄调节的水量和沙量比重不断增加；加之，广东各流域近年来普遍加大水土流失治理力度，水土流失面积由新中国成立时的 6×10^4 km^2 减少到 1×10^4 km^2，河流泥沙来源减少；盲目开采和盗采河砂使东江、西江、北江和韩江等主要河流河床 20 年来平均下降 2～3 m，直接减少了河流含沙量。因此广东沿岸未来入海泥沙持续减少的趋势将不可避免。

据国家海洋信息中心公布的《2008 年中国海平面公报》，预计未来 30 年广东沿海海平面将比 2008 年升高 78～150 mm，这意味着广东省海岸在未来 30 年将平均后退 4.7～9 m。同时，高潮位上升速度将超过海平面的上升速度，拍岸浪作用增强，使侵蚀面升高和侵蚀面积增大。此外，海面上升会使河流侵蚀基准面升高，加剧河流溯源堆积，使河流挟沙量减少。气候变暖，尤其是西北太平洋增温，将可能导致热带气旋活跃，并相应增加登陆影响中国海岸的几率，使得风暴潮显著增强，最近 10 年广东沿海遭受强风暴潮影响的频率已增加了 1.5 倍。未来海平面上升，初始海平面抬高，导致同样风暴增水值与潮位叠加，将出现更高的风暴高潮位，从而显著缩短风暴高潮位的重现期，而某些较大的风暴增水单独形成潮灾的可能性也将增加。

红树林和珊瑚礁等是减轻或避免海岸侵蚀的天然屏障，一旦遭受破坏，将使其消浪、阻流及滞沙作用消失，从而成为导致沿岸海洋动力增强的间接原因。如果海平面上升侵蚀了潮滩盐土环境，或者其促淤的速度慢于海平面上升的速度，红树林就会向陆迁移，并变得稀疏。

当后方有陡崖或海堤时,红树林湿地资源就会消失。据预测,2030 年红树林的促淤速度就会跑输,届时红树林构建的海岸生态将由净收入转为净损失,趋于脆弱,海水也将向陆地侵蚀。同时,由于极端气候的异常,浅海珊瑚大量死亡,珊瑚礁海岸的保护屏障也会逐渐减弱。

另外,随着大规模的海岸开发利用,滨海旅游、养殖等产业迅速发展,河砂及海砂盗采活动屡禁不止,海岸工程不断建设等,这种状况在今后相当长的时间内难以改变,人类开发活动对海岸环境的破坏也仍将难以遏制。

因此,从上述自然因素和人为因素的分析来看,入海泥沙将继续减少、海洋动力显著增强、海岸环境破坏难以改变,从而使广东省海岸带的海岸侵蚀灾害在未来相当长的时间内可能呈加剧发展的趋势。

14.1.4.2 海岸侵蚀防护措施

(1)加强海岸防风林种植和防波堤建设,在防风林被侵蚀摧毁后尽早进行补充种植,加强保护,提高成活率;在防波堤建设时,要提高其设计标准,增强海浪抵御能力。

(2)采取防护工程措施,减轻波浪、潮流等海洋动力侵蚀的作用。如采取一些措施增加底部摩擦,或者在岸外建造消浪工程设施,可以大大损耗波浪作用的能量,从而削弱波浪动力对岸滩的侵蚀作用。在不同的地区分别建造丁坝、浅坝、离岸坝以及不同堤坝相互组合的形式,这些方法的共同目的是使造成海岸侵蚀的动力因素在达到岸外海区之前就消能,使以往的全线防护变成线段防护,既可节省经费又可美化海岸环境。

(3)随着旅游业的发展,海滩的娱乐休闲功能已日益受到重视。目前,沿海地区也都开始注重海滨砂质海滩和红树林海岸的保护,特别是发达国家大量采用海滩填沙养护和种植红树林或海草床等生物养护方法,不但具备造滩美化海岸环境与保护海岸相结合的特点,而且还具有较大的经济收益。

(4)加强海岸动态监测,建立海岸带地理信息系统,利用 3S 等技术加强对海岸带的观测,查明海岸地貌和地质类型、沿岸浅水区海底地形与沉积物分布以及海岸的生态环境和水动力状况等海岸基本状况,并及时获取海岸动态变化的现场数据,可为制定科学的海岸保护措施和防治海岸侵蚀灾害起到明显的成效。

14.1.5 小结

14.1.5.1 主要结论

通过对航片、卫片的遥感解译,以及不同年代地形图、海图资料的综合分析表明,广东省约有 900.6 km 长的海岸线遭受不同程度的侵蚀,而且这些岸段多集中在经济发展相对较快的地区,究其原因既有自然环境变化影响,也有人为因素的影响。根据海岸侵蚀现状,将广东省海岸侵蚀岸段划分为 8 个区域,这些岸段由于岩性组成、海岸走向等因素的不同,以及受海洋动力和人为活动影响程度不同,各岸段的侵蚀情况也存在一定差异。从整体上来看,广东省海岸侵蚀灾害以粤西侵蚀强度和长度最大,其次为粤东,珠江口相对较弱。根据自然因素和人为因素的分析来看,入海泥沙将继续减少、海洋动力显著增强、海岸环境破坏难以改变,从而使广东省海岸带的海岸侵蚀灾害在未来相当长的时间内可能呈加剧的发展趋势。

14.1.5.2　存在的主要问题

广东省的海岸侵蚀呈加强趋势，而且人类活动作为主导因素，对海岸侵蚀产生的贡献比例也将越来越大，表明广东省在海岸侵蚀的防灾减灾管理工作中仍存在着很多问题。

1）护岸工程防御能力差

超强台风与防御能力不相适应的海堤是使海岸侵蚀造成更大破坏和损失的一个主要原因。随着全球气候变暖，异常天气下产生的风暴潮等自然灾害越来越频繁，强度也越来越大。目前广东省有相当一部分护岸海堤是在新中国成立初期修建的，这些海堤防御能力比较低，往往难以抵御超强能量风暴潮的侵袭，从而造成海堤损毁，甚至导致房屋倒塌和人员伤亡。

2）海岸建筑不合理

在海岸带开发热潮驱动下，沿广东省海岸线修建了许多码头、堤坝、旅游设施、养殖池等建筑物。但是，由于一些业主为了节省资金、简化工程工序，或是工程影响研究工作做得不够全面等因素，使得部分建筑物存在设计不科学的现象。不合理建筑物对海岸保护常有负面影响，特别是在砂质海岸岸段，不合理建筑物成了产生海岸侵蚀或加速海岸侵蚀的主要原因。

3）河砂、海砂开采普遍，珊瑚礁、红树林等生物海岸破坏严重

沿海经济的快速发展导致人们对建筑用泥沙的需求越来越大，盲目开采入海河砂和海滩砂的现象也越来越严重，河砂抽采、海滩砂矿开采等现象几乎在全省各沿海地区均可见。特别是在经济较为发达、海岸资源又较为充足的粤东，河砂、海砂的非法开采活动尤为普遍。另外，在对海岸起保护作用的珊瑚礁、红树林等生物海岸段，人工盗采珊瑚礁作观赏品或凿取珊瑚礁烧石灰、砍伐红树林等现象也仍然存在。无论入海河砂、海滩砂的开采，还是珊瑚礁、红树林等生物海岸的破坏，都对海岸侵蚀起促进作用，海砂开采更是使部分岸段发生严重海岸侵蚀的直接原因。

4）管理部门不够重视，沿岸居民海岸保护意识差

上述不合理海岸建筑物的出现，以及人工挖沙、生物海岸破坏等现象的存在，与当地相关管理部门的管理力度不够有一定关系，同时也反映了管理部门在针对海岸侵蚀的防灾减灾工作方面未赋予足够的重视。另外，海岸带泥沙开采、珊瑚礁和红树林等生物海岸破坏、高位养殖池随处开发等现象的存在还与群众薄弱的海岸保护意识有关。正是由于沿海当地居民一直缺乏可持续的海岸开发和利用意识，才导致各种破坏海岸的现象频频出现、屡禁不止，从而使海岸侵蚀范围不断扩大、侵蚀程度也不断加大。

5）缺乏完善的监控系统

专门针对海岸侵蚀的监控系统是海岸侵蚀防灾减灾的一个重要手段，这种监控系统应具备全省各岸段与海岸侵蚀相关的信息数据库，包括各岸段的冲淤情况、侵蚀主导因素、海岸类型、护岸设施、沿岸建筑情况等。当海岸侵蚀影响因素发生变化或突发事件如风暴潮将出

现时，管理部门能够通过监控系统预知可能产生的海岸侵蚀情况，并根据预测结果采取相应的措施，防患于未然。但是，目前广东省仍然没有形成这样一个系统，以致突发事件发生时未能施予及时、有效的防护措施。

14.1.5.3　对策和建议

海岸侵蚀的直接后果是造成土地资源流失，冲毁沿岸村庄、工厂、道路等，影响沿岸地区经济社会的发展，当前最重要的是减少人为破坏。针对广东省在海岸侵蚀灾害防御管理方面存在的主要问题，提出以下管理对策措施。

1）建立海岸侵蚀信息系统，加强动态监测

不同岸段的海岸侵蚀原因各异，受灾程度也差别很大，因此应充分利用现代科技手段如3S技术对全省的海岸侵蚀现状进行广泛深入的调查研究，查明海岸地貌和地质类型、沿岸浅水区海底地形与沉积物分布以及海岸的生态环境和水动力状况等海岸线基本情况，建立海岸侵蚀状况数据库和信息网，并不断对库内数据进行补充和更新。通过该数据库和信息系统对海岸侵蚀做出准确的预测，从而在灾害监测预警区制定综合的防灾减灾系统规划，尤其是在突发灾害如风暴潮来临前及时采取科学的海岸保护和海岸侵蚀防治措施。

2）加强海岸带的使用和开发管理工作

在各级政府中，建立相应的海岸资源开发利用管理机构，负责管理并具体指导海岸带的日常开发活动，坚决制止盲目、过度地开采海岸泥沙、珊瑚礁以及地下水等资源，以免因生态环境的破坏而导致海岸侵蚀，做到海岸开发与保护协调发展。如赤坎岸段，因划定了侵蚀预警线，规定预警线内不得修建人工构筑物，从而减轻了海岸侵蚀的程度。因此，建立和完善海岸带保护管理条例等有关法规、制定合理的开发与保护规划，对维持海岸冲淤动态平衡和防止灾害侵蚀现象发生是必要的。另外，还需强化法治机制，制定海岸资源开发利用保护法，使各种资源开发行为置于法管之下。

3）加大宣传，增强群众海岸保护意识

海岸侵蚀与人类活动的关系越来越密切，当地各级政府及有关部门应联系实际，充分利用广播、电视、报纸和互联网等媒体，搞好海岸带防灾减灾的教育和宣传工作，使广大沿岸居民充分认识到海岸带灾害的危害性和严重性，提高海岸保护意识，并自觉保护各种防灾减灾设施和放弃各种破坏海岸的短期经济行为。群众防灾减灾意识的提高又可督促决策者，从而有利于人们遵循海岸带的自然规律和法则来指导生活和生产，实现海岸带社会经济的可持续发展。

4）加强护岸设施建设，严格把好海岸工程的质量关和合理性

目前广东省一些海岸侵蚀灾害严重的岸段仍未修建海岸防护工程，部分岸段已修建的简易防护设施用料也较差，结构不稳定，容易受风浪冲刷而塌陷，使沿海居民的生命和财产安全直接受海水威胁。这些护岸设施主要为县管或镇管海堤工程，其资金投入较低或基本没有资金进行加固。因此，需要设立或增加海岸整治专项经费，加大对海堤建设的投资

力度，提高海堤等护岸工程的设计标准。在建设新防护堤或加固旧防护堤时，应重视工程的设计，加强施工质量及施工工艺的指导和监理。另外，还应注意加强关键技术的前期研究，提高海堤设计和建设的科学性和合理性，从而全面提高广东省海岸工程设施的防御能力。

5）加强对海岸侵蚀的多学科研究

海岸侵蚀及其灾害防治涉及许多研究领域，加强海岸侵蚀机制、海洋动力因素以及泥沙搬运规律等的研究，建立海岸线变化规律模式，对广东省现代海岸侵蚀的未来发展趋势和对沿海环境的可能影响进行预测，并做出详尽细致的论证分析。以此为科学依据，制定好防灾减灾规划方案，避免今后海岸侵蚀防治工作中出现的失误，从而科学、有效地防止现代海岸侵蚀灾害的发生与发展。

14.2　广东省赤潮灾害调查[①]

赤潮是重要的海洋自然灾害之一。随着社会经济的发展、环境污染，加上全球气候变化影响，赤潮灾害的发生越来越频繁，面积越来越大，危害日益严重。广东作为海洋大省，频发的赤潮给海洋产业带来巨大的经济损失，如 1998 年发生的赤潮，造成经济损失逾 2 亿元，引起了政府和社会各界的极大关注。而且广东省沿海赤潮呈现多样性的特征，持续时间增长，新的记录种及有毒种类不断增加，危害日益严重，已引起社会各界的高度重视。

本次广东省 908 专项选取广东沿海主要赤潮高发区——珠江口和大亚湾为重点调查区域，对其赤潮生物、生态以及海洋环境等因素进行综合调查与研究。赤潮毒素调查海区则包括珠江口、大鹏湾和大亚湾内共 17 个站点（图 14.23），分别为珠江口：海泉湾、南水、飞沙、白藤头、横门、南朗、唐家、九洲、湾仔、横琴、桂山、东澳、万山；大鹏湾：南澳；大亚湾：东山珍珠岛、澳头、霞涌。为便于分析，将广东沿海分为 6 个区域，分别为粤西海域，珠江口，深圳湾，大亚湾，大鹏湾，粤东海域（包括汕头和汕尾附近海域）。

14.2.1　广东省海洋赤潮灾害基本状况

14.2.1.1　广东沿海赤潮灾害发生情况

据不完全统计，1980—2007 年间广东沿海共发生赤潮 232 起（齐雨藻等，2008）。1980—1989 年 10 年间，每年赤潮发生次数均小于 10 次。1990—1992 年，赤潮发生次数显著增加，1991 年出现一个赤潮高峰期；其后到 1997 年赤潮发生次数较少，1998 年又出现一个高峰期。其后，赤潮发生次数再次呈现上升趋势，共发生 132 起，其中每年发生次数均超过 10 次，2003 年高达 25 次（图 14.24）。

从季节分布上看，前 20 年（1980—1999 年）广东沿海赤潮主要发生在春季（季风转换期 3—6 月），占赤潮总数的 60 % 以上。而从 2000 年到 2007 年，每个季节赤潮发生都很

---

① 吕颂辉，沈萍萍。根据吕颂辉等《广东省赤潮灾害调查研究报告》整理。

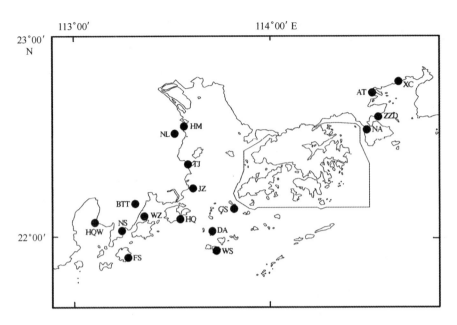

图 14.23　赤潮毒素调查采样站点

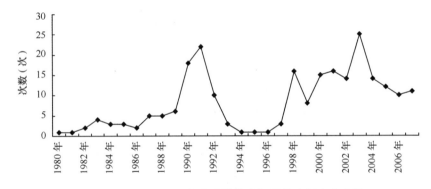

图 14.24　1980—2007 年广东沿海有记录的赤潮灾害次数

频繁。春、夏、秋、冬 4 个季节赤潮发生次数分别占全年赤潮总数的 28%、24%、17% 和 19%，其中每个月赤潮发生次数均多于 5 次。由此可见，广东沿海赤潮发生的季节特征发生了改变。

从赤潮发生区域看，大鹏湾、大亚湾、珠江口是广东沿海赤潮多发区。大鹏湾在 20 世纪 80 年代赤潮发生次数明显高于其他海域，1990—1994 年高达 43 次；1995—1999 年，赤潮发生次数剧减；2000—2007 年，其赤潮发生次数有所回升，但相对于 90 年代减少了将近 1 倍。大亚湾海域赤潮主要发生在 90 年代与 2000—2007 年间。除了大鹏湾，其他海域 2000—2007 年间发生的次数相对于前一时期都显著增加（表 14.3）。

表 14.3　广东沿海各海域不同时期赤潮发生次数的变化情况

发生海域	1980—1984 年	1985—1989 年	1990—1994 年	1995—1999 年	2000—2007 年
粤西海域	1		1	1	12
珠江口	4	2	2	5	16
深圳湾	2	7	1	5	21
大亚湾	3	3	7	6	23
大鹏湾	2	10	43	6	25
粤东海域				9	22

14.2.1.2　广东沿海赤潮生物

广东沿海赤潮生物种类繁多，已记录的有 170 种（包括孢囊种类），约占全国赤潮生物种类的 90% 以上（钱宏林，2005），包括有毒种类，如链状亚历山大藻（*Alexandrium catenella*）、塔马亚历山大藻（*Alexandrium tamarense*）、具尾鳍藻（*Dinophysis caudata*）、具毒冈比亚藻（*Gambierdiscums toxincus*）、多边舌甲藻（*Hngulodinium polyedrum*）、多纹膝沟藻（*Gonyaulax polygramma*）、短凯伦藻（*Karenia breve*）、链状裸甲藻（*Gymnodinium catenatum*）、米氏凯伦藻（*Karenia mikimotoi*）、海洋卡盾藻（*Chattonella marina*）、海洋原甲藻（*Prorocentrum micans*）、球形棕囊藻（*Phaeocystis globosa*）、尖刺拟菱形藻（*Pseudo-nitzschia pungens*）等。

通过对历史资料的分析，发现 1980—2009 年引发广东沿海赤潮的原因种有 52 种，其中引发赤潮频率较高的为甲藻类的夜光藻（*Noctiluca scintillans*），共 56 起；其次为定鞭金藻类的棕囊藻，共 32 起；硅藻类的中肋骨条藻 24 起；甲藻类中的裸甲藻（*Gymnodinium* sp.）23 起；甲藻类锥状斯氏藻（*Scrippsiella trochoidea*），共 14 起；原生动物中的红色中缢虫（*Mesodinium rubrum*），共 11 起；针胞藻类的海洋卡盾藻，共 11 起；硅藻类的拟菱形藻，共 10 起。其他重要的原因种还包括双胞旋沟藻（*Cochlodinium geminatum*）、赤潮异弯藻（*Heterosigma akashiwo*）等。

就赤潮发生区域而言，上述赤潮原因种在粤西海域引发夜光藻赤潮 2 起，中肋骨条藻 2 起，棕囊藻 5 起，红色中缢虫 3 起。珠江口海域由夜光藻引发的赤潮 4 起，中肋骨条藻 4 起，棕囊藻 3 起，裸甲藻 6 起，红色中缢虫 3 起。大鹏湾海域由夜光藻引发的赤潮 43 起，中肋骨条藻 4 起，棕囊藻 1 起，裸甲藻 5 起，锥状斯氏藻 3 起，红色中缢虫 2 起，拟菱形藻 3 起，卡盾藻 4 起。引发大鹏湾海域赤潮的生物种类相对较多，其中最主要的是夜光藻，占该海域赤潮发生总数（92 起）的 46.7%。引发大亚湾海域赤潮的肇事种主要有锥状斯氏藻和卡盾藻，分别占该海域赤潮发生总数（43 起）的 20.9% 和 16.2%。引发深圳湾海域赤潮的主要赤潮生物为中肋骨条藻，其引发赤潮次数占该海域赤潮发生总数（38 起）的 26.3%，其次为裸甲藻，占 18.4%。粤东海域由夜光藻引发的赤潮 2 起，中肋骨条藻 3 起，棕囊藻 20 起，裸甲藻、锥状斯氏藻、卡盾藻各 1 起；其中棕囊藻是粤东海域的主要赤潮肇事种，占该海域赤潮发生次数（35 起）的 57.1%。

14.2.1.3 广东沿海赤潮的危害

根据赤潮原因种的性质及对渔业水体的破坏程度，将赤潮分为 4 个类型：无害赤潮、有害赤潮、鱼毒性赤潮和有毒赤潮（佟蒙蒙等，2006）。据此分析，鱼毒性赤潮和有毒赤潮在不同时期引发赤潮次数不同，但趋势明显递增。鱼毒性赤潮在 1980—1989 年间发生了 10 次，占该时期赤潮发生总数的 10%；1990—1999 年间发生了 18 次，占 22.2%；2000—2007 年间 44 次，是鱼毒性赤潮发生的高峰期，所占比例为 32.8%。对有毒赤潮来讲，发生次数亦呈增加趋势，如 1980—1989 年尚未发现，1990—1999 年 7 次，2000—2007 年 12 次。

有害赤潮主要有 3 种危害形式：① 有些赤潮藻能产生毒素，危害人体健康；② 有些赤潮藻能产生毒素危害鱼类等海洋生物；③ 另外一些赤潮藻虽然无毒，但能对鱼鳃造成堵塞或机械操作，使海洋生物窒息死亡，这些危害往往同时发生。根据历年来广东沿海赤潮灾害的统计，赤潮对广东沿海最大的危害是致养殖业鱼、虾、贝类死亡。也有因为误食含有赤潮毒素的海产品而发生人类中毒、死亡的事件，如 1991 年 3 月，大亚湾附近居民因食用含有赤潮毒素的翡翠贻贝，造成 4 人中毒，其中 2 人死亡（简洁莹等，1991）。2004 年 9 月，在汕头和深圳，因误食染有西加鱼毒的珊瑚鱼类，分别造成了 50 多人和 39 人的中毒事件的发生。

14.2.2 赤潮高发区环境基本状况及生物因子的时空分布特征

14.2.2.1 珠江口海域

珠江口海域的水温、盐度、溶解氧、pH 范围分别为 20.12 ~ 27.56℃，3.52 ~ 33.20，1.64 ~ 8.32 mg/L 和 7.6 ~ 8.34，其温、盐的平面分布规律相对明显，水温由西北沿岸向东南方向递减，盐度分布趋势则相反。除了夏季，其他季节 pH 的平面分布呈现由西北沿岸向东南方向递增的趋势。季节变化上，夏季表、底层盐度具有极显著性差异（$P<0.01$），表底层 pH 也具有显著性差异（$P<0.05$）。秋季温度最高，夏季次之，冬季温度最低；盐度在夏季最低，春季和冬季盐度较高；溶解氧在夏季最低，冬季最高。而夏季盐度、溶解氧、pH 均为最低。

由于调查站位水深较浅，多数站位水深小于 10 m，营养盐的垂直分布规律不明显；不同调查季节不同水层对应的营养盐平面分布趋势也不一致；营养盐的季节性相对明显，夏季和秋季溶解无机氮、硝酸盐、磷酸盐含量高，春季和冬季含量低，氨氮则相反。硅酸盐冬季含量最低，春季含量最高，其表底层硅酸盐含量都远远高于其余 3 个季节调查的结果（$P<0.01$）。

珠江口海域共鉴定浮游植物 228 种（包括变种）。硅藻是珠江口海域的主要类群，占浮游植物总种数的 56.58%。浮游植物种数的最高值出现在秋季，其次为冬季。浮游植物优势种随季节变化而有所不同，其中冬季以旋链角毛藻占绝对优势；春季和秋季，以中肋骨条藻为优势种；而夏季浮游植物优势种类较多。调查季节不同，浮游植物细胞密度的平面分布也不尽相同，但总体上表现为近岸高于远岸的特征。丰度上，秋季浮游植物细胞密度最高，且与其余 3 个季节的丰度有显著性差异（$P<0.01$）。

珠江口海域叶绿素 a 平均浓度分别为冬季 0.74 μg/L，春季 0.81 μg/L，夏季 1.15 μg/L，秋季 11.05 μg/L，其中秋季远远高于其他 3 个季节。空间分布上，大体上由西北方向沿岸向东南方向递增，而垂直分布上多数站位都是表层高于底层，但差异不明显。

相关分析结果表明，各个调查航次筛选出的对珠江口海域浮游植物细胞密度有显著影响的因子各不相同。2007年12月，表层水体浮游植物细胞密度与pH呈正相关，而与SiO_3-Si和DIN浓度呈负相关。底层浮游植物细胞密度与NH_4-N水平呈极显著负相关，与SiO_3-Si和DIN浓度呈显著负相关。2008年7月，表层浮游植物细胞密度与DO呈显著负相关，与PO_4-P水平呈极显著负相关，与pH呈显著正相关。底层，浮游植物细胞密度与DO呈显著负相关。2008年10月表层浮游植物细胞密度与DO呈显著正相关。浮游植物细密度与温度、盐度，亚硝酸盐和硝酸盐含量均没有显著的相关关系。

14.2.2.2　大亚湾海域

大亚湾海域的水温范围为20.34～28.24℃，盐度范围为20.37～34.79，溶解氧范围为0.23～7.17，pH范围为7.90～8.37。2008年7月，表底层水温、盐度、溶解氧和pH都具有显著性差异，特别是在湾口B9和B10站位，底层水体具有低温（<24℃）、高盐（>34）、低溶解氧（<3 mg/L），低pH的特征。2008年7月和10月温度最高，2007年12月温度最低；盐度在2008年7月最低，2007年12月和2008年4月盐度较高。2008年4月和2007年12月溶解氧含量高，2008年10月次之。2008年7月，盐度、溶解氧、pH均为最低。在表层水体中，2008年7月和2008年10月的pH值较高，2007年12月和2008年4月的pH值较低。而在底层水体中，2008年10月pH值最高，2008年7月pH值最低。

大亚湾海域不同营养盐在不同调查航次的分布都有所不同，相对而言，营养盐的季节性相对明显，溶解无机氮和硝酸盐在2008年7月和10月含量高，2008年4月和2007年12月含量低，氨氮相反。2008年4月亚硝酸盐含量最低。表层，2008年10月的磷酸盐含量最高，站位平均值为0.017 mg/L；底层，2008年7月的磷酸盐含量最高，平均值为0.019 mg/L。硅酸盐含量在2007年12月最低，2008年4月硅酸盐含量最高，其表底层硅酸盐含量都远远高于其余3次调查的结果（$P<0.01$）。

调查期间大亚湾海域共鉴定浮游植物187种（含变种），硅藻是主要优势类群，占总种类数的53.53%；浮游植物种数最高值出现在2008年10月，其次为2008年4月。浮游植物优势种因调查季节不同而有所不同，优势种类多变化。2008年4月和10月，优势种类较为单一，包括旋链角毛藻、拟菱形藻和中肋骨条藻，尤其是2008年10月拟菱形藻细胞密度多在10.6 cells/L以上，占有比例最高达到88.18%。除了2008年7月，浮游植物细胞密度的高值区均位于澳头海域，低值区均位于大鹏澳核电站附近。拟菱形藻的大量繁殖使得2008年10月浮游植物的生物量最高，远远高于2007年12月、2008年4月和10月的浮游植物细胞密度。

大亚湾海域各个季节表层叶绿素a平均浓度分别为冬季（0.42 μg/L）<春季（0.69 μg/L）<夏季（1.90 μg/L）<秋季（13.78 μg/L）。以秋季最高，冬季最低。空间分布上，高值区主要位于人口稠密的澳头附近，低值区主要位于湾外，大体上湾内高于湾外，垂直分布上一般是表层高于底层，但差异不显著。

通过Pearson相关分析，发现各个调查航次筛选出的对大亚湾海域浮游植物细胞密度有显著影响的因子各不相同。2008年4月底层浮游植物细胞密度与盐度呈显著负相关。2008年7月表层浮游植物细胞密度与pH呈显著正相关。在2008年10月，表层浮游植物细胞密度与盐度呈极显著负相关，底层浮游植物细胞密度与盐度、SiO_3–Si 浓度呈显著负相关。调查期间，浮游植物细胞密度与水温，溶解氧、氮、磷含量均没有显著的相关性。

14.2.2.3　小结

通过对珠江口与大亚湾海域环境与生物因子的对比研究发现，珠江口与大亚湾浮游植物数量不存在显著性差异；大亚湾海域的溶解无机氮、硝酸盐、亚硝酸盐含量低于珠江口，盐度高于珠江口，而两海区氨氮、硅酸盐、溶解氧、pH 含量的差异性视调查月份而定。

两个海区 4 个季节共鉴定浮游植物 242 种（包含变种和变型），分别隶属于 9 大门类。其中硅藻是最为主要的类群，甲藻其次；其他还包括蓝藻、绿藻、金藻、针胞藻、黄藻、裸藻，隐藻等。其中赤潮生物 80 种（包含变种和变型），甲藻为主要构成类群，共 42 种，占赤潮生物总种类数的 52.5%；其次是硅藻 32 种，占 40%；其他的赤潮种类来自金藻、针胞藻和蓝藻。赤潮生物的门类组成见表 14.4。硅藻赤潮生物种以角毛藻和根管藻的种类最多，各有 7 种；甲藻赤潮生物种以原多甲藻为主，有 7 种。

表 14.4　赤潮生物的门类组成

门类	种类数（种）	占有比例（%）
硅藻	32	40
甲藻	42	52.5
金藻	3	3.75
针胞藻	2	2.5
蓝藻	1	1.25
小计	80	100

14.2.3　赤潮生物毒素的分布特征

14.2.3.1　麻痹性贝毒（Paralytic Shellfish Poison，PSP）

1）不同季节样品 PSP 含量分析

样品均采集于珠江口、大鹏湾、大亚湾。冬季共采集 12 个样品，大鹏湾的贝类样品全部含有麻痹性贝毒，但毒素含量均低于小白鼠生物法的检测范围。而大亚湾、珠江口的贝类样品均未检出麻痹性贝毒，阳性检出率为 41.7%。春季采集 11 个样品中，仅有 1 个样品检测结果呈阳性，阳性检出率为 9.1%。夏季采集的 41 个样品中，有 10 个样品检测结果呈阳性，阳性检出率为 24.4%，其检出值均低于我国目前暂定的 4 Mu/g 的警戒标准，无超标。秋季采集的 37 个样品中，有 3 个样品检测结果呈阳性，阳性检出率为 8.1%，其中检出值最高为 1.80 Mu/g，低于我国目前暂定的 4 Mu/g 的警戒标准，无超标。

2）各采样点样品 PSP 含量分析

各采样站点样品 PSP 含量检出率和超标率如图 14.25 所示，超标率均为零。

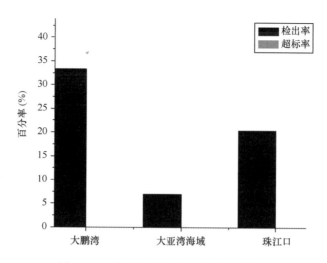

图 14.25　各海域 PSP 的检出率和超标率

3）不同贝类样品 PSP 含量分析

采集的 101 个样品包括：翡翠贻贝 21 个，华贵栉孔扇贝、栉江珧各 10 个，河蚬 9 个，僧帽牡蛎、菲律宾蛤仔、波纹巴非蛤各 7 个，文蛤 6 个，鲍鱼贝、褶牡蛎、红蛤各 4 个，马氏珍珠贝 3 个，近江牡蛎、长牡蛎各 2 个，蛤蜊、四角蛤蜊、缢蛏、贻贝、泥蚶各 1 个。检测结果表明：栉江珧有 4 个样品呈阳性，其中 1 个样品有 PSP 检出；僧帽牡蛎有 3 个样品呈阳性，其中 1 个样品有 PSP 检出；菲律宾蛤仔、褶牡蛎均有 2 个样品呈阳性；翡翠贻贝、河蚬、华贵栉孔扇贝、红蛤、鲍鱼贝、长牡蛎、近江牡蛎、贻贝各有 1 个样品呈阳性，其中近江牡蛎有 PSP 检出；马氏珍珠贝、波纹巴非蛤、文蛤、蛤蜊、四角蛤蜊、缢蛏、泥蚶均未检出有 PSP 存在。

4）不同生长环境下样品 PSP 含量比较（养殖牡蛎与野生牡蛎）

此次检测的 15 个牡蛎样品中，生态习性为养殖的 6 个样品种有 2 个检测结果呈阳性，其中 1 个样品有 PSP 检出，阳性检出率为 33.3%，但无超标；而生态习性为野生的 9 个样品中有 5 个检测结果呈阳性，其中 1 个样品有 PSP 检出，阳性检出率为 55.6%，但无超标。

14.2.3.2　腹泻性贝毒（Diarrhetic Shellfish Poison，DSP）

1）不同季节样品 DSP 含量分析

样品均采集于珠江口、大鹏湾、大亚湾。冬季共采集样品 12 个，阳性检出率为 16.7%，超标率为 0。春季共采集样品 11 个，阳性检出率和超标率均为 9.1%。夏季共采集样品 41 个，阳性检出率为 14.6%，超标率为 7.3%。秋季共采集样品 37 个，阳性检出率为 51.4%，超标率为 35.1%。

2）各采样点样品 DSP 含量分析

大鹏湾共采集样品 18 个，阳性检出率为 22.2%，超标率为 0。大亚湾共采集样品 29 个，阳性检出率为41.4%，超标率为34.5%。珠江口共采集样品54个，阳性检出率为22.2%，超标率为13.0%。

3）不同贝类样品DSP含量分析

在不同贝类样品中，翡翠贻贝共21个样品，阳性检出率为28.6%，超标率为19%。华贵栉孔扇贝共10个样品，阳性检出率为40%，超标率为20%。栉江珧10个样品，阳性检出率和超标率同为10%。河蚬共9个样品，阳性检出率为22.2%，超标率为11.1%。僧帽牡蛎共7个样品，阳性检出率和超标率同为28.6%。菲律宾蛤仔7个样品，阳性检出率为42.9%，超标率为28.6%。波纹巴非蛤共7个样品，阳性检出率和超标率同为28.6%。文蛤共6个样品，阳性检出率为33.3%，超标率为0。鲍鱼贝共4个样品，阳性检出率为25%，超标率为0。褶牡蛎4个样品，阳性检出率为75%，超标率为50%。红蛤4个样品，阳性检出率为25%，超标率为0。泥蚶共1个样品，毒力值为0.05 Mu/g。阳性检出率和超标率同为100%。其他如马氏珍珠贝、近江牡蛎、长牡蛎、蛤蜊、四角蛤蜊、缢蛏、贻贝等全部未检出有DSP的存在，阳性检出率和超标率同为0。

4）不同生长环境下样品DSP含量比较（养殖牡蛎与野生牡蛎）

此次检测的15个牡蛎样品中，生态习性为养殖的有6个样品，仅有一个毒力值为0.05 Mu/g，其他均未检出，阳性检出率和超标率均为16.7%；而生态习性为野生的9个样品中检测结果呈阳性的有4个，其中3个样品超标，阳性检出率为44.4%，超标率为33.3%。

14.2.4 赤潮跟踪调查结果与特征分析

14.2.4.1 珠江口双胞旋沟藻赤潮跟踪调查

1）赤潮范围的界定

2009年10月下旬，珠江口发生较大规模赤潮，在野狸岛—香炉湾—淇澳岛东—内伶仃岛—九洲港—湾仔等水域都有分布，面积约300 km²。其中，香洲港及邻近近岸海域、内伶仃岛至香洲港中部水域受赤潮影响程度最为严重，赤潮大面积连续分布，水色呈褐色或深褐色，形似油污，如图14.26A所示。监测从10月28日起，至11月6日调查站位赤潮基本消失，赤潮跟踪调查结束。赤潮发生期间及赤潮过后，均未见异常鱼类死亡现象或报道。本次赤潮原因种为双胞旋沟藻，该藻有游泳单细胞和成对细胞两种形态，多为两两成对的群体，见图14.26B。细胞近椭圆形，背腹略扁，细胞长宽为30～40 μm。横沟深，左旋，绕细胞1.5圈，细胞核圆形，中位，色素体网状黄褐色，充满细胞内部，此种赤潮藻引发的赤潮水体呈黄褐色。

2）赤潮发生期间海区理化因子的分布特征

双胞旋沟藻赤潮期间，海水温度（ST）变化范围为19.33～27.66℃，平均值为（24.89±1.95）℃。在赤潮前期持续高温，均在26℃以上；11月2日以后ST突降至22℃左右；3日以后气温稍有回升，ST变化趋势是近岸低于远岸。盐度（SS）随时间变化较大，变化范围介于

图 14.26　珠江口海域双胞旋沟藻赤潮现场（A）及细胞光学显微照片（B）

9.16~31.5 之间，变化趋势都是由近岸向远岸递增，平均盐度为 21.42±4.27。pH 值的变化范围为 7.40~8.51，平均值为 8.11±0.19。赤潮前期 pH 值有上升的趋势，11 月 1 日以后，均呈下降趋势。近岸 pH 值高于远岸，且在赤潮发生期间，pH 值异常的高，尤其在 10 月 28 日至 10 月 31 日，最大值达 8.51。10 月 31 日以后 pH 值降至最低值，随后回升趋于平缓。溶解氧（DO）的变化范围为 5.25~11.45 mg/L，赤潮期间平均值为（7.37±1.04）mg/L。赤潮期间，DO 与 pH 的变化趋势基本相似。

赤潮期间溶解无机氮（DIN）的变化范围为 0.037~1.853 mg/L。根据海区每日 DIN 平均值可看出，DIN 水平先是处于高峰，随着赤潮持续，DIN 浓度逐渐降低，随着赤潮的消退，DIN 的含量又有所回升。而 NO_3-N 的平面分布的变化趋势总体上是近岸高于远岸；NO_2-N 的浓度，呈由近岸向远岸递增的规律。NH_3-N 主要来源于赤潮生物的新陈代谢，从平面分布来看，与叶绿素 a（Chl a）的分布基本一致，Chl a 的高值区域与 NH_3-N 的高浓度区域一致。11 月 1 日以后，NH_3-N 的浓度由珠海沿岸向东递减，主要原因是气象条件的变化，温度突降和北风所致。调查海域磷酸盐（PO_4-P）的平均水平呈先上升、后下降的趋势，变化范围介于 0.008~0.567 mg/L，赤潮前期浓度较高，随着赤潮生物的消耗，呈降低趋势，随着赤潮的持续，PO_4-P 在后期呈回升趋势，这可能与赤潮生物的代谢产物或 P 源的补充机制有关。硅酸盐（SiO_3-Si）的平面分布特征明显，变化范围为 0.089~2.933 mg/L，由近岸向远岸逐步减小。从整体水平上看，SiO_3-Si 的平均值随着赤潮生消而逐渐减小，且变异系数都比较大，说明近岸与远岸的活性硅酸盐的差异很大。在整个赤潮过程中，随着双胞旋沟藻赤潮的消退，SiO_3-Si 逐步减少，这与双胞旋沟藻逐渐被硅藻演替的结果一致。

赤潮期间溶解有机氮（DON）含量的变化范围为 0.112~4.024 mg/L，其分布特征与 Chl a 分布一致，在 Chl a 含量高的地方，DON 含量也很高。整个赤潮区域 DON 的含量都很高，且随着赤潮的持续，DON 的含量呈逐渐下降的趋势，赤潮末期，DON 有小幅的上升，可能是赤潮消退期间大量生物死亡所致。赤潮前期整个海区空间变异系数较大，说明在赤潮区域 DON 的分布不均匀。而赤潮后期，空间变异系数减少，DON 空间分布变化不大。溶解有机磷（DOP）的分布情况与 PO_4-P 基本一致，变化范围为 0~0.434 mg/L。从空间变异系数上看，赤潮初期，变异系数较大，同时说明赤潮区域的严重程度不一样；赤潮后期，整个海区几乎恢复正常，其变异系数也相应减小。

整个赤潮期间，N/P、Si/P 和 Si/N 的变化范围分别为 3~193、5~193 和 0~2，平均分别为 78、71 和 1。根据 Justice 和 Dortch 确定限制性因子的方法，可确定珠江口海域春季的限制性因子为 PO$_4$-P。

3）赤潮发生期间浮游植物群落结构及生物量的变化

赤潮发生的前、中期，即 10 月 28 日至 11 月 1 日，双胞旋沟藻在群落中占绝对优势，占 80%~90%，其细胞密度最高达 2.77×10^7 cells/L。除了双胞旋沟藻外，还有少量的甲藻，如链状亚历山大藻、血红阿卡藻，还有一定数量的硅藻，如骨条藻和角毛藻。1 日以后双胞旋沟藻数量减少，硅藻角毛藻增多，赤潮末期还出现了一定数量的球形棕囊藻（图 14.27）。这 3 种优势种类的高峰期先后出现，表明赤潮生物之间存在着营养竞争和互相演替，也可能与海流导致赤潮生物扩散有关，体现了此次珠江口大规模赤潮消亡过程中，由硅藻取代甲藻的生态特征，与以往这一海域发生赤潮的研究结果一致。

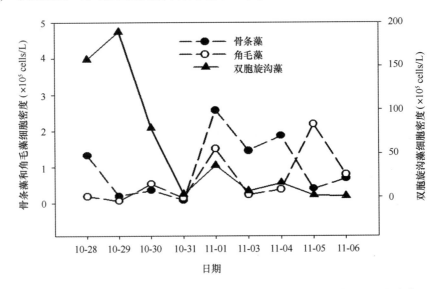

图 14.27　珠江口珠海赤潮中心区域 B2 站位双胞旋沟藻与硅藻随时间的变化

Chl a 变化范围为 2.74~196.30 μg/L，Chl a 最大值出现在 10 月 28—31 日，最高值达 196.30 μg/L，大多数站位 Chl a 浓度均超过 10 μg/L；自 11 月 1 日起 Chl a 的浓度开始下降，到 11 月 6 日 Chl a 最高值仅为 10.32 μg/L，浓度超过 10 μg/L 的站位比例仅为 8.33%，最终恢复到珠江口海域海区 Chl a 的正常值。

4）赤潮事件影响主要环境因子的主成分分析

主成分分析结果表明，此次双胞旋沟藻赤潮爆发的主要环境因子为营养盐、盐度和温度。其中，营养盐以 SiO$_3$-Si、NO$_3$-N、DOP、PO$_4$-P、NO$_2$-N、DON 为主，尤其是 SiO$_3$-Si 和 NO$_3$-N 为最重要的环境因子；其次，海水盐度和温度也是影响此次赤潮的重要环境因子。赤潮藻生长需要特定的盐度范围，珠江冲淡水与外海高盐水团的相互作用，导致赤潮区域的盐度适宜赤潮藻的生长，盐度对此次赤潮的爆发影响较明显。盐度与营养盐呈负相关关系，陆源的径流输入大量的营养盐，由此可知，赤潮发生区域属于高营养盐、低盐度区域，与陆源径流关系密切。温度也是此次双胞旋沟藻赤潮爆发的重要影响因子，在整个过程中，温度变化很大，高温后突然降温，高温是导致赤潮爆发的原因之一。

14.2.4.2 珠江口棕囊藻赤潮跟踪调查

1）现场海区理化环境因子的时空分布

调查期间，珠江口水温范围在 15.0~26.5℃之间，表、底层无显著差异，但不同时间水温存在显著性差异。其时空分布表现趋势不一致，11 月 11 日和 11 月 12 日水温总体表现为由东南至西北沿岸递增；11 月 14 日以后表现为靠近西部沿岸温度低。随着时间的推移温度逐渐降低，12 月水温比 11 月明显降低，12 月 21 日最低日平均值达 16.17℃。调查期间盐度变化范围较大，介于 13.80~32.66 之间，由西北向东南递增，西部沿岸海区高于东部海区；表层和底层盐度呈显著性差异，普遍表现为表层低于底层，12 月 21 日最大盐度差达 12.7。

DIN 变化较大，表层含量平均值范围 0.569~1.200 mg/L，底层 DIN 含量平均值范围 0.569~1.110 mg/L，分布趋势明显，总体呈现出东南向西北递增，近岸海域较高。另外表层和底层与不同时间的 DIN 均呈显著性差异。其中硝酸盐含量不高，表层范围在 0.161~1.250 mg/L，平均值 0.656 mg/L；底层范围在 0.135~1.230 mg/L，平均值 0.641 mg/L。各站位时空变化范围都较大，总体上呈现由西北沿岸向东南递减的趋势，这可能与沿岸排放的过多的硝酸盐有关。珠江口海水活性磷酸盐平均值为 0.018~0.034 mg/L，空间分布变化不大，河口向外含量下降，垂直分布也没有规律，各站位表底层的含量各有高低，但是相差不大。表底层没有显著性差异，而随着时间的变化存在显著性差异。

2）叶绿素的时空分布

海水中叶绿素代表浮游植物的现存量，也反映了海洋生态系统的发展状况。本次调查球形棕囊藻赤潮叶绿素 a 含量变化较大，表层介于 1.37~36.16 μg/L 之间，平均值为 10.22 μg/L，底层介于 1.32~38.77 μg/L 之间，平均值为 9.95 μg/L，表底层差异不大。总体上表现为近岸高于离岸；叶绿素 a 浓度随时间变化明显，最小值出现在 12 月 10 日，平均值为 3.51 μg/L，最大值出现在 11 月 12 日，平均值为 23.09 μg/L。

3）球形棕囊藻细胞群体大小分布及其与环境理化因子的关系

调查现场肉眼观察到自然环境下生长的球形棕囊藻细胞群体最大可达 2.5 cm，但当细胞群体较多时直径的平均值相差不大，各站位细胞群体直径的平均值在 250~500 μm 之间。从空间分布来看，各站位间存在显著性差异，而近岸海域细胞群体数量多于远岸海域。时间分布上亦存在显著性差异，赤潮前期明显多于后期。

对珠江口海域的球形棕囊藻群体直径平均值与对应的环境因子进行 Pearson 相关分析，结果表明，环境因子对球形棕囊藻群体直径的影响是不同的，表底层的显著性因子也不相同。细胞群体大小在表层水体中与海水中磷酸盐的浓度呈负相关，底层群体大小与水温呈负相关，而与盐度和氮的浓度没有显著的相关关系（表 14.5）。

表 14.5　珠江口球形棕囊藻细胞群体直径平均值与环境因子的相关性

	水温	盐度	$NO_3^- -N$	$PO_4^{3-} -P$	DIN
Sig. （表层）	−0.187	−0.069	−0.134	−0.259（＊）	−0.022
Sig. （底层）	−0.218（＊）	0.052	−0.115	−0.072	0.002

＊：显著相关。

14.2.4.3　赤潮跟踪调查小结

对 2009 年秋季双胞旋沟藻赤潮事件的数据与 2007 年秋季非赤潮发生时海区环境调查的数据进行对比研究可知，良好的营养条件，加之适宜的温度导致双胞旋沟藻赤潮的爆发，而赤潮后期温度突降及恶劣的气象条件是赤潮消退的主要原因。2009 年 11—12 月，珠江口海域爆发球形棕囊藻赤潮。在现场采集了海水样本，测量球形棕囊藻细胞群体的直径，研究自然海区理化环境因子对球形棕囊藻细胞群体形成及其直径大小的影响。通过调查发现，自然海区中，球形棕囊藻的细胞群体普遍比在实验室条件下要大。在表层水体中球形棕囊藻细胞群体大小与海水中磷酸盐的浓度呈负相关，底层群体大小与水温呈负相关。

14.2.4.4　双胞旋沟藻赤潮灾害损失评估

赤潮灾害与其他环境灾害一样，有其特殊的灾源、传灾介质和传灾介质运输与存储过程。形成赤潮的赤潮生物是灾源，赤潮水体和携带赤潮毒素的海洋生物体等是传灾介质，水动力过程和人类的捕捞活动等形成了传灾介质运输和存储过程。张洪亮等根据传灾介质的不同将赤潮灾害损失分为直接损失、间接损失、资源恢复费用和生态损失 4 个部分。根据我国赤潮发生的实际情况，以赤潮灾害对人类的影响为基础，将赤潮灾害损失分为海产养殖及捕捞业经济损失、人口经济损失、旅游业经济损失和海洋生态破坏经济损失 4 类。本文根据对时间要求的不同，将赤潮灾害的经济损失评估由粗评到细评，由定性到定量划分为 3 个阶段等级，分别是灾前预评估、灾时跟踪或监测性评估和灾后实测评估。

自 2009 年 10 月 26 日起，珠海近岸水域出现了因旋沟藻过度繁殖引起的面积达 300 km^2 的赤潮，由于本次赤潮发生区域主要为非海水养殖区，尚未造成养殖鱼类的大量死亡。但由于发生范围广、密度高，对当地的经济、特别是渔民的经济活动也造成一定的损失。

本次赤潮在野狸岛—香炉湾—淇澳岛东—内伶仃—九洲港—湾仔等水域都可见其身影。本调查评估报告主要通过对香洲渔港所管辖海域，即香洲港—淇澳岛海域的所有渔船进行经济损失评估。现场数据来源于广东省珠海市 2009 年 10 月发生赤潮时的调查，调查时间为 2009 年 10 月 26 日至 11 月 7 日，调查对象为珠海香洲港—淇澳岛海域的近岸渔船、渔家乐渔船和深海渔船，调查方法为现场走访。

经现场调查计数及香洲渔港码头渔政确认，该辖区内有近岸渔船 160 条，包括 60 条近岸渔船（大）和 100 条近岸渔船（小），渔家乐渔船 19 条和深海渔船 17 条。此次旋沟藻赤潮造成的灾害损失，包括近岸渔船损失、渔家乐渔船损失和深海渔船损失，总共损失 224.5 万元，具体如表 14.6 所示。

表 14.6　珠海赤潮灾害损失汇总

渔船种类	直接经济损失（万元）
近岸渔船	138.9
渔家乐渔船	24.4
深海渔船	61.2
总计	224.5

根据直接经济损失所计算的数值及此次珠海赤潮面积的数值，运用公式计算得出灾害指数与灾度的定量关系。计算结果为，灾害指数为 0.173 57，灾度为 Ⅱ，即赤潮分型为有害，赤潮分级为小、中型，该赤潮无中毒现象无人身损害的损失，直接经济损失为 50 万～500 万元。

14.2.5　小结

14.2.5.1　主要结论与存在问题

近年来，赤潮爆发的一个明显趋势是有毒、有害强致灾赤潮增多。对广东危害最大或者潜在威胁最大的几种赤潮生物是：双胞旋沟藻、球形棕囊藻、米氏凯伦藻、海洋卡盾藻、靓纹拟菱形藻、赤潮异弯藻、具尾鳍藻和亚历山大藻等。

毒素调查结果为麻痹性贝毒（PSP）含量普遍较低，且低于我国目前暂定的 4 Mu/g 警戒标准，最高值为 1.80 Mu/g 软组织，PSP 的地理分布范围较广，大鹏湾、大亚湾和珠江口均有检出。野生牡蛎和养殖牡蛎的阳性检出率很高，分别为 55.6% 和 33.3%。腹泻性贝毒（DSP）的阳性检出率和超标率在秋季较高，其他季节相对较低；就地域分布而言，大亚湾的阳性检出率和超标率最高，大鹏湾和珠江口相对较低。

综上所述，广东沿海赤潮灾害的特征为：赤潮灾害总体呈上升趋势，发生频率不断增加；赤潮高发季节由过去的春季扩展到春夏秋冬四季；赤潮发生海域和影响范围不断扩大；鱼毒性藻和有毒藻种类越来越频繁地引发赤潮；引发赤潮灾害的生物种类不断增多，由甲藻和硅藻引发的赤潮减少，而由针胞藻类、定鞭藻类和纤毛虫类引发的赤潮明显增多。

14.2.5.2　建议

（1）对典型海域与重点港湾进行长期定点赤潮监测与预警网络建设，获得赤潮爆发前后的实时基础资料，加强对赤潮发生的应急反应能力。

（2）深入研究有毒有害赤潮的爆发机理和赤潮生物原因种的生物生态学特性，从科学角度深入分析赤潮发生与传播扩散等机制。

（3）强化公众保护海洋环境的意识，建立健全相应法规，加强陆源排污管控和近海环境管理，提高海域环境质量。

第15章 沿海地区社会经济基本状况调查[①]

广东省辖 21 个省辖市，其中副省级城市 2 个（广州市、深圳市），地级市 19 个。在 21 个省辖市中有 14 个沿海市，分别是：广州市、深圳市、珠海市、汕头市、惠州市、汕尾市、东莞市、中山市、江门市、阳江市、湛江市、茂名市、潮州市和揭阳市。

15.1 沿海地区社会发展状况

15.1.1 区域经济发展状况

15.1.1.1 经济总量与产业结构

作为改革开放前沿阵地的广东省，其区域经济得到长足的发展。截至 2006 年，广东省沿海行政区域地区生产总值达 26 204.47 亿元（当年价，下同），比上年增长 14.6%，是 1980 年地区生产总值的 104.97 倍。人均生产总值达 28 332 元，增长 13.4%。从 1980 年到 2006 年，沿海行政区域地区生产总值年均增长率为 18.81%。1980—2010 年，国民经济保持快速健康发展，三次产业结构不断调整优化。广东省的一、二、三次产业结构比例由 1980 年的 33.24：41.07：25.69，调整为 2010 年的 5.0：50.4：44.6。第一产业比重持续下降，第二产业仍居主导地位，第三产业比重加快上升。

15.1.1.2 沿海城市经济发展概况

2000 年以后，广东省沿海 14 个城市中，广州市、深圳市、东莞市地区生产总值稳居前 3 位，其中广州市、深圳市 2010 年生产总值均超过 9 500 亿元。全省 14 个沿海城市中，深圳市工业总产值增幅最快，广州市、东莞市工业总产值位居前列。"珠三角"城市工业总产值和规模以上工业产值高于粤东和粤西沿海城市。

至 2010 年，广东省沿海地区发展协调性增强，粤东发展提速、粤西临港工业、重化工业建设大步推进，经济社会发展进入快车道。沿海行政区域地区生产总值达 35 446.55 亿元（当年价，下同），是 1980 年地区生产总值的 142 倍。

15.1.2 社会服务概况

覆盖城乡的社会保障体系基本建立。城镇职工基本养老、失业、医疗、工伤、生育保险参保人数稳居全国首位，2010 年，社保基金累计结余 3 553 亿元，约占全国的 1/7。基本医

---

① 编写人：周厚诚，原峰。

疗保障覆盖率达 92%，新型农村合作医疗参合率达 99.2%。

教育、卫生、体育、人口计生等事业繁荣发展。学前教育不断优化，3 年入园率达 82.5%。全面实施城乡免费义务教育，小学适龄儿童入学率和初中毛入学率均达到 100%。

城乡人民生活水平大幅提升，2010 年城乡居民收入分别达 23 898 元和 7 890 元，年均保持两位数的增长速度。城乡居民收入差距由 3.15∶1 缩小为 3.03∶1，但"珠三角"与粤东、粤西发展不平衡现象明显。

15.1.3　人口与就业状况

15.1.3.1　人口

改革开放以来，广东不仅成为全国经济总量第一大省，同时也是常住人口第一大省。1978—1989 年，这一时期广东的人口增长主要以本省户籍自然增长人口为主，总人口从 5 064.15 万人增加到 6 024.98 万人。1990—2000 年，是广东常住人口高速增长时期，其显著特征是大量跨省流动人口进入广东，将全省常住人口增长推向高峰。2001 年后，表现为跨省流动人口增长明显放缓，常住人口增长恢复以本省户籍自然增长人口为主。2010 年，全省常住人口为 104 303 132 人，同第五次全国人口普查 2000 年的 86 420 000 人相比，10 年共增加 17 883 132 人，增长 20.69%。年平均增长率为 1.90%。

15.1.3.2　就业

改革开放以来，广东省始终把扩大就业作为工作重点，并取得了显著成效。1978 年以来，广东省就业增长率逐年升高，其就业人口比重也有显著的上升趋势，进入 21 世纪以来其上升势头尤其迅猛。

广东省就业总量持续增加。2009 年全省城镇累计新增就业 172.3 万人，约占中国城镇新增就业人数的 1/6，沿海城市平均就业增长率高于 4.35%，普遍高于山区城市，与全省平均水平接近。深圳、东莞从业人数增长较快，充分体现了经济的持续高速发展、劳动待遇提高对就业的吸引作用。其中深圳、东莞从业人员多集中在制造业行业，而广州市非常突出的有 50.13% 的人员集中在科学研究、综合技术服务业行业，可见其产业机构正逐步由劳动密集型过渡到技术密集型。其余各沿海城市基本符合广东省从业人员分布状况。从业人员学历多集中在初中水平甚至小学水平。

与此同时，广州市和珠海市两市从业人员大专以上比例均超过 10%，远远超过广东省平均水平的 5.15%。

15.1.4　沿海城镇发展

全省 21 个地级以上市按经济发展水平可分为 3 大类：一类地区为经济发展水平较高地区，有 6 个市：广州、深圳、东莞、佛山、珠海、中山；二类地区为经济发展水平中等地区，有 7 个市：肇庆、惠州、江门、汕头、潮州、茂名、韶关；三类地区为经济发展水平较低地区，有 8 个市：阳江、汕尾、揭阳、湛江、河源、云浮、清远、梅州。一类城市全位于"珠三角"，二类城市一般位于沿海地区，三类城市一般在内陆地区。以广州、深圳为核心的"珠三角"服务范围可达全国甚至全世界，竞争力强，发展迅速，高级城市密集。

15.1.4.1 城镇分布特征

1）气候特征

广东属于东亚季风区，城镇多分布在中亚热带和南亚热带，是全国光、热和水资源最丰富的地区之一。广东省丰富的气候资源和地理优势为城镇的发展创造了得天独厚的发展条件。

2）地貌特征

沿海城镇多分布在平原、丘陵地带，大部分城市平均海拔高度不超过 500 m。"珠三角"城市聚集在肥沃的珠江三角洲冲积平原上。

3）地理位置分布特征

广东省共有 21 个省辖市，其中有 14 个是沿海城市。全省共有 11 个沿海县，6 个沿海县级市，39 个沿海区，119 个沿海镇，133 个沿海乡。

广东省地级市间距离一般为 100～200 km，而在城市密集的"珠三角"地区可在 100 km 以下。县级市间距离一般不超过 50 km。

15.1.4.2 城镇结构特征

1982 年全省城镇人口为 1 104.76 万人，2006 年后，全省城镇人口以 6.9% 年均增长率增长。2010 年，居住在城镇的人口为 6 902.78 万人，占 66.18%；居住在乡村的人口为 3 527.53 万人，占 33.82%。同 2000 年第五次全国人口普查相比，城镇人口增加 2 150.78 万人，乡村人口减少 362.47 万人，城镇人口比重上升 11.18 个百分点。

15.1.4.3 城镇发展特征

广东省由于外来流动人口不断涌入，县级市如雨后春笋般发展。

1）外向型经济带动城镇迅速发展

1978 年以后，广东城市化进入加速发展阶段。从经济特区的成立和发展，大中城市的升级和扩张，到小城镇的纷纷崛起和壮大，都离不开外向型经济的带动作用。随着我国加入 WTO，内地与香港更紧密的经贸关系，使得广东外向型经济更加强化，融入到国际经济大循环之中，进一步促进了城市数量和质量的提高。

2）镇域"簇群经济"促进专业化城镇产生

对外开放和外资的进入使广东省较快地脱离计划经济思想的约束，积极与外资配套发展各种类型企业，在一些村镇产生大量同质和异质的企业集聚，资金、技术、人力、资源等生产要素在空间上高度集中，形成以市场为基础的自组织系统，有力支持了城镇的形成和壮大。

3）外省劳动力为广东省城市的发展注入新鲜血液

外省劳动力的进入是广东城镇发展的一股生力军。港澳台等劳动密集型产业大举北移西进、内地企业和政府部门纷纷南下东进到广东投资建厂或设立窗口，吸引了大批劳动力南下，为广东省城镇发展提供了源源不断的新鲜血液。

4）行政力量推动下的城市化

深圳、珠海、汕头特区成立直接成因在于行政区域的变动，而城市等级变化，也对城市造成较大层面的影响。到 20 世纪 90 年代出现行政推动下普遍的"县改市"导致较多城市的生成，县级市升地级市产生较多高等级城市。2000 年以来，广州、珠海、江门、佛山、惠州和汕头等市内部先后进行城市或城区合并，产生多个大型城市，"珠三角"西部的佛山市成了广东第三大城市。

5）大中城市的规模化扩张使城市化加速

城市化过程中，大中城市凭借其规模上的绝对优势、庞大的产业发展和就业的空间、较好的集聚和辐射能力、良好的生活条件和收入水平吸引了大量的外来劳动力。城市规模的扩大，使到城市周边城区城镇和乡村的土地和农村人口转化为城市土地和人口，提高了城市化的质量和速度。

15.1.5　教育与科技

广东省全面实施农村义务教育经费保障机制改革，免除农村义务教育阶段学生学杂费，全面启动农村义务教育学校 C、D 级危房改造工程，继续实施农村困难学生免课本费、补助生活费政策。2010 年，全省常住人口中，具有大学（指大专以上）程度的人口为 856.73 万人；具有高中（含中专）程度的人口为 1 780.68 万人；具有初中程度的人口为 4 475.99 万人；具有小学程度的人口为 2 394.43 万人（以上各种受教育程度的人口包括各类学校的毕业生、肄业生和在校生）。同 2000 年相比，每 10 万人中具有大学程度的由 3 560 人上升为 8 214 人；具有高中程度的由 12 880 人上升为 17 072 人；具有初中程度的由 36 690 人上升为 42 913 人；具有小学程度的由 33 145 人下降为 22 956 人。

科研条件进一步改善。2010 年，全省财政科技拨款额为 214.44 亿元，比上年增加 45.74 亿元，增长 27.1%；财政科学技术支出占当年全省财政支出的比重为 3.96%。按地区分，地方财政科技拨款超过亿元的地区有 13 个，比上年增加 2 个。这 13 个市地方财政拨款额共占全省财政科技拨款额的 90.7%。与上年相比，地方财政拨款增长幅度超过 40% 的市有清远、惠州、云浮、深圳、珠海、中山，增长幅度分别为 85.2%、50.4%、48.2%、47.4%、44.4%、40.6%。

15.2　区域海洋经济发展状况

15.2.1　海洋资源及开发利用状况

15.2.1.1　海域资源

广东大陆海岸线东起闽、粤交界的潮州市饶平县大埕湾湾头东界区，西止粤、桂交界的湛江廉江市英罗港洗米河口，全长约 4 114 km（不含港、澳地区），约占全国的 1/5，居我国沿海各省、区之首。广东海域面积为 $42×10^4$ km²，拥有大小海岛 1 350 个，其中面积在 500 m² 以上的海岛有 734 个。

据广东省 908 专项海域使用调查初步统计，截至 2008 年，广东省全省共有用海 14 270 项，统计用海面积约 776 128.83 hm²（未含禁渔区面积），利用率约为 15.9%（占内水面积的百分比）。其中，自然保护区用海、交通运输用海以及渔业用海构成了广东省海域使用的主体，约占总用海面积的 96.8%。

15.2.1.2　滩涂资源

广东省滩涂面积为 2 042.66 km²，约占全国滩涂总面积的 8.3%。其中分布于大、中河流河口的面积有 1 000 km²，分布于海湾和沿岸的面积有 1 040 km²；可用于种植的面积有 715.3 km²，可用于养殖的面积有 1 197.3 km²，可用于工业建设的面积有 109.3 km²，另有部分滩涂尚待利用。

广东沿海各市均有滩涂分布，主要分布在粤西沿海，面积达到 1 206.36 km²，占全省滩涂总量的 59.06%；"珠三角"次之，面积共 714.88 km²，占全省的 35%；粤东沿海滩涂面积最小，仅 121.42 km²，占全省的 5.94%。

15.2.1.3　海湾资源

据《中国海湾志》统计，广东省 14 个主要海湾中原生湾有 5 个，其余 9 个为原生湾和次生湾混合型，见表 15.1。

表 15.1　广东省主要海湾类型

序号	海湾	成因类型
1	广海湾	原生、次生混合
2	镇海湾	原生
3	海陵湾	原生
4	水东港	原生、次生混合
5	湛江港	原生、次生混合
6	雷州湾	原生、次生混合
7	安铺港	原生、次生混合
8	汕头港	原生（构造湾、河口湾）
9	企望湾	原生、次生混合（构造湾、次生湾）
10	海门湾	原生、次生混合（构造湾、次生湾）
11	碣石湾	原生、次生混合（构造湾、局部潟湖湾）
12	红海湾	原生、次生混合（构造湾、局部沙坝、潟湖湾）
13	大亚湾	原生（构造湾）
14	大鹏湾	原生（构造湾）

注：根据《中国海湾志》整理。

另外，还有一些较重要的海湾，如柘林湾、伶仃洋、黄茅海，均为河口湾。

构造湾中，大亚湾、大鹏湾等，均为广东最优深水港湾，水深达 $10 \sim 20$ m。海湾周围岸线曲折，岸坡陡峻，水深流缓，水体含盐量高。湾内既适合海产养殖，又适宜工业港口发展。

原生和次生混合湾中，湛江港、雷州湾等，其港内腹地纳潮量大，潮差较大，平均潮差约 2 m。港外拦门浅滩水深可达 $5 \sim 7$ m，亦属深水良港。而企望湾、海门湾等湾口宽敞，湾内面向大海，海滩延绵，适宜滨海旅游开发。

潟湖湾其湾缘地势低平，湾内水深较浅（水深<3 m），常形成口门通道，造成航行障碍，需整治方能通行较大吨位船只。如广东汕尾港、水东港等。一般适合海产养殖，及工业港口发展。

15.2.1.4　海洋生物资源

广东海域处在南海北部，渔业资源丰富，有经济价值的鱼类 100 多种。海洋药用生物资源相当丰富，但开发利用得极少。从开发利用情况看，广东渔业用海共有 13 524 宗，面积 1 449.56 km²，占全省用海面积的 16.95%，从渔业用海的内部结构来看，养殖业的比例非常大。

15.2.1.5　港口资源

广东省沿海港湾资源丰富，已形成以广州、深圳、珠海、汕头、湛江港为主要港口，潮州、揭阳、汕尾、惠州、虎门、中山、江门、阳江、茂名港为地区性重要港口的分层次发展格局。根据广东 908 专项调查资料统计，广东省的交通运输用海共有 656 宗，面积约 2 061.07 km²，占全省各类用海总面积的 24.10%。主要分布在阳江、珠海、茂名、汕尾、深圳、湛江等地，用途以锚地、港口工程和航道为主。

至 2009 年底，全省有生产性泊位总数 2 891 个，其中万吨级泊位 237 个。率先建成了全国第一个 30 万吨级原油码头，并拥有 25 万吨级铁矿石码头和 10 万吨级集装箱码头等一批专业化、规模化泊位。

15.2.1.6　海洋矿产资源

广东省矿产资源的开发利用包括油气、滨海矿产资源和海砂资源的开采。根据 908 专项调查，全省油气开采用海 592.78 hm²，固体矿产开采用海 5 411.06 hm²。

1）油气资源

广东省的油气资源，主要集中在台西南盆地、珠江口盆地和雷东盆地，已开发生产的油田有 16 个，气田 1 个。

2）滨海矿产资源

广东省沿海和 20 m 水深以浅近海存在多处海砂矿和砂矿异常区，共存在大、小矿床（点）90 处。广东滨海砂矿独居石、磷钇矿、锆英石、钛铁矿和金红石的储量，在全国同类型矿床中名列首位。

3）海砂资源

海砂资源的开采主要分布在狮子洋及伶仃洋。现有采砂区包括广东金颐发保得沙石开采有限公司采砂区、番禺市利海沙石开发有限公司采砂区、东莞市江海贸易有限公司采砂区、虎门建设发展有限公司采砂区、中海工程建设总局第三工程处采砂区、东莞市江海贸易有限公司采砂区等。

15.2.1.7 海洋能源资源

广东对海洋能的利用较少，目前以风能利用为主，主要分布于南澳、遮浪等常年风速较大，主导风向稳定的高地。其中南澳是广东唯一的海岛县，海域面积达 4 600 km²，风力资源丰富，已经成为亚洲海岛最大的风力发电场和我国第二大风电厂。20 世纪 50 年代广东兴建了一些小型潮汐电站，如磨蝶口、镇口和黎洲角，但都因技术和管理的问题而废弃。潮流能、波浪能、温差能、盐差能等的开发利用尚属空白。

15.2.1.8 海水资源

广东省的海水资源利用主要是包括盐田区和一般工业用水区。

1）盐业区

广东省的盐业生产历史悠久，具有良好的条件。主要集中在粤东的饶平、南澳和海丰，粤西的电白、阳江和雷州半岛西部。这些盐业集中的地区气温高、雨量少、日照充足、蒸发量大于降水量，盐业产量较为稳定。

2）一般工业用水区

工业用水主要是利用海水冷却、冲刷库场。目前已建的沿海核电厂和火力电厂均利用海水作为冷却水。如岭澳核电站、大亚湾核电站、沙角电厂等。

除此以外，海水资源在海水淡化、水产品加工等方面亦有应用。

15.2.1.9 滨海旅游资源

旅游娱乐用海是开发利用滨海和海上旅游资源以及开展海上娱乐活动所使用的海域，包括旅游基础设施用海、海水浴场和海上娱乐用海。全省旅游娱乐用海有 158 宗，占用海域面积共 163.24 km²，为全省各类用海总面积的 1.91%。

在区域分布上，"珠三角"地区的旅游娱乐用海最多，其次是粤东，粤西最少。旅游娱乐用海面积最多的沿海城市是深圳，其旅游基础设施用海面积位居第一，占了全省该类用海面积的 93.84%，其海上娱乐用海位居第五。

15.2.2 海洋经济总体发展状况

广东省委、省政府十分重视海洋开发和海洋科学技术进步，把开发海洋资源，发展海洋经济作为增创广东经济发展新优势，大力推进海洋产业和海洋经济的发展。近年来，全省海洋经济保持持续高速、高位运行的良好态势，广东是全国海洋经济发展最活跃、最具增长潜力的地区之一。

15.2.2.1 海洋经济总量与发展速度

自 2003 年广东省第五次海洋工作会议召开以来，全省海洋经济继续保持良好的发展态势，海洋经济总量稳步增长，海洋经济对国民经济和社会发展的贡献日趋突出。

1）海洋经济步入数量积累和规模扩大的快速增长期

2010 年广东海洋产业总产值 8 291 亿元，连续 16 年居全国首位，多年约占全国比重的 20%；其中，海洋产业增加值 3 891 亿元，海洋相关产业 4 400 亿元。

2）海洋经济已成为国民经济的新经济领域

海洋经济增长速度高于同期国民经济增长速度，2003—2006 年 3 年间，广东海洋产业增加值以年均 32.8% 的增长速度高速发展，2007—2010 年，广东海洋产业增加值以年均 20% 的增长速度高速发展，对广东国民经济的贡献日益增大。

15.2.2.2 海洋经济产业与产业结构

海洋产业结构进一步优化，形成了以海洋交通、滨海旅游、海洋油气、海洋化工、海洋渔业为主体，海洋船舶制造、海洋电力、海洋生物制药、海水利用、海洋工程建筑业等产业全面发展的新格局。2010 年，五大海洋产业增加值占主要海洋产业增加值的 87.63%，继续保持广东海洋支柱产业的稳固地位。

广东主要海洋产业结构调整明显，呈优化趋势。海洋渔业在海洋产业中的比重呈现逐年下降趋势，由 2003 年的 21% 调整到 2010 年的 3.86%；海洋第二产业的比重则由 2003 年的 39% 发展到 2010 年的 41.74%，说明广东海洋经济的产业结构正在处于重大调整过程中，第二产业特别是海水利用、海洋油气、海洋船舶制造的发展呈现加速趋势；海洋经济的"服务化"阶段即海洋产业发展的高级化阶段也初露端倪，滨海旅游、海洋运输、海洋信息、技术服务等海洋第三产业成为海洋经济的未来支柱，特别是滨海旅游业发展的突飞猛进使得海洋产业结构不断得到优化，产业结构日趋合理，各产业更加协调发展。

15.2.2.3 海洋经济布局

沿海各地加快实施区域协调发展战略，加强资源整合和产业互动，初步形成了"珠三角带动，两翼齐飞"的海洋经济区域发展格局。"珠三角"、粤东和粤西三大经济区海洋经济发展各具特色，优势互补，区域海洋产业集群优势日益显著。

"珠三角"海洋经济区以珠江口沿海城市群为中心，海洋经济发展相对较发达，海洋产业主要以海洋高科技产业、现代综合服务业、交通运输业、临海工业和海洋战略新兴产业为主。以广州、深圳、珠海为中心的珠江口城市以现代物流业发展优势，形成临港工业、高科技产业和现代服务业一体化的产业集群基地，成为华南国际物流中心，广东省先进制造业基地和现代服务业中心区；以惠州为主的大亚湾地区以石化产业为主导，构建高技术信息和汽车工业、滨海旅游业、港口物流业协调发展的产业集群。"珠三角"地区已形成了珠江河口湾区和大亚湾两大实力雄厚的产业集群区。

粤东地区以汕头为龙头，充分发挥侨乡优势，特别是对台经济交往的优势，以发展特色型、生态型工业为核心，重点推进汕头东部经济带和潮汕揭石化基地建设，发展海洋水产品精深加工业、海洋船舶制造业、海洋电力业和滨海旅游业。形成粤东两大产业集群区，分别是以临港能源、造船、石化和装备制造、现代物流、滨海旅游和现代渔业为主的潮州—汕头产业集群区，以新型能源、水产品加工为主的汕尾—惠来能源产业集群区。

粤西地区以湛江为龙头，发挥大西南出海口的优势，承接"珠三角"地区产业转移项目，形成沿海经济新的增长带。湛江主枢纽港的建设，以及中科石化、湛江钢铁基地、茂名石化产业基地等一大批重大项目的投资建设，粤西打造湛茂沿海重化产业带，重点发展临海重化工业、临海钢铁工业和配套产业。不断挖掘海洋历史文化、渔家文化和海洋生态为主题的旅游活动，海上丝绸之路、休闲疗养和海上运动等多种旅游产品丰富。以钢铁、石化、现代物流等为主的湛江产业集群区和以石化、滨海旅游为主的茂名—阳江产业集群区已初步形成，为区域蓝色崛起提供了有力的支撑。

15.2.3 海洋经济对区域经济的影响

海洋经济是区域经济的组成部分，研究海洋经济与区域经济的关系，主要体现在陆海相关区域——作为区域经济发展的载体，用高新技术等途径改造传统海洋产业结构，进一步优化海洋产业结构，可以为区域经济发展创造新的增长点。广东是一个海洋经济大省，海洋经济在社会经济中占据重要的地位，在过去的20多年中，广东凭借海洋优势，迅速成为全国第一经济大省，在未来几十年，合理开发和保护海洋资源，更是广东经济可持续发展的重要保障。发展海洋经济，维护海洋权益，对促进沿海区域经济发展，继续保持广东的经济强省地位有重要的现实意义。

15.2.3.1 海洋优势彰显海洋经济在区域经济中的重要性

海洋经济作为区域经济的一部分，广东具有的海洋优势对促进海洋经济有着重要的作用，使之继续成为区域经济发展的重要增长点。

1）广东的海洋资源优势，在广东经济社会发展中具有十分重要的战略地位

广东省海域面积达 $42×10^4$ km²，是陆域面积的两倍多，占全国的14%。广东省有大陆海岸线 4 114 km，居全国之首。全省海域辽阔、海岸线绵长，海岛、港湾、生物、油气、固体矿产和可再生能源等海洋资源丰富。

2）广东的沿海区位优势，在对外经济贸易中地位突出

改革开放以来，广东省发挥毗邻港澳、濒临南海、华侨港澳台同胞众多的优势，大力招商引资、发展对外贸易，95%的进出口货物经海上运输完成，海洋在广东省对外经济贸易运输中地位非常突出。海洋在粤港澳合作、建设中国—东盟自由贸易区中也发挥了重要纽带作用。

3）广东发展海洋的空间优势，将对广东经济持续较快发展起到重要支撑作用

近10年广东省海洋经济实现了快速发展，海洋经济已成为广东省强大的经济支柱，具有

举足轻重的地位。近年来，广东省仅临海工业、港口用海面积累计就近 9 000 hm²，项目投入 3 000 亿元。

今后一个时期广东省将着力发展新 10 大重点项目，能源、石化、钢铁、造船基地等更是建设的重中之重。要保持广东经济社会的良好发展势头，每年需要保证一定的建设用地，而广东省土地资源有限，远远不能满足保持经济社会较快发展的需要。开发利用海洋资源，对于转移当前山区和落后地区 600 万农村富余劳动力和相关人口、拓展"珠三角"产业发展空间，发展壮大东西两翼区域经济，形成海陆互动的全省经济发展新格局具有十分重要作用。

4）广东的海洋生态优势，对调节广东沿海气候、自然环境和保持生态平衡发挥了重要作用

广东省濒临南海，海域具有生物多样性，拥有红树林、珊瑚礁、海草床等特殊的南亚热带海洋生态系统，是保持生态平衡、优化自然环境的重要组成部分。

15.2.3.2　海洋经济成为广东省经济增长中最有潜力和最具活力的领域

自 2003 年广东省第五次海洋工作会议召开以来，全省海洋工作在省委、省政府的正确领导下，以科学发展观为指导，全面贯彻中央和省委、省政府的有关文件精神，不断呈现新的亮点和特色。全省海洋经济继续保持良好的发展态势，海洋经济总量稳步增长，海洋经济对国民经济和社会发展的贡献日趋突出。广东省海洋经济发展的亮点如下。

1）总体经济实力明显增强

海洋经济总体实力明显增强，成为广东省经济增长中最有潜力和最具活力的领域。2003 年以来，广东省海洋经济总产值一直保持着两位数的增长速度，2010 年全省海洋生产总值（海洋 GDP）8 291 亿元，连续 16 年居全国首位，占全省地区生产总值的 18%。年均增长 20% 以上，增长速度高于同期全省 GDP 的增长速度。海洋开发的广度和深度不断扩展。

2）三大海洋经济区雏形初现

三大海洋经济区建设初具规模，成为广东省经济发展的重要平台。依托自身区域特点和资源优势，沿海各地加快了海洋综合开发，形成了粤东、粤中、粤西三大海洋经济区和广州、深圳、珠海、汕头、湛江五个经济增长速度快、外向度高、富有活力的海洋经济重点市。广东省海洋经济的发展有力推动了沿海地区工业化、城镇化进程，极大带动了沿海地区经济增长和全省经济的发展。

3）渔业总体素质显著提高

2010 年全省渔业经济总产值达 1 660 亿元，"十一五"期间年均增长 10.3%，水产品总产值达 750 亿元，年均增长 6.8%；水产品出口额达 22.4 亿美元，年均增长 10.9%。"一条鱼"工程取得成效，优势养殖水产品产业带初具规模，对虾、优质海水鱼、鲍鱼、珍珠等品种的海水养殖产量稳居全国前列。健康生态养殖模式得到广泛应用，抗风浪深水网箱养殖发展迅速。

4）滨海旅游业方兴未艾

近年来，广东的滨海旅游资源的整合和宣传推广力度得到加强，新建、改建和扩建了一批新的旅游景区，景区管理水平、旅游资源品位和档次明显提高。目前全省已有滨海旅游度假区近40个，基本形成了由海滨浴场、水上运动、文化观光、主题公园和专项旅游活动等组成的海滨度假旅游产品体系。2010年全省滨海旅游业收入达到967亿元。

5）基础设施及高新技术研发成效显著

海洋基础设施不断完善，成为广东省海洋经济发展的有力保障。海洋防灾减灾能力进一步增强。海洋灾害监测预警体系、海上救援体系、渔港避风港体系不断完善。海洋科技创新能力不断增强，成为推动广东省海洋经济发展的强大动力。海洋生物资源综合开发、海洋工程、海洋监测及海洋灾害预报预警等海洋高新技术的研究和开发取得显著成效。重大科技兴海招标项目取得丰硕成果，建设了一批国家和省级重点实验室、科技兴海基地和区域性水产试验中心。

15.2.3.3 广东社会经济的新一轮大发展需要重点关注海洋大发展

改革开放30多年来，广东经济一路领跑全国，一路喜讯不断，但不可否认，随着近几年后来追兵的快速追赶，广东在经历多年的快速粗放式增长之后矛盾开始凸显，土地资源和能源资源等紧缺更是制约广东省经济快速发展的"瓶颈"。在新的历史发展起点上，大力发展海洋经济是广东经济又好又快、可持续发展的重要突破点。

1）发展海洋事业，是广东省新一轮大发展的迫切需要

经过改革开放30多年的高速发展，广东经济发展正进入一个关键时期，长期以土地换GDP式的经济高增长，致使可持续发展的压力加大，土地资源严重紧缺就是其中最大的难题。目前，全省人均耕地面积只有0.032 hm²，相当于全国平均数的1/3，远低于联合国划定的0.053 hm²的警戒线。开发利用海洋，拓展发展空间，是广东新一轮大发展的出路，我们必须高度重视发展海洋事业。

2）发展海洋事业，是广东省率先基本实现现代化的现实需要

海洋产业是现代产业的重要组成部分，广东当前推进工业化、城市化，要在2020年率先基本实现现代化和建成全面小康社会，必须开发利用海洋资源，发展海洋产业，做大做强海洋事业。发展海洋事业，是今后保持广东省人均GDP快速增长，实现全省经济社会全面协调可持续发展，率先基本实现现代化的重要途径和强大支撑。

3）发展海洋事业，是顺应世界海洋开发利用趋势的必然选择

随着经济社会的发展，人口、资源和环境等问题日益突出，国际社会开发利用海洋资源、控制海洋空间的竞争日趋激烈。许多沿海国家加大海洋开发力度，努力挖掘海洋经济巨大的发展潜力，加快推动海洋产业发展。

　　4）发展海洋事业，是争当全国海洋事业科学发展排头兵的内在要求

　　近年来，沿海各省、市纷纷把发展目光投向海洋，提出了加快发展海洋经济的战略措施，海洋开发和海洋综合管理力度不断加大。面对新时期国内外海洋形势的一系列新变化、新挑战，如何保持广东海洋经济在全国的领先地位，加快实现海洋经济强省的目标，加大海洋投入、开发、保护力度，全力推进海洋经济发展，对广东省海洋事业继续当好排头兵至关重要。

15.3　海洋产业发展状况

　　近年来，广东海洋经济发展迅猛，主要海洋产业继续保持稳定增长态势。2009 年，全省海洋生产总值达到 6 800 亿元，同比增长 10.3%，占全省国民生产总值的 17.40%，占全国海洋生产总值的 21.27%，广东海洋经济总量连续 15 年居全国首位。滨海旅游业、海洋交通运输业、海洋油气业、海洋化工业以及海洋渔业 5 大海洋产业继续保持稳健增长态势，分别实现增加值 767 亿元、530 亿元、330 亿元、320 亿元、300 亿元。

15.3.1　优势海洋产业发展状况

15.3.1.1　滨海旅游业

　　丰厚的滨海旅游设施为广东滨海旅游业的发展提供了良好的保障，广东大力发展滨海旅游业。截至 2008 年，广东沿海城市共有宾馆（酒店）3514 家，占全省宾馆（酒店）的 54.09%，其中星级宾馆（酒店）857 家，占全省星级宾馆（酒店）的 73.56%；拥有客房 296 535 间，占全省的 74.03%，拥有床位 504 251 张，占全省的 72.59%。

　　目前，广东滨海旅游业继续打造集休闲娱乐、科普教育、绿色生态于一体的生态旅游品牌。广东滨海旅游业保持平稳较快发展，旅游市场持续扩大，旅游消费稳步增长，服务水平进一步提升。2009 年广东滨海旅游业实现增加值 767 亿元，同比增长 10.91%，占海洋生产总值的 11.28%，占全省主要海洋产业总产值的 31.62%。

　　2008 年广东滨海旅游业外汇收入为 84.01 亿美元，位居全国首位，同比增长 4.98%。2000—2008 年广东省滨海旅游业外汇收入变化情况见图 15.1。

　　2008 年，广州、深圳的滨海旅游国际旅游收入总和为 58.34 亿美元，占全省滨海旅游外汇收入的 69.44%。2008 年沿海城市滨海旅游业外汇收入分布情况见图 15.2。

　　全省沿海城市接待入境旅游者人数最多的是深圳市，2008 年深圳接待入境旅游者超过 800 万人次，占全省沿海城市接待总数的 36.99%。排在前 5 名的是深圳、广州、珠海、东莞和惠州。据调查，广东滨海旅游项目年接待游客近 6 000 万人次，占地区旅游收入的 50% 左右。2008 年沿海城市滨海旅游业接待入境旅游者情况见图 15.3。

15.3.1.2　海洋交通运输业

　　广东海洋交通运输业是地区海洋经济的支柱产业，同时依靠其强大的基础设施，影响辐射了整个"珠三角"地区及其经济腹地。2009 年全省港口共完成货物吞吐量 10.28×10^8 t，集装箱吞吐量 $3\ 678.72 \times 10^4$ TEU。其中，广州港货物吞吐量达到 3.75×10^8 t，居全国沿海港口

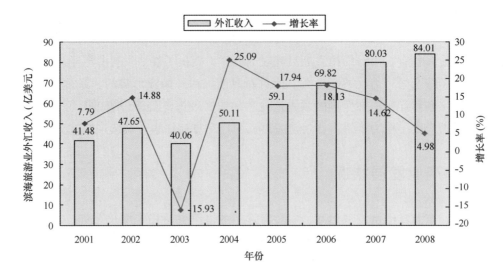

图 15.1　2000—2008 年广东省滨海旅游业外汇收入变化情况

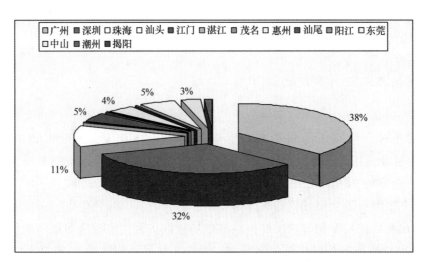

图 15.2　2008 年广东省沿海城市滨海旅游业外汇收入分布情况

第 3 位，世界第 6 位，集装箱吞吐量居世界第 8 位，已发展成为我国华南地区最大的综合性主枢纽港。深圳港作为中国重要的港口城市和进出口基地，已开辟通往全球各地的国际集装箱班轮航线 200 多条，2009 年集装箱吞吐量 1 825×10⁴ TEU，连续 7 年居世界集装箱大港第 4 位，是国际贸易和航运网络中的重要枢纽港口。湛江港 2009 年货物吞吐量达 11 838×10⁴ t，成为环北部湾首个亿吨大港，亦成为广东省继广州港、深圳港之后第三个年货物吞吐量过亿吨的港口。

广东海洋交通运输业稳步发展，2009 年实现增加值 530 亿元，同比增长 6.82%。2005—2009 年广东海洋交通运输业增加值变化情况见图 15.4。

近年来，广东海洋客货运输量和周转量呈上升趋势，但受全球经济危机的影响，2008 年远洋客货运输量和周转量出现较大幅度下滑。2008 年货运量为 18 252×10⁴ t，位居全国第 3，同比增长 19.2%。其中，沿海货运量为 11 717×10⁴ t，同比增长了 48.04%；远洋货运量为 6 535×10⁴ t，同比下降 11.65%。货运周转量为 2 655.85×10⁸ t·km，同比下降 8.25%。其中，

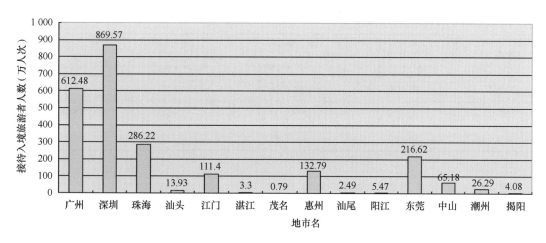

图 15.3 2008 年沿海城市滨海旅游业接待入境旅游者情况

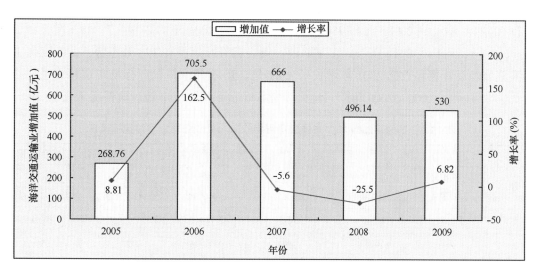

图 15.4 2005—2009 年广东海洋交通运输业增加值变化情况

沿海货运周转量为 1 635.5×10⁴t，同比增长 32.69%；远洋货运周转量为 1 020.35×10⁸ t·km，同比下降 38.61%。2008 年广东海洋旅客运量为 1 229 万人次，同比下降 25.69%；旅客周转量为 6.88 亿人公里，同比下降 32.28%，比 2000 年少了 1.12 亿人公里。2000—2008 年广东海洋客货运输量和周转量情况见表 15.2。

表 15.2 2000—2008 年广东海洋客货运输量和周转量情况

年份	货运量 （×10⁴ t）	货运周转量 （×10⁸ t·km）	客运量 （万人次）	旅客周转量 （亿人千米）
2000	11 260	2 182.1	1 137	8
2001	11 338	2 259.3	1 182	8.1
2002	11 441	2 211.3	1 251	8.1
2004	13 533	2 797.95	1 454	8.33
2005	13 756	2 765.88	1 438	8.28

年份	货运量 （×10⁴ t）	货运周转量 （×10⁸ t·km）	客运量 （万人次）	旅客周转量 （亿人千米）
2006	13 976	2 832.66	1 639	11.41
2007	15 312	2 894.71	1 654	10.16
2008	18 252	2 655.85	1 229	6.88

沿海港口发展势头良好，2001—2009 年间，货物吞吐量持续稳步上升，由 2001 年的 17 190×10⁴ t 增加到 2009 年的 99 500×10⁴ t，增加了 4.79 倍，年均增长 25.83%。旅客吞吐量由 2001 年的 1 540 万人次增加到 2007 年的 2162 万人次，年平均增长 4.97%；2008 年为 2012 万人次，同比下降 6.94%。

2001—2008 年，广东港口国际标准集装箱运量呈基本上升趋势，箱数由 2001 年的 282.7×10⁴ TEU 增长到 2008 年的 795×10⁴ TEU；重量由 2001 年的 2 144.7×10⁴ t 增长到 2008 年 6 772×10⁴ t，增长了 2.16 倍。广东主要港口集装箱吞吐量呈直线上升态势，2009 年港口国际标准集装箱吞吐量箱数比 2001 年增长了 3.41 倍，2008 年港口国际标准集装箱重量比 2001 年增长了 3.81 倍。2000—2009 年广东港口客货吞吐量和国际标准箱运输情况见表 15.3。

表 15.3　2000—2009 年广东港口客货吞吐量和国际标准集装箱运输情况

年份	港口客货吞吐量		港口国际标准集装箱运量		港口国际标准集装箱吞吐量	
	货物吞吐量 （×10⁴ t）	旅客吞吐量 （万人次）	箱数 （×10⁴ TEU）	重量 （×10⁴ t）	箱数 （×10⁴ TEU）	重量 （×10⁴ t）
2001	17 190	1 540	282.7	2 144.7	829.9	6 814
2002	21 493	1 568.8	371.3	2 627.6	1 217.1	9 595.9
2003	—	—	475.7	3 030.2	1 616.7	12 471.4
2004	51 959	1 617	387.1	2 915.3	1 990.4	15 890.4
2005	58 747	1 661	422.8	3 777.2	2 378.1	19 208.7
2006	70 717	1 865	451	3 837.6	2 837.6	23 733
2007	80 282	2 162	647	5 666	3 407	29 851
2008	85 855	2 012	795	6 772	3 620	32 779
2009	99 500	—	—	—	3 661.31	—

15.3.1.3　海洋油气业

海洋油气业是广东省海洋经济的优势和支柱产业之一。随着南海油气资源开发的加快，加上中海油 500 亿元打造珠海深水工程基地和中石油、中石化也分别在揭阳、湛江建造储油、炼油基地，广东海洋油气业蓬勃发展，有效缓解广东能源紧缺。2009 年广东海洋油气业实现增加值 330 亿元，位居全国第 2 位，同比增长 8.99%，占全省主要海洋产业的 13.6%。广东近年来海洋油气业增加值情况见图 15.5。

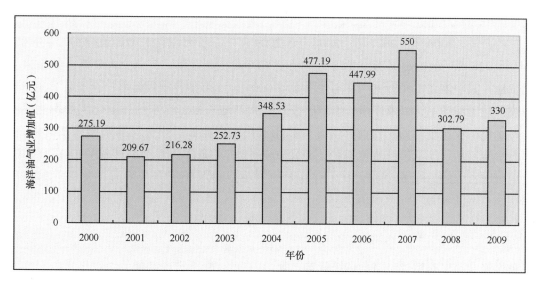

图 15.5　2000—2009 年广东油气业增加值情况

截至 2008 年，广东拥有油田生产井 447 口，其中采油井 380 口，采气井 48 口，注水井 18 口，其他井类 1 口。油田生产井数比排在全国首位的天津少 1 624 口。从事海洋油气业人员为 18.9 万人，比上年增加 0.4 万人。

2000—2008 年间，海洋原油产量稳定在 1 300×10^4 t 左右，2008 年为 1 404.07×10^4 t，同比增长 11.58%，广东海洋原油产量位居全国第 2 位，比排在首位的天津少 153.08×10^4 t。海洋天然气产量呈 "V" 字形发展趋势，2008 年为 61.24×10^8 m^3，位居全国首位。2000—2008 年广东海洋油气业生产情况见表 15.4。

表 15.4　2000—2008 年广东海洋油气业生产情况

年份	原油产量 （×10^4 t）	天然气产量 （×10^8 m^3）	原油出口量 （×10^8 m^3）	原油创汇额 （亿美元）	原油出口量占产量的比重（%）
2000	1 373.93	34.60	545.12	11.92	39.68
2001	1 224.78	33.45	333.99	5.84	27.28
2002	1 249.64	32.57	321.15	5.94	25.70
2003	1 286.18	27.35	389.17	8.36	30.26
2004	1 481.89	43.54	373.94	9.93	25.24
2005	1 480.77	45.42	471.86	17.56	31.87
2006	1 348.24	54.86	337.12	15.91	25.00
2007	1 258.7	55.99	90.36	4.32	7.18
2008	1 404.07	61.24	132.07	9.59	9.41

15.3.1.4　海洋化工业

海洋化工业已经成为广东省海洋产业的支柱产业，2004 年、2005 年广东海洋化工业分别实现增加值 200 万元和 700 万元。2006 年以后，在统计海洋化工业总产值的口径上增加了石油化工的产值，2006 年、2007 年、2008 年、2009 年广东省海洋化工增加值分别为 438 亿元、480 亿元、260 亿元和 320 亿元。目前，广东已初步形成了茂湛、广州、大亚湾、汕潮揭 4 大石化基地，其中湛江 1 500×10⁴ t 炼油、揭阳 2 000×10⁴ t 炼油等项目已落户，茂名 2 000×10⁴ t 炼油改扩建工程动工，以及广州、惠州已投产石化基地项目。广东的石油化工业发达，但其他如海水化工业比较落后，目前，仅有少数几家化工企业如广州市海荔水族科技有限公司、南澳海水素制品厂等从事海水素等的生产。2006 年广东海洋化工产品产量只有 1.43×10⁴ t，与位居全国首位的山东 611.44×10⁴ t 有巨大的差距。2008 年广东从事海洋化工业的人员为 24.6 万人，比上年增加了 0.5 万人。

15.3.1.5 海洋渔业

海洋渔业是广东海洋经济的传统优势产业之一，2009 年实现增加值 300 亿元，同比增长 5.26%。在全国 11 个沿海省、自治区、直辖市中，广东海洋渔业发展一直位列前茅。

广东海洋渔业主要集中在湛江、广州、阳江、茂名、江门等地区。从产业结构来看，早期广东省海洋渔业以海洋捕捞为主，但随着渔业资源的退化和养殖的快速发展，自 2002 年起，海水养殖量超过海洋捕捞量，目前，广东省以海水养殖为要。海洋捕捞中，近海捕捞占绝对优势，远洋捕捞产量只占海洋捕捞产量的 5%~7%。随着海洋渔业产业结构的不断升级，海洋渔业中除了传统的渔港、海水养殖业（狭义）、海洋捕捞业之外，又新增了深水网箱养殖和海洋牧场等海水增养殖方式，海洋渔业产业结构愈趋优化。

2009 年，省政府召开现代渔业工作会议，整体部署现代渔业建设工作，决定通过加大海洋渔业基础设施建设、推进深水网箱、远洋渔业等工作力度，着力提高现代渔业的产业素质。

1) 海洋捕捞总体发展状况

2009 年广东省海洋捕捞渔船 45 979 艘，701 254 总吨，2 013 815 kW；海洋捕捞产量 1 415 867 t，实现增加值 52.41 亿元（按 2009 年当年价格计算）。为了有效保护近海渔业资源，国家先后出台各种"限捕"政策，使得海洋捕捞产量实现了"负增长"，近海渔业资源得到了有效保护。广东作为海洋渔业大省，认真履行国家保护近海渔业资源的政策，海洋捕捞产量呈现出逐年下降的趋势。2000—2009 年间广东海洋捕捞产量的具体变化情况见图 15.6。

2) 远洋渔业发展状况

由于近海捕捞的限制，远洋捕捞成了海洋捕捞产量的新增长点。目前，全省远洋渔业企业 12 个，运作远洋渔业项目 26 个，投产渔船维持在 170 艘左右，总产量约 6×10⁴ t，总产值 3.5 亿元。广东广远渔业集团新造了钢质混合制冷延绳钓渔船，已开赴南太平洋地区投入生产。全省 12 家远洋企业、26 个远洋渔业项目，遍及三大洲、两大洋 12 个国家。广东的远洋渔业从 2000 年开始迅速发展起来，远洋捕捞产量从 2000 年的 22 676 t 增长到 2009 年的 109 474 t，9 年间增长了 4 倍多。广东远洋渔业国外经营总收入由 2000 年的 2 997 万美元增长到 2005 年的 51 885 万美元，5 年间增长了 16 倍，其中盈利增长了近 2 倍。另外，从事远洋渔业生产的人员也有增长的趋势，从 2000 年的 1 245 人增长到 2006 年的 2 094 人，6 年间

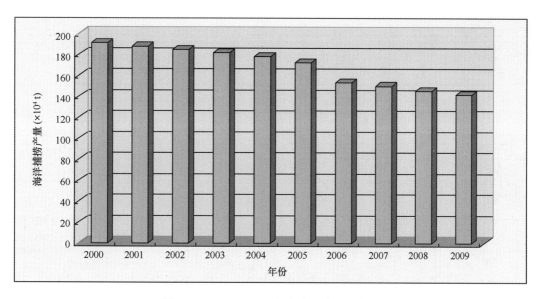

图 15.6　2000—2009 年广东海洋捕捞产量

增加了 68.19%。

3）海水养殖发展状况

海水养殖业是海洋渔业的支柱产业之一。广东省海水养殖区主要分布在 12 个重点海湾的海水养殖基地——柘林湾、南澳猎屿海域、红海湾、大亚湾、大鹏湾、万山群岛海域、川山群岛海域、海陵湾、水东湾、雷州湾、流沙湾、安铺港。广东省拟建 12 个种苗增殖放流基地。2001 年，广东省就提出用 10 年时间建设 100 座人工鱼礁，在湛江市廉江龙头沙海域、大亚湾中央列岛周边海域、深圳鹅公湾海域、南澳乌屿周边海域、徐闻流沙湾海域、担杆岛周边海域、深圳东冲至西冲海域等海域通过以人工鱼礁和海草床为主体，配合人工增殖放流修复海洋生态系统。在 2000—2009 年间，广东海水养殖产量持续上升，而海洋捕捞产量呈持续下降趋势，海洋水产品养捕比例由 2000 年的 0.88 增长到 2009 年的 1.66，自 2002 年起，海水养殖产量高于海洋捕捞产量，并且两者的差距越来越大（表 15.5，图 15.7）。2009 年广东海水养殖面积为 19.48×10⁴ hm²，同比增加 2.69%，产量达到 234.62×10⁴ t，实现增加值 60.72 亿元，海洋渔业机动渔船中用于海水养殖的渔船达到 4 695 艘，16 500 总吨，55 949 kW。2000—2009 年广东海水养殖面积变化情况见图 15.8。

表 15.5　2000—2009 年海水养殖与捕捞情况

年份	海水养殖产量（×10⁴ t）	海洋捕捞产量（×10⁴ t）	养殖与捕捞比例（%）
2000	168.97	191.48	0.88
2001	179.05	188.02	0.95
2002	189.64	184.72	1.03
2003	197.30	181.91	1.08
2004	210.70	177.90	1.18

续表 15.5

年份	海水养殖产量（×10⁴ t）	海洋捕捞产量（×10⁴ t）	养殖与捕捞比例（%）
2005	225.91	172.05	1.31
2006	220.19	153.40	1.44
2007	222.96	150.16	1.48
2008	222.98	145.46	1.53
2009	234.62	141.59	1.66

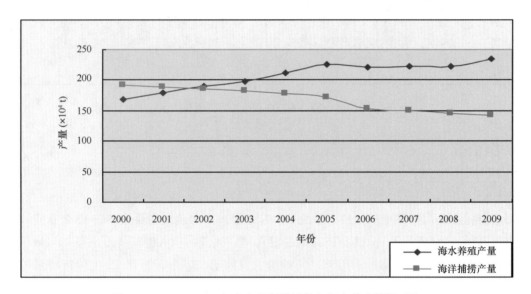

图 15.7　2000—2009 年广东省海洋捕捞与海水养殖情况对比

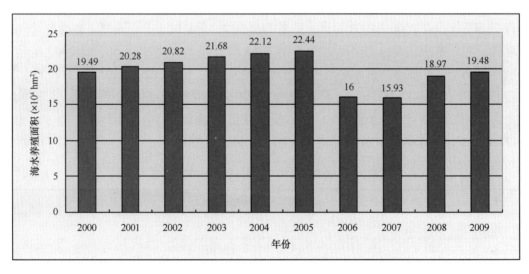

图 15.8　2000—2009 年广东海水养殖面积变化情况

在水产苗种培育方面，茂名、电白、徐闻、雷州是海洋水产苗种的主要培育地区。2000年全省培育对虾苗种 126.67 亿尾，2009 年广东省水产苗种培育海域鱼苗 2 375 144 万尾，虾类育苗 161. 21 亿尾，贝类育苗 740 155 万粒，其中鲍鱼 70 919 万粒。

4）海洋水产品加工业发展概况

广东省海洋捕捞、海水养殖产业的快速发展，促进了产业链下游的海洋水产品加工产业发展。近年来，海洋水产品加工已从初级加工模式转向海洋水产品精深加工发展，通过水产品加工过程提升海洋水产品的附加价值。

全省海洋水产品加工企业数虽有波动，但在 2004—2009 年间，加工企业数平均在 1 148 家的水平。纵向比较，2009 年全省海洋水产品加工企业 1 173 家，比 2000 年增加 312 家；海洋水产品加工能力逐年提升，在 2009 年达到了 427.04×10⁴ t，是 2000 年的 4.6 倍。2009 年广东省用于加工的海水产品量达到 143.85×10⁴ t，实现增加值 61.53 亿元。广东海洋水产品加工业发展状况见表 15.6。

表 15.6　广东水产品发展情况

年份	水产加工企业（个）	水产加工能力（t/a）
2000	861	92.41
2001	911	115.43
2002	1107	142.89
2003	1111	163.00
2004	1151	179.75
2005	1139	192.99
2006	1142	218.24
2007	1153	397.50
2008	1132	406.62
2009	1173	427.04

近年来，广东水产品加工产量稳步增加，广东海洋水产品加工主要集中在湛江、茂名、汕尾、汕头、电白等市、县。2009 年已经达到了 141.77×10⁴ t，基本满足了人们对水产品的大量需求，见图 15.9。

15.3.2　战略性新兴海洋产业发展情况

广东海洋经济发展迅猛连创新高，主要海洋产业继续保持稳定增长态势，已成为国民经济重要组成部分。"十一五"期间，广东省深入实施科技兴海战略，科技驱动海洋产业结构调整与升级成效明显，海洋工程装备制造业、海洋生物医药业、海洋可再生能源、海水综合利用业、海洋现代服务业等战略性新兴产业起步良好，渐成规模。

15.3.2.1　海洋工程制造业

中船集团和中海油公司选择在珠海分别建立中船集团珠海船舶和海洋工程装备基地、中海油珠海深水工程基地。这两个项目的建成即将提升广东省海洋工程装备制造业的规模和技

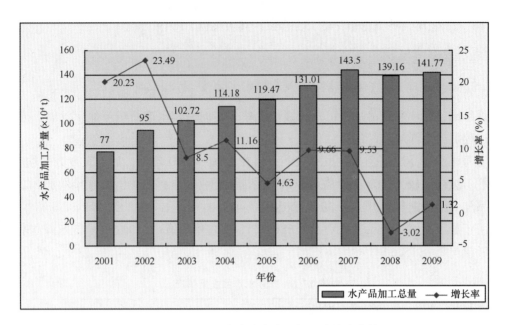

图 15.9　2001—2009 年广东水产品加工总量变化情况

术水平。广东省海洋工程装备制造规模实力不断增强，发展海洋工程装备制造的区位优势、工业优势和资源优势突出，已初步形成广州、深圳、珠海、中山、湛江等产业基地，建成世界第一艘圆筒型浮式生产储油船（FPSO）。2010 年，海洋船舶工业产值 100 亿元。

15.3.2.2　海洋生物产业

广东省的海洋生物医药产品主要包括：健之宝口服液、健之宝胶囊、鱼肝油制品、鲨鱼软骨胶囊、海蛇酊等。广东已拥有多家海洋生物企业，其中著名的有深圳海王生物医药集团有限公司、昂泰集团、中大南海海洋生物技术工程中心有限公司和海陵生物药业有限公司等。目前正在加速推进国家南方海洋科技创新基地建设，积极筹建南海深海研究中心。2009 年海洋生物产业总值为 0.65 亿元，同比增长 8.33%。2008 年从事海洋生物医药业的人员为 0.9 万人。2000—2009 年广东海洋生物医药业增加值情况见图 15.10。

广东省海洋生物产业搭建了广州生物岛、深圳国家生物产业基地龙岗海洋生物产业园、南海海洋生物技术国家工程中心东莞产业基地等科技研发平台，培育了以海王集团、昂泰集团、中大南海海洋生物技术工程中心有限公司和海陵生物药业有限公司为龙头的产业体系，主要涉及海洋药物与保健品，形成了健之宝口服液、健之宝胶囊、鱼肝油制品、鲨鱼软骨胶囊、海蛇酊等具有品牌效应和广阔市场前景的拳头产品。

15.3.2.3　海水综合利用业

广东省利用海水的方式主要是火电厂和核电厂直接利用海水作为工业冷却水，利用较多的是东莞和深圳。近午来广东省积极推进海水利用技术改进，重点发展海水淡化工程，并鼓励企业发展海水淡化设备配套设备。目前广东省从事反渗透、电渗析淡化设备配套生产的单位有 23 家，淡化技术应用工程公司有 80 多家，已初步形成了以反渗透技术为主体的海水淡化技术产业群体。2005—2008 年从事广东海水利用业的人员为 0.9 万人、1 万人、1 万人和

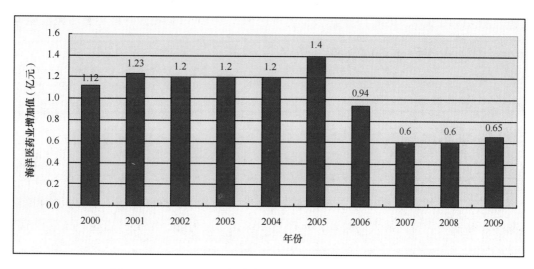

图15.10 2000—2009年广东海洋生物医药业增加值变化情况

1.1万人，2009年广东实现海水利用业增加值55亿元。广东海水综合利用业取得了一定的进展，其海水综合利用量情况见图15.11。

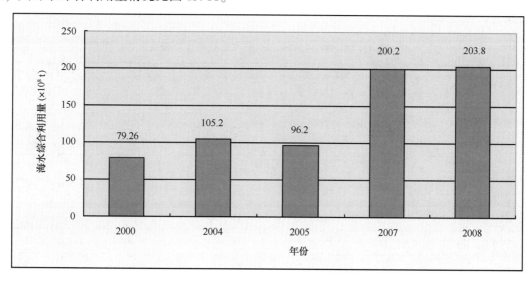

图15.11 广东海水综合利用量变化情况

15.3.2.4 海洋可再生能源业

海洋电力业为广东海洋经济的新兴产业，广东海洋能发电主要以海洋风力发电为主，而其他如潮汐能、潮流能、波浪能发电还处于探索阶段。2008年和2009年广东分别实现海洋电力业增加值1.51亿元和1.6亿元，作为新兴海洋产业，在近年得到了很大的发展，这在很大程度上与国家提倡新能源经济发展有关。广东省海洋可再生能源技术力量雄厚，主要集中在波浪能、潮汐能和温差能以及"可燃冰"的勘察和利用方面。其中，广州能源研究所研发了多座波浪能发电装置和海岛可再生独立能源系统；东莞、韶关、顺德、化州有多个水轮机制造厂和设计单位，开展了潮汐电站水轮机研制和示范。目前，沿海地区已建风电场11个，总装机容量 44×10⁴ kW，在建 10 个总装机容量达 52×10⁴ kW。汕尾建有世界首座波浪能电站。

15.3.3 其他海洋产业发展状况

15.3.3.1 海洋盐业

1）海洋盐业分布概况

广东海洋盐业主要满足省内食盐的需要，对海洋经济的贡献一直较小，产值一直在 1 亿元以下。广东现有各类盐场 30 家左右，主要盐场为雷州盐场、徐闻盐场、电白盐场和阳江盐场，其中雷州盐场为省内最大的盐场，年产近 10×10⁴ t。另外，汕头、汕尾、江门也有一些小型盐场。

2）海洋盐业生产状况

受养殖用海、工矿用海等的冲击，广东海洋盐田总面积、产量、生产面积和生产能力都有一定幅度的下滑。2009 年广东海洋盐业实现增加值 0.65 亿元，同比增长 8.33%。广东海洋盐业生产情况见表 15.7。

表 15.7　2000—2009 年广东海洋盐业生产情况

年份	海洋盐业增加值（亿元）	盐业产量（×10⁴ t）	盐田总面积（hm²）	盐田生产面积（hm²）	年末海盐生产能力（×10⁴ t）
2000	0.77	15.7	6 832	4 233	369
2001	0.52	13.1	11 361	7 102	24
2002	0.67	18.5	11 348	7 047	23.3
2003	0.8	25.99	11 348	6 982	21.71
2004	0.8	23.54	11 348	6 699	21.28
2005	1	20.19	11 003	6 188	20.25
2006	0.67	18.59	10 484	6 603	20.22
2007	0.7	20.02	10 484	8 409	20.2
2008	0.6	14.54	10 484	6 506	19.48
2009	0.65	—	—	—	—

15.3.3.2 滨海砂矿

近年来，随着滨海城市建设的需要，海砂开采成为了滨海砂矿业的主体。广东省滨海砂矿多为个体和民营企业开采，开采技术设备落后，规模较小，所以滨海砂矿业对海洋经济的贡献较小。2000—2009 年广东滨海砂矿业增加值变化情况见图 15.12。

滨海砂矿开发受政策影响比较大，所以近年来滨海砂矿年产量波动很大。2004 年的 82.29×10⁴ t 为近年来最大年产量，但在全国沿海地区的排位比较靠后。

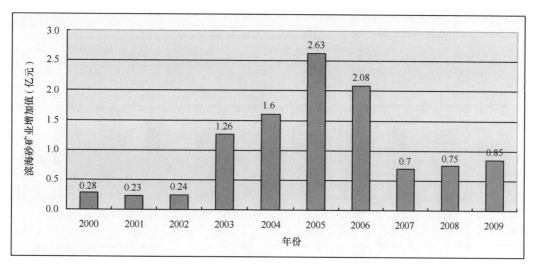

图 15.12　2000—2009 年广东滨海砂矿业增加值

15.3.3.3　海洋船舶工业

1）海洋船舶工业分布状况

广东是我国南方重要的造船基地，拥有悠久的造船历史，造船能力位居全国前列。沿海地区有多家造船企业，主要分布在广州、中山、江门、汕尾等地区。海洋船舶工业继续保持强劲增长势头，继续打造珠江口造船基地，发展广东特色的修造拆船、游艇业务和大型海洋工程装备制造业务。2009 年，海洋船舶工业全年实现产业增加值 55 亿元，同比增长 13.38%。

2）海洋船舶工业发展水平

近年来，广东海洋船舶工业稳步快速发展，2009 年实现海洋船舶工业增加值 55 亿元，同比增长 13.38%。从事海洋船舶业的人员为 31.4 万人，比上年增加了 0.6 万人。2001—2009 年广东海洋船舶业增加值变化情况见图 15.13。

广东海洋船舶工业在 21 世纪发生了转变，由过去注重数量向现在注重高附值船舶修建的质量型转变。造船完工艘数由 2002 年的 388 艘下降到 2008 年的 46 艘，造船完工量由 2000 年的 19.99 万综合吨上升到 2008 年的 105.5 万综合吨。2000—2008 年广东造船完工量变化情况见图 15.14。

15.3.3.4　海洋工程建筑业

海洋工程建筑业指用于海洋生产、交通、娱乐、防护等用途的建筑工程施工及其准备活动，包括海港建筑、滨海电站建筑、海岸堤坝建筑、海洋隧道桥梁建筑、海上油气田陆地终端及处理设施建造、海底线路管道和设备安装，不包括各部门、各地区的房屋建筑及房屋装修工程。

近年来，广东省海洋工程建筑业总产值逐年提高，2007—2009 年的总产值分别为 50 亿

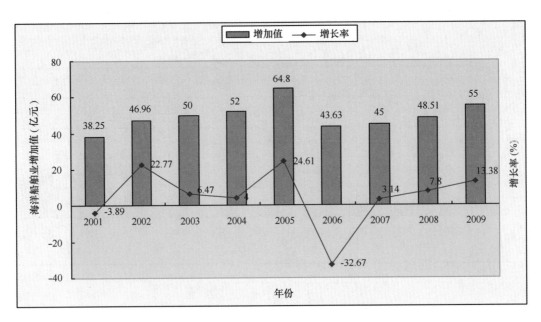

图 15.13   2001—2009 年广东海洋船舶业增加值变化情况

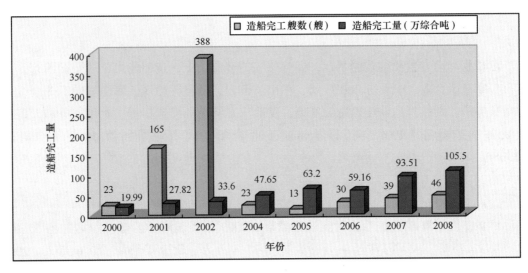

图 15.14   2000—2008 年广东造船完工量变化情况

元、55 亿元和 65 亿元。2008 年广东从事海洋工程建筑业人员为 59.2 万人，比 2005 年的 51.2 万人增加了 8 万人。

15.3.3.5 海洋科研教育管理服务业

广东海洋科研教育管理服务业发展迅速，增加值由 2006 年的 284.69 亿元增长到了 2009 年的 400 亿元，年均增长近 30%，2006—2009 年广东海洋科研教育管理服务业发展情况见图 15.15。

广东主要涉海教育机构 20 多家，其中海洋科研研究院所 4 家，包括中科院南海海洋研究所、中科院华南植物所、中科院广州能源研究所、中科院广州地球化学研究所；设立海洋专业的高等院校 18 家，包括中山大学、华南理工大学、华南师范大学、广东工业大学等综合院

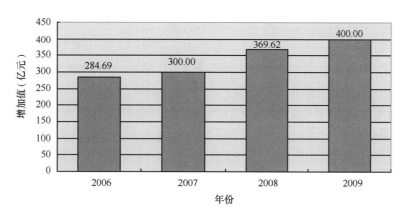

图 15.15　2006—2009 年广东海洋科研教育管理服务业发展情况

校。广东海洋教育机构分布于广州、深圳、湛江、惠州、汕头、东莞等市区，其中广州的海洋教育机构分布较集中，包括中科院 4 个研究所以及中山大学、华南理工大学、华南师范大学、暨南大学等 11 所，占广东全省海洋教育机构的 50%。

15.3.3.6　海洋相关产业

《海洋及相关产业分类》（GB/T 20794—2006）颁布实施后，海洋相关产业的核算范围相对固定，2006 年广东省海洋相关产业总产值达到 1 098.39 亿元，至 2009 年，已增长了 2.7 倍，主要海洋产业、海洋教育管理服务业的辐射带动作用进一步增强。2005—2009 年广东省海洋相关产业发展情况见图 15.16。

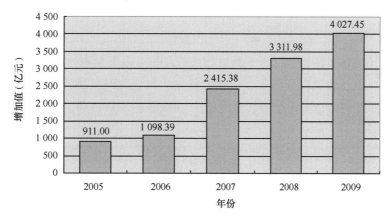

图 15.16　2005—2009 年广东海洋相关产业发展情况

15.4　小结

15.4.1　结论

广东省 14 个沿海地市辖区面积为 8.35×10^4 km^2，约占全省陆地总面积的 46.4%；2010 年国民经济生产总值为 35 446.55 亿元，占全省的 77.95%。近年来，沿海地区海洋综合开发有序推进，成为推动广东沿海地区乃至全省经济社会发展的强大引擎，在全省经济和社会发展大局中的地位日益凸显。

"十一五"时期，全省海洋经济呈现出总量大、增长快、活力足的良好态势。一是海洋经济快速增长：2010年，全省实现海洋生产总值8 291亿元，比2005年翻了近一番；占全省GDP比重由2005年的9.8%提升为18.2%；占全国海洋生产总值达21.6%，连续16年居全国首位。二是海洋开发布局逐步优化：初步形成优势明显的"珠三角"、粤东、粤西3大海洋经济区。"珠三角"海洋经济区临海工业、海洋运输业和海洋新兴产业快速发展，规模不断扩大，粤东海洋经济区滨海能源、水产品精深加工发展势头良好，粤西海洋经济区海洋交通运输业、滨海旅游业和外向型渔业蓬勃发展。三是现代海洋产业体系初步形成：海洋优势主导产业不断壮大，海洋渔业、海洋交通运输业、滨海旅游业、海洋油气业和海洋化工业5大海洋支柱产业占全省海洋生产总值的23%。全省海洋三次产业比例由2005年的23：40：37调整为2010年的10：42：48。

15.4.2 存在问题

虽然广东海洋经济发展取得了较大成绩，但仍然存在着不少问题和薄弱环节。海洋经济层次不高、规模不大、竞争力不强的问题仍然突出，在兄弟省市的快速追赶下，海洋经济的领头地位正受到严峻挑战。主要表现在以下4个方面。

一是对海洋经济的认识有待提高，海洋经济的科学发展还没有被摆到重要位置。

二是海洋经济发展规划滞后，规划的约束性、协调性和可操作性仍有待提升。

三是海洋产业总体竞争力不强，海洋科技和海洋新兴产业发展步伐不够快。

四是存在重开发轻保护、重近海轻深远海现象，海洋执法管理存在薄弱环节。

15.4.3 对策

为全面落实《广东海洋经济综合试验区发展规划》（以下简称《海洋规划》）和省委确定的"加快转型升级，建设幸福广东"的核心任务，转变海洋经济发展方式，加快海洋经济强省建设，把海洋经济打造成为全省转型升级和区域协调发展的强力推动器，建议应从如下几方面加强工作。

一是高度重视《广东海洋经济综合试验区发展规划》的贯彻实施，着力提升海洋经济在全省发展大局中的地位。

二是科学优化全省海洋开发规划布局，着力构建"三大海洋主体功能区"。

三是切实加强与周边区域的合作，着力打造"三大"海洋经济合作圈。

四是加快推动海洋传统产业转型升级，着力发展海洋科技和海洋新兴产业。

五是优先布局临海重大项目（园区），着力提升海洋经济国际竞争力。

六是积极拓展海洋经济发展空间，着力推进南海资源保护利用。

七是大力建设海洋生态文明示范区，着力强化海洋环境保护。

八是围绕建设海洋经济综合试验区，着力完善海洋经济发展保障措施。

第3篇 综合评价

综合评价是在综合调查资料的基础上，评价广东省海洋资源环境状况、产业布局、发展潜力、近海环境压力和承载力，为海洋综合管理提出可持续利用与发展的对策和建议。具体评价项目如下：广东沿岸和重要港湾生态环境及其承载力综合评价，包括：① 海岸带开发对海洋生态环境影响评价及汕头港、柘林湾环境容量和污染物排放总量控制研究，② 海洋环境现状及其变化趋势综合评价及湛江港、海陵湾环境总量和污染物排放总量控制研究，③ 珠江口主要环境问题分析与对策，④ 大亚湾生态系统健康评价与可持续对策研究；广东沿岸滨海湿地及其他特色生态系统综合评价；广东省海岸线综合利用与保护；广东省海洋渔业资源综合评价；广东近海潜在增养殖区评价与选划；广东省沿岸港口（包括渔港）资源的保护和利用研究；广东海砂矿产资源综合评价；广东潜在海滨旅游区评价与选划；广东近海其他资源开发利用与保护；海洋灾害对沿海社会经济发展的影响及评价（包括海岸侵蚀灾害评价和沿岸海域赤潮灾害评价）；广东海洋经济发展战略与海洋管理研究；不确定条件下广东省海洋资源的最优开发等。其中广东潜在海滨旅游区评价与选划和广东近海潜在增养殖区评价与选划为国家下达评价任务，其他均为广东省自增的评价任务。

综合评价篇按照生态环境、资源、灾害及海洋经济四个主题分别对广东省沿岸海域的生态环境、海域资源、海洋灾害影响评价及区域海洋经济与社会发展进行了综合论述，包括第16章至第19章，共4章。评价内容参考和引用了广东省908专项中的19个评价项目的研究报告，包括《广东省海岸线利用现状及开发前景报告》（GD908-02-04）、《广东省海岸线综合利用优化建议报告》（GD908-02-04）、《广东省海洋渔业资源综合评价报告》（GD908-02-05）、《广东近海潜在增养殖区-评价与选划报告》（GD908-02-06）、《广东省海洋能源综合评价报告》（GD908-02-11）、《海水淡化与利用评价报告》（GD908-02-12）《广东沿岸海域赤潮灾害特征及防灾减灾措施研究报告》（GD908-02-14）《广东近海海洋污染灾害评价报告》（GD908-02-15）、《广东海洋经济发展战略与海洋管理研究报告》（GD908-02-17）、《不确定条件下广东省海洋资源最优开发报告》（GD908-02-18）、《海岸带开发对海洋生态环境影响评价》（GD908-02-01）、《我国近海海洋综合调查与评价专项-广东潜在滨海旅游区评价与选划》（GD908-02-09）、《我国近海海洋可再生能源调查与研究》（908-01-NY）、《海洋可再生能源开发与利用前景评价》（908-02-05-01）等；相关数据资料主要引自于908专项调查和评价报告，参考引用其他文献资料列于报告后的参考文献。

第16章 近海海域生态环境综合评价

16.1 广东沿岸和港湾生态环境及其承载力[①]

本节主要研究与评价广东沿岸和重要港湾水质、沉积物质量及生物质量现状，弄清不同海域的特征污染物，分析影响海洋环境质量的主要污染物来源，揭示广东省近海环境存在的主要问题和变化趋势；结合相关的调查和评价专题结果，重点研究珠江口、湛江湾、海陵湾、汕头港和柘林湾等重点海域的环境容量，探讨其污染物排放总量控制；分析主要人类活动对海岸带生态环境的影响；开展大亚湾生态系统健康评价等。

16.1.1 广东沿岸和重要港湾海洋环境质量及历史变化趋势

16.1.1.1 近海陆源污染状况

1）广东入海排污口分布状况

自2005年开始，广东省对全省主要入海排污口及其邻近海域进行监测。2010年纳入监测的入海排污口有91个，其中工业排污口32个，市政排污口40个，排污河涌19个，排污口类型组成见图16.1。在地区分布上，纳入监测的排污口粤东17个，粤西37个，珠江三角洲37个。其中，深圳和湛江纳入监测的排污口最多，各16个；广州次之，有9个；排污口数量最少的是揭阳和汕头，各2个。排污口的分布在很大程度上取决于各地区的经济发展程度和海岸线的长短，如深圳市和湛江市排污口数量最多。

2）广东入海排污口排污及超标状况

广东沿岸2008年监测的97个排污口中有66个排污口的污水入海量可测，年入海量为$61.69×10^8$ t，其中排污河涌是最主要的入海污染物来源（表16.1）。其他31个排污口主要为水下排污口，污水入海量未能监测。"珠三角"沿岸海域接纳污水$47.77×10^8$ t，占全省的77.5%（表16.2）。污水入海量可测的66个排污口，全年纳入监测的污染物入海总量为$52.86×10^4$ t，其中COD_{Cr}年入海量为$8.64×10^4$ t，氨氮年入海量为$0.69×10^4$ t，磷酸盐年入海量为$0.16×10^4$ t，悬浮物年入海量为$43.36×10^4$ t（占污染物入海总量的82%），其他污染物年

---

① 黄小平，张景平，柯东胜，练树民，李适宇，王华接，黄洪辉，汪飞。根据柯东胜等《海岸带开发对海洋生态环境影响评价及汕头港、柘林湾环境容量和污染物排放总量控制研究报告》，黄小平、练树民等《广东沿岸和重要港湾生态环境及其承载力综合评价——海洋环境现状及其变化趋势综合评价及湛江港、海陵湾环境容量和污染物排放总量控制研究报告》，李适宇等《珠江口主要环境问题分析与对策》，王华接、黄洪辉等《大亚湾生态系统健康评价与可持续对策研究报告》整理。

入海量为 0.01×10^4 t。排污河排放入海的污染物数量最多，为 40.21×10^4 t，占总量的 76.1%；从岸段看，排入"珠三角"沿岸海域的污染物数量最多。

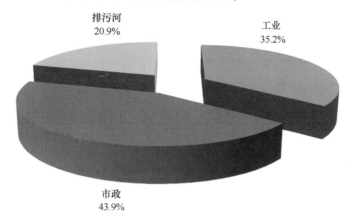

排污河
20.9%

工业
35.2%

市政
43.9%

图 16.1　广东省入海排污口类型组成

表 16.1　不同来源污水和污染物入海量

类型	市政污水	工业废水	排污河涌	年入海总量
污水排入海量	4.40×10^8 t	13.65×10^8 t	43.64×10^8 t	61.69×10^8
由排污河入海的污染物	7.31×10^4 t（13.8%）	5.34×10^4 t（10.1%）	40.21×10^4 t（76.1%）	52.86×10^4 t

表 16.2　不同岸段污水入海量比较

岸段	珠三角	粤东	粤西	年入海总量
污水排入海量	47.77×10^8 t	12.61×10^8 t	1.31×10^8 t	61.69×10^8
由排污河入海的污染物	41.23×10^4 t	5.18×10^4 t	6.45×10^4 t	52.86×10^4 t

图 16.2 显示了 2006—2010 年广东省入海排污口超标状况，每年都有大量的排污口超标排放。连续 5 年的超标排污口比例呈波动变化：2006 年最大，高达 75%；2007 年超标排放有所减少，超标排污口比例下降为 49.5%；之后逐年反弹，至 2009 年上升到 71.4%；2010 年又有所好转，超标排污口比例下降到 40.5%。

入海排污口排放的各种污染物中，主要超标污染物（或指标）为总磷、化学需氧量（COD_{Cr}）、悬浮物和氨氮，以总磷的超标排放最为普遍和严重。

16.1.1.2　近海海洋环境质量

1）海水水质评价[①]

（1）广东近海整体海水环境质量概况

根据 908 海洋化学专项调查与评价结果，广东近海海水中的溶解氧（DO）、无机氮

[①]　海水水质评价标准采用《海水水质标准》（GB 3097—1997），如无特殊说明，海水水质超标指的是超出第一类海水水质标准。

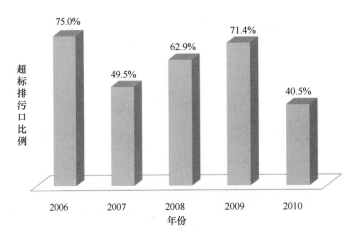

图 16.2   2006—2010 年广东省入海排污口超标状况

（DIN）、活性磷酸盐（DIP）、石油类、Cu、Pb 和 Zn 有不同程度的超标，其余因子符合第一类海水水质标准。污染海域主要分布在珠江口、汕头港和湛江港等港湾局部海域。海水中主要污染物是无机氮和活性磷酸盐，部分港湾受石油类轻度污染。

海水中无机氮、活性磷酸盐均存在超过第四类水质标准的站位，超第四类水质标准的超标率分别为 13.46% 和 4.70%，无机氮和活性磷酸盐高值区域主要出现在珠江口，其次为汕头港、海陵湾内和湛江港内，港湾外海域相对较低；石油类超过第一类水质标准的超标率为 16.20%，有极少部分站位出现超第三类水质标准和第四类水质标准；DO 含量超第一类、第二类和第三类水质标准的超标率分别为 14.10%、1.28% 和 0.21%；Cu 和 Zn 含量均符合第三类水质标准，超第二类水质标准的超标率分别为 0.35% 和 0.70%；Pb 含量符合第四类水质标准，超第三类水质标准的超标率为 0.35%。

（2）各海区海水环境质量概况

汕头海区的主要污染物为活性磷酸盐和无机氮，分别出现超第四类和超第三类水质标准的情况，石油类、Pb 和 Zn 有少部分站位超出第二类水质标准。

汕-惠海区的主要污染物为活性磷酸盐、石油类和 Pb，部分区域超第二类水质标准，DO、无机氮、Cu 和 Zn 含量符合第二类水质标准，其余因子均符合第一类水质标准。

珠江口海区海水中无机氮和活性磷酸盐含量超标情况严重，超第四类标准的超标率分别为 39.59% 和 12.20%。石油类、Pb 和 Zn 有出现超第一类海水水质标准的情况。As、Cu、Cd 和 Cr 等含量满足第一类海水水质标准。

阳-茂海区的主要污染物为无机氮，有小部分区域超过第四类水质标准；其次为 Pb，存在超第二类水质标准的情况；石油类、DO、活性磷酸盐和 Zn 部分站位超第一类水质标准，其余因子均符合第一类水质标准。

湛江海区的主要污染物为无机氮、活性磷酸盐和石油类，有少部分区域超出第四类水质标准，Cu 和 Zn 有部分站位超过第二类水质标准。

雷州西部海区海水中石油类超标相对较重，DO、活性磷酸盐、Pb 和 Zn 含量有超过第一类水质标准的情况。

2）表层沉积物质量评价①

（1）广东近海沉积物环境质量整体概况

广东近海海域沉积物中 Hg、Zn、有机质、石油类均未超标，符合沉积物第一类水质标准；而 Cu、Pb、Cd、Cr、As 和硫化物均有不同程度的超标，但仍符合海洋沉积物第二类水质标准。沉积物中 Cu 在整个广东近海沉积物中分布较为均匀，高值区主要位于汕头港海域；Pb 的高值区主要在汕头港海域，阳-茂海域含量则较低，而硫化物含量主要高值均集中分布于汕惠海区，低值主要分布于湛江港海域和流沙湾海域；Cd、Cr 和 As 均表现为粤西高于粤东，其中 Cd 和 As 最为明显，主要高值均出现在阳-茂-湛江的湾外海域。珠江口海区 Cd 平均含量较高。综合以上分析可以得出，广东沿岸海域各海区沉积物中均有不同的 2~3 个超标因子，各海区中 Cu、Pb 和 Cd 是出现污染频率相对较高的 3 个因子，但总体来看，沉积物质量尚好。

（2）各海区沉积物环境质量概况

汕头海区所有站位中只有靠近韩江东溪入海口小部分区域受到了 Cu、Pb 和 Cd 的污染，超过沉积物第一类水质标准，但仍符合第二类沉积物水质标准。其余站位沉积物中各调查因子都符合第一类沉积物水质标准；汕-惠海区沉积物中有部分站位 Pb 和硫化物超过第一类沉积物水质标准，但超标率和超标倍数很小，仍可以符合第二类沉积物水质标准，超标现象主要出现在汕尾港附近海域，其余站位及各调查因子环境质量良好；珠江口海区硫化物、汞、总铬、石油类、PCBs、六六六、DDT 等因子含量满足第一类沉积物水质标准。部分区域沉积物中铜、铅、锌、镉、砷、有机质 6 项指标存在一定程度的超标。重金属 Cd 的标准指数为 1.29，表明珠江口海区沉积物出现一定程度的 Cd 污染；其他各因子标准指数均未超过 1；阳-茂海区小部分站位沉积物中 Cu 和 Cd 含量超过第一类水质标准，但均符合第二类沉积物水质标准。阳-茂海区沉积物中各因子虽未超过 1，但在各因子中 DDT 标准指数最高；同时，各重金属的标准指数相对较高，最高为 Cr，标准指数为 0.60；湛江海区部分区域沉积物受到 Cd、Cr 和 As 的污染，沉积物中 Cd 有部分站位超过第一类沉积物水质标准，主要位于湛江港和雷州湾外海海域，但仍可以满足第二类水质标准；沉积物中 Cr 和 As 的污染只出现在湛江海区。湛江海区沉积物中各因子标准指数平均值均小于 1，沉积物质量良好；雷州西部海区沉积物中各评价因子均符合第一类沉积物水质标准，沉积物质量较好。与湛江海区类似，雷州西部海区沉积物各因子均未超标。

3）生物质量评价

软体类、甲壳类和鱼类污染物质（石油烃除外）含量的评价标准采用《全国海岸和滩涂资源综合监测简明规程》中规定的生物质量标准，石油烃含量的评价标准采用《第二次全国海洋污染基线监测技术规程》（第二分册）中规定的生物质量标准。

（1）广东近海海洋生物质量整体概况

根据单因子污染指数法的评价结果，广东近海海域生物质量总体较好。甲壳类体内各个

---

① 沉积物质量评价标准采用《海洋沉积物质量》（GB 18668—2002），如无特殊说明，沉积物质量超标指的是超出第一类沉积物质量标准。

因子无超标现象。鱼类体中，石油烃、铜、铅、锌和镉含量有超标现象，石油烃、铜、铅、锌的超标现象均出现在珠江口，镉超标现象出现在汕惠海区；汞、六六六和DDT均未超标；软体动物中，石油烃、铜和锌含量有超标现象，铜和锌超标均出现在珠江口海域，石油烃超标则在珠江口和湛江海域均有出现；镉、铅、汞、六六六和DDT均未超标。从各评价因子全省平均值来看，鱼类、软体动物和甲壳类各因子均符合评价标准，但软体动物中石油烃平均含量已经接近超标阈值，需引起重视。

（2）各海区海洋生物质量概况

汕头海区鱼类体中Cd含量存在超标现象，但超标倍数不大，其余指标满足评价标准；而软体动物中，汕头海区各因子均符合海洋生物标准；汕-惠海区鱼类体中Cd含量存在超标现象，超标站位主要分布于大鹏湾海域站位，超标倍数不大。而软体动物中，各因子均符合海洋生物标准。总体上，汕-惠海区生物质量良好；珠江口海区鱼类体内Cu、Pb、Zn和石油烃含量有超标现象，其中，Pb的标准指数均值大于1，说明总体上珠江口海区鱼类已经受到一定程度的Pb污染。软体动物样品生物体内石油烃、Cu和Zn出现超标，从标准指数的平均值来讲，石油烃的标准指数大于1，说明珠江口海区软体动物已经受到一定程度的石油烃污染。总的说来，珠江口海区海洋生物质量一般；阳-茂海区鱼类、软体动物和甲壳类生物体中各因子均符合海洋生物质量评价标准，该海区生物体受污染较小，生物质量良好；湛江海区鱼类体中各因子均符合海洋生物质量评价标准；而软体动物中，石油烃含量有超标现象，但超标倍数很小。软体动物和甲壳类中其他因子未见超标。总体上，生物质量状况良好；雷州西部海区鱼类体中各因子均符合海洋生物质量标准；而软体动物中，石油烃含量存在超标现象，但超标倍数很小，其余各因子均符合海洋生物质量标准。总体上，该海区生物质量较好。

16.1.1.3 海洋环境主要污染特征

1）近海营养盐分布特征

（1）无机氮的分布特征

广东省近海无机氮含量空间分布变化较大，各海区间的差异显著，总体呈现出近岸高、远岸低的特征。珠江口海区的无机氮含量最高，全年均值为1.127 0 mg/L。其余各海区的无机氮含量均相对较低（表16.3）。

表16.3 不同海区营养盐和石油类含量比较

海区	汕头	汕-惠	珠江口	阳-茂	湛江	雷州西部
无机氮（mg/L）	0.253 3	0.073 3	1.127 0	0.179 4	0.104 9	0.085 9
活性磷酸（mg/L）	0.014 2	0.004 6	0.038 9	0.004 5	0.008 4	0.009 9
石油类（mg/L）	0.030	0.294	0.039	0.034	0.080	0.276

（2）活性磷酸盐的分布特征

广东省近海活性磷酸盐含量空间分布变化较大，各海区间的差异显著，总体呈现出近岸高、远岸低的特征。珠江口海区的活性磷酸盐含量最高，阳-茂海区的含量最低（表16.3）。

2) 石油类等污染物分布特征

由表 16.3 可以看出，广东省近海海水石油类含量空间分布变化较大，各海区间的差异显著。汕−惠和雷州西部海区的海水石油类含量最高，全年均值分别为 0.294 mg/L 和 0.276 mg/L；其余各海区的含量相对较低。

16.1.1.4　近海环境质量历史变化趋势

根据资料收集的情况，整个广东省及沿岸主要港湾的海水质量、沉积物环境质量和生物体质量的历史变化情况主要按 3 个大的历史阶段来进行比较，即 1980—1986 年，1989—1992 年及 2000 年之后（主要是 908 专项调查结果）。

1) 海水质量历史变化

(1) 广东省近海海水水质历史变化趋势

30 年来无机氮呈现明显增大趋势；海水中活性磷酸盐总体上在 0.015～0.020 mg/L 之间小幅波动，较为稳定；而石油类、Cu 和 Pb 含量变化幅度相对较大；石油类和 Zn 含量总体表现出波动变化的现象，Cu 含量则呈现逐渐增大的趋势。

(2) 广东省沿岸主要港湾海水水质历史变化趋势分析

汕头港：从 1980—2007 年，汕头港海域海水中 DO 含量总体呈现波动变化，但变化幅度较小，基本保持稳定状态；其他因子中，活性磷酸盐含量波动变化幅度较大，尤其是在 2001 年出现峰值，含量达到 0.032 0 mg/L，超过了第二类、第三类水质标准，超标严重；到 2007 年含量有所降低，为 0.018 0 mg/L（超第一类水质标准）。海水中石油类、Cu 和 Pb 含量总体呈现逐渐增大的趋势。

大亚湾：近 20 年来大亚湾海域海水中 DO 含量略有增加，而活性磷酸盐、无机氮和石油类含量则呈明显的增大趋势；Cu 含量整体呈波动增加的态势，在 1996—1999 年出现峰值，但其含量仍符合第一类水质标准，而 Pb 含量则有降低趋势。海水中活性磷酸盐、无机氮、石油类和 Cu 含量整体呈现增大趋势。

海陵湾：海陵湾海域水体中 DO 含量呈现降低趋势，活性磷酸盐则表现出逐步增大的趋势；而石油类则呈波动变化，且 2006—2007 年的含量与 1990 年含量基本相当；2006—2007 年海水中无机氮和 Pb 含量均高于 1990 年和 2001 年。总体上，海陵湾海域水体有污染加大的变化趋势。

湛江港：总体上，湛江港海水中 DO 含量有降低趋势，活性磷酸盐和石油类含量有较为明显的增大趋势；Cu 和 Pb 含量均表现出波动变化趋势，均在 20 世纪八九十年代出现高值，而在 2000 年前后出现低值，之后含量呈增加的趋势，到 2006—2007 年，Cu 含量未超标，符合第一类海水水质标准，而 Pb 含量超过了第一类海水水质标准。

2) 沉积物质量历史变化

(1) 广东省近海表层沉积物质量历史变化趋势分析

沉积物中有机质呈现出缓慢增大的趋势，变化范围为 1.20%～1.36%，变化幅度较小；Zn 含量在 2007 年相比其他年份有小幅降低，而其他重金属含量均表现出明显的波动变化趋势，其中 Hg 和 Cu 含量均在 1989—1992 年出现峰值；Pb 则在 1989—1992 年出现低值。到 2007 年，沉积物中各因子含量均符合第一类沉积物质量标准，说明沉积物质量尚好。

（2）广东省沿岸主要港湾表层沉积物质量历史变化趋势分析

汕头港：汕头港海域沉积物中有机质呈波动变化，总体上呈略微降低的变化趋势；硫化物和 Pb 含量则有较为明显的降低；沉积物中石油类含量虽整体表现出波动变化，但其含量在 2007 年亦有明显降低；除 1989—1992 年 Zn 含量出现高值外，沉积物中 Cu 和 Zn 含量总体表现出较为稳定的变化趋势。

大亚湾：总体上，沉积物中硫化物、石油类、Cd、As、Cr、DDT 和六六六含量均呈现逐步增大的趋势；有机质则表现出波动变化趋势，Cu 在 1980—1987 年出现高值，而后则无显著变化趋势，基本保持稳定。

海陵湾：海陵湾海域沉积物中有机质、硫化物、Zn 和 Hg 含量在历史上均表现出波动变化，均在 2001 年出现峰值，含量均未超标，符合第一类沉积物质量标准，说明海陵湾海域沉积物质量较好。

湛江港：与 20 世纪 80 年代相比，2000 年后湛江港海域沉积物中有机质、Cu、Pb、Zn、Cd 和 Hg 含量均有较大幅度的升高；硫化物、Cr 和 As 含量均无明显变化，处于稳定状态。

3）生物质量历史变化

（1）广东省生物质量历史变化趋势分析

重金属 Hg 含量有降低的趋势，而 Cd 虽表现为波动变化，但从总体上看，则呈现出增大的趋势；总体上两者含量均符合全国海岸带调查所确定的鱼类质量标准。与 1989—1992 年相比，鱼类体中六六六和 DDT 含量在 2007 年均有增加，其中 DDT 增加幅度较小，基本保持稳定，而六六六则有较大幅度的增加，反映出六六六污染程度加大。

软体动物中，除 DDT 在 2007 年有降低外，其余因子含量均有不同程度的增加；其中 Cu、Zn 和 Cd 含量有小幅增大，而有机污染物六六六含量则增加幅度较大。从总生物体（指包含有鱼类、软体动物以及甲壳类的混合生物体，下同）角度来看，其环境因子含量变化与软体动物中环境因子含量的变化类似；Cu 和 Cd 含量有小幅增加，Hg、Zn 和 DDT 含量有小幅降低，而六六六含量有增加趋势。

（2）广东省沿岸主要港湾生物质量历史变化趋势分析

汕头港：2007 年汕头港海域鱼类体中 Hg 和有机污染物 DDT 含量较 20 世纪 90 年代前后有较为明显的降低，而六六六含量则显著高于 90 年代的含量；总生物体中，Hg 含量呈现波动变化现象，峰值出现在 1989—1992 年，但其含量值仍显著低于全国海岸带调查所确定的标准值；总生物体中 DDT 含量亦在 90 年代出现高值；而总生物体中六六六含量与鱼类体中六六六含量变化一致，均是 2007 年较高。

大亚湾：该海域生物体中 Zn 含量历史变化呈现波动降低的变化趋势，Hg 含量则表现出较大幅度的波动变化，在 2000 年前后出现峰值，达到 0.027 mg/kg；鱼类体中 Hg 含量变化与总生物体中 Hg 变化较为一致，而 Zn 含量则在 2000 年前后出现低值，2007 年 Zn 含量显著高于 2000 年前后含量值，但其含量仍显著低于全国海岸带调查所确定的鱼类质量标准值；Cd 含量的历史变化与 Zn 较为一致，到 2007 年，鱼类体中 Cd 含量同样未超过全国海岸带调查所确定的鱼类质量标准值。

海陵湾：海陵湾海域生物体除重金属 Cd 外，其余重金属无论是在总的生物体中，还是在鱼类、软体动物的分析比较中，均呈现出 2004 年显著大于 2007 年的情况。

湛江港：湛江港海域生物体中 Zn 在 1998 年出现峰值，波动变化明显，2007 年含量略高于 1980—1986 年；而 Cd 则呈现出稳步增加的变化趋势，反映出湛江港海域生物体对 Cd 的累积；与 20 世纪 80 年代相比，有机污染物 DDT 总体表现加大的趋势，而六六六含量则略有降低。

16.1.2 人类活动对海岸带生态环境的影响

16.1.2.1 咸水入侵对珠江三角洲地区社会经济发展的影响及防治对策

1）咸水入侵的现状

目前，珠江河口区内存在多种环境问题，其中咸水入侵是重要问题之一。当前全球变暖趋势日益明显，海平面上升可使得咸潮入侵加剧，进一步造成严重的河口咸害环境问题。咸水上溯不但是河口三角洲地区农田水利、土壤改良、城镇供水等问题中不可忽视的因素，而且对河口水文情势和河槽演变也有重要影响。尤为严重的是，近年来三角洲河床大量盲目挖砂导致床底下切，河流水位下降，海水倒灌，枯水季节咸潮上溯的频率提高，范围扩大，已经危及西江、北江、东江河口三角洲地区的农业、工业、生活饮用水源水质，造成有水不能用的局面。最新的典型事例是，"珠三角"从 2003 年 10 月开始，持续 5 个多月的珠江口咸潮上溯，严重影响了中山、珠海、广州番禺等沿海潮感地区居民的生活生产用水；从 2004 年 10 月 2 日起，中山市又出现了历史罕见的后汛期咸潮袭击，大涌口水闸一带测到当年进入秋季后首次咸潮，当日监测表明咸度最高值达到 3 331 mg/L，影响了饮用水的正常供应。据历史资料记录，这是中山市历史上有记录以来最早出现的咸潮，比 2003 年咸潮时间提早了半个月。近 10 年来珠江河口咸潮的高频度、长时间、远上溯，高强度的发生，对社会、经济和环境的发展产生了重大影响，其中 2003 年、2006 年枯水季节，珠江河口连续 3 年发生特大咸潮灾害，影响供水人口约 1 500 万人，每年直接经济损失 1 亿余元（以应急工程投资额统计）。为此，国家防总连续两年实施了珠江流域压咸补淡应急调水工程，2006 年，从 9 月开始进入咸潮对策的应急状态。

2）咸潮入侵的原因分析

在几十年至几百年的环境演变中，人类活动驱动力的影响已经与自然驱动力相当甚至超过，珠江三角洲是人地关系协调共效或失调失衡的典型实例（黄镇国，2004）。影响现代珠江三角洲演进的主要人类行动表现为：联围筑闸、航道疏浚、河道采砂、滩涂围垦、口门治导等。地貌-动力-沉积学认为，地貌与动力，地貌与沉积是相应作用和相互影响的。这些人类活动在影响珠江三角洲河道冲淤、水沙分配、床沙特征、浅滩发育、口门淤长、平原扩展的同时，深刻地影响着珠江三角洲咸潮的上溯。

近几十年来，珠江三角洲人类活动的强度令人惊叹：

（1）联围筑闸：近二三十年，珠江三角洲的 218 个堤围连成 53 个大堤围。1974 年堤围长度为 5 410 km，共 502 条；1981 年为 4 182 km，共 250 条；现今捍卫土地万亩以上的堤围有 144 条，总长 3 519 km。堤线缩短、束水归槽、河道束窄，使水位呈上升趋势。

（2）航道与口门整治：据对珠江三角洲自"八五"规划以来已经开展或拟开展的部分航道整治工程项目的初步统计，各项航道整治工程的疏浚量从几万立方米到几千万立方米不等，总量高达上亿立方米之巨。航道疏浚导致河床大面积下切，增加了三角洲河网的纳潮容积，从而造成涨潮动力增强。主要表现为潮差加大，涨潮历时延长，涨潮量加大。以广州港出海航道三期工程建设对咸潮上溯的影响为例（莫思平等，2008），工程实施后，外海潮汐上溯动力有所增强，珠江三角洲口门及网河咸潮呈现轻微上溯趋势，其中口门影响大于网河，下游大于上游。这些主要航道及出海口门的大规模整治工程，直接改变了区域地貌形态：航道溯深、纳潮空间增大，河道裁弯取直，河势顺畅。咸潮响应于地貌与动力的改变，也将调整自身的运动方式，形成适应的入侵方式。

（3）河道采砂：河道无序大量采砂，始于 20 世纪 80 年代中期，90 年代达到高潮。据珠江三角洲 14 条主要河道的采砂量统计，1983—1998 年，采砂总量达到 $7.0 \times 10^8 \sim 1.0 \times 10^9$ m³，而河道的自然淤积量每年为 $8.0 \times 10^6 \sim 1.0 \times 10^7$ m³，也就是说，15 年的采砂总量相当于 70～125 年的自然淤积总量（罗宪林等，2002），河道采砂直接引起河床下切，纳潮空间增大，同等径流条件下水位下降，咸水上溯增强。

（4）滩涂围垦：珠江河口滩涂的围垦高潮出现在 20 世纪 80 年代中后期，珠江口平均围垦速率达 1 350 hm²/a（1984—1988 年），之前（1966—1983 年）为 320 hm²/a，之后（1986—1996 年）为 553 hm²/a。一般情况下，增长速率为围垦速率的 2.5～4 倍，在围垦高潮时期，滩涂增长速率与围垦速率持平。围垦引起了地形显著变化，对咸潮会有相当程度的影响，但是相关报道不多。

（5）取水工程：自 20 世纪 80 年代以来，珠江三角洲地区社会经济迅猛发展，人口规模不断扩大，城市化率不断提高，城镇与工业用水也不断增长，由 1980 年的 441×10^8 m³ 增加到 2000 年的 575×10^8 m³。上游地区耗用水量增加，必然导致珠江三角洲地区来水减少，加剧三角洲及河口区域的咸潮上溯。

（6）上游水库蓄水：珠江流域的西江、北江、东江上游近几十年来修筑了大量水库，一般情况下，水库的调节作用可使流量的时间分布平均化，有利于抵挡咸潮入侵。但是许多水库的营运以发电为主要目的，枯水期不放水，反而可能加剧咸潮危害。

（7）口门与汊道分流比变化：研究发现，珠江八大出海口门分流比近几十年来发生了显著变化，东四口门分流比从 20 世纪 60—70 年代的 61.4% 减至 80 年代的 53.4%，到 90 年代又上升至 63.5%（侯卫东等，2002）。在西北江三角洲顶点的西、北江交汇点思贤窖，分流到北江的流量呈明显增加趋势，以往枯水期"北过西"的分流规律已经变成"西过北"；珠江三角洲河网区中部的河道分流比也发生相应变化。这些变化是由上述的人类活动以及东西北江不同流域水文周期变化引起的，但是人类活动干扰显然是主要原因。口门与汊道分流比的变化对咸潮上溯的影响是直接而且重要的。

3）咸潮入侵防治对策与措施

治理咸潮入侵是一项复杂的系统工程，必须对咸潮入侵问题进行系统地研究，针对产生咸潮灾害的原因提出更合理的对策。解决咸潮对珠江三角洲的不利影响，应立足于工程措施和非工程措施相结合的原则。

工程措施包括：① 加强流域水资源配置，兴建调节水库；② 适度调整三角洲节点分流比；③ 兴建挡潮建筑物；④ 加大沿海地区的蓄水能力。

非工程措施包括：① 加强流域管理，严格控制采砂；② 提高枯季水量长期预报技术，建立和完善盐水入侵预警和预报系统；③ 适当调整产业结构，加强节水型社会建设；④ 开展珠江三角洲城市群供水规划；⑤ 健全有效的防咸机制。

但从长远来看，蓄水量增加必须立足于全流域水资源的合理配置，加快流域骨干工程的建设，加大珠江上游生态屏障建设，加强流域水资源的统一调度和管理，尽快开展珠江三角洲主要城市群的供水规划工作，建立防御咸潮灾害应急预警系统。

16.1.2.2　珠江口滩涂湿地围垦生态环境评价

通过遥感测算，广州市南沙地区 1978—2008 年围垦面积 86.68 km²，平均围垦速率为 2.889 km²/a；中山东部地区 1978—2008 年围垦面积 78.85 km²，平均围垦速率为 2.628 km²/a。

1）滩涂围垦对植被的影响

（1）研究结果表明，并非所有的围垦、开发活动均对生态系统产生不利影响；围垦作为一项人为的干预，在科学指导下，合理规划，实施生态建设，生态围垦，可促进经济与环境的协调发展。以珠海淇澳岛红树林保护区为例，这是保护生态环境的人工导向性生态保护区，一方面保护生物多样性，另一方面也促进生物群落的良性发展，向着更大限度地利用空间和资源，发展第一生产力，增强群落的稳定性。群落的物种丰富度高，各样方中物种数均达到 3 种以上，物种多样性指数高，植物的第一生产力也很高。

（2）珠江口滩涂围垦，"向海要地"暂时性地解决了部分人口剧增而引起的粮食资源不足的问题，一定程度上促进了社会经济发展，但过于剧烈的人类活动也对生态环境造成破坏。以南沙港吹填区为例，该区目前大部分面积为鱼塘养殖。为了追求开发、养殖，忽略其中植物群落，不仅不利于物种的进入，同时也影响已定居植物群落的发育，群落的物种少，物种多样性指数也较低，群落的生产力也因植物自身受到人为阻碍，对空间、资源利用的能力无法发挥而受到影响。百万葵园附近植物群落、十六涌莲藕塘群落均为人工开发中的样地，人类为了追求较高的农业产出而从各方面削弱了自然群落植物的恢复。又如中山横门水道为围垦中开发的样地，大面积的围垦农业区，分别种植有香蕉、蔬菜并达到了较高的产量。以开发为目的的围垦活动很明显地阻碍了植物群落的发展，不仅影响其物种的多样性，同时限制其对资源的利用。正在人工恢复中的无瓣海桑林，受到人为干预，其长势旺盛，但人工造林物种单一，不利于群落的演替和发展。

2）滩涂围垦对底栖生物的影响

（1）潮汐的改变是围垦对滩涂环境产生影响中较重要的一个方面，围垦滩涂主要用作农作物种植和水产养殖。其中作为农作物种植（主要是甘蔗、香蕉）的滩涂，其原有的滩涂环境已经完全陆生化，同时其中的生物类型也已经向陆生生物演替。而作为水产养殖的滩涂则大多成为了封闭水体，其底栖动物群落在长期淹水、底质改变、水体热分层等条件下发生了很大变化。

（2）围垦后滩涂利用方式单一，导致生境复杂程度下降，生物多样性减少。特别是为了建立养殖场而进行的人工开挖、季节性收获的干塘。围垦后的滩涂采集到的底栖动物种类比较少，主要为摇蚊幼虫、腹足类软体动物，这些种类通常都表现出较强的耐受性。

（3）总的来说，珠江口滩涂围垦使得滩涂大型底栖动物种类减少、栖息密度及生物量下降，群落结构趋于简单。

3）滩涂围垦对渔业资源的影响与评价

滩涂围垦严重威胁珠江口的生态环境，原有海岸带地质地貌发生了显著变化，侵占海洋生境，整个珠江口的潮间带生境受到毁灭性破坏，滩涂湿地功能严重丧失，水生生物栖息地快速萎缩，底栖生物生物量降低，滩涂生物受到重金属 Cu、Pb、Cd、Zn 和石油烃的污染，鱼卵种类数量减少。

围垦后不仅仅是水产养殖业的污染问题，其他围垦后的种植业、工业等的排污也会对珠江口海域及渔业生产造成直接影响。滩涂围垦使得水域和湿地面积减小，改变潮滩的原水文、原生境和原生态，极大地降低了物种丰富度和生物多样性，同时使得潮滩的浮游动物、底栖动物、鱼卵仔鱼的保护地丧失和生长量减少，对自然渔业生产带来直接和长远的负面影响。因此，为扩大养殖面积以满足人类的需要，则会不断地加剧珠江口的污染，进一步降低渔业种群的自然生长率和增长量。

由表 16.4 可以看出，珠江口滩涂养殖从 1992 年到 2004 年是个大发展期。2008 年广州、东莞、中山、珠海、深圳近岸海域海水受无机氮污染严重，部分海域也开始受到有机物的污染，无机氮和活性磷酸盐含量继续呈上升趋势，其中珠江口海域上升趋势较为明显，这与滩涂围垦和围垦养殖业的发展有直接关系。

表 16.4 珠江口滩涂养殖面积变化情况

年份	1992	1999	2004	2008
海水（hm²）	5 553	8 245	12 594	10 373
淡水（hm²）	4 023	8 173	11 799	10 353
合计（hm²）	9 576	16 418	24 393	20 726

4）滩涂围垦对鸟类的影响

围垦区的适当利用，可以作为鸟类利用天然潮间带的替代生境；南沙湿地游览区的建设证明鸟类可以很好地利用围垦后的湿地生境，中山横门西七围的鸟类资源丰富，也是围垦后对鸟类资源保护的正面效应。根据中山大学 2009 年对南沙港围垦区、中山将军围养殖塘和珠海淇澳岛等围垦区的鸟类调查结果，围垦区内鸟类群落个体密度普遍高于天然潮间带滩涂，一方面说明围垦区是鸟类栖息和活动的重要生境；另一方面也说明了在珠江口西岸的天然潮间带生境存在较为强烈的人为干扰，对鸟类的栖息活动造成了一定影响，捕捞、养殖、航运、码头作业等活动均对鸟类带来了一定的负面影响。

16.1.2.3　海岸带开发活动对生态环境的影响评价

1）海岸带开发对海洋生态环境的压力分析

以广东省沿海地级以上行政区域划分（不包括香港和澳门特别行政区），分为潮州、汕头、揭阳、汕尾、惠州、深圳、广州、中山、珠海、江门、阳江、茂名和湛江等地区。

根据 2008 年广东省统计年鉴的资料和广东省 908 专项海域使用现状、社会调查资料和水质调查资料，分析了广东海岸带开发生态环境的压力综合指数。结果表明，春季潮州、汕头、揭阳、汕尾、江门和阳江海岸带开发对生态环境的压力较小；惠州、深圳、广州、中山、珠海、茂名和湛江海岸带开发对生态环境产生中等强度的压力。秋季揭阳、汕尾、江门海岸带开发对生态环境的压力较小，深圳海岸带开发对生态环境产生高强度的压力。不同季节综合指数的差异与营养盐含量的季节性变化有关。但是不同季节深圳海洋开发对生态环境压力较其他区域高，与该海区的涉海工程用海面积较大有关；其次为珠海、广州和东莞。

2）海洋生态环境状况分析

广东省海洋生态环境状况评价区划分以 20 世纪 90 年代海岛资源综合调查结果为基础，结合广东省沿海地级以上行政区域划分（不包括香港和澳门特别行政区），分为汕头-潮州海区（包括潮州和汕头海区）、汕尾-揭阳海区（揭阳和汕尾海区）、惠州、珠江口（深圳、广州、中山和珠海海区）、江门、阳江、湛江-茂名（茂名和湛江海区）。

根据广东省 908 专项海域现状调查资料，比较 20 世纪 90 年代初海岛调查资料，分析表明，春季惠州、江门、阳江和湛江-茂名海域生态环境的状态正常；汕头-潮州、汕尾-揭阳和珠江口海域生态环境为中等。秋季江门海域生态环境的状态正常，其他海域生态环境状态中等。春、秋季江门海域海洋生态环境状态综合指数最高，汕尾-揭阳海域海洋生态环境状态指数均相对较低；相对而言，粤东较粤西海洋生态环境状况差。

3）海岸带开发响应力分析

根据 2008 年广东省统计年鉴的资料和广东省 908 专项海域使用现状调查资料，分析了广东省海岸带开发综合响应强度。结果表明，汕头、深圳、东莞、广州、中山和阳江海岸带开发响应强度较高，惠州、珠海和阳江海岸带开发响应强度中等，潮州、揭阳、汕尾和茂名海岸带开发响应强度较低。响应强度与地区经济发展程度具有一定的关系，"珠三角"地区的响应强度明显高于其他地区。汕头为粤东地区经济最发达区域，海洋响应强度也相对较高。潮州、揭阳、汕尾、茂名和湛江经济相对落后，海洋响应强度相对较低。在响应指标中，不同地区单位岸线的保护区面积差别较大，这与我国现在保护区的制定原则有关，现有保护区的建立基本是以有特殊的或需要保护的濒危珍稀保护生物为基础，而不是以保护海洋生态环境为基础建立海洋保护区。建议在以后的海洋保护区建设方面，应以海洋开发或海区的海域面积制定一个最小比例，再根据不同海区的特点建立海洋保护区。

4）海岸带开发对生态环境的影响分析

广东海岸带开发生态环境影响评价综合指数计算结果表明，春秋季江门海洋开发对海洋生态环境影响均较小；另外，春季阳江、茂名和湛江海洋开发对海洋生态环境影响也较小，但其指数处于临界状态；其他海域海洋生态环境不同季节均处于中等程度的影响状态。不同海域相比，基本呈现广东省沿岸东部高于西部、珠江口高于两翼的趋势。广州、深圳和珠海海洋开发活动对生态环境影响相对最大，其次为汕尾揭阳海区。揭阳和汕尾虽然海洋开发强度较低，但综合指数却相对较低，主要与该海区的海洋生态环境与 20 世纪 90 年代初相比变化较大有关，也与该海区的海岸带开发响应强度相对较低有关。

16.1.3　重要港湾的环境容量和污染物排放总量控制

珠江口排污口的位置除了参考香港环保署、澳门环境委员会、深圳环保局和华南环科所的相关成果以外，还结合 2004 年全国的污染源调查数据，以及广东省和各市各年的海洋环境质量公报的信息，得出基本的现存排污口资料。综合分析所获得的数据，并把距离较近的排污口合并得到最终用于计算的排污口为 90 个。

汕头港的河流输入主要是榕江、韩江西溪叉道梅溪、新津河和外沙河。入海污染物总量参考 2006 年和 2007 年《汕头市海洋环境质量公报》的数据。直接影响计算海区的排污口有 6 个，由于 6 处排污口相距较近，为了便于计算，本研究将排污口合并，即将新兴路、市委前、大华路和石炮台排污口合并为一个污染源（简称合并污染源一）；将特区码头内和龙眼南路排污口合并为一个污染源（简称合并污染源二）。整个模拟中综合考虑 4 条河流和 2 个合并排污口的排污，作为河流边界输入。

按照柘林湾地理位置，黄冈河是柘林湾唯一的地表径流输入源。但在计算区域中同时考虑韩江东溪入海口带来的径流量和污染物。在 4 个镇的市政排污中，黄冈镇排污可并入黄冈河；钱东镇和井洲镇排污并为一处。此外，根据《2007 年潮州市海洋环境质量公报》，还有大唐电厂排污口。整个模拟中综合考虑 5 个污染源排入口，作为河流边界输入。

珠江口河网区采用一维水环境数学模型进行模拟，概化河道 299 条，汊点 189 个，划分河道断面共 1 726 个。上游设置 5 个流量控制边界，分别为潭江的石咀、东江的博罗、流溪河的老鸦岗、北江的石角和西江的高要，八大口门（崖门、虎跳门、鸡啼门、磨刀门、横门、洪奇沥、蕉门和虎门）作为一维河网与三维河口湾的连接断面，既是一维模型的下边界，也是三维模型的上边界。河口湾采用 ECOMSED 三维模型进行模拟，下边界延伸至外海 70 m 等深线处，东边界取至红海湾，西边界则取至下川岛西部的镇海湾。

汕头港和柘林湾环境容量计算的水动力模型采用美国普林斯顿大学 Blumberg 和 Mellor 开发的原始方程海洋环流模式，简称 POM（Princeton Ocean Model），并采用 POM08 版（08，即是 2008 年版）的干湿网格技术，来处理潮间带海域不断变化的"干湿"现象。

模型中湛江湾设置的排污口 20 个，海陵湾模型的计算网格中设置排污口共 7 个。湛江港和海陵湾环境容量计算的水动力和水质模型基于 EFDC 模型，EFDC 模型全称为 Environmental Fluid Dynamics Code（环境流体动力学代码）。

16.1.3.1　珠江口环境容量和污染物排放总量控制

1）珠江口环境容量计算结果

珠江口 COD、DIP 和 DIN 的天然环境容量分别为 144.52 t/a，1.87 t/a 和 14.28 $\times 10^4$ t/a，

减去港澳区域的天然环境容量之后分别为 120.6 t/a、1.32 t/a 和 11.74 ×10⁴ t/a。由于上游边界 DIN 的浓度值较大，DIN 在珠江口无剩余环境容量，COD 和 DIP 的剩余环境容量分别为 102.63 t/a 和 1.72 ×10⁴ t/a，减去港澳地区的容量后剩下 78.71 t/a 和 1.17 ×10⁴ t/a。

计算结果表明，DIN 在考虑实际的上游背景浓度时已经引起海域水质控制点超标，这说明上游边界 DIN 对下游珠江口海区的环境容量影响很大。

由于地表水和近岸海域水功能区存在不衔接的问题（萧洁儿，2007），尤其是 DIN，即使是河网上游达标，珠江口海区的 DIN 也会存在严重超标的问题。计算结果表明，唯有按照海水水质第一类标准值时，才有容量 11.59×10⁴ t/a。

COD 的剩余环境容量空间分布状况见图 16.3，DIP 的情况见图 16.4，图 16.5 给出了上游边界值为第一类海水水质标准时的 DIN 的环境容量空间分布。图 16.6 显示了各区域天然环境容量和剩余环境容量占总容量的百分比。总体而言，珠江口的天然容量和剩余环境容量主要分配在八大口门，其次是香港。COD 方面，广州、东莞和深圳占的容量较大；DIP 方面则是深圳、珠海、广州和东莞占的容量较大；DIN 方面，江门所占比例也较大。

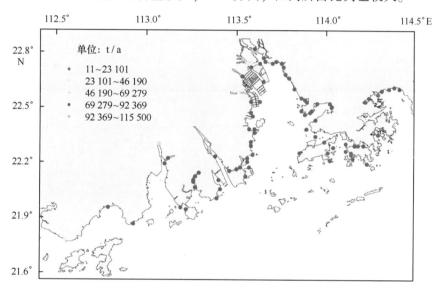

图 16.3　珠江口 COD 剩余环境容量空间分布

2）珠江口海域环境容量控制

（1）八大口门环境容量分配

珠江三角洲拥有纵横交错的河道，是世界上最为复杂多变的河网区之一。东面四口门是虎门、蕉门、洪奇门和横门，共同注入伶仃洋；西面四口门自东而西为磨刀门、鸡啼门、虎跳门和崖门，其中磨刀门直接注入南海，鸡啼门注入三灶岛与高栏岛之间的海域，虎跳门和崖门注入黄茅海河口湾。如何将口门处的海洋环境容量分配至交错纵横的三角洲河网流域内的各行政区域，是本研究的一个难点。

在将各口门处的海洋环境容量分配到其上游各行政区时，值得注意的是行政区的最大允许排污量并不仅限于分配所获得的海洋环境容量，还具有另一部分河流环境容量。这是因为河流本身亦具有污染降解能力，区域排放的污染物经由河流输送到达口门处时，沿程会发生

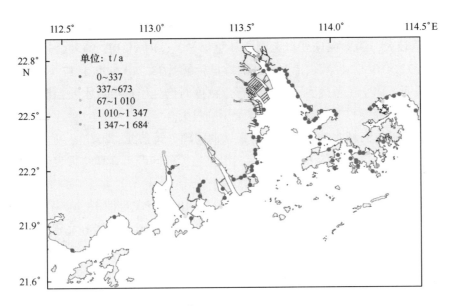

图 16.4 珠江口 DIP 剩余环境容量空间分布

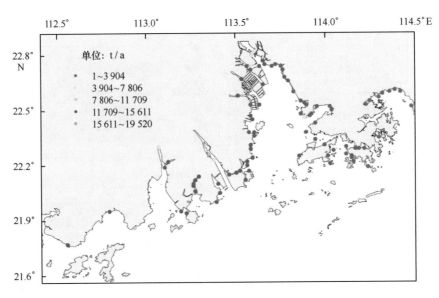

图 16.5 珠江口 DIN 环境容量空间分布
（上游边界值为第一类海水水质标准时）

物理稀释与化学降解，因此到达口门处的污染物量会小于原排放量。污染物进入河网的位置不同，稀释降解程度也不同。当存在多个污染物入河位置时，还要考虑上下游排污口之间的相互影响。此外，河流环境容量的计算还需要考虑河网中各水质控制断面的达标。

统计出"珠三角"各市在同等排污量的情况下，八大口门入海污染物的来源城市，以及该城市污染物在某一口门入海通量中所占的比例。进行转换后，得到的八大口门 CODcr、氨氮和总磷的区域分配结果见表 16.5 至表 16.7。

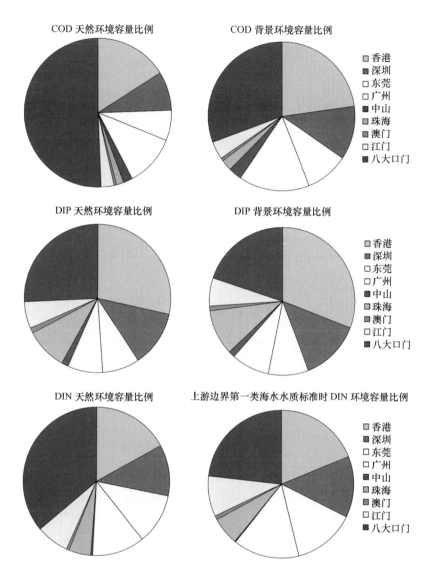

图 16.6　珠江口各区域 COD、DIP 和 DIN 天然和剩余环境容量相对大小

注：较长中 DIN 背景环境容量为上游边界考虑第一类海水水质边界时的结果，其余为考虑历史边界的结果

表 16.5　八大口门 CODcr 天然环境容量与剩余环境容量分配　　　　　单位：t/a

城市	CODcr 天然环境容量	CODcr 剩余环境容量
东莞	327 918.52	141 105.35
佛山	222 299.53	95 656.85
广州	284 341.50	122 353.89
惠州	30 365.92	13 066.64
江门	427 740.25	184 059.25
肇庆	90 982.18	39 150.19
中山	441 923.60	190 162.42
珠海	380 177.58	163 592.73
合计	2 205 749.08	949 147.32

表 16.6　八大口门总磷天然环境容量与剩余环境容量分配　　　　单位：t/a

城市	总磷天然环境容量	总磷剩余环境容量
东莞	1 153. 67	810. 80
佛山	933. 33	655. 95
广州	973. 29	684. 03
惠州	118. 10	83. 00
江门	1 421. 13	998. 78
肇庆	484. 86	340. 76
中山	1 472. 79	1 035. 09
珠海	1 367. 64	961. 19
合计	7 924. 81	5 569. 60

表 16.7　八大口门氨氮天然环境容量与剩余环境容量分配　　　　单位：t/a

城市	氨氮天然环境容量	氨氮剩余环境容量
东莞	1 076. 24	0. 00
佛山	1 113. 46	0. 00
广州	1 011. 26	0. 00
惠州	137. 88	0. 00
江门	1 484. 97	0. 00
肇庆	738. 80	0. 00
中山	1 379. 23	0. 00
珠海	1 278. 42	0. 00
合计	8 220. 26	0. 00

（2）珠江口环境容量区域分配结果

珠江口环境容量的最终分配结果如表 16.8 至表 16.10 所示。可见，广州、香港、东莞、江门、珠海、中山等市/特别行政区的环境容量相对较大，而惠州、佛山、肇庆、澳门等市/特别行政区的环境容量较小。

表 16.8　珠江口 CODcr 环境容量区域分配结果　　　　单位：t/a

城市	CODcr 天然环境容量	所占比例	CODcr 剩余环境容量	所占比例
东莞	624 623. 89	14. 41%	437 810. 71	14. 22%
佛山	222 299. 53	5. 13%	95 656. 85	3. 11%
广州	75 8811. 03	17. 50%	596 823. 42	19. 38%
惠州	30 365. 92	0. 70%	13 066. 64	0. 42%
江门	549 539. 17	12. 68%	305 858. 17	9. 93%

续表 16.8

城市	CODcr 天然环境容量	所占比例	CODcr 剩余环境容量	所占比例
肇庆	90 982.18	2.10%	39 150.19	1.27%
中山	525 527.19	12.12%	273 766.01	8.89%
珠海	456 343.73	10.53%	239 758.88	7.79%
深圳	359 374.34	8.29%	359 374.34	11.67%
香港	698 634.00	16.11%	698 633.75	22.69%
澳门	18 978.00	0.44%	18 978.00	0.62%
合计	4 335 478.98	100.00%	3 078 876.96	100.00%

表 16.9　珠江口总磷环境容量区域分配结果　　　　　　　　　　　单位：t/a

城市	总磷天然环境容量	所占比例	总磷剩余环境容量	所占比例
东莞	3 651.99	11.96%	3 269.61	11.69%
佛山	933.33	3.06%	655.95	2.34%
广州	3 390.27	11.10%	3 012.34	10.77%
惠州	118.10	0.39%	83.00	0.30%
江门	3 177.64	10.40%	2 701.07	9.65%
肇庆	484.86	1.59%	340.76	1.22%
中山	1 860.59	6.09%	1 422.89	5.09%
珠海	4 164.11	13.63%	3 757.66	13.43%
深圳	3 749.96	12.28%	3 749.78	13.40%
香港	8 642.18	28.30%	8 619.45	30.81%
澳门	367.29	1.20%	367.29	1.31%
合计	30 540.32	100.00%	27 979.80	100.00%

表 16.10　珠江口氨氮环境容量区域分配结果　　　　　　　　　　单位：t/a

城市	氨氮天然环境容量	所占比例	氨氮剩余环境容量
东莞	3 609.98	15.80%	0.00
佛山	1 113.46	4.87%	0.00
广州	3 729.55	16.32%	0.00
惠州	137.88	0.60%	0.00
江门	3 141.00	13.75%	0.00
肇庆	738.80	3.23%	0.00
中山	1 388.04	6.07%	0.00
珠海	2 417.40	10.58%	0.00

续表 16.10

城市	氨氮天然环境容量	所占比例	氨氮剩余环境容量
深圳	2 510.46	10.99%	0.00
香港	3 881.61	16.99%	0.00
澳门	182.57	0.80%	0.00
合计	22 850.75	100.00%	0.00

16.1.3.2 汕头港环境容量和污染物排放总量控制

1）汕头港海域环境容量计算结果

在汕头港海域，除外沙河无机氮尚有很小的现状容量外，其余各排污口均无排放容量（表 16.11）；在实际操作中，6 个污染源的无机氮均应采取严格的削减措施。6 个排污口的活性磷酸盐均有现状容量；从数值上看，除新津河活性磷酸盐的现状容量与其天然容量的比例较低，约为 50%外，其余各排污口的活性磷酸盐的现状容量与其天然容量的比例都较高，再次表明各污染源附近海域活性磷酸盐的现状浓度较低，只要采取一定的控制措施即可保证海域活性磷酸盐的含量满足水质标准。

2）汕头港海域污染物总量控制

汕头港 DIN、DIP 的天然环境容量分别为 2 764.90 t/a、277.64 t/a，剩余环境容量分别为 3.89 t/a、202.26 t/a。汕头港内几乎没有 DIN 剩余环境容量，不具备新增 DIN 排污容量，表明整个汕头港海域 DIN 超标严重，达不到相应的水质保护目标，要进行较大程度的减排才能使海域 DIN 浓度满足相应的水质保护目标。而 DIP 还具有一部分剩余环境容量，主要集中在榕江和新津河，梅溪、外沙河和其他排污口也有较大的剩余环境容量，说明汕头港海水中 DIP 浓度较低，目前可以达到水质目标的要求。

表 16.11　汕头港海域环境容量计算结果　　　　　　　单位：t/a

污染源	DIN		DIP	
	天然容量	剩余容量	天然容量	剩余容量
榕江	692.56	—	61.16	61.16
梅溪	169.98	—	18.92	18.12
新津河	1 376.42	—	139.75	73.93
外沙河	117.35	3.89	12.05	9.08
合并污染源一	160.72	—	17.98	16.05
合并污染源二	247.87	—	27.78	23.92

注："—"表示没有。

16.1.3.3　柘林湾环境容量和污染物排放总量控制

1）柘林湾海域环境容量计算结果

在柘林湾海域的 5 个入海排污口中，除黄冈河无机氮和活性磷酸盐均无现状容量（即不允许排放）外，其余各排污口均有一定排放容量（表 16.12）。从数值上看，各排污口无机氮的现状容量占其天然容量的 5%~38%，比例较低，表明各排污口附近海域无机氮的现状浓度较高；各排污口活性磷酸盐的现状容量占其天然容量的 0.003%~47%，其中钱东、井洲排污口基本无现状容量而言，在实际排污控制中也应该采取严格的削减措施。

表 16.12　柘林湾海域环境容量计算结果　　　　　单位：t/a

污染源	DIN		DIP	
	天然容量	剩余容量	天然容量	剩余容量
黄冈河	442.07	—	85.40	—
韩江东溪	605.60	193.41	43.83	20.56
钱东、井洲排污口	72.53	3.85	14.62	0.004
海山排污口	4 765.52	1 797.53	868.07	345.78
大唐电厂排污口	696.39	150.87	2 451.36	587.45

注："—"表示没有。

2）柘林湾海域污染物总量控制

柘林湾 DIN、DIP 的天然环境容量分别为 6 582.11 t/a、3 463.28 t/a，剩余环境容量分别为 2 145.66 t/a、953.794 t/a。柘林湾内 DIN、DIP 还具有一部分剩余环境容量。DIN 剩余环境容量主要分布在海山排污口，而 DIP 剩余环境容量主要分布在大唐电厂排污口和海山排污口。总体上，柘林湾流域的开发可以按剩余环境容量进行分配排污能力，其中，黄冈河周边，以及钱东和井洲区域已经不具备新增排污容量，要严格控制这些区域新增污染的增长。而海山和大唐电厂周边区域还分布着较多的排放容量。

16.1.3.4　海陵湾环境容量和污染物排放总量控制

1）海陵湾环境容量结算结果

海陵湾 COD、DIN 和 DIP 的天然环境容量和剩余环境容量见表 16.13，均还具有一部分剩余环境容量。图 16.7 至图 16.9 分别显示，海陵湾的天然环境容量在湾顶分配较少，在湾口得到较多分配。考虑背景浓度以后，计算出的所有排污口基本都有剩余环境容量，表明海陵湾的水质得到了比较好的保持。

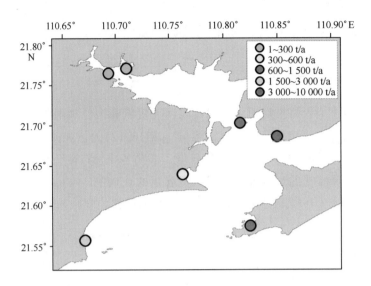

图 16.7　海陵湾 COD 剩余环境容量空间分布

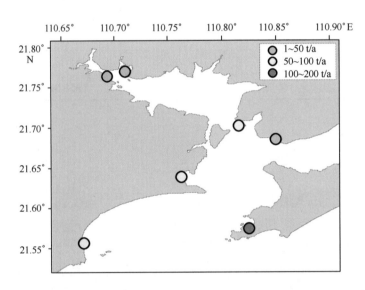

图 16.8　海陵湾 DIN 剩余环境容量空间分布

表 16.13　海陵湾 COD、DIN 和 DIP 天然环境容量与剩余环境容量　　　　　单位：t/a

计算因子	天然容量	剩余容量
COD	13 717.38	12 986.55
DIN	545.70	466.11
DIP	66.73	40.83

2）海陵湾污染物总量控制

　　海陵湾的环境容量由表 16.13 可见，其湾内 COD、DIN 和 DIP 均还具有一部分剩余环境容量，主要集中在湾口。湾顶水交换较弱，环境容量较小。总体上海陵湾流域的开发可以按

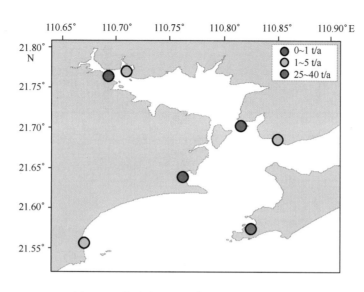

图 16.9　海陵湾 DIP 剩余环境容量空间分布

剩余环境容量进行分配排污能力，其中阳西县城已经不具备新增排污容量，要严格控制阳西县城新增污染的增长。阳西县在平岗镇西南新规划的化工基地还可以分布较多的污染排放容量，此外，溪头镇和闸坡镇以及阳西电厂污染物排放对海陵湾内的环境质量影响并不显著，有较大的排放余地。

16.1.3.5　湛江湾环境容量和污染物排放总量控制

1）湛江湾环境容量计算结果

湛江湾内 COD 和 DIN 还具有一部分剩余环境容量，DIP 基本上没有剩余环境容量（表16.14）。海湾水体交换能力差异直接导致了天然环境容量的空间差异。从图 16.10 至图 16.12 所显示的剩余环境容量分布可以看出，COD、DIN 和 DIP 的天然环境容量在特呈岛以北和东头岛以西的海域分配较少，考虑背景浓度以后，基本上没有剩余环境容量。唯有靠近湾口的海域，由于水交换能力较强，还有一定的剩余环境容量，然而东海岛钢铁基地和重化工基地的建设以及运行，污染物朝该海区排放，将加重该海区水质环境压力。

从湛江湾的水交换能力上看，湛江湾的天然环境容量和剩余环境容量是合理的，但计算模型中背景浓度选择的是广东 908 专项调查 2006 年的观测数值，最近几年由于湛江市社会经济发展很快，湛江湾周边排污能力有所增加，因此，湛江湾实际的剩余环境容量可能比计算的要小。

表 16.14　湛江湾 COD、DIN 和 DIP 天然环境容量与剩余环境容量　　　　单位：t/a

计算因子	天然容量	剩余容量
COD	12 944.15	8 006.49
DIN	2147.39	1 383.64
DIP	134.83	27.02

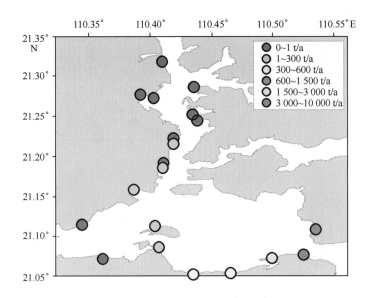

图 16.10　湛江湾 COD 剩余环境容量空间分布

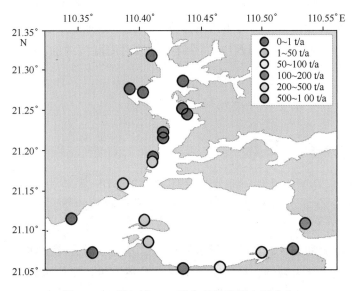

图 16.11　湛江湾 DIN 剩余环境容量空间分布

2）湛江湾污染物总量控制

从上述分析的剩余环境容量分布可以看出，湛江湾主要的剩余环境容量均集中于湾口，湾内污染物排放以第三类水质标准来看大部分已超标，DIP 的剩余环境容量很少。因此，对湛江湾内的污染排放总量来说，对湛江市城区基本没有新的污染物排放能力可以分配，只能在现有排污能力条件下，要求各企业相互调剂和交易排污容量。剩余的环境容量可以完全分配到湾口附近，然而需要特别留意的是，东海岛正在建设的钢铁基地和重化工基地，如果建设和运行时污染物向湾口排放，那么这个剩余环境容量可能完全不够分配。

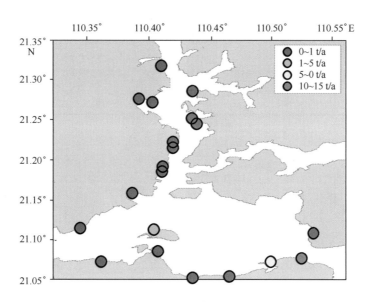

图 16.12 湛江湾 DIP 剩余环境容量空间分布

16.1.4 大亚湾生态系统健康评价

16.1.4.1 大亚湾生态系统健康状态分级

生态系统健康分指数与综合指数，都位于 [0，1] 区间内。指数值为 1 说明已达到或优于管理目标；越接近 1，表示越接近管理目标；越接近 0，表示距离管理目标越远。根据生态系统健康分指数与综合指数的数值大小，将大亚湾生态系统健康评价的各单项指标和生态系统总体的健康状态划分为 6 个等级（表 16.15）。

表 16.15 大亚湾生态系统健康状态分级

项目	生态系统健康状态分级					
指数范围	0~0.2	0.2~0.4	0.4~0.6	0.6~0.8	0.8~1	1
健康状态	很差	较差	临界状态	较好	很好	最好

16.1.4.2 全年大亚湾生态系统健康综合指数

全年大亚湾生态系统健康综合指数的运算结果见图 16.13。全年健康综合指数在 0.49~0.86 之间。年度大亚湾生态系统健康评价所得的健康综合指数平均值为 0.64，目前大亚湾生态系统的健康状态整体处于"较好"水平，但和"临界"水平的差距已经很小。大亚湾生态系统的健康状况可能面临着向"临界"状态转化的危险。

16.1.4.3 主要负面影响因子

影响大亚湾生态系统健康的主要负面影响因子，在不同的季节里具有较强的一致性和集中性。浮游植物丰度和生态缓冲容量是 3 个或 3 个以上季节共同出现的负面影响因子，因此，

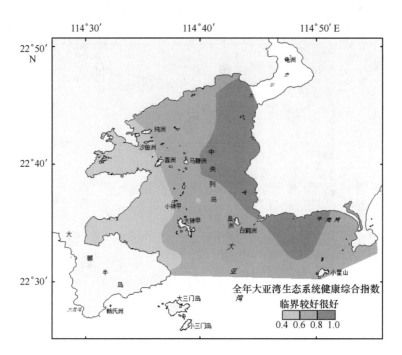

图 16.13　全年大亚湾生态系统健康综合指数空间分布

可以认为这两个因子是影响大亚湾生态系统健康状态的关键因子，对这两个指标的调控和管理应引起高度重视。

16.1.5　小结

16.1.5.1　主要结论

1）水体、沉积物和海洋生物污染现状

广东省近海海水中无机氮、活性磷酸盐、石油类、Cu、Pb 和 Zn 的含量均有不同程度的超标；其中无机氮、活性磷酸盐和石油类超标最为严重，局部海域超第四类海水水质标准。

广东省近海海域沉积物中 Cu、Pb、Cd、Cr、As 和硫化物的含量均有不同程度的超标，但仍符合海洋沉积物第二类质量标准，海洋沉积物环境质量总体上良好。

广东省近海海域各海区生物体中除重金属 Cd 和石油烃外，生物质量为良好。其中鱼类生物体中的 Cd 含量有超标现象；软体动物中，除石油烃外，其他因子均符合海洋生物质量标准。

2）重点海域的环境容量及其环境承载力分析

沿岸重点海域的环境容量计算结果表明，DIN 在珠江口已经无剩余环境容量，COD 和 DIP 的剩余容量很小。在汕头港海域 DIN 几乎无排放容量；在柘林湾海域 DIN 和 DIP 的剩余环境容量很小。湛江湾内 COD 和 DIN 还具有一部分剩余环境容量，DIP 基本上没有剩余环境容量。海陵湾内 COD、DIN 和 DIP 均还具有一部分剩余环境容量。

总体上，广东省近岸重点港湾，除了海陵湾以外，人类经济活动已经超出了所能承受的承载能力。而且，海陵湾的剩余环境容量主要集中于湾口，湾内剩余环境容量所剩无几，未来陆域发展规划和污染物排放控制总量需根据所在港湾的环境容量分布情况制定。

16.1.5.2 存在问题

1) 排海污染总量仍然较大

2010 年对珠江八大入海口和榕江、深圳河、东江（北干流、南支流）、练江、莫阳江、黄冈河等主要入海河流，开展江河入海污染物总量监测。监测结果表明，2010 年，上述河流径流携带入海的石油类、COD$_{Cr}$、营养盐、重金属和砷等污染物约 108.1 ×10^4 t。其中 COD$_{Cr}$ 97.5 ×10^4 t，约占总量的 90.2%；营养盐 8.5 ×10^4 t，约占 7.8%；石油类 1.6 ×10^4 t，重金属 0.4 ×10^4 t。

2010 年的监测结果显示，实施监测的 91 个各类代表性入海排污口中，有 35 个入海排污口超标排放，超标率约 38.5%，主要超标污染物（或指标）为化学需氧量、总磷、氨氮。各地级市均有不同程度超标排放的情况；工业排污口超标率为 28.1%，主要污染物为化学需氧量；虽然重点监测的工业排污口超标率不高，但仍有众多中小型工矿企业尚处于无组织与无序排污状态，工业面源污染尚未得到有效控制。

广东沿海城镇生活污染源的源强持续快速增长，1992—2004 年间，生活污水排放量增长了 188%，但生活污水处理率目前仅为 39%；生活污水中主要污染物 COD、无机氮和磷酸盐的排放量分别增长了 137%、194% 和 173%。2010 年，41 个市政污水入海排污口中，22 个排污口排放的污水不能满足《广东省水污染物排放标准》的相应标准，超标率 53.7%。主要超标污染物为总磷、化学需氧量和氨氮，其中总磷超标较为普遍，所有超标的市政污水排污口均出现总磷超标。实施监测的 18 条排污河中，有 4 条排污河出现超标现象，主要超标指标为化学需氧量和总磷。值得重视的是，广东沿海集约化畜禽养殖废水排放量和有机污染物排放量大幅增长，已超过了工业污染源排放量。此外，农业面源污染也是排海污染源强度增大的原因之一，由于农业（包括水产养殖业）生产中大量使用化肥、农药、环境调节剂等，以及水土流失未得到有效控制等原因，农业面源污染物随地表径流进入近岸海域的数量和强度有增无减，尤以氮和磷的贡献率较大。

2) 水产养殖业自身污染日趋严重

广东省海水养殖业发展迅速，在海洋经济中占有重要地位。但是，由于缺乏科学规划，布局不合理，局部海域养殖密度过大，加上残饵、排泄废物、有机碎屑等富集养殖场基底，导致底质环境恶化，养殖水体出现富营养化，病害和赤潮灾害日趋频繁，出现了各种生态环境问题。目前在局部水域特别是广东省海水养殖业比较发达的地区，养殖自身污染已成为近岸海水污染的一个重要原因，并影响到沿海地区地下水等。随着网箱养殖业的发展，水产养殖污染所产生的环境影响将呈进一步加重的趋势。

3) 近海环境污染形势仍不容乐观

(1) 重点港湾水体污染严重

根据《2010 年广东省海洋环境质量公报》，2010 年全省近岸海域海水水质达到清洁海域水质标准的面积比例约 54.9%，较清洁海域比例 29.0%，轻度污染海域比例 4.5%，中度污染海域比例 3.1%，严重污染海域比例 8.5%。未达到清洁水质标准海域面积 22 042 km²；严重污染海域面积 4 153 km²。污染海域主要分布在珠江口的广州、东莞、中山、深圳西部、珠海东部和南部、江门市新会等经济发达、人口密集的大中城市近岸局部海域和潮州柘林湾、汕头港、湛江湾等港湾局部海域。海水中主要污染物依然是无机氮和活性磷酸盐，部分港湾、航道区受石油类轻度污染。汕头港局部、深圳宝安海域、深圳湾、东莞海域、广州海域、中山海域、珠海东部和南部海域、高栏列岛海域、黄茅海和湛江湾局部海域海水中无机氮平均含量超过第四类海水水质标准。柘林湾、澄海近岸局部海域、汕头港、深圳湾、宝安海域、东莞海域、广州局部海域和湛江湾局部海域海水中的活性磷酸盐平均含量均超过第四类海水水质标准。此次广东省 908 专项调查结果与《广东省海洋环境质量公报》基本一致，全年广东近海海水中无机氮和活性磷酸盐高值区域主要出现在珠江口，其次为汕头港、海陵湾内和湛江湾内，港湾外海域相对较低；石油类相对较高的含量出现在湛江港海域。全年中，广东近海海水中的 DO、无机氮、活性磷酸盐、石油类、重金属 Cu、Pb 和 Zn 含量均有不同程度的超标，其中以无机氮和活性磷酸盐超标情况最为严重。

（2）部分海域沉积物受到污染

广东省 908 专项调查结果表明，总体上，广东近海海域沉积物中，Cu、Pb、Cd、Cr、As 和硫化物在不同区域出现了不同程度的超标，汕头海区韩江东溪入海口小部分区域受到了 Cu、Pb 和 Cd 的污染，汕惠海区沉积物中有部分站位 Pb 和硫化物超过第一类沉积物质量标准，珠江口海区沉积物出现一定程度的 Cd 污染，部分区域沉积物中铜、铅、锌、镉、砷、有机质等 6 项指标存在一定程度的超标。阳茂海区小部分站位沉积物中 Cu 和 Cd 含量超过第一类质量标准，湛江海区主要受到 Cd、Cr 和 As 的污染，尤其是 Cd，其超标率相对较高。虽然广东近海沉积物环境质量总体较好，但局部海域部分污染物的超标仍需引起高度重视。《2010年广东省海洋环境质量公报》亦表明，广东省局部海域沉积物中存在 Cd、Pb、石油类、有机碳、六六六和 PCBs 含量超标现象。

（3）环境污染加剧生物体富集持久性毒害污染物

工农业的快速发展对环境造成的污染有目共睹，其中持久性有机物、重金属对环境的污染尤其普遍，这些持久性毒害污染物进入水域后，通过食物链富集到多种海洋生物体内，最终对人体健康产生严重影响。目前，广东近海局部海域贝类体内污染物残留水平依然较高。根据 908 专项调查结果，珠江口海域鱼类、贝类等生物体中石油烃、Cu 和 Zn 含量有超标现象。从 20 世纪 90 年代末到近年来对湛江港贝类重金属的调查结果显示，海产贝类受污染的程度日趋严重（黄长江，2007）。根据《2007 年中国海洋环境质量公报》，1997—2007 年，深圳海域贝类石油、总汞、镉、粤西海域贝类石油、总汞，粤东海域贝类总汞呈上升趋势。同样，珠江河口水生生物已受到一定程度多溴联苯醚（PBDEs）的污染，其浓度为 37.8~444.5 ng/g，以虾姑和龙头鱼污染较重；PBDEs 在鱼肝中的富集能力高于鱼肉（向彩红等，2006）。

16.2 滨海湿地及其他特色海洋生态系统[①]

在以往局部的调查研究中，对广东省珊瑚礁生态系统健康状况与可持续利用尚未有系统、

---

① 黄晖，王友绍，黄小平，陈竹，练健生，周国伟。根据黄晖等《广东沿岸滨海湿地及其他特色生态系统综合评价报告》整理。

科学的研究和评价。红树林生态系统健康状况有过零星的研究评价，一些学者通过对红树林自然保护区的典型性、多样性、生态公益性等方面进行评价或是利用 ABC 曲线法（丰度/生物量曲线）评价保护区的环境状况（区庄葵等，2003；唐以杰等，2006；邓小飞等，2006）。海草床生态功能评价与保育对策的研究甚少，其价值研究在我国尚处于起步阶段，而广东省海草床的相关研究更是空白。总体来说，系统、科学有效地对广东省沿岸滨海湿地及其他特色生态系统综合评价的研究极为匮乏。因此，基于我们的调查结果结合相关历史资料，根据广东省珊瑚礁、红树林和海草床生态系统的生态功能特点对其进行评价研究，为全面评价广东沿岸海域滨海湿地及其他特色生态系统的健康状况，并为有效保护和管理提供科学依据。

　　本评价涉及海域与广东省 908 专项滨海湿地及其他特色生态系统和珍稀濒危海洋动物调查海域相同，具体为广东省领海 0 m 等深线以内沿岸海域，并选取对广东省海洋资源开发和环境保护具有重要意义的重点人工鱼礁区、重点海洋保护区及特色生态系统所在海区进行重点评价。基于评价对象的差异，综合评价分为 4 部分：① 珊瑚礁生态系统健康状况与可持续利用；② 红树林生态系统健康状况评价与修复；③ 海草床生态功能评价与保育对策；④ 海洋自然保护区综合效益评价。

　　在广东省滨海湿地及其他特色生态系统调查成果基础上，收集相关资料，结合广东省沿岸生态环境特征，建立广东沿岸滨海湿地及其他特色生态系统评价方法并运用区域生态系统管理理念研究广东省滨海湿地及其他特色生态系统管理的政策与策略。

16.2.1　珊瑚礁生态系统健康状况与可持续利用

　　根据历史记录和国家以及广东省 908 专项的"滨海湿地及其他特色生态系统和珍稀濒危海洋动物调查"结果，广东省海域造礁石珊瑚主要分布在惠州—深圳的大亚湾、大鹏湾、珠江口的担杆列岛—佳蓬列岛和雷州半岛西海岸。粤西海域受珠江冲淡水影响，仅局部海域有零星造礁石珊瑚分布，粤西海域资料较少，本次专项调查发现茂名放鸡岛海域有一些造礁石珊瑚分布。根据以往资料记录，广东海域造礁石珊瑚约有 50 种，广东省 908 专项调查记录到可以鉴定识别的造礁石珊瑚物种数合计有 30 种，分列在 8 科 18 属。最常见的造礁石珊瑚是：丛生盔形珊瑚、澄黄滨珊瑚、秘密角蜂巢珊瑚、多孔鹿角珊瑚、菊花珊瑚、疣状杯形珊瑚、标准蜂巢珊瑚、繁锦蔷薇珊瑚等。

　　利用我们开发的广东省 908 专项珊瑚礁健康评价模型，计算得到广东省 908 专项造礁石珊瑚群落与珊瑚礁健康状况各综合评价指标的得分表（表 16.16）。16 个调查结果中，健康评价为"健康"的只有 3 个，占 18.75%，不足两成；"亚健康"的 9 个，占 56.25%，超过一半；"不健康"的有 4 个，占 25%，即 1/4。

　　可见，广东省珊瑚礁健康状况普遍不好："亚健康"的占了差不多六成，"不健康"的有 1/4，"健康"的不足 1/5；从变化趋势来看更是不容乐观，2005 年和 2008 年都有调查的 3 个站位（大亚湾—三门岛、徐闻—水尾、徐闻—灯楼角），除了徐闻—灯楼角没有太大变化，其余 2 个站位的评价等级都降了一级，大亚湾—三门岛从 2005 年健康降为 2008 年的亚健康，而徐闻—水尾更是从 2005 年亚健康降为 2008 年的不健康。按"健康"绿色，"亚健康"橙色，"不健康"红色标志在地图上得到广东省珊瑚礁健康评价图（图 16.14）。

表 16.16 广东省珊瑚礁健康状况综合评价指标与得分

地点	站位	健康评价	综合得分	基本健康状态	群落结构反应状况	环境胁迫状况
大亚湾—三门岛	C1	亚健康	0.35	0.385 1	0.105 9	−0.143 5
大鹏湾—小海沙	C2	不健康	0.11	0.379 5	0.054 6	−0.322 6
担杆—直湾	C3	亚健康	0.51	0.515 6	0.105 5	−0.107 3
北尖—大函湾	C4	健康	0.68	0.531 1	0.144 6	0.000 0
庙湾—湾州	C5	亚健康	0.54	0.494 1	0.144 2	−0.093 4
电白—放鸡岛	C6	不健康	0.25	0.421 3	0.060 7	−0.234 8
雷州—刘张角	C7	不健康	0.02	0.296 1	0.000 0	−0.277 1
徐闻—水尾	C8	不健康	0.14	0.415 8	0.026 5	−0.307 0
徐闻—灯楼角	C9	亚健康	0.34	0.448 1	0.081 7	−0.190 4
大亚湾三门岛	B3	健康	0.86	0.765 9	0.198 8	−0.108 4
大亚湾小辣甲	B4	健康	0.64	0.514 7	0.235 4	−0.113 2
大亚湾大辣甲岛西	B5	亚健康	0.55	0.588 0	0.066 9	−0.109 0
大亚湾大辣甲岛西南	B6	亚健康	0.34	0.459 4	0.041 7	−0.159 7
徐闻灯楼角	B53	亚健康	0.36	0.447 8	0.131 4	−0.214 8
徐闻放坡	B54	亚健康	0.44	0.565 4	0.066 0	−0.193 9
徐闻水尾角	B55	亚健康	0.56	0.639 1	0.086 4	−0.161 4

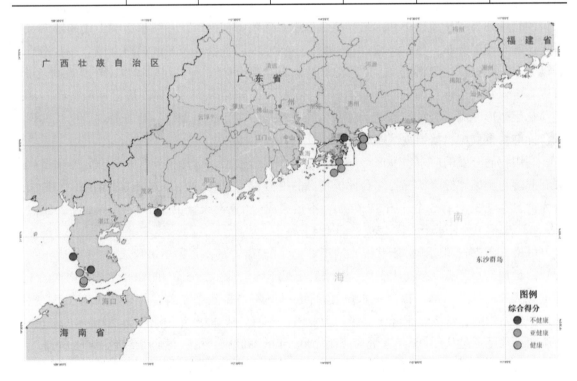

图 16.14 广东省珊瑚礁健康评价

　　基于以上分析结果，并结合各种环境资料，重点根据 2011 年 8 月最新发布的《2010 年广东省海洋环境质量公报》，分析广东省造礁石珊瑚群落与珊瑚礁的健康状况，并按照大亚湾及其临近海域造礁石珊瑚群落、珠江口万山—佳蓬列岛海域造礁石珊瑚群落、茂名海域（放鸡岛）造礁石珊瑚群落和雷州西海岸珊瑚礁共 4 个区域做出评价。

　　从 2010 年广东省海洋环境质量公报的资料来看，广东省造礁石珊瑚群落和珊瑚礁分布区与水质良好海域非常吻合。广东省主要污染海域都没有造礁石珊瑚分布，包括珠江口的广州、东莞、中山、深圳西部、珠海东部和南部、江门市新会等经济发达、人口密集的大中城市近岸局部海域和潮州柘林湾、汕头港及湛江湾等港湾局部海域。海水中主要污染物依然是无机氮和活性磷酸盐，部分港湾、航道区受石油类轻度污染。

　　大亚湾及其临近海域造礁石珊瑚群落主要分布在大亚湾的惠州和深圳海域较清洁的海域，包括大亚湾三门岛附近海域和中部岛屿，以及大鹏湾等东部海域，这些海域海水基本保持清洁、较清洁水平。大亚湾及其临近海域造礁石珊瑚群落总体健康状况在广东省内算是比较好的，大亚湾三门岛和大亚湾小辣甲站位 2005 年还处于健康状况，但是大亚湾—三门岛从 2005 年健康降为 2008 年的亚健康，可见，大亚湾的海洋环境也在变差。

　　珠江口只有靠外海的万山—佳蓬列岛海域有造礁石珊瑚群落分布，这些海域也是水质良好的区域。万山—佳蓬列岛海域造礁石珊瑚群落健康状况良好，尤其北尖—大函湾海域属于部队驻岛，当地渔民干扰活动较少，2008 年其造礁石珊瑚群落处于健康状况，这是广东省 2008 年造礁石珊瑚群落唯一处于健康状况的海域。而庙湾—湾州和担杆—直湾处于亚健康，主要是人为活动较多所致。

　　就目前所知，茂名海域只有放鸡岛有造礁石珊瑚群落分布，而且处于不健康状态。一方面，据 2010 年广东省海洋环境质量公报，大竹洲岛至放鸡岛海域虽然海水水质清洁，各项指标基本符合第一类海水水质标准，但是对于珊瑚来说，其水质已经偏富营养，本次调查时发现水体明显偏绿色，说明藻类较多，水体营养丰富。另一方面，该处不是保护区，人类活动干扰较多。

　　雷州西海岸是广东省唯一有珊瑚礁分布的海域。但是，近一二十年，海水水质下降，目前只能勉强达到珊瑚生长的要求，近几年珊瑚礁明显退化，除了徐闻—灯楼角没有太大变化外，徐闻—水尾从 2005 年亚健康降为 2008 年的不健康。徐闻放坡和雷州—刘张角分别为亚健康和不健康状态，与水质和人类活动都有关系。

　　广东省造礁石珊瑚分布广泛，根据调查结果，珊瑚礁与造礁石珊瑚群落主要分布在深圳海域（大亚湾及其临近海域）、珠江口海域及雷州半岛西海岸 3 个区域。而这几个区域分别成立了不同级别的自然保护区，从而为各个海域的海洋生态系统的稳定性及海洋生物多样性的维持提供强有力的保障。

　　利用珊瑚礁生态系统回顾性评估、现状评估和预测评估的结果，深入分析广东省珊瑚礁生态系统的利用现状、主导性的胁迫压力和面临的潜在风险，针对重点珊瑚礁生态系统提出可持续利用的管理对策和建议，供广东省海洋与渔业局、相关市县政府、保护区管理机构决策参考：

　　（1）普及造礁石珊瑚群落和生物多样性的知识，增强公众的保护意识；

　　（2）加强相关保护造礁石珊瑚法规的执法力度；

　　（3）加强珊瑚保护区的保护力度，特别是加强与社区共管的保护区管理模式；

（4）建立造礁石珊瑚群落生态系统健康的长期监测网络；

（5）开展造礁石珊瑚恢复工作。

16.2.2 红树林生态系统健康状况评价与修复

我们以 PSR 模型为核心结合 AHP 层次分析法建立红树林生态系统健康评价体系。利用该评价体系结合 2008 年广东省 908 红树林专项调查数据对广东省 7 个典型的红树林样地进行健康评价，其评价结果与实地调查现场评估结果一致。通过红树林生态系统健康评价体系对 7 个典型样地进行了综合健康指数的计算，计算结果如表 16.17 所示。

表 16.17 广东省红树林典型样地评价结果

保护区	地点	压力指数	状态指数	响应指数	综合指数	健康状态
湛江红树林保护区高桥片	广东廉江	13.0	54.8	16.6	84.5	很健康
湛江红树林保护区特呈岛	广东霞山	9.2	28.5	17.1	54.7	亚健康
湛江红树林保护区太平片	广东麻章	11.3	47.5	16.1	75.0	健康
湛江红树林保护区和安片	广东徐闻	8.7	25.6	14.5	48.8	亚健康
湛江红树林保护区湖光片	广东麻章	11.3	37.3	17.9	66.5	健康
惠州红树林保护区	广东惠东	11.5	12.5	0.2	24.2	不健康
淇澳岛红树林保护区	广东珠海	12.5	39.6	9.3	61.3	健康

当 80>综合指数（CHI）≥60 时，表明人类活动对红树林生态系统的影响较小，红树林生态系统所受的外部环境压力较小；红树林生态系统中，红树植物生长茂盛，群落结构良好，物种多样性丰富，红树林所处的自然环境条件也比较优越。整个红树林生态系统的状态良好；同时保护区以及社会各界对与红树林生态系统的保护给予了比较积极的响应。此时红树林生态系统本身具有很强的活力，而且面对外界环境的压力也拥有较强的抗干扰能力和恢复力，能够面对较强的外界压力影响。红树林生态系统的生态功能很完善，系统很稳定，处于可持续状态，红树林生态系统的健康状况为健康。总体来说，广东红树林的平均综合健康指数CHI＝63.5，整体处于健康的状态。其中湛江高桥红树林健康状态为"很健康"，此种状态的红树林样地非常罕见，可以作为其他红树林样地进行健康恢复的标准以及科学研究的典型实验基地；湛江太平等四块样地的健康状态为"健康"，说明当地红树林生态系统的生态功能很完善，系统很稳定，处于可持续状态；湛江特呈岛以及和安的红树林处于"亚健康"状态，说明当地红树林生态系统结构尚能稳定，可发挥基本的生态功能，但已有少量的生态异常出现，整个生态系统勉强维持，生态系统已开始退化。此种情况下进行人工干预，加强红树林的保护，还可以使红树林恢复到健康状态；惠州红树林为"不健康"，说明当地红树林生态系统活力很低，生态异常大面积出现，整个系统的可持续性丧失，生态功能已经严重退化。

红树林生态系统的健康状况是红树林生态系统最重要的指标，关系到红树林生态系统的现状与未来发展趋势，是对红树林保护进行科学决策的根本指标。因此对广东省的红树林生态系统的健康状况进行综合评价有非常重要的意义。根据评价模型的计算得出全省的红树林健康状况指数，我们对全省的红树林评价结果以及造成此结果的因果链进行分析。各样地的平均压力指数对比如图 16.15 所示。由各样地压力指数（注：压力指数越大表明所受的压力越小）对比发现，经济发达的"珠三角"地区的两块样地（淇澳岛和惠东）以及地处经济活动频繁的湛江港口附近的特呈岛三者的压力指数明显小于经济相对落后的其他不发达地域的样地。这说明红树林生态系统所受到的压力大小与当地的经济发展水平有密切的联系，经济发展水平越好对当地红树林生态系统带来的压力越大。一方面如果当地的经济发达则人类的开采、生产、加工等经济活动加剧，剧烈的人类活动影响势必会给当地红树林生态系统带来巨大的外界环境压力；另一方面经济发达势必会带来大量的人口聚集，大量的人口负荷也会给当地红树林带来巨大的环境压力。因此经济的过快发展会给当地的红树林生态系统带来巨大的压力。

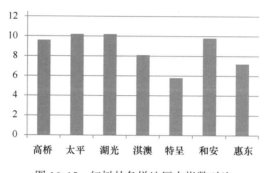

图 16.15　红树林各样地压力指数对比

各样地的状态指数对比如图 16.16 所示。对比发现，雷州半岛地区红树林的平均状态指数明显高于"珠三角"地区。首先雷州半岛地处我国大陆最南端，属热带气候非常适宜红树林的生长，雷州半岛的红树林几乎包括了我国红树植物的全部种类。同时当地的物种资源丰富，生物多样性好，因此当地红树林的状态指数很高。随着纬度的增加，气候条件不是非常适宜红树林的生长，红树植物种类减少，矮化现象极为明显。北部的惠东地区红树林零星分布，并且物种相对单一，只有少数的抗冷品种存在，因此当地的红树林状态较差。由此可以看出自然条件的差异是决定各地红树林状态的关键，而纬度的高低是决定自然条件的重要因素，红树林状态基本是随着纬度的增加而变差。

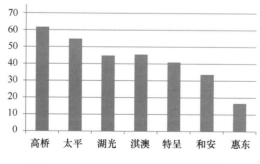

图 16.16　红树林各样地状态指数对比

各样地的响应指数对比如图 16.17 所示。经对比发现，各样地的响应指数大小基本与当地的自然保护区级别相关。主要是因为自然保护区级别越高，当地对于保护区的经费投入就越大，对于红树林的保护力度就不断加大。另一方面自然保护区级别越高当地居民受环境宣传教育的程度越高，人口素质就会提高，同时政府在宣传环保方面的投入也会加大，当地居民就会普遍有很强的环保意识。因此红树林自然保护区能够带动整个社会加大对红树林保护的响应。

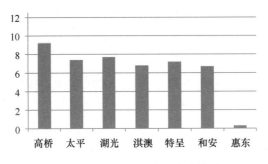

图 16.17　红树林各样地响应指数对比

为提高红树林生态系统的整体质量，丰富红树林生态区的生物多样性，充分发挥红树林的生态防护功能，实现红树林海岸地区社会经济与生态环境的和谐发展，需要对已经严重退化的红树林生态系统实施修复。多年的理论研究与实践探索表明，针对造林生境的差异，将红树林生态修复划分为新建造林、修复造林与特殊造林 3 种造林类型，并从红树林修复的规划设计、种苗造林、抚育管理与检查验收等不同技术环节进行。

我国对红树林生态系统健康评价的研究起步较晚，目前研究成果不多，也没有统一的评价体系与标准，加强红树林生态系统健康评价指标及其体系研究是今后红树林生态系统研究的一个重要方向。PSR 概念模型具有非常清晰的因果关系，利用 PSR 模型建立的红树林生态系统健康评价体系科学实用，能够满足一般的红树林生态系统健康评价的工作需要。我们首次利用 PSR 模型对全省的红树林生态系统进行全面的健康评价，并且编制出红树林生态系统健康评价的专用软件。希望为广东省红树林生态系统健康的研究提供借鉴，并为全省红树林的保护与管理工作提供参考。该评价体系在红树林生态系统健康评价中的应用还有待于在今后的实践中不断完善。

16.2.3　海草床生态功能评价与保育对策

根据 2008 年调查，广东省海草床包括柘林湾、汕尾白沙湖、惠东考洲洋、大亚湾、珠海香洲唐家湾、上川岛、下川岛、雷州流沙湾和雷州企水镇，新发现柘林湾、汕尾白沙湖、惠东考洲洋、大亚湾、珠海香洲唐家湾、上川岛、下川岛、雷州企水镇 8 处海草床，海草种类主要有喜盐草（*Halophila ovalis*）、贝克喜盐草（*Halophila beccarii*）、矮大叶藻（*Zostera japonica*）。而湛江东海岛海草床、阳江海陵海草床由于围塘养殖和人为破坏而消失。广东省海草床生物资源状况见表 16.18，海草床底上生物平均密度为 302.23 ind/m²，平均生物量为 145.64 g/m²，多样性指数为 1.14，均匀度指数为 0.64。

海草床生态系统健康状况评价包括水环境、沉积环境和生物共 3 类指标（根据近岸海洋生态健康评价指南，并根据广东省海草床的特点以及数据进行一些指标的修整，并按照原有的比例进行权重再分配），各指标评价结果见表 16.19 至表 16.21。

表 16.18　广东省海草床底上生物平均数据

海草床	密度（ind/m²）	生物量（g/m²）	多样性指数	均匀度
柘林湾	17.33	14.81	1.18	0.92
汕尾白沙湖	735.33	205.99	1.31	0.55
惠东考洲洋	386.58	230.87	0.78	0.41
大亚湾	495.33	285.68	0.63	0.41
珠海唐家湾	25.50	19.49	1.28	0.90
上川岛	455.17	255.53	1.01	0.56
下川岛	337.33	133.28	1.08	0.60
流沙湾	95.83	75.89	1.22	0.66
雷州企水镇	171.67	89.23	1.80	0.78
平均值	302.23	145.64	1.14	0.64

表 16.19　广东省海草床水环境评价分值

项目	柘林湾	考洲洋	唐家湾	上川岛	流沙湾
悬浮物	6.7	—	6.70	6.7	6.7
无机磷	6.7	13.3	13.30	20	20
无机氮	6.7	20	6.70	13.3	20
水环境评价分值	6.7	16.7	8.9	13.3	15.6

注："—"表示未检出。

表 16.20　广东省海草床沉积环境评价分值

项目	柘林湾	考洲洋	唐家湾	上川岛	流沙湾
有机碳	13.3	13.3	13.3	13.3	13.3
硫化物	13.3	13.3	13.3	13.3	13.3
沉积物环境评价分值	13.3	13.3	13.3	13.3	13.3

表 16.21　广东省海草床生物环境评价结果

项目	柘林湾	考洲洋	唐家湾	上川岛	流沙湾
海草覆盖率	40	13.3	66.70	40	13.3
底上生物多样性	40	13.3	40	40	40
生物环境评价分值	40	13.3	53.35	40	26.65

　　从表 16.22 可以看出，唐家湾海草床生态系统健康评价总分值最高，为 75.55，处于健康状态；而上川岛海草床、柘林湾海草床和流沙湾海草床生态系统健康评价总分值分别为

64.4，60.0 和 55.5，处于亚健康状态；而考洲洋海草床生态系统健康评价总分值为 43.3，处于不健康状态。由于柘林湾、考洲洋和流沙湾海水养殖程度比较大，因此，海草床的生态系统健康程度比较低。

表 16.22　广东省海草床生态系统健康评价总分值

项目	柘林湾	考洲洋	唐家湾	上川岛	流沙湾
海草床生态系统健康评价总分值	60.0	43.3	75.55	66.6	55.5

根据已有分类标准和广东省海草床实际情况，将海草床生态系统服务分为食物生产、调节大气、生态系统营养循环、净化水质、护堤减灾、维持生物多样性、科学研究、选择价值、存在价值和遗产价值 10 大类进行研究，建立了海草生态系统服务价值的评价指标体系（表 16.23）。对 2008 年广东省海草床生态系统服务功能价值分析表明，广东省海草床生态服务价值主要为间接使用价值和非使用价值，占总经济价值的 93.00%（表 16.24），尤其是生态系统营养循环价值较大，占总经济价值 51.26%，反映了广东省海草床对生态系统营养循环的重要性；2008 年广东省海草床生态系统服务价值为 24 951.83 万元，说明海草生态系统服务功能很大，目前我国对海草生态系统的科研投入和重视程度与其实际服务功能不符，政府应加大对海草资源的保护和科研投入力度。

表 16.23　海草生态系统服务功能价值评价指标体系

生态系统服务价值		指标	生态系统服务
使用价值	直接使用价值	食物生产	为海洋经济生物提供育苗场所和食物来源
	间接使用价值	调节大气	吸收 CO_2 释放 O_2，调节全球气候
		营养物质循环	吸收 N 和 P 等营养物质，通过食物链循环
		净化水质	吸收海水中有害物质、净化海水水质
		生物多样性	为海洋生物提供栖息地，维持生物多样性
		科学研究	海草床的存在可以为科研和文化部门带来价值
		护堤减灾	
非使用价值	选择价值	选择价值	为保护海草资源，预先支付的费用
	存在价值	存在价值	海草以天然方式存在时表现出来的价值
	遗传价值	遗传价值	把海草作为遗产留给子孙后代支付的费用

海草生态系统受自然因素和人为因素的影响很大，特别是随着沿海经济的发展、人为活动加剧，海草所受的威胁越来越大，因此为了避免海草灭绝，有必要开展海草修复和保育技术的综合研究：① 加强海草生态学及其地理分布的研究；② 在现有研究的基础上确定重点保育地理范围；③ 加大规模繁殖方法的研究；④ 加大对海草保护重要性的宣传力度；⑤ 建立海草研究和保育的信息交流网络；⑥ 深入了解海草床保护涉及广泛的内容，尤其是社会及人文方面的内容。

总之，海草生态系统的保育，是为了使海草群落得以延续。除了设立自然保护区，更必须配合立法、人才培育、教育宣导等诸多手段，积极调查海草植物资源，建立完善的资料库，以作为正确的决策基础；及早制定海草资源的相关法律，明确相关规范；加强海草生态系统的宣传，提高人民的海草保护意识；加强海草资源的修复和保育研究。

表 16.24　2008 年广东省主要海草床生态系统服务价值　　　　　单位：万元

价值类型	生态系统功能	柘林湾海草床	惠东考洲洋海草床	珠海唐家湾海草床	上川岛海草床	雷州流沙湾海草床	合计	占总经济百分比
直接使用价值	滩涂及近海渔业价值	344.35	59.83	65.43	60.26	7 747.79	8 277.66	33.17%
间接使用价值	大气调节价值	1.35	0.07	0.21	0.65	12.73	15.01	59.83%
	营养循环价值	532.06	92.44	101.09	93.11	11 971.26	12 789.96	
	水质净化价值	1.98	0.1	0.31	0.95	18.66	22	
	生物多样性价值	28	4.87	5.32	4.9	630	673.09	
	科学研究价值	1.63	0.28	0.31	0.29	36.72	39.23	
	护堤减灾价值	57.77	10.04	10.98	10.11	1 299.74	1 388.64	
非使用价值	非使用价值	89.42	95.4	184.44	105.93	1271.06	1746.25	7.00%
合计		1 056.56	263.03	368.09	276.20	22 987.96	24 951.84	100%

16.2.4　海洋自然保护区综合效益评价

目前，我国海洋管理部门和大多数学者认可的海洋自然保护区定义是："以海洋自然环境和自然资源保护为目的，依法把包括保护对象在内的一定面积的海岸、河口、岛屿、湿地或海域划出来，进行特殊保护和管理的区域"（《国家海洋局自然保护区管理办法》，1995）。从数量上看，广东是我国海洋自然保护区最多的一个省，占我国海洋自然保护区总数的 41.0%；从保护的总面积上看，我国海洋自然保护区总面积最大的是辽宁省，其次是山东省和广东省，它们分别占全国海洋自然保护区总面积的 29.2%、28.3% 和 14.6%（表 16.25）。截至 2010 年 12 月底，广东省海洋自然保护区总数已达到 99 个（其中海洋自然保护区 49 个）。

表 16.25　我国海洋自然保护区的行政区域分布

区域	保护区数量（个）			总保护面积（×10⁴ hm²）
	国家级	地方级	总计	
辽宁	5	11	16	122.73
河北	1	3	4	3.42
天津	1	0	1	9.90
山东	2	11	13	119.23
江苏	1	1	2	45.67
上海	0	2	2	0.94
浙江	1	5	6	19.40

续表 16. 25

| 区域 | 保护区数量（个） | | | 总保护面积 |
	国家级	地方级	总计	（×10⁴ hm²）
福建	3	9	12	14. 49
广东	4	95	99	68. 00
广西	3	2	5	12. 90
海南	3	18	21	10. 66
总计	24	115	139	420. 60

广东省海洋自然保护区的选划条件将严格依据《中华人民共和国海洋环境保护法》、《中华人民共和国自然保护区管理条例》的规定执行，依据《广东省实施〈中华人民共和国海洋环境保护法〉办法》的第十七条，在此基础上，广东省海洋自然保护区选划将加强对海洋生态区域保护、增加生态修复和资源养护的相关条款。对于选划海洋自然保护区的面积大小，到目前为止国内外鲜有研究。从理论上讲，保护区的面积越大，被保护的物种就越多。此外，在保护区设计中还应考虑边缘效应因素。在设计保护区时应将面积尽可能划得大些才能实现设立保护区的目的。海洋自然保护区的建立主要包括预选区调研、海洋自然保护区的论证与呈报办理、审批与公布等程序，海洋保护区建立的总原则与工作分工遵循国家海洋局1995年《海洋自然保护区管理办法》第五条。海洋自然保护区以科学合理开发和持续利用海洋资源、保护海洋生态环境为目标，以综合管理的形式，通过在保护区内实施可持续的资源开发、监测评估、规划管理等一系列措施和手段，优化社会资源合理配置，保护海洋生态系统功能，最终实现海洋经济、社会和环境协调发展。为使其职责、任务得以规范性地实施，必须按规定要求制定各项管理制度和各类业务技术标准与规范。

目前，对于自然保护区的综合效益评价可以通过生态系统的服务价值评估进行定量地综合评价。以大亚湾水产资源自然保护区的综合效益评估为例，对广东省海洋自然保护区进行综合效益评估。根据构建的大亚湾水产资源自然保护区生态系统评估方法指标体系，结合资料调研的相关数据，通过对大亚湾水产资源自然保护区生态系统的4类共10项生态服务价值用各自适宜的方法分别进行评估和计算。结果显示，大亚湾生态系统的全年直接和间接的总经济效益达 302 425.43 万元，单位面积的经济效益为 504.04 万元/km²（表16.26）。在各项服务价值中，该自然保护区对社会的食品供给服务是大亚湾水产资源自然保护区生态系统中最主要的功能，其效益价值达到 140 178.12 万元，约占生态系统服务总价值的50%，其次是社会效益中的旅游娱乐服务，其服务价值约占总价值的1/3。大亚湾水产资源自然保护区最主要的生态功能仍然是以食品供给服务和旅游娱乐服务为主，产生巨大的社会发展效益，社会效益的比重占了总经济效益比重的78.94%。同时，为水产资源提供生境和产卵场等使得水产种质资源得到有效保护，其产生的生态效益也占到总经济效益的21.06%。因此，在发展经济的同时，应倾向于保护其天然水产种质资源和栖息地生境，以达到大亚湾水产资源自然保护区的可持续发展。

表 16. 26　大亚湾水产资源保护区综合效益及构成

生态系统服务类型		综合效益（万元）	占总经济效益的比例（%）
调节服务	气候调节	26 063.4	8.62
	空气质量调节	21 925.9	7.25
	水质净化调节	9 073.2	3.00
	干扰调节	700.06	0.23
支持服务	物质循环	5 855.16	1.94
	提供生境	64.4	0.02
生态效益价值		63 682.12	21.06
文化服务	知识扩展服务	3 771.12	1.25
	旅游娱乐服务	94 079.76	31.10
供给服务	食品供给	140 178.12	46.35
	原材料供给	714.31	0.24
社会效益价值		238 743.31	78.94
经济效益总价值		302 425.43	—

注："—"表示未检出。

我们对典型人工鱼礁区生态系统综合效益进行评估，通过构建深圳杨梅坑人工鱼礁区和周边海域生态系统服务功能和价值的评估模式，并对杨梅坑人工鱼礁区构建后近期和中长期的生态系统服务价值进行预测，利用 logistics 方程对杨梅坑人工鱼礁区生态系统服务价值进行拟合（图 16.18），掌握人工鱼礁对生态系统的影响过程和效果，为我国人工鱼礁区构建效益评估提供依据。深圳杨梅坑人工鱼礁区的单位面积服务价值为 1 714.7 万元/km²，远高于全球近海生态系统的平均值和深圳市近海海洋生态系统的平均值。这说明通过人工鱼礁的投放，形成的类珊瑚礁生态系统，在促进海洋生态系统修复的同时，还可以提高海洋资源的开发利用效率。

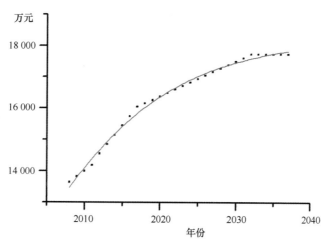

图 16.18　人工鱼礁区构建后礁区生态系统服务价值变动趋势

目前，对自然保护区资源现状的评价主要选取典型性、自然性、稀有性、脆弱性、多样性、面积及科学研究价值等要素。广东省海洋自然保护区数量较多，保护对象存在差异，又主要集中于保护海洋生物和沿海生态系统。根据广东省海洋自然保护区的区域特点和保护对象的特点，将广东省 4 个国家级和 9 个省级自然保护区作为评价对象，评价结果见表 16.27。通过模糊数学和层次分析法对广东省 13 个国家级和省级海洋保护区进行评价，评价结果表明，广东省海洋自然保护区资源现状普遍都比较好，但是在管理水平上却参差不齐：珠江三角洲附近的保护区因资金及人才的相对集中，管理水平均较好，而粤西和粤东的大部分保护区由于地理位置偏僻，管理资金和人才相对缺乏，其管理水平普遍较低，有待进一步改善和提高。

表 16.27 广东省海洋自然保护区资源现状和管理成效综合评价结果

保护区名称	级别	资源现状评价得分	管理评价得分
惠东港口海龟自然保护区	国家级	8.38（较好）	91（很好）
珠江口中华白海豚自然保护区	国家级	8.85（很好）	68（一般）
徐闻珊瑚礁自然保护区	国家级	9.10（很好）	67（一般）
雷州珍稀海洋生物自然保护区	国家级	7.36（较好）	67（一般）
大亚湾水产资源自然保护区	省级	7.44（较好）	79（较好）
南澎列岛海洋生态自然保护区	省级	9.10（很好）	67（一般）
江门台山中华白海豚自然保护区	省级	7.36（较好）	67（一般）
清远连南大鲵自然保护区	省级	7.24（较好）	75（较好）
阳江南鹏列岛海洋生态自然保护区	省级	8.82（很好）	71（较好）
韶关北江特有珍稀鱼类自然保护区	省级	7.29（较好）	63（一般）
广东连江龙牙峡水产种质资源自然保护区	省级	8.37（较好）	67（一般）
肇庆西江珍稀鱼类自然保护区	省级	7.45（较好）	71（较好）
广东陆河花鳗鲡自然保护区	省级	8.16（较好）	67（一般）

16.2.5 小结

16.2.5.1 主要结论

通过对广东省珊瑚礁、红树林和海草床生态系统进行研究评估，结果表明这三类生态系统的健康状况普遍不佳，而广东省海洋自然保护区资源现状普遍都比较好，但是在管理水平上却参差不齐。具体结论如下。

广东省造礁石珊瑚群落与珊瑚礁健康状况不容乐观。在 16 个调查结果中，评价为"健康"的只占 18.75%，"亚健康"的占 56.25%，"不健康"的占 25%。可见，广东省珊瑚礁健康状况普遍较差，大部分处于"亚健康"和"不健康"状态。从变化趋势看，2005 年和2008 年都有调查的 3 个站区，除徐闻—灯楼角没有太大变化外，大亚湾—三门岛从 2005 年"健康"降为 2008 年的"亚健康"，而徐闻—水尾更是从 2005 年"亚健康"降为 2008 年的"不健康"。广东省珊瑚礁健康状况转差的原因主要是水质状况没有改善，加上人类活动影响较多，尤其是非保护区海域更为严重。

根据广东省红树林健康状况分布图来看，目前广东省仅有高桥（CHI = 80.5）红树林处于"很健康"状态；太平（CHI = 72.4）、湖光（CHI = 62.7）、淇澳岛（CHI = 60.4）的红树林处于"健康"状态；特呈岛（CHI = 53.9）以及和安（CHI = 49.2）红树林处于"亚健康"状态；惠州（CHI = 24.1）红树林处于"不健康"状态。

总体来讲，全省的红树林生态系统的平均综合健康指数 CHI = 63.5，总体上处于健康的状态。各地区自然条件以及经济发展等原因造成各地的综合平均健康指数有所差异。通过红树林生态系统健康因果链分析，发现自然条件的差异，特别是气候条件的差异是影响红树林生态系统健康状况的重要因素。而各地经济发展一方面会对红树林生态系统带来压力；另一方面也会为红树林生态系统带来有益的响应。全国各保护区红树林的健康状况与其所在保护区等级及管理水平也有很大关系。

对广东省 5 个主要海草床生态系统健康评价的结果表明：唐家湾海草床生态系统健康评价总分值最高，为 75.55，处于"健康"状态；而上川岛海草床、柘林湾海草床和流沙湾海草床生态系统健康评价总分值分别为 64.4，60.0 和 55.5，处于"亚健康"状态；而考洲洋海草床生态系统健康评价总分值为 43.3，处于"不健康"状态。由于柘林湾、考洲洋和流沙湾的海水养殖程度比较大，因此，海草床生态系统健康程度比较低。2008 年广东省海草床生态系统服务价值为 24 951.83 万元，主要为间接使用价值和非使用价值，占总经济价值的 93.00%，尤其是生态系统营养循环价值较大，占总经济价值的 51.26%，这反映了广东省海草床对生态系统营养循环的重要性，说明海草生态系统服务功能很大。但目前我国对海草资源的科研投入和重视程度与其实际服务功能不符，政府应加大对海草资源的保护和科研投入力度。

以大亚湾水产资源自然保护区的综合效益评估为例对广东省海洋自然保护区进行综合效益评估，结果表明，在发展经济的同时，应倾向于保护其天然水产种质资源和栖息地生境，以达到大亚湾水产资源自然保护区的可持续发展。通过构建深圳杨梅坑人工鱼礁区和周边海域生态系统服务功能和价值的评估模式，结果表明，通过人工鱼礁的投放，形成的类珊瑚礁生态系统，在促进海洋生态系统的修复的同时，还可以提高海洋资源的开发利用效率。

16.2.5.2　存在问题及建议

（1）综合评价研究需要多方面诸如社会、经济的数据获取，而这些数据的不足直接影响评价的分析，而且评价是基于相关专题调查成果的基础上，受到调查力度的限制也最终影响评价结果的准确性。此外，由于受研究经费和时间的限制，一些评价体系仅选取部分区域作为案例分析而没有展开覆盖广东省所有区域的调研。

（2）由于广东省海域面积广阔，不同海域的自然条件、周边社会发展状况的不同，所建议的一些方法和参数指标体系很难具有普遍的指导性作用，对于具体的海域应结合进一步的现场调研方可制定具体的方案。广东省的特色生态系统和生物资源都面临日益强大的人类活动压力，其前景并不乐观。为了尽可能保护现有海洋资源，必须进一步加强保护与管理。建议加大资助力度，设立专门的相关监测计划并成立专职部门进行统一保护与管理。例如，珊瑚礁及珊瑚群落由于受环境变化影响大，应每年对重点珊瑚分布区进行监测分析。尤其处于亚健康状态的一些特色生态系统区域，应加强保护工作的力度，制定相应的措施，进行恢复与生态修复。同时科研工作者也应不断致力于特色生态系统恢复的研究，为其保护与修复提供理论与技术支持。

第 17 章　近海海洋资源综合评价

本章针对广东近海海洋资源，包括海洋生物、渔业、增养殖区，以及海岸线、港口、旅游、海洋能源、海砂矿产、海水淡化及综合利用等各类资源特点，根据现状及存在问题、资源开发对环境影响等进行了综合分析和评价，并提出相关建议，为合理开发利用海水资源和管理提供参考依据。

17.1　广东省海洋渔业资源综合评价①

广东省濒临南海北部，海岸线绵长曲折，大陆架宽阔，海湾与岛屿众多，海洋生境复杂多样，海洋生物种类繁多，渔业资源十分丰富。广东沿海拥有许多重要的渔场，南海北部存在过八大著名鱼汛。但由于过去几十年来的酷渔滥捕，海洋环境污染加剧，盲目围海造田以及兴建海岸工程造成生境破坏，致使广东近海的渔业资源严重衰退，严重影响了广东省建设海洋强省战略目标的实现。因此，评估广东省近海海洋渔业资源及其生态环境的现状和变化趋势，制定切实可行的管理对策和措施，保护和恢复广东省近海海洋渔业资源及其生态环境是当前一项紧迫任务。

广东省 908 专项设置了"广东省海洋渔业资源综合评价"专题，分为 3 部分评价内容，分别编写了《广东近海渔业生态环境质量综合评价报告》、《广东近海渔业资源现状与变化评价报告》和《广东近海渔业资源及其生态环境管理对策研究报告》。报告系统分析了广东省海洋渔业资源及其生态环境的现状和变化趋势、总结了近几十年来海洋捕捞力量发展和渔获量变化的情况、探讨了渔业资源可持续利用面临的问题及应对措施，为管理部门制定海洋渔业资源可持续利用及其生态环境保护对策提供科学依据。

《广东近海渔业生态环境质量综合评价报告》包括广东近海的地理特征、海洋气象、水文、化学环境、初级生产力、浮游植物、浮游动物和底栖生物等多项渔业生态环境要素。现状评价根据国家 908-ST06、ST07、ST08、ST09 区块和广东 908 专项的水体环境调查与研究的调查资料整理而成，变化趋势分析主要参考了"全国海洋普查"、"全国海岸带和海涂资源综合调查"、"我国专属经济区和大陆架海洋勘探专项（126 专项）"等大型国家级的海洋调查项目以及一些其他调查项目的研究成果，也参考了一些政府部门的网站资料。

《广东近海渔业资源现状与变化评价报告》分析广东省海洋渔业资源现状，总结近几十年来广东省海洋捕捞力量和渔获量的变化情况，渔业资源密度和种类组成变化趋势，主要经济种类状况，估算广东省近海渔业资源的现存资源量、可捕量、最大可持续产量以及渔船容纳量等。渔业资源现状分析主要依据 2006—2007 年 4 个航次的南海近海渔业资源调查数据，历史变化趋势主要根据广东省历年渔业统计资料和近 20 年来广东省渔业生产监测数据，以及

① 尹健强。根据林昭进、邱永松等《广东省海洋渔业资源综合评价报告》整理。

不同年代在南海区开展的渔业资源专业调查数据。

《广东近海渔业资源及其生态环境管理对策研究报告》采用回顾性分析的技术路线，运用渔获量、捕捞压力和气候波动的时间序列（1945—2005 年），开展海洋生态系统动力学研究，阐明了影响南海北部生态系统生产力的环境因素，并揭示了环境变动对渔业生产力影响的作用机制；构建南海北部生态系统 ECOPATH 模型，模拟了降低不同捕捞强度下，生态系统内生物资源功能群的变化，为广东省调整海洋捕捞作业结构提供科学依据；根据 1978—2007 年广东省渔业统计资料，运用灰色综合评价模型，系统评价近 30 年来广东省渔业资源的利用状况；运用神经网络 BP 模型，对广东省海洋渔业资源开发利用的现状进行全面评价，建立资源可持续利用预警系统动态模型。在这些研究的基础上，提出广东省海洋渔业资源及其生态环境的管理对策。

17.1.1　广东省近海渔业生态环境特征

17.1.1.1　上升流与渔场鱼汛的关系

南海北部大陆架海域每年大约从 5 月下旬到 9 月上旬在西南季风和地形的作用下形成上升流，主要的上升流区分别有闽南沿岸上升流、台湾浅滩上升流、粤东上升流、粤西上升流和琼东沿岸上升流。

海洋上层光照条件好但营养盐有限，海洋底层有生物残骸，营养成分丰富，但光照条件差，上升流的作用是将底层富有营养的海水带至表层，提高水域的生产力，从而诱使摄食鱼群聚集。上升流区域通常是良好的渔场，在上升流出现期间往往形成鱼汛。例如，清澜鱼汛即与琼东沿岸上升流有密切关系，渔场位于清澜港外及七洲列岛东南水深 100 m 以内的上升流区，汛期为 5—9 月，旺汛期为 6—7 月，与琼东沿岸上升流的出现—强盛—减弱的过程相一致。在上升流发生期间，分布于海南岛东北部的中上层鱼类聚集于上述区域索饵产卵，形成鱼汛。汛期的鱼类群聚结构复杂，除常见的鲹科鱼类外，还有鲱科、飞鱼科、鲭科等中上层鱼类。同样，在粤东上升流出现的时间及所处位置，也正是粤东暑海鱼汛的汛期和所处位置。

17.1.1.2　化学环境

广东省近海大部分海域水质总体达清洁和较清洁标准，远海海域水质保持良好。各水质环境因子总体上呈现近岸浓度高、远海浓度低的分布趋势，且近岸海域变化梯度较大，外海较均匀。受污染较严重的海域主要分布在珠江口及近岸经济较发达的大中城市和养殖功能区的局部海域，如柘林湾、汕头港、汕尾港、水东港、湛江港等海区。海水中主要污染物为无机氮（DIN）和活性磷酸盐（PO_4^{3-}），部分海域也受到有机物污染。在珠江口海域、粤东汕头港海区和柘林湾等各种污染物质很大一部分来源于陆源污染物。此外，农业施肥、围海造田造成的海域面积缩小以及网箱养殖业饵料的不合理投放也是造成海域污染的重要因素。

珠江口的上河口（位于珠江八大口门的虎门、蕉门、洪奇门和横门外），表底层海水 DO、pH 偏低，营养盐（DIN 和 PO_4^{3-}）和石油类的含量较高，水质较差；而珠江口内的深圳湾、内伶仃海域营养盐和石油类的含量亦较高，水质较差；夏、冬季珠江八大口门水域 DIN

和 PO_4^{3-} 含量很高，甚至出现超四类水质标准的现象，与 20 世纪 90 年代相比，增加趋势明显。虽然磷酸盐浓度得到一定的控制，但近 20 年来仍然呈明显的增加趋势。夏季，珠江径流量大，陆源输入明显高于冬季，海域富营养化程度更大。珠江口外海域水质状况有所好转。

17.1.1.3　生物环境

1）叶绿素 a 和初级生产力

广东省海域春、夏、秋、冬季表层叶绿素 a 含量平均值分别为（0.98±0.42）mg/m³、（2.44±0.42）mg/m³、（2.00±8.09）mg/m³、（1.21±2.37）mg/m³，夏季最高，秋季次之，冬春季较低。平面分布呈现近岸高、向外海逐渐减少的格局；受人类活动影响巨大的海湾，如柘林湾、大亚湾、珠江口等叶绿素 a 含量远远高于其他海域，这说明人类活动对叶绿素 a 空间分布产生了巨大影响。

广东省沿岸初级生产力在空间上同样呈现从近岸到外海逐步降低的趋势，但各海湾的季节变化趋势不完全相同。在过去的 20 多年，叶绿素 a 含量、初级生产力总体呈逐渐上升趋势，主要与人类活动导致的水体富营养化有关。

2）浮游植物

广东省近海（含珠江口海域）浮游植物种类相当丰富，多达 8 门 652 种（含变种和变型），其中硅藻门种数最多，为 386 种，占总种数的 59.2%；其次为甲藻门，为 238 种，占 36.5%。浮游植物的种数具有明显的季节变化，春、夏季较多，秋、冬季较少。

广东省海域春、夏、秋和冬季的浮游植物密度平均值分别为（4 117.72±15 271.89）×10⁴ cells/m³、（20 727.90±71 967.97）×10⁴ cells/m³、（2 833.82±10 321.16）×10⁴ cells/m³ 和（527.80±2 549.05）×10⁴ cells/m³，季节变化显著，夏季最高，冬季最低。密度分布趋势基本为近岸高、外海低。总体上，本次调查的浮游植物密度高于以往在广东海域和南海北部海区的调查结果，但在季节变化上差异较大。

3）浮游动物

广东省海域（含珠江口海域）浮游动物种类相当丰富，多达 784 种（含浮游幼虫），其中桡足类种数最多，为 229 种，占总种数的 29.2%；其次是水螅水母类，为 121 种，占 15.4%。其他类群种类数由多至少依次为端足类、管水母类、被囊类、介形类、浮游幼虫类、磷虾类、软体动物翼足类、毛颚类、糠虾类、软体动物异足类、多毛类、十足类、钵水母类、栉水母类、枝角类和涟虫类。浮游动物种数有季节变化，夏季最多，春季次之，冬季、秋季最少。

春、夏、秋和冬季浮游动物总生物量（湿重生物量）平均值分别为（420±630）mg/m³、（418±421）mg/m³、（180±238）mg/m³ 和（185±215）mg/m³；浮游动物总密度平均值分别为（419±1 127）ind/m³、（470±1 228）ind/m³、（156±181）ind/m³ 和（141±121）ind/m³，季节变化为春夏季高、秋冬季低。

浮游动物生物量和密度的分布趋势为近岸高、外海低。在粤东和粤西夏季由于季风和地形的相互作用，会出现明显的季节性上升流，因此浮游动物总生物量和总密度通常会出现高值。与历史调查资料比较，浮游动物数量呈增加的趋势。

4）底栖生物

底栖生物种类繁多，2006—2007 年调查广东省海域大型底栖生物有 822 种，种类数以多毛类最多，其次是软体动物、甲壳动物和棘皮动物。大型底栖生物种数季节变化以春、夏季最高，分别为 673 种和 662 种，秋季最低，为 427 种，冬季高于秋季，为 522 种。多毛类种数以夏季最高，为 241 种，软体动物和棘皮动物均以春季最高，分别为 137 种和 59 种，甲壳类则春夏季均为最高，分别为 184 种和 183 种。

大型底栖生物生物量的季节变化春季（17.11 g/m²）>冬季（13.56 g/m²）>夏季（10.03 g/m²）>秋季（9.73 g/m²）；而栖息密度春季（292 ind/m²）>夏季（256 ind/m²）>冬季（153 ind/m²）>秋季（149 ind/m²）。生物量和栖息密度均以春季最大，秋季最小。生物量组成以软体动物居第 1 位，棘皮动物居第 2 位，多毛类居第 3 位；栖息密度以多毛类占第 1 位，软体动物居第 2 位，甲壳动物居第 3 位。

将广东省海域划分为台湾浅滩、粤东、珠江口和粤西 4 个海域，生物量以台湾浅滩最大，粤东次之，珠江口最低；栖息密度以粤东最高，台湾浅滩次之，粤西海域最低。

17.1.2 广东省近海渔业资源现状和变化

17.1.2.1 种类组成及其变化

1）种类数

根据 2006—2007 年南海近海渔业资源调查，广东近海海域渔业资源种类比较丰富，4 个季度共获得 625 个渔业生物种类，隶属 29 目 154 科。其中，鱼类 496 种，隶属 24 目 128 科，占渔获物种类总数的 80.4%；头足类 30 种，隶属 3 目 5 科，占渔获物种类总数的 4.5%（其中鱿鱼类 7 种，乌贼类 13 种、章鱼类 10 种）；甲壳类 99 种，隶属 2 目 22 科，占渔获物种类总数的 15.1%（其中虾类 32 种，蟹类 51 种，虾蛄类 16 种）。

鱼类出现种类数以秋季最多，夏、春季次之，冬季最少。头足类种类数以冬季最多，春、秋季次之，夏季最少。甲壳类种类数季节变化不大，依春、夏、秋、冬季逐渐减少（表 17.1）。

综合 1965 年以来的多次调查资料，广东省海域渔业资源种类共有 1 124 种，其中鱼类 941 种，头足类 49 种，甲壳类 144 种。

表 17.1 2006—2007 年渔业资源 3 大类群种类数的季节变化　　　　　　单位：种

类群	春季	夏季	秋季	冬季	总数
鱼类	294	295	336	271	496
头足类	23	17	23	27	30
甲壳类	69	67	62	58	99
总数	386	379	421	356	625

2）主要类群渔获组成及其变化

在 2006—2007 年底拖网调查渔获物中，鱼类、头足类和甲壳类 3 大类群的重量组成比例大约为 80：12：8。鱼类在冬季中占比最大，为 84.32%，秋季占比最小（72.31%）；头足类在秋季和夏季占比最大，为 14.01% 和 13.66%，春、冬季占较小；甲壳类在秋季占比最大（13.68%），夏季和冬季占比最小（6.65% 和 5.86%）（表 17.2）。

表 17.2　2006—2007 年渔业资源 3 大类群重量组成的季节变化　　　　　　　单位：%

类群	春季	夏季	秋季	冬季	平均
鱼类	82.72	80.82	72.31	84.32	80.04
头足类	9.21	13.66	14.01	9.82	11.68
甲壳类	8.07	5.65	13.68	5.86	8.28

与 1964—1965 年的调查结果相比，本次调查头足类和甲壳类所占比例较高。近 20 年来的调查结果显示，头足类的渔获率呈上升的趋势，这可能与鱼类资源衰退引起种类更替有关，生命周期较长的鱼类资源明显衰退，而某些生命周期短的种类数量上升，头足类也属于生命周期短的种类，可能成为更替的品种之一。此外甲壳类比例上升的原因可能与本次采用的拖网渔具网口较为贴底有关。

在渔业生产方面，也表明头足类渔获组成呈现明显上升的趋势，郭金富（1995）根据生产统计资料，表明 1984—1992 年期间，头足类的密度指数有逐年上升的趋势。1985—1999 年广东省渔业生产统计资料也表明，鱼类的捕捞产量增长 1.7 倍，而头足类产量则增长 4.3 倍，证明头足类资源呈上升的趋势。由此可见，在主要经济鱼类衰退的同时，头足类成为渔业种类更替的主要品种之一。

3）鱼类经济种组成

把渔获种类分成优质种、底层经济种、底层低值种、中上层经济种和小杂鱼 5 类，其中具有较高经济价值的优质种所占比例很小，仅为 6.3%，经济价值一般的底层经济种占36.3%，两者合计占 42.6%。底层低值种和中上层经济种的经济价值较低，两者所占比重较大，为 46.9%，小杂鱼是指不可食用的小型鱼类，所占比例为 10.5%，高于优质种类。由此可见，南海北部近海渔业资源在经历了 20 世纪八九十年代的衰退之后，近年来渔获率已有明显的提高，但渔获质量并未好转。渔获率的提高主要来自小杂鱼类（如发光鲷、鲬科鱼类）和中上层鱼类（如竹䇲鱼）的增加，这些鱼类的生命周期较短，容易成为优质种类资源衰退后的更替种类。

优质种类中以石斑鱼最多，占 29.4%，其次是单角革鲀（12.9%）、金线鱼（12.1%）、鲳科（中国鲳、银鲳、灰鲳）（9.3%）、鲕鱼（7.8%）、乌鲳（5.6%）、五眼斑鲆（3.9%）、马鲛（3.4%）、勒氏笛鲷（3.3%）、鲈鱼（1.5%）、鲷科（1.3%）和军曹鱼（1.1%）等。

底层经济种类中以金线鱼科（深水金线鱼和日本金线鱼）最多，占 13.6%，其次是鳗类（10.9%）、马面鲀（10.9%）、单棘豹鲂鮄（9.5%）、六指马鲅（8.4%）、石首鱼科

（5.7%）、鲷科（二长棘鲷、黄鲷）（4.9%）、龙头鱼（4.4%）、鲳类（刺鲳、印度无齿鲳）（4.3%）、带鱼（4.2%）、大眼鲷（3.1%）、鲀类（2.0%）、鲬类（2.0%）、方头鱼（1.4%）、眶棘鲈（1.3%）等。

中上层经济鱼类以鲹科鱼类绝对优势（78.8%），鲱科占 8.7%，鳓科数量很少，仅占 0.9%。

小杂鱼类主要由鲾科鱼类、发光鲷、天竺鲷、弓背鳄齿鱼和小型鲬鲽鱼类组成，分别占小杂鱼类总渔获量的 23.5%、21.9%、15.6%、13.0% 和 17.9%。

4）优势种及其年代变化

在 2006—2007 年底拖网调查渔获物中，居第 1 位的优势种为深水金线鱼，占总渔获量的 3.65%，渔获重量占 2% 以上的种类有 10 种，共占总渔获量的 22.62%，占 1% 以上的优势种有 27 种，占总渔获量的 43.67%，占 0.5% 以上的优势种有 55 种，占总渔获量的 64.13%。由此可见，本次调查渔获种类中优势种不明显，说明南海区缺乏起主导作用的种类，渔业资源呈现明显的热带亚热带多种类特征。

与不同年代南海区渔业资源调查资料进行比较，南海北部渔业资源优势种发生了明显变化。在强大的捕捞压力下，渔业资源衰退现象十分明显，渔业资源处于不稳定的状态，优势种种类更替现象明显，主要表现为以下 4 个方面的变化。

（1）大型优质底层种类迅速衰竭，这些种类生态位高，生命周期长，经济价值较高。如红笛鲷、长棘银鲈、鯻、黑印真鲨、灰裸顶鲷、断斑石鲈、宽尾鳞鲀等。

（2）某些小型非经济种类大量繁殖，成为很明显的优势种类，这些种类生命周期很短，在大型鱼类衰竭以后，因捕食天敌减少而大量繁殖。如发光鲷、鲾科鱼类等。

（3）有的种类呈不稳定的波动状态，其渔获量在不同年份变化很大，这些波动型种类主要是一些群体数量较大的中上层鱼类和生态位较低、生命周期较短的近底层鱼类。如二长棘鲷、长尾大眼鲷、短尾大眼鲷、白姑鱼、蓝圆鲹、竹筴鱼等。

（4）有些种类的渔获量较为稳定，稳定型种类多属于分布较广，产卵期较长的种类，受捕捞压力的影响较小。如带鱼、蛇鲻、刺鲳等。

17.1.2.2 广东近海海域平均渔获率及年代变化

以渔获率作为渔业资源密度的一项指标。2006—2007 年南海北部海区 4 个季度 180 个底拖网采样网次的总平均渔获率为 81.0 kg/h，其中，鱼类平均渔获率为 64.93 kg/h，头足类平均渔获率为 9.53 kg/h，甲壳类平均渔获率为 6.54 kg/h。

南海北部海域在不同年代进行了几次底拖网渔业资源调查，从渔获率的变化趋势可以看出（图 17.1），1979 年和 1997—1999 年这 2 次调查刚好发生在渔船高速发展的前期和末期，其渔获率分别为 207.3 kg/h 和 27.5 kg/h，渔获率下降了 86.7%。在 1999 年以后的两次调查，渔获率呈现比较明显的上升趋势，2002 年上升到 41.6 kg/h，2007 年上升到 81.0 kg/h，说明实行休渔制度、渔民转产转业等控制渔业发展的措施是有效果的，但是 2007 年的渔获率仍然未到 1979 年的一半，而且主要经济种类，特别是优质种类的组成比例较低，渔获质量仍未改善。

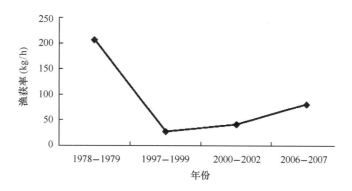

图 17.1　南海北部底拖网调查渔获率的年代变化趋势

17.1.3　广东省海洋捕捞力量与产量的变化趋势

　　广东省海洋渔业发展可分为缓慢发展、高速发展和控制发展 3 个阶段。1953—1979 年为缓慢阶段，1953 年开始出现机动渔船，到 1979 年近 30 年的时间一直处于缓慢发展状态，在此期间捕捞产量处于波动状态，但总体上仍呈缓慢上升趋势。1980—1999 年为高速发展阶段，20 年间南海北部的机动渔船数量增长 8 倍，总功率增长近 5 倍。与此同时，广东省捕捞产量呈直线上升趋势，20 年间捕捞产量提高了 3 倍多。2000 年以后为控制发展阶段，广东省渔业生产经过了 20 年高速发展之后，渔业资源出现了明显衰退的现象，因而政府开始控制捕捞强度，渔船功率从 2000 年开始有所下降（图 17.2），捕捞产量也呈缓慢下降的趋势（图 17.3）。

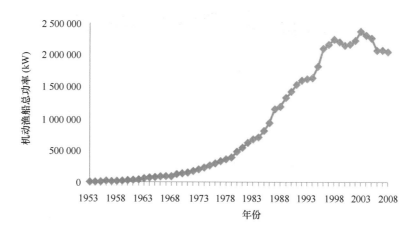

图 17.2　广东省海洋捕捞机动渔船总功率历年变动情况

　　广东省渔船发展以底拖网和刺网为主，从 1988 年以后，拖网渔船总功率占所有渔船总功率的 50% 以上；其次是刺网，占总功率的 25% 以上；围网、钓业和其他渔具的渔船总功率均较小，三者相差不大（图 17.4）。在捕捞产量方面，拖网占总产量 50% 以上，刺网产量从 1979 年开始一直呈上升趋势，1999 年占 20.5%，2008 年占 26.8%，围网产量从 1979 年开始呈下降趋势，钓业和其他渔具变化不大，产量较小（图 17.5）。

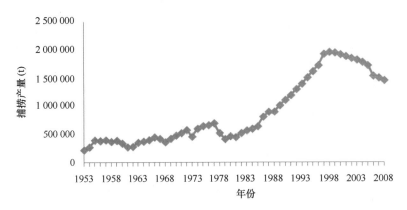

图 17.3 广东省海洋捕捞产量历年变动情况

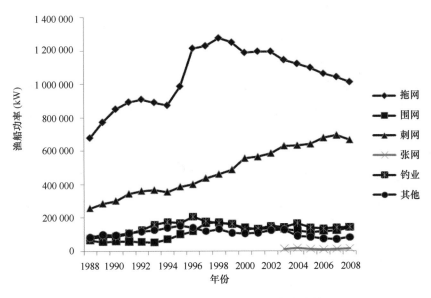

图 17.4 广东省各类型捕捞渔船功率变动情况

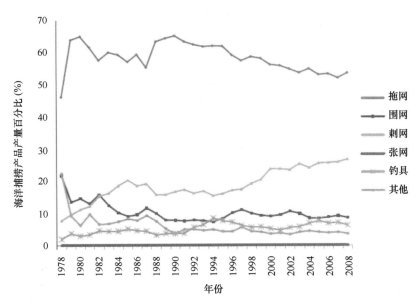

图 17.5 广东省历年海洋捕捞产量、各渔具分类产量占总产量百分比变动情况

17.1.4　主要作业渔场与鱼汛变动情况

南海地处热带亚热带海域，具有渔业资源种类繁多、单一种类数量不大、群聚复杂、个体生长速度快、生命周期短、性成熟早、产卵期长、产卵场分散等特点，因而南海区的渔场广阔而分散，渔期长，底层渔业资源尤其如此。

传统上，南海北部具有"八大鱼汛"，即万山春汛、甲子秋汛、粤东春汛、清澜春汛、昌化鱼汛、台浅鱿鱼汛、北部湾秋汛、三亚冬汛。其中，万山鱼汛位于珠江口外 $30 \sim 60$ m 一带沿海地区，汛期 1—3 月。粤东鱼汛位于粤东外海，汛期 2—5 月，渔场范围为 $21°08'$—$21°53'$N，$112°50'$—$114°08'$E。清澜鱼汛位于海南岛东南部 $40 \sim 60$ m 一带水域。北部湾鱼汛位于 $19°$N 以北，$107°$—$109°$E 的范围内。20 世纪六七十年代在鱼汛期间，各大渔场都有很高的产量，以万山春汛规模最大，捕鱼量曾高达 3 万多吨。这些鱼汛主要由蓝圆鲹、竹篍鱼、金色小沙丁鱼和鲐鱼等中上层鱼类组成。80 年代以后，各大鱼汛趋于消失。

南海北部渔场亦可根据水深划分为沿岸渔业区、近海渔业区和外海渔业区。根据南海区渔业区划，沿岸渔业区是指海南岛以东 40 m 等深线以浅的水域，面积为 $6.5×10^4$ km^2，约占南海北部陆架区面积的 1/4。该渔业区域是珠江口等江河迳流注入区域，营养物质丰富，是许多重要经济鱼类的产卵繁殖场所和幼鱼的索饵场所。该渔业区域最早被开发利用，80 年代已经利用过度，资源衰退明显，被划定为机船拖网禁渔区，在重要经济种类的产卵繁殖期禁止捕鱼。目前，该渔业区主要是一些小型渔船在此作业，以流刺网和钓业为主，捕捞量较低，以保护鱼类种质资源为其主要功能。但仍有不少渔船为了提高捕捞效率，用电、炸鱼等违法作业方式在本区捕捞，对资源破坏相当严重。

近海渔业区指 $40 \sim 100$ m 等深线范围内，面积 $11.6×10^4$ km^2，约占陆架区总面积的 1/2。该区基本上受外海水系控制，渔业资源种类繁多，分布广泛，是渔船拖网作业的主要渔场。该区自 80—90 年代以来，渔业资源密度下降相当明显，出现个体小型化现象，某些种类趋于衰竭，渔获质量差，但由于该区渔场广阔，渔业种类多，种类更替互补作用较强，目前该区仍然是渔船拖网作业的主要区域，但拖网单产和效益明显下降。

外海渔业区位于水深 $100 \sim 200$ m 范围内海域，面积约为 $6.4×10^4$ km^2，占陆架区总面积的 1/4，与沿岸渔业区相当。该区渔业资源以中上层鱼类为主，底层、近底层鱼类也有一定资源，随着渔船的发展，渔船功率提高，船只加大，有一部分渔船移至本区域作业，减轻近海捕捞压力，目前，本区渔业资源也已充分以至过度利用，渔业资源也呈现衰退的现象，只是程度较沿岸和近海轻些。

17.1.5　南海北部渔业资源现存量评估

根据 2006—2007 年南海近海渔业资源调查结果估算，整个南海北部（包括北部湾）的底层渔业资源的现存资源量为 $45.72×10^4$ t，加上中上层渔业资源（中上层渔业资源密度按底层和近底层渔业资源量的 80% 估计），总现存资源量为 $81.0×10^4$ t。而根据生产监测双拖渔船的估算结果，2006 年现存资源量为 $99.9×10^4$ t，2007 年现存资源量为 $86.7×10^4$ t，两年平均为 $93.3×10^4$ t。生产监测结果比专业调查结果略高，原因可能是生产监测双拖渔船的捕捞效率高于专业调查的单拖渔船。

17.1.6 渔业资源最大可持续产量及渔船容纳量

根据南海北部海域渔业资源最大可持续产量评估（表17.3），1999—2008年，南海北部海域的平均年现存资源量为 78.1×10^4 t，最大可持续产量为 234.2×10^4 t，其中广东省最大可持续产量为 112.2×10^4 t。根据南海北部渔业资源的特点，渔业资源的可捕系数取1.0较为合适，那么，南海北部的可捕量就等于最大可持续产量。

表17.3 各年度南海北部渔场渔业资源可捕量估计

年份	现存资源量（$\times 10^4$ t）	南海三省区捕捞产量（$\times 10^4$ t）	估计南海北部总产量（$\times 10^4$ t）	南海北部最大持续产量估计（$\times 10^4$ t）	广东捕捞量占南海北部比例（%）	广东省可捕量估计（$\times 10^4$ t）
1999	54.9	334.5	354.5	214.6	54.9	117.8
2000	67.6	340.2	360.2	226.1	53.2	120.2
2001	60.6	347.4	367.4	224.9	51.2	115.1
2002	89.3	349.9	369.9	245.7	49.9	122.7
2003	80.8	356.6	376.6	243.3	48.3	117.5
2004	70.6	356.9	376.9	236.4	47.2	111.6
2005	71.3	364.4	384.4	240.7	44.8	107.7
2006	99.9	369.1	389.1	262.5	39.4	103.5
2007	86.7	297.8	317.8	217.9	47.2	102.9
2008	99.0	304.9	324.9	229.8	44.8	102.9
平均	78.1	342.2	362.2	234.2	48.1	112.2

广东省1999—2008年的平均最大可持续产量或可捕量为 112.2×10^4 t，而实际年均捕捞产量为 175.4×10^4 t，超过最大可持续产量 63.2×10^4 t（56.3%），大大超过最大可持续产量，超过渔业资源的可再生能力，因此，广东省应该大力减少海洋捕捞强度。如果按目前各类型捕捞作业比例分配，各种作业渔船均应相应减少渔船功率和捕捞产量（表17.4）。

表17.4 广东省海洋捕捞实际状况与最适状况比较

作业类型	拖网	围网	刺网	钓具	其他	合计
实际捕捞产量（$\times 10^4$ t）	95.0	16.0	42.6	10.8	9.6	174.0
可捕量（$\times 10^4$ t）	61.3	10.3	27.5	7.0	6.2	112.3
超过可捕量（$\times 10^4$ t）	33.7	5.7	15.1	3.8	3.4	61.7
实际捕捞功率（$\times 10^4$ kW）	112.9	13.7	61.4	12.9	10.5	211.4
渔船容纳量（$\times 10^4$ kW）	72.1	8.7	39.5	8.4	8.8	137.5
超过渔船容纳量（$\times 10^4$ kW）	40.8	5.0	21.9	4.5	1.7	73.9

由于不同作业类型对资源的影响程度不同，压缩捕捞力量应区别对待。拖网渔业对渔业资源没有选择性，对资源破坏最为严重，而且近几十年来拖网渔业发展最快，因此，压缩捕

捞强度应以压缩拖网渔船为主。刺网作业近 10 年来发展较快，已达到　定规模，可以维持现状，但不宜再发展。围网作业由于经济效益较低，发展缓慢，但是，围网主要捕捞中上层渔业资源，而中上层渔业资源更新补充较快，对资源破坏程度较小，因此围网作业应鼓励技术创新，提高经济效益，在压缩拖网渔业的同时，鼓励发展围网渔业。钓业选择性最强，对资源损害最小，也应鼓励发展。

17.1.7　小结

17.1.7.1　主要结论

（1）海洋水文与渔业资源关系密切，南海北部上升流区域通常是良好的渔场，在上升流出现期间往往形成鱼汛，如琼东沿岸上升流区的清澜鱼汛、粤东上升流区的粤东暑海鱼汛。

（2）广东省近海大部分海域水质总体达清洁和较清洁标准，远海海域水质保持良好。各水质环境因子总体上呈现近岸浓度高，远海浓度低的分布趋势，且近岸海域变化梯度较大、外海较均匀。受污染较严重的海域主要分布在珠江口及近岸中经济比较发达的大中城市和养殖功能区的局部海域，如柘林湾、汕头港、汕尾港、水东港、湛江港等海区。海水中的主要污染物为无机氮 DIN 和活性磷酸盐 PO_4^{3-}，部分海域也受有机物污染。陆源污染物是海域污染的主要来源。

（3）浮游植物、浮游动物、底栖生物种类相当丰富。广东近海的叶绿素 a、浮游植物、浮游动物的数量与历史资料比较总体呈增加趋势，而底栖生物呈减少趋势。它们的数量分布趋势均为近岸高、外海低。浮游植物、浮游动物的数量变化并不是影响广东省渔业资源衰退的主要原因，但浮游生物群落的变化反映了海洋生态系统的结构与功能发生了变化。

（4）广东省近海渔业资源已经严重衰退，主要特征是南海北部传统的"八大鱼汛"消失，渔获率显著降低，渔获物小型化、低值化，生命周期长的大型优质鱼类趋于衰竭，而小型非经济种类数量上升，甚至有的种类出现过度繁殖的现象（如发光鲷），不同经济种类的年间波动比较频繁。广东省海域渔业资源衰退现象主要发生在 1980—1999 年渔业生产高速发展时期，主要原因是多年来海洋捕捞能力和强度过度增长，大大超过了渔业资源的承载力，其次是海洋污染加剧和生境破坏。

17.1.7.2　存在问题

南海北部以及广东近海渔业资源衰退在最近 10 年时间里已成为公认的事实，严重影响了广大渔民群众的切身利益和海洋经济的可持续发展，成为社会关注的焦点问题。广东省近海渔业资源存在问题主要如下。

（1）大型优质底层鱼类从 20 世纪 60 年代就开始出现衰退的现象，之后其渔获率一直处于逐渐下降的趋势，现已趋于衰竭。

（2）渔业资源全面衰退主要发生在 20 世纪 80—90 年代的 20 年间，在此期间，不仅渔获质量下降（优质种类减少，渔获个体变小），而且总渔获率也呈现明显下降的趋势。

（3）在渔业资源衰退期间，种类更替现象明显，资源结构处于不稳定状态。

（4）总渔获率下降是渔业资源衰退的重要指标，但是渔业资源衰退致使渔获率下降到一定程度以后，就会出现生态演替现象，当一些生命周期长、营养级高的种类资源量衰竭后，一些生命周期短、营养级低的种类大量繁殖，其资源量反而上升，从而维持新的生态平衡。

（5）渔业资源衰退主要表现为底层经济种类资源减少，原因是过度捕捞引起；中上层渔业资源主要表现为年间波动，主要由于气候变化引起营养盐输送多寡不同引起。

17.1.7.3 建议及对策

广东省海洋渔业资源在1979—1999年海洋捕捞业高速发展的同时，出现了全面衰退的现象，渔获质量和渔获率均呈明显下降的趋势。1999年以后，政府开始重视渔业资源衰退的问题，开始在南海区实施伏季休渔制度，并执行渔民转产转业政策，开展人工鱼礁建设，加大增殖放流力度等渔业资源保护措施，使最近10年来的渔业资源有所恢复，渔业资源自此从开发利用转变为科学管理的阶段。

为实现渔业管理的目标，实践证明单靠一项措施不可能完全达到目的，必须实行各种保护与恢复渔业资源的并行措施。主要的管理措施包括以下几个方面。

1）逐步实现海洋捕捞限额制度

《中华人民共和国渔业法》第二十二条规定："国家根据捕捞量低于渔业资源增长量的原则，确定渔业资源可捕量，实行限额捕捞。"限额捕捞的目的就是为了有效保护和合理利用渔业资源，实现渔业资源的可持续利用。限额捕捞制度的实现必须具备一定的条件：一是建立相对完善的渔业资源状况监测与评估体系，每年对资源状况和可捕量进行科学的评估，确定捕捞限额；二是建立较完善的渔获量上岸进入市场的监控体系，可通过制定规范渔港渔获物上岸相应的法规来实行，达到控制捕捞限额管理目的；三是捕捞作业结构及生产渔场分布必须与渔场渔业资源的最大可捕量相适应；四是必须协调各地区之间的利益关系，因为渔业资源具有洄游移动和资源共享的特点，一个渔场资源的利用可能来自不同地区的渔船，需要协调利益分配。由此可见，限额捕捞不是一个单纯的措施，需要与捕捞力量削减、捕捞作业结构调整相结合。

2）降低捕捞强度，调整捕捞作业结构

目前广东省的捕捞强度虽然通过沿海渔民转产转业议案实施有所下降，但总体捕捞强度仍然高于实现最大持续产量相适应的最适捕捞努力量控制量。捕捞渔船作业结构调整是一个庞大的系统工程，涉及捕捞业的健康可持续发展、社会稳定、渔业经济繁荣和渔民生活水平提高等各个方面的问题。捕捞作业结构调整的重点是解决捕捞强度与渔业资源承载力不相适应的问题。目前广东省过大的捕捞力量主要集中分布在浅海和近海渔场，在此生产的渔船功率属于中小型却数量庞大。而拖网作业渔船的捕捞产量占总产量比例平均为58.42%，渔获质量差，对海域渔业生态环境影响很大。因此，作业结构调整的重点应放在中小功率的拖网作业渔船上，淘汰中小型拖网船，在不减少浅近海捕捞强度的同时，鼓励渔民整合小功率渔船，建造大功率深海和远洋捕捞作业渔船，向外海、南海中部、南海南部渔场发展。

3）加强禁渔区、禁渔期管理，完善伏季休渔制度

禁渔区、禁渔期和伏季休渔制度均是保护渔业资源的有效措施，也是世界各国普遍推行

的传统渔业管理措施。自 1979 年颁布实施《水产资源繁殖保护条例》以来，广东省沿海已设立了许多中上层鱼类和幼鱼幼虾繁育场保护区。1999 年又实施了伏季休渔制度。禁渔区、禁渔期制度对保护鱼类产卵场幼鱼育成和洄游起到了明显作用，伏季休渔制度对控制捕捞压力、保护产卵亲体、提高幼体存活率和资源补充量等发挥了明显作用，对严重衰退的资源恢复取得了一定成效。但在实施过程中也存在一些问题，执法力量相对薄弱，违规现象普遍存在，休渔结束时万船齐发的壮观情景使刚得到恢复的资源在短时间内就消逝，同时非休渔作业渔船捕捞能力的成倍增强也影响伏季休渔的成效，需要进一步对制度加以改进与完善。

4）加强渔业保护区建设

自 2000 年开始实施《关于加快自然保护区建设的决议的通知》（粤府〔2000〕1 号）以来，广东省海洋与渔业保护区建设的数量进入快速增长阶段，至 2009 年底全省已建立保护区达到 94 个，初步形成保护类型齐全、布局合理、功能较完善、管理较科学的保护网络，对资源重要栖息地的生态环境和重要种群的繁育场所保护起到了积极的作用，为渔业资源的保护与恢复奠定了基础。今后仍需要对重要资源的繁育场所开展种质资源保护区建设，对业已严重破坏的河口与海湾生态系统开展修复重建，以保障资源可持续的自然补充能力。

5）开展海洋牧场建设，加强增殖放流

海洋牧场建设是利用天然水域条件，以人工技术改造和人工增殖放流为手段，基于生态系统原理的渔业发展模式。包括营造人工红树林、海草床、海藻场、人工鱼礁等设施，辅以经济种类的增殖放流，达到提高水域生产力和渔业生产量的目的。广东省早在 20 世纪 80 年代起就开展了人工增殖放流，实践证明，这是补充资源数量、提高渔业产量和质量的有效途径。未来在沿岸的海湾、河口等海域进行海洋牧场建设，加大增殖放流力度，是提高渔业效益、转移捕捞强度的一个重要途径。

6）建设人工鱼礁，保护海洋环境

2001 年广东省人民代表大会第四次会议通过了《建设人工鱼礁保护海洋资源环境》议案，通过 10 年来广东省大规模人工鱼礁建设实践证明，人工鱼礁是保护海洋生态环境和恢复渔业资源的重要措施之一，在改善渔业生态环境，促进资源增殖，保护资源和珍稀海洋动物，提高渔获质量和渔民增收等方面业已取得明显的效果。今后还需要进一步开展和完善人工鱼礁建设，注重与休闲游钓和娱乐相结合，提升渔业附加值，提升管理水平和效益。

7）规定最小捕捞规格，限制网目尺寸

采用动态综合模型对鱼类种群动态研究表明，在一定捕捞强度下，每种鱼类均有相应的最适开捕规格（年龄或长度），以此对应可获得最大的渔获量。鱼类的最小可捕标准确定后，可根据渔具对鱼类的选择性相应地确定适宜的网目尺寸。许多研究表明，在捕捞强度过大的情况下，要大量削减捕捞强度难度较大且提高渔获量的效果不显著，而适当控制开捕规格往往可获得满意的效果。目前网目尺寸限制措施尚未实施，渔民普遍采用偏小的规格，对渔业资源的损害严重，不利于资源的合理利用，这种局面应通过制定与完善相关法规实行有效控制来改变。

8） 南海大洋性渔业资源具有巨大开发潜力

在近海渔业资源利用过度的同时，南海大洋性中上层渔业资源因分布广泛、密度低、集群性差而没能得到有效的利用。南海陆架区以外的广阔海域分布有相当数量的大洋性头足类和金枪鱼资源，其中的鸢乌贼（一种大洋性鱿鱼）和黄鳍金枪鱼最具开发潜力。根据 20 世纪 90 年代末以来国内外研究机构对南中国海渔业资源的调查评估，该海域鸢乌贼现存量高达 $(100\sim150)\times10^4$ t，据此粗略估计的可捕量高达 $(130\sim200)\times10^4$ t/a。近年来，南海周边国家正在尝试开发利用该种类，预计该种类会成为未来南海渔业资源开发的热点。但因没能找到高效的捕捞方法，目前该渔业资源的利用还非常有限。2004 年以来，我国渔民利用灯光罩网在西沙群岛附近海域捕捞该鱿鱼，年产量最高时仅约 1×10^4 t。

南海鸢乌贼资源具有巨大开发潜力，可供南海三省区近海捕捞渔船利用。该资源的开发利用可形成新的渔业经济增长点，在大幅度提高外海渔业产量的同时转移部分近海捕捞压力。由于沿海省、区捕捞能力过剩，南海北部沿岸、近海渔业资源因过度利用已出现明显衰退，20 世纪 90 年代以来实际渔获量已经下降，亟须通过降低捕捞强度恢复渔业资源，大批渔船和渔民需要寻找新的出路。南海大洋性鸢乌贼资源的开发利用有可能成为转移沿海捕捞压力的有效途径，该资源的开发可带动相关产业发展，同时，为实现沿岸、近海渔业资源的恢复性增长创造条件。

9） 通过调整渔业管理措施和技术研发，促进南海大洋性渔业发展

为开发南海大洋性种类渔业资源，需要进行近海渔船大型化改造，并开发高效的捕捞技术。根据近年来对外海渔业的调研，我们认为，灯光罩网渔业可作为外海渔业发展的重点；为开发外海鸢乌贼资源，发展大型灯光罩网渔船较为适宜。南海三省区捕捞鸢乌贼的部分灯光罩网渔船系由近海拖网和围网渔船改造而来，但这些渔船的船体和设备相对落后；另一部分系专为外海捕捞而新造的钢质大型灯光罩网渔船，这些大型渔船仅适合外海作业，不会对近海渔业资源形成新的压力；利用沿海虾拖网等小型渔船改造的灯光罩网渔船则只适合在近海作业。近年来改造和新造渔船进行外海资源开发，主要出于渔民的自发行动，因此，可以通过政策引导和资金支持，鼓励渔民淘汰沿海小型渔船，将"双控"指标用于建造大型灯光罩网渔船，引导捕捞能力向外海转移。另一方面，鸢乌贼全年均可捕捞，西中沙邻近海域的主要渔期为每年的 3—5 月，台湾西南至菲律宾以西的渔期为每年的 4—9 月，因此，对于专门从事外海捕捞的大型渔船，应该取消休渔期的限制。

为支撑南海外海渔业发展，需要开展大洋性渔业资源利用关键技术研发。鸢乌贼捕捞是新兴的外海渔业，由于对其资源分布，特别是渔场鱼汛缺乏足够了解，目前外海渔船的作业范围有限，渔期也比较短；另一方面，鸢乌贼加工产品单一，主要依赖出口，致使渔获物价格偏低且不稳定，也影响了该渔业的发展。鉴于鸢乌贼资源的巨大开发潜力，资源利用方面存在的问题，以及转移近海捕捞压力的需要，应重点开展：① 外海鸢乌贼数量分布调查评估；② 鸢乌贼渔场鱼汛形成规律和预报方法研究；③ 大型灯光罩网兼捕鸢乌贼和金枪鱼技术研发；④ 鸢乌贼产品多样化加工技术研发。预期通过这些关键技术研发，掌握鸢乌贼数量分布，渔场鱼汛形成规律和高效的捕捞及产品利用技术，支撑外海渔业的进一步发展。

10）加大对重点河口、港湾及近海水体污染整治

水质严重污染，是渔业资源的致命"杀手"，应重点加强污染源治理，加快建设沿海城镇、沿江两岸污水和固体废弃物处理设施；完善江河、海洋生态环境监测系统与评价体系；加强对江河、海洋研究、监控和预报，建立江河、海洋监控区，对主要河流和重点排污口进行定期水质检测，对检测不合格的单位依法下达停产整顿通知书，限令整改，从源头上堵住污染源；鼓励非政府组织开展江河、海洋生态环境保护活动；加强江河、海洋环境保护的国际合作；建立健全江河、海洋渔业资源监测制度，等等。近年已多次发生因工矿企业排污造成严重的渔业水质污染事故，有的地方是每年重复发生，致使江河区域性的河段或河口近岸海域鱼类大批死亡。由于工厂的排污是不定期的，渔政或环保部门的取证难度较大。因此要建立渔政机构"快速反应"机制，加大对事故单位和责任人的处罚力度，确保渔业自然资源有一个良好的生态环境。

在主要河口出海口及主要沿海市、县（含港、澳地区）尽快建立、健全对农业污染源的管理、控制措施，同时要加快城镇污水收集管网和生活污水处理设施的建设，增加城镇污水收集和处理能力，提高城镇污水处理设施脱氮和脱磷能力；严格执行重要入海污染物排放总量控制和达标排放相结合制度，有效地削减污染物入海污染负荷。

此外，还应加强对海上增养殖业生产的管理，调整养殖结构。合理调整养殖场的布局和排灌系统，科学投放饵料，不断提高饵料质量，减少投饵养殖面积。在重点养殖区，海洋与渔业管理部门应加强监测监视。

石油类是近海海域，特别是港湾附近海域的第二主要污染物质。而海上石油类的污染源除一部分来源于陆地径流外，2/3 来源于港口、码头和海上航运。以珠江口海域为例，鉴于珠江三角洲海域海上交通航运、港口业相当发达，香港、广州、深圳、珠海等多个重点港口成品字形分布在珠江口内。在粤、港、澳地区，规范和强化船舶污染管理，尽快建立大型港口废水、废油、废渣回收处理系统，实现交通运输和渔业船只排放的污染物集中回收、岸上处理、达标排放势在必行。

17.2　广东近海潜在增养殖区评价与选划[①]

17.2.1　海水增养殖现状与环境评价

以广东908专项现场调查资料为基础，结合历史文献资料，按照粤东、珠三角和粤西的顺序，对广东沿海的环境条件及增养殖情况进行分析评价，并对主要养殖海湾予以特别关注，为今后进一步开展潜在增养殖区的选划提供科学依据。

---

① 谭烨辉，李志红。根据胡超群等《广东近海潜在增养殖区评价与选划报告》整理。

17.2.1.1 海水增养殖水域环境质量状况评价

1）广东省沿海自然条件概况

广东省滩涂面积为 $20.19 \times 10^4\,hm^2$，$0 \sim 10\,m$ 等深线浅海面积为 $105.86 \times 10^4\,hm^2$。可供发展海水增养殖的浅海、滩涂等面积约为 $73 \times 10^4\,hm^2$，其中 $-10\,m$ 等深线以内浅海可供养殖面积为 $53 \times 10^4\,hm^2$，滩涂可养殖面积为 $12 \times 10^4\,hm^2$，潮上带可养殖面积约为 $8 \times 10^4\,hm^2$。

广东省拥有丰富的海岛、港口资源、海洋生物资源等。全省有大、小海湾 510 多个，其中适宜建设大型、中型、小型港口的 200 多个；岛礁及周围海域，又是增养殖渔业开发的重要场所。广东省 908 专项调查记录广东沿岸海域微型浮游植物 405 种（含变种、变型），小型浮游植物 271 种；大型浮游动物 789 种（含浮游幼虫），中型浮游动物 252 种；小型底栖生物 14 个类群；大型底栖生物 797 种；游泳动物 342 种。

2）水质评价

（1）营养盐

广东 908 专项生物生态调查结果显示，汕头港、柘林湾海区和水东湾、海陵湾的阳江海区是硝酸盐浓度较高的两个区域，但汕头、汕尾海区除了夏季之外其他季节保持高值，水东湾、海陵湾则在夏季发生高值；通过海水化学评价，根据《海水水质标准》，采用单因子标准指数法进行评价，从无机氮浓度来看，汕头海域表层海水，超标率为 $64\% \sim 100\%$，秋季最高，其中柘林湾和莱芜岛达到第四类海水水质标准。汕惠海域从碣石湾到大亚湾超标率平均为 $0 \sim 10\%$，夏季大亚湾外面较高，达到第二类或第三类海水水质标准，其余季节符合第一类海水水质标准。水东湾，海陵湾阳茂海区区域超标率为 73%，达到第二类或第三类海水水质标准，其中沙扒港最高。湛江海区较汕惠海区稍高，超标率为 $13\% \sim 38\%$，汕头、汕尾海区较其余 3 个海区浓度值稳定，4 个季度之间波动不强烈，其余各区则均于夏季出现全年最高值；磷酸盐浓度全年的波动比较强烈，各海区大部分季节均符合第一类海水水质标准，汕头港、柘林湾海区和湛江港、雷州湾、流沙湾的雷州半岛海区分别在冬季、秋季和春季出现磷酸盐高值，最高含量可达 $0.025\,mg/L$ 以上（汕头、汕尾海区冬季），超标率为 $91\% \sim 100\%$，达到第三类或第二类海水水质标准，大亚湾、大鹏湾海区和水东湾、海陵湾阳江海区常年保持 $0.008\,mg/L$ 以下低值，符合第一类海水水质标准；除汕头、汕尾海区之外，硅酸盐浓度在各区的浓度值都较接近，4 个季度的浓度平均值都保持在 $1.0\,mg/L$ 以下，且波动不大，而汕头、汕尾海区由于受河流影响，硅酸盐浓度明显高于其余 3 个海区，季节变化明显，夏季达到全年最高值，而在春季降至最低。

（2）溶解氧

溶解氧（DO）是评价水质的重要指标之一，其含量变化反映了海域水环境的质量状况。整体来说，广东各海区秋季 DO 最高，基本都达到第一类海水水质标准。汕头海区表层海水 DO 的标准指数平均为 0.26，超标率 $0 \sim 9\%$，符合一类海水水质标准，但是汕头港中层和底层水中超标率较高，达到第四类或第三类海水水质标准。而大亚湾夏季表层海水已达到第三类海水水质标准，其他季节第二类海水水质标准。阳—茂海区除夏季海陵湾和沙扒港超标 18% 左右，达到第三类海水水质标准外，其余都达第一类海水水质标准。流沙湾海区常年都达第一类海水水质标准。

（3）海洋生物质量评价

广东海区叶绿素 a 含量年平均值在湛江港和流沙湾超过 6 mg/m³，其他海区也都在 2 mg/m³ 以上。

广东沿岸海域海水中异养细菌数量在 0.2×10⁴ ~ 2.5×10⁵ CFU/cm³ 之间，各水层中异养细菌数量在春季、夏季和冬季相差较小，而秋季表层水中异养细菌数量明显增多，并达到全年的高值。

从广东 908 专项调查结果来看，汕头湾浮游植物密度最高为 7.71×10⁵ cells/L，其次是柘林湾为 3.6×10⁵ cells/L，柘林湾主要受鱼类网箱养殖的影响，浮游动物偏低，浮游植物数量很高。各海湾浮游植物数量一般在 10×10⁵ cells/L 左右，较低的有大亚湾和海陵湾，分别为 1.1×10⁵ cells/L 和 1.3×10⁵ cells/L。浮游动物丰度除海陵湾和水东湾在 1 000 ind/m³ 左右以外，都在 100~200 ind/m³ 之间。

广东省各海湾浮游生物的优势种有明显的差别，柘林湾，汕头和汕尾以及大鹏湾浮游动物都以肥胖箭虫为第一优势种，中华哲水蚤在柘林湾和大亚湾是优势种，而夜光虫在粤西海湾为优势种。中肋骨条藻在汕头湾，柘林湾、大鹏湾和流沙湾都是优势种，海陵湾、水东湾和雷州湾的优势种都是根管藻属的种类。固氮的铁氏束毛藻仅在大亚湾和大鹏湾为优势种，反映出这两个海湾存在潜在的氮限制。甲藻类的三角棘原甲藻仅在流沙湾为优势种。其余海湾的优势种大部分为硅藻种类。

广东省沿岸海域各海区生物体中除重金属 Cd 和石油烃有超标外，生物体质量尚好。Cd 的超标主要出现在汕头海区和汕尾—惠州海区的鱼类中，而石油烃含量超标主要在湛江港、雷州湾和流沙湾湾外海域的软体动物。

17.2.1.2　海水增养殖现状评价

1）养殖面积与产量

广东省的海水增养殖面积至 2008 年已达到 18.97×10⁴ hm²，产量 222.9×10⁴ t，分别占全国海水养殖总面积的 12.02%，总产量的 16.64%，仅次于山东和福建省，居全国第 3 位。

广东有海水养殖区 113 个，功能区面积共 12.88×10⁴ hm²。不包括海水池塘养殖区和大量因个体面积小而在省级区划中未反映的养殖区域。部分贝类养殖区与贝类增殖区重叠用海。至 2010 年，广东省海水养殖总面积接近 25×10⁴ hm²。

广东重点养殖区共 46 个，其他养殖区 67 个。2006 年，广东海水养殖面积近 20.0×10⁴ hm²，海水养殖面积、产量在全国位居第 3；2008 年海水养殖产量 230×10⁴ t，计划 2015 年海水养殖面积将达到 45×10⁴ hm²，产量达到 270×10⁴ t。

2）各区域海水养殖模式

（1）粤东地区

近十几年来，粤东沿海的海水养殖业发展较快，2003 年该区域海水养殖面积为 44 017 hm²，占全省海水养殖总面积的 20.3%，海水养殖产量为 41.330 2×10⁴ t，占全省海水养殖总产量的20.9%；相当于每千米岸线（含岛岸线，下同）拥有海水养殖面积47.8 hm² 和海水养殖产量448.7 t，其海水养殖平均单产为9.4 t/hm²。在该区域海水养殖主要项目中，虾类养殖面积占全省虾类养殖面积的15.3%，鱼类养殖面积占全省的13.3%，牡蛎养殖面积占全省的21.2%。粤东南澳岛依据区域特点和比较特点，积极引导渔农民着力开发海湾滩涂，耕海筑就了接近5万亩的"蓝色牧场"，开展了30多种海珍品的规模养殖，常年产量达6.3×10⁴ t，成为粤东地区重要的水产品出口生产基地，被农业部列为全国20个水产健康养殖示范县之一。

（2）珠江口及毗邻海域

此区域海水养殖的重点海湾主要有大亚湾、大鹏湾、万山群岛海域和川山群岛海域等。2003年该区域海水养殖面积为7.17×10⁴ hm²，占全省海水养殖总面积的33.1%；海水养殖产量为41.11×10⁴ t，占全省海水养殖总产量的20.8%；相当于每千米岸线拥有海水养殖面积31.8 hm² 和养殖产量182.3 t，其海水养殖平均单产为5.7 t/hm²。在该区域海水养殖主要项目中，鱼类养殖面积占全省鱼类养殖面积的45.8%，虾类养殖面积占全省的20.8%，蟹类养殖面积占全省的61.2%，牡蛎养殖面积占全省的31.8%。主要养殖类型如下。

① 咸淡水池塘养殖：这是珠江口最有特色，最具规模的养殖业。养殖面积0.43×10⁴ hm²，占全省养殖面积0.95×10⁴ hm²的45%，产量2×10⁴ t，占全省的63%。养殖品种有花鲈、尖吻鲈、乌头鲻、罗非鱼、美国红鱼、黄鳍鲷等品种。

② 海水网箱养鱼：珠江口网箱数2万多个，占全省网箱的23%；产量4 000 t，占全省网箱产量的20%。为扩大养殖海区和抗台风，珠海发展延绳式沉箱，江门市发展水泥沉箱，养殖效益都不错。

③ 牡蛎养殖：珠江口牡蛎养殖面积占全省的45%，产量占全省牡蛎养殖总产量的10%。牡蛎养殖主要有水泥柱插桩式和筏式吊养，但由于围垦、淤积、污染等原因，面积在缩减，牡蛎死亡较严重。

④ 对虾养殖：珠江口虽滩涂多，但盐度低，变化大，混浊度高，水质较差，对养虾不利，发展比较慢。因此，整个珠江口对虾面积仅占全省对虾精养面积的8.3%，产量占全省精养对虾产量的12.5%。

（3）粤西海域

粤西海域包括广东省阳江、茂名和湛江市毗邻的海域，拥有海岸线长达2 596.95 km，占全省海岸线总长度的44.9%。

广东海水养殖以阳江市、茂名市和湛江市的产量最高，2003年该区域海水养殖面积为9.63×10⁴ hm²，占全省海水养殖总面积的44.4%；海水养殖产量为114.18×10⁴ t，占全省海水养殖总产量的57.9%；相当于每千米岸线拥有海水养殖面积37.1 hm² 和海水养殖产量439.7 t，其海水养殖平均单产为11.9 t/hm²。在该区域海水养殖主要项目中，虾类养殖最发达，其养殖面积占全省的65.3%；鱼类养殖面积占全省鱼类养殖总面积的37.4%，牡蛎养殖面积占全省的47.1%。该区域海水养殖的重点海湾主要有海陵湾、水东湾、雷州湾、流沙湾和安铺港等海域。该区域海水养殖水域、滩涂资源丰富，养殖环境良好，为目前全省海水养殖基础和前景最好的区域。

湛江海水养殖的主要品种有：① 对虾，全市高位池养虾已发展到0.27×10⁴ hm²，共投入资金32亿元。引进试养凡纳滨对虾获得成功，养殖面积近666 hm²。② 珍珠，2006年在提高珍珠质量上下功夫，开展深水养珠，养大贝，插大核，养大珠。③ 牡蛎，2007 年发展了太平洋牡蛎新品种。全市牡蛎养殖面积 3×10^4 hm²。④ 鲍鱼，全市沉箱养鲍 16 500 箱，工厂化养鲍场 8 个。2006 年产鲍 156 t，为 1998 年的 2 倍。⑤ 其他，海水名贵鱼类网箱养殖 18 万箱，江珧养殖 333 hm²，文蛤养殖 0.87×10^4 hm²，泥蚶养殖 600 hm²。⑥ 育苗，全市现有海水鱼虾贝类育苗场 250 多个，占全省的 85% 以上。年产虾苗 46 亿尾，珍珠贝苗 87 亿粒，鲍鱼苗 1 500 多万粒，还有一大批尖吻鲈鱼、大黄鱼、美国红鱼和泥蚶苗等。

粤西地区名贵海水鱼的养殖以网箱高密度养殖为主。这种养殖方式以阳江闸坡、沙扒港开展较早，而以湛江市郊的南三、特呈养殖区的规模为最大。目前养殖网箱达 2 万多个，养殖品种达 30 多种。湛江市郊的网箱主要养殖紫红笛鲷、尖吻鲈、黄鳍鲷、勒氏笛鲷等鱼类，年放养量达 500 万尾以上；而阳江、电白、海康、徐闻、遂溪则以石斑鱼类和笛鲷类为主。养殖池塘多为近河口地带的咸淡水池塘，也有部分纯淡水池塘或盐度较高的海水池塘。

粤西地区几种主要对虾养殖模式的特征：① 依靠潮差纳排水港养模式；② 虾蟹混养模式；③ 提水式土池养殖模式；④ 提水式高密度精养池养殖模式；⑤ 工厂化养殖模式。

3）海水养殖种类

按养殖类群划分，广东省海水养殖可分为鱼类养殖、甲壳类（虾、蟹）养殖、贝类养殖和藻类养殖等。2008 年广东省海水养殖种类达 70 余种。以鲈形目鱼类为主，有 35 种，包括鳍科 8 种、鲷科 5 种、笛鲷科 7 种、石鲈科 4 种、鲹科 2 种、石首鱼科 4 种、裸颊鲷科 1 种、塘鳢科 1 种、蓝子鱼科 2 种、金钱鱼科 1 种，鲻形目鲻科 3 种，鲀形目鲀科 1 种，鲽形目牙鲆鲆 1 种。其中 30 种是暖水性鱼类，2 种热水性鱼类，其余为广温性鱼类。还有虾类、紫海胆、江蓠、紫菜、羊栖菜等，贝类增养殖达 20 种以上。

主养鱼类包括：鲻、黄鳍鲷、平鲷、真鲷、黑鲷、灰鳍鲷、紫红笛鲷、花尾胡椒鲷、鲈鱼、尖吻鲈、云纹石斑鱼、赤点石斑鱼、青石斑鱼、鲑点石斑鱼、鲥鱼、军曹鱼、大鳞舌鳎、半滑舌鳎和卵型鲳鲹等。还有石斑鱼、红鳍笛鲷、斜带髭鲷、星斑裸颊鲷、千年笛鲷、约氏笛鲷、勒氏笛鲷、高体鲕鱼、卵形鲳鲹、布氏鲳鲹等。

甲壳类包括：墨吉对虾、日本对虾、长毛对虾、斑节对虾、凡纳滨对虾、锯缘青蟹和三疣梭子蟹等。

贝类包括：近江牡蛎、褶牡蛎、密鳞牡蛎、太平洋牡蛎、翡翠贻贝、合莆珠母贝、企鹅珠母贝、白碟贝、华贵栉孔扇贝、草莓海菊蛤、栉江珧、文蛤、泥蚶、毛蚶、胀毛蚶、联珠蚶、西施舌、菲律宾蛤仔、波纹巴非蛤、尖紫蛤、双线血蛤、大獭蛤、长肋日月贝、缢蛏、凸壳肌蛤、红肉河蓝蛤、杂色鲍、方斑东风螺、管角螺和蝾螺等。

藻类包括坛紫菜、龙须菜、羊栖菜和江蓠等。其他还包括紫海胆。

4）海水增殖现状

（1）增殖区域
增殖区 61 个，功能区面积共 39.16×10^4 hm²。重点增殖区共 29 个，其他增殖区共 32 个。
（2）增殖放流现状
广东省近年来全省投入放流经费达 1 000 万元。2004 年深圳、东莞、惠州等 14 个沿海市共投放海洋对虾 1 亿尾、海水贝苗 428 t、淡水鱼苗 126 亿尾、罗氏沼虾 430 万尾、中华鲟 5 400 尾。此外，海蜇、梭鱼、扇贝、鲍的人工放流也取得了一定进展。有些品种已经取得显著的经济效益，有些品种经人工放流后形成了自然种群，或者自然种群有了明显增长。总的来说，历年来广东省的增殖放流力度不断加大，放流种类、海区、数量都在不断增加或扩大。

（3）人工鱼礁现状

广东省人工鱼礁的建设基本按照 2001 年广东省人大常委会批准的关于人工鱼礁的总体规划方案在有条不紊地进行中。据统计，全省共有人工鱼礁区 69 个，功能区面积共 1.8×10^4 hm²。重点人工鱼礁区共 32 个，其他人工鱼礁区 37 个。

5）原良种场、水产种质资源保护区

（1）原良种场

广东省沿海已建成国家级原良种场 6 家，省级原良种场 23 家；2004 年底，全省先后评审认定和建立了 26 家省级水产良种场，其中 6 家已申报国家级水产良种场（2 家已通过验收），构建起初具规模的省级水产良种生产体系。

粤东地区：粤东地区主要的省级海洋水产良种场有省级鲷科鱼类良种场，南弘鲍良种场，亿达洲海马良种场，亿达洲鲍良种场等 5 个。

珠江口地区：目前深圳市已建设了红鳍笛鲷国家级良种场、华贵栉孔扇贝国家级良种场等。其他省级水产良种场有深圳笛鲷良种场和大亚湾石斑鱼良种场。

粤西地区：海水增养殖原良种场包括对虾、鲍和珍珠贝等，建有广东阳江康顺对虾良种场、广东广垦水产阳江分公司、省级对虾良种场、茂名对虾良种场、茂名新科省级对虾良种场、湛江对虾良种场、湛江海茂对虾良种场、湛江硇洲鲍良种场、湛江珍珠良种场等 14 家。

（2）水产苗种场

全省性海洋鱼虾幼苗保护区共 13 个，有汕头港外海域幼鱼和幼虾保护区、碣石湾—后海海域幼鱼和幼虾保护区、红海湾幼鱼和幼虾保护区、大鹏湾幼鱼和幼虾保护区、外伶仃岛—大襟岛海域幼鱼和幼虾保护区、台山沿海幼鱼和幼虾保护区、阳江沿海幼鱼和幼虾保护区、茂名沿海幼鱼和幼虾保护区、吴川沿海幼鱼和幼虾保护区、外罗港—鉴江口海域幼鱼和幼虾保护区、安铺港—流沙港海域幼鱼和幼虾保护区，韩江口、红海湾蓝圆鲹和沙丁鱼幼鱼幼虾保护区等。经济鱼类繁育场共 3 个，有伶仃洋经济鱼类繁育场保护区、崖门口经济鱼类繁育场保护区、广海湾经济鱼类繁育场保护区。禁渔区 1 个，即南海机船底拖网禁渔区。

（3）水产种质资源保护区

至 2005 年，全省已建成海洋与渔业自然保护区 66 个，其中包括国家级 2 个、省级 4 个。加强珍稀濒危水生野生动物保护管理，保护珍稀、濒危的水生野生物种达 20 种。海洋特别保护区 26 个，功能区面积 220 270.3 hm²。重点海洋特别保护区共有 12 个，有南澎列岛—勒门列岛海洋特别保护区、陆丰碣石湾金厢水产资源特别保护区、汕尾红海湾水产资源特别保护区、海丰县九龙湾海洋特别保护区、大亚湾水产资源特别保护区、沱泞列岛礁盘鱼类特别保护区、乌猪洲省级海洋特别保护区、镇海湾水产资源特别保护区、埠场文蛤种苗增殖特别保护区、大湾贝类种苗增殖特别保护区、丰头河牡蛎天然种苗特别保护区、硇洲海洋资源特别保护区。

其他海洋特别保护区共 14 个，有潮州饶平乌礁水产资源特别保护区、潮州饶平龙屿水产资源特别保护区、潮州饶平青屿水产资源特别保护区、汕头莱芜水产资源特别保护区、汕头广澳水产资源特别保护区、揭阳市神泉渔业特别保护区、汕尾礁盘鱼类特别保护区、大澳渔业资源特别保护区、阳东浅海水产资源特别保护区、海陵大堤东泥蚶种质资源特别保护区、江城区浅海海洋特别保护区、茂名电白鸡打水产资源特别保护区、茂名竹洲岛水产资源特别保护区、徐闻大黄鱼幼鱼资源特别保护区等。

6）增养殖品种与增养殖技术

（1）粤东地区

粤东先后进行了龙须菜、白姑鱼、九孔鲍、三倍体太平洋牡蛎、东风螺、西施舌、红斑、青斑、花鲈、大黄鱼、美国红鱼、平鲷、金鲳等新品种的培育养成试验，2004 年引进国家水产良种——"荣福"海带进行养殖获得成功。

该地区以红海湾渔业资源尤为丰富，近年来海水养殖发展很快，已被列为南海区半封闭型海湾规模化养殖试验区和汕尾市经济开发区，红海湾海域在历史上以盛产鲍、龙虾、海胆、紫菜、牡蛎、蛤仔、江蓠、石斑鱼类等海珍品而著称，是粤东乃至全省海水增养殖生产的传统基地，在海洋水产资源开发中，占有较重要的地位。

该海域增养殖生物资源种类多，包括鱼、虾、贝类，是汕尾市各沿岸开发的主要产品，已形成相当的产业规模，如对虾、青蟹、石斑鱼、鲷科鱼类、鲍、牡蛎等。海洋红藻类植物资源 11 种，隶属于 6 科 6 属，紫菜、江蓠、鹧鸪菜、蜈蚣藻、琼枝、海萝等都有很高的利用价值。其增养殖资源可分为以下 3 类。

① 河口湾海域：如长沙湾等海域，海水盐度变幅大，季节变化明显，底质多为泥及泥沙，水质肥沃，滩涂及浅海生物种类以适低盐性种及广盐性种类为主，优势增养殖生物资源有近江牡蛎、凸壳肌蛤、光滑河蓝蛤、泥蚶、锯缘青蟹、鲻鱼、黄鳍鲷、尖吻鲈、细基江蓠繁枝变型等。

② 河口外及近岸海域：如品清湖及长沙湾口外海域，海水盐度有一定的季节性变化，底质多为泥沙或泥，优势增养殖生物资源种类有凸壳肌蛤、菲律宾蛤仔、翡翠贻贝、毛蚶、胀毛蚶、栉江珧、锯缘青蟹、对虾类、新对虾类、梭子蟹、鲷科鱼类等。

③ 近海及海岛海域：如遮浪、捷胜、菜屿、龟龄岛、芒屿、江牡岛、小漠等，潮间带以岩相为主，浅海以泥沙为主；海藻生长繁茂，增养殖生物中的优势种类以各种名贵海珍品为主，如鲍、蝾螺、瓜螺、管角螺、海胆、石斑鱼类、真鲷、紫菜、海萝、龙虾等。

（2）珠江口地区

珠江三角洲地区凡纳滨对虾多茬养殖技术，利用地下咸水养虾模式；军曹鱼人工育苗项目被列为国家"863"计划项目，石斑鱼生殖调控及人工繁育技术处于国内领先水平。另外，该区域养殖的新品种还包括漠斑牙鲆、白蝶贝等。

珠江口主要鱼类养殖品种有：赤点石斑鱼（红斑）、青点石斑鱼（青斑）、真鲷、平鲷、黄鳍鲷、黑鲷、尖吻鲈、花鲈、青鲈、鲔鱼、紫红笛鲷、蓝子鱼、军曹鱼等 20 多种。

牡蛎养殖是珠江口传统养殖业。过去珠海银坑蚝场是全省最大蚝场。深圳宝安也是养蚝产区，目前比较少。

在对虾养殖方面，珠江口虽滩涂多，但盐度低、变化大，对养虾不利，发展比较慢。因此，整个珠江口对虾养殖面积占全省对虾精养面积的 8.3%，产量占全省精养对虾产量的 12.5%。

大亚湾适于海水养殖的区域众多，其中大鹏澳是广东省马氏珠母贝主要的天然采苗场地和养殖基地，另有大鹏澳及澳头湾的牡蛎养殖、珍珠养殖、网箱养殖；惠东地区的对虾集约化养殖；大亚湾中央列岛及沱泞岛的贝类增殖等。

大辣甲南人工鱼礁区，投礁后礁区内虾拖网渔获种类比投礁前增加了 91%，资源密度比投放前增加了 12.13%~21.22%；流刺网渔获种类比投礁前增加了 13.33%~46.67%，渔获比投礁前增加了 36.96~70.80 倍。礁区内的渔获种类、资源密度和渔获率均高于对照区。主要优势种的资源密度和渔获率明显增加，人工鱼礁资源养护效果明显。

大鹏湾的海水养殖品种包括鱼类、鲍鱼及其他贝类、虾类和海胆等，其中海水鱼类网箱养殖规模较大。

（3）粤西地区

海水鱼类养殖：名贵海水鱼类养殖 30 多种，主要养殖紫红笛鲷、尖吻鲈、黄鳍鲷、勒氏笛鲷等鱼类，年放养量达 500 万尾以上；而阳江、电白、海康、徐闻、遂溪则以石斑鱼类和笛鲷类为主。其池塘养殖对象主要有尖吻鲈、花鲈、黄鳍鲷、紫红笛鲷、平鲷、黑鲷、蓝子鱼、勒氏笛鲷、画眉笛鲷、中华乌塘鳢、石斑、遮目鱼等。对虾养殖：广东省对虾养殖主要集中在粤西，2002 年养殖产量已超过 20×10^4 t，其中海水养殖对虾产量 11.8×10^4 t。对虾养殖主要品种有中国对虾、墨吉对虾、长毛对虾、斑节对虾和凡纳滨对虾，主要养殖模式由粗放养殖为主发展到粗放、半集约化、集约化几种养殖方式并存，养殖的规模和产量、效益得到了迅猛发展。其他品种养殖：2005 年，为拓展养殖多样化，引进墨西哥湾扇贝试养，在西连镇 3 个虾苗场养殖扇贝的面积共 2 500 hm^2。

17.2.1.3 海水增养殖发展状况与效益评价

1）开发前景

广东沿岸海湾、岛礁众多，生态环境优良，初级生产力较高，是重要的海洋生物自然生态栖息保护区之一；鲍、海胆、蝾螺等经济礁栖生物资源丰富，发展礁滩增殖生产十分有利。以鲍、海胆、蝾螺等经济礁栖生物为对象的浅海礁滩增殖在广东沿海一些地方已成功地取得了良好的效益，这些生物大多数属匍匐生活的种类，特点是活动范围小，定栖性强，其生长及种群繁衍与岩礁生态环境息息相关，采取自然护养或播苗增殖均是良好的开发途径。

2）主要种类的增殖开发

（1）鲍

红海湾礁滩鲍的增殖开发：主要立足开发本地资源，以杂色鲍为主要开发对象。而开展礁滩增殖可避开病害的侵袭，是发展生态养殖的重要方向。首先，要抓生态环境的保护，制止对大型海藻的滥采，保护自然藻场；其次，应抓鲍的合理采捕，严格执行采捕规格，禁捕幼鲍，建立亲鲍繁殖保护区，在保护区内禁止一切采捕活动；再次，开展环境改良及增殖幼鲍的工作，可进行人工造礁，扩大鲍的栖息区域，并结合建立人工藻场。在此基础上努力增殖鲍苗，把幼鲍培育至 1 cm 以上后再进行增殖放流，提高成活率。

（2）蝾螺

蝾螺俗称"大头螺"，以海藻为饵，栖息生境与鲍、海胆相似，其食用价值高。20 世纪 80 年代后期已开通了日本的销售渠道。龟龄岛、菜屿等岛礁增殖区均为蝾螺的自然产区；为鲍、海胆增殖所采取的措施，都能对蝾螺增殖产生效益。

（3）紫海胆

海胆的生殖腺是高级营养品，味鲜美，营养丰富，可食用，并有滋补养身之功效。国际市场供不应求。红海湾的菜屿、龟龄岛、芒屿岛、江牡岛等岛礁海域是紫海胆的重要产区。海胆的繁殖力及生活力较强，易于在栖息海域形成栖息密度较大的种群，与鲍、蝾螺都为具有相似的饵料要求和栖息环境的礁栖经济动物，它们在生存环境方面有强烈的竞争性。紫海胆的增殖开发要注意保护资源，可采取确定采捕数量、规定捕捞规格，严禁采捕不达规格的幼海胆，规定禁捕期，在海胆产卵盛期严禁采捕作业等措施。

（4）龙虾

龙虾是虾类中最名贵的种类，国内外市场对其需求量日益增加，其增殖开发势在必行。历史上，红海湾龟龄岛、菜屿岛等岛礁龙虾资源较为丰富，20 世纪 80 年代以来由于滥捕，资源已严重衰竭。根据龙虾的潜伏和巢穴性，在设置基质扩展藻场时，修复适合于龙虾隐蔽生活的生态环境，把基质设计成既有利于海洋藻类固着又适于龙虾栖息的形式，使藻类利用基质外露有光照的阳面，而龙虾利用隐蔽的阴面，招引自然苗栖息。

17.2.1.4　海水增养殖业发展存在的主要问题

1）资源问题

海域滩涂资源利用和综合开发水平低。目前，广东省海水养殖开发仍多局限于风浪相对较小的内湾水域、滩涂，深海水域及多数开阔型海岸的浅海滩涂未能得到有效利用，导致总体布局的不合理性十分明显，对这些海水养殖区的开发利用水平较低。据资料记载，过去珠江口万山区是广东的主要渔场，资源相当丰富，渔船每小时捕捞量在 200 kg 以上。盛产的鱿鱼和银鲳等优质鱼类每年可捕各近万吨以上。其种苗资源也较丰富，如深圳湾西部沿海，盛产鲻鱼苗，每年捕捞量超千万尾；新会崖门口、台山广海湾盛产花鲈苗，每年天然捕捞量在 500 万尾以上；由于近年环境污染，酷渔滥捕，盲目围垦，资源破坏严重。据近年资料统计，现在珠江口鱿鱼、银鲳捕捞量不到 1 000 t，每小时捕捞量不到 20 kg，深圳湾鲻鱼苗和广海湾的花鲈苗几乎绝种，造成珠江口海水网箱养鱼和咸淡水池塘养鱼所需种苗严重欠缺，每年要从国内外进口鱼苗近 1 000 万尾，严重制约了海水养殖的发展。

其一是珠江口的中国明对虾是南海区珍贵的资源。据过去调查（1987 年）资料表明，珠江口分布有中国明对虾的海域面积约 3 800 km²，其资源密度 6.2 kg/km²，用资源密度面积法估算珠江口内海中国明对虾年资源量为 24 t 左右。1995—1996 年仅捕到亲虾 700 尾左右。

其二是浅海滩涂养殖在各区域内养殖品种单一，养殖模式及管理技术落后，粗放式养殖仍占较大比例，综合效益低，养殖自身污染比较严重。某些集约式养殖项目虽有所发展，但集约化、自动化程度不高。

其三是局部区域养殖品种结构失衡，在不同生态类型海域养殖中普遍存在养殖种类结构不合理现象。在用池塘对虾、滩涂贝类进行的养殖中，养殖种类或种群单一问题由来已久。

其四是养殖产品质量有待提高，目前国内外消费市场对水产品的质量安全性都有很高的认识和要求，而目前的养殖生产环境、产品质量标准、药残监控等方面与国际市场的要求尚存一定的距离。

2）环境问题

近年来随着经济发展以及人口不断增长，广东省近岸海域环境受到来自陆地污染源、海上工程及交通运输、海产养殖等的多重影响，海域环境污染与生态失衡问题日益突出，不少沿岸海湾受到氮、磷和石油类等的污染，局部地区出现了过度利用海洋资源的现象，伶仃洋、大鹏湾、大亚湾、柘林湾、汕头湾、湛江湾等近岸海域已成为我国乃至东南亚地区的赤潮高发区。据中国海洋环境质量公报和广东 908 专项水体调查资料，广东的近岸生态系统健康状况，大亚湾属于亚健康，珠江口属于不健康，而近岸海域的珠江口、汕头、湛江港污染严重，主要污染物为无机氮、活性磷酸盐等。环境污染问题已经成为制约广东沿海各地水产养殖业可持续发展的瓶颈之一。

3）可持续发展策略

（1）规划布局

根据广东海岸线长，海湾、岛屿众多，滩涂面积广阔的特点，应将全省的海水养殖区域分为深海养殖区、浅海养殖区、滩涂养殖区、海水池塘养殖区、资源增殖保护区等重点养殖区，以及粤东临海经济带、珠江三角洲经济带和粤西临海经济带 3 个区域养殖带，根据区位特点，科学规划，合理用海，促进广东海水养殖业的可持续发展。

（2）深海养殖区

深海养殖区指等深线在 10 m 以外的深海水域，养殖品种主要为鱼类和贝类。养殖方式应以发展抗风浪网箱养殖为主，其次为抗风浪贝类筏式养殖。主要开发区域有：广东饶平县大埕湾，南澳县东北部，惠来县靖海港外，汕尾市碣石湾-遮浪，惠阳市大亚湾口，深圳市大鹏湾，珠海市万山群岛，台山市川山群岛北-东部，阳江市海陵岛北部，湛江市硇州岛等海域。

（3）浅海养殖区

浅海养殖区指等深线在 0~10 m 的浅海水域，以发展网箱鱼类养殖和浅海贝类养殖为主，其次为沉箱养殖和浅海藻类养殖。主要开发区域有：广东饶平县的柘林湾，南澳县的猎屿岛海域，汕尾市的碣石湾和红海湾，惠东县的考洲洋和大星山海域，惠阳市和深圳市的大亚湾，深圳市的大鹏湾，珠海市的万山群岛，阳江市的海陵岛和南鹏列岛，湛江市的硇州岛海域，茂名市的水东湾和博贺湾，雷州市的流沙湾和企水港等海域。

（4）滩涂养殖区

滩涂养殖区指大潮高潮线至大潮低潮线的潮间带区域，该区域以发展贝类养殖为主。主要开发区域有：广东饶平县的柘林湾（三百门），汕头市、潮阳市、揭阳市的牛田洋，惠来县、陆丰市的鳌江，陆丰市的乌坎和烟港，汕尾市的长沙湾和品清湖、白沙湖，惠东县的考洲洋，深圳市的沙井—福永和西乡，东莞市的交椅湾，中山市的南朗，珠海市的银坑-淇澳-金星门和磨刀门口-三灶，台山市的广海湾—南边海和黄茅海，茂名市的水东湾和博贺湾，阳江市的沙扒港、三丫港、海陵湾和海陵大堤东，廉江市的安铺港，遂溪县的江洪—安铺港，湛江市的龙王湾，雷州市的南渡河口等。

（5）海水池塘养殖区

海水池塘养殖区指潮间带池塘和陆基海水养殖区域，以发展对虾养殖为主，但应提倡发展多种类混养、套养和轮养等模式。主要开发区域有：广东饶平县的柘林湾，澄海市的六和围—饶平县的井洲，汕头市、揭阳市的牛田洋，惠来县的东陇，汕尾市的长沙湾，陆丰市的乌坎港，惠东县的考洲洋和范和港，深圳市的沙井—福永和西乡，东莞市的长安，中山市的翠亨—金顶，广州市的万顷沙，珠海市的鸡啼门—横琴，恩平、台山市的镇海湾，新会市、台山市的广海湾，阳江市的平岗、丰头河和寿长河，茂名市的水东湾和鸡打港，廉江市的营仔，湛江市的通明海—湛江港，雷州市的雷州湾、企水港、海康港和乌石，徐闻县的公港—新寮等区域。

（6）资源增殖保护区

资源增殖保护区指为保护海洋自然环境和自然资源免遭破坏而划定的区域，分为重要经济生物护养增殖区、人工鱼礁区和资源保护区。这些区域主要盛产底栖经济贝类，是天然的生物种类繁育场所。主要分布在：广东饶平县的大埕湾和柘林湾，饶平县—南澳县海域，澄海市的莱芜—汕头市的广澳—潮阳市的海门海域，惠来县的神泉港—陆丰市的东海林场海域，陆丰市的甲子—田尾山和碣石湾海域，汕尾市的红海湾海域，惠东县的范和港和东山海海域，珠海市的淇澳—横琴和三角山岛—獭洲—大忙岛海域，珠海市—台山市的黄茅海海域，台山市的南部—川岛海域，阳江市的北津港和海陵岛海域，茂名市的水东湾海域，吴川市—湛江市南三海域，廉江市的安铺港—雷州市的企水海域，湛江市的东海岛东—南岸海域，雷州市的通明海—北莉—新寮海域，徐闻县的龙塘和前山海域等。

（7）粤东临海经济带

根据资源环境特点，宜重点抓海水优质鱼类养殖、鲍增养殖、名贵经济贝类增养殖、海藻养殖、鳗鱼养殖等项目建设。设立广东南澳猎屿岛海域综合养殖基地、粤东优质海水鱼类养殖基地、粤东海水名贵经济贝类增殖中心、汕尾市鲍增养殖基地等经济带。

（8）珠江三角洲经济带

应重点抓深海网箱养殖和岛礁生物资源增殖等项目建设。设立万山群岛、大鹏湾深海网箱养殖基地、大亚湾岛礁生物资源增殖中心等经济带。

（9）粤西临海经济带

广东濒临南海，沿岸海域地处热带亚热带，气候温暖，应重点抓热带贝类、鱼类及对虾养殖等项目建设。设立粤西热带与特色贝类养殖基地、粤西牡蛎养殖基地、粤西优质贝类资源增殖中心、粤西对虾养殖基地等经济带。

为控制湛江港海域的氮、磷含量及富营养化，必须综合整治陆地污染源，控制污染物的入海量。对于海水养殖区的水质环境改善，建议改进投饵技术，提高饲料质量，要根据养殖容量做出科学合理的布局，加强养殖环境综合管理，包括对湾内各种船舶的排污管理等，维护海洋环境与海水养殖业的可持续协调发展。

另外，粤西地区的流沙湾海域养殖种类以贝类为主，为了促进该海域水产养殖业的可持续发展，必须采取以下措施：① 加强相关基础理论和应用技术研究；② 降低养殖密度，调整养殖结构，合理规划养殖布局；③ 实施海域有偿使用和养殖许可证制度。

17.2.2 广东省潜在海水增养殖区选划

重点海区：广东沿岸的柘林湾、碣石湾、红海湾、大亚湾、大鹏湾、广海湾、海陵湾、雷州湾等，选划面积：$2.6×10^4 \, hm^2$。

17.2.2.1 粤东地区概况

1）柘林湾海水增养殖区选划

增养殖生物资源以广盐、低盐种类为主，以贝类占主要地位，其次为鱼类和虾、蟹类；该海区具有多种类综合开发的资源条件，适合以浅海、滩涂养殖并举，包括各种筏式养殖及网箱养殖、底栖贝类底播养殖等。近年来，由于过度开发及污染等原因，柘林湾内水质污染较重，赤潮频发，浅水区海水鱼类网箱养殖与贝类养殖已无潜力可挖；湾口水域水质较好，水交换能力强，可以进行深水网箱养殖；可考虑将现有养殖区进行经营模式转换，改部分网箱区为藻类养殖区（或贝、藻混养区）以利于调控养殖区环境（图17.6）。

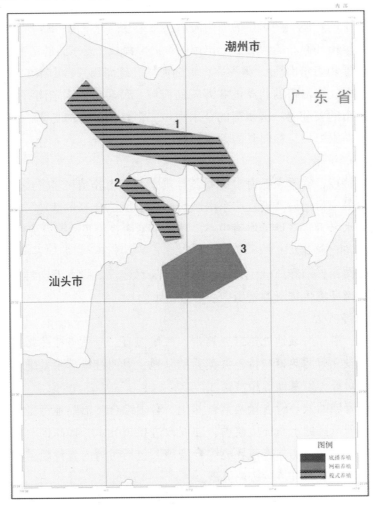

图 17.6　柘林湾潜在海水增养殖区选划

1—藻类/贝藻养殖区；2—藻类/贝藻养殖区；3—深水网箱区

2）红海湾潜在增养殖区选划

由于该区水质良好，底质多为岩礁，可以考虑围绕相关的岛屿进行海珍品底播增养殖，主要的底播区有遮浪岩—龟龄岛一线底播养殖区（1），江牡岛周边底播养殖区（2、3）。由于长沙湾受陆源及养殖污染造成的富营养化程度较严重，可考虑在湾内进行大规模藻类养殖（4），在改善环境的同时可以为底播海珍品提供充足的饵料（图17.7）。

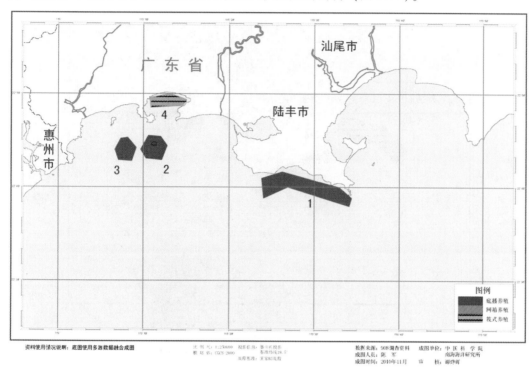

图17.7　红海湾潜在海水增养殖区选划
1—底播养殖区；2—底播养殖区；3—底播养殖区；4—藻类养殖区

17.2.2.2　珠江口地区

应重点抓深海网箱养殖和岛礁生物资源增殖等项目建设。

1）大亚湾潜在海水增养殖区选划

大亚湾澳头海域（1）和大鹏澳海域（2）常年养殖造成水质污染较重，赤潮频发，建议改变现有经营模式，将部分网箱养殖区改为藻类养殖区；杨梅坑近岸地区（3）和中央列岛西侧（4）水深较浅，水质优良，底质多为岩礁，并且马尾藻资源丰富，适合进行海珍品底播；大辣甲东侧（5）及三门岛周边海域（6）水深流急，水质优良，适合于开拓为深水网箱养殖区（图17.8）。

2）大鹏湾潜在海水增养殖区选划

大鹏湾沿岸水环境不同程度受到陆源的污染。湾中大部分水域属于香港特别行政区管辖，湾北部沿岸主要用于港口和旅游，只有湾口南澳近海尚有较大空间可供养殖开发；南澳镇周

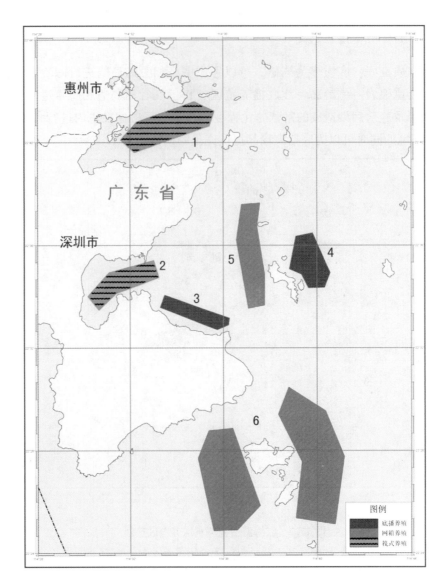

图 17.8　大亚湾潜在海水增养殖区选划

1—藻类养殖区；2—藻类养殖区；3—底播养殖区；4—底播养殖区；5—深水网箱养殖区；6—深水网箱养殖区

边海域由于密集的网箱养殖、生活污水等导致海水质量降低，因此必须在一定程度上转变现有经营模式，在现有网箱养殖区进行藻类养殖（1），而湾口鹅公湾海区（2）水质良好，水交换能力强，可以继续进行深水网箱养殖（图 17.9）。

17.2.2.3　粤西地区

粤西临海经济带气候温暖，应重点抓热带贝类、鱼类及对虾养殖等项目建设。

1）海陵湾潜在海水增养殖区选划

海陵湾水质受陆源影响较大，近河口污染较重，海陵大堤阻断环流，导致其周围淤积严重，适合滩涂贝类养殖，但该地泥蚶养殖产业规模十分庞大，现已无潜力可挖；湾口水域水

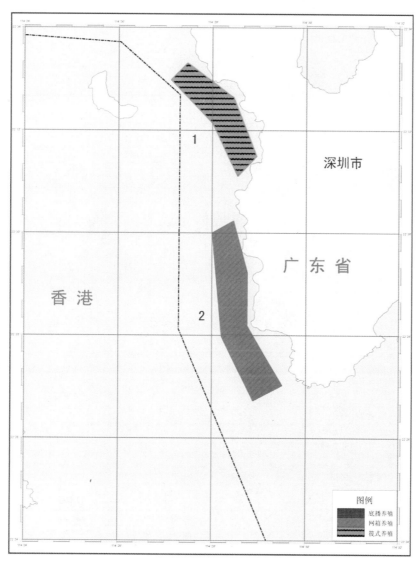

图 17.9　大鹏湾潜在海水增养殖区选划
1—藻类养殖区；2—深水网箱养殖区

质较好，交换能力强，浮游生物密度相对较高，可以在科学的评估养殖容量基础上，围绕双山岛周围进行贝类底播/筏式养殖（1）；海陵岛西侧接近港口，污染较重，可进行贝类、海藻混养（2）（图 17.10）。

2）水东湾潜在海水增养殖区选划

水东湾内湾由于进行过度的网箱养殖，水质污染严重，不宜扩大该养殖模式，以免造成环境继续恶化和经济损失；湾中放鸡岛周围海域水深、水体交换能力强，有利于深水网箱养殖；可将水东港和博贺渔港周围的网箱区进行经营模式的转换，混养部分海藻以调控海区的水质（1）、（2）；放鸡岛附近海域可在不影响景观的同时进行深水网箱养殖（3）（图 17.11）。

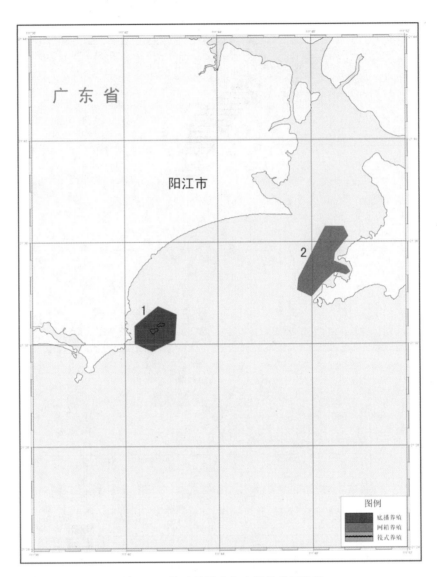

图 17.10　海陵湾潜在海水增养殖区选划
1—贝类底播/筏式养殖区；2—贝类和海藻混养区

3）流沙湾潜在海水增养殖区选划

流沙湾口水质相对清洁，水交换能力强，可进行深水网箱或深水贝类筏式养殖（1）；湾内现有养殖面积占整个海湾面积的 20%，其中 90% 以上为珍珠贝养殖，养殖模式过于单一，加之海湾与外界水交换能力弱，导致海湾水质和底质环境质量明显下降。因此，必须调整现有养殖结构，在湾内进行贝藻混养（2）（图 17.12）。

17.2.3　广东省重点潜在海水增养殖种类选划

17.2.3.1　海水鱼类

（1）产量：2008 年广东省各种海水鱼类养殖产量 25.67×10⁴ t，其中：鲈鱼 3.86 ×10⁴ t，

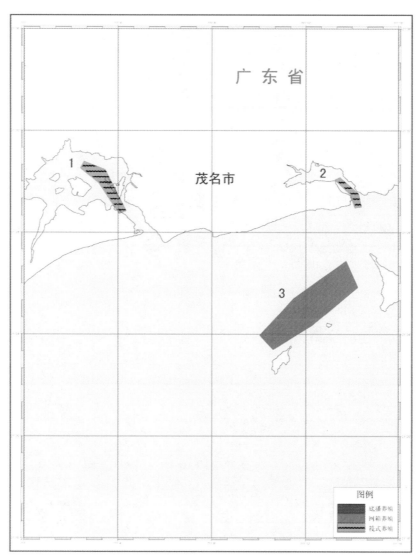

图 17.11　水东港潜在海水增养殖区选划

1—海藻养殖区；2—海藻养殖区；3—深水网箱养殖区

大黄鱼 2 866 t，军曹鱼 $1.33×10^4$ t，鲥鱼 $1.36×10^4$ t，鲷鱼 $0.82×10^4$ t，美国红鱼 $2.63×10^4$ t，石斑鱼 $2.08×10^4$ t。

（2）养殖方式：网箱养殖，池塘养殖。

（3）区域布局：普通海水网箱养殖主要集中在粤东地区的南澳猎屿岛、柘林湾和红海湾海域；粤中的大亚湾、大鹏湾海域；粤西的阳江闸坡、沙扒港、湛江市的南三、特呈、流沙湾等海域。深水网箱区集中在大亚湾中央列岛，万山群岛，大鹏湾等区域，池塘养殖主要集中在珠江口地区。

（4）存在问题：制约海水鱼类养殖的关键问题是种苗、饲料和病害；此外，水质污染，水体富营养化，各种灾害性气候，如台风、冻害等也是影响海水鱼类养殖成功与否的重要问题。

（5）可持续发展策略：对池塘和普通网箱养殖区要科学规划，合理布局，加强鱼类

471

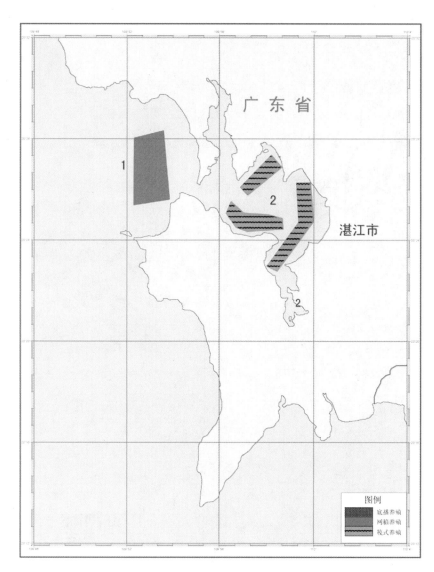

图 17.12　流沙湾潜在海水增养殖区选划
1—深水网箱/筏式养殖区；2—贝类和藻类混养区

疾病预防，并依靠科学进步，加大力度解决种苗培育关键问题，大力推广健康养殖技术，提高环境调控能力，对赤潮及其他自然灾害进行有效预警与防范。要重点发展深海网箱养殖，利用深水区域优良的环境，以石斑鱼等优质海水鱼类为主要开发品种，以无公害养殖为目标，并配套相应的抗高海况设施建设。另外，要提高人工配合饲料的生产技术水平，不断加强海水鱼类健康苗种繁育的研究与开发，建立海水鱼类种苗规模化生产技术体系。

17.2.3.2　甲壳类

（1）产量：2008 年广东省各种海水甲壳类养殖产量为 152 202 t，其中虾类养殖产量为 138 179 t，包括凡纳滨对虾 111 581 t，斑节对虾 12 834 t，其余为中国对虾和日本对虾等；海水蟹类养殖产量为 46 275 t，其中青蟹产量为 38 480 t，梭子蟹为 1 273 t。

（2）养殖方式：普通池塘养殖、集约化养殖。

（3）区域布局：以对虾养殖为代表的甲壳类养殖分布于广东省沿海各地，包括粤东饶平县，红海湾区域；粤中大亚湾惠东地区、大鹏湾地区；粤西台山市、阳江市、茂名市、湛江市、廉江市等。

（4）存在问题：近年来，广东沿海地区虾病暴发，给养虾产业造成极大损失；另外，由于养殖规模扩大化所带来的自身污染问题也日益严重，不仅育苗难度加大，产品的品质也在不断下降。严重影响广东省养虾产业的发展。

（5）可持续发展策略：推广无公害化养殖模式，不断培育抗逆新品种，以防对虾疾病发生；对养殖密度进行合理控制，并采用生态养殖技术优化池塘养殖水体环境，提倡不同种类混养，提高空间利用率的同时提高对虾抗病能力和产量。

17.2.3.3　贝类

（1）产量：2008 年广东省海水贝类养殖产量为 134.51×10^4 t，其中牡蛎为 82.51×10^4 t，鲍为 0.41×10^4 t，螺 9.78×10^4 t，蚶 3.56×10^4 t，贻贝 11.27×10^4 t，江珧 1.12×10^4 t（广东省为全国江珧的主产地），扇贝 5.63×10^4 t，蛤 27.47×10^4 t，蛏 2.57×10^4 t。

（2）养殖方式：筏式养殖，插桩式养殖，底播养殖，工厂化养殖。

（3）区域布局：粤东地区的柘林湾、红海湾海域牡蛎及其他贝类养殖，珠江口及毗邻海域的大亚湾大鹏澳、澳头湾牡蛎养殖、围绕岛礁的贝类底播养殖；大鹏湾、珠江口牡蛎养殖，万山群岛和川山群岛翡翠贻贝养殖，粤西地区的海陵湾牡蛎养殖，雷州湾和阳江海陵大堤东西两侧的滩涂泥蚶养殖，水东湾滩涂贝类养殖等。

（4）存在问题：主要有种质、病害、水质问题，以及养殖自身污染和结构布局等问题。

（5）可持续发展策略：划定自然保护区，对优良贝类种质资源进行保护，利用新技术培育优良品种，采取贝藻混养等生态养殖模式，改善养殖结构，积极发展浅海及潮间带礁盘增养殖技术，利用循环水技术等进行养殖，积极拓展现有养殖区域，在深水区进行抗风浪筏式养殖，在饵料资源丰富的自然海域进行增殖放流。

17.2.3.4　藻类

（1）产量：2008 年广东海藻养殖产量为 5.03×10^4 t，其中海带 0.13×10^4 t，紫菜 0.19×10^4 t，江蓠 4.53×10^4 t。

（2）养殖方式：主要为筏式养殖。

（3）分布：粤东海域海藻养殖较多，如南澳岛周围海域的海带、紫菜、龙须菜养殖等；河口盐度变化较大的地区，如红海湾等海域则以江蓠养殖为主。

（4）存在问题：主要有种质、敌害问题，以及经济效益等问题。

（5）可持续发展策略：改良现有养殖种类种质，培育抗逆速生海藻品种；根据海区自然条件结合区域经济发展的需要选择养殖的种类，一些贝类和鱼类养殖比较密集的海域，如柘林湾进行藻类混养，在提高经济效益的同时改善水域的环境；改进现有养殖设施，提高空间利用率，积极预防食藻的敌害生物如蓝子鱼等的侵害。

17.2.3.5　其他

1）海参

（1）产量：2008 年广东省海参养殖产量为 230 t，其中南移的北方刺参占较大比例。

（2）养殖方式：主要为池塘养殖。

（3）分布：主要分布于汕头、惠州等地。

（4）可持续发展策略：刺参南移近年来在广东沿海取得了成功，广东沿海冬季水温适宜北方刺参的快速生长，并且冬季大量闲置的鱼虾养殖池可以用作海参养殖场地，未来几年内南移刺参养殖必将在广东沿海取得更大的进展。必须对种苗进行严格挑选，对养殖场地进行合理选址与规划，避开河口等污染重、盐度低的海域，在刺参放养前清除敌害，培养好底栖硅藻，根据池塘的供饵能力对海参进行密度搭配，定期清除污物，减少病害的发生。也可以结合海区条件，进行贝参混养，鱼参混养，甚至可以考虑在广东沿海采用沉箱进行刺参底播。同时，重视南方特有优良种类的育苗技术研究，争取解决其种苗培育关键技术，并及时进行推广应用。

2）海胆

（1）产量：2008 年广东省海胆养殖产量为 406.50 t。

（2）养殖方式：主要为岩礁区底播养殖。

（3）分布：粤东地区的红海湾、大亚湾岛礁区，大鹏湾等的岩礁区均有分布。

（4）存在问题：采捕强度过大，自然资源衰竭。

（5）可持续发展策略：对海胆分布的岛屿和沿岸礁石区进行藻类的增殖，改善区域生态环境，并实行轮捕策略，利用人工繁育的方式获得大量的海胆种苗，并进行人工放流以加速自然资源的恢复。

3）海水珍珠

（1）产量：2008 年广东省海水珍珠产量为 0.72×10^4 kg，居全国第 1 位。

（2）养殖方式：筏式养殖。

（3）分布：广东省海水珍珠养殖分布广泛，特别是雷州湾海域养殖的珍珠占全国海水珍珠总产量的 50% 以上。

（4）存在问题：超负荷养殖，饵料生物供应不足，养殖环境退化，不合理的养殖密度，寄生虫病等，这些问题导致珍珠贝死亡严重，珍珠产量和品质下降。

（5）可持续发展策略：目前广东省已设立大亚湾和雷州湾珍珠贝资源自然保护区，应继续加强保护区管理，并采用先进的技术手段改良珍珠贝种质。另外，要积极地应对自然灾害，开展海湾养殖容量控制技术的研究与应用，预测不同模式条件下的养殖对海湾生态环境的影响，科学规划养殖规模、搭配等，降低养殖密度，调整养殖结构，合理规划养殖布局，把单一品种养殖改为生态综合养殖，使生态系统中的物质和能量被处于不同营养级和生态位的各种养殖生物充分利用，提高物质利用率，减少水体有机残余物及营养盐数量，使珍珠贝养殖海湾水质环境得到改善。

17.2.4　广东省人工鱼礁选划

17.2.4.1　人工鱼礁投放地点选择标准

广东沿岸海域易受台风影响，波浪和海流的巨大作用力会使礁体产生位移和损坏，影响礁体的存在寿命。在礁区选点时，必须充分掌握投礁区的水文气象状况，尽量选择风浪较小的海域，以天然岩礁为屏障和依托。礁体可选用重量较大和稳性较好的礁体。如用旧船作鱼礁礁体，可在船舱压载石头，加大其重量，也可用锚固定。适合人工鱼礁的投放地点，一般应离开海岸 500 m 以上，水深大于 5 m，以 10~20 m 水深最为适宜。地形选择以底坡平缓，砂质为主，附近有天然岩礁的地形地貌条件为佳。应尽量避免在海底淤泥层厚、水体含沙量大和淤积速度快的底质环境投放人工鱼礁。

近年来，广东省人工鱼礁建设取得了重大进展，通过人工鱼礁建设，使重点海域、海湾的海洋环境质量得到恢复与改善，休闲渔业逐步形成规模，渔获物中优质鱼类的比例和规格明显提高，濒危珍稀野生动物等得到有效的保护，海洋渔业产业结构趋向合理，将广东沿海建设成良好的海洋牧场，形成新型的休闲渔业产业和良好的海洋生态环境，努力实现生态效益、经济效益和社会效益的统一，为建设海洋经济强省打下坚实的基础。

17.2.4.2　广东省典型人工鱼礁

1）大辣甲南人工鱼礁区

2002 年 12 月至 2004 年 8 月，广东省海洋与渔业局在大亚湾大辣甲岛以南 6.8 km² 海域内，分两期投放了 1 829 个钢筋混凝土礁体，总空方为 60 178 m³。

大亚湾大辣甲南人工鱼礁生态系统健康状况保持良好，随着投礁时间的推移，人工鱼礁生态系统的健康状况得到进一步改善。其人工鱼礁生态系统服务功能总价值为 2.03 亿元，单位面积服务价值为 99.69 万元/（km²·a）。投资回收期为 2 年。30 年寿命期内产生的净效益可达 1.90 亿元，投入产出比为 1∶15.6。

2）杨梅坑人工鱼礁区

杨梅坑人工鱼礁区位于大亚湾西部近岸海域，礁区建设面积 2.65 km²，现已投放 10 种不同类型的礁体 2 202 个。人工鱼礁投放后所形成的新流场使礁区周围的生物种类和数量均发生明显的变化。据报道，人工鱼礁投放一年后，礁体表面 100% 被生物所覆盖，三角藤壶是人工鱼礁区占据绝对优势的种类，其优势度达到 0.146 4。

17.2.4.3　广东省人工鱼礁区选划结果

广东省人工鱼礁规划和建设起步较早，自 2000 年起进行了人工鱼礁建设的调研、规划、试点等工作，用 10 年时间，在沿海约 3 600 万亩海域建设 12 个人工鱼礁区，共 100 座人工鱼礁。其中，广东省政府出资兴建 26 座"生态公益型"（即全封闭，禁止开发利用）和 4 座"准生态公益型"（即半封闭，限制性地开发利用）人工鱼礁；还有 20 座（准生态公益型）

则由有关市县政府负责建设；剩余的 50 座"开放型"（即全开放，开发休闲渔业）人工鱼礁，则通过吸纳社会资金建设，特别鼓励海内外财团、企业和个人投资。广东省人工鱼礁规划建设海域主要集中在沿岸岛礁周围，目前规划建设和已建设好的人工鱼礁区 69 个，功能区面积共 18 831.2 hm^2，包括：重点人工鱼礁区共 32 个，其他人工鱼礁区 37 个。

17.2.5　小结

广东近海增养殖海域总体环境质量良好，适合于增养殖，珠江口近海海域和汕头海区虽然水质较差、无机氮含量高，但仍然适合特定类群（如藻类）的增养殖，部分海湾及邻近海域有铅、汞、镉污染，需关注特定类群（尤其是贝类）的富集效应，保障增养殖类群的食品安全。

广东沿海适合于增养殖的近海滩涂已基本被利用完，适合于增养殖的近海海湾基本已被开发，潜在增养殖区的开发主要在养殖模式和类群的转型，未来的空间发展潜力在于岛礁、海底和外海。滩涂以池塘养殖为主导，近海以海湾网箱养殖和筏式吊养养殖为主导，增殖开发不成规模，增养殖种类繁多，但品种布局和配合不合理，以高蛋白饲料养殖鱼虾为主导，局部海域有机污染严重；具有环境净化作用的大型海藻、海参养殖开发不足，海水增养殖原良种开发明显不足，全省良种场仅 18 家，品种单一，以对虾为主，且主要是引进的凡纳滨对虾，集中在粤西，达 10 家，超过 50%；经济野生种类驯化养殖能力不足，开发成规模化养殖的野生类群单一，藻类和海参类甚少；水产种质资源保护区数量多，但保护和研究力度不够，集约化高密度养殖技术占主导：投入高、风险大高，饲料蛋白源短缺和浪费严重，增殖技术发展明显滞后。广东海水养殖以高经济价值鱼虾贝品种、集约化高产养殖模式为主导，导致饲料源短缺和适宜发展空间不足，急需转型，如发展藻类、棘皮类等新类群和生态增殖型模式。

针对这种现状，应根据广东近海水体环境和饵料来源等划定重点海区：柘林湾、碣石湾、红海湾、大亚湾、大鹏湾、广海湾、海陵湾、雷州湾等，选划面积为 2.6×10^4 hm^2。柘林湾潜在海水增养殖区选划：增养殖生物资源以广盐、低盐种类为主，以贝类为优先，其次为鱼类和虾、蟹类；该海区具有多种类综合开发的资源条件，适合以浅海、滩涂养殖并举，包括各种筏式养殖及网箱养殖、底栖贝类底播养殖等；湾口水域水质较好，水交换能力强，可以进行深水网箱养殖；可考虑将现有养殖区进行经营模式转换，改部分网箱区为藻类养殖区（或贝、藻混养区）以利于调控养殖区环境。红海湾潜在增养殖区选划：该区水质良好，底质多为岩礁，可以考虑围绕相关的岛屿进行海珍品底播增养殖，主要的底播区有遮浪岩—龟龄岛、江牡岛周围海区。

以上主要概述广东近海潜在增养殖区现状及发展设想，提出广东近海增养殖潜力在于发展海洋增殖，特别是发展海藻和海参增养殖，减少饲料资源消耗，促进鱼、虾、贝、藻、参等不同类群增养殖的协调发展，为广东近海增养殖业发展的科学决策提供依据。

17.3　近海其他生物资源开发利用与保护①

广东省地处我国南方，具有漫长的海岸线，辽阔的海域，星罗棋布的岛屿，优良的海湾

---

① 邢帅，谭烨辉。根据谭烨辉等《其他海洋生物资源开发利用与保护评价报告》整理。

和港口，拥有海洋资源开发利用极为有利的自然资源与地理条件，海洋产业发展迅速。该海域生物资源丰富，是全国各沿海省区中海洋生物最多的地区，而且许多属优质、高档品种，可供利用的海洋生物资源种类丰富，为广东省进一步开展海洋药物、食品、新能源和新材料等的研究开发提供了资源保障。广东省在这些领域的研究开发方面也有一定的基础，已有不少企业、高校以及科研院（所）参与了海洋生物资源的开发利用研究。

广东省 908 专项"近海其他资源开发利用与保护"对广东省潜在的海洋生物资源、药物资源、渔业新资源等资源生物分布、资源量、物种多样性、开发利用价值和应用前景进行综合分析与评价，探明其资源生物状况，阐明广东省潜在海洋生物资源、药物资源、渔业新资源等利用潜力，提出相应类型的开发利用和保护方案。

17.3.1　底栖生物资源

17.3.1.1　种类组成和季节变化

广东沿岸海域大型底栖生物约有 797 种，其中多毛类 278 种，软体动物 210 种，甲壳动物有 204 种，棘皮动物 42 种和其他生物 63 种，多毛类、软体动物和甲壳动物占总种数的 86.93%，构成大型底栖生物主要类群。

广东沿岸海域大型底栖生物种数季节变化，种数以秋季最高达 332 种，冬季次之为 292 种，依次为春季 275 种和夏季 202 种。环节动物（主要是多毛类动物）种类数冬季记录最高为 116 种，秋季次之，为 104 种，夏季最少，为 67 种；软体动物的种数记录最高出现在秋季，为 85 种，冬季其次，为 84 种，夏季最少，为 55 种；甲壳动物种数最多出现在秋季，为 96 种，其次为春季（88 种），种数最低为夏季（58 种）；棘皮动物各季变化不大，分别为冬季（20 种）＞春季（18 种）＞秋季（17 种）＞夏季（16 种）。

17.3.1.2　生物量及其水平分布和季节变化

广东沿岸海域大型底栖生物四季平均生物量 32.94 g/m², 其中多毛类 2.38 g/m²，软体动物 23.41 g/m²，甲壳动物 2.31 g/m²，棘皮动物 1.74 g/m² 和其他生物 3.11 g/m²，生物量以软体动物最高，其他动物居第 2 位。多毛类、软体动物和甲壳动物占总生物量的 85.26%，三者构成大型底栖生物生物量的主要类群。

17.3.1.3　栖息密度及其水平分布和季节变化

广东沿岸西部海域大型底栖生物四季平均栖息密度 114 ind/m², 其中多毛类 33 ind/m²，软体动物 57 ind/m²，甲壳动物 8 ind/m²，棘皮动物 8ind/m² 和其他生物 8 ind/m²，栖息密度以软体动物最高，多毛类居第 2 位。多毛类和软体动物占总密度的 78.734%，二者构成大型底栖生物栖息密度的主要类群（见第 8 章表 8.12）。

17.3.2 甲壳动物资源

17.3.2.1 甲壳动物的种类组成

1）虾蛄的种类组成

在广东省主要海湾共捕获2科9属12种虾蛄，占本次捕获底栖甲壳动物种类数的9.7%。12种虾蛄中，除棘突猛虾蛄（*Harpiosquilla raphidea*）隶属猛虾蛄科外，其余11种都隶属虾蛄科，其中虾蛄属3种，分别为口虾蛄、无刺口虾蛄和黑斑口虾蛄（*Oratosquilla kempi*），其余8种隶属8个属。

2）虾类的种类组成

在广东省主要海湾共捕获虾类42种，占捕获的甲壳动物种类总数33.9%，其中枝鳃亚目31种，腹胚亚目11种。枝鳃亚目虾类中，以对虾科种类最多，为24种，其中又以仿对虾属种类最多，为8种，新对虾属次之，为6种。

3）蟹类的种类组成

共采集到隶属于10科30属70种蟹，占本次调查捕获到的甲壳动物种类总数的56.4%，其中绵蟹派（*Section Dromiacea*）3种，真短尾派（*Section Eubrachyura*）67种。以梭子蟹科种类最多（21种）；玉蟹科次之（12种）；扇蟹科8种。梭子蟹科又以蟳属（*Charybdis*）种类最多（12种）。

17.3.2.2 甲壳动物的重要经济种的水平分布和季节变化

1）重要经济虾蛄的水平分布和季节变化

广东沿海虾蛄资源丰富，其中个体较大，渔获量较多，经济价值高的种类主要有口虾蛄、断脊拟虾蛄、宫本长叉虾蛄和棘突猛虾蛄，分别占虾蛄总渔获量的54.3%、14.8%、17.1%和12.1%，合计占虾蛄总渔获量的98.3%。本研究对上述4种虾蛄的生物学特征及其渔业资源在广东省主要海湾的时空分布进行分析。

口虾蛄：春季，海陵湾口虾蛄渔获率特别高，流沙湾没有捕获口虾蛄。夏季，汕头湾口虾蛄渔获率最高，海陵湾次之，而水东湾和雷州湾的口虾蛄渔获率较低。秋季，雷州湾和流沙湾的口虾蛄渔获率较低。冬季各个海湾口虾蛄渔获率都较低，雷州湾和流沙湾没有捕获到口虾蛄。4个季节中，夏季口虾蛄平均渔获率最高，春季次之，冬季最少。

断脊拟虾蛄：春季，除海陵湾外，其余海湾渔获率不高，水东湾和雷州湾没有捕获到断脊拟虾蛄。夏季，除汕头湾外，其余海湾渔获率不高，大鹏湾和雷州湾没有捕获到断脊拟虾蛄。秋季和冬季各个海湾渔获率不高。大鹏湾和雷州湾在冬季没有捕获到断脊拟虾蛄。4个季节中，春季断脊拟虾蛄平均渔获率稍高，秋季次之，冬季最低。

宫本长叉虾蛄：海陵湾春季和秋季的渔获率较高，其余海湾各个季节的渔获率较低。4个季节中，秋季平均渔获率稍高，夏季最低。

棘突猛虾蛄：春季，海陵湾的渔获率相对较高。夏季，红海湾、海陵湾和流沙湾的渔获率相对较高。秋季，大鹏湾的渔获率最高。冬季，大鹏湾和流沙湾的渔获率相对较高。4个季节中，秋季平均渔获率最高，冬季最低。

海陵湾4种虾蛄周年平均渔获率在8个海湾中最高。除海陵湾外，其余7个海湾口虾蛄的渔获率有从粤东到粤西逐渐减少的趋势。宫本长叉虾蛄主要分布于海陵湾。大鹏湾的棘突猛虾蛄稍少于海陵湾，汕头湾的棘突猛虾蛄渔获率最低。

2）重要经济虾类的水平分布和季节变化

广东沿海虾的种类繁多，但大多种群数量较小，密集度较低，具有重要经济价值的不过十来种。本次调查中，近缘新对虾、须赤虾、周氏新对虾、鹰爪虾和墨吉明对虾占虾类总渔获量的近60%。本研究将对上述5种虾类的生物学特征及其渔业资源在广东省主要海湾的时空分布进行探讨。

本次调查中，近缘新对虾渔获量最高，占虾总渔获量的19.0%，但时空分布不均匀：各个海湾春、秋季的渔获率都很低；夏季海陵湾的渔获率最高，流沙湾渔获率相对较高，其他海湾很少或没有捕获；秋季，海陵湾和流沙湾的渔获率相对较高，其他海湾很少或没有捕获。季节平均渔获率中，夏季最高，秋季次之，春季和冬季稀少。

须赤虾占虾的总渔获量18.3%。春季，大亚湾、大鹏湾和海陵湾的渔获率相对较高。在夏季，流沙湾的渔获率特别高。秋季，大鹏湾渔获率较高。季节平均渔获率中，夏季最高，春季次之，冬季稀少。

周氏新对虾占虾的总渔获量9.8%。秋季，海陵湾周氏新对虾的渔获率最高。季节平均渔获率中，秋季最高，其余季节捕获的数量稀少。

墨吉明对虾占虾的总渔获量4.8%。秋季，汕头湾、水东湾和流沙湾的墨吉明对虾渔获率相对较高。春季和夏季捕获量少，冬季没有捕获到墨吉明对虾。雷州湾没有捕获到墨吉明对虾。

鹰爪虾占虾的总渔获量4.57%。夏季，汕头湾鹰爪虾渔获率相对较高。在秋季，汕头湾和水东湾的渔获率相对较高。季节平均渔获率中，秋季相对较高，春季和冬季稀少。

周年平均渔获率表明，近缘新对虾和周氏新对虾主要分布于海陵湾。流沙湾和大鹏湾的须赤虾渔获率较高。墨吉明对虾在水东湾、流沙湾、汕头湾和海陵湾的渔获率相对较高。鹰爪虾主要分布于汕头湾。

17.3.3　藻类生物资源

广东省沿海水体共采集到浮游植物405种，隶属于6个门，其中硅藻305种，甲藻90种，蓝藻4种，金藻4种，绿藻4种及黄藻2种，分别占浮游植物总数的74.4%，22.1%，1.0%，1.0%，1.0%及0.5%（见第8章表8.3）。微型浮游植物种类组成主要由硅藻和甲藻组成，且硅藻处于绝对优势，种类多分布广，各个季节均以硅藻占绝对优势。另外，浮游植物种类组成亦具有明显的季节变化，种类数量呈现出冬春季节高、夏秋季节低的显著特点。

17.3.4　滩涂生物资源

广东海域海洋生物具有热带暖水性特征，生物种类繁多，生物多样性丰富，但每一物种的数量则较少。底栖生物中，常见的海藻、海草类、腔肠动物、棘皮动物等 100 余种；环节动物、软体动物和甲壳动物超过 400 种。底栖生物总种数超过 2 000 种，其中虾、蟹、海参、鲍鱼、扇贝是海产美味珍品。还有不少具有热带特色的珊瑚动物、红树林、污损生物和钻孔生物等。这里主要收集海草床的滩涂生物。广东省海草床滩涂生物平均密度为302.23 ind/m^2，平均生物量为 145.64 g/m^2，多样性指数为 1.14，均匀度指数为 0.64（见第 16 章表 16.18）。

在柘林湾滩涂采集到的生物共 6 种，分属于腔肠动物、软体动物和甲壳类，其中优势种类为珠带拟蟹守螺和日本沙钩虾。滩涂生物栖息密度为 17.33 ind/m^2，生物量为 14.81 g/m^2。

在惠东考洲洋滩涂采集到的底上生物共 9 种，分属于软体动物和甲壳类，其中优势种类为珠带拟蟹守螺和奥莱彩螺。底上生物栖息密度为 386.58 ind/m^2，生物量为 230.87 g/m^2。

在珠海唐家湾滩涂采集到的滩涂生物标本共 6 种，分属于软体动物和甲壳类，其中优势种类为悦目大眼蟹和巨型拳蟹。底上生物栖息密度为 25.50 ind/m^2，生物量为 19.49 g/m^2。

在上川岛滩涂采集到的滩涂生物共 6 种，分属于软体动物、甲壳类和脊索动物，其中优势种类为珠带拟蟹守螺、奥莱彩螺和古氏滩栖螺。底上生物栖息密度为 455.17 ind/m^2，生物量为 255.53 g/m^2。

在流沙湾滩涂采集到的底上生物共 17 种，分属于多毛类、软体动物和甲壳类，其中优势种类为珠带拟蟹守螺和甲虫螺。底上生物栖息密度为 95.83 ind/m^2，生物量为 75.89 g/m^2。广东流沙海草床濒危动物主要为儒艮（*Dugong dugon*）和斑海马（*Hippocampus trimaculatus*）。

在汕尾白沙湖滩涂采集到的滩涂生物共 8 种，分属于多毛类、软体动物和甲壳类，其中优势种类为珠带拟蟹守螺和奥莱彩螺。滩涂生物栖息密度为 735.33 ind/m^2，生物量为205.99 g/m^2。

在大亚湾滩涂采集到的滩涂生物共 4 种，属于软体动物，其中优势种类为珠带拟蟹守螺和小翼拟蟹守螺。滩涂生物栖息密度为 495.33 ind/m^2，生物量为 285.68 g/m^2。

在下川岛滩涂采集到的滩涂生物共 10 种，属于软体动物、甲壳动物和脊索动物，其中优势种类为珠带拟蟹守螺和奥莱彩螺。滩涂生物栖息密度为 337.33 ind/m^2，生物量为133.28 g/m^2。

在雷州企水镇滩涂采集到的滩涂生物共 12 种，属于软体动物、甲壳动物，其中优势种类为珠带拟蟹守螺和网纹藤壶。底上生物栖息密度为 171.67 ind/m^2，生物量为 89.23 g/m^2。

17.3.5 药用海洋生物资源

目前已知具有药用作用的海洋生物有 1 556 种，其中动物 1 431 种，藻类 125 种，它们分别隶属海洋细菌、真菌、植物和动物的各个门类。

17.3.5.1 药用海洋植物

现知药用海洋植物有 100 多种，研究较多的为海洋藻类中的药用种类。主要分布在蓝藻门（Cyanophyta）、绿藻门（Chlorophyta）、褐藻门（Phaeophyta）、金藻门（Chrysophyta）、甲藻门（Pyrrophyta）和红藻门（Rhodophyta）。

已知中国有海洋药用植物 100 多种，广东 70 多种。如公元 1 世纪左右的《神农本草经》记载海藻（指羊栖菜 *Sarassum fusiforme*）"味苦寒，主瘿瘤气，颈下核，破散结气，痈肿症瘕坚气"等。紫菜（*Porphyra*）可以防治甲状腺肿大、淋巴结核，近年来发现它能去除血管壁上积累的胆固醇，有软化血管、降低血压、预防动脉硬化的效用。海带（*Laminaria japonica*）的提取物和制剂有缓解心绞痛、镇咳、平喘的功效，可治高胆固醇、高血压、动脉硬化症。

17.3.5.2　海洋药用动物

用于药用的海洋动物的各个门类几乎都有，现知有 1 000 种以上，研究较多的为腔肠动物、海洋软体动物、海洋节肢动物、棘皮动物、海洋鱼类、海洋爬行动物和海洋哺乳动物的一些种类。

根据广东 908 专项生物生态调查资料，除渔业资源以外，包括 4 大类，虾蟹类有 61 种（虾类 27 种，蟹类 31 种，蟳 3 种），螺、贝类共 63 种（螺 37 种，贝类 36 种），鱼类共 45 种，棘皮动物共 14 种（海胆类 4 种，海蛇尾类 5 种，海星 4 种，海参 1 种），此外还有其他物种 11 种。同时根据历史资料，收集了除渔业资源外的其他海洋生物 59 种，包括底栖海藻 29 种，水母类 2 种，珊瑚类 3 种，星虫类 2 种，软体动物 6 种，棘皮动物 15 种，哺乳动物 1 种，肢口类 1 种。

1）药用节肢动物

研究较多的是海洋甲壳动物软甲纲（Malacostraca）中十足目（Decapoda）的种类，主要包括虾类、寄居蟹（或寄居虾）类和蟹类，以及肢口纲（Merostomata）中的鲎类。如中国鲎（*Tachypleus tridentatus*）的血液制成的鲎试剂，能检测细菌内的毒素和热原，已广泛应用于临床和制药工业。

2）药用软体动物

有数百种，中国已知有 130 多种，分属海洋软体动物中的多板纲（Polyplacophora）、双壳纲（Bivalvia）、腹足纲（Gastropoda）和头足纲（Cephalo-poda）。如成书于战国时代中国最早的医学文献《黄帝内经》中，记载有以乌（即乌贼）骨作丸、饮以鲍鱼汁治疗血枯。贻贝（*Mytilus edulis*）能养肾清补、降低血压、抗心律失常。

3）药用鱼类

现知数百种，海洋鱼类的 3 个纲，圆口纲（Cyclostomata）、软骨鱼纲（Chondrichthyes）和硬骨鱼纲（Osteichthyes）均有。已知中国有 200 种以上，如海洋鱼类普遍含有廿碳五烯酸（*Eicosapentaenoic acid*），现已证实它具有防治心血管疾病的功用。海马（Hippocampus）、海龙（Synnathus）是早已闻名的中药，具有补肾壮阳、散结消肿、舒筋活络、止血止咳等功能。

4）药用棘皮动物

现知数十种，主要分布在海参纲（Holothurioidea）、海胆纲（Echinoidea）和海星纲（Asteroidea）中。如紫海胆（*Anthocidaris crassispina*）有制酸止痛、清热消炎的功效，用于胃及十二指肠溃疡、甲沟炎等。由陶氏太阳海星（*Solaster dawsoni*）和罗氏海盘车（*Asterias rollestoni*）制成的海星胶代血浆，效用很好。

5）药用腔肠动物

有数十种，分布在水螅虫纲（Hydrozoa）、钵水母纲（Scyphozoa）和珊瑚虫纲（Anthozoa）中。如《本草纲目拾遗》中指出：白皮子（指海蜇 Rhopilema esculenta）"味咸涩，性温，消痰行积，止带祛风"，用于妇女劳损、积血带下和小儿风疾、丹毒等。柳珊瑚（Plexaura homomalla）的前列腺素衍生物，可用于节育、分娩、人工流产、月经病、胃溃疡和气喘。

17.3.5.3 海洋药用生物的濒危物种

2004 年发布的《中国物种红色名录》，显示中国海洋生物濒危物种数达 556 种。软体动物中有 23 种濒危，另 22 种极危，12 种绝灭；评估的 1 000 多种十足甲壳类（虾、蟹类）中，有 58 种濒危；被认为是幸存的活化石的 3 种剑尾类（鲎）中，2 种濒危，1 种极危；棘皮动物中有 66 种濒危，其中 150 种海参类中竟有 53 种为濒危。许多原来资源量十分丰富的物种，如巨蛤、钟螺、珊瑚、海参、鲸、海豚、海龟、鲨鱼、鳐鱼（rays）等，目前均已成为濒危物种。处于濒危状态的物种主要是高值优质食物、药物来源，如海参、龙虾、对虾、大黄鱼等，以及有收藏欣赏价值的各种贝类（壳）、珊瑚等。

本次国家 908 专项药用生物资源调查显示，在已记录的中国海洋生物中，用作药材或具有药用开发价值的物种已达 1 667 种，比 100 年前增加 15 倍。但是，其自然资源却因过度捕捞等不当开发利用行为正在迅速衰退。一些用作药物的野生种群受到了严重的威胁，许多珍稀濒危海洋生物物种数量也日趋减少。如具有较高药用价值的鲨、海马等资源已严重衰退；海龟、中华白海豚等数量骤减，已成为濒危物种；斑海豹、库氏砗磲、宽吻海豚、江豚、黄唇鱼等国家保护动物也遭到人类的过度捕捞。

中国海洋药用生物中广东近海以及南海被列入濒危或保护物种的有 221 种。药用物种的濒危比率达 14.0%。其中，哺乳动物受到的威胁最大，在 28 种药用物种中，有 27 种为濒危或保护物种，占药用数的 96.4%；近 1/2 的药用爬行动物和刺胞动物（珊瑚）为濒危种，濒危比率分别为 47.4% 和 46.1%；鸟类和棘皮动物受到的威胁也较大，濒危比率分别为 37.0% 和 25.3%。海洋药用生物的物种多样性和生态系统保护，已成为十分紧迫的重大课题。

17.3.6 广东省其他海洋生物资源开发利用情况

17.3.6.1 开发利用的主要方式

迄今为止，海洋生物资源已为人类提供了丰富多样的食物、药品、原材料等物质，未来将有更多更新的海洋生物所独有的重要物质被不断地开发利用。现代科学技术，特别是生物技术的高速发展，对海洋资源与环境领域的发展产生了巨大的牵引力，必将对未来持续地发展和利用海洋生物资源产生无法估量的推动作用，进而为解决世纪人类资源匮乏的问题开创新路。生物技术中的前沿技术基因组学技术，将在海洋生物资源保护和基因资源利用中发挥极其重要的作用。

1）海洋食品利用与开发

根据发展总的态势，广东省在今后一段时期内，主要任务应以高新技术来充分挖掘水产品的利用价值，提高水产品的利用率，提高渔获物的加工率，在资源充分利用的前提下，使水产品加工向以食品为主的系列化、多样化，高值综合利用的多功能化方向发展。此外，鱼虾贝藻生活在特定的海水环境中，其食物链与生物圈同陆生动植物相比有很大差异，并保持着特有的进化方式，在营养、风味、质地、保健功能等方面也具有诸多特异性。今后广东省食用海洋生物资源研究开发重点发展的领域应是海洋生物食用新资源的发现与开发，食用海洋生物新资源安全性评价，海洋水产生物资源高质化利用，及海洋水产品深加工利用。现选取部分代表性资源简述如下。

广东省盛产食用海藻，一般蛋白质含量为 15%～30%，远远高于一般的蔬菜，且必需氨基酸含量高；脂肪含量一般在 5% 以下。因此，食用海藻是一类典型的富含膳食纤维、高蛋白质、低脂肪的保健型食物原料，特别适合于中老年人食用，而且食用海藻的纤维素和矿物质含量丰富，远高于一般蔬菜和食用菌类，特别富含人类易缺乏的 Fe、Zn、Cu、I 和 Se 等人体必需的微量元素。

海藻胶是一类重要的食品胶，在食品加工中广泛应用，是目前广东省海藻产业的一个重要组成部分。广东省的海藻胶除满足本省需要外，还有部分出口。此外，碘和甘露醇也是褐藻胶加工过程中的重要副产品，是重要的日化和食品添加剂。此外，利用一些低值海藻和廉价巨藻资源加工成海藻粉用作动物饲料、饲料添加剂、或加工成海藻肥料，也是广东省海藻工业发展的重要方式之一。

汕头是广东省最大的藻类养殖基地，截至 2003 年底，汕头养殖的藻类品种已达 10 余种，仅紫菜、龙须菜 2 个品种的养殖面积就达 7 300 亩，成为广东全省最大的藻类养殖基地。汕头南澳县龙须菜养殖区从原来的 1 个海区扩大至 8 个海区，养殖面积迅速发展至 3 000 多亩，冬春养殖周期普遍达到 4 个月左右，平均亩产跃过 3 t，亩纯收入超过 800 元。养殖周期之长、大面积养殖产量之高，名列全国各养殖区前茅。汕头市龙须菜的养殖面积在 2002—2007 年 6 年间增加了 60 倍以上，2002 年以来龙须菜养殖规模合计 $0.35 \times 10^4 \ hm^2$，累计收获鲜菜 $8.98 \times 10^4 \ t$，累计创产值 6 140 多万元，累计创利润 4 055 万元。耕地面积仅有 6 000 多亩的南澳县，2007 年龙须菜养殖面积达到 2 万亩以上，相当于"耕地面积"向海洋延伸了 2 倍以上。海藻养殖加工的产业链已经在汕头初步形成，据承担项目的科技工作者预测，近期汕头市每年养殖"荣福"海带预计可达到 15 hm^2 以上，龙须菜养殖可保持在 $0.13 \times 10^4 \ hm^2$ 左右，坛紫菜养殖可发展至 400 hm^2 左右，3 个养殖品种每年可创产值 1 亿元以上，利润约 6 000 万元。每年可提取琼脂 400 t，消化龙须菜干品 3 300 t，创产值 3 600 万元，可创利税 400 万元以上。

广东省拥有多种具有重要食用价值和经济价值的贝类资源，如扇贝、贻贝、蛤、牡蛎、鲍鱼、海螺、海蚶等，目前这些贝类大部分经烹调鲜吃；部分经多种方法干燥、腌制加工或水解调配加工成食品进入市场。有些贝类具有重要的保健功能，如贻贝类具有滋阴补血、补肾调经的功效；长牡蛎具有滋阴补血，提高人体免疫等作用；鲍鱼可滋阴明目、清热解毒。利用其保健功能，将贝类通过酶法水解，分离纯化，调配加工成功能食品具有广阔的市场前景。

贝类是广东海水养殖的主要类群，近 10 年来，沿海各地对开展贝类护养增殖予以高度重视，使贝类增养殖面积和产量得到大幅度提高。至 2003 年，全省海水贝类增养殖面积达到 $10.73×10^4 \ hm^2$，其产量达到 $153.94×10^4 \ t$，分别占全省海水养殖总面积、总产量的 49.5% 和 78.0%，居各养殖类群首位，其中牡蛎养殖产量占全省养殖总产量的 33.3%。如，广东省阳江有中国蚝都的美称，阳江市海洋环境优良，近江牡蛎养殖面积达 8 万多亩，产量 $29×10^4 \ t$，占广东省牡蛎总产量的 31%，年产值 11 亿元。其中主产区阳西县养殖面积达 4 万多亩，产量 $15×10^4 \ t$，产值 6 亿元。广东南澳县是广东最大的太平洋牡蛎养殖基地，2005 年全县海水养殖总面积达 4.13 万亩，产量 $5.38×10^4 \ t$，产值 18 785 万元，其中太平洋牡蛎养殖面积达 2.1 万亩，占全县养殖面积 51%，养殖产量 $3.78×10^4 \ t$，占全县养殖产量的 70.4%。

在众多增养殖生物种类中，有许多属于热带、亚热带的暖水种。这种资源种类结构，有别于我国其他区域。沙虫是湛江著名的海产品，距湛江市区 88 km 的遂溪县草潭镇素有"沙虫第一乡"，草潭镇的海岸线长 23.5 km，拥有潮间带海滩涂 2.3 万亩，可开发利用养殖的潮间带海滩涂近 1.5 万亩，还有广阔的浅、深海滩涂未全面开发，总面积达 12 万亩，其中沙虫作为重点发展养殖基地，养殖面积已达 2 万亩。

2）海洋药物利用与开发

广东省海洋药用生物具有悠久的历史，鹤鸽菜和海人草是我国劳动人民自古以来用以驱除蛔虫的药用海藻。清代赵学敏编的《本草纲目拾遗》中写道"鹤鸽菜可疗小儿腹中虫积，食之即下"。广东沿海的居民在春夏盛产季节常在海边采集鹤鸽菜，加工晒干后储存起来，作为驱蛔虫的主要中草药使用。近因驱蛔新药如山道年和唾啥陡等制剂使用方便，而鹤鸽菜和海人草的旧式煎剂不便，且具有特有的气味，应用渐衰，几乎为人淡忘。然而，根据现代药理研究和临床观察，日本学者认为鹤鸽菜和海人草提取物的驱蛔药效较一般驱蛔药优，其排蛔率高，而且没有一般驱蛔药那种头晕、呕吐、心跳加快的副作用，服用期间不必忌口，即使长期服用也不易产生抗药性。因此，鹤鸽菜和海人草不愧为安全有效的驱蛔良药，是海藻类良好的药物资源。由于近年来对于鹤鸽菜和海人草驱蛔有效成分提取成功，其与山道年的配合制剂，市售种类很多。

近年来，广东省海洋生物基因资源的研究进展迅速，已成功地克隆与表达了某些海洋生物功能基因，但仅限于分子量适中的直链肽、酶等蛋白质类物质，大量的具有开发前景的海洋生物活性物质的功能基因尚未被克隆和表达。海洋生物基因组学的研究，特别是海洋药用基因资源的研究对海洋药物研究与开发的推动作用将是无法估量的。

近年来，广东珠海海洋滋补食品公司和深圳海王药业有限公司已利用牡蛎等海味，大力开发了"东海三豪"、"牡蛎 EXT 全营养片"和"金牡蛎"3 种保健食品，备受人们欢迎。"东海三豪"为口服液，含蛋白质 45%，游离氨基酸 3.7%，碳水化合物 2.5%，矿物质 0.8%~1%，另外，还含有维生素 C 及维生素 Bz 等，具有清肺补心、滋阴养血、补肾益气、镇静安神等功效。牡蛎 EXT 全营养片，类似于日本产的牡蛎浸汁营养片，并达到日本规定的牡蛎营养品的标准。据报道，该产品具有软坚散结，化痰润燥的功效，可用于保肝、调节内分泌、心脏病、高血压等。而"金牡蛎"则含有牡蛎所具有的氨基酸、维生素及微量元素等。据研究介绍，金牡蛎具降血脂作用，另外金牡蛎还具有补血、抗疲劳及增加免疫力的作用。中国科学院南海海洋研究所运用中医药理论和通过科学论证，从珍珠贝中提取出有效部位制成珍珠贝胶囊，用于治疗动脉粥样硬化症，完成了一种安全、高效、可控、稳定的国家Ⅱ类新药的临床前研究，并向国家药监局申报了新药临床试验。经审计，截至 2008 年 12 月，海王药业资产总额为 27 394.09 万元，2008 年度营业收入为 15 754.82 万元。

今后广东省药用海洋生物资源研究开发领域的首要任务是进行系统全面的海洋药用生物资源调查与评价，在此基础上，结合资源化学、天然产物化学、化学生态学等研究方法，以典型海洋及滨海湿地生态系中重要药用生物为重点，追踪分离鉴定生物活性物质和具有他感或自毒作用的化学生态物质，评价其药用价值和开发前景。重点领域包括海洋生物药用新资源的开拓利用，药用海洋微生物资源筛选、发现和利用，海洋共生微生物分离、鉴定、培养与发酵，海洋活性天然产物高效筛选、分离与鉴定及海洋生物药用功能基因克隆与表达。现有一些代表性成果，例如，蜈蚣藻多糖 GFP 能较好地抑制内皮细胞的迁移，而不能抑制内皮细胞的增殖，推测其可能是通过抑制内皮细胞的迁移发挥抗血管生成作用。GFP 能明显抑制内皮细胞的管腔形成，初步确证 GFP 的抗血管生成作用。体外培养大鼠皮质神经元，用 β-淀粉样蛋白（β-AP）诱导皮质神经元凋亡。黑海参多糖使皮质神经元存活率增加，使神经元的 DNA 电泳图谱不出现 "梯子状"，使神经元的流式细胞仪分析图上不出现凋亡峰，表明黑海参多糖对 β-AP 诱导的皮质神经元凋亡具有保护作用。

3）海洋生物材料利用与开发

新材料技术是现代社会经济的先导，广东省的新材料产业在整体上具有优势，巨大的国内市场使新材料行业的迅速产业化成为可能。目前，新材料领域关键技术的研究还不足以带动整个行业的产业化发展，研究的力度还需加强。海洋生物材料是十几年来被人类重视开发的新天然材料资源，具有来源丰富、无毒安全、生物可降解等优点。海洋生物材料，如甲壳质和褐藻胶等在药物缓释胶囊中的研究受到广泛重视。重点研究领域为医用生物材料、可降解生物膜材料、组织修复生物膜材料、药物缓释膜材料、纳米材料及微载体以及高分子表面活性生物材料等。我国褐藻酸钠为代表的海洋化工产品在诸多工业领域的广泛应用显示了其非凡的身价。

近年来广东省藻胶业发展较快，主要产品为褐藻胶（Algin）、琼胶（Agar）和卡拉胶（Carrageenan）。20 世纪 40 年代，琼胶工业首先在北方的大连、青岛开始，主要是用石花菜作原料，到了 50 年代，广东开始用江蓠加工琼胶，此后，广东省的琼胶厂不断增多，在全国占有一定的地位。20 世纪 70 年代，在海南岛琼海县海水养殖场利用麒麟菜制造卡拉胶，80年代在广东又开始利用沙菜加工卡拉胶，近年来更利用卡帕藻进行卡拉胶的加工，年产量进一步提高。制造卡拉胶的原料主要有麒麟菜、卡帕藻、沙菜、角叉藻等。

另外，几丁质是一类重要的海洋资源，它在生物体内具有保护及支持生物体的作用，估计在地球上每年生物产生的几丁质高达 $1\ 000 \times 10^8$ t。目前几丁质的重要性已日益受人注目，广东省近 10 多年来在生产技术、生物合成机理、生物特性及应用均取得了显著的成就。研究结果表明：几丁质和壳聚糖在食品、生物医用材料、轻工纺织、日化、农业和环境等领域具有广泛的应用。目前主要利用废弃的虾、蟹壳来生产几丁质或壳聚糖。广东省每年有数量极多的这样的虾、蟹资源未被充分利用。

还有，海藻肥在国内尚属于新型肥料，以天然海藻提取物为核心物质，海藻中含有大量的非含氮有机物以及钾、钙、镁、锌、碘等 40 余种矿物质元素和丰富的维生素；海藻中的海藻多糖、藻朊酸、高度不饱和脂肪酸和多种天然植物生长调节剂等，具有很高的生物活性，其有效成分经过特殊处理后，呈极易被植物吸收的活性状态，能够调节植物营养生长和生殖生长的平衡。海藻来源主要3大类：巨藻、泡叶藻、海囊藻。大部分产品都是以海藻粉为基础原料，与大量元素等复配，按可溶性肥标准登记，而单独的海藻粉并没有相关国家标准。据广东省内经销商反映，目前海藻肥在广东市场主要应用于无公害种植基地。

4）海藻生物能源物质利用与开发

全球面临着严重的能源短缺和环境污染问题，开发和利用可再生、无污染的生物能源是未来能源领域的重要发展方向。我国海藻生物量巨大，通过光合作用，源源不断地将太阳能转化为生物能。利用海藻生产生物能源极有可能成为一种新的能源替代品。研究发现，某些海藻如葡萄藻的含烃量高达细胞干重的85%，所产烃的组成和结构与石油极其相似。改造后的大型海藻（工程藻）中脂质物质含量可高达60%以上，脂质物质又可转化为石油。某些微藻通过光合作用可以产生大量的氢，借此可运用光合生物水解技术生产清洁燃料氢。

从研究和调查情况来看，广东省海藻资源状况如下：种质资源较为丰富，如长紫菜、细枝、江蓠、铜藻等马尾藻，目前发现有近百种海藻具有药用、食用保健等商业开发价值。天然资源数量近年来剧减，主要有两方面原因：一是环境污染和破坏；二是大量海藻被采收，采收速度远大于自然生长速度。人工养殖海藻品种单一、数量有限，远远不能满足市场需求和社会发展的需要。1999年广东省海藻总产量仅为 1.7×10^4 t，占全国海藻总产量的1.5%，相对于鱼虾贝对广东水产养殖的贡献和在全国所占的比重，广东省海藻养殖呈现完全相反的作用。特别是考虑到海藻的生态意义，广东省发展海藻养殖和海藻生物技术产业乃当务之急，否则将会影响到广东省整个科技兴海战略的实施与海洋经济的可持续发展。

目前广东省藻类能源的利用尚处于研究阶段，我国一些科研机构和企业也开始关注海藻能源的研究和开发，中国科学院南海海洋研究所海洋生态学科组也正在开展以海藻为原料生产生物能源的研究。目前已经建立了科学的微藻养殖基地，筛选出几个较优的能源藻藻种。同时对高油脂藻种的最佳培养条件进行了摸索，建立起微藻养殖体系，水质动态及对环境影响的科学检测和控制，目前正在将室内研究的成果进行室外的中小规模试验中。为下一步利用微藻大规模生产生物能源打下坚实的基础。

17.3.6.2 开发利用与保护过程中存在的问题

广东省海洋资源种类繁多，利用价值高，开发潜力大，但由于目前科技水平和海洋观念的限制，广东省在海洋生物资源开发与保护过程中还存在许多问题。

1）其他海洋生物资源养殖业面临发展瓶颈

养殖布局缺乏有效理论依据、优良品种缺乏、苗种性状退化等问题严重、养殖生态环境恶化等问题都已成为制约广东省海水养殖业稳定持续发展的主要"瓶颈"问题。另外，由于质量保障体系不健全，使得水产养殖生产过程滥用药物和在饵料中添加违禁成分的现象较为普遍，全省水产品质量安全问题相当突出。近年来出口水产品多次发现贝毒、抗生素残留，特别是对虾的氯霉素残留，严重影响了水产品出口。

2）加工业基础薄弱、规模小、技术落后

从整体来看，目前广东近海海洋生物资源产业的发展层次不高，海洋捕捞和海水养殖仍然占主导地位，而水产品加工、海洋医药和保健品制造、海洋生物产品贸易等海洋生物第二、第三产业发展相对缓慢，还未形成规模，海洋生物资源产业结构没有实现向合理化高级化的方向发展，既不利于海洋生物的综合开发，也不利于产业经济效益的提高，海洋生物科研成果相对较少，现有成果未能及时得到转化并形成新的生产力，产、学、研相结合的有效机制尚未形成，由于科学技术对整个海洋生物产业乃至海洋经济贡献率不高，海洋生物资源产业仍然保持着粗放型的增长方式。

3）沿海生态环境不断恶化，水质污染严重

近几年来，随着广东近海整体发展速度的提高，海岸带和海岛的开发程度较大，且密度也较高，不少开发商在海边大搞房地产开发，破坏了滩涂原有的生态系统；填海造地等开发活动破坏了近海生物；围海养虾使自然滩涂湿地面积锐减，同时也使重要经济海洋生物物种的生息和繁衍地不复存在，无序的水产养殖对环境造成了一定压力；由于近年捕捞强度增大，海洋渔业资源的可再生能力遭到破坏，海洋生物资源严重衰竭；伴随着临海工业规模的进一步扩大，排放入海的工业废水量不断增加，加之生活污水大量注入海域，致使凡是处在河口的海域都受到严重污染，直接破坏了海洋生物资源的生存环境。

4）海洋生物资源管理问题突出

海洋生物资源开发和管理混乱、联动协调基础较弱、政府引导能力不足、管理模式和主体单一化、法律与法规执行效果欠佳以及生态环境保护的认识与行为相悖等问题大量存在。

17.3.7　小结

17.3.7.1　主要结论

（1）广东沿海海域其他海洋生物资源种类繁多，利用价值高，开发潜力大，已在食品、药物、新材料和新能源等领域取得广泛应用。

（2）由于目前科技水平和海洋观念的限制，广东省在海洋生物资源开发与保护过程中还存在许多问题。

（3）广东省海洋药用生物的物种多样性、资源量和分布区域显著缩小，濒危珍稀物种数量骤减，资源衰退趋势令人担忧。

17.3.7.2　存在问题

广东沿海其他海洋生物资源种类丰富，数量庞大，可开发利用的经济种类较多，本评价项目经费有限，很难全面兼顾，后续科技投入有待进一步加强。

17.3.7.3　建议及对策

（1）充分发挥政府在经济区海洋生物资源开发和保护中的引导作用。健全相关法律，加强监督，提高执法能力，组织海洋生物技术的研究开发及推广。

（2）加强海洋生态环境教育和宣传。从内在的层面提升社会对海洋生态环境保护的认识，明确保护环境的重要意义，并使海洋生态环境保护变成一种自觉的行为。

（3）加强对海岸带的综合治理力度。重点加强对污染源的治理，严格控制港口特别是渔港的污染，进一步制定和完善海区污染应急计划，坚持用高新技术治理海洋生态环境。

（4）确立大产业制观念，优化产业结构。海洋生物产业内部也涵盖了第一、第二和第三产业，面对当前广东近海海洋生物资源低层次开发利用的现状，广东近海区域更应该优化海洋生物产业结构，以实现养护海洋生物资源，促进海洋生物经济发展的目的。

（5）建立和完善海洋生物资源管理的信息服务系统。海洋生态系统复杂多变，海洋生物资源的开发需要以可靠的信息为前提，需要及时的监控和安全保障。因此，应以原有设施为基础，尽快建立广东近海区域生物资源开发与保护信息系统，着力打造海洋生态监测平台。

17.4 广东省海岸线综合利用与保护①

海岸线即为海陆分界线，由于潮汐的作用，海陆分界线实际上是高低潮之间无数条水陆分界线的集合，因此它不是一条线，而是一个带。这就使海域使用中有关岸线的利用存在界定难、操作难等问题。在《我国近海海洋综合调查与评价专项海岸线修测技术规程》中，对各种类型岸线的界定和具体操作程序都作了比较详尽的规定，而在实际应用中，各种沿海项目是否涉及到用海以及用海面积的计算等问题又是根据最新修测岸线来确定和处理的。因此，我们依据908专项岸线的修测成果开展广东省海岸线利用状况调查，方法主要是在GIS平台统计各类用海与最新修测岸线相交或相切的长度。

17.4.1 岸线综合利用概况

广东省是我国大陆海岸线最长的省份，根据岸线修测的最新数据，全省海岸线总长度为4 114 km，其中已被开发利用的岸线长度为1 453 km，占海岸线总长度的35.32%。在各种一级类用海中，特殊用海、渔业用海、旅游娱乐用海和交通运输用海是占用海岸线的主要用海类型，与其占用海域面积的情况基本相一致。其中，特殊用海占用海岸线最长，为624.15 km，占全省已利用岸线长度的42.95%，为全省大陆岸线总长度的15.17%（表17.5，图17.13至图17.15）；渔业用海利用岸线473.03 km，占全省已利用岸线长度的32.54%，为全省大陆岸线总长的11.49%；旅游娱乐用海占用岸线131.66 km，占全省已利用岸线长度的9.06%，为全省大陆岸线总长的3.20%；交通运输用海利用岸线103.47 km，占全省已利用岸线长度的7.12%，为全省大陆岸线总长的2.52%；围海造地用海利用岸线49.26 km，占全省已利用岸线长度的3.39%，为全省大陆岸线总长的1.20%；其余3类用海的岸线利用长度占全省大陆岸线总长的百分比均低于1%。因此，特殊岸线和渔业岸线是广东省最主要的岸线利用类型，两者之和占全省已开发利用岸线总长的3/4。

---

① 詹文欢，孙杰，张帆。根据谢健等《广东省海岸线综合利用与保护评价报告》整理。

表 17.5　广东省海岸线利用现状统计

用海类型	渔业用海	交通运输用海	工矿用海	旅游娱乐用海	排污倾倒用海	围海造地用海	特殊用海	其他用海
长度（km）	473.03	103.74	35.17	131.66	24.41	49.26	624.15	12.06
占已利用岸线长度百分比（%）	32.54	7.12	2.42	9.06	1.68	3.39	42.95	0.83
占全省岸线总长度百分比（%）	11.19	2.52	0.86	3.20	0.59	1.20	15.17	0.29

　　从岸线利用的区域分布来看，深圳、广州、东莞等"珠三角"沿海的岸线利用率最高，目前已进入岸线资源紧张状态。粤东、粤西两翼岸线资源开发程度相对较低，利用率不到30%。"珠三角"沿海地区占用岸线的用海类型以交通运输用海、旅游娱乐用海及渔业用海为主，其中渔业用海主要集中在珠海的崖门和磨刀门沿岸，并且多为池塘养殖。粤东、粤西沿海地区占用岸线的用海类型以特殊用海和渔业用海为主，特殊用海类型中的海岸防护工程用海是全省占用岸线最多的二级类用海，其次是保护区用海。

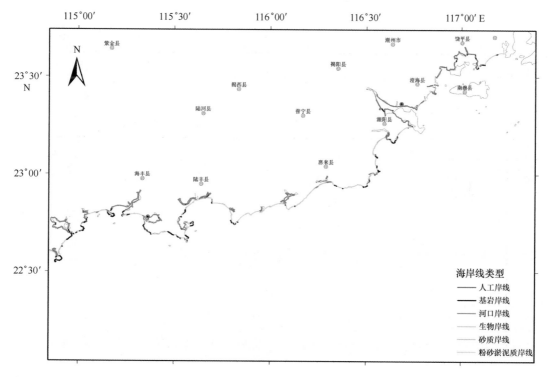

图 17.13　粤东地区岸线类型分布示意图

17.4.2　岸线利用类型

17.4.2.1　渔业岸线

　　调查结果显示，渔业用海是广东省占用岸线的第二大用海类型（图 17.16），其利用岸线长度共 473.03 km，是全省已开发利用岸线长度的32.54%，占全省大陆岸线总长度的11.19%。由于湛江、阳江、江门、珠海、汕尾、潮州等是广东省渔业用海的主要沿海市，因

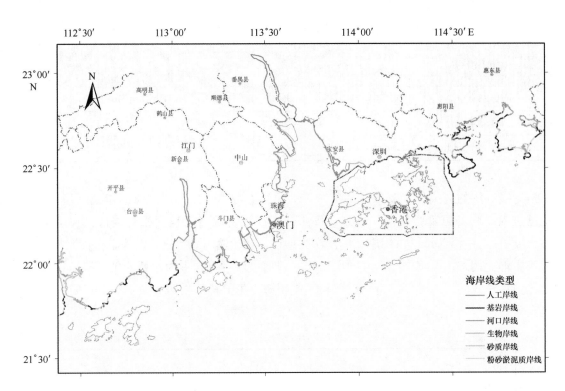

图 17.14　珠江三角洲地区岸线类型分布示意图

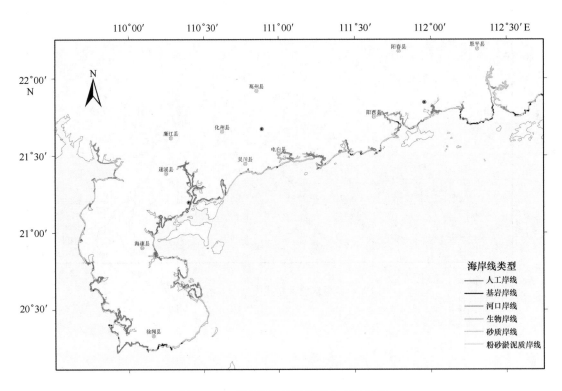

图 17.15　粤西地区岸线类型分布示意图

此渔业岸线也主要分布在这些地区。从西往东，渔业岸线比较集中的岸段依次是：湛江廉江西南岸、雷州西岸、雷州湾；阳江的阳西县溪头镇至阳东东平镇一带，其中以江城区为最多；

江门的镇海湾；珠海的崖门西岸、磨刀门；汕尾市的长沙湾及附近；汕头市的澄海区至潮州市饶平县一带，特别是柘林湾沿岸。在渔业用海的二级类用海中，以围海筑堤方式进行的池塘养殖（即围海养殖）是占用岸线的主要用海类型。从养殖主体看，除个别属于专业养殖公司以外，如湛江市步步高水产养殖有限公司、车板养虾公司等，大部分为当地个体养殖户，属习惯性用海。因此，其中存在不少不具备海域使用权证书的用海，在岸线利用功能上也就有很多渔业岸线与海洋功能区划不一致。

图 17.16　雷州市占用岸线的池塘养殖

17.4.2.2　港口岸线

交通运输用海中主要以港口占用海岸线为主，因此被占用的岸线也称为港口岸线（图17.17）。目前已开发利用的港口岸线长度为 103.74 km，占全省已用岸线的 7.12%，为全省大陆岸线总长度的 2.52%。港口岸线主要分布在海上交通运输业比较发达的地区，如自西向东规模比较大的港口岸线有：湛江港、茂名博贺港区和北山岭港区、阳东县东平渔港港口区、江门台山电厂港口区、江门崖南临海工业港口区、珠海的黄茅海港口区、鸡啼门港口区、三灶码头区、保税区码头区、唐家专用码头区、广州港、东莞的虎门港和新湾专用码头区、深圳港、惠州市荃湾综合港区和惠东碧甲综合港区、汕尾海丰港区、鲘门渔港区、捷胜专用港区、甲子渔港区、惠来南海工业港口区、神泉港、神泉电厂港口区、惠来电厂港口区、汕头海门电厂港口区、汕头港、莱芜港口区、饶平的柘林渔港港口区和金狮湾港口区。

17.4.2.3　工矿岸线

由于工矿用海不多，其占用海岸线的长度也就比较小，其长度 35.17 km，为全省已开发利用岸线的 2.42%，占全省大陆岸线总长度为 0.86%。在用途上主要是一些电力工业、化工业和油气开采用海项目（图17.18），因此工矿岸线大多数分布在工业比较发达的"珠三角"沿海地区。在本次调查的用海中，占用岸线的工矿用海项目自西向东主要有：阳西的燃煤电厂、阳东的核电站、东莞虎门的沙角电厂、广州黄埔区的菠萝庙船厂和文冲船厂、惠州的中海壳牌石化项目及大亚湾石化工业区、汕尾的红海船舶修造厂和万聪船舶修造码头、惠来电

图 17.17　饶平柘林渔港区

厂、潮州的三百门电厂和华丰造气厂。

图 17.18　大亚湾的石化工业岸线

17.4.2.4　旅游娱乐岸线

旅游娱乐用海占用岸线相对较多，共有 131.66 km，为全省已开发利用岸线的 9.06%，占全省大陆岸线总长度的 3.20%。从区域分布上看，旅游娱乐岸线主要分布在珠海、深圳、惠州等"珠三角"沿海地区，其次是粤东的汕尾沿海及粤西的阳江沿海。其中，深圳的旅游娱乐用海利用岸线最多，占旅游娱乐岸线统计长度的 30% 以上，汕尾的旅游娱乐用海岸线长度则居广东省第 2 位。自西向东较大规模占用海岸线的旅游娱乐用海项目主要有：湛江的博茂观海广场、阳西的月亮湾度假区和沙扒度假区、江门台山的浪琴湾度假区和海龙湾度假区、珠海的温泉旅游区和三灶金沙湾度假区、中山的海上温泉度假旅游区、东莞的威远炮台旅游区和沙角炮台旅游区、深圳宝安的田园海上风光旅游区和中心区旅游娱乐区、深圳湾滨海休闲带、沙角旅游区、大梅沙及小梅沙海滨旅游区、大鹏湾迭福度假区、下沙度假区、西冲度假区、大鹏金海湾度假区、惠州市惠东县的金色海岸国际滨海度假休闲中心、平海旅游区、汕尾城区的金町湾旅游区、银龙湾度假区、遮浪度假区、陆丰海马洲度假区、金厢黄金海岸度假区、田尾山风景区、十二湖度假区、麒麟山风景区、揭阳市惠来县的绿洲度假区、惠来金海湾度假区、汕头澄海区的莱芜度假区。

17.4.2.5　排污倾倒岸线

在各种使用类型的岸线当中，排污倾倒岸线是相对比较少的。本项目调查排污倾倒岸线长度有 24.41 km，只占全省已开发利用岸线的 1.68%，占全省大陆岸线总长度的 0.59%。由于排污区、倾倒区主要与临海工矿业和海上交通运输业相关联，因此排污倾倒岸线的分布情况与工矿岸线及港口岸线大致相似，即集中分布在工业、交通运输业比较发达的"珠三角"沿海市。排污倾倒岸线主要在如下排污倾倒区：湛江霞山区湛江港航道工程倾倒区、阳江港排污区、珠海唐家金星门排污区、中山鸡头角排污区、中山新港排污区、万顷沙南排污区、南沙排污区、东莞虎门沙角煤灰场排污区、东莞长安新民污水处理厂、大亚湾核电热水排污区（广东省占用岸线最多的排污倾倒用海）、大亚湾石化工业排污区、汕尾陆丰乌坎港污染防治区、惠来电厂排污区、澄海排污区。

17.4.2.6　围海造地岸线

调查表明围海造地岸线有 49.26 km，占已开发利用岸线的 3.39%，为全省大陆岸线总长的 1.20%。由于珠海和汕头是广东省围海造地使用海域最多的地区，因此围海造地岸线也主要分布在这两个城市的沿岸，特别是珠海占很大的比例，其余在江门、深圳、东莞、惠州、汕尾、揭阳等地也有零星分布。占用岸线较多的围填海项目主要有：江门新洲围垦区、珠海临港工业区西滩填海工程、珠海白龙尾填海区、珠海鹤洲南填海区、珠海情侣北路城镇建设填海造地区、香洲金星港创新工业填海区、深圳沙井填海区、汕尾电厂填海区、揭阳的惠来电厂填海区、汕头龙湖的新溪填海区和澄海的莱芜湾农业填海造地区。

17.4.2.7　特殊岸线

特殊用海是广东省最主要的用海类型，其使用的海域面积占各类用海总面积的 51.70%，因此特殊岸线也是各类岸线中最长的，达到 624.15 km，占已利用岸线长度的 42.95%，为全省大陆岸线总长度的 15.17%。海岸防护工程用海和保护区用海是特殊用海中的最主要用海类型，其中海岸防护工程使用海域面积虽然不多，但是这类用海占用海岸线却最长，科研教学用海中也有个别利用了海岸线。

海岸防护工程在功能上以防风暴潮和防侵蚀为主，因此这类岸线主要分布在风暴潮灾害和海岸侵蚀灾害比较严重的地区，其中工程规模较大的主要有：徐闻东海岸防侵蚀工程、雷州南渡河口防风暴潮工程、吴川鉴江口防风暴潮工程、漠阳江口防风暴潮工程、台山镇海港两岸防风暴潮工程、新会银州湖两岸防风暴潮工程、珠海香洲防风暴潮工程、伶仃洋两侧海岸防风暴潮工程、惠东范和港和考洲洋防风暴潮工程、汕尾长沙湾防风暴潮工程、品清湖防风暴潮工程、甲子防风暴潮工程、神泉防风暴潮工程、汕头濠江及牛田洋沿岸防风暴潮工程、澄海沿岸防风暴潮工程、饶平柘林湾防风暴潮工程等。

保护区占用的海岸线长度仅次于海岸防护工程，主要分布在粤西沿海，特别是以湛江西部海岸为最多。根据本项目的调查结果，占用岸线比较长的保护区有：英罗港海洋生态系统保护区、遂溪北部海洋生态保护区、雷州白蝶贝保护区、流沙港海洋生态系统保护区、迈陈港海洋生态系统保护区、徐闻西部海域珊瑚礁生态系统保护区、徐闻南部海洋生态系统保护区、茂名虎头山—晏镜岭海岸地貌保护区、水东湾海洋生态系统保护区、阳西县丰头河牡蛎天然种苗特别保护区、台山市大襟岛中华白海豚自然保护区、广州南沙海洋生态示范区、深圳福田红树林自然保护区、惠东县海龟自然保护区、揭阳海龟和鲎自然保护区、田心湾海洋生态系统保护区等。

在特殊岸线中，科研教学用海所利用的岸线不多，占用长度较长的主要有 2 宗，分别是碣石湾人工优化生态系统及综合开发试验区和田心湾南方鲎保护区科研用海。

17.4.2.8　其他岸线

其他岸线包括了其他用海和海底工程用海占用的海岸线，因为海底工程用海以使用海底为主，其所占用的海岸线非常有限，因此在调查统计过程中将其合并至其他岸线。根据统计结果，其他岸线共约 12.06 km，为全省已开发利用岸线的 0.83%，占全省大陆岸线总长度的 0.29%。

17.4.3　沿海各市海岸利用现状及评价

17.4.3.1　潮州市岸线类型现状及评价

根据最新海岸线修测统计结果，潮州市大陆海岸线长为 75.3 km，居广东省 14 个沿海市海岸线长度第 13 位，共有砂质岸线、粉砂淤泥质岸线、基岩岸线、生物岸线、人工岸线和河口岸线 6 种岸线类型（表 17.6）。其中，人工岸线长度为 49.49 km，主要分布于拓林湾及其两侧，海岸开发利用程度较大，岸线利用率为 65.72%；其次为基岩岸线和砂质岸线，长度分别占总岸线长的 15.11% 和 12.21%，基岩岸线分布较散，砂质岸线主要分布在潮州市东部；粉砂淤泥质岸线长为 4.23 km，在潮州市东部有 3 处分布；河口岸线和生物岸线较短，分别为 0.54 km 和 0.48 km，均位于拓林湾内。

表 17.6　潮州市海岸开发利用现状

岸线类型	岸线长度（km）	比例
砂质岸线	9.19	12.21%
粉砂淤泥质岸线	4.23	5.62%
基岩岸线	11.37	15.11%
生物岸线	0.48	0.64%
人工岸线	49.49	65.72%
河口岸线	0.54	0.70%
总计	75.30	100.00%

潮州市海岸开发主要集中在拓林湾内，主要为养殖活动，其次为港口及临港工业功能，潮州港口基础设施仍比较落后，岸线资源利用不尽合理。目前，潮州正在启动西澳港区的建设和加大临港工业的建设，渔业养殖在近年来有所减弱。潮州人工岸线利用类型主要有港口与临港工业、养殖堤坝、防风暴潮堤坝 3 类（表 17.7）。其中渔业堤坝最长，占人工岸线的78.54%，主要分布在拓林湾内；其次为港口与临港工业岸段，占人工岸线的 15.11%，主要为潮州港区的建设和已建的临港工业，潮州市现有的主要港口区码头有华丰造气厂码头区、大唐电厂码头区、金狮湾码头区、拓林专用码头区、小红山港区、三百门港区、三百门临海工业用海区等；防风暴潮堤坝所占的比例最少，仅为 6.34%。

表 17.7 潮州市人工岸线利用类型分布

类型	长度（km）	比例
港口与临港工业	7.48	15.11%
养殖堤坝	38.87	78.54%
防风暴潮	3.14	6.34%

17.4.3.2 汕头市岸线类型现状及评价

汕头市与饶平县交界，南至惠来县交界，中间与揭阳市交界，岸线总长 217.7 km，分别有人工岸线、自然岸线、河口岸线 3 种类型（表 17.8），其中以人工岸线为主，占岸线总长度的 79.08%。自然岸线包括生物岸线、砂质岸线、粉砂淤泥质岸线 3 种类型，粉砂淤泥质岸线占的比例最少，仅 0.33%。

表 17.8 汕头市岸线类型海岸开发利用现状

岸线类型	长度（km）	比例
砂质岸线	27.69	12.72%
粉砂淤泥质岸线	0.72	0.33%
基岩岸线	9.24	4.24%
生物岸线	6.40	2.94%
人工岸线	172.16	79.08%
河口岸线	1.50	0.69%

汕头市海岸开发主要集中在榕江河口及汕头湾内，基本上为人工海岸，主要用于人工防潮，其次是城镇建设及港口功能。韩江出海口的莱芜、新溪片区海岸规划建设东部城市经济带，目前填海工程已经开始施工；交通运输用海也是汕头市主要的海岸开发类型，汕头港是我国沿海港口 5 个港口群体中的主要港口之一，全港现有 500 吨级以上泊位 82 个，其中万吨级泊位 16 个。

汕头市人工岸线利用类型主要有城镇生活与休闲旅游、港口与临港工业、养殖堤坝、防风暴潮堤坝 4 类（表 17.9）。其中养殖堤坝占用岸线最长；主要分布在西胪镇、河溪镇入海口附近海岸，以及南溪镇东部海岸；防风暴潮堤坝主要分布在金平区西部海岸、坝头镇东部海岸；城镇生活与休闲旅游主要分布在濠江区西部海岸。金平区南中布海岸；港口与临港工业主要分布在地都镇、海门镇综合港区、金平区东部海岸。

表 17.9　汕头市人工岸线利用类型分布

类型	岸线长度（km）	比例
城镇生活与休闲旅游	39.79	23.11%
港口与临港工业	25.83	15.00%
养殖堤坝	63.78	37.05%
防风暴潮	42.76	24.84%

17.4.3.3　揭阳市岸线类型现状及评价

揭阳市大陆海岸线被汕头市和汕尾市分开 3 段，总长度为 136.9 km，共有砂质岸线、粉砂淤泥质岸线、基岩岸线、人工岸线和河口岸线 5 种岸线类型（表 17.10）。其中人工岸线长度为 65.38 km，主要分布在揭阳市北部和西部的海湾区域，海岸开发利用强度一般，人工岸线占总岸线长的比例为 47.76%；砂质岸线和基岩岸线长度较大，分别占总岸线长的 39.15% 和 11.80%，砂质岸线主要分布在揭阳市南部和东部，基岩岸线分布较为零散；粉砂淤泥质岸线长度较短，为 1.19 km，仅在揭阳市东部有一小段；河口岸线最短，为 0.57 km，占揭阳市大陆海岸线总长度的 0.42%，仅分布于北部和西部的河口处。

表 17.10　揭阳市海岸开发利用现状

岸线类型	岸线长度（km）	比例
砂质岸线	53.60	39.15%
粉砂淤泥质岸线	1.19	0.87%
基岩岸线	16.16	11.80%
人工岸线	65.38	47.76%
河口岸线	0.57	0.42%
总计	136.90	100.00%

揭阳市人工岸线利用类型主要有防风暴潮堤坝、养殖堤坝、港口与临港工业和城镇生活 4 类（表 17.11）。其中，防风暴潮堤坝最长，为 42.99 km，占揭阳市人工岸线的 65.75%，主要分布在隆江河口海域和榕江河口海域；其次是港口与临港工业占用岸线，主要是渔港占用岸线，分布在神泉渔港两岸、靖海渔港、惠来电厂，榕江河口海域也有零星分布，总长约为 12.99 km，占 19.87%；城镇生活与休闲旅游占用人工岸线最少，为 3.28 km，占 5.02%。

表 17.11　揭阳市人工岸线利用类型分布

类型	长度（km）	比例
城镇生活与休闲旅游	3.28	5.02%
港口与临港工业	12.99	19.87%
养殖堤坝	6.12	9.36%
防风暴潮堤坝	42.99	65.75%

17.4.3.4　汕尾市岸线类型现状及评价

汕尾市最新修测岸线长度为 455.2 km，居广东省沿海各地级以上市海岸线长度的第 2 位。全市共有砂质岸线、基岩岸线、人工岸线和河口岸线 4 种岸线类型（表 17.12）。其中，人工岸线长度为 231.01 km，主要分布在红海湾和碣石湾内，海岸开发利用强度一般，人工岸线占总岸线长度的比例为 50.75%；其次为砂质海岸线，主要分布在甲子湾、碣石湾、红海湾，长度约为 152.67 km，占总岸线长的 33.54%；基岩岸线分布较散，长度约为 70.20 km，占总岸线长度的 15.42%；河口岸线较短，长度约为 1.32 km，占总岸线长的 0.29%。

表 17.12　汕尾市海岸开发利用现状

岸线类型	岸线长度（km）	比例
砂质岸线	152.67	33.54%
基岩岸线	70.20	15.42%
人工岸线	231.01	50.75%
河口岸线	1.32	0.29%
总计	455.20	100.00%

汕尾市人工岸线利用类型主要有城镇生活与休闲旅游、港口与临港工业、养殖堤坝、防风暴潮堤坝 4 类（表 17.13）。其中，养殖堤坝占用岸线最长，主要分布在长沙湾内、螺河湾内、品清湖内以及小漠镇东部海岸；港口与临港工业主要分布在汕尾港区、甲子港区、汕尾新港区；防风暴潮堤坝主要分布在品清湖、螺河河口附近；城镇生活与休闲旅游占用岸线最短，零星分布。

表 17.13　汕尾市人工岸线利用类型分布

类型	长度（km）	比例
城镇生活与休闲娱乐	14.79	6.40%
港口与临港工业	26.29	11.38%
养殖堤坝	168.74	73.05%
防风暴潮堤坝	21.19	9.17%

17.4.3.5 惠州市岸线类型现状及评价

惠州市最新修测岸线长度为 281.4 km，居广东省沿海各地级以上市海岸线长度的第 5 位。惠州市共有砂质岸线、粉砂淤泥质岸线、基岩岸线、生物岸线、人工岸线和河口岸线 6 种类型（表 17.14）。其中，人工岸线长度为 145.45 km，主要分布在大亚湾西北部、考洲洋湾内，海岸开发利用强度一般，以人工堤坝为主，人工岸线占总岸线长的比例为 51.68%；其次为基岩岸线，在大亚湾和红海湾西部零散分布，长度约为 73.52 km，占总岸线长的 26.13%；再次为砂质岸线，在大亚湾和红海湾西部零散分布，长度约为 50.37 km，占总岸线长的 17.90%；生物岸线主要分布在荃湾港区和大亚石化工业码头区之间，长度约为 9.87 km，占总岸线长的 3.51%；粉砂淤泥质岸线较短，长度约为 1.45 km，占总岸线长的 0.26%。

表 17.14 惠州市海岸开发利用现状

岸线类型	岸线长度（km）	比例
砂质岸线	50.37	17.90%
粉砂淤泥质岸线	1.45	0.52%
基岩岸线	73.52	26.13%
生物岸线	9.87	3.51%
人工岸线	145.45	51.68%
河口岸线	0.74	0.26%
总计	281.40	100.00%

惠州市人工岸线利用类型主要有城镇生活与休闲旅游、港口与临港工业、养殖堤坝、防风暴潮堤坝 4 类（表 17.15）。其中，养殖堤坝占用岸线最长，主要分布在考洲洋内、范和港内；港口与临港工业主要分布在荃湾港区、澳头港区、大亚湾石化基地、碧甲港区；城镇生活与休闲旅游主要分布在霞涌镇沿岸、平海镇南部沿岸；防风暴潮堤坝占用岸线最短，在哑铃湾、考洲洋零星分布。

表 17.15 惠州市人工岸线利用类型分布

类型	长度（km）	比例
城镇生活与休闲旅游	16.82	11.56%
港口与临港工业	28.05	19.28%
养殖堤坝	87.33	60.04%
防风暴潮堤坝	13.25	9.11%

17.4.3.6 深圳市岸线类型现状及评价

深圳市最新修测岸线长度为 247.9 km，居广东省沿海各地级以上市海岸线长度的第 6 位。全市共有砂质岸线、基岩岸线、生物岸线、人工岸线和河口岸线 5 种岸线类型（表

17.16)。其中，人工岸线长度为 135.40 km，主要分布在珠江口东侧和深圳湾北部、盐田港区附近，海岸开发利用强度相对较高，人工岸线占总岸线长的比例为 54.62%；其次为基岩岸线，主要分布在大鹏半岛，长度约为 76.49 km，占总岸线长的 30.86%；砂质岸线主要分布在大小梅沙旅游区。东冲—西冲旅游区、桔钓沙旅游区，长度约为 21.19 km，占总岸线长度的 8.55%；生物岸线主要分布在福田红树林国家级自然保护区，长度约为 13.64 km，占总岸线长的 5.50%；河口岸线较短，主要分布在东宝河口、深圳河口，长度约为 1.18 km，占总岸线长的 0.48%。

表 17.16　深圳市海岸开发利用现状

岸线类型	岸线长度（km）	比例
砂质海岸	21.19	8.55%
基岩岸线	76.49	30.86%
人工岸线	135.40	54.62%
生物岸线	13.64	5.50%
河口岸线	1.18	0.48%
总计	247.90	100.00%

深圳市人工岸线利用类型主要有城镇生活与休闲旅游、港口与临港工业、养殖堤坝、防风暴潮堤坝 4 类（表 17.17）。其中，港口与临港工业占用岸线最长，主要分布在福永镇—南山区沿岸、盐田区沿岸、大鹏镇核电站沿岸；城镇生活与休闲旅游主要分布在深圳湾、沙头角镇沿岸；养殖堤坝主要分布大鹏湾；防风暴潮堤坝占用岸线最短，在大鹏半岛零星分布。

表 17.17　深圳市人工岸线利用类型分布

类型	长度（km）	比例
城镇生活与休闲旅游	25.60	18.91%
港口与临港工业	84.61	62.49%
养殖堤坝	21.35	15.77%
防风暴潮堤坝	3.84	2.84%

17.4.3.7　东莞市岸线类型现状及评价

东莞市大陆岸线自东向西起自与深圳交界的东宝河口，沿珠江口往北延伸至东江北支流与广州市交界处止。根据省政府颁布的全省各地市最新海岸线修测统计结果，东莞市大陆岸线总长 97.2 km。东莞市大陆岸线的岸线类型包括人工岸线、基岩岸线、河口岸线 3 个类型（表 17.18），其中以人工岸线为主，占岸线总长度的 94.55%；基岩岸线与河口岸线两种类型所占比例均很少，仅分别为 2.16% 和 3.29%。

表 17.18　东莞市海岸开发利用现状

岸线类型	岸线长度（km）	比例
人工岸线	91.9	94.55%
基岩岸线	2.1	2.16%
河口岸线	3.2	3.29%

东莞市的大陆岸线基本以人工岸线为主，仅在珠江河口近伶仃洋段右岸沙角炮台附近分布有部分基岩岸线，其余河口岸线分布于东莞境内东江北支流、淡水河口、东江南支流、东宝河口等河流入海处。

东莞市大陆海岸人工岸线比例很高，既有东莞市港口航运业发展较为壮大的原因，同时更多的是因为其地处珠江口入海处，沿岸大多均构筑有人工堤坝以防洪防潮。港口与临港工业及防风暴潮堤坝构成了人工岸线的绝大部分。港口与临港工业占用岸线最长，约为34.98 km，占人工岸线的38.06%，主要分布在麻涌港区麻涌河口作业区、新沙南作业区，以及沙田港区立沙岛作业区、东莞河口作业区，南端则以沙角电厂处为代表，与东莞市港口开分布的现状很好的吻合。养殖堤坝以及城镇生活与休闲旅游占人工岸线的比例较少，养殖堤坝主要分布在长安镇交椅湾沿岸、立沙岛南端沿岸；城镇生活与休闲旅游则主要分布在虎门镇及太平水道沿岸。其余人工岸线基本为防风暴潮堤坝（表 17.19）。

表 17.19　东莞市人工岸线利用类型分布

类型	长度（km）	比例
城镇生活与休闲旅游	12.18	13.25%
港口与临港工业	34.98	38.06%
养殖堤坝	16.53	17.99%
防风暴潮堤坝	28.21	30.70%

17.4.3.8　广州市岸线类型现状及评价

广州市大陆岸线自东向西起自与东莞市交界的东江北支流，沿珠江口往北延伸至黄埔港北界，后往南延伸至万顷沙东岸 21 涌口与中山市交界处。广州市大陆岸线总长 157.1 km，岸线总长位居全省第 10 位，岸线较短，大陆海岸线资源稀缺。广州市大陆岸线的岸线类型包括人工岸线、生物岸线、河口岸线 3 个类型（表 17.20），其中以人工岸线为主，占岸线总长度的 95.61%；生物岸线与河口岸线两种类型所占比例均很少，分别仅为 0.19% 和 4.20%。

表 17.20　广州市海岸开发利用现状

岸线类型	岸线长度（km）	比例
人工岸线	150.2	95.61%
生物岸线	0.3	0.19%
河口岸线	6.6	4.20%

广州市大陆岸线基本以人工岸线为主，在珠江河口近伶仃洋段左岸南沙天后宫附近分布有部分生物岸线，其余河口岸线分布于广州境内各大河流入海口。

广州市大陆海岸中人工岸线利用类型包括城镇生活与休闲旅游、港口与临港工业、养殖堤坝、风暴潮堤坝 4 类（表 17.21）。广州港为我国华南地区第一大港，港口码头占了广州大陆海岸开发利用的很重要一部分。同时，考虑珠河口内防洪防潮的要求，沿岸其余各岸段也基本都构筑了人工堤坝，上述因素构成广州市大陆岸线人工岸线的主要部分。防风暴潮堤坝占用岸线最长，约为 82.97 km，占人工岸线的 55.24%，广泛分布在广州市沿岸，以南沙及万顷沙沿岸为最多。港口与临港工业占用岸线约为 39.90 km，占人工岸线的 25.56%，主要分布在黄埔港区、莲花山港区以及南沙港区沿岸。养殖堤坝以及城镇生活与休闲旅游占人工岸线的比例较少，养殖堤坝主要分布在莲花山东部沿岸、万顷沙南部沿岸；城镇生活与休闲旅游则基本分布在南沙镇东南端。

表 17.21 广州市人工岸线利用类型分布

类型	长度（km）	比例
城镇生活与休闲旅游	5.77	3.84%
港口与临港工业	39.90	26.56%
养殖堤坝	21.56	14.35%
防风暴潮堤坝	82.97	55.24%

17.4.3.9 中山市岸线类型现状及评价

中山市大陆岸线自北向南起自与广州市交界的洪奇门水道中段处，往南延伸至官塘湾与珠海市交界处止。根据省政府颁布的全省各地市最新海岸线修测统计结果，中山市大陆岸线总长 57.0 km，位居全省第 14 位，岸线总长为全省沿海地市最短，大陆海岸线资源相对较为珍稀。中山市大陆岸线的岸线类型包括人工岸线、河口岸线 2 个类型，以人工岸线为主，占岸线总长度的 95.56%；河口岸线类型所占的比例很少，仅为 4.04%。除洪奇门、横门等几大出海河流口门处有部分河口岸线外，其余均为人工岸线（表 17.22）。

表 17.22 中山市海岸开发利用现状

岸线类型	岸线长度（km）	百分比
人工岸线	54.7	95.96%
河口岸线	2.3	4.04%

中山市大陆海岸中人工岸线利用类型包括港口与临港工业、养殖堤坝、防风暴潮堤坝 3 类（表 17.23）。风暴潮堤坝、养殖堤坝构成了人工岸线的绝大部分，其中，防风暴潮堤坝占用岸线长度约为 32.08 km，占人工岸线的 58.65%，主要分布在洪奇沥沿岸、横门口沿岸及石排岛对岸；养殖堤坝占用岸线长度约为 19.57 km，占人工岸线的 35.78%，主要分布在中山大陆海岸的南部翠亨近岸。港口与临港工业占用岸线长仅约 3.06 km，占人工岸线的

5.59%。较为明确地表明了中山港开发程度低的现状。

表 17.23　中山市人工岸线利用类型分布

类型	长度（km）	比例
港口与临港工业	3.06	5.59%
养殖堤坝	19.57	35.78%
防风暴潮堤坝	32.08	58.65%

17.4.3.10　珠海市岸线类型现状及评价

珠海市大陆海岸线总长 224.5 km，主要为人工岸线、砂质岸线和基岩岸线等（表 17.24），其中人工岸线 195.86 km，占全市大陆海岸线的比例最大，达到 87.2%。珠海市海岸的利用方式主要有港口、临海工业、旅游、渔业、公共设施建设等。以磨刀门东岸、横琴岛西岸为界，珠海东部海岸包括淇澳岛、野狸岛、横琴岛 3 个海岛，开发利用的类型主要有港口、旅游和公共设施建设等，岸线利用程度较大。现有香洲港区和九洲港区，香洲港区是珠海市的主要客运港，九洲港区以集装箱运输为主；情侣路是珠海的城市象征，沿珠海市区海岸铺建，沿岸建有珠海渔女雕像、野狸岛生态公园、九州列岛旅游区等多处城市景点；横琴是珠海最大的岛屿，建有莲花大桥，与珠海市区相连，交通便捷，旅游资源丰富，海岛观光、休闲度假、养生运动、特色美食已成为横琴岛的品牌特色。

表 17.24　珠海市海岸开发利用现状

岸线类型	长度（km）	比例
砂质岸线	6.95	3.09%
基岩岸线	16.31	7.27%
人工岸线	195.50	87.08%
河口岸线	5.74	2.56%

西部海岸东起磨刀门口门，西至虎跳门，包括宝栏岛、荷包岛、大忙岛、三角山岛 4 个海岛岸段。该岸段多为人工岸段，开发利用方式以港口与临海工业为主，其次为滩涂围垦养殖。南水镇海岸和高栏岛岸线，开发利用程度比较高，主要用于港口与临港工业建设。高栏港区目前已开发南迳湾和南水两个作业区，高栏岛、荷包岛、大忙岛、三角山岛和南水陆地海岸环抱的海区有岛屿掩护，水域宽阔，自然水深 2～5 m，20 m 等深线距高栏岛南端 8 km，高栏大堤建成后，泥沙来源大大减少，成为珠江三角洲西部建深水港的优良岸线。

珠海市人工岸线利用类型主要有城镇生活与休闲旅游、港口与临港工业、养殖堤坝、防风暴潮堤坝 4 类（表 17.25）。其中，养殖堤坝占用岸线最长，主要分布在金湾区西部海岸、南水镇南部海岸；防风暴潮堤坝主要分布在三灶镇东部海岸、红旗镇南部海岸；城镇生活与休闲旅游主要分布在香洲区东部海岸，以情侣路最为典型；港口与临港工业主要分布在横琴岛北部海岸、高栏岛附近。

表 17.25　珠海市人工岸线利用类型分布

表 17.25　珠海市人工岸线利用类型分布

类型	长度（km）	比例
城镇生活与休闲旅游	40.67	20.81%
港口与临港工业	39.25	20.08%
养殖堤坝	66.15	33.84%
防风暴潮堤坝	49.41	25.28%

17.4.3.11　江门市岸线类型现状与评价

江门市大陆海岸线东起银州湖北部的新会港，西至镇海湾西部的黄花湾，全长 414.8 km（表 17.26）。其中人工岸线长 190.2 m，占总长度的 45.93%，其余均为自然岸线，岸线开发程度一般。海岸开发利用的主要类型有港口航运资源开发利用，包括码头、锚地、船坞、港区、专用码头、油料补给场地等交通运输用海方式；滨海旅游资源开发利用，包括滨海公园、海滨浴场、温泉旅游和旅游度郊区等旅游用海方式；海洋渔业资源开发与利用，包括围海养殖、渔业基础设施用海等渔业用海方式；还包括排污用海、军事用海等类型。

银州湖岸段、赤溪半岛岸段用海项目较多且较集中，为江门市海岸的用海密集区，台山西部岸段用海项目较少。港口岸段集中在银州湖、赤溪半岛岸段；旅游岸段零星分布在银湖湾、海龙湾、浪琴湾、飞沙湾、牛塘湾和王府洲等砂质海湾内；渔业岸段分布在镇海湾、黄茅岸段。台山电厂和台山核电邻近分布在赤溪半岛海岸，利用海水发展能源建设。台山广海湾岸段和赤溪半岛海岸将是滨海工业和海水利用业的重点发展区域。

表 17.26　江门市岸线开发利用现状

岸线类型	长度（km）	比例
砂质岸线	31.28	7.54%
基岩岸线	66.18	15.95%
生物岸线	120.82	29.13%
人工岸线	190.20	45.85%
河口岸线	6.32	1.52%

江门市人工岸线利用类型主要有城镇生活与休闲旅游、港口与临港工业、养殖堤坝、防风暴潮堤坝 4 类（表 17.27）。其中，养殖堤坝占用岸线最长，主要分布在都斛镇东部海岸、赤溪镇东部海岸，以及广海镇南部海岸、崖西镇北部海岸、洪滘镇南部海岸；除此以外，港口与临港工业、城镇生活与休闲旅游、防风暴潮堤坝零星分布。

表 17.27　江门市人工岸线利用类型分布

类型	长度（km）	比例
城镇生活与休闲旅游	20.97	11.02%

续表 17.27

类型	长度（km）	比例
港口与临港工业	31.01	16.30%
养殖堤坝	120.18	63.18%
防风暴潮堤坝	18.07	9.50%

17.4.3.12 阳江市岸线类型现状与评价

阳江市大陆海岸线长 323.5 km，在广东省 14 个沿海城市中居第 4 位，共有砂质岸线、粉砂淤泥质岸线、基岩岸线、生物岸线、人工岸线和河口岸线 6 种岸线类型（表 17.28）。其中人工岸线长度为 202.82 km，在阳江市东部、中部和西部沿岸广泛分布，海岸开发利用程度一般，人工岸线占总岸线长的 62.69%；其次为砂质岸线、生物岸线和基岩岸线，长度分别占总岸线长的 17.16%、11.27% 和 7.61%，砂质岸线主要分布于阳江市东南和西南部，生物岸线主要分布于阳江市中部和海陵湾口，基岩岸线零星分布，较为分散；粉砂淤泥质岸线和河口岸线长度较短，分别为 2.24 km 和 1.87 km。

表 17.28 阳江市海岸开发利用现状

岸线类型	岸线长度（km）	比例
砂质岸线	55.51	17.16%
粉砂淤泥质岸线	2.24	0.69%
基岩岸线	24.59	7.61%
生物岸线	36.47	11.27%
人工岸线	202.82	62.69%
河口岸线	1.87	0.58%
总计	323.50	100.00%

将阳江市人工岸线利用类型划分为防风暴潮堤坝、养殖堤坝、港口与临港工业和城镇生活四类（表 17.29）。其中，养殖堤坝最长，为 121.69 km，占阳江市人工岸线的 60.60%，主要分布在儒洞河口海域东岸、丰头河口海域、海陵湾、平岗镇沿岸、漠阳江河口海域和寿长河口海域东北岸；其次是防风暴潮堤坝长 59.03 km，占 29.11%，主要分布在儒洞河口海域东北岸、丰头河口海域、海陵湾西岸、漠阳江河口海域以及寿长河口海域动感和口门西侧；此处将渔港占用的人工岸线也划为港口和临港工业所占人工岸线中，港口与临港工业所占人工岸线零星分布在儒洞河口海域东岸沙扒渔港、后海港河北渔港线、阳西电厂、溪头渔港、海陵湾阳江港区东岸、北津渔港、东平渔港北岸以及阳江核电，总长 17.63 km，占 8.69%；城镇生活所占人工岸线最短，为 4.47 km，仅占 2.20%，仅在珍珠湾度假旅游区和东平渔港沿岸略有分布。

表 17.29　阳江市人工岸线利用类型分布

类型	长度（km）	比例
城镇生活与休闲旅游	4.47	2.20%
港口与临港工业	17.63	8.69%
养殖堤坝	121.69	60.00%
防风暴潮堤坝	59.03	29.11%

17.4.3.13　茂名市岸线类型现状及评价

茂名市大陆海岸线长为 182.1 km，在广东省 14 个沿海城市中居第 9 位，共有砂质岸线、基岩岸线、生物岸线、人工岸线和河口岸线 5 种岸线类型（表 17.30）。其中人工岸线长度为 92.32 km，主要分布于茂名市东部的鸡打巷、中南部的博贺湾和西南部的水东湾，海岸开发利用程度一般，人工岸线占总岸线长度的比例为 50.70%；其次为砂质岸线，长 60.89 km，占茂名市岸线总长的 33.44%，广泛分布于茂名市东部、中部和西部海岸；生物岸线长 26.10 km，集中分布于博贺湾和水东湾内部；基岩岸线零星分布，主要在茂名市中南部的莲花岭和西部的晏镜岭；河口岸线极少，仅 0.07 km，在水东湾内有一小段。

茂名市人工岸线利用类型主要有防风暴潮堤坝、养殖堤坝、港口与临港工业 3 类（表 17.31）。养殖堤坝最长，为 58.08 km，占茂名市人工岸线的 62.91%，主要分布在博贺湾、水东湾东岸、鸡打港、水东湾北岸和博贺湾西岸；港口与临港工业占用人工岸线最短，为 7.28 km，占 7.89%，主要分布在水东湾口门水东港区和博贺湾口门西岸和博贺渔港。

表 17.30　茂名市海岸开发利用现状

岸线类型	岸线长度（km）	比例
砂质岸线	60.89	33.44%
基岩岸线	2.72	1.49%
生物岸线	26.10	14.34%
人工岸线	92.32	50.70%
河口岸线	0.07	0.04%
总计	182.10	100.00%

表 17.31　茂名市人工岸线利用类型分布

类型	长度（km）	比例
港口与临港工业	7.28	7.89%
养殖堤坝	58.08	62.91%
防风暴潮堤坝	26.96	29.20%

17.4.3.14　湛江市岸线类型现状及评价

湛江市大陆岸线总长 1 243.9 km，岸线总长占广东省总岸线的 30.2%，居广东省 14 个沿海市海岸线长度第 1 位，共有砂质岸线、粉砂淤泥质岸线、基岩岸线、生物岸线、人工岸线和河口岸线 6 种岸线类型（表 17.32）。其中人工岸线长度为 804.26 km，主要分布于湛江湾内、雷州半岛东北部、南部和西部，海岸开发利用程度较大，岸线利用率为 64.65%；其次为砂质岸线，长度 233.70 km，主要分布于湛江市东部吴川县、雷州半岛东南部以及雷州半岛西北部；生物岸线长 160.83 km，占湛江市岸线长度的 12.93%，主要分布于雷州半岛东北部通明岛附近海域红树林生态系统区域；基岩岸线和粉砂淤泥质岸线较短，分别占总岸线长的 1.72% 和 1.66%，分布较为零散；河口岸线最短，长度为 3.09 km，主要集中在湛江湾内。

表 17.32 湛江市海岸开发利用现状

岸线类型	岸线长度（km）	比例
砂质岸线	233.70	18.79%
粉砂淤泥质岸线	20.62	1.66%
基岩岸线	21.40	1.72%
生物岸线	160.83	12.93%
人工岸线	804.26	64.65%
河口岸线	3.09	0.25%
总计	1243.9	100.00%

湛江市人工岸线利用类型主要有港口和临港工业、养殖堤坝、防风暴潮堤坝、城镇生活与休闲旅游 4 类（表 17.33），其中，防风暴潮堤坝和养殖堤坝最长，分别占人工岸线的 48.17% 和 43.98%，防风暴潮堤坝主要分布在雷州半岛南部和西部，养殖岸段则广泛分布在雷州半岛东部的东里滩涂，雷州西部的流沙湾。港口和临港工业是湛江主要的海岸开发方式，港口交通运输岸线长度占人工岸线总长度的 6.5%，主要集中在湛江湾内和徐闻南部的港区。城镇与休闲旅游岸线占人工岸线总长的 1.33%，主要分布在湛江霞海城区滨海休闲绿地。

表 17.33 湛江市人工岸线利用类型分布

类型	长度（km）	比例
城镇生活与休闲旅游	10.71	1.33%
港口与临港工业	52.39	6.50%
养殖堤坝	353.73	43.98%
防风暴潮堤坝	387.42	48.17%

17.4.4 沿海各地区海岸线保护

17.4.4.1 粤东地区

粤东现有的保护岸线多集中分布在海洋自然保护区、滨海滩涂湿地、入海口两岸等敏感的、脆弱的生态区域，自然或人工种植的红树林面积较大，滨海初级生产力水平较高，鸟类、鱼、虾等生物资源比较丰富。保护岸线生态环境敏感，不宜有太多的开发活动，区内严禁开发建设，禁止一切与保护区无关的建设行为，加强外围缓冲区绿化，限制周边高层建筑的建设，严格控制区域内污染物的排放。严禁围填海等改变地形地貌和水动力条件，保护岸线所在地的生态环境。在维护生态系统平衡和生物多样性、保护好沿岸防护林带的基础上，可适度开展旅游、休闲活动。一切不以保护为目的的建设和开发活动，应尽量避开保护岸线，维持保护岸线的原生性和完整性，并注意加强海岸防风暴潮设施建设，改善保护岸线环境。结合海蚀地貌、珍稀海洋物种适当开展生态旅游活动。

惠州市的保护岸线主要分布在港口镇南部沿岸、咸台沿岸及稔山镇西南部沿岸。其中，港口海龟自然保护区，面积 1 400 hm²，为亚洲大陆唯一的海龟自然保护区；而最大的保护区为大亚湾水产资源省级自然保护区，它位于珠江口东侧，介于 114°29′44″—114°53′44″E，22°24′40″—22°50′00″N 之间。大亚湾是广东省最大的半封闭型海湾，湾内面积约有 600 km²，拥有大小岛屿 100 多个，平均水深 11 m，海水盐度稳定，生态环境优良，海洋生物多样性丰富，水产资源各类繁多，是南海的水产资源种质资源库，也是多种珍稀水生种类的集中分布区和广东省重要的水产增养殖基地。大亚湾水产资源的优势不仅在于其生物多样性要优于国内其他同类的海湾，同时拥有我国唯一的真鲷鱼类繁育场，广东省唯一的马氏珠母自然采苗场和多种鲷科鱼类，石斑鱼类、龙虾、鲍鱼等名贵各类的幼体密集区，还有多种贝类，甲壳类是大亚湾的特有种类。因此，应继续严格保护该区域的水产资源。

17.4.4.2 珠江三角洲

珠江三角洲地区保护岸线多集中分布在海洋自然保护区、滨海滩涂湿地、入海口两岸等敏感的、脆弱的生态区域，自然或人工种植的红树林面积较大，滨海初级生产力水平较高，鸟类、鱼、虾、蟹等生物资源比较丰富。其中，惠州市的保护岸线主要分布在深圳湾的福田国家级红树林自然保护区。东莞市大陆海岸目前没有保护岸线。广州市保护岸线较少，分布在万顷沙南端近岸。中山市大陆海岸未有相应的保护岸线。珠海市保护岸线占的比例较大，主要集中在洪湾西部—白龙尾—鹤洲南、鸡啼门附近海域。江门市的保护岸线多分布在群落类型多、结构复杂的镇海湾内。珠江三角洲地区主要有珠江八大出海河口，淤泥滩涂湿地、河口湿地较多，河网纵横棋布，有闻名于国内外的基围鱼塘湿地，是天然湿地与人工复合湿地生态系统。珠江口是国家一级保护动物——中华白海豚、中华鲟的主要分布区，磨刀门水道是鲥鱼、鳗鱼、花鳗鲡和中华鲟等的主要洄游通道。同时，该区是重要鸟类分布区，包括广州新垦、深圳福田、珠海淇澳、佛山三水、江门台山和恩平沿海及出海河口位于国际候鸟迁徙线路上。目前，该区岸线保护与合理利用矛盾突出，城市化建设，水质污染和富营养化严重，生态环境恶化。本区域在维护生态系统平衡和生物多样性、保护好沿岸堤防的基础上，可适度开展旅游、休闲活动。

广州市保护岸线较少，分布在万顷沙南端近岸，在万顷沙 20 围东围、21 围东部海域和 21 涌以南建有广州南沙海洋生态示范区，要求按自然保护区法规管理，维持、恢复、改善海洋生态环境和生物多样性，保护自然景观。因此对应岸线为保护岸线，应加以保护，不宜做其他开发。

深圳的保护岸线主要集中在深圳湾顶的福田国家级红树林自然保护区。深圳湾内湾的潮间带泥滩地是具有国际性保护意义的湿地生境，它是世界上各类生态环境中最具生产力的生态环境之一。深圳湾内在深圳一侧有福田红树林鸟类自然保护区，在香港一侧有米埔沼泽自然保护区。内伶仃福田国家级自然保护区位于深圳市福田区南面、深圳湾东北部、沿深圳河口的皇岗、西至车公庙、沿海岸长达 11 km 的狭长海岸带，是我国 1992 年参加拉姆萨尔公约时全国 6 个国际重要湿地之一，1993 年 7 月被收入中国生物圈保护网。保护区紧靠市区，茂密的红树林呈带状分布，最宽处 200 m 左右。红树林以北为基围鱼塘、芦丛水洼，南面为广阔的滩涂。米埔沼泽自然保护区位于香港新界西北部米埔，与深圳市福田红树林保护区隔深圳湾相望，于 1995 年被拉姆萨尔公约组织宣布为国际重要湿地。该自然保护区占地 380 hm²，由红树林、基围虾塘组成，是哺乳动物、爬行动物、昆虫及 325 种鸟类的重要生境地。距深圳湾公路大桥香港侧着陆点上白泥约 9 km。深圳湾深圳和香港两侧的红树林保护区属相同的类型，其组成部分包括：红树林地、外海滩涂、基围鱼塘、洼地等。主要生物物种有鸟类、植物、昆虫、水生动物和藻类等。1997 年 12 月国务院发布了国函〔1997〕107 号文《国务院关于调整广东内伶仃岛—福田国家级自然保护区红线范围有关问题的批复》对深圳福田红树林鸟类自然保护区的范围进行了调整，调整后的面积 367. 64 hm²，海域面积 139. 92 hm²，滩涂面积 227. 72 hm²。

　　珠海市保护岸线占的比例较大，主要集中在洪湾西部—白龙尾—鹤洲南、鸡啼门附近海域。洪湾西部—白龙尾—鹤洲南岸段是重要的鱼类洄游通道，且拥有面积较大的河口湿地，属于生态敏感区，涉及河口生态安全；鸡啼门岸段位于鸡啼门河口，属于生态敏感区，具有重要的泄洪、纳潮和生态服务功能。珠海市应加强对保护岸线的保护力度，在生态环境敏感区等保护岸段严禁进行破坏海洋生态的开发活动。

17.4.4.3　粤西地区

　　粤西地区的保护岸线在全省所占比例最大，保护岸线主要集中分布在海洋自然保护区和滨海滩涂湿地，同时有些生态敏感脆弱的河口和海湾地带也属于保护岸线。湛江市的保护岸线主要分布在雷州半岛西部，主要保护对象为珍稀水生动物、珊瑚礁、海草床和滨海湿地红树林等典型的生态系统；茂名市的保护岸线主要分布在澳内海、晏镜岭和水东湾，主要保护对象为优质沙滩，沿岸独特的海蚀地貌和水东湾内的红树林资源；阳江市的保护岸线主要分布在海陵湾内丰头河口海域北岸的程村镇沿岸，主要保护对象为沿岸红树林和重要水产种质种苗等。粤西地区地处热带和亚热带过渡区域，生态环境条件特殊，海洋生物种类多样性高，其中湛江市拥有全省及至全国保存最完好的红树林、珊瑚礁和海底草场 3 大海洋生态系统，因此，该区域有些生物多样性的关键岸段保护价值很高。

　　阳江市的保护岸线主要分布在海陵湾内丰头海口海域北岸的程村镇沿岸。该岸线沿岸红树林分布较广泛，水质较好，是近江牡蛎等重要水产种质种苗的分布区域，已建程村湾海洋生态自然保护区、江城区浅海海洋特别保护区、丰头河牡蛎天然种苗特别保护区等。但该保护区内也存在渔业养殖密度过大，水质污染较为严重等问题。依据已修测的 908 专项岸线，阳江市保护岸线的总长约为 10. 77 km，应加大保护力度，维护阳江海岸和近岸海域海洋生态系统的健康和稳定。

　　在 908 专项已测定的岸线中，适宜保护岸线总长 43 km，茂名市的保护岸线主要分布在澳内海、晏镜岭和水东湾。澳内海沿岸沙滩绵长、砂质洁白、水质较好；晏镜岭沿岸海蚀地貌独特，风景秀美；水东湾内分布有大面积的红树林。保护岸线对于保护茂名市独特的海岸地貌具有重要的价值和意义。此外，水东湾内的红树林资源可维持湾内滨海湿地生态系统多样性，提高湾内生态环境质量。

截至 2009 年 4 月，湛江市共建立县级以上海洋与渔业自然保护区 17 个，其中国家级保护区 2 个（雷州珍稀水生动物国家级自然保护区、徐闻珊瑚礁自然保护区），市级保护区 2 个，县级保护区 13 个。同时，还建有湛江红树林国家级自然保护区。湛江地处热带和亚热带过渡区域，生态环境条件特殊，海洋生物种类多样性高。湛江拥有全省及至全国保存最完好的红树林、珊瑚和海底草场 3 大海洋生态系统。在已测定的 908 专项岸线中，适合保护的岸线总长约 488 km，其中自然保护区和河口、海湾等生态敏感地带的保护岸线。保护岸线对于保护濒危生物物种、种质资源以及生态系统发挥着重要作用，并为科学研究提供基地保障。

17.4.5 小结

通过收集 908 专项海岸带（海岛）调查资料、海域使用调查资料、市县海洋功能区划、海洋经济发展规划及港口规划等资料，分析了广东岸线类型特征及其腹地经济情况、岸线自然及开发利用状况、广东省岸线规划及利用中存在的问题，根据海岸线自然属性和资源条件、沿海经济发展水平和行政区划，提出岸线综合利用的类型、开发强度及最佳开发利用方向，为珠江口、粤东和粤西岸线合理规划提供决策支持，为政府合理利用、开发岸线及岸线保护提出建议及对策，形成分工合理、优势互补、协调发展的区域海洋经济新格局，实现岸线开发利用的规模化、专业化、集约化、生态化，促进海洋经济的可持续发展，为管理部门对海洋的综合管理提供决策依据。

17.4.5.1 广东省海岸线利用现状及开发前景评价

对广东省海岸自然条件特点进行分析及评价，结合各市的海岸自然条件及海岸带开发利用现状，分析讨论沿海各市海岸开发前景。该专题主要包括：海岸自然条件评价、海岸保护与利用现状及评价、海岸开发前景分析评价。

17.4.5.2 广东省海岸线综合利用优化建议

通过对广东省沿海各市海岸开发利用现状及存在问题进行分析，结合相关规划、政策和用海需求分析，对沿海各市岸线综合利用提出优化建议和保障措施。本专题的研究内容主要包括：岸线开发现状及存在问题、相关规划、政策和用海需求分析、岸线综合利用优化建议和岸线综合利用的保障措施。

17.5 沿岸港口（包括渔港）资源的保护和利用研究[①]

广东省是我国海洋大省，其大陆海岸线曲折、港湾众多，东北起闽粤交界的大埕湾湾头，西南至粤桂交界的英罗港洗米河口，全长 4 114 km，大小入海河流 100 余条。广东面向东南亚，是我国联系世界经济的桥梁和纽带，也是我国南北海运的必经之地，为我国华南、西南

---

① 夏华永、李刚。根据夏华永等《广东沿岸港口（包括渔港）资源的保护和利用研究报告》整理。

等广大地区对外交往的门户。

港口业是广东最重要的海洋经济产业之一，特别是经过"十五"与"十一五"的快速发展，已初步形成以广州港为主枢纽港，深圳港、汕头港、湛江港、珠海港为枢纽港，专业港与综合港相结合，大中小港口配套，海陆空交通相联的运输体系。截至 2008 年底，建成全省生产性泊位达 2 842 个，其中万吨级泊位 222 个，并率先建成全国第一个 30 万吨级原油码头，并拥有 20 万吨级铁矿石码头和 10 万吨级集装箱码头等一批专业化泊位。2008 年全省港口货物吞吐量 9.88×10^8 t，占全国总量的 14.07%，其中集装箱吞吐量 $4\,038 \times 10^4$ TEU，占全国总量的 31.55%。同时，广东省也非常关心渔港建设，自八届人大一次会议提出《关于加强渔港建设的议案》以来，政府加大投资力度对全省 56 个渔港进行建设和整治（图 17.19），建成码头 4 118 m，防浪堤 6 252 m，拦沙堤 2 787 m，护岸堤 26 633 m，疏浚港池、航道 $1\,520 \times 10^4$ m³，解决了避风、泥沙淤积和环境恶化等一系列问题，促进地方经济（渔业、商业、劳动就业）的健康发展。

近年来，广东在海港资源开发和利用方面取得了举世瞩目的成就，但也存在一定问题，如选港建港可行性研究不够深入，缺乏建港对环境影响的分析，致使建成后不能发挥其应有效益；港口岸线资源日益稀缺，可利用深水岸线资源分布与港口布局不协调的矛盾渐显；渔港区域分布不尽合理等，尚需进一步解决。

广东省 908 专项对广东省沿海主要港口进行了调查，包括商港、工业港、渔港、轮渡港及军港等，如图 17.19 所示，自南向北分别选取了琼州海峡、湛江湾、博贺湾、海陵湾、黄茅湾、伶仃洋、大鹏湾、大亚湾、红海湾、碣石湾、靖海湾、汕头湾、南澳岛及柘林湾 14 个湾区的 43 个港口进行调查。主要针对上述 14 个主要湾区的海岸与近海海底地貌、海岸线类型，港区风力风速、气温、水温、气压、降水、寒潮与冷空气、雷暴、海雾、热带气旋等水温气象条件，港口利用现状，及海岸演变与港湾淤积现状进行调查，并对港湾淤积趋势进行了推测。

17.5.1　港口资源及其分布与分类

港口资源是指符合一定规格船舶航行与停泊条件，具有可供某类标准港口修建和使用的筑港与陆域条件，并具备一定港口腹地条件的海岸、海湾、河岸和岛屿等。根据广东省海洋与渔业局最新统计（表 17.34，2008 年制），广东拥有大、小海湾 510 多个，其中适宜建设大、中、小型港口的有 200 多个，如大亚湾、大鹏湾、伶仃洋、高栏港、海陵山湾、湛江湾、琼州海峡北岸等具备建设 10 万~40 万吨级深水港的条件。随着社会发展和技术进步，港口资源开发利用已不仅局限于海湾内，开敞式港口资源的开发将是未来超级深水港口建设的一个重要选择。

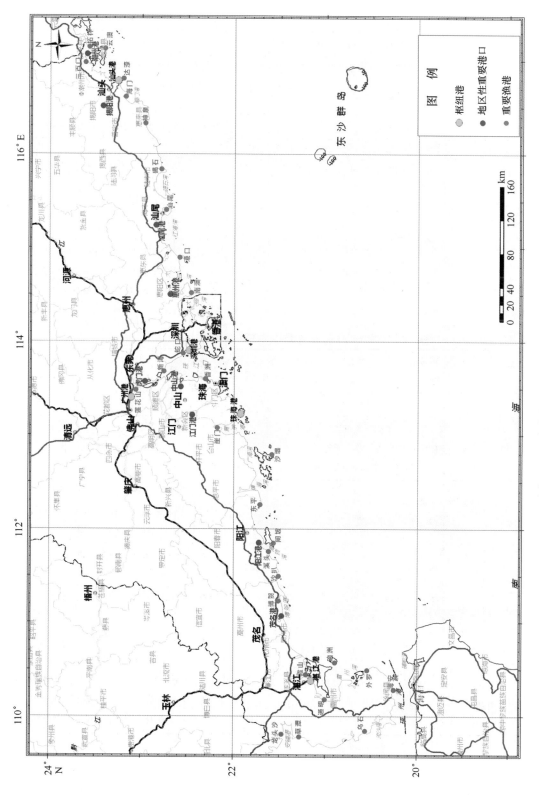

图 17.19　广东省沿海港口（包括主要渔港）分布

表 17.34　广东省沿海适宜建港的主要港湾港址一览表

	合计	可建大型港口的港湾或港址		可建中、小型港口或渔港的港湾或港址	
		小计	地　　点	小计	地　　点
潮州	8	4	西澳、金狮湾、虎屿、汛洲	4	三百门、小红山、碧洲、海山（打断）
汕头	25	9	珠池、广澳、烟墩湾、竹栖肚、布袋澳、白沙湾、前江湾、澳内、田心	16	后江、长山尾、猴鼻尖、青澳、云澳、深澳（突平岸）、北角山、鹿仔坑、莱芜、东屿、达濠、河渡、岩石、棉城、关埠、海门
揭阳	9	2	靖海、海湾石	7	资深、神泉、澳角、港寮、地都、双港、青澳
汕尾	13	6	白沙湖（施公寮）、小澳（遮浪）、小漠（大围）、金厢、汕尾（新港）、甲子	7	湖东、乌坎、碣石、烟港、马宫、鲘门、梅陇
惠州	13	5	荃湾、小桂、马鞭洲（东联）、碧甲、许洲	8	澳头、亚婆角、范和港、盐洲、港口、大三门（北和）、巽寮、大辣甲（南湾）
深圳	20	8	大铲湾、妈湾、赤湾、蛇口、盐田港、下洞、秤头角、西冲	12	福永河口、东宝河口、深圳河口、前湾（南头渔港）、后湾（东角头）、沙头角、沙鱼涌、南澳、大梅沙、下沙、大鹏澳（核电码头）、坝光
东莞	7	5	威远、虎门、新沙、西大坦、交椅湾	2	新湾、太平
广州	9	5	黄埔港、南沙、海心洲、江鸥沙、沙南、龙穴岛	4	莲花山、新垦、万顷沙
中山	4	0		4	冲口门、大冲口、鸡头角、新湾
珠海	19	4	高栏（三角山、大杜岛、荷包岛）、桂山（牛头岛、中心洲连岛区）、万山（大、小万山连岛）、虫雷蛛	15	淇澳（南澳）、外伶仃、内伶仃、东澳、白沥、担杆头、担杆中、唐家、香洲、九洲、湾仔、洪湾、南水、横琴、前山
江门	21	4	赤溪、铜鼓、鱼塘湾、沙堤、南澳湾、下川岛东南连岛区	17	崖门、都斛、烽火角、南湾（广海）、山咀、横山、北陡、洪滘、川山、独湾、沙螺湾、三洲、但湾、宁澳湾、下川、川东
阳江	10	1	阳江港	9	东平、沙扒、溪头、河北、北津、闸坡、三山、北汀、丰头岛
茂名	10	4	水东湾口西岸及南岸、水东湾口东岸、北山岭、莲头岭	6	博贺、爵山、东山（鸡打港）、陈村、森高、水东开发区
湛江	32	4	湛江、东海岛蔚律以西、大庙（南三岛）、调顺	28	博茂、王村港、吴阳、黄坡、雷州、海安、头墩（南村）、流沙、海康、乌石、淡水（硇洲）、南港、北港、三吉、外罗、角尾、企水、江洪、乐民、草潭、北潭、营仔、龙头沙、高寮、麻斜、苍西、霞海、白沙、琼州海峡北岸

依据海湾区域的地质背景及海水动力条件，广东沿海港口主要类型可分为山地溺谷港、台地溺谷港、潟湖港、河口港和人工港等。其中，山地溺谷港常受半岛（或岬角）与岛屿掩护，造成"大湾套小湾"的隐蔽形态，如柘林湾、大亚湾、大鹏湾、海陵湾等；而湛江湾、

流沙湾等岸线较长，拦门浅滩水深，是具有良好泊稳条件的台地溺谷港；粤东神泉港、甲子港、湖东港、汕尾港等，粤西水东港、博贺港、乌石港等，是以沙坝–潟湖体系的潮汐通道为基础发育起来的，因受河流或大陆架供沙较多，波浪作用较强，沿岸漂沙活跃，砂质堆积广布，水深较浅的潟湖港；此外，像台山电厂、阳江核电（在建）、粤海铁路火车轮渡等，不依托现有港湾，而为某一临海工业需要建成的环境容量较大的人工港。

17.5.2　港口资源开发利用现状

17.5.2.1　琼州海峡

琼州海峡位于雷州半岛与海南岛之间，呈 NEE—SWW 向，长约 80 km，宽 20～50 km，最大水深为 120 m，海岸类型主要为台地溺谷海岸，局部有平原和低丘基岩海岸。海峡中部和中西部地貌为水下岸坡、谷坡、谷底和洼地、海丘、浅滩、陡坎和沙波，沉积物主要来源海岸侵蚀供沙，外海及沿岸供沙，河流供沙和海底侵蚀供沙。琼州海峡潮汐水道分为中央潮流深槽、东西部潮流三角洲和南北岸边滩 5 个区域。海峡以东，盐井角附近海区为不规则半日潮，红坎湾海区为不规则全日潮，中部海安湾海区及以西海区为规则全日潮；潮流 NE—SW 向，最大流速 2.47 m/s。

琼州海峡气候属亚热带季风气候：冬季盛行东北风，夏季多为东南风，全年常风向 E 向，平均风速 3.2～5.2 m/s，其中冬春季风速最大（3.6～6.7 m/s），夏季最小（2.7～3.7 m/s）；该地区全年≥6 级的大风日数约 51 d，年平均气温 23.3℃，7 月最高（28.4℃），1 月最低（16.4℃），盐度冬季高夏季低，平均 29.5；年降水量 2 134.1 mm，且分布极为不均，4—10 月为汛期，降水占全年的 90%，12 月至翌年 2 月为旱季，不足全年的 4.0%。该地区几乎每月均有浓雾发生，但夏季较少而冬春季节较多，年最多年雾日 58 d；影响该区域热带气旋主要来自太平洋和南海（3 个/a），2/3 发源于西北太平洋，1/3 发源于南海。

自港口管理体制改革实行"一港一政"原则以来，湛江港区范围已不局限于湛江湾内，还包括整个雷州半岛。海安港位于雷州半岛最南端，是大陆与海南重要交通枢纽，也是大陆最南端港口和最大汽车轮渡港。2008 年 12 月 31 日，距离海安港 2 km、投资 1.3 亿元的湛江市徐闻县"海安新港"建成并启用，该港距越南北部仅 198 n mile，码头规划岸线 1 400 m，设有危险品车辆专用码头、滚装船专用码头和综合性货物装卸码头，年货物吞吐量超过 500×10⁴ t，还设有 40 t 标准货柜码头舶位，可出入 8 000～10 000 吨轮船。流沙港位于雷州半岛西南流沙湾内，水域宽广，避风条件好，港池航道自然水深超过 7 m。该港水路距海南金牌港、广西北海市、越南鸿基市分别为 28 n mile、84 n mile 和 172 n mile，是粤西地区的深水良港，已建成流沙港—金牌港车客轮渡码头，并开通车客渡航线；该港还建有一座 8 000 吨级货柜码头，一座年承修船舶 25 艘的 3 000 吨级船坞，一座 5 000 吨级水产品码头和水产品加工冷藏库，及 3 万吨级成品油库和专用码头等。

琼州海峡海区虽已建成像海安港、流沙港等大型货运及客运港口码头，但从其水深及地形地貌看，特别是雷州半岛海域，岸线曲折多湾，岛屿面积大，港湾常年受潮流影响，输沙轻微；受岬角与岛屿掩护，深水近岸，沿岸具建设 10 万～30 万吨级港口的条件。从地理位置、区位条件以及自然环境看，该区域适合开发为大中型港口的港址，除湛江湾外，琼州海峡沿岸和流沙湾是雷州半岛开发深水泊位的最佳选择。随经济发展和建港技术进步，该区域港口资源开发利用不应局限于沿岸一些小海湾内，开敞式港口将是未来深水港口建设的一个重要选择。

17.5.2.2 湛江湾

湛江湾是华南地区最大的潮汐汊道港湾，北有遂溪河注入，是一个大型溺谷海湾，全长超过 50 km，海域面积达 264.9 km²，其中水深超过 10 m 的海域面积达 16.3 km²，并有 10 m 深水槽从湾口延伸至调顺岛北，深槽宽度 300~1 400 m，全长超过 40 km；东海岛北，水深超过 15 m，局部甚至超过 30 m，口门处达 49 m，主航道距岸仅 300 m，口门航道宽 2 km，深水岸线长 6.5 km。湾内无大河注入，河流、海域、岸段及海底侵蚀来沙少，活动强度不大；湾内落潮流速大于涨潮，使该海域来沙不易在湾内沉积，维持着潮汐汊道和海岸的相对稳定。

湛江湾位于北回归线以南低纬地区，属亚热带海洋性季风气候，年平均气温 23.4℃，7月最高；表层盐度 31.5~33.0；雨季出现在 5—9 月，11 月至翌年 1 月为旱季，年降水日数 136 d；全年常风向为 E 向，平均风速 3.5 m/s，月平均风速最大 4 月、7 月，最小 1 月、12月，年平均≥6 级大风日数 16.9 d；受热带气旋影响严重，年平均 3.7 个热带风暴或台风影响本海区，多出现在 5—11 月，风暴引起的增水通常不足 1 m；常浪向为 ENE 向，年平均最大波高 0.43 m。该湾属海积-洪积台地溺谷湾，海岸类型有红树林海岸、河口（水道）间滩岸滩、富足沙源岸滩、基岩海岸。

目前，湛江港已发展成我国沿海 25 个主要港口之一。该港 30 万吨级原油码于 2002 年建成投产，为全国最大陆岸原油专业化码头之一；25 万吨级矿石码头于 2005 年 7 月投产，为华南地区唯一的陆岸专业化铁矿石码头；25 万吨级航道于 2005 年底竣工，使 28 万吨级船舶可进出该港，现该航道已竣深为 30 万吨级航道，为亚洲最深人工航道。经过近 50 年建设，特别是改革开放 30 多年的发展，湛江湾内已建成石油、矿石、煤炭、化肥、粮食、木材、集装箱等专业化泊位和专业化设施，由调顺岛、霞海、霞山、宝满、坡头、东海岛和南三岛 7个港区组成，其中宝满和东海岛为重点发展港区，南三岛港区为远景发展港区。目前，湛江港内有近 20 家港口码头企业，泊位 115 个，其中万吨级泊位 31 个，最大靠泊能力 30×10⁴ t，码头前沿最大水深 19 m。2008 年 12 月 23 日湛江港吞吐量突破亿吨，也成为广东继广州港、深圳港之后第 3 个年吞吐量过亿吨的港口。另外，湛江港在建项目有：东海岛港区 2 个 2 万吨级通用杂货泊位，宝满港区 2 个 10 万吨级集装箱码头，霞山港区 30 万吨级通用散货码头等。

湛江港有湛江湾、雷州湾、流沙湾、安铺湾和琼州海峡北岸的港口和岸线资源；目前，以湛江港为主枢纽港的环雷州半岛港口群虽已初具规模，但全市可建港口 200 km 岸线，也仅用 13 km，适于建设大型原油码头、集装箱码头和干散货码头，是华南沿海建港费用最低、工期最短的港口。湾内深水岸线 241 km，其中可建深水泊位岸线 97 km，具备建设一流国际深水大港的自然条件。作为支撑湛江大发展的核心载体的湛江港，未来将着力发展以钢铁、石化为龙头的临港重型化工业和以港口物流为重点的现代物流业。

17.5.2.3 博贺湾

博贺湾为茂名港所属，为散装油品、化学品运输为主的港口，包括水东、博贺和北山岭港区。水东港为半封闭型沙坝潟湖港湾，呈东西走向的长椭圆形，湾口朝东南（宽 1 km），腹大口小，腹宽 4.5 km，纵深 9.5 km，面积 34 km²，湾内水深不足 2 m，泥沙质湾底，有多条小河注入，泥质沙滩和红树林滩广阔，沿岸有大片盐田。博贺港区位于博贺湾内，属沙坝潟湖港湾，由尖岗岭—博贺沙坝和东角岭—北山岭连岛沙坝所围成，其口门朝向西，宽4.5 km，纵深 5.5 km，湾内岸线 24 km，水深不足 4 m，湾底泥沙淤积轻微。湾内泥质沙滩广阔，远岸为大面积侵蚀–剥蚀台地，近岸为海积平原。北山岭港区是茂名港的深水港区，海岸属残丘和台地海岸，无河流注入，陆源泥沙少，淤积轻微，输沙主要为波浪引起的沿岸输沙，年净输入量（11~14）×10⁴ t。

水东港和博贺湾属于沙坝潟湖型海湾，以沙坝潟湖海岸为主，局部岸段可见台地海岸，莲头岭以东多为残丘、侵蚀剥蚀台地海岸为主。湾内岸线曲折，总长 118 km，海岸类型多样，有基岩海岸 8 km、砂质海岸 45 km、泥质海岸与人工岸堤 58 km、红树林海岸 7 km；海底地貌包括水下岸坡、水下平原、水下阶地、水道和冲刷槽、潟湖、水下潮成三角洲、深槽、沙嘴等。

该海湾气候属以海洋性季风气候为主的区域性过渡型气候，年平均气温 22.8℃，7 月最高，1 月最低；表层水温 28.4~31.3℃，盐度 22.63~29.53，周日变化不大；干湿节明显，年平均降水 1 755.3 mm，降雨日数 127.4 d；风速风向季节性明显，年平均风速 3.2 m/s，冬季及初春，以 E 向为主，春季 ESE 向、夏季 NE 向、秋季 NNE 向为主。年平均雾日 3.3 d，但每年 9 个半月海上能见度不足 5 000 m。每年受 2.85 个热带气旋影响，7—9 月频率最高，期间常伴有大风、暴雨等恶劣天气。

目前，茂名石化港口公司所属的 30 万吨级原油单点系泊位于北山岭港区离岸 15 km 处。自 1994 年 11 月投产至今，接卸原油已过亿吨。茂名港是"珠三角"地区乃至国家重要原油接卸港，也是国内最早具备接卸 25 万吨级船舶能力的 4 大深水港（宁波、舟山、青岛、茂名）之一，在国家能源安全战略和布局中有十分重要的地位。该港拥有 500 吨级以上生产性泊位 11 个（其中万吨级以上的 6 个），年吞吐能力 1 700×10⁴ t。茂名港水东港区 3 万吨级进港航道工程现已建成投产，为该区域经济可持续发展注入新的动力。

博贺港湾受博贺浅滩掩护，港内受风浪影响较小。湾内有大片海涂可填海造陆，为港口建设提供优越的自然条件，港区目前正拟扩建国家级中心渔港——博贺渔港。水东港区作为茂名市进出口岸与石化工业的专用港口，其港湾内风浪影响小，周边又有大片海涂可填海造陆，是具发展大港口的优势自然资源，但水东湾潟湖存在多年回淤的趋势。拦门浅滩处航道浅窄一直制约着茂名港的进一步发展，而水东港区航道，由于水深较浅，大船进不来，航道窄只能单向通行，造成大宗货物无法从港口进出，严重制约茂名经济的发展。

17.5.2.4　海陵湾

海陵湾属大型山地丘陵溺谷湾，面积 180 km²，湾口至湾顶长 30 km，宽 4~8 km。潮汐通道冲刷的 10 m 深槽长 15 km，宽 300~600 m，最大水深 18.4 m。自 1966 年海陵大堤建成后，切断了漠阳江泥沙注入海陵湾，潮流作用增强，涨潮冲刷槽和落潮冲刷槽相应发展，海湾巨大的纳潮量使潮汐通道及湾内、湾口地貌趋于稳定，水体含沙量小（年平均0.042 9 kg/m³），沉积物以河流供沙及沿岸流携带泥沙为主；该湾潮汐属不规则半日潮，平均高潮 2.48 m，低潮 0.91 m。该湾岸类型有基岩海岸（13.8 km），砂质海岸（10.4 km），淤泥质海岸（40.4 km），红树林及人工海岸（44.4 km）。海底地貌包括水下岸坡、水下平原、水下阶地、水下三角洲与拦门沙、深槽等。

海陵湾属南亚热带季风气候，海洋性特征明显，全年平均气温 22.5℃，7 月最高（28.2℃），1 月最低（14.9℃）；表层水温年平均 23℃，7 月和 1 月温度分别为 15℃ 和 29℃，冬季盐度 31.06，夏季 31.21；年平均降水 2 325.7 mm，4—9 月为雨季，占全年降水的 85%，10 月至翌年 3 月为旱季。全年常风向 NE 和 NNE 向，平均风速分别为 5.3 m/s 和 5.0 m/s，秋冬季盛行东北风，春季以东北、东南风居多，夏季盛行偏南风。本海区以平流雾为主，年平均雾日 9.3 d，3 月雾日最多；每年受寒潮、强冷空气影响 0.4 次，出现于 12 月至翌年 2 月，热带气旋以 7—9 月最多。

阳江港位于广州港和湛江港两大主枢纽港之间，是广州—湛江水陆交通的中心点。2009 年，阳江港航道建成，全长 16.5 km，底宽 150 m，底标高 −12 m，5 万吨级船舶可乘潮进出。该港发展重点是位于海陵湾的吉树和丰头港区（该港区目前暂未开发），前者位于阳江市区西南 25 km 处，拥有 8 285 m 深水建港岸线，可建 39 个万吨级以上泊位，已建成并投入使用的码头泊位 7 个，其中 2 个 1 万吨级杂货码头泊位，1 个 2 万吨级油气码头泊位，1 个 1 万吨级和 1 个 3 万吨级粮食码头泊位，1 个 3.5 万吨级通用码头泊位，年吞吐能力达 495×10^4 t。该港有闸坡、东平、溪头、沙扒、北津、石觉头、海陵湾 7 个港区。目前，除吉树港区外，其余均为万吨级以下码头；石觉头、北津港为小型货运港，仅能靠泊 300 吨级以下小船，因航道淤积，使用条件差，设备简陋，吞吐能力较低，已基本停用。闸坡港区（闸坡渔港）为国家级中心渔港，东平、溪头、沙扒等也均为渔港。海陵湾港区码头港池、航道回淤量少，有数十千米岸线可建深水泊位，万吨级船舶进出不用疏浚航道和候潮，具有建设大型深水港的优良自然条件。

17.5.2.5 黄茅海

黄茅海湾是珠江口典型的喇叭状溺谷湾，湾东南侧南水岛、高栏岛、三角山岛、大忙岛和荷包岛诸岛环抱；赤鼻岛、三虎以南海域为洪季滞流点，泥沙淤积形成拦门浅滩，最小水深 3.2 m。海底地貌为水下岸坡和岛礁，沉积物为砂、粉砂质砂、砂-粉砂-黏土、砂质粉砂、黏土质粉砂、粉砂质黏土 6 种。崖门和虎跳门汇于湾顶，崖门口外沿虫雷蛛至三虎附近有一落潮冲刷槽，为两股落潮流汇聚冲刷而成，加上围垦束水作用，深槽逐年刷深，加之人工疏浚，成为 5 000 吨级船舶出海航道；口内潮流动力强，水深浪静，为江门港重点发展港区。

黄茅海地处北回归线附近，属亚热带季风气候，年平均降水 2 223.0 mm，雨季（4—10 月）降水量占全年 90% 以上。夏秋盛行偏南风，常有台风侵袭，并夹带暴雨，冬春多吹偏北风，常受寒潮影响而出现霜冻或低温天气；每年热带气旋数平均 4.3 个，雷暴天数 58 d，冷空气活动天数 35 d；平均气温 22.8℃，7 月最高（28.5℃），1 月最低（15.3℃），夏季水温 28.04℃，盐度 3.69~23.57，冬季水温 17.56℃，盐度 13.79~32.49；该海湾以平流雾为主，年平均雾日 4.6 d，出现在冬春季；平均高潮高 197 cm，低潮高 78 cm，海流流速 0.59~1.51 m/s，年径流量达 398×10^8 m³，平均输沙量为 3 709×10^4 t。

珠海港是全国 25 个沿海主要港口之一，也是广东沿海港口布局规划的 5 个主枢纽港之一，海岸线长 691 km，由高栏、桂山、九洲、唐家、香洲、洪湾、斗门、井岸 8 个港区组成。目前，珠海港已形成西区以高栏港为主，东区以桂山港为主，市区以九洲、香洲、唐家、前山、井岸、斗门等港为主的三港口群体。至 2008 年底，珠海港共有生产性泊位 113 个，深水泊位 14 个；每年货物通过能力 4 757×10⁴ t（集装箱 48×10⁴ TEU），客运到发能力 927 万人次。高栏港区已建成水深 13.4 m 主航道和众多码头泊位，为珠海港重点深水港区，以外贸集装箱、油气和干散货等物资运输为主，并为临港工业、物流园区发展服务，包括南水、南迳湾、荷包岛、黄茅海 4 个作业区等。南水作业区有 2 万吨级多用途泊位 2 个，5 万吨级电厂煤码头泊位 2 个，5 000 吨级钢铁厂原料码头泊位 2 个；南迳湾作业区以中转储运油气化工等危险品为主，建有油气化工品泊位 10 个，其中 8 万吨级泊位 3 个、5 万吨级和 1 万吨级泊位各 1 个，年吞吐量 666×10⁴ t；荷包岛作业区、黄茅海作业区为未来远景发展港区，已开工建设大杧岛—荷包岛联岛防波堤。桂山港位于进出珠江口航线之要冲，其东北侧是大濠水道，西侧距桂山岛 7 km 处是外轮进出珠江口的主航道及引航、检疫和装卸锚地，为优良深水港区，已开发大小泊位 24 个，码头岸线长 2 474 m。市区港区多为小型河口港，港内风浪小，水深较浅，为渔港、客货运输运码头。

江门港所在海域拥有天然的、丰富的港湾资源。其中广海湾及川岛水域滩涂资源丰富，受珠江口下泄泥沙影响较小，具建设深水港的优良条件。乌猪洲、上川岛南部具建 20 万～30 万吨级码头条件，广海湾及上川岛湾海具建 5 万～10 万吨级深水码头条件。江门港境内西江、潭江两大流域均有河海联运之利，有内河、沿海航道 21 条，总长 506 km。江门港目前具有经营性泊位 241 个，最大靠泊能力 7 万吨；崖门 5 000 吨级出海航道、西江下游 3 000 吨级航道，潭江 1 000 吨级航道和劳龙虎水道整治主体工程已经完成。江门港新会港区已建有 5 000 吨级码头泊位 9 个、3 000 吨级码头泊位 2 个，在建 1 万吨级集装箱码头泊位 1 个、5 000 吨级重件码头泊位 1 个等。

目前，广海湾湾顶泥沙淤积严重，每年淤浅 3～4 cm，中部淤浅 5～6 cm，南湾渔港，因泥沙淤塞日渐萎缩；烽火客运港也因周围水浅，500 吨级船舶只能候潮方能进出；而东部鱼塘湾—铜鼓湾岸线，10 m 等深线离岸较近，是江门港台山港区除上、下川岛外具有建设大型港口的唯一岸线资源。该岸线已建有 7 万吨级煤炭码头泊位 2 个，在建 5 000 吨级杂货码头泊位 2 个。镇海湾是溺谷型海湾，水域宽 1～3 km，最大水深 10 m，湾外受莽洲岛、下川岛等掩护，外拦门浅滩水深较浅（3 m）。万山港区蕴藏着 16 km 自然水深为 14～28 m 深水岸线资源，无泥沙淤积，是珠江三角洲港口群中唯一能建 20 万～40 万吨级的超大型深水港区，且有多座海拔 100～400 m 高的岛屿作为天然屏障，附近又有数十平方千米的滩涂，具有较大的开发潜力。

17.5.2.6　伶仃洋

伶仃洋是珠江口东部河道经过虎门、蕉门、洪奇门和横门入海的河口湾，呈喇叭状，湾顶宽 4 km，湾口宽 30 km，纵向长 72 km，水域面积 2 000 km²，水下地形有西部浅东部深、湾顶窄深、湾腰宽浅、湾口宽深的特点。伶仃水道和矶石水道为出海主航道，并于蕉门口附近汇合，连通龙穴和川鼻水道，直抵虎门。北江三角洲向东南方向发展和东江三角洲向西南方向推进使古狮子洋淤缩变小，川鼻水道自虎门向北进入狮子洋后，水深逐渐减小至 10 m 左右，最后形成狮子洋西槽，并延伸至茭塘涌口。此外，东江的注入使狮子洋东侧的淤积明显，其带来的泥沙在各分汊河口下方发育为浅滩。近年来，受挖砂清淤、围垦造地、港口建设等人工活动的影响，加大了伶仃洋和狮子洋水下地形变化。伶仃洋海域主要港口有广州港、虎门港、中山港和深圳港；海岸类型以平原海岸为主，局部有残丘和台地形成基岩海岸；海底地貌类型包括槽沟、浅滩、沙坡和洼地；沉积物类型为黏土质粉砂、粉砂、砂质粉砂、粉砂质砂、砂、砂-粉砂-黏土共 6 种，以黏土质粉砂分布最为广泛。

伶仃洋海域受亚热带季风气候风影响，冬季盛行偏北风，春季为东南风，累年平均风速 3.8~6.0 cm/s，湾口强于湾内，每年受 1.1 个热带气旋影响。河口湾 ≥17 m/s 大风出现得较为频繁。该海域全年平均气温 22.6~22.9℃，夏季表层水温 26.7~30.5℃，冬季 15.9~20.0℃；表层最高盐度达 22.5；降水 1 800 mm，4—10月为雨季，降水占全年 90%；河口以平流雾为主，主要出现于冬春季（12月至翌年 4月），湾口年平均雾日 21.2 d，湾内 5.4 d；不规则半日潮，潮差 1.0~1.5 m，其常浪为 SE 向，波高较小（0.1~3.0 m）；平均含沙量 0.284 kg/m³，全流域年入海沙量 7 098×10⁴ t。

1）广州港

广州港位于珠江口东珠江—虎门水道上，属河口港，南北长 14 km，东西宽 32 km，由众多大、中、小港区组成，深水港区包括黄埔港区、黄埔新港区、新沙港区、南沙港区、莲花山港区等。截至 2009 年 6 月，该港拥有各类生产用泊位 489 个，包括万吨级以上泊位 58 个，综合货物通过能力 1.35×10⁸ t、537×10⁴ TEU。2000 年开始南沙港区建设，其货物吞吐量 2006 年 3.03×10⁸ t，2008 年 3.47×10⁸ t，居全国第 4 位，世界第 6 位，完成集装箱吞吐量 1 100×10⁴ TEU，居全国第 3 位、世界第 7 位。目前，该港已完成内港港区、黄埔港区、新沙港区和南沙港的功能布局，发展重心也正逐步转移到南沙港区，重点开发深水岸线资源，大力建设集装箱、液体石化、汽车滚装和煤炭等深水专用码头泊位。南沙港区已建成 10 个 10 万吨级的现代化集装箱泊位，世界 10 大航运公司中有 9 个已在南沙开辟班轮航线。2009 年初，南沙港区动工建设 10 万吨级和 7 万吨级粮食卸船泊位各 1 个，2 000 吨级粮食装船泊位 5 个，5 万~7 万吨级通用泊位 4 个，码头年通过能力超过 2 300×10⁴ t。

2）虎门港

虎门港位于伶仃洋北端至狮子洋的东岸，处广州—东莞—深圳—香港发展轴带的中间和"珠三角"经济区中心位置，拥有海岸线 115.9 km，主航道 53 km，水深 5~15 m，宽 2~4 km，3 万吨级船舶可全天候通过，5 万吨级船舶可乘潮进出。该港现有麻涌、沙田、沙角、长安和内河共 5 个港区，74 个码头。至 2008 年底，虎门港引进投资项目 38 项，总投资 301 亿元，拟建 17 个万吨级以上深水泊位，包括集装箱码头、油气化工码头、散杂货码头、煤炭码头等。其中，新加坡港务集团、中海油、中石化、深赤湾等国内外大型知名企业已相继落户虎门港，2 个石化仓储码头已于 2007 年竣工投产，首个 5 吨级多用途深水泊位——沙田港区 5 号、6 号泊位已开港营运，年吞吐 30×10⁴ TEU 和散杂货 60×10⁴ t。沙田港区建成投产海昌煤码头有 1 个 5 万吨级煤炭泊位和 3 个 2 000 吨级泊位，码头年吞吐煤炭量 950×10⁴ t。在建立沙岛东洲石化码头 5 万~10 万吨级泊位 2 个，中油通达油库码头 5 万~10 万吨级泊位 2 个，麻涌港区新沙南作业区的省直属粮库码头 5 万吨级泊位 1 个。

3）中山港

中山港位于伶仃洋西岸，珠江水系西江和北江入海处，海岸线 32.6 km。横门水道、洪奇沥水道、磨刀门水道这 3 条通海航道是中山港重要水运通道；有小榄、黄圃、神湾 3 个港区。小榄港区 2000 年兴建，扩建 140 m 码头，增设 2 个 1 000 吨级泊位，2005 年扩建工程完成后，泊位数由 3 个增加到 5 个，货物吞吐能力由 $100×10^4$ t 上升到 $180×10^4$ t，集装箱年通过能力由 $10×10^4$ TEU 上升到 $25×10^4$ TEU。黄圃港区现有泊位 8 个，码头总长 309 m，最大靠泊能力 1 000 t，年通过能力 $60×10^4$ t。神湾港区于 2003 年建成投产，码头长 130 m，有 2 个 3 000 吨级泊位，2005 年扩建 1 000 吨级别码头泊位 2 个，货物年通过能力 $150×10^4$ t，集装箱年吞吐量达 $20×10^4$ TEU。

4）深圳港

深圳港是华南地区重要的集装箱干线港，包括东西两大港区。西部港区位于伶仃洋东岸，东部港区主要位于大鹏湾内，拥有蛇口、赤湾、妈湾、东角头、福永、盐田、沙鱼涌、下洞、内河 9 个港区。至 2004 年底，该港有 500 吨级以上泊位 140 个（万吨级以上泊位 51 个），码头岸线 22 149.7 m，年货物吞吐量 $8 376.4×10^4$ t，客运吞吐量 550 万人次。至 2007 年底，深圳港全年货物吞吐量已达 $1.99×10^8$ t，其中集装箱吞吐量 $2 110×10^4$ TEU。目前，深圳港土地、水域、岸线等资源均较紧缺，西部港区岸线基本开发完毕，港口可持续发展受到极大挑战。根据最新《深圳港总体布局规划》（2008 年），待开发完毕深圳港口岸线 66.9 km，形成码头及临港工业岸线 81.8 km，目前已开发利用港口岸线 35.1 km，形成码头及临港工业岸线 52 km。

伶仃洋现已开发利用的港口有河口湾南部东岸的深圳港西部港区，西岸的珠海港东部港区；河口湾北部至狮子洋的广州港、虎门港，及西北部中山港，其港口资源以虎门—伶仃洋水道最为优良，岸线较长，避风舶稳条件好，其数十至上百千米岸段和岛屿，只要浚深出海航道和开展相应整治措施，都有条件建深水泊位。广州港面临河流来沙丰富，尤其是拦门沙淤积，急需疏浚航道等问题。中山港受制于通航条件，吞吐量出现了增长乏力的疲态，加之径流作用强，上游下泄泥沙多，河流来沙堆积等影响河口排洪和船舶通航能力。而新沙、立沙、坭洲岛、西大坦、威远岛、沙角等拥有深水岸线，又是深槽通过海域，加之是东江在此入海，是建设深水泊位的优良港址。珠江最大的口门虎门处，江面宽阔，水深较深，水下地形稳定，泥沙回淤小，也具备建深水泊位的条件。

17.5.2.7　大鹏湾

大鹏湾位于深圳市南部沿海，为山地溺谷湾，海湾西部为九龙半岛（香港地区），北部及东部为大鹏半岛，山地邻近海岸，深水岸线曲折且较长，岬角与海湾相间，多数岸段 10 m 等深线离岸较近，盐田至正角嘴处 10 m 等深线距岸仅 300~500 m，水深 14~16 m。该海域锚地和航道宽阔，港湾外有岛屿屏蔽，避风条件好。海岸类型为基岩海岸、砂质海岸、淤泥海岸、人工海岸湾内有湾，较多拦湾沙坝分布在湾口，受风力及水力作用影响，沙坝高度从海向陆增高，坡度则向海坡陡；海底地貌为水下岸坡、堆积平原、航道沟、岛岩礁、沙波、沙坝、凹坑和陡坎等；表层沉积物以粉砂质黏土和黏土质粉砂为主，近岸、岬角、河口附近较粗，离岸往远海、往深水区逐渐变细的特点。

该湾气候属亚热带海洋性季风气候，年降水量为 1 936.4 mm，4—10 月降水量占全年的 89.2%；常年风向 E 向，风速 4.7 m/s，湾中强风向 E 向，湾东 NW 向且季节变化明显，夏季多东南风，冬季多东北风；年平均气温 22.6℃，7 月最高（32.2℃），1 月最低（15.6℃）；

水温 24.23℃，7 月最高，2 月最低，平均盐度 29.73。该湾为弱潮海区，属不规则半日混合潮，海流较小，最大流速仅 36 cm/s；平均波高 32 cm，最大波高 150 cm，海雾较少，年雾日不足 6 d。

深圳港东部港区——盐田港位于大鹏湾内，为华南地区一个现代化国际中转港口；该港区水深较深，具备建设 5 万~10 万吨级深水泊位的条件。除盐田港外，沙渔涌港、南澳和盐田渔港的港口基础设施还比较完善。大鹏湾沿岸无大河注入，离珠江口较远，泥沙来源少，淤积轻微，但大鹏湾沿岸大部分岸坡陡峻，陆地较狭窄，港区仓储建设及货物集疏运条件差。

17.5.2.8 大亚湾

大亚湾位于惠州市惠东县、惠阳市和深圳市龙岗区之间，东接平海半岛，西连大鹏半岛，紧邻大鹏湾和香港海域，湾口朝南，面临南海。该湾属沉降山地溺谷湾，湾中有中央列岛、港口列岛及大辣甲岛等大小岛屿礁石 50 余个，岸线南北长 30 km，湾口宽 15 km，水深 16~18 m，湾内宽 15~20 km，水深 5~15 m。海岸类型为海蚀山地丘陵海岸、海蚀-海积台地海岸、海积-冲积平原；海底地貌为堆积平原和岛礁区；沉积物类型有粗砂、中粗砂、细砂、砂、砂-粉砂-黏土、粉砂、黏土质砂、黏土质粉砂、粉砂质黏土 9 种。中央列岛将该湾分为西部港湾和东部港湾两部分。该湾没有较大河注入，泥沙来源少，含沙量很低，不足 0.10 kg/m³，沉积速率每年不足 0.10 cm。

大亚湾位于北回归线稍南，属亚热带海洋性季风气候，平均气温 21.8℃，夏季较高 28.5℃，冬季较低 13.5℃；水温 24.0~30.9℃，湾中部为低温区（24.1℃），盐度 26.92~33.15，年降水量 1671~1902 mm，5—9 月占 80%；春季风向以 ENE 为主，夏季 SSW、秋季 E 向为主，月平均风速 2.8 m/s。该湾雾日很少（平均 6.6 d），以平流和辐射雾为主。该海湾平均高潮潮高 81 cm、低潮-2 cm，最大流速 0.74 m/s，最大波高 6.8 m；雷暴和热带气旋年均出现频率 86.4 d 和 7.8 个，寒潮年均出现 2.5 次。

惠州港位于大亚湾内，已发展成为我国外贸原油的接卸港，已吸引壳牌 80×10⁴ t 乙烯、中海油 1 200×10⁴ t 炼厂等大型石化项目建设。该港分为东江内河港和惠州沿海港，沿海港有荃湾港区、东马港区、碧甲港区和亚婆角、盐洲、港口 3 个装卸点。目前该港已建成生产性泊位 26 个，包括万吨级以上泊位 13 个（30 万吨级泊位 2 个、15 万吨级 2 个），吞吐量 5 000×10⁴ t。东马港区已建成 25 万吨级进港航道和 30 万吨级原油泊位，在建泊位有荃湾港区 2 个 5 万吨级集装箱泊位、2 个 5 万吨级煤炭中转泊位和碧甲港区平海电厂 10 万吨级配套码头。

惠州港的发展已成为珠江三角洲、特别是大亚湾石化基地布局发展的重要依托，该港是京九沿线最便捷出海口，也是从海上进入广东中部腹地的捷径，对发展惠州海洋经济，带动全省经济发展有重要的战略地位。大亚湾内水深浪小，泥沙淤积轻微，水域宽阔，陆域条件好，湾内可建港的岛屿较多，拥有多处适宜建港的岸线，是华南沿海港口资源最丰富的海湾之一，开发前景很大。

17.5.2.9 红海湾

红海湾沿岸港湾众多。遮浪港、马宫港、鲘门港、长沙港、小漠港属山地溺谷港，均为渔港。湾内主要港口汕尾港属潟湖港，为由品清湖与口门潮汐水道组成的中等规模沙坝潟湖型潮汐通道体系，潮汐水道长 3.1 km，最大水深 10 m；口门西南侧有一条长 1 800 m 的细长边缘沙堤。港内避风条件好，锚地宽阔，若通过整治可建成中型港口。港内无大河注入，泥沙主要来源为涨潮时水流挟带细颗粒泥沙。品清湖的纳潮量能维持港池、航道较大的水流量和流速，使港区不易淤积，其纳潮量对冲刷港池和航道起着至关重要的作用。湾海岸类型主要有基岩海岸、平原海岸和河口三角洲海岸；海底地貌主要为近岸水下侵蚀-堆积斜坡、岛礁、湾内外堆积平原、水下沙嘴、水下浅滩。表层沉积物以黏土质粉砂、黏砂质黏土、砂-粉砂-黏土、细砂为主体，局部地区还有砾砂、粗中砂；水体含沙量较低，为 0.15 kg/m³，泥沙来源不多，沉积环境较为稳定。

红海湾雨量充沛，年均降水 1 871.8 mm，夏季多雨冬季干燥，秋冬季 NE 向风为主，春季 ESE 向为主，平均风速 3.1 m/s，平均气温 22.1℃；冬季表层水温 16.0~18.5℃，盐度 31.81~32.94；夏季表层水温 28.6~30.0℃，盐度 27.27~31.30。该海湾潮汐类型不规则半日潮，平均潮差 94 cm；涨、落潮最大流速 0.69 m/s，波向以 E 为主，平均波高 1.2 m。年平均雾日 7.5 d，受热带气旋和寒潮影响的年平均日数为 1.2 d 和 1.4 d。

位于红海湾的汕尾港分外港、内港和品清湖 3 个部分，以沙堤为界，西侧为外港，东侧至小岛为内港，水深 2~5 m，主航道 5~10 m，有码头泊位 23 个，其中 7 万吨级泊位 1 个，5 000吨级泊位 3 个，1 000~5 000 吨级泊位 12 个，千吨级以下泊位 7 个，还分布有一些渔港和军用码头。在建有海丰华城能源配套 3 000 吨和 5 万吨级油气码头，陆丰核电配套 5 000 吨级码头。红海湾深水岸线不多，只有海湾西岬角、了哥咀岸段和新寮至鹧鸪咀岸段水深超过 10 m，可建大型港口的港湾有白沙湖、小澳、小漠、金厢、汕尾港、甲子等，均具有建万吨级以上泊位码头的自然和道路交通等基础条件。

17.5.2.10　碣石湾

碣石湾为开敞的半月形海湾，海湾东西两侧由花岗岩等岩石构成的丘陵和台地，伸入海中形成基岩岬角。湾顶为滨岸沙坝潟湖平原，冲积海积平原。沿岸有沙堤、沙坝和连岛沙洲等堆积地貌。从碣石湾到甲子港一带分布众多小港口如乌坎港、金厢港、碣石港、湖东港、甲子港等为沙坝潟湖港，口门处沙咀发育，属湾口沙咀，其水上部分形成沙堤，长 2~3 km，高 3~5 m，水下部分是沙咀继续向前伸展部位，高出附近海底 2~3 m。这些小港口呈半封闭状，潮流和波浪小，目前这些小港主要开发为渔港。

碣石湾沿岸分为岩岸滩、砂质岸滩和淤泥岸滩；海底地貌为水下侵蚀-堆积斜坡、岩礁滩和海蚀残丘、水下沙咀、堆积平原；水体含沙量 0.15 kg/m³，为粗砂、细砂、粉砂质砂、砂-粉砂-黏土、黏土质粉砂、粉砂质黏土；潮汐性质为不正规全日潮，夏季湾内流速 0.15~0.50 m/s，冬季≤0.30 m/s，最大波高为 6.0 m。

碣石湾春秋冬季 ENE 向风为主，夏季 SW 向为主，年平均风速 6.5 m/s。10 月至翌年 3 月较大（6.8 m/s）；年平均降水 1598.1 mm，平均气温 22.1℃，8 月最高（27.8℃），1 月最低（14.9℃）；夏季表层水温 22.41~30.77℃，冬季 16.36~18.11℃；常年盐度 32.00~34.00。该海域累年平均雾日 12.9 d，以平流雾为主，出现在春季（2—5 月），年均热带气旋 4.8 个。

碣石湾海域泥沙主要通过湾口西侧向湾内输进，方向均向东北，输入量远大于海湾的东侧向湾外的输出量，致使大量泥沙落淤海湾的西北侧近岸带，形成水下浅滩，不断淤浅并有向西南扩张的趋势。

17.5.2.11 靖海湾

靖海湾在揭阳市惠来县境内，海岸线长 81.6 km，陆域为台地和冲积海积平原，附近有固定和半固定沙堤带。本海区除神泉湾有龙江干流入海外，均无大河注入，泥沙来源少，深水岸线长，有多处天然避风港，泥沙回淤少。该海湾面积较小，海底地貌较为单一，为水下岸坡、水下浅滩和平原。

靖海湾潮汐为不规则全日潮，平均高潮位 97 cm，低潮位 9 cm；湾内流速不足0.50 m/s，水体含沙量 0.020 0 kg/m³。该海湾年平均降雨量为 1 827 mm，4—9 月雨季月平均降雨量为 150~360 mm，10 月至翌年 3 月干季月平均降雨量为 20~90 mm；春秋冬季以 NE 向风为主，夏季 SW 向为主，年平均风速 4.7m/s，4 月最大（5.5 m/s），7 月最小（3.1 m/s）；平均气温 22.4℃，7 月最高（28.4℃），1 月最低（15.1℃）；年平均水温 22.12℃、盐度30.99，多年平均雾日 7.5 d。

揭阳港包括榕江沿岸内河港区和惠来沿海港区，以榕江内河港区为主，沿海港区由靖海港、神泉港、资深港和澳角港等小港组成。该港具有内河集疏运输功能和江海直达运输功能的地区性港口和服务煤炭、石化等大型能源企业的区域性能源大港；目前拥有各类生产性泊位 46 个（3 000 吨级以上的 16 个），码头岸线 2 690 m。榕江全年高低潮水位差别不大，通航条件优越；榕城至汕头出海口 56 km 榕江航道，可通航 3 000 吨级，乘潮可通航 5 000 吨级海轮。惠来沿海港区位于惠来县东南沿海，大小港湾众多，具有水域面积广阔、回淤量小、水深条件优越、地质条件好，具备建大型临港工业项目的条件。2007 年惠来电厂 7 万吨级煤炭码头泊位建成投产，使揭阳港口建设跃上万吨级以上泊位的新台阶。

靖海湾附近无大河注入，水体含沙量低，湾内泥沙运动处于平衡状态，海岸稳定。该海湾局部岸线水深可达 10 m，15 m 等深线距岸仅 1 km 左右。靖海港区的水深、掩护及集疏运条件好，有待进一步开发建设为大型深水港区。神泉港区因拦门沙变浅，通航条件严重恶化；前詹港区陆域为开阔，水深较深，为优良避风港，具备建深水港的条件。目前，靖海湾发展变化主要为靖海港港口建设，湾顶呈侵蚀状态，侵蚀产生的泥沙，沿岸向下波侧方向漂移，净输沙量每年约 15×10⁴ m³。惠来电厂防波堤建好后，受优势浪的绕射，港内北侧泥沙淤积逐渐扩大，有可能阻塞靖海湾港口门，应该密切注视并进行整治。

17.5.2.12 汕头湾、南澳岛、柘林湾

汕头湾是有较大河流注入和掩护条件较好的优良港湾，由牛田洋、珠池肚 2 个小海湾组成，港湾入口有妈屿和鹿屿两岛阻挡南海风浪。陆域为广阔的平原和台地，湾内水域辽阔，深水岸线稳定，风浪影响小，水深 6~18 m，而深槽处超过 10 m，5~10 m 深水锚地宽阔；海岸地貌主要有海蚀崖和岩滩，湾底地貌为水下浅滩、冲刷槽和深槽、拦门沙，为潮汐通道淤积型河口湾。该海域有韩江与榕江注入，前者多年平均入海水量 258×10⁸ m³，水体含沙量 0.30 kg/m³，年平均入海沙量达 765×10⁴ t，表层沉积物主要为粉砂质黏土和黏土质粉砂。

南澳岛属山地溺谷型小海湾，包括前江湾、后宅湾、深澳湾、云澳湾、青澳湾、竹栖澳湾、烟墩湾等；港湾水深 5~10 m，泥沙来源较少，湾顶有大小不一的小平原和台地，适宜扩建或新建港口，但须加筑防浪堤坝。

柘林湾属山地溺谷型海湾，东有柘林半岛，西南和南有海山岛、汛洲岛和西澳岛等环抱，

湾内水深浪静，可建港岸线长 39 km，其中可建 10 万~30 万吨级泊位岸线 10.4 km，是粤东地区优良的深水港湾。柘林湾水体含沙量较小，自然淤积速率每年 0.5~0.6 cm。

汕头海域属亚热带湿润季风气候，夏季高温多雨，秋冬凉爽干燥，年平均降水量为 1 222.8 mm，雨季（4—10 月）降水量占全年的 85%；春秋冬 NE 向风为主，夏季为 W 向，年平均风速 6.1m/s，10—12 月较大（7.2 m/s）；年平均气温 21.2℃，8 月最高（27.4℃），2 月最低（13.6℃）；表层水温夏季为 26.0~30.4℃，冬季为 16.5~18.4℃。受西太平洋和南海热带气旋侵袭较多（1~2 个/a）。该海域雾日较少（11.8 d/a），以冬春季平流雾为主，年均雷暴日数 24.5 d（4—9 月）。汕头海域潮汐表层为不正规半日潮，中层和底层属正规半日潮流，平均潮高 102 cm，潮流速度 0.81~1.08 m/s。

汕头港是沿海 25 个国家级主要港口之一，是广东东翼唯一的主要港口。《广东省沿海港口布局规划》将汕头港定为广东五大枢纽港之一。该港所在海域海岸线 289 km，适宜建港的深水岸线 28 km，包括老港区、珠池港区、马山港区、广澳港区、潮阳港区、澄海港区、南澳港区。现有 500 吨级以上泊位 82 个，其中万吨级泊位 16 个，年吞吐能力 2 518×10⁴ t，其中集装箱年吞吐量 58×10⁴ TEU。

潮州港位于柘林湾内，由三百门港区、西澳港区、金狮湾港区和韩江港区共 4 个港区组成。现有 2 000 吨级以上泊位 10 个，分别为大唐电厂 5 万吨级煤码头泊位 1 个，华丰造气厂油气码头 5 万吨级泊位 1 个、5 000 吨级泊位 1 个、2 000 吨级泊位 2 个，5 000 吨级集装箱专用码头泊位 1 个，5 000 吨级多功能货运码头泊位 2 个。在建的潮州港亚太通用码头项目，位于潮州港金狮湾港区，码头建设规模为 5 万吨级散杂货泊位 1 个、3 万吨级多用途泊位 1 个，设计年吞吐能力 300×10⁴ t，集装箱吞吐能力 5×10⁴ TEU。

近 20 年来，柘林湾主要变化在于养殖面积扩大，金门航道疏浚与加深，金狮湾港区的建设；而汕头海域水深和水域面积，处于逐年萎缩之中，据统计每年进入该海域泥沙 356.2×10⁴ t，其中韩江西溪 290.8×10⁴ t，榕江 65.3×10⁴ t。汕头湾内围海造田加速水域面积缩小，由新中国成立初期的 130 km² 减小到如今的 72 km²，纳潮量几近减半，加之潮流流速变缓，加剧湾内泥沙回淤，平均每年淤浅 10~15 cm，以牛田洋最甚。

17.5.2.13　渔港资源

广东省岸线曲折，港湾众多，平均每隔 28 km 岸线即有一个港湾，这些港湾多为渔港（或渔港兼商港，或商港兼渔港）。广东现有渔港共 133 座，其中报农业部批准公布的沿海国营渔业基地、群众渔港和渔业港区共有 105 个，包括国营海洋捕捞渔业公司基地 3 个，群众渔港和渔业港区 102 个。在《广东省海洋功能区划》（2008 年）中，有 89 个渔港和渔业设施基地建设区属海洋行政部门管辖。

广东省有沿海乡镇 193 个，专业渔民 95 万人，但渔港建设跟不上渔业生产发展需要，存在码头泊位不足，渔船装卸困难，港池航道淤浅严重，避风塘少、设施差，渔民生命财产安全缺乏必要的保证等突出问题。2003 年后，广东省渔港建设进入新阶段，渔港、避风塘等基础设施建设加快，防灾抗灾能力提高，农业部批准的国家中心渔港、国家一级渔港 10 个。至 2009 年，国家级中心渔港、一级渔港在建 5 个，包括 3 个国家级中心渔港——海门渔港、硇洲渔港、乌石渔港和 2 个国家级一级渔港——三百门渔港、沙扒渔港；立项 4 个，包括 1 个国家级中心渔港——云澳渔港和 3 个国家一级渔港——达濠渔港、龙头沙渔港、草潭渔港，还有 1 个国家级中心渔港——闸坡渔港通过验收。

17.5.3 小结

根据广东沿岸最新的调查研究和统计成果，结合历史资料，全面分析和总结了广东沿岸港口的分布和开发利用概况，各海湾的地质、地貌、气象、水文和海岸演变与港湾淤积特征，有针对性地提出了广东港口经济（包括渔港经济）的可持续发展方案、全省港口体系的布局研究和临港工业布局规划，以及港口资源开发利用带来的环境问题与保护措施。

该研究成果的最大创新之处就是对广东沿岸港口（包括渔港）资源环境特征研究的系统性和全面性，可能是迄今为止最全面分析广东沿岸港口（包括渔港）资源环境特征的研究成果。主要成果特色如下。

1）广东沿岸港口资源的分布情况的详细调研

根据广东省海岛海岸带的最新调查成果，《广东省海洋功能区划》（2008 年）的最新普查资料，对广东省沿岸的港口资源的类型和港口资源的分布情况进行了详细调研和总结。对广东沿海港口主要类型山地溺谷港、台地溺谷港、潟湖港、河口港和人工港等的特点进行了总结说明，根据《广东省海洋功能区划》（2008 年）的调查资料，对广东沿岸的港口资源分布进行了总结。对近几年来广东省港口发展的概况进行了总结，按照港湾分类的方法对琼州海峡、湛江湾、水东—博贺湾、海陵湾、黄茅海、伶仃洋、大鹏湾、大亚湾、红海湾、靖海湾、汕头港海区、南澳岛海区和柘林湾 14 个海湾内的港口分布和港口发展情况进行了深入分析和总结；对广东省的渔港概况进行总结说明，汇总分析了广东省的国家级中心渔港和国家一级渔港。

2）广东沿岸港湾的自然环境条件的详细分析

根据广东省海岛海岸带的最新调查成果及历史资料，对广东沿岸的海湾地质、海湾地貌和沉积、海湾气象和水文等自然环境特征进行了详细的分析，包括广东沿岸的整体特征（总论）及广东沿岸各个港湾的特征（分论）。其中对广东省沿岸和各港湾的第四纪地质结构、沿岸地貌类型、海岸线类型作了图件的更新；对广东省各海湾的气象和水文状况进行了分析说明。上述自然环境特征的分析总结，对于深入认识、利用和保护广东沿岸港口资源，具有重要意义。

3）广东沿岸海岸演变和港湾沉积

通过对广东沿岸影响海岸演变和港湾发展的自然因素的综合分析，获得了广东海岸泥沙来源和运移的研究成果；通过多年遥感影像数据的对比分析，研究了广东沿岸各港湾的海岸演变；通过对历史研究成果的综合分析和海图资料的对比，分析了各港湾的沉积趋势。

4）港湾资料的综合开发利用

依据广东沿岸各港湾的特点，结合经济发展的目前情况和发展规划，提出了广东港口经济（包括渔港经济）的可持续发展方案，进行了全省港口体系的布局研究，分析了临港工业布局的规划。

5）港湾资源开发的环境保护

针对港湾资源开发利用中可能出现的污染、生态变化、港口回淤等问题，提出了环境保护措施和港口回淤治理措施。

在调查和研究广东省 14 个主要港湾区的水文、气象、地貌及使用和淤积状况的基础上，分析了广东主要港口（包括渔港）资源开发和利用现状。并为如何精细化分工，本着"深水深用，浅水浅用"原则，有效利用港口资源，稳固地可持续地发展全省港口经济，提出以下建议：① 整合现有港口资源，发挥深水港带动优势；② 积极拓展港口腹地，提升港口竞争力；③ 实施"以港兴市、港城互动"战略，加快港口建设与城市发展步伐，逐步形成港城一体化的发展趋势；④ 根据港口实际情况建造大型专业化泊位，满足船舶大型化需求，推动海洋交通运输业向更高层次发展；⑤ 推动港口类型多元化发展，优化港口经济结构。同时，根据广东沿海港口功能定位和地理区位，探讨了构建粤东、"珠三角"、粤西组合的港口体系，即构建以广深港为主体的"珠三角"组合港、以汕头港为枢纽港的粤东组合港和以湛江港为枢纽的粤西组合港的体系；并探讨临港工业区的建设，以期促进广东省经济可持续健康的发展。

17.6　广东潜在滨海旅游区评价与选划[①]

自 20 世纪 80 年代以来，广东省滨海旅游大致经历了两轮发展热潮。第一轮发展热潮始于 80 年代中期，以阳江闸坡、湛江龙海天、茂名虎头山、江门上下川岛、深圳大小梅沙、汕头南澳岛等为代表，滨海旅游接待设施快速蔓延，形成了广东省第一批初具规模的滨海沙滩旅游区。这一时期滨海旅游发展表现出显著的过度行政化特征。尽管这一阶段广东省滨海旅游发展迅速，但随着市场经济改革的逐步深入和内外部环境的变化，不少行政化色彩较浓的滨海旅游区经过短暂高潮后进入了停滞发展甚至走向衰退。一些转型较为成功的滨海旅游区，如阳江闸坡、江门上下川岛、深圳大小梅沙等，成为了目前广东滨海旅游具有代表性的热点旅游区。进入 21 世纪，在海南滨海旅游转型发展的带动下，邻近的广东省滨海旅游也在孕育二次开发的热潮。与第一轮滨海旅游发展热潮相比，此轮滨海旅游开发已经或正在表现出以下特点。

第一，市场主导，企业推动。随着广东经济社会快速发展和滨海旅游需求日益成熟，广东滨海旅游资源的开发价值逐渐得到市场认可，私营资本越来越多参与到滨海旅游开发中来，由此推动广东滨海旅游二次开发。

第二，统一规划，圈地开发。实力雄厚的战略性投资者对于广东滨海旅游开发表现出了浓厚的兴趣，往往采取圈地式成片开发模式，少则数百亩，多则数千亩甚至上万亩，统一规划，阶段性开发，以求最大限度获取滨海旅游资源开发潜力。

第三，度假为先，地产为重。此轮滨海旅游开发以滨海度假为先导，各旅游区力图形成度假酒店、高尔夫球场、会议中心、游艇会等滨海度假产品系列或度假单元。与此同时，各投资商无不将旅游地产、第二居所、景观别墅等商业地产项目作为项目开发的重中之重，以

---

① 保继刚，李开枝。根据保继刚等《广东潜在滨海旅游区评价与选划报告》整理。

此获得快速且可观的投资回报。

第四，市场定位，依重莞深。在目标市场定位上不再盲目，而是根据市场需求发育程度和消费能力，针对目标市场开发滨海旅游产品。在较长一段时间内"珠三角"城市群无疑是滨海旅游重点区域，其中，深圳和东莞的市场区位优势更加明显，是近中期市场开发的重中之重。

第五，一体两翼，距离衰减。调查显示，广东滨海旅游区域性市场主体来自广州、深圳、东莞、佛山等"珠三角"核心城市游客，游客出游半径通常在 3~4 h 车程范围，即粤西到阳江，粤东到汕尾，超过这一地理范围后游客到访的距离衰减规律十分明显。因此，这一地理范围内的滨海旅游地更容易受到"珠三角"游客青睐，也是投资商竞相开发的重点区域。

广东省 908 专项课题"广东潜在滨海旅游区评价与选划"是在对广东滨海旅游资源进行系统踏勘的基础上，充分了解广东滨海旅游资源开发的历史和现状，恰当选取评价因子，构建符合广东地方特色的潜在滨海旅游资源评价模型，对广东潜在滨海旅游资源进行科学评价，选划出未来具有较大开发潜力的滨海旅游区，并提出重点开发的滨海旅游产品和发展方向。本课题的研究成果有助于推动新时期广东滨海旅游资源高水平开发，为广东加快滨海旅游开发步伐，优化海洋产业结构和建设海洋经济强省提供科学依据。

17.6.1 广东省滨海旅游资源现状

17.6.1.1 滨海旅游资源类型

广东滨海旅游资源丰富，数量众多、种类齐全，包括自然旅游资源和人文旅游资源两种，以滨海自然旅游资源为主。海湾资源、海岛资源、文化遗迹、城市设施、生物资源、现代化建筑和妈祖文化等占据重要地位，其中以海湾资源数量最多、分布最广。广东省滨海旅游资源类型、等级及数量统计见表 17.35，表明尽管广东潜在滨海旅游资源相当丰富，但是高等级的滨海旅游资源并不太多，尤其是高级别的滨海人文类旅游资源非常缺乏。与周边的广西、福建、海南，甚至更远的东南亚地区做比较，广东省滨海资源尽管在数量和规模上占据优势，但在滨海旅游资源的品位和级别上则优势并不突出。总之，广东是滨海旅游资源大省，海岸线长，约占全国的 1/5，滨海旅游资源有总量和规模的优势，但与周边海南及东南亚地区相比，滨海旅游资源的等级及气候优势并不突出。

表 17.35 广东省滨海旅游资源类型、等级、单体数量统计

大类	小类	一级	二级	三级	四级	五级	总结
滨海自然旅游资源	海湾	10	22	43	22	3	100
	礁石	2	4	3	0	0	9
	海岛	2	14	17	6	0	39
	湿地	1	0	3	1	0	5
	火山	0	0	1	0	1	2
	温泉	0	0	0	1	1	2
	生物	0	5	4	5	1	15
	小结	15	45	71	35	6	172

续表 17.35

大类	小类	一级	二级	三级	四级	五级	总结
滨海人文旅游资源	标志性建筑	0	0	2	0	1	3
	文化遗迹	11	9	14	0	0	34
	现代建筑	0	3	4	6	0	13
	城市设施	3	2	11	4	0	20
	妈祖文化	1	3	4	3	0	11
	节事活动	0	1	1	1	0	3
	特色饮食	0	0	0	0	0	0
小结		15	18	36	14	1	84
总结		30	63	107	49	7	256

17.6.1.2 滨海旅游资源分布

广东的滨海旅游资源可以大体划分为 3 个区域：粤西、粤东和"珠三角"。这 3 个区域的滨海旅游资源开发历史、资源条件、设施条件、发展状况等都具有非常突出的区域特点（表 17.36）。

粤西地处广东省西部，包括湛江、茂名、阳江和江门 4 个滨海城市。粤西的滨海旅游资源总量上占广东滨海旅游资源总量的 34.7%，也就是 1/3 左右，资源相当丰富。粤西的自然滨海旅游资源是主体，滨海自然旅游资源以海湾资源为主，人文旅游资源则主要是城市设施和文化遗迹。粤西的滨海旅游资源最为丰富的是湛江市和阳江市。

粤东地区主要是指传统意义上的潮汕地区，也就是汕头、潮州、揭阳和汕尾 4 个城市。粤东的滨海旅游资源总量上占广东滨海旅游资源总量的 23.8%，相对于粤西来说，资源总量小很多。粤东虽然滨海旅游资源总量上不如粤西，但是滨海人文旅游资源相对于粤西来说要丰富得多。粤东集中了广东省为数众多的滨海人文旅游资源，而且许多海滩资源和海岛资源都与妈祖文化、宗教文化结合在一起，形成了粤东滨海旅游资源的一大特色。粤东的滨海旅游资源主要集中在汕头和汕尾两个城市，又以汕尾的较为丰富。

"珠三角"是广东省的中心地带，主要是指珠江口周边的城市，包括广州、深圳、惠州、东莞、中山、珠海 6 个城市。"珠三角"地区的滨海旅游资源总量占广东省滨海旅游资源总量的 41.4%，集中了广东省近一半的滨海旅游资源。"珠三角"地区不同于粤东和粤西地区，海湾资源不是主体，而集中了温泉、礁石等粤东粤西较为缺乏的资源，又以海岛资源突出。"珠三角"发达的经济也得到了体现，"珠三角"的城市资源和现代化建筑明显从数量上要优于粤东、粤西，尤其是粤东地区。总体来讲，"珠三角"的滨海自然旅游资源以海岛资源为主，滨海文化旅游资源以文化遗迹为主，尤其是清末鸦片战争的炮台遗址。

表 17.36 广东省滨海旅游资源在粤西、粤东和"珠三角"分布统计

大类	小类	粤西	珠三角	粤东	总结
滨海自然旅游资源	海湾	44	35	21	100
	礁石	0	5	4	9
	海岛	15	17	7	39
	湿地	1	4	0	5
	火山	2	0	0	2
	温泉	0	2	0	2
	生物	6	7	2	15
小结		68	70	34	172
滨海人文旅游资源	标志性建筑	2	1	0	3
	文化遗迹	6	13	15	34
	现代建筑	3	8	2	13
	城市设施	8	9	3	20
	妈祖文化	1	4	6	11
	节事活动	1	1	1	3
	特色饮食	0	0	0	0
小结		21	36	27	84
总结		89	106	61	256

17.6.1.3 滨海旅游资源开发现状

广东省滨海旅游资源开发现状就粤西、"珠三角"和粤东 3 个区域的主要城市阐述。粤西湛江滨海旅游的发展处于瓶颈阶段，茂名市目前滨海旅游资源开发步入困境，阳江和江门目前的滨海旅游开发态势良好，呈现稳中有升、厚积薄发的态势。在"珠三角"区域，以珠海、中山、广州、东莞、深圳、惠州为例。珠海滨海毗邻香港、澳门，旅游资源类型丰富、等级较高、市场条件优越，在广东省 14 个滨海旅游城市中竞争力较高，处于前列，具有较大的滨海旅游发展潜力。但相对于国内外知名的滨海度假城市，珠海滨海旅游的开发存在较多问题。中山滨海旅游资源的开发相对滞后。广州的滨海旅游资源并不丰富，以自然旅游资源为主体。目前开发的较好的是南沙湿地公园、百万葵园等景区。其他许多资源大部分处于未开发阶段，或者是用于工业建设等其他途径。深圳市的滨海旅游资源在广东滨海城市中是非常突出的。粤东受制于交通设施建设的滞后、自身投资能力的薄弱、投资软环境的不足，海洋旅游资源的经济效益和社会效益尚不明显。

17.6.1.4 滨海旅游资源市场分析

粤西的滨海旅游资源丰富，滨海旅游接待人数和滨海旅游收入处于全省领先地位，在广东省的滨海旅游市场占据重要地位。粤西的滨海旅游发展最早起步，经过 20 多年的发展，目前已经形成了比较稳定的格局。"珠三角"是广东的经济中心，交通便利，经济发达，人民生活水平较高。相比粤东和粤西两地，"珠三角"的滨海旅游发展也形成了自己的特色。资

源条件差，但市场条件很好，"珠三角"滨海旅游市场以休闲需求为主。根据调查分析，对比粤西，珠三角的滨海旅游条件并不优越。但是"珠三角"高度发展的经济为"珠三角"提供了粤东粤西无可比拟的市场条件，区位条件非常好。"珠三角"不同城市的滨海旅游发展各具特色。近年来广东滨海旅游出现了"反季节"旅游的现象，越来越多的外省游客选择冬季来广东旅游。粤东地区的滨海旅游资源总体上不如粤西优越，市场条件也比不上"珠三角"地区。但粤东的滨海旅游发展也呈现出自己独特的一面。

17.6.1.5　滨海旅游资源开发存在的主要问题

广东滨海旅游的气候资源条件并不优越，具备亚热带气候的特点，冬天不是很冷，夏天不是很热。广东这种"两边不靠"的气候条件并不利于滨海旅游发展，与周边的海南三亚、东南亚、广西北海等地相比劣势较为明显。这就决定了广东的滨海旅游很难像海南和东南亚那样吸引到长程的游客，潜在市场吸引力范围以区域性市场为主。而且，广东作为滨海旅游目的地的形象还不鲜明，长程市场游客的认知度不高。

17.6.2　广东省滨海旅游产业开发的环境影响评价

17.6.2.1　滨海旅游产业开发环境影响综合评价

广东省管辖海域大部分环境质量保持良好状态。其中，近岸海域各海洋功能区的海水水质基本上符合环境保护目标；河口区、港湾等近岸海域海水质量未见好转，受陆源污染影响较大的部分河口区、近岸海域和港湾水质较差，超标项目主要为无机氮和活性磷酸盐，其次是石油类；近岸海域沉积物质量总体良好，综合潜在生态风险较低；主要海水增养殖区环境质量基本能满足增养殖环境功能的要求，但局部海域养殖环境有恶化趋势；海水浴场环境状况良好；近岸海域的海洋生态系统较脆弱，生态环境恶化的趋势尚未得到有效缓解，主要表现在水体呈富营养化状态、营养盐失衡、生物群落结构异常等方面。随着沿海地区经济特别是重工业经济体的发展、工农业废水和生活污水排海量的增加和海水增养殖业的影响，海洋流域的可持续发展存在越来越大的环境压力，局部海域环境质量有加剧恶化的趋势。如不能得到有效控制，海洋污染状况的恶化将严重影响海洋经济和滨海旅游业的可持续发展。

17.6.2.2　各区域旅游产业开发环境评价

1）粤西

粤西湛江港近岸海域是严重污染的区域之一。粤西近岸海域沉积物受到砷的污染。在近岸海域生态系统健康状况方面，雷州半岛西南沿岸处于亚健康状态。近岸海域水质、沉积物质量及生物质量良好。徐闻珊瑚礁的种类组成、活珊瑚盖度及硬珊瑚的补充量等反映珊瑚礁总体处于稳定和恢复阶段，但因受海水养殖及海岸带开发活动影响，局部水体悬浮物含量高、透光率低，对珊瑚礁产生了一定程度的影响。超负荷的水产养殖，以及沿岸水产加工、居民生活污水直接排海，是威胁近岸珊瑚礁生态健康的主要压力。针对粤西海水浴场环境状况调研中，以湛江东海岛省级旅游度假区为例，度假区水质优良，海面状况较好。综合环境质量优良，适宜开展各类休闲观光活动，尤以开展沙滩娱乐、海底观光和滨海观光活动为佳。

2）"珠三角"

"珠三角"海域总体污染形势依然严峻，其中珠江口海域是严重污染的区域之一。珠江口生态区常年处于不健康状态。水体呈严重富营养化状态，营养盐失衡，海域水质面临最主要问题是富营养化，城镇生活污水已经成为珠江口的重要污染因素，围填海和陆源排污是引起珠江口生态系统健康状况下降的主要因素。度假区综合环境质量优良，适宜开展各类休闲观光活动，尤以开展海底观光、沙滩娱乐和海钓等活动为佳。影响各类休闲观光活动的主要因素是水质波动、降雨和下雾等天气因素。

3）粤东

粤东汕头近岸是严重污染的区域之一。大亚湾地区在近岸海域生态系统健康状况方面属于亚健康状态，水环境和沉积环境总体质量良好，但局部海域水体中营养盐含量呈增高趋势。围填海、海水养殖、"热污染"和陆源排污是威胁大亚湾生态系统健康的主要因素。在针对粤东海洋自然保护区环境状况的调研中，以大亚湾水产自然保护区为例，保护区内水质无机氮含量和石油类含量高于一类海水水质标准。沉积物中铬含量高于一类海洋沉积物质量标准。保护区整体环境状况较好，但近年来，随着陆源污染物的排海，保护区环境形势不容乐观。随着沿海地区经济的发展，工农业废水特别是重工业污染物的排放，以及生活污水排海量的增加和海水增养殖业的影响，将对海洋环境的维护产生巨大压力，局部海域环境质量恶化趋势逐年加剧。针对海洋环境的保护措施刻不容缓，海洋污染状况的恶化若不加以控制将严重影响滨海旅游产业的可持续发展。

17.6.3 广东省潜在滨海旅游区选划条件评价

17.6.3.1 潜在滨海旅游区选划指标体系构建

1）评价指标构建原则

旅游资源吸引力的提升或降低是众多要素综合作用引起的，潜力评价系统表现为一个多因子、综合性的动态系统，可将其理解为包括旅游景观资源、客源状态、生态环境和外在开发条件在内的各子系统间的协调互动关系和在时空域上的展变化过程。旅游资源潜力评价尤其关注旅游资源开发的后劲和未来定位，并用动态眼光对资源潜力进行合理全面评价，其目的是为了利用旅游景观资源、生态环境和当地开发条件的支持，以期在市场空间进行有效配置将潜力发挥到最大化，最终实现旅游资源的可持续利用和效益最大化。在指标体系的构建中，应该遵循以下主要原则：① 层次合理性原则；② 区域性原则；③ 动态性原则；④ 定性与定量相结合原则；⑤ 分区评价原则。

2）指标体系构建内容

基于上述潜力评价体系构建的基本原则，结合广东省滨海旅游区的实际情况，参照《旅游资源分类、调查与评价》（GB/T1972—2003）、《旅游景区质量等级评定与划分》等国家标准以及借鉴现有研究成果的基础上，经过多次比较、筛选，确定滨海旅游资源禀赋条件、滨海生态环境条件和滨海旅游开发条件 3 个子系统作为评价的指标层，采用 8 项要素层指标和 39 项具体因子层指标作为对系统指标的具体阐述（图 17.20）。指标的选择较多地考虑了滨海旅游资源与其他类型旅游资源的区别，并结合了动态系统的特点而更侧重于对未来发展方向的描述。

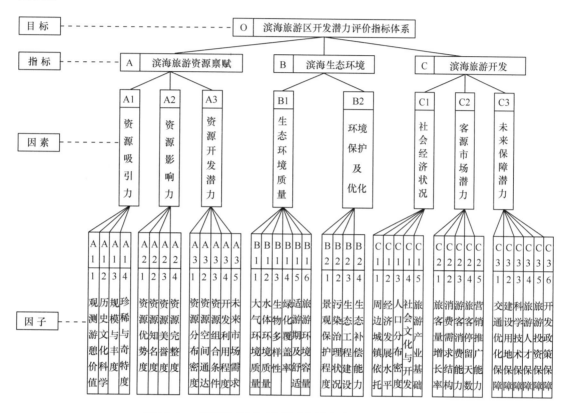

图 17.20　滨海旅游区开发潜力评价指标层次结构框架

3）指标体系权重方法与过程

通过设计广东滨海旅游资源潜力评价体系指标权重系数问卷表，邀请旅游管理、旅游资源开发、人文地理学、国土资源学、城市与区域规划、资源与环境、生态学等领域熟悉广东滨海旅游资源的专家学者对指标体系中各因素赋分。第一步：评判集的确立；第二步：构建两两比较的判断矩阵；第三步：模糊一致性矩阵的建立；第四步：利用和行归一法求取排序权重；第五步：判断矩阵的转换；第六步：利用乘幂法求相应的目标权重向量；第七步：根据建立的计算模型，求出评价指标体系中各层因子对上一层的权重。

4）评价指标数据采集及其量化处理

测量和给出"滨海旅游资源潜力评价指标体系"中涉及的各个评价因子值是广东滨海旅游资源潜力量化评价的前提和基础。用于潜力评价模型各项指标的基础数据主要来源于野外考察、调研数据，部分数据来源于政府公布的统计资料、相关的课题成果和地方性的旅游规划文本。对于难以直接量化或难以获得的数据，根据相关的问卷调查中的基础数据处理得到。

评价数据尽可能做到以客观数据为主，减少使用主观资料产生的偏差，以提高评价结果的公正性和可靠性。对潜力评价模型各项指标采用模糊计分法将各评价因子划分为 10 个等级，然后为每一个等级用"0~10"赋分。其中，对于评价资源禀赋条件中各因子通过资源普查时的调研资料按照上述等级赋以相应分值；对于环境、客源市场状况以及社会经济条件等方面的指标均通过对统计年鉴和实地调研的资料进行标准化处理，即得相应的分值。

17.6.3.2　不同类型旅游区潜力评价

1）生态滨海旅游区

广东省生态滨海旅游区中，依据综合得分由高到低排列的评价结果为：一级的有湛江徐闻珊瑚礁旅游区、广州南沙湿地公园、惠州惠东海龟自然保护区和深圳福田红树林鸟类保护区；二级的有湛江廉江高桥红树林、珠海淇澳岛红树林、阳江阳西红树林自然保护区、惠州惠东考洲洋鹭鸟乐园和汕头濠江礐石旅游区；三级的有湛江雷州白蝶贝自然保护区和潮州饶平双岛旅游区（白鹭天堂）。由于珊瑚礁、鹭鸟、海龟、红树林生态动植物在广东沿海的稀缺性以及不可替代性，这些区域的潜力评价分值较高。随着人们对濒临灭迹的滨海珍稀动、植物资源的重新认识与评价以及由此而带来的对环境、生态资源的重视，这些区域的潜力将得到进一步的开发，其内涵的生态价值、自然价值等将得到彰显，生态型滨海的旅游发展潜力将更进一步地得到发掘。

2）休闲渔业滨海旅游区

广东省休闲渔业滨海旅游区中，依据综合得分由高到低排列的评价结果为：一级的有阳江海陵岛闸坡旅游区（闸坡渔港）和佳蓬列岛（庙湾岛垂钓）；二级的有横琴岛（蚝体验）、惠州惠阳东升渔村和汕头南澳岛渔村；三级的有湛江草潭角头沙和潮州饶平汛洲岛渔排。由于资源、市场、开发条件、周边城镇的依托型等多方面因素的限制与制约，横琴岛（蚝体验）、惠州惠阳东升渔村、汕头南澳岛渔村、湛江草潭角头沙、潮州饶平汛洲岛渔排等发展潜力位于第二、第三个层次，可开发小体量、中近程、有特色的休闲渔业旅游产品与服务，实现差异化发展。

3）观光滨海旅游区

广东省观光滨海旅游区中，依据综合得分由高到低排列的评价结果为：一级的有深圳大小梅沙、茂名大放鸡岛和汕尾红海湾南澳半岛旅游区；二级的有汕尾碣石湾（含玄武山、金厢滩）、湛江徐闻白沙湾、汕头濠江礐石旅游区和广州南沙海滨公园（含天后宫）；三级的有东莞虎门威远炮台旅游区、阳江阳东珍珠湾旅游区（含玉豚山海滨公园）、江门新会崖门炮台旅游区、深圳宝安海山田园旅游区和汕头潮阳莲花峰旅游区。

4）游艇旅游区

广东省游艇旅游区中，依据综合得分由高到低排列的评价结果为：一级的有江门新会银湖湾和深圳盐田大梅沙湾游艇会；二级的有惠州惠东巽寮旅游区、湛江徐闻罗斗沙和珠海斗门；三级的有珠海海狸岛。从游艇旅游区的潜力评价结果来看，位于珠江三角洲 2 h 经济圈范围内沙滩、海水、空气质量较好的区域其潜力较高。由于游艇活动以及游艇旅游的开发、建设需要较高成本，其投资规模较大，属于高端度假市场，其对周边客源市场的经济发展程度的依托度较高。从广东滨海游艇旅游区的潜力来看，位于珠江三角洲的江门、深圳、惠州、珠海等具有较大的发展潜力。

　　5）海岛综合旅游区

广东省海岛综合旅游区中，依据综合得分由高到低排列的评价结果为：一级的有湛江城市海岛综合旅游区、阳江海陵岛、惠州惠东稔平半岛和汕头南澳岛；二级的有江门台山上川岛、江门台山下川岛、九州列岛、三门列岛（外伶仃岛）、惠州惠阳三门岛、惠州惠阳辣甲岛、深圳大鹏半岛和万山列岛（东澳岛）；三级的有茂名小放鸡岛、高栏列岛（荷包岛）、蜘洲列岛（桂山岛）和潮州饶平海山岛。由于综合海岛旅游区的开发与建设涉及到区位、经济、环境、资源、旅游设施等多种因素，其潜力评价较为复杂。在广东滨海的综合海岛旅游区的开发中，湛江城市海岛综合旅游区、阳江海陵岛、惠州惠东稔平半岛、汕头南澳岛具有较大的潜力，适合培育广东省、全国乃至世界有名的综合海岛旅游区。

　　6）度假滨海旅游区

广东省休闲度假滨海旅游区较多，经过 20 世纪 90 年代的开发，或成功或衰落，均有其时代背景与政策烙印。进入新的千年，广东休闲度假滨海旅游区面临第二次发展的机遇与挑战。潜力评价能趋利避害，实现科学、合理的发展。从潜力评价的排序来看，阳江海陵岛十里银滩旅游区、深圳龙岗西涌、惠州惠东巽寮湾、汕头南澳岛青澳湾从资源禀赋、区位条件以及度假条件来看，均较具优势，发展潜力较大。茂名茂港虎头山、茂名电白龙头山、阳江阳西青湾仔、阳江阳西河北旅游区、江门台山浪琴湾、江门台山海龙湾、江门台山黑沙滩、珠海斗门金海滩、惠州惠阳霞涌旅游区、惠州惠东亚婆角旅游区、汕尾陆丰金厢滩旅游区、汕头濠江北山湾经过上一轮的发展，有些处于衰落境地、有些区位与资源条件较差，有些旅游开发条件较差，其潜力排序较低。广东省具有发展休闲度假的氛围、开放的思想、技术支撑、资金支持，这些都将成为广东滨海旅游发展的增长极的基础。

17.6.4　广东省潜在滨海旅游区选划研究

17.6.4.1　生态滨海旅游区

广东省潜在滨海生态旅游区一级的有湛江徐闻灯楼角旅游区、广州南沙湿地公园、深圳福田红树林鸟类保护区和惠州惠东海龟自然保护区，以灯楼角旅游区为例。灯楼角旅游区位于湛江雷州半岛最南端，与海南岛隔琼州海峡相望，建有中国大陆最南端的标志塔，是北部湾和琼州海峡的分界点，因此具有特殊的地理标志性意义。目前灯楼角旅游区已得到初步开发，交通进入性一般，景区标识系统、旅游厕所、游客中心等旅游服务设施均有待完善。灯楼角旅游区的珊瑚生态资源是一大亮点，但生态环境的脆弱性十分明显。湛江徐闻灯楼角旅游区开发对策和建议是：

（1）严格控制当地居民私自带游客下海观看珊瑚；

（2）禁止游客自行下海前往珊瑚保护区观看珊瑚；

（3）在灯楼角海滩择址兴建珊瑚生态博物馆，模拟展示珊瑚种群的自然生存环境，并图文并茂地介绍珊瑚类型、地域分布、生活习性以及与珊瑚相关的科普知识；

（4）将灯楼角旅游区纳入广东省青少年生态科普基地，大力开发青少年生态修学旅游市场。

17.6.4.2 休闲渔业滨海旅游区

广东省潜在休闲渔业滨海旅游区阳江海陵岛闸坡渔港和珠海佳蓬列岛（庙湾岛垂钓），以海陵岛闸坡渔港为例。位于海陵岛西北部的闸坡渔港是全国十大中心渔港之一。目前，闸坡渔港休闲渔业主要分3类：渔家船游、渔家美食和渔家赶海。其中的渔家赶海最受欢迎，包括海上垂钓、演示性拖网、下网仔、装笼、拾贝等项目。目前海陵岛已成为广东省内人气最旺的滨海旅游目的地之一，海陵岛休闲渔业发展的潜力巨大。大规模能源工业项目的开发建设对于海陵岛旅游及休闲渔业发展构成潜在的环境污染。根据休闲渔业的自身特点，统筹考虑旅游活动和渔业生产活动的季节性和地域性，近期重点建设"一心二线八大景区"，即以闸坡渔港为中心，以南鹏列岛和海陵岛北部湾为二线，建设八大景区：闸坡渔港休闲渔业中心、南鹏岛生态旅游区、旧澳湾疍家渔村、"南海一号"水下考古基地、人工鱼礁带、三山岛旅游区、大湾红树林生态旅游区、鸭母排垂钓基地。今后应开发生产体验型、海洋观光型、海岛度假型、水上运动型和展示教育型等休闲渔业产品。

17.6.4.3 观光滨海旅游区

广东省潜在观光滨海旅游区深圳大小梅沙、茂名大放鸡岛、汕尾红海湾南澳半岛旅游区，以大小梅沙为例。大小梅沙旅游区位于深圳大鹏湾中部，距离市中心罗湖口岸约28 km，是深圳市东部开发最早的滨海旅游景区。大小梅沙目前已成为"珠三角"地区人气最旺的大众化滨海休闲旅游区。近年来深圳东部地区经济增长较快，旅游业也迅速发展，特别是1999年大梅沙海滨公园免费开放以来，游客数量激增，滨海生态环境的压力明显增大。开发对策和建议是：

（1）对大、小梅沙的游客量进行跟踪，制定科学的海滩环境容量控制方案，对海滩客流进行动态管理。在旅游旺季时采取有效措施适当控制海滩进入人数，避免过多的游客活动对于海滩生态环境造成严重影响；

（2）旅游旺季时可适当提高大小梅沙旅游区停车费用，并增开市区至大小梅沙的旅游专线车，引导游客尽量乘坐公共交通，避免东部滨海地区出现交通拥堵；

（3）城市规划管理部门应在深入研究差异化游客需求的基础上，合理利用价格等市场化手段，积极探索和打造多元化、主题化、系列化的滨海旅游休闲空间，进一步提升东部滨海沙滩的旅游开发潜力和吸引力，逐步分流过重的大小梅沙游客量；

（4）尽快建立起一整套综合的旅游区污水处理及排放，附近码头船舶垃圾及燃油泄露的处理方案。

17.6.4.4 滨海度假旅游区

广东省潜在滨海度假旅游区有阳江海陵岛十里银滩旅游区、深圳龙岗西冲、惠州惠东巽寮湾、汕头南澳岛青澳湾旅游区，以十里银滩滨海旅游度假区为例。1994年十里银滩被上海大世界吉尼斯总部评为中国最大滨海浴场。滨海浴场沙质优越、海水清澈、景观总体评价为一级。十里银滩是广东滨海旅游极为难得且具有极大开发潜力的一块处女地。海滩自然资源和景观条件一流，开发腹地广阔，依托较为成熟的热点滨海旅游地海陵岛大角湾旅游区，又有颇具国际影响力的"南海一号"中国海上丝绸之路博物馆的带动效应，旅游市场开发潜力在广东省内无与伦比。十里银滩东部海滩不少地方已人工开挖辟作养虾池，生产污水未经处理直排进大海，对海滩环境和海水水质造成一定不利影响。另一方面，即将兴起的十里银滩大规模旅游开发建设可能会给海滩生态环境造成较大影响。开发对策和建议：

（1）滨海度假区要实现高水平开发，可持续发展，科学合理的规划控制是必不可少的。在十里银滩度假区总体规划中要充分体现生态优先、环保先行的原则，合理控制开发强度，科学引导项目布局，尽量减少项目开发对于沙滩生态系统的破坏，同时高起点规划配套污水处理、垃圾转运等环保配套设施，争取实现污水处理零排放；

（2）加强政府对于度假区的一体化规划开发控制管理。十里银滩度假区的发展目标是综合型滨海度假区，强调度假区的整体发展和统一规划管理，必须在既定的规划原则和目标理念框架下，对度假区的土地使用、项目引入、环境营造等方面进行严格的控制，避免各自为政、零敲碎打式的城市化开发模式。

17.6.4.5　游艇旅游区

广东省潜在游艇旅游区有江门新会银湖湾和深圳盐田大梅沙湾游艇会。银湖湾位于江门市新会区的西南端，东与珠海隔海相望，西与台山相连，北靠古兜山脉，南临南海，毗邻港澳，水陆交通便利。银湖湾自然环境得天独厚，融山、海、泉、田、林、水于一身，拥有海洋、森林和湿地 3 大自然生态系统的全部特征。银湖湾生态湿地的生态系统较为脆弱，旅游及居住生态承载力都较为有限，容易受到大规模旅游开发的破坏。在度假区开发及日后的运营过程中，应审慎处理旅游开发与环境保护之间的关系，控制旅游设施建设的强度和旅游居住人口规模，避免生态环境受到显著影响。开发对策和建议：

（1）在规划开发过程中必须严格贯彻生态优先，严格保护的原则，通过功能分区、规划控制、分区导引、一票否决等控制手段，严格限制生态敏感度较高的片区进行任何形式开发，避免旅游开发活动对生态敏感区域造成显著影响；

（2）根据度假区生态和环境容量，科学预测度假区未来旅游开发和居住人口规模，设定旅游接待设施开发强度上限；

（3）目标市场重点面向港澳及"珠三角"地区高端市场，控制大众性旅游产品开发规模和游客进入量；

（4）在旅游项目开发运营过程中，适时启动针对生态敏感地段的生态修复工程。

17.6.4.6　海岛综合旅游区

广东省潜在海岛综合旅游区有湛江城市海岛综合旅游区、阳江海陵岛、惠州惠东稔平半岛、汕头南澳岛。湛江城市海岛综合旅游区包括湛江市区以及东海岛、特呈岛、南三岛、硇洲岛等附近岛屿。与阳江、江门等地相比，湛江滨海旅游一直发展较为缓慢。这并不是因为湛江滨海旅游资源条件不好，而是由于湛江的区位条件对其滨海旅游发展形成制约。湛江城市和海岛生态环境可能会由于钢铁基地等重工业项目陆续上马而受到影响。开发对策和建议：

（1）尽快扩建改造市区现有客运码头，或在市区观海长廊附近择址新建专用旅游码头，更新市区至邻近海岛的旅游船舶，加强市区与附近海岛的旅游联动；

（2）通过核心旅游产品开发，提升并强化各海岛的主题特色，形成海岛旅游产品的差异化形象定位；

（3）严格控制东海岛、特呈岛、硇洲岛、南三岛等重点风景区（旅游区）以及海湾两岸的建设用地，切实保护好风景区（旅游区）周边的生态环境，避免生产作业、居民生活对风景区（旅游区）及周围空气、海面、水体、沙滩、植被和景观等造成污染和破坏。

17.6.5　广东省滨海旅游产业发展战略规划

17.6.5.1　滨海旅游产业发展战略原则

贯彻落实《珠江三角洲改革发展规划纲要》，高度重视海岸带在新时期广东社会经济发展中的重要地位，实施海岸带综合管理，加强滨海旅游资源与环境的保护。科学评价并选划潜力较大的滨海旅游区，以重点精品滨海旅游项目开发为龙头，着力提升广东滨海旅游产业开发水平，形成一批规划科学、设施高档、功能完善、环境友好的高水平滨海旅游区，丰富和提升广东滨海旅游产品结构，实现广东由滨海旅游大省向滨海旅游强省的战略转变。发展战略上注重：

（1）综合管理，协调发展战略；

（2）内生发展，港澳互动战略；

（3）度假先导，精品带动战略；

（4）二次开发，转型发展战略；

（5）政府主导，市场推动战略；

（6）一体为重，两翼齐飞战略；

（7）滨海城市旅游发展战略。

17.6.5.2　滨海旅游产业发展战略空间布局及保障措施

广东滨海旅游总体沿岸线呈带状分布，包括近海岛屿及相关陆域，空间结构可概括为"一体两翼四城市七组团"。一体指西至阳江，东至汕尾，以"珠三角"地区为主体，出行距离在4 h车程范围以内的滨海区域（包括近海海岛），包括广州、东莞、深圳、惠州、汕尾、中山、珠海、江门、阳江。两翼中的西翼指阳江以西滨海区域，包括湛江、茂名（包括近海海岛）。东翼指汕尾以东滨海区域，包括潮州、揭阳、汕头（包括近海海岛）。四城市包括深圳、珠海、湛江、汕头。七组团包括湛江东海岛组团、阳江海陵岛组团、江门上下川岛组团、深圳大鹏半岛组团、惠州稔平半岛组团、汕尾红海湾组团和汕头南澳岛组团。

大力发展广东省滨海旅游产业，必须在相关政策上得到保障，保障措施包括：

（1）成立海岸带综合管理组织，统一协调滨海旅游开发管理；

（2）申请设立广东滨海旅游改革示范区，争取中央和地方的政策和资金支持；

（3）尽量控制污染性工业项目挤占滨海岸线，保护滨海生态环境。

17.6.6　小结

17.6.6.1　主要结论

广东滨海旅游资源分丰富，数量众多、种类齐全，以滨海自然旅游资源为主。广东潜在滨海旅游资源相当丰富，但是高等级的滨海旅游资源并不太多，尤其是高级别的滨海人文类旅游资源非常缺乏。

资源分布方面，粤西、粤东和"珠三角" 3 个区域的滨海旅游资源开发历史、资源条件、设施条件、发展状况等都具有非常突出的区域特点。粤西的自然滨海旅游资源是主体，粤西的滨海旅游资源最为丰富的是湛江市和阳江市。粤东虽然滨海旅游资源总量上不如粤西，但是滨海人文旅游资源相对于粤西来说要丰富得多。"珠三角"地区不同于粤东和粤西地区，海湾资源不是主体，而集中了温泉、礁石等粤东和粤西较为缺乏的资源。

发展现状方面，粤西湛江滨海旅游的发展处于瓶颈阶段，"珠三角"的珠海具有较大的滨海旅游发展潜力。珠海滨海毗邻香港、澳门，旅游资源类型丰富、等级较高、市场条件优越，在广东省 14 个滨海旅游城市中竞争力较高，处于前列，具有较大的滨海旅游发展潜力。

市场分析方面，粤西的滨海旅游资源丰富，滨海旅游接待人数和滨海旅游收入处于全省领先地位，在广东省的滨海旅游市场占据重要地位。粤西的滨海旅游资源丰富，滨海旅游接待人数和滨海旅游收入处于全省领先地位，在广东省的滨海旅游市场占据重要地位。粤东地区的滨海旅游资源总体上不如粤西优越，市场条件也比不上"珠三角"地区。但粤东的滨海旅游发展也呈现出自己独特的一面。

根据评价模型进行广东省滨海旅游资源的评估，把各类型的旅游资源分成 3 个等级。广东省生态滨海旅游区中，一级的有湛江徐闻珊瑚礁旅游区、广州南沙湿地公园、惠州惠东海龟自然保护区和深圳福田红树林鸟类保护区；二级的有湛江廉江高桥红树林、珠海淇澳岛红树林、阳江阳西红树林自然保护区、惠州惠东考洲洋鹭鸟乐园和汕头濠江礜石旅游区；三级的有湛江雷州白蝶贝自然保护区和潮州饶平双岛旅游区（白鹭天堂）。

广东省海岛综合旅游区中，一级的有湛江城市海岛综合旅游区、阳江海陵岛、惠州惠东稔平半岛和汕头南澳岛；二级的有江门台山上川岛、江门台山下川岛、九州列岛、三门列岛（外伶仃岛）、惠州惠阳三门岛、惠州惠阳辣甲岛、深圳大鹏半岛和万山列岛（东澳岛）；三级的有茂名小放鸡岛、高栏列岛（荷包岛）、蜘洲列岛（桂山岛）和潮州饶平海山岛。

广东滨海的海岛众多，具有发展高端滨海旅游的优势，应当选择区位、生态较好的海岛，重点开发，树立高端旅游品牌。同时丰富滨海旅游的主题，加强滨海旅游城市发展与区域协作，加强滨海旅游城市发展与区域协作，提升危机管理意识，从环境和资源方面实现广东省滨海旅游的可持续发展。

17.6.6.2　存在问题

《珠江三角洲地区改革发展规划纲要》提出将"珠三角"建设为世界先进制造业和现代服务业的基地，规划打造若干个规模和水平居世界前列的先进制造产业基地，建设与港澳地区错位发展的国际航运、物流、贸易、会展、旅游和创新中心。但这些产业会对滨海旅游形象产生负面影响，降低了区域竞争力。虽然现代重工业的污水处理、环境整治等技术已经比较成熟，而且大型重工企业往往经过严格的环境评估，能最大程度降低对环境的污染，但是，滨海旅游业对滨海环境高度依赖，很小的环境污染都会被游客放大，并经由大量的游客迅速传播，恶化区域形象，对旅游乃至整个区域经济产生负面影响。目前广东省滨海旅游开发中普遍存在的产品形式单一的问题，大多数以滨海浴场、小型度假区的形式存在。

17.6.6.3 建议和对策

1）优化滨海旅游业发展层次

从世界范围内看，高端的滨海旅游主要集中在海岛旅游上。广东滨海的海岛众多，具有发展高端滨海旅游的优势，应当选择区位、生态较好的海岛重点开发，树立高端旅游品牌。大型度假区对中高端及中端客人有较大吸引力，是广东滨海旅游发展的中坚力量。大型综合性度假区最成功的发展模式，是加勒比海、东南亚等地区滨海旅游发展的成功经验。优化滨海旅游业发展层次，可以着力发展高端海岛度假和大型综合性滨海度假区，优化广东省滨海旅游产品层次。

2）丰富滨海旅游开发主题

根据广东滨海地区自然景观资源条件、地理地貌、人文风情和文化历史条件的不同，确定不同的发展主题，如"滨海+度假"、"历史文化+滨海"、"独特内陆景观+滨海"、"健康+滨海"、"时尚+滨海"、"运动+滨海"、"商务+滨海"等多种发展形势。在这些多种形式的滨海海岛旅游开发中，既有高端旅游，也有很多适于大众的中端旅游。

3）加强滨海旅游城市发展与区域协作

滨海旅游区的发展同城市的发展紧密相关，滨海旅游地同城市有着广泛的人流、物流和资金流的互动。滨海城市不仅仅是游客的来源，更是滨海度假区的经济依托。广东省很多城市依海而建，深圳、珠海、湛江等市的滨海景观道、海滨公园、城市滨海休闲游憩线等成为城市建设的重要内容。

4）完善海岸带综合管理

滨海旅游对环境高度敏感，对海洋环境的保护、治理有着很高的要求。海洋环境治理是设计到多个部门的综合性工作，仅仅依靠海洋和旅游部门难以协调。因此，有必要将滨海度假区的环境监督纳入海洋环境检测体系之中，完善海岸带综合管理，整体提升海岸带管理水平。

5）提升危机管理意识

20世纪90年代中期，广东省滨海旅游经历了一次投资的高潮，其影响至今尚未完全消除。进入21世纪，广东省滨海旅游的发展进入新的投资热潮，如海陵岛十里银滩在建成"南海一号"展馆后，兴建了五星酒店群，惠州巽寮湾正投资100多亿元的大型度假地产、五星级度假酒店、游艇等，惠阳辣甲岛要建成中国的马尔代夫等。虽然本轮投资较90年代中期更加理性，但投资额度更大、档次更高、面积更广，需要政府在规划层面给予控制，避免重复投资、过度投资，破坏滨海资源，影响滨海旅游的可持续发展。

17.7　广东海砂矿产资源综合评价[①]

　　我国近海陆架沉积物研究已有 80 多年的历史，但系统的砂矿海砂勘察工作始于 20 世纪 80 年代。1981 年，原地质矿产部南海地质调查局指挥部综合研究大队对南海北部内陆架沉积固体矿产进行了调查。1983—1986 年，地矿部青岛海洋地质研究所完成了中国滨海砂矿分布及富集规律的研究并出版了专著《中国滨海砂矿》，此两项调查工作对砂矿资源的分布规律有了较为系统的研究。1997—2000 年，青岛海洋地质研究所完成了 CCOP 国际合作项目"中国近海建筑砂砾石矿产资源潜力的可视化评价：资源、技术需求及可持续利用"，初步估算了我国近海海域建筑砂砾石潜在资源（王圣洁等，2003）。2005 年，青岛海洋地质研究所实施"中国近海海砂及相关资源潜力调查"项目启动，对中国近海 9 个重点调查区，进行海砂及相关资源潜力调查与评估、勘查开发边界条件调查与评价、开采海洋环境动力学因素调查评估与环境影响评估，为我国政府进行海砂资源勘查开发管理工作提供基础资料和信息管理系统，并编制我国近海海砂资源调查技术规范。这是迄今为止我国进行的最完整、最全面的针对建筑用海砂开展的项目。1996—2006 年，广州海洋地质调查局相继完成了"广东大亚湾海洋地质环境综合评价项目"和"1∶10 万大鹏湾近岸海洋地质环境与地质灾害调查"以及珠江三角洲近岸海洋地质环境与地质灾害调查项目。2004—2007 年，国家海洋局南海分局承担的 CJ14/CJ15/CJ16/CJ17 区块海底底质调查与研究项目和 QC22 区块、QC23 区块、QC25 区块以及 DW34 区块等地球物理项目，为本次海砂综合评价提供了基础资料。

　　总体来说，广东省海砂调查与评价工作目前仍侧重于珠江口，陆架区虽进行了一些资源评价，但因调查工作有限，程度较粗略。广东省 908 专项海砂资源综合评价的范围为整个广东省沿岸海域，重点区域为珠江口，次重点区域为韩江口、漠阳江口及湛江湾。主要内容包括：① 评价整个广东沿岸（重点为韩江口、珠江口、漠阳江口和湛江湾 4 个区）海砂资源（包括工业建筑海砂和重金属砂矿）的分布现状和远景储量；② 评价海砂开采对海底地形地貌、泥沙冲淤变化、生态环境等的影响。

17.7.1　滨海砂矿资源特征

17.7.1.1　滨海砂矿资源总体分布

　　结合测区实际情况，将砂矿异常区划分为二级，各级异常区条件见表 17.37。按此条件，在广东省沿海和 20 m 水深以浅海域划分出 6 个 Ⅰ 级异常区和 3 个 Ⅱ 级异常区，在 20 m 水深以深的近海划分出 8 个 Ⅱ 级异常区（图 17.21）。

---

　　① 李团结。根据李团结等《广东海砂资源综合评价报告》整理。

表 17.37 各级异常区条件

Ⅰ级异常区	有用矿物含量高,一般在Ⅱ~Ⅲ级以上,并有数个密级的高含量点;成矿条件有利,在相邻陆上有已知矿点分布;和高含量点具有相同的补给源并有类似的堆积及地貌条件的地段
Ⅱ级异常区	有用矿物含量一般在Ⅲ~Ⅳ级之间,并有一个或数个分散的高含量点,对具有特殊意义的地段,矿物含量可降为Ⅳ级,其他条件和Ⅰ级异常区相同

1) 广东省沿海和 20 m 水深以浅近海砂矿异常区概述

(1) 粤东 (饶平—陆丰)

此段沿海和 20 m 水深以浅近海未发现有意义的砂矿异常区。

(2) 粤中 (陆丰—阳江)

此段沿海和 20 m 水深以浅近海仅发现 1 个Ⅱ级砂矿异常区,编号Ⅱ1 (锆石、金红石砂矿Ⅱ级异常区)。

该砂矿异常区位于惠东县平海东岸,面积 100 km²。此带海岸为堆积岸。沉积物为细砂。有用矿物为锆石和金红石。

(3) 粤西 (阳江—吴川)

此段沿海和 20 m 水深以浅近海发现 2 个Ⅰ级砂矿异常区,1 个Ⅱ级砂矿异常区。

Ⅰ1 (锆石、独居石砂矿Ⅰ级异常区):该砂矿异常区位于阳江县海陵岛南岸至闸坡湾内,面积约 130 km²。沉积物为细砂,有用矿物主要是独居石、伴有锆石。据区内 3 个高含量点统计,独居石平均含量为 5 403 g/m³,最高可达 1 290 g/m³,可见该区远景良好。

Ⅰ2 (锆石、独居石砂矿Ⅰ级异常区):该砂矿异常区分布于粤西吴川县乾塘至谭巴沿岸浅水带,面积约 150 km²。沉积物主要是细砂,部分为粗中砂。有用矿物主要是独居石,伴有锆石。区内有 4 个高含量点,据高含量点统计,独居石平均含量为 121 g/m³,最高为 160 g/m³,锆石仅一个高含量点,其他矿物更少。总之,矿物含量不高,但其他成矿条件有利,加上岸上有乾塘、吴阳和谭巴等独居石、锆石砂矿床,故将其列为Ⅰ级异常区。

Ⅱ2 (锆石、独居石砂矿Ⅱ级异常区):该砂矿异常区位于电白港至沙扒镇之间的浅海地带,面积约 350 km²。分布大面积的粗中砂和砾石,但异常区内主要是细砂。有用矿物主要是独居石,伴有锆石。

(4) 雷州半岛

此段沿海和 20 m 水深以浅近海发现 4 个Ⅰ级砂矿异常区、1 个Ⅱ级砂矿异常区,编号分别为Ⅰ3 (锆石、独居石砂矿Ⅰ级异常区)、Ⅰ4 (金红石、锆石砂矿Ⅰ级异常区)、Ⅰ5 (金红石、锆石砂矿Ⅰ级异常区)、Ⅰ6 (独居石、锆石砂矿Ⅰ级异常区)、Ⅱ3 (独居石、锆石砂矿Ⅱ级异常区)。

Ⅰ3 (锆石、独居石砂矿Ⅰ级异常区):该砂矿异常区位于湛江港口外即南三岛与硇洲岛之间水深 15 m 以内的浅水地带,面积约 500 km²。本区共有 6 个高含量点,据此统计,独居石平均品位为 265.8 g/m³,最高值为 765 g/m³,而锆石为 1 940 g/m³,高达 6 820 g/m³,所以本区也是有远景的异常区之一。

Ⅰ4 (金红石、锆石砂矿Ⅰ级异常区):该砂矿异常区位于唐家西侧海区,面积约 280 km²。异常区内堆积地形发育,沉积物为细砂和黏土质砂。有用矿物也是以锆石和金红石

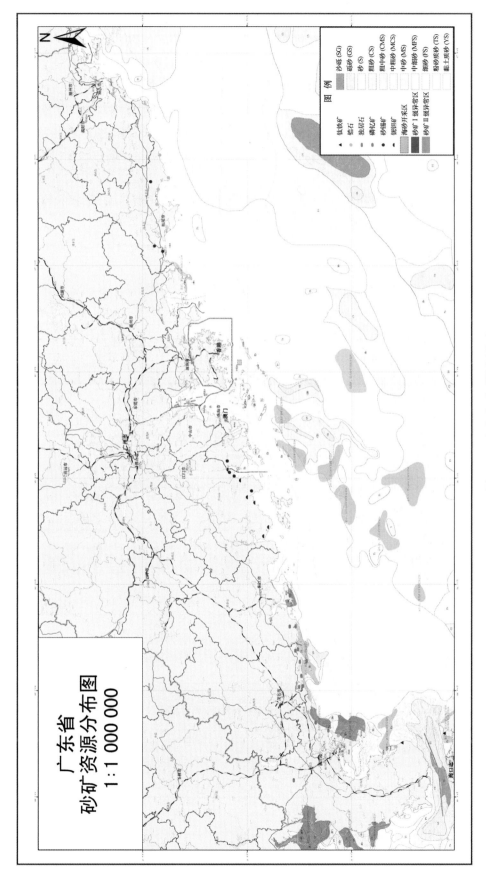

图17.21　广东省砂矿资源分布

为主，个别点有独居石。本区也有8个高含量点。

Ⅰ5（金红石、锆石砂矿Ⅰ级异常区）：该砂矿异常区位于江洪西侧，面积约300 km²，有用矿物以锆石、金红石为主，伴有钛铁矿。本区共有8个高含量点，按高含量点统计，锆石平均含量为1 511 g/m³，最高值为4 100 g/m³，而金红石则为986 g/m³，高者达2 520 g/m³。

Ⅰ6（独居石、锆石砂矿Ⅰ级异常区）：该砂矿异常区横跨广东和广西两地海域。该砂矿异常区位于北部湾东北角即北海南至草潭之间，包括安铺港和铁山港在内，圈定面积约1 200 km²。有用矿物主要是锆石、独居石，伴有金红石。

Ⅱ3（独居石、锆石砂矿Ⅱ级异常区）：该砂矿异常区位于雷南新寮东侧，面积约400 km²，沉积物为细砂。有用矿物以独居石、锆石为主。

2）广东省20 m水深以深近海砂矿异常区概述

在20 m水深以深近海发现8个Ⅱ级砂矿异常区，见表17.38。

表17.38 砂矿异常区一览表

异常区级别	代号	地理位置	面积（km²）	地形地貌	沉积物类型	砂矿类型	高含量点			矿物来源
							点数	平均值（g/m³）	最高值（g/m³）	
Ⅱ级异常区	Ⅱ4	万山南深水砂带	170	水深地缓	黏土质砂	钛铁矿、锆石砂矿	1		钛铁矿：16 460 锆石：1 419	残留
	Ⅱ5	万山南深水砂带	200	水深地缓	细砂和粉砂质砂	金红石、钛铁矿砂矿		Ⅲ—Ⅳ级含量		残留
	Ⅱ6	川岛东南深水砂带	400	水深地缓	粉砂质砂和细砂	独居石、金红石砂矿	2	金红石：792 独居石：57	金红石：1299 独居石：114	残留
	Ⅱ7	川岛东南深水砂带	400	水深地缓	细砂	金红石、锆石砂矿		Ⅳ级含量		残留
	Ⅱ8	川岛南深水砂带	700	水深地缓	细砂和粉砂质砂	金红石、锆石砂矿		Ⅳ级含量		残留
	Ⅱ9	川岛南深水砂带	520	水深地缓	细砂	锆石、金红石砂矿		Ⅳ级含量		残留
	Ⅱ10	阳江南深水砂带	450	水深地缓	细砂	金红石、锆石砂矿	1		锆石：4 582 金红石：8 530	残留
	Ⅱ11	阳江南深水砂带	150	水深地缓	粉砂质砂	金红石、钛铁矿砂矿	1		钛铁矿：10 256	残留

17.7.1.2 广东省沿海砂矿远景评价

1）广东沿海具有良好的砂矿物质基础

从广东沿海所处的纬度带和区域成矿条件具有提供有用矿物富集的母岩、风化、搬运和堆积的有利条件以及现代海滨已有构成工业可采品位的一系列砂矿床，可为海区砂矿的形成提供物质基础。

2）锆石、独居石和钛铁矿为重要的砂矿品种

经过海区样品的矿物鉴定，证实其中锆石、钛铁矿、金红石和独居石的含量普遍偏高，少数样品达到工业边界品位或可采品位的要求。所圈定的异常区总面积为 5 800 km²，其中 I 级异常区面积达 1 960 km²，I 级异常区可作为今后寻找上述有用矿物的普查基地。

就矿种而言，主要是锆石、独居石和钛铁矿，其中独居石含量包括磷钇矿，金红石、锐钛矿远景不大。

3）广东沿海有用矿物往往是共生出现

尤其是 I 级异常区都是综合性砂矿，具有综合利用的经济价值，从而降低砂矿的品位要求。同时，砂矿主要在水深 20 m 以内的滨海地带，这对砂矿普查和开采既方便又经济。

4）细砂和黏土质砂分布范围为找矿需重视区域

有用矿物主要赋存在细砂和粗粉砂粒级中（0.25~0.063 mm）。这类沉积物，广东沿海和近海分布较广，沿岸带和深水砂带都有广泛的沉积。从这类沉积物的分布面积及其有用矿物的富集程度分析，细砂和黏土质砂分布范围内应予以重视。

5）海底砂矿具有良好的开发前景

与陆地相比，海洋砂矿没有剥离层，直接裸露于海底易于开采，用浮水装置就能从海底挖取，经在船上淘洗，分离就能获得某种工业矿物，而且海上运输既方便又经济。

6）重要远景区为漠阳江口和湛江湾

分别分布于广东沿海最有远景的异常区是 I 1 区和 I 2 区。

17.7.2　浅海海砂资源评价

17.7.2.1　浅海海砂基本特征

包括 20 m 水深以浅海域表层海砂、20 m 水深以深海域表层海砂和埋藏砂体。

1）20 m 水深以浅海域表层海砂分布特征

20 m 水深以浅海域表层海砂分布特征见表 17.39。

表 17.39　广东省 20 m 水深以浅海域表层海砂区分布特征

海砂区	水深（m）	分布面积（km²）	储量（×10⁸ m³）	分布特征
南澳岛东南海域	0~20	245	4.9	

续表 17.39

海砂区	水深 （m）	分布面积 （km²）	储量 （×10⁸m³）	分布特征
海门湾	0~25	170	3.4	达濠湾、海门湾和靖海沿岸的近海海域
碣石湾	0~5	15	0.3	潋河口门外的一个依海岸线发育的狭长区域
红海湾	0~12	47	0.94	汕尾港海砂区、芒屿岛东侧海砂区和考洲洋口门海砂区
大亚湾	0~18	60	1.2	平海湾海砂区和大辣甲东侧海砂区
珠江口		270	5.53	20 m 水深以浅的表层砂体有 19 个之多
阳江-电白沿海		1 460	64	包括海陵岛周围海域海砂区和电白沿海海域海砂区
雷州半岛周围海域		8 000	160	除流沙港东侧部分海域沉积物较细、海康港东侧部分海域沉积物较细以外，其余海域均被砂质沉积物覆盖。底质类型有沙砾、砾砂、粗砂、粗中砂、中粗砂、中砂、中细砂、细砂、粉砂质砂和黏土质砂

2）广东省沿海 20 m 水深以深陆架表层海砂分布特征

广东省沿海 20 m 水深以深陆架表层海砂分布特征见图 17.22，由图可见，其呈带状广布于广东沿海外陆架。

广东省沿海外陆架海砂区：系指台湾浅滩以西、海南岛以东的大陆架外侧的砂质堆积区，以细砂为主，占 60%~75%，含少量粉砂质砂、中砂、粗砂等（高为利，2009）。该海砂区分布面积约 79 000 km²。如果按平均厚度为 2 m 估算，资源量约为 1 580×10⁸ m³（王圣洁等，2003）。

3）埋藏砂体

珠江口海域的海砂的勘探程度为最高，共有 17 处埋藏砂体，见表 17.40。

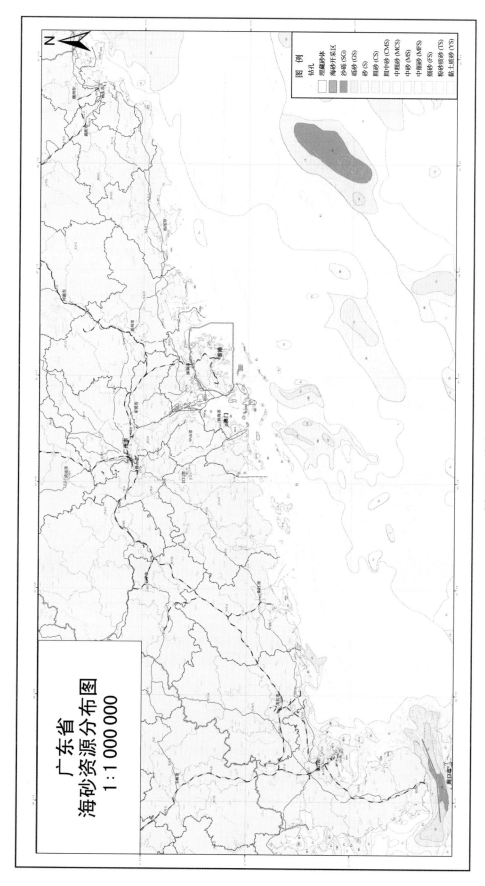

图 17.22　广东省海砂资源分布

表 17.40　珠江口埋藏砂体特征

海砂区名称	水深（m）	盖层厚度（m）	砂粒成分	砂层厚度（m）	储量（×10⁸m³）	地理位置
交椅沙	0~2	2~5	中粗砂	大于10	0.13	虎门口东南侧的纺锤形纵向潮流沙坝
川鼻水道至拦江沙头	3~15	6~20	中粗砂	3~18	2	砂体主要分布在川鼻深槽至拦江沙头
内伶仃岛西北水域	4~10	15	中粗砂	5~20	0.78	伶仃水道中部，跨东西两侧浅滩
内伶仃岛南部水域	1~6	0~18	中粗砂	5~20	1	主体为水下浅滩
深圳湾内	2~4	10~20	沙砾	15~20	2.5	盖层污染暂不开采
妈湾以南暗士顿水道	10~15	10~20	沙砾	10~20	0.5	深圳湾内海砂区向湾口的延伸部分
外伶仃岛岛东南水域	25~27	4~14	粗中细砂	9	0.3	
白沥岛东南水域	17~25	8~10	粗中砂混泥	10~20	0.7	
黄茅岛西部水域	5~10	7	中粗砂	5	0.01	
小蒲台西北水域	7~8	23~50	中粗砂	5~30	0.8	
磨刀门河床（大涌口至拦门砂）	0~5	0~2	细砂，部分混泥	不详	0.5	
桂山岛东大濠水道	10~30	2~30	物探显示	16	1	
隘洲岛西北水域	15~20	15	表层泥质砂，下部砂	10	0.47	
牛头岛—桂山岛西部水域	9~12	14	物探显示	10	0.3	
九州港航道中段	5	30	中粗砂	6	0.15	
横琴岛东南水域	7~8	7	物探显示	7	0.4	
三灶岛东南水域	10~11	25		10	0.8	

综合上述资料，珠江口伶仃洋内外海区经初步勘探和综合分析，埋藏砂体总储量达到 $12.43×10^8$ m³。其中预测海砂储量大于 $1.0×10^8$ m³ 的海砂区有 4 个区：川鼻深槽至拦江沙头海砂区、内伶仃岛南部水域海砂区、深圳湾内海砂区、桂山岛东大濠水道海砂区，预测海砂总储量 $5.5×10^8$ m³，占埋藏砂体总储量的 44%。

17.7.2.2　浅海海砂资源评价

由上可知，20 m 水深以浅海域表层海砂、20 m 水深以深海域表层海砂和埋藏砂体储量分别为 $240.27×10^8$ m³、$1\ 603×10^8$ m³ 和 $12.43×10^8$ m³，目前开采区主要集中在埋藏砂体，20 m 水深以深海域表层海砂为将来的开采区域。针对广东省海砂资源分布特征，本研究对重要河口（湛江湾）和远景区域进行综合评价。

1）重点河口（湛江湾）海砂分布特征与储量估算

（1）韩江口海域海砂分布特征与储量估算

韩江口水深 10 m 以浅海域并未发现表层海砂的分布，只在南澳岛东南海域广泛分布着细砂和粗砂。20 m 水深以浅海砂区面积约 243 km²，砂层厚度按 2 m 估算，海砂储量为 4.86×10^8 m³。关于韩江口海域的埋藏砂体，勘探程度很低。

（2）珠江口海域海砂分布特征与储量估算

珠江口海域海砂包括表层海砂和埋藏海砂，储量分别为 5.53×10^8 m³ 和 12.34×10^8 m³，总储量为 17.87×10^8 m³。埋藏砂体情况见表 17.40，表层海砂情况见表 17.41。

表 17.41　珠江口 20 m 水深以浅海域表层海砂资源分布及储量预测

海砂区名称	水深（m）	砂粒成分	海砂区面积（km²）	砂层厚度（m）	储量（×10⁸m³）	开发利用前景
虎门外海砂区	5 左右	砂	22	2（估算）	0.44	可开采，需重新勘探
蕉门外海砂区	5 左右	砂	12	2（估算）	0.24	可开采，需重新勘探
洪奇沥外海砂区	5 左右	砂	21	2（估算）	0.42	海洋自然保护区暂不开采
磨刀门外海砂区	0~5	砂；粉砂质砂	62	2（估算）	1.24	可开采，需重新勘探
鸡啼门外海砂区	2 左右	砂	14	2（估算）	0.28	可开采，需重新勘探
崖门外 1 号海砂区	5 左右	砂	3.4	2（估算）	0.07	可开采，需重新勘探
崖门外 2 号海砂区	5 左右	粉砂质砂	6.7	2（估算）	0.13	近岸不宜开采
崖门外 3 号海砂区	5 左右	粉砂质砂	2.9	2（估算）	0.06	可开采，需重新勘探
小铲岛东南海域海砂区	5 左右	粉砂质砂	2	2（估算）	0.04	可开采，需重新勘探
内伶仃岛西侧海域海砂区	0~5	粉砂质砂	2	2（估算）	0.04	海洋自然保护区暂不开采
淇澳岛东北海域海砂区	5 左右	粉砂质砂	2.3	2（估算）	0.05	可开采，需重新勘探
淇澳岛东侧海域海砂区	5 左右	粉砂质砂	2.7	2（估算）	0.05	可开采，需重新勘探
淇澳岛东南海域海砂区	5 左右	粉砂质砂	2.5	2（估算）	0.05	海洋自然保护区暂不开采
高栏岛西侧海域海砂区	3 左右	粉砂质砂	2.6	2（估算）	0.05	可开采，需重新勘探
高栏岛南部海域海砂区	18 左右	粉砂质砂	3.6	2（估算）	0.07	可开采，需重新勘探
白沥岛东侧海域海砂区	20 左右	粉砂质砂；砂	105	2（估算）	2.1	可开采，需重新勘探
大蜘洲东侧海域海砂区	15 左右	粉砂质砂	2	2（估算）	0.04	可开采，需重新勘探
小万山岛南锅底湾海砂区	5~18	粗中砂		10~20	0.14	岛屿近岸暂不开采
东澳岛西北水域海砂区	5~10	中粗砂		2~7	0.02	岛屿近岸暂不开采
储量总计					5.53	

（3）漠阳江口海砂分布特征与储量估算

漠阳江口海域海砂主要分布在海陵岛周围海域，海陵岛周围海域海砂水深 0~20 m，底质类型为细砂和中砂，分布面积 560 km²。根据典型钻孔资料揭示，砂层厚度为 10 m，由此预测海陵岛周围海域海砂储量为 $56×10^8$ m³。

（4）湛江湾海砂分布特征与储量估算

湛江港内部表层海砂广泛分布，海砂主要分布在特呈岛、东头山岛一线以东，海砂分布面积 110 km²。砂层厚度按 2 m 计算，估算湛江港内部海砂储量为 $2.2×10^8$ m³。

2）远景区评价

根据砂体特征、储量、开采条件、对环境的影响等各方面选取了 3 个海砂远景区（图17.23）：韩江口外、珠江口外和琼州海峡东部海域。

3 个区域都位于浅海海域，水深 20~50 m，为三角洲沉积或者残留沉积，砂质以粗中砂为主，分布面积大、因水动力改造的结果，呈条带状展布，距离海岸较远，开采活动影响程度小，为海砂开采的良好远景区域。

（1）韩江口外

为粤东韩江水下三角洲有两部分，25 m 以浅为现代水下三角洲，面积约 1 300 km²，上部主要为中细砂，厚约 3.8 m，下伏非海相的老黏土层，并有透镜体砂质沉积物分布。水深 25~50 m 为古三角洲，面积约 3 900 km²，是晚更新世末次冰期海退或海面上升时形成的（王圣洁，2003）。

（2）珠江口外

在珠江口外水深 30~60 m 的晚更新世古三角洲中部，分布粗中砂、砾砂堆积，王圣洁按照面积 1 140 km²，平均厚度 2 m 估算，资源量约为 $23×10^8$ m³。根据 908 专项调查成果（见图17.23），砂的分布面积约 1 800 km²，按平均厚度 2 m 估算，资源量约为 $36×10^8$ m³。

（3）琼州海峡东部

琼州海峡东部海域，约 300 km²，平均厚度 2 m 估算，资源量约为 $6×10^8$ m³。该海域海砂主要来源于雷州半岛和海南岛，雷州半岛海岸物质来源除玄武岩外，主要是更新统的湛江组和北海组砂砾石层，海岸岛近岸的沙砾与近岸岩石风化侵蚀相关，该海域水动力条件强，开采上有一定难度，但开采技术在发展，此区域可作为远景开发区。

17.7.3 海砂开采的社会经济影响与环境问题

17.7.3.1 社会经济影响

1）国外状况

当今世界，海砂在建筑用砂砾石资源中的比重越来越大。世界上发达的工业国家都在大力推进海砂资源的开发利用。

日本是世界上建筑砂砾石资源的需求大国，也是世界上最大的海上采砂国之一。1985年，日本海砂开采量已达建筑砂砾石总产量的 30%，其中 40% 用于水泥制品出口（王圣洁，2003），而目前日本 90% 以上的建筑用砂是海砂（曹雪晴，2008）。荷兰的海砂主要来自北海

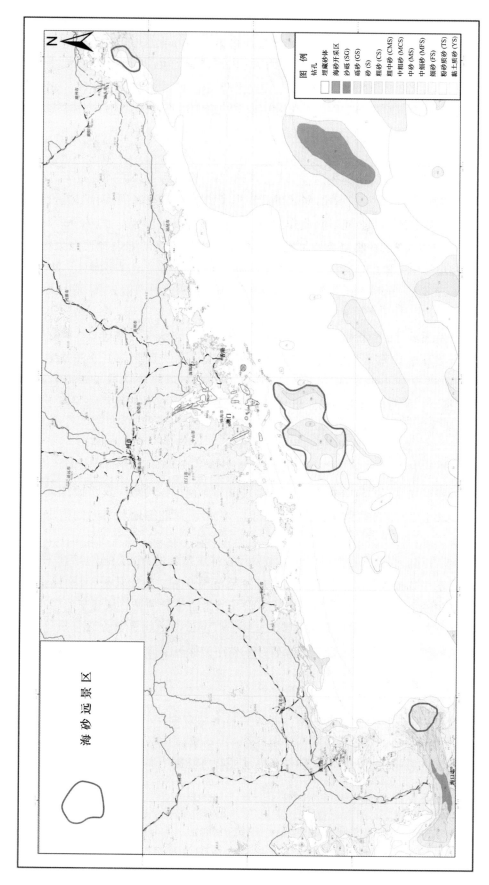

图 17.23　广东省海砂资源远景景区

（曹雪晴，2007），荷兰利用海砂资源历史悠久，主要用来填方、海岸养护以及建筑集料。近20年来，荷兰海砂资源的开采一直处于持续增长的趋势。1990—2001年，用于海岸养护的海砂每年约 $600×10^4 \text{ m}^3$，2001年以来，评价每年海砂用量达到 $1\ 200×10^4 \text{ m}^3$。英国建筑用海砂开采历史距今已有70余年（曹雪晴，2008），海砂作为重要的战略资源在英国的建筑砂砾石供应中占据重要的地位，在整个英格兰和威尔士地区海砂占整个需求的15%。

2）国内状况

我国开放利用海砂资源的历史久远，但众多企业和个人下海开采海砂是近十几年才发展起来的。20世纪70—80年代，开采者主要开采富集了具有重要经济价值和工业价值矿物资源的海砂，用于提炼金属、非金属矿物质作工业原料（胡鸿锵，1984）。进入90年代，海砂需求量持续上升。近年来，在临海工业、港口码头、滨海旅游等基础设施建设集中的海区，海砂开采活动相对集中，如广东珠江口、山东胶州湾、浙江和福建沿海等海域。2009年海砂开采从业人员1万多人，海砂开采量约1亿多万吨，海滨砂矿业总产值21亿元人民币（苏东甫，2010）。

我国目前已发现具有工业价值的滨海砂矿矿种有锆石、钛铁矿、独居石、磷亿矿、金红石、磁铁矿、石英石等12种。现已探明砂矿产区90余处，各类矿床191个（其中大型矿床35个、中型矿床51个、小型矿床105个），矿点135个，总地质储量 $1.6×10^8 \text{ t}$（孙岩，1999）。有色、稀有、稀有矿物集中在广东、广西和海南沿海，其他省区沿海只限于石英砂矿的开采。

3）广东海砂开采状况

广东省海砂资源丰富，广泛分布于粤东、珠江口和粤西近岸海域，其中以珠江口海砂的开采程度最高。20世纪80年代以来，香港、澳门、广州、深圳等地对海砂的需求激增。90年代中期以来，珠江口每天有100多艘采砂船，1 000多艘运砂船，每天采砂量超过10万吨。

从2010年6月起，广东采用海砂开采海域使用权挂牌出让的方式规范海砂开采秩序。但是，由于海砂需求市场很大，采砂利润很高，导致超范围开采、超量开采、超载运输的现象严重。采完又缺少恢复生态和海砂资源的措施，偷采行为也十分频见，从粤东汕尾、珠江口、磨刀门到粤西湛江都有海砂盗采报道。近年来，海监、渔政、边防等部分联合执法，严厉打击违规违法盗采海砂行为，整治了广东省海砂开采秩序，保障了海砂资源的可持续开发利用。

17.7.3.2 勘探与开采的环境影响

海砂开采对海洋环境的影响主要包括采砂活动对水动力条件的影响、采砂活动对海底地形地貌及冲淤环境的影响、采砂活动对水环境的影响、采砂活动对沉积环境的影响和采砂活动对海洋生态环境的影响等，无序的采砂作业活动还有可能影响通航安全。

1）对水动力条件的影响

采砂活动对水动力条件的影响主要表现在对水位和海流的影响。

海砂开采活动使海底水深发生变化，海砂开采后由于泥沙淤积和深坑吸流的作用，使得采砂区周围海域发生水位变化，进而影响到行洪排涝。一般来讲，发生水位变化幅度最大值的时刻不是在最高水位时刻，而是发生在潮流的涨急和落急时刻。

2）对地形地貌及冲淤环境影响

海砂开采活动开挖海底的砂资源，直接改变了海底边界条件，对海底地形地貌会带来直接影响。一般来讲，海砂开采过程会使开采区发生不断塌陷，在开采结束后，都会在采砂区形成低于原来海床一定深度的深坑，俗称采砂坑。物理模型实验结果显示采砂坑对水流的作用类似于跌坎，流动水面有明显跌落，采砂坑纵向流方向缘口处流速均有增加，导致采砂坑在纵向流方向出现溯源侵蚀，采砂坑纵向扩大，采砂坑扩展过程中水流挟带和冲刷的泥沙容易落入采砂坑而逐渐淤积，最终使河床较为平顺。海砂开采活动不可避免地造成负地貌地形。河口附近的采砂区多位于淤积海区，上游的输沙将较快地进行补充，因此形成的负地貌地形属短暂性的，不会造成长期的重大影响。

采砂活动对地形地貌的影响一方面利于减轻河口海域的淤积，有助于航道水深和锚地水深的维护；但另一方面，近岸或近航道的海砂开采形成的负地貌地形，会影响堤岸和航道的稳定性，严重的会造成崩塌和其他潜在危害。

3）对水环境影响

目前，广东沿海海域海砂开采主要为射流式挖砂船作业，因此，采砂过程对海洋水体环境产生的影响主要是悬浮物。

4）对沉积环境影响分析

采砂过程中，由于吸砂管从海底淤泥层直插入砂层，因此，采砂区的表层沉积物特征将被彻底改变。在陆源污染不变的情况下，吸附到悬浮泥沙上的污染物基本不会改变采砂区以外海底的沉积物特征。采砂作业结束后，采砂区将通过相当长的一段时间重新建立新的相对稳定的沉积物环境。

5）对生态环境影响分析

海砂开采对海洋生态环境的影响主要表现在对浮游生物、底栖生物、鱼类和水生动物行为的影响等方面。

（1）对浮游生物的影响

海砂开采中的洗砂作业环节会增加水中悬浮固体物质含量，提高海水的浑浊度，减薄水体的真光层厚度，从而降低海洋初级生产力，随之浮游植物生物量下降；以浮游植物为饵料的浮游动物，其单位水体中拥有的生物量也必然相应地减少。悬浮固体含量增多对浮游桡足类的存活和繁殖有明显的抑制作用，原因是过量悬浮固体使其食物过滤系统和消化器官受到堵塞。鱼虾类的仔稚阶段也算作浮游动物的范畴，悬浮物过量增加时，它们也受到与桡足类同样的影响。

（2）对底栖生物的影响

抽砂作业过程中，一些栖息于开采区内的底栖生物由于来不及逃离而被增压泵抽到船上之后因受矿砂筛选而死亡。开采区被抽砂作业后底栖生物环境受到破坏，其生态环境的恢复需要较长时间，可能在几年内，开采区的底栖生物种类和生物量都偏于贫乏。一般在采砂行为结束后底栖生物才能得到逐渐恢复。

（3）对鱼类的影响

水中悬浮固体物质含量过高，容易使鳝类的鳃耙腺积聚微泥，减损鳃部的滤水呼吸功能，甚者导致其窒息死亡。另外，水中含有过量的悬浮固体，细微的固体颗粒会黏附在鱼卵的表面，妨碍鱼卵的呼吸与水体之间的氧和二氧化碳的交换，从而减缓鱼类的繁殖。

（4）对生物行为的影响

海砂开采活动引起高浓度的悬沙和扰动水体，且抽沙作业是连续时间长，则会出现大范围内鱼类等游泳生物惊慌逃离现象。

（5）对附近海域水生生态系统的影响

工程附近海域水生生物多样性、均匀度和生物密度将有所下降，对工程附近海域的水生生态系统将受到较大的影响。

6）对通航环境影响分析

广东省沿海挖砂区主要位于河口海域，工程施工期间，挖砂船舶将占用一定的通航水域，对于通过该水域的船舶正常航行有一定的影响，工程夜间施工作业时，施工照明产生的背景亮光可能会影响船舶的安全航行。施工作业期间，若发生施工船舶火灾、爆炸、沉船、主机、舵机故障、船舶失控漂航等事故，对施工水域附近船舶航行安全会有很大的影响。

17.7.3.3 典型海砂开采区环境影响案例

典型海砂开采区环境影响评价案例资料引自《珠江口矾石水道桦国公司海砂开采区海域使用论证报告书》（国家海洋局南海海洋工程勘察与环境研究院，2006年4月）。

1）对水动力的影响分析

取珠江河口附近的8个特征站（K1至K8），站位分布见图17.24，施工期结束后，考虑在采砂区域留下的深坑和由于施工期间悬沙浓度的增加而产生的淤积增量，对地形进行了调整，计算出对各河口站水位的影响。

各特征站水位变化幅度最大值见表17.42，各特征站洪季高水位时的水位变化值见表17.43。其变化幅度不超过1 mm，故对泄洪影响不大。从水位影响的角度考虑，可以认为采砂实施后，对行洪影响轻微。

表17.42 最大水位变化值　　　　　　　　　　　　　　　　单位：mm

站位	K1	K2	K3	K4	K5	K6	K7	K8
升高	2.2	3.8	10.0	1.2	1.7	8.7	3.7	1.6
降低	-4.2	-3.3	-7.4	-1.2	-2.3	-8.1	-3.8	-2.3

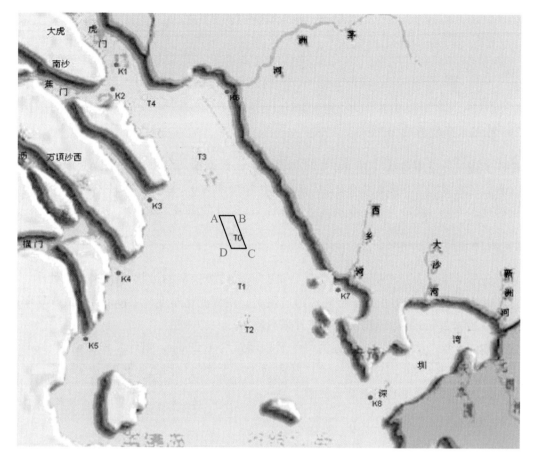

图 17.24 特征站分布示意图

表 17.43 工程前后洪季最高水位变化

站位	现状（m）	工程后（m）	差值（mm）
K1	3.517	3.516	-1
K2	3.506	3.505	-1
K3	3.324	3.324	0
K4	3.270	3.271	1
K5	3.230	3.230	1
K6	3.371	3.370	-1
K7	3.243	3.244	1
K8	3.175	3.175	0

在采砂区局部范围内，流速变化明显。主要表现为：流速的大小显著减小，各站平均减小值见表 17.44。T0 站及附近水深增加最大，流速减少最多；流速减小有利于泥沙落淤，促进天然地貌的恢复。流向变化表现为"归坑"现象明显，数模结果显示，工程后对各河口特征站的流速、流向影响甚微。

表 17.44 流速平均减小值百分比

站号	T0	A	B	C	D
减小百分比（%）	14.1	7.6	13.0	5.2	1.7

2）对海水环境影响分析

总体来讲，悬沙增量超过 10 mg/L 的面积很小，根据预测结果，洪、枯季悬浮泥沙含量为 10 mg/L 包络线的平均面积为 0.2 km²，最大包络面积为 0.35 km²，发生在由涨潮转为落潮的转流时刻。可见，海砂开采产生的泥沙对 1.5 km 以外的海域影响不大。

3）对冲淤环境影响分析

冲淤分析结果认为，淤积厚度的变化分布在一个比较狭窄的带状范围内，一个月内，淤积变化厚度为 0.1 mm 的等值线延伸到虎门口附近，淤积变化厚度为 1 mm 的等值线延伸到舢舨洲下部，超过 2 mm 的等值线仅分布在开采区附近。

按采砂期 5 年考虑，虎门口附近的每年淤积增量约 1.2 mm，累计淤积增量约 6 mm，影响轻微。茅洲河口、西乡河口、深圳湾口淤积增量小于虎门口附近，影响也很轻微，对采砂区东侧的深圳港西部航道也不会造成淤积。

4）对沉积环境的影响分析

施工期洗砂环节产生的悬浮泥沙颗粒较细，沉降速率为 0.000 227 m/s，粒径范围在 0.063~0.004 mm 之间。该粒径范围内的泥沙属于粉砂或黏土。采砂区及周边大部分海域的表层沉积物为粉砂质黏土，所以悬浮泥沙的再沉降对海底表层沉积物环境的影响不大。

5）对生态环境的影响分析

（1）对浮游生物的影响

洗沙作业会产生一定量的悬沙，但浓度含量不高，增量超过 10 mg/L 的最大范围仅 0.35 km²，只局限在距采砂区中心 1.5 km 的范围内，施工期间开采区域内动植物的生长繁殖会受到一定的干扰，但影响不大。

（2）对底栖生物的影响

由于采砂区附近海域本底悬浮物含量变化较大，涨落潮悬沙浓度有 20~40 mg/L 变化，夏季丰水期悬沙含量为 20~80 mg/L，冬季枯水期含沙量为 10~40 mg/L，因此采砂施工产生的悬沙增量相对本底值自然变化来说，其悬沙增量对本海区生态系统的影响是可以接受的。

（3）对鱼类的影响

本工程项目抽沙和洗沙引起的悬沙浓度超过 10 mg/L 的范围最大仅 0.35 km²，所以，抽沙作业不会对鱼类生命和繁育产生明显的影响。

（4）对水生物行为的影响

本工程项目抽沙过程中不会引起高浓度的悬沙和扰动水体，抽沙作业是间歇性的过程。所以，施工作业不会出现大范围内鱼类惊慌逃离的现象。

17.7.4　小结

17.7.4.1　主要结论

（1）锆石、独居石和钛铁矿为重要的砂矿品种。

就矿种而言，锆石、独居石和钛铁矿为重要的砂矿品种。所圈定的Ⅰ级异常区面积达1 960 km²，可作为今后寻找上述有用矿物的普查基地。

（2）广东沿海有用矿物往往是共生出现。

（3）细砂和黏土质砂分布范围为找矿需重视区域。

（4）砂矿重要远景区为漠阳江口和湛江湾。

分布于广东沿海最有远景的异常区是阳江县海陵岛南岸至闸坡湾内和粤西吴川县乾塘至谭巴沿岸浅水带，面积分别约为130 km²和150 km²。

（5）广东省海砂资源丰富，总储量约为1 855.7 ×10⁸ m³。

广东省海砂资源可分为20 m水深以浅海域表层海砂、20 m水深以深海域表层海砂和埋藏砂体，储量分别为240.27×10⁸ m³、1 603×10⁸ m³和12.43 ×10⁸ m³。

（6）粤东（韩江口—珠江口）海砂资源主要分布在几个海湾内。

就20 m水深以浅表层海砂而言，主要分布在海门湾、碣石湾、红海湾和大亚湾中，海砂类型主要为细砂，此外还有粉砂质砂，砾砂等。

（7）珠江口海砂资源分布较为复杂，分表层砂体和埋藏砂体。

珠江口近岸海砂主要分布在几大口门之外，如虎门外海砂区、蕉门外海砂区、洪奇沥外海砂区、磨刀门外海砂区、鸡啼门外海砂区和崖门外海砂区。占珠江口20 m水深以浅表层海砂总面积的52%。

另外，水深20 m左右的白沥岛东侧海域海砂区的面积达到105 km²，占珠江口20 m水深以浅表层海砂总面积的38%。

珠江口埋藏砂体主要为埋藏的古河道砂，内伶仃岛西北水域海砂区、深圳湾内海砂区、妈湾以南暗士顿水道海砂区、内伶仃岛南部水域海砂区和磨刀门河床（大涌口至拦门砂）海砂区占珠江口埋藏砂体总储量的43%。

（8）韩江口外、珠江口外和琼州海峡东部海域为海砂远景区。

17.7.4.2　存在问题

近年来，随着沿海经济的快速发展，对海砂存在着巨大的需求。例如，珠江口海砂开采仅2001—2005年，合计开采总面积达43.66 km²，累计开采量达1.195 3×10⁸ m³。刚性需求与巨额利润导致了全国非法采砂行为日益猖獗。而大量非法采砂带来了资源破坏和浪费，海床破坏与岸滩冲刷，生态环境破坏等严重后果。受国家海洋局的委托，2010年6—8月，在广东省海洋与渔业局开展了两个批次6个区块的海砂开采海域使用权挂牌出让工作，取得了很好的效果，在社会上引起了较大反响。广东省海砂资源开采存在的问题主要表现在：

（1）未能评估海砂和海域资源的综合价值。

首先，海砂可为重要的矿产，如矽砂，钙质砂及重砂。此外，有些海砂中含有锆石、金刚石和独居石等矿物。大部分海砂资源直接将其当作普通建筑材料使用造成了资源的浪费。

（2）规划滞后。

目前，全国大部分沿海省市未制定相应的海砂开采海域使用规划，广东省制定了《广东珠江口海砂开采规划》，有效地规范了珠江口海砂开采活动。

（3）海砂开采对环境的影响。

虽然单个开采区都进行了论证评价，但并未预测多个开采区的时空累积效应。

（4）深海区海砂资源未能有效利用。

拥有丰富海砂资源和较大环境容量的深海区域（20 m以深）鲜有海砂开采活动。

（5）海砂开采企业多、规模小、技术落后。

（6）海砂盗采、违规开采现象较多。

17.7.4.3　建议和对策

1）制定科学的中长期开采规划和相应政策

虽然广东省在全国率先实施海砂开采海域有偿使用挂牌出让制度，取得了良好的社会综合效益，但目前对海砂开采还未形成全省的统一规划，对海砂分布情况以及分布区的储量等资料还掌握不够，因此有必要制定全省统一的中、长期海砂资源开采规划。制定相应政策，鼓励深水区海砂开采，在规划、政策、经济效益等各方面给予支持。

2）加强环境影响研究

目前海砂开采的环境影响问题大多停留在定性分析，对海砂开采导致的岸滩的侵蚀、淤积现象和生物损失定量分析不够，且局限与单个开采区的局部评估，未对整个区域的长时间、多个区块的累积效益进行分析和评估。因此需要加强海砂开采的环境影响评估时空累积效应研究。

3）加强陆架海砂勘探力度

珠江口内和近岸的海砂资源难以满足将来的需求，尤其是海砂开采对地形地貌和环境带来较大的影响，深水海砂开采为未来的趋势，十分必要对广东沿岸陆架的海砂资源进行摸底勘探。建议先对陆架海域进行摸底调查，再从珠江外、粤东、粤西分别选取砂源丰富的20~30 m水深的区域进行详细勘探，以掌握陆架海砂资源分布规律，为将来深水海砂开采打下基础。

4）提高深水区海砂开采技术水平

向日本、欧美等国家学习先进的开采技术，研制深水海砂开采的配套装备和船只，整体提高深水海砂开采技术水平和开采效率，促进广东海砂资源的综合利用。

5）加大执法力度

要加强监管力度，对海砂开采过程中实时监管，并有相应的处罚措施，避免违法违规开采海砂的行为。

17.8　广东省海洋能源的开发利用[①]

能源是人类生存和社会发展的基础，对于人类的重要性众所周知。目前海洋能是未被充分利用的重要能源，包括可再生和不可再生二部分，蕴藏于陆架海区和深海底的石油、天然气及天然气水合物属不可再生能源，由国家统一开发；而可再生部分，包括波浪能、潮流能、盐差能以及风能等，主要分布于沿岸和近海区，各省市可根据需要和技术力量进行开发，其可利用潜力极大。广东省滨临南海，海岸线漫长、海域宽阔，分布着各种可再生海洋能资源。其中，波浪能主要分布于汕头的云澳、表角，汕尾的遮浪，珠海的荷包等，还有担杆列岛、佳蓬列岛、万山列岛、硇洲等波能区；潮流能主要分布于琼州海峡至外罗门水道，还有矾石水道、镇海湾口、海陵湾口、湛江港口、硇洲西北水道等潮流能区；盐差能主要分布于西江、北江、韩江、漠阳江、鉴江、九洲江、榕江等出海口；风能主要分布于汕头的南澳、达濠，揭阳的惠来，汕尾的碣石、遮浪、东海，惠州的港口，珠海的白沥、担杆、大万山，江门的上川，阳江的闸坡等。可见，南海温差能蕴藏量十分丰富，广东省有条件可进行开发利用。

17.8.1　广东省海洋能源利用现状

17.8.1.1　潮汐能

广东省沿海平均潮差在 1~2 m，由于潮差较小，潮汐类型又是以不规则半日潮为主的混合潮型，因此整个沿海区域潮汐能较小，平均功率密度较低，是全国沿海能量密度最低的省份之一。

广东省潮汐能蕴藏量在 500 kW 以上的坝址有 23 个，总的蕴藏量为 39.7×10^4 kW，技术可开发量为 35.26×10^4 kW、年发电量为 9.70×10^8 kW·h。可开发利用区坝址数为 4 个、蕴藏量为 8.18×10^4 kW，技术可开发量 7.26×10^4 kW、年发电量 2.00×10^8 kW·h。贫乏区坝址数为 19 个、蕴藏量为 31.67×10^4 kW，技术可开发量 28.13×10^4 kW、年发电量 7.73×10^8 kW·h。

广东省潮汐能资源主要分布于珠江口以西沿海，虽然海岸曲折漫长，站址较多，总装机容量较大（图 17.25），但是，能量密度较低，并且多数站址水深较浅，坝址断面较宽，工程量较大，多数坝址存在泥沙淤积问题，有不少站址沼泽淤泥地面积占水库面积的 50% 以上。故广东省沿海潮汐能资源能量密度低，开发条件差，开发利用价值较小。就省内相对而言，西部沿海优于东部沿海。

17.8.1.2　潮流能

广东省沿岸潮流资源质量一般。历史研究表明：潮流能资源主要分布于珠江口以西海域，其中以琼州海峡和雷州半岛东部沿岸较多，琼州海峡潮流资源为 37.73×10^4 kW，占全省的 73.6%；其次是湛江海区，为 8.91×10^4 kW，占 17%；其余海区潮流能蕴藏量很小。从水道来看，潮流能密度最大的是粤西海域的外罗水道和琼州海峡东口中水道，但各水道海底地质

[①]　根据刘富铀等《广东省海洋能源的开发利用评价报告》整理。

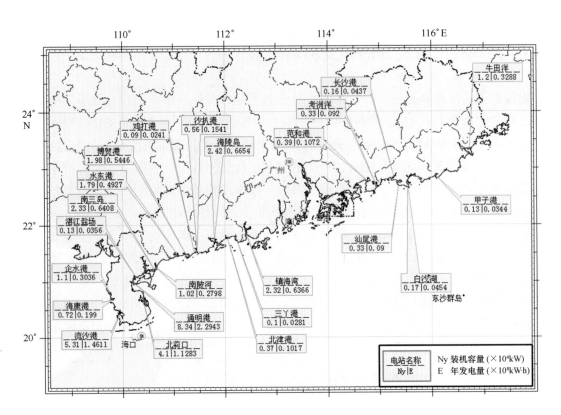

图 17.25　广东省潮汐能资源分布

多为淤泥底，且水深较浅，很不利于潮流能的开发利用（图 17.26）。

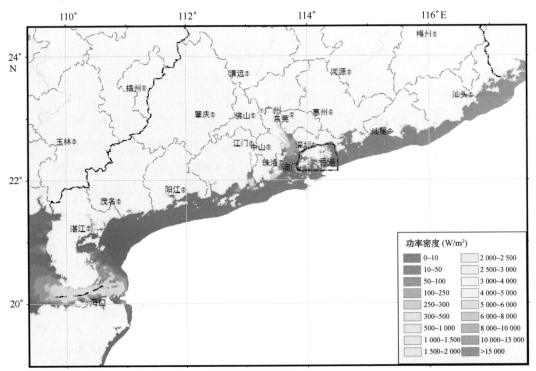

图 17.26　广东沿岸潮流资源平均功率密度分布

17.8.1.3　波浪能

广东省波浪能蕴藏量为 464.64×10^4 kW，理论年发电量 407.02×10^8 kW·h；技术可开发装机容量为 455.72×10^4 kW，年发电量为 399.21×10^8 kW·h，其波浪能资源月变化如图 17.27 所示。

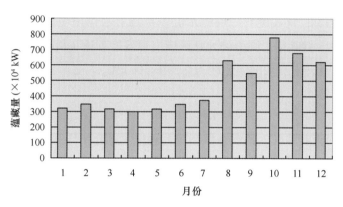

图 17.27　广东省波浪能资源月变化

广东省波浪能资源丰富，沿岸大部分海域平均波高均在 0.5 m 以上，个别站点可达 1.5 m，最大波高可达 12 m。珠江口以北区域沿海波浪能平均功率密度普遍较大，在 3 kW/m 以上。其中粤东的遮浪、珠江口的万山群岛、担杆岛附近海域波浪能平均功率密度最大，在 4.5 kW/m 以上；其次粤西的博贺以及硇洲附近海域波浪能平均功率密度较大，可达 3 kW/m（图 17.28）。

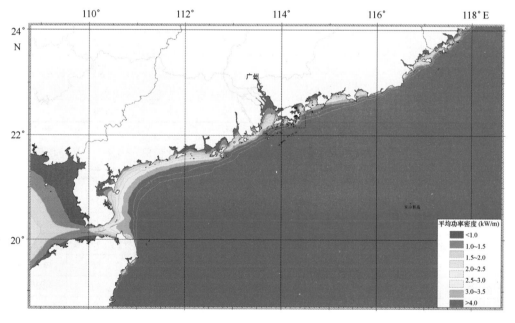

图 17.28　广东省波浪能功率密度分布

广东省沿岸波浪能资源蕴藏量丰富，其沿岸波浪能资源一半以上分布在珠江口以东沿岸岸段，这些地区多为基岩港湾海岸，波浪季节变化小，潮差也小，因此广东省东部沿岸岸段是我国波浪能资源蕴藏量丰富，开发条件好的地区之一。

17.8.1.4 温差能

南海温差能资源最丰富，开发条件优越，西沙是最适合先期开发的试验场地。据王传崑和吴文等的计算，南海温差能理论蕴藏量约为 $1\,296\times10^{16}\sim1\,384\times10^{16}$ kJ（图 17.29）。南海海域是温差能的重点海域，其表层与底层海水温差 $\geqslant18\,^{\circ}\!C$ 水体蕴藏的温差能为 $1\,160\times10^{16}$ kJ。取温差能补偿周期为 1 000 年，则南海计算区域内温差能理论装机容量为 3.67×10^{8} kW，取热效率为 7%，技术上可开发利用的温差能为 $2\,570\times10^{4}$ kW。

17.8.1.5 盐差能

广东省的入海河流有珠江、韩江、贺江等，这里主要介绍珠江和韩江的盐差能蕴藏情况。

1）珠江

珠江流量年际变化较大，故而盐差能功率的年际变化也较大（表 17.45 和表 17.46）。

表 17.45 珠江八大口门多年平均盐差能功率

口 门	年平均功率（$\times10^4$ kW）	占珠江流域总量的成数（%）
虎 门	424.3	18.5
蕉 门	397.1	17.3
洪奇门	147.2	6.4
横 门	257.3	11.2
磨刀门	649.4	28.3
鸡蹄门	138.5	6.0
虎跳门	142.3	6.2
崖 门	138.5	6.0
合 计	2 294.6	100

表 17.46 珠江盐差能功率各年逐月变化情况　　　　　　　　　单位：$\times10^4$ kW

年份	1月	2月	3月	4月	5月	6月	7月	8月	9月	10月	11月	12月
1975	60.6	79.2	122.5	175.7	523.3	394.6	225.1	55.7	173.2	147.2	84.1	65.6
1976	50.7	55.7	56.9	153.4	285.7	361.2	496.0	311.7	205.3	165.8	146.0	69.3
1977	61.9	54.4	47.0	103.9	154.6	471.3	393.4	358.7	168.2	154.6	111.3	56.9
1978	71.7	49.5	71.7	143.5	435.4	470.1	243.7	236.3	214.0	158.3	112.6	68.0
1979	50.7	59.4	65.6	153.4	311.7	326.6	442.8	437.9	439.1	116.3	64.3	44.5
1980	42.1	38.3	74.2	193.0	491.1	186.8	316.7	357.5	228.8	100.2	70.5	44.5
1981	48.2	45.8	87.8	243.7	345.1	340.2	414.4	284.5	173.2	174.4	124.9	73.0
1982	56.9	60.6	92.8	149.7	369.9	382.2	195.4	337.7	200.4	158.3	142.3	138.5
1983	158.3	159.6	402.0	204.1	326.6	492.3	214.0	242.5	283.5	176.3	102.7	64.3
1984	56.9	48.2	58.1	197.9	308.0	341.4	254.8	226.4	190.5	158.3	69.3	55.7

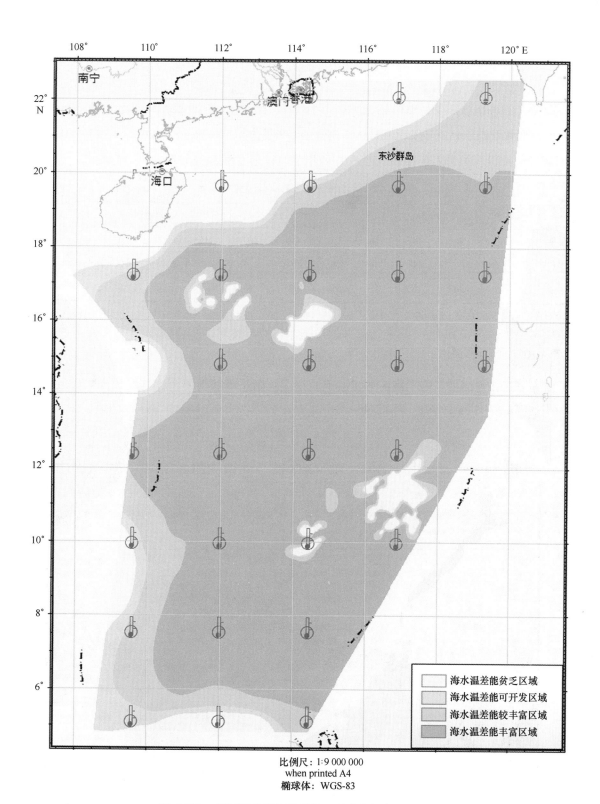

图 17.29 南海温差能年蕴藏量（理论装机容量）分布

2）韩江

韩江流域地处南亚热带，雨量充沛，径流丰富，月变化和年际变化都较大。根据潮安站 1951—1983 年的资料，多年平均最大功率达 $355.0×10^4$ kW，而最小功率只有 $82.9×10^4$ kW。流量的月变化及洪、枯季节变化也很大，每年 4—9 月为洪季，盐差能功率占全年的 80.7%，10 月至翌年 3 月为枯季，盐差能功率仅占全年的 19.3%（表 17.47）。

表 17.47 韩江潮安站各月平均盐差能功率　　　　　　　　　　单位：$×10^4$ kW

月平均盐差	1月	2月	3月	4月	5月	6月	7月	8月	9月	10月	11月	12月
月平均	60	90	40	210	300	450	240	230	220	120	90	60
月平均最大	130	280	430	670	970	1390	720	660	650	330	180	130
月平均最小	50	40	50	70	100	150	110	110	100	70	60	50

17.8.1.6　海洋风能

广东省近海海域的风能丰富区主要位于汕头市、潮州市和揭阳市，其面积占全省近海海域面积的 30.2%（图 17.30，表 17.48）。

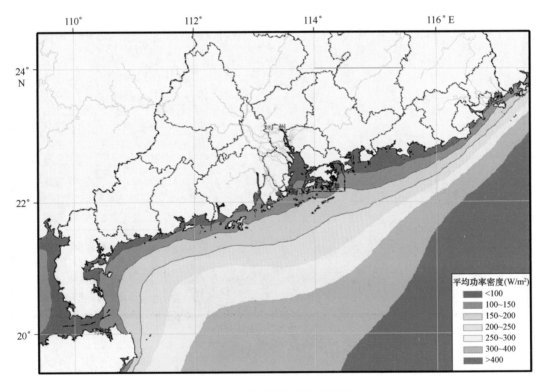

图 17.30　广东省近海风能区划

表 17.48　广东省近海风能区划及占全省海域的百分比

指标	丰富区	较丰富区	可开发区	贫乏区
平均风功率密度（W/m²）	>200	200~150	150~100	<100
对应海域面积（×10⁴ km²）	2.19	1.95	1.70	1.41
占全省近海海域的百分比（%）	30.2	26.9	23.4	19.5
风能资源蕴藏量（×10⁴ kW）	6 916.9	3 411.3	2 119.8	704.9
技术可开发量（×10⁴ kW）	5 429.8	2 677.9	0	0

广东省沿海及岛屿风速大，面积广，风能蕴藏量大，风力资源潜力巨大，漫长的海岸线是风能资源最丰富的地区。估计全省风能储量约 1.32×10^8 kW，技术可开发量为 $8\,107.7 \times 10^4$ kW。广东省气候与农业气象中心根据连续 7 年多资料，通过对沿海风能资源的时、空分布特点、统计特征、随高度增加和随水平距离的衰减规律等进行深入分析，认为广东沿海属风能资源丰富区，年平均风速为 6~7 m/s 或以上，有效风能密度普遍在 200~300 W/m² 以上，有的地区达到 400~500 W/m²，有效发电时间约 7 500 h，约占全年时间的 85%，可装风机面积达 539 km²，近期可装机容量达 $550 \times 10^4 \sim 600 \times 10^4$ kW，相当于全省水力发电的装机容量（660×10^4 kW），每年可发电 $100 \times 10^8 \sim 120 \times 10^8$ kW·h，开发潜力相当大。

17.8.2　广东省海洋能源可利用潜力

17.8.2.1　潮汐能

广东省潮汐能开发利用潜力综合评估排序见表 17.49。湛江市的通明港潜力最大，可达 8.343×10^4 kW，潮阳的海门港潜力最小，为 0.018×10^4 kW。

表 17.49　广东省潮汐能开发利用潜力综合评估

开发利用潜力排序	站址名称	所属市县	技术可开发量（×10⁴ kW）
1	通明港	湛江	8.343
2	流沙港	徐闻、雷州	5.313
3	北莉口	徐闻	4.103
4	海陵岛	阳江	2.419
5	南三岛	湛江	2.330
6	镇海湾	台山	2.315
7	博贺港	电白	1.980
8	水东港	电白	1.792
9	牛田洋	汕头市	1.196
10	企水港	雷州	1.104
11	南陂河	吴川	1.017

续表 17.49

开发利用潜力排序	站址名称	所属市县	技术可开发量（×10⁴ kW）
12	海康港	雷州	0.724
13	沙扒港	阳江	0.560
14	范和港	惠阳	0.390
15	北津港	阳江	0.370
16	考洲洋	惠阳	0.334
17	汕尾港	海丰	0.327
18	白沙湖	海丰	0.165
19	长沙港	海丰	0.159
20	湛江盐场	湛江	0.129
21	甲子港	陆丰	0.125
22	三丫港	阳江	0.102
23	鸡打港	电白	0.088
24	乌坎港	陆丰	0.044
25	碣石港	陆丰	0.028
26	海门港	潮阳	0.018

17.8.2.2 潮流能

广东省潮流能技术可开发量为 $2.6×10^4$ kW，在全国排第 7 位。

17.8.2.3 波浪能

广东省的波浪能居全国第 1 位，其技术可开发量为 $455.72×10^4$ kW。波浪能开发利用潜力与相邻海南省、福建省比较见表 17.50。

表 17.50 波浪能开发利用潜力评估

开发利用潜力排序	所属省市	技术可开发量（×10⁴ kW）
1	广东省	455.72
2	海南省	420.49
3	福建省	291.07

17.8.2.4 温差能

我国管辖海域纵跨温带和热带，蕴藏着巨大的温差能资源，在各种海洋可再生能源中数量最大，主要分布在南海和台湾以东的中国海域。南海表层与深层海水温差≥18℃，初步估计，其蕴藏的温差能技术可开发量就达 $2570×10^4$ kW。广东省临南海，可利用南海的资源条件，进行温差能开发。

17.8.2.5 盐差能

广东省的盐差能居全国第 2 位，其技术可开发量约为 205.2×10⁴ kW，其中以珠江口的盐差能开发量最大，为 186.4×10⁴ kW（表 17.51）。

表 17.51 广东省主要河口盐差能开发利用潜力评估

站址名称	技术可开发量（×10⁴ kW）		省内排序	所属省市
	站址	省合计		
珠江口	186.4		1	
韩江口	9.7	205.2	2	广东
漠阳江口	4.6		3	
鉴江口	4.5		4	

17.8.2.6 海洋风能

广东省海洋风能居全国第 3 位，其技术可开发量为 8 107.7×10⁴ kW。

17.8.3 广东省社会经济发展对海洋能源的需求

广东沿海地区经济发达，人口密集，能源需求量大，目前能源形势十分紧张。此外，还有很多偏远海岛没有电力供应。利用煤、石油、天然气等不可再生能源面临着巨大的交通和环境压力，而海岛远离大陆，交通不便，常规供电投资更大。沿海地区具有临海优势，可以实现海洋可再生能源的就地开发利用。在陆地资源紧缺的今天，开发海洋资源可以为经济发展提供强大的动力。

海洋开发首先需要解决能源问题。例如，钻井平台每天需要大量的能量，而目前只能靠船舶运送燃油供给，类似的能量需求量很大。由于供能成本很高，限制了广东省海洋开发的进程和能力，直接影响了海洋经济的效益，应积极研发或引进相关技术，因地制宜，充分挖掘海洋能源的利用潜力。

此外，海防建设对海洋可再生能源也有巨大需求。发展海洋可再生能源技术，对广东省的海洋开发、海防建设具有重大的意义，符合广东省发展的需求，应引起重视。

17.8.4 广东省海洋能源开发利用中的问题

17.8.4.1 潮汐能

经济效益差。潮汐电站由于装机容量小、运行自动化程度低，造成潮汐电站的经济效益普遍低下。

设备材料不过关，运行成本高。现行的适应海水的发电机组在选材、制造等方面尚有一些难点，机组抗锈蚀、抗生物附着能力差，导致机组运行维护成本较高。若过流面全部采用抗锈蚀能力好的不锈钢材料，则机组的制造成本居高不下。

政府有关部门对潮汐能开发利用的意义和作用认识不足，对开发工作重视和支持不够，缺乏相应的激励政策和优惠措施，从而削弱了开发利用潮汐能的积极性。

17.8.4.2 潮流能

缺乏整体战略规划，严重影响潮流能发展。潮流能发展战略与发展规划直接影响海洋能开发的研究与利用。一直以来由于没有进行过综合性的潮流能发展战略与发展规划研究，使潮流能的开发利用长期处于盲目状态。

长期缺少归口部门，管理无序。潮流能的开发利用由于没有明确归口管理部门，基本处于管理无序状态，缺乏有效的行政监管体系，不能很好地组织规划和投入，使潮流能的开发利用在相当长的一段时间处于低谷。

研究投入少，开发技术滞后。虽然在潮流能研究与开发方面开展了一些工作，但目前潮流能利用的规模很小，缺乏资金进行较大装机容量的研究与开发，限制了规模化开发利用。要加快潮流能的开发利用，必须加大投入，研究具有实用价值的、装机容量大的开发技术，以期在规模化和商业化的基础上降低建设成本。

缺乏政策引导，企业投入无利。由于潮流能的开发利用需要大量的资金，国家缺少规划和政策导向，地方政府即使认识到潮流能的重要性也不可能进行投资，迫使地方政府和企业不愿意从长远考虑去投资潮流能的开发利用。

17.8.4.3 波浪能

投资成本高。海洋波浪能发电的投资成本居高不下，其主要原因是海浪发电技术涉及的专业覆盖面广，如机械、结构、海洋、液压工程、控制系统和造船工程学等；海洋波浪发电设备研究周期长，产品设计复杂，投资大，导致海洋波浪能利用进展缓慢。

需求市场是海洋波浪发电技术进入商业化开发阶段最大难点。海洋波浪发电技术进入商业化开发阶段，急需得到政府的支持和引导，以便实现其发电产品规模化生产与发展，加快推向市场。

海洋波浪发电场选址的局限性。选择适宜的波浪发电场海区，如波浪能借以产生最大电力的栅极电容可用性、所选场址不受商船、渔船船队和休闲旅游人员等其他水面使用者的干扰等。

17.8.4.4 温差能

投资成本高。海洋温差能发电的投资成本居高不下，其主要原因是热交换系统、管道和涡轮比较昂贵，需要降低工程设计的成本，提高效率。

与其他能源竞争激烈。对海洋温差能发电经济效益的分析表明，海洋温差能发电在特定的地方是可行的，如在淡水短缺的岛屿上；但由于制造海洋温差能发电设备投资大，竞争力较低。还有地理上的局限性。

17.8.4.5 盐差能

盐差能是以化学能形态出现的海洋可再生能源，从理论上讲，一条流量为 $1 \ m^3/s$ 的河流的发电输出功率可达 2 340 kW。实际上开发利用盐差能资源的难度很大，为了保持盐度梯度，还需要不断地向水池中加入盐水。目前已研究出来的最好的盐差能实用开发系统非常昂贵。这种系统利用反电解工艺（事实上是盐电池）来从咸水中提取能量，其投资成本约为50 000美元/kW。也可利用反渗透方法使水位升高，然后让水流经涡轮机，这种方法的发电成本可高达 10~14 美元/（W·h）。还有一种技术是根据淡水和咸水具有不同蒸汽压力的原理，使水蒸发并在盐水中冷凝，利用蒸汽气流使涡轮机转动，但其机械装置的成本也与开式海洋热能转换电站几乎相等，战略上不可取。

17.8.4.6　海洋风能

广东近海风能资源蕴藏量还没有比较权威的科学数据，这给近海风电开发的前景带来了很大的不确定性。海上风电的技术也仅仅处于起步阶段，近海并网发电存在着诸多困难，如何利用近海风能资源为沿海各地区提供经济高效的电力资源依然是个难题。主要原因在于海上风能资源测量与评估技术有待完善，风电机组国产化刚刚起步，海上风电建设技术规范体系尚未建立，海上长距离输送电技术有待研究，高新技术的研发能力仍有待加强，这些是制约海洋风能利用的瓶颈问题。

特别需要注意的是，海上风力发电将会带来一定的环境问题，主要包括对鸟类、鱼类、哺乳动物等的影响。

17.8.5　海洋能源可持续利用的管理与对策

海洋可再生能源是未来发展的重要能源，特别是在解决边远地区和海岛的能源供应上具有十分重要的意义。从发展的眼光来看，这是一种不可忽视的很有前途的新能源。当前应该加强对海洋可再生能源开发利用支持力度，制定相应的激励政策，促进海洋可再生能源开发利用技术的研究和相关产业的形成。为此，提出以下管理对策和建议。

17.8.5.1　确立海洋可再生能源的战略地位，落实可再生能源法

各级政府要提高对海洋可再生能源重要战略地位的认识，落实《中华人民共和国可再生能源法》（修正案），做好海洋可再生能源开发利用战略研究和统筹规划，把多能互补、洁净化和可持续发展作为基本政策，紧密地和国土资源开发、国防建设和环境保护联系起来，适时调整区域性能源结构，确定优先开发区，优化功能区划，以此拉动海洋可再生能源开发利用又好又快发展。

17.8.5.2　统筹规划、分步实施，推进海洋可再生能源开发利用协调发展

根据新修订的《中华人民共和国可再生能源法》的总体要求，制订广东省海洋可再生能源中长期发展规划，进一步加快海洋可再生能源政策及措施制定与落实，推进海洋能立法工作。

17.8.5.3　加大基础保障条件建设力度，尽快形成技术研发支撑与服务体系

围绕提升海洋可再生能源开发利用公共服务能力的迫切需求，加快海上试验场建设，构建综合试验/检验平台，建立健全技术标准体系，为海洋可再生能源开发装置的设计、试验及综合测试等提供基础保障条件；加快海洋可再生能源开发利用信息服务平台建设，提升海洋

可再生能源开发利用综合信息服务能力，实现海洋可再生能源资源信息共享服务，形成技术研发支撑与服务体系。

17.8.5.4　加速海洋可再生能源利用装备研发，提升核心技术竞争力

围绕提升广东省可再生能源核心装备竞争力的需求，坚持自主创新，开展关键技术攻关，加快新技术、新装置研究，突破可再生能源发电装置在高效转换、高效储能、高可靠性运行、低成本建造等方面的技术瓶颈，形成一批具有自主知识产权的核心装备；加大海洋可再生能源开发利用示范工程建设力度，在资源丰富及条件较好的地区，建设以解决海岛供电为目的的独立电力系统示范电站，万千瓦级潮汐能发电站，兆瓦级潮流能示范工程，为广东省海岛及近岸海洋可再生能源开发利用提供技术支撑。

17.8.5.5　制定海洋可再生能源开发利用激励政策和措施，培育战略性新兴产业

当前及今后一段时期，海洋可再生能源开发利用需要激励政策的引导和扶持。建议"十三五"期间尽快制定出台优惠的投资、补贴、税收及配额政策，建立风险基金，激励和保护企业参与的积极性；建立多渠道、多元化的投资融资机制，引导、鼓励私人和民营资本投入；建立以企业和科研机构为主体、市场为导向、产学研相结合的技术创新体系，形成自主创新的基本架构和能力；以需求为牵引，以企业为主体，推进海洋可再生能源开发利用向产业化迈进，同时带动相关产业链的发展，培育并形成战略性新兴产业，创造新的就业机会和岗位，为广东省能源安全、发展低碳经济和节能减排做贡献。

17.8.5.6　加强人才队伍培养，积极开展国际交流与合作

海洋可再生能源的开发，从根本上说要靠科技进步，亟须高新技术后援条件支持。科研、教育管理部门应该设立有关海洋可再生能源开发利用的专业学科和专项科研计划，为海洋可再生能源的开发利用培养专业人才，形成一支专业队伍，长期坚持研究和技术开发，为今后大规模开发利用海洋可再生能源打好基础。同时，针对广东省海洋可再生能源开发研究工作现状，有目的、有选择地与各发达国家开展广泛的交流合作，引进消化吸收国外的先进技术，在高起点上提高海洋可再生能源技术的开发步伐和总体水平。

17.8.5.7　加大宣传力度，提高社会对海洋可再生能源的认知及关注度

充分发挥政府部门和非政府组织的作用，利用各种媒体及多种渠道，做好开发利用海洋可再生能源资源的宣传普及工作，提高全民对海洋可再生能源的认知度，提高公众海洋可再生能源意识和参与的积极性，科学、合理地开发利用海洋可再生能源资源，自觉地保护资源和海上的资源开发设施。

17.8.6　小结

以上对广东近海海洋能源的利用现状、潜力和承载力、社会经济需求、开发利用中存在的问题和管理对策等进行了分析，取得了以下初步认识。

海洋能源的利用方式主要是发电，但由于投资高、经济效益差、设备研制耗时长等因素，阻碍了海洋能源的开发与利用进度。目前广东省仅有珠海市大万山岛及汕尾市遮浪各有1座

波浪电站，其他能源的开发仍处于设备研制阶段。

广东省海洋可再生能源资源蕴藏量大，尤其是海洋风能的开发利用潜力非常大，具有较好的开发利用前景；潮汐能资源较好，在一些地区具有较大的开发利用价值；潮流能在一些水道具有开发价值，可以试验开发；近海波浪能相对而言比较小，不具有大规模开发的价值，但 20 km 以外的海域波浪能较好，可以解决偏远海岛和海上平台的电力供应；南海的温差能蕴藏量大，但远离大陆，可解决岛屿生活和生产用电问题。

海洋可再生能源发电污染少，还可增添旅游景点。海洋可再生能源电站不需运输煤炭，不受燃料价格影响。因此，在陆地资源紧缺的今天，开发海洋资源可以为经济发展提供强大的动力。

海洋能源利用中存在研究投入少、技术支撑不足，产业投资成本高、装机容量小、经济效益差、区域局限、缺乏战略规划和有序管理，与其他能源竞争激烈等问题。

加快海洋能源开发利用，需要统一认识、统筹规划、统一安排、协同发展；加大资金投入，制定激励政策，拓宽融资渠道；积极有效地利用高新技术，加强国际交流合作，引进先进技术设备，促进海洋可再生能源的发展；加快政策实施、促进企业参与；加速试点示范、促进产业形成；加强信息传播、培养公众意识。

海洋能源可持续利用的管理与对策包括确立海洋可再生能源的战略地位，落实可再生能源法；坚持统筹规划、分步实施的原则，推进海洋可再生能源开发利用协调发展；加大基础保障条件建设力度，尽快形成技术研发支撑与服务体系；加强人才队伍培养，加速海洋可再生能源利用装备研发，提升核心技术竞争力；制定海洋可再生能源开发利用激励政策和措施，培育战略性新兴产业，切实推进海洋可再生能源的开发利用。

17.9　海水淡化与综合利用评价①

根据调查资料，分析了广东省淡水资源现状与需求、海水资源开发利用现状与需求和海水利用功能区划，提出了淡水资源缺乏地区和淡水资源缺乏原因与类型，从经济社会需求和资源的可持续发展出发，评价海水资源开发利用在广东省的战略地位，并做出需求预测。

17.9.1　广东省海水资源开发利用需求预测

在沿海地区，分析调查数据资料，从淡水资源总量、人均水资源量、供用水量、水资源时空分布、水体污染等导致的水资源贫乏程度进行分析评价淡水资源现状。并对沿海地区进行了水资源需求预测。

根据广东省社会经济发展预测和国民经济各领域需水定额预测的具体情况，计算广东省各国民经济领域需水量，并将其汇总，得出广东省社会经济需水总量，如表 17.52 所示。

---

① 根据侯纯扬等《广东省海水淡化与利用评价报告》整理。

表 17.52 广东省社会经济需水总量

需水量 (×10⁸ m³)	2010 年	2020 年
工业需水	172	229
生活需水	92	102
农业需水	238	223
总计	502	554

在不采取任何新增供水来源和手段的情况下，以现状供水能力为基准，进行水资源供需平衡分析，在此基础上得出不同年份缺水率。广东省未来水资源短缺情况如表 17.53 所示，预计到 2020 年，缺水量将达 95×10^8 m³。

表 17.53 广东省未来水资源短缺情况

年份	需水量 (×10⁸ m³)	可供水量 (×10⁸ m³)	缺水量 (×10⁸ m³)	缺水率 (%)
2010	502	459	43	8.57%
2020	554	459	95	17.15%

根据淡水资源现状及需求预测，不同技术领域（包括海水淡化、海水直接利用、海水化学资源综合利用等）的海水资源开发利用需求量，进行了海水资源利用需求预测。

目前广东省全省海水淡化能力为 $(2 \sim 4) \times 10^4$ m³/d，海水直接利用能力达 190×10^8 m³/a；到 2020 年，广东省全省海水淡化能力达到 $(8 \sim 15) \times 10^4$ m³/d，海水直接利用能力达到 270×10^8 m³/a。广东省海水利用发展目标如表 17.54 所示。

表 17.54 广东省海水利用发展目标

省、市	海水淡化目标 (×10⁴ m³/d)		海水直接利用目标 (×10⁸ m³/a)	
	2010 年	2020 年	2010 年	2020 年
广东	1~2	5~10	100	130
深圳	1~2	3~5	90	140
合计	2~4	8~15	190	270

注：省、区、市不含计划单列市的目标值。

17.9.2 广东省海水资源开发利用战略地位定位

针对沿海地区经济社会及淡水资源紧缺形势，结合了广东省沿海地区海水资源开发利用需求预测成果，分析了缓解沿海地区淡水资源紧缺的调水工程、节约用水、海水利用、污水利用、雨水利用等措施的优缺点，并指明了海水利用在各项措施中的优势：首先，随着科技的不断发展，海水利用成本在不断降低；其次，与调水工程相比，海水淡化具有水资源保证程度高的优势；此外，与跨流域调水相比，海水利用投资相对较小、建设周期短。由此得出了：在广东省充分利用海水资源，增加水源并替代淡水，弥补传统手段的不足，是解决沿海地区资源性缺水和水质性缺水的现实和战略选择的结论。

通过分析调查相关成果，从实现水资源可持续开发利用的战略角度，给出了广东省沿海地区水资源优化措施：通过扩大海水淡化规模增加工业用高纯水及工业小区生活用水的供给能力，及通过在重点用水行业大力推广应用海水作为冷却水，直接置换出国民经济发展和社会发展所需的淡水。大力发展海水利用是解决沿海地区水资源短缺，促进国民经济与社会发展的必然选择。在沿海城市大规模实施海水利用能够为沿海地区经济和社会发展提供更加宽松的供水环境。同时，为促进沿海地区经济又好又快发展，电力、钢铁、化工等用水大户利用海水资源替代淡水资源成为一种战略选择，高耗水行业趋海分布、尽量利用海水资源将成为沿海经济社会发展的必然趋势。

根据以上的评价结果，从淡水资源紧缺的形势、海水替代淡水所占比例及发展趋势、海水利用技术成熟程度及发展空间等方面确定了海水资源开发利用战略地位：对于水资源短缺形势日益严峻的广东省，海水利用替代淡水资源量不断上升，海水利用战略地位明显增强。同时，随着海水利用技术的不断成熟和发展，海水利用作为解决沿海地区水资源短缺的重要途径，将为弥补水资源缺口做出越来越大的贡献。广东省尤其是部分资源性与水质性缺水并存的沿海城市，海水利用作为一种成熟的非常规水源供水方式，可与节约用水、引水工程、再生水回用等共同构成多种开源节流措施。因此，将海水利用纳入广东省沿海地区水资源供给体系，为沿海地区提供水资源安全保障具有重要战略意义。

17.9.3　广东省海水利用潜力分析

针对海水资源开发利用现状及需求预测，在摸清广东省海水利用技术及产业现状、用水需求及分布特点、使用可行性的基础上，进行了海水资源开发利用潜力分析。划分为 3 个级别。

Ⅰ级潜力区包括：深圳市。其海水资源开发利用潜力最高，其分值远远高于其他沿海城市。这是因为深圳市社会经济发展迅速，从深圳市未来工业发展的趋势看，深圳市的工业结构将适度重型化，将向精细化工方向发展，目前正规划建设坝光精细化工园区，其工业需水量巨大；深圳市资源开发条件较为优越，有发展海水利用的良好基础。目前，深圳市的电厂，包括福华德电厂、上洞电厂、大亚湾核电站、岭澳核电站、月亮湾电厂及妈湾电厂，以及在建的东部电厂和前湾电厂，都将海水应用于工业冷却，海水年利用量达 $70×10^8 \, m^3$，其他沿海的电厂及工业冷却量大的工业企业单位，如有条件的均可利用海水冷却。但资源条件不是太好，主要是由于深圳市海域面积较小、岸线较短。

Ⅱ级潜力区包括：湛江、广州、东莞、汕头。其优势在于开发条件和社会经济条件方面。该区域集中了一批海洋科技实力较强的科研院所和企业。如国家海洋局南海分局、中科院广州能源所、广东海洋大学、广州市晶源海水淡化有限公司和东莞市四通环境治理有限公司，他们在海水利用的技术研发和推广方面做了大量有益的工作。同时，该区域随着经济快速发展，人口迅速增加，对水资源的需求日益增多。据统计 2007 年广州市人均水资源量为 $667 \, m^3/$人，仅为全国的 1/3；东莞市用水量在广东省排第一；汕头市 2007 年人均水资源仅为 $374 \, m^3/$人。而湛江市具备发展海水利用得天独厚的自然条件，全市三面环海，5 县（市）4 区都临海，海岸线长达 1 556 km，居全国地级市之首，占广东省海岸线的 46%，人均海岸线

25 cm，为全国人均海岸线的 10 倍，与海洋大国日本相当。但该区域发展海水利用最大制约在于环境条件，特别是近年来随着经济的快速发展对近岸海域的环境污染越来越严重，据《2008 年广东省海洋环境质量公报》报道，广州海域全部监测站位的海水无机氮含量超过四类海水水质标准，属严重污染，其中黄埔港至狮子洋海域所有站位的无机氮含量超过四类海水水质标准 4 倍以上。未来应加大对环境治理的投资力度，强化环境综合整治，改善污染严重水体水质。

Ⅲ级潜力区包括：珠海市和中山市。该区域资源条件一般、生态环境条件一般、水资源情况基本能满足社会经济发展的需要。在深层次开发海水资源的同时，需进一步改善生态环境条件和资源开发条件。

17.9.4　小结

以上结合广东省经济、社会环境和海域等特点，进行了战略地位、需求预测和前景评估、海水利用潜力分析、海水淡化关键技术与利用评估，为进一步开展海水利用规划、宏观调控海水利用产业布局、规范海水利用工程建设和科学利用海水提供参考。

第 18 章　海洋灾害影响评价及对策

本章主要分析评估广东海岸侵蚀、赤潮、污染等灾害的现状、形成原因及对社会经济影响，提出近海灾害监测、预警、防治措施，以及相应对策建议，为防灾、减灾和维护近海安全提供决策依据。

18.1　海岸侵蚀灾害影响评价及防治对策[①]

在广东省 908 专项海岸侵蚀灾害调查的基础上，广泛收集广东省海岸侵蚀调查研究资料，对广东省海岸侵蚀现状、海岸侵蚀类型、海岸泥沙来源和海岸侵蚀趋势进行综合分析，并研究海岸侵蚀灾害发生的影响因素，包括人为活动作用造成的海岸侵蚀灾害因素。

根据国家和广东省 908 专项海岸侵蚀灾害调查的观测资料以及海岸环境动力分析结果，结合有关海岸开发状况、泥沙来源等实地调访资料，并综合区域社会经济发展因素，建立广东省海岸侵蚀的影响因子体系和评价标准，对典型砂质侵蚀海岸应用侵蚀因素加权统计方法，定量或半定量地给出各种海岸侵蚀因素在区域海岸侵蚀中所起的作用。

根据海岸的冲淤动态演化趋势分析海岸演变特征，对海岸侵蚀的强度做出预测，给出典型岸段的海岸侵蚀预警线。针对海岸侵蚀特征给出建立管理监测网络的方案，评价海岸侵蚀对沿海地区社会经济发展的影响，提出有关海岸侵蚀的防护决策建议和防治措施，包括政策性和工程防护措施，并宏观预测和评价防治工程对海岸地形和环境造成的可能影响。

18.1.1　广东省海岸侵蚀原因分析

18.1.1.1　海平面上升

现代海平面上升及海滩逐渐侵蚀是全球性现象。海平面上升淹没部分海岸陆地，产生海侵现象，同时海平面上升还提高了海岸侵蚀基准面，加速海岸侵蚀。海面上升所引起的海岸后退速率是惊人的，而且还会产生一系列引起海岸侵蚀的潜在因素。

根据浅水区波浪动力学原理，波能与波高的平方成正比，波能传播速度与水深的平方根成正比。当岸外水深增加 1 倍时，波能将增加 4 倍，波能传播速度将增加一倍多，使得波浪作用强度增加 5~6 倍。海面上升导致的近海波浪作用的加强和潮差增大引起的动力增强，都会使岸滩冲刷作用增强。岸滩侵蚀、岸线后退将是这种作用的直接后果。另外，逐渐升高的海平面，降低了河流坡降，减小了河流向海输沙量，从而也使海岸侵蚀加剧（图 18.1）。

根据 Bruun 法则，相对海平面上升导致的海岸侵蚀可由如下公式计算：

---

① 孙杰，詹文欢。根据詹文欢等《海岸侵蚀对沿海地区社会经济发展的的影响及防治对策研究报告》整理。

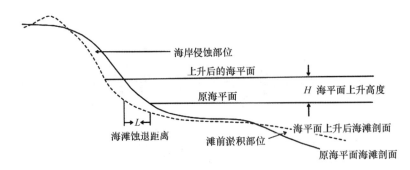

图 18.1　海平面上升引起的海岸侵蚀机理

$$R = \frac{SL_*}{(B + h_*)}$$

式中，R 为岸线蚀退距离；S 为海平面上升值；L_* 和 h_* 为海滩沙在浪场运动的宽度和深度；B 为滩肩或侵蚀沙丘的垂直高度。

上面的关系式也可改为：

$$R = \frac{S}{\tan\theta} \qquad \tan\theta = \frac{B + h_*}{L_*}$$

$\tan\theta$ 即海滩剖面的平均坡度，$\tan\theta$ 的常见值为 $0.01 \sim 0.02$，则可得到 $R = 50 \sim 100S$，这一比值一般被用来做海平面上升引起岸线后退的粗略数值，即海平面上升 1 cm，岸线后退 $0.5 \sim 1.0$ m。

黄镇国等的研究（表 18.1）表明，近几十年来（1955—1994 年）广东平均相对海平面上升速率为 $2.0 \sim 2.5$ mm/a。由于近年来广东省海平面有加速上升的趋势，所以用其上升速率的最大值 2.5 mm/a 来计算海平面上升所引起的海岸侵蚀后退距离，因此根据 Bruun 法则，广东省每年因海平面上升侵蚀后退速率最大可达 25 cm/a。随着全球气候变暖的不断加剧，海平面上升速率加快，近岸海洋动力增强，海岸侵蚀进一步加剧。

表 18.1　广东省沿海近数十年来相对海平面上升速率　　　　单位：mm/a

年份	南渡	闸坡	北津	香港	海门	妈屿	东溪口
1955—1994	—	—	1.16	1.24	1.19	0.38	2.02
1957—1994	—	—	1.36	1.60	1.43	0.55	3.44
1959—1994	3.43	1.98	1.42	1.97	1.74	1.01	4.64

18.1.1.2　风暴潮

风暴潮是波浪的一种特殊表现形式，是海岸侵蚀最主要和最直接的因素，这可以从广东海岸侵蚀的季节变化与风暴潮时间基本一致得到反映。它对海岸的侵蚀作用具有突发性和局部性，作用时间短但作用强度大，危害极其严重，常常会引起强烈的岸滩侵蚀（图 18.2）。一次风暴潮期间的强风浪对海岸的冲刷结果往往超过正常潮汛下整个季节的变化，而且其中的一些突出后果在以后若干年内仍将显现。风暴潮对海岸的侵蚀主要有两种方式：一是通过海岸增水形成强大的垂直环流或侵蚀性裂流，将近岸泥沙带到远离岸边的深水处造成海岸侵蚀加剧；二是通过越顶侵蚀，挟带岸滩泥沙进入沙坝后堆积，从而引起沙坝向陆地方向后退。

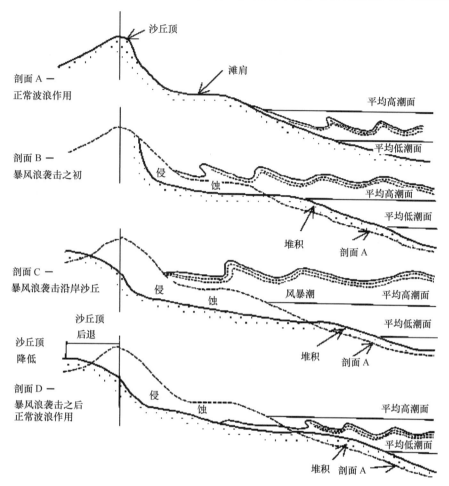

图18.2　波浪作用下的岸滩侵蚀（据海岸带管理手册，2000）

风暴潮对海岸侵蚀影响很大。台风登陆时，沿海增水显著，波高增大，海水携沙能力增强，海滩上的泥沙被淘蚀并向海搬运。因此，这种极端的气候条件会在短时内改变海滩地貌，在一些泥沙补充不足的海岸就会出现严重侵蚀现象。如果海岸为红土海岸、老红砂海岸等，台风暴潮的越顶浪将对海岸进行冲刷，使海岸的松散堆积被侵蚀形成陡坎、甚至是陡崖。大的暴风浪对海岸上的人工建筑有根基掏挖作用，可以造成人工建筑的垮塌。台风暴潮对海岸冲刷的结果是使得滩面坡度变缓，沉积物粒度粗化，分选变差。

广东省是我国沿海风暴潮的主要灾区，据《热带气旋年鉴》记载，1949—2008年间，登陆广东省的台风多达203次，其中粤西地区95次，粤东地区52次，珠江口地区56次。在这些台风登陆的时段里，绝大部分都伴生有风暴潮灾害。

Krieble等（1997）通过长期对Delaware附近的海岸剖面进行观察与测量，提出了如下经验公式对风暴潮造成岸线后退进行估算：

$$I = HS\left(\frac{t_d}{12}\right)^{0.3}$$

式中，I 为风暴潮引起海岸后退量（ft，1 ft = 0.304 8 m）；H 为近岸波高（ft）；S 为风暴潮增水（ft）；t_d 为风暴潮持续时间（h）。

后面将利用该经验公式对风暴潮造成的海岸侵蚀幅度进行估算。

18.1.1.3　人类活动

1）人工采砂

充足的泥沙供给是海岸堆积地貌发育的物质基础，也是岸滩及海岸线保持平衡的重要前提。但是，自20世纪80年代以来，经济的发展导致人们对建筑用沙的需求越来越大，盲目开采海滩沙的现象也越来越普遍。入海河砂减少及海砂的开采不仅因减少海岸沙源而导致海岸侵蚀，同时还破坏了原本处于平衡状态的海岸地貌，加速了海岸侵蚀，导致海岸泥沙亏损和处于稳定或淤涨海岸演变方向的逆转。无论是滩面取砂还是近滨采砂都会直接对沙滩的沙量平衡造成破坏。稳定的沙滩，其来沙量与输移走的沙量基本相等，人工采砂使得沙滩沙和近滨沙大量流失，上游输沙量无法补充其损失量，为了维护沙滩的稳定，滩面及后滨泥沙向近滨输移，从而使得海滩下蚀，海水深度加大，水动力增强。因此，海滩平衡剖面在现有海洋环境下被重新塑造，中立点向岸移动，滩肩逐渐后退，最终海岸受到侵蚀（图18.3）。

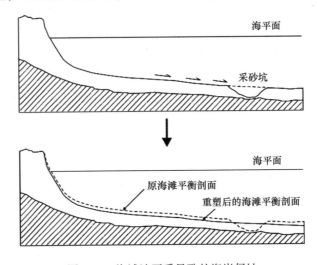

图 18.3　海滩沙开采导致的海岸侵蚀

目前，广东省大多数砂质海滩都遭受了不同程度的开采，在一些岸段，海砂的开采已经成为海岸侵蚀的首要原因。惠来县靖海湾在2005年前后，由于猖獗的海砂开采，导致海滩泥砂大量减少，海滩表面坑坑洼洼，甚至基岩裸露，并使海边养殖场建筑物严重受损。3年来养殖场坍塌了2座水塔、1座培苗室和13间平房，200多米长的防护石堤也全部倒塌，目前海岸线距离最近的成品池仅剩2 m。深圳南澳桔钓沙海滩也受到海砂盗采的影响，海底泥沙被掏空，水下坡度变陡，海砂由陆向海补充使海滩沙床不断沉降。对比海砂开采前后沙滩上2号救生台的高度可发现（图18.4），海砂盗采后救生台基座高出沙滩30~40 cm，说明海砂开采已经导致沙滩蚀低至少50 cm。

河道河床采砂主要是开采推移质沙，对于依靠河流推移质沙河口区的采砂更是直接表现

图 18.4　桔钓沙海滩救生台海砂盗采前后基座变化

为侵蚀作用。据资料显示，从 20 世纪 80 年代中期以来，广东十大河流之一的韩江，潮安以下年均来砂量 525×10^4 m³，而年采砂量达 900×10^4 m³；珠江三角洲河网区的三水、顺德、南海、番禺 4 市区，从 1990 年至 1999 年采砂总量为 1.24×10^8 m³，平均每年采砂 $1\,600 \times 10^4$ m³，采砂量远远大于来砂量。故近年来的河床采砂也是导致部分海岸侵蚀的重要原因。

2）河流建闸、建坝

广东省较大的河流每年向海输送大量泥沙，粗的沉积物颗粒在河口地区沉积下来，形成河口三角洲；相对较细的沉积物继续向海搬运，在盐淡水混合作用下发生絮凝沉降，并在口门外形成水下三角洲；更细的沉积物则随着风生沿岸流沿海岸流动并陆续沉积下来。因此，入海口区附近海岸，由于泥沙供应相对充足，海岸侵蚀现象相对比较弱。新中国成立以来，广东全省共建成大型、中型、小型水库 6 544 座，总库容 381×10^8 m³，已控制了相当一部分流域面积，并且修建了相当多的引水工程、河口闸坝等设施，使河流所携带的部分泥沙也因此而被拦截于途中，进一步减少了河流入海泥沙量，其中较为突出的是韩江。韩江除在中上游修建水库外，1959—1962 年间在三角洲各水道出口之上约 12 km 处修建了水闸，最近还在潮州市上游建成低坝水利枢纽，这一系列活动大大减少了韩江各支流入海的泥沙量（表 18.2）。受修建水库和水闸的影响，珠江在近几十年来向海输送的泥沙也在不断减少（图 18.5）。

入海河流水量和泥沙的急剧减少，使海水对海岸冲刷的摩擦阻力减小，减弱了潮流和径流动力，相对增加了波浪动力，从而导致海洋动力的侵蚀能力加强、沿岸泥沙被搬运、海岸遭侵蚀后退等。今后，在水资源日益紧缺的情况下，入海水沙供给不足的现象依然会持续，因此它仍将是引起海岸侵蚀的一个重要原因。

表 18.2　韩江潮安站不同年代悬移质输沙情况

输沙量	1955—1959 年	1960—1969 年	1970—1979 年	1980—1989 年	1990—1998 年
年输沙量（$\times 10^4$ t）	690.4	683.0	768.6	842.8	607.1
平均输沙率（kg/s）	219.0	216.2	243.5	267.1	192.0
平均含沙量（kg/m³）	0.299	0.299	0.304	0.316	0.225

资料来源：黄汉禹，2001。

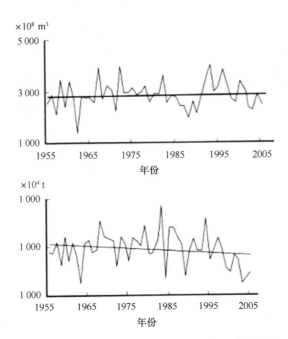

图 18.5　珠江流域历年入海径流量及输沙量变化（戴仕宝等，2007）

3）海岸工程建设

广东沿海修筑了很多海岸工程设施，如果不合理的建筑占据了海滩滩面，将破坏海滩的结构，从而对海滩的输沙平衡造成很大的影响。在波浪沿岸纵向输沙作用较强的海岸，修建向海凸出的海岸工程，如港口码头、拦沙堤及旅游设施等，其必然会破坏海岸的输沙平衡，造成沿岸输沙的上游岸段淤积、下游岸段侵蚀。侵蚀岸段的强度和长度与波浪输沙强度及工程凸出程度成正比。

若为防止和减缓局部岸段的侵蚀而建造起丁坝时，大量的沿岸流物质被截阻，并沉积在丁坝的一侧。表面上看丁坝对减缓海岸侵蚀起了作用，并在丁坝阻流侧形成楔形的新海滩。但实际上，由于沿岸流物质大量被截获，向下游输送的泥沙减少，下游岸段的泥沙收支平衡被破坏，必然要遭受侵蚀。再者，丁坝及新淤积成的楔形海滩将会改变沿岸流的形式和波浪折射的方式，在大多数情况下使泥沙向外海输送，很少能再次补充到海滩中。尤其在大陆架狭窄的地区，或者水下地形陡峭的地段，泥沙很容易被冲刷到深海中，从而终止了在海滩动态平衡中的循环。另外，为防止水道或航道的淤积，人们在河口港口航道处建造了规模较大的突堤，同样会阻挡沿岸流物质的正常输移，造成下游泥沙来源不足，从而引起下游岸段的侵蚀。目前由于这类海岸工程数量越来越多，分布也越来越普遍，对海岸侵蚀产生的影响也越来越大。如海门外港港区凸出的海岸设施使波浪沿岸输沙的上游淤积、下游侵蚀，汕头港外航道拦沙堤、水东虎头山海滩旅游区、南三岛东部海滩疗养区等，都有引起海岸侵蚀的现象。

4）海水养殖

最近 50 多年来，广东省许多海湾有大规模的围垦和筑闸以进行养殖活动（图 18.6），导致海湾纳潮量迅速减少，潮流动力减弱，波浪动力相对增强，口门外落潮三角洲退缩，两侧海岸侵蚀。如乌坎湾、平海湾内潟湖、水东湾等大规模的围垦养殖活动造成口门外水下沙嘴及两侧海岸遭受侵蚀。

(a) 粤东海滩上的高位虾池

(b) 惠来海滩的高位虾池

(c) 粤西海滩上的高位虾池

(d) 东海岛连片高位虾池

图18.6 滩上的高位虾池开发

本次在海岸侵蚀灾害大面普查中，也发现多处海岸带被毁林挖池养虾，甚至在国家明文规定予以保护的最低潮位线200 m内进行挖池，对海岸防护林造成了较为严重的破坏。特别是在大面积的沙滩上，高位虾池一个接一个地修建，沙滩几乎被开发殆尽。在粤西部分海岸带，目前已建成的虾池面积达数千亩，并且林地仍在继续被开挖，致使原本沿海岸大面积分布的防护林"面目全非"。靠近海岸的沙地已是白茫茫一片，昔日靠防风林固定的泥沙已变成流动沙。此外，海滩上高位池的修建还破坏了沙滩原有的平衡状态，海水受到虾池的阻力，不断冲刷，造成泥沙流失。当风暴潮出现时，虾池可能被冲毁，接着是海水对海岸的强烈冲刷，使已流失的泥沙得到补充，因此岸线也将大幅度地后退。

18.1.2 海岸侵蚀机制及趋势预测

18.1.2.1 海岸侵蚀机制评价

根据影响海岸侵蚀的自然因素和人为因素，综合分析认为，广东省海岸侵蚀的主要原因是入海泥沙减少、风暴潮灾害、相对海平面上升和人类活动的影响。虽然海岸自身特性也是造成海岸侵蚀的一个原因，但考虑到导致侵蚀发生的直接原因是泥沙亏损和动力增强，因此在下面的讨论中不将其作为侵蚀灾害原因进行讨论。根据前面分析可以对不同区域海岸侵蚀灾害影响因素的贡献进行排序评价。下面以漠阳江重点调查区海岸侵蚀灾害为例进行原因评价分析。

1）概况

漠阳江流域面积6 050 km²，流域年均降水量2 250 mm/a，年均径流深度1 400 mm/a，入

579

海口北津港站多年平均径流量 $80.1×10^8 m^3/a$，悬移质输沙量 $108.2×10^4 t/a$，估算年均推移质输沙量 $27.5×10^4 t/a$，年均总输沙量 $135.7×10^4 t/a$。

漠阳江河口为半开放海湾，东西长约 23km，湾口至湾顶 11 km，水深大部分在 2~8 m 之间，漠阳江口东西两侧均为砂质海岸，各长 12~13 km。北津港潮汐为不正规半日潮，年均潮差 1.35 m，平均波高为 0.7~0.8 m，台风暴潮期间增水 0.5~2.62 m，暴浪波高 2~3 m，沿岸波浪作用较强。漠阳江河口是径流－波浪控制的河口，主要表现在河口两侧基本呈直线，口外落潮三角洲较小，0 m 等深线向海凸出 1 m，水下 5 m 处已无水下三角洲。

2）海岸侵蚀现状

广东省 908 专项海岸侵蚀灾害调查与研究项目在漠阳江口东侧布设了 2 个固定断面，进行为期 2 年的 5 次地形重复测量，结果发现监测岸段的海岸线位置变化较大，石塘村、华洞村附近海岸近两年的后退速率约达 15 m/a。防风林退化明显，特别是在台风暴潮过后，防风林大面积缩小，如 2008 年 9 月台风"黑格比"过后，石塘村附近海岸原本茂密的木麻黄几乎全部被毁，华洞村附近海岸泥沙质老防波堤也完全被夷平，海岸线直逼新防波堤堤脚。

3）海岸侵蚀原因评价

按照前文提出的海岸侵蚀原因，可以对漠阳江河口各海岸侵蚀灾害影响因素的贡献率进行排序计算。

（1）河流入海泥沙减少因素

漠阳江流域同其他河流一样，自 20 世纪 50 年代开始进行了大规模的水利建设，修建了大量的水库、水闸和水渠，减小了河流径流量，并使年均总输沙量减少一半，即平均每年入海泥沙减少 $50×10^4 m^3$。若假定 2/3 沙量留在河口区（漠阳江河口位于湾顶，由于波向线与岸线的交角增大而使泥沙流容量变小，可使泥沙流从原来不饱和或近饱和状态转变为饱和或过饱和，从而发生泥沙在凹岸的堆积。但是，入海泥沙并不全部参与海岸地貌塑造。据曹祖德等（2002）对粉砂质海岸泥沙推悬比的研究，近岸推移质占整个泥沙的 15%~30% 之间，由此推测河流入海泥沙约有 22% 参与了海岸地貌塑造，而每年参与海岸塑造的泥沙损失为 $7.32×10^4 m^3$。前文指出漠阳江河口岸段海岸侵蚀强度为 8 m/a，研究区砂质岸线长约2.5 km，剖面测量得出滩肩高度 3m（理论基准面算起），根据这些可以算出每年被侵蚀掉的泥沙有 $60×10^4 m^3$，综合研究区每年泥沙损失和年均泥沙来源量，可以得到河流泥沙减少对海岸侵蚀的贡献率为 12.1%。

（2）风暴潮因素

根据前文所述，阳江地区出现风暴潮频次为 1.7 次/a，风暴潮期间平均增水为 0.5~2.55 m 之间，近岸波高 0.7~0.8 m，持续时间平均为 8 h。

由公式可计算得出每次风暴潮造成的岸线变化后退量为 1.01~5.88 m，平均侵蚀速率 3.45 m/次，而每年 1.7 次台风平均造成海岸侵蚀后退 5.85 m，即风暴潮造成的海岸侵蚀后退速率为 5.85 m/a。根据我们的调查和观测，漠阳江东侧岸线沙坝平均侵蚀后退速率约为 8 m/a，因此风暴潮对海岸侵蚀的贡献率为 73%。

需要指出的是，风暴潮后一段时间，如果泥沙来源充足，侵蚀海岸会自动恢复。前文计算表明，研究区泥沙不足以维持海岸平衡，缺失量约为 12%，则可以假定风暴潮过后一段时间，海岸自行调整恢复至原来的 88%，故风暴潮对海岸侵蚀的贡献率约为 61.6%。

（3）海平面上升因素

根据前文分析结果，海平面相对上升对海岸侵蚀的贡献率为 3.1%。随着全球海平面的不断上升，海平面上升的贡献率也会逐渐加大。

（4）人类活动因素的影响

根据以上的分析和计算，入海泥沙减少因素、风暴潮因素和海平面上升因素三者的贡献率合计约占 76.8%，其余应为人类活动因素的影响，即人类活动对海岸侵蚀的贡献率约为 23%。

综上所述，漠阳江河口岸段河流泥沙减少、风暴潮、海平面上升和人类活动对海岸侵蚀的影响贡献率可简化为 4 : 20 : 1 : 7。由此看出该区域风暴潮对海岸侵蚀影响最大，其次为人类活动，特别是其中的采砂活动。据现场观测，2008 年 4 月与 2009 年 3 月的海岸线位置对比显示岸线后退速率为 19m/a。这样快速的后退速率与 2008 年 9 月台风"黑格比"在茂名电白登陆的关系非常大，即研究区海岸侵蚀主要是风暴潮加速的结果。

18.1.2.2　海岸侵蚀整体发展预测

无论是自然因素还是人为因素，入海泥沙的减少、海洋动力的增强及海岸环境的破坏，均使广东海岸在未来相当长的时间内呈明显的侵蚀加剧发展趋势。

前已述及，广东海岸类型可以分为山丘溺谷海岸、台地溺谷海岸、沙坝潟湖海岸、平原海岸和珊瑚礁海岸 6 种类型，由于各类型海岸的自然属性以及海洋水动力条件不同，各因素的影响程度也具有较大差异，进而导致各类型海岸今后的变化趋势也不尽一致，在未来海岸侵蚀整体加剧的情况下，分别对各类型海岸的发展趋势进行预测。

1）山丘溺谷海岸

广东省的山丘溺谷海岸基本属于岬湾式海岸，如大亚湾、大鹏湾、广海湾、海陵湾等，这种海岸普遍发育了海蚀阶地和平台，海拔高度介于 3~5 m 之间，最高为 10 m。如大鹏半岛浪蚀平台、陆丰乌坎海蚀平台、香洲、台山广海及中山象山狮角海蚀阶地、海蚀洞等，都是因为遭受海蚀后退形成的地貌标志，而且海蚀崖之下形成的砾石滩等。因为这类海岸的组成物质坚硬，侵蚀速度较慢，海岸大体处于较为稳定的状态。

在岬角之间的海湾内，分布着沙砾质海滩。这些海滩主要接受岬角处的沙砾，由于基岩侵蚀风化速率很低，不能供给海滩发育所需的足够沙源，基本上处于侵蚀状态。在一些岸段，有河流注入时，泥沙来源较多，侵蚀现象不明显，或处于淤积状态，如珠江口以西受西南向沿岸流的影响，珠江输出泥沙普遍向西迁移沉降，使珠江口至镇海湾大部分地区的岬角湾内出现淤积。

因此，山丘溺谷海岸基本处于稳定状态，部分岬湾内的海滩因泥沙来源减少而出现侵蚀状态，但岸线后退速率较小。

2）台地溺谷海岸

雷州半岛的湛江湾、流沙湾、铁山湾属于台地溺谷海岸，是在晚更新世冰期海岸台地内发育大量冲沟或小河谷，全新世海面大规模急剧上升而形成的。这些溺谷海湾由于潮滩围垦、填海造地等原因导致纳潮量减少，湾内水位淤积变浅，如广东湛江港所在的斜麻湾，填海造地已使湾内纳潮量减少1/4，航道水域缩小，湛江湾内发生不同程度的淤积。

雷州半岛大部分台地海岸为湛江组或北海组地层，即由沙砾层、黏土层及玄武岩互层组成，质地松散软弱，抗蚀能力较低。这些台地在海浪的冲蚀下容易形成陡崖，陡崖坍塌使得海岸线不断后退。在未来海平面上升和风暴潮频率增大的情况下，这类海岸的坍塌后退也将会加剧。

3）沙坝潟湖海岸

沙坝潟湖海岸由离岸沙坝封闭海湾所形成，这种海岸受制于地质构造，尤以新华夏系构造影响较大，形成岬角与海湾相间分布的锯齿状海岸轮廓。一般自成独立体系，不与邻近的海岸体系发生泥沙交换。自然状态下，海岸侵蚀使两岬角间的沙坝海岸线后退，并趋于向对数螺线形这一稳定或平衡的海岸形态发展。

这类海岸的未来发展趋势是，有丰富河砂供应的地方，沙坝向海推进，缺少河砂处则岸线向陆后退。前者如粤东的甲子、螺河口系沙坝，后者如汕尾沙坝及水东湾上大海村沙坝。随着海平面上升、风暴潮灾害增加、人类采砂及海岸工程建设的增加，沿岸输沙量将不断减少，沙坝潟湖海岸的侵蚀形势也不容乐观。

4）平原海岸

三角洲平原海岸是河流向海加积形成的堆积海岸，分布于河流入海的地区。广东海岸以珠江三角洲最大，其次主要有韩江、漠阳江和鉴江等三角洲。因三角洲平原海岸直接受河流来沙影响，其岸线多为曲折易变。目前，珠江口悬移质的淤积仍使三角洲滨线向海推进，砂质岸段的侵蚀状况则不显著。除此之外，其余三角洲海岸大部分受泥沙来源减少的影响，而出现不同程度的侵蚀现象。未来海平面上升，导致河流侵蚀基准面升高，三角洲的淤积速度降慢，人类活动的影响也使河流来沙不断减少。因此，珠江三角洲未来淤积速率将会逐渐减小，其余大部分三角洲海岸的侵蚀程度将会加剧。

5）珊瑚礁海岸

珊瑚礁海岸仅见于雷州半岛西南岸段，海平面上升曾形成原生珊瑚礁平台，低潮出露水面2 m左右。近年来，珊瑚礁海岸受到较好的保护，开挖破坏情况已基本消除。但是未来海平面的上升，将淹没沿岸现有的珊瑚礁地貌，使其失去对海岸的保护作用，并加速海岸的侵蚀后退。

18.1.3　海岸侵蚀对社会经济的影响

由于各种原因导致海岸带环境系统变异，使海岸线发生空间迁移，经常性的海岸侵蚀和淤涨是海岸线空间迁移的直接原因。近期我国70%的砂质海岸都处于侵蚀状态，而且这种趋势有愈演愈烈之势。日益加剧的海岸侵蚀灾害给海岸带居民的生产和生活带来影响，造成道路中断、沿岸村镇和工厂坍塌、海水浴场环境恶化，土地质量退化甚至被淹没等严重后果。

根据所作用的对象性质，海岸侵蚀影响又可分为对自然资源和对海岸工程的影响。对自然资源的影响主要是对土地资源、海岸生态和环境的影响，对海岸工程的影响则包括对海岸防护林、防护堤坝、国防工程、滨海码头、养殖设施、旅游设施等的破坏。

18.1.3.1　对海岸自然资源的影响

广东省滩涂资源丰富。作为海岸带最宝贵的后备土地资源，滩涂具有极大的开发利用价值。但是，目前未被围垦的滩涂资源中除珠江口及其附近处于淤积状态外，其余均处于海岸侵蚀的威胁之中。由于这些未来土地资源的地势低平，且缺乏有效保护，因此将不可避免地受到海岸侵蚀影响而面积萎缩。在海岸侵蚀作用下，广东省沿海地区已损失了较多的陆地资源（图18.7）。如雷州半岛徐闻县龙塘镇赤坎渔村、前山镇海山渔村、遂溪县江洪镇江洪肚村等因海岸侵蚀而屡迁其址，仅赤坎村在2003年至2006年就有800 m²的土地被侵蚀消失；水东港附近渔村也因海岸侵蚀向陆迁村3次，海岸后退200多米；漠阳江三角洲前缘低潮线在1957—1981年后退近200 m，仅2008年北津港东侧海岸受"黑格比"影响后退了10多米；汕尾市捷胜镇保护区自2005年起，因海砂盗采近岸沙滩以年均约20 m的速率后退，区内沙角尾长约7 km的沿岸沙滩后退速率达50 m/a，个别地段甚至超过80 m/a。

图18.7　海岸侵蚀作用下的土地资源萎缩

粤东砂质海岸被侵蚀后退的速度一般小于1～3 m/a，仅此在1 km长被侵蚀的砂质海岸，一年可能损失的土地就达1000～3 000 m²。据广东省最新岸线修测成果，全省砂质海岸长746.156 km，如果按2 m/a的侵蚀速率进行计算，那么10年后仅砂质海岸我们就将失去约15 km²的土地。此外，在被侵蚀的砂质海岸岸段，由于不明侵蚀规律和难以采取相应的保护措施，往往将土地闲置不用，使侵蚀岸段的土地利用受到干扰。

不仅如此，海岸侵蚀还造成海岸土地资源质量的退化，使其利用价值降低。广东省的滨海平原大部分在海拔5 m以下，岸线后退或者海堤被冲毁使堤外中下部潮滩土地不断损失，继而将导致上部土壤肥力高、盐度低、植被生长旺盛的沼泽湿地高级生态类型向贫瘠、高盐的光滩低级生态类型转化。2008年11月，湛江市遂溪县沿海8个镇受到天文大潮袭击，由于海堤遭受侵蚀，防御能力降低，导致海水倒灌堤内农田，全县1.5万亩农作物受灾，经济损失严重。另外，海水的侵蚀作用很容易使咸淡水交界面向陆地推移，从而使不同区域产生海水入侵，继而导致沿海地区地下水盐化，并产生一系列衍生灾害。对受影响的村庄进行调查可发现，在海岸侵蚀作用下，岸线后退并且逐渐逼近村庄，居民饮用井水也逐渐变咸，土地耕作也由水田改为旱田，水文环境条件变化显著。

其次，广东海岸带具有丰富的生物资源，潮滩生物量平均可达 580.93 g/m²，常见的海藻、海草类、腔肠动物、棘皮动物等约 100 余种；环节动物、软体动物和甲壳动物超过 400 种；底栖生物总种数超过 2 000 种；游泳动物中，已记录的鱼类 1 064 种。另外，鸟类资源也十分丰富，仅汕头海岸就有鸟类 100 种，隶属 15 目 31 科，其中国家二级重点保护鸟类 10 种。海岸侵蚀对生态环境有一定的破坏作用，当海岸遭受强烈侵蚀时，海水动力较强，泥沙可能被带至潮间带或浅水区域，掩埋了海岸生物原有的生存环境；或者潮间带或潮上带大量泥沙被带走，使生物原有栖息地暴露、消失或迁移。海岸侵蚀产生的这些破坏作用往往使海岸带生物的生存条件发生突变，从而导致海洋生物资源数量减少或质量降低，甚至使部分物种集体迁移而消失。

18.1.3.2 对海岸工程设施的影响

在防护工程上，广东省现有海堤 1 020 条，总长 4 032 km，捍卫耕地面积有 462.45×10⁴ hm²，捍卫人口达 400 多万人。现在的海堤大部分是新中国成立初期修建的，限于当时的技术水平和经济条件，海堤的标准较低，工程质量不高。在随后的年代里，尽管每年都对部分海堤进行加固扩建，但标准仍然较低。热带气旋与风暴潮灾害加剧导致的波浪与潮流等海洋动力作用增强，使海堤堤基受潮水和风浪冲刷的几率和强度也增加，容易引起堤基受损，从而危及整个海堤及堤后居民、农田、建筑等的安全。受台风影响，1979 年 8 月潮阳县河溪镇牛田洋全长 13 000 m 余的围堤，被暴潮冲垮 7 300 多米，最大缺口超过 180 m，其缺口处下蚀达 4 m。徐闻县赤坎渔村在 20 世纪 80 年代修建的 400 m 余防波堤，于 1996 年的强台风中被摧毁，此后在 2002 年开始村民通过集资，重新修建了用沉箱作堤基的永久性钢筋水泥防波堤（图 18.8）。同样的，前山镇山海村依靠村民集资先后多次修建的防波堤也多次被冲毁，如 2001 年重建的 500 m 防波堤，在 2003 年受"科罗旺"强台风的影响，其中被毁坏的长度达 300 m。2008 年受"黑格比"的影响，粤西沿海海堤损坏 2 072 处，长度达 642.6 km，缺口 740 处，长度达 27.2 km。

海岸侵蚀对广东沿海的码头、国防工程、防风林及养殖等设施也有较大的影响，严重的海岸侵蚀对这些设施可造成直接的破坏。徐闻县的红坎湾曾是一个锚地条件非常好的渔港，由于其处在琼州海峡北岸，水动力较强且属于侵蚀海岸，近年来受频繁的海潮侵袭，海岸线后退加速，渔港设施逐渐被毁。汕头一处滨海国防工事在海岸侵蚀的作用下，整个山丘已经被蚀去很大一部分，海岸线不断后退并已逼近该国防点设施。汕尾港的汕尾沙嘴，在 1979 年 8 月台风暴浪的冲击下，中部出现了 40 m 长的缺口，1988 年缺口扩大至 1 200 m，致使汕尾渔港泊位和沿岸街道处于波浪的直接作用下。乌坎港水域位于乌坎潟湖潮汐水道，1957 年以前拦门沙水深 2.5 m，港区水域外侧有虎舌沿岸沙嘴屏障，是优良的小型港口。然而在 1957 年于乌坎潟湖出口修建拦潮闸，使纳潮面积由 18.2 km² 减少至 3.2 km²，潮汐水道动力锐减，水道普遍淤浅，20 世纪 80 年代初拦门沙航道水深仅 1.4 m。1986 年后开启部分乌坎水闸闸门，增大纳潮量和泄洪流量，但由于建水闸后潟湖滩涂被大量围垦，纳潮量只部分恢复，乌坎港仍受到建水闸造成的闸下游淤积的限制，龙舌沙嘴和潮汐水道沿岸海岸被侵蚀后退。

图 18.8　赤坎村自修的防波堤

　　海岸防护林因海岸侵蚀而遭受破坏的现象在广东沿海也屡见不鲜，强风暴潮常常直接摧毁成片的防护林。如 1978 年 8 月受强台风影响，惠州市港口镇海边约 6 km 长栽植了近 20 年的防护林被摧毁殆尽。1995—1996 年的两年时间里，在台风暴潮的侵袭下，广东省沿岸防护林损毁面积达 30.86×10^4 hm^2。海岸侵蚀对全省面积约 284.58 万亩的海水养殖也造成了很大的经济损失，雷州半岛西侧海岸受侵蚀的影响，大量养殖池被冲毁。2005 年台风"维达"在徐闻登陆，虾池损坏 9 740 亩。粤东海水养殖规模比较大，受海岸侵蚀的威胁也比较严重，如惠来靖海湾附近的一些鲍鱼养殖场就建在海岸上，海岸侵蚀使一些地方的岸线已经后退至养殖场外缘（图 18.9）。

图 18.9　受海岸侵蚀破坏严重的滨海养殖

18.1.3.3　对滨海旅游的影响

　　除上述对海洋资源和海岸工程的影响之外，海岸侵蚀对滨海旅游设施也构成很大威胁。沿海的海滩特别是沙滩，有很多是十分宝贵的旅游资源，滨海旅游已经成为沿海国民经济的支柱产业之一，海岸侵蚀导致旅游性海滩的破坏或丧失，不仅是土地资源的损失，同时也使整个国民经济遭受损失。

粤东海岸开发了不少海滩旅游业，在海滩上也设置了部分设施，但是硬质设施过分延伸至海滩后滨甚至前滨上，在台风暴潮暴浪作用下，这些过分外伸的设施破坏了海滩的自然动态平衡，引起海滩新的侵蚀和淤积作用，同时设施也会遭受破坏，造成经济损失。粤西已开辟 10 多个大型的海滩旅游区，海岸侵蚀暂未对旅游区造成严重破坏的威胁。但是，一些较早开发的海滩旅游区已造成了一些不良影响，主要也是硬性建筑物过分外延，引起局部侵蚀和淤积，如水东湾虎头山海滩、南三岛东部和海康乌石镇天成台海滩等。珠江三角洲是广东省滨海旅游业较为发达的地区，海岸旅游设施较多，因海岸侵蚀造成的损失也较大。以深圳东海岸为例，受风暴潮的影响，西冲滨海浴场海岸崩塌严重，岸线不断后退，大量旅游基础设施遭到毁坏（图 18.10），造成了较大的经济损失。受海岸侵蚀影响，大梅沙海岸地貌也发生了很大变化，长达 1.8 km 的沙滩严重萎缩，受海水冲刷，海滩上大量设施也被破坏。

图 18.10　受海岸侵蚀破坏严重的滨海浴场

18.1.3.4　造成人员伤亡

海岸侵蚀通常是一个相对缓慢的过程，沿岸居民一般可意识和认知到这个过程及其短期结果，所以直接由海岸侵蚀造成的人员伤亡不显著。但是，突发事件引发的海岸侵蚀如海岸崩塌、海堤溃决、房屋倒塌等则可间接导致较大的人员伤亡，而突发性的海岸侵蚀往往随台风暴潮而衍生。粤东、粤西海岸是强台风暴潮影响较大的地区，且人工护岸设施相对较少，海堤年代较老，设计标准也较低，因此突发性海岸侵蚀发生时常造成人员伤亡。如 1969 年 7 月台风在汕头市登陆，造成牛田洋等海堤溃决，874 人死亡，淹没耕地 $140×10^4$ hm^2；1986 年 7 月强台风在汕尾登陆，19.9 万间房屋倒塌，458 人死亡，直接经济损失 22 亿元；1991 年 7 月强台风在汕头登陆，6.8 万间房屋倒塌，103 人死亡，直接经济损失 23.6 亿元。粤西地区 8007 号台风登陆湛江时，造成崩海堤长 380 km，274 人死亡；在阳江登陆的 8908 号台风，使海堤溃决 1 332 处，破坏海堤长 321 km，受灾人口 349 人；1996 年 9 月登陆吴川的 9615 号台风，对粤西沿岸影响非常大，伤亡 6 000 多人，受灾农田 $47×10^4$ hm^2，直接经济损失达 170 亿元，为历史上之最。珠江三角洲海岸在过去也常遭受台风暴潮暴浪灾害的袭击而造成人员伤亡，在近些年来也有几次记录，如 1993 年 9 月在珠海高栏港附近登陆的 9316 号台风，造成三灶岛海堤全面漫溢，决口超过 700 m，崩毁严重，房屋损坏 6 000 多间，伤亡人数 400 多人。

综上所述，海岸侵蚀灾害对沿海社会经济有重要的影响。沿海地区是广东省对外经济贸易的前线，港口海运以及旅游、海洋化工、水产养殖等产业蓬勃发展，使得海岸带经济在广东经济发展中的地位越来越重要。但是，随着沿海地区快速的人口和经济增长，海岸带防灾减灾工作及设施并未跟上应有的步伐。部分沿海地区或是因为缺乏海堤等防护工程，或是因为防护工程的设防标准低，使人类生命和财产时刻面临着海岸侵蚀灾害的威胁。在全球变暖、海平面上升、极端天气事件增加的背景下，海岸侵蚀灾害影响的范围和导致的损失将越来越大。

18.1.4　海岸侵蚀评价研究

18.1.4.1　海岸侵蚀灾害评价过程

按照海岸侵蚀灾害评价体系所述的方法，我们依据行政单元、海岸地貌特征和岸线类型3 种因子对研究区域的岸线进行分割，得到相对同质的评价单元。具体分割过程如图 18.11所示，共有 177 个分段作为最终的基本评价单元。

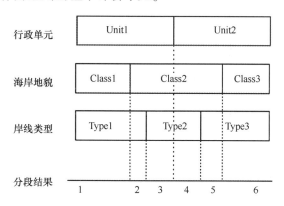

图 18.11　基于各因子的岸线分割示意图

利用 AHP 法获得相关因子权重表 18.3，使用下面的公式计算脆弱性指标（VI），

$$VI_j = \sum_{i=1}^{n} \cdot B_{ij}(j = 1, 2, \cdots, m)$$

其中，VI_j 是第 j 个评价单元的评价指标；X_i 是脆弱性因子 B_i 的权重；B_{ij} 是脆弱性因子 B_i 对应于第 j 个评价单元的分级数；m 是评价单元的数目；n 是指标因子的数目。

表 18.3　脆弱性因子的判断矩阵和权重

	B1	B2	B3	B4	B5	B6	B7	B8	权重 X
B1	1	0.67	3	0.2	0.5	0.4	5	7	0.101
B2	1.5	1	4	0.25	0.8	0.5	5.5	6.5	0.156
B3	0.33	0.25	1	0.17	0.33	0.25	3	4	0.093
B4	5	4	6	1	3	2	7	9	0.219
B5	2	1.25	3	0.33	1	0.8	6	8	0.283
B6	2.5	2	4	0.5	1.25	1	6.5	8.5	0.150
B7	0.2	0.18	0.33	0.14	0.17	0.15	1	1.5	0.067
B8	0.14	0.15	0.25	0.11	0.13	0.12	0.67	1	0.051

根据广东省海岸侵蚀实际以及分级管理的需要，以既能够反映海岸侵蚀灾害发生状况，又能够区分海岸侵蚀灾害发生环境的原则，按照三级分类标准提出广东省海岸侵蚀灾害评价等级标准（表18.4）。

表18.4 广东省海岸侵蚀灾害评价等级标准

等级	低危险性	中危险性	高危险性
范围	EQ<4	6≥EQ≥4	EQ>6
状态备注	预测评价岸线将处于稳定或者淤涨状态，具海岸侵蚀灾害低危险性	预测评价岸线将处于微侵蚀或侵蚀状态，具海岸侵蚀灾害中危险性	预测评价岸线将处于强侵蚀或严重侵蚀状态，具海岸侵蚀灾害高危险性

利用VB编制评价系统，并将其与ArcGIS数据库进行连接，在前述海岸线分段及基本影响因子属性构建完成之后，编写相关程序，完成评价系统见图18.12。

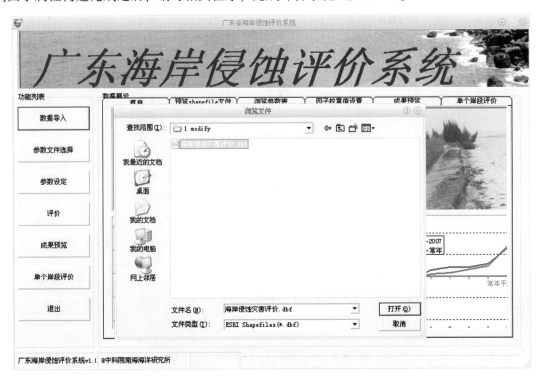

图18.12 广东省海岸侵蚀评价系统导入窗口

18.1.4.2 海岸侵蚀灾害评价结果分析

广东省海岸侵蚀灾害危险性评价结果反映的是仅考虑自然因素外动力作用的情况下，海岸带受海岸侵蚀影响的危险性水平，图18.13。

评价结果显示，危险性较低的岸段长度为2 149 km，大部分基岩岸线或河口、海湾内侧海岸，主要分布在珠江口岸段及其两侧，粤东、粤西主要分布在河口或海湾岸段；危险性中等岸段长度约为1 472 km，主要分布在粤东和粤西，其中粤西分布较广，粤东呈零星状分布。

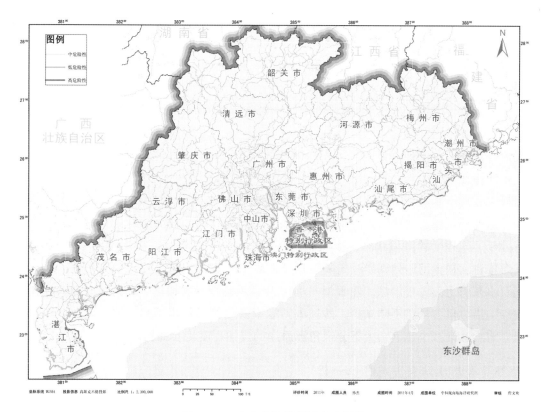

图 18.13 广东省海岸侵蚀灾害评价

危险性较高岸段长度约为 493 km，主要分布在粤东的汕头、揭阳和汕尾，珠江口仅有深圳西冲海岸，粤西的湛江、茂名和阳江。

从海岸地貌类型来看，海岸侵蚀危险性较高的岸段中：三角洲海岸主要集中在漠阳江三角洲 76 km；沙坝潟湖海岸占海岸侵蚀危险性较高岸段的绝大部分，占 46.5%，长度为 229 km；台地溺谷海岸主要集中在雷州半岛为 184 km；山地溺谷海岸近深圳西冲海岸一处 4 km。海岸侵蚀危险性中等的岸段中：三角洲海岸 92 km，主要分布在湛江的吴川和汕头的澄海海岸；沙坝潟湖海岸主要分布在茂名和汕尾，海岸长度 465 km；山丘溺谷海岸主要集中在珠江口两侧，长度为 347 km；台地溺谷海岸主要集中在雷州半岛两侧，长度 568 km，占海岸侵蚀危险性中等的绝大部分，占 35.6%。

就海岸类型分类来看，海岸侵蚀灾害危险性较高的海岸类型主要为砂质海岸 420 km，占 85.2%，其次为淤泥质海岸 73 km，占 14.8%；海岸侵蚀危险性中等的岸段中，砂质海岸为 448 km，占 30.4%，粉砂淤泥质岸线为 692 km，占 47.0%，基岩海岸为 332 km，占 22.6%。海岸侵蚀灾害低危险性的岸段中主要以基岩海岸和淤泥质海岸为主。

18.1.5 小结

18.1.5.1 海岸侵蚀原因分析

广东海岸的普遍侵蚀是晚冰期后海平面上升效应的延续，近代海岸侵蚀加剧则是人类活动增强造成的结果，同时与海岸自身特征也密切相关。综合分析认为，广东省海岸侵蚀的主

589

要原因是入海泥沙减少、风暴潮灾害、相对海平面上升和人类活动的影响。通过对漠阳江重点岸段的分析认为河流泥沙减少、风暴潮、海平面上升和人类活动对海岸侵蚀的影响贡献率可简化为 4：20：1：7。由此看出风暴潮对海岸侵蚀影响最大，其次为人类活动，特别是其中的采砂活动。

18.1.5.2　海岸侵蚀整体发展预测

无论是自然因素还是人为因素，入海泥沙的减少、海洋动力的增强及海岸环境的破坏，均使广东海岸在未来相当长的时间内呈明显的侵蚀加剧发展趋势。

山丘溺谷海岸基本处于稳定状态，部分岬湾内的海滩因泥沙来源减少而出现侵蚀状态，但岸线后退速率较小；台地溺谷海岸除雷州半岛周围为软弱的北海组地层易遭受侵蚀外，其余均将处于不同程度的淤积状态；沙坝潟湖海岸未来发展趋势是，有丰富河砂供应的地方，沙坝向海推进，缺少河砂处则岸线向陆后退。前者如粤东的甲子、螺河口系沙坝，后者如汕尾沙坝及水东湾上大海村沙坝。随着海平面上升、风暴潮灾害增加、人类采砂及海岸工程建设的增加，沿岸输沙量将不断减少，沙坝潟湖海岸的侵蚀形势也不容乐观；珠江三角洲未来淤积速率将会逐渐减小，其余大部分三角洲海岸的侵蚀程度将会加剧。

18.1.5.3　海岸侵蚀灾害危险性分析

广东省海岸侵蚀危险性分布与海岸侵蚀现状具有高度的相关性。在海岸侵蚀危险性较高的岸段，雷州半岛东部、茂名沿岸、漠阳江口以及粤东的部分岸段，均表现出较强的侵蚀性，而大部分的海岸侵蚀危险性较低的珠江口及其两侧岸段、湛江湾和柘林湾岸段，海岸侵蚀性均表现为淤积或稳定。

就海岸类型分类来看，海岸侵蚀灾害危险性较高的海岸类型主要为砂质海岸 420 km，占 85.2%，其次为淤泥质海岸 73 km，占 14.8%；海岸侵蚀危险性中等的岸段中，砂质海岸为 448 km，占 30.4%，粉砂淤泥质岸线为 692 km，占 47.0%，基岩海岸为 332 km，占 22.6%。海岸侵蚀灾害低危险性的岸段中主要以基岩海岸和淤泥质海岸为主。

18.2　赤潮灾害特征及防灾减灾措施[①]

在广东省 908 专项赤潮灾害调查项目的基础上，结合广东省水体环境综合调查的有关结果，对广东沿海主要赤潮高发区、重点港湾及河口等近海海域的赤潮生物生态以及环境因子进行综合分析；同时结合赤潮发生的历史记录和资料，分析与评价广东沿海赤潮生物种类、赤潮发展现状和趋势、赤潮毒素、赤潮对海洋生态环境和社会经济的影响；研究广东沿海有毒有害赤潮的种类和数量分布，赤潮生物的种群动力学特征及其对环境的响应，制定重点港湾有毒有害赤潮的诊断指标和预警等级，评估重点港湾有毒有害赤潮对环境和资源的影响，提出相应的应急方案及减灾对策等。

---

① 吕颂辉，沈萍萍。根据吕颂辉等《广东沿海海域赤潮灾害特征及防灾减灾措施研究报告》整理。

18.2.1　赤潮生物的种群动力学特征及其对环境的响应

18.2.1.1　广东近海环境及赤潮特征

1) 广东近海环境特征及变化趋势

广东沿海地区是华南人口最集中、经济最活跃的地区，在我国社会和经济发展中占有重要的战略地位。经济迅速发展、人口激增，大量未经处理的生活污水、工业废水直接或间接排入海洋，造成近海水质环境日趋恶化。主要呈现以下几个特征：① 陆源排污：废污水通过河道和排污管道大量排入近海海域，造成近海海域陆源污染负荷持续增长；② 养殖污染：广东沿海养殖面积及产量呈指数增长、养殖产业飞速发展的同时，大量鱼类排泄物和部分剩余饵料进入鱼排内的海水和沉积物中，致使营养盐和硫化物含量增加，从而对近岸海域和养殖区的水环境造成二次污染；③ 热污染：如大亚湾核电站每年约排放冷却水 2.91×10^7 m³，导致局部水体累积升温，产生热污染。此外，海上采油、码头兴建、人工填海等海洋工程也对海洋环境造成了重要影响。

海洋环境的改变导致浮游植物种群结构明显变化，首先是多样性显著降低，其次是秋末至冬初细胞数量显著升高。就种群组成而言，甲藻与暖水性种类有增多的趋势，同时网采小型浮游植物数量明显减少，群落组成趋向小型化。另外沿岸人类活动加速了海湾生态环境的退化，生态系统的稳定性减弱，使生物群落朝异养演替方向发展。

2) 广东近海赤潮特征及其危害

近年来广东沿海赤潮的发生和发展呈现出以下主要特征（吕颂辉和齐雨藻，2005）。

(1) 频率增高

据不完全统计，广东沿海 1980—1992 年平均每年发生 5~6 次赤潮；而 1997 年开始受厄尔尼诺气候变化的影响，赤潮发生频繁，尤其 2000 年后至今几乎每年赤潮发生次数均超过 10 次以上。

(2) 全年均可发生赤潮

从时间序列看，过去广东的赤潮主要发生在每年东北季风向西南季风转换时期的 3—6 月，约占全年发生赤潮次数的 70%，7—10 月较少，11 月至翌年 2 月发生的赤潮更少。近 10 年来情形发生改变，全年均可发生赤潮。

(3) 赤潮发生区域扩大

从发生赤潮的区域看，珠江口、大鹏湾是广东沿海赤潮多发区，但近年广东沿海赤潮有扩展趋势，如粤东的饶平、汕尾、惠州等，粤西的阳江、湛江等海域频发赤潮。

(4) 持续时间长、危害程度大

如 1997 年 10 月柘林湾的棕囊藻赤潮持续数月之久，1998 年 3—4 月珠江口发生的特大赤潮持续时间达半个月之久，危害程度大，经济损失严重（表 18.5）。

(5) 出现新记录种类和有毒种类赤潮

近年来，陆续有新记录赤潮种类被报道，如海洋卡盾藻、球形棕囊藻、米氏凯仑藻等，这些种类的赤潮容易对海水养殖业造成严重危害。

表 18.5　1980—2011 年广东沿海主要有毒有害赤潮事件

时间	赤潮生物	地点和范围	危害
1980 年 5 月	萎软几内亚藻	湛江港内湾	海面漂死鱼,渔业减产
1983 年 3 月	裸甲藻	大亚湾和大鹏湾近海	20 多种鱼类缺氧而死
1983 年 4 月	细长翼状根管藻	大亚湾和大鹏湾	鱼、虾、贝大量死亡仅惠阳就失收鱼 75 t,网箱养殖的鱼类死亡 1 t
1985 年 5 月	夜光藻	深圳湾和大亚湾	鱼类死亡
1991 年 3 月	海洋褐胞藻	大鹏湾盐田,面积近 2 000 km²	渔业损失惨重
1997 年 10—12 月	球形棕囊藻	汕头柘林湾和南澳岛等	网箱养殖鱼类大面积死亡,经济损失达 6 000 万元
1998 年 3 月	裸甲藻	香港海域、珠海桂山岛大面积海域	香港渔业损失 2 亿元港币,珠海经济损失 1 亿元人民币
1998 年 4 月	环节螺沟藻	深圳湾,面积 100 km²	网箱养殖鱼类大量死亡
2006 年 4 月	双胞旋沟藻	珠海桂山岛附近海域	网箱养殖白花、石敏、军曹鱼大量死亡,经济损失达 100 万元
2007 年 2 月	球形棕囊藻	汕头附近海域	大量扇贝死亡,经济损失 300 万元
2009 年 10—11 月	双胞旋沟藻	珠海附近海域	未见鱼类大量死亡
2011 年 8 月	双胞旋沟藻	珠江口大面积海域	大量鱼苗死亡,经济损失 316 万元

18.2.1.2　广东沿海有毒有害赤潮生物的种类和数量分布

1) 广东沿海有毒有害赤潮生物的种类组成

目前,广东沿海已记录的赤潮生物有 170 种,其中有毒有害赤潮生物 85 种,隶属 5 个门类,甲藻门最多 42 种;硅藻门 36 种(表 18.6),其有毒有害藻类的种类多样性远高于其他海域,包括链状亚历山大藻、塔马亚历山大藻、具尾鳍藻、具毒冈比亚藻、多边舌甲藻、多纹膝沟藻、短凯伦藻、链状裸甲藻、米氏凯伦藻、海洋卡盾藻、球形棕囊藻、海洋原甲藻、尖刺拟菱形藻等。

表 18.6　广东沿海有毒有害赤潮生物的门类构成

类群	种类数(种)	百分比(%)
甲藻	42	49.41
硅藻	36	42.35
金藻	3	3.53
针胞藻	3	3.53
蓝藻	1	1.18
合计	85	100

2）广东沿海有毒有害赤潮生物的分布规律和数量变化

在广东沿海有毒有害赤潮生物种类中，筛选出多种常见和重要的种类，分析其分布规律和数量变化。硅藻门中肋骨条藻在广东沿海的分布最为广泛，各个港湾各个季节均有记录，除冬季细胞密度相对较低外，其他季节均较高，秋季在珠江口有赤潮记录。夏季优势类群为拟菱形藻种类，其种类多样性丰富，在各个海域均占优势。另外，拟菱形藻是麻痹性毒素麻痹性贝毒（Paralytic Shellfish Poison，PSP）的主要产生者。靓纹拟菱形藻是广东沿海夏季最为优势的拟菱形藻种类，细胞密度在 $10^4 \sim 10^6$ cells/L 之间。从细胞丰度来讲，亚伪善拟菱形藻是第二优势拟菱形藻，是大亚湾夏季浮游植物的优势种类。角毛藻种类多样性亦很丰富，各个海域和季节均有分布，其中优势种类为旋链角毛藻，主要分布在珠江口，以秋季细胞密度最高。

甲藻赤潮种类中，塔玛亚历山大藻能够产生 PSP 毒素。该种在春、秋、冬三季均有发现，细胞密度介于 $10^2 \sim 10^4$ cells/L 之间，接近赤潮水平。双胞旋沟藻是近年在我国沿海新发现的赤潮记录种，主要出现在秋季。2006—2012 年珠江口海域几乎年年爆发赤潮。鳍藻是 DSP 的主要产生者，广东沿海分布的主要有渐尖鳍藻、尖锐鳍藻、具尾鳍藻和倒卵形鳍藻。具尾鳍藻在各个海域各个季节均有分布，细胞密度稳定在 10^2 cells/L 水平，秋季在大亚湾和珠江口海域略有升高。其他 3 个鳍藻种类的分布海域和季节相对有限，渐尖鳍藻和倒卵形鳍藻主要出现在春夏两季，而尖锐鳍藻则主要出现在冬季。有毒冈比亚藻是西加鱼毒（Ciguatera Fish Poison，CFP）的主要产生者，该种主要分布在热带水域，在广东沿海分布较广，细胞密度在 10^2 cells/L 水平，四季变化不明显。米氏凯伦藻在广东沿海分布广泛，其中数量以珠江口和大亚湾的秋冬季最为丰富。

赤潮异弯藻主要分布在大亚湾海域，以春、冬两季最为常见，细胞密度介于 $10^4 \sim 10^6$ cells/L之间。

球形棕囊藻在广东沿海的分布集中于秋冬季节，已在多个海域引发赤潮。

18.2.1.3 赤潮生物的种群动力学特征及其对环境的响应

1）双胞旋沟藻赤潮种群变化及其对环境的响应

2009 年 10 月下旬，珠江口海域发生较大规模的双胞旋沟藻赤潮，面积约 300 km²。赤潮发生前期，双胞旋沟藻在群落中占绝对优势，占 80% ~ 90%，其细胞密度最高达 2.77×10^7 cells/L；赤潮中、后期，双胞旋沟藻密度减小，而角毛藻和骨条藻等硅藻的密度增大（图 18.14）。这 3 种优势种类的高峰期先后出现，表明赤潮生物之间存在着营养竞争和互相演替的生态特征。

整个赤潮期间，N/P、Si/P 和 Si/N 的变化范围分别为 3~193、5~193 和 0~2，平均值分别为 78、71 和 1，限制性因子为 PO_4-P。而从每天 N/P 值的变化趋势看，N/P 值先升高后降低，然后又有所回升，整个赤潮期间 N/P>16 的区域达 92.59%，N/P>22 的区域达 90.47%；Si/P 值的变化趋势与 N/P 值变化趋势一致，先上升，再下降，后恢复平稳，Si/P>22 的区域达 85.19%；Si/N 值的总体趋势是不断降低，Si/N<1 的区域达 65.74%。N/P 的减少，有利于赤潮的发生。本次赤潮调查期间，Si/N 的平均值较低，有利于甲藻的生长，与此次甲藻赤

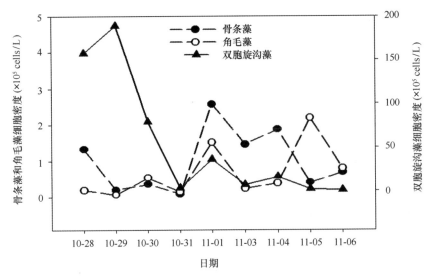

图 18.14　珠江口（珠海赤潮中心区）双胞旋沟藻与骨条藻、角毛藻随时间的变化

潮爆发相一致。相关分析表明，在影响本次赤潮爆发的众多环境因子中以营养盐最为重要，其次是盐度和温度。其中，营养盐以 SiO_3-Si、NO_3-N、DOP、PO_4-P、NO_2-N、DON 为主，尤其是 SiO_3-Si 和 NO_3-N 最为重要。

2）球形棕囊藻赤潮种群变化及其对环境的响应

近年来，球形棕囊藻赤潮在广东海域频繁出现，造成了严重的环境问题和经济损失。球形棕囊藻能够形成囊状群体，其群体直径的大小与环境因子之间具有相关性。2009 年 11 月球形棕囊藻赤潮在珠江口再次出现，本项目现场跟踪调查研究了自然条件下球形棕囊藻细胞群体的形成状况及其与环境因子之间的关系，结果表明环境因子对球形棕囊藻群体直径的影响各不相同。群体大小与表层水体中磷酸盐浓度、底层水温呈负相关，而与盐度、氮浓度没有显著的相关性。推测温度与球形棕囊藻细胞群体的形成有密切的关系，随着水温的降低，细胞群体的数量明显减少，直至全部消失。另外近岸站点细胞群体直径平均值大于远岸站位，数量也明显要多，可能与近岸丰富的营养盐有关。

18.2.2　广东沿海主要有毒有害赤潮诊断和预警指标体系

18.2.2.1　广东沿海有毒有害赤潮诊断标准

1）赤潮生物细胞密度指标

分析广东沿海主要海域 1980—2011 年间发生赤潮的种类、次数及其造成的危害（见第 14 章图 14.26 和表 18.5），发现广东沿海造成危害较大的常见赤潮种有：米氏凯伦藻、血红阿卡藻、锥状斯氏藻、海洋卡盾藻、塔玛亚历山大藻、球形棕囊藻、尖刺拟菱形藻和双胞旋沟藻。以这 8 种藻作为广东沿海主要有毒有害赤潮诊断和预警的主要监控对象，通过分析广东沿海重点港湾有毒有害赤潮造成危害的历史记录，赤潮生物的细胞大小、群落结构和生活史，并参考日本学者安达六郎提出的"不同生物体长的赤潮生物密度"法的细胞密度，提出广东沿海主要有毒有害赤潮生物的早期预警细胞密度和预警等级（表18.7）。

表18.7 广东沿海主要赤潮生物预警体系细胞密度指标

预警等级	赤潮藻类	细胞密度（cells/mL）	管理行为
征兆	米氏凯伦藻	>300	加强监测
	血红阿卡藻	>200	
	锥状斯氏藻	>200	
	海洋卡盾藻	>200	
	塔玛亚历山大藻	>200	
	球形棕囊藻	>10 个囊体	
	尖刺拟菱形藻	>300	
	双胞旋沟藻	>200	
一级预警	米氏凯伦藻	>2 000	警报及检测毒素
	血红阿卡藻	>400	
	锥状斯氏藻	>2 000	
	海洋卡盾藻	>400	
	塔玛亚历山大藻	>400	
	球形棕囊藻	>100 个囊体	
	尖刺拟菱形藻	>3 000	
	双胞旋沟藻	>500	
二级预警	米氏凯伦藻	>8 000	限制或关闭
	血红阿卡藻	>5 000	
	锥状斯氏藻	>8 000	
	海洋卡盾藻	>5 000	
	塔玛亚历山大藻	>4 000	
	球形棕囊藻	>300 个囊体	
	尖刺拟菱形藻	>6 000	
	双胞旋沟藻	>8 000	
三级预警	米氏凯伦藻	>20 000	限制或关闭
	血红阿卡藻	>12 000	
	锥状斯氏藻	>15 000	
	海洋卡盾藻	>10 000	
	塔玛亚历山大藻	>12 000	
	球形棕囊藻	>800 个囊体	
	尖刺拟菱形藻	>20 000	
	双胞旋沟藻	>11 000	
消除	海水水色恢复正常低于赤潮标准		解除警报

2）关键环境因子指标

主成分分析方法目前是探究诱发赤潮环境因子的主要方法（齐雨藻等，1993；霍文毅等，2001；王年斌等，2004，2006；潘雪峰等，2007），根据分析发现，影响珠江口赤潮爆发的主要环境因子为营养盐、盐度和温度。其中，营养盐以 SiO_3-Si、NO_3-N、DOP、PO_4-P、NO_2-N、DON 为主，尤其是 SiO_3-Si 和 NO_3-N 为最重要的环境因子；其次，海水盐度和温度也是影响赤潮发生的重要环境因子，赤潮发生区域属于高营养盐、低盐度区域，与陆源径流关系密切。温度也是赤潮爆发的重要影响因子，高温是导致赤潮爆发的原因之一。

3）生物毒素指标

经由贝类传递的毒素常被称为贝类毒素，目前发现有 70 多种藻类能产生贝类毒素。这些毒素蓄积在鱼、虾、贝等生物体中并通过食物链传递而逐级放大，危害高等海洋生物及人类健康，甚至导致死亡。贝毒素通常分为 5 类，即麻痹性贝类毒素（Paralytic Shellfish Poisoning，PSP）、腹泻性贝类毒素（Diarrhetic Shellfish Poisoning，DSP）、记忆缺失性贝类毒素（Amnestic Shellfish Poisoning，ASP）、神经性贝类毒素（Neurotoxic Shellfish Poisoning，NSP）和西加鱼毒（Ciguatera Fish Poisoning，CFP），其中PSP与DSP是危害我国人民健康的两种主要贝类毒素。我国目前麻痹性贝毒警戒标准主要是使用小鼠生物检测法，当毒力值超过 80 $\mu g/g$ 即为超标。

根据调查数据分析，结合广东沿海有毒赤潮造成危害的历史记录，并参考同类生物毒素国内外的诊断和预警标准，确定主要赤潮生物毒素的早期预警浓度（表 18.8 和表 18.9）。

表 18.8　不同有害有毒藻种毒素及危害

有害有毒藻种类	毒性	危害性及影响生物
米氏凯伦藻	含某种生物毒素	鱼类，双壳类软体动物
血红阿卡藻	溶血性毒素	鱼类
塔玛亚历山大藻	PSP	鱼类，浮游动物，底栖动物
锥状斯氏藻	—	引起缺氧
海洋卡盾藻	溶血性毒素，血凝性毒素，NSP	鱼类
球形棕囊藻	溶血性毒素	鱼类
尖刺拟菱形藻	ASP	软体动物，海鸟
双胞旋沟藻	—	引起缺氧

表 18.9　赤潮毒素警戒标准和检测方法

毒素类型	分析方法	警戒标准	管理行为
PSP	小鼠生物法 HPLC	24 h 内 3 只小白鼠死亡 2 只以上 30 $\mu g/100\ g$	限制所有海产品
DSP	小鼠生物法 HPLC	24 h 内 3 只小白鼠死亡 2 只以上 20 $\mu g/100\ g$	限制所有海产品

续表 18.9

毒素类型	分析方法	警戒标准	管理行为
ASP	HPLC	2 mg/100 g	限制所有海产品
溶血毒素	荧光分光光度法	高于 120 Hu/L	迁移养殖鱼类

18.2.2.2　广东沿海有毒有害赤潮预警指标体系

1）赤潮的分型分级及其依据

依据赤潮的成因、发生海域、范围、频率及引发赤潮的生物种类等，研究人员从不同角度对赤潮灾害的分型做了许多探索，但主要侧重于学术方面的研究，而赤潮对人类生命健康及海洋渔业的破坏影响力的分析尚少。因此，为了便于赤潮灾害预警及灾后经济损失评估，根据赤潮原因种的性质及对养殖水体的破坏程度，将赤潮分为如下 4 个类型。

（1）无害赤潮

无害赤潮，指引起赤潮的生物种对水产品和人类没有毒性，甚至这些藻类的适量增加能促进养殖水产品的增长。大部分硅藻赤潮都属无毒无害，如中肋骨条藻、圆筛藻、红色中缢虫等赤潮均属此类。

（2）有害赤潮

有害赤潮，是指引发赤潮的藻类本身没有毒性，但由于赤潮藻的机械性窒息作用或死亡分解时产生大量对海洋生物有毒的物质并同时消耗水体中溶解氧，造成养殖生物的大量死亡，如硅藻门角刺藻属，一些呈胶团状的赤潮生物可黏附于鱼鳃上，导致鱼类机械性窒息死亡，如夜光藻赤潮。赤潮生物死亡后分解，一方面大量消耗水体中的氧，另一方面还放出硫化氢和甲烷等对鱼类有害的物质，进一步导致鱼类大量死亡。这种赤潮最为普遍，约占赤潮总数的 50%。

（3）鱼毒赤潮

鱼毒赤潮，是指对人无害，但对鱼类及无脊椎动物有毒的赤潮。这类赤潮生物能产生对鱼类毒性极强的毒素，可在短时间内（一般不超过 12 h）造成大量养殖鱼类死亡。如米氏凯伦藻、球形棕囊藻和海洋卡盾藻等赤潮，这些藻类可以产生溶血性毒素或其他可导致鱼类死亡的鱼毒素，造成鱼类死亡。

（4）有毒赤潮

有毒赤潮，这类赤潮可产生毒素并通过食物链在水产品中累积，当人类误食后引起消化系统、心血管或神经系统中毒。这些毒素包括：麻痹性贝毒（PSP），产生 PSP 的藻类有链状亚历山大藻、塔玛亚历山大藻、微小亚历山大藻、链状裸甲藻等（Fukuyo，1992）；腹泻性贝毒（DSP），产生 DSP 的赤潮藻类主要是尖鳍藻、渐尖鳍藻、圆鳍藻、利马原甲藻等；神经性贝毒（NSP），主要由甲藻短凯伦藻产生；记忆缺失性贝毒（ASP），产生这类毒素的赤潮藻种类为多列拟菱形藻和伪柔弱拟菱形藻；西加鱼毒（CFP），主要由某些有毒的底栖或附着甲藻产生，如有毒冈比亚藻等。

另外，灾变等级和灾度等级是灾害分等定级的两个重要内容（高庆华和张业成，1997；

赵冬至等，2003）。前者从灾害的自然属性方面反映自然灾害的活动强度或活动规模，后者则根据灾害破坏损失程度反映自然灾害的后果。这里提到的分级依据就是灾变等级。我国赤潮发生多以小型为主，三级赤潮等级已足以显示出赤潮灾害发生的特点。因此，为了加强赤潮的监视监测措施，便于赤潮灾害的管理和统计，简化赤潮灾害的分级，本文将赤潮分为大型、中型、小型 3 种类型，其面积为：单次赤潮面积分别约在 1 000 km² 以上、100~1 000 km² 之间和低于 100 km²。

2）赤潮的分型分级标准及应急措施

综合赤潮藻产毒特性和发生面积两个因素，并结合我国多年来赤潮发生的相关统计资料，将赤潮分为 12 个类型（表 18.10），用字母数字 R1、R2、R3 和 R4 分别代表有毒、鱼毒、有害和无害等赤潮类型，用字母数字 A、B 和 C 分别表示大型、中型和小型等赤潮发生等级。

为了在赤潮发生时能及时用醒目易懂的方式对大众进行预警，用赤潮预警图案分别代表不同的赤潮类型和级别。根据赤潮灾害的分型分级标准，及公众对赤潮颜色的敏感程度，用蓝色底色表示海洋，分别用颜色红、橙、黄和绿色的线条表示赤潮类型，用 "~" 线条的多少表示赤潮发生面积的大小，如表 18.10 所示。

表 18.10　赤潮灾害的分型分级及预警色和预警图示

	大型赤潮 Large grade red tide A	中型赤潮 Middle grade red tide B	小型赤潮 Small grade red tide C
有毒赤潮 R1 Toxic 红色 Red	AR1	BR1	CR1
鱼毒赤潮 R2 Noxious 橙色 Orange	AR2	BR2	CR2
有害赤潮 R3 Harmful 黄色 Yellow	AR3	BR3	CR3
无害赤潮 R4 Unharmful 绿色 Green	AR4	BR4	CR4

赤潮灾害的预警与防灾减灾工作涉及海洋、渔业、环保、旅游、外事、新闻、卫生防疫和动植物检疫等各个部门，依据上述赤潮分型分级标准，初步提出如下应急措施。

一级应急措施（红色预警色）

当对大众生命有强致害致死作用的有毒赤潮爆发时，启动一级应急措施：① 赤潮发生区域内的行政领导小组，协调各相关职能部门对赤潮毒素危害的监控和相关信息的及时准确发布；② 成立一支由专业人员组成的赤潮监测队伍。对有毒赤潮进行跟踪监测和毒素的分析测定；③ 严格禁止赤潮海域的海产品捕捞和上市销售，做好养殖户的宣传教育工作，确定养殖区的关闭和重新开放时间；④ 在电视等相关媒体上加挂表18.10中红色预警图示。

二级应急措施（橙色预警色）

当对养殖鱼类有强致死作用的鱼毒赤潮爆发时，启动二级应急措施：① 成立区域协调小组，对鱼毒赤潮可能的移动方向进行及时通报；② 成立专业的赤潮监测队伍，进行赤潮的跟踪监测，并向养殖户传授相应的减少养殖损失的技术；③ 做好赤潮灾害损失的评估工作，以利于灾后渔业生产的恢复；④ 在电视等相关媒体上加挂橙色预警图示（表18.10）。

三级应急措施（黄色预警色）

当对近岸养殖生物有一定的致死致害作用的赤潮爆发时，启动三级应急措施：①组建专业的监测队伍进行赤潮的跟踪监测，及时通报赤潮生物种类的变化，注意赤潮水体中溶解氧的变化，向养殖户传授相应的减轻赤潮危害技术；②在电视等相关媒体上加挂黄色预警图示（表18.10）。

四级应急措施（绿色预警色）

当爆发赤潮的生物种类是对大众和养殖的水产品无毒无害时，启动四级应急措施：① 组建专业的赤潮监测队伍进行赤潮的跟踪监测，及时通报赤潮生物种类及数量变化；② 在泳滩等地设立绿色预警图示。

基于赤潮对人类生命健康和水产养殖业影响建立的赤潮分型分级及预警色方案，可极大地方便赤潮灾害的管理和信息的发布，在减轻我国赤潮危害中发挥一定的作用。

18.2.3　广东近海赤潮灾害趋势评估及防治对策研究

18.2.3.1　广东近海赤潮及其赤潮毒素

广东是我国沿海赤潮灾害高发省份之一，其赤潮发生的频率和面积虽然不是最大，但损失却最为严重：一方面由广东赤潮发生的特点决定，广东省赤潮生物以有毒有害赤潮种类为主，特别是对养殖渔业威胁巨大；另一方面，广东省是全国渔业产量最多的省份之一，占全国渔业总产值的15%左右，因此，赤潮灾害成为威胁广东渔业经济的最主要因素之一。

赤潮不仅造成鱼类和贝类大量死亡，其产生的生物毒素对人类的生命健康产生危害，影响了近岸海产养殖持续稳定发展和海产品的食用安全。赤潮生物毒素对广东沿海贝类的污染比较严重，在广东各海湾的贝类几乎均可检测出麻痹性贝类毒素（PSP）或腹泻性贝类毒素（DSP）；近20年来，广东省和邻近的香港已发生多起人们因误食该海域染毒的海产品而中毒死亡的事件。由于可供分析的历史资料缺乏，本文主要以江天久等在2005—2006年对广东沿海为期近两年的调查研究基础上，综合评估了广东沿海重要水产养殖区和海洋自然资源保护区的麻痹性贝类毒素和腹泻性贝类毒素分布状况，主要染毒贝类，季节变化等特征。

广东沿海易受贝类毒素污染的贝类品种繁多。其PSP染毒的贝类有以下特点：① 染毒品类品种多，主要为双壳类软体动物，部分为腹足类动物；② 毒素累积含量高的贝种主要为华贵栉孔扇贝、蚶、翡翠贻贝和蛤类；③ 高毒素含量的染毒贝类因地域性、年际性变化，在毒素含量上存在一定差异。就分布地区而言，广东沿海PSP检出率粤西>粤中>粤东，但粤东局部海域如柘林湾的毒性值较为突出。

广东沿海腹泻性贝类毒素（DSP）污染同样较为严重，2005年秋季的检出率最高，春季检出率较低（江天久等，2006）。杨莉等对2004—2005年广州市售贝类的调查显示，DSP的染毒情况也有比较明显的季节分布特点，总体上，春冬两季为染毒高峰期，夏秋两季染毒率较低。吴施卫等于2002—2004年对广西、海南和广东沿海各地贝类中DSP进行检测发现，广东沿海主要的染毒海域是粤中大鹏湾赤控区、大亚湾及粤西的北津港等地。另外，检查广东近岸海域2005年春季DSP染毒的生物品种较多，但不同的生物品种的检出情况不同，在受检样品数量较多的品种中，超标情况最多的是波纹巴非蛤，其次是牡蛎和翡翠贻贝。

18.2.3.2 广东沿海贝类养殖区赤潮毒素风险评估与管理

1）广东沿海贝类毒素风险评估

以12大重点增养殖区为主体，结合广东沿海地理特点将广东省沿岸分为以下15个海域。从东至西分别为柘林湾（A）、汕头达濠海域（B）、神权甲子港（C）、碣石湾（D）、南澳猎屿海域（E）、红海湾（F）、大亚湾（G）、大鹏湾（H）、万山群岛海域（I）、川山群岛海域（J）、海陵湾（K）、水东湾（L）、雷州湾（M）、流沙湾（N）、安铺港（O）。

根据以下参数作为染毒类型划分标准：

（1）2005—2006年广东沿海麻痹性贝类毒素的小白鼠检测结果（以阳性率和超标率为指标）；

（2）麻痹性贝类毒素的高效液相色谱分析结果（以各海域毒力值来表示）；

（3）腹泻性贝类毒素的检测结果（小白鼠法检测结果）。

此外，还参考各海域染毒贝类品种数，有毒藻分布和赤潮发生频次，贝类毒素中毒事件、贝类养殖规模及其他学者的相关研究成果。

通过赋予阳性率、超标率、毒力值不同权重的方法，计算毒素污染指数（PI）。以此为指标，划分海域染毒类型。计算公式如下：

$$PI(I) = \sum_{i=1}^{6} S_i \cdot M_i + \sum_{j=1}^{5} H_j \cdot W_j$$

式中，I值为A至O，表示广东某个海域；S_i（$i=1\sim6$）为2005—2006年调查所得的系列数据，分别表示某海域的PSP小白鼠检测结果的阳性率、超标率、高效液相检测结果比标率（液相检测结果与贝毒安全标准的比值）、DSP小白鼠检测结果阳性率、超标率、染毒贝类种数。M_i分别表示以上因子对应的权重值，分别为10、30、40、10、30、1；j（$j=1\sim5$）分别表示有毒藻丰富度、贝类中毒事件、贝类毒素调查、赤潮发生次数因子，W_j为某一因子不同水平的权重值，H_j为某一因子的不同水平值，权重30分封顶。根据分值大小将15个海域划分为 3 类监测区：重点监测区、次重点监测区和一般监测区。

重点监测区一般为发生过多起贝类中毒事件或其历史上贝类检测毒素含量多次超过贝类食品安全标准的贝毒污染非常严重的海域，根据贝类毒素污染的综合计分值，将大于 50 分的大亚湾、大鹏湾、柘林湾划属重点监测区。

次重点监测区是毒素污染评分值在 30~50 分间贝毒污染较严重的海域，将水东湾、雷州湾、流沙湾、神泉甲子、南澳猎屿海域、川山群岛归属次重点监测区。

一般监测区是指毒素污染综合水平值在 30 分以下污染较轻的海域，将碣石湾、红海湾、汕头达濠海域、万山群岛海域、海陵湾、安铺港海域划分为一般监测区。根据以上 3 类不同监测区，设计主体结构相似的 3 个不同的贝类毒素监测系统方案。

2）广东沿海贝类毒素监测方案

建立完善的贝类毒监测和管理体系是预防和减少贝类赤潮生物毒素危害的有效方法。根据以上广东省不同海区贝类毒素的风险评价结果，针对不同监控区的贝类毒素提出监控方案如下。

（1）重点监测区的监测方案

重点监测区包括大亚湾、大鹏湾和柘林湾 3 个海域。对于重点监测区的常规监测方案实施从严原则，并做以下方面详细设计（图 18.15）。以贝类监测和藻类监测为主体，设计图中 RL＝Regularly level 为控制标准值。

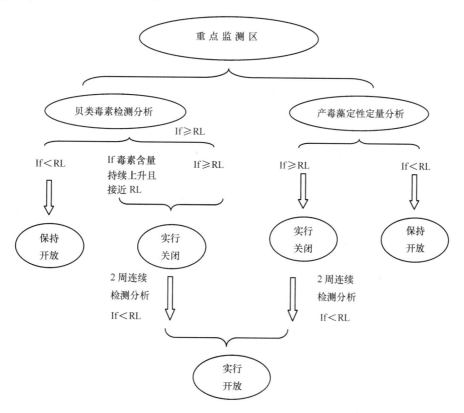

图 18.15 重点区贝毒监测体系执行计划图 RL＝Regularly level（控制标准）

重点监测区监测方案包括两个部分：定期的贝类监测和产毒藻监测。权威机构对养殖区实行关闭与否的行为依据为产毒藻浓度或贝肉检测毒素含量。但对关闭状态中的养殖区实行开放的行为则需在二者都未超标的基础上执行。另外，对养殖区的关闭遵循以下原则：① 麻痹性贝类毒素和腹泻性贝类毒素任何一种浓度超标即关闭；② 所检测贝类中有一种贝类体内毒素含量超标即关闭。渔民可根据实际情况向上级部门申请选择性关闭，即为针对养殖区某一种贝类关闭的行为，而对于毒性值未超标的贝类则准予在市场销售。

当养殖区实行禁闭令后，贝肉检测实施频率为每周 1 次，稳定期可酌情减少，直到连续两周贝肉的毒素含量和产毒藻浓度的检测结果均未超过控制标准，才可实行重新开放，并通过媒介进行公布。

重点监测区的常规监测贝类品种以牡蛎、贻贝、扇贝、蚶等为首选。非常规的监测种类选取根据养殖的实际情况和某些特殊情况来确定：① 当食用该养殖区某种贝类发生中毒事故时，应将此种贝类设为非常规监测种；② 当禁闭区的渔民要求对某一贝种进行监测时，则应纳入非常规监测种范围；③ 当对某一贝种有特定的科研目的时，将其设为非常规监测种；④ 当发生有毒赤潮时，可将某些种类设为非常规监测种；⑤ 当某一贝种需出口时，则可设为非常规监测种。常规监测种与非常规监测种并非一成不变，可根据养殖区的实际情况作相应改变。

采样点的布设实施层级结构，一般设置为两层系统。第一层为常规监测点，即一级采样点，一般以常规监测种为监测对象，每周一次采样。站位的布设遵循以下原则：① 能客观反映出该区域 PSP 与 DSP 的污染状况；② 易于采捕、交通方便；③ 各采样点离检测实验室距离最小，运输成本最低；④ 尽量充分利用历史布置的环境监测站、海洋站。第二层为二级采样系统是当发生重大有害赤潮事件时临时设立的监测点。二级采样点的数量及频率需根据有毒赤潮事件危害的程度来决定。

本监测方案中，暂拟定澳头、东山、霞涌、辣甲列岛、小星山 5 个站位为大亚湾的一级采样点；暂拟定大鹏、南澳、盐田、葵涌 4 个站位为大鹏湾的一级采样点；暂拟定汎州岛、西澳岛、蛇屿、柘林 4 个站位为柘林湾的一级采样点。根据广东省沿海贝类毒素的时间分布特征，可将每年的 1 月至 10 月定为重点监测区方案的常规监测期，其他 2 个月定为非常规监测期。此外，还应每年组织相关专家进行研讨，针对不同海域的实际情况和监测专项经费的落实和使用情况对常规监测期和非常规监测期进行适当调整。

（2）次重点监测区的监测方案

次重点监测区主要是指贝类染毒状况较重点监测区轻的海域。与重点监测区相比，其差别主要是在监测频率、采样站位数量的不同。次重点监测区贝毒监测主要以贝类测试为主体，不包括藻类监测，执行对养殖区的关闭与否基于养殖区的贝类检测的麻痹性贝类毒素含量是否超标。监测方案对常规监测期的养殖区频率是每 2 周 1 次，当检测到高于 40 μg/100 g 的且小于控制标准的样品时，应立即加强对该样品来源养殖区的监测力度，频率增加至每周 1 次，其常规监测区与重点监测区相同。当毒性值高于控制标准值时，则实施禁闭令，并张贴警告牌以防止沿海居民食用染毒贝类。对禁闭期的养殖区，监测实施行为按照重点监测区 C 计划实施。

次重点监测区所涉及的海域较多，再加上养殖的贝类品类繁多，考虑到当地经济发展水平，并综合各海域贝类养殖的实际状况，设计不同的常规监测种，但主要遵循以下共同原则：

① 是否为该区域的重要经济贝类；② 双壳类贝类表现出对毒素较强的富集和代谢能力，应予优先考虑；③ 累积毒素快的指示贝优先考虑；④ 临近区域发生过中毒事故的贝类优先考虑。

根据以上原则，综合海域的贝类养殖情况，先拟定各养殖区域的常规监测贝类种类。

南澳猎屿海域：织螺纹、翡翠贻贝；

神前甲子港：翡翠贻贝、牡蛎；

川山群岛：翡翠贻贝、泥蚶、牡蛎；

水东湾：牡蛎、泥蚶、翡翠贻贝；

雷州湾：翡翠贻贝、泥蚶；

流沙湾：翡翠贻贝、栉江珧。

采样点的布设设置为二级采样点，一级采样点为常规监测点，纳入常规监测体系，定期采样，站位选取原则同重点监测区。但是，次重点区一级采样站位的数量一般较重点监测区的少，监测频率也相应减小。以下为次重点监测区的一级站位点。

南澳猎屿海域：深澳、猎屿；

神权甲子港：神泉、甲子；

川山群岛：大萍洲、墨斗洲、鹰洲、山猪、狗尾岛；

水东湾：水东道、陈村；

雷州湾：太平、雷州港、东寮道；

流沙湾：流沙、流沙港。

二级采样点是一级采样点的补充，一般情况下不进行采样，特殊情况或特殊研究目的时才进行采样。二级采样点的布设尽量以一级采样为中心，对一级采样进行辅助监测。

（3）一般监测区的监测方案

一般监测区是指贝类毒素污染较轻的区域。养殖区的贝类监测频率为 2 周 1 次，监测时间为 1 月至 5 月和 7 月至 10 月。当检出毒力值达 20 μg/100 g 时，实施次重点监测区的监测方案；当毒性值超标时，可实施重点监测区常规监测方案的 C 计划。

检测方法、检测标准、采样点的选择原则同上。

监测贝种的选择：根据具体海域的养殖情况而定，拟定各海域的常规监测贝类种类。

18.2.3.3 广东省近海赤潮灾害管理方案设计

此管理方案适用于广东省管辖海域的赤潮与毒素应急监视监测、预报预警和应急处置等工作。其基本原则如下：以人为本，减少危害；统一领导，分级负责；预防为主，防应结合；快速反应，团结协作。根据广东省的实际情况，按照"预防为主，防、控、治相结合"的原则，由广东省海洋行政部门牵头，组织各沿海市政府及有关单位，逐步建立国家与地方相结合、专业与群众相结合的赤潮灾害监视监测与预报预警网络体系。监测内容包括如下内容。

1）监测项目

（1）常规项目

水质监测要素：色、味、嗅及漂浮物。粪大肠杆菌、弧菌、浮游植物细胞总数、优势种及细胞数量。

水环境监测要素：表层水温、透明度。风速、风向、气温、光照、pH、盐度、溶解氧、溶解氧饱和度、叶绿素 a、化学需氧量、磷酸盐、亚硝酸盐、硝酸盐、铵盐、硅酸盐。

（2）沉积物监测

常规分析：沉积物性质（粒径分析）、含水率。

污染指标：硫化物、有机碳。

细菌指标：粪大肠杆菌、异养细菌总数、弧菌。

（3）养殖生物监测

赤潮发生于养殖区或对养殖区有影响时，应调查主要养殖种类、方式、规模和病害发生情况等。

污染物总量：监控区主要养殖鱼贝体内的铅、汞、砷、油含量等。

细菌指标：养殖鱼、贝类体内粪大肠菌群数、细菌总数、弧菌总数。

2）监测站位

根据每个监控区的环境特点，以反映监控区基本环境为目的，利用随机均匀和断面设站相结合的方法确定监测站位，确定固定站位或临时站位。但每个赤潮监控站位在每个养殖区内不得少于 6 个，养殖区近岸、中部、远岸海域至少各有 2 个监测站位。

3）重点监测时段

广东省沿海赤潮监测时段为 2—5 月。

4）监测频率

发现有赤潮征兆或赤潮时，应及时开展赤潮应急监测：出现赤潮预兆时，应进行赤潮生物监测；赤潮发生期监测包括赤潮发生至消失的全过程，每天进行 1 次监测，可适当增加赤潮生物监测频率；根据情况可适当增加监测频率；沉积环境监测 1 次；养殖生物监测 1 次。

5）监测分析方法

监测分析方法参见《海洋监测规范》、《海洋赤潮监测技术规程》及《海水增养殖区监测技术规程》等。广东省沿海各级海洋行政主管部门以赤潮常规监测为基础，按照赤潮灾害发生、发展规律和特点，在赤潮高发期，对所获得的监视、监测信息进行分析评价。定期向政府部门、赤潮监测与预警领导小组成员单位、涉海企事业单位和社会公众发布赤潮灾害预报、预警，做到早发现、早报告、早处置。广东省各级海洋行政部门对辖区内赤潮高发海域如大亚湾和珠江口海域等海域，以及受赤潮影响较大的渔业资源利用区、海水资源利用区、旅游度假区、海洋保护区如南澳、汕尾、湛江东海等海域开展赤潮灾害综合风险分析和评估，定期发布专项赤潮预报和警报信息。

广东省各级海洋环境监测机构、海监队伍、志愿者以及有关单位或个人一旦发现赤潮发生迹象，应立即向同级或海洋行政主管部门报告。该海洋行政主管部门通知赤潮所在海区或广东省海洋部门，负责赤潮信息现场确认并向广东省人民政府和广东省海洋行政主管部门报告，启动相应级别的应急响应程序。

18.2.4 小结

18.2.4.1 主要结论

通过广东省 908 专项进行广东近海赤潮灾害现状的调查及赤潮灾害特征分析，得出的主要结果如下。

（1）摸清了广东沿海有毒有害赤潮生物的种类和数量分布，结果表明，广东沿海观察到有毒有害赤潮生物 85 种，隶属 5 个门类，其中甲藻门 42 种，硅藻门 36 种。

（2）揭示了典型赤潮藻藻华过程中赤潮生物的种群变化及其对环境的响应机制，阐释了广东沿海赤潮发生的特征及趋势，发现赤潮频发的季节扩展为全年，发生范围和频率不断增加；鱼毒性和有毒赤潮越来越频繁。

（3）调查发现广东沿海重点港湾贝类毒素的污染比较严重，各海湾贝类几乎均可检测出麻痹性贝类毒素或腹泻性贝类毒素，提出主要赤潮生物毒素的早期预警浓度和预警等级。

（4）建立广东沿海重点港湾主要有毒有害赤潮诊断指标和预警指标体系，主要通过赤潮生物细胞密度、关键环境因子和生物毒素等指标对赤潮进行预警预报。

（5）针对广东近海有毒有害赤潮发生的规律、特点及其危害形式，结合海水养殖区现状，提出广东省近海赤潮灾害的监测、预警措施，初步拟定赤潮监测应急方案及其减灾防灾对策，包括：①宏观调控对策：对于影响赤潮发生的主要环境因子如营养盐的输入量进行评估，计算其与赤潮发生的关系，提出具体的营养盐调控对策；②针对性强的应急对策：在《广东省赤潮灾害应急预案》的基础上，提出重点港湾针对不同有毒有害赤潮生物的应急对策。

18.2.4.2 存在问题

（1）由于所收集的数据资料的局限性以及目前我国对于赤潮诊断和预警研究还处于发展阶段，因此对于赤潮预警还处于初级阶段。

（2）对于赤潮研究和管理方面，仍需进一步完善。就赤潮而言，赤潮发生的性质和规模在公众信息发布方面是比较重要的信息，但由于缺少可操作性的统一标准，公众在正确认识和了解赤潮方面存在一定的困难。

（3）缺乏准确的赤潮灾害损失评估模式，对赤潮灾害等级没有统一的定义，并缺少灾的定量计算方法，这阻碍了赤潮灾害评估工作的开展，不利于获取准确科学的损失评估资料。

18.2.4.3 建议及对策

鉴于目前广东省沿海赤潮频发的特征及趋势，提出监测与预警建议如下。

（1）环境监测中心站应在主要海域开展系统、长期的赤潮监测和预警预报工作。对相关的关键因子如营养盐、盐度、温度、pH、溶解氧及叶绿素 a 进行定点长期监测，根据赤潮监测预警体系，对有毒有害赤潮进行预测。

（2）加强媒体和公众宣传，使大家了解赤潮的分型分级标准和相应的预警色系统，便于赤潮灾害的管理及信息发布，提高公众对有害赤潮的认识，达到减少赤潮灾害损失的目的。

18.3 海洋污染灾害的应急措施[①]

"海洋污染灾害的应急措施"评价项目资料主要来源于文献以及政府部门发布的公报资料，同时结合相关历史资料，对广东海洋污染灾害的各个方面展开全面分析，旨在反映当前广东海洋污染灾害的现状及历史演变规律、特征，指出广东海洋污染灾害环境存在的主要问题，探讨海洋污染灾害监测与预警技术和应急措施，从而为广东海洋污染灾害防治奠定基础，同时也为广东海洋防灾、减灾和管理提供决策依据和技术指导。

18.3.1 海洋污染灾害综合分析评价

18.3.1.1 海洋溢油灾害

根据历年来《中国海洋灾害公报》、《广东省海洋环境质量公报》、《广东省环境状况公报》以及搜集到的公开资料，广东省有记载的溢油灾害可追溯至 1976 年。从 1976 年至今，广东沿岸共发生溢油事件 32 起，其中外轮造成 13 起，国轮造成 15 起，油田输油管路破裂引起 2 起，未确定"祸首"的 2 起。图 18.16 为广东省 1976—2009 年的溢油发生次数逐年统计图，可以看出，广东省每年均有溢油事故发生，最高时一年发生 5 次。

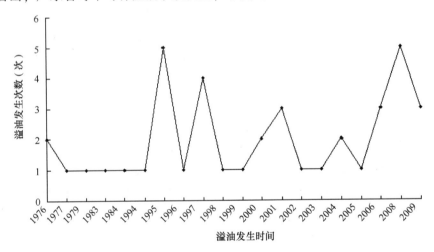

图 18.16 广东省溢油发生年份和发生次数变化情况

1976—2009 年间，广东省有溢油量记载的溢油污染事故共 23 次，其中溢油量 200 t 以上的重大溢油事故为 14 次（表 18.11）。自 2001 年起，广东省发生的溢油事故溢油量基本都在 200 t 以上，以重大、特大溢油事故为主，溢油污染灾害日趋严重。溢油原因分别为沉船、撞船、碰撞、输油管破裂、排放油污水及漏油共 6 种。其中由撞船引起的多达 12 起，占 50%，其次分别为沉船、碰撞，以及输油管破裂、排放油污水及漏油等（图 18.17）。因此，广东省溢油污染主要是人为操作失误造成的事故性溢油事件，加强航运管理将是遏制广东省溢油污染灾害的主要手段。

[①] 柯东胜，沈萍萍。根据柯东胜等《海洋污染灾害的应急措施研究报告》整理。

表 18.11 1976—2009 年广东省溢油量统计

年份	具体时间	溢油量（t）	溢油量级别
1976	2 月 16 日	8 000	200 t 以上
	2 月 17 日	200	50~200 t
1977	5 月 31 日	350	200 t 以上
1979	1 月 31 日	200	50~200 t
1983	10 月 11 日	1 000	200 t 以上
1984	4 月 5 日	685	200 t 以上
1994	7 月 14 日	>50	50~200 t
1995	8 月 20 日	200	50~200 t
1996	3 月 14 日	不少于 2 000 桶	200 t 以上
1997	2 月 1 日	240	200 t 以上
	12 月 26 日	约 50	50~200 t
1998	11 月 13 日	约 1 000	200 t 以上
1999	3 月 24 日	约 150	50~200 t
2000	11 月 14 日	200	50~200 t
2001	6 月 16 日	325	200 t 以上
2002	11 月 11 日	900	200 t 以上
2003	12 月 29 日	约 300	200 t 以上
2004	12 月 7 日	1 200	200 t 以上
2005	1 月 26 日	976	200 t 以上
2006	5 月 25 日	8 000	200 t 以上
2008	2 月 22 日	0.5	50 t 以下
2008	8 月 16 日，8 月 23 日 8 月 27 日，11 月 3 日	约 750	200 t 以上
2009	2009 年 8 月 16 日	7~8	50 t 以下

18.3.1.2 危险化学品污染灾害

1）海上危险化学品污染来源

海上危险化学品泄漏污染灾害主要指一些突发性的恶性海洋污染事故，如化工厂有毒物质的泄漏或有毒废水的排放，放射性废水的排放或含病原体的医院污水的排放等。根据污染源的来源不同，危险化学品污染海洋的泄漏途径和污染源分类如图 18.18 所示，其主要源头是工业生产废水的排污口和海上运输船舶。

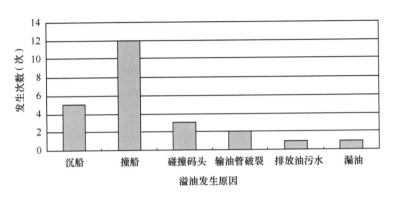

图 18.17　海洋环境中的石油来源

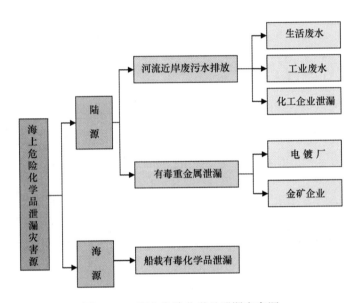

图 18.18　海上危险化学品泄漏灾害源

2）广东危险化学品污染灾害事件统计

近年来广东省发生的危险化学品污染灾害事件主要包括：

（1）广东北江镉污染事件：2005 年 12 月广东北江韶关段出现了重金属镉超标现象，12 月 15 日，在北江高桥断面，监测部门录得镉超标近 10 倍。经广东省环保局调查，确认这起污染事件是由于韶关冶炼厂设备检修期间超标排放含镉废水所致（据 2006 年广东省统计年鉴数据整理）。

（2）澄饶联围水污染：澄饶联围上游工农业生产废水、生活污水未经处理全部排入围内，形成沉积层（主要成分为有机质），成为水质常年恶化的基质。近年来，每当气温升高时，这些有机质便释放出有毒气体、物质，毒化水体。1998 年秋季死鱼 5 000 多担，损失 2 000 多万元。1999 年至今，每年都出现死鱼 2 000~3 000 担，损失十分严重。另外澄饶联围水体富营养化导致水葫芦大量繁殖，目前围内 1.5 万多亩水面被水葫芦覆盖，严重影响了生产活动（据饶平综合年鉴（2006—2009 年）数据整理）。

（3）茂名丙烯腈事件：1987 年 4 月 5 日，广东茂名化工厂丙烯腈车间将剧毒物排入梅江，造成了大量死鱼死畜，直接经济损失接近 600 万元（据 1990 年中国石油化工集团公司年鉴）。

（4）深汕高速公路鲘门路段甲苯泄漏事件：2007 年 6 月 22 日一辆装载甲苯的货车从汕头向深圳方向行驶，在深汕高速公路鲘门隧道出口附近撞向护栏，车载二甲苯泄漏达 11 t。泄漏的甲苯经高速路下的排水沟流入一条入海的小河。

以上危险化学品污染事件在整个广东省内也许只是冰山一角，我们有必要选取一些能演化成海洋灾害的潜在污染指标进行分析，寻找其对海洋的污染及危害的内在规律。当灾害发生时，有利于切断海洋污染灾害发生的源头，提高应急措施和对策的成效（据 2008 年广东省统计年鉴数据整理）。

3）海上危险化学品泄漏原因分析

（1）设备、技术方面存在问题：运输危险化学品的船只设备质量达不到有关技术标准的要求，设备容易出现故障；防爆炸、防火灾、防雷击、防污染等设施不齐全、不合理，维护管理不落实等；设备老化、带故障运行。

（2）违反操作规程：近年来不少船舶海运企业，尤其是小型私营海运公司急剧增多，船上许多从业人员素质不高，又未经过严格、系统的培训等。

（3）海上交通运输事故引发危化品泄漏：海上运输不按规定申办准运手续，驾驶员、押运员未经专门培训，运输船只达不到规定的技术标准，超限超载、混装混运，不按规定航线、时段运行，甚至违章航行等，都极易引发海上交通运输事故而导致危化品泄漏。

（4）各职能部门管理不到位：具体表现为监督管理力度不够，各个行政监管部门之间的职能分工不够明确，缺乏必要的沟通和协助，国家和地方对危险化学品海上生产、存储和运输的有关监管法律法规执行不到位或者空缺。

18.3.1.3 海洋污染灾害对社会经济的影响及评价体系与方法

广东海洋及相关产业发达，海洋溢油和危险化学品泄漏污染灾害对海洋环境和当地的社会经济影响的危害是巨大的。本研究主要从海洋溢油及海上危险化学品泄漏等海洋污染灾害方面分析其对广东社会经济造成的影响。

1）海洋石油污染灾害对广东省社会经济的影响分析

（1）海洋石油污染灾害对海洋环境以及生物生态的影响

溢油灾害对海洋生态环境的影响几年甚至十几年内都将继续存在，环境的治理将是一项长期而艰巨的任务。石油在海面形成的油膜能阻碍大气与海水之间的气体交换，影响海水中氧气的含量。长期覆盖在极地冰面的油膜，会增强冰块吸热能力，加速冰层融化，对全球海平面变化和长期气候变化造成潜在影响。海面和海水中的石油会溶解卤代烃等污染物中的亲油成分，降低其界面间迁移转化速率。海洋溢油污染会破坏滨海风景区和海滨浴场环境。海洋石油污染灾害对海洋生物包括鱼类、贝类、虾类、蟹类、哺乳动物、鸟类、浮游生物等也构成严重威胁。

（2）海洋石油污染灾害对海洋渔业资源的影响

溢油对渔业资源的影响是多方面的，最直接的影响是高浓度致死效应，直接杀死鱼类、贝类等；海水中石油烃浓度在 0.001～0.1 mg/L 范围即可引起海洋生物的慢性亚致死毒性效应，主要表现在麻醉效应、干扰基础生物化学机制、降低光合作用和呼吸作用，影响视觉反应以及诱变效应等。如 XJ30-2 油田一次 3 000 吨级溢油事故，鱼类资源损失量估计达 780～1 460 t，占本渔场现存量的 1.4%～2.6%。以上是对溢油的急性毒性效应导致的损失作的初步评估，对于溢油的慢性亚致死毒性效应所导致死亡和动物体内因累积石油烃出现的异味而失去经济价值所导致的损失，暂时无法定量估算。

（3）海洋石油污染灾害对滨海旅游业的影响

近岸一旦发生溢油事故，海水、潮间带、湿地（包括海草、红树林）、珊瑚礁等生态系统均遭受严重的破坏，丧失原来的功能。如湿地植物海草、红树林等，其根、茎或树干极易吸附石油类。被石油类覆盖的根、茎或树干，将丧失正常的生理功能，导致海草、红树林死亡。栖息在湿地中的海洋动物和鸟类，也将因被石油类覆盖而导致死亡。另外，近岸发生溢油事故，一旦石油类扩散到海水浴场、沙滩、湿地、珊瑚礁区等景区，所有景区将丧失原有功能，破坏景观，失去大量游客，旅游业遭受重创。不仅如此，其他关联行业如滨海旅游业、房地产行业等均将遭受不同程度的损失。

（4）海洋石油污染灾害对广东临海工业的影响

广东临海工业主要有海洋油气和石化工业、海洋生物业、修造船业、海水制盐业 4 大类。大量浮油或地下油进入输水设备，导致设备污染、效率降低、寿命缩短和产品质量下降。同时，溢油可能污染工作场所、诱发火灾，使工作环境变得危险。广东沿岸港口交通运输繁忙，船舶油类作业量十分巨大。一旦发生溢油，尤其发生在繁忙的港口或港池入口处，施放围油栏或关闭闸门等控制清理措施会干扰航运，甚至造成延误。特别是当溢出油为轻质原油、汽油或其他易燃类油时，只要存在发生火灾的危险，焊接及其他产生火花的日常的港口活动就必须全部停止。同时，溢油也可能会以雾沫状被带入船舷的冷凝管，从而损坏锅炉和蒸发器，破坏运输设备等。

2）危险化学品泄漏灾害对广东社会经济的影响分析

海上危险化学品泄漏可能会影响社会和经济的稳定，威胁人民群众的生命安全，造成巨大的经济损失，使生态环境受到破坏。如危险化学品泄漏后进入海洋，随着海水的流动，污染面很难得到控制，会直接造成污染地区的生态环境的破坏。当有毒物质进入水体并通过食物链转移富集到有机体，可能造成中毒。由于各种有毒物质的理化特性不同，能产生不同的中毒症状，造成不同的伤害效应。

3）评价体系和评价方法

本研究采用层次分析法和模糊综合评价法对海洋灾害造成的社会经济影响进行评估。目前使用较为成熟的是基于模糊神经网络技术提出的模糊综合评价法，本研究着重介绍该法在海洋污染灾害应用情况。模糊综合评价就是应用模糊变换原理和最大隶属度原则，考虑被评价事物相关的各个因素，对其所作的综合评价。由模糊神经网络算法得到权值、阈值后，便可使用模糊综合评价方法来评价灾害等级。评价因素集为 U ＝ {受灾人口、经济损失、受灾面积、受灾位置、污染物特性}，评价危害等级为 V ＝ {微灾、轻灾、中灾、重灾以及极重灾}。综合考虑各影响因子对社会经济造成的影响程度，其结论与仅根据某一项因素（如经济损失）所确定的等级是不完全相同的。例如，根据经济损失的等级划分，10 万~100 万元应为轻灾，但一旦事故发生在高敏感区，则灾害等级应为极重灾。

综合分析与讨论对海洋污染灾害程度产生影响的诸多因素，我们认为，受灾人口、经济损失、受灾面积、灾害发生的位置、污染物的特性（毒性、持久性、易燃性）5 大因素是主要的影响因素：受灾人口是影响社会经济程度的最基本指标；经济损失是影响社会经济程度的最直接指标；受灾面积和灾害发生的位置是最直观的影响程度的因素；灾害位置可划分为敏感区与非敏感区，若是敏感区，则其威胁程度自然更高；污染源的差异也是导致影响程度不同的主要因素，毒性大、持久性长的污染源所造成的影响则更强。

灾害损失兼有灰色系统与模糊系统的特征。一般认为，灰色系统着重外延明确、内涵不明确的对象，模糊数学着重外延不明确，内涵明确的对象。因此，将灰色系统理论与模糊数学相结合，运用于灾害损失评估，将是一种更为行之有效的评估方法。建议今后开展灾害损失评估的灰色模糊综合方法研究。

18.3.1.4　防治海洋污染灾害的措施与对策

1）海洋溢油灾害防治对策

鉴于目前广东省沿海溢油灾害事件不断发生，对海洋资源、生态环境和人体的健康等已构成危害，而它潜在的威胁可能更大。因此，防止海洋溢油灾害应引起有关部门的高度关注，对海洋溢油灾害采取相应措施和对策。

（1）加快海洋溢油灾害预警预报体系建设，逐步提高溢油灾害监测预报能力。

（2）加强海洋环境监视监测，逐步开展溢油损害事件的预测和预报工作。

（3）加强海洋溢油灾害应急能力建设。

（4）完善海洋溢油灾害信息管理机制，加强科学研究。

（5）完善防止海洋溢油灾害的技术措施。

（6）加强溢油灾害防治管理。

2）防止危险化学品泄漏的措施

海上危险化学品泄漏事故一旦发生，可能会造成附近水体的大面积污染，严重危害海洋水质和生态平衡。如果仅仅强调事故发生后如何抢救，那是本末倒置。要想遏制危险化学品泄漏事故发生，减少人员伤亡和财产损失，关键在于做好海上危险化学品泄漏事故的防治工作，防患于未然。① 保证管理到位，实行责任制；② 增强员工安全意识，进行危险化学品安全教育；③ 配备安全生产设备，确保人身安全；④ 加强职工培训教育，提高职工技能；⑤ 加强执法监督，确保海上危险化学品生产、储运、使用、回收各个环节安全；⑥ 全方位、全过程、全面监控危险化学品运输船只。

3）海洋污染灾害的减灾防灾对策

（1）加快海洋污染灾害和海洋环境预警预报体系建设，逐步提高灾害监测预报能力。

（2）加强海洋环境监视监测，逐步开展海洋污染损害事件的预测和预报工作。

（3）加强海洋污染灾害应急能力建设。

（4）完善海洋污染灾害信息管理机制，加强科学研究，为减灾防灾提供技术支撑。

（5）完善防止海洋污染灾害的技术措施，如溢油和危险化学品船舶运输、严格控制陆源污染物排放。

（6）加强污染灾害防治管理，制定海洋法规，强化执法功能、加快海洋功能区划、制定环境目标，实行目标管理、加强宣传教育，提高公众对海洋污灾害的防范意识。

18.3.2 海洋污染灾害监测与预警技术

18.3.2.1 海洋污染灾害监测现状及应急监测技术体系

1）广东海洋环境监测现状及主要问题

广东海洋环境监测被纳入南海海洋环境监测体系中。南海海洋环境监测网、南海海洋环境预报系统、南海海洋信息系统和以"中国海监"船为主的执法管理系统的建设已具规模，但仍存在如下3个主要问题。

（1）监测范围有限，多集中于近海局部区域，造成其监测能力有限，尚不具备远程、大面积的自动化监测系统。

（2）缺乏先进的监测技术手段，不具备自动化、在线监测能力，另缺少高频地波雷达、浮标、遥感监测飞机、海底固定监测平台等中远程现代实时监测平台，尚无法获得真正意义上的大面积、综合性、立体、长期的监测数据。

（3）管理体制负责，涉海部门繁多，在监测工作是缺乏协作。同时，各部门使用的监测方法和评价方法不统一，也会降低所获资料的兼容性，难以充分发挥其作用。

对海洋污染灾害应急监测体系来说，同样存在3个问题：① 应急监测范围、能力有限；② 缺乏先进的监测技术手段；③ 监测部门繁多，缺乏协作。

2）优化广东海洋污染灾害应急监测系统

应急监测是海洋污染灾害处理处置中的首要环节，为了妥善地处理处置海洋污染灾害，降低灾害损失，首先必须加强应急监测的能力建设。这主要包括以下两个方面。

（1）强化应急监测反应能力。海洋污染灾害一旦发生，要求监测人员对污染灾害要有极强的快速反应能力，事故发生后，距离受灾海区最近的海洋监测中心站必须迅速赶赴灾害现场，快速准确检测判断。所以，一是要组建专业海洋污染灾害应急监测队伍；二是要加强监测人员的技术培训与实战演习，以强化应急反应能力。

（2）提高应急监测技术水平。应急监测技术应以迅速、准确地判断污染物的种类、浓度、污染范围及其可能的危害为核心内容，重点加强应急监测中检测手段、仪器、设备等硬件技术的储备，并在调查研究的基础上，根据污染因子的特性，建立环境污染事故数据库及事故处理处置的查询系统，为实施海洋污染灾害的处理处置提供依据。此外，为更好地控制海洋污染灾害，应加强对一些生态敏感海区和灾害风险海区进行常态业务化监测。

3）完善广东省海洋污染灾害突发事件预警机制的措施

在完善广东省海洋污染灾害突发事件预警机制的措施方面，要发挥海洋环境污染灾害突发事件预警机制的作用，对海洋污染灾害突发事件做出及时、准确的预警，需要构建完善、有效的海洋污染灾害突发事件应急预警机制。而完善的海洋污染灾害突发事件预警机制应该包括以下2个方面：① 改进监测技术，健全监测网络，实现广东海洋灾害突发事件的立体监测；② 加强海洋污染灾害突发事件信息沟通与信息发布制度。

4）海洋污染灾害预警体系建立的探讨

目前环境预警研究还处于探索阶段，且大多以陆地区域环境为研究对象，鲜有以海洋环境为研究对象的研究。并且海洋环境预警也无法对突发性的海洋污染灾害（如溢油）进行预警，海洋环境预警的研究只是在对各敏感区和风险区（如生态监控区、倾倒区、油田等）进行长时间的监测之后试图建立的一种环境预警体系。

（1）关于环境预警指标体系的设计思路与原则

从分析测定环境状况和环境问题入手，是设计建立环境预警监测指标体系的基本思路。

（2）环境预警指标体系的建立

构建环境预警指标体系时，除了应满足基本要求以外（如科学性、可比性、全局性、统一性等），由于环境现象与环境问题的特殊性质，在设计环境预警指标体系时，还应遵循5个原则：超前性、灵活性、实用性、可持续性、物质能量守恒和转化定律。

（3）海洋环境预警体系的操作与运用

首先，运用归一化处理的方法，采取综合分数预警的形式，建立环境预警指数模型。即对环境监测数据分级等分，计算每一指标的调整系数和预警指数，对每个等级实现定量赋值；然后，确定各预警指数的权重，求出预警总指数 I。I 值越大，表明环境问题越严重。在设置警报等级后，当 I 高达到某一值时，则予以相应警报。

（4）建立海洋环境预警体系的难题

目前环境预警研究还处于探索阶段，尤其是海洋环境预警研究。首先，在建立海洋环境预警体系过程中遇到的最大难题是如何确立指标体系。确立再多的指标也很难准确地反映环境现状。其次，指标体系是一个巨大的体系，包含了大量的子指标，很多指标数据本身都是难以确定的，只能粗略估计，经过各种计算后，预警总指数也将是个误差极大的数值，这严重影响了预警效果。此外，预警临界值的确定也是个难题。因而，海洋环境预警体系的研究还远远不够，任重而道远。

（5）广东海洋污染灾害应急监测技术体系

广东省已初步建成海洋污染灾害应急监测体系，具有一定的应急监测能力，为降低灾害损失，减少人员伤亡，为广东省的防灾减灾工作做出了重大贡献。但是广东省的海洋污染灾害应急监测能力还略显不足，应急监测体系还有待完善。

18.3.2.2 海洋溢油鉴定和控制技术

1）主要分析技术

石油进入海洋环境后，受风、浪、流、光照、气温、水温和生物活动等因素的影响，无论在数量上、化学组成上、物理性质及化学性质方面都随着时间不断地发生变化。最初的作用是蒸发，低分子量的组分比高分子量的组分易于挥发，随后发生的是可溶组分的溶解、光化学氧化、细菌对有机分子的生物降解等作用。油品一旦经历风化作用，油品的指纹将发生变化。

不同原油及制品的化学成分存在一定的差异，通过化学组成和生物标志物（biomarker）特征区分环境中的原油类污染，即所谓"化学指纹"（chemical fingerprinting）技术。随着分析技术的发展，"油指纹"分析方法越来越多。根据所检测的油指纹信息特点，可分为两类非特征方法和特征方法。传统的非特征方法主要有气相色谱法（GC-FID）、荧光光谱法、红外光谱法（IR）、高效液相色谱法（HPLC）以及薄层色谱法（LC）、排阻色谱法、超临界流体色谱法（SFC）、紫外光谱法（UV）、重量法等。这些方法预处理和分析时间较短，费用较低；但通常很难获取详细石油特征组分信息，因此在溢油鉴别上有一定限制。特征方法主要有气相色谱/质谱法（GC-MS）、GC-FID 和其他的辨别个体石油烃组分的分析技术，可较容易地获取组分的详细信息，尤其是能够抗风化的化合物信息，如一些多环芳烃和生物标志物等，如何更准确地开展油指纹鉴别，已经越来越引起科学家的关注。目前，国内外较为常用的油指纹分析技术主要有荧光光谱法、红外光谱法、气相色谱法和气相色谱质谱法，此外，单分子烃稳定碳同位素测定技术也成为发展的热点。

2）溢油的处理技术

（1）海面漂油为轻质油，或溢油量较少时

若海面溢油为柴油、机油等非持久性油轻质油，对于这些溢油可采取如下措施来使影响和损失减小到最低。对于柴油等非持久性油轻质油，能迅速从海面消失，因此可任其自然消散。如需采取应急措施，可选择以下 2 种处理措施：

① 使用溢油分散剂来消除溢油，但需在溢油发生后立即进行喷洒，最好在 30 min 内完成溢油分散剂的喷洒作业；

② 溢油发生后，考虑立即喷洒聚油剂和凝油剂，控制油的挥发和扩散，降低溢油区域油的蒸气压，降低油气浓度，有效地防止火灾的发生，当油聚集或凝固后采用机械回收装置进行回收。

（2）若海面溢油为重质油，且溢油量较大时

① 喷洒消油剂——化学消油剂可以分解表面的浮油，使其沉浮在水面下。当消油剂均匀地喷洒在海面上与溢油混合，表面活性剂的分子排列在油、水界面上，降低了油水界面的表面张力，使油膜分散成小油滴。被分散的小油滴的表面积远远大于油膜原来的表面积，它们随着海水的流动而不断扩散。

② 胶凝剂处理法——最适合对原油、重油等重质油的回收，对已在大范围内扩散的漂浮，由于油层过于稀薄而无法加以集中收集时，常用溢油分散剂法。

③ 现场焚烧是一种考虑用于开阔海域的反应对策，所产生的巨大的油烟会影响到人员、设施、船舶和飞机的安全。

④ 围油栏：围油栏是防治水域溢油污染的必备器材，可以有效防止溢油扩散、缩小溢油面积，也是可操作性最强的方法。油品泄漏到海面后，应首先用围栏将其围住，阻止其在海面扩散，然后再设法回收。

（3）海面溢油的回收处理

一旦油品泄漏物被有效围住，下一步骤就是将污染物从水里移除。主要采用人工回收和

机械回收的方法，将油从水面分离出来，以清除水面的溢油。

3）南海海洋溢油污染监测和预警技术

（1）南海溢油检验鉴定业务化工作现状

为了应对南海海上频发的无主漂油，南海区检验鉴定中心大力开展了基于油指纹库建设和溢油检验鉴定技术研究的溢油检验鉴定业务运行系统建设。目前中心已具备了稳定碳同位素质谱仪、气相色谱/质谱仪、电感耦合等离子质谱仪等油指纹分析用的最高端的分析技术手段，溢油检验鉴定硬件条件达到了系统领先的水平。完成了南海区所辖海域29个石油平台的287个单井、7个浮式储油轮和1个终端的1 035个原油样品的采集和建库工作，实现了南海区管辖范围内在开采石油平台92%以上油井的原油采样和建库。并建立了一整套涵盖采样、储存、分析、检测、排查鉴定、质量控制等在内的标准化体系，建成了目前国内屈指可数的大型原油冷藏库，是华南区实力最强的溢油检验鉴定实验室。作为我国华南地区应对海洋溢油污染建立的第一个专业溢油检验鉴定实验室，标志着南海区海洋溢油执法监察能力迈上了一个新台阶，对南海区海洋权益维护和海洋溢油应急响应工作具有里程碑意义。

（2）广东溢油监测和预警技术体系建设设想

① 广东省应急监视监控保障系统建设

a. 海上通道雷达监控：主要选择南海区溢油频发海域，重要海上通道、重点港口区和重要渔港、海水浴场等，建设岸基雷达进行监视监测。

b. 石油平台监控：在南海区石油平台群中，选择有代表性的2个重点石油平台开展石油平台监控。研制海洋生态环境监测预警系统。通过制度建设，将上述系统纳入"三同时"验收的内容，作为石油平台投产的必须提供监控手段。

c. 浮标监控：选择关键海域和频发海域，布设浮标，增加视频监控、荧光溢油传感器、多参数水质仪，实现对该海域的在线连续监控和生态灾害信息报警。

d. 卫星遥感监控：针对溢油频发海域加大高分辨率卫星信息获取频次，实现至少每两天有一幅高分辨率卫星解译图。

e. 船舶监测：结合船舶应急处置和其他监测技术的建设，至少在海监船舶上建立现场快速分析实验室，建设数据信息的在线传输系统，实现溢油现场快速检测能力；配备双频干涉声呐等设备实现对水下平台、管道溢油、生态系统运行的实时监视监测；安装溢油雷达遥测系统，全面提高溢油船舶监控范围。

f. 岸基监测：强化岸基站海洋环境监测能力建设，加强实验室更新改造及仪器设备配置，提高对海洋环境突发事件的应急监测能力，在溢油灾害频发地区，布设具有不同功能模块的方舱式陆岸监测车，在发生不同生态灾害时运载不同的功能方舱，以实现对近岸溢油的快速应急。

② 溢油应急预警保障系统建设

a. 突发事件预警能力建设。

b. 油指纹鉴定技术保障建设——中国海原油指纹库系统建设。

c. 溢油敏感区和风险区背景信息系统。

d. 溢油应急决策支持系统。

③ 海面溢油数值模拟分析技术

针对华南沿海溢油污染的严峻形势，必须加强溢油回收和处置设备建设和技术研究，在

615

建立和完善海上溢油污染应急反应体系的基础上，适当引进溢油漂移模拟系统。为此，研究模拟并预测海面事故溢油油类漂移去向、溢油的扩散范围，抵岸时间、抵岸地点等，为制定海上发生溢油时应采取的应急措施提供科学依据。总体而言，溢油动力学的全面发展使溢油模型评价更加全面、成熟和可靠。但目前，国内溢油模型的研究仍有待进一步深入。

18.3.2.3　核电站温排水影响分析技术

目前，核能是唯一被证实不仅能够提供大量能源，而且不会释放温室效应气体的能源技术，但核能发展仍面临着一些问题。核电站"温排水"问题是其中之一。核电站大量冷却水不断排入受纳水体，造成局部水域温度升高，影响水体环境和水中生物的生长，对周围水域造成热污染。因此，核电站温排水环境影响的分析对于防止热污染、保护海域水质和生态环境具有重要意义。

1）温排水影响分析技术

对于提高核电站温排水的环境影响分析水平，其关键在于利用和提高相关的技术手段，有效地对温排水排放水域的水温变化作连续监测，并综合分析核电站温排水对附近海洋生态环境的影响。目前，现场实测、数值模拟计算和物理模型试验是比较成熟和通用的用于包括核电站在内的电厂温排水的环境影响分析技术。由于航空、航天遥感测量技术的不断提高，利用遥感技术对核电站附近海域进行海面温度测量也已经得到初步应用，并获得了较好的研究结果。

（1）热扩散预测数值模拟方法

温排水从核电站排出后如何扩散，主要取决于沿海的海况、地形、潮汐、海流及排水口形态、排水、流速等多种因素。在进行热扩散问题的数值模拟实验中，采用的数学模型主要分为两类：一是深度平均二维数学模型，对于某些浅水流动，物理量在深度方向上的变化不明显，采用深度平均的二维数学模型解决此类问题可以保证足够精度；二是对于排污口附近局部区域（包括离岸排放的扩散器附近区域）的模拟，由于其水动力因素较为复杂，需要详细了解其稀释、扩散过程，一般采用准三维和三维数学模型。

在对核电站温排水进行扩散影响范围预测时，通常是表层排放采用二维模型，深层排放采用三维模型。如果同时用两种排放方式，则采用三维模型进行模拟。数值模拟的结果主要是计算温排水的扩散范围，通过在扩散范围的基础上进行物理模型试验，计算出温排水的影响范围。

（2）热扩散物理模型试验

温排水物理模型试验是对二元水体中温排水扩散和掺混运动的实体三维模拟。通过人工制造排放海域场地的模型，要求场地周围为隔热墙壁，保持室温和湿度。在应用物理模型试验对温排水进行环境影响评价时，除应满足物理模型所需要的几何相似、水流运动相似外，还必须满足温排水模型特定的浮力相似和热扩散相似等要求。

模型的设计与验证、边界控制、控制设备与测量仪器的精度以及试验条件的合理选取是温排水物理模型试验结果合理、可信的重要保障。典型物理模型试验场地技术参数包括：①场地尺寸，如 23 m（L）×16 m（W），0.6 m（H）（1 m×1 m 网格）；②环境条件，如温度（冬季 6~16℃；夏季 16~26℃）、湿度（65%~90%）；③造波器，流量为 3 m³/s，潮流周期

2~40 min。

在进行物模试验时，需要完善数值模拟模式，从而确定其基础参数，并通过物理模型试验来检验或验证数学模型的精度。对于近区的数值模拟，应与冷却水机理性试验相结合，来深入研究各种温排水排放方式中近区紊动射流掺混及对流扩散规律，以修正对其进行数值描述的模型及其基本参数，并以试验结果检验数值模拟的精度。对数值模拟所用模型中的输入参数和边界条件的处理是研究水质模型的技术关键，可以通过现场观测、物模试验和试验研究等方式获取。例如水面散热系数是热扩散模型中极重要的计算参数，现行水面综合散热系数适用于淡水、正气温和正水气温差场合，海域和负气温差条件下的综合散热系数则有待进一步的试验研究。物理模型试验过程结合了数值模拟的许多参数，可以对数学模型的有效性作验证，能够发挥互补和修正的关键作用。

（3）航测遥感

遥感测量技术是通过航空或航天遥感的实施，获取典型条件下核电厂各排水口重点区域的遥感数据。采用红外三通道扫描仪，其内部装有固定温标，通过机载飞行测量区域海面温度参考数据。同时，以航天遥感卫星图片作为辅助，进行预研和解译大范围海域温度场的变化状况。目前，应用较广的航天卫星图片数据有 LANDSAT、SPOT 和 ARSTER 等。以美国泰罗斯 N 卫星上高分辨率辐射仪为代表的传感器，可精确地绘制出海面分辨率为 1 km、温度精度为 1℃ 的海面温度图像。

航测遥感技术已被应用到大亚湾、秦山等核电站周围海域的温排水调查中。航天遥感测量可用于核电站运行前的大范围海域温度资料调查，而航空遥感技术则可以进行小面积测量区域的典型季节、典型潮汐状况的水温调查，提供全面、高精度、典型潮汐时刻的温度场特征数据。航空遥感技术的优点是可以获得温排水区域的高精度温度数据，最小调查区域面积可以小于 100 m²。同时，还可以有效地测量海岸造成其附近海域温度场的影响。

（4）温排水混合区设置技术

核电站冷却水一般有两种处理方式：一是直接排放至自然水域，即直接将吸收发电乏汽余热的冷却水排至自然水域，通过与自然水体的掺混从而将大量余热带入水域，称为"一次循环冷却"；二是排至冷却塔，采用冷却塔来冷却循环水，冷却水携带的余热经冷却塔释放到环境中，称为"二次循环冷却"。目前，我国在建或拟建核电站基本上都是滨海核电站，在建滨海核电站均采用一次循环冷却直排方式，冷却水排放量很大。核电站温排水排出后，在排放口附近总会存在一个超标区，为了保护水生生物免受温排水的有害影响，许多国家都制定了相应的水温限值或混合区域的范围，但目前我国仍缺乏相应标准。针对国内核电站的现状，设置温排水混合区应该分割成两部分进行：首先，调研核电站所在海域范围内的主要水生物种受温排水影响可接受的温升范围，同时采用统计分析方法分析该核电站所在海域表层海温的自然温升，继而推断混合区边缘的温升限值；然后，完成混合区范围的确定。

（5）施工初步评价论证方法

在核电站温排水环境影响调查前开展基础资料的调查是必需的。主要操作是在一定的范围内对所在海域进行温度、盐度、潮流等指标的观测，收集历年各季节的监测数据。核电站建成后要继续进行温排水对流场影响的观测。观测和收集到的资料可以为下一步进行数值模拟计算、物理模型试验以及其他环境影响调查提供可靠资料。

18.3.2.4 陆源污染物溯源和扩散路径模拟分析技术

1）陆源污染物溯源

污染物的溯源，就是探寻污染物的源头，确定污染物来源于何处。近岸海域发生了突发性污染事故，为了防止事故扩大，追究法律责任，污染物溯源尤为重要。排污口邻近海域的污染物主要来源于排污口。但对于排污口比较集中的海域，其污染物的来源可能不易确定，即需要根据各排污口排放的污染物的特点来确定。

2）陆源污染物扩散路径模拟分析技术

在河口、海湾地区，由于地理条件、水动力条件的特点，污染物的输移扩散问题尤其值得研究。近年来，数学模型已经成为涉及河口、海岸所有分支工程的重要手段，且应用也越来越广泛。近年来，我国学者对河口、海湾或港口区域污染物扩散进行的数值模拟，则主要根据陆源向河口、海湾或港口海域排放废水污染物的基本情况，从潮汐、风等动力（水动力特征和水质情况）的角度研究特定海域水体中污染物的运移规律，采用现今应用较多的二维或三维年 DI 模型，对该系统下的控制方程组进行离散求解，以模拟近海水动力场的变化特征和污染物稀释扩散情况等。

至于采取二维或三维年 DI 模型则视研究的特定海域水动力特征和水质情况而定。如果近岸水域的水深相对较小，流速垂向分布较为均匀，因此，可将研究重点放在污染物平面分布的数值模拟上，采用沿深平均的二维年 DI 模式对特定水域的潮流及污染物扩散进行数值模拟，为进一步研究某特定海域的污染状况提供技术支持。

18.3.3 海洋污染灾害应急措施

本项目所涉及的应急预案及应急技术体系主要指由石油平台、石油输送管道或船舶碰撞等引起的溢油事件，以及危险化学品泄漏等海洋污染灾害或事故。同时，针对南海区的特点，研究重点为溢油灾害的应急预案及应急技术体系。

目前我国的海洋灾害应急预案体系已初步形成，基本建立了应急管理体系，海洋灾害监测方面由国家中心、海区中心、中心站（省级海洋预报台）、海洋站（地市海洋预报台）组成的 4 级海洋灾害监测、预警报体系已具有一定的规模，海洋灾害应急队伍也已基本形成，而且海洋灾害应急机制逐步建立健全，并在海洋防灾减灾方面取得了显著的成效，但仍然存在一些薄弱环节：① 海洋灾害实时监测、监视能力薄弱；② 预警、信息和决策指挥系统建设滞后；③ 科技支撑基础亟待加强；④ 宣传教育和社会参与不够等。因此需要做好如下方面的工作。

1）健全预警报体系，提高预警报技术水平

完善海洋污染灾害预警报体系，形成国家中心、海区中心、中心站（省）架构。增强预警报精度和时效，拓展服务范围，提高服务水平。建立海洋污染灾害远程视频会商系统，强化海洋污染灾害的监测、监视、预警体系。增强各类海洋灾害应急处置海洋环境条件保障能力。

2）丰富信息发布手段，确保信息畅通迅捷

规范海洋污染灾害信息发布，利用多种信息发布手段，建立信息互联互通、信息共享机制，重点加强沿海偏远地区和海上作业船只的紧急预警信息发布手段建设，完善信息发布体系，建立预警信息快速发布机制。

3）建立辅助决策系统，提升科学决策水平

开展海洋灾害仿真技术研究，建立海洋污染灾害预警和应急保障数据库系统，加强海洋污染灾害机理、防范对策和风险预测技术研究，提高海洋污染灾害风险评估能力，建设海洋污染灾害辅助决策支持平台，形成完整、统一、高效的海洋灾害应急管理信息与决策指挥系统。

4）加强支撑能力建设，完善应急管理体系

建立健全海洋污染灾害应急体系，完善海洋污染灾害应急机制，强化海洋污染灾害应急管理技术支撑条件建设，开展海洋污染灾害应急关键技术研究与开发，建设海洋污染灾害应急科技支撑平台，研究制定海洋污染灾害应急管理标准体系，加强海洋污染灾害应急演练，普及海洋灾害知识，提高全民尤其是青少年的海洋灾害意识和素养。

5）相关政策措施

① 加强组织领导；② 推进海洋灾害应急管理法制建设；③ 建立海洋灾害应急管理长效投入机制；④ 加强科研开发和人才培养；⑤ 加强国家与地方协调配合和规划衔接。

18.3.3.1 广东海洋污染灾害应急预案编制

应急反应预案按轻重缓急分为四、三、二、一等级，实施分级预警与控制，发生不同等级事件时，启动相应级别的组织体系和应急对策。

以南海区为试点，充分利用现有组织管理资源，建立统一指挥、分级负责、协调行动、结构合理、运转高效、保障有力的广东省海洋污染灾害应急的快速反应协作机制，使海洋污染灾害监测、预警、信息发布及应急保障等能力明显增强，应急决策管理综合能力显著提高，有效减少重大海洋污染灾害及其造成的生命财产损失。具体如下：① 显著提高海洋污染灾害实时数据通信能力，初步建成通信系统容灾备份系统；② 基本实现对我国沿海海洋污染灾害现场的实时可视化监视，具备开展海洋污染灾害现场灾害应急机动监测与调查能力；③ 建立海洋污染灾害应急远程视频会商系统；④ 建立多手段、多渠道海洋污染灾害信息发布系统；⑤ 实现重点海区海洋污染灾害辅助决策系统示范应用。

本预案适用于发生在我国南海区沿岸、岛屿、内水、领海、毗连区、专属经济区、大陆架以及中华人民共和国管辖的其他海域的突发海洋环境事件应急工作。非管辖海域外发生的海洋环境事件，造成或可能造成本管辖海域污染或影响的，也适用本预案。

18.3.3.2 应急组织机构与职责

为了对突发的紧急事故于第一时间做出反应并采取相应的措施，使突发事故得以消除或控制在尽可能小的范围内，有必要建立一个高效率、强有力的应急小组来对紧急情况做出反应、进行处理。应急小组的组建原则是：所有的应急事故都属于现场管理的责任范围，并根据事故的级别和区域由应急小组进行处理。应急机构包括应急指挥、对外联络人、法律顾问、人力调配主管、作业主管等多方面的责任主管人员，应急机构组成见图 18.19。

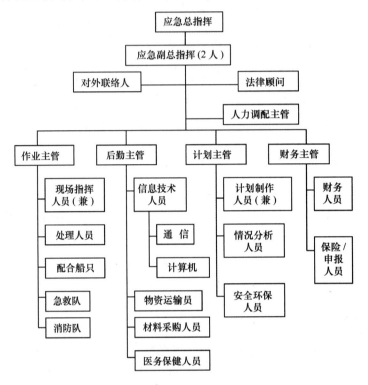

图 18.19 应急机构组成

应急小组各成员的主要职责如下。

（1）领导小组组成及主要职责：领导小组组成：应急总指挥、应急副总指挥。

领导小组主要职责：负责海上溢油、危险化学品泄漏等海洋环境污染事故应急预案的启动和结束；负责监督指导应急预案的实施。

（2）各主管主要职责：在总指挥的领导下，负责组织、协调海上溢油、危险化学品泄漏等海洋环境污染事故应急预案的实施。

（3）各小组成员主要职责：根据各自的职责，全力协助各主管完成海上溢油、危险化学品泄漏等海洋环境污染事故应急预案的实施。

18.3.3.3　应急状态和应急响应

1）应急状态分级

突发海洋污染灾害按其危害程度划分为一般（四级）、较重（三级）、严重（二级）和特别严重（一级）4个级别，依次用蓝色、黄色、橙色和红色表示；

一般（四级）级的预警，适用于可能性或即将发生造成一般人员伤亡和财产损失或对社会造成一般影响的突发灾害事件；较重（三级）级的预警，适用于可能发生或即将发生造成较重人员伤亡和财产损失或对社会造成较大影响的突发海洋污染灾害事件；严重（二级）级的预警，适用于可能发生或即将发生重大人员伤亡和财产损失或对社会造成严重影响的突发海洋污染灾害事件；特别严重（一级）级的预警，适用于可能发生或即将发生造成群死群伤和财产损失特别严重或对社会造成特别严重影响的突发海洋污染灾害事件。

在不同事故类型下，突发海洋污染灾害事件应急状态分级见表18.12。

表18.12　溢油和危险化学品泄漏事件应急状态分级

事故类型	一级	二级	三级	四级
溢油	溢油量大于100 t以上或溢油面积大于200 km²，溢油尚未得到完全控制	溢油量10~100 t，或溢油面积100~200 km²，溢油尚未得到完全控制	溢油量小于10 t，或溢油面积不大于100 km²，溢油尚未得到完全控制	接报发生石油平台、石油输送管道、船舶碰撞等溢油事件
危险化学品泄漏	①死亡失踪30人及以上的海上突发事件；②危及50人及以上人命安全的海上突发事件；③客船、化学品船发生严重危及船舶或人员生命安全的海上突发事件；④载员30人及以上的民用航空器在海上发生突发事件；⑤10 000总吨及以上船舶发生碰撞、触礁、火灾等对船舶及人员生命安全造成威胁的海上突发事件；⑥危及50人及以上人员安全的海上保安事件；⑦急需国务院协调有关地区、部门或军队共同组织救援的海上突发事件；⑧其他可能造成特别重大危害、社会影响的海上突发事件	①死亡失踪10人及以上、30人以下的海上突发事件；②危及30人及以上、50人以下人命安全的海上突发事件；③载员30人以下的民用航空器在海上发生突发事件；④3 000总吨及以上、10 000总吨以下的非客船、非危险化学品船发生碰撞、触礁、火灾等对船舶及人员生命安全造成威胁的海上突发事件；⑤危及30人及以上、50人以下人员生命安全的海上保安事件；⑥其他可能造成严重危害、社会影响和国际影响的海上突发事件	①死亡失踪3人及以上、10人以下的海上突发事件；②危及10人及以上、30人以下人命安全的海上突发事件；③500总吨及以上、3000总吨以下的非客船、非危险化学品船舶发生碰撞、触礁、火灾等对船舶及人员生命安全造成威胁的海上突发事件；④中国籍海船或有中国籍船员的外轮失踪；⑤危及30人以下人员生命安全的海上保安事件；⑥其他造成或可能造成较大社会影响的险情	①死亡失踪3人以下的海上突发事件；②危及10人以下人命安全的海上突发事件；③500总吨以下的非客船、非危险化学品船发生碰撞、触礁、火灾等对船舶及人员生命安全构成威胁的海上突发事件；④造成或可能造成一般危害后果的其他海上突发事件

2）应急响应

应急状态的通报和报告接收，分局各单位配备相应的应急联络员，在中国海监南海总队海监船舶、飞机指挥值班室的基础上配备应急专线应急电话和传真，设24 h的应急值班人员，接收来自各方的应急事件通报，将事件情况按应急响应程序向有关人员和组织通报。

飞机与船舶监视：分局海监飞机和海监船舶在巡航监视或执行调查、监测监视过程中，应开展突发海洋环境污染事件监视监测。一旦发现事件，应及时向指挥中心报告包括事件发生区、可疑区、中心经纬度、边界坐标和面积等信息。

海洋环境监测站监视：沿海监测、台站密切监视各自管辖海域突发海洋环境污染事件发生情况，当发现异常时应立即采集样品进行初步分析，并及时将有关情况报上一级海洋环境监测业务主管部门，必要时可直接向指挥中心报告。

志愿者监视：进一步扩大发挥原有的志愿监视网络的作用。完善志愿监视网络和信息通报渠道，广泛发展渔民、养殖专业户及其他海上作业人员作为突发海洋环境污染事件监视志愿者，组织开展技术培训并配备必要的仪器设备，提高事件发现率和时效性。

3）不同等级的应急响应（部署）

（1）海上溢油事件

① 四级响应

响应行动主要是应急预案的启动和人员到位待命。接到事件报告后，指挥中心应记录在案，按照应急预案启动应急组织，现场指挥员确认可以进入四级响应后并立即按四级响应程序执行。

② 三级响应

a. 信息接报处置

当接到发生溢油事件的电报后，值班室填写《海上溢油信息接报处置表》，立即转报指挥中心；指挥中心对溢油电报进行全面核实、分析和判断，协调后决定进入应急响应预警，并在《海上溢油信息接报处置表》签署意见，立即报告应急总指挥审批。

b. 启动应急响应预警

应急总指挥下达进入应急响应预警指令。

指挥中心立即下达指令：中国海监航空支队紧急申请应急飞行，中国海监飞机1 h内飞抵溢油事故现场，距离事故海域最近的海洋环境监测中心站派出监测人员租渔船奔赴溢油现场，对溢油海域进行巡视，核实海上溢油具体位置、种类、性质、溢油量、油污染面积和现状等情况。

同时指令中国海监船人员40 min内就位，紧急备航待命。

指挥中心做好启动三级应急响应的准备。

当接到航空支队确实发生海上溢油事件的电报后，指挥中心对电报内容进行综合分析、判断，认为上述溢油事故符合三级应急响应条件时，立即启动应急响应程序。

③ 三级应急响应

总指挥下达溢油三级应急响应启动指令，签发溢油三级响应启动文件。所有有关单位人员进入三级应急响应状态，值班室24 h不间断值班。

指挥中心（执法处）立即编发《海上溢油情况报告》向海洋局各相关单位及广东省人民政府报告，并通报当地省（区）人民政府办公厅。

指挥中心立即组织召开有关单位人员应急响应工作会议，按照预案部署工作，明确需要开展的工作，并落实责任单位和责任人。

指挥中心向造成溢油事件的公司发出指令：立即启动本公司的溢油应急计划和预案，采取一切措施迅速切断溢油源，清除油污，及时报告有关情况。

（执法、环保部门）收集有关信息，及时汇总上报。

（国家海洋局办公室）组织海上溢油新闻发布会，在指挥中心授权后进行新闻发布。

中国海监总队及各支队：（指挥处）制订飞机巡查计划，协调飞行空域，派遣海监飞机前往溢油点和海面进行跟踪监视取证；制订船舶监视监测航行计划，向海监船下达紧急出航任务书，尽快抵达溢油现场，对溢油点和海面进行跟踪监视取证，并视情是否增派海监船；根据工作需要，随时协调地方海监船舶或租用船舶。

（执法处会同应急监测小组有关单位）制定防扩散措施及监视、监测方案；派遣执法人员和监测人员随海监船舶、飞机到现场进行调查取证并监督石油公司的溢油处置。

应急监测小组：进行油指纹鉴定、污染海域跟踪监测、溢油面积计算。

应急预报小组：对溢油的漂移方向和速度及可能受到污染的海域进行预报。

应急保障小组：（财务处）落实应急经费，（装技处）做好船舶、车辆的运行保障工作。

应急评估小组：（监测中心、勘察中心、预报中心）提供技术咨询和建议，开展相关技术研究；全体成员对监视取证资料进行综合分析、评估、初步预测其溢油量和溢油面积是否超出三级响应标准。

④ 三级应急响应终止

当海上溢油已基本消失，未对沿岸造成影响，现场监测，海水水质已恢复至正常水平，未发现其他有油污时，指挥中心根据情况，召集国家海洋局各分局环保处、应急监测小组等相关部门和单位进行分析和判断，认为满足三级应急响应终止条件，可以发出三级应急响应终止指令。

总指挥发出三级应急响应终止指令，值班室向所有单位发出响应终止的传真，指令海监船返航广州，海监飞机终止应急飞行任务，改为正常执法飞行；指令石油公司，作业船舶可以返航。

⑤ 二级响应

接受二级溢油应急指挥中心指挥，根据命令行动，重点开展海洋大气、水体和生物监视监测。

⑥ 一级响应

接受一级溢油应急指挥中心指挥，根据命令行动，重点行动是开展海洋大气、水体、生物和潮间带生物监视监测。

（2）海上危险化学品泄漏事故

① 先期处置

事故发生后，事故企业和船舶应立即启动本单位预案，积极开展救助和处置工作，并及时向应急指挥中心报告，同时向应急救援相关部门求救。

应急救援相关部门接报后，应立即启动本单位预案，开展应急救援工作，并向指挥中心报告。

指挥中心接报告后应立即对信息进行分析，提出救援行动方案。

② 应急响应

应急指挥中心应及时根据事故分析结果启动预案，并根据事故特点制定应急救援行动方案报市应急办批准，指定现场指挥，组建现场指挥部，按照应急救援行动方案组织实施应急救援行动。

应急指挥中心协调调动有关应急救援力量赶赴事故现场，在现场指挥的统一领导下参与应急救援行动。

各应急救援力量在接到调动通知后，应尽快赶到指定地点，听从现场指挥部的调度。事故发生地的应急救援力量由现场指挥部直接召集调用。

应急指挥中心应及时将海上危险化学品事故情况和救援情况报告地方人民政府。

海上危险化学品事故响应等级分为四级：一级、二级、三级和四级，分别应对特别重大、重大、较大和一般危险化学品事故。

海上危险化学品事故的预警级别与处置级别密切相关，可根据实际情况进行调整。当危险化学品事故发生在敏感地域、敏感时间或敏感人群时预警和处置级别应相应调高。

现场指挥部应按照应急指挥中心的应急救援决策组织各应急救援力量实施应急救援行动。应急救援行动主要包括：a. 疏散警戒与交通管制；b. 监测；c. 人员救护；d. 火灾控制；e. 泄漏控制；f. 污染物打捞清除。

③ 扩大响应

现场指挥部应不断对事故现场情况和应急救援情况进行分析评估，并及时向市海上应急专项指挥部报告。如果事态进一步扩大，现场应急救援力量不足以有效控制事故，现场指挥部应尽快报告应急指挥中心，请求调动应急救援力量和资源进行扩大应急救援行动。应急指挥中心应根据现场指挥部报告的情况，迅速调动救援力量采取进一步的救援行动。

需要调动周边地区应急救援力量和资源，向省政府报告，请求支援。

④ 应急结束

海上危险化学品事故处置结束后，应急指挥中心应组织专家进行分析论证，经现场监测、评估和鉴定，确定事故已得到控制，报省政府批准后，总指挥发布终止救援行动的命令。现场指挥部组织各应急救援力量清理事故现场后有序撤离。

18.3.3.4 应急事件后果预测与评价

1）应急监视监测的范围

应急时的监视监测范围控制在事故发生地点 50 km 内的海域，随着事故的发展，溢油位置的改变，监视监测区域应作相应调整。

2）测点布设和监测内容

三级响应时，开展陆地应急监视监测，事故发生属地的海洋环境监测中心站，应根据不同事故确定测站数目和监视监测要素，监测人员到事故现场采样分析。

二级响应时，同时开展陆地和海上监视监测。

一级响应时，同时开展陆地、海上和遥感监视监测。

3）监视监测结果的汇总和上报

所有监视监测数据及时汇总到国家海洋局各分局应急指挥中心。数据报送时间间隔根据不同情境而定。

4）监视监测结果分析

应急指挥中心配备有监视监测结果分析软件，可进行数据处理分析，得出有关指标分布和曲线图。

5）监视监测结果应用

监视监测结果是制定应急防护措施决策的主要依据，应急监视监测及分析的结果通过应急组织的网络系统传送至事故当地政府的应急组织，有关专家讨论后提出相关防护措施的意见供指挥部作决策时参考。

6）事件后果预测与评价

事件的后果预测与评价是对事件所造成海洋环境影响的预测和评价，可以通过合理的模式，根据扩散和迁移规律进行科学的预测，推断事故未来的变化趋势，估计影响的范围。

18.3.3.5 应急状态终止及恢复措施

1）应急状态终止条件

应急状态的终止需满足以下条件：事件已得到控制，海洋环境已经或即可恢复到安全状态；已采取并将继续采取的一切必要的防护措施可以保护公众免受损害，事件可能引起的后果降至合理的最低水平。

2）应急状态终止的程序

应急状态终止的基本程序包括：停止应急监视监测，海监船只、飞机返航；应急监视监测时所采集的样品送回陆地实验室进行分析测试，分析结果形成报告由指挥中心提交有关部门。

3）恢复工作

恢复工作包括监视监测事件海域的海洋质量现状、污染水团的迁移动态和水生经济动物的生物质量。监视监测的结果及时向地方当地省级政府报告。

4）应急终止后的其他活动

根据应急时出现的问题，修改或重新编写现有的应急预案和程序。

5）信息传输、处理和发布

充分利用现有通信手段，主要包括专网传输、E-mail 传输和传真传输、有线电话、卫星电话、移动手机、无线电台及互网等有机结合起来，建立覆盖全省的海洋污染灾害应急防治信息网，并实现各部门间的信息共享。

18.3.4 小结

针对广东及其邻近海域的海洋污染灾害状况，有选择地收集和整理广东及其邻近海域的海洋污染灾害历史资料（主要是海洋溢油和海上危险化学品泄漏）。将海洋污染灾害进行分类：按照污染海域面积和后果严重程度分等级，按照污染方式分为直接污染和次生污染两大类，按照污染性质分为溢油污染、海上危险化学品泄漏、陆源排污和倾废污染、核电站热污染等具体种类为研究对象，以大量可靠的数据为基础，全面分析海洋污染灾害对广东省社会经济的影响为主要研究内容，开展海洋污染灾害监测和预警技术以及应急措施研究，针对广东海洋污染灾害的特征、分布规律制定和完善应急预案。

取得了如下 3 项重要成果。

1）广东省海洋污染灾害综合分析评价

通过收集广东省海洋污染灾害方面的资料，详细系统地分析海洋污染灾害的特征、分布规律、发生原因及影响。为使数据和资料条理化，将海洋污染灾害进行分类。以集合论的方法分析污染灾害的特征、分布规律、发生原因。在充分掌握广东省海洋污染灾害的特征、分布规律、发生原因的基础上，探讨海洋污染灾害对广东省社会经济的影响，并提出可行的海洋污染灾害的防治措施和对策。

2）海洋污染灾害监测和预警技术

成果主要包括：海洋污染灾害监测和预警网络，溢油鉴定和控制技术，陆源污染物的溯源和扩散路径模拟分析技术，核电站温排水的影响分析技术。

3）有针对性的海洋污染灾害应急措施

针对区域海洋环境特点和社会经济发展状况，制定操作性强、快速有效的应急措施程序。

第19章 区域海洋经济与社会发展

本章分析了广东海洋产业发展现状及存在问题，产业竞争力与发展战略，海洋政策体系，海岛开发与保护，以及不确定条件下海洋资源的有效开发，提出相应对策建议供政府决策参考。

19.1 广东省海洋经济发展战略与海洋管理[①]

"建设海洋经济强省"是贯彻落实国家对广东的要求，是广东省委、省政府提出的发展目标。在《广东海洋经济综合试验区发展规划》获批的大背景下，广东省海洋经济的发展面临前所未有的机遇。作为海洋大省，广东海洋经济多年来迅速发展，海洋经济成为广东经济发展新的增长点，海洋生产总值多年居全国沿海省市区首位。而同时，广东海洋经济发展也面临转型升级和合理布局等问题。加强海洋产业结构与布局、海洋资源合理开发利用、海洋环境保护以及海洋规划与政策管理等方面的研究，对于广东海洋经济的持续快速发展，具有十分重要的现实意义。

19.1.1 广东海洋产业发展战略与布局研究

19.1.1.1 海洋经济发展的条件和基础

广东自然资源禀赋、区位条件优越、经济发展基础雄厚、海洋综合管理能力强、政策环境良好，这些有利的条件为海洋产业的发展提供了有力的支撑。

1）自然资源禀赋

广东省拥有长达4 114 km的大陆海岸线，为全国最长，岸线曲折，可利用类型繁多；拥有1 350个海岛，开发利用价值大；港址资源丰富，全省共有大、小海湾五百余个，开发潜力巨大；海洋生物资源优势显著，开发利用前景好；海底油气、矿产资源丰富；滨海旅游特色明显，开发条件优越。

2）经济区位条件具有较强的优势

广东作为世界制造业基地和跨国采购中心，具有较强的经济区位优势，是东盟重要的战略贸易伙伴，是港澳产业转移的接替区，是我国改革开放的前沿阵地和重要的经济增长极，是泛"珠三角"区域的发展核心，也是我国实施"一带一路"的重要战略区和出发港。

---

① 周厚诚，常立侠。

3) 经济社会状况良好

改革开放以来，广东经济社会得到了迅速发展。基础设施不断完善，2008 年全省公路通车总里程、内河航道里程和通航里程分别为 18.32×10⁴ km、13 000 km 余和 12 000 km，沿海和内河港口拥有的生产用码头泊位 2842 个。城镇化建设水平高，据统计，2008 年广东城镇人口占总人口比重为 63.37%，比 2000 年增加了 8.4%。拥有优越的教育条件，据统计，2008 年广东共有高等学校 125 所，占全国的 5.5%，仅次于江苏省。科技实力雄厚，截至 2008 年，全省共有科技活动机构 4 200 个，比 2000 年增加了 32%，取得许多理论研究、产品专利和技术成果。

4) 海洋综合管理能力强

近年来广东海洋综合管理能力不断增强。涉海法律法规逐步完善，在全国率先建立了"海+渔"综合管理模式，制定了《广东省海域使用管理条例》等一系列配套法规，编制了省、市、县三级海洋功能区划和《广东省海岛保护规划（2012—2020）》，率先开展了珠江口海砂开采海域使用规划；海洋资源和生态环境保护稳步推进，建立了海洋监测网、重大海洋灾害监测预警机制，开展对重点海域的环境污染整治，建设了全国领先的海洋自然保护区；海洋科技创新能力不断增强，实施了《广东省科技兴海 1999—2010 年规划》，建设了一批科技兴海基地和重点实验室。

5) 政策环境引导海洋经济发展

从 1993 年至 2008 年，广东省委、省政府先后召开了 6 次全省海洋工作会议。明确提出"建设海洋经济强省"的奋斗目标，并出台了支撑海洋产业发展的相关政策文件，为全省海洋经济的发展营造了良好的政策环境。

19.1.1.2 海洋产业发展的现状与问题

1) 发展现状

近几年来，在一系列优惠政策的支持及各种优势条件的支撑下，广东海洋经济总量保持快速增长的势头。据统计，2010 年广东海洋生产总值达 8 291 亿元。海洋产业已经初步形成了以海洋交通运输业、海洋旅游业、海洋渔业、海洋船舶工业、海洋油气业和海洋矿业为主，海洋化工业、海洋电力业、海水利用业、海洋生物医药业和海洋工程建筑业等迅速发展的海洋产业体系。海洋旅游、海洋交通、海洋油气、海洋渔业 4 大产业支撑作用明显，海洋产业"三二一"产业结构特征凸显。海洋经济一体化日趋明显，以"珠三角"、汕头、湛江为龙头的粤中、粤东、粤西 3 条蓝色产业带各具特色，"珠三角"地区作为广东海洋经济发展的中心，粤东、粤西作为海洋经济发展的两翼，基本形成"一中心两翼"的产业布局。

海洋交通运输业。2001—2006 年，广东国际标准集装箱运量呈上升状况，箱数由 2001 年的 276×10⁴ TEU，增长到 2006 年的 451×10⁴ TEU，重量由 2 320.5×10⁴ t 增长到 3 837.6× 10⁴ t。广州、湛江、深圳等大港各类货物吞吐量位于前列。

海洋旅游业。广东滨海旅游资源丰富，主要包括滨海风景名胜、滨海文物古迹等，分布于沿海各市县。近年来滨海旅游业经营状况良好,发展迅速;海岛旅游业也呈发展趋势。

海洋渔业。广东是海洋渔业大省,渔业也是海洋产业的传统和支柱产业之一。在全国 11 个沿海省、自治区、直辖市中广东的海洋渔业一直位列前茅。2000 年,广东省海洋渔业总值约 340 亿元,2006 年超过 1 130 亿元。但是,海洋渔业发展并不均衡,主要集中在广州、湛江、茂名等地区。

海洋船舶工业。广东造船企业主要分布在广州、江门、汕尾等沿海地区,具有分布较为集中、船舶生产较为平稳的特点。

海洋油气业和海洋矿业。广东海洋油气业的发展处于较稳定的状态,2000—2006 年间海洋原油产量稳定在 $1 300×10^4$ t 左右,海洋原油出口创汇逐年增加。海洋矿业主要是海滨砂矿,但受深海采矿技术水平以及国家对海砂开采的限制,目前在量上还无法与海洋渔业、海洋油气业相比。

海洋盐业。广东的海洋盐业在全国占有重要位置,但由于效益低,近年来许多盐场停产闲置或转型用于海水养殖;因此,出现盐场分布广泛、海洋盐业生产呈递减态势的特点。

此外,海洋新兴产业如海洋化工业、海洋电力业、海水利用业等产业方兴未艾,对于广东省海洋经济的发展具有积极的作用。其他海洋产业如海洋环保、海洋教育等也越来越得到关注和重视,对于实现海洋经济可持续发展、科学用海等具有重要意义。

2) 主要问题

虽然广东海洋经济发展具备先发优势和良好的发展条件,但是随着沿海其他地区海洋经济的迅速崛起,广东的先发优势正在逐步削弱,海洋产业发展面临着结构调整、产业转型、布局优化等多重压力,亟须进一步解决。

① 海洋区域发展不协调,空间布局亟待优化。全省海洋经济的重心在"珠三角",粤东、粤西两翼虽有沿海大市,各自形成了以汕头、湛江为中心的区域海洋经济发展中心,但受"珠三角"城市群对人才、资金、技术等生产要素"虹吸"效应的影响,发展难度加大,海洋产业发展相对缓慢。

② 海洋产业结构不尽合理,发展质量有待提升。据初步核算,2008 年广东海洋经济结构为 4:47:49,与《国家海洋事业发展规划纲要》制定的海洋第三产业达到 50% 以上的目标以及海洋经济发达国家的海洋产业结构水平相比还有一定差距,且产业结构有待于进一步优化。

③ 海洋生态环境恶化趋势未得到有效遏制。广东海域总体污染形势依然严峻,近岸局部海域因受到陆源污染影响较大,水质较差,污染较重,主要污染物为无机氮、活性磷酸盐和石油类。

④ 海洋科技创新能力不足,制约海洋经济发展后劲。广东海洋科技对海洋经济的贡献率不高,缺少相关领域的研究与开发专业人才,极大地制约了广东海洋科技创新和科研成果转化。

19.1.1.3　海洋产业竞争力分析评价

1) 广东海洋经济在全国的地位

"十五"以来,广东海洋经济发展迅速,在全国海洋经济中一直占据着重要地位。但从发展趋势来看，广东海洋经济在全国的比重呈现出逐年下滑的势头（图 19.1）。

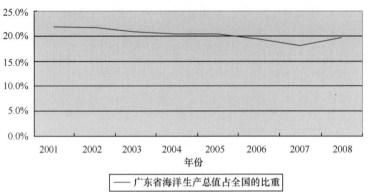

图 19.1　广东省海洋生产总值占全国的比重

从优势海洋产业来看，滨海旅游业、海洋交通运输业、海洋渔业、海洋油气业等主要海洋产业在全国海洋经济中占据着重要的地位。但从发展趋势来看，这几种主要海洋支柱产业在全国的地位也呈现出下滑的趋势（图 19.2）。

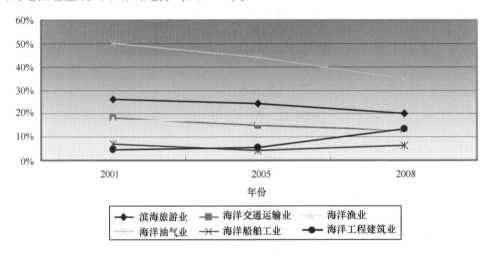

图 19.2　广东省优势海洋产业在全国的地位

尽管广东海洋经济在全国的比重呈现出下滑的趋势，但与其他沿海省（区）、市的海洋产业比较，滨海旅游业、海洋油气业、海洋化工业、海洋电力业、海水利用业相比更具优势。

2）基于波士顿矩阵的广东海洋产业竞争力评价

根据广东 12 个主要海洋产业发展情况，通过计算各个海洋产业增加值增长率和区位商，得到广东 12 个海洋产业的波士顿矩阵分类（表 19.1）

从表 19.1 可以看出，在广东海洋产业中，增长率较高、专业化程度高的"明星"类海洋产业缺失，具有一定优势的海洋交通运输业、海洋渔业、海洋船舶工业等产业分别列入"瘦狗"类和"问题"类行业，可以看出广东优势海洋产业发展面临着一定困境。这是值得高度重视、需要进一步深入研究的问题。

表 19.1 广东省 12 个海洋产业的波士顿矩阵分类

海洋产业	波士顿矩阵类型			
	明星型	金牛型	问题型	瘦狗型
海洋渔业				√
海洋石油与天然气业		√		
海洋矿业				√
海洋盐业				√
海洋化工业		√		
海洋生物医药业				√
海洋电力业		√		
海水利用业		√		
海洋船舶工业			√	
海洋工程建筑业			√	
海洋交通运输业				√
滨海旅游业		√		

19.1.1.4 海洋产业发展战略

1）战略定位和目标

广东海洋产业发展战略的定位：一是形成全国重要的区域海洋经济中心；二是形成以世界先进制造业和现代服务业为主体的临海产业基地；三是建立以生态系统为基础的海洋综合管理保障体系。

广东海洋产业发展战略的目标：在以上战略定位的基础上，争取到 2020 年，① 海洋经济对地区经济的贡献进一步提高，海洋产业国际竞争力显著增强，海洋科技贡献率显著提高；② 滨海旅游业、海洋交通运输业、海洋渔业等传统优势海洋产业在全国的地位巩固加强；③ 海洋油气业、海洋船舶工业、海洋生物医药业、海水利用、海洋电力等新兴海洋产业整体提升；④ 海洋港口物流服务、海洋金融保险服务、海洋信息技术服务、海洋科学技术服务等生产型服务业加快发展；⑤ 以先进制造业和现代服务业为核心的临海产业基地形成产业集聚和规模优势，特色突出、集约发展、梯度清晰、优势互补的海洋产业区域格局基本形成，凸显从海洋经济大省向海洋经济强省的跨越式发展。

2）战略重点

① 巩固和加强传统优势海洋产业的发展。主要是重点发展广州、深圳、珠海、湛江和汕头 5 个主交通枢纽和惠茂等重要港口，全面推进现代化渔业发展，大力开发滨海度假旅游产品，突出海洋生态和海洋文化特色为核心，打造高端旅游业。

② 战略性新兴海洋产业。加快发展海洋油气业、海洋生物医药业、海水利用业、海洋电

631

力业等。

③ 以先进制造业和现代服务业为核心的临海产业。主要有海洋船舶与海洋工程装备制造业、临海石化工业、临海钢铁工业和生产性服务业为主体的现代服务业。

3）战略布局

根据广东沿海自然资源条件和沿海区域资源的比较优势，结合经济社会发展需求，广东海洋经济应按照"一群三渔三港五岛"的构架展开布局。通过发挥区域优势，科学布局，形成各具特色的海洋经济区域。

① "珠三角"城市群海洋综合开发区。重点发展海洋交通运输业、临港工业、海洋新兴产业、高端旅游业等，增强"珠三角"城市群海洋经济综合实力，继续发挥领头羊作用，引领广东海洋经济参与国际竞争。

② 汕头、珠海、湛江现代渔港经济区。加快发展和重点建设渔港经济区的海洋水产品精深加工业、水产品养殖、水产品交易市场和流通市场体系，建设水产品专业市场。

③ 珠江口、汕头、湛江临港经济区。重点发展该临港经济区的物流、金融、信息服务、石化、电力等产业。

④ 南澳岛等5大岛群开发保护。大力发展南澳岛的海洋渔业，积极开展海上风能发电研究，加强海岛生态保护。重点发展南澳岛、狮子洋-伶仃洋岛群、川山群岛、万山群岛、海陵湾岛群的海洋交通运输业、滨海旅游业等产业，加强和注重海岛生态保护。适度发展万山群岛以中转仓储为主的港口工业。

19.1.2 广东海洋经济管理研究

19.1.2.1 海洋经济指标体系

1）海洋经济指标体系框架

海洋经济指标体系是全面反映海洋经济发展状况，突出反映海洋经济发展特色的重要表现。科学的海洋经济指标体系的建立对于海洋生产总值的核算具有重要意义。结合广东海洋经济实际，将广东海洋经济指标体系分为核心指标群、支撑指标群和基础指标群（图19.3）。

（1）核心指标群

① 海洋经济总量指标

a. 规模指标。包括海洋生产总值和海洋经济总产出。

b. 结构指标。包括海洋经济三次产业结构、海洋产业占海洋生产总值比重、主要海洋产业占海洋生产总值比重、海洋相关产业占海洋生产总值比重、海洋三次产业弹性系数。

c. 速度指标。

② 海洋产业指标

a. 价值量指标。包括海洋渔业增加值、海洋油气业增加值、海洋矿业增加值等各种海洋产业增加值。

b. 实物量指标。包括海水养殖产量、近海捕捞产量、远洋捕捞产量等海洋资源产量、海洋修造船完工量、海洋化工产品产量、海洋港口货物吞吐量等，以及旅游人数等实物量。

c. 生产能力指标。包括海水养殖面积、海洋油田生产井数量、海洋盐田生产面积、年末海洋生产能力等。

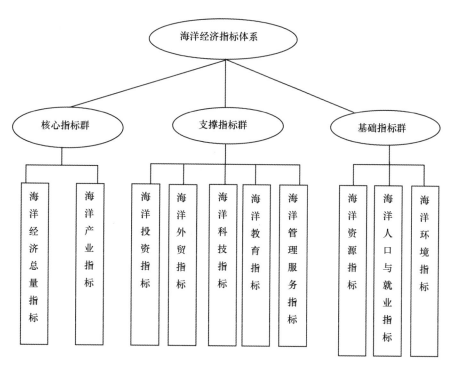

图 19.3　海洋经济指标体系框架

d. 生产消耗指标。包括水消费量、电消费量、煤炭消费量、天然气消费量、清洁能源消费量。

e. 生产效益指标。包括生产成本、利税率、利润率、产销率、资产负债率、成本费用利润率和全员劳动生产率。

（2）支撑指标群

① 海洋投资指标

主要是固定资产指标。包括全社会固定资产投资额、固定资产利用外资额、年度施工海洋项目数（亿元以上）和年度竣工海洋项目数（亿元以上）。

② 海洋外贸指标

a. 利用外资。指的是外商直接投资额。

b. 海洋产品进出口（按主要海洋产业范围界定产品）。包括海洋产品进口总量、海洋产品出口总量、海洋产品进口总额和海洋产品出口总额。

③ 海洋科技指标

a. 海洋科技投入指标。包括海洋科技经费投入指标、海洋 R&D 经费投入总额、海洋科技人员总数等科技投入指标。

b. 海洋科技成果产出指标。包括海洋专利申请数、海洋发明专利申请数、海洋专利授权数、拥有海洋发明专利数、发表海洋科技论文数和出版海洋科技著作数。

c. 海洋科技成果转化指标。包括海洋科技成果转化数和海洋科技成果转化率。

④ 海洋教育指标

a. 海洋教育机构数。包括海洋专业院校数和海洋科研教育机构数。

b. 海洋专业点数。包括分学科海洋博士专业点数，分学科海洋硕士专业点数和分学科海洋本科、专科专业点数。

c. 海洋教师数。包括海洋院校教职工数和海洋专任教师数。

d. 海洋专业学生数。包括分学科海洋博士研究生毕业生数、分学科海洋博士研究生在校生数、分学科海洋硕士研究生毕业生数等。

e. 海洋教育经费。包括海洋院校教育经费总额和海洋专业教育经费。

⑤ 海洋管理服务指标

a. 海域管理。包括海域使用面积、海域使用确权面积、已发放使用权证书和征收海域使用金数额。

b. 海洋环境管理。包括签发疏浚物海洋倾倒量、签发其他废弃物海洋倾倒量、海洋倾倒区数量、海洋倾倒区面积、海洋自然保护区数量等。

c. 海洋行政执法。包括海洋行政执法检查项目数、海洋行政执法检查次数、海洋行政执法检查发现违法行为数。

（3）基础指标群

① 海洋资源指标

a. 资源赋存情况。包括海洋渔业资源、海洋油气资源、海滨砂矿资源、海洋可再生资源、海洋港址资源、滨海旅游资源。

b. 资源消耗情况。包括海洋渔业捕捞量占海洋渔业资源的比重、海洋油气资源开采量占累计探明地质储量的比重、海滨砂矿资源开采率、海洋港址资源利用率、滨海旅游资源利用率、海洋可再生资源利用率。

② 海洋人口与就业指标

沿海区域人口。包括人口自然变动、流动人口情况、人口文化程度、人口年龄构成、海洋就业人员、人口城乡构成。

③ 海洋环境指标

a. 海洋环境状况。包括清洁海域面积、较清洁海域面积、轻度污染海域面积、中度污染海域面积、严重污染海域面积、海洋环境容量和承载力等。

b. 污染物排放入海情况。包括沿海区域工业废水排放总量、沿海区域工业废水排放达标量、沿海区域工业废水排放达标率、沿海区域工业废水治理施工项目数等。

2）广东海洋经济核算体系与基本框架

海洋经济核算体系是国民经济核算体系向海洋领域的延伸，同时构成对国民经济核算更加牢固的支撑。根据国民经济核算体系框架，广东海洋经济核算体系的基本框架按照海洋经济主体核算、海洋经济基本核算和海洋经济附属核算3部分进行构建（图19.4）。

在海洋经济核算体系中，主体核算主要是对海洋经济活动总量进行全面核算，基本核算则侧重于海洋经济活动的某一方面的核算。海洋经济相关核算内容如下。

（1）海洋经济主体核算（即海洋生产总量核算）具体内容见图19.5。

（2）海洋经济基本核算内容见图19.6。

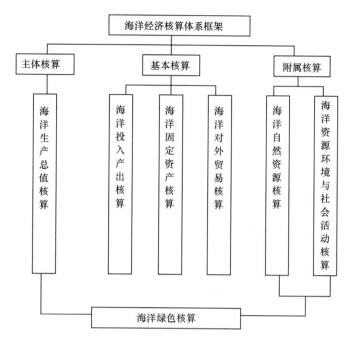

图 19.4 海洋经济核算体系框架

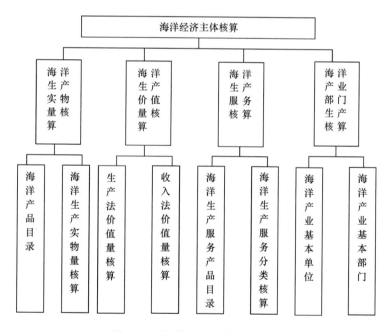

图 19.5 海洋经济主体核算内容

（3）海洋经济附属核算内容见图 19.7。

（4）海洋经济核算的基本指标见表 19.2。

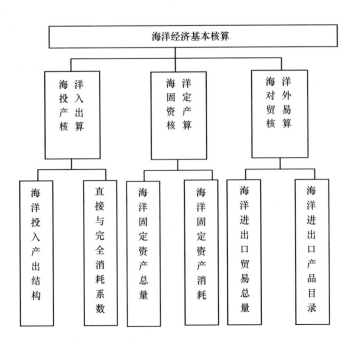

图 19.6 海洋经济基本核算内容

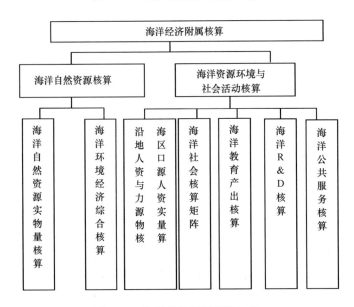

图 19.7 海洋经济附属核算内容

表 19.2 海洋经济核算的基本指标

基本指标	具体内容
海洋经济实物量指标	产量、面积、运输量、周转量、吞吐量、从业人员、生产能力、接待能力、产业企业个数等
海洋经济价值量指标	总产值、增加值、劳动者报酬、固定资产折旧、生产税净额、营业（运）收入、利润总额等
海洋经济辅助指标	自然地理（海岸线长度、海域面积、水深等）、海洋自然资源（海洋资源分布、储量、探明量等）、海洋资源开发利用及保护和区域社会经济发展指标等

（5）绿色海洋经济核算是海洋经济核算体系的重要组成部分，是对海洋经济的核算工作——海洋经济生产总值（GDP）核算的补充与完善。

绿色海洋经济核算体系见图 19.8。

绿色海洋经济核算的基本指标见表 19.3。

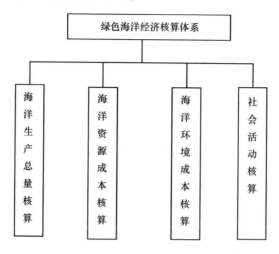

图 19.8　绿色海洋经济核算指标体系组成

表 19.3　绿色海洋经济核算的基本指标

基本指标	具体内容
实物量指标	产量、总产出、资源使用量、废水使用量、废物排放量、水质状况等
价值量指标	总产值、增加值、营业（运）收入、利润总额、资源价值、海洋环境污染成本、海洋治理费用等

19.1.2.2　广东海域分等定级与资源评估体系

1）海域分等定级原则及海域分等定级指标体系

（1）分等定级原则

海域分等定级遵循综合性与主导性相结合、科学性与可操作性相结合、定性与定量分析相结合以及地域分异性、区域适宜性、协调一致性等原则。

（2）海域综合分等指标体系

根据分等定级试点计算和全国分等定级工作经验，在 60 个指标基础上，经过反复的剔除和选择，最终建立操作性较强的由因素和指标二级组成的综合分等指标体系，包括 6 个因素，即海洋经济发达程度、区域经济发展水平、毗邻土地属性、区位条件、资源稀缺性和海域环境。

（3）海域定级指标体系

海域定级可采取综合定级和分类定级两种方法。综合定级指标体系包括影响海域质量的经济、社会、自然因素等。根据填海造地用海、构筑物用海、围海用海制定 4 类用海的定级指标体系。分类定级指标体系的选择以反映自然条件的指标为主。其他用海由于效益没有区域差异，不进行定级。

2）广东海域资源价值评估的基本原则与方法

海域资源价值评估遵循最有效使用、市场供需、静态分析与动态评定相结合、定价适度、可持续发展的原则。

以自然资源价值评估方法为基础，借鉴土地资源价值评估体系的科学方法，建立了 5 种海域资源评估方式，见表 19.4。

表 19.4　海域资源价值评估方法

海域资源价值评估方法	方法简介（内容）及适用范围
机会成本法（收益损失法）	选择了海域资源的一种使用机会就意味着放弃了另一种使用机会，也就失去了获得后一种效益的机会。本方法适用于所有海域利用方式
海域资源破坏损失估算法	包括直接的经济损失和间接、不易计价的损失计算。本方法适用于所有的海域利用方式
市场价值法	利用海域质量变化引起的产品、产量和利润的变化来估算海域资源质量变化的经济损失。包括价格不变法和价格变化法。适用于海水养殖、渔业捕捞等海域利用方式
恢复费用法	海域资源恢复费用包括工程土方量、人工费、能源费等，适用于港口建设、海上交通运输、海底工程利用、填海造田等海域利用方式
影子工程法	是恢复费用法的一种特殊利用方式。当需要对某一工程对海域资源所带来的影响、破坏程度和污染进行评价时，如难以直接计算，就按照此方法进行评价

3）　广东海域分类与资源价值评估体系

（1）广东海域分等

广东海域分等采用了包括海洋经济、区域经济、毗邻土地属性等 6 个方面的因素，按照多因素综合评定法最终确定的广东省 14 个沿海地市海域可分为 4 个等级，分等结果见表 19.5。

表 19.5　广东海域分等结果

海域等级	城市名称	综合分值
I	深圳	66.7
	东莞	66.8
	广州	64.4
II	中山	43.2
	珠海	46.3
III	汕头	29.3
	揭阳	24.9
	惠州	22.7
	江门	29.6
	茂名	25.7
	湛江	31.6

海域等级	城市名称	综合分值
IV	潮州	13.7
	汕尾	15.1
	阳江	18.2

（2）广东海域资源价值评估体系

海域资源价值由海域资源纯收益和海域属性改变附加价值两部分构成，计算公式如下：

海域资源价值=海域资源纯收益+海域属性改变附加值，即

$$P_{ijg} = P_{ijz} + P_{ijf} \qquad (19.1)$$

式中，P_{ijg} 表示第 i 种类型用海第 j 等级的海域资源价值；P_{ijz} 表示第 i 种类型用海第 j 等级的海域资源纯收益；P_{ijf} 表示第 i 种类型用海第 j 等级的海域属性改变附加值。

海域资源纯收益=总收入−总成本×（1+投资回报率），即

$$P_{ijz} = P_s - P_c \times (1 + T_h) \qquad (19.2)$$

式中，P_{ijz} 表示海域资源纯收益；P_s 表示总收入；P_c 表示总成本；T_h 表示投资回报率。

海域属性改变附加值=海域功能价值× 海域功能价值修订系数，即

$$P_{ijf} = P_{gnj} \times X_d \qquad (19.3)$$

式中，P_{ijf} 表示海域属性改变附加值；P_{gnj} 表示海域功能价值；X_d 表示修订系数。

根据各类用海对各指标的影响情况，采取专家打分的方法，确定各类用海对海域生态服务价值的影响因素，并根据各影响因素的贡献率，求和得到各类用海的海域生态服务修订系数。

（3）海域资源价值评估尚存在的问题

海域资源价值评估遇到一些困难。首先，程序上没有成熟的方式，资质部门缺乏专门的海域资源价值评估经验，目前只是借助土地、房地产部门的做法，借助地租理论进行评估。其次，用海企业的生产经营情况是海域资源价值评估的重要依据，企业理应提供基础资料数据，但是一些企业只提供对自己有利的数据，对不利的数据拒绝提供。这样就使得对海域资源价值评估时信息不全面，所评估的价值也就会出现偏差。

19.1.2.3　广东海洋经济示范区管理——以现代渔港经济区建设为例

海洋渔业是广东传统海洋产业之一，在海洋产业发展方面具有较丰富的素材和基础，也积累和探索了一些新的发展模式，形成了以现代渔港经济区建设为例的海洋经济示范区管理模式。现代渔港经济区是以渔港为中心，以渔业产业为基础，集渔船避风补给、水产品集散与加工、休闲渔业和滨海旅游、集镇建设和渔民转产转业为一体，辐射和带动沿海地区乡镇（县）发展的经济区域。

1）渔港经济区发展现状

（1）渔港经济区的发展模式与特点

当前广东的渔港经济区发展有以下几种模式：以渔为主其他为辅的发展模式、中介组织

带动模式、体验经济带动模式、科技实体推动模式、综合发展模式。广东主要渔港经济区基本上是依托中心渔港等主要渔港而建成（中心渔港分布、一级渔港分布及二级渔港分布分别见图 19.9 至图 19.11）。

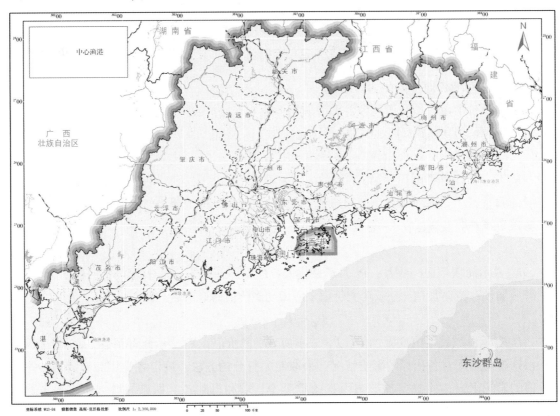

图 19.9 广东省中心渔港分布

广东渔港经济区发展呈现出渔港经济区发展水平高、外向型程度高、沿海社会经济发达、产出率高、经济发展空间广阔等特点。

（2）渔港经济区发展存在的问题

广东的渔港经济区存在的问题主要是渔民返贫现象、海洋渔业资源严重衰退、渔区产业化水平低、城镇化水平低、休闲渔业发展落后等。探索合理的解决和改善存在问题的办法，是渔港经济区健康发展当前面临的突出问题。

2）渔港经济区建设总体思路和建设重点

（1）渔港经济区建设的总体思路

现代渔港经济区建设的总体思路理应包括渔港现代化、经济产业化、产业园区化、港城一体化以及渔港生态化。

（2）渔港经济区建设重点

产业建设重点：① 水产养殖业。制定全省优势水产品区域布局规划；实现水产养殖的多样化；推进水产养殖品种良种繁育基地建设项目；积极探索节能渔业、生态渔业、海上牧场的质量效益型渔业的新模式。② 水产品加工业。加强基础研究，加快解决水产品的保活、保

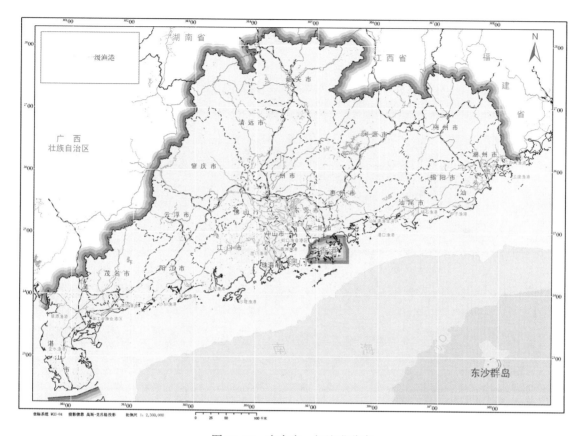

图 19.10 广东省一级渔港分布

鲜技术；加强精深加工技术和装备研发，引进水产品精深加工生产线；积极实施品牌战略，大力发展龙头企业。③ 休闲渔业。重点建设"黄金海岸休闲渔业带"、"生态休闲渔业带"和"都市型休闲渔业带" 3 大休闲渔业产业带；以渔港为中心，开发休闲渔业项目；有序推进海岛开发。④ 饲料业。加强与水产饲料生产相关的基础理论研究；提高水产饲料的品质和生产能力；做好人工配合饲料的推广工作。

区域建设重点：集中力量建设汕头渔港经济区、珠海渔港经济区和湛江渔港经济区。① 汕头渔港经济区。重点建设水产养殖、水产品交易流通中心、加快建设外向型水产品加工基地，发展资源性产品精深加工业、利用丰富渔港、沙滩资源开发滨海旅游、休闲渔业等。② 珠海渔港经济区。重点建设水产品交易市场，建设万山群岛海洋科技园区，加快探索海岛开发的新模式。③ 湛江渔港经济区。健全水产品流通市场体系，建设湛江港临港工业园区，发展临海工业如船舶制造、钢铁；建设雷州半岛西海岸养殖带，实施优质海产品种苗工程；积极发展阳江、乌石的休闲渔业等。

3）渔港经济区建设可选择的发展模式

综合考虑广东渔港经济区的区位地理、资源禀赋、市场容量、基础设施条件等因素，广东各地在建设区域渔港经济区时可以考虑以下一种模式或多种交叉模式（图 19.12）。

4）重点渔港经济区示范模式

根据区域渔港发展现状和渔业经济基础，未来广东建设现代渔港经济区可选择粤东、粤

641

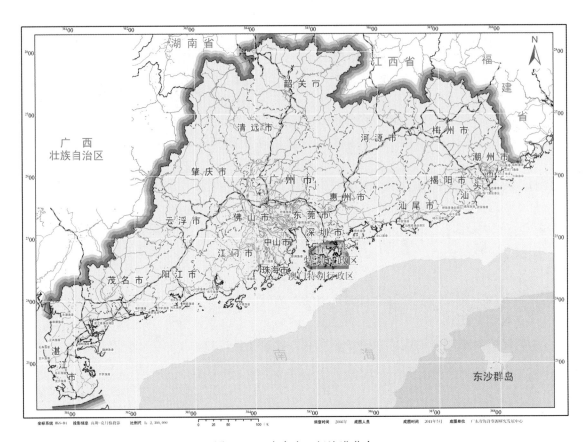

图 19.11　广东省二级渔港分布

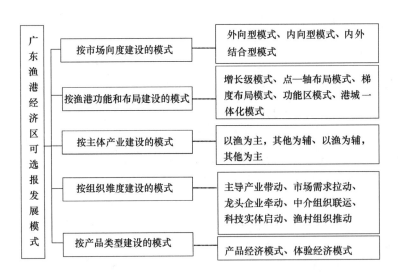

图 19.12　广东渔港经济区建设可选择的发展模式

中和粤西分别建设 3 个分工明确、产业鲜明、特色突出的渔港经济区示范发展模式。

（1）湛江（霞山）综合型渔港经济示范区

建设湛江（霞山）综合性渔港经济区示范模式的目标是朝着渔港现代化、渔业产业化、渔区城镇化、流通国际化、服务网络化、临港产业多元化的现代渔港经济区的方向发展，具体来说，是形成渔港经济区的"港口群，产业群和集聚区"，如图 19.13 所示。

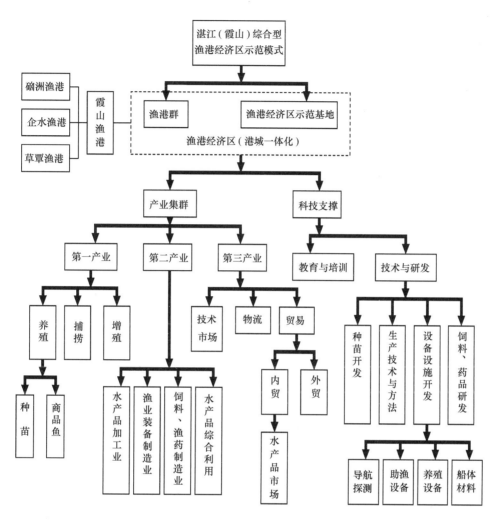

图 19.13　湛江（霞山）综合型渔港经济示范区

（2）汕头（海门）外向型渔港经济示范区

汕头建设外向型渔港经济示范区应放长眼光，预留发展空间，使之成为一个集生产、生活、贸易、观光旅游等于一体的现代渔港经济区，构建"一港两区"的外向型渔业格局。建设一个核心渔港基地，大中小渔港配套的"一体为核，多翼起飞"渔港群；建设两个渔港经济区核心开发区，即水产品出口加工区和水产品物流仓储区；打造"汕头制造"水产品牌。示范区如图 19.14 所示。

（3）珠海（香洲）科技与休闲型渔港经济示范区

珠海建设科技与休闲型渔港经济示范区的具体思路为构建"一港一园一区"的产业和区域格局。建设一个核心渔港基地，大中小渔港配套的"一体为核，多翼起飞"渔港群；建设一个海洋与渔业科技园。发展渔业科技必须具有相应的载体，通过一个海洋与渔业科技园，重点开发具有长远发展前景和广泛应用价值的渔用科学技术；建设一个休闲渔业旅游区。示范区模式如图 19.15 所示。

19.1.2.4　广东海洋功能区划管理与修编

海洋功能区划是我国海域使用管理的三项基本制度之一。2002 年，国务院对《全国海洋

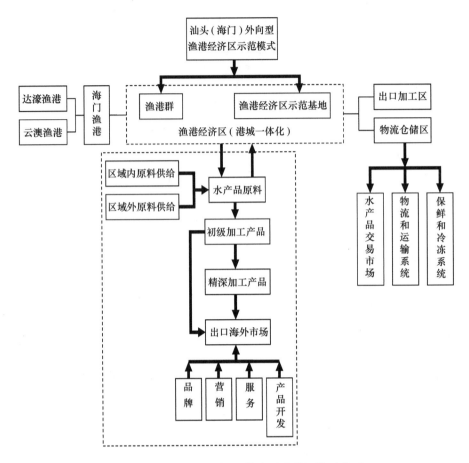

图 19.14　汕头（海门）外向型渔港经济示范区

功能区划》的批复中明确指出："海洋功能区划是海域使用管理和海洋环境保护的依据，具有法律效力，必须严格执行。"《广东省海洋功能区划（2012 年）》（以下简称《区划》）从 2008 年国务院批准以来，在海域使用管理、海洋环境保护、促进海洋经济发展、协调区域发展等方面发挥了重要作用。

1）海洋功能区划实施管理效果与经济环境效果评价

（1）现行区划对国家海洋功能区划的落实情况

根据《全国海洋功能区划》，广东省粤东海域、珠江口及毗邻海域、粤西海域是南海 3 大重点海域。粤东海域主要功能为港口航运、旅游、渔业资源利用和养护、海洋保护，该区重点保证汕头港和广澳港建设及渔业资源利用的用海需要。珠江口海域主要功能为港口资源、矿产资源利用、旅游、渔业资源利用和养护、海洋保护，重点加强珠江口海域环境综合整治和珠江三角洲港口体系建设。粤西海域主要功能为港口航运、旅游、渔业资源利用和养护、海洋保护，重点保证湛江港和茂名水东港建设和渔业资源利用的用海需要，保护和保全红树林资源。

现行《区划》较好地落实了《全国海洋功能区划》对广东省海域的功能定位。

（2）区划实施的经济效果评价

"十一五"期间广东海洋经济延续"十五"期间的快速增长势头，全省海洋产业总产值

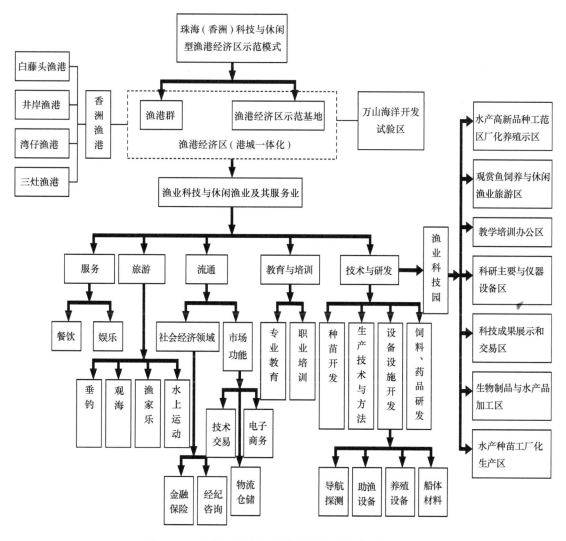

图 19.15 珠海（香洲）科技与休闲型渔港经济示范区

连续 14 年位居全国各省市区之首，平均增长率高达 16%。无论是海洋产业总产值还是增加值，广东均占全国的 1/5 以上。

在现行区划的实施下，海洋经济发展表现出以下特点：① 海洋经济快速发展，综合实力不断提高；② 区域经济中心形成，特色经济区稳步发展；③ 海洋产业门类齐全，产业体系呈现多元发展，海洋新兴产业迅速崛起，滨海旅游业方兴未艾；④ 临海工业蓬勃兴起，海洋科技贡献率不断提高；⑤ 基础设施逐步完善，与港、澳、台经济联系更加紧密。"十一五"期间广东海洋基础设施不断完善，成为广东省海洋经济发展的有力保障。

在海洋经济取得巨大成就的同时，海洋区域布局及产业发展也出现一些新的问题：① 在区域布局方面，区域发展不平衡明显，差距较大，资源过度利用与闲置状况并存。广东海洋产业过分集中于"珠三角"一带，该区域海洋产业产值占广东海洋产业总产值的 90% 以上，导致区域海洋资源过度利用；② 在产业发展方面，海洋产业存在结构性问题，行业用海矛盾突出，海洋产业内部竞争激烈，缺乏有竞争力的海洋特色产业和龙头企业，局部海域生态环境压力大。

645

（3）《区划》实施的生态环境效果评价

广东自2004年进入新的海洋功能区划编制过程，在新区划颁布实施之前，海洋功能区划新的理念已经得到海洋行政主管部门的高度认可，随着海陆综合治理的开展，污染水域面积总体呈现逐渐减少趋势，但是中间有所反复。

清洁水域面积呈现间歇式减少的态势，而中度污染水域面积多年未有明显变化，严重污染水域面积则呈现上升趋势。中度污染以上海域面积占广东省近岸海域面积的比例呈现上升趋势，但上升幅度不大。

总之，现行《区划》在实施以来，区域海洋环境总体情况变化不大，这表明同相关环境保护规划、措施相结合，在一定程度上减缓了近海海洋环境持续快速恶化的趋势，近年来赤潮发生次数和频率有所降低。

在生态方面，重点生态区监测结果显示，生态监控区总体健康状态未发生明显变化。

（4）经济环境效果综合评价

① 功能区划实施以来，广东海洋经济快速发展，海洋产业门类齐全，海洋产业体系呈现多样化发展，区域海洋经济中心逐步形成，"珠三角"、粤东、粤西3个特色经济区稳步发展，传统产业逐步升级，新兴产业快速发展，战略型产业得到培育，临海工业蓬勃兴起，海洋科技贡献率有所提高，基础设施不断完善，与港、澳、台经济联系更加紧密，海洋功能区划实施的社会经济效果较好。

② 广东海洋环境质量加速恶化的趋势得到遏制，近岸水体环境质量维持相对稳定，总体环境改善效果不甚明显，生态系统健康状态维持相对稳定，但是生态系统退化趋势仍在延续，生态系统结构变化带来的潜在风险仍有待进一步验证。

③ 广东现行海洋功能区划实施效果评价结果显示，自《区划》执行以来，虽然在保护自然资源环境，促进海洋经济发展起到了一定的作用，但海洋功能区划的资源环境效果一般，说明广东发展海洋经济的同时，海洋环境改善不大，《区划》的环境效益发挥不明显，应加大海洋生态资源的保护力度。

（5）《区划》实施中的主要问题

①《区划》的法律地位未能得到有效维护。

② 现行《区划》未给出较为明确的海域使用度，未较有效地将集约节约用海贯彻到《区划》的具体实践中。

③ 现行《区划》对功能区管理要求只有简单原则，缺乏管制措施和特异性，使海域使用中海洋功能区划符合性判断停留在区划范围和主导功能上，不利于功能区管制、管理。

（6）《区划》实施的主要经验

① 完善的区划管理体系为严格执行区划制度奠定了基础。广东根据实际制定了《广东省海域使用管理条例》、《广东省市县级海洋功能区划审批办法》、《广东省海洋功能区划修改修编评估工作细则》等配套办法和文件，完善了国家和省海洋功能区划管理体系，为严格执行区划制度奠定了基础。

② 通过限制地方用海项目审批，积极推进市县级区划的编制工作，极大地推动了区划的编制和报批工作。

③ 多层次、多渠道、有针对性的《区划》宣传活动，扩大了《区划》影响。

2）海洋功能区划修编思路和重点工作

广东现行《区划》于 2004 年开始着手编制。随着广东经济社会的快速发展和用海需求日益增加，现行《区划》部分内容需要根据实际进行修编。

（1）修编思路

修编思路主要是：空间拓展与海域调整相结合，海域综合利用与功能区的兼容功能相结合，海岸区产业布局与南海战略相结合，有居民海岛海域的综合开发示范与无居民海岛周边海域的专项利用相结合，海域分区错位发展与环境跨区综合整治相结合，区域环境合作与珠江口综合整治相结合。

（2）重点工作

海洋功能区划的重点工作是突出海域基本功能，提供功能分区的科学性和合理性；优化区域布局，保障用海空间需求；促进产业结构升级，推动资源节约和环境保护；为"珠三角"海域、粤东海域和粤西海域重大项目发展预留空间，推动可持续发展；强化管制要求，维持海域基本功能稳定。

19.1.2.5 广东海岛保护与利用规划

广东省是海岛大省，海岛众多。据统计，全省共有海岛 1 350 个，其中面积在 500 m² 以上的海岛 700 多个。广东海岛大多靠近大陆海岸线，离大陆海岸线距离在 30 n mile 左右；海岛类型多样，可开发利用程度比较高。合理保护和开发海岛是广东海洋经济发展的一项重要内容。

1）海岛保护与利用现状

海岛开发总体处于粗放状态，海岛经济发展处于初期阶段。海岛基础设施逐步得到改善，海岛及周边海域的资源环境保护得到重视。截至 2007 年 12 月，全省有 211 个海岛纳入各类海洋自然保护区；同时，建立了一些以岛屿生态为保护对象的自然保护区。海岛周边海域建设生态公益型、准生态公益型礁区约 20 座。

2）海岛主体功能分类体系

（1）海岛保护利用方式
按照保护与开发的程度，可将广东海岛分为重点利用、限制利用和禁止利用 3 种类型。

（2）海岛保护与利用主体功能分类体系
按主体功能分类，可将广东海岛保护和利用分为港口与临港工业、渔业资源利用、工程建设、综合利用、生态服务、旅游与景观、生物资源养护、科学研究试验、特殊利用、自然保护和预留待定共 11 种。

3）主要海岛规划布局

基于海岛自然属性和实际情况，结合重大项目建设和生态建设，以单个海岛或岛群为单元，提出主要海岛的规划布局及管理要求。

（1）重点利用

① 港口与临港工业。大亚湾海岛石化工业区、前海湾海岛临港产业区、南沙海岛临港工业区、马鞍岛临海工业区、珠江口西岸海岛物流与临港工业区。

② 渔业资源利用。柘林湾近岸岛群、万山列岛。

③ 工程建设。主要分布在珠江口海区，以围海造地工程建设为主要用途，主要包括荷包岛—大杧岛周边海域的海岛。

④ 综合利用。主要有东海岛、海陵岛、川岛、横琴岛、桂山岛、南澳岛、达濠岛等。

（2）限制利用

① 生态服务。柘林湾—红海湾海区岛群和大亚湾—镇海湾海区岛群。

② 旅游与景观。南澳岛近岸海岛、红海湾海岛旅游区、大亚湾海区海岛、珠江口海岛、茂湛海区海岛。

③ 生物资源养护。主要分布在柘林湾—红海湾近岸。

④ 科学研究试验。大亚湾海岛珊瑚移植试验区；珠江口中部岛群。

⑤ 特殊利用

a. 领海基点海岛。广东省管辖的海岸或海域共有7个领海基点，其中有6个位于海岛上，根据领海基点保护的需要，重点建设5个海岛特别保护区。

b. 海岛特别保护区。小铲岛附近岛群及其周边区域涉海产业多、开发强度高，前海湾目前仍有部分养殖水域，并在建前海湾保税港区。

c. 其他特殊用途。其他特殊用途海岛包括具有特殊军事用途、需要严格控制开发利用规模的海岛，以及建有重要导航、助航灯塔、海洋观测站等交通或观测设施、对海上交通安全有重要影响的海岛。

（3）禁止利用

① 自然保护

a. 珍稀或濒危野生动植物保护类海岛或岛群。珠江口猕猴自然保护区海岛、勒门列岛省级候鸟自然保护区的核心区域、平海湾海岛绿海龟重要栖息和繁殖地、大襟岛群中华白海豚栖息地和繁衍地。

b. 重要水产资源保护类海岛或岛群。主要是南鹏列岛水产自然保护区和将竹洲列岛自然保护区和旅游区。

c. 典型海洋海岸生态系统保护类海岛或岛群。目前南澎列岛已划为省级海洋生态自然保护区。

② 预留待定。在柘林湾—红海湾沿岸海岛或岛群、大亚湾—镇海湾沿岸海岛或岛群、海陵湾—雷州半岛海区沿岸海岛或岛群预留待定某些功能区。

19.1.2.6 广东海洋政策研究

广东海洋政策的发展和完善对于海域使用管理、海洋经济的发展发挥着重要作用。使各项海洋事业的发展有据可依，实现了资源的优化配置，有机协调各用海行业，部门间的利益和矛盾，保护海洋资源的可持续利用，保证全海域的持续和综合利益。

1）海洋政策的演进历程与效果

广东在海洋事业发展过程中一直非常重视政策法规的建设，针对海洋发展所涉及的每个方面均制定了相关法规条文，初步形成了海洋开发利用与管理的政策法规框架体系，构建了海洋综合管理的制度框架，实现了管海用海有法可依、有章可循。

（1）基本形成海洋开发利用与管理的法规框架体系

广东积极贯彻《中华人民共和国渔业法》、《中华人民共和国海域使用管理法》、《中华人民共和国海洋环境保护法》等海洋法律法规，相继出台了一系列配套的法规制度，基本形成了切合本省实际的海洋开发利用与管理的法规框架体系。

（2）基本形成了海洋开发利用与保护的规划体系

在国家相关海洋政策与规划的指导下，广东相继开展了海洋功能区划、海域开发利用总体规划、海洋经济发展规划、海洋环境保护规划、自然保护区规划、海洋科技规划等规划。

（3）从 1993 年至 2008 年期间，相继召开了 6 次全省海洋工作会议（表 19.6），出台了一系列推进海洋工作的政策措施。

（4）积极贯彻落实《国家海洋事业发展规划纲要》等国家海洋政策的指导。

（5）目前广东海洋政策实施的积极性主要表现在：海洋经济快速发展，地位显著提升；海洋政策法规与规划体系得到进一步完善；海洋行政和海域使用管理工作取得了新进展；海洋生态环境保护力度不断加大；海洋科技兴海稳步推进；海洋综合管理工作迈出了新的步伐。

表 19.6　广东省 6 次海洋工作会议召开概况

全省海洋工作会议	会议主要内容（主题）
广东省第一次海洋工作会议	确立了"以海岸带为依托，以领海、近海为重点，远近兼顾，合理布局，综合开发"的思路
广东省第二次海洋工作会议	着重研究部署近期加快发展广东省海洋渔业及其相关产业的工作重点和主要方向
广东省第三次海洋工作会议	重点研究了海洋开发工作要走可持续发展道路的发展模式，确立了走"有速度、有效益、可持续"的思路
广东省第四次海洋工作会议	实施科技兴海提高海洋经济科技含量，办好海洋开发试验区充分发挥典型引路作用，加强海洋综合管理和环境保护等
广东省第五次海洋工作会议	提出了"以海洋经济综合竞争力为核心，建设海洋基础设施、科技创新和技术推广、海洋资源环境保护、海洋综合管理和水产品质量安全管理等五大体系，率先建成具有全国领先水平的蓝色产业带"的宏伟目标
广东省第六次海洋工作会议	会议鲜明地提出了"建设海洋经济强省"、"解放思想推动海洋事业大发展是我省现代化建设的重要任务"

2）海洋政策体系建设的总体目标

构建广东海洋政策法规体系的总体目标是：以科学发展观为指导，贯彻实施国家海洋政策和法律法规，落实《国家海洋事业发展规划纲要》等国家相关规划，按照建设海洋经济强省的目标要求，加快海洋事业大发展，率先构建海洋事业发展新格局，争当全国海洋事业科学发展的排头兵。坚持"海陆统筹、规划先行、纵深开发、科技兴海、生态和谐、体制创新"的发展思路，树立国内和国外两个大局，大力提高海洋开发、综合管理、自主创新能力，努力把广东建设成为全国海洋经济发展的核心区、海洋经济科学发展的示范区和具有国际竞争力的全球海洋经济发达地区。

3）广东海洋政策框架体系

广东海洋政策体系由海洋产业发展政策、海洋资源和环境保护政策、海洋应急管理政策、海洋科技与教育政策以及海洋辅助和配套政策 5 部分组成，具体见图 19.16。

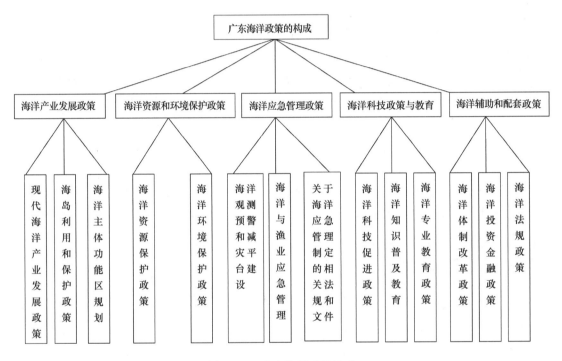

图 19.16　广东海洋政策体系

4）现行海洋政策及海洋管理存在的问题

当前广东海洋政策的制定、实施仍然存在诸多制约因素：随着国际国内形势的变化，海洋政策的有关内容面临一系列新的挑战，政策的规划需要有宏观的把握和前瞻性的思考；生态环境保护和海洋经济发展之间的矛盾愈演愈烈，对科学制定海洋政策提出了更为严峻的考验；海洋产业优化布局和区域海洋经济发展之间的协调依然是海洋政策急需解决的主要问题；涉海相关法律法规有待健全和完善；海洋科技的投入还是薄弱环节，在海洋政策构成中的比重还有待提高，对海洋经济的贡献值依然较低；海洋应急管理和防灾减灾政策急需快速推进。此外，海洋相关政策的可操作性与落实力度不够，政策制定中的公众参与性不强。

19.1.3　小结

19.1.3.1　主要结论

广东省海洋经济的发展面临较好的机遇，海洋经济总量快速增长，初步形成以海洋交通运输业、海洋旅游业、海洋渔业、海洋船舶工业、海洋油气业和海洋矿业为主的海洋产业体系，基本形成以"珠三角"为中心、东西两翼迅速发展的"一中心两翼"的产业格局；形成5 大产业发展战略目标，3 大战略重点；初步形成海洋经济核算、绿色海洋经济核算框架；将广东省海域分为 4 大等级，初步建立了海域资源价值评估体系；广东海洋渔港经济区发展呈现出发展水平高、外向型程度高等特点；现行《区划》极大地促进了海洋经济的发展，在一定程度上改善了海洋生态环境质量；广东的海岛保护与利用方式分为重点利用、限制利用、禁止利用 3 种类型；海洋开发利用与管理的法规框架体系基本形成，形成了由海洋产业发展政策、海洋资源和环境保护政策、海洋应急管理政策、海洋科技与教育政策以及海洋辅助和配套政策 5 部分组成的广东海洋政策体系。

19.1.3.2　存在问题

虽然广东海洋经济发展具备先发优势和良好的发展条件，但海洋经济和海洋综合管理能力等还存在一些问题。海洋经济发展存在区域不协调、海洋产业发展不尽合理、海洋生态环境退化趋势尚未得到有效遏制，海洋科技创新能力及其对海洋经济发展的贡献力不足，制约海洋经济发展后劲等问题；主要海洋支柱产业在全国的地位也呈现出下滑的趋势，海洋油气业、采砂业等发展缓慢，广东优势海洋产业面临着发展的一定困难；海域资源价值评估存在评估程序方式尚不成熟、海域资源信息不全面等问题；区划的法律地位未能得到有效维护，现行《区划》未给出较为明确的海域使用制度，缺乏管制措施和特异性；当前广东海洋政策的制定缺乏宏观政策规划和前瞻性，涉海相关法律法规有待健全，政策的可操作性与落实力度不够，政策制定中的公众参与性不强，海洋政策急需进一步完善，面临新形势新政策变化的压力，海洋政策的实施机遇与挑战并存。

19.1.3.3　建议与对策

积极探索海洋经济发展的新模式，有效落实海洋经济综合试验区发展规划，全面推进广东省海洋经济的发展和壮大。根据广东沿海自然资源条件和沿海区域资源的比较优势，结合经济社会发展需求，广东海洋经济应按照"一群三渔三港五岛"的构架展开布局。通过发挥区域优势，科学布局，形成各具特色的海洋经济区域。

为促进和保障海洋经济的健康发展，需要合理布局海洋发展空间，优化产业结构，改善海洋环境质量，培育大量的科技人才，壮大海洋支柱产业发展的力量，做好海洋优势产业发展的谋划，增强海洋产业的国际综合竞争力，完善海域资源价值评估体系研究。切实落实加强《区划》的法律地位，充分发挥《区划》的整体性、基本性、约束性和控制性的指导作用，鼓励公众参与海洋管理监督，不断完善海洋政策管理体系。

19.2　不确定条件下海洋资源的有效开发[①]

如何处理好海洋资源开发与海洋产业成长的关系、陆地经济与海洋经济的关系、海洋生态环境保护与海洋经济可持续发展的关系，是广东建设海洋强省这一重大战略的基本前提，

---

① 陈平，柯志新。根据陈平等《广东海洋经济发展战略与海洋管理研究报告》整理。

也是广东海洋经济可持续发展战略研究的重要内容。"不确定条件下广东省海洋资源的最优开发"是广东省908专项的评价项目之一，通过综合研究、评价广东省海洋资源的开发和利用状况，把握海洋经济的整体性、综合性、公共性、高技术性和不确定性等特征，厘清广东省海洋经济发展的现状、存在的基本问题，有助于促进广东省实施海陆统筹，制定海洋发展战略，科学规划海洋经济发展，合理开发利用海洋资源、优化现行海洋功能区划、加强海洋生态环境保护管理和海洋减灾防灾工作，对于推动国家和广东海洋经济和新兴海洋产业高效、有序、协调、健康、持续发展，具有重要的现实意义，为实现广东"蓝色崛起"、完成《广东海洋经济综合发展试验区》的重要战略任务提供决策参考。

根据908专项最新调查的结果和历史数据，对广东省主要海洋资源开发利用、海洋新兴产业发展、海洋生态环境保护、海洋沿岸自然保护区维护、海水养殖业以及海洋经济保障机制等方面进行了分析。基于分析结果，对广东省海洋资源开发利用的总体情况及其要求进行了阐述，并根据广东省新兴海洋产业发展、海洋生态环境、海洋沿岸自然保护区以及海洋巨灾保险的现状及其问题分析，提出了具体的政策建议以及整体的实施保障。

采用数据分析和实证研究方法，具体方法如下：① 数理分析方法。采用博弈分析、实物期权分析、随机动态优化等方法，为政府优化海洋产业布局的政策提供技术支撑；② 应用主流经济学的研究方法，结合产业组织理论等知识，将海洋资源、环境和经济作为自组织系统进行分析，为促进广东海洋产业崛起提供政策思路。

基础资料主要分为两类：第一类是引用的客观数据，这类数据均来源于正式出版的年鉴或权威统计数据库，如《中国海洋统计年鉴》、《中国海洋灾害公报》、《中国农村统计年鉴》和《中国海洋年鉴》等；第二类是用于数值模拟的数据，主要根据所引用的数据或者所分析的具体情况提取出用于科学研究的参数。

19.2.1 广东省海洋资源开发与利用概况

19.2.1.1 海洋资源开发与利用基础

广东省海洋空间辽阔，大陆海岸线东起闽粤相交的潮州市饶平县大埕湾湾头东界区，西止粤桂交界的湛江廉江市的英罗港洗米河口，全长4 114 km，占全国的1/5，居我国沿海各省区之首；2008年国务院批复实施的《广东省海洋功能区划》海域工作范围（海域总面积）为41.93×10^4 km²，是陆地面积的2.3倍，其中内水面积4.77×10^4 km²。

广东省海洋资源丰富，开发利用海洋资源的自然条件优越，主要体现在以下几个方面。

（1）自然条件优越。广东沿海属热带及南亚热带海域，光照充足，太阳入射角大，高温高湿，夏长冬暖，无候冬期，海水温度年平均为14.2℃，具有多数海洋生物可常年持续生长的自然条件。

（2）海洋生物资源种类多、数量大。有浮游植物405种，大型浮游动物789种，游泳生物342种，底栖生物797种，潮间带生物763种。藻类资源丰富，其中江篱的增养殖具有广阔的前景。

（3）浅海滩涂、河口滩涂数量多，浅海面积巨大。其中滩涂可养殖面积1 197.3 km²，约占全国的15%；浅海可养殖面积7 160 km²，占全国的39.7%，是全国各沿海省、市、区可养殖面积最大的省份。

（4）海岸生态类型多样。有泥质海岸、砂质海岸、岩礁海岸、珊瑚海岸、红树林海岸等，为养殖业发展提供了良好的自然条件。

（5）海域油气资源丰富。广东省海域的油气资源主要集中在珠江口盆地，大多具有勘采价值，目前已查明油田 40 多个，开发和生产油田 16 个、气田 1 个。在珠江口盆地水深 200 m 以内面积约 10×10^4 km^2，预测石油资源量 70×10^8 t，天然气 1×10^{12} m^3。截至 2008 年，南海海域累计探明石油资源技术可采储量为 2.99×10^8 t。

（6）海岸带资源丰富多样。广东海岸资源中红树林和珊瑚礁尤为重要，是我国红树林分布面积最大、组成种类最丰富的地区；珊瑚礁主要分布在雷州半岛西南海岸的流沙港、东场港和角尾湾一带，以灯楼角岬角东西两侧最为完整。另外，在热带海岸，还有热带作物资源，如肉豆落，橡胶，咖啡、可可、玫瑰茄等。

（7）海岸带矿产资源及海滨矿砂资源丰富，矿种较齐全，成矿地质条件好。在南海深水区，有钴结壳、锰结核资源分布，目前发现在中沙群岛南部和东沙群岛东南及南部比较富集。海滨矿砂分为粤东锆石矿带、粤中锡石矿带、粤西独居石矿和磷钇矿带，雷州半岛钛铁矿和锆石矿带。

（8）海岸带林业资源丰富。据统计，广东省海岸带森林植被的面积（包括红树林）加上灌丛的面积约 50 000 hm^2。其中，属自然林的（包括红树林）有 11 000 hm^2 余，属人工林的有 38 000 hm^2 余。另外，广东省保存了中国面积最大的红树林。

（9）海岸带土地与空间资源丰富。广东省海湾资源丰富，有大小海湾 510 个，其中适宜建港的海湾 200 多个。全省共有生产性泊位 2 891 个，其中万吨级泊位 237 个，2009 年完成货物吞吐量 10.28$\times10^8$ t。

（10）滨海旅游资源丰富，数量众多、种类齐全，而且以滨海自然旅游资源为主。海湾资源、海岛资源、文化遗迹、城市设施、生物资源、现代化建筑和妈祖文化等占据重要地位，但以海湾资源数量最多、分布最广。现有滨海沙滩 174 处，滨海风景名胜资源 33 处，滨海文物古迹 46 处，沿海城市共有星级饭店 862 家，滨海旅游项目年接待游客近 6 000 万人次。

19.2.1.2　海洋资源开发与利用面临的问题与挑战

1）自然环境不确定性的挑战

广东沿海常年多雷暴，是全国受热带气旋影响最严重的海区之一，大浪、巨浪频发，沿海基础设施、人民生命财产受到的破坏较严重，海洋灾害已成为广东海洋开发和海洋经济发展的重要制约因素。海洋防灾、抗灾、减灾任务十分艰巨。

2）海域资源开发失衡的挑战

海域资源开发强度严重失衡，制约着广东海洋经济均衡发展。海域资源开发地区间不平衡、差异大，开发强度呈倒"U"形，珠江口两岸地区港口资源、滩涂资源等，开发利用比例高达 90%，粤东、粤西开发强度均低于"珠三角"地区。地区内开发不平衡，海域资源开发离散度高。粤东地区，汕头海域资源开发强度相对较高，汕尾、潮州、揭阳等地区开发强度相对较低。粤西地区，湛江湾内开发强度相对较高，阳江、湛江、茂名等地区开发强度则相对较低。

3）海洋资源综合利用能力和水平相对低下的挑战

海洋开发活动主要集中在近岸海域，滩涂及浅海区资源利用过度，一些优质的资源种类衰退，"珠三角"养殖平均单产最低，粤西最高。外海资源综合开发利用活动较少，大陆架和国际海底区域综合开发不足。

4）海洋产业结构不合理对产业结构调整升级带来的挑战

第一产业的比例较高，2005年海洋三次产业比例为23：40：37；第二、第三产业发展水平不高，第二产业基础较差，第三产业发展单一，层次较低；海洋高新技术产业、战略性新兴产业所占比重较小，海洋药物、海洋化工产业仍落后于沿海先进省份。海洋产业综合管理和协调机制尚未健全；海洋产业结构趋同，重复建设、恶性竞争较严重；仍处于以资源开发为主的粗放型发展阶段；科技产业化率低，缺乏具有国际竞争力和未来导向的主导海洋产业。传统海洋产业升级的投资明显不足，受高成本、高风险影响，部分高新技术如深水网箱养殖技术无法在全省得到有效普及。

5）海洋生态系统有效保护受到的挑战

随着海洋资源开发力度加大，近海渔业资源衰竭，部分重要的海洋生态系统遭到破坏；珠江口海域成为全国海域污染较为严重的地区之一；海湾经济的大力开发，工业废水和生活污水排放、海水养殖中过剩的饵料和废水排放、港口、码头建设、围海造地等，造成海湾生态系统破坏严重，海湾近岸海域的环境生态保育形势严峻。

19.2.2 海洋资源开发的特点及不确定性的含义

19.2.2.1 海洋资源开发的特点

（1）立体性。海洋资源是由多种资源要素复合而成的自然综合体，具有多层次、多组合、多功能等特点。海洋资源的特点决定了海洋经济具有立体结构特征，海洋资源开发涉及水体中、水下底土、水面以及海洋上空。现代的海洋经济在同一时间、同一海区内进行多种形式的生产经营活动，开发利用多种海洋资源，形成立体的、综合开发格局。集海湾港口、海岸旅游、滩涂养殖、海洋捕捞、海洋交通、海水淡化、潮汐发电、海底能源开发为一体。海洋资源开发是一项系统工程，其开发密度、开发程度与海洋生态环境保护之间存在相互制约、相互影响的关系。只有实行系统管理，才能综合合理利用海洋资源，实现经济效益、环境效益和社会效益的统一。

（2）风险性。海洋环境复杂，突发性灾害多，海洋资源开发所需技术装备的特殊性，投入资金巨大，诸多不确定性带来巨大的开发风险。

（3）互补性。海洋资源其功能、作用具有差异性，可以互补；具有相似性，可以替代。不可再生海洋资源总量有限，应寻求更多替代途径。可再生海洋资源应探索更多互补途径，并注重合理、适度利用。海洋产业布局发展应发挥互补优势，提升综合实力。

（4）区域性。整个海洋巨大辽阔，由于海洋地理环境和气候条件不同，其资源要素禀赋及其开发利用条件在不同海域具有不同特征。

（5）技术性。海洋环境和海洋资源与陆地的差异，决定了现代海洋开发技术不能简单搬用陆地的现有技术，而要从材料、原理、方法和设计制造工艺上重新创造、建立海洋开发特有的技术体系。发展中国家在深海矿产资源开采、海水化学资源提取、海洋热能利用等方面均受到开发技术制约，在短期可考虑利用发达国家的资金和技术开发本国的海洋资源，并在开发过程中逐步提高自身开发能力。

19.2.2.2　不确定性的含义及其重要性

所谓不确定性是指对某件事物能否发生不完全可知或完全不知。不确定性定义主要有以下两种：一是指与一定概率相联系的事件，例如海洋灾害的发生有一定的概率；二是指通常所说的风险，它与概率无关，是一种没有稳定概率的随机事件，例如海洋开发与利用的先期投入巨大，回收周期长，不确定因素多，且难以把握，因此风险大。

海洋开发与利用中的不确定性包括环境的不确定性、市场的不确定性和政策的不确定性，三者相互联系、相互影响。海洋产业面临的市场不确定性有价格不确定性和成本不确定性，价格不确定性包括普通价格波动和突发事件造成价格波动，如疾病、赤潮、台风、暴雨、海雾、海浪灾害、重要海湾和河口湾的淤积灾害、持续低温等突发事件造成价格波动；成本不确定包括普通成本波动和突发事件造成成本波动，后者包括技术升级和政策变动等。

以深水网箱养殖为例。广东省深水网箱养殖业主要受以下不确定性因素制约：一是养殖水域不确定性，由于自然环境的不确定性，究竟有多少适合深水养殖的海域，存在不确定性，致使深水养殖海域分布失衡，使部分海域养殖密度过大，超过了海域容量；二是陆源污染造成海水养殖产量的不确定性；三是养殖生产自身污染重，海域富营养化，造成海水养殖产量的不确定性；四是病原体滋生，病害蔓延快，发病率高，造成海水养殖产量的不确定性；五是赤潮、台风灾害等自然灾害造成的海水养殖产量的不确定性；六是技术升级导致固定成本的无形磨损，造成固定成本的不确定性。

由上可见，广东省深水网箱养殖发展面临种种不确定因素制约，运用不确定性理论，如基于"跳"过程的网箱投资实物期权模型，研究广东省深水网箱养殖在海水产品价格变动、网箱养殖投资成本变动等不确定性因素对总利润率的影响，具有重要理论意义。在此基础上，通过研究可给出广东省深水网箱养殖可持续发展在控制市场准入规模、准确选择目标市场、技术创新降低成本、健全预警机制保障产能、避免突发事件袭击、打造品牌形成广东价格等方面的具体对策建议。

19.2.3　广东省海洋产业发展中存在的问题

19.2.3.1　海洋经济发展现状

2008 年广东海洋产业总产值 5 825 亿元，比上年增长 28.5%，占全省 GDP 的 16.3%，从 1995 年起海洋生产总值连续 14 年居全国首位。海洋经济三次产业结构为 3.8∶46.7∶49.5，以海洋交通运输业、滨海旅游业为代表的海洋第三产业占整个海洋经济比重接近 50%。2009 年广东省实现海洋生产总值 6 800 亿元，同比增长 10.3%，占全省 GDP 的 17.4%，连续 15 年居全国首位。2000 年至 2005 年，广东省海洋产业结构没有明显改变。2005 年后，广东海洋产业结构迅速变化，至 2008 年，三次产业比例为 3.8∶46.7∶49.5，与 2005 年比，第一产业下降 15.5 个百分点，第二产业所占比重上升 15.9 个百分点，而第三产业一直占据近半壁河山（表 19.7）。

表 19.7 广东省海洋产业构成

年份	海洋产业产值		海洋第一产业		海洋第二产业		海洋第三产业		三次产业比例
	总计（亿元）	构成（%）	产值（亿元）	（%）	产值（亿元）	（%）	产值（亿元）	（%）	
2005	4 288.39	100	828.36	19.3	1 322.1	30.8	2 137.93	49.9	19.3∶30.8∶49.9
2006	4 113.9	100	182.8	4.4	1 640.5	39.9	2 290.6	55.7	4.4∶39.9∶55.7
2007	4 532.7	100	207.4	4.6	1 738.3	38.4	2 587.0	57.1	4.5∶38.4∶57.1
2008	5 825.0	100	220.0	3.8	2 719.3	46.7	2 886.2	49.5	3.8∶46.7∶49.5

注：上述数据由《中国海洋统计年鉴》2006—2009 年计算而得。

从全国范围看，广东省海洋第一产业比重下降最快，在各省比重最低，但与上海、天津市比较差距仍较大，上述二市分别只占 0.1 和 0.2，产业结构高级化程度已达到较高水平。广东省海洋第二产业比重低于天津、河北、辽宁、山东，海洋第三产业比重远低于上海，也低于海南，与江苏、浙江、福建相近。

总体来看，目前广东省海洋产业面临的主要问题是海洋产业结构不合理，第一产业的比例仍偏高，第二、第三产业发展水平不高，第二产业基础较差，第三产业发展单一，层次较低，海洋高新技术产业、新兴产业所占比重较小，海洋药物、海洋化工产业仍落后于沿海先进省份。美国、日本等发达国家的海洋产业早已形成以第二产业为主体，第三产业为支柱的高级化结构。虽然广东省海洋产业总产值呈逐年上升趋势，第二产业占比达 46% 左右，但产业结构调整的任务仍很艰巨。

19.2.3.2 新兴海洋产业发展存在的问题

1）未建立系统的行业准入及退出机制

传统的海洋产业如海水捕捞、养殖业等虽发展较早，但仍处于粗放型发展阶段，行业准入机制并未有效形成，而对于新兴产业如滨海旅游、海洋交通等产业目前正处于快速发展期，政策倾向于支持鼓励这些产业的发展，因而并未明确设立准入条件。总体而言，海洋产业几乎是一个自由进入的市场，而由于产业正处于上升阶段，多数企业尚未面临要退出市场的境况，相应的退出机制也并没有建立。与其他行业类似的，由于我国政策机制问题，企业尤其是大型企业的退出壁垒又较高，在低进入门槛和高退出门槛的双重作用下，易发生企业进入过度，而无法及时退出的情况。在缺乏系统而完善的产业管理机制下，一旦出现产能过剩问题，其影响必然是广泛的，并难以得到迅速有效的解决。

此外，目前广东省海洋产业缺乏统一的开发规划，部分海域和海岛开发秩序混乱、用海矛盾突出，海洋资源开发管理体制不够完善，开发过度与开发不足并存，海洋经济发展的宏观指导、协调、规划等尚待完善。

2）地方政府竞争激烈

就国内环境看，随着改革开放的深化，兄弟省（市、区）加快发展，广东省面临的竞争压力加大，尤其是山东、浙江、上海以及天津等沿海省市海洋经济发展势头迅猛，广东省海洋经济的先发优势已相对弱化。如远洋渔业较发达的省份有辽宁、山东和浙江省，分别在 10×10^4 t 以上，投入船只也比较多，而广东产量只是三个省的一半，仅与福建、上海持平。在这种情况下，地方政府无疑面临的竞争愈发激烈，从而倾向于为吸引投资、加快发展而采取信贷、税收等优惠政策，降低产业进入壁垒，从而可能导致产业进入过度，产能过剩。

另一方面，海洋产业所牵涉的企业如造船厂、港口经济相关企业如钢铁厂等对海洋经济影响重大，这些企业的沉没成本往往又比较高，相应的银行信贷等也比较多，必然面临预算软约束问题：一方面，政府千方百计要引入这些企业；另一方面在企业面临破产时，为保证政府绩效、就业率以及降低银行信贷损失等，也必然要阻止企业的退出。

19.2.4　不确定条件下广东省海洋产业调整及资源开发的政策建议

19.2.4.1　构筑世界级的新兴海洋产业体系的路径选择与对策建议

（1）健全法律法规。健全海域使用立法，有序、有偿、适度使用海域；强化依法行政，提高海域执法管理能力。建立完善保护海洋产业知识产权和研发成果的法律法规，激励海洋高新技术企业的创新活动。

（2）完善海洋功能区划和使用总体规划。规范审批和发放海域使用许可证，建立广东省海域使用空间模型，科学使用、合理开发利用海洋资源，统筹协调海域使用，加强海洋环境保护。

（3）建立健全广东新兴海洋产业政策。建立完善海洋产业进退机制，设立行业准入规则、标准，抑制企业无序进入；通过退出机制，淘汰落后产能，调节过剩存量，实施海洋产业升级，调整新兴海洋产业规模。

（4）着力建立稳定的市场环境及政策环境。在短期，政府应着力建立稳定的市场环境，以弱化海洋产业政策出台造成的短期政策动荡；在长期，政府应确保海洋产业政策的稳定性，政策意图应清晰、政策措施应简洁，政策实施应坚决。以此稳定企业预期，抑制企业"潮涌"热情。

（5）停止对海洋产能过剩行业的信贷优惠与税收减免政策。提高产能过剩企业投资的沉没成本。

（6）海洋产业政策信息公开化、透明化。通过海洋产业政策信息的公开化、透明化，减少政策不确定性；同时，引导海洋企业不断学习产业政策，帮助其尽快度过"U"形动态演变过程的拐点。

（7）建立海洋企业研发联盟。促进海洋产业升级，抑制低端产能过度扩张。

（8）构建新兴海洋产业链。紧密联系新兴海洋产业上下游关系，积极研发综合利用技术，发展海洋循环经济，致力于抢占世界新兴海洋产业微笑曲线的两端。

（9）发展新兴海洋产业集群。做强海洋油气、石化产业集群，做大海水增养殖业、海水淡化等产业集群。

19.2.4.2　维护可持续海洋生态环境的政策建议

（1）选择环境政策的最优时机。政府在制定海洋环境治理与保护政策时，应在成本-收益分析基础上，进一步核算未来经济和环境的不确定性所造成的沉淀成本和沉淀收益，以确定政策实施的最佳时机。首先，人们环境意识和技术变化的不确定性越大，政策采用期权的价值越高，等待而不是现在就采用政策的激励也越强；其次，如果突发事件对污染物存量的贡献较大，那么决策者将对政策的生态收益产生较大的怀疑，等待的激励也随之增强；最后，污染物存量越高，波动越大，污染排放的不可逆性越强，等待所造成的环境成本越高，越早禁止或削减排放所获得的生态收益也就越大。

（2）建立联防联治长效机制。实现"一个根本转变"，即海洋产业向低碳模式的根本转变；实现"两个联防联治"，即对大陆产业和海洋产业污染的联防联治；对海水环境污染和空气污染的联防联治。

（3）构筑海洋绿色屏障。有效治理海洋环境必须构筑山脉、耕地、河流等一体化的绿色屏障。

（4）建立健全应急处置联动机制。构建全省以及跨省区的一体化海洋生态环境预警监控体系，开展海洋灾害的联动监控和信息通报，建立健全海洋灾害应急处置联动机制，可更好地认识污染物的未来危害，促进防治政策的尽早实施。

（5）保障海洋资源永续利用。合理保护利用海洋资源。调整工业结构布局，整合海洋环境功能区划和海洋保护区。

（6）对于造成环境损害的活动适用严格责任和连带责任原则。

（7）适时征收污染税。借鉴西方国家开征空气污染税、水污染税等经验，适时开征污染税。环境和资源是一种"自然资本"，必须有偿使用方能抑制滥用和破坏。私人对资源环境的利用，会产生负的外部效应，损害社会整体的经济利益。政府应以税收形式将其外在的社会成本"内在化"，以控制其污染行为，征收污染税也能为环境治理筹集必要的投资资金，还可以改善现代税制结构，减少税收的福利效率损失。

19.2.4.3　建立海洋经济保障机制——构建广东省海洋经济巨灾保险机制的建议

巨灾风险通常是指无法预料、无法避免的低频率高损失的自然灾害，如1991年和1998年的特大水灾、2008年的汶川地震、2010年的持续干旱、水灾、泥石流。在所有的巨灾事件中，海洋灾害的发生频率最高。而随着沿海城市经济的迅速发展，海洋灾害导致的直接经济损失也在增加（图19.17）。我国的巨灾保险市场才刚刚起步，规模较小、保障面窄，而且社会对巨灾保险的认知程度不高。透过南方发生的冰冻雪灾和汶川大地震可以看出，保险业在我国巨灾风险应急管理中的作用比较有限，远未得到充分发挥。因此，国外巨灾保险发展模式的成功之处，对我国研究巨灾风险的损失分担机制、构建和谐社会的巨灾保险体系是有益的启示。广东省若能够率先提出巨灾保险的试点性运行模式，对海洋巨灾风险进行承保，必定会从保障生产、促进发展的层面推动广东经济的稳定增长。

构建巨灾保险机制主要可从以下几个方面着手。

（1）政府引导与市场主导结合。政府财政支持将是我国巨灾保险的基本特征，商业保险公司是市场的主体，政府可以和保险公司合作建立巨灾保险基金，增强保险公司和国家共同

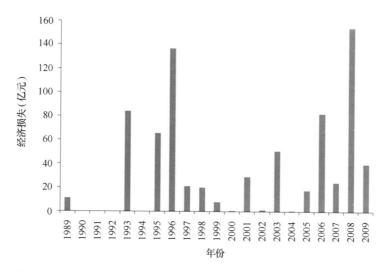

图 19.17　1989—2009 年间广东省海洋灾害造成的直接经济损失统计

分担巨灾风险损失的能力。

（2）深化国际合作强化技术支撑。开展国际交流合作，学习国外先进的产品开发技术和管理经验，引入专业的保险公司参与到我国巨灾保险体系建设中来。

（3）完善巨灾期权机制重点发展再保险市场。在我国尚未建立起多层次的风险分散机制之前，可先重点发展再保险市场，扩大再保险规模，培育再保险联合体，鼓励利用国际再保险市场在更大的范围内分散巨灾风险。

（4）健全法律制度提高公众认知度，调动公众投保的积极性。

（5）完善资本市场试行巨灾期权。改善资本市场发展的内部环境与外部环境，在部分区域试行巨灾期权；建立政府模式与商业模式相结合的巨灾指数期权机制。

（6）建立巨灾风险预测机构收集历史巨灾数据。建立专门的巨灾风险预测机构，集聚专门的预测技术人才，收集分析历史巨灾数据，为生产者、政府、保险公司提供服务。

19.2.5　小结

通过对广东省海洋资源开发和利用状况、海洋产业发展状况（包括过度投资与投资不足问题的解决）、海洋生态环境保护工作的综合研究与评价，提出了构筑新兴海洋产业体系、维护可持续海洋生态环境以及建立海洋经济保障机制的对策和政策建议。

就目前广东省海洋资源开发利用情况来看，广东省海域的综合管理体制仍不完善，基础设施及技术装备仍相对落后，粗放型的传统增长产业结构仍未有效转变，近岸海域受到污染，部分海洋生态系统遭到破坏，这些问题严重阻碍了广东省海洋资源的有效开发及海洋产业的长远发展。因此，我们必须科学规划海洋经济发展，合理开发利用海洋资源，优化现行海洋功能区划、加强海洋生态环境保护管理，加快推进海洋产业转型，力争做到和谐的海陆统筹。

在发展过程中一方面必须加强法律法规的建设，做到有法可循、有法可依，建立健全广东新兴海洋产业政策，设立行业准入与退出机制；另一方面，不断通过海洋产业信息的公开化、透明化来正确引导政府、企业和社会各界对海洋产业的认知，构建新兴海洋产业链，促进海洋产业升级。

在海洋生态环境保护方面，应建立联防联治长效机制、构筑海洋绿色屏障、建立健全应急处置联动机制等若干措施，有效治理陆源污染，预防海洋灾害，从而实现对海洋资源的永续利用。

在建立海洋经济保障机制方面，应积极推动开展灾害数据收集工作，建立巨灾风险预测机构，集聚专门的预测技术人才，收集分析历史巨灾数据，为进一步建立海洋经济巨灾保险机制提供基础资料支撑。

第4篇 广东省数字海洋信息基础框架^①

  "数字海洋"是依托先进的信息科学与空间技术，利用天基、空基、海基、陆基等多种海洋数据获取手段，应用地理信息系统、遥感、卫星定位等空间信息技术，构建多分辨率、多时相、多类型的动态海洋时空数据平台，以空间位置为核心关联点，对海洋各种信息进行实时采集、有序处理、快速传输、多维显示、逼真描述的综合性数字化信息系统，是我们认识海洋、保护海洋、开发海洋和管理海洋重要的工具和平台。

  广东省数字海洋信息基础框架建设是中国"数字海洋"概念在广东省的具体实践。项目立足广东省海洋系统内的信息资源和网络环境，依据中国"数字海洋"建设总体构想和战略目标，遵循相关标准和规范，建设具有广东省地方特色的基础信息框架。整个项目以应用为核心，以数据库建设为重点，力图将广东省数字海洋信息基础框架打造成为广东省海洋信息化建设的基础平台和枢纽节点，为最终建成广东省数字海洋和国家数字海洋打下坚实的基础。

---

① 编写人：刘春杉，苏玮，谢宇，岳文，张彤辉，王华接，刘利东。

第 20 章 数字海洋框架建设任务及执行情况

20.1 任务来源及目标

2003 年 9 月 8 日，国务院批准并实施 "我国近海海洋综合调查与评价" 专项（908 专项）。"数字海洋" 是其中重要的组成部分。项目在获取 908 专项调查数据与评价成果的基础上，通过对现有海洋信息资源的整合利用，搭建标准统一的 "数字海洋" 信息基础平台，构建 "数字海洋" 原型系统，建立面向国防安全、经济发展、管理决策、教育科学、社会公众的 "数字海洋" 专题应用系统，形成海洋管理决策支持和 "数字海洋" 服务能力，全面提高海洋管理与服务信息化水平。

广东省数字海洋信息基础框架是国家数字海洋信息基础框架中重要的组成部分，是国家数字海洋广东省节点主要的运行平台。从信息化建设的基础、业务化运行的能力等综合因素考虑，广东省海洋与渔业局及广东省 908 专项办公室委托省海洋与渔业环境监测中心具体承担广东省数字海洋信息基础框架建设任务，并作为数字海洋业务化运行的主要运维机构。

按照《中国近海 "数字海洋" 信息基础框架构建总体实施方案》建设目标及要求，广东省 908 专项办与广东省海洋与渔业环境监测预报中心编制了 "广东省数字海洋信息基础框架建设实施方案"，方案明确了框架建设的目标、需求、内容、技术路线、指标、成果及质量保障措施。

根据建设实施方案，广东省基础 "数字海洋" 信息基础框架建设目标包括：

（1）整合利用 3S 技术、数据仓库技术和信息网络技术等高新技术手段，集成、汇总广东省 908 专项在广东海域取得的海域管理、环境保护、海岛海岸带资源开发利用、社会经济等各个领域的丰富数据资料。

（2）整合广东省现有历史资料、常规海洋调查与业务化系统监测资料等海洋信息资源。

（3）在统一的信息标准和规范框架下，搭建 "数字海洋" 信息基础平台和连接国家海洋管理及技术部门的信息交换共享网络体系，实现与国家系统的衔接以及海洋信息资源的共建共享。

（4）结合广东省海洋综合管理开发需求，部署面向海洋经济、海洋开发管理和海洋决策支持的省市海洋综合管理与服务信息系统，补充开发各类专题信息系统特有功能，为海洋综合管理提供全面的、多层次的海洋信息共享服务，为社会公众提供海洋信息服务，为政府决策提供强有力的信息支撑。

（5）建立相应的建设机构、运行节点，支撑全国数字海洋建设与运行所必要的数据采集、更新和系统应用。

20.2　工作范围和工作量

从应用范围来看，广东省数字海洋框架建设工作内容分为两个部分：第一个部分是建设部署于数字海洋专网内的数据库与应用系统，服务范围为专网内的各级海洋管理及技术支撑部门；第二个部分是建设部署于互联网的框架服务范围包括基于专网的数据库与应用系统，服务范围为包括企事业单位、普通网民、政府机关等在内的社会公众。在框架建设阶段，两个部分的主要建设内容都包括了网络环境建设、数据库建设和应用与服务系统建设，两者物理隔离，依靠数据摆渡程序实现两者的联系。前者的服务对象主要包括海洋环境保护与监测、海域使用管理、海洋灾害的监测与应急以及海洋执法，主要提供数据与技术支撑；后者的服务对象社会公众，主要提供信息发布服务。

从建设层次上来看，广东省数字海洋框架建设内容主要可分为如下 5 个部分。

（1）系统业务能力建设，包括数字海洋网络基础设施建设、数据中心建设和以标准体系为核心的软环境建设 3 项内容。

数据中心建设的主要内容是依托现有的网络设备、存储设备、数据库软件和 GIS 平台软件等，通过分级用户认证授权等方式建设广东省海洋信息传输与交换的枢纽，开展海洋相关数据的采集、集成、处理与分析。

软环境建设的主要内容包括开展"数字海洋"标准的研制、贯彻和应用，制定海洋信息资源管理、共享等制度。

（2）信息基础平台建设。主要建设内容包括海洋信息的获取与更新系统建设、海洋数据库建设。

海洋信息获取与更新业务体系是海洋信息系统基础框架的信息来源，通过对历史资料的抢救整合处理，对专项调查及评价数据的处理及质量控制，建立包含本次调查资料、历史资料、业务化海洋监测信息获取、传输、处理、管理、更新、应用与服务的运行流程及机制。

海洋数据库包括基础地理数据库、基础资料数据库和专题信息数据库 3 部分。信息产品分为综合信息产品和专题信息产品，其中专题信息产品包括基础地理产品、海洋资源、自然环境、海洋生物、海洋环境质量、社会经济、海洋管理、全文信息等产品，综合信息包括综合管理信息系统产品和公众服务信息产品。

（3）海洋综合管理与服务信息系统建设。主要内容包括 4 个方面：①建设具有广东特色的人工鱼礁管理子系统，对人工鱼礁的规划、实施、效果等情况进行数字化和可视化管理；②建设海洋生态环境在线监测子系统，对实时传回的海水水质在线监测数据和海龟洄游定位数据进行管理、展示和分析；③建设海域使用权网上竞价系统，为海砂开采海域使用权网上挂牌出让提供系统平台；④部署国家综合业务系统，并与之集成，与已有或在建的海域使用管理系统、海岛管理系统、海域使用动态监视监测管理等系统进行数据整合，并通过数字海洋框架提供集成化服务。

（4）系统集成。按照《海洋综合管理信息系统整合地方特色系统实施规范》与《业务数据交换接口方案》，对广东省节点自建系统与国家综合管理信息系统、原型系统进行整合，并完成节点成果主页建设。同时，建立广东省数字海洋三维可视化系统和数据集成共享平台，充分利用数字海洋成果面向海洋综合管理和海洋科研提供数据支撑服务。

（5）业务化运行。实现国家、省、市各级海洋网络及数据的上下贯通，以及管理部门与技术支撑部门之间业务和数据流转；最终实现数字海洋框架内的信息传输、数据共享、技术支撑等各类服务的网络化、业务化运行。具体数据流和系统结构见图20.1。

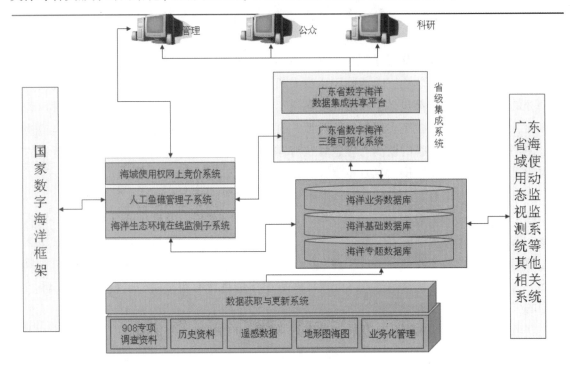

图 20.1　广东省数字海洋框架总体结构

20.3　广东省数字海洋框架建设任务的执行情况

广东省数字海洋框架建设共分成以下4个阶段。

第一阶段为框架建设前期准备和初步设计阶段（2006年9月至2007年1月），数字海洋建设任务已经确定，具体建设目标已经明确，广东省海洋与渔业环境监测预报中心作为广东省908专项办的主体组成单位，开展了前期的准备和需求调研。

第二阶段是框架详细设计阶段（2007年2月至2008年2月），确定了广东省海洋与渔业环境监测预报中心为任务执行单位，明确了建设内容和系统平台。根据数字海洋相关标准和要求，省海洋与渔业监测预报中心组织编制了"广东省数字海洋信息基础框架建设总体实施方案"。

第三阶段是框架全面建设阶段（2008年3月至2010年8月），项目组根据项目总体实施方案，陆续开展并完成了主体框架建设。本着边建设边应用的原则，数字海洋框架中的网络平台、基础地理数据库、基础资料数据库、专题信息数据库、人工鱼礁管理子系统、海洋生态环境在线监测子系统和海域使用权网上竞价系统等开始提供服务或投入试运行，均取得了较好的效果。

第四阶段是框架的全面试运行与收尾阶段（2010年9月到2011年5月），框架的数据库、子系统、网络平台完成了数据流的衔接和应用整合，在此基础上开展并完成了文档的编写、档案的整理、财务审计和系统测试。通过测试运行，对查找出问题进行了整改，并在各应用部门和局领导的要求下，补充开发了三维可视化系统，作为广东省数字海洋框架一个总的数据集成展示平台与业务集成应用平台。

2011 年 1 月，广东省数字海洋框架向国家提出试运行申请并获批准，省数字海洋专网实现与省海洋与渔业环境监测中心及省海洋与渔业局政务内网融合，并通过内网向本单位其他部门和省局各处室提供应用服务。

2011 年 3 月 25 日，广东省数字海洋信息基础框架建设通过省 908 专项办公室组织的自验收。

2011 年 3 月 28 日，通过国家 908 专项办公室组织的现场审查。

2011 年 5 月 12 日，通过国家专项办公室组织的会议验收。专家组认为广东省在数据库、集成系统、特色子系统和网络等方面建设紧紧围绕业务化运行，过程规范、成果丰富、集成化程度高，满足任务合同和建设实施方案的要求，一致同意通过验收。数字海洋信息基础框架建设是广东省 908 专项任务中第一个通过国家验收的项目。

第 21 章　数字海洋框架关键技术与创新

21.1　Service GIS 技术

Service GIS 包括 3 个要素：服务器、服务规范和客户端。Service GIS 的服务器是服务的提供者，可以遵循某一种或多种规范发布服务。服务规范可以是公认的服务标准，如 WMS、WCS、WFS、WPS 和 GeoRSS 等，同时 GIS 平台软件厂商也可以自定义服务规范。Service GIS 的客户端是服务的接受者，一般可分为瘦客户端（Thin Client）和富客户端（Rich Client）两种，前者通常体现为浏览器中加载轻量级的插件，甚至无需任何插件，由浏览器直接执行来自服务器端的脚本实现；后者可以是通用的或专用的 GIS 桌面软件和组件开发平台，也可以是另一个服务器直接作为客户端，聚合前一个服务器发布的服务。

21.2　WMS 与 WFS 方式的数据地图服务

WMS 服务（Web 地图服务）是利用具有地理空间位置信息的数据制作地图，其中将地图定义为地理数据可视的表现。这个规范定义了 3 个操作：GetCapabilities 返回服务级元数据，它是对服务信息内容和要求参数的一种描述；GetMap 返回一个地图影像，其地理空间参考和大小参数是明确定义了的；GetFeatureInfo（可选）返回显示在地图上的某些特殊要素的信息。

WFS 服务（Web 要素服务）返回的是图层级的地图影像，即返回的是要素级的 GML 编码，并提供对要素的增加、修改、删除等事务操作，是对 Web 地图服务（WMS）的进一步深入。OGC Web 要素服务允许客户端从多个 Web 要素服务中取得使用地理标记语言（GML）编码的地理空间数据，它定义了 5 个操作：① GetCapabilites 返回 Web 要素服务性能描述文档（用 XML 描述）；② DescribeFeatureType 返回描述可以提供服务的任何要素结构的 XML 文档；③ GetFeature 为一个获取要素实例的请求提供服务；④ Transaction 为事务请求提供服务；⑤ LockFeature 处理在一个事务期间对一个或多个要素类型实例上锁的请求。

在广东省"数字海洋"信息基础框架建设过程中，海洋数据库统一在 ArcGIS 中发布 WMS 和 WFS 服务，并通过公众服务平台中发布了服务地址。数据服务应用到了三维可视化系统和人工鱼礁管理子系统等部署于数字海洋专网的业务子系统。

21.3　基于遥感软件的海量影像低损压缩技术

影像数据具有海量的特征，以广东省级范围的影像数据为例，多时段、多分辨率的沿海遥感影像数据总量达到 300~400 GB。在基于网络的应用系统中，网络的带宽成为制约用户实现在线实时浏览的约束条件，如何将影像压缩技术用于服务器端的影像数据组织，达到影像数据的压缩和渐进传输是一个关键技术。在广东省"数字海洋"信息基础框架建设中涉及到大量的高低分辨率的遥感图像、图片信息等，针对海量影像数据，我们采用的高效影像压缩/解压技术，可以在几乎不影响原始高分辨率影像质量和精度的情况下，把原始数据压缩到 5% 以下，并且维持原始图像的质量及完整性，对于正射影像图则可以将多幅影像自动镶嵌到一起，可快速地在本地或网络上浏览。这一技术与前述的空间数据管理技术结合在一起可以实现多分辨率无缝影像数据库，它可以大大地减少数据传输时间，加快传输速度，减少数据存储空间，并通过 Web 浏览器快速浏览、放大、缩小大幅面的图像。这一技术尤其适用于网络上快速传输和浏览系统处理结果中大量遥感影像图和其他图片信息。

以一幅广东江门地区的 SPOT 影像为例，原始格式为 img，数据量共有 546 MB。采用 ER-DAS 将其压缩，将其压缩为 jpg 后，图片大小变为 5.47 MB，约为原始数据量的 1%。方法如图 21.1 所示。对比压缩后图像效果，如图 21.2 和图 21.3 所示。

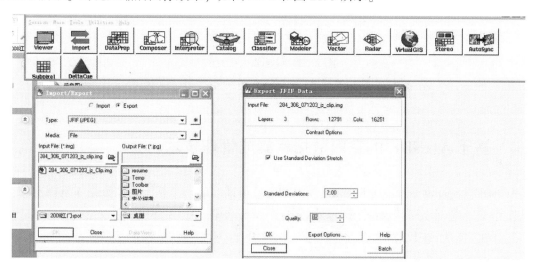

图 21.1 erdas 压缩影像示意图

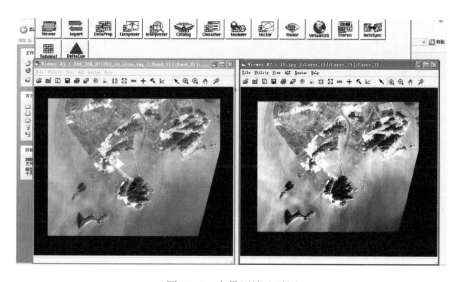

图 21.2 全景压缩比对图

左图为原始 img 图像的全景；右图为压缩后 jpg 的全景

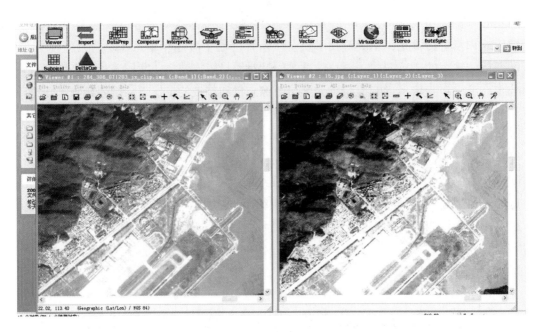

图 21.3 局部放大比对图

左图为原始 img 图像局部放大图；右图为压缩后 jpg 局部放大图

21.4 基于 ArcSDE 的空间数据库集成管理技术

ArcSDE（Spatial Database Engine）是 ESRI 公司推出的一个基于关系数据库基础上的空间数据库引擎，是对关系型数据库的外挂式扩展服务软件。ArcSDE 可以支持 Oracle、SQL Server、DB2 等大型数据库服务系统。ArcSDE 也可以通过 SDE 服务器间接地访问 Oracle Spatial。

ArcSDE 是一个基于关系型数据库基础上的地理数据库服务器，是对关系型数据库的一个扩展。所有来自客户端的请求被代理后发送到数据库服务器上，数据库服务器返回的结果也需要通过 SDE 返回到客户端。采用 ArcSDE 管理地理信息数据，其共享、安全、维护和数据处理能力方面大大超过老一代地理信息系统。

在人工鱼礁管理子系统、三维可视化系统中都使用了 ArcSDE For SQLServer 进行数据的管理。

21.5 二维和三维数据一体化集成技术

当前，单独的二维 GIS 无法满足未来发展的需要，单独的三维 GIS 也不能满足应用要求。尽管三维 GIS 有二维 GIS 不可比拟的优势，但传统的三维数据多为专业建模软件生成，制作周期长，定制难度大，在相当长时间内还无法完全替代二维 GIS。在二维和三维地图各有优势的情况下，发展二维和三维一体化的地图平台，代表了 GIS 软件未来的发展方向。

在广东省数字海洋框架中，三维可视化系统采用了二维和三维数据一体化集成技术，并通过 SKYLINE 软件进行展示。其二维与三维数据在结构上保持一体化，所有的二维数据无需任何转换处理，可直接高性能地在三维场景中可视化，保证二维三维场景里使用的数据同步，所有的二维 GIS 分析和处理功能，均可以在三维场景中直接操作和使用。

二维与三维数据管理的一体化，解决了以往两套系统、两套数据的缺陷，降低了系统的成本和复杂度，降低了符号管理的复杂度，实现了联动编辑和编辑的一体化。在广东省数字海洋框架中，我们利用项目用海申请材料，将海域使用申请等数据库中的二维空间对象赋予相关高程字段属性值，可使申请用海项目批量生成三维对象，从而实现二维和三维的一体化显示。当空间对象是透水构筑物时，抬高对象底高属性值，即可生成悬空对象。如图 21.4 至图 21.6 所示。

图 21.4　用岛项目数据，结合遥感影像生成的仿实景三维对象

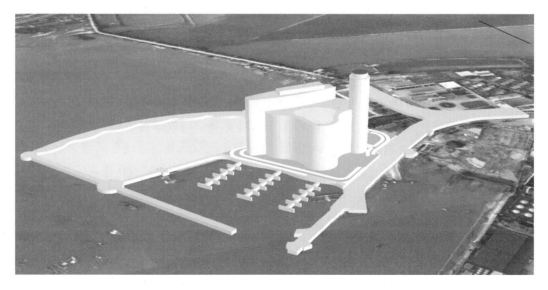

图 21.5　用海申请项目数据，在遥感影像之上生成的三维对象

669

图 21.6　生成的三维悬空对象

21.6　技术与应用创新（基于矢量格式的地图瓦片预生成技术）

地理信息在线服务处理的通常是海量数据，在应用中往往需要大量的即时交互、频繁的服务器通信及数据传输。早期的做法是服务器对于客户端提交的请求，实时计算生成客户端用户请求的图形，再反馈给客户端。这一做法效率低，图形效果差，目前，地图预生成技术已成为 WEBGIS 所采用的主要地图存储与展示方式。预生成技术，就是在网络终端提交请求之前，事先将客户端常用的数据生成并存放在服务器端，一般是将指定范围的地图按照指定尺寸和指定格式切成若干行及列的矩形图片，切图所获得的地图切片叫瓦片（Tile）。预生成规矩的瓦片地图存储于硬盘目录下，地图以链接图片的方式快速定制。在构建好瓦片地图图片库之后，基于地图瓦片服务框架可以脱离 GIS 平台，通过现有的互联网技术（如搜索引擎、Ajax、数据库技术等）实现空间位置服务等。

当前大多数 WebGIS 项目和主流在线地图，提供的预生成地图瓦片都是栅格数据，原因在于栅格数据的传输技术比较成熟、易实现。然而，对于某些 GIS 应用，特别是专题地图应用，用户需要和制图实体进行一定的交互，对实体执行一定的操作，这时传输栅格数据往往是不可操作的。

在广东省数字海洋框架建设过程中，创新性研制了基于矢量格式的地图瓦片预生成技术。其优点在于将矢量图层分级切割成 XML 格式矢量瓦片数据后，有利于数据的可控性以及动态更新。相比较栅格式的瓦片而言，矢量格式瓦片不需要对全局数据做更新，只需对局部需更新的 XML 数据做修改即可达到地图服务的实时更新和交互。例如通过建立网格金字塔，将矢量图层分级切割成 XML 格式矢量瓦片数据，切割后的瓦片保持 500×500 像素，并按照 500×500 像素的精度对数据进行抽稀，在数据量减小的同时保证变形程度极微。切割后的瓦片按照金字塔算法可在 HTML5/FLASH/SVG 等网络矢量语言中调用。

在广东省数字海洋框架中的海洋生态环境在线监测子系统中，应用到了基于矢量格式的地图瓦片预生成技术，并利用 FLASH 平台调用预生成的矢量地图瓦片，在对于更新频率低的基础底图，再将 XML 格式转换成 SWF 格式，提高在 FLASH 中的调用速度。预生成的 XML 和 SWF 格式地图瓦片数据量仅为 k 级，调用速度快，显示效果好。图 21.7 为生成的 SWF 和 XML 格式的地图瓦片数据文件，图 21.8 为地图瓦片数据图形，图 21.9 为地图瓦片拼接成的效果（黑线为后加的）。

4 224 000×1 280 000.SWF　4 224 000×1 280 000.XML　4 224 000×1 408 000.SWF　4 224 000×1 480 000.XML　4 224 000×1 536 000.SWF

4 224 000×1 536 000.XML　4 224 000×1 664 000.SWF　4 224 000×1 664 000.XML　4 224 000×1 792 000.SWF 4 224 000×1 792 000.XML

4 224 000×1 920 000.SWF　4 224 000×1 920 000.XML　4 224 000×2 048 000.SWF　4 224 000×2 048 000.XML　4 224 000×2 176 000.SWF

图 21.7　生成的 SWF 和 XML 格式的瓦片数据

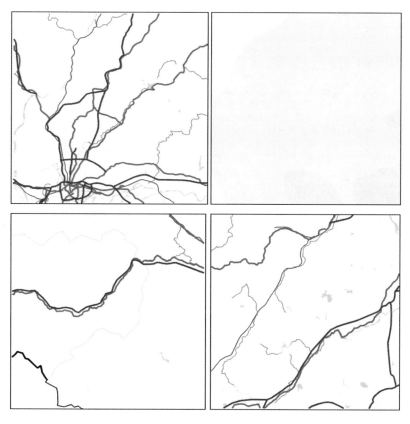

图 21.8　XML、SWF 格式地图瓦片数据图形

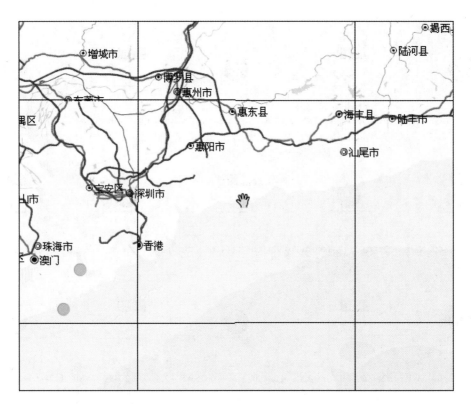

图 21.9　生成的在线地图效果

第 22 章　数字海洋信息基础框架建设的成果体系

广东省数字海洋信息基础框架初步形成 5 大成果体系。

（1）不同年代的多源数据组成的全省沿海基础地理信息数据体系。

包括以 1∶1 万、1∶5 万、1∶25 万、1∶50 万、1∶100 万的地形图要素为主的基础地理数据库；1∶1 万至 1∶10 万的海图数据库；涵盖从 20 世纪 80 年代到 2010 年多时段的，包括 TM、SPOT、中巴资源卫星、MODIS、航拍等多类型遥感影像数据；1∶5 万地形图地貌要素与多比例尺海图地貌要素相结合生成的，包括海岸带、海岛和海底的三维高程数据。

在沿海基础地理信息数据体系基础上，生成了虚拟的三维数字地球，可直观、动态反映广东近岸陆域和海域的地形地貌、资源赋存和环境现状。

（2）不同年代的海洋综合调查形成的海洋资源环境基础资料数据体系。

包括 20 世纪 80 年代开展的海岸带调查、20 世纪 80 年代至 90 年代开展的海岛调查、2000 年前后开展的第二次污染基线调查等历史调查资料通过矢量化、标准化，将历史纸质资料建成符合规范的资源环境数据库，以及本次国家和广东省 908 专项调查与评价形成的资源环境数据库。

不同年代的海洋资源环境数据库不仅能反映不同时期广东海洋资源环境情况与特点，而且通过对资源环境变迁的分析，可以为广东海洋经济的可持续发展提供有力的支撑。

（3）实现业务化更新的海洋综合管理专题数据库。

主要实现了部分海域使用管理与监测数据、海洋环境监测数据和海监执法数据的业务化更新。初步实现了数字海洋框架对海洋综合管理的业务化技术支撑，并形成了丰富的信息产品。

（4）基于互联网的数字海洋公众服务平台。

形成了以水质在线监测、海龟卫星追踪等多源数据集成的海洋信息公众数据服务平台，以及以海域使用权网上竞价系统为主的公众应用服务平台。为数字海洋的公众参与和公众服务提供了实践平台。

（5）基于数字海洋专网的数据服务系统体系。

基于数字海洋专网的数据服务系统体系是本次数字海洋框架核心成果之一。包括海洋信息公众服务平台（专网版）和数字海洋三维可视化系统。该体系依托于数字海洋专网，通过数据目录方式和三维球体方式，直观、便捷地向专网内的行政管理人员、技术人员提供数据共享、集成、分发、展示和分析等服务，并与业务子系统对接，实现数字海洋框架内的数据在采集者、使用者、集成者等之间充分地流动起来，达到数字海洋框架建设的首要目的，形成海洋管理决策支持和"数字海洋"服务能力。

22.1　数据库建设情况

广东省数字海洋信息基础平台中数据库严格按照国家908专项相关标准和规程进行建设，数据库的要素满足国家有关标准的规定，空间数据格式采用ArcGIS数据格式，统一采用ARCSDE+MSSQLSERVER进行管理。主要内容包括海洋基础地理数据库、海洋基础资料数据库、海洋专题信息数据库，总数据量超过446 GB（表22.1）。

表22.1　海洋数据库工作内容与工作量统计

类型	内容	规格	数据量（B）	合同要求
基础地理	沿海基础地理数据库	1∶10 000、1∶50 000、1∶100 000、1∶250 000、1∶500 000，栅格+矢量	21 G	完成
	沿海海图数据库	多比例尺，栅格+矢量	41.3 G	超出
	沿海数字高程模型（DEM）	陆地：1∶5万地形要素 海域：海图地形要素	130 M	完成
	沿海影像数据库	多时段，多分辨率，栅格	349 G	超额完成
基础资料	自然资源数据库	矢量	16 G	完成
	自然环境数据库	矢量	17.1 G	完成
	海洋生物数据库	矢量	600 M	完成
	海洋环境质量数据库	矢量	49.7 M	完成
	社会经济数据库	矢量	18.7 M	完成
	海洋管理数据库	矢量	286 M	完成
	全文信息库	文本	423 M	完成
专题信息	海域管理专题数据库	矢量	268 M	完成
	海岛管理专题数据库	矢量	5 M	完成
	海洋环境保护与防灾减灾专题信息库	矢量	105 M	完成
	海洋经济与规划专题信息库	矢量	33.7 M	完成
	海洋执法监察专题信息库	矢量	8.2 M	完成
	海洋科技管理专题信息库	矢量	413 M	完成
	人工鱼礁专题数据库	矢量	107 M	完成

22.1.1　基础地理数据库建设情况

在国家建立的海洋基础地理数据库基础上，利用广东省现有海洋基础地理数据，整合广东省国土、测绘部门近年的基础地理数据资料，并充分利用广东省908专项调查及广东省岸线修测成果，建立系列比例尺的覆盖广东省近海海域的海洋基础地理数据库。

1）1∶10 000基础地理数据库

以广东省国土资源厅提供的1∶10 000地形图为基础，对DRG（数字栅格图）和DLG（数字线划图）数据进行整理建库，具体内容有：海岸线、等深线、水深点、底质、主要河流、水库、交通运输、乡镇及城市、地名等要素图库（见图 22.1）。

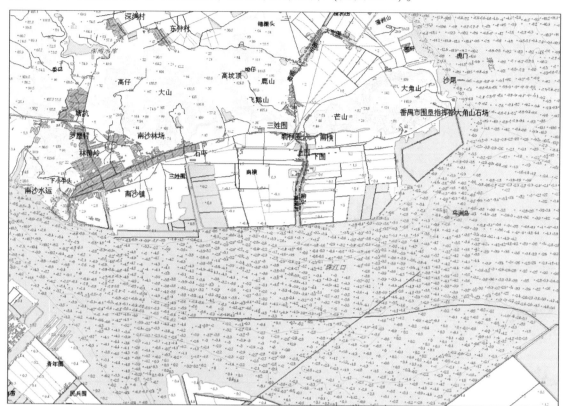

图 22.1　1∶10 000 基础地理数据库（广州南沙海域局部）

2）沿海 1∶50 000 地形图数据库

国家下发 1∶50 000 广东省地形图数据建库，具体内容有：海岸线、等深线、水深点、底质、主要河流、水库、交通运输、乡镇及城市、地名等要素图库。

3）沿海 1∶250 000 地形图数据库

国家下发 1∶250 000 广东省地形图数据建库，具体内容有：海岸线、等深线、水深点、底质、主要河流、水库、交通运输、乡镇及城市、地名等要素图库。

4）沿海 1∶500 000 地形图数据库

国家下发 1∶500 000 广东省地形图数据建库，具体内容有：海岸线、等深线、水深点、底质、主要河流、水库、交通运输、乡镇及城市、地名等要素图库。

5）沿海基础海图数据库

广东省沿海地区 1∶10 000 到 1∶150 000 多比例尺中国航海保证部海图 106 幅海图建库成果，专项具体内容有：等深线，等深点，海岸线，危险线，河流，海岛，陆地，居民地等（见图 22.3）。

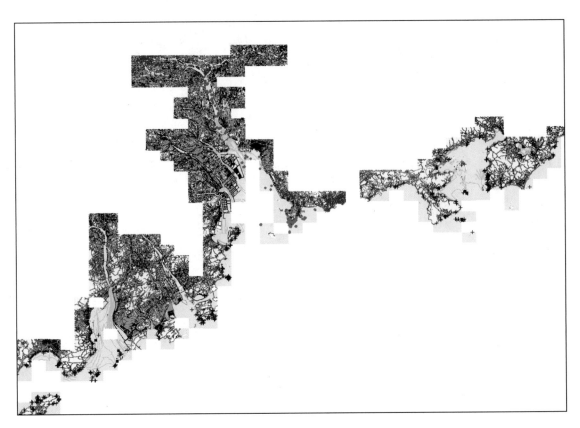

图 22.2　1∶10 000 基础地理数据库（珠江口拼接情况）

图 22.3　海图数据库（淇澳岛海域）

6）沿海 DEM 数据库

以广东省海图数据库中的水深要素数据和国家下发 1：50 000 地形图数据中地形要素数据，结合海岛、海岸带遥感成果为基础建立。范围覆盖沿海大陆、海域和海岛。数据与多源遥感影像数据结合后，作为三维可视化系统中虚拟球体主要数据来源（见图 22.4）。

图 22.4　DEM 数据与遥感数据叠加效果（稔平半岛海域）

7）重点海区高分辨率遥感影像数据库

以国家海洋局下发的卫星遥感数据、908 专项海岛海岸带航空遥感调查成果为基础建立，具体包括 SPOT（2.5 m 分辨率）、ETM（15 m 分辨率）、中巴地球资源等卫星遥感影像和 1：10 000 航空正射影像等（图 22.5）。

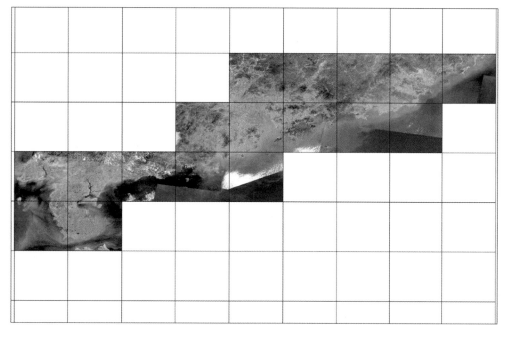

图 22.5　2010 年广东省中巴地球资源卫星数据拼接

22.1.2　基础资料数据库建设情况

主要通过对 2006—2010 年广东省 908 专项调查与评价成果数据、1980—1987 年海岸带调查资料、1987—1995 年海岛调查资料、1996—2002 年第二次全国海洋污染基线调查（广东及周边海域）资料等海洋基础性数据进行整合、质量控制和标准化处理的基础上，建设广东省基础资料数据库。广东省海洋基础资料数据库具体建设内容见表 22.2。

表 22.2　广东省基础资料数据库建设类型与来源

数据分类	数据库内容	数据来源
海洋基础资料数据库	自然资源数据库	广东省 908 专项调查与评价专项、20 世纪 80—90 年代海岛和海岸带调查
	自然环境数据库	广东省 908 专项调查与评价专项、国家 908 专项广东区块、20 世纪 80—90 年代海岛和海岸带调查
	海洋生物数据库	广东省 908 专项调查与评价专项
	海洋环境质量数据库	908 专项调查与评价专项、1996—2002 年第二次全国海洋污染基线调查
	社会经济数据库	908 专项调查与评价专项
	海洋管理数据库	海域管理业务数据、908 专项调查与评价专项
	全文信息数据库	各类规划、区划、法律、法规

1）自然资源数据库

海洋自然资源数据库内容主要包括地理空间资源，土地及滩涂资源，植被资源，淡水资源，矿产资源，港口及交通资源，旅游资源，海洋能资源等资源数据，分别对海域空间资源，岛屿自然地理资源，海岸带土地和滩涂资源分布及利用，植被调查数据，淡水资源，港口（址）资源、交通资源，海上旅游、海岛旅游信息，风能、波浪能、潮汐能等海洋能资源资料及图片，空间数据进行入库（见图 22.6）。

2）自然环境数据库

自然环境数据库内容主要包括气候、水文、海水化学等资料数据，数据主要来源于国家 908 专项水体调查广东区块和广东省 908 专项水体调查的整合。分别对海洋定点历年、累年气候；水温、盐度、含沙量；台站表层水温、盐度；海浪、潮汐、深层流观测；入海水、沙量；降水量、海浪、潮汐统计；潮流、余流；风暴潮灾情；海水化学调查数据资料及图片，空间数据进行入库。

3）海洋生物数据库

海洋生物数据库内容主要包括浮游植物，浮游动物，游泳动物，鱼卵和仔、稚鱼，底栖生物，潮间带生物，微生物，初级生产力等数据，分别对海洋生物种类、数量、分布，生产力空间分布等数据资料及图片，空间数据进行入库。

4）海洋环境质量数据库

海洋环境质量数据库内容主要包括水质、沉积物、生物残毒、大气环境质量、污染源污

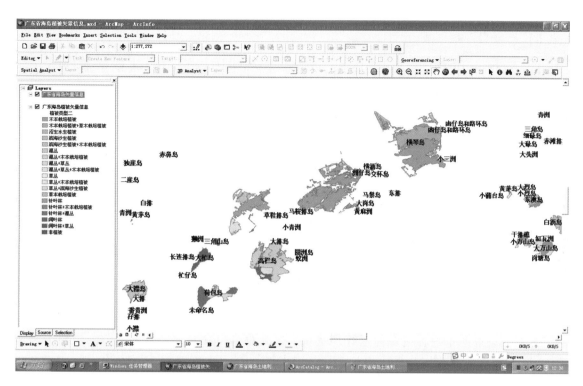

图 22.6　908 专项海岛调查植被数据库（珠海海区）

染物入海量、海洋污染状况、海洋赤潮灾害等调查数据，分别对其类型、分布等资料及图片，空间数据进行入库（见图 22.7）。

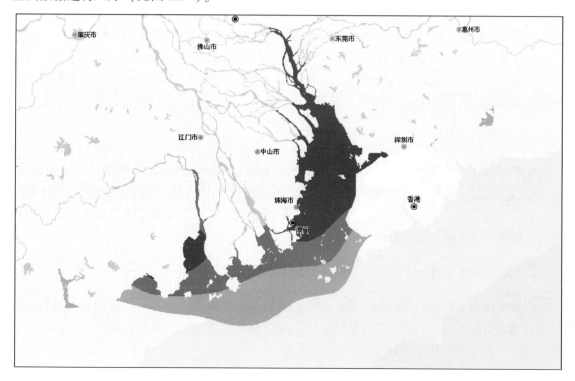

图 22.7　2007 年海洋环境质量活性磷酸盐评价数据库（珠江口海域）

5）社会经济数据库

社会经济数据库内容主要包括综合信息，海洋产业经济数据等调查数据，分别对工农业产值数据、人口及从业人员数据、收入数据，海洋水产、石油、天然气、盐业、化工、海水利用、沿海造船、工程建筑、交通运输、沿海旅游、海洋信息服务等资料及图片，空间数据进行入库。

6）海洋管理数据库

海洋管理数据库内容主要包括海域行政界线，河海分界线，海域使用，海洋功能区划，海洋自然保护区，开发规划数，无居民海岛利用数据。分别对省际间、县际间海域界线，河海分界，海域使用现状、海洋功能区划、海洋及海岛开发规划图件，保护区位置、范围、保护物种，无居民海岛现状、规划利用等资料及图片，空间数据进行入库。

7）全文信息数据库

全文信息数据库内容主要包括管理法规，研究报告，社会人文资料数据。主要为文本格式。

22.1.3 专题信息数据库建设情况

海洋专题数据库是广东省海洋数据系统的重要组成部分，数据库建设围绕海域、环保、执法等管理业务工作，通过对海域使用管理、海洋环境保护与监测、海监执法等海洋综合管理业务数据，以及广东省908专项调查数据、历史调查资料数据等进行整合、质量控制、标准化处理的基础上，通过综合分析、融合处理、信息提炼等多种技术手段构建而成。

广东省海洋专题数据库主要包括海域管理、海岛管理、海洋环境保护与防灾减灾、海洋经济与规划、海洋执法监察、海洋科技管理、人工鱼礁管理6个数据子库。广东省海洋专题数据库具体建设内容如下。

1）海域管理专题信息库

围绕海域使用管理的申请、论证、确权等业务流程，结合基础地理和基础资料数据库，建成数据库包括：海洋功能区划、海域勘界、海域使用现状（包括海洋保护区、海洋倾倒区、海底管线、航道、锚地、海水养殖等）、海域使用申请、区域建设用海规划、海域使用确权、海洋自然保护区等（见图22.8）。

2）海岛管理专题信息库

围绕海岛使用管理的现状、申请、论证、确权等业务流程，结合基础地理和基础资料数据库，建成数据库内容包括：海岛基础地理、海岛基础环境信息、海岛自然资源信息、海岛利用现状、海岛开发利用规划等。

3）海洋环境保护与防灾减灾专题信息库

围绕海洋环境保护、监测及防灾减灾权等业务管理流程，结合基础地理和基础资料数据

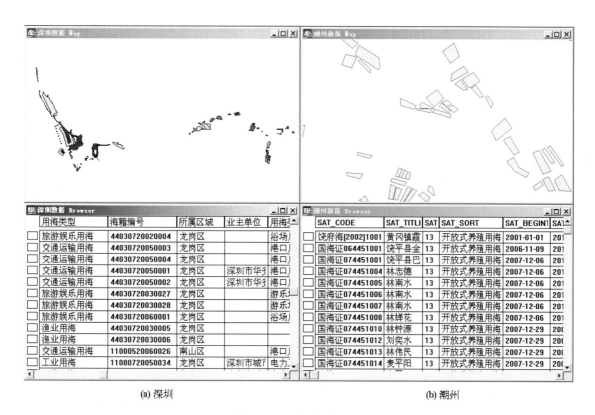

(a) 深圳　　　　　　　　　　　　　　　　(b) 潮州

图 22.8　海域确权数据库

库，建成数据库内容包括：海洋基础地理，海岛、海岸带基础信息，海洋功能区划信息，海洋环境监测预报信息、海洋环境质量、海洋生态、海洋灾害、海洋工程和海洋保护区以及海洋环境监测站网管理信息等。

4）海洋经济与规划专题信息库

围绕海洋经济与规划管理，结合基础地理和基础资料数据库，建成数据库内容包括：海洋基础地理，海岛、海岸带基础信息，沿海社会经济情况，海洋功能区划信息，海洋经济规划、海洋区域规划、海洋资源利用与保护规划等。

5）海洋执法监察专题信息库

围绕海洋监察执法，结合基础地理和基础资料数据库，建成数据库内容包括：海洋基础地理，海岛、海岸带基础信息，海洋功能区划信息，海监执法力量（海监机构、海监队伍、海监装备）建设、海洋执法过程和执法案例等信息。

6）海洋科技管理专题信息库

围绕海洋科技管理，结合基础地理和基础资料数据库，建成数据库内容包括：海洋调查、海洋科技项目与成果、海洋技术文献、海洋科技奖励申报和海洋科学实验和海洋科研信息等。

7）广东省人工鱼礁数据库

广东省人工鱼礁系统空间数据库从属于海洋环境保护与防灾减灾专题信息库，作为特色

681

子系统的应用数据，单独建库，以便管理与更新。数据包括人工鱼礁的规划、投放、管理与效果检验等。

22.1.4 海洋信息的获取与更新系统

海洋信息获取与更新业务体系是数字海洋框架中数据采集和更新的重要中转平台。重点应用在历史调查资料建库的矢量化处理、管理业务数据的标准化处理、文本数据空间化转换等过程中（见图22.9）。

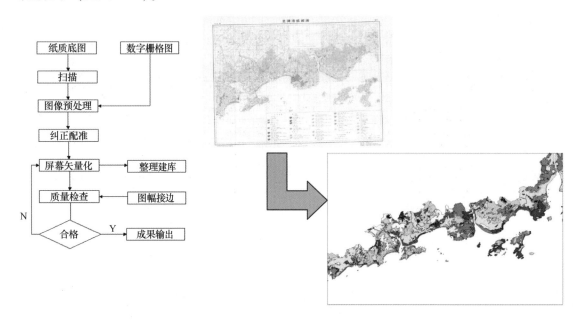

图22.9 历史海洋调查数据建库流程及范例

建立了海域使用权属建设流程、海图整理建库流程、业务数据建库流程、栅格地图矢量化流程、历史海洋调查数据建库流程、全国第二次污染基线调查数据建库流程6项数据采集、更新与转换流程。并在此基础上，利用MAPBASIC等程序语言开发了海龟卫星追踪数据转换程序、海域确权数据整理程序、矢量瓦片数据生成程序、卫星云图信息提取程序、珠海水质在线监测数据集成程序和坐标格式转换程序6个数据标准化处理与转换程序（见图22.10）。

22.1.5 信息产品

数字海洋框架在建设过程中，围绕海洋管理、公众服务、综合决策等应用需求，在基础地理、基础资料和专业信息数据库基础上，提炼了面向各个应用主题的专题信息产品，并向海洋管理部门和公众提供服务。信息产品分为标准化数据产品、统计分析产品和专题信息产品。具体内容见表22.3。

图 22.10　卫星云图信息提取程序运行结果范例

表 22.3　数字海洋信息产品统计（截至 2011 年）

分类	内容	数据说明	
标准化数据产品	海洋基础地理系列标准产品	产品展示	可以查看包括广东省沿海海图等 JPG 格式产品文件
		产品数	已入库产品数为 104 条
	基础地理数据	产品展示	可以查看广东省地形图 1∶1 万、广东省地形图 1∶5 万、广东省沿海地形图 1∶25 万、广东省地形图 1∶50 万、广东省地形图 1∶100 万等产品文件
		产品数	已发布 WMS 产品数为 104 条 已发布 WFS 产品数为 72 条
	基础海图数据	产品展示	可以查看海图古雷头至表角（HT14381A）、海图苏尖湾（HT14370）
		产品数	已发布 WMS 产品数为 66 条
	海岛海岸带数据	产品展示	可以查看海岛海岸线、土地利用、植被、湿地、地貌和海岛 20 世纪 80 年土地利用专题，海岸带海岸线、植被、湿地、地貌和海岸带 80 年代植被、80 年代地貌等专题图产品文件
		产品数	已发布 WFS 产品数为 11 条

续表 22.3

分类	内容	数据说明	
统计分析产品	项目用海申请	产品展示	可以查看包括 2009—2010 年广东省省级用海项目申请与海洋功能区划、海域用海现状比对图等产品文件
		产品数	已入库产品数为 104 条
	海砂开采区域核查	产品展示	可以查看包括 2009—2011 年广东省海砂开采意向区域位置与区划及现状比对图等产品文件
		产品数	已入库产品数为 66 条
	用海项目海域监管核查	产品展示	可以查看包括 2009—2011 年广东省海域使用项目监管报告、围填海项目工程验收审核报告等产品文件
		产品数	已入库产品数为 27 条
	海域管理数据	产品展示	可以查看海洋功能区划、海域使用确权等产品文件
		产品数	已发布 WMS 产品数为 2 条
	海洋监测数据系列标准产品	产品展示	可以查看包括 2007—2010 年海洋环境污监测染趋势变化图等产品文件
		产品数	已入库产品数为 10 条
专题信息产品	违规海砂开采记录点执法信息图	产品展示	可以查看包括 2010 年违法采砂记录图等产品文件
		产品数	已入库产品数为 37 条
专题信息产品	海洋管理类全文信息产品	产品展示	可以查看海洋灾害防治、海洋环境保护、海洋科技规划、海洋经济与规划海洋光学、海洋遥感等产品文件
		产品数	已入库产品数为 280 条
	沿海遥感影像信息产品	产品展示	可以查看海龟监测遥感影像；经纬网分幅切割 2008 年 SPOT、2009 年 TM、10 年环境资源卫星影像；20 世纪 80—90 年代 TM 融合影像
		产品数	已入库产品数为 97 条

22. 2　海洋综合管理与服务信息系统

海洋综合管理与服务信息系统是采用空间信息集成（3S）技术、分布式数据库技术、网络信息服务 Web Service、决策支持系统等技术构建集中式与分布式相结合的广域网络应用系统。

海洋综合管理与服务信息系统主要由 3 个海洋业务管理子系统（人工鱼礁管理子系统、海洋生态环境在线监测子系统、海域使用权网上竞价系统），公众信息服务系统（数字海洋专网版本）和数字海洋三维可视化系统组成。系统通过了中国软件测评中心的验收测试，经测试认为：①系统架构满足任务合同书要求；②系统功能满足本项目任务合同书中的要求，系统集成实现了国家综合系统与省级节点系统之间的一体化应用；③系统运行稳定，安全可靠；④系统性能均满足需求要求的 5 s 范围；在并发压力测试过程中，各服务器 CPU 利用率不超过 80%，系统资源占用在合理范围内（表 22.4）。

表 22.4　数字海洋综合管理与服务信息系统工作内容与工作量统计

序号	内容	部署方式	完成及运行情况
1	人工鱼礁管理子系统	专网，B/S	已完成，正式运行
2	海洋生态环境在线监测子系统	互联网，B/S	已完成，正式运行
3	海洋信息公众服务系统·专网版	专网，B/S	已完成，正式运行
4	数字海洋三维可视化系统	单机/专网 C/S+B/S	已完成，正式运行
5	海域使用权网上竞价系统	互联网，B/S	已完成，正式运行

22.2.1　海洋业务管理子系统

建设内容包括人工鱼礁管理子系统、海洋生态环境在线监测子系统和海域使用权网上竞价系统。

（1）人工鱼礁管理子系统用于广东省沿海人工鱼礁规划、投放与效果检验信息的更新、管理与展示。系统部署于数字海洋专网，使用者包括省局相关业务处室和广东省海洋与渔业环境监测预报中心，分别负责人工鱼礁规划与投入的管理和效果检验（图 22.11）。

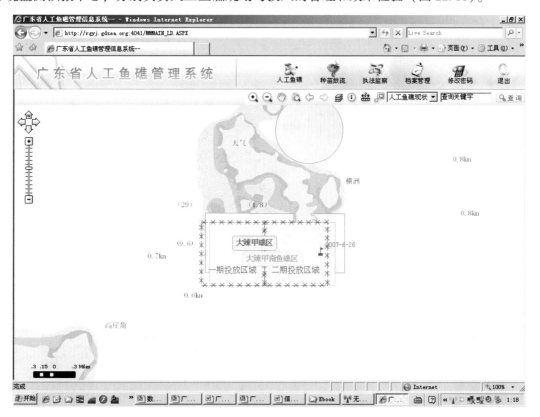

图 22.11　人工鱼礁管理子系统（礁区管理界面）

（2）海洋生态环境在线监测子系统用于水质在线监测（图 22.12）和海龟放流卫星追踪（图 22.13）。系统部署于互联网，所有授权公众都可以访问。主要业务模块为水质在线监测和海龟卫星追踪。

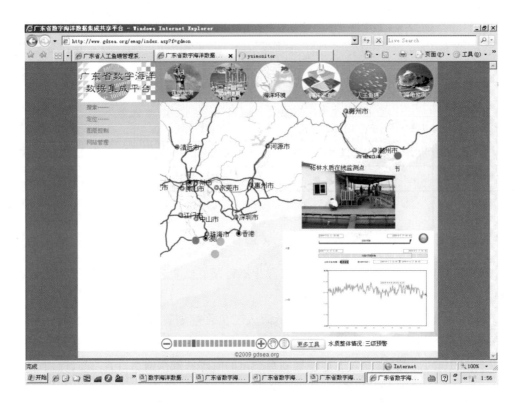

图 22.12　海洋生态环境在线监测子系统（水质在线监测模块）

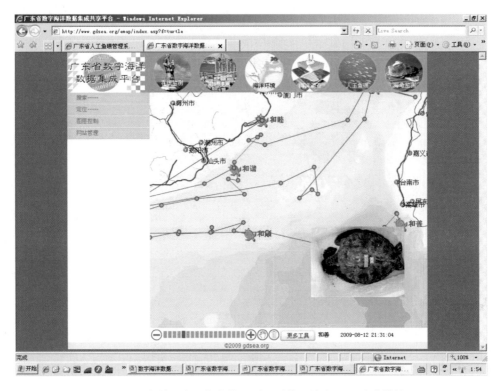

图 22.13　海洋生态环境在线监测子系统（海龟卫星追踪模块）

（3）海域使用权网上竞价系统用于广东省海域使用权招拍挂中网上竞价环节，系统部署于互联网，供授权人访问和使用。为保证海域使用权网上竞价系统的稳定、安全运行，海域使用权网上竞价系统结构较为简单，数据库与框架系统统一部署在本地服务器上，通过互联网对外提供服务并实现异地同步备份（图 22.14）。

图 22.14 海域使用权网上竞价系统（第二批次竞价过程截图）

22.2.2 公众信息服务系统

海洋信息公众服务平台主要用于向数字海洋专网用户提供海洋资源环境、基础地理和政务管理等可公开数据信息的发布与服务，是数字海洋框架的主要数据管理和数据服务平台。系统部署于国家数字海洋专网，主要用于向专网内访问者提供数据发布、数据共享和数据引用等服务（图 22.15）。

22.2.3 三维可视化系统

数字海洋三维可视化系统作为广东省数字海洋框架一个总的数据集成展示平台与业务集成应用平台。系统部署于数字海洋专网，面向专网访问者提供各类型海洋数据的三维、动态展示，并具备关键字查询定位、多维测量、空间分析等多种地图操作功能。系统采用分布式部署方式，框架和数据可部署在专网内任何节点服务器甚至主机，专网内任何授权用户都可以参与数据的管理和更新。

广东省数字海洋三维球体系统针对不同应用，分 3 种部署方式：第一种是基于数字海洋专网采用 C/S 架构部署；第二种是基于单机形式部署；第三种是基于数字海洋专网采用 B/S

图 22.15　海洋信息公众服务平台截图

架构部署（图 22.16）。

图 22.16　广东省数字海洋三维可视化系统

22.3　系统业务能力建设

22.3.1　网络建设与连通情况

基本建成了连接国家和省海洋管理部门的数字海洋专网，搭建了基于互联网的广东省数字海洋节点网站。实现了与国家节点的连通，实现了专网接入省监测中心和省局管理部门桌面。基于互联网的广东省数字海洋节点网站已稳定运行两年多。

广东省海洋与渔业环境监测预报中心节点作为"数字海洋"主干网 22 个节点之一，定位为广东省数字海洋省级数据中心，是广东省分支网络的枢纽，连接国家数字海洋节点、省局机关办公楼节点和动态监管指挥中心节点。

22.3.2　软件与硬件建设情况

根据框架业务化运行需要和方案设计，广东省数字海洋框架完成了初步软硬件体系的搭建，具体配备如表 22.5 所示。

表 22.5　数字海洋软硬件设施清单

类型	拟购设备	已购置并部署设备	数量（套）
硬件	（1）管理工作站	Dell Precision 490	2
	（2）图形工作站	Dell Precision 490	2
	（3）计算机	IBM Thinkpad X60、IBM Thinkpad X200s、IBM Thinkpad X201i、IBM Thinkpad W500 等	13
	（4）核心网络交换机	H3C S7502E 以太网交换机	4
	（5）核心在线存储设备	SAN 光纤阵列 2TB	1
	（6）核心离线存储设备	SAN 光纤阵列 5TB	1
	（7）网络服务器	HP　DL580	4
	（8）备份服务器	HP　DL385	2
	（9）路由器	华三路由器 SR6602	4
	（10）防火墙	H3C SecPath F100-E 系列防火墙	1
	（11）扫描仪	康泰克斯 A0	1
	（12）绘图仪	HP，A0 幅，彩色	2
软件	（1）空间数据引擎软件	ArcSDE	1
	（2）地理信息系统软件	ArcGIS，SKYLINE	各 1 套
	（3）大型数据库管理系统	MS SQLSERVER，ORACLE	各 1 套
	（4）WEBGIS 系统	ARCSERVER，SKYLINE	1
	（5）数据安全系统	瑞星杀毒软件（2+50）	

22.4 系统集成

按照国家数字海洋框架总体建设统一部署，广东省"数字海洋"节点通过数字海洋专网纳入"国家数字海洋"，完成了基于专网的管理业务子系统与国家节点综合管理系统集成对接，完成了成果主页建设，实现了在综合管理信息系统的菜单中对节点特色系统的调用，使节点的特色系统和国家下发的综合管理信息系统实现一体化应用。基于互联网部署的管理业务子系统也与国家数字海洋公众版互换了链接（图 22.17）。

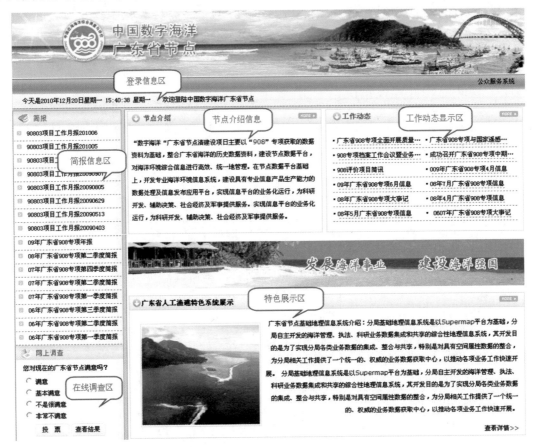

图 22.17　广东省数字海洋节点成果主页（集成在国家综合系统中）

第 23 章　广东省数字海洋框架的业务化更新与应用

23.1　数字海洋框架的业务化更新

广东省数字海洋框架建设遵从实用为主，基础为重，持续更新的原则，对数字海洋信息基础框架进行了不断的更新升级。"十二五"（2011—2015 年）期间，数字海洋信息基础框架在海洋信息的数字化采集、业务化更新方面取了很大的进展，尤其是在基于遥感的数据采集手段，基于 GIS 的海域空间信息化管理能力和基于高精度、周期性的海洋监测应用方面有了很大的进步，主要表现在：

第一，实现了数据采集手段和更新频率的大幅度提高。到 2015 年，实现了全省中、低精度（10 m/15 m/30 m 分辨率）影像一年 4~6 次更新覆盖，实现了高精度（2 m 分辨左右）高分、资源、SPOT 等多源卫星遥感数据的一年 2~3 次更新覆盖，开展了基于无人机高精度（10 cm 左右）航空遥感，对重点用海项目和重点海域实现随时航拍。"十二五"期间，利用无人机采集航空遥感数据近千幅，面积近 50 km^2；累计完成广东省沿海高精度卫星遥感监测面积约 87.5×10^4 km^2；累计完成中、低精度遥感监测面积约 471.3×10^4 km^2；累计完成中、低精度遥感从 20 世纪 70 年代到 2009 年的历史回顾性监测面积约 226.2×10^4 km^2。总数据量将近 2TB。

第二，实现了海域信息化管理能力大幅度提升，在省数字海洋信息基础框架基础上，先后建立了连接国家、省、市、县的高速宽带专网，建立了海域使用移动版管理系统，建立了沿海部分高清远程视频监控系统，实现了国家、省、市、县海洋数据的图形化管理、网络化管理和同步管理，实现了用海项目事前审核、事中监管和事后评估全过程数据化管理，基本实现了集远程视频和无人机在线监控、海域监管指挥远程会商、卫星遥感周期性监测、无人机应急监测、海域使用监测管理系统等于一体的信息化监测业务体系，全省海洋专线网络延伸到了沿海 14 个市、35 个县区。

第三，基于监测手段和信息化监管能力提升，实现了对全省海域使用和海洋资源的高精度、周期性业务管理和监测，建立并更新了全省海域使用权属数据库、海洋功能区划数据库、海洋自然保护区数据库、公益性用海数据库、区域建设用海规划数据库、海域使用申请台账数据库、海域使用围填海数据库、海岸资源数据库、海域构筑物数据库、海湾资源数据库等，对全省沿海的用海项目和相关空间资源实现了全覆盖的监管和周期性更新，基本做到了及时准确掌握海域及其使用的家底，为管理和决策提供了坚实的技术支撑。

23.2 数字海洋框架的应用

近年来，随着数字海洋信息基础框架的日益完善与更新，数字海洋框架应用越来越广泛，为海洋综合管理、海洋环境监测、海洋生态环境保护、海监执法和海洋科研调查等方面提供了大量的数据支撑和业务平台。主要包括：

第一，完成了对广东省908专项调查评价数据的整理入库，完成了国家调查区块和省调查区块的数据集成。形成了完整的、可视化的矢量数据产品，为908专项调查成果数据的应用打下了良好的基础。

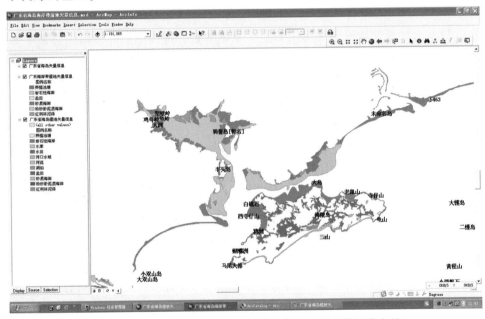

图 23.1 广东省 908 专项海岛、海岸带湿地调查数据库产品

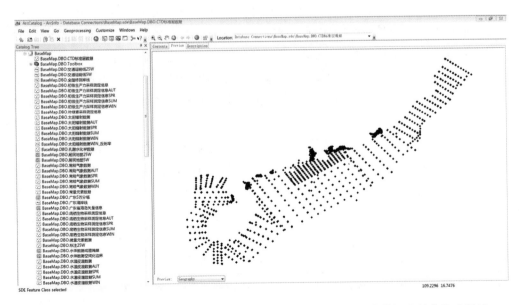

图 23.2 国家 908 专项水体调查广东区块站位与广东省 908 专项水体调查站位集成拼接

第二，开展了对于历史调查数据的抢救与整理。本次广东省 908 专项数字海洋框架建设共开展了对于 20 世纪 80 年代海岸带调查、海岛调查和第二次全国海洋污染基线调查等成果的可视化建库，尤其是 20 世纪 80 年代海岸带调查此前仅保留了纸质图集成果，且霉变情况严重，本次数字海洋框架建设不仅对图集进行了完整扫描，还对大部分图件进行了矢量化建库，并利用 GIS 软件重新成图，与本次调查成果形成了可比对的完整的成果体系（图 23.3）。

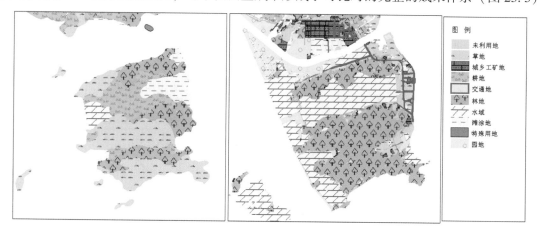

图 23.3　横琴岛土地利用，20 世纪 80 年代海岸带调查与 908 专项调查情况对比

第三，数字海洋框架中建立的各业务子系统，在海域综合管理中持续发挥重要作用。2009 年 8 月起试运行的"海洋生态环境在线监测子系统"，较好地支撑了省政府和农业部在 2009 年开展的南海生物放流活动·海龟卫星追踪项目，实现了海龟洄游路径追踪、海水水质在线监测，实现了水质数据实时更新和实时分析，实现了海龟洄游路线的及时更新与展示，取得了很好的社会反响和生态效应。

2010 年 6 月 24 日开始试运行的"海域使用权网上竞价子系统"，稳健地支撑了省海洋与渔业局的海砂开采海域使用权挂牌出让工作，实现了竞价数据的实时更新，竞价行为的按时截止和竞价结果的及时公布。截至 2014 年 10 月，该子系统顺利完成了 4 个批次 12 个区块的海砂开采挂牌区域的网上竞价，出让区域面积达 1 194 hm²，成交总价达 42 850 万元，取得了巨大的经济效益和社会效益。

2010 年建成的三维可视化系统目前已成为海域管理一张图重要的数据集成和分析平台，在遥感影像数据、用海专题数据持续不断更新的基础上，为海域申请审核、用海项目报批、海域监测与评价等制作了数以百计的信息产品，为海域管理与决策提供了科学、准确的依据。

第四，近年来，数字海洋数据资料得到了充分共享，被广泛应用到了广东省海洋规划区划、广东省海洋主体功能区划、广东省海洋生态红线划定、广东省海洋经济地图编制、珠江口海域围填海分类管理选划等多个海洋专题规划，利用于数字海洋相关成果，还编制了珠江口海域变迁分析、湛江港海域变迁分析等一系列海域变迁专题，为海洋生态文明建设和海洋存量管理提供了有效的数据支撑。

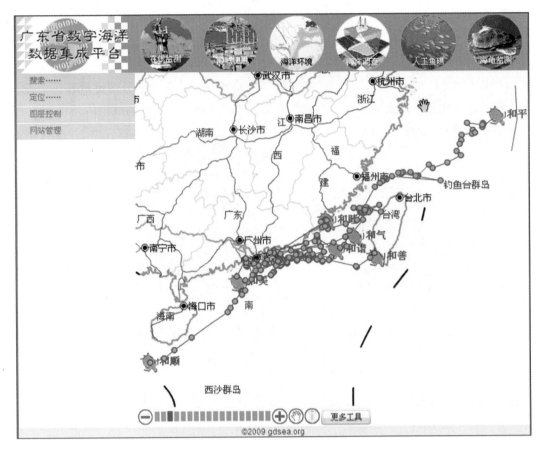

图 23.4　海龟洄游路径

出让区块名称	区块编码	成交公司	成交价(万元)	成交时间
粤海[挂]2014-002	2014-002	中国交通建设股份有限公司	3130	2014-9-12 10:48:31
粤东[挂]2014-001	2014-001	中国交通建设股份有限公司	3310	2014-9-12 10:49:11
粤海[挂]2011-005	2011-005	珠海国际经济技术合作公司	2880	2011-8-26 10:02:24
粤海[挂]2011-004	2011-004	信宜市成达疏浚运输有限公司	5100	2011-8-26 10:17:21
粤海[挂]2011-003	2011-003	广东亿盛建设有限公司	3360	2011-8-26 10:30:45
粤海[挂]2011-002	2011-002	广东永盛建筑工程有限公司	3700	2011-8-26 10:45:46
广海[挂]2010-006海域使用权挂牌出让区	2010-006	广东中阎实业投资有限公司	2800	2010-8-27 17:00:33
广海[挂]2010-005海域使用权挂牌出让区	2010-005	广州金廷土石方工程有限公司	2130	2010-8-27 16:31:15
广海[挂]2010-004海域使用权挂牌出让区	2010-004	东莞市中爱联砂石有限公司	2800	2010-8-27 16:00:42
广海[挂]2010-003海域使用权挂牌出让区	2010-003	广州新宝建筑有限公司	5000	2010-8-27 15:31:14
广海[挂]2010-002海域使用权挂牌出让区	2010-002	广州市百利砂石有限公司	6000	2010-8-27 15:01:04
广海[挂]2010-001海域使用权挂牌出让区	2010-001	广东兴豪商贸发展有限公司	2640	2010-6-30 15:18:44

图 23.5　海砂开采海域使用网上竞价结果

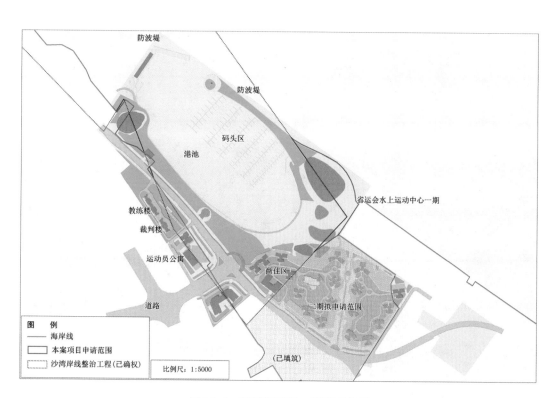

图 23.6　某用海项目二维平面布置

图 23.7　基于三维可视化系统的某用海项目三维立体布置

图 23.8　基于数字海洋相关数据资料编制的珠江河口海域围填海分类管理选划图件成果

第5篇 海洋可持续发展若干重点措施与建议

"海洋可持续发展若干重点措施与建议"篇章的主要任务是在广东省 908 专项综合调查与评价所有工作的基础上，汇总近 20 年来广东省海岸线资源、港口资源、近海生物资源、矿产资源以及海域资源等资源与环境现状及特点，综合分析广东省海洋资源与环境利用及开发中存在的问题，针对目前海洋环境污染与生态变化、岸线与海域使用管理不尽规范、海洋产业结构不够合理、海洋资源开发水平偏低等主要问题，提出维护广东省近海海洋可持续发展相应的措施，并对今后广东省海洋的可持续发展提出专业性、建设性及前瞻性的建议和海洋管理对策等。

第24章 海洋开发状况与主要问题

本章主要分析广东海域使用、管理现状，海洋生物资源开发利用现状，海岛、海岸带开发与保护，近海环境状况及保护，以及存在的问题，提出广东沿海区域经济和产业布局建议，为合理开发、保护与管理提供参考依据。

24.1 广东省海域使用状况与存在问题①

24.1.1 海域使用现状、存在问题及发展趋势

广东省海岸线全国最长、海洋生产总值连续 18 年位居全国首位，2010 年广东省被国务院批准成为全国海洋综合开发试验区。海洋不仅是广东社会经济快速发展的优势，更是广东未来发展的希望。就目前发展形势而言，广东是海洋大省，但还不是海洋强省，在用海空间布局、海域管理、用海集约节约及优化等方面仍存在诸多问题。

24.1.1.1 海域使用现状

根据广东省 908 专项海域使用现状调查的结果显示，广东省用海种类齐全，9 个一级类的海域使用类型在广东省均有分布，但是类型分布不均衡。如在所调查用海中，养殖用海宗数所占比例最大。特殊用海数量少，但其所占面积最大，占全省用海面积的 51.70%，而特殊用海中的科研教学用海、军事设施用海、保护区用海及海岸防护工程用海的比例也不均衡，各项所占比例之和为全省用海面积的 50.62%；其次较多的一级类用海是交通运输用海，占全省用海面积的 24.10%。本次调查中，面积最小的一级类用海为其他用海，宗数为 2 宗，面积只有 318 m²。

24.1.1.2 海域使用空间分布现状

广东省沿海受历史用海习惯及资源、区位条件等影响，海域使用空间分布呈现出明显的区域分异特征，形成了"珠三角"、粤东、粤西 3 个各具特色的用海区域。

1）"珠三角"区域

"珠三角"海洋经济区东起惠东县，西至台山市，包括惠州、深圳、东莞、广州、珠海、中山、江门 7 个市。该区域经济发展基础好，外向型经济优势明显，产业体系完善，经济辐射能力强，是全国沿海 3 大经济圈之一，也是全国海洋经济增长最快、最有活力的地区之一。本区用海类型以工业、港口交通用海为主，GDP 产值较高，该区域海洋生产总值约占全省海

---

① 于红兵，孙龙涛。

洋总产值的 70% 以上。

2）粤东区域

粤东海洋经济区东起饶平县，西至海丰县，包括潮州、汕头、揭阳、汕尾 4 个市，处在海峡西岸经济圈的范围内。该区域地理区位优越明显，海洋资源丰富。但该区域海洋产业经济以粗放型为主，工业化进程相对缓慢，海洋资源优势未能转化为海洋经济优势。该区域用海类型以海洋渔业、海洋交通运输业和海洋电力业等为主，产业结构仍处于较低层次。

3）粤西区域

粤西海洋经济区东起阳东县，西至北部湾，与广西壮族自治区交界，包括阳江、茂名、湛江 3 个市。粤西地区优势海洋资源包括港口资源、滩涂资源、生物资源等，但该地区工业化进程缓慢，基础设施不完善，经济发展相对落后，海域使用主要以海洋渔业、滨海旅游业和海洋交通运输业为主。近几年，随着湛江市区位优势的提升，钢铁、石化、电力等大型工业用海项目陆续上马，该区域用海结构逐步调整，工业用海比重逐渐上升，养殖用海比重下降。

24.1.1.3　存在问题

广东省海洋 GDP 一直领跑全国，但在海域使用空间布局、发展模式、产业结构以及海洋生态环境退化等方面仍存在比较明显的问题。

1）区域空间发展不平衡，资源过度利用与闲置状况并存

"珠三角"一带，海洋经济发展较为迅速，海洋生产总值约占广东省的 70% 以上，区域海洋资源被严重透支。而全省长达 4 114 km 的海岸线主要分布在粤东、粤西两翼地区，粤东、粤西两翼海域海洋资源丰富，但海洋资源优势未能得到充分发挥，表现为海洋资源长期闲置浪费，海洋经济发展相对缓慢，与"珠三角"核心区的发展差距不断增大。

2）产业布局交叉，行业用海矛盾突出

广东省海洋开发利用活动主要集中于近海海域，各种用海项目交错分布，部分海域开发秩序混乱，不同行业在分配使用岸线、滩涂和浅海等资源方面的矛盾日益加剧，渔业、盐业、农垦争占滩涂的矛盾长期存在，海水养殖、滨海旅游与工业污染相互影响的问题日益突出。

3）产业布局不合理，局部海域生态环境压力增大

广东省海域总体污染形势依然严峻，部分地区甚至把污染最大的项目布局在近海岸地带，将不符合排放标准的工业废物、废水直排入海，导致近岸局部海域污染严重。同时，海洋产业对环境的要求和对环境的影响不同，布局不合理导致产业间矛盾，阻碍产业发展，如深圳东部海岸的港口区毗邻旅游区，加上大鹏湾海水交换的滞缓，湾内港口运输功能所产生的海水污染已使整个区域的景观价值和旅游功能受到影响；南澳渔港紧邻南澳排污区；具有生态与景观双重功能的福田红树林保护区位于深圳湾顶部，紧邻深圳河排污区等现象产生了一系列生态安全隐患和经济效益不可持续问题。

4) 垂线用海不均衡

在垂直海岸线方向上,海域使用空间分布呈近岸海域使用率高、远岸海域使用率低的特点。随着海洋经济的不断发展,旅游、海水养殖、港口、临海工业等产业对 0~5 m 水深的内湾、沿岸海域开发进度不断加快,导致近岸海域供求矛盾及行业间用海矛盾日益突出。但外部深水海域开发进程相对缓慢,开发面积小,产业类型单一,利用率低。

24.1.1.4 发展趋势

广东省各级地方政府已认识到海洋产业结构优化和布局调整的重要性。海洋产业战略性调整不仅是广东省构建现代海洋产业体系的必然要求,更是合理利用海洋资源,因地制宜地发展区域经济的重要保证。用海布局的调整作为海洋产业调整的具体体现,呈现出以下几个趋势。

(1) 大型用海项目逐步由"珠三角"向两翼延伸。"珠三角"地区海洋产业过度集中,海洋产业发展空间已明显不足。钢铁、石化、电力、交通运输等用海项目逐步向东西两翼落成,大型用海项目逐步在两翼发展,湛江东海岛和汕头东部经济带是两翼地区海洋产业升级的集中体现。

(2) 用海项目逐步集约化。随着各级政府出台用海规划,引导用海项目呈集约化发展,逐步改善用海项目零星分布的状况。如高栏港经济区,单位长度的海岸线所容纳的用海项目逐步增多,海岸线产值稳步提升。

(3) 高科技及深海用海项目逐渐增多。近岸用海项目日渐拥挤,环境恶化,海洋承载力将达到饱和,低污染高科技产业和深水用海项目将成为发展热点。如海水养殖业,由于近岸环境恶化,深水养殖将成为必然。抗风浪养殖设施的逐步完善,为深海养殖业的发展奠定了基础。

24.1.2 海域使用管理现状与存在问题

24.1.2.1 海域使用管理现状

广东省的海域使用管理法制方面一直走在全国前列,1996 年颁布《广东省海域使用管理规定》,1998 年进行修改,随着 2002 年 1 月 1 日《中华人民共和国海域使用管理法》正式实施,广东省的海域使用管理走上正轨。2007 年广东省再次颁布《广东省海域使用管理条例》。

(1) 通过各类用海普法宣传,使各级用海主体形成合法用海、有偿用海的意识。有效促进了海域确权发证工作,海域使用证发证率逐步提升,海域使用金金额逐年增高。

(2) 各级海洋功能区划的编制,使各级海域管理层更加有法可依,用海项目逐步合理化、集约化,减少了不合理用海项目的发生。

(3) 管理人员能力建设逐步提升,动态监管能力逐步提高。近几年,各级层面管理部门不断开展海洋管理方面培训,加强监管队伍建设,提升管理水平。在网络技术、信息技术的支撑下,使海域管理逐步数字化、动态化,用海管理更加透明化、便利化。

整体而言,广东省海域使用管理正向着法制化、规范化、互动化方向不断发展。

24.1.2.2 海域使用管理存在的问题

1）体制不完善，政出多门

长期以来，在海域使用管理中一直存在分散管理、多头管理的问题。海域使用管理权限分属交通、渔业、环保、海关等十几个部门，机构重叠，政出多门，决策程序分散，审批程序复杂。各部门分别制定了权限范围内的海域使用规划并依此管理海域使用，各行其是、各自为政，缺乏统筹协调机制，进一步增加了海域使用管理的复杂性。同时，管理部门之间权限不清，管理区域、管理范围、管理对象存在重叠交叉，市、地、县三级行政管理权限不清。管理权限的混乱造成趋利主义严重，有利益的争着管，无利益的无人管，眼光往往局限于本地区、本行业、本部门的局部利益出发，缺乏全局性的协调发展。管理混乱还会引起海域使用纠纷频发，严重干扰了正常的海洋开发秩序，降低了海洋开发效益。管理混乱问题比较集中地体现在滩涂的海陆界线方面，造成这一问题的主要原因之一是海陆"实际"界线难以确定。虽然《海域法》明确规定了"海岸线"，但海陆界线的划分操作起来仍比较困难。不同的管理部门为了争夺管理权出现利益冲突，影响海域使用管理的可操作性。

2）缺乏统一规划，用海随意性严重

由于不同的海洋资源具有空间区域的复合性，部分海洋资源类别具有开放性和流动性，客观上造成了每一具体海区都可能同时拥有几类资源。不同产业部门在同一海区进行不同资源的开发活动，由此引发部门之间在海域使用上的矛盾和冲突。现行管理法规主要关注的是涉海行业内部的活动，较少体现不同海洋资源开发利用方面的关系。海洋管理部门仅凭《海域法》难以有效地协调处理行业间用海矛盾。

海域使用管理是一项跨部门、跨行业的综合性工作，其决策过程应该是科学地协调论证过程。但是一些海域使用管理部门不遵守自然规律，缺少科学论证，急功近利，缺乏总体开发规划，海域使用不依托海域的自然条件、使用现状和对其未来发展趋势的科学分析，没有全局观和持续发展观，海域使用随意性大，致使各使用单位之间互相冲突，从而使海洋资源衰退、海域使用综合利用效益降低。

3）存在越级审批和重审批轻管理现象

在海域使用审批过程中，存在着越级审批的现象，主要表现在：属于省级审批的项目，市级海洋行政主管部门就给予审批意见，属于国管的用海项目却分解为几个小项目向市级或省级海洋行政主管部门进行申请审报。越级审批现象的出现扰乱了海域使用管理秩序，影响沿海整体发展。

在海域使用管理过程中更为突出的问题是：海域使用申请人获得海域使用权证书后，海洋行政主管部门没有对海域使用的情况进行必要的跟踪管理和监视，不能确定填海项目的填海范围是否超出申请使用面积，也不知道以港口工程为名的申请项目是否换作其他用途等，《海域法》中的监督管理要求未能得到有效落实。

24.1.3　海域使用规划建议

进入 21 世纪以来，全球海洋经济快速发展，成为世界经济增长的重要组成部分和新的亮点，世界各沿海国家纷纷将目光投向海洋，制定海洋发展战略与海域使用规划已成为海洋经济的重要导向。通过编制使用规划，规范各级涉海管理部门的职责划分，实现管理重心下移，提高管理效率和水平。协调重大海洋事务等方面的职能，进一步完善省、市、县三级海洋功能区划管理体系，加强海域使用的动态管理。

在规划编制过程中，应以科学发展与可持续发展为导向，遵循"集约布局、协调发展、海陆联动、生态优先"的基本原则和思路，结合广东省海洋资源分布和海洋经济发展现状，充分发挥各区域比较优势，准确定位主导产业，着力优化结构布局。形成分工明确、协作配套、错位发展、优势互补、特色鲜明、重点突出的海洋经济空间布局。

1）集群集约原则

顺应国际产业地域分工的集群化发展趋势，发挥临海优势，积极引导产业集群，培育国际性产业集群。结合各地产业优势和地域特色，准确把握产业集群不同发展阶段特征，科学规划，合理布局，统筹区域协调发展，提升产业集群整体优势。加强规划引导，优化产业集聚环境，突出优势和特色，提高专业化协作水平，培育和发展一批特色明显、结构优化、体系完整、环境友好和市场竞争力强的产业集群。

海洋经济布局中避免低水平粗放式重复建设的开发方式，坚持集约开发，促进以土地和岸线为核心的资源集约利用，运用高效集约的用地机制，实现土地资源优化配置和效益最大化；集约利用水资源、能源等，提高资源和能源的利用效率。

2）统筹协调与有序开发的原则

对广东海洋经济区开发、海洋产业发展必须从全局和战略高度进行统一规划、科学合理布局，坚持国家目标与地方目标的统一，体现国家海洋经济发展的战略意图，同时体现广东省海洋资源特点和经济发展特色。海洋经济涉及多行业多部门，海洋经济发展须与其他产业发展相协调，与沿海港口和城市规划、沿海陆地区域和海洋区域的国土开发等规划相协调。

海洋经济区域分为海岸带及邻近海域、海岛及邻近海域、大陆架及专属经济区和国际海底区域。开发建设的时序和布局是：由近及远，先易后难，优先开发海岸带及邻近海域，加强海岛保护与建设，有重点地开发大陆架和专属经济区，加大国际海底区域的勘探开发力度。沿着"河湾—海湾—海岸—海岛—远洋"的发展路径，引领广东从陆地走向海洋，从近海走向深远海。

3）海陆经济联动原则

海洋开发必须以沿岸陆域为依托，以港口和沿海城市为基地，海洋为发展空间，海洋资源为开发对象，海洋产业为主体。遵循"立足海洋、依托大陆、陆海联动"的发展思路，统筹海陆规划，实现海洋资源开发与陆地开发一体化。通过海洋与陆地资源综合开发，增强海陆资源的互补性、产业的互动性和经济的关联性。将海洋资源的优势与陆域经济在产业、市场、资金、科技、人才和机制方面的优势结合起来，做到陆海统筹，相互促进。

4）生态优先原则

深入贯彻循环经济理念，大力推进和应用节能清洁生产工艺，发展循环经济产业链，推广低消耗、高产出、低污染、可循环的发展模式。建立进驻企业的环保准入门槛，以海洋环境容量和净化能力为限度，综合考虑控制废物排放量，杜绝高污染企业落户；加大环境保护和监督力度，严格控制"三废"排放，提高废物处理率；优化岸线利用方式，科学布局生活与生产功能区，形成生态环境良好的沿海生态走廊，建设人与自然和谐发展的海洋经济带与生态文明区。

24.2　广东省海洋生物资源开发利用状况及存在问题[①]

海洋生物资源是海洋资源中最先被利用的可再生资源，主要通过自然采获、渔业捕捞、人工养殖等方式开发海产品，提供人类食用、药用、观赏用等。

广东濒临南海北部，地处热带、亚热带，自然条件优越，海岸线漫长、大陆架宽阔、岛屿众多，海洋生物种类繁多，资源十分丰富。据统计，分布于广东近岸海域常见的经济种类有鱼类 200 多种，贝类 60 多种，虾蟹类 30 多种，藻类 20 多种，仅自然渔业资源潜力估计约 $200×10^4$ t。广东沿海拥有许多重要的渔场，南海北部上升流区域更是良好的自然渔场，在上升流期间形成天然鱼汛。此外，广东省近海大部分海域水质总体达清洁和较清洁标准，远海海域水质保持良好，近海叶绿素 a 含量和初级生产力总体呈现逐渐上升趋势；浮游植物、浮游动物、底栖生物等种类相当丰富，对于海洋自然渔业资源的维持与繁殖以及人工渔业增养殖等都具有重要意义，开发利用前景广阔。

随着生活水平提高和市场需求加大，近 10 多年来海水养殖业得到快速发展，养殖规模迅速扩大，养殖品种不断增多，出现养殖产量超过捕捞产量的局面。广东的海水养殖从传统模式到现代养殖体系的建立，经历了多次浪潮和波折，如早期的鱼塭、泥池、鱼塘，20 世纪 90 年代以后的鱼塘、水泥池，进入 21 世纪以后的高位池、循环水、网箱，海水养殖从粗放式到集约化、工厂化，养殖模式不断变化，养殖技术和管理水平逐步提升，品种、规模日益扩大；近年来全省海水养殖产量约 $300×10^4$ t，以海上网箱、滩涂池塘和高位池养殖为主；养殖种类也不断更新和引进，20 世纪以来先后进行增养殖的种类主要有紫菜、江蓠、龙须菜、牡蛎、扇贝、珠母贝、贻贝、江珧、螺、蚶、鲍、墨吉对虾、长毛对虾、斑节对虾、新对虾、凡纳滨对虾、日本对虾、锯缘青蟹、鲥鱼、军曹鱼、真鲷、笛鲷、黄鳍鲷、石斑鱼、鲈鱼、弹涂鱼、卵形鲳鲹、海马等。此外，海洋生物医药、生物材料等的开发，以及水产品的精深加工、高值利用、基因芯片等新兴产业的崛起，展现出海洋生物资源利用的广阔前景。

但由于过去几十年来的酷渔滥捕，海洋环境污染加剧，盲目围海造地以及兴建海岸工程造成生境破坏，致使广东近海渔业资源严重衰退，严重影响了广东省建设海洋强省战略目标的实现。目前广东省在海洋生物资源开发与保护中仍存在一些问题，概述如下。

---

① 沈萍萍，黄良民，马艳娥，李亚男。

24.2.1 海洋生物资源开发利用状况及主要问题

24.2.1.1 近海海洋生物资源开发利用过度，渔业资源衰退

广东近海渔业资源衰退已成为公认的事实，严重影响了海洋经济的可持续发展，成为社会关注的焦点问题。

（1）近海渔业资源全面衰退，不仅渔获质量下降，而且总渔获率也呈现明显下降的趋势；大型优质底层鱼类从 20 世纪 70 年代开始出现衰退现象，某些名贵鱼类现已趋于衰竭。

（2）种类更替现象明显，资源结构处于不稳定状态，一些生命周期长、营养级高的种类资源量衰竭后，一些生命周期短、营养级低的种类大量繁殖，其资源量反而上升，从而维持新的生态平衡。

（3）近海渔业资源衰退主要表现为底层经济种类资源减少，原因是高强度底拖网过度捕捞引起；中上层渔业资源主要表现为年间波动，主要是气候变化引起营养盐输送多寡不同。

广东省近海渔业资源衰退主要原因是捕捞能力和强度过度增长，大大超过了渔业资源的自然繁殖力；其次是海洋污染加剧和生境破坏，如围填海导致海洋鱼类的洄游通道、索饵场、产卵场消失。

另外，现阶段渔具渔法结构的不合理对广东渔场生态环境和生物资源造成了破坏性开发，加速了渔业资源的衰退：① 小型渔船过多，大量小型渔船云集于近海作业，长期高强度的捕捞幼鱼，给产卵群体、幼鱼群体的育肥生长造成严重破坏，影响了鱼类的生长和集群。② 拖网作业比例偏高，长期在 40 m 等深线附近生产或在 40 m 等深线以内违规作业，不但大量捕捞幼鱼、小虾、小蟹，还严重地破坏了鱼类产卵和幼鱼培育场的生态环境。③ 围填海、大型沿岸工程建设和陆源污染物输入影响，导致产卵、繁育及索饵场消失，鱼类生态环境、回游通道和种群补充机制被破坏，近海自然鱼类资源无法形成，极大地影响了海洋渔业资源和捕捞产业的可持续发展。

24.2.1.2 近海水产养殖面临发展瓶颈

广东省海岸线长，海湾、岛屿众多，滩涂面积广阔。可供发展海水增养殖的浅海、滩涂面积约 73×10^4 hm^2，其中-10 m 等深线以内浅海可供养殖面积为 53×10^4 hm^2，滩涂可养殖面积 12×10^4 hm^2，潮上带可养殖面积约 8×10^4 hm^2。还有岛礁及周围海域，也是增养殖渔业开发的重要场所。广东省海水增养殖面积至 2008 年已达到 19×10^4 hm^2，产量 223×10^4 t，分别占全国海水养殖总面积的 12.02%，总产量的 16.64%，居全国第 3 位，2015 年海水养殖面积达到 45×10^4 hm^2，产量 270×10^4 t，具有较好的开发前景。

然而近年来广东省的海水养殖面临发展瓶颈，存在诸如养殖布局不合理、优良品种缺乏、苗种质量差、养殖生态环境恶化、质量安全得不到保证等严峻问题。

1）养殖布局不合理

目前，广东省海水养殖仍局限于风浪相对较小的内湾水域（利用率高达 90% 以上）、滩涂（利用率为 50%），而深海水域及开阔型海岸的浅海滩涂未能得到有效利用，利用率不到 10%，造成这种养殖布局不合理的根本原因，在于设施成本高、投资风险大，加上缺乏有效

的技术支撑和理论指导。

2）种苗资源缺乏

由于近年环境污染，酷渔滥捕，盲目围垦，资源破坏严重。据统计，现在珠江口鱿鱼、银鲳捕捞量不到 1 000 t，每小时捕捞量不足 20 kg，深圳湾鲻鱼苗和广海湾的花鲈苗几乎绝种，造成珠江口海水网箱养鱼和咸淡水池塘养鱼所需种苗严重匮乏，每年要从国内外引进鱼苗近 1 000 万尾，严重制约了广东海水养殖的发展。珠江口的中国明对虾是南海区珍贵的资源，据 1987 年调查资料，珠江口分布有中国明对虾的海域面积约 3 800 km²，其资源密度 6.2 kg/km²，用资源密度面积法估算，珠江口海域中国明对虾年资源量为 24 t 左右，然而 1995—1996 年度仅捕到亲虾 700 尾左右，到近年来几乎绝迹。

广东省浅海滩涂开发以养殖为主，大部分产品为初级产品，名特优水产品的养殖较少，养殖模式和品种搭配不够科学合理。多数培苗场、繁育场的设施、设备条件简陋，制约了新技术的应用，影响了苗种的质量。有些名特优品种的培育技术目前尚未突破，育苗技术不完善、成熟度低，远远不能满足生产需求，严重制约了规模化、集约化养殖的发展。苗种遗传力弱、抗逆性差、性状退化等问题，已成为制约广东海水养殖业稳定持续发展的主要"瓶颈"问题之一。

3）养殖品种单一、结构失衡

各区域内浅海滩涂养殖品种单一，养殖模式及管理技术落后，粗放式养殖仍占较大比例，综合效益低，养殖自身污染比较严重。某些集约式养殖项目虽有所发展，但集约化、自动化程度不高。另外，局部区域养殖品种结构失衡，在不同生态类型海域养殖中普遍存在养殖种类结构不合理现象。在池塘对虾、滩涂贝类进行的养殖中，养殖种类或种群单一问题由来已久，缺乏养殖模式、品种更新，造成养殖池老化、病害多，制约着持续发展。

4）其他海洋生物资源开发力度不够

由于目前科技水平和传统海洋观念的限制，广东省在其他海洋生物资源开发与保护过程中还存在许多问题。其一是在海洋生物特有的重要物质（如药物活性物质）、海洋生物食用新资源的发现与开发、海洋生物新材料与新能源、海洋水产生物资源高质化利用等方面的开发利用上挖掘力度不够；其二是自然海区某些重要的海洋生物资源因过度捕捞、生境破坏等原因正在迅速衰退，一些药用野生种群受到了严重的威胁，许多珍稀濒危海洋生物物种数量也日趋减少；其三是缺乏相应的科研与技术力量的支持，尤其是高新技术产业发展缓慢。

5）观念落后，质保体系不健全

由于海水养殖缺乏科学规划，布局不合理，加上管理不善，出现了危害海洋生态环境和生态平衡的倾向，如养殖废水、残饵造成海水二次污染和富营养化；大量采捕饵料生物，使部分滩涂贝类大量减少，破坏了正常的食物链关系；捕捞亲虾而兼捕大量幼鱼，破坏了经济鱼类资源补充；养殖占用大片滩涂，改变了许多滩涂原来的生境，破坏了滩涂原有生物资源结构。

另外由于观念滞后，质量保障体系不健全，管理薄弱，使得水产养殖生产过程滥用药物和饵料中添加违禁成分的现象较为普遍，加工环节管理不到位，全省水产品质量安全问题相当突出，药物和有害物质超标严重，已成为制约广东沿海各地水产养殖业可持续发展的重要瓶颈之一。

24.2.1.3　近海生态环境不断恶化

广东近海环境质量除局部区域有所改善外，总体表现为海域污染尚未得到有效控制，其中尤以珠江口及其毗邻海域、韩江（榕江）岸段和湛江湾最为突出。珠江口海域成为全国海域污染较为严重的地区之一，珠江口水质指标超四类水质标准的物质为无机氮、磷酸盐、COD、Cd、Pb、石油类；汇入珠江口的有些河流如茅洲河水质指标严重超五类水质标准。

养殖生产造成的海洋生态环境问题也日益突出，主要表现为鱼类、虾类、贝类养殖自身造成的二次污染问题，也已经成为制约广东近海海洋生物资源可持续发展的瓶颈之一。

由于滨海产业带、交通网络、海洋工程和城镇化等的大规模建设，导致广东近海自然生态系统破碎化，一些生态缓冲区被压缩，一些关键的生态过渡带、节点和生态通道受到破坏，生态功能低下。海洋生态自然保护区的类型和区域分布不平衡，其建设、管理有待加强。红树林、滩涂和河口湿地、海草床、珊瑚礁、沙坝潟湖生态系统等重要功能水域面积锐减，生物多样性受到严重威胁，海洋生物经济种类减少，濒危动物种类增多。

24.2.1.4　近海生物资源开发相关的管理体制有待完善

1）海洋生物资源开发布局缺乏全面规划和统一协调

在海洋渔业资源开发利用方面，沿岸和近海捕捞的比重和中下层海产资源捕捞强度过大，近海捕捞产量比值高达90%以上，而外海捕捞产量比值不到10%，不利于沿岸和近海渔业资源的保护。沿岸海域资源开发不平衡，地区差异很大，珠江口两岸地区港口资源、滩涂资源等，开发利用比例高达90%，而粤东、粤西开发强度则较低。一些区域因养殖密度过大、超过环境容量而产生大量有害排出物使水质恶化，导致病害流行，影响持续发展。

对海洋资源的管理基本上根据海洋自然资源属性及其开发产业，按行业部门进行计划管理，这种管理模式是陆地各种资源开发部门管理职能向海洋的延伸，各部门从自身利益考虑海洋资源开发与规划，缺乏海洋整体生态系统结构与功能的宏观认识和科学指导，使得海洋资源的综合优势和潜力不能有效发挥。海洋渔业、交通、矿产、石油开采、旅游分属不同的部门管理，各部门开发产业条块分割严重，缺乏相互间的统一协调机制。

2）沿岸渔业的行政机制与市场机制的不协调性

宏观调控是保证经济健康发展的手段，但目前海洋渔业管理调控的政策与体系还不够完善，难以对经济运行中的重数量扩张、轻结构优化和改善效益的倾向进行有效调节。在形成海洋渔业经济结构以捕捞为主的过程中，多年来形成的海洋渔业管理体制的惯性与经济体制转轨过程中的不协调性表现比较突出。在行政管理机制与市场机制并存，共同调节和制约海洋渔业经济的运行过程中，两种机制间存在不协调性和矛盾。

3）行政管理服务体制有待完善

广东省的水产品加工企业分别隶属乡镇、农业、轻工、商业、水产等系统，既有国有的又有外资、合资和个体等多种经济体制，没有形成行业管理，海洋水产系统不占主导地位，缺乏统筹规划，出现无序竞争、重复建设等。同时，水产品的质量管理还比较薄弱，尚未形成一套完整的水产品质量标准和水产品质量监督管理法规体系。由于条块分割、政出多门，而且各自管理的重点不相同，加上出口、内销产品的质量又不能按相同标准来要求，质量监管不能涵盖养殖、捕捞、加工、流通等全过程，难以形成高质量的品牌产品，在国际市场上缺少竞争力，不能完全适应现代化管理的需要。

4）海洋科技人才缺乏，科研经费投入不足

目前，广东省综合性海洋科研机构较少，海洋科技人才匮乏，科研经费投入不足，装备差，海洋开发缺乏技术支撑，直接制约了广东省海洋生物资源开发后劲和质量。广东省尚未建立先进的海洋资源监测系统，对海洋生物资源的变动规律研究不够，海水养殖的科技含量有待提高，海洋生物技术研发、新兴产业科研普遍滞后等，这是制约广东海洋高新技术产业发展的重要因素。

24.2.2　海洋生物资源可持续利用的建议

1）加强海洋渔业资源的管理与技术研发，促进南海大洋性渔业发展

（1）逐步实现近海捕捞限额制度，降低捕捞强度，调整捕捞作业结构：目前广东省过大的捕捞力量主要集中分布在浅海和近海渔场，在近海生产的渔船功率属于中、小型且数量庞大。而拖网作业渔船的捕捞产量占总产量比例平均58.42%，渔获质量差，对海域渔业生态环境影响极大。因此，作业结构调整的重点应放在中小功率的拖网作业渔船上，淘汰中小型拖网船，建造大功率深海和远洋捕捞作业渔船，向外海渔场发展。

（2）加强禁渔区、禁渔期管理，完善伏季休渔制度：禁渔区、禁渔期制度对保护鱼类产卵场、幼鱼育成和洄游起到了明显作用，伏季休渔制度对控制捕捞压力、保护产卵亲体、提高幼体存活率和资源补充量等发挥了重要作用。但执法力量薄弱，违规现象普遍存在，休渔结束时万船齐发的壮观情景使刚得到恢复的资源在短时间内就消逝，同时非休渔作业渔船捕捞能力的成倍增强也影响伏季休渔的成效，需要进一步对制度加以改进与完善。

（3）加强渔业保护区、海洋牧场及人工鱼礁的建设：今后仍需要对重要资源的繁育场所开展种质资源保护区建设，对业已被严重破坏的河口与海湾生态系统开展修复重建，以保障生物资源可持续的自然补充能力；在沿岸的海湾、河口等海域进行海洋牧场建设，加大增殖放流力度，是提高渔业效益、转移捕捞强度的一个重要途径。今后还需要进一步开展和完善人工鱼礁建设，注重与休闲游钓和娱乐相结合，提升渔业附加值，提高管理水平和效益。

（4）通过调整渔业管理措施和技术研发，促进南海大洋性渔业发展。

为开发南海大洋性种类渔业资源，需要进行近海渔船大型化改造，并开发高效的捕捞技术，如灯光罩网渔业可作为外海渔业发展的重点，为开发外海鸢乌贼资源，发展大型灯光罩网渔船较为适宜。近年来改造和新造渔船进行外海资源开发，主要出于渔民的自发行动，因

此，可以通过政策引导和资金支持，鼓励渔民淘汰沿海小型渔船，将"双控"指标用于建造大型深海捕捞渔船，引导捕捞能力向外海转移。对于专门从事外海捕捞的大型渔船，可以有条件地取消休渔期的限制。

为支撑南海外海渔业发展，需要开展大洋性渔业资源利用关键技术研发。如深海经济鱼类资源变动规律及分布特点，特别是渔场鱼汛缺乏足够了解，目前外海渔船的作业范围有限，渔期也比较短；另一方面，外海作业高效捕捞和产品加工利用技术也是影响发展的瓶颈，应加大力度开展相关的关键技术研发，支撑外海渔业的进一步发展。

2）优化近海水产养殖产业结构，加强增养殖品种与技术的科技研发

近年来广东省近岸海水养殖业面临发展瓶颈，需重点针对养殖布局不合理、养殖品种单一、结构失衡、优质种苗资源缺乏等问题展开研究，优化产业结构，加强增养殖新品种与新技术的研发。

（1）广东适合于增养殖的近海滩涂、海湾已基本被利用完，近岸潜在增养殖区的开发主要在养殖模式和类群的转型，如发展新型藻-虾-鱼生态养殖模式；而未来的空间发展潜力在于岛礁、海底和外海区域。因此合理选定增养殖区域、增养殖品种和模式将是今后水产养殖业发展的重点。

（2）加强原良种场、水产种质资源保护区的建设与开发，促进经济野生种类驯化养殖能力建设，鼓励支持开发养殖野生类群，加大藻类和海参类的养殖等，以实现养护海洋生物资源、促进海洋经济发展的目的。

（3）从整体来看，目前广东近海海洋生物资源产业的发展层次不高，海洋捕捞和海水养殖仍然占主导地位，而水产品加工、海洋医药和保健品制造、海洋生物产品贸易等海洋生物第二、第三产业发展相对缓慢。海洋生物资源产业结构没有实现向合理化、高级化的方向发展，既不利于海洋生物的综合开发，也不利于产业经济效益的提高，海洋生物科研成果相对较少，现有成果未能及时得到转化并形成新的生产力，产、学、研、用相结合的有效机制尚未形成，由于科学技术对整个海洋生物产业乃至海洋经济贡献率不高，海洋生物资源产业仍然处于粗放型的增长方式。因此，优化海洋生物产业结构是今后广东省海洋经济发展的重要方向。

3）加强陆海统筹，加大对重点河口、港湾及近海水体污染的整治力度

环境污染是海洋生物资源的致命"杀手"，应重点加强污染源治理，加快建设沿海城镇、沿江两岸污水和固体废弃物处理设施；完善江河、海洋生态环境监测系统与评价体系，加强对江河、海洋研究、监控和预报；建立江河、海洋监控区，对主要河流和重点排污口进行定期水质检测，对检测不合格的单位依法下达停产整顿通知书，限令整改，加大对事故单位和责任人的处罚力度，从源头上堵住污染源。

在主要河口（如珠江口）出海口及主要沿海市、县（含港、澳地区）尽快建立、健全对农业污染源的管理、控制措施，同时要加快城镇污水收集管网和生活污水处理设施的建设，增加城镇污水收集和处理能力，提高城镇污水处理设施脱氮、脱磷、去除重金属等能力；严格执行重要入海污染物排放总量控制和达标排放相结合制度，有效地削减污染物入海量，降低近海环境污染负荷。

此外，还应加强对海上增养殖业生产的管理，优化养殖产业结构。合理调整养殖场的布

局和排灌系统，科学投放饵料，不断提高饵料质量，减少投饵养殖面积。在重点养殖区，海洋与渔业管理部门应加强监测监视。

石油类是近海特别是港湾附近海域的第二主要污染物质。海上石油类的污染源除一部分来源于陆地径流外，2/3 来源于港口、码头和海上航运。鉴于珠江三角洲海域海上交通航运、港口业相当发达，应在粤、港、澳大湾区，规范和强化船舶污染管理，尽快建立大型港口废水、废油、废渣回收处理系统，实现交通运输和渔业船只排放的污染物集中回收、岸上处理、达标排放势在必行。

4）发挥职能管理部门的监督与引导作用，健全相关法律法规，加强海洋生态环保公众教育与宣传

（1）健全相关法律法规，加强监督，提高执法能力。

（2）加强海洋生态环境保护的教育和宣传，提升社会对海洋生态环境保护的认识，促使海洋生态环境保护变成一种自觉的行为。

（3）加强对海岸带的综合治理力度，严格控制港口特别是渔港的污染，进一步制订和完善海区污染应急方案，强化高新技术在治理海洋生态环境中的应用。

（4）建立和完善海洋生物资源管理的信息服务系统，及时提供监控和安全保障，着力打造海洋生态实时监测平台。

24.3 广东省海岛、海岸带开发与保护①

广东省海岛海岸带地区地处南疆，是我国对外开放的南大门，加上与香港、澳门的紧密联系，以及作为南海海洋油气田开发的后方基地，已成为广东省海岛海岸带是外引内联和"兴沿海、旺内地"的纽带，具有得天独厚的海洋自然资源条件和海洋区位优势。广东省海洋经济快速发展，海洋经济已成为广东国民经济发展新的增长点，并且形成了以港口、水产、旅游业等为主要结构的海洋产业，海洋经济发展迅速，社会效益和经济效益显著。同时，广东省海岛海岸带作为我国华南、西南等广大地区经济社会发展对外交往的海上门户和前沿阵地，对腹地经济社会发展和对外开放起到了重要的支撑和促进作用，具有十分重要的战略地位。

24.3.1 海岛开发与保护

24.3.1.1 开发利用现状

广东省海岛资源丰富，但历史上由于各种自然因素的限制，至 1989 年广东省海岛资源综合调查前，除少数条件好的大岛开发较早、经济和社会比较发达外，其余海岛基本处于自然状态。21 世纪以来，广东海岛开发向广度和深度发展，设立试验区、开发区、加工区，建造港口，发展旅游、海水增养殖和海洋捕捞，许多海岛的面貌发生了变化，岛民生活水平有了明显提高，海岛交通设施，以及水、电、通信等基础设施条件逐步得到改善。但广东海岛开发总体仍处于粗放状态，海岛经济发展处于初期阶段，开发活动多集中于近岸的面积较大的

---

① 詹文欢，孙杰。

海岛，如珠江口、韩江口、海陵湾、湛江港等海域的海岛，大部分海岛，尤其是无居民海岛，仍处于待开发状态。就开发方式来看，广东省绝大多数海岛以海洋渔业为主导产业，部分海岛有种植业，海岛旅游、海洋交通运输和海洋矿产开采等产业仍处于粗放型发展阶段。分布在海岛上的重大项目主要有：龙穴岛修造船基地、东海岛的钢铁基地和石化基地、高栏港、广澳港、桂山港等。

24.3.1.2 海岛保护现状

建立自然保护区和建设人工鱼礁是海岛保护的主要方式。截至 2007 年 12 月，广东省已有 211 个海岛纳入 15 个各类海洋自然保护区，占广东省海岛数量的 14.8%，如南澎列岛海洋生态省级自然保护区、珠海淇澳担杆岛省级自然保护区等；同时，也建立了一些以岛屿生物为保护对象的自然保护区，如上川岛车旗顶猕猴自然保护区，南澳候鸟自然保护区等。截至2006 年 12 月，全省建成及在建人工鱼礁区共 26 座，其中设在海岛及其周边海域的有生态公益型、准生态公益型礁区约 20 座，如东澳人工鱼礁区、外伶仃人工鱼礁区、放鸡岛人工鱼礁区等。

24.3.1.3 海岛生态环境

广东海岛地处热带北缘，且濒临南海，具有高温多雨的热带海洋气候特点，蕴藏着丰富多样的动植物资源。海岛及其海域的陆、海生态系统具有旺盛的生产力，海岛自然地带植被具有多层次结构和生物生长量大的特点。海岛海域由于离大陆较近，入海河流众多，入海的陆源营养物质丰富，为海洋生物的繁衍、生长提供了丰富的营养源。

同时，海岛及其海域的生态系统也具有一定的脆弱性。作为海岛生态系统主体的森林，自然林受到人为砍伐，人工林以木麻黄、桉树、松树等为主，林相结构差，树种单一，海岛森林生态系统已难以起到保护海岛、涵养水源的作用。海岛及其邻近海域生态环境受到人类活动的影响，生态系统服务功能已明显下降，浅海鱼、虾、贝类的数量大量减少，个别珍贵物种资源消失，个别海岛因矿产开采而整体被夷为平地。随着海岸带、海岛陆域及其邻近海域的开发，海岛生态系统面临的压力将进一步加大。同时，全球气候变化、海平面上升等大尺度的自然环境条件变化，也构成对海岛生态系统的重大威胁。

24.3.1.4 海岛开发与利用存在的问题

（1）海岛保护与利用亟待立法保障和长远规划，协调管理尚须加强，部分海岛还存在权属争议问题。

（2）海岛开发层次较低，海岛产业以粗放式增长为主，难以形成规模经济效应；新兴海岛产业发展缓慢，市场化机制亟待建立，科技研发和自主创新能力急需加强。

（3）海岛生态环境保护形势严峻，部分海岛盲目开发造成海岛生态环境恶化，部分海岛周边渔场因过度捕捞和水质恶化导致渔业资源衰退。

（4）海岛基础设施亟待改善。

24.3.1.5 海岛开发与利用保护建议

促进海岛可持续发展的关键是创造条件，给予优惠政策。海岛开发资金不足、人才缺乏和基础设施落后，是目前存在的主要问题。海岛基础设施的改善有赖于政府、社会公众、企业的重视和大力支持。在海岛开发过程中，必须重视创造优越的硬环境和软环境，特别是创造改革和开放的软环境。为了达到可持续发展的目的，必须加强海岛综合管理。要合理、适度地开发利用海岛资源，避免盲目和破坏性的生产活动；在开发过程中要重视生态环境的保护，特别要重视那些在保持生物多样性中能发挥重要作用的岛屿。海岛生态环境脆弱，因此东南亚各国在保护生态环境、保持自然景观、减少人为影响度假环境上都不遗余力，特别是马尔代夫堪称其中的典范。马尔代夫虽然把海岛出租给公司等经济实体开发经营，但作为拥有海岛所有权的政府，在给予投资商宽松的投资经营环境的同时，也对海岛的开发实施严格的管理，并坚持"三低一高"的开发原则（即低层建筑、低密度开发、低容量利用、高绿化率），以确保滨海旅游资源的生态不会因过度开发而受到损害，不会破坏原有的地貌特征，确保游客在旅游区内真正走入大自然，得到休闲的享受。

可借鉴马尔代夫模式，针对海岛不同区位特色和环境容量，采取相应保护措施，限制海岛开发强度，控制上岛客游量，避免资源过度开发，提倡生态旅游运作模式，保持海岛资源的天然风韵。在对开发商进行环境保护教育的同时，重视对游客自我约束意识的教育，以保护环境，实现海岛资源的可持续发展。由于海岛管理涉及多个部门，多种行业，综合性很强，实际工作中又职责交叉、条块分割，使管理难以到位。因此，抓紧建立集中统一、有效的海岛综合管理体制，对海岛的环境、生态、开发与管理进行统一考虑，是目前面临的首要任务之一。

根据国家海洋局对海岛管理的思路：认真贯彻科学发展观，统筹海岛开发、建设、保护与管理，全面实施《海岛保护法》，以海岛规划、保护和无居民海岛使用管理制度建设为重点，积极推进海岛整治修复及保护、地名普查、监视监测系统建设等工作，提高海岛保护工作能力，创新海岛管理工作机制。大力实践以人为本、执政为民的理念，改善海岛人居环境，促进海岛地区经济社会的可持续发展。

根据广东省海岛开发利用保护规划，实施分类保护：划入特别保护区的海岛，原则上是指特殊用途海岛，必须严格限制炸岛、填海连岛、桥梁或隧道连岛、岸线改变、砍伐、挖土挖砂采石等工程建设以及其他可能改变海岛地形、地貌的活动，严格按照《海岛保护法》的相关规定管理特殊用途海岛；划入适度开发区的海岛，主要是指划为一般用途的可利用无居民海岛，根据海岛的主导使用用途，从事相应的开发利用活动的，可适度开展改变海岛自然属性的工程建设，并应当采取严格的生态保护措施，避免造成海岛及其周边海域生态系统破坏；划入一般保护区的海岛，一般是指划为保留类的可利用无居民海岛，采取保护性利用的用岛方式，以维持现状或维持原貌为主，限制开展填海连岛、炸岛、桥梁或隧道连岛、岸线改变、砍伐、挖土挖砂采石等工程建设，确需开展上述工程建设的，必须经过充分的科学论证，原则上避免改变海岛的自然属性。

1）开展政策研究，完善海岛法律配套体系

开展促进海岛地区经济社会发展的政策研究，推进海岛地区基础设施和社会公益事业建设。积极争取国家对偏远海岛和领海基点所在海岛的扶持力度，鼓励海岛居民以岛为家、守岛有责。研究建立海岛生态建设实验基地和无居民海岛开发利用示范基地。健全和完善实施《海岛保护法》的配套制度，加快地方海岛立法进程。对原有的地方性法规和规范性文件进行清理，及时修订或者废止不符合《海岛保护法》及国家海岛政策的规章和文件，逐步形成比较完善的海岛开发、保护和管理制度体系。

2）完成规划编制，统筹海岛开发与保护

积极推进《全国海岛保护规划》审批，在继续做好浙江、福建、广东、广西等省（区）海岛保护规划试点工作的同时，全面开展其他省市海岛保护规划的编制、报批和备案工作。沿海市县研究编制无居民海岛保护和利用规划。逐步建立和完善海岛保护规划体系，统筹全国海岛的开发与保护。按照国务院部署和《全国海域海岛地名普查实施方案》的要求，抓紧完成海岛地名现场调查、海岛名称标准化处理工作，开展海岛名称标志设置。进一步加强海岛名称管理工作，开展海岛命名、更名、名称注销和名称登记工作。

3）实施整治修复，改善海岛生态环境

编制海岛整治修复和保护的规划、计划，做好项目库建设和项目申报工作。出台《关于加强海岛整治修复保护工作的若干意见》，制定海岛整治修复技术指南，指导和推进海岛整治修复工作，规范海岛整治修复和保护的内容和监管、验收工作程序。加强对中央财政海域使用金支持的海岛整治修复和保护项目完成情况的监督检查。制定无居民海岛使用申请审批、招投标及监管办法，编制无居民海岛使用测量、开发利用具体方案、项目论证报告和使用金评估等标准规范。启动无居民海岛使用权审批、登记和确权发证工作，规范、引导和推动海岛资源的合理开发利用。

4）加强能力建设，提高海岛管理水平

全面启动海岛监视监测系统建设，以航空遥感、卫星遥感、船舶巡航和登岛调查为手段，建立全国统一的海岛数据库和监视监测业务体系，逐步实现海岛的动态监管，并向社会公众提供海岛信息服务。开展海岛业务培训，提高各级海岛管理人员和技术人员的管理能力和技术水平。

24.3.2 海岸带保护

广东省海岸带在为广东乃至国家经济发展做出巨大贡献的同时，也承受着巨大的环境压力，致使一些生境遭受破坏、生态安全面临严重威胁，主要表现在：污染负荷加剧、污染范围持续扩大，溢油事件时有出现，大部分海岸带特别是河口、内湾和沿岸海区富营养化严重、赤潮频发；海岸环境损害严重，围海造地建设港口码头、人工开发海水养殖场、大量向海底采沙等经济活动，造成海岸侵蚀严重，而且近岸海底工程构筑越来越多，开发建设项目日益增多的同时，给环境带来的压力也越来越大；湿地与沿海生态退化，湿地面积萎缩，影响了近海重要生态功能的发挥，对区域生态安全构成威胁。因此，广东省海岸线资源、港口资源、近海生物资源、矿产资源以及海域资源等的利用与开发不尽合理，海洋环境污染与生态恶化，岸线与海域使用管理不尽规范等问题日渐突出，进一步加强管理是摆在广东省海洋管理部门面前的一项艰巨任务。

24.3.2.1　开发利用现状

　　总体来看，广东省海岸的开发利用强度随地区不同而不同，"珠三角"地区的海岸开发强度较高，粤东、粤西海岸开发强度相对较低，地域差异性较大。

　　"珠三角"地区，特别是广州、东莞、深圳西部、珠海东部的海岸开发利用强度高，基本全部为人工海岸，主要以海洋交通运输业、临海工业及滨海旅游业开发为主，惠州、中山、珠海、江门次之；惠州海岸开发主要集中在大亚湾北部，以港口、石化工业为主；中山集中在横门岛建设临港工业；珠海东侧主要为港口、城镇建设、旅游岸段，西部集中在高栏地区，以港口、临港工业岸段为主；江门主要集中在广海湾东侧、银州湖西侧，主要以港口、电力、旅游岸段为主。

　　粤东、粤西总体开发强度较"珠三角"地区低，地域差异性较大，分布较为分散。粤东地区海岸开发主要集中在汕头湾，潮州、揭阳、汕尾部分地区有开发，主要以港口码头、电力、渔港建设为主，其他地区基本为自然岸段和增养殖岸段；粤西地区以湛江为中心，特别是湛江湾海岸开发强度相对较高和集中。江门，阳江、茂名部分地区有开发，阳江主要集中在吉树港区，茂名集中在水东湾和博贺新港区，主要以港口码头、电力、临港工业、渔港建设为主。其他地区基本为自然岸段和增养殖岸段。

　　广东省 3 大沿海经济区海岸利用方向及总体空间布局如下。

1）"珠三角"地区

　　该区域位于广东省中南部，包括广州、深圳、珠海、惠州、东莞、中山、江门 7 个市，毗邻港澳。资源优势主要在于港口资源、旅游资源和滩涂资源。海洋开发强度较高，特别是珠江口两岸地区，广州、东莞、中山、深圳西部、珠海东部基本上均为人工海岸，人工岸线占总岸线比例高达 90%，江门及惠州开发强度一般。该区域海岸重点开发类型以海洋交通运输、临海工业、滨海旅游业为主。

2）粤东海洋经济区

　　该区域位于广东省东南部，包括汕头、潮州、揭阳和汕尾 4 市，与闽、台等地相连，华侨众多，对外通商历史悠久。海岸开发强度一般，地区差异性较大。海岸开发利用以汕头为中心，特别是榕江出海口区域海岸开发强度较高，汕尾、潮州、揭阳等地区开发强度相对较低。该区域重点开发类型以港口码头、电力、临海化工、滨海旅游、海洋渔业为主。

3）粤西海洋经济区

　　该区域位于广东省西南部，地跨南亚热带和热带，气温高，雨量集中，包括湛江、茂名和阳江 3 市。海岸开发强度一般，地区差异性较大。海岸开发利用以湛江为中心，特别是湛江湾海岸开发强度较高，大部分为港口岸线。阳江、茂名等地区开发强度则相对较低。该区域重点开发类型以港口码头、电力、临海重化工业及钢铁产业、滨海旅游、海洋渔业及渔港建设为主。

24.3.2.2 存在问题

随着沿海工业的持续快速发展，尤其是沿海港口和临海工业建设用地、城市发展用地的需求巨大，填海活动逐年增多，广东省海岸的开发利用存在一些不合理的地方，还有一些矛盾及问题有待解决。

（1）部分海岸开发强度大，区域开发力度不平衡。随着广东省海洋经济的发展，海岸开发利用的强度不断加大，对海岸资源的人为干预也越来越多，人工岸线比例已占全省大陆海岸的近2/3。同时，海岸开发力度的区域差异也较为明显，"珠三角"地区的海岸开发强度较高，粤东、粤西海岸开发强度相对较低。"珠三角"，特别是珠江口两岸地区，基本上均为人工海岸，人工岸线占总岸线比例高达90%，城镇生活与休闲旅游、港口及临港工业开发利用强度大；粤东、粤西人工岸线比例相对较低，海岸开发利用较为分散，除汕头湾、湛江湾海岸开发强度相对较高和集中外，其他地区开发多以渔业养殖为主。

（2）海岸开发布局较为凌乱，缺乏有效开发指引。近年来，在《广东省海洋功能区划》的规范指导下，广东省海岸开发利用大体上与海洋功能区划是一致的，海岸利用在功能上做到了较好的符合，但在开发的空间布局上仍较为凌乱，部分海岸的开发未能从区域整体协调性方面充分考虑，低效能、粗放式的用海方式造成了海岸资源的浪费。缺乏对海岸资源有效的空间开发指引，海岸资源的保护与利用难以得到很好的保障，也将影响海岸资源的环境健康及可持续利用。

（3）部分海岸不合理开发导致环境受损，亟须整治修复。由于海岸开发利用强度的不断加大，对海岸资源、生态环境产生的压力也日益加重。部分海岸生态环境遭受破坏，海洋生物受损严重。水质污染、生物资源衰退等问题导致了海岸原有功能的退化或丧失。制定相关整治规划、采取相应的工程措施进行海岸修复，是维持海岸资源可持续利用所亟须。

24.3.2.3 海岸开发利用与保护建议

1）粤东

该区域重点开发类型以港口码头、电力、临海化工、滨海旅游、海洋渔业为主。基于908专项研究资料，结合海域自然属性、海域使用现状及社会经济发展相关用海需求，根据粤东不同的岸线类型，提出相应的优化建议，以便在宏观层面上指导岸线的开发方向和利用方式。

粤东地区要加快发展以汕头为中心的区域城镇群，积极构建工业经济带、生态经济带、东延城市经济带3大战略经济带，把汕头市建设成现代产业协调发展、城乡经济整体推进的经济强市，带动整个粤东地区海洋经济的发展。做好承接产业转移工作，重点发展海洋电力、临海石化等临海工业。潮州市应培育壮大临海工业。适应潮州市"一名城两基地"发展战略的需求，必须充分利用海岸的位置、优势，解决发展海洋产业中的瓶颈，为引进大项目提供基础条件，加快招商引资，引进能源石化项目，努力使潮州成为广东重要的能源石化基地。揭阳市要大力发展临海工业，重点开展石化基地建设，大力推进惠来电厂建设，加快乌屿核电及中海油LNG接收站项目的开展。汕尾应积极推进华润海丰电厂、陆丰核电的建设。粤东地区在进行工业和城镇建设时，要注意以下问题：① 要经充分论证，按海洋功能规划合理利用滩涂在河流入海口区域要严格控制围填海的面积和规模，保持河口海域排洪纳潮的功能，保障通航安全；② 集约、节约利用粤东区域宝贵的优质岸线资源，在发挥其经济效益的同时，加强对岸线的整治修复，打造优质的工业和城镇建设岸线；③严格控制污水未经处理排放或未达标排放，保持良好的水质条件；建设并美化近岸海洋环境，使人类生产和生活与大自然和谐相处、良性互动；④对于滨海较大规模的建设活动，须遵循区域建设用海规划，并进行严格论证；已批复的区域建设用海规划，应严格执行相应的用海指标，不得随意突破，并按规划进度进行建设，合理、有序推进海岸线开发利用活动。

汕头港为广东省的 5 大枢纽港之一，另外，潮州港、汕尾港、揭阳港也为广东省的地区性重点港口。汕头市是粤东地区唯一的海洋经济重点市，需发挥好带头作用。汕头市要大力发展港口经济，大力发展能源、石油化工、船舶修造、电动汽车、物流等临港产业；强化汕头港作为粤东港口群主枢纽港地位，重点建设汕头港广澳港区、海门港区和珠池港区二期；加快建设海门、云澳国家级中心渔港以及配套水产品精深加工流通中心。潮州市要加快海洋交通运输业的发展，把潮州港建设成为城市经济全面发展的重要依托；开发建设一个高度开放、商贸发达的港口经济区；打造一个具备第三代港口服务功能的全国沿海主要港口，成为我国华南沿海重要的集装箱港口。加强各港区集疏运条件的规划和建设，完善集疏运网络，尽快落实铁路规划，以利于实施海铁联运中转站的建设，使潮州港更好地为粤东、闽西南和赣南广大地区经济发展和对外贸易服务。大力发展仓储、保税等业务，逐步开展现代化港口物流业。揭阳要加大港口基础设施建设力度，对港区建设进行统一规划布局，建设功能较为齐全的港口，打造大型的现代化港区，带动揭阳市海洋经济的腾飞。汕尾市应把汕尾新港区纳入国际枢纽港口建设总体规划，将甲子港、碣石港作为对台小额贸易港口纳入规划，建设立足汕尾、面向粤东、辐射泛珠三角的宝石加工配料、纺织服装配送、汽车物资配送、保税仓储、石化储运重要物流基地。建立工贸一体化园区，打造"三角东"物流枢纽地位。要加大渔港基础设施建设力度，重点建设汕尾渔港，把汕尾渔港建成高标准的国家级中心渔港，建设汕尾中心渔港水产品批发市场，打造高效渔业物流中心。在未来的港口岸线开发利用过程中，提出如下优化建议：① 重点保证汕头港的用海需求，在充分论证可行的基础上，合理保障揭阳港、潮州港、汕尾港的用海需求，疏浚航道，充分挖掘粤东港口航运潜力；② 粤东河口两岸存在较多的小码头，分布零散，效益不高，应加强整改，找准定位，明确分工，满足未来运输需求和船舶大型化的发展需要，同时不断完善陆域后方的集疏运条件；③ 汕头港应对汕头主航道进行常年疏浚整治，加快推进 5 万吨级航道的建设。并逐步参与国际航运市场的竞争，开辟远洋航线；④ 潮州港应加快建设三百门港区，完善港口配套，提升港口功能，培育壮大临港工业，进一步提升渔港基础设施水平；⑤ 揭阳市应对榕江河口海域和神泉港区的航道、港池和锚地进行疏浚，提高航道通航能力；由于固有的硬环境方面存在的短板，汕尾在新的发展时期必须加快适应临港工业产业发展需求的硬环境建设。

粤东滨海旅游区以汕头和汕尾两市为核心，粤东海域海水清澈，水质环境安全程度高，自然景观优美，历史文化古迹众多。目前的旅游开发仍有较大的发展空间，尤其是海岛生态旅游价值较为突出。汕头滨海旅游项目主要有南澳岛（包括青澳湾、云澳湾、宋井等滨海景区）、妈屿岛、海山岛等海岛旅游景区及濠江中信高尔夫海滨度假村；此外，还有龙虎滩、北山湾、莱芜等滨海旅游度假区。其中南澳岛和中信高尔夫海滨度假村为国家 4A 级旅游区。汕尾目前已开发利用的滨海旅游资源主要有红海湾遮浪旅游区、陆丰金厢黄金海岸旅游区、海丰海丽国际高尔夫球场、百安金丽湾度假村及小漠南方澳度假村等。其中汕尾红海湾遮浪旅游区是广东较早开发的滨海旅游地之一，红海湾海洋运动基地不仅是广东省的水上运动基地，而且还举办国家许多水上运动的比赛，如帆板、帆船比赛等。粤东已建成的滨海旅游区还有揭阳惠来海滨浴场度假区、金海湾海滨高尔夫度假区以及潮州金狮湾、三百门野水度假区等。在未来的旅游岸线开发利用过程中，提出如下优化建议：① 打造揭阳 80 km 黄金海岸线。把惠来沿海 82 km 海岸线富有特色的地质地貌与惠来"八景"、宗教名胜古迹等旅游资源整合起来，打造成为粤东旅游业的亮点；② 美化岸线，改善滨海旅游区的水质和生态环境，对区内的红树林、沙滩或其他特色滨海生态系统进行保护，不得设置影响自然和历史遗迹、人文景观的构筑物；③ 打造旅游业成为潮州市的支柱产业。在适宜海岸进一步规划建设旅游项目，大力发展生态观光、休闲度假、文化和商贸旅游，促进潮州市建设成为广东旅游东大门和世界潮人文化旅游城市；④ 汕头市重点建设大陆海岸带和南澳岛两个综合性旅游度假基地；⑤ 汕尾市应采取措施减缓淤积，在保护相关海域的水质和岸线景观的基础上。建设好 5 个旅游区，把汕尾市打造成为粤东地区乃至全省重要的海滨休闲度假胜地。

改革开放以来，粤东海域渔业资源由于过度捕捞、海洋环境质量下降等原因，传统作业渔场的渔业资源由于过度捕捞而下降。目前在采取休渔制度、渔民减船和转产转业、人工鱼礁建设、人工增殖放流、海洋自然保护区建设等一系列措施后，海洋渔业资源得到一定的恢复和改善，但形势依旧严峻。在未来的渔业岸线开发利用过程中，提出如下优化建议：① 维护良好的水质环境，控制养殖密度，减少自身养殖污染，保护海洋生态系统，保护生物洄游区、索饵场的完整性。周围海域杜绝设置排污口、工业排水口或其他污染源；② 调整渔业结构，在发展海水养殖业的基础上，大力发展水产品加工业，形成产业链，获得规模经济效益，使粤东的海洋渔业形成规模化、集约化、立体化的生产格局；③ 建设科技兴海试验区，加快海洋自然保护区和人工鱼礁建设，依靠科学技术，发展海洋新兴产业和水产品深加工业，使粤东地区的渔业得到可持续发展；④ 探索拓展远洋渔业，鼓励发展远洋捕捞，争取建造一支技术装备精良的现代化远洋渔船队，开拓海外远洋产品加工、冷藏基地。选择适当的岸线建立远洋渔业基地，根据渔业特点及社会消费需求，利用现有渔业设施，着手进行渔业码头的综合开发。

粤东现有的保护岸线多集中分布在海洋自然保护区、滨海滩涂湿地、入海口两岸等敏感的、脆弱的生态区域，自然或人工种植的红树林面积较大，滨海初级生产力水平较高，鸟类、鱼、虾、蟹等生物资源比较丰富。在未来的保护岸线开发利用过程中，提出如下优化建议：① 保护岸线生态环境敏感区，不宜有太多的开发活动，区内严禁开发建设，禁止一切与保护区无关的建设行为，加强外围缓冲区绿化，限制周边高层建筑的建设，严格控制区域内污染物的排放。严禁围填海等改变地形地貌和水动力条件，保护岸线所在地的生态环境。该岸段要严格执行保护区的相关管理规定，执行一类海水水质标准。② 在维护生态系统平衡和生物多样性、保护好沿岸防护林带的基础上，可适度开展旅游、休闲活动。③ 一切不以保护为目的的建设和开发活动，应尽量避开保护岸线，维持保护岸线的原生性和完整性，并注意加强海岸防风暴潮设施建设，改善保护岸线环境。④ 结合海蚀地貌、珍稀海洋生物物种景观，适当开展生态旅游活动。

2）珠江三角洲

珠江三角洲是我国经济最为发达的地区之一，经济的快速发展，使海岸的开发规模越来越大。908 专项岸线修测结果表明，珠江三角洲人工岸线所占比例最大，同时，岸线的开发利用强度也很大。但是，随着粗放型经济的多年发展，带来了一系列严重的环境问题和生态问题，脆弱的海岸带区域面临着越来越严峻的挑战，必须引起高度重视。

基于 908 专项调查资料，根据珠江三角洲不同的岸线类型，以及海域自然属性、海域使用现状及社会经济发展相关用海需求，提出相应的优化建议，以便在宏观层面上指导岸线的开发方向和利用方式。

珠江三角洲开发较早，人口密度大，工业发达。近年来，随着城市规模的不断扩大，城市边缘不断延伸，临海工业和城镇建设占用了大量的滨海岸线，引发了许多环境问题。在未来工业和城镇建设岸线的开发利用过程中，提出如下优化建议：① 合理利用滩涂资源，在河网密布的珠江出海口区域，要严格控制围填海的面积和规模，保持河口海域行洪纳潮的功能，保障通航安全；② 集约、节约利用珠江三角洲区域宝贵的岸线资源，充分发挥每一寸岸线的综合经济效益，在经济发展的同时，加强对岸线的整治修复，打造优质的工业和城镇建设岸线；③ 严格控制污水未经处理排放或未达标排放，减少水质污染，不断采取科学措施，重建近岸优美的生态环境，使人类生产和生活与大自然和谐相处、良性互动；④ 对于滨海较大规模的建设活动，须按区域建设用海规划，进行严格论证；已批复的区域建设用海规划，应严格执行相应的用海指标，不得随意突破。

广东省规划建设 5 大中心港口，其中，珠江三角洲地区占了 3 个，分别为广州港、深圳港、珠海港。可见，港口岸线在珠江三角洲地区的岸线利用类型中，占据了非常突出和重要的位置。在未来的港口岸线开发利用过程中，提出如下优化建议：① 重点保证广州港、深圳港、珠海港的用海需求，在充分论证可行的基础上，合理保障惠州港、虎门港、中山港、江门港的用海需求，充分挖掘珠江三角洲港口航运潜力；② 珠江河口两岸存在较多的小码头，分布零散，效益不高，应加强整改，找准定位，明确分工，满足未来运输需求和船舶大型化的发展需要，同时不断完善陆域后方的集疏运条件；③ 广州港应重点开发建设南沙港区，充分利用其深水岸线资源和毗邻深水航道的优势，发展大宗物资和集装箱运输，不断增强其作为华南沿海集装箱干线港的地位；④ 深圳港应大力发展盐田港区，尤其是盐田港东港区，增强深圳东部的航运能力；深圳西部应继续发展完善蛇口港区、赤湾港区、妈湾港区等，大力开发前海作业区和大铲湾港区；⑤ 珠海港应大力开发完善高栏港区，合理调整、优化其他小港区，适度发展石化等临港产业，提升其大宗能源、原材料物资和集装箱的运输能力。

珠江三角洲地区毗邻港澳，经济发达，滨海旅游资源丰富，因此旅游岸线所占的比例也较大。该地区具有丰富的历史文化积淀，配套设施完善，海岛资源丰富，自然风光优美，客源充足。在未来的旅游岸线开发利用过程中，提出如下优化建议：① 加强滨海旅游基础设施建设，深入挖掘滨海旅游潜力，打造滨海旅游精品线路；结合珠江三角洲地区绿道网建设，大力推进滨海绿道的建设与开发；② 应不断美化岸线，改善滨海旅游区的水质和生态环境，对区内的红树林、沙滩或其他特色滨海生态系统进行保护，不得设置影响自然和历史遗迹、人文景观的构筑物；③ 突破行政界线限制，加强珠江三角洲地区城市间的联合，共享滨海旅游资源，积极借鉴国内外其他旅游景点的先进经验，扬长避短，共同做大做强珠江三角洲滨

717

海旅游市场；④ 旅游岸线的开发和建设，应突出以人为本的原则，强调亲和性、参与性、休闲性和娱乐性；岸线开发要有差异性，需划分出不同档次和级别，分时段高标准、高质量的建设。

改革开放以来，珠江三角洲地区城市化进程不断加快，城市化规模不断扩大，第二产业和第三产业迅猛发展，使得该区第一产业（农渔业）的发展空间不断被压缩，渔业资源和渔业配套用地不断被破坏和侵食，渔业岸线越来越少，传统渔业难以为继。在未来的渔业岸线开发利用过程中，提出如下优化建议：① 积极制定渔港建设规划，完善珠江三角洲地区传统的渔业生产设施，加强渔港整改，实施码头改造与扩建、渔港配套设施的更新改造及完善；② 加强珠江口渔业养殖环境监测和治理，提升渔区科技层次，提高渔业机械化、标准化、规范化、集约化、专业化水平，建设一批无公害养殖基地；③ 发展特色养殖，发展精品渔业，发展以观赏、垂钓、"渔家乐"为主的休闲渔业，实现渔业由外延扩张向内涵挖潜转变，带动东西两翼和内陆山区渔业的发展；④ 合理建设和投放人工鱼礁设施，发展海洋牧场，促进海洋生物资源的栖息和繁衍；突破传统渔业发展瓶颈，实施走出去战略，建设现代化远洋渔业基地。

珠江三角洲地区保护岸线较少，现有的保护岸线多集中分布在海洋自然保护区或滨海滩涂湿地、河口两岸等敏感的、脆弱的生态区域，自然或人工种植的红树林面积较大，沿岸海域初级生产力水平较高，鸟类、鱼、虾、蟹等生物资源比较丰富。在未来的保护岸线开发利用过程中，提出如下优化建议：① 一切不以保护为目的的建设和开发活动，应尽量避开保护岸线，维持保护岸线的原生性和完整性，并注意加强海岸防风暴潮设施建设，改善保护岸线环境；② 珠江八大出海河口，淤泥滩涂湿地、河口湿地较多，河网纵横棋布，有著名的基围鱼塘湿地，也有重要鸟类分布区，包括广州新垦、深圳福田、珠海淇澳等位于国际候鸟迁徙线路上，应加强保护；③ 珠江三角洲地区红树林等生态系统安全，不仅关乎自然环境，更涉及港澳及内地千万人民的生命财产安危，应建设湿地公园使该区域的红树林湿地逐步得到恢复；④ 优化保护岸线布局，适当扩大保护岸线长度，严格保护位于保护区、地质公园、河口海域的岸线；并注意不断改善相邻岸线的水质和生态环境，提高岸线利用兼容性和综合品味、效能。

3）粤西岸线综合利用优化建议

粤西海洋经济区将对接北部湾经济区和海南国际旅游岛，加快发展临海钢铁工业、临海石化工业、外向型渔业、海洋旅游业。908专项岸线修测结果表明，粤西地区人工岸线所占比例相对较少，岸线开发利用强度相对较弱。但是，海洋经济的发展带来了一系列生态环境问题，随着未来粤西地区承接更多的"珠三角"海洋产业转移，脆弱的海岸带区域将面临着越来越严峻的挑战，必须引起高度重视。

基于908专项调查资料，从海域自然属性、海域使用现状及不同的岸线类型出发，依据粤西地区社会经济发展相关用海需求，提出相应的优化建议，以便在宏观层面上指导岸线的合理开发利用。

粤西地区海岸的开发相对较弱，临海工业发展相对不多。近年来，随着全省经济的战略性发展，粤西地区的工业与城镇岸线所占的比重将会有增加的趋势，在未来工业与城镇建设岸线的开发利用中，提出如下优化建议：① 集约、节约利用粤西地区岸线资源，做好区域建设用海区划，充分发挥每一段岸线的综合经济效益，在经济发展的同时，加强对岸线的整治修复，打造优质的工业和城镇建设岸线；② 工业建设岸线重点保证钢铁工业和临港石化产业的用海需求，着重建设东海岛区域；城镇建设岸线主要保障城市拓展的空间需求，以及东海岛钢铁和石化产业的配套生活区；③ 合理利用滩涂资源，避免对重要湿地和生态环境破坏，要保持河口海域行洪纳潮的功能，保障通航安全；④ 工业与城镇建设岸线的围填海活动需采取离岸式的填海方式，保护原始岸线，尽量减少填海活动对海洋生态系统的负面影响。

在广东省正在粤西计划打造面向南海的新港口群的大背景下，粤西地区将建设成4个30万吨级以上码头，港口吞吐能力2012年达到 1.9×10^8 t，到2020年将达到 3.7×10^8 t。港口岸线在粤西地区的岸线利用类型中，占据了非常突出和重要的位置。在未来的港口岸线开发利用过程中，提出如下优化建议：① 重点保证湛江港、徐闻港区、茂名博贺新港区、阳江港的用海需求，充分发挥粤西港区在海洋经济中的重要作用；② 做好茂名博贺新港的区域建设用海规划，合理利用深水岸线，科学布局临海工业和港口码头；③ 加强粤西各个中小型港区的基础设施建设，充分发挥港口交通运输优势在粤、桂、琼经济圈中的重要地位，将粤西的港口建设成为国际性、区域性港口物流中心。

粤西毗邻海南国际旅游岛，区位优势明显，滨海旅游资源丰富，因此旅游岸线所占的比例也相对较大。该地区具有丰富的历史文化积淀和相关配套设施，海岛资源丰富，自然风光优美，客源充足。在未来的旅游岸线开发利用过程中，提出如下优化建议：① 加强滨海旅游基础设施建设，深入挖掘滨海旅游潜力，打造滨海旅游精品线路；② 充分利用优良的海洋资源环境，加强海岛的旅游开发，尤其开发海岛精品旅游项目；③ 应不断美化岸线，改善滨海旅游区的水质和生态环境，对区内的红树林、沙滩或其他特色滨海生态系统进行保护，不得设置影响自然和历史遗迹、人文景观的构筑物；④ 旅游岸线的开发和建设，应突出以人为本的原则，强调亲和性、参与性、休闲性和娱乐性；岸线开发要有差异性，需划分出不同档次和级别，分时段高标准、高质量的建设。

渔业是粤西地区的传统产业，是海洋经济的重要组成部分。然而，改革开放以来，随着城市化规模不断扩大，第二产业和第三产业迅猛发展，使得该区第一产业（农渔业）的发展空间不断缩减。同时由于工业废水和生活污水的排放，加速了近岸的海域生态环境恶化，有些传统的养殖区已不适合养殖。在未来的渔业岸线开发利用过程中，提出如下优化建议：① 积极制定渔港建设规划，完善粤西地区传统的渔业生产设施，加强渔港整改，实施码头改造与扩建、渔港配套设施的更新改造及完善；② 加强粤西地区传统渔业养殖环境监测，防止病菌的传播；③ 优化养殖的品种和规模，做好标准化养殖示范区的建设工作，建设一批无公害养殖基地；④ 结合渔港的建设，发展"渔家乐"为主的休闲渔业，实现渔业由外延扩张向内涵挖潜转变；⑤ 提升渔区科技层次，提高渔业机械化、标准化、规范化、集约化、专业化水平；大力建设和投放人工鱼礁设施，发展海洋牧场，促进海洋生物资源的栖息和繁衍；突破传统渔业发展瓶颈，实施走出去战略，建设若干远洋渔业基地。

粤西地区保护岸线相对较多，现有的保护岸线多集中分布在海洋自然保护区或滨海滩涂湿地的红树林资源，同时有些生态敏感脆弱的河口和海湾。在未来保护岸线的开发利用过程中，提出如下优化建议：① 有效保护红树林资源，其他开发活动不得毁坏红树林湿地生态系统；② 在条件适宜的情况下可以退塘还林，恢复红树林生态系统，做好海岸整治修复与生态保护工作；③ 协调好各部门之间的利益关系，加强自然保护区的监督管理和执法力度，减少人类活动对珊瑚礁、海草床生态系统的破坏；④ 在海湾和河口等生态敏感区域内，加强环境污染治理，有效控制陆源污染物的排放。

4）保障措施

（1）大力宣传科学、合理、规范、可持续的岸线利用理念

广东省海岸线综合利用优化建议报告是在 908 专项调查资料的基础上，进行了深入的分析和评价，找出了目前海岸利用存在的主要问题，未来不同岸线的开发利用方向，对全省岸线的自然属性、利用现状和未来发展趋势进行了较为完整的研究和论述，并提出了相关优化建议，有利于实现岸线开发利用的规模化、专业化、集约化、生态化，促进了海洋经济的可持续发展。

为加强海岛、海岸线开发利用与保护的监管，必须依靠电视、广播、网络、报纸等媒体进行广泛宣传，使各级海洋行政管理部门充分认识到岸线开发和保护的重要意义。完善信访、举报和听证制度，使一切单位和个人均有权对违反岸线利用和保护的行为进行检举和投诉。同时宣传《中华人民共和国海洋环境保护法》、《中华人民共和国海域使用管理法》和《中华人民共和国海岛保护法》，增强全民海洋国土观念和海洋可持续发展意识。

（2）加大科技投入，实现对海岸线动态监管

以各级政府为领导，综合应用数据库、网络、卫星（航空）遥感、全球定位系统和地理信息系统等新空间技术，联合海洋管理部门和司法、规划、城建、海洋工程、海洋科技等部门，建立海岸综合数据库和管理信息系统，建立健全近岸海域生态系统的动态监测、预报、预警、应急系统，及时发布海域环境质量动态变化信息；积累海岸带环境状况的资料，作为海岸线管理的科学依据和基础数据，为政府制定开发、保护海洋的决策服务。

（3）根据岸线类型，合理引导项目落户

不同的岸线类型，具备不同的项目落户条件。在项目进入时，可根据其所在的岸线类型，适当引导。岸线类型划分和管理主要是针对过去的无序开发而提出来的，其作用主要体现在四个方面：① 促进人与自然和谐发展；② 有利于实行空间管治；③ 优化资源空间配置；④ 便于分类管理和调控。因此，岸线类型的参考与实用价值是非常突出的。

（4）招商引资，带动和加快海洋产业发展

海岸线综合利用与保护，是为了引导用海项目的空间布局，使用海更加科学、合理、规范，以达到在尽量满足广东省海洋经济发展合理用海需求的同时，最大程度地提高海洋资源的利用价值，减少海岸资源浪费，保护海洋生态环境，维护广东省沿海地区社会、经济和环境的协调发展。

各级政府部门要解放思想，充分发挥海洋资源优势，真抓实干，招商引资，引进高级人才，力争引进若干重大项目为龙头，带动相关产业的发展，为经济建设提供强有力的后劲和活力。

24.4　广东省近海环境状况与保护措施[①]

24.4.1　近海环境污染现状及主要问题

24.4.1.1　近海环境污染现状

广东省近海海水中无机氮、活性磷酸盐、石油类、Cu、Pb 和 Zn 含量均有不同程度的超标；其中无机氮、活性磷酸盐和石油类超标最为严重，均有超第四类水质标准的站位。全年广东省近海海水中无机氮和活性磷酸盐高值区域主要出现在珠江口，其次为汕头港、海陵湾内和湛江港内，港湾外海域相对较低；石油类相对较高的含量出现在湛江港海域。

广东省近海海域沉积物中 Cu、Pb、Cd、Cr、As 和硫化物含量均有不同程度的超标，但仍符合海洋沉积物第二类质量标准。沉积物中 Cu 在整个广东省近海沉积物中分布较为均匀，高值区主要位于汕头港海域；Pb 的高值区主要在汕头港海域，阳-茂海域含量则较低，而硫化物含量主要高值均集中分布于汕-惠海区，低值主要分布于湛江港海域和流沙湾海域；Cd、Cr 和 As 均表现为粤西高于粤东，其中 Cd 和 As 最为明显，主要高值均出现在阳-茂至湛江的湾外海域。

广东省近海海域各海区生物体中除重金属 Cd 和石油烃含量超标外，生物质量良好。其中鱼类生物体中的 Cd 含量有超标现象；软体动物中，除石油烃含量超标外，其他因子均符合海洋生物质量标准；鱼类体中 Cd 含量高值主要分布于汕头港海域、红海湾湾外海域、大亚湾和大鹏湾内海域；而软体动物中石油烃出现高值的区域有湛江港和雷州湾海域、汕头港海域。

24.4.1.2　近海环境的主要问题

1）近海环境污染严重

广东省近海海洋环境状况不容乐观，入海污染物总量居高不下。珠江口、柘林湾、汕头港及湛江湾等港湾局部近岸海域水质依然存在严重污染，海水中主要污染物依然是无机氮和活性磷酸盐，部分港湾、航道区受石油类轻度污染。局部海域沉积物存在镉、铅、石油类、有机碳、六六六和 PCBs 超标现象。局部海域贝类体内污染物残留水平依然较高。

2）重点海域的环境容量趋近饱和

沿岸重点海域的环境容量计算结果表明，珠江口的 DIN 已经无剩余环境容量，COD 和 DIP 的剩余容量很小；在汕头港海域，除外沙河尚有很小的 DIN 剩余环境容量外，其余各排污口 DIN 均无剩余容量；柘林湾海域的 DIN 和 DIP 剩余容量很小；湛江湾内 COD 和 DIN 还具有一部分剩余环境容量，DIP 基本上没有剩余容量；海陵湾内 COD、DIN、DIP 和石油类均还具有一部分剩余环境容量；大亚湾仍有部分环境容量。总体上，广东省近岸重点港湾，除了海陵湾和大亚湾以外，人类经济活动已经超出了所能承受的承载能力。而且，海陵湾和大

---

① 黄小平，张景平。

亚湾的剩余环境容量主要集中于湾口，湾内剩余环境容量所剩无几。

24.4.2　近海环境保护措施及对策

24.4.2.1　建立"陆海统筹"的海洋环境保护管理机制

2008 年初，国务院批复《国家海洋事业发展规划纲要》，明确了海洋生态保护要坚持陆海统筹、河海兼顾原则，促进海洋生态自然恢复。2011 年，十一届全国人大四次会议审议通过的"十二五"规划纲要中关于未来 5 年发展海洋经济的阐述，"坚持陆海统筹，制定和实施海洋发展战略，提高海洋开发、控制、综合管理能力，科学规划海洋经济发展，发展海洋油气、运输、渔业等产业，合理开发利用海洋资源，加强渔港建设，保护海岛、海岸带和海洋生态环境。"体现了产业发展与环境保护并重，注重陆海统筹的未来海洋开发思路。对于广东省而言，海洋生态环境的压力已经制约海洋经济的发展，更要建立"陆海统筹"的海洋环境保护管理机制。

陆海统筹，即开发海洋与开发陆地二者必须统筹规划。广东应根据珠江口、大亚湾、湛江湾、汕头港等重要港湾的环境容量制定陆域的发展规划，确定其 DIN、DIP、COD、石油类或其他特征污染物的总量控制目标。在各港湾环境容量和环境承载力的基础上合理引导生产力布局，调整沿海地区产业结构和产品结构，发展循环经济，大力建设沿岸生态工业园区，积极打造以高新产业为先导、高附加值特色产业为支柱、高资源利用为平台的先进制造业基地；加快培育科技含量高、经济效益好、资源消耗低、环境污染少的"高精特新"企业，从源头上减少污染物总量。无环境容量的港湾不允许新增污染源，应大力推行清洁生产、循环利用、生态围海等环境友好型的海洋开发模式，为海洋经济发展提供良好的生态保障。

24.4.2.2　加大污染防治力度，实施入海污染物总量控制

1）项目管理措施

要科学合理地利用海域环境容量，对老污染源确保达标排放；对新项目要严格进行环境影响评价，坚持三同时制度；利用经济手段协调局部的区域性发展速度和规模，依靠科学技术进步和推行清洁生产技术，促进企业技术更新和设备改造。实行排污许可证及海洋倾废许可证制度，遏制随意向海洋排污行为。

要加强对海洋资源开发项目及沿海工业项目的环境监督管理，从项目的选址、布局、环评、"三同时"和验收等各个环节进行把关，并坚持把海洋功能区划的实施贯穿于整个管理过程。同时，要强化海洋和海岸工程建设项目的监督管理，加强对其"三废"治理技术、排海工程技术以及施工、竣工验收的审查审批，并制定专门的规章、制度，做到管理有法可依，审批有章可循。

推行清洁生产，引导企业采用先进的生产工艺和技术手段，提高工业用水重复率，降低单位工业产值废水和水污染物排放量。积极推广循环经济理念，扶持相关产业发展，建立区域性生态产业链，特别是重点支柱行业的生态产业链，降低水污染物的排放量。

深化完善企业排污许可证制度和污染物总量控制制度，严格控制污染物排放。组织实施全省电镀和漂染行业定点入园工作。加强对电镀、印染、造纸、制革、化工、建材、冶炼和

发酵等工业企业的治污监管和执法检查力度。继续实施污染企业逐步搬迁计划。

2) 工程技术措施

(1) 控制污染物入海量

沿海工业发展,人口增长以及生活和工农业污水的排放,是破坏广东省近岸海域尤其是港湾和河口地区生态系统的重要原因之一,因此要确立治海先治陆的思想理念,逐步实现从"末端治理"向"源头控制"转化,从"总量控制"向"环境容量控制"转化,从"达标排放"向"零排放"转化,有效削减工业污染、城市生活污染和农业面源污染等陆源污染的排海强度和排放总量。

总体目标:削减工业废水、城镇生活污水、农业面源污水和海域污染源的污染物排放总量,沿海各城市的污染源按照总量控制指标削减污染物的排放。各种污染物的排放全面达到总量控制的要求,实现近岸海域环境功能区水质量达到海洋环境的目标要求。

① 工业污染源

加快工业废水集中处理厂建设,提高污水处理率和循环利用率。抓好重点工业企业的污染治理和全面达标工作,对限期整改或限期治理仍不达标的工业企业实行挂牌督办、限期停产治理或关闭搬迁。实施重点工业污染源排放口在线监测,重点企业安装自动监测装置,保证重点工业企业污染排放稳定达标。鼓励工业废水集中处理,工业废水在厂内治理未达到排放标准或不允许排放的应引入片区污水处理厂进行进一步的处理。采取坚决的措施,关闭未经省级海洋部门和环保部门及其他行业主管部门审批的污染物直接排海或排入主要入海河流的企业。

② 城镇生活污染源

加快城镇河涌整治,建设完备的生活污水收集管网和处理设施。推进万人以上镇级污水处理系统,特别是加快中心镇污水处理系统的建设。完善污水处理工艺,提高污水处理规模和处理深度。对新建扩建的城镇污水处理厂要求采用有较高脱磷脱氮效率的工艺,提高脱氮、脱磷效率。严格污水处理厂监管,加强处理系统的运行管理和维护,所有污水处理厂必须安装在线监测装置,确保达标排放。进一步削减城镇生活污染源,使得各入海河流的污染物进一步减少,入海河流和海域的水环境功能目标得到实现。

③ 海域污染源

a. 养殖污染防治措施

网箱养殖排污是海上污染的主要来源之一。全省网箱养殖应全面规划,合理布局。网箱养殖的数量要根据当地海域的环境容量、滩涂与海上网箱养殖现状和发展趋势等进行科学规划,使排放的污水和其他污水的污染物总量,不超过海域的自净能力。海水养殖应当科学确定养殖密度,并应当合理投饵、施肥、正确使用药物,防止造成海洋环境的污染。提高水产饲料利用效率,开发出优质饲料、添加剂、诱食剂,开发低污染的新型环保饲料和与之相匹配的养殖工艺等,努力减轻环境污染。应该采取更有效的健康养殖方式,使得养殖业和近海生态环境保护并行不悖,实现可持续发展的良性循环。

b. 严格控制船舶、港口、海洋石油平台倾废排污以及其他海上污染

要严格海上倾废管理,合理设置倾废区,严控固体废弃物倾倒入海。因地制宜建立污染物接收设施,解决船舶油污水和垃圾问题。对所有交通运输船舶要求必须安装除油装置,船

723

舶防污设备全部达标；船舶海上作业规范化；健全海区监视系统，加大处罚力度，使所有交通运输船舶达到在广东沿海污染物"零排放"的目标。对于500 t以上的海上舰艇增设一定容量的油污水储存仓，1 000 t以上的舰艇增设生活污水储存仓，所有舰艇装设生活污水排放系统，并在港口设置相应的接收处理系统。强化监督管理，实施船舶、石油平台及其相关活动的"零排放"计划，杜绝污染物直接进入海域，积极预防溢油污染事故的发生。有计划地完善特殊航行区建设，保证海上交通安全。建立健全有关法律法规，做到有法可依，用法律规范海上作业行动。使用船舶污染物处理自动监控技术和设备，对船舶排污实施有效监督管理，对违规船舶依法从重处罚。

c. 固体废弃物污染防治措施

全面开展清理重点海域的海漂垃圾，制定海岛、沿河和沿海固废处理相关管理规定，从源头控制海漂垃圾的产生；组建海上固体废物清洁机构，定期、及时清除各类海漂垃圾；基本完善人口密集区、海水养殖区和船只上的卫生基础设施；逐步规范海岸和海上垃圾处置和管理，杜绝随意堆放和丢弃垃圾的现象，完善环境卫生基础设施，进一步加强海岸和海上垃圾处置和管理。

加强海上疏浚淤泥倾倒监管力度，规范管理行为，定期排查疏浚泥海上随意倾倒的现象；加大宣传、查处和处罚力度，有效保护海洋环境；加强疏浚淤泥的综合利用关键技术研究与应用，开发有效的海上疏浚固废利用新技术。

④ 农业面源

a. 种植农业

大力推广节水灌溉技术、配方施肥技术和病虫害综合防治技术，减少水土流失，提高肥料利用率，注重有机肥和生物农药的使用，减少及控制化肥和化学农药使用量。以点线面相结合，开展生态农业示范区、生态农业带、生态农业圈的建设，使农业生态环境得到全面控制和治理。

b. 禽畜养殖

根据广东省粤中和粤西地区养殖量过大、环境污染负荷较严重的现实，合理控制养殖规模。搬迁或关闭位于水源保护区、城市和城镇中居民等人口集中地区、珠江三角洲河网区、城市近郊区的畜禽养殖场。提高大、中型规模化养殖场粪尿综合利用率，加大污水治理力度，减小污染负荷。

积极推广养殖废水的土地处理，提高畜禽排泄物的资源化利用率。在广州市、深圳市等市郊开展畜禽养殖污水处理示范工程、畜禽排泄物资源化示范工程。提倡种养结合和生态养殖，逐步实现养殖业的合理布局。

沿海地区的畜禽养殖实现集约化、规模化，解决流域内畜禽养殖的面源污染影响。大中型集约化畜禽养殖场废水必须全部按照《畜禽养殖业污染物排放标准》（GB 18596—2001）的要求达标排放。

c. 滩涂及高位养殖

进行滩涂与高位海水养殖区生态环境监控及调整，开展对养殖废水、特别是养虾废水的治理，试行养虾或高位池养殖废水的达标排放制度。

（2）开展近岸海域入海污染物控制试点

① 在珠江口、大亚湾、湛江港等海域实行入海污染物总量控制制度试点，对主要污染源

分配污染物排海控制数量和实施污染物在线监控。

② 加强环大亚湾周边县区和湛江港周边县区污水管网和污水处理设施建设，提高城镇污水集中处理率。

③ 加强海上污染源和倾倒区规范管理，严格控制在珠江口及邻近海域和海湾内新设倾倒区。

24.4.2.3 环境监管措施

1）监控体系建设

（1）健全海洋环境监测网络

加强海洋环境监测体系建设，健全海洋环境监测、生物资源监测、重大生态灾害监测和海洋环境预警预报等体系，提高技术装备支撑能力，形成有效覆盖沿岸海域的资源环境监测网络，实施有效监测，做好预警预报服务。

随着广东省沿海地区的经济发展，海洋环境面临的压力将越来越大，因此，在开发、利用海洋环境资源的同时，还要加强海洋环境的监测工作，通过建立海上浮标、在线监测、卫星遥感、地波雷达等海洋生态环境监测、监视、预警系统，提高海洋生态环境监测、监督的覆盖率、时效性和反应能力。加快推进深圳全海域监测监控网络体系建设和示范推广。

（2）构建全省以及跨省区的一体化海洋生态环境预警监控体系

构建全省以及跨省区的一体化海洋生态环境预警监控体系，开展海洋环境的联动监控和信息通报。

2）政策保障机制

（1）完善海洋环保法律法规体系，加强海洋环境监督管理

加快海洋法制建设，制订完善相关政策法规，为实施依法治海、依法管海提供有力的法律支撑。认真实施以《中华人民共和国海域使用管理法》、《中华人民共和国海洋环境保护法》为核心的海洋法律制度，依据《广东省海洋功能区划》，坚持在开发中保护、在保护中开发的方针，按照"科学、规范、公正"的原则，依法审批各类海洋开发活动，规范海洋开发利用秩序，严格执行海洋功能区划和环境影响评价制度，建立严格的围填海海域使用论证和评审制度、控制机制、跟踪监察填后评估制度及重大建设项目用海预审制度。开展重点海域环境污染容量评价和海洋功能区环境质量现状调查，逐步实行污染物排放总量和排放标准控制制度，严格执行排污许可制度。

加强海洋执法监察队伍建设，强化海洋管理执法监督，规范执法程序。按照统一领导、分级管理的原则，建设一支具有较高政治素质和较强保障能力的海洋执法队伍，加强海洋执法能力建设，实施省海洋与渔业执法装备建设项目，提高海域监察执法水平，强化海上联合执法管理，确保各项海洋法律法规的贯彻实施。

充分发挥省海洋经济工作联席会议的作用，积极探索海陆协调统筹的管理模式，逐步建立部门协商制度，协调解决产业和区域之间经济发展和资源环境保护的重大问题。省建立海洋经济发展科学咨询制度，成立由多学科专家组成的科学咨询委员会，研究海洋经济发展面临的重大问题，为省的决策和管理工作提供科学依据。沿海各市、县要按照国家和省的工作

部署，制订和实施市、县海洋经济发展规划，有效推动各项工作的开展。

（2）实行海洋环境保护目标责任制

广东省沿海各级政府要加强本辖区的海洋环境保护工作的领导，明确各行政区域保护管理权限，落实责任，负责本辖区的海洋环境质量，把海洋环境保护工作真正地纳入各级政府的议事日程，建立海洋环境保护目标责任制，层层落实，把海洋环境保护目标作为考核干部政绩的指标，真正做到领导重视，责任落实，各有关部门通力合作，齐抓共管，防止无计划开发对海洋资源和生态环境造成的破坏，逐步改善海洋生态环境。对于造成环境损害的活动适用严格责任和连带责任原则。

（3）增强民众的海洋环保意识

首先，要在各级领导中树立海洋环境保护意识，加强政府在海洋环境保护方面的职能建设，建立起环境与发展的综合决策机制；其次，要加大舆论宣传力度，增强全民环境保护意识，激发民众对海洋环境保护工作参与热情，发挥群众的监督作用，争取社会各界对海洋环境保护工作的关注与支持。特别是要加强面向企业的宣传，帮助企业转变观念，从被动地治理环境污染转向主动选择清洁生产工艺和海洋环境无害的生产技术。

24.5　广东省沿海区域经济和产业布局建议[①]

24.5.1　沿海经济布局现状与存在问题

"十一五"规划以来，广东省海洋经济取得较大发展。2009 年，全省海洋生产总值达到6 800 亿元，占全省国民生产总值的 17.4%；2013 年达到 1.23 万亿元，占全省生产总值的19.8%，连续 19 年居全国首位；海洋三次产业结构由 2000 年的 30∶28∶42 调整为 2009 年的3.5∶45.8∶50.7，海洋经济结构从总体上得到改善。海洋经济区域布局也得到进一步优化，初步建成了"珠三角"、粤东、粤西 3 大海洋经济区，以及富有活力的广州、深圳、珠海、惠州、汕头、湛江 6 个海洋经济重点市，成为全国海洋经济最具活力和潜力的地区之一。"珠三角"海洋经济区临海工业、海洋运输业和海洋新兴产业快速发展，规模不断扩大；粤东海洋经济区滨海能源、水产品精深加工发展势头良好；粤西海洋经济区海洋交通运输业、滨海旅游业和外向型渔业蓬勃发展。

广东省海洋经济发展与产业布局存在的突出问题主要是海洋经济发展不平衡，粤东、粤西地区海洋资源和区位优势尚未得到很好发挥；海洋产业结构不够合理，海洋科技成果转化率不高，创新能力和整体竞争力有待提升；海洋资源开发利用水平偏低，海洋环境污染问题突出，海洋生态环境保护和修复任务艰巨。

---

① 周厚诚，刘强。

24.5.2　沿海区域经济与产业布局建议

24.5.2.1　沿海区域经济空间布局建议

1）打造"一核两极"沿海区域经济发展空间布局

按照海陆统筹、优势集聚、联动发展的原则，优化海洋产业布局，提升珠江三角洲海洋经济区的核心作用，壮大粤东海洋经济区、粤西海洋经济区两个增长极，形成"一核两极"的沿海区域经济发展空间布局。

珠江三角洲海洋经济区是广东海洋经济发展基础最好、水平最高、发展潜力最大的核心区，要积极培育海洋战略性新兴产业，重点发展海洋高端制造业和现代海洋服务业，着力打造一批规模和水平居世界前列的现代海洋产业基地；要加强城市之间的分工协作和优势互补，整合区域内产业、资源和基础设施的建设，实现产业布局、基础设施、环境保护等一体化。粤东海洋经济增长极要以加快海洋资源开发为导向，重点发展临海能源、石油化工、装备制造、海洋交通运输、港口物流业、海洋旅游业、现代海洋渔业等产业，加快以海上风电为主的海洋能开发，积极培育海水综合利用、海洋生物医药等战略性海洋新兴产业；要加快建设以汕头为中心的粤东沿海城镇群，推进基础设施、产业和环境治理等一体化。粤西海洋经济增长极要充分发挥大西南出海口的优势，构建粤西沿海港口群，加快建设临港重化产业集聚区；提升发展海洋旅游业，加快发展现代海洋渔业，培育海水综合利用、海洋风电、海洋生物医药等海洋新兴产业；推动以湛江为中心的粤西沿海城镇群建设。

2）构建"三圈一带"海洋经济区域合作新格局

广东省海洋与渔业局首次提出了构建"三圈一带"海洋经济区域合作新格局。"三圈"是指粤港澳海洋经济合作圈、粤桂琼海洋经济合作圈、粤闽台海洋经济合作圈；"一带"是指具有全国领先水平，连接海峡西岸和北部湾经济区、海南国际旅游岛的蓝色产业带。

建设粤港澳海洋经济合作圈要以"珠三角"海洋经济区为支撑，以广州南沙、深圳前后海、深港边界、珠海横琴、万山群岛等区域作为粤港澳海洋经济圈建设的重要节点，加强粤港澳在海洋运输、物流仓储、海洋工程装备制造、海岛开发、旅游装备、邮轮旅游和海洋战略性新兴产业等方面的合作，共同打造国际高端的现代海洋产业基地，建设优质生活湾区。建设粤闽台海洋经济合作圈要以汕头、潮州、揭阳、汕尾为依托，对接海峡西岸经济区，进一步扩大与福建、台湾在现代海洋渔业、滨海旅游、海洋文化等领域的合作，重点开展海洋装备制造、海洋生物医药、海水综合利用等海洋战略性新兴产业的开发合作。建设粤桂琼海洋经济合作圈要以湛江、茂名、阳江为依托，对接北部湾经济区和海南国际旅游岛，重点加强滨海旅游、现代海洋渔业、海洋交通运输业、涉海基础设施建设等方面的合作。依托粤港澳、粤闽台、粤桂琼 3 大海洋经济合作圈，以海港、沿海高速公路、沿海铁路等高效海洋交通运输体系为通道，以"珠三角"产业转移为纽带，贯通全省沿海各类型产业集聚区之间的联系，形成以环"珠三角"地区陆域为腹地，以南海北部海洋经济区为主体，面向东南亚，横跨闽东南海洋经济区、北部湾海洋经济区、海南岛海洋经济区的具有国际领先水平的蓝色经济带。

24.5.2.2 主要海洋产业布局优化建议

1）统筹发展现代港口物流业

整合港口、航道资源，优化布局、拓展功能，形成重点突出、优势互补、协同发展的现代化沿海港口集群，实现港口生产要素的最优配置，提升整体竞争力。加强以沿海主枢纽港为重点的集装箱运输系统和能源运输系统建设，重点建设广州、深圳、珠海、湛江、汕头5个主枢纽港，适度发展潮州港、揭阳港、汕尾港、惠州港、虎门港、中山港、江门港、阳江港、茂名港等地区性重要港口，形成分层次发展格局，逐步实现干线港、支线港、喂给港相互配套的现代化港口体系。理顺港口和城市的内在关系，科学配置区域要素和资源，实现港口与临港区域项目一体化、港口与临港区域布局一体化、港口与城市其他交通方式一体化、港口与所在城市战略目标一体化。港口经济集聚壮大之后向港口城市辐射，促进陆地经济发展，推进港城一体化进程。

2）大力发展高端滨海旅游业

依托丰富的岸线、人文、海洋文化等资源优势，着力打造高端旅游产业，建成国际高端滨海旅游目的地。重点培育珠江三角湾区、川岛区、海陵湾区、南澳岛区、深圳大鹏湾区、珠海沿岸与海岛群、惠州稔平半岛、水东湾和大放鸡岛、湛江湾区9个带动型的滨海综合旅游区。打造深圳太子湾、广州南沙等国际邮轮母港基地、中山磨刀门神湾游艇主题休闲度假基地、东莞虎门威远岛爱国主义教育基地、汕尾红海湾海洋运动旅游区、潮州柘林湾海上牧场、揭阳金海湾高尔夫度假旅游区等专业化特色的重点海洋旅游基地。重点发展广州、深圳、珠海、汕头、湛江5大滨海城市和海陵、川山、万山群岛、大亚湾中央列岛、南澳岛、湛江湾6大岛群的海洋旅游业。加快珠海长隆国际海洋旅游度假区、阳江海陵岛海洋公园、湛江特呈岛海洋公园、中山海上温泉度假区等项目建设。

3）积极参与开发南海海洋油气资源

抓住国家勘探开发南海油气资源的契机，积极发展油气勘探开发支持产业，提高深海石油开发的技术水平，提高海洋油气业对广东的经济贡献。提升海洋石油、天然气等能源资源的储运供给能力，研究制定油气资源战略储备机制。以油气资源开发带动海洋工程和技术服务业的发展，启动具有高附加值的依托油气资源的大型能源项目。重点在广州、深圳、珠海、湛江、惠州等地布局建设南海油气资源勘探开发后勤基地、油气终端处理和加工储备基地，建立国际一流的石油勘探开发现代化综合性服务体系。

4）支持发展海洋工程装备制造业

大力推动广州、深圳、珠海、中山等地海洋工程装备制造业发展，培育形成具有较强国际竞争力的海洋装备制造业集群。推进水下运载装备及配套作业工具系统、海洋勘探开发和监测、海洋油气生产设备、海上风电设备制造研发，加快珠海深水设施制造基地、深圳海洋石油开采装备制造基地建设，积极打造深海海洋装备试验基地和装配基地。加快船舶产业结构优化升级，合理布局海洋船舶产业，打造世界大型修造船基地。加快建设以广州、中山、珠海为中心，各有侧重、错位发展的大型修造船基地。重点建设珠海、东莞、中山等游艇制造基地。

5）培育壮大海洋战略性新兴产业

海水综合利用业。 积极推进海水综合利用，鼓励和引导临海重化工企业以海水作为工业冷却水；支持发展海岛海水淡化产业；积极开发海水化学资源和卤水资源及其深度加工，推进盐业改造提升，尽快突破技术利用海水提取钾、镁等技术，重点发展钙盐、镁盐、钾盐、溴和溴加工系列产品，以产品优势提升产业优势；建设较大规模的海水淡化、海水直接利用和综合利用高技术产业化示范工程，推动海水综合利用产业发展。

海洋生物制药业。 重点发展海洋生物活性物质筛选技术，重视海洋微生物资源的研究开发，加强医用海洋动植物的养殖和栽培；以集团化发展为重点，扶持一批上规模、创品牌的龙头企业；重点开发一批技术含量高、市场容量大、经济效益好的海洋中成药，积极开发农用海洋生物制品、工业海洋生物制品和海洋保健品。

海洋可再生能源电力业。 充分利用广东海洋能源资源和技术优势，加大海上风能、潮汐能、波浪能的开发力度，重点开发粤东、粤西风能资源区和珠江口、粤东波浪能资源区，粤西潮汐能资源区；研究开发万千瓦级潮汐能；争取建设一批海洋能开发利用示范工程项目。

6）做大做强临海工业

临海钢铁工业。 调整优化产业布局，加快淘汰落后产能，优化发展广东临海钢铁工业。积极推进湛江钢铁基地建设，打造技术先进、节能环保、装备一流、效益良好的现代化千万吨级钢铁基地，重点发展炼钢及辅助原料、钢铁产品深加工。以南沙广钢 JFE 项目为龙头，加快发展高端板材和海洋材料，建设与汽车、造船、家电、机械装备等产业配套的精品钢铁产业园。抓紧完善与钢铁基地相配套的港口、公路、铁路、水电气等基础设施建设。加快钢铁现代物流体系建设，打造辐射全国、国际一流的钢铁交易平台。

临海石化工业。 集聚发展石化工业，延伸产业链，加快发展精细化工产业，围绕炼化龙头项目建设湛江东海岛、茂名、揭阳惠来和惠州大亚湾等四大临海石化基地。加快建设中科合资广东炼化一体化项目、中委合资南海（揭阳）石化超重油加工项目和中海油惠州炼化二期、深圳精细化工园区。以减少污染物排放和提高产品质量为重点，加快改造提升广州石化基地。扶持天然气及其配套产业发展，加快推进广东沿海 LNG 接收站和仓储中心建设，形成完整的产业链。初步建成具有世界先进水平的特大型石油化工产业基地。

临海能源工业。 适应沿海经济社会发展需要，积极发展核电、优化发展火电、支持发展天然气电。重点推进广州南沙、江门台山核电产业园建设，加快建设台山核电、阳江核电项目，支持建设汕尾陆丰核电等后续项目。重点推进惠州、深圳、阳江等地抽水蓄能项目建设，提高区域内电力调峰调频能力，构建多元、安全、清洁、高效的临海能源工业。

7）提升发展现代海洋渔业

按照提升近海、开发深海、拓展远洋的原则，加快发展现代海洋渔业。重点发展"深蓝渔业"，大力推进深水网箱养殖海上产业园建设。扶持一批具有开发深海渔业资源能力的龙头企业，加快开发南沙渔业资源，构建以开发深海和远洋渔业资源为主的新型捕捞产业集群。

积极发展水产品精深加工业，在湛江、茂名、阳江、汕头、潮州等地建成一批国际顶尖水平的水产品精深加工园区和高水平的国家检测重点实验室，培育一批具有较高市场占有率的知名产品。积极发展设施渔业、休闲渔业和观赏渔业，优化渔业产业结构，促进广东海洋渔业经济可持续、健康发展。

第 25 章 广东海洋可持续发展 问题与对策建议①

　　广东省位于南海北部，拥有丰富的海洋资源和优越的自然地理环境，地处热带亚热带，历来十分重视海洋资源开发，海洋经济一直保持全国前茅。但近 10 多年来，由于人为和自然双重因素影响，海洋产业发展面临诸多瓶颈问题。要实现广东海洋可持续发展，应吸取发达国家的经验和我国过去 60 年草原、森林资源的过度开发所带来的严重教训与警示，及早采取综合政策和措施。应借鉴国际先进理念和经验，坚持以生态系统为基础、陆海统筹、河海一体的基本原则，统筹沿海区域和流域经济社会发展，支持有助于改善海洋、河口生态系统健康的保护和可持续土地利用方式，鼓励和支持可持续的、安全的、健康的海洋开发活动，推动海洋经济发展方式的根本转变。创新管理体制机制，建立跨部门之间的利益高层决策机制，形成网络状对接与合力，激励各利益相关方的共同参与。

　　根据 908 专项调查结果和广东海洋产业发展现状，目前广东以开发近岸海域资源为主的传统发展方式显然已受到资源、环境的制约，海洋经济可持续发展的难度加大，海洋开发中一些深层次矛盾和问题逐步显现。主要体现在传统渔业与资源消耗型产业偏多，海洋高新技术企业偏少；分散零星用海项目偏多，集约节约用海项目偏少；基础设施建设历史欠账偏多，支撑保障体系建设投入偏少。同时，产业发展只顾经济利益，不顾环境承载力，在海洋产业高速发展的同时，也给海洋环境造成了巨大压力，生态保护与海洋管理面临着诸多挑战。其根本原因：一是海洋经济发展规划滞后，区域发展不平衡，规划的约束性、协调性和可操作性仍有待提升，海洋经济的科学发展还没有真正被摆到重要位置；二是海洋基础性研究投入不足，成果转化率低，高新技术、创品牌能力缺少科技支撑后劲，海洋新兴产业发展步伐缓慢；三是公众海洋环保意识不强，海洋执法管理存在薄弱环节。尤其值得指出的是，随着沿岸工业和滨海城镇化的迅猛发展，临港重化工业带的大规模建设，超容量无序养殖和陆源污染物排放，海洋灾害和污染事故等对海洋环境的威胁日益突出，生态环境保护和修复任务艰巨。面对这些问题，如果不及早采取措施加以解决，将严重制约广东海洋可持续健康发展。为此，提出以下对策建议和措施供参考。

25.1　统一规划，合理布局

　　（1）遵循"集约布局、协调发展、海陆联动、生态优先"的基本原则和思路，结合广东省海洋资源分布和海洋经济发展现状，充分发挥各区域比较优势，准确定位主导产业，着力优化结构布局。从全省海洋角度研究大型海洋与海岸工程建设布局的合理性，打破行政区域的界限，按海洋功能统一规划布局大型港口、码头、石化、仓储、交通等海洋与海岸工程，

---

　　① 黄良民，沈萍萍。

避免海洋产业布局不合理而导致生态环境的破碎化。急需按海洋功能进一步修编功能区规划，将全省主要海湾和岸段分为港口码头基地、大型工业电力区、海产加工商贸区、科技文化旅游区、城镇生活区、生态保护区等不同类型，科学合理布局蓝色产业带。

（2）抓住《广东海洋经济综合试验区发展规划》方案实施和"一带一路"建设契机，学习新加坡模式，拓展东盟合作圈，打造国际化现代港口枢纽，优化区域布局和产业结构调整。坚持国家目标与地方目标的统一，体现国家海洋经济发展的战略意图，突出优势和特色，培育和发展一批特色明显、结构优化、体系完整、环境友好和市场竞争力强的产业集群，促进以土地和岸线为核心的资源集约利用，运用高效集约的用地机制，实现土地资源优化配置和效益最大化。任何工程的围填海都必须遵循海洋功能区划，从生态系统服务功能角度进行深入论证，与土地空间规划、产业规划充分衔接。改变传统的工程填海模式，避免低水平粗放式重复建设的开发方式和海洋资源的低效利用。

（3）综合评估涉海工程项目对海洋生态环境影响和损失程度，统一划定海洋生态红线，确定生态补偿标准和实施补偿措施，对在用海过程中出现不符合产业政策、环境政策的项目实行退出机制。建议由海洋主管部门牵头，组织有关专家在加快海洋功能区划修编的同时，编制广东省海洋产业发展与海洋生态环境保护协调发展规划；合理布局海洋产业，加快推进海洋经济与生态环境的协调发展。

（4）根据不同海湾、岸段资源优势，重点发展粤东粤西，优化建设珠江口；各选择 1~2 个典型海湾，通过科学论证，赋予新区政策，分类型开展示范建设，把重点海湾建成"一带一路"主打区、桥头堡。加快推进美丽海湾、生态文明建设，打造海蓝地绿、环境优美，人海和谐、生态文明，宜居宜业、经济繁荣的现代新型蓝色经济圈。

25.2　海陆联动，综合整治

（1）通过顶层设计，抓好源头，海陆联动，产业布局与生态安全统一协调，这是确保经济社会与生态环境效益双赢的先决条件。一方面对污染企业开展全面整治和清理，统一布局排污管网、增设污水处理厂，严格执行排放标准，加大力度控制源头；以海洋生态环境容量和净化能力为限度，综合考虑控制废物排放量，推行低消耗、高产出、低污染、可循环的发展模式，建立进驻企业的环保准入门槛，杜绝高污染企业落户。同时，根据海洋功能区划、海水动力条件和有关规定，对入海排污口位置进行科学论证，主管部门严格控制审批和管理。严禁在海洋自然保护区、重要渔业水域、海滨风景名胜区和其他需要特别保护的区域新建排污口；根据环境条件将排污口引向深海设置，实行离岸排放。

（2）创新海洋管理机制，试行采用配额排放制度、购买排放权和生态补偿政策，实行区域协调、蓝色经济绿色管理，实行生态效益与环境质量责任评估和绩效考核，强化区域统筹与法制化管理。在强化管理队伍建设的同时，加强沿海市县海洋环境监测人员能力培训，组建一支懂业务、高素质、可胜任的监测队伍，长期开展陆—河—海—气全面监测监控，提供及时准确的海洋环境信息服务。对流域、河口、海湾，尤其工业化、城镇化程度高的地区、重点海湾、排污口，实施定点、在线（遥测）、连续、可视化联网监测，进行实时监控预警，构建信息化数字海洋网络，形成电子管理平台和决策系统。

（3）环保是公共事业，需要政府引导、企业投资、公众参与。建议由省财政适当安排引导资金，设立海洋风险投资基金，并通过无人海岛或离岸海域补偿开发方式，吸引社会和企业投融资。鼓励发展环保产业，转变环境危机为环保商机。

25.3　科技引领，创新发展

（1）海洋的发展，人才是关键。目前广东海洋领域的人才，尤其是高层次、高水平人才十分缺乏，应鼓励加强海洋学科的建设，加大高层次人才的培养力度，积极引进、造就一批具有理论知识和实践能力相结合的专业型、技术型、服务型、管理型人才；不断完善人才工作机制，优化人才资源配置，优化人才工作环境和教育培训体系，大力推进海洋人才资源开发。充分发挥中央驻粤涉海科研机构及有关大学人才优势，以提高海洋人才队伍综合素质和创新能力为主线，以培养选拔高层次、复合型拔尖人才为重点，提高海洋科技队伍的整体素质。

（2）建设海洋科技自主创新体系。按照政产学研用有机结合的模式，加快具有国际竞争力的海洋科技创新和技术成果高效转化示范基地建设，形成一批海洋科技产业园。完善政府投入机制，加大对海洋基础性、原创性、公益性科技的投入，引导科研院所高校加强协同创新。设立海洋科技重大专项，强化科技创新驱动，重点加强海洋工程装备制造、海洋生物高值利用、海洋生态环保工程、海洋可再生能源、海水综合利用等高新技术研发。加速形成原始创新—成果培育—转化示范—产业联盟，催生政产学研用价值链，打造广东海洋品牌。

（3）加强海洋法律法规和海洋科学知识的宣传、普及和教育，形成全社会关注海洋、珍惜海洋、保护海洋的文化氛围；充分发挥各种媒体和宣传渠道的作用，建立海洋管理和海洋事业的公众参与机制，全面提高公民海洋意识、环保意识和综合科学素质，共同推进海洋强省建设。

25.4　优化管理，提高效能

（1）目前海洋管理和经济发展仍存在"九龙治海"的现象，海洋综合管理体制本身存在部门和职能分割的问题，监管海洋的部门与经济建设及其他部门如何协调，分散性海洋管理体制对海洋经济发展的影响已经逐步显现。应按照统一效能的原则，实行管理体制改革，破除部门和职能分割问题；按统筹兼顾的原则，破除区域分割现象。海洋经济要发展，必先打破目前既得利益的格局。

（2）广东是海洋大省，要加快建设海洋强省，实现两个率先，关键在于政府作为和管理效能发挥。海洋涉及科技、经济、生态、安全、产业、教育、文化、社会等诸多行业领域，关系复杂，协调任务繁重，需按中央部署和改革方案，给海洋主管部门赋予综合职能，强化统一协调机制，提高管理效能，为省委省政府分担综合协调责任。沿海省份如辽宁、山东、福建、海南等省的海洋管理部门都早已设海洋与渔业厅，广东刚改为厅建制，为加强综合协调，需明确赋予协调海洋各方面事务的综合职能，增强权威性，提高管理效能，并进一步完善省、市、县三级管理体系，规范各级涉海管理部门的职责划分，实现管理重心下移，提高管理效率和水平。探索出一条行之有效的途径，建立海洋开发、建设、保护、补偿和监管一条龙的协调管理机制，实施统一的海洋管理和生态环保措施，促进海洋经济与生态环境可持续协调发展，实现真正的因海而兴、有海则美的崭新局面。

结　语①

《广东省近海海洋综合调查与评价总报告》（以下简称《总报告》）在充分利用广东省908专项调查与评价的数据和资料的基础上，进行了综合分析和研究，旨在了解广东近海自然环境与自然资源状况、演变规律以及人为活动对其的影响，分析并预测其今后的发展趋势；同时，根据广东省近海海洋发展的特点与需求，针对性地提出近海海洋资源合理开发与保护、综合管理等对策和建议。

《总报告》全面总结了2004—2011年实施的广东省908专项综合调查、综合评价及数字海洋框架建设等工作，归纳出以下10个方面的主要成果和新认知。

1）近海环境特征

通过集成广东近海水文气象、海洋化学、生物生态和海洋底质等研究资料和成果，综合分析其变化特征与规律并取得一些新认识，为广东省海洋资源开发和生态环境保护提供依据。

首次利用走航ADCP观测了大亚湾、海陵湾和湛江湾等重要海湾的水动力条件，以此深入分析这些海湾的水交换和环境容量，建立了广东沿岸典型海湾水动力模型，并应用于海湾动态变化预测与实时监控管理。

在汕头海区的汕头港外东南面海域、阳-茂海区的沙扒港周围海域和湛江海区的硇洲岛附近海域新发现夏季3个底层海水低氧区，初步分析了其形成原因，为生态环境保护与治理提供了基础数据。

综合分析显示，广东近海环境质量总体稳定，但污染形势仍不容乐观，污染物主要以无机氮、石油类及某些重金属污染为主，而且目前人类经济活动已超出各主要海湾的承载能力，剩余环境容量很小。首次实现了珠江口海域基于水环境数学模型的环境容量计算，提出了综合考虑效益与公平的环境容量求解方法，制定了环境容量区域分配方案；基于GIS的生态系统健康评价方法对大亚湾生态系统健康状况进行了评价，提出浮游植物丰度和生态缓冲容量是大亚湾生态系统健康状态的关键因子，对其调控和管理需引起重视。

2）近海生物资源

系统摸清了广东近海海洋生物功能群结构、种群变动、基础生产力及其资源利用潜力，重新认识并阐明其变化规律。广东沿岸海域叶绿素a和初级生产力总体上呈现海湾高、近岸低、由近岸向外海逐渐下降的分布趋势，但粤东和粤西各个港湾由于水文特征、理化环境的差异，基础生产力存在较大的空间差别。

首次全面开展了广东省近海不同功能群生物、粒级结构和微微型生物分布特征的研究。记录广东沿岸海域微型浮游植物405种（含变种、变型），小型浮游植物271种；大型浮游动

---

① 沈萍萍，黄良民。

物 789 种（含浮游幼虫），中型 252 种；小型底栖生物 14 个类群；大型底栖生物 797 种；游泳动物 342 种。各个生态类群的种类及数量分布规律不同，呈明显的季节变化，不同海湾生态类群分布各具特点，总体上浮游生物的种数分布趋势是由近岸往外海递增，即种类随着水深增加而增多；底栖生物种类数的水平分布显现出近岸海区种类数多、离岸海区种类数较少的分布趋势；游泳生物种类数以粤东海域柘林湾和大亚湾的种类高于粤西海域如水东湾。

拓展了广东省重要海洋生物遗传多样性研究，为海洋野生生物种质资源保护及其开发利用提供了有益指导。分析表明，广东近海海洋生物遗传多样性丰富，近江牡蛎、日本对虾和锯缘青蟹 3 个群体遗传多样性指数高，野生群体遗传多样性均维持在较高水平。

总之，广东沿岸海域生态环境复杂多变，海洋生物种类、数量受自然变化及人类活动的双重影响，如南海海流（暖流）、沿岸流、上升流及珠江径流输入及人类生产活动等因素影响。

3）特色海洋生态系统资源

全面调查了广东省近海珊瑚礁、红树林、海草床及珍稀濒危动物等资源现状。首次对担杆列岛珊瑚礁区的珊瑚种类进行了调查，发现柱形筛珊瑚（*Coscinaraea columna* Dana，1846）等新记录种；新发现广东省沿岸海域 8 个海草床区，主要分布于柘林湾、汕尾白沙湖、惠东考洲洋、大亚湾、珠海唐家湾、上川岛、下川岛、雷州企水镇等；广东省红树林分布面积全国最大，按照本次海岸带和海岛植被调查，红树林区域面积为 104.7 km^2，主要分布在湛江、茂名、阳江、江门、珠海、深圳等沿岸潮间带，惠州、汕头和汕尾也有少量分布；补充调查了广东省沿岸海域主要海洋珍稀濒危动物，包括大型豚类、海龟、鲨、白蝶贝、文昌鱼等，完善了部分海洋濒危动物的资料。

4）海洋灾害现状及其发展趋势

本次海洋灾害调查与评价主要包括赤潮灾害、海岸侵蚀灾害及海洋污染灾害的现状调查及应急措施等。

（1）广东沿海赤潮不仅发生频率及范围不断增加，时间上由原来的春季发展为一年四季均有发生；鱼毒性和有毒有害藻赤潮越来越频繁，强致灾赤潮增多，如 2006 年秋季发生在珠江口的赤潮新记录种——双胞旋沟藻赤潮，2009 年及 2011 年秋季又爆发了大面积的同种赤潮。通过对广东沿岸主要海域近 30 年来发生赤潮的种类、频次、危害及水文、理化背景调查，结合现场赤潮跟踪监测资料分析，建立了广东沿海主要有毒有害赤潮诊断和预警指标体系：通过细胞密度、环境因子和毒素对赤潮进行预警预报，为近海生态环境保护与管理提供了决策依据。

（2）广东省约有 900.6 km 的海岸线遭受不同程度的侵蚀。从整体上看，海岸侵蚀灾害以粤西强度和长度最大，其次为粤东，珠江口最弱；根据自然因素和人为因素的分析，入海泥沙将继续减少、海洋动力显著增强、海岸环境破坏难以改变，从而使广东省海岸带的海岸侵蚀灾害在未来相当长的时间内可能呈明显的加剧趋势；人类活动是广东省海岸侵蚀的主导因素，人类活动对海岸侵蚀产生的影响比例越来越大，表明广东省在海岸侵蚀的防灾减灾管理工作中仍需进一步加强。

（3）海洋污染灾害应急措施：针对广东省及其邻近海域的溢油污染、海上危险化学品泄漏、陆源排污和倾废污染、核电站热污染等灾害状况，综合评价了海洋污染灾害对广东省社会经济的影响，开展海洋污染灾害监测和预警技术以及应急措施研究，制定和完善了广东海洋污染灾害应急预案。

5）海岸带、港口资源

根据广东省908专项调查和岸线重新修测结果显示，广东省海岸线全长4 114 km；沿岸港湾资源丰富，有大、小海湾510多个，适宜建设大、中、小型港口的有200多个，其中广澳湾、大亚湾、大鹏湾、伶仃洋、高栏岛、海陵湾、湛江湾、琼州海峡沿岸等具有建设10万~40万吨级港口的条件。目前未利用或利用程度较低的潜在深水港址有：南澳岛烟墩湾、湛江流沙港、万山群岛的桂山海域和万山海域等。研究结果为今后广东省海岸带与港口资源开发利用提供了重要基础资料。

6）海岛资源开发与保护

结合现场调查验证，在《我国近海海洋综合调查与评价专项海岛界定技术规程》以及广东省批复大陆海岸线的框架下，确定广东省海岛数目为1 350个，对比20世纪90年代初海岛调查资料，新增海岛105个，减少海岛188个。首次获得广东省海岛湿地分布系统资料，海岛湿地总面积约72 552.73 hm²，以自然湿地居多，面积为43 490.25 hm²。查明全省面积大于500 m²的海岛总面积1 472 km²，海岛岸线总长2 126 km；海岛岸线以基岩岸线为主，基岩岸线总长占海岛岸线总长度的55%；其次是人工岸线，占26.4%；人工岸线主要分布在有居民海岛以及珠江口海域开发利用程度较高的无居民海岛上；砂质岸线占总岸线比例相对较低（占14.2%），主要分布在面积较大的海岛岬湾内。明确人类开发活动是海岛岸线变迁的主导因素。

本次海岛调查具有2个创新点：① 在GIS和RS技术支持下，分析了1990—2005年海岛土地利用状况，土地利用类型之间的转化以及土地利用类型的变化速率；② 利用抛物线型经验式对海岛典型岬湾进行静态平衡岸线预测，重点分析工程对岸滩平衡的影响。

7）其他资源利用现状及前景

（1）海砂矿产资源

本次908专项调查重点为珠江口，其次为韩江口、漠阳江口以及湛江湾，首次对广东省近岸海砂资源（包括工业海砂和砂矿）进行综合评价，掌握其分布特征。结果表明，广东省海砂资源丰富，初步估算总储量约1 855.7×10⁸ m³，同时系统地评价了各个河口海砂开采的环境影响，为海砂资源的开发、利用、选划提供了科学依据，其评价结果已被《广东海情》采纳。

（2）海洋能源

采用定性和定量相结合的方法，对广东省海洋能资源的储藏量、可开发利用量、开发利用潜力以及可再生能源电站的潜在环境影响和潜在社会经济影响进行全面评估，表明广东省海洋能资源以海洋风能资源蕴藏量最为丰富，可达1.24×10⁸ kW，可开发利用量为7 650×10⁴ kW。其次是盐差能、潮汐能和波浪能资源等，而潮流资源较差。以上结果为广东省海洋能的开发利用提供了科学依据。

（3）海水淡化与利用

首次开展广东省海水资源开发利用前景专项评价；利用海水资源开发利用调查成果，结合广东省经济、社会环境等特点，进行战略地位、需求预测和前景评估、海水淡化关键技术与利用评估；采用综合法，首次利用指标体系对广东省沿海进行了潜力评估，划分出 3 个不同级别：一级包括深圳市；二级包括湛江、广州、东莞、汕头；三级包括珠海市和中山市，为广东省海水利用潜力分析提供了明确的体系框架和指标权重，对政府开展海水利用规划、宏观调控海水利用产业布局、规范海水利用工程建设和科学利用海水具有重要的参考价值。

（4）旅游资源

广东滨海旅游资源丰富，数量多、种类齐全，主要以滨海自然旅游资源为主；海湾资源、海岛资源、文化遗迹、城市设施、生物资源、现代化建筑和妈祖文化等占据重要地位，其中以海湾资源数量最多、分布最广。从资源等级来看，一级滨海资源占总量的 15%，二级资源占 24.6%，三级资源占 41.8%，四级资源占 19%，五级资源只占 2.7%；与周边地区（海南、东南亚等）相比，广东省滨海资源尽管在数量和规模上占据优势，但在滨海旅游资源的品位和级别上优势并不突出，尤其是高级别的滨海人文类旅游资源非常缺乏。

广东省现状滨海旅游区主要有：11 个休闲渔业滨海旅游区，12 个观光滨海旅游区，6 个游艇旅游区，16 个综合海岛旅游区，29 个度假滨海旅游区及 11 个生态滨海旅游区。分析今后旅游市场发展趋势认知，珠江三角洲是广东滨海旅游资源潜力较大的区域，休闲度假类滨海旅游资源在国内具有较高的开发潜力，游艇类滨海旅游区开发能大幅提升滨海资源及土地的附加值，滨海特色生态旅游资源发展空间巨大，休闲渔业类滨海资源将提升广东特色滨海旅游吸引力，综合类海岛旅游区开发将成为广东滨海旅游新的增长点。

（5）海域使用

广东省海域东起大埕湾，西至北部湾，南抵琼州海峡。按照广东省与海南、福建、广西海域分界线及其延伸线，以及我国的领海基线和领海线，广东省管辖海域面积 41.93×10^4 km^2。本次 908 专项调查对广东省海域使用现状进行了全面认识，建立了海域使用空间信息数据库和完整的海籍台账体系，同时也发现了海域使用过程中的一些问题，如违规养殖、功能冲突、界址纠纷等。广东省海域使用的主要特征为：① 海域使用类型基本齐全；② 海域使用结构区域差异明显，与经济资源条件匹配度高，形成了粤东、粤中、粤西 3 条各具特色的蓝色产业带；③ 海域使用现状基本符合海洋功能区划要求，符合率为 99.88%；全省不符合海洋功能区划的非渔业用海总面积为 885.31 hm^2，主要是港池、航道和临海工业用海，绝大部分集中在湛江雷州。

8）海洋经济与社会发展战略及管理

目前广东省海洋产业、经济、社会发展具有 3 个显著的特点：① 海洋经济快速增长：2010 年，全省实现海洋生产总值 8 291 亿元，比 2005 年翻了近一番；占全省 GDP 比重为 18.2%；占全国海洋生产总值的 21.6%，连续 16 年居全国首位；② 海洋开发布局逐步优化：初步形成优势明显的"珠三角"、粤东、粤西 3 大海洋经济区。"珠三角"海洋经济区临海工业、海洋运输业和海洋新兴产业快速发展，规模不断扩大，粤东海洋经济区滨海能源、水产品精深加工发展势头良好，粤西海洋经济区海洋交通运输业、滨海旅游业和外向型渔业蓬勃发展；③ 现代海洋产业体系初步形成：海洋优势主导产业不断壮大，海洋渔业、海洋交通运输业、滨海旅游业、海洋油气业和海洋化工业5大海洋支柱产业占全省海洋生产总值的23%。全省海洋三次产业比例由2005年的23∶40∶37调整为2010年的10∶42∶48。

9）问题与建议

针对广东省908专项综合调查与评价所发现的主要问题，按照从沿岸到近海、从资源到环境、从区域海洋经济到社会经济发展等层次，提出了相应的对策与建议。

广东近海开发中的问题与对策建议

项目	问 题	对 策 建 议
海域使用	（1）区域空间发展不平衡，资源过度利用与闲置状况并存； （2）产业布局交叉，行业用海矛盾突出； （3）产业布局不合理，局部海域生态环境压力增大； （4）垂线用海不均衡	（1）集群集约原则； （2）统筹协调与有序开发； （3）海陆经济联动； （4）生态优先原则
海岛开发与保护	（1）海岛保护与利用缺乏长远规划，部分海岛存在权属争议； （2）开发层次较低； （3）存在盲目开发，导致生态环境恶化、资源衰退	（1）开展政策研究，完善海岛法律配套体系； （2）完成规划编制，统筹海岛开发与保护； （3）实施整治修复，改善海岛生态环境； （4）加强能力建设，提高海岛管理水平
海岸带开发与保护	（1）开发强度大，区域不平衡； （2）开发布局较凌乱，缺乏有效开发指引； （3）部分海岸开发不合理导致环境受损	分岸段优化布局： （1）粤东：构建工业、生态、东延城市经济带； （2）"珠三角"：集约、节约岸线资源，优化保护岸线，高品位开发； （3）粤西：做好用海区划，合理布局工业、港口建设
海洋生物资源可持续利用	（1）近海开发利用过度，渔业资源衰退； （2）水产养殖面临发展瓶颈； （3）海产品加工业落后； （4）研发力度不足； （5）沿海生态环境不断恶化、水质污染严重； （6）管理体制有待完善	（1）保护近海，发展远洋和工程渔业； （2）继续实施休渔期、人工鱼礁等措施； （3）加快科技创新、成果转化； （4）调整产业结构，优化产业价值链； （5）进一步完善管理体制，统一协调管理
近海环境	（1）排海污染总量较大； （2）环境意识不够强； （3）保护措施难到位； （4）执法力度不够	（1）控制污染物入海量； （2）建设监控体系； （3）实行保护目标责任制； （4）实施生态化工程和生态补偿机制，修复和保护生态环境； （5）加大环保宣传力度，提高环保意识； （6）划定生态红线，加强执法管理

续表

项　目	问　题	对 策 建 议
区域经济与产业 布局	(1) 发展不平衡，区位优势未发挥； (2) 产业结构不合理； (3) 科技成果转化率不高	(1) 统筹发展现代港口物流业； (2) 大力发展高端滨海旅游业； (3) 争取参与油气开发； (4) 支持发展海洋工程装备制造业； (5) 培育壮大战略性新兴产业； (6) 发展现代海洋渔业

10）数字海洋成果

数字海洋框架是 908 专项的重要任务内容，也是专项调查与评价最直接的应用平台，主要包括 4 大模块：① 通过数字化服务，直观展示、分析与存储调查与评价的成果；② 与海洋业务相结合，直接为海洋综合管理服务；③ 对历史调查成果进行整理建库，反映广东省海洋资源、环境状况的变迁；④ 建立开放的标准化框架，为广东省海洋信息化建设提供数据整合共享平台。目前，广东省数字海洋框架建设已实现了国家节点与省节点之间的网络互通、数据互通和系统集成，完成了相应的数据库建设，并开展了业务系统的正式运行。

综上所述，《广东省近海海洋综合调查与评价专项总报告》的顺利完成是对广东省 908 专项综合调查与评价及数字海洋 8 年来所有工作的全面梳理和总结，是专项工作成果的集中体现，是广东省 908 专项任务圆满完成的标志。通过对调查与评价成果的综合分析和研究，全面更新了广东近海资源环境基础资料，掌握了广东近海海洋环境和资源状况，并取得了一些新的认识与新发现；通过编制和出版反映广东最新海洋科研成果——《广东省近海海洋综合调查与评价专项总报告》，综合展示了广东省海洋科学研究的水平与实施效果，必将全面推进广东省 908 专项调查与评价成果的应用。总报告在此基础上向广东省海洋管理决策者提供了相关海洋资源开发、环境保护、产业发展的方向性意见和建议，指导海洋经济的健康发展，为科学实施广东海洋经济综合试验区发展规划方案、推进广东省加快转型升级、发展新兴海洋产业、建设海洋强省做出了贡献。

参考文献

曹雪晴，谭启新，张勇，等．2007．中国近海建筑砂矿床特征［J］．岩石矿物学杂志，26（2）：164-170．

曹雪晴，张勇，何拥军，等．2008．中国近海建筑用海砂勘查回顾与面临的问题［J］．海洋地质与第四纪地质，3：121-125．

曹雪晴．2007．荷兰海砂资源的开发与管理［J］．海洋地质动态，23（12）：21-25．

陈厚．2009．加强海洋管理，发展海洋经济［J］．海洋信息，1：26-30．

陈康．2006．构建近江牡蛎产业带，促进粤西广西沿海水产业发展［J］．广西水产科技，3：14-16．

陈连宝，陶全珍，詹兴伴．1995．广东海岛气候［M］．广州：广东科技出版社，7-51．

陈蓉，徐忠贤，张琳，等．1998．湛江港海域经济水产品重金属含量及评价［J］．黄渤海海洋，16（4）：54-59．

陈涛，陈丕茂，邱永松．1999．珠江口中华白海豚初步研究［M］．海洋水产科学研究文集．广州：广东科技出版社，93-102．

陈志鸿，陈鹏．2005．厦门市滨海湿地生态系统服务功能评述［J］．厦门科技，4：8-10．

陈忠．2007．广东省红树林生态系统净化功能及其价值评估［M］．生命科学学院，广州：华南师范大学，69．

陈宗镛，甘子钧．1979．海洋潮汐．北京：科学出版社．

成都地质学院陕北队．1978．沉积岩（物）粒度分析及其应用．北京：地质出版社．

池继松，颜文，张干，等．2005．大亚湾海域多环芳烃和有机氯农药的高分辨率沉积记录［J］．热带海洋学报，24（6）：44-52．

初凤友，陈丽蓉，申顺喜，等．1995．南黄海自生黄铁矿成因及其环境指示意义［J］．海洋与湖沼，26（3）：227-233．

崔伟忠．2004．珠江河口滩涂湿地的问题及其保护研究［J］．湿地科学，2（1）：26-29．

戴志军，李春初．2008．华南弧形海岸动力地貌过程．上海：华东师范大学出版社．

邓小飞，黄金玲．2006．广东江门红树林自然保护区生态评价［J］．林业经济，8：68-70．

丁晓英，许祥向．2007．应用遥感技术分析韩江河口悬沙的动态特征［J］．国土资源遥感，3：71-73．

董玉祥．1999．迈向21世纪的粤港澳海洋资源开发．热带地理，19（04）：337-341．

杜虹，黄长江，陈善文，等．2003．2001—2002年柘林湾浮游植物的生态学研究［J］．海洋与湖沼，34（6）：604-617．

杜麒栋．2008．中国港口年鉴［M］．上海：中国港口杂志社．

冯志强，冯文科，薛万俊，等．1996．南海北部地质灾害及海底工程地质条件评价［M］．南京：河海大学出版社．

傅秀梅，等．2009．中国海洋药用生物濒危珍稀物种及其保护［J］．中国海洋大学学报（自然科学版），39（04）：719-728．

傅秀梅，等．2008．中国近海生物资源保护性开发与可持续利用研究［D］．青岛：中国海洋大学．

傅秀梅，王长云．2008．海洋生物资源保护与管理．北京：科学出版社．

高为利，张富元，章伟艳，等．2009．海南岛周边海域表层沉积物粒度分布特征［J］．海洋通报，28（2）：71-80．

高阳，蔡立哲，马丽，等．2004．深圳湾福田红树林潮滩大型底栖动物的垂直分布［J］．台湾海峡，23（1）：76-81．

谷阳光，王朝晖，方军，等．2009．大亚湾表层沉积物中重金属分布特征及潜在生态危害评价［J］．分析测试学报，28（4）：449-453．

管世权，梁建文，朱建洪，等．2009．珠江三角洲地区凡纳滨对虾多茬养殖技术［J］．广东农业科学，2：73-75．

广东海洋资源研究发展中心，广州地理研究所．2000．广东省海岛资源图集．北京：海洋出版社．

广东省海岸带和海涂资源综合调查大队，广东省海岸带和海涂资源综合调查领导小组办公室．1988．广东省海岸带和海涂资源综合调查报告［M］．北京：海洋出版社．

广东省海岛资源综合调查大队，广东省海岸带和海涂资源综合调查领导小组办公室．1993．川山海区海岛资源综合调查报告．广州：广东科技出版社．

广东省海岛资源综合调查大队，广东省海岸带和海涂资源综合调查领导小组办公室．1993．大亚湾海岛资源综合调查报告．广州：广东科技出版社．

广东省海岛资源综合调查大队，广东省海岸带和海涂资源综合调查领导小组办公室．1992．广东省汕头海区海岛环境、自然环境和开发利用．北京：科学出版社．

广东省海岛资源综合调查大队，广东省海岸带和海涂资源综合调查领导小组办公室．1995．红海湾—碣石湾海岛资源综合调查报告．广州：广东科技出版社．

广东省海岛资源综合调查大队，广东省海岸带和海涂资源综合调查领导小组办公室．1994．阳江海区海岛资源综合调查报告．广州：广东科技出版社．

广东省海岛资源综合调查大队，广东省海岸带和海涂资源综合调查领导小组办公室．1994．湛江—茂名海岛资源综合调查报告．广州：广东科技出版社．

广东省海岛资源综合调查大队，广东省海岸带和海涂资源综合调查领导小组办公室．1993．珠江口海岛资源综合调查报告．广州：广东科技出版社．

广东省海岛资源综合调查大队，广东省海岸带和海涂资源综合调查领导小组办公室．1993．广东省海岛、礁、沙洲名录．广州：广东科技出版社．

广东省海岛资源综合调查大队，广东省海岸带和海涂资源综合调查领导小组办公室．广东省海域地名录．广州：广东科技出版社．

广东省海岛资源综合调查大队，广东省海岸带和海涂资源综合调查领导小组办公室．1995．广东省海岛资源综合调查报告［M］．广州：广东科技出版社．

广东省海洋功能区划文本：http://law.baidu.com/pages/chinalawinfo/1702/33/dbba4abbc644caa6dfea962453b1cb97_0.html

广东省海洋与渔业局．2008.2007年广东省海洋功能区划报告［R］．广州：广东省人民政府．

广东省海洋与渔业局．2001.2000年广东省海洋环境质量公报［R］．广州：广东省海洋与渔业局．

广东省海洋与渔业局．2002.2001年广东省海洋环境质量公报［R］．广州：广东省海洋与渔业局．

广东省海洋与渔业局．2003.2002年广东省海洋环境质量公报［R］．广州：广东省海洋与渔业局．

广东省海洋与渔业局．2005.2004年广东省海洋环境质量公报［R］．广州：广东省海洋与渔业局．

广东省海洋与渔业局．2006.2005年广东省海洋环境质量公报［R］．广州：广东省海洋与渔业局．

广东省海洋资源研究发展中心．2007．广东省珠江口海砂开采海域利用规划（2007）．

《广东省气候业务技术手册》编撰委员会．2008．广东省气候业务技术手册［M］．北京：气象出版社，64-78．

广东省统计局，国家统计局广东调查总队．2011．广东统计年鉴2011［R］．北京：中国统计出版社．

广东省地方志编纂委员会．2000．广东省志．海洋与海岛志．广州：广东人民出版社．

郭芳，黄小平．2006．海水网箱养殖对近岸环境影响的研究进展［J］．水产科学，25（1）：37-41．

郭炳火．2004．中国近海及邻近海域海洋环境．北京：海洋出版社．

郭金富，李茂照，余勉余．1994. 广东海岛海域海洋生物和渔业资源．广州：广东科技出版社.

郭笑宇，黄长江．2006. 粤西湛江港海底沉积物重金属的分布特征与来源［J］．热带海洋学报，25（5）：91-96.

郭岩，黄长江．2006. 2000—2003 年汕头近岸海域无机氮含量的变化及与环境因子的关系［J］．台湾海峡，25（2）：194-201.

国家海洋局 908 专项办公室．2007. 我国近海海洋综合调查与评价专项海岸线修测技术规程（试行本）.

国家海洋局 908 专项办公室．2005. 我国近海海洋综合调查与评价专项海岛调查技术规程．北京：海洋出版社.

国家海洋局 908 专项办公室．2007. 我国近海海洋综合调查与评价专项海岛界定技术规程（试行本）.

国家海洋局南海分局，1995. 南海区海洋站海洋水文气候志．北京：海洋出版社，2-16.

国家海洋局南海工程勘察中心．2011. 汕头市东部城市经济带项目海砂开采区年度中期动态监测报告［R］.

国家海洋局南海海洋工程勘察与环境研究院．2000. 广东省阳江溪头和沙扒两处海域海砂开采使用可行性论证报告［R］.

国家海洋局南海工程勘察中心．2001. 湛江市大散、海公沙海砂开采使用海域论证报告［R］.

国家海洋局南海工程勘察中心．2009. 湛江市捷海砂石工程有限公司湛江湾海公沙海砂开采区 2008—2009 年度动态监测报告［R］.

国家海洋局南海工程勘察中心．2010. 珠海市桦国砂石有限公司珠江口海砂开采区动态监测报告（2009.11.10—2010.11.09）［R］.

国家海洋局南海海洋工程勘察与环境研究院．2010. 汕头市东部城市经济带建设海砂开采项目海洋环境影响评价报告书［R］.

国家海洋局南海海洋工程勘察与环境研究院．2006. 珠江口矾石水道桦国公司海砂开采区海域使用论证报告书［R］.

中国海洋年鉴编纂委员会．海洋固体矿产资源开发．1992. 1994—1996 年中国海洋年鉴［M］．北京：海洋出版社.

何国民，曾嘉，梁小芸．2002. 广东沿海人工鱼礁建设的规划原则和选点思路［J］．中国水产，7：28-29.

何洪钜．1987. 华南沿海潮汐基本特征［J］．热带海洋，6（2）：37-45.

何雪琴，张观希，郑庆华，等．2001. 大亚湾底栖生物体中 4 种重金属残毒量分析与评价［J］．地理科学，21（3）：282-285.

何玉新，黄小平，黄良民，等．2005. 大亚湾养殖海域营养盐的周年变化及其来源分析［J］．海洋环境科学，24（4）：20-23.

侯卫东，陈晓宏，江涛，等．2004. 西北江三角洲网河径流分配的时间变化分析［J］．中山大学学报（自然科学版），43（3）：204-207.

胡鸿锵．1984. 对开发我国海洋金刚石砂矿的刍议［J］．海洋地质与第四纪地质，4（4）：121-123.

黄长江，齐雨藻．1996. 大鹏湾夜光藻种群的季节变化和分析特征［J］．海洋与湖沼，27（5）：493-498.

黄长江，齐雨藻．1997. 南海大鹏湾夜光藻种群生态及其赤潮成因分析［J］．海洋与湖沼，28（3）：245-255.

黄长江，赵珍．2007. 湛江港海域海产品中重金属残留及评价［J］．汕头大学学报（自然科学版），22（1）：30-36.

黄鸽，胡自宁，陈新康，等．2006. 基于遥感和 GIS 相结合的广西海岸线时空变化特征分析［J］．热带海洋学报，25（1）：66-70.

黄康宁，黄硕琳．2010. 我国海岸带综合管理法律问题探讨［J］．广东农业科学，4：350-354.

黄良民，黄小平，宋星宇，等，2003. 我国近海赤潮多发区及赤潮发生生态学特征［J］．生态科学，22

（3）：252-256.

黄良民．2007. 中国海洋资源与可持续发展．北京：科学出版社，167-182.

黄伟健．2002. 广东省海水养殖业经济发展对策研究［J］．水产科技，4：2-3.

黄镇国，张伟强．2004. 人为因素对珠江三角洲近30年地貌演变的影响［J］．第四纪研究，24（4）：394-401.

黄宗国．2004. 海洋河口湿地生物多样性．北京：海洋出版社．

计新丽，林小涛．2000. 海水养殖自身污染的机制及其对环境的影响［J］．海洋环境科学，19（4）：66-71.

贾建军，高抒，薛允传．2002. 图解法与矩法沉积物粒度参数的对比［J］．海洋与湖沼，33（6）：577-582.

贾晓平，李纯厚，甘居利，等．2005. 南海北部海域渔业生态环境健康状况诊断与质量评价［J］．中国水产科学，12（6）：757-765.

简洁莹，邓峰，黄莉莉．1991. 一起由栉江珧鲜贝引起的食物中毒［J］．中国食品卫生杂志，4：58-60.

赖学文，马庆涛．2003. 粤东地区海水增养殖业病害发生的特点及其综合防治技术措施［J］．水产科技，2：34-35.

黎植权，林中大，薛春泉．2002. 广东省红树林植物群落分布与演替分析［J］．广东林业科技，12：52-55.

黎祖福．1995. 粤西的名贵海水鱼类养殖［J］．水产科技，17-20.

李纯厚，贾晓平，蔡文贵．2004. 南海北部浮游动物多样性研究［J］．中国水产科学，11（2）：139-146.

李粹中．1987. 南海中部沉积物的粒度结构和沉积环境．东海海洋，5（1-2）：111-116.

李东风．1999. 海洋药物及海洋功能食品的研究现状和开发思路．东海海洋，17（2）：69-74.

李敏，赵谋明，叶林．2001. 海洋食品及药物资源的开发利用．食品与发酵工业，27（5）：60-64.

李团结，刘春杉，李涛，等．2011. 雷州半岛海岸侵蚀及其原因研究［J］．热带地理，31（3）：243-250.

李晓敏．2008. 东海岛土地利用变化及影响因素分析［D］．内蒙古师范大学硕士学位论文．

李学杰．2007. 应用遥感方法分析珠江口伶仃洋的海岸线变迁及其环境效应［J］．地质通报，26（2）：215-222.

梁超愉，张汉华，吴进锋，等．2001. 红海湾礁滩增殖的初步研究［J］．水产科技，1：12-14.

林东年．2005. 水东湾网箱养殖区水域环境状况评价［J］．水土保持研究，12（4）：258-260.

林中大，胡喻华，练丽．2006. 广东湿地资源现状及保护管理对策探讨［J］，中南林业调查规划，25（1）：31-34.

刘英，许伟群，苏东辉．2003. 中国鲎鲎抗脂多糖因子的提取、纯化及其活性的初步鉴定［J］．福建医科大学学报，37（04）：364-367.

陆东农．2004. 海水养殖珍珠新品种——海水养殖彩色珍珠［J］．珠宝科技，6：55-57.

罗宪林，杨清书，贾良文．2002. 珠江三角洲网河河床演变学［M］．广州：中山大学出版社．

莫思平，辛文杰，应强．2008. 广州港深水出海航道伶仃航段回淤规律分析［J］．水利水运工程学报，（001）：42-46.

国家海洋局．1988. 南海中部海域环境资源综合调查图集．北京：海洋出版社．

彭云辉，孙丽华．2002. 大亚湾海区营养盐的变化及富营养化研究［J］．海洋通报，21（3）：44-49.

彭云辉，孙丽华，陈浩如，等．2002. 大亚湾海区营养盐的变化及富营养化研究［J］．海洋通报，21（3）：44-49.

齐雨藻，楚建华，黄奕华．1993. 诱发海洋褐胞藻赤潮的环境因素分析［J］．海洋通报，12（2）：30-34.

齐雨藻，洪英，吕颂辉，等．1991. 中国赤潮生物新纪录种——海洋褐胞藻［J］．暨南大学学报，12（3）：92-95.

钱宏林，梁松，齐雨藻．2000. 广东沿海赤潮的特点及成因研究［J］．生态科学，3：8-15.

乔永民．2004. 粤东近岸海域沉积物重金属环境地球化学研究［D］．暨南大学博士学位论文．

丘耀文，颜文，王肇鼎，等．2005．大亚湾海水，沉积物和生物体中重金属分布及其生态危害［J］．热带海洋学报，24（5）：69-76．

丘耀文，朱良生，徐梅春，等．2006．海陵湾水环境要素特征［J］．海洋科学，30（4）：20-24．

丘耀文，朱良生．2004．海陵湾沉积物中重金属污染及其潜在生态危害［J］．海洋环境科学，23（1）：22-24．

丘耀文，颜文，王肇鼎，等．2005．大亚湾海水、沉积物和生物体中重金属分布及其生态危害［J］．热带海洋学报，24（5）：69-76．

丘耀文，朱良生，黎满球，等．2004．海陵湾沉积物中重金属与粒度分布特征［J］．海洋通报，23（6）：49-53．

邱鹏新，黎明涛．2000．黑海参多糖对β-淀粉样蛋白诱导的皮质神经元凋亡的保护作用［J］．中草药，31（04）：271-274．

区庄葵，郑全胜，黄俊泽，等．2003．珠海淇澳岛湿地红树林自然保护区现状评价［J］．广东林勘设计，4：1-4．

汕尾年鉴编纂委员会．2008．汕尾年鉴（2007年）．汕尾市地方志办公室，158-159．

申玉春，陈文霞，朱春华，等．2010．流沙湾养殖结构优化与生态环境生物修复技术［J］．水产学报，34（7）：1051-1061．

申玉春，李再亮，黄石成，等．2010．流沙湾海域水产养殖结构与布局调查分析［J］．中国渔业经济，1（28）：105-109．

史键辉，王永信，于斌，等．2000．珠江口纵深的风暴潮和增水特征［J］．海洋预报，17（5）：47-51．

史培军，宫鹏，李晓兵，等．2000．土地利用/覆盖变化研究的方法与实践［M］．北京：科学出版社．

宋盛宪．1990．白蝶贝北移大鹏湾试养育苗成功［J］．海洋渔业，2：81．

苏东甫，王桂全．2010．我国海砂资源开发现状与管理对策探讨［J］．海洋开发与管理，4：64-67．

孙岩，谭启新．1986．对我国滨海砂矿开发利用意见——中国海洋经济研究3［M］．北京：海洋出版社，226-233．

孙岩，谭启新．1992．中国海区及邻域海洋砂矿分布规律，中国海区及邻域地质地球物理特征［M］．北京：科学出版社，385-389．

孙才志，李明昱．2010．辽宁省海岸线时空变化及驱动因素分析［J］．地理与地理信息科学，26（3）：63-67．

孙萍，黄长江，乔永民，等．2004．汕头港及其邻近水域潮间带海产动物体内重金属污染的调查［J］．热带海洋学报，23（4）：56-62．

孙岩，韩昌甫．1999．我国滨海砂矿资源的分布及开发［J］．海洋地质与第四纪地质，19（1）：117-121．

谭启新，孙岩．1986．滨海砂矿［M］．1986年中国海洋年鉴．北京：海洋出版社．

谭启新，孙岩．1988．中国滨海砂矿［M］．北京：科学出版社，150-156．

谭少华．2004．区域土地利用变化及其分析方法研究［D］．南京师范大学博士论文．

谭文化．2007．海南岛周边海域底质碎屑矿物分布及其物源分析［D］．中国地质大学（北京）硕士论文．

汤学军．2002．发展广东海藻产业的几点思考［J］．水产科技，2：4-6．

唐启升，苏纪兰．2001．海洋生态系统动力学研究与海洋生物资源可持续利用［J］．地球科学进展，16（01）：5-11．

唐以杰，余世孝，柯芝军，等．2006．用ABC曲线法评价湛江红树林自然保护区的环境状况［J］．广东教育学院学报，26（3）：70-74．

佟蒙蒙．2006．我国赤潮的分型分级及赤潮灾害评估体系［D］．广州：暨南大学．

王朝晖，齐雨藻，李锦蓉，等．2004．大亚湾养殖区营养盐状况分析与评价［J］．海洋环境科学，23

744

（002）：25-28.

王芳．1999.论海洋资源开发中的科技作用［J］.地质科技管理，5：26-29.

王荣，王克．2003.两种浮游生物网捕获性能的现场测试［J］.水产学报，27（增刊）：98-102.

王圣洁，刘锡清，戴勤奋，等．2003.中国海砂资源分布特征及找矿方向.海洋地质与第四纪地质，23（3）：83-89.

王秀兰，包玉海．1999.土地利用动态变化研究方法探讨［J］.地理科学进展，18（1）：81-87.

王永勋，马文通．1987.厦门港湾表层沉积物中重矿物Q型因子分析［J］.台湾海峡，6（3）：214-220.

王友绍，王肇鼎，黄良民．2004.近20年来大亚湾生态环境的变化及其发展趋势［J］.热带海洋学报，23（5）：85-95.

王云龙，沈新强．2005.中国大陆架及邻近海域浮游生物［M］.上海：上海科学技术出版社，1-316.

王增焕，林钦，王许诺，等．2009.大亚湾经济类海洋生物体的重金属含量分析［J］.南方水产，5（1）：23-28.

韦桂峰．2005.广东大亚湾西南部海域营养盐结构的长期变化［J］.生态科学，24（1）：1-5.

魏侃．2003.广东省海水养殖业现状［J］.现代渔业信息，18（1）：32-33.

文国樑，李卓佳，李色东，等．2004.粤西地区几种主要对虾养殖模式的分析［J］.齐鲁渔业，24（1）：8-9.

吴瑞贞，林端，马毅．2007.南海夜光藻赤潮概况及其对水文气象的适应条件［J］.台湾海峡，26（4）：590-595.

向彩红，罗孝俊，余梅，等．2006.珠江河口水生生物中多溴联苯醚的分布［J］.环境科学，27（9）：732-1737.

向文洲，林坚士，何慧，等．2002.广东发展大型海藻生物技术产业链的战略思考［J］.水产科技，1：1-5.

萧洁儿．2007.伶仃洋河口区地表水与近岸海域水功能区衔接问题研究［D］.中山大学.

徐旭，赵专友．2004.玉足海参酸性多糖抗血栓作用及其机理研究［D］.天津中医学院硕士论文.

徐兆礼，陈亚瞿．1989.东黄海秋季浮游动物优势种聚集强度与鲐鲹渔场的关系［J］.生态学杂志，8（4）：13-15.

鄢波，杜军．2009.广东海洋生物资源开发与保护存在的问题分析［J］.河北渔业，2：11-15.

鄢春红，丁萍月，陈莉莉，等．2007.梅花参的化学成分研究［J］.中国海洋药物，26（02）：27-29.

鄢全树，王昆山，石学法．2008.中沙群岛近海表层沉积物重矿物组合分区及物质来源［J］.海洋地质与第四纪地质，28（1）：17-24.

闫满存，王光谦，李保生，等．2009.广东沿海陆地主要地质灾害及其控制因素分析［J］.地质灾害与环境保护，11（3）：204-211.

闫满存，王光谦，李华梅，等．2000.广东沿海陆地地质灾害孕育环境探讨［J］.热带地理，20（4）：250-255，268.

杨美兰，林燕棠．1990.大亚湾海洋生物体重金属分析与评价［J］.海洋环境科学，9（3）：38-47.

杨美兰，林钦，王增焕，等．2004.大亚湾海洋生物体重金属含量与变化趋势分析［J］.海洋环境科学，23（1）：41-43.

杨群慧、林振宏、张富元，等．2002.南海中东部表层沉积物矿物组合分区及其地质意义［J］.海洋与湖沼，33（6）：591-600.

杨世伦，徐海根．1994.长兴、横沙两岛潮滩沉积物的粒度概率及其分析［J］.海洋科学，1：60-63.

杨世伦．1994.长江口沉积物粒度参数的统计规律及其沉积动力学解释［J］.泥沙研究，3：23-30.

杨燕雄，张甲波．2007.静态平衡岬湾海岸理论及其在黄、渤海海岸的应用［J］.海岸工程，26（2）：38-46.

叶富良．2001.广东海水鱼类养殖技术现状及可持续发展［J］.中国水产，10：66-67.

尹健强，黄晖，黄良民，等．2008. 雷州半岛灯楼角珊瑚礁海区夏季的浮游动物［J］. 海洋与湖沼，39（2）：131-138.

应秩甫．1999. 粤西沿岸流及其沿岸沉积［J］. 中山大学学报，38（3）：85-89.

余免余，梁超愉，李茂照．1990. 广东省浅海滩涂增养殖渔业环境及资源．北京：科学出版社．

喻乾明，施松善，季莉莉，等．2010. 蜈蚣藻多糖的体外抗血管生成作用［J］. 中国海洋药物，29（01）：13-16.

詹文欢，孙宗勋，朱俊江，等．2011. 珠江口海岛及海域地质环境与灾害初探［J］. 海洋地质与第四纪地质，21（4）：31-36.

张帆，詹文欢，姚衍桃，等．2011. 漠阳江入海口东侧海岸侵蚀现状与成因分析［J］. 热带海洋学报，30（6）：1-7.

张汉华，梁超愉，吴进锋，等．2001. 大鹏湾鹅公湾抗风浪网箱养殖区环境状况及生物资源调查研究［J］. 资源环保，5：24-27.

张汉华，杨渡远，黄国光，等．1997. 大亚湾翡翠贻贝增养殖技术及效果的研究［J］. 中国水产科学，4（2）：28-35.

张洪亮，张爱君．2000. 赤潮灾害损失调查评估方法的研究．青岛：国家海洋局北海分局．

赵珍．1997. 粤西近海及舟山群岛海洋生物体内污染物调查研究［D］. 汕头大学硕士学位论文．

中国海湾志编纂委员会．1997. 中国海湾志［M］. 北京：海洋出版社．

中国海湾志编纂委员会．1998. 中国海湾志第九分册（广东省东部海湾）．北京：海洋出版社．

中国海湾志编纂委员会．1999. 中国海湾志第十分册（广东省西部海湾）．北京：海洋出版社．

中国海湾志编纂委员会．1998. 中国海湾志第十四分册（重要河口）．北京：海洋出版社．

中国科学院南海海洋研究所海洋生物研究室．1978. 南海海洋药用生物．北京：科学出版社．

中国社会科学院语言研究所词典编辑室．1996. 现代汉语词典［M］. 修订本．北京：商务印书馆．

周凯，黄长江，姜胜，等．2002. 2000—2001 年粤东柘林湾营养盐分布［J］. 生态学报，22（12）：2116-2124.

朱纯信．1992. 广东海岸带重要地质灾害及其防治对策［J］. 广东地质，7（3）：1-7.

庄大方．土地利用/土地覆盖变化空间信息的遥感和地理信息系统方法研究．中国科学院遥感应用研究所博士学位论文．

邹仁林，宋善文，马江虎．1975. 广东和广西沿岸浅水石珊瑚二新种［J］. 动物学报，21（3）：241-242.

Huang H. 2005. Status of coral reefs in Northeast Asian Countries：China. In：Japan Wildlife Research Center eds. GCRMN status of coral reefs of East Asian Seas Region 2004. Tokyo：Ministry of the Environment. 113-120.

Klein A H, Hsu J R. 2003. Visual assessment of bayed beach stability with computer software［J］. Computers& Geoseienees，29：1249-1257.

Olson R J, Zettler E R, Chrisholm S W, et al. Advances in oceanography through flow cytometry. In：Demerss ed. Darticle Analyses in Oceanography. Berlin：Springers Press，1991，351-369.

Song X. Y., Huang L. M., Zhang J. L. 2004. Variation of phytoplankton biomass and primary production in Daya Bay during spring and summer［J］. Marine Pollution Bulletin，49（11-12）：1036-1044.

Takeoka H. 1984. Fundamental concepts of exchange and transport time scales in a coastal sea［J］. Continental Shelf Research，3：331-336.

附　录

广东省近海海洋综合调查与评价专项大事记

2003 年 9 月，国务院批准"我国近海海洋综合调查与评价"专项（简称 908 专项）立项。

2004 年 3 月 1 日，908 专项领导小组在北京召开了第一次会议，成员单位国家发改委地区司、财政部经建司、国家海洋局的有关领导出席了会议，会议听取了关于 908 专项领导小组职责、议事规则、专项总体实施方案、专项管理办法及专项 2004 年度工作计划等工作的汇报，并进行了审议讨论。

2004 年 5 月 10 日，国家海洋局在北京召开了"我国近海海洋综合调查与评价"专项座谈会，广东省海洋与渔业局科技外事处处长黄汉泉同志参加了座谈会。

2004 年 7 月 20 日，国家海洋局下发了《关于印发〈"我国近海海洋综合调查与评价"专项招标投标管理办法〉及实施细则的通知》（国海科字〔2004〕299 号），要求各有关单位遵照执行，以规范 908 专项招标投标工作，保护招标投标活动当事人的合法权益。

2004 年 8 月 31 日，国家海洋局发出《关于启用国家海洋局 908 专项办公室印章的通知》（国海科字〔2004〕357 号），国家海洋局 908 专项办公室印章自 2004 年 8 月 30 日起正式启用。

2004 年 10 月 26 日，国家海洋局下发《关于"我国近海海洋综合调查与评价"专项解密事宜的通知》（国海科字〔2004〕469 号），《通知》要求今后在 908 专项组织实施管理工作中，除涉密的数据、资料和成果外，各种文件中不再使用"秘密"密级；对于涉密领域的数据、资料和成果的管理，按照《海洋工作中国家秘密及其密级具体范围的规定》（国海密字〔1996〕第 450 号）、《908 专项资料管理办法》和《908 专项档案管理办法》等执行。

2004 年 10 月 28 日，省政府办公厅转发了《关于实施"我国近海海洋综合调查与评价"专项的意见》（国海科字〔2004〕455 号），并要求省海洋与渔业局尽快落实办理。《意见》提出了 3 项要求：切实加强对专项工作的组织领导；抓紧制定省级专项实施方案；严格管理，建立健全专项监督检查制度。

2004 年 11 月 2 日，广东省海洋与渔业局召开 908 专项的第一次工作会议，明确省专项工作由省局资源环境管理处牵头，省海洋与渔业环境监测中心承担具体日常工作，并初步确立广东省 908 专项组织架构。

2004 年 12 月 14 日，广东省海洋与渔业局委托中国科学院南海海洋研究所为主编制《广东省 908 专项总体实施方案》，由黄良民研究员负责组织并按计划完成《总体实施方案》编制工作。方案于 2005 年 5 月通过专项评审，上报省政府。

2005 年 6 月 8 日，广东省政府与国家海洋局签订了《广东省近海海洋综合调查与评价专项协议书》，标志着广东省 908 专项正式启动。按照协议内容，广东省 908 专项任务由广东省政府和国家海洋局共同组织实施，成果共享，经费共担。

2006年7月14日，广东省908专项办在中科院南海海洋研究所的新洲码头举行了隆重的"广东省908专项水体调查"开航仪式，标志着广东省908专项进入实质性野外调查阶段。同期，拟由暨南大学承担的广东省908专项赤潮灾害调查也与水体调查同船出航，先期开展外业调查。至2006年底，广东省908专项办顺利完成了水体环境调查两个航次的调查任务和赤潮灾害一个航次的调查任务。

2006年11月7日，广东省政府正式批准《广东省908专项总体实施方案》。

2006年12月28日，广东省908专项在广州召开了"广东省908专项综合调查方案研讨会"，会议上李建设副局长要求各单位要充分认识到形势的严峻性，明确自身所处位置，树立追赶的标杆。会议上，李建设副局长给省908专项工作布置硬性指标，要求必须在2007年底完成国家下达的任务和已制定的工作计划，同时，他还对广东省908专项的各专题承担单位提出了具体要求，必须高度重视广东省908专项工作，并密切配合广东省908专项办的工作，实现上下连动，提高工作效率。本次会议意义重大，标志着广东省908专项进入了全面开展阶段。

2007年1月，按照国家海洋局908专项办的要求，广东省908专项办先期启动了海岸带调查中的海岸线修测工作，为保证海岸线修测的权威性，广东省海洋与渔业局会同省国土资源厅，联合组织开展全省海岸线修测工作。至2007年7月完成外业测量和内业数据整理工作，并于7月20日完成第一次汇交，8月至10月再完成两次补充汇交。

2007年2月12日，广东省908专项办组织召开"广东省908专项调查专题实施方案审定会"，会上通过专家评议，确定了各调查专题承担单位。

2007年10月26日，广东省海洋与渔业局与广东省908专项综合调查各项任务承担单位签订任务合同书，同日还召开了广东省908专项专题资料汇交暨审查会议。

2008年1月10日，《广东省数字海洋信息基础框架建设实施方案》通过专家评审并上报国家海洋局，随后陆续开展相关的数据整理、业务子系统开发和软硬件环境建设。

2008年1月，国家908专项办下发《关于开展908专项省级任务成果集成工作的通知》，要求沿海各省在现有908调查评价成果基础上进行成果集成。

2008年3月，广东省908专项办组织召开了"广东省908专项中期大会"，对3年来的专项工作进行了总结，对存在问题进行了梳理，并提出了解决的措施。会议的召开，对于综合调查任务和数字海洋框架建设任务起到了极大的推动作用。

2008年7月，由广东省测绘产品质量监督检验中心完成"广东省海岸线修测成果测量精度检测"，并于2008年10月报广东省政府，获省政府批准。

2008年7—8月，广东省908专项办组织召开了"广东省908专项评价专题实施方案评审会"，会上采用专家交叉分组讨论的方式对各单位提交的评价专题实施方案进行了打分和评审，经过两轮评审后确定了各项评价专题的承担单位。

2008年8—9月，广东省908专项办组织对所有调查任务承担单位进行质量检查，并对国家海洋局南海分局、中科院南海海洋研究所、暨南大学等调查任务承担单位进行了相关的盲样考核，考核结果普遍较为准确。

2008年9月，国家908专项办下发《关于做好沿海省（区、市）908专项海洋科技项目建设的通知》，通过省级遴选和国家评审，广东省908专项新增了一项评价专题——"大亚湾生态系统健康评价与可持续对策研究"。

2008 年 10 月，广东省 908 专项办组织召开 908 专项制图培训班，邀请国家海洋信息中心、国家海洋局南海工程勘察中心、ESRI 中国有限公司等单位专家进行授课，历时 4 天，培训制图人员 53 人。

2009 年 4 月，《广东省 908 专项成果集成总体实施方案》通过专家评审，并报国家海洋局 908 专项办批准。

2009 年 5 月 11 日，广东省 908 专项办组织海岸带、海岛调查承担单位与国家 908 专项遥感专题广东区块（908-01-WY06）承担单位开展数据比对与统一，经过近一年的努力，完成了海岸带、海岛现场调查与国家遥感调查专题的数据比对统一。

2009 年 5 月，广东省 908 专项办召开"广东省 908 专项工作会议（2009 年）"，重点解决了资料申请、经费管理、质量控制和档案整理中存在的问题，为专项下一步的成果汇总与验收打下了坚实的基础。

2009 年 7 月，广东省 908 专项办召开"广东省 908 专项质量评估及档案培训班"，邀请国家海洋局南海标准计量中心、国家海洋局南海档案馆相关专家进行授课，对所有调查、评价任务承担单位相关质量控制和档案管理人员进行培训。

2009 年 10—12 月，珠江口海域发生长时间、大规模赤潮，在广东省 908 专项办协调下，赤潮灾害调查任务承担单位迅速响应，增加现场应急调查任务和研究内容。

2009 年 11 月，广东省数字海洋节点通过了国家海洋局 908 专项办组织的省级节点检查。

2010 年 1—3 月，广东省 908 专项办完成了所有调查专题和国家下达的评价专题任务的资料和成果数据汇交。

2010 年 4 月 7 日，广东省 908 专项办组织召开了"广东省 908 专项工作会议（2010 年）"，充分听取各课题进展和存在问题的汇报，提出加快任务进度，加大成果应用力度。会后，广东省 908 专项办在已有 908 专项调查评价成果基础上，组织编写了《广东海情》，为综合试验区的申报、试验区发展规划的编制提供了丰富的数据资料。

2010 年 6 月 29 日，国家海洋局在广州召开了"南方片 908 专项档案工作现场交流会"，广东省 908 专项部分调查与评价档案作为先进典型在会上进行了汇报和展示。

2010 年 10—11 月，广东省 908 专项办对所有综合评价课题的项目进度、质量控制、经费使用、档案管理等进行了全面的检查，针对存在的问题提出了整改意见。

2011 年 1 月 18—20 日，广东省 908 专项办开展了第一批专项任务验收，经过现场检查和会议审查两个环节通过了沿海社会经济基本情况调查和赤潮灾害调查两个项目的省级验收。

2011 年 3 月 15—16 日，广东省 908 专项办开展了第二批专项任务验收，水体环境调查、海岸带调查、海岛调查、海岸侵蚀灾害调查、海域使用现状调查、特色生态系统调查 6 个综合调查课题和广东潜在海滨旅游区评价与选划、广东省潜在增养殖区评价与选划、不确定条件下广东省海洋资源的最优开发 3 个综合评价课题通过了省级验收。

2011 年 3 月 25 日，"广东省数字海洋信息基础框架建设"项目通过省级验收。

2011 年 3 月 28 日，"广东省数字海洋信息基础框架建设"项目通过国家 908 专项办组织的现场审查。

2011 年 5 月 12 日，"广东省数字海洋信息基础框架建设"项目通过国家 908 专项办组织的会议验收。

2011 年 6 月 23—24 日，广东省 908 专项办开展了第三批专项任务验收，"珠江口主要环境问题分析与对策"、"广东省海岸线的综合利用与保护"、"广东省沿岸港口（包括渔港）资源的保护和利用研究"等 7 个综合评价课题通过了省级验收。

2011 年 7 月 26 日，广东省 908 专项办组织召开广东省 908 专项第一批档案省级验收会议。对"广东省 908 专项水体环境调查与研究"、"广东省 908 专项珠江口主要环境问题分析与对策"等 6 个调查和 4 个评价项目的专项档案归档情况进行了严格审查，会后完成了档案移交。

2011 年 10 月 17—18 日，广东省 908 专项办开展了第四批专项任务验收，"海洋生物资源开发利用与保护"、"海岸侵蚀灾害对沿海地区社会经济发展的影响及防治对策"等 9 个综合评价（含新增课题）通过了省级验收。至此，广东省 908 专项任务中综合调查、综合评价（含新增课题）和数字海洋信息基础框架 3 大类任务全部完成验收。

2011 年 11 月 3 日，广东省 908 专项办组织召开广东省 908 专项第二批档案省级验收会议。会议对"海岸带（港址）综合调查"等 7 个调查和评价项目实体档案进行了详细检查，会后完成了档案移交。剩余 10 个评价项目档案陆续交至国家海洋档案馆和国家海洋局南海档案馆进行审查，于 2012 年 4 月前全部完成了档案移交。

2012 年 3 月 2—3 日，广东省 908 专项办召开第一批成果集成项目验收会议。"广东省近海海洋生态环境保护研究"等 6 个项目通过验收。

2012 年 3 月 14—16 日，广东省 908 专项办召开第二批成果集成项目验收会议，"广东省 908 专项总报告"、"广东省近海海洋图集"等 5 个项目通过验收，至此，广东省完成所有 908 专项项目的省级验收工作。

2012 年 3 月 21 日，广东省 908 专项办向国家海洋信息中心提交了"广东省近海海洋图集"成果数据，由其进行数据审核。

2012 年 3 月 22 日，国家海洋局 908 专项办在广州召开了"广东省 908 专项任务质量评估会议"，通过了广东省 908 专项任务质量评估。

2012 年 4 月 8 日，国家海洋局 908 专项办在广州召开"广东省 908 专项任务验收现场查验会议"，通过了广东省 908 专项任务子合同（包括综合调查、评价和成果集成 3 大任务）的现场审核，同意提交会议验收。